INDUSTRIAL ENGINEER INDUSTRIAL SAFETY

건설안전 산업기사 필기

경국현 저

SYED
세영에듀

세영직업전문학교(세영에듀)에서 출판된 수험서 구입시 유튜브에서 동영상강의를 무료로 시청하실 수 있습니다.

[무료 시청 과정]

- 건설안전기사 필기·실기
- 산업안전기사 필기·실기
- 건설안전산업기사 필기·실기
- 산업안전산업기사 필기·실기
- 소방설비기사(기계분야) 필기·실기
- 소방설비기사(전기분야) 필기·실기
- 일반기계기사 필기

머리말

본서는 수년간의 실무경험과 강의경험을 통해 열악한 환경과 모자라는 시간 속에서 건설안전산업기사를 준비하는 수험생들에게 단기간에 가장 효율적인 학습이 되도록 구성하였고 수험자가 반드시 알아야 할 중요한 내용을 요약·정리하였으며, 엄선된 예상문제를 선정·수록하여 건설안전산업기사 시험에 대비할 수 있도록 최선을 다하였습니다.

본 교재의 특징

- 최근 변경된 한국산업인력관리공단의 출제기준에 맞추어 재편집 하였습니다.
- 2025년 1회 CBT 복원 문제까지 수록하여 수험자가 단기 합격할 수 있도록 하였습니다.
- 과목별 핵심이론, 단원별 실전문제 및 종합예상문제와 상세한 해설로 문제해결을 쉽게 할 수 있도록 하였습니다.

본 교재를 충분히 공부하여 건설안전산업기사 자격시험에 합격하시기를 기원하며 차후 변경되는 출제경향 및 과년도 문제 등을 수록하여 계속 보완하도록 하겠습니다.
끝으로 본서를 출간함에 있어 도움을 주시고 지도하여주신 모든 선후배님들께 감사를 드리며 그동안 본 수험서의 발행에 힘써주신 세영직업전문학교 대표님과 임직원들께 진심으로 감사드립니다.

저 자 경국현

시험 정보

 건설안전산업기사 필기 출제기준

직무분야	안전관리	중직무분야	안전관리	자격종목	건설안전산업기사	적용기간	2021.01.01 ～2025.12.31
○ 직무내용: 건설현장의 생산성 향상과 인적·물적 손실을 최소화하기 위한 안전계획을 수립하고, 그에 따른 작업환경의 점검 및 개선, 현장 근로자의 교육계획 수립 및 실시, 작업환경 순회감독 등 안전관리 업무를 통해 인명과 재산을 보호하고, 사고 발생시 효과적이며 신속한 처리 및 재발 방지를 위한 대책 안을 수립, 이행하는 등 안전에 관한 기술적인 관리 업무를 수행하는 직무이다.							
필기검정방법	객관식	문제수	100	시험시간	2시간 30분		

필기과목명	문제수	주요항목	세부항목
[1과목] 산업안전관리론	20	1. 안전보건관리 개요	1. 안전과 생산
			2. 안전보건관리 체제 및 운용
		2. 재해 및 안전 점검	1. 재해조사
			2. 산재분류 및 통계 분석
			3. 안전점검·검사·인증 및 진단
		3. 무재해 운동 및 보호구	1. 무재해 운동 등 안전활동 기법
			2. 보호구 및 안전보건표지
		4. 산업안전심리	1. 인간의 특성과 안전과의 관계
		5. 인간의 행동과학	1. 조직과 인간행동
			2. 재해 빈발성 및 행동과학
			3. 집단관리와 리더십
		6. 안전보건교육의 개념	1. 교육심리학
		7. 교육의 내용 및 방법	1. 교육내용
			2. 교육방법
[2과목] 인간공학 및 시스템 안전공학	20	1. 안전과 인간공학	1. 인간공학의 정의
			2. 인간-기계체계
			3. 체계설계와 인간요소
		2. 정보입력표시	1. 시각적 표시장치
			2. 청각적 표시장치
			3. 촉각 및 후각적 표시장치

필기과목명	문제수	주요항목	세부항목
[2과목] 인간공학 및 시스템 안전공학	20	2. 정보입력표시	4. 인간요소와 휴먼에러
		3. 인간계측 및 작업 공간	1. 인체계측 및 인간의 체계 제어
			2. 신체활동의 생리학적 측정법
			3. 작업 공간 및 작업자세
			4. 인간의 특성과 안전
		4. 작업환경관리	1. 작업조건과 환경조건
			2. 작업환경과 인간공학
		5. 시스템 안전	1. 시스템 안전 및 안전성 평가
		6. 결함수분석법	1. 결함수 분석
			2. 정성적, 정량적 분석
		7. 각종 설비의 유지 관리	1. 설비관리의 개요
			2. 설비의 운전 및 유지 관리
			3. 보전성 공학
[3과목] 건설재료학	20	1. 건설재료일반	1. 건설재료의 발달
			2. 건설재료의 분류와 요구 성능
			3. 새로운 재료 및 재료설계
			4. 난연재료의 분류와 요구 성능
		2. 각종 건설재료의 특성, 용도, 규격에 관한 사항	1. 목재
			2. 점토재
			3. 시멘트 및 콘크리트
			4. 금속재
			5. 미장재
			6. 합성수지
			7. 도료 및 접착제
			8. 석재
			9. 기타재료
			10. 방수
[4과목] 건설시공학	20	1. 시공일반	1. 공사시공방식
			2. 공사계획
			3. 공사현장관리
		2. 토공사	1. 흙막이 가시설
			2. 토공 및 기계

시험 정보

필기과목명	문제수	주요항목	세부항목
[4과목] 건설시공학	20	2. 토공사	3. 흙파기
			4. 기타 토공사
		3. 기초공사	1. 지정 및 기초
		4. 철근 콘크리트 공사	1. 콘크리트공사
			2. 철근공사
			3. 거푸집공사
		5. 철골공사	1. 철골작업공작
			2. 철골세우기
[5과목] 건설안전기술	20	1. 건설공사 안전개요	1. 공정계획 및 안전성 심사
			2. 지반의 안정성
			3. 건설업 산업안전보건관리비
			4. 사전안전성검토(유해위험방지계획서)
		2. 건설공구 및 장비	1. 건설공구
			2. 건설장비
			3. 안전수칙
		3. 건설재해 및 대책	1. 떨어짐(추락)재해 및 대책
			2. 무너짐(붕괴)재해 및 대책
			3. 떨어짐(낙하), 날아옴(비래)재해대책
			4. 화재 및 대책
		4. 건설 가시설물 설치 기준	1. 비계
			2. 작업통로 및 발판
			3. 거푸집 및 동바리
			4. 흙막이
		5. 건설구조물공사안전	1. 콘크리트 구조물공사 안전
			2. 철골 공사 안전
			3. PC (Precast Concrete)공사안전
		6. 운반, 하역작업	1. 운반작업
			2. 하역작업

 국가기술자격시험 안내

(1) 국가기술자격 응시자격 안내

등급	응시자격
기사	다음 각 호의 어느 하나에 해당하는 사람 1. 산업기사 등급 이상의 자격을 취득한 후 응시하려는 종목이 속하는 동일 및 유사 직무분야에서 1년 이상 실무에 종사한 사람 2. 기능사 자격을 취득한 후 응시하려는 종목이 속하는 동일 및 유사 직무분야에서 3년 이상 실무에 종사한 사람 3. 응시하려는 종목이 속하는 동일 및 유사 직무분야의 다른 종목의 기사 등급 이상의 자격을 취득한 사람 4. 관련학과의 대학졸업자 등 또는 그 졸업예정자 5. 3년제 전문대학 관련학과 졸업자 등으로서 졸업 후 응시하려는 종목이 속하는 동일 및 유사 직무분야에서 1년 이상 실무에 종사한 사람 6. 2년제 전문대학 관련학과 졸업자 등으로서 졸업 후 응시하려는 종목이 속하는 동일 유사 직무분야에서 2년 이상 실무에 종사한 사람 7. 동일 및 유사 직무분야의 기사 수준 기술훈련과정 이수자 또는 그 이수예정자 8. 동일 및 유사 직무분야의 산업기사 수준 기술훈련과정 이수자로서 이수 후 응시하려는 종목이 속하는 동일 및 유사 직무분야에서 2년 이상 실무에 종사한 사람 9. 응시하려는 종목이 속하는 동일 및 유사 직무분야에서 4년 이상 실무에 종사한 사람 10. 외국에서 동일한 종목에 해당하는 자격을 취득한 사람
산업기사	다음 각 호의 어느 하나에 해당하는 사람 1. 기능사 등급 이상의 자격을 취득한 후 응시하려는 종목이 속하는 동일 및 유사 직무분야에 1년 이상 실무에 종사한 사람 2. 응시하려는 종목이 속하는 동일 및 유사 직무분야의 다른 종목의 산업기사 등급 이상의 자격을 취득한 사람 3. 관련학과의 2년제 또는 3년제 전문대학졸업자 등 또는 그 졸업예정자 4. 관련학과의 대학졸업자 등 또는 그 졸업예정자 5. 동일 및 유사 직무분야의 산업기사 수준 기술훈련과정 이수자 또는 그 이수예정자 6. 응시하려는 종목이 속하는 동일 및 유사 직무분야에서 2년 이상 실무에 종사한 사람 7. 고용노동부령으로 정하는 기능경기대회 입상자 8. 외국에서 동일한 종목에 해당하는 자격을 취득한 사람

시험 정보

(2) 국가기술자격 시험 원서접수(필기/실기) 안내

필기원서접수	• Q-net을 통한 인터넷 원서접수 • 필기접수 기간 내 수험원서 인터넷 제출 • 사진[(6개월 이내에 촬영한 90×120픽셀 사진파일(JPG)], 수수료 전자결제 • 시험장소 본인 선택(선착순)
필기시험	• 수험표, 신분증, 필기구(흑색 사인펜 등) 지참
합격자 발표	• Q-net을 통한 합격 확인(마이페이지 등) • 응시자격(기술사, 기능장, 산업기사, 서비스 분야 일부 종목) • 제한종목은 합격예정자 발표일로부터 8일 이내(토, 공휴일 제외) • 반드시 응시자격서류를 제출하여야 되며 단, 실기접수는 4일임
실기원서 접수	• 실기접수기간 내 수험원서 인터넷(www.Q-net.or.kr) 제출 • 사진[6개월 이내에 촬영한 반명함판 사진파일(JPG)], 수수료(정액) • 시험일시, 장소, 본인 선택(선착순) • 단, 기술사 면접시험은 시행 10일 전 공고
실기시험	• 수험표, 신분증, 필기구 지참
최종합격자 발표	• Q-net을 통한 합격 확인(마이페이지 등)
자격증 발급	• 인터넷 : 공인인증 등을 통한 발급, 택배 가능 • 방문수령 : 여권규격사진 및 신분확인서류

(3) 2025년 국가기술자격 시행일정

구분	필기원서접수 (휴일제외)	필기시험	필기 합격자 발표	실기원서접수 (휴일제외)	실기시험	실기 합격자 발표
산업기사 1회	1.13~1.16 빈자리 추가접수기간 2.1~2.2	2.7~3.4	3.12	3.24~3.27	4.20	6.5
산업기사 2회	4.14~4.17	5.10~5.30	6.11	6.23~6.26	7.19	9.5
산업기사 3회	7.21~7.24	8.9~9.1	9.10	9.22~9.25	11.2	12.5

차례

제1과목 | 산업안전관리론

제1편 안전관리론

제1장 안전관리 개요

1 안전제일의 유래 및 이념 ········· 3
2 사고(accident)의 정의 ········· 3
3 안전사고와 재해 ········· 3
4 산업재해의 분류 ········· 4
5 재해발생의 메커니즘(mechanism) ········· 5
6 재해 원인의 연쇄 관계 ········· 6
7 재해발생의 메커니즘(3가지의 구조적 요소) ········· 8
8 재해발생 비율 ········· 8
9 재해예방의 원칙 및 위험관리 기법 ········· 9
10 사고 예방대책의 기본원리(사고방지원리의 단계) ········· 9
11 무재해운동 이론 ········· 10
12 위험예지 훈련 ········· 10
13 ECR의 제안제도 ········· 11
14 안전확인 5가지 운동 ········· 12
15 STOP(safety training observation program) ········· 12
▎실전문제 ········· 13

제2장 안전관리 체계 및 운영

1 안전관리 조직의 형태 ········· 19
2 산업안전보건법상의 안전 보건관리 조직 체계도 및 업무내용 ········· 21
3 안전조직의 일반적인 업무내용 ········· 22
4 산업안전보건위원회 ········· 23
5 안전관리 규정 ········· 24
6 안전관리 계획 ········· 25
7 안전보건개선계획 ········· 26
▎실전문제 ········· 29

제3장 재해조사 및 통계분석

1 재해조사의 목적 및 순서 · 34
2 재해발생시의 조치사항 · 34
3 재해발생의 메카니즘(mechanism) · 35
4 불안전한 행동별 원인 · 35
5 통계적 원인 분석 방법 · 35
6 재해율 · 36
7 세이프 티 스코어(SafeT.score) · 38
8 재해손실비 · 38
9 재해사례 연구의 진행단계 · 39
▎실전문제 · 40

제4장 안전점검 및 작업분석

1 안전점검 · 47
2 작업표준 · 48
3 작업위험 분석 · 49
4 동작 경제의 3원칙 · 49
5 안전인증 · 50
6 안전검사 · 52
▎실전문제 · 55

제5장 보호구 및 안전표지

1 보호구의 개요 · 61
2 안전모 · 62
3 눈의 보호구(보안경) · 64
4 안면보호구(보안면) · 66
5 귀 보호구 · 67
6 호흡용 보호구 · 68
7 손의 보호구 · 73
8 발의 보호구 · 74
9 안전대 · 75
10 색채조절 · 77
11 산업안전 표지 · 77

    12 색의 종류 및 사용범위(KSD) ·· 79
    ▌ **실전문제** ··· 81
    ✔ **종합예상문제** ·· 88

▌제2편▐ 산업심리 및 교육

제1장 산업심리학

    1 산업심리학의 정의 및 목적 ·· 119
    2 산업심리학과 관련이 있는 학문 ·· 119
    3 호오도온(Hawthorne) 실험 ·· 119
    4 개성 및 욕구와 사회행동의 기본형태 ·· 120
    5 인간관계의 메커니즘 및 관리방식 ·· 120
    6 집단관리 ·· 121
    7 직장에서의 적응과 부적응 ·· 122
    8 모랄 서어베이 ·· 123
    9 카운셀링(counseling) ·· 123
    10 리더십 ··· 124
    11 적성의 요인 및 적성발견의 방법 ·· 125
    12 성격검사 ··· 126
    13 심리검사 ··· 127
    14 적성배치와 인사관리 ··· 127
    15 안전사고의 요인 ·· 128
    16 산업안전 심리의 요소 ··· 128
    17 재해 빈발설 ·· 129
    18 사고경향성자(재해 누발자, 재해 다발자)의 유형 ································· 129
    19 Lewin. K의 법칙 ··· 130
    20 인간변화의 4단계(인간 변용의 메커니즘) ··· 130
    21 동기부여이론 ·· 130
    22 동기유발요인 ·· 133
    23 착오의 메커니즘 및 착오요인 ·· 133
    24 착시(Optical Illusion) ··· 134
    25 인간의 동작 특성 및 동작실패의 원인이 되는 조건 ··························· 135
    26 간결성의 원리 ·· 136

27 주의력과 부주의 ·· 137
28 의식 수준의 단계 ··· 138
29 피로 ··· 138
30 바이오리듬(biorhythm : 생체리듬) ······································ 140
31 스트레스의 주요원인 ·· 140
▌실전문제 ·· 141

제2장 안전보건교육

1 교육의 3요소 ··· 160
2 학습지도의 정의 및 원리 ·· 160
3 교육지도(학습지도)의 8원칙 ·· 161
4 교육법의 4단계 및 교육시간 ·· 162
5 학습의 이론 ·· 163
6 기억 및 망각 ··· 163
7 연습 ··· 164
8 학습의 전이 ··· 165
9 적응기제(適應機制) ·· 165
10 안전교육의 기본방향 및 목적 ·· 166
11 안전교육의 3단계 ·· 166
12 안전교육의 단계별 교육과정 ·· 167
13 안전교육 계획 ·· 167
14 기능(기술)교육의 진행방법 ··· 168
15 안전교육 방법 ·· 169
16 기업 내 정형교육 ·· 171
17 O·J·T와 off·J·T ··· 172
18 교육방법의 선택 ·· 172
19 시청각 교육 ··· 173
20 강의 계획 ··· 174
21 교육훈련 평가의 기준 ··· 174
22 교육훈련 평가의 4단계 ··· 175
23 교육과목에 따른 학습평가 방법 ··· 175
24 산업안전보건법관련 교육과정별 교육대상 및 교육내용 ······ 175
▌실전문제 ·· 180
✔ 종합예상문제 ·· 194

제2과목 | 인간공학 및 시스템 안전공학

제1장 인간공학

1 안전과 인간공학 ········· 225
2 체계의 특성 및 인간기계 체계 ········· 225
3 작업설계에 있어서의 인간의 가치기준 ········· 227
4 인간 요소적 평가 과정 ········· 227
5 인간공학의 연구 방법 및 인간공학의 기여도 ········· 227
6 체계개발에 있어서의 기준 및 기준의 요건 ········· 228
7 휴먼에러(human error) ········· 229
8 미확인 경우 및 착오의 메커니즘 ········· 230
9 인간 및 기계의 신뢰성 요인 ········· 231
10 신뢰도 ········· 232
11 고장 및 System의 수명 ········· 233
12 인간에 대한 monitoring 방식 ········· 234
13 fail-safety 및 lock system ········· 234
14 체계의 제어 ········· 234
15 인체계측 ········· 235
16 생리학적 측정법 및 작업의 종류에 따른 생리학적 측정법 ········· 236
17 에너지 소모량의 산출 ········· 236
18 작업공간 및 작업대 ········· 237
19 기계 통제장치의 유형 ········· 238
20 통제기기의 설정조건 ········· 238
21 통제 표시비(통제비) ········· 238
22 인간의 특정감각(sensory modality)을 통하여 환경으로부터 받아들이는 자극차원 ········· 240
23 인간기억의 정보량 ········· 240
24 표시장치로 나타내는 정보의 유형 및 표시장치의 종류 ········· 240
25 청각장치와 시각장치의 선택(특정 감각의 선택) ········· 241
26 암호체계 사용상의 일반적인 지침 ········· 241
27 속도압박과 부하압박 ········· 241
28 다중감각입력 및 신호검출이론 ········· 242
29 인간의 기술 ········· 242
30 양립성(compatibility) ········· 243

차 례

31 디스플레이(display)가 형성하는 목시각 ········ 243
32 시각적 표시장치 ········ 243
33 청각적 표시장치 ········ 245
34 동적인 촉각적 표시장치 ········ 246
35 신체 활동 및 생리적 배경 ········ 246
36 조정장치의 저항력 ········ 247
37 이력현상 및 사공간 ········ 247
38 운동관계의 양립성 ········ 248
39 온도와 열 압박 ········ 248
40 조 명 ········ 249
41 휘광(glare)의 처리 ········ 250
42 시각 및 색각 ········ 251
43 소 음 ········ 252
44 진동 및 기동중의 착각 ········ 254
▎실전문제 ········ 255

제2장 시스템 안전공학

1 시스템의 구성요소 및 기능 ········ 280
2 시스템 안전관리 ········ 280
3 시스템 안전의 달성 ········ 281
4 위험성의 분류 및 FAFR ········ 281
5 설비도입 및 제품 개발 단계의 안전성 평가 ········ 282
6 PHA(예비사고분석) ········ 283
7 FHA(결함사고분석) ········ 283
8 FMEA(고장형태와 영향분석) ········ 284
9 CA(위험도 분석) ········ 285
10 DT(디시젼 트리)와 ETA(사상수분석법) ········ 285
11 THERP(인간과오율예측기법) ········ 286
12 MORT(경영소홀과 위험수분석) ········ 286
13 O&SHA(운용 및 지원 위험분석) ········ 286
14 HAZOP(위험 및 운전성 검토) ········ 287
15 멀티플체크 ········ 289
16 위험(risk) 처리(조정)기술 ········ 289
17 F.T.A(결함수 분석법) ········ 289

18 공장설비의 안전성 평가 ··· 293
19 화학설비의 안전성 평가 ··· 294
┃ **실전문제** ·· 296
✔ **종합예상문제** ·· 314

제3과목 | 건설재료학

제1장   목재

1 목재의 장·단점 ··· 357
2 목재의 조직 ·· 357
3 목재의 성분 ·· 358
4 결의 종류에 따른 특성 ·· 358
5 목재의 비중 ·· 358
6 함 수 율 ·· 359
7 열에 의한 성질 ··· 359
8 목재의 강도 ·· 359
9 목재의 방부법 ··· 360
10 목재의 건조 ·· 361
11 목재 제품 ··· 361
┃ **실전문제** ·· 363

제2장   시멘트 및 콘크리트

1 시멘트의 성분 및 주요 구성 화합물·제조법 ······························· 368
2 시멘트의 성질 및 저장 ·· 369
3 시멘트의 종류별 특성 ··· 370
4 콘크리트 개요 ··· 372
5 골 재 ··· 372
6 굳지 않는 콘크리트의 성질 ··· 374
7 경화된 콘크리트의 성질 ··· 377
8 콘크리트 배합 ··· 378
9 시멘트의 혼화재료 ·· 380

10 각종 콘크리트 ··· 380
▌실전문제 ··· 384

제3장 석재 및 점토

1 석재의 분류 및 장·단점 ··· 399
2 석재의 성질 ·· 399
3 석재의 조직 ·· 400
4 석재의 가공 ·· 400
5 각종 석재의 특성 ··· 401
6 석재 제품 ·· 402
7 점토 ·· 403
▌실전문제 ··· 405

제4장 금속재료

1 금속재료의 장·단점 ··· 412
2 철강 ·· 412
3 강의 열처리 ·· 413
4 강의 성질 ·· 414
5 특수강(합금강) ·· 415
6 비철금속 ·· 415
7 금속 제품 ·· 417
▌실전문제 ··· 419

제5장 미장 및 방수 재료

1 미장 재료의 분류 ··· 427
2 응결·경화방식에 따른 미장재료의 분류 ·· 427
3 각종 미장 바름 ··· 428
4 방수 재료 및 방수공법 ·· 429
5 아스팔트 ·· 430
6 아스팔트의 제품 ··· 431
7 코울타르와 피치 ··· 431
8 도막방수법 ·· 432
▌실전문제 ··· 433

제6장 합성수지

1 합성수지와 플라스틱 · 437
2 플라스틱의 장점 및 단점 · 437
3 합성수지의 종류 · 437
4 중요한 합성수지의 성질 및 용도 · 438
5 합성수지 제품 · 440
▌실전문제 · 441

제7장 도료 및 접착제

1 도료의 구성 · 446
2 도막의 원료 · 446
3 도료의 종류 · 447
4 접착제 · 448
▌실전문제 · 450
✔ 종합예상문제 · 456

제4과목 | 건설시공학

제1장 시공일반

1 공사시공 방식 · 495
2 도급업자 선정방법 · 498
3 입찰순서 및 공사순서 · 499
4 공사 시공계획 및 공사현장 관리 · 500
5 공정표 · 501
6 시방서 · 503
▌실전문제 · 505

제2장 토공사

1 흙의 성질 · 512
2 지반조사 · 513

3 토공기계 ··· 514
4 흙막이 ··· 515
5 흙파기 ··· 517
6 지하공법(구체 흙막이 지보공법) ·· 518
▌실전문제 ··· 519

제3장 기초공사

1 지정과 기초 및 지정의 종류 ·· 526
2 보통지정 및 말뚝지정 ·· 527
3 지반개량공법 ·· 529
4 기초 ·· 531
▌실전문제 ··· 532

제4장 철근 콘크리트 공사

1 철근공사 ··· 536
2 거푸집 공사 ··· 538
3 콘크리트 공사 ·· 541
▌실전문제 ··· 545

제5장 철골공사

1 철골작업공작 ·· 557
2 철골 세우기 ··· 561
▌실전문제 ··· 564

제6장 조적공사

1 벽돌공사 ··· 569
2 블록공사 ··· 571
3 석재공사 ··· 573
▌실전문제 ··· 575
✔ 종합예상문제 ·· 580

제5과목 | 건설안전기술

제1장 건설공사 안전의 개요

1 지반의 안전성 ········· 613
2 유해·위험방지계획 ········· 616
3 표준 안전 관리비 ········· 617
▎실전문제 ········· 619

제2장 건설기계안전

1 굴착기계 ········· 626
2 토공기계 ········· 626
3 운반기계 ········· 627
4 법상 차량계 건설기계 및 하역 운반기계 ········· 629
5 건설용 양중기 ········· 632
▎실전문제 ········· 636

제3장 건설재해 및 대책

1 추락재해 ········· 642
2 낙하·비래재해 ········· 645
3 붕괴재해 ········· 646
4 감전안전 ········· 652
▎실전문제 ········· 656

제4장 건설 가시설물 안전

1 비계 설치기준 ········· 667
2 가설통로 설치기준 ········· 670
3 거푸집 설치 기준 ········· 672
▎실전문제 ········· 678

제5장 운반·하역작업 안전 및 기타작업안전

1 운반작업 ·· 696
2 하역작업 ·· 697
3 해체작업 ·· 698
▌ 실전문제 ·· 700
✔ 종합예상문제 ·· 708

부록 | 과년도 기출문제 [건설안전산업기사]

[2020년 과년도 기출문제 & CBT 복원 기출문제]
- 제1회 건설안전산업기사 ··· 735
- 제2회 건설안전산업기사 ··· 755
- 제3회 건설안전산업기사 CBT 복원 기출문제 ··· 775

[2021년 CBT 복원 기출문제]
- 제1회 건설안전산업기사 CBT 복원 기출문제 ··· 793
- 제2회 건설안전산업기사 CBT 복원 기출문제 ··· 810
- 제4회 건설안전산업기사 CBT 복원 기출문제 ··· 829

[2022년 CBT 복원 기출문제]
- 제1회 건설안전산업기사 CBT 복원 기출문제 ··· 847
- 제2회 건설안전산업기사 CBT 복원 기출문제 ··· 867
- 제4회 건설안전산업기사 CBT 복원 기출문제 ··· 886

[2023년 CBT 복원 기출문제]
- 제1회 건설안전산업기사 CBT 복원 기출문제 ··· 907
- 제2회 건설안전산업기사 CBT 복원 기출문제 ··· 926
- 제4회 건설안전산업기사 CBT 복원 기출문제 ··· 943

[2024년 CBT 복원 기출문제]
- 제1회 건설안전산업기사 CBT 복원 기출문제 ··· 961
- 제2회 건설안전산업기사 CBT 복원 기출문제 ··· 980
- 제3회 건설안전산업기사 CBT 복원 기출문제 ··· 999

[2025년 CBT 복원 기출문제]

- 제1회 건설안전산업기사 CBT 복원 기출문제 ·· 1019

CONTENTS

PART 01 | 안전관리론
PART 02 | 산업심리 및 교육

1 과목

산업안전관리론

1편

안전관리론

1장 안전관리 개요

1 안전제일의 유래 및 이념

(1) 안전제일의 유래

    1) U. S. Steel Co.의 게리(E. H. Gary) 사장이 주장
    2) 경영방침 : 안전 제1, 품질 제2, 생산 제3으로 정함89

(2) 안전제일이념 : 인도주의가 바탕이 된 인간존중

(3) 산업안전의 이념(안전관리의 효과)

    1) 인간존중 : 안전제일 이념
    2) 생산성 향상 및 품질향상 : 안전태도 개선 및 손실예방
    3) 기업의 경제적 손실예방 : 재해로 인한 인적·재산손실예방
    4) 대외여론 개선으로 신뢰성 향상 : 노사협력의 경영태세 완성
    5) 사회복지증진 : 경제성 향상

2 사고(accident)의 정의

(1) 원하지 않는 사상(undesired event) : 예측할 수 없는 사상

(2) 비효율적인 사상(inefficient) : 뉴욕대학의 Cutter 교수가 주장

(3) 변형된 사상(Strained event) : stress의 한계를 넘어선 변형된 사상은 모두 사고다.

3 안전사고와 재해

(1) 안전사고 : 고의성이 없는 어떤 불안전한 행동이나 조건이 선행되어 발생하는 사고를 말한다.

(2) 재해(loss, calamity) : 안전사고의 결과로 일어난 인명피해 및 재산의 손실을 말한다.

(3) 무상해 무사고(Near Accident) : 인명이나 물적 등 일체의 피해가 없는 사고를 말한다.(앗차사고, 위험순간 등)

(4) 산업안전보건법상의 산업재해 정의 : 노무를 제공하는 사람이 업무에 관계되는 건설물, 설비, 원자재, 가스, 증기, 분진 등에 의하거나 작업 또는 그밖의 업무에 기인하여 사망 또는 부상하거나 질병에 걸리는 것을 말한다.

(5) 중대재해(시행규칙 제3조)

1) 사망자가 1명 이상 발생한 재해
2) 3개월 이상의 요양이 필요한 부상자가 동시에 2명 이상 발생한 재해
3) 부상자 또는 직업성질병자가 동시에 10명 이상 발생한 재해

> **길잡이**
>
> 안전사고의 본질적 특성
> 1) 사고발생의 시간성   2) 우연성 중의 법칙성
> 3) 필연성 중의 우연성   4) 사고의 재현 불가능성

4 산업재해의 분류

(1) 상해정도별 분류(ILO에 의한 구분)

1) 사망
2) 영구전노동불능(1~3급)
3) 영구일부노동불능(4~14급)
4) 일시전노동불능
5) 일시일부노동불능
6) 구급처치상해(응급조치상해)

(2) 상해종류에 의한 분류

분류항목	세부항목
1. 골절	뼈가 부러진 상해
2. 동상	저온물 접촉으로 생긴 동상 상해
3. 부종	국부의 혈액순환에 이상으로 몸이 퉁퉁 부어오르는 상해
4. 찔림(자상)	칼날 등 날카로운 물건에 찔린 상해
5. 타박상(삐임)	타박, 충돌, 추락 등으로 피부표면 보다는 피하조직 또는 근육부를 다친 상해(삔 것 포함)
6. 절단	신체부위가 절단된 상해
7. 중독 · 질식	음식, 약물, 가스 등에 의한 중독이나 질식된 상해
8. 찰과상	스치거나 문질러서 벗겨진 상해
9. 베임(창상)	창, 칼 등에 베인 상해
10. 화상	화재 또는 고온물 접촉으로 인한 상해

분류항목	세부항목
11. 뇌진탕	머리를 세게 맞았을때 장해로 일어난 상해
12. 익사	물속에 추락해서 익사한 상해
13. 피부염	작업과 연관되어 발생 또는 악화되는 모든 피부질환
14. 청력장해	청력이 감퇴 또는 난청이 된 상해
15. 시력장해	시력이 감퇴 또는 실명된 상해
16. 기타	1-15 항목으로 분류 불능시 상해 명칭을 기재할 것

(3) 재해 형태별 분류

분류항목	세부항목
1. 추락	사람이 건축물, 비계, 기계, 사다리, 계단, 경사면, 나무 등에서 떨어지는 것
2. 전도	사람이 평면상으로 넘어졌을 때를 말함(과속, 미끄러짐 포함)
3. 충돌	사람이 정지물에 부딪힌 경우
4. 낙하·비래	물건이 주체가 되어 사람이 맞은 경우
5. 협착·감김	물건에 끼워진 상태, 말려든 상태
6. 감전(전류접촉)	전기 접촉이나 방전에 의해 사람이 충격을 받은 경우
7. 폭발	압력의 급격한 발생, 개방으로 폭음을 수반한 팽창이 일어난 경우
8. 붕괴·도괴	적재물, 비계, 건축물이 무너진 경우
9. 파열	용기 또는 장치가 물리적인 압력에 의해 파열한 경우
10. 화재	화재로 인한 경우를 말하며 관련물체는 발화물을 기재
11. 무리한동작	무거운 물건을 들다 허리를 삐거나 부자연할 자세나 반동으로 상해를 입는 경우
12. 이상온도 접촉	고온이나 저온에 접촉한 경우
13. 유해물 접촉	유해물 접촉으로 중독이나 질식된 경우
14. 기타	1-13 항목으로 구분 불능 시 발생형태를 기재 할 것

5 재해발생의 메커니즘(mechanism)

(1) 하인리히(Heinrich)의 사고연쇄성 이론[도미노(domino)현상]

1) 1단계 : 사회적 환경 및 유전적 요소
2) 2단계 : 개인적 결함
3) 3단계 : 불안전한 행동 및 불안전한 상태(물리적, 기계적 위험)
4) 4단계 : 사고
5) 5단계 : 재해

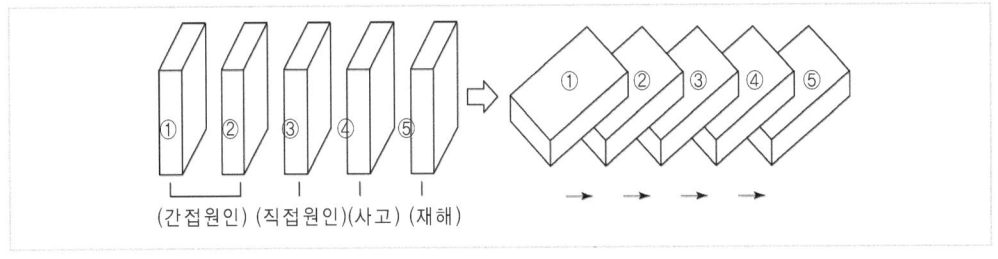

| 재해발생의 원인 |

(2) 버드(Bird)의 최신사고 연쇄성 이론

1) 1단계 : 통제의 부족 – 관리소홀(경영)
2) 2단계 : 기본원인 – 기원(원인론)
3) 3단계 : 직접원인 – 징후
4) 4단계 : 사고 – 접촉
5) 5단계 : 상해 – 손해 – 손실

(3) 아담스(Adams)의 사고연쇄성 이론

1) 1단계 : 관리구조 – 목적, 조직, 운영 등
2) 2단계 : 작전적(전략적) 에러 – 관리자 및 감독자의 행동에러
3) 3단계 : 전술적 에러
4) 4단계 : 사고 – 사고의 발생
5) 5단계 : 상해 또는 손실 – 대인, 대물

6 재해 원인의 연쇄 관계

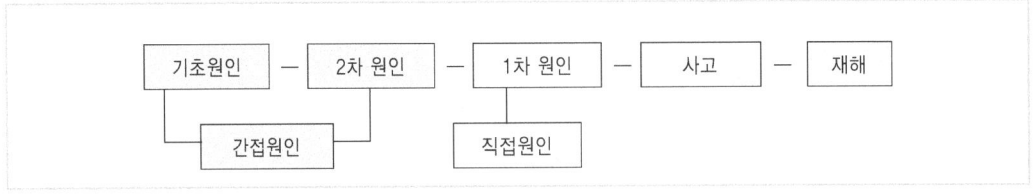

| 재해발생의 원인 |

(1) 간접원인 : 재해의 가장 깊은 곳에 존재하는 재해원인이다.

① 기초원인 : 학교 교육적 원인, 관리적 원인
② 2차원인 : 신체적 원인, 정신적 원인, 안전 교육적 원인, 기술적원인

(2) 직접원인(1차원인) : 시간적으로 사고 발생에 가까운 원인이다.

① 물적원인 : 불안전한 상태 (설비 및 환경 등의 불량)
② 인적원인 : 불안전한 행동

(3) 하인리히(Heinrich)에 의한 사고원인의 분류

① 직접원인 : 직접적으로 사고를 일으키는 불안전 행동이나 불안전한 기계적 상태를 말한다.
② 부원인(sub cause) : 불안전한 행동을 일으키는 이유 (안전작업 규칙들이 위배되는 이유)
  ㉠ 부적절한 태도
  ㉡ 지식 또는 기능의 결여
  ㉢ 신체적 부적격
  ㉣ 부적절한 기계적, 물리적 환경

(4) 직접원인 및 관리적 원인(산업재해조사표)

① 직접원인

1. 불안전한 행동	2. 불안전한 상태
① 위험장소 접근	① 물 자체 결함
② 안전장치의 기능 제거	② 안전 방호장치 결함
③ 복장 보호구의 잘못사용	③ 복장 보호구의 결함
④ 기계 기구 잘못 사용	④ 물의 배치 및 작업장소 결함
⑤ 운전 중인 기계장치의 손질	⑤ 작업환경의 결함
⑥ 불안전한 속도 조작	⑥ 생산 공정의 결함
⑦ 위험물 취급 부주의	⑦ 경계 표시, 설비의 결함
⑧ 불안전한 상태 방치	
⑨ 불안전한 자세 동작	
⑩ 감독 및 연락 불충분	

② 간접원인(관리적원인)

항 목	세 부 항 목	
1. 기술적 원인	① 건물, 기계장치 설계 불량	② 구조, 재료의 부적합
	③ 생산 공정의 부적당	④ 점검, 정비보존 불량
2. 교육적 원인	① 안전의식의 부족	② 안전수칙의 오해
	③ 경험훈련의 미숙	④ 작업방법의 교육 불충분
	⑤ 유해위험 작업의 교육 불충분	
3. 작업관리상의 원인	① 안전관리 조직 결함	② 안전수칙 미제정
	③ 작업준비 불충분	④ 인원배치 부적당
	⑤ 작업지시 부적당	

7 재해발생의 메커니즘 (3가지의 구조적 요소)

(1) **단순자극형(집중형)** : 상호자극에 의해 순간적으로 재해가 발생하는 유형.

(2) **연쇄형** : 하나의 사고요인이 또 다른 요인을 발생시키며 재해를 발생하는 유형.

(3) **복합형** : 연쇄형과 단순자극형의 복합적인 발생유형.

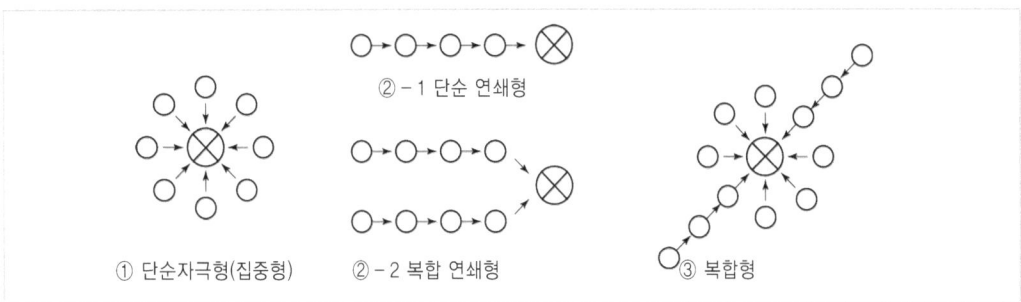

| 재해발생의 메커니즘 |

8 재해발생 비율

(1) **하인리히의 재해구성 비율**

(1 : 29 : 300의 법칙) : 중상 또는 사망 1회, 경상 29회, 무상해 사고 300회의 비율로 발생한다는 것을 나타낸다.

∴ 중상 또는 사망 : 경상 : 무상해 사고=1 : 29 : 300

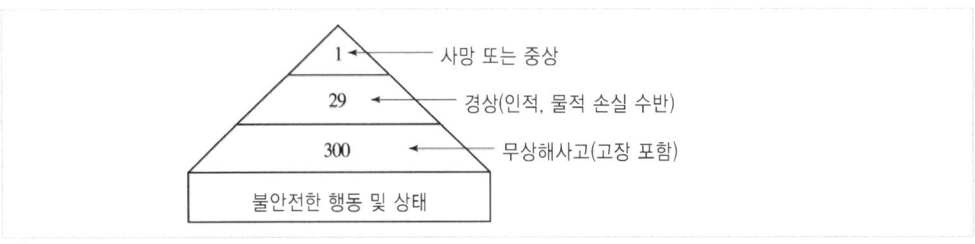

(2) **버드의 재해구성 비율** : 중상 또는 폐질 1, 경상(물적 또는 인적상해) 10, 무상해사고(물적손실) 30, 무상해 무사고 고장(위험순간) 600의 비율로 사고가 발생한다는 이론이다.

∴ 중상 또는 폐질 : 경상 : 무상해 사고 : 무상해 무사고 고장=1 : 10 : 30 : 600

9 재해예방의 원칙 및 위험관리 기법

(1) 재해예방의 4원칙

1) 손실 우연의 원칙
2) 원인 계기의 원칙
3) 예방 가능의 원칙
4) 대책 선정의 원칙

(2) 재해방지의 기본원칙

1) 사고에 의해서 생기는 손실(상해)의 종류와 정도는 우연적이다 (1 : 29 : 300의 법칙). – 손실우연의 원칙
2) 모든 재해는 필연적인 원인에 의해서 발생한다. – 원인 계기의 원칙
3) 재해는 원칙적으로 모두 방지가 가능하다. – 예방가능의 원칙
4) 직접원인(1차원인)에는 그것의 존재 이유가 있다. 이것을 2차원인이라고 한다.
5) 2차원인 이전에는 기초원인이 있다.
6) 가장 효과적인 재해방지 대책의 선정은 이들 원인의 정확한 분석에 의해서 얻어진다. – 대책 선정의 원칙

(3) 위험관리(risk management)의 기법

1) 위험의 제거(remove)
2) 위험의 회피(avoid)
3) 위험의 전가(transfer)
4) 위험의 경감 및 감축(reduction)
5) 위험의 보류(retention)

10 사고 예방대책의 기본원리 (사고방지원리의 단계)

단계별 과정		내용
1단계	조직	① 경영층의 참여 ② 안전관리자의 임명 ③ 안전의 라인 및 참모 조직 구성 ④ 안전활동 방침 및 계획 수립 ⑤ 조직을 통한 안전활동
2단계	사실의 발견	① 사고 및 안전활동 기록 검토 ② 작업분석 ③ 안전점검 및 안전진단 ④ 사고조사 ⑤ 안전회의 및 토의 ⑥ 근로자의 제안 및 여론조사 ⑦ 관찰 및 보고서의 연구 등을 통하여 불안전요소 발견
3단계	분석평가	① 사고보고서 및 현장조사 ② 사고기록 및 인적 물적 조건의 분석 ③ 작업공정 분석 ④ 교육 훈련 분석 등을 통하여 사고의 직접원인 및 간접원인을 규명

4단계	시정방법의 선정	① 기술적 개선　　　　　　② 인사조정(배치조정) ③ 교육 훈련의 개선　　　　④ 안전행정의 개선 ⑤ 규정 및 수칙 작업표준 제도의 개선 ⑥ 확인 및 통제체제 개선
5단계	시정책의 적용(3E 적용)	① 기술적(engineering) 대책　② 교육적(education) 대책 ③ 단속적(enforcement) 대책

※ 3S : ① 표준화(Standardization) ② 전문화(Specification) ③ 단순화(Simplification)
∴ 4S에는 종합화 Synthesization 추가

11 무재해운동 이론

(1) 무재해운동의 이념 3원칙

　　1) 무의 원칙　　　　　2) 참가의 원칙　　　　　3) 선취 해결의 원칙

(2) 무재해운동 추진의 3기둥(무재해운동의 3요소)

　　1) 최고 경영자의 경영자세
　　2) 라인화의 철저(관리감독자에 의한 안전보건의 추진)
　　3) 직장(소집단)의 자주 활동의 활발화

(3) 브레인 스토밍 (B.S. : Brain storming)의 4원칙

　　1) 비평금지 : 좋다, 나쁘다고 비평하지 않는다.
　　2) 자유분방 : 마음대로 편안히 발언한다.
　　3) 대량발언 : 무엇이건 좋으니 많이 발언한다.
　　4) 수정발언 : 타인의 아이디어에 수정하거나 덧붙여 말하여도 좋다.

(4) 운동 실천의 3원칙

　　1) 팀 미팅 기법　　　　2) 선취기법　　　　　3) 문제 해결기법

12 위험예지 훈련

(1) 위험예지 훈련의 안전 선취를 위한 방법

　　1) 감수성 훈련
　　2) 단시간 미팅 훈련
　　3) 문제 해결 훈련

(2) 위험 예지 훈련의 기존 4라운드 진행방법

1) 1R(현상파악) : 어떤 위험이 잠재하고 있는지 사실을 파악하는 라운드 (BS적용)
2) 2R(본질추구) : 가장 위험한 요인(위험 포인트)을 합의로 결정하는 라운드(요약)
3) 3R(대책수립) : 구체적인 대책을 수립하는 라운드 (BS적용)
4) 4R(목표달성 – 설정) : 수립한 대책 가운데 질이 높은 항목에 합의하는 라운드(요약)

(3) TMB (tool box meeting)
5~7명 정도의 인원이 직장, 현장, 공구상자 등의 근처에서 작업 시작 전 5~15분, 작업 종료 시 3~5분 정도의 짧은 시간동안에 행하는 미팅을 말한다.

(4) 단시간 미팅 즉시 적응훈련 진행 요령(TMB 5단계)

1) 제1단계 – 도입(정렬, 인사, 건강 확인, 직장 체조, 목표 제창, 안전 연설)
2) 제2단계 – 점검정비(복장, 보호구, 공구, 사용기기, 재료 등의 점검 정비)
3) 제3단계 – 작업 지시(전달연락 사항, 금일의 작업 지시 5W1H + 위험예지, 지적확인[중점 실시 사항 2point], 복창
4) 제4단계 – 위험예지(설정해 놓은 도해로 one point 위험 예지 훈련 실시)
5) 제5단계 – 확인(one point 지적 확인 연습, touch & call, 끝맺음)

> **주**
> (1) **지적확인** : 작업을 안전하게 오조작 없이 하기 위해 작업공정의 요소요소에서 자신의 행동을(0 0 좋아!) 라고 대상을 지적하여 큰소리로 확인하는 것을 말하는 것으로 대뇌의 긴장도를 높이고 의식수준을 제고하여 작업행동상의 과오를 최소화하려고 하는 기법이다.
> (2) **Touch & call** : 팀의 전원이 각자의 왼손을 서로 맞잡아 둥근원을 만들어 팀의 행동목표나 무재해운동의 구호를 지적확인하는 것을 말한다.

13 ECR의 제안제도

(1) ECR(error cause removal : 과오 원인 제거)

1) 사업장에서 직접 작업을 하는 작업자 스스로가 자기의 부주의 또는 제반오류의 원인을 생각함으로서 작업의 개선을 하도록 하는 제안이다.
2) J.D(Jero Defect)운동에서는 ECR 또는 ECE(error cause elimination)라고도 한다.

(2) 실수 및 과오의 3대 원인

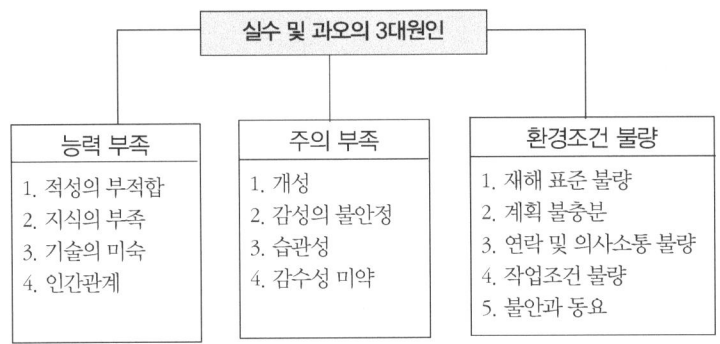

14 안전확인 5가지 운동

(1) **모지 – 마음** : 정신차려서 마음의 준비
(2) **시지 – 복장** : 연락, 신호, 그리고 복장의 정비
(3) **중지 – 규정** : 통로를 넓게, 규정과 기준
(4) **약지 – 정비** : 기계, 차량의 점검, 정비
(5) **새끼손가락 – 확인** : 표시는 뚜렷하게 안전 확인

15 STOP (safety training observation program)

(1) **STOP** : 감독자를 대상으로 한 안전관찰훈련 과정으로 각 계층의 감독자들이 숙련된 안전관찰(safety observation)을 행할 수 있도록 훈련을 실시함으로서 사고의 발생을 미연에 방지하기 위한 것이다.

(2) **안전 감독 실시법** : 관찰사이클 (observation cycle)

　∴ 결심(Decide) – 정지(Stop) – 관찰(Observe) – 조치(Act) – 보고(Report)

실 / 전 / 문 / 제

01
다음 중 안전제일 이념에 해당되는 것은?

① 품질향상   ② 생산성 향상
③ 인간존중   ④ 재산보호

해설
안전관리의 근본이념은 인도주의가 바탕이 된 인간존중에 있다.

02
다음 중 생산활동에서 가지는 "안전의 뜻"에 어긋나는 것은?

① 사고발생원인은 생산저해요인이다.
② 사고처리비용은 사고예방경비보다 크다.
③ 사고예방경비는 생산투자비용에서 제외한다.
④ 안전유지는 근로의욕과 생산성을 향상시킨다.

해설
생산능률을 향상시키는데 필요한 인간의 작업활동과 설비의 가동활동, 재료 투입의 운반활동 등이 모두 평탄하게 유지되려면 안전이 지켜져야 한다. 따라서 안전을 위한 사고예방경비는 당연히 생산투자비용에 포함되어야 한다.

03
"Near Accident"란 무엇을 의미하는가?

① 사고가 일어난 인접 지역
② 사고가 일어난 지점에 계속 사고가 발생하는 지역
③ 사고가 일어나더라도 손실을 전혀 수반하지 않는 재해
④ 사고의 연관성

해설
Near Accident(무상해 무사고) : 인명이나 물적 등 일체의 피해가 없는 사고를 말한다.

04
기업경영에 안전이 중요한 것을 설명한 것과 관계가 먼 것은?

① 근로자의 인도적 측면에서 중요하다.
② 경제적 측면에서 중요하다.
③ 사회공공적 측면에서 중요하다.
④ 생산비 형성요소이므로 중요하다.

해설
사회공공적 측면이 안전과 관계되지만 기업경영의 안전과는 관계가 없다.

05
다음 재해발생 연쇄과정을 설명한 것이다. 옳게 설명한 것은?

① 재해 – 직접원인 – 간접원인 – 사고
② 사고 – 재해 – 간접원인 – 직접원인
③ 간접원인 – 직접원인 – 사고 – 재해
④ 직접원인 – 재해 – 간접원인 – 사고

해설
재해발생 연쇄과정 : 간접원인 → 직접원인 → 사고 → 재해

06
산업재해 발생형태 중 사람이 평면상으로 넘어졌을 때의 사고유형을 무엇이라고 하는가?

① 비래   ② 전도
③ 도괴   ④ 추락

해설
전도는 사람이 평면상으로 넘어졌을 때의 사고유형으로 과속이나 미끄러짐도 포함된다.

Answer ● 01. ③ 02. ③ 03. ③ 04. ③ 05. ③ 06. ②

07
사고방지 책임으로 가장 적절한 것은?

① 모든 안전사고의 책임은 안전관리자에게 있다.
② 안전사고의 1차적 책임은 사고를 발생시킨 개인에게 있다.
③ 최고 책임자는 안전사고에 대한 도의적 책임만 있다.
④ 사고를 발생시킨 사고자의 직속상관은 사고에 대한 책임이 없다.

해설
사고 발생시 1차적인 책임은 사고를 발생시킨 당사자에게 있고, 부서의 장에게 2차적인 책임이 있다.

08
재해발생 과정 의도에서 이론을 옳게 연결시킨 것은?

① 선천적결함 – 개인적결함 – 불안전 행동 및 상태 – 사고 – 재해
② 개인적결함 – 선천적결함 – 사고 – 재해 – 불안전 행동 및 상태
③ 불안전 행동 및 상태 – 개인적결함 – 선천적결함 – 사고 – 재해
④ 개인적결함 – 불안전 행동 및 상태 – 선천적결함 – 재해 – 사고

해설
하인리히의 사고발생의 연쇄성 이론
1) 1단계 : 사회적 환경 및 유전적 요소(선천적 결함)
2) 2단계 : 개인적 결함(인간의 결함)
3) 3단계 : 불안전한 행동 및 상태
4) 4단계 : 사고
5) 5단계 : 재해

09
도미노이론의 핵심단계는?

① 환경
② 개성
③ 불안전 상태 및 행위
④ 재해

해설
불안전한 행동과 불안전 상태는 사고의 직접원인으로 사고예방을 위한 핵심단계에 해당한다. 즉, 사고예방을 위해서는 불안전한 행동과 상태의 배제에 중점을 두어야 한다.

10
Heinrich가 사고원인의 분류에서 부원인(副原因 : Subcause)으로 분류한 것은 다음 중 어느 것인가?

① guard의 미비
② 위험한 배열
③ 불안전한 공정
④ 이기적인 불협조

해설
부원인 : 불안전한 행동이 왜 일어나는가에 대한 이유들이나 안전 작업규칙들이 위배되는 이유들을 나타내는 것으로 다음과 같은 사항이 있다.
1) 부적절한 태도
2) 이기적인 불협조
3) 지식 또는 기능의 결여
4) 신체적 부적격
5) 부적절한 기계적·물리적 환경 등

11
버드(Bird)의 재해발생에 관한 이론중 '기본원인'은 몇 단계에 해당하는가?

① 제1단계
② 제2단계
③ 제3단계
④ 제4단계

해설
버드의 재해발생 이론
1) 1단계 : 통제의 부족 – 관리 소홀
2) 2단계 : 기본원인 – 기원
3) 3단계 : 직접원인 – 징후
4) 4단계 : 사고 – 접촉
5) 5단계 : 상해 – 손해 – 손실

12
산업재해의 원인으로 간접적 원인에 해당되지 않는 것은?

① 기술적 원인
② 물적 원인
③ 정신적 원인
④ 교육적 원인

해설
물적 원인(불안전한 상태) 및 인적 원인(불안전한 행동)은 산업재해의 직접원인에 해당된다.

Answer ➡ 07. ② 08. ① 09. ③ 10. ④ 11. ② 12. ②

13
다음 사고원인에 대한 설명 중에서 틀리는 것은?

① 교육적 원인 : 안전지식의 부족
② 간접원인 : 고의에 의한 사고
③ 인적원인 : 불안전한 행동
④ 직접원인 : 불량환경 및 설비

해설
고의에 의한 사고는 사고의 직접원인에 해당한다.

14
다음 중 재해원인의 분류 중 직접원인에 해당되지 않는 것은?

① 물적원인   ② 1차원인
③ 인적원인   ④ 기초원인

해설
④ 기초원인은 간접원인에 해당된다.

15
산업재해가 발생되는 직접원인은 불안전 상태와 불안전 행동으로 크게 나눈다. 다음 중에서 불안전한 행동에 해당되지 않는 것은?

① 위험장소 접근
② 보호구의 잘못 사용
③ 안전방호장치의 결함
④ 기계기구의 잘못 사용

해설
①, ②, ④는 불안전한 행동, ③은 불안전한 상태이다.

16
다음 사항 중 불안전한 상태는 어느 것인가?

① 무단작업을 한다.
② 안전장치가 없다.
③ 보호구를 착용하지 않는다.
④ 안전장치를 사용하지 않는다.

해설
①, ③, ④항는 불안전 행동에 해당한다.

17
사고의 직접원인 중 인적요인이 아닌 것은?

① 감독 및 연락 불충분
② 안전장치의 기능 제거
③ 운전중인 기계장치의 손질
④ 작업순서의 잘못

해설
작업순서의 잘못은 생산공정의 결함을 나타내는 것으로 사고의 직접원인 중 물적원인에 해당한다.

18
안전사고의 연쇄성에서 안전사고를 방지하기 위해서는 다음 중 어느 것을 제거하는 것이 가장 효과가 있다고 생각하는가?

① 사회적 결함
② 개인적 결함
③ 불안전한 행위와 상태
④ 규정의 미숙지

해설
하인리히는 사고를 방지하기 위해서는 사고와 가장 가까운 원인인 사고의 직접원인 즉, 불안전한 행동과 불안전한 상태를 제거하는 것이 효과적이라고 하였다.

19
산업재해의 조사항목 중 관리적 원인이 아닌 것은?

① 기술적 원인
② 교육적 원인
③ 작업관리상 원인
④ 작업환경의 결함

해설
관리적 원인(산업재해조사표)
1) 기술적 원인 : 건물기계장치 설계 불량, 구조재료의 부적합, 생산방법의 부적당
2) 교육적 원인 : 안전지식의 부족, 안전수칙의 오해, 작업방법의 교육불충분, 유해위험작업의 교육불충분
3) 작업관리상 원인 : 안전관리조직 결함, 안전수칙 미제정, 작업준비 불충분, 인원배치 부적당, 작업지시 부적당

Answer ● 13. ② 14. ④ 15. ③ 16. ② 17. ④ 18. ③ 19. ④

20
산업재해의 원인 중 기술적 원인에 해당되지 않는 것은?

① 생산방법의 부적당
② 점검장비 보전불량
③ 구조재료의 부적합
④ 인원배치 부적당

해설

인원배치 부적당은 작업관리상의 원인에 해당한다.

21
다음 대책 중 기술적인 대책이 아닌 것은?

① 설계제작단계 개선
② 보호구 착용
③ 작업공정 변경
④ 기계장치 배치선정

해설

기술적 대책
1) 안전설계
2) 작업행정의 개선
3) 환경설비의 개선
4) 점검보전의 확립
5) 안전기준의 설정

22
하인리히의 상해비율 분포도 1 : 29 : 300에서 29는 무엇을 뜻하는 것인가?

① 중상해 사고
② 물자손실 사고
③ 경상해 사고
④ 무상해 사고

23
A사업장에서 경상해 사고가 58건 발생하였다면 무상해 사고는 몇 건 발생하는가?

① 150건
② 300건
③ 580건
④ 600건

해설

하인리히의 재해구성비율 1 : 29 : 300법칙에 의해서 29 : 300 = 58 : 600이 된다.

24
어떤 사업장에서 상해 또는 질병이 5명 발생하였는데 이 때 버드(Frank E. Bird Jr.)의 재해 비율 연구에 의한 경상이 일어날 수 있는 회수는 어느 정도인가?

① 50
② 100명
③ 150명
④ 200명

해설

버드의 재해구성비율은 상해 또는 질병(중상 또는 폐질) : 경상(물적 또는 인적 상해) : 무상해 사고(물질적 손실사고) : 무상해 무사고(위험 순간)의 비율이 1 : 10 : 30 : 600이다. 따라서 상해 또는 질병이 5명 발생하였으므로 경상은 5×10 = 50명이 된다.

25
다음 중 재해예방 기본원칙 중 해당되지 않는 것은?

① 대책선정 원칙
② 손실우연 원칙
③ 예방가능 원칙
④ 통계의 원칙

해설

재해예방의 4원칙에는 ①, ②, ③항 이외에 원인계기의 원칙이 있다.

26
사고예방원리가 단계적으로 맞게 된 것은?

① 조직 – 사실의 발견 – 평가분석 – 시정책의 적용 – 시정책의 선정
② 조직 – 사실의 발견 – 평가분석 – 시정책의 선정 – 시정책의 적용
③ 사실의 발견 – 조직 – 평가분석 – 시정책의 적용 – 시정책의 선정
④ 사실의 발견 – 조직 – 평가분석 – 시정책의 선정 – 시정책의 적용

27
사고방지대책을 수립하고자 할 때 Heinrich는 주장하였다. 제1단계로 제일 먼저 하여야 할 것은?

① 안전예산 확보
② 안전점검표 작성
③ 안전조직 편성
④ 안전교육훈련

해설

안전조직편성(제1단계)
1) 경영층의 참여
2) 안전관리자의 임명 및 라인조직구성
3) 안전활동방침 및 안전계획수립
4) 조직을 통한 안전 활동

28
안전 사고방지 기본원칙 중 사실의 발견과 관계가 먼 것은?

① 사고조사　　② 안전조사
③ 안전토의　　④ 교육훈련의 분석

해설

교육훈련의 분석은 사고방지 기본원칙의 제3단계인「분석평가」에 해당되며, **제2단계 사실의 발견**에 관계되는 내용은 다음과 같다.
1) 사고 및 안전활동의 기록검토
2) 작업분석
3) 안전점검 및 안전 진단
4) 사고조사
5) 안전회의 및 토의
6) 종업원의 건의 및 여론조사

29
사고방지의 기본원리 중 그 시정책을 선정하는데 필요한 조치로 볼 수 없는 것은?

① 기술교육 및 훈련의 개선
② 안전행정의 개선
③ 안전점검 및 사고조사
④ 인사조정 및 감독체계의 강화

해설

③은 제2단계 사실의 발견에 해당하며, 제 4단계 시정책의 선정에 관계되는 내용은 다음과 같다.
1) 기술의 개선　　2) 인사조정
3) 교육 및 훈련의 개선　　4) 안전행정의 개선
5) 규정 및 수칙의 개선　　6) 확인 및 통제체제 개선

30
재해방지 대책의 3E가 아닌 것은?

① 기술(Engineering)　　② 환경(Environment)
③ 교육(Education)　　④ 관리(Enforcement)

31
다음 중 Fail Safe를 정의한 것 중 가장 가까운 것은?

① 인적 불안전 행위의 통제방법
② 인력으로 예방할 수 없는 불가항력의 사고
③ 인간-기계계의 최적정 설계
④ 인간 또는 기계, 설비의 결함으로 인하여 사고가 발생치 않도록 설계시부터 안전하게 함

32
다음 중 무재해운동 3원칙에 해당하지 않는 것은?

① 무의 원칙　　② 보장의 원칙
③ 선취의 원칙　　④ 참가의 원칙

33
브레인 스토오밍(Brain storming)의 4원칙과 거리가 먼 곳은?

① 예지훈련　　② 자유분방
③ 대량발언　　④ 수정발언

해설

BS의 4원칙
1) 자유분방　2) 대량발언　3) 수정발언　4) 비평금지

34
무재해운동을 추진하기 위한 운동 3요소가 아닌 것은?

① 경영층의 엄격한 안전방침 및 자세
② 안전활동의 라인화
③ 직장자주활동의 활성화
④ 전종업원의 안전요원화

해설

무재해운동을 추진하기 위한 3기둥(무재해운동의 3요소)
1) 경영자의 엄격한 경영자세 - 사업주
2) 안전활동의 라인화 - 관리감독자
3) 직장자주활동의 활발화 - 근로자

Answer ➡ 28. ④　29. ③　30. ②　31. ④　32. ②　33. ①　34. ④

35
위험예지훈련의 안전선취를 위한 방법이 아닌 것은?

① 실시계획훈련
② 단시간 미팅훈련
③ 문제해결훈련
④ 감수성 훈련종업원의 안전요원화

해설

위험예지훈련은 직장의 팀웍으로 안전을 「전원이 빨리 올바르게」 선취하는 훈련으로, 이는 위험에 대한 개별훈련인 동시에 팀웍훈련이다. 안전을 선취하기 위해서는 다음의 3개의 훈련이 필요하다.
1) 감수성 훈련   2) 단시간 미팅훈련   3) 문제해결 훈련

36
위험예지훈련 4R방식 중 위험의 포인트를 결정하여 지적 확인하는 단계로 옳은 것은?

① 1단계(현상파악)   ② 2단계(본질추구)
③ 3단계(대책수립)   ④ 4단계(목표설정)

해설

위험예훈련의 4R
1) 1R(1단계) – 현상파악 : 사실(위험요인)을 파악하는 단계
2) 2R(2단계) – 본질추구 : 위험요인 중 위험의 포인트를 결정하는 단계(지적확인)
3) 3R(3단계) – 대책수립 : 대책을 세우는 단계
4) 4R(4단계) – 목표설정 : 행동계획(중점 실시항목)을 정하는 단계

37
무재해운동의 추진기법 중 위험예지훈련의 4라운드에서 제2단계 진행방법은 무엇인가?

① 본질추구   ② 현상파악
③ 목표설정   ④ 대책수립

해설

위험예지훈련의 단계 : 현상파악 – 본질추구 – 대책수립 – 목표설정

38
인간의 의식을 강화하고 오류를 감소하며 신속, 정확한 판단과 조치를 위한 효과적인 방법은 다음 어느 것인가?

① 확인 철저
② 환호 응답
③ 지적 확인
④ 작업표준의 교육과 훈련

39
다음 중 문제해결방법이 아닌 것은?

① 현상파악   ② 대책수립
③ 행동목표의 설정   ④ 안전평가

해설

문제해결의 4라운드
1) 1R : 현상파악   2) 2R : 본질추구
3) 3R : 대책수립   4) 4R : 행동목표 설정

40
숙련관찰자가 불안전한 행위를 관찰하기 위한 순서 중 맞는 것은?

① 결심 – 보고 – 정지 – 관찰 – 조치
② 결심 – 정지 – 관찰 – 조치 – 보고
③ 보고 – 정지 – 관찰 – 결심 – 조치
④ 보고 – 결심 – 관찰 – 정지 – 조치

해설

안전감독실시법 : 숙련된 관찰자는 불안전 행위를 관찰하기 위하여 다음의 관찰 cycle을 이용한다.
①결심(decide) → ②정지(stop) → ③관찰(observe) → ④조치(act) → ⑤보고(report) 다시 말하면 숙련된 관찰자는 처음 관찰하기를 결심한 후 불안전한 행위를 효과적으로 관찰하기 위하여 정지한다. 그리고 불안전 행위가 발견되면 그것을 멈추도록 조치하고 그 관찰 및 조치 내용을 보고한다.

41
작업을 하는 작업자 자신이 자기의 부주의 이외에 제반 오류의 원인을 생각함으로써 개선을 하도록 하는 과오 원인제거로 옳은 것은?

① TBM   ② ECR
③ STOP   ④ BS

해설

ECR(Error Cause Removal) : 과오 원인 제거

Answer ➡ 35. ① 36. ② 37. ① 38. ③ 39. ④ 40. ② 41. ②

2장 안전관리 체계 및 운영

1 안전관리 조직의 형태

(1) 라인(Line)조직 형(직계식 조직)

1) 안전관리에 관한 계획에서 실시에 이르기까지 모든 권한이 포괄적이고 직선적으로 행사되며, 안전을 전문으로 분담하는 부분이 없다(생산조직 전체에 안전관리 기능을 부여한다.).
2) 소규모 사업장에 적합하다(100명 이하에 적합).
3) 라인형의 장점
   ① 안전지시나 개선조치가 각 부분의 직제를 통하여 생산업무와 같이 흘러가므로 지시나 조치가 철저할 뿐만 아니라 그 실시도 빠르다.
   ② 명령과 보고가 상하관계 뿐이므로 간단명료하다.
4) 라인형의 단점
   ① 안전에 대한 정보가 불충분하며, 안전전문 입안이 되어 있지 않아 내용이 빈약하다.
   ② 생산업무와 같이 안전대책이 실시되므로 불충분하다.
   ③ 라인에 과중한 책임을 지우기가 쉽다.

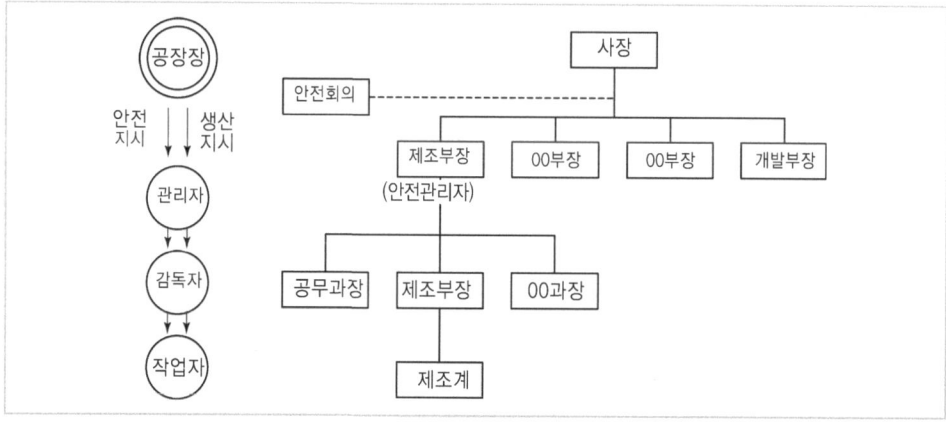

┃ 라인형 안전관리조직 ┃

(2) 스탭(staff)형 (참모식 조직)

1) 안전관리를 담당하는 스탭(참모진)을 두고 안전관리에 관한 계획, 조사, 검토, 권고, 보고 등을 행하는 관리방식이다.
2) 중규모 사업장(100명 이상~500명 미만)에 사용된다.

3) 스탭형의 장점
① 사업장의 특수성에 적합한 기술연구를 전문적으로 할 수 있다(안전지식 및 기술 축적이 용이).
② 경영자의 조언과 자문 역할을 한다.

4) 스탭형의 단점
① 생산 부분에 협력하여 안전 명령을 전달 실시하므로 안전 지시가 용이하지 않으며, 안전과 생산을 별개로 취급하기 쉽다.
② 생산부분은 안전에 대한 책임과 권한이 없다.
③ 권한 다툼이나 조정 때문에 통제 수속이 복잡해지며, 시간과 노력이 소모된다.

(3) 라인(line) · 스탭(staff)형의 복합형(직계, 참모식 조직)

1) 라인형과 스탭형의 장점을 취한 절충식 조직 형태로 안전업무를 전문으로 담당하는 스탭 부분을 두고 생산 라인의 각층에도 겸임 또는 전임의 안전 담당자를 두어서 안전대책은 스탭 부분에서 기획하고, 이것을 라인을 통하여 실시하도록 한 조직 방식이다.

2) 대규모의 사업장(1,000명 이상)에 효율적이다.

3) 라인 · 스탭형의 장점
① 스탭에 의해 입안된 것을 경영자의 지침으로 명령 실시하도록 하므로 정확 · 신속하게 실시된다.
② 안전입안 계획 평가 조사는 스탭에서, 생산기술의 안전대책은 라인에서 실시하므로 안전활동과 생산업무가 균형을 유지할 수 있다.

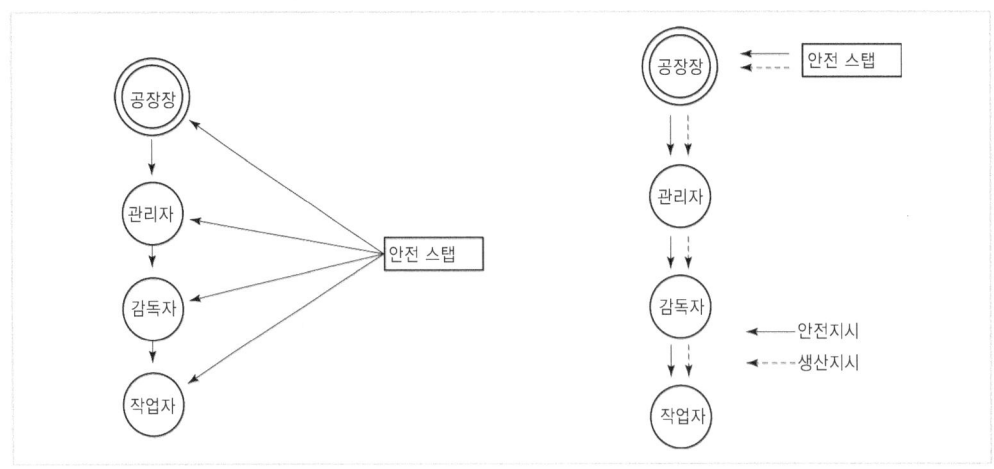

┃ 스탭형 안전관리 조직 ┃   ┃ 라인 · 스탭형 안전관리조직 ┃

4) 라인 · 스탭형의 단점
① 명령계통과 조언 권고적 참여가 혼동되기 쉽다.

② 라인이 스탭에만 의존하거나 또는 활용치 않는 경우가 있다.
③ 스탭의 월권행위의 경우가 있다.

2 산업안전보건법상의 안전 보건관리 조직 체계도 및 업무내용

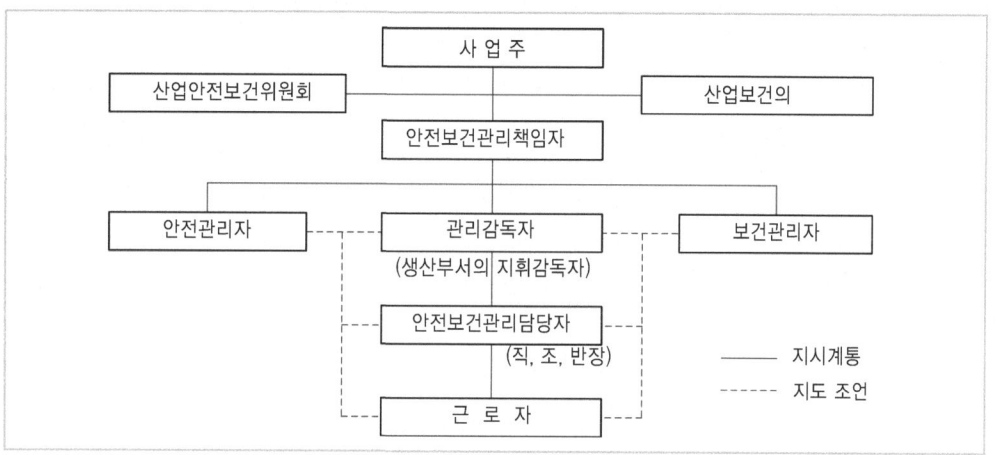

| 안전·보건관리 조직의 체계도 |

(1) 안전보건관리책임자의 업무내용

1) 사업장의 산업재해 예방계획의 수립에 관한 사항
2) 안전보건관리규정의 작성 및 그 변경에 관한 사항
3) 근로자의 안전·보건교육에 관한 사항
4) 작업환경의 측정 등 작업환경의 점검 및 개선에 관한 사항
5) 근로자의 건강진단 등 건강관리에 관한 사항
6) 산업재해의 원인조사 및 재발방지대책의 수립에 관한 사항
7) 산업재해에 관한 통계의 기록, 유지에 관한 사항
8) 안전장치 및 보호구 구입시의 적격품 여부 확인에 관한 사항
9) 그밖에 근로자의 유해, 위험예방조치에 관한 사항으로 고용노동부령이 정하는 사항

(2) 안전관리자의 업무내용

1) 산업안전보건위원회 또는 안전·보건에 관한 노사협의체에서 심의·의결한 업무와 해당 사업장의 안전보건관리규정 및 취업규칙에서 정한 직무
2) 안전인증대상 기계·기구 등과 자율안전확인대상 기계·기구 등의 구입시 적격품의 선정에 관한 보좌 및 지도·조언
3) 위험성 평가에 관한 보좌 및 지도·조언
4) 해당 사업장 안전교육계획의 수립 및 안전교육 실시에 관한 보좌 및 지도·조언

5) 사업장 순회점검 · 지도 및 조치의 건의
6) 산업재해 발생의 원인 조사 · 분석 및 재발방지를 위한 기술적 보좌 및 지도 · 조언
7) 산업재해에 관한 통계의 유지 · 관리 · 분석을 위한 보좌 및 지도 · 조언
8) 법 또는 법에 따른 명령으로 정한 안전에 관한 사항의 이행에 관한 보좌 및 지도 · 조언
9) 업무 수행 내용의 기록 · 유지
10) 그 밖에 안전에 관한 사항으로서 고용노동부장관이 정하는 사항

(3) 관리감독자의 업무내용

1) 사업장내 관리감독자가 지휘 · 감독하는 작업(이하 "해당 작업")과 관련되는 기계 기구 또는 설비의 안전 · 보건점검 및 이상유무의 확인
2) 관리감독자에게 소속된 근로자의 작업복 · 보호구 및 방호장치의 점검과 그 착용 · 사용에 관한 교육 · 지도
3) 해당 작업에서 발생한 산업재해에 관한 보고 및 이에 대한 응급조치
4) 해당 작업의 작업장의 정리정돈 및 통로확보의 확인 · 감독
5) 해당 사업장의 산업보건의 · 안전관리자 및 보건관리자의 지도 · 조언에 대한 협조
6) 위험성 평가에 관한 다음의 업무
   ① 유해, 위험요인의 파악에 대한 참여
   ② 개선조치 시행에 대한 참여
7) 그 밖에 해당 작업의 안전 · 보건에 관한 사항으로서 고용노동부령으로 정하는 사항

3 안전조직의 일반적인 업무내용

구 분	업 무 내 용
경영자(사업주)	① 기본방침 및 안전시책의 시달 ② 안전조직 편성(원활한 안전조직의 확립) ③ 안전예산의 책정 ④ 안전한 기계설비, 작업환경의 유지
관리자	① 구체적인 안전관리 기준 규정의 작성 ② 설비, 공정, 작업방법 등의 안전상의 검토 ③ 위험시 응급조치 ④ 재해조사 및 재해방지 ⑤ 안전 활동의 평가
현장감독자 (현장안전관리의 핵심)	① 작업자 지도 및 교육훈련　② 작업감독 및 지시 ③ 안전점검　　　　　　　　④ 직장안전 회의 ⑤ 재해보고서 작성　　　　⑥ 개선에 관한 의견 상신
작업자	① 작업전 점검 실시　　　　② 보고 및 신호의 이행 ③ 안전작업의 이행　　　　④ 개선 필요시 의견 제시

4 산업안전보건위원회

(1) 산업안전보건위원회를 설치 · 운영해야 할 사업의 종류 및 규모(시행령 별표 9)

사업의 종류	규모
1. 토사석 광업 2. 목재 및 나무제품 제조업 : 가구 제외 3. 화학물질 및 화학제품 제조업 : 의약품 제외(세제, 화장품 및 광택제 제조업과 화학섬유 제조업은 제외) 4. 비금속 광물제품 제조업 5. 1차 금속 제조업 6. 금속가공제품 제조업 : 기계 및 기구는 제외 7. 자동차 및 트레일러 제조업 8. 기타 기계 및 장비 제조업(사무용 기계 및 장비 제조업은 제외) 9. 기타 운송장비 제조업(전투용 차량 제조업은 제외)	상시근로자 50명 이상
10. 농업 11. 어업 12. 소프트웨어 개발 및 공급업 13. 컴퓨터 프로그래밍, 시스템 통합 및 관리업 14. 정보서비스업 15. 금융 및 보험업 16. 임대업 : 부동산 제외 17. 전문 과학 및 기술 서비스업(연구개발업은 제외) 18. 사업지원 서비스업 19. 사회복지 서비스업	상시근로자 300명 이상
20. 건설업	공사금액 120억원 이상 (토목공사업에 해당하는 공사의 경우에는 150억원 이상)
21. 제1호부터 제20호까지의 사업을 제외한 사업	상시근로자 100명 이상

(2) 위원회의 구성

1) 사용자위원

① 해당 사업의 대표자(사업장의 최고 책임자)

② 산업보건의(선임되어 있는 경우에 한함)

③ 안전관리자 1명, 보건관리자 1명

④ 해당 사업의 대표자가 지명하는 9명 이내의 해당 사업장 부서의 장

2) 근로자위원

① 근로자대표(노동조합이 있는 경우에는 노동조합의 대표자)

② 근로자대표가 지명하는 근로자 9명 이내

③ 근로자대표가 지명하는 1명 이상의 명예산업안전감독관(감독관이 위촉되어 는 경우에 한함)

(3) 위원회의 심의 · 의결 사항

1) 안전보건관리책임자의 업무에 관한 사항
2) 중대재해의 원인조사 및 재발방지대책의 수립에 관한 사항
3) 유해 · 위험기계 · 기구와 그밖에 설비를 도입한 경우 안전보건조치에 관한 사항

(4) 위원회의 운영

1) 위원장은 위원 중에서 호선한다. 이 경우 근로자위원과 사용자위원 중 각 1명을 공동위원장으로 선출할 수 있다.
2) 위원회는 3개월마다 정기적으로 개최하며 필요시 임시회를 개최할 수도 있다.

5 안전관리 규정

(1) 안전 · 보건관리 규정의 내용

1) 총칙(목적, 법령 및 제규정과의 관계, 용어의 정의 등)
2) 관리규정(기본조직 및 관리체계, 책임과 직무의 한계, 담당부서의 신설에 따른 업무 관리활동 등)
3) 안전기준(기계, 기구, 설비 등에 대한 안전기준과 보존조치 등)
4) 보건 기준(근로자의 건강관리, 작업환경관리 등)
5) 교육적 대책(교육기준, 안전수칙, 표준작업 등에 대한 기준 등)
6) 하청 사업장의 안전관리기준
7) 보호구 관리에 관한 기준
8) 재해 및 사고에 관한 규칙
9) 색채관리 및 안전표시 등에 관한 기준
10) 안전검사와 안전점검기준

(2) 법상의 안전 · 보건관리규정에 포함시켜야 할 사항(법 제25조)

1) 안전보건관리조직과 그 직무에 관한 사항
2) 안전보전교육에 관한 사항
3) 작업장 안전관리에 관한 사항
4) 작업장 보건관리에 관한 사항
5) 사고조사 및 대책수립에 관한 사항
6) 그밖에 안전보건에 관한 사항

(3) 안전관리규정 작성상의 유의 사항

1) 규정된 기준은 법정기준을 상회하도록 할 것.
2) 관리자층의 직무와 권한, 근로자에게 강제 또는 요청한 부분을 명확히 할 것.
3) 관계 법령의 제 개정에 따라 즉시 개정이 되도록 라인(Line) 활용에 쉬운 규정이 되도록 할 것.
4) 작성 또는 개정시에 현장의 의견을 충분히 반영시킬 것.
5) 규정내용은 정상 시는 물론 이상 시 사고 및 재해 발생시의 조치에 관하여도 규정 할 것.

6 안전관리 계획

(1) 안전관리 계획의 기본방향

1) 현재기준 범위 내에서의 안전 유지 방향
2) 현재 기준의 재설정 방향
3) 문제해결의 방향

(2) 계획수립시의 유의 사항

1) 사업장의 실태에 맞도록 독자적으로 수립하되, 실현가능성이 있도록 한다.
2) 직장단위로 구체적 계획을 작성한다.
3) 계획상의 재해 감소 목표는 점진적으로 수준을 높이도록 한다.
4) 근본적인 안전대책을 강구한다.
5) 복수적인 계획안을 내어 그 중에서 선택한다.

(3) 계획 작성 시 고려해야할 사항

1) 목표와 대책은 평형상태를 유지해야 한다.
2) 대책을 구상하기 전에 조감도를 작성한다.
3) 조감도에 의한 대책의 우선순위 결정시 유의 사항
   ① 목표 달성에 대한 기여도
   ② 대책의 긴급성에 의해 우선순위 결정
   ③ 문제의 확대 가능성의 여부
   ④ 대책의 난이성에 의한 우선순위 결정 지양

(4) 계획내용의 구비조건

1) 구체적인 내용일 것.
2) 타관리 재계획과 균형이 맞을 것.

3) 장기적인 관점에서 일관성이 있을 것
4) 실시 가능한 것일 것
5) 이해 하기가 용이할 것

(5) 평가 : 계획의 완성은 계획 → 실시 → 평가 → 계획수정 → 완성 → 평가를 통해서 이루어진다.

1) 평가시의 유의 사항
  ① 재해건수, 재해율 등의 목표치와 안전활동 자체평가 실시
  ② 다각적인 평가가 되도록 실시
  ③ 평가 결과에 따라 개선 방향 설정

2) 주요평가척도
  ① 절대척도 : 재해건수 등 수치
  ② 상대척도 : 도수율, 강도율 등
  ③ 평정척도 : 양적으로 나타내는 것이며, 양, 보통, 불량 등 단계로 평정
  ④ 도수척도 : %로 나타내는 것.

(6) 안전관리의 사이클(계획의 운용) : 관리의 사이클을 회전시킨다(P → D → C → A).

1) Plan(계획) : 목표를 정하고 달성하는 방법을 계획한다.
2) Do(실시) : 교육, 훈련을 하고 실행에 옮기는 것이다.
3) Check(검토) : 결과를 검토하는 것이다.
4) Action(조치) : 검토한 결과에 의해 조치를 취하는 것이다.

‖ 관리의 사이클 ‖

7 안전보건개선계획

(1) 안전보건개선계획 수립대상 사업장(법 제49조)

1) 산업재해율이 같은 업종의 규모별 평균 산업재해율보다 높은 사업장
2) 사업주가 안전보전조치를 이행하지 아니하여 중대재해가 발생한 사업장
3) 유해인자의 노출기준을 초과한 사업장
4) 대통령령으로 정하는 수 이상의 직업성 질병자가 발생한 사업장

(2) 안전보건진단을 받아 개선계획을 수립, 제출해야 되는 사업장(시행령 제49조)

1) 산업재해율이 같은 업종 평균 산업재해율의 2배 이상인 사업장
2) 사업주가 안전보건조치를 이행하지 아니하여 중대재해가 발생한 사업장
3) 직업성 질병자가 연간 2명 이상(상시 근로자 1,000명 이상 사업장의 경우 3명 이상)인 사업장
4) 그밖에 작업환경불량, 화재·폭발 또는 누출사고 등으로 사업장 주변까지 피해가 확산된 사업장으로서 고용노동부령으로 정하는 사업장

(3) 안전·보건 개선계획서에 포함해야 되는 내용(시행규칙)

① 시설
② 안전·보건교육
③ 안전·보건관리체제
④ 산업재해예방 및 작업환경의 개선을 위하여 필요한 사항

(4) 개선계획의 공통사항과 중점 개선계획

1) 공통사항에 포함되는 항목
   ① 안전·보건관리조직(안전·보건관리책임자 임명, 안전·보건관리자의 임명, 안전담당자 임명)
   ② 안전표지 부착(금지표지, 경고표지, 지시표지, 안내표지, 기타 표지)
   ③ 보호구 착용(작업복, 안전모, 보안경, 방진 마스크, 귀마개, 안전대, 안전화, 기타)
   ④ 건강진단실시(일반건강진단, 특수건강진단, 채용시 건강진단)

2) 중점 개선계획의 항목
   ① 시설(비상통로, 출구, 계단, 급수원, 소방시설, 작업설비, 운반경로, 안전통로, 배연시설, 배기시설, 배전시설 등 시설물의 안전대책)
   ② 기계 장치(기계별 안전장치, 전기장치, 가스장치, 동력전도장치, 운반장치, 용구 공구 등의 보존 상태 등의 안전대책)
   ③ 원료·재료(인화물, 발화물, 유해물, 생산원료 등의 취급방법, 적재방법, 보관방법 등의 안전대책)
   ④ 작업방법(안전기준, 작업표준, 보호구 관리상태 등에 대한 대책)
   ⑤ 작업환경(정리정돈, 청소상태, 채광조명, 소음, 분진, 고열, 색채, 온도, 습도, 환기 등의 개선대책)
   ⑥ 기타(산업안전·보건법, 안전·보건 기준상 조치사항)

(5) 작업공정별 유해 위험 분포도 작성시 포함되는 내용

1) 각 공정 속에 숨어있는 유해 위험요소의 발견
2) 각 공정간의 표준작업의 상태

3) 각 공정별로 종사하는 작업자의 파악
4) 공정상의 기계, 재료, 도구의 공학적 결함 유무
5) 작업조건 및 작업방법 개선
6) 공정에서 발생된 재해 및 사고 분석

실 / 전 / 문 / 제

01
다음 중 안전관리 조직의 기본 방식이 아닌 것은?

① line system ② staff system
③ line – staff system ④ safety system

해설
안전관리 조직의 기본방식
1) line형(직계식) 2) staff형(참모식)
3) line – staff형(직계·참모식)

02
안전문제의 계획에서부터 실시에 이르기까지의 제조명령이 생산라인을 따라서 시달되는 것과 같은 조직형태는 다음의 어느 것이라고 생각하는가?

① 참모식 조직 ② 기능식 조직
③ 단계식 조직 ④ 직계식 조직

해설
직계식 조직(line 형)은 안전지시나 개선조치가 각 부분의 직제를 통하여 생산업무와 같이 흘러가므로 그 지시나 조치가 철저할 뿐만 아니라 그 실시도 빠른 특징을 가지고 있는 조직형태이다.

03
대규모 현장의 안전조직 편성시 가장 중점적으로 고려하여야 할 사항은 다음 중 어느 것인가?

① 권한과 책임을 명확히 한다.
② 안전부서 중심으로 조직한다.
③ 라인형 조직을 채택한다.
④ 라인, 스탭 혼합형은 맞지 않다.

해설
안전관리 조직의 구비조건
1) 조직을 구성하는 관리자의 책임과 권한을 명확히 해야 한다.
2) 회사의 특성과 규모에 부합되게 조직되어야 한다.
3) 조직의 기능이 충분히 발휘될 수 있는 제도적 체계가 갖추어야 한다.
4) 생산 line과 밀착된 조직이어야 한다.

04
안전관리 조직 중 대규모 기업체에 유리한 조직은 다음 중 어느 것이 가장 좋은가?

① 라인형
② 스탭형
③ 라인과 스탭의 혼합형
④ 독립관리형

해설
line형은 100명 미만의 소규모 사업장, staff형은 100~500명 정도의 중규모 사업장, line – staff의 혼합형은 1,000명 이상의 대규모 사업장에 적합한 조직형태이다.

05
다음 안전관리 조직 중 스탭(staff)형의 장점이 아닌 것은?

① 안전정보 수집이 신속하다.
② 안전기술 축적이 용이하다.
③ 안전기술 명령이 신속하다.
④ 경영자의 자문역할을 한다.

해설
③항은 라인(line)형의 장점에 해당된다.

06
안전조직 중 line – staff의 장점을 가장 잘 나타낸 것은?

① 안전전문가에 의해 입안된 것을 경영자의 지침으로 명령, 실시토록 하므로 정확하고 신속하다.
② 안전전문가가 안전계획을 세워 전문적인 문제해결방안을 모색, 대처한다.
③ 안전실시의 지시는 명령계통으로 신속히 전달된다.

Answer ➡ 01. ④ 02. ④ 03. ① 04. ③ 05. ③ 06. ①

④ 경영자의 조언과 자문역할을 한다.

해설
②항과 ④항은 staff형, ③항은 line형의 장점을 설명한 것이다.

07
라인식(직계식)조직의 특성으로 옳지 않은 것은?
① 안전관리 전담요원을 별도로 지정한다.
② 모든 명령은 생산계통을 따라 이루어진다.
③ 규모가 작은 사업장에 적용된다.
④ 참모식 조직보다 경제적인 조직이다.

해설
①항은 스탭형(참모식) 조직의 특징에 해단된다.

08
안전조직 중 안전스탭의 업무사항이 아닌 것은?
① 안전관리목표 및 방침안 작성
② 정보수집과 주지활동
③ 실시계획의 추진
④ 작업자의 적정배치에 대하여 조사한다.

09
안전조직을 설명한 것 중 line – staff에 해당되는 것은?
① 조언이나 권고적 참여가 혼동된다.
② 안전과 생산을 별도로 생각한다.
③ 안전에 대한 정보가 불충분하다.
④ 안전책임과 권한이 생산부분에는 없다.

해설
②항과 ④항은 staff형, ③항은 line형의 특징에 해당한다.

10
참모 및 라인혼합식의 특색이 아닌 것은?
① 모든 근로자가 안전활동에 참여할 기회가 부여된다.
② 특수한 사업장에만 적용된다.
③ 라인 각 층에 안전업무를 겸임시킬 수 있다.
④ 안전활동과 생산업무의 협조가 잘 이루어진다.

11
안전조직의 기능상 경영주가 직접해야할 업무는 어떤 것인가?
① 사고기록 조사 및 분석실시
② 위해요소의 발견과 시정
③ 안전수칙 준수의 이행 감독
④ 안전관리방침의 승인

해설
경영주의 안전업무 내용
1) 안전조직 편성(원활한 안전조직의 확립)
2) 안전예산의 책정
3) 안전한 기계설비 및 작업환경의 유지
4) 기본방침 및 안전시책의 시달(示達)

12
안전보건관리책임자의 업무한계가 아닌 것은?
① 작업환경점검 및 개선에 관한 사항
② 산업재해예방계획수립에 관한 사항
③ 유해위험방지에 관한 사항
④ 건설물 설비작업장소의 위험에 따른 방지조치 사항

해설
안전보건관리책임자의 업무
1) 산업재해예방계획의 수립에 관한 사항
2) 안전보건관리규정의 작성 및 변경에 관한 사항
3) 근로자의 안전·보건교육에 관한 사항
4) 작업환경의 측정 등 작업환경의 점검 및 개선에 관한 사항
5) 근로자의 건강진단 등 건강관리에 관한 사항
6) 산업재해의 원인 조사 및 재발 방지대책의 수립에 관한 사항
7) 산업재해에 관한 통계의 기록 및 유지에 관한 사항
8) 안전·보건과 관련된 안전장치 및 보호구 구입시의 적격품 여부 확인에 관한 사항
9) 그 밖에 근로자의 유해·위험 예방조치에 관한 사항으로서 고용노동부령이 정하는 사항

13
안전관리자의 직무에 해당되지 않는 것은?
① 해당 사업장 안전교육계획의 수립 및 실시
② 직업병 발생시의 원인조사 및 대책수립
③ 산업재해 발생의 원인조사 및 대책수립
④ 안전에 관련된 보호구의 구입시 적격품 선정

Answer ● 07. ① 08. ④ 09. ① 10. ② 11. ④ 12. ④ 13. ②

해설

안전관리자의 업무 내용
1) 산업안전보건위원회 또는 안전 · 보건에 관한 노사협의체에서 심의 · 의결한 업무와 해당 사업장의 안전보건관리규정 및 취업규칙에서 정한 직무
2) 안전인증대상 기계 · 기구 등과 자율안전확인대상기계 · 기구 등의 구입시 적격품의 선정에 관한 보좌 및 지도 · 조언
3) 위험성 평가에 관한 보좌 및 지도 · 조언
4) 해당 사업장 안전교육계획의 수립 및 안전교육 실시에 관한 보좌 및 지도 · 조언
5) 사업장 순회점검 · 지도 및 조치의 건의
6) 산업재해 발생의 원인 조사 · 분석 및 재발방지를 위한 기술적 보좌 및 지도 · 조언
7) 산업재해에 관한 통계의 유지 · 관리 · 분석을 위한 보좌 및 지도 · 조언(안전분야에 한함)
8) 업무 수행 내용의 기록 · 유지
9) 그 밖에 안전에 관한 사항으로서 고용노동부장관이 정하는 사항

14
사업주가 근로자의 안전 또는 보건을 위하는 조치에 따라 근로자가 준수하여야 할 사항 중 옳지 않은 것은?

① 보호구 착용
② 작업중지
③ 작업장 순회점검
④ 대피

해설
③ 작업장의 순회점검은 안전관리자의 업무내용이다.

15
다음 안전관리자가 할 업무에 해당되지 않는 것은?

① 산업재해원인 조사 및 대책수립
② 작업안전에 관한 교육 및 훈련
③ 안전에 관한 보조자 감독
④ 산업재해예방계획의 수립에 관한 사항

해설
산업재해예방계획의 수립에 관한 사항은 안전보건 관리책임자의 업무에 해당된다.

16
산업안전보건위원회의 구성원 중 틀린 것은?

① 관리책임자 2인
② 안전관리자 1인, 보건관리자 1인 및 관리감독자 중에서 사업주가 지명하는 9인 이내
③ 근로자 대표 1인 및 근로자 대표가 추천하는 근로자 9인 이내
④ 산업보건의 1인 이내

해설

산업안전보건위원회의 구성(시행령 제25조의 2)
1) 근로자위원
  ① 근로자대표(노동조합이 있는 경우에는 노동조합의 대표자)
  ② 근로자대표가 지명하는 1명 이상의 명예산업안전감독관(위촉되어 있는 경우에 한함)
  ③ 근로자대표가 지명하는 9명 이내의 근로자(명예산업안전감독관이 지명되어 있는 경우에는 그 수를 제외한 수의 근로자)
2) 사용자위원
  ① 해당 사업의 대표자(동일 사업 내에 지역을 달리하는 사업장은 그 사업장의 최고 책임자)
  ② 안전관리자(대행기관에 위탁한 사업장은 대행기관의 해당 사업장 담당자) 1명
  ③ 보건관리자(대행기관에 위탁한 사업장은 대행기관의 해당 사업장 담당자) 1명
  ④ 산업보건의(선임되어 있는 경우에 한함)
  ⑤ 해당 사업의 대표자가 지명하는 9명 이내의 해당 사업장 부서의 장

17
안전하게 작업을 하기 위하여 갖가지 수칙이 필요하다. 이와 같은 강제규정을 만든 이유 중 가장 근본적인 사항은?

① 생산성이 증대되도록 하기 위해
② 산업손실의 손실 증대
③ 생산제품의 손실 증대
④ 인명과 설비의 피해 방지

해설
안전기준은 최후규제라는 점에서 안전실천에 있어 지키지 않으면 위험하다는 점과 금지되지 않으면 재해를 초래하는 2가지 측면에서 규율로서 강제성을 가지고 규제하는 것이다.

Answer ◐ 14. ③ 15. ④ 16. ① 17. ④

18
다음 중 안전관리자의 직무는?

① 산재발생시의 원인조사 및 대책수립
② 안전보건관리규정의 작성
③ 산업재해에 관한 통계의 기록 유지
④ 안전장치 및 보호구 매입시 적격품 여부 확인

해설
②, ③, ④항은 안전보건관리책임자의 업무내용이다.

19
다음 중 안전관리규정에 포함되어야 할 사항이 아닌 것은?

① 보호구 관리
② 재해 cost 분석 방법
③ 사고 및 재해에 대한 조치
④ 안전표지

해설
안전관리규정의 내용
1) 총칙(목적, 법령 및 제규정과의 관계, 용어의 정의 등)
2) 관리규정(기본조직 및 관리체제, 책임과 직무의 한계 등)
3) 안전기준 및 보건기준
4) 교육적 대책
5) 하청사업장의 안전관리 기준
6) 보호구 관리에 관한 기준
7) 재해 및 사고에 대한 조치
8) 색채관리 및 안전표지 등에 관한 기준
9) 자체검사와 안전점검 기준

길잡이
법상의 안전관리규정에 포함시켜야 할 사항(법 제20조)
① 안전·보건관리조직과 그 직무에 관한 사항
② 안전·보건교육에 관한 사항
③ 작업장 안전관리에 관한 사항
④ 작업장 보건관리에 관한 사항
⑤ 사고조사 및 대책수립에 관한 사항
⑥ 그 밖에 안전·보건에 관한 사항

20
효율적인 안전관리를 위해서는 4가지의 기본 관리 cycle을 갖춰 활동을 되풀이 함으로써 안전관리의 수준이 향상된다. 관리의 조건이 아닌 것은?

① 계획(plan)   ② 예산(budget)
③ 실시(do)   ④ 조치(action)

해설
안전관리의 cycle
① 계획 → ② 실시 → ③ 검토 → ④ 조치

21
안전관리계획 수립시의 유의사항을 나열한 것이다. 틀린 것은?

① 목표는 낮은 수준에서 높은 수준으로 점진적으로 설정할 것
② 근본적인 안전대책을 강구할 것
③ 규정된 기준은 법정기준을 상회하게 할 것
④ 복수적인 안을 넣어 그 중 선택할 것

해설
③항은 안전관리규정의 작성상의 유의사항이다.

22
안전보건개선계획서를 작성하려고 한다. 이 때 포함시켜야 할 사항이 아닌 것은?

① 안전보건교육
② 시설
③ 산업재해예방 및 작업환경개선
④ 보호구

해설
안전보건개선계획서의 내용
1) 시설
2) 안전보건교육
3) 안전보건관리체제
4) 산업재해예방 및 작업환경의 개선

23
개선계획을 작성함에 있어서 먼저 공정도를 작성하지 않으면 안된다. 공정별 유해위험 분포도를 작성할 때의 중요 포인트에 해당되지 않는 것은?

① 공정내의 유해위험인자의 발견
② 공정별 종사인원의 파악
③ 각 공정간의 작업의 흐름에 따른 표준 작업 관계
④ 각 공정별 종사자의 적성

Answer ⊃ 18. ① 19. ② 20. ② 21. ③ 22. ④ 23. ④

해설

작업공정별 유해위험분포도 작성시 반드시 포함되어야 할 항목
1) 공정별 유해위험요인 발견
2) 공정별로 종사하는 근로자 파악
3) 공정에서 발생된 재해 및 사고 분석
4) 각 공정간의 표준작업의 상태
5) 공정간의 기계, 재료, 도구의 공학적 결함 유무
6) 작업조건 및 작업 방법 개선

24
안전보건개선계획의 공통사항에 포함되지 않는 항목은?

① 안전보건관리조직
② 보호구 착용
③ 안전보건관리예산
④ 건강진단실시

해설

개선계획의 공통사항
1) 안전보건관리조직   2) 안전표지 부착
3) 보호구 착용   4) 건강진단실시
5) 참고사항

25
산업안전 중점개선계획 중 시설항목이 아닌 것은?

① 소방시설   ② 안전통로
③ 계단, 출구   ④ 동력전도장치

해설

중점개선계획의 항목
1) 시설 : 비상통로, 출구, 계단, 급수원, 소방시설, 작업설비 운반경로, 안전통로, 배연시설, 배기시설, 배전시설 등 시설물의 안전대책
2) 기계장치 : 기계별 안전장치, 전기장치, 가스장치, 동력전도 장치, 운반장치, 공구 등의 보전상태 등의 안전대책
3) 원료·재료 : 인화물, 발화물, 유해물, 생산원료 등의 취급 및 적재방법, 보관방법 등의 안전대책
4) 작업방법 : 안전기준, 작업표준, 보호구 관리상태 등에 대한 대책
5) 작업환경 : 정리정돈, 청소상태, 채광조명, 소음, 분진, 고열, 색채, 습도, 환기 등의 개선대책

26
다음 중 안전 보건 개선 대상 사업장에 속하지 않는 것은?

① 전년도 안전보건개선계획 실시작업장으로서 개선계획에 의한 개선조치가 완료되지 아니한 사업장
② 황 등 유해물질을 제조 사용하는 작업장으로서 설비의 개선이 미비한 사업장
③ 해당사업장의 재해율이 동종업종의 평균재해율 보다 낮은 사업장
④ 유해물질 중독사고가 발생하는 사업장

해설

③항, 해당 사업장의 재해율이 동종 업종의 산업재해율보다 높은 사업장

27
안전보건진단기관의 안전평가를 받아 개선 계획을 수립하여 제출해야 할 사업장이 아닌 것은?

① 중대재해발생 사업장 중 재해발생이전 1년간 재해율이 전년도 동종업종 평균재해율을 초과하는 사업장
② 작업환경불량, 직업병 유소견자발생, 화재. 폭발 또는 누출 사고로 사회적 물의를 야기한 사업장
③ 직업병 유소견자가 연간 2명 이상 발생한 사업장
④ 재해율이 동종업종 평균재해율의 3배 이상인 사업장

해설

④는 3배 이상이 아니라 2배 이상이다.

Answer ➡ 24. ③ 25. ④ 26. ③ 27. ④

3장 재해조사 및 통계분석

1 재해조사의 목적 및 순서

(1) **재해조사의 목적** : 동종재해 및 유사재해의 재발방지
(2) **재해조사의 순서** : ① 현장확인 → ② 목격자 및 관계자 진술 → ③ 자료수집 → ④ 검증(사고의 실연 검증) → ⑤ 분석평가 → ⑥ 재확인

2 재해발생시의 조치사항

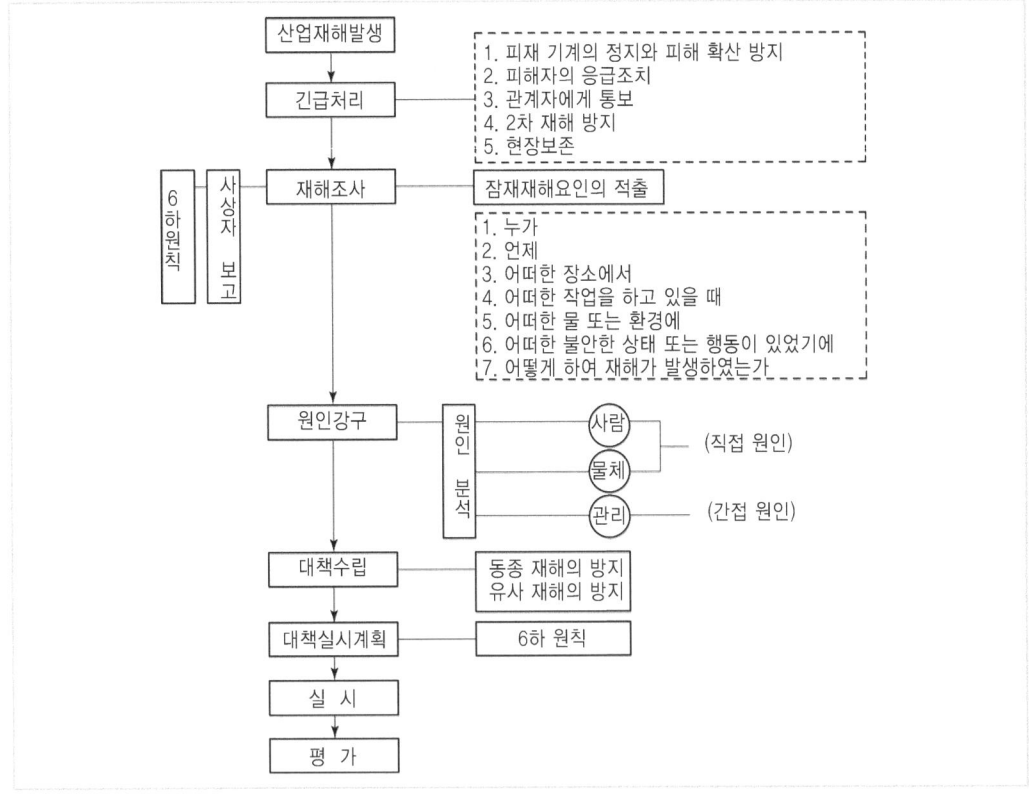

3 재해발생의 메카니즘(mechanism)

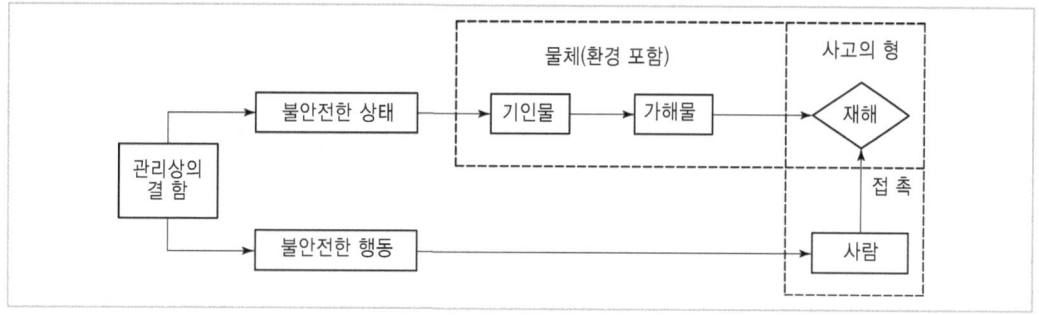

| 재해발생의 기본적 모델 |

(1) **사고의 형(型)** : 물체와 사람과의 접촉의 현상을 말한다.

   1) 물체가 사람에 직접 접촉한 현상
   2) 사람이 유해 환경 하에 폭로된 현상

(2) **기인물과 가해물**

   1) 기인물 : 불안전한 상태에 있는 물체(환경포함)
   2) 가해물 : 직접 사람에게 접촉되어 위해를 가한 물체

4 불안전한 행동별 원인

(1) **안전 작업표준 미작성** : 무단 작업 실시로 재해발생
(2) **작업과 안전 작업표준에 상이** : 설비, 작업의 수시변경으로 재해발생
(3) **안전 작업표준의 결함** : 작업분석의 불완전으로 일어남
(4) **안전 작업표준의 몰이해** : 안전교육에 결함이 있음
(5) **안전 작업표준의 불이행** : 안전태도에 문제가 있음

5 통계적 원인 분석 방법

(1) **파렛토도** : 분류 항목을 큰 순서대로 도표화 한 분석법
(2) **특성 요인도** : 특성과 요인관계를 도표로하여 어골상으로 세분화 한분석법
(3) **크로스(Cross)분석** : 데이터(data)를 집계하고 표로 표시하여 요인별 결과 내역을 교차한 크로스 그림을 작성하여 분석하는 방법

(4) 관리도 : 재해발생 건수 등의 추이를 파악하여 목표관리를 행하는데 필요한 월별 재해발생수를 그래프화하여 관리선을 설정관리하는 방법

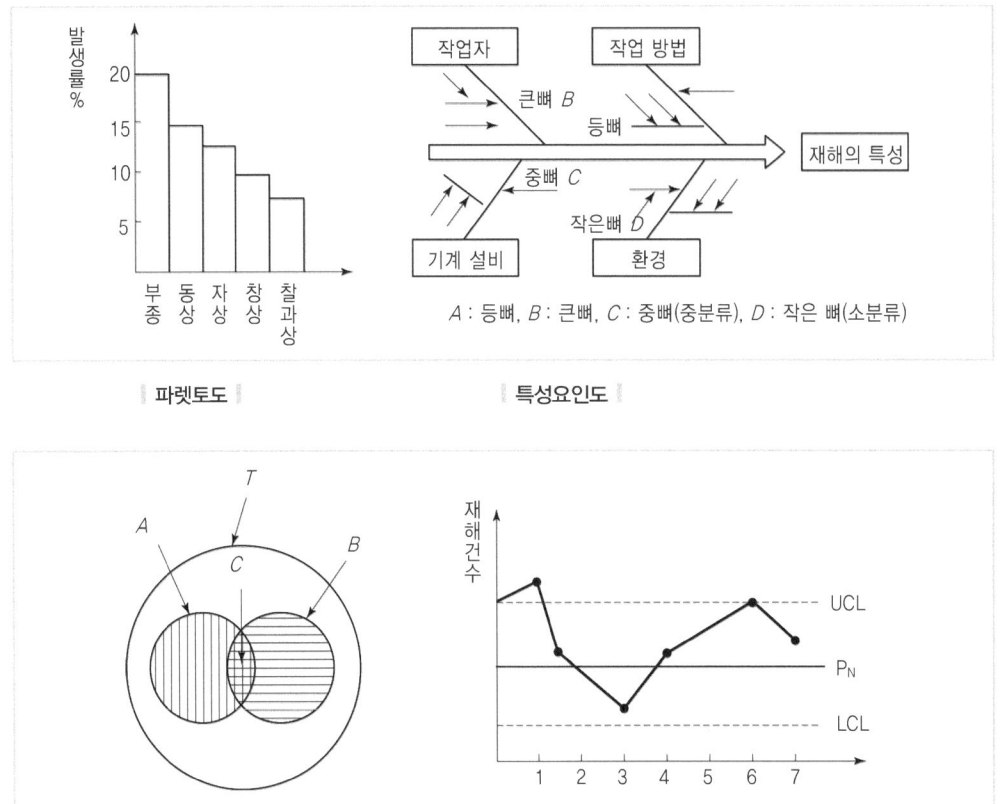

6 재해율

(1) **연천인율(年千人率)** : 근로자 1,000인당 1년간에 발생하는 사상자수를 나타낸다.

$$\therefore 연천인율 = \frac{사상자수}{연평균근로자수} \times 1,000$$

  1) 사상자수 : 사망자, 부상자, 직업병의 환자수를 합한 것
  2) 월천인율 $= \frac{월사상자수}{월평균근로자수} \times 1,000$

(2) **도수율(Frequency Rate of Injury : FR)** : 산업재해의 발생빈도를 나타내는 것으로, 연 근로시간 합계 100만 시간당의 재해발생건수이다.

$$\therefore \text{도수율} = \frac{\text{재해발생건수}}{\text{연근로시간수}} \times 10^6$$

1) 연근로시간수 : 1일 8시간, 1개월 25일, 연 300일을 시간으로 환산한 연 2,400시간

∴ 연근로시간수 = 2,400 × 근로자수

2) 도수율(빈도율) : 재해의 양을 나타냄

(3) 연천인율과 도수율과의 관계

∴ 연천인율 = 도수율 × 2.4

$$\therefore \text{도수율} = \frac{\text{연천인율}}{2.4} \times 100$$

(4) 강도율(Severity Rate of Injury : SR) : 재해의 경중, 즉 강도를 나타내는 척도로서 연 근로시간 1,000시간당 재해에 의해서 잃어버린 근로손실일수를 말한다.

$$\therefore \text{강도율} = \frac{\text{근로손실일수}}{\text{연근로시간수}} \times 1,000$$

> **길잡이**
>
> 근로손실일수의 산정기준(국제기준)
> ① 사망 및 영구전노동불능(신체장해등급 : 1 – 3) : 7500일
> ② 영구일부노동불능(신체장해등급 : 4 – 14) : 다음과 같다
>
> | 신체장해등급 | 4 | 5 | 6 | 7 | 8 | 9 | 10 | 11 | 12 | 13 | 14 |
> |---|---|---|---|---|---|---|---|---|---|---|---|
> | 근로손실일수 | 5,500 | 4,000 | 3,000 | 2,200 | 1,500 | 1,000 | 600 | 400 | 200 | 100 | 50 |
>
> ③ 일시전노동불능 : 휴업일수×300/365

(5) 환산 도수율 및 환산 강도율

1) 입사에서 퇴직할 때까지 평생 동안(40년)의 근로시간인 10만시간당 재해건수를 환산 도수율이라 한다.

$$\therefore \text{환산 도수율}(F) = \frac{\text{도수율}}{10}$$

2) 10만시간당 근로손실일수를 환산 강도율이라 한다.

∴ 환산 강도율(S) = 강도율×100

(6) 종합재해지수(도수강도치 : F.S.I)

$$\therefore \text{도수강도치}(F.S.I) = \sqrt{\text{도수율}(F) \times \text{강도율}(S)}$$

7 세이프 티 스코어(Safe T. score)

(1) **세이프 티 스코어** : 과거와 현재의 안전 성적을 비교 평가하는 방법으로 단위가 없으며 계산 결과(+)이면 나쁜 기록, (−)이면 과거에 비해 좋은 기록으로 본다.

$$\therefore 세이프\ 티\ 스코어 = \frac{빈도율(현재) - 빈도율(과거)}{\sqrt{\frac{빈도율(과거)}{근로총시간수(현재)} \times 10^6}}$$

(2) 판정기준

1) +2.0 이상인 경우 : 과거보다 심각하게 나빠짐
2) +2.0 ~ −2.0 : 심각한 차이 없음
3) −2.0 이하 : 과거보다 좋아짐

8 재해손실비

(1) 하인리히(Heinrich) 방식

$$\therefore 총재해\ cost = 직접비 + 간접비$$

1) **직접비 : 간접비 = 1 : 4**
2) **직접비** : 법령으로 정한 피해자에게 지급되는 산재보상비를 말한다.
   ① 휴업보상비 : 평균임금의 100분의 70에 상당하는 금액
   ② 장해보상비 : 신체장해가 남는 경우에 장해등급에 의한 금액
   ③ 요양보상비 : 요양비의 전액
   ④ 장의비 : 평균임금의 120일 분에 상당하는 금액
   ⑤ 유족보상비 : 평균임금의 1,300일분에 상당하는 금액
   ⑥ 기타 유족특별보상비, 장해특별보상비, 상병보상연금 등
3) **간접비** : 재산손실, 생산중단 등으로 기업이 입은 손실로서 정확한 산출이 어려울 때에는 직접비의 4배로 산정하여 계산한다.
   ① 인적손실 : 본인 및 제3자에 관한 것을 포함한 시간손실
   ② 물적손실 : 기계, 공구, 재료, 시설의 복구에 소비된 시간손실 및 재산손실
   ③ 생산손실 : 생산 감소, 생산중단, 판매 감소 등에 의한 손실
   ④ 기타손실 : 병상위문금. 여비 및 통신비, 입원중의 잡비, 장의비용 등

(2) 시몬즈(R.H.Simonds)방식

$$\therefore 총재해\ cost = 산재보험\ 코스트 + 비\ 보험\ 코스트$$

1) 산재보험 코스트 : 산업재해보상보험법에 의해 보상된 금액과 보험회사의 보상에 관련된 제 경비 및 이익금을 합친 금액

2) 비 보험 코스트 = (휴업상해건수×A) + (통원상해건수×B) + (응급조치건수×C) + (무상해 사고 건수×D)
   여기서 A, B, C, D는 장해 정도별에 의한 비 보험 코스트의 평균치

3) 재해의 종류
   ① 휴업상해 : 영구 일부 노동 불능 및 일시 전 노동 불능
   ② 통원상해 : 일시 일부 노동 불능 및 의사의 통원조치를 필요로 한 상해
   ③ 응급조치상해 : 응급조치 상해 또는 8 시간미만 휴업 의료조치 상해
   ④ 무상해 사고 : 의료조치를 필요로 하지 않는 상해사고 및 20달러 이상 재산손실 또는 8 시간 이상 손실을 발생한 사고

9 재해사례 연구의 진행단계

(1) 전제조건 : 재해 상황의 파악(재해상황)

   1) 재해발생 일시 및 장소
   2) 업종 및 규모
   3) 상해의 상황(상해의 부위, 정도, 성질)
   4) 물적피해 상황
   5) 피해근로자의 특성
   6) 사고의 형태
   7) 기인물
   8) 가해물
   9) 조직 계통도
   10) 재해현장도면

(2) 제1단계 : 사실의 확인

   1) 사람에 관한 것
   2) 물건에 관한 것
   3) 관리에 관한 것

(3) 제2단계 : 문제점의 발견

(4) 제3단계 : 근본적 문제점 결정

(5) 제4단계 : 대책의 수립

실 / 전 / 문 / 제

01
재해조사의 목적을 가장 적절하게 설명한 것은?

① 책임소재를 규명하기 위하여
② 직접적인 사고원인을 찾아내기 위하여
③ 동종재해 재발방지를 위하여
④ 발생빈도가 많은 사고를 찾아내기 위하여

해설

재해조사의 목적 : 동종 및 유사한 재해의 재발방지를 주목적으로 하여 ① 재해발생의 원인 분석 ② 재해예방의 적절한 대책 수립 ③ 불안전한 상태와 행동 등을 파악하기 위한 것이다.

02
다음 중 재해조사시 유의사항이 아닌 것은?

① 조사자는 주관적이고 공정한 입장을 취한다.
② 조사목적에 무관한 조사는 피한다.
③ 조사는 현장이 변경되기 전에 실시한다.
④ 목격자나 현장책임자의 진술을 듣는다.

해설

조사자는 객관적인 입장에서 공정하게 조사하며, 조사는 2인 이상이 한다.

03
재해발생시 조치할 사항을 옳게 연결한 것은?

① 재해조사 – 원인분석 – 대책수립 – 응급조치(긴급조치)
② 긴급조치 – 재해조사 – 원인분석 – 대책수립
③ 대책수립 – 원인분석 – 긴급조치 – 재해조사
④ 재해조사 – 대책수립 – 원인분석 – 긴급조치

해설

재해발생시 조치순서
1) 긴급조치　　　　2) 재해조사
3) 원인강구(원인분석)　4) 대책 수립
5) 대책실시계획　　6) 실시
7) 평가

04
재해발생시 긴급처리 순서를 알맞게 기술한 것은?

① 피해자의 응급조치 – 피재기계의 정지 – 통보 – 2차 재해방지 – 현장보존
② 피재기계의 정지 – 통보 – 2차 재해방지 – 피해자의 응급조치 – 현장보존
③ 피해자의 응급조치 – 피재기계의 정지 – 2차 재해방지 – 통보 – 현장보존
④ 피재기계의 정지 – 피해자의 응급조치 – 통보 – 2차재해방지 – 현장 보존

해설

재해발생시 긴급처리 순서
1) 피재기계의 정지 및 피해확산 방지
2) 피해자의 응급조치
3) 관계자에게 통보
4) 2차 재해방지
5) 현장보존

05
산업재해 조사 항목 중 관리적 원인이 아닌 것은?

① 기술적 원인　　② 교육적 원인
③ 작업 관리상 원인　④ 환경적 원인

해설

관리적 원인(산업재해 조사표)
1) 기술적 원인 : 건물기계장치 설계불량, 구조재료의 부적합, 생산방법의 부적당
2) 교육적 원인 : 안전지식의 부족, 안전수칙의 오해, 작업방법의 교육불충분, 유해위험작업 교육불충분
3) 작업관리상 원인 : 안전관리조직 결함, 안전수칙 미제정, 작업준비 불충분, 인원배치 부적당, 작업지시 부적당

Answer ● 01. ③　02. ①　03. ②　04. ④　05. ④

06
근로자가 작업대에서 작업 중 지면에 떨어져 상해를 입었다. 기인물과 가해물이 맞게 표기된 것은 어느 것인가?

① 기인물 – 지면, 가해물 – 작업대
② 기인물 – 작업대, 가해물 – 지면
③ 기인물 – 지면, 가해물 – 지면
④ 기인물 – 작업대, 가해물 – 작업대

해설

기인물과 가해물
1) 기인물 : 불안전한 상태에 있는 물체(환경포함)
2) 가해물 : 직접 사람에게 접촉되어 위해를 가한 물체

07
작업자가 바닥에 미끄러지면서 상자에 머리를 부딪쳐 머리에 상처를 입었다. 이 때 기인물은?

① 바닥   ② 상자
③ 바닥과 상자   ④ 머리

해설

기인물은 바닥이며 가해물은 상자이다.

08
통계적 원인분석에서 재해통계방법으로 잘 사용되지 않는 것은?

① 파렛토도   ② 크로스 분석
③ 관리도   ④ 실험계획도

해설

통계적 원인분석에 주로 사용되는 방법
1) 파렛토도   2) 특성요인도
3) 크로스 분석   4) 관리도

09
재해원인분석의 기본적 모델에 맞지 않은 것은?

① 기인물   ② 재해 형태
③ 가해물   ④ 불안전 조치

10
작업자가 공구를 운반 중 공구를 떨어뜨려 발을 다쳤다. 기인물과 가해물은?

① 기인물 – 공구, 가해물 – 낙하물
② 기인물 – 낙하물, 가해물 – 공구
③ 기인물 – 낙하물, 가해물 – 낙하물
④ 기인물 – 공구, 가해물 – 공구

해설

기인물은 불안전한 상태에 있는 물체(환경포함)를 뜻하며, 가해물은 직접사람에게 접촉되어 위해를 가한 물체를 말한다.

11
다음은 재해조사에 필요한 용어를 설명한 것이다. 그 가운데 '불안전한 행동'의 용어에 해당하는 것은?

① 불안전한 행동이나 불안전한 상태로 이르게 한 관리. 감독자의 불충분한 관리. 감독의 상태를 말한다.
② 근로자의 불건전한 정신적 또는 신체적 요소와 상태를 말한다.
③ 사고를 가져오게 한 근로자 자신의 행동에 대한 불안전한 요소를 말한다.
④ 사고를 가져오게 한 기계, 장치 또는 기타의 환경 등을 말한다.

해설

불안전한 행동은 안전한 상태를 불안전한 상태로 바꾸어 놓는 행위나 재해를 가져오게 한 근로자 자신의 행동에 대한 불안전한 요소를 말한다.

12
다음 설명 중 틀린 것은?

① 재해통계의 내용은 그 활용목적을 충족할 수 있을 만큼 충분하여야 한다.
② 재해통계는 안전활동을 추진하기 위한 자료이지 안전활동은 아니다.
③ 재해통계를 근거로 하여 조건이나 상태를 추측하여야 한다.
④ 이용 및 활용가치가 없는 통계는 그것을 작성하기 위한 시간과 비용의 낭비임을 알아야 한다.

Answer ➡ 06. ② 07. ① 08. ④ 09. ④ 10. ④ 11. ③ 12. ③

해설

재해통계 작성시 고려할 사항 : ①, ②, ④항 이외에 다음과 같은 사항이 있다.
1) 재해통계를 근거로 하여 조건이나 상태를 추측해서는 안된다(통계의 사실을 정확하게 읽고 이해하며 판단하여야 한다)
2) 재해통계 그 자체를 중시해서는 안 된다. 다만, 읽고 이해된 경향과 성질의 활용을 중요시 해야 한다.

13
재해요인 분석 중 특성 요인의 설명이 틀린 것은?

① 특성이란 다른 것과는 다른 특유의 성질이다.
② 특성이란 사고의 형이나 재해의 현상과는 무관하다.
③ 요인이란 재해를 일으키게 된 직접원인과 간접원인을 총칭한다.
④ 특성이란 작업의 결과 나타나는 안전보건의 상황 가운데 재해요인을 포함한 문제점을 뜻한다.

해설

특성요인도의 뜻
1) 「특성」이란 다른 것과는 다른 특유의 성질을 말하며, 재해요인분석에 있어서 「특성」이란 작업의 결과 나타나는 안전보건의 상황 가운데 재해요인을 포함한 문제점이라는 뜻이며, 사고의 형이나 재해의 현상으로 포착된다.
2) 「요인」이란 재해를 일으키게 된 직접원인 및 간접원인을 총칭하는 재해요인을 뜻한다.
3) 「특성요인도」는 특성과 요인관계도를 도표로 하여 어골상(魚骨狀)으로 나타내어 재해요인을 분석하는데 사용한다.

14
불안전한 행동의 원인에 해당되지 않는 것은?

① 불안전한 설계 및 위험한 배치
② 안전작업표준 미작성
③ 작업과 안전작업표준의 상이
④ 안전작업표준에 결함

해설

불안전한 행동별 요인
1) 안전작업표준 미작성 : 무단작업실시로 재해가 발생한다
2) 작업과 안전작업표준의 상이 : 설비, 작업의 수시 변경으로 재해가 발생한다.
3) 안전작업표준에 결함 : 작업 분석의 불안전으로 일어난다.
4) 안전작업표준의 몰이해 : 안전교육에 결함이 있다.
5) 안전작업표준의 불이행 : 안전태도에 문제가 있다.

15
어느 공장의 근로자가 180명이고 6건의 재해가 발생했다면 천인율은 얼마인가? (단, 하루 8hr 일하며, 300일 근무)

① 13.89 ② 33.34
③ 43.69 ④ 12.79

해설

천인율 $= \dfrac{6}{180} \times 1,000 = 33.33$

16
어떤 공장에서 80명의 근로자가 1일 8시간, 연간 300일 작업하여 연간근로시간수는 192,000시간이었다. 이기간 동안 5명의 부상자를 냈을 때 도수율은 얼마가 되겠는가?

① 37.8 ② 16.0
③ 26.0 ④ 16.5

해설

도수율 $= \dfrac{5}{192,000} \times 10^6 = 26$

17
도수율이 1.5라면 연천인율은 얼마인가?

① 1.5 ② 3
③ 3.6 ④ 7.2

해설

연천인율 = 도수율 × 2.4 = 1.5 × 2.4 = 3.6

18
근로자 2,000명이 1년간 300일(1일 8시간)작업하는데 1명의 사망자와 의사진단에 의한 휴업일수 60일의 손실을 가져왔다. 강도율은 얼마인가?

① 1.84 ② 11
③ 1.29 ④ 1.57

해설

강도율 $= \dfrac{7500 + (60 \times 300/365)}{2,000 \times 2,400} \times 1,000 = 1.57$

Answer ► 13. ② 14. ① 15. ② 16. ③ 17. ③ 18. ④

19
재해율을 계산할 때 사망의 경우 사망자 1인의 근로손실일수를 얼마로 보는가?

① 10,500일 ② 9,000일
③ 7,500일   ④ 6,000일

해설
사망 및 영구전노동불능(1~3급)의 근로손실일수 7,500일은 사망자의 평균연령을 30세, 근로가능연령을 55세로 하여 그 차이인 25년 동안에 대한 근로손실일수이다.
∴ 25년×300일/년 = 7,500일

20
도수율이 10.0인 어느 사업장에서 작업자가 평생 동안 작업을 한다면 몇 건의 사고를 당하겠는가?

① 1.0건   ② 2.0건
③ 10.0건 ④ 20.0건

해설
환산도수율은 작업자가 사업장에서 평생동안(40년 : 10만 시간)작업을 할 때 발생할 수 있는 재해건수를 나타내는 것이다.
∴ 환산도수율 = 도수율/10 = 10/10 = 1.0건

21
B기업체에서 1,000명의 노동자가 1주간에 48시간, 연간 50주를 노동하는데 1년에 80건의 재해가 발생했다. 이 가운데 노동자들이 질병 기타 이유로 인하여 총근로 시간 중 5%의 결근하였다. 이 기업체의 도수율은?

① 35   ② 50
③ 70   ④ 100

해설
$$도수율 = \frac{80}{1,000 \times 50 \times 48 \times 0.95} \times 10^6 = 35.09$$

22
강도율이 7.5이다. 무슨 의미인가?

① 1,000시간 작업시 산재로 인해 7.5일의 근로손실이 생겼다.
② 1,000시간이 작업 중 7.5건의 재해가 발생했다.
③ 한건의 재해가 평균 7.5일의 작업손실을 가져왔다.
④ 근로자 1,000명당 7.5건의 재해가 발생했다.

해설
강도율 : 근로시간 1,000시간당 재해에 의해서 잃어버린 근로손실일수

23
재해강도율이 5.5라고 하는 뜻은 연근로시간 몇 시간 중 재해로 인하여 5.5일의 손실이 있다는 의미를 나타내는가?

① 1,000   ② 10,000
③ 100,000   ④ 1,000,000

24
종업원 1,000명이 근무하는 어느 공장의 재해도수율이 10.0이라면 이 공장에서 년간 발생한 재해건수는 몇 건인가?

① 20건   ② 22건
③ 24건   ④ 26건

해설
$$10 = \frac{재해건수}{1000 \times 2400} \times 10^6$$

25
재해 도수율이 20.04되는 사업장에서 근로자 1명이 평생동안 작업을 하였을 때 몇 건의 재해를 당하게 되겠는가? (단, 평생 근로년수를 40년, 평생근로 시간수를 10만 시간으로 생각한다)

① 약 0.5건   ② 약 2건
③ 약 5건   ④ 약 20건

해설
$$환산도수율 = \frac{도수율}{10} = \frac{20.04}{10} = 약 2건$$

26
제조업에서 500명의 근로자가 1주일에 41시간, 연간 50주를 근로하는데 1년에 36건의 재해가 발생하였다. 이 기업체에서의 도수율은? (단, 근로자들이 질병 등으로 인하여 총 근로시간 중 3%결근)

① 21.21   ② 28.21
③ 36.21   ④ 41.21

Answer ➡ 19. ③ 20. ① 21. ① 22. ① 23. ① 24. ③ 25. ② 26. ③

해설

도수율 = $\dfrac{36}{500 \times 41 \times 50 \times 0.97} \times 10^6 = 36.21$

27

H건설의 1994년도 도수율이 10.05이고 강도율이 2.21일 때 이 건설회사에 근무하는 근로자는 입사부터 정년까지 재해는 몇 건이며 근로손실 일수는 얼마인가?

① 재해건수 : 0.11(건), 근로손실일수 : 221(일)
② 재해건수 : 110(건), 근로손실일수 : 220(일)
③ 재해건수 : 1.10(건), 근로손실일수 : 220(일)
④ 재해건수 : 1.01(건), 근로손실일수 : 221(일)

해설

① 환산도수율 = 10.05/10 ≒ 1.01건
② 환산강도율 = 2.21 × 100 = 221일

28

재해도수율이란 무엇을 나타내는가?

① 재해의 질 ② 재해의 크기
③ 재해의 양 ④ 재해의 비율

해설

도수율은 재해의 많고 적음을 나타내는 재해의 양을 결정하는 것이고, 강도율은 재해의 강약을 나타내는 재해의 질을 결정하는 것이다.

29

안전활동률을 나타내는 식은?

① $\dfrac{근로시간수 \times 평균근로자수}{안전활동건수} \times 10^6$

② $\dfrac{근로시간수}{안전활동건수} \times 10^6$

③ $\dfrac{안전활동건수}{근로시간수 \times 평균근로자수} \times 10^6$

④ $\dfrac{근로시간수 \times 평균근로자수}{안전활동건수} \times 10^6$

해설

안전활동은 근로시간수 100만 시간당 안전활동 건수를 나타낸다.

30

하인리히(H.W.Heinrich)의 재해코스트에서 재해 직접비에 대하여 재해 간접비의 비율은?

① 1 : 2 ② 1 : 4
③ 1 : 6 ④ 1 : 8

해설

총재해코스트 = 직접비 + 간접비(직접비 : 간접비 = 1 : 4)

31

산업재해에 의한 직접손실이 연간 1,000억원이었다면 이해의 산업재해에 의한 총손실 비용은 얼마인가?

① 3,000억원 ② 4,000억원
③ 5,000억원 ④ 6,000억원

해설

총재해 cost = 직접비 + 간접비
= 1,000억 + (1,000억 × 4)
= 5,000억

32

다음 중 세이프 티 스코어(safe-T-score)공식으로 맞는 것은?

① $\dfrac{빈도율(현재) - 강도율(과거)}{\sqrt{\dfrac{빈도율(과거)}{근로 총 시간수(현재)} \times 10^6}}$

② $\dfrac{빈도율(현재) - 빈도율(과거)}{\sqrt{\dfrac{빈도율(과거)}{근로 총 시간수(현재)} \times 10^6}}$

③ $\dfrac{빈도율(현재) - 강도율(과거)}{\sqrt{\dfrac{강도율(과거)}{근로 총 시간수(현재)} \times 10^6}}$

④ $\dfrac{강도율(현재) - 강도율(과거)}{\sqrt{\dfrac{강도율(과거)}{근로 총 시간수(현재)} \times 10^6}}$

해설

세이프 티 스코어(safe-T-score)
(1) 의미
  안전에 관한 과거와 현재의 중대성의 차이를 비교하고자 사용하는 통계방식으로 단위가 없다. 계산결과가 (+)이면 나쁜 기록이고 (-)이면 과거에 비해 좋은 기록을 나타내는 것이다.

Answer ➡ 27. ④ 28. ③ 29. ③ 30. ② 31. ③ 32. ②

(2) 공식
∴ 세이프 티 스코어
$$= \frac{\text{빈도율(현재)} - \text{빈도율(과거)}}{\sqrt{\frac{\text{빈도율(과거)}}{\text{근로 총 시간수(현재)}} \times 10^6}}$$

(3) 판정
① +2.00 이상인 경우 : 과거보다 심각하게 나빠짐
② +2.00~ -2.00인 경우 : 심각한 차이가 없음
③ -2.00 이하인 경우 : 과거보다 좋아짐

33
재해사고가 발생했을 때의 손실 cost 계산에 있어서 Simonds 방식에 의한 계산방법으로 맞는 것은?

① 직접비+간접비
② 보험 cost+비보험cost
③ 보험코스트+사업주 부담금
④ 직접비+비보험코스트

34
시몬즈(SImonds)의 재해손실비용 산정방식 중 재해구분에서 제외되는 것은?

① 영구 전 노동불능 상해
② 영구 부분 노동불능 상해
③ 일시 전 노동불능 상해
④ 일시 부분 노동불능 상해

해설
시몬즈방식에 의한 재해손실비 산정에서 사망 및 영구 전 노동불능 상해는 재해구분에서 제외된다.

35
다음 재해코스트 산출에서 직접비에 해당되지 않는 것은?

① 장례비 및 치료비
② 요양비 및 휴업보상비
③ 기계 기구 손실수리비 및 손실시간비
④ 장해보상비

해설
③항은 간접비에 해당된다.

36
재해손실비 중 간접비에 해당되지 않는 것은?

① 생산손실   ② 시설물자손실
③ 시간손실   ④ 유족보상비

해설
법령으로 정한 산재보상비(휴업보상비, 장해보상비, 장의비, 유족보상비, 상병보상연금, 치료비 등)는 직접비에 해당된다.

37
재해가 일어났을 때에는 피해자 및 주위의 사람들에 의해서 생산감소를 일으키는 노동시간의 손실을 수반하게 되는데 이것은 재해손실비 상으로는 다음 어느것에 속하는가?

① 물적손실(物的損失)   ② 인적손실(人的損失)
③ 품질손실(品質損失)   ④ 생산손실(生産損失)

해설
재해발생시 본인 및 제 3자에 관한 것을 포함한 노동시간의 손실은 재해손실비의 간접비 중 인적손실에 해당된다.

38
재해비용(코스트)에 대한 설명이 잘못된것은?

① 재해코스트에는 직접비와 간접비의 합이다.
② 재해코스트에 있어서 직접비는 간접비보다 크다.
③ 임금에 대한 손실은 간접비에 해당된다.
④ 직접비 계산은 쉬우나 정확한 간접비 계산은 어렵다.

해설
재해코스트에 있어서 직접비대 간접비의 비율은 1 : 4로 직접비는 간접비보다 작다.

39
재해손실에서 1 : 4의 원칙이란? (단, 하인리히 설에 준한다.)

① 치료비와 보상비의 비율
② 직접손실과 간접손실
③ 보험지급비와 비보험 손실비율
④ 급료와 손해보상

Answer ➤ 33. ② 34. ① 35. ③ 36. ④ 37. ② 38. ② 39. ②

40
다음 사람들은 재해코스트에 대해 역설하였다. 관계가 없는 사람은?

① 시몬즈 ② 버즈
③ 웨버   ④ 콤페스

해설

재해 cost 산정방식에는 하인리히 방식 및 시몬즈방식(본문참조)이 있으며 그밖에 버즈방식, 콤페스방식, 노구찌 방식 등이 있다.

1. 버즈(Birds)방식 : 간접비를 빙산원리를 주장하여 두 개의 범주로 나누어 하나는 쉽게 측정할 수 있으며 동시에 보험에 가입되어 있지 않은 재산손실비용이고, 다른 하나는 양을 측정하기 어렵고 보험에 들지 않은 기타 비용으로 하여 다음의 비율로 재해 cost를 산정한다.
   ∴ 보험비 : 비보험재산비용 : 비보험 기타 재산비용 = 1 : 5~50 : 1~3
   1) 보험비는 의료 및 보상비
   2) 비보험재산비용은 건물손실로 기구 및 비손실, 제품 및 재료손실, 조업중단 및 지연
   3) 비보험 기타 재산비용은 시간조사, 교육, 임대 등 기타 항목

2. 콤페스(Compes)방식 : 전재해손실 = 공동비용 + 개별비용
   1) 공동비용(불변) : 보험료, 안전보건팀의 유지비용, 기타 추상적사항(기업의 명예, 안전감)
   2) 개별비용(변수) : 작업중단 및 그로 인한 손실, 수리대책에 필요한 경비, 치료에 소요되는 경비, 사고조사에 따르는 경비 등

41
다음은 재해사례연구 순서를 나열한 것이다. 맞은 것은?

① 현상파악 – 사실확인 – 문제점 발견 – 대책수립
② 사실확인 – 현상파악 – 대책수립 – 문제점발견
③ 문제점 발견 – 사실확인 – 현상파악 – 대책수립
④ 사실확인 – 문제점 발견 – 현상파악 – 대책수립

해설

재해사례연구의 진행단계
1) 전제조건 : 재해상황의 파악(현상파악)
2) 1단계 : 사실의 확인
3) 2단계 : 문제점 발견
4) 3단계 : 근본적 문제점 결정
5) 4단계 : 대책의 수립

42
재해사례 연구시 파악해야 할 상해의 상황 중 틀린 것은?

① 상해의 성질
② 상해로 인한 손해액
③ 상해의 부위
④ 상해의 정도

해설

전제조건인 재해상황의 파악
1) 재해발생일시, 장소
2) 업종, 규모
3) 상해의 상황(상해의 부위, 정도, 성질)
4) 물적 피해 상황(물적 손상 상황, 생산 정지 일수, 손해액, 기타)
5) 피해 근로자의 특성(성명, 연령, 소속, 근속 년수, 자격, 기타)
6) 사고의 형태
7) 기인물
8) 가해물
9) 조직 계통도
10) 재해 현장 도면(평면도, 측면도)

Answer ● 40. ③ 41. ① 42. ②

4장 안전점검 및 작업분석

1 안전점검

(1) 안전점검의 종류

1) **수시점검** : 작업 전, 중, 후에 실시하는 점검
2) **정기점검** : 일정기간마다 정기적으로 실시하는 점검
3) **특별점검**
   ① 기계·기구·설비의 신설시·변경 내지 고장수리시 실시하는 점검
   ② 천재지변발생 후 실시하는 점검
   ③ 안전강조 기간 내에 실시하는 점검
4) **임시점검** : 이상 발견시 임시로 실시하는 점검, 정기점검과 정기점검 사이에 실시하는 점검

> **길잡이**
>
> 안전점검의 목적(의미)
> 1) 설비의 안전 확보(결함이나 불안전 조건의 제거)
> 2) 설비의 안전상태 유지 및 본래의 성능유지
> 3) 인적인 안전행동상태의 유지
> 4) 합리적인 생산관리(생산성 향상)

(2) 체크리스트에 포함되어야 할 사항(체크리스트 작성 항목)

1) 점검대상
2) 점검부분(점검개소)
3) 점검항목(점검내용 : 마모, 균열, 부식, 파손, 변형 등)
4) 점검주기 또는 기간(점검시기)
5) 점검방법(육안점검, 기능점검, 기기점검, 정밀점검)
6) 판정기준(자체검사기준, 법령에 의한 기준, KS기준 등)
7) 조치사항(점검결과에 따른 결함의 시정사항)

(3) 체크리스트 작성 시 유의사항

1) 사업장에 적합한 독자적인 내용일 것.
2) 중점도가 높은 것부터 순서대로 작성할 것(위험성이 높은 순이나 긴급을 요하는 순으로 작성).
3) 정기적으로 검토하여 재해방지에 실효성 있게 개조된 내용일 것.
4) 일정양식을 정하여 점검대상을 정할 것.
5) 점검표의 내용을 이해하기 쉽도록 표현하고 구체적일 것.

(4) 안전점검의 순환과정 : 다음의 4가지 과정으로 구분되며, 이 4가지 과정을 되풀이함으로써 작업장의 안전성이 높아진다.

1) 현상의 파악
2) 결함의 발견
3) 시정대책의 선정
4) 대책의 실시

(5) 안전의 5대 요소 : 안전점검시 다음의 5개 요소가 빠짐없이 검토되어야 한다.

1) 인간
2) 도구(기계, 장비, 공구 등)
3) 원재료
4) 환경
5) 작업방법

2 작업표준

(1) 정의 : 작업조건, 작업방법, 관리방법, 사용재료, 기타 취급상의 주의사항 등에 관한 기준을 규정한 것이다(기술표준, 동작표준, 작업순서, 작업요령, 작업지도서, 작업지시서 등이 포함).

(2) 작업표준의 목적

1) 작업의 효율화
2) 위험요인의 제거
3) 손실요인의 제거

(3) 작업표준의 구비조건

1) 작업의 실정에 적합할 것
2) 표현은 구체적으로 나타낼 것
3) 이상시의 조치기준에 대해 정해 둘 것
4) 생산성과 품질의 특성에 적합할 것
5) 좋은 작업의 표준일 것
6) 다른 규정 등에 위배되지 않을 것

3 작업위험 분석

(1) 작업개선 단계

1) 1단계 : 작업분해
2) 2단계 : 세부내용 검토
3) 3단계 : 작업분석
4) 4단계 : 새로운 방법의 적용

(2) 작업분석 방법(E.C.R.S) → 새로운 작업방법의 개발원칙

1) 제거(eliminate)
2) 결합(combine)
3) 재조정(rearrange)
4) 단순화(simplify)

(3) 작업위험분석 방법(작업위험 색출방법)

1) 면접
2) 관찰
3) 설문방법
4) 혼합방식

(4) 작업위험 분석시 고려사항

1) 육체적 요구조건
2) 안전관계
3) 보건상 위험성
4) 작업환경 조건
5) 잠재적 위험성
6) 개인 보호구
7) 기기 제조원의 책임(인간공학적 결함 또는 부적합성)

(5) 동작분석의 목적

1) 표준 동작의 설정
2) 모션마인드(motion mind)의 체질화
3) 동작계열의 개선

4 동작 경제의 3원칙

(1) 동작능력의 활용의 원칙

1) 발 또는 왼손으로 할 수 있는 것은 오른손을 사용하지 않는다.
2) 양손으로 동시에 작업을 시작하고 동시에 끝낸다.
3) 양손이 동시에 쉬지 않도록 함이 좋다.

(2) 작업량 절약의 원칙

1) 적게 움직이게 한다.
2) 재료나 공구는 취급하는 부근에 정돈한다.
3) 동작의 수를 줄인다.
4) 동작의 량을 줄인다.
5) 물건을 장시간 취급할 경우에는 장구를 사용할 것

(3) 동작개선의 원칙

1) 동작이 자동적으로 이루어지는 순서로 한다.
2) 양손은 동시에 반대의 방향으로, 좌우 대칭적으로 운동한다.
3) 관성, 중력, 기계력 등을 이용한다.
4) 작업장의 높이를 적당히 하여 피로를 줄인다.

5 안전인증

(1) 안전인증대상 기계·기구(시행령 제74조, 제77조)

구 분	안전인증대상 기계·기구	자율안전확인대상 기계·기구
기계·기구 및 설비	① 프레스 ② 전단기 및 절곡기 ③ 크레인 ④ 리프트 ⑤ 압력용기 ⑥ 롤러기 ⑦ 사출성형기 ⑧ 고소작업대 ⑨ 곤돌라	① 연삭기 또는 연마기(휴대형은 제외) ② 산업용 로봇 ③ 혼합기 ④ 파쇄기 또는 분쇄기 ⑤ 식품가공용 기계(파쇄·절단·혼합·제면기만 해당) ⑥ 컨베이어 ⑦ 자동차정비용 리프트 ⑧ 공작기계(선반, 드릴기, 평삭·형삭기, 밀링만 해당) ⑨ 고정형 목재가공용기계(둥근톱, 대패, 루타기, 띠톱, 모떼기 기계만 해당) ⑩ 인쇄기
방호장치	① 프레스 및 전단기 방호장치 ② 양중기용 과부하방지장치 ③ 보일러 압력방출용 안전밸브 ④ 압력용기 압력방출용 안전밸브 ⑤ 압력용기 압력방출용 파열판 ⑥ 절연용 방호구 및 활선작업용 기구 ⑦ 방폭구조 전기기계·기구 및 부품 ⑧ 추락·낙하 및 붕괴 등의 위험방지 및 보호에 필요한 가설기자재로서 고용노동부장관이 정하여 고시하는 것	① 아세틸렌 용접장치용 또는 가스집합 용접장치용 안전기 ② 교류아크 용접기용 자동전격방지기 ③ 롤러기 급정지장치 ④ 연삭기 덮개 ⑤ 목재가공용 둥근 톱 반발예방장치와 날접촉예방장치 ⑥ 동력식 수동 대패용 칼날접촉방지장치

보호구	① 추락 및 감전 위험방지용 안전모 ② 차광 및 비산물 위험방지용 보안경 ③ 방진마스크 ④ 방독마스크 ⑤ 송기마스크 ⑥ 전동식 호흡보호구 ⑦ 방음용 귀마개 또는 귀덮개 ⑧ 용접용 보안면 ⑨ 안전장갑 ⑩ 안전화 ⑪ 안전대 ⑫ 보호복	① 안전모(추락 및 감전위험방지용 제외) ② 보안경(차광 및 비산물 위험방지용 제외) ③ 보안면(용접용 제외)

(2) 안전인증심사의 종류 및 내용 · 심사기간(시행규칙 제58조의 4)

심사의 종류	심사의 내용	심사기간
1. 예비심사	안전인증대상 기계 · 기구 등인지를 확인하는 심사(안전인증을 신청한 경우만 해당)	7일
2. 서면심사	종류별 또는 형식별로 설계도면 등 제품기술과 관련된 문서가 안전인증기준에 적합한지 여부에 대한 심사	15일(외국에서 제조한 경우는 30일)
3. 기술능력 및 생산체계심사	안전성능을 지속적으로 유지 · 보증하기 위하여 사업장에서 갖추어야 할 기술능력과 생산체계가 안전인증기준에 적합한지에 대한 심사(수입자가 안전인증을 받은 경우 생략)	30일(외국에서 제조한 경우는 45일)
4. 제품심사(안전성능이 안전인증기준에 적합한지에 대한 심사)	(1) 개별제품심사 : 서면심사결과가 안전인증기준에 적합할 경우에 모두에 대하여 하는 심사	15일
	(2) 형식별제품검사 : 서면심사와 기술능력 및 생산체계 심사결과가 안전인증기준에 적합할 경우에 형식별로 표본을 추출하여 하는 심사	30일(단, 추락 및 감전위험방지용 안전화, 안전장갑, 방진마스크, 방독마스크, 송기마스크, 전동식 호흡보호구, 보호복은 60일)

(3) 안전인증의 면제(시행규칙 제109조)

1) 안전인증의 전부면제대상(시행규칙 제109조 제1항)

① 연구 · 개발을 목적으로 제조 · 수입하거나 수출을 목적으로 제조하는 경우

② 다른 법령에서 안전성에 관한 검사나 인증을 받은 경우

☞ 전부면제대상의 다른 법령 : 고압가스안전관리법, 에너지이용합리화법, 전기사업법, 항만법, 광산보안법, 건설기계관리법, 선박안전법 등

2) 안전인증의 일부항목의 면제대상(시행규칙 제109조 제2항)

① 고용노동부장관이 정하여 고시하는 외국의 안전인증기관에서 인증을 받은 경우

② 국제전기기술위원회(IEC)의 국제방폭전기기계 · 기구 상호인정제도(IECEx Scheme)에 따라 인증을 받은 경우

③ 다른 법령에서 안전인증을 받은 경우

🔁 일부항목 면제대상의 다른 법령 : 전기용품 및 생활용품 안전관리법, 산업표준화법, 국가표준기본법 등

(4) 안전인증의 취소 등(법 제86조) : 안전인증을 받은 자가 다음 각호의 어느 하나에 해당하면 안전인증을 취소하거나 6개월 이내의 기간을 정하여 안전인증표시의 사용을 금지하거나 안전인증기준에 맞게 개선하도록 명할 수 있음.(다만, 제1호의 경우는 안전인증취소)

1) 거짓이나 그 밖의 부정한 방법으로 안전인증을 받은 경우
2) 안전인증을 받은 유해·위험한 기계·기구·설비 등의 안전에 관한 성능 등이 안전인증기준에 맞지 아니하게 된 경우
3) 정당한 사유없이 안전인증에 따른 확인을 거부, 기피 또는 방해하는 경우

(5) 안전인증기준 준수여부의 확인주기(시행규칙 제111조)

1) 안전인증기관은 안전인증을 받은 자가 안전인증기준을 지키고 있는지를 2년에 1회 이상 확인하여야 한다.
2) 3년에 1회 확인할 수 있는 경우
   ① 최근 3년 동안 안전인증이 취소되거나 안전인증표시의 사용금지 또는 개선명령을 받은 사실이 없는 경우
   ② 최근 2회의 확인 결과 기술능력 및 생산 체계가 고용노동부장관이 정하는 기준 이상인 경우

🔁 안전인증기준 준수여부의 확인주기(법 제34조 제5항) : 3년 이하의 범위에서 고용노동부령으로 정함.

(6) 자율안전확인신고(법 제89조)

1) 자율 안전확인대상기계·기구 등을 출고 또는 수입하기 전에(대상기계·기구 등의 설치·주요부분 구조 변경하는 경우) 신고수리기간에 제출하여야 함.
2) 신고면제
   ① 연구·개발을 목적으로 제조·수입하거나 수출을 목적으로 제조하는 경우
   ② 안전인증을 받은 경우
   ③ 고용노동부령으로 정하는 다른 법령에서 안전성에 관한 검사나 인증을 받은 경우

6 안전검사

(1) 안전검사대상 유해·위험기계 등(시행령 제78조)

1) 프레스
2) 전단기
3) 크레인(정격하중 2톤 미만인 것은 제외)

4) 리프트
5) 압력용기
6) 곤돌라
7) 국소배기장치(이동식은 제외)
8) 원심기(산업용에 한정)
9) 롤러기(밀폐형 구조는 제외)
10) 사출성형기(형 체결력 294킬로뉴튼(kN) 미만은 제외)
11) 고소작업대(화물자동차 또는 특수자동차에 탑재한 고소작업대로 한정)
12) 컨베이어
13) 산업용 로봇

(2) 안전검사의 주기(시행규칙 제126조)

1) 크레인(이동식크레인 제외), 리프트(이삿짐운반용 리프트 제외) 및 곤돌라 : 사업장에 설치가 끝난 날부터 3년 이내에 최초 안전검사를 실시하되, 그 이후부터 매 2년(건설현장에서 사용하는 것은 최초로 설치한 날부터 6개월 마다)
2) 이동식 크레인, 이삿짐운반용 리프트 및 고소작업대 : 「자동차관리법」에 따른 신규등록 이후 3년 이내에 최초 안전검사를 실시하되, 그 이후부터 2년마다
3) 프레스, 전단기, 압력용기, 국소 배기장치, 원심기, 롤러기, 사출성형기, 컨베이어 및 산업용 로봇, 혼합기, 파쇄기 또는 분쇄기 : 사업장에 설치가 끝난날부터 3년 이내에 최초 안전검사를 실시하되, 그 이후부터 2년마다(공정안전보고서를 제출하여 확인을 받은 압력용기는 4년마다)

(3) 자율검사프로그램에 따른 안전검사(법 제98조)

1) 사업주가 근로자대표와 협의하여 검사기준 및 검사방법, 검사주기 등을 충족하는 자율검사프로그램을 정하고 고용노동부장관의 인정을 받아 그에 따라 유해·위험기계 등의 안전에 관한 성능검사를 실시한 경우 안전검사를 받은 것으로 인정
2) 자율검사프로그램의 유효기간 : 2년

(4) 자율검사프로그램의 인정요건(시행규칙 제132조)

1) 자격을 갖춘 검사원을 고용하고 있을 것.
2) 고용노동부장관이 정하여 고시하는 바에 따라 검사를 실시할 수 있는 장비를 갖추고 이를 유지·관리할 수 있을 것.
3) 안전검사 주기에 따른 검사주기의 2분의 1에 해당하는 주기(크레인 중 건설현장 외에서 사용하는 크레인의 경우에는 6개월)마다 검사를 실시할 것.
4) 자율검사프로그램의 검사기준이 안전검사기준을 충족할 것.

(5) 안전검사의 면제(시행규칙 제125조) : 고용노동부령으로 정하는 다른 법령에서 안전성에 관한 검사나 인증을 받은 경우

> 안전검사 면제대상의 다른 법령 : 고압가스안전관리법, 에너지이용합리화법, 전기사업법, 항만법, 광산안전법, 건설기계관리법, 선박안전법, 원자력 안전법, 소방시설 설치 유지 및 안전관리에 관한 법률, 위험물 안전관리법, 화학물질관리법 등

(6) 안전검사원의 자격(시행규칙 제130조)

1) 「국가기술자격법」에 따른 기계 · 전기 · 전자 · 화공 또는 산업안전분야에서 기사 이상의 자격을 취득한 사람으로서 해당 분야의 실무경력이 3년 이상인 사람
2) 「국가기술자격법」에 따른 기계 · 전기 · 전자 · 화공 또는 산업안전분야에서 산업기사 이상의 자격을 취득한 사람으로서 해당 분야의 실무경력이 5년 이상인 사람
3) 「국가기술자격법」에 따른 기계 · 전기 · 전자 · 화공 또는 산업안전분야에서 기능사 이상의 자격을 취득한 사람으로서 해당 분야의 실무경력이 7년 이상인 사람
4) 「고등교육법」에 따른 학교 중 수업연한이 4년인 학교(같은 법 및 다른 법령에 따라 이와 같은 수준 이상의 학력이 인정되는 학교를 포함)에서 기계 · 전기 · 전자 · 화공 또는 산업안전 분야의 관련학과를 졸업한 사람으로서 해당 분야의 실무경력이 3년 이상인 사람
5) 「고등교육법」에 따른 학교 중 제4호에 따른 학교 외의 학교(같은 법 및 다른 법령에 따라 이와 같은 수준 이상의 학력이 인정되는 학교를 포함)에서 기계 · 전기 · 전자 · 화공 또는 산업안전분야의 관련학과를 졸업한 사람으로서 해당 분야의 실무경력이 5년 이상인 사람
6) 「초 · 중등교육법」에 따른 고등학교 · 고등기술학교에서 기계 · 전기 또는 전자 · 화공관련 학과를 졸업한 사람으로서 해당 분야의 실무경력이 7년 이상인 사람
7) 자율검사 프로그램에 따라 안전에 관한 성능검사 교육을 이수한 후, 해당 분야의 실무경력이 1년 이상인 사람

(7) 재료에 대한 검사

1) 인장검사 : 비례한도, 탄성한도, 항복점, 내력, 인장강도, 신장률, 조임률, 응력 등을 측정할 수 있다.

2) 비파괴검사의 종류
   ① 육안검사   ② 누설검사
   ③ 침투검사   ④ 초음파검사
   ⑤ 자기탐상 검사(자분검사)   ⑥ 음향검사
   ⑦ 방사선투과검사

3) 초음파검사의 종류 : 반사법, 공진법, 수적탐사법
4) 자기분말검사 방법 : 축통전법, 관통법, 직각통전법, 코일법, 극간법

실 / 전 / 문 / 제

01
다음 중 안전점검의 점검목적을 옳게 설명한 것은?

① 생산위주로 시설을 가동시킴으로써, 생산량 증가를 목적으로 한다.
② 시설기계 등의 사용과정에서 안전상 자율적으로 기능을 체크하여 사전보수키 위함이다.
③ 기계 등의 안전유지를 위해 법에 따라 형식적으로 행한다.
④ 근로자가 검사하여 기업손실을 줄이고 오직 생산량 증가를 위함이다.

02
다음 설명 중 안전점검의 목적을 잘못 말한 것은?

① 사고의 원인을 찾아내어 재해를 미연에 방지하기 위함이다.
② 생산현장의 그릇된 행동이나 상태를 주의시키고 중단하기 위함이다.
③ 재해의 재발을 방지하여 사전대책을 세우기 위함이다.
④ 현장의 불안전 요인을 발견하여 적절한 계획에 반영시키기 위함이다.

해설
③항은 사고조사의 목적에 해당한다.

03
다음 중 안전점검의 종류에 해당되지 않는 것은?

① 정기점검   ② 수시점검
③ 임시점검   ④ 특수점검

해설
안전점검의 종류
1) 정기점검 2) 수시점검 3) 임시점검 4) 특별점검

04
작업시에 항상 실시하는 안전점검을 무엇이라 하는가?

① 정기점검   ② 확인점검
③ 임시점검   ④ 수시점검

해설
수시점검은 작업전, 작업중, 작업후에 통상적으로 점검하는 것을 말한다.

05
안전운동이 전개되는 안전강조 기간 내에 실시하는 안전점검의 종류는?

① 정기점검   ② 수시점검
③ 임시점검   ④ 특별점검

해설
특별점검 : 안전운동이 전개되는 안전강조 기간, 방화주간 등과 같은 기회에 실시하거나 또는 사고후 사고에 관련되는 제반 요소를 재검토하고서 새로운 위험이 발생되거나 잠재해 있지 않은가를 확인하기 위해서 새로운 장비, 기계, 기구의 설치, 새로운 작업절차의 적용, 작업의 배치, 절차의 변경을 행하여야 할 때에는 특별점검을 해야 한다.

06
점검의 종류 중 특별점검에 해당되지 않는 것은?

① 고장시 점검   ② 신설시 점검
③ 변경시 점검   ④ 이상발견시 점검

해설
특별점검 : 다음의 경우에 실시하는 점검을 말한다.
1) 기계설비의 신설시 및 변경시, 고장 내지 수리시 실시하는 점검
2) 천재지변 발생 후 실시하는 점검
3) 안전강조기간 내에 실시하는 점검

Answer ● 01. ② 02. ③ 03. ④ 04. ④ 05. ④ 06. ④

07
작업전 기계, 기구 및 설비 등에 대하여 점검하지 않아도 되는 것은?

① 안전장치의 이상유무
② 동력전도장치의 이상유무
③ 보호구의 이상유무
④ 공구의 이상유무

08
다음 중 점검표에 포함될 사항이 아닌 것은 어느 것인가?

① 점검항목　　② 시정확인
③ 검사결과　　④ 점검방법

해설
안전점검표에는 ① 점검항목 ② 점검사항 ③ 점검방법 ④ 판정기준 ⑤ 판정 ⑥ 시정사항 ⑦ 시정확인 등의 사항이 반드시 포함되어야 한다.

09
일시적인 성질의 위험이나 정기점검시에 밝혀지지 않은 위험을 적발하기 위하여 행하는 것으로서 한 작업의 국면이나 설비의 특정개소를 조사할 때에 주로 실시하는 안전점검의 종류는?

① 계획점검　　② 임시점검
③ 수시점검　　④ 특별점검

해설
임시점검은 정기점검실시 후 다음 점검기일 이전에 임시로 실시하는 점검의 형태로서 유사기계설비의 갑작스런 이상들이 발생되었을 때 실시한다.

10
다음은 안전점검표를 작성할 때 유의할 사항이다. 적합하지 않은 것은?

① 구체적이고 재해방지에 실효가 있을 것
② 중점도 낮은 것부터 순서있게 작성할 것
③ 쉽고 이해하기 쉬운 표현으로 할 것
④ 점검표는 되도록 일정한 양식으로 할 것

해설
②항, 중점도가 높은 것부터 순서있게 작성할 것

11
다음 안전관리의 일상업무인 안전점검을 행하는 사이클(주기)이다. 그 사이클을 바르게 설명한 것은?

① 실상의 파악 – 결함의 발견 – 대책의 결정 – 대책의 실시
② 결함의 발견 – 대책의 결정 – 대책의 실시 – 실상의 파악
③ 실상의 파악 – 결함의 발견 – 대책의 실시 – 대책의 결정
④ 결함의 발견 – 실상의 파악 – 대책의 결정 – 대책의 실시

해설
안전점검의 순환과정 : 현상의 파악(실상의 파악) – 결함의 발견 – 시정대책의 선정 – 대책의 실시

12
다음 중 점검자와 점검대상을 연결한 것이다. 잘못된 것은?

① 공장장 – 보호구, 안전장치의 정기점검 정비
② 안전관리자 – 건설물 설비의 위험유무
③ 관리감독자 – 직장 전반의 안전유지
④ 작업자 – 자기취급 공구, 기계설비 성능적부

해설
점검자와 점검대상

점검자	점검대상
공장장	• 생산의 양 및 질의 변화가 작업의 안전에 미치는 영향 • 공장설비의 레이아웃(lay out)의 적합 여부 • 작업방법의 기계화, 자동화의 가능성 • 안전 기본시책의 실시사항 • 현장간부의 안전에 관한 인식 정도
안전관리자	• 법령에 정해진 사항 • 방호장치, 보호구 등의 점검 및 정비 • 건설물 및 설비, 작업방법 등에 대한 위험성
부장, 과장	• 관장하는 작업 전반에 대한 안전사항
현장감독자	• 관장하는 작업 전반에 대한 안전사항
작업자	• 본인이 취급하는 모든 기구의 기능의 적합 여부(작업전 점검)

Answer ● 07. ④　08. ③　09. ②　10. ②　11. ①　12. ①

13
안전점검은 일정기준에 의해 실시되어야 한다. 이 기준의 기본조건이 아닌 것은?

① 점검대상의 결정 ② 점검부분의 명시
③ 점검방법의 채택 ④ 점검자의 시정

해설

점검기준의 기본조건
1) 점검대상(점검대상이 되는 기계의 명칭 또는 측정과 시험의 명칭)
2) 점검부분(점검대상 기계의 각 부분의 점검개소 부품명)
3) 점검항목(마모, 균열, 파손, 부식 등의 점검실시 항목)
4) 점검주기 또는 기간(점검 실시)
5) 점검방법(육안점검, 기기점검, 기능점검, 정밀점검)
6) 판정기준 및 조치

14
안전점검기준표의 내용에 속하지 않는 것은?

① 점검항목 ② 판정기준
③ 점검방법 ④ 소재

15
작업표준이 구비해야 할 요건 중 틀린 것은?

① 최상의 표준일 것
② 다른 규정에 위배되지 않을 것
③ 구체적으로 표현할 것
④ 작업표준안을 작성할 것

해설

작업표준의 구비조건
1) 작업의 실정에 적합할 것
2) 표현은 구체적으로 할 것
3) 좋은 작업의 표준일 것
4) 생산성과 품질의 특성에 적합할 것
5) 이상시의 조치기준에 대해 정해 둘 것
6) 다른 규정 등에 위배되지 않을 것

16
어느 작업장에서 설비나 작업의 수시변경이 있어 재해가 발생한다면 다음 중 무엇이 원인이 되겠는가?

① 안전작업 표준미작성
② 작업과 안전작업표준이 상이
③ 안전작업 표준에 결함
④ 안전작업표준의 불이행

해설

불안전 행동별 원인
1) 안전작업표준미작성 : 무단 작업실시로 재해가 발생한다.
2) 작업과 안전작업표준이 상이 : 설비나 작업의 수시변경으로 재해가 발생한다.
3) 안전작업표준에 결함 : 작업분석의 불완전으로 일어난다.
4) 안전작업표준의 불이행 : 안전태도에 문제가 있다.
5) 안전작업표준의 몰이해 : 안전교육에 결함이 있다.

17
작업위험분석 방법으로 적당하지 않은 것은?

① 관찰법 ② 면접법
③ 질문지법 ④ 해석법

해설

작업위험분석방법 : 관찰법, 면접법, 설문방법(질문지법), 혼합방법

18
작업위험 분석시 유의해야 할 사항으로 맞지 않는 것은

① 안전관리
② 새로운 작업방법의 표준화
③ 육체적 요구조건
④ 작업환경조건

해설

작업위험분석시 유의해야 할 사항(고려해야 할 사항)은 ①, ③, ④항 이외에도 다음의 것이 있다.
1) 개인보호구
2) 보건상 위험성
3) 기타 잠재적 위험성
4) 기기 제조원의 책임(인간공학적 결함 또는 부적합성)

19
동작분석의 목적이라 할 수 없는 것은?

① 표준동작의 설계
② 동작계열의 설계
③ Motion mind의 체질화
④ 표준시간의 절약

Answer ➡ 13. ④ 14. ④ 15. ④ 16. ② 17. ④ 18. ② 19. ④

20
다음의 직무분석방법 중 감독자, 동료근로자나 그 밖에 이 직무를 잘 아는 사람들로부터 성공적이지 못한 근로자와 성공적인 근로자를 구별해내는 행동을 밝히려는 목적으로 사용되는 것은?

① 면접
② 직접관찰
③ 결정적인 사건의 기록
④ 체계적인 일지 작성

해설
결정사건(critical incident)기법 : 직무를 수행하는데 결정적인 행동을 기록하는 방법으로 이 기법의 목적은 감독자, 동료근로자 그 외의 이 직무를 잘 아는 사람들로부터 성공적이지 못한 근로자와 성공적인 근로자를 구별해내는 행동을 밝히려는 것이다.

21
작업연구 또는 작업개선을 위한 4단계에 해당되지 않는 것은?

① 작업분해
② 세부내용검토
③ 새로운방법의 적용
④ 작업원 배치

해설
작업개선단계
1) 1단계 : 작업분해
2) 2단계 : 세부내용 검토
3) 3단계 : 작업분석
4) 4단계 : 새로운 방법의 적용

22
안전작업 분석방법이 아닌 것은?

① 계획
② 결함
③ 재조정
④ 표준시간의 제거

해설
안전작업 분석방법(ECRS)
1) 제거(eliminate)
2) 결합(combine)
3) 재조정(rearrange)
4) 단순화(simplify)

23
작업위험분석시 고려사항이 아닌 것은?

① 육체적 요구조건
② 작업환경조건
③ 보건상 위험성
④ 교육훈련의 조건

해설
작업위험 분석시 고려사항
1) 육체적 요구조건
2) 보건상 위험성
3) 작업환경조건
4) 기타 잠재적 위험성
5) 개인보호구
6) 안전관계(안전관리)
7) 기기제조원의 책임(인간공학적 결함 또는 부적합성)

24
작업위험 분석단계를 옳게 나타낸 것은?

① 분석 검토
② 작업위험분석에 필요한 단서에 대한 연구
③ 작업의 세분화
④ 신규방법의 개발
⑤ 적용

① ② → ③ → ① → ④ → ⑤
② ② → ① → ③ → ④ → ⑤
③ ④ → ③ → ② → ① → ⑤
④ ③ → ① → ② → ④ → ⑤

해설
작업위험의 분석단계
1) 작업위험분석에 필요한 단서에 대한 연구
2) 작업의 세분화
3) 분석 검토
4) 신규방법의 개발
5) 적용

25
다음 중 동작경제의 원칙이 아닌 것은?

① 양손으로 동시에 작업을 시작하고, 동시에 끝낸다.
② 동작의 수를 늘리고, 양을 줄인다.
③ 양손을 동시에 정반대의 방향으로 운동한다.
④ 동작이 자동적으로 리드미컬한 순서로 한다.

해설
②항, 동작의 수를 줄이고 양도 줄인다.

26
동작개선의 원칙으로 옳지 않은 것은?

① 작업점의 높이를 적당히 하여 피로를 줄인다.
② 양손은 동시에 반대의 방향으로, 상하 대칭적으로 운동한다.

Answer ● 20. ③ 21. ④ 22. ① 23. ④ 24. ① 25. ② 26. ②

③ 관성, 중력, 기계력 등을 이용한다.
④ 동작이 자동적으로 이루어지는 순서로 한다.

해설
②양손은 동시에 반대의 방향으로, 좌우 대칭적으로 운동한다.

27
안전인증대상 기계 · 기구 및 설비가 아닌 것은?
① 프레스   ② 압력용기
③ 사출성형기   ④ 연삭기

해설
(1) 안전인증대상 기계 · 기구 및 설비
  1) 프레스   2) 전단기
  3) 크레인   4) 리프트
  5) 압력용기   6) 롤러기
  7) 사출성형기 8) 고소작업대
(2) 자율안전확인대상 기계 · 기구 및 설비
  1) 연삭기   2) 산업용 로봇
  3) 컨베이어

28
산업안전보건법상 자율안전확인대상 기계 · 기구가 아닌 것은?
① 연삭기   ② 혼합기
③ 고소작업대   ④ 분쇄기

해설
③항, **고소작업대** : 안전인증대상 기계 · 기구 및 설비

29
다음 중 안전인증대상 방호장치에 해당하는 것은?
① 압력용기 압력방출용 파열판
② 아세틸렌 용접장치용 안전기
③ 연삭기 덮개
④ 롤러기 급정지장치

해설
(1) 안전인증대상 방호장치
  1) 프레스 및 전단기 방호장치
  2) 양중기용 과부하방지장치
  3) 보일러 압력방출용 안전밸브
  4) 압력용기 압력방출용 안전밸브
  5) 압력용기 압력방출용 파열판
  6) 절연용 방호구 및 활선작업용 기구

  7) 방폭구조 전기기계 · 기구 및 부품
  8) 추락 · 낙하 및 붕괴 등의 위험방호에 필요한 가설기자재로서 노동부장관이 정하여 고시하는 것
(2) 자율안전확인대상 방호장치
  1) 아세틸렌 용접장치용 안전기
  2) 교류아크 용접기용 자동전격방지기
  3) 롤러기 급정지장치
  4) 연삭기 덮개
  5) 목재가공용 둥근톱 반발예방장치 및 날접촉예방장치
  6) 동력식 구동 대패용 칼날접촉방지장치

30
다음 중 자율안전확인대상 방호장치가 아닌 것은?
① 교류아크 용접기용 자동전격방지기
② 절연용 방호구 및 활선작업용 기구
③ 산업용 로봇 안전매트
④ 목재가공용 둥근톱 날접촉예방장치

해설
②항, 절연용 방호구 및 활선작업용 기구 : 안전인증대상 방호장치

31
다음 중 안전인증심사의 종류별 심사기간으로 틀린 것은?
① 예비심사 : 7일
② 서면심사 : 30일
③ 기술능력 및 생산체계심사 : 30일
④ 개별제품심사 : 15일

해설
②항, 서면심사 : 15일(외국에서 제조한 경우는 30일)

32
다음 중 안전인증의 전부 면제대상이 아닌 것은?
① 연구 · 개발을 목적으로 제조 · 수입하는 경우
② 고압가스 안전관리법에서 안전성에 관한 검사를 받은 경우
③ 전기사업법에서 안전성에 관한 검사를 받은 경우
④ 외국의 안전인증기관에서 인증을 받은 경우

Answer ➡ 27. ④ 28. ③ 29. ① 30. ② 31. ② 32. ④

해설
④항, 안전인증의 일부항목의 면제대상에 해당됨.

33
다음 중 안전검사를 행해야 할 유해ㆍ위험기계 설비 등에 해당되지 않는 것은?

① 프레스 및 전단기   ② 크레인
③ 승강기   ④ 곤돌라

해설
③항, 승강기는 안전검사대상에 해당되지 않는다.

34
안전검사 대상이 아닌 기계설비는 다음 중 어느 것인가?

① 이동식 크레인
② 화학설비 및 그 부속설비
③ 롤러기
④ 사출성형기

해설
크레인 중 이동식 크레인은 안전검사 대상에서 제외된다.

35
비파괴검사의 종류가 아닌 것은?

① 육안검사   ② 크리프시험
③ 초음파검사   ④ 방사선투사검사

해설
비파괴검사의 종류
1) 육안검사   2) 누설검사
3) 침투검사   4) 초음파검사
5) 자기탐상검사(자상검사)   6) 음향검사(타진법)
7) 방사선투과검사

36
설비검사방법 중 초음파검사의 종류로 맞지 않는 것은?

① 투과법   ② 반사법
③ 공진법   ④ 공기진동법

해설
초음파검사 : 초음파를 피검사물에 보내어 내부의 결함 또는 불균일층의 존재에 의한 진행의 교란에 의해 결함을 검출하는 방법으로서 다음과 같은 방법이 있다.
1) 반사법   2) 공진법   3) 수적탐사법(水積探査法)

37
크레인, 리프트 및 곤돌라는 사업장에 설치가 끝난 날로부터 (①) 이내에 최초로 안전검사를 실시하되, 그 이후부터는 매 (②)마다 안전검사를 실시한다. ( ) 안에 알맞은 것은?

① ① 3년, ② 1년   ② ① 3년, ② 2년
③ ① 2년, ② 1년   ④ ① 2년, ② 3년

38
공정안전보고서를 제출하여 확인을 받은 압력용기의 안전검사주기로 맞는 것은?

① 6개월   ② 2년
③ 4년   ④ 5년

해설
압력용기의 안전검사주기 : 4년

39
자율검사프로그램의 유효기간으로 맞는 것은?

① 1년   ② 2년
③ 3년   ④ 6개월

40
자율검사프로그램의 인정을 받은 자가 그 인정을 취소받는 경우에 해당되는 것은?

① 거짓이나 그밖의 부정한 방법으로 자율검사프로그램을 인정받은 경우
② 자율검사프로그램을 인정받고도 검사를 하지 아니한 경우
③ 인정받은 자율검사프로그램의 내용에 따라 검사를 하지 아니한 경우
④ 자격을 가진 자 또는 지정검사기관이 검사를 하지 아니한 경우

해설
②, ③, ④항은 인정받은 자율검사프로그램의 내용에 따라 검사를 하도록 하는 등 개선을 명할 수 있는 경우이다.

Answer ➡ 33. ③   34. ①   35. ②   36. ④   37. ②   38. ③   39. ②   40. ①

5장 보호구 및 안전표지

1 보호구의 개요

(1) 보호구의 구비조건

1) 착용이 간편하고 작업에 방해가 되지 않을 것.
2) 대상물(유해위험물)에 대하여 방호가 완전할 것.
3) 재료의 품질이 우수할 것
4) 구조 및 표면가공이 우수할 것.
5) 외관이 보기 좋을 것.

(2) 보호구의 효과 및 한계

1) **보호구의 효과** : 보호구는 강도가 높은 재해사고인 경우에 그것을 인시덴트(incident), 즉 불휴재해로 그 피해를 최소화 되도록 만들어져 있다. 따라서 보호구는 재해 시 인시덴트의 영역을 확대할 수 있는 역할을 담당하고 있는 것이다.
2) **보호구의 한계** : 소극적 안전대책

(3) 보호구의 점검과 관리

1) 정기적으로 점검할 것.
2) 청결하고 습기가 없는 장소에 보관할 것.
3) 보호구 사용 후는 세척하여 항상 깨끗이 보관할 것.
4) 세척한 후는 완전히 건조시켜 보관할 것.

(4) 안전인증대상 보호구

의무안전인증대상 보호구	자율안전확인대상 기계·기구
① 추락 및 감전 위험방지용 안전모 ② 차광 및 비산물 위험방지용 보안경 ③ 용접용 보안면 ④ 방진마스크 ⑤ 방독마스크 ⑥ 송기마스크 ⑦ 전동식 호흡보호구 ⑧ 안전장갑 ⑨ 안전대 ⑩ 안전화 ⑪ 보호복 ⑫ 방음용 귀마개 또는 귀덮개	① 안전모(추락 및 감전위험방지용 제외) ② 보안경(차광 및 비산물 위험방지용 제외) ③ 보안면(용접용 제외)

2 안전모

(1) 안전모의 종류

종류(기호)	사용구분
AB	낙하 및 비래, 추락방지용
AE	낙하 및 비래, 감전 방지용(내전압성)
ABE	낙하 및 비래, 추락[1], 감전방지용(내전압성[2])

1) 추락 : 높이 2m 이상의 고소작업, 굴착작업 및 하역작업 등에 있어서의 추락을 의미한다.
2) 내전압성 : 7000볼트 이하의 전압에서 견디는 것을 말한다.

(2) 재료의 성질

1) 쉽게 부식하지 않는 것
2) 피부에 해로운 영향을 주지 않는 것
3) 사용목적에 따라 내열성, 내한성 및 내수성을 보유할 것
4) 충분한 강도를 가질 것
5) 모체의 표면을 밝고 선명한 색채로 할 것(백색이 가장 좋으나 황색이 많이 쓰임)

(3) 안전모의 일반구조

1) 안전모의 착용높이는 85mm 이상이고 외부수직거리는 80mm 미만일 것
   > 1. 착용높이 : 안전모를 머리모형에 장착하였을 때 머리고정대의 하부와 머리모형 최고점과의 수직거리
   > 2. 외부수직거리 : 안전모를 머리모형에 장착하였을 때 모체외면의 최고점과 머리 모형 최고점과의 수직거리

2) 안전모의 내부수직거리는 25mm 이상 50mm 미만일 것
   > 내부수직거리 : 안전모를 머리모형에 장착하였을 때 모체 내면의 최고점과 머리모형 최고점과의 수직거리

3) 안전모의 수평간격은 5mm 이상일 것
   > 수평간격 : 모체내면과 머리모형 전면 또는 측면간의 거리

4) 머리받침끈이 섬유인 경우에는 각각의 폭은 15mm 이상이어야 하며 교차되는 끈의 폭의 합은 72mm 이상일 것
5) 턱끝의 폭은 10mm 이상일 것
6) 안전모의 모체, 착장체 및 충격흡수재를 포함한 질량은 440g을 초과하지 않을 것.

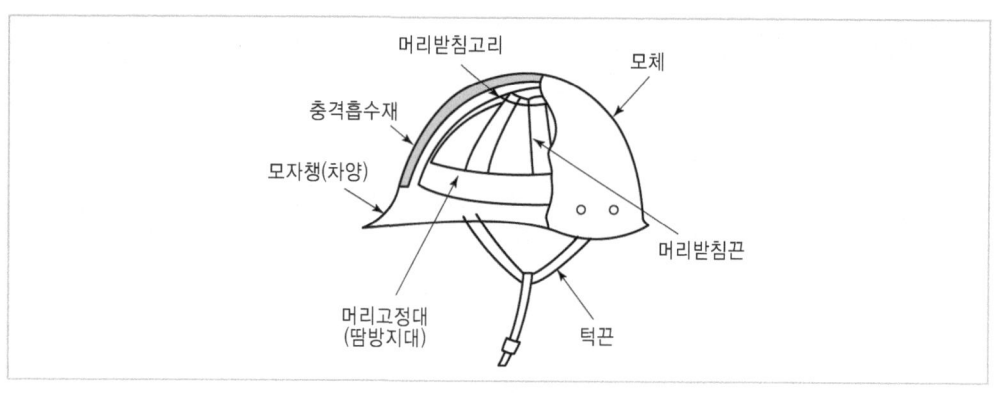

| 안전모의 구조 |

(4) 안전모의 성능 시험 항목

1) 내관통성 시험
   ① 450g의 철제추를 낙하점이 안전모 모체정부에서 76mm 안이 되도록 하여 높이 3m에서 자유낙하 시켜 관통거리를 측정한다.
   ② 합격기준 : AE와 ABE는 관통거리가 9.5mm 이하, AB는 관통거리가 11.1mm 이하일 것.

2) 충격흡수성 시험
   ① 3.6kg(8파운드)의 철제 충격추를 모체정부 76mm 안에 높이 1.524m(5피트)에서 자유낙하 시켜 전달 충격력을 측정한다.
   ② 합격기준 : 최고전달충격력이 4,450N(1,000파운드)를 초과하지 않을 것

3) 내전압성 시험(AE와 ABE)
   ① 모체를 수중에 넣은 후 전극을 담그고 주파수 60Hz의 정현파에 가까운 20kV의 전압을 가하여 1분간 이에 견디는 가를 조사한 후 충전전류를 측정한다.
   ② 합격기준 : 20kV의 전압에 1분간 견디고 충격전류가 10mA 이하일 것.

4) 내수성 시험(AE와 ABE)
   ① 모체를 20~25℃의 수중에 24시간 담가 놓은 후 대기 중에 꺼내어 무게 증가율을 산출한다.
   ② 합격기준 : 무게(질량)증가율이 1% 미만일 것.

   $$\therefore \ 무게\ 중가율(\%) = \frac{담근\ 후의\ 무게 - 담그기전의\ 무게}{담그기\ 전의\ 무게} \times 100$$

5) 난연성 시험
   ① 모체 정부로부터 50~100mm 사이로 불꽃 접촉면이 수평이 된 상태에서 10초간 연소시킨 후 모체의 재료가 불꽃을 내고 계속 연소되는 시간을 측정한다.
   ② 합격기준 : 불꽃을 내며 5초 이상 타지 않을 것

6) 턱끈 풀림시험 : 150N 이상 250N 이하에서 턱끈이 풀려야 한다.

3 눈의 보호구(보안경)

(1) 보안경의 종류 및 구비조건

1) 보안경의 종류(고용노동부 고시)

종류	사용구분	렌즈의 재질
차광안경	눈에 대하여 해로운 자외선 및 적외선 또 강렬한 가시광선(이하 유해광선이라 한다.)이 발생하는 장소에서 눈을 보호하기 위한 것.	유리 및 플라스틱
유리 보호안경	미분, 칩, 기타 비산물로부터 눈을 보호하기 위한 것.	유리
플라스틱 보호안경	미분, 칩, 기타 비산물로부터 눈을 보호하기 위한 것.	플라스틱
도수렌즈 보호안경	근시, 원시 혹은 난시인 근로자가 차광안경, 유리보호안경을 착용해야 하는 장소에서 작업하는 경우, 빛이나 비산물 및 기타 유해 물질로부터 눈을 보호함과 동시에 시력을 교정하기 위한 것.	유리 및 플라스틱

2) 안전인증대상 보안경의 구분

의무안전인증(차광보안경)	자율안전확인
1. 자외선용 2. 적외선용 3. 복합용(자외선 및 적외선) 4. 용접용(자외선, 적외선 및 강렬한 가시광선)	1. 유리보안경 2. 플라스틱 보안경 3. 도수렌즈보안경

3) 보안경의 구비조건

① 보안경은 그 모양에 따라 특정한 위험에 대해서 적절한 보호를 할 수 있을 것.
② 착용했을 때 편안할 것.
③ 견고하게 고정되어 착용자가 움직이더라도 쉽게 탈락 또는 움직이지 않을 것.
④ 내구성이 있을 것.
⑤ 충분히 소독되어 있을 것.
⑥ 세척이 쉬울 것.

(2) 차광안경

1) 차광안경의 일반구조

① 차광보안경에는 돌출부분, 날카로운 모서리 혹은 사용도중 불편하거나 상해를 줄 수 있는 결함이 없을 것
② 착용자와 접촉하는 차광보안경의 모든 부분에는 피부자극을 유발하지 않는 재질을 사용할 것
③ 머리띠를 착용하는 경우, 착용자의 머리와 접촉하는 모든 부분의 폭이 최소한 10mm 이상되어야 하며, 머리띠는 조절이 가능할 것.

2) 차광보안경의 성능기준
　① **시야범위** : 수평 22.0mm, 수직 20.0mm 이상일 것
　② **표면** : 표면에 기포, 발포, 반점, 성형자국, 구멍, 침전물 등이 없을 것
　③ **내노후성** : 고온안정성 시험 후 보안경의 변형이 없어야 하고, 자외선 조사 후 시감투과율 차이가 적합할 것
　④ **내충격성** : 필터에 파손이나 변형이 없을 것
　⑤ **내식성** : 부식이 없을 것
　⑥ **내발화성** : 발화 또는 적열이 없을 것

3) **추가표시** : 안전인증의 표시 외에 다음 내용을 추가로 표시할 것
　① 차광도번호
　② 굴절력 성능수준 등

4) 차광안경의 구비 조건(①, ②렌즈의 광학 특성)
　① 커버렌즈. 커버플레이트는 가시광선을 적당히 투과하여야 한다.(89% 이상 통과)
　② 자외선 및 적외선은 허용치 이하로 약화시켜야 한다.
　③ 아이 캡(eye cap) 형에서는 시계 105° 이상으로 통기성의 구조를 갖추어야 한다.
　④ 필터렌즈, 필터플레이트 색은 무채색 또는 황적색, 황색, 녹색, 청색 등의 색이어야 한다.

5) 광선은 400~700(㎛)의 파장을 가진 가시광선, 400(㎛)보다 단파장인 자외선, 700(㎛)보다 장파장인 적외선으로 대별되며, 300(㎛)이하의 자외선과 4000(㎛)이상의 적외선은 1(mm) 두께의 유리로도 차단이 되므로 유해성이 있는 것은 300~400(㎛)의 자외선과 800~4000(㎛)범위의 적외선이다.

(3) 유리 보호안경 및 플라스틱 보호안경(방진안경)

1) 종류 및 구조
　① **보통 안경형** : 두개의 렌즈, 테 및 걸이로 구성된다.
　② **측판부착 안경형** : 보통 안경형에 측판으로 부착시킨 것으로 측판은 가능한 시야를 방해하지 않을 것.

　🔑 렌즈 주위치수 허용차는 가능한 한 작게 하고 테에 끼었을 때 탈락되지 않아야 하며, 교환이 용이하고 두께는 2.5mm 이상이어야 한다.

2) 방진안경의 렌즈의 구비조건
　① 렌즈가 신품인 경우 투과율은 투과광선의 약 90%를 투과하는 것으로 보통 70%를 내려서는 안된다.
　② 광학적으로 질이 좋아 두통을 일으키지 않아야 한다.
　③ 렌즈에는 줄이나 흠, 기포, 삐뚤어짐 등이 없어야 한다.
　④ 렌즈의 강도가 요구될 때는 강화렌즈를 사용할 필요가 있다.

⑤ 렌즈의 양면은 매끄럽고 평행해야 한다.

3) 방진안경의 성능시험
① 겉모양 시험 : 충격으로 렌즈의 가장 자리가 깨지거나 테에서 탈락되어서는 안 된다.
② 금속부품의 내식성 시험 : 부식 흔적이 있어서는 안된다.
③ 렌즈의 성능시험 항목 : 겉모양시험, 평행도 시험, 굴절력시험, 투명도시험, 간섭무늬시험(유리), 내열성 시험(플라스틱), 강도시험, 파쇄면 시험(유리), 표면마모저항시험(플라스틱)

4) 도수렌즈 보호안경의 성능시험 : 방진안경의 성능시험에 추가로 「평면횡단시험」과 「가장자리의 횡단시험」을 행한다.

4 안면보호구(보안면)

(1) 보안면의 종류 : 비래물, 방사열, 유해광선으로부터 안면전체, 머리를 보호하기 위한 것으로 다음의 종류가 있다.

종류	사용구분	렌즈의 재질
용접용 보안면 (안전인증)	아아크용접 및 가스용접, 절단 작업시에 발생하는 유해한 자외선, 가시광선 및 적외선으로부터 눈을 보호하고, 용접광 및 열에 의한 화상의 위험에서 용접자의 안면, 머리부분 및 목부분을 보호하기 위한 것	발카나이즈드 파이버 및 유리섬유 강화 플라스틱(FRP)
일반보안면 (자율안전확인)	일반작업 및 용접 작업시 발생하는 각종비산물과 유해물과 유해한 액체로부터 얼굴(머리의 전면, 이마, 턱, 목앞부분, 코, 입)을 보호하고 눈부심을 방지하기 위해 적당한 보안경위에 겹쳐 착용하는 것	플라스틱

(2) 보안면의 구비조건

1) 경도가 높고 충격에 견디며, 불에 잘 타지 않고 홈으로 인해 시계가 나빠지지 않아야 한다(플라스틱제).
2) 방사열을 효과적으로 차단할 수 있어야 한다(금강제).
3) 방호에 충분한 크기와 형, 내연성, 절기절연성, 방사선이 누출되지 않은 광창, 각종 플레이트의 교환이 용이하고 상해를 주는 각이나 요철이 없어야 한다.

(3) 보안면 면체의 성능시험 항목

1) 절연시험
2) 내식성시험
3) 각주굴절력시험
4) 구면굴절력 및 난시굴절력 시험
5) 투과율 시험
6) 시감투과율차이시험
7) 내충격성시험
8) 내발화성 및 관통시험
9) 낙하시험
10) 차광속도 및 차광능력시험 등

5 귀 보호구

(1) 방음 보호구의 종류

형식	종류	기호	적요
귀마개	1종	EP-1	저음부터 고음까지를 차단하는 것
	2종	EP-2	고음만을 차음하는 것
귀덮개		EM	저음부터 고음까지를 차단하는 것

(2) 방음보호구의 구비조건

1) 귀마개(ear plug) : 귓구멍을 막는 것
   ① 귀에 잘 맞을 것.
   ② 사용 중에 현저한 불쾌감이 없을 것.
   ③ 사용 중에 쉽게 탈락되지 않을 것.
   ④ 분실하지 않도록 적당한 곳에 끈으로 연결시킬 것.

2) 귀덮개(ear muff) : 귀 전체를 덮는 것
   ① 캡은 귀 전체를 덮어야 하며, 발포 플라스틱 등 흡음재로 감쌀 것
   ② 쿠션은 우레탄폼 또는 공기, 액체를 넣은 플라스틱튜브 등으로 귀 주위에 밀착시키는 구조일 것
   ③ 머리띠 또는 걸고리 등은 길이 조정이 가능하고 철제 스프링은 탄력성이 있어서 압박감 또는 불쾌감을 주지 않을 것

(3) 재료의 구비조건

1) 강도, 경도, 탄성 등이 각 부위별 용도에 적합해야 한다.
2) 피부에 해로운 영향을 주지 않아야 하고 소독이 용이한 것으로 할 것
3) 금속으로 된 재료는 녹 방지 처리가 된 것으로 간이 소독이 용이한 것으로 할 것

(4) 차음 성능 : 정상인의 청력을 가진 10사람의 피검자로 하여 125~8,000(Hz)의 주파수에 대하여 차음 성능을 측정하여 다음 표를 만족시켜야 한다.

중심주파수 (Hz)	차음성능치(dB)			중심주파수 (Hz)	차음성능치(dB)		
	EP-1	EP-2	EM		EP-1	EP-2	EM
125	10 이상	10 미만	5 이상	2,000	25 이상	20 이상	30 이상
250	15 이상	10 미만	10 이상	4,000	25 이상	25 이상	35 이상
500	15 이상	10 미만	20 이상	8,000	20 이상	20 이상	20 이상
1,000	20 이상	20 이상	25 이상				

(5) 선택법 : 귀 마개, 귀 덮개의 선택방법은 다음과 같다.

1) 소음레벨 및 작업내용에 알맞은 구조를 선택한다.
2) 사용 시 불쾌감과 압박감을 주지 않을 것.
3) 사용 중에 귀마개가 탈락되어서는 안 된다.
4) 귀 덮개는 밀착이 잘 되어야 한다.
5) 귀마개의 감음율은 고주파수에서 25~30dB 이고 귀 덮개는 35~45dB이므로 귀마개는 115~120dB에서, 귀 덮개는 130~135dB에서의 작업이 가능하다. 또한 귀마개와 귀 덮개를 동시에 착용하면 추가로 3~5dB까지 감음시킬 수 있으나 어떠한 경우에도 50dB을 감음시킬 수 없다.

6 호흡용 보호구

[1] 방진마스크

(1) 방진마스크의 종류 · 구조 · 선정기준

1) 방진마스크의 종류

종류		형상
분리식	격리식	• 전면형 : 안면부가 안면전체를 덮는 것 • 직결형 : 안면부가 입, 코를 덮는 것
	직결식	• 전면형 : 안면부가 안면전체를 덮는 것 • 직결형 : 안면부가 입, 코를 덮는 것
안면부 여과식		• 반면형 : 안면부가 입, 코를 덮는 것
사용조건		산소농도 18% 이상인 장소에서 사용

2) 방진마스크의 종류별 구조(형식 및 기능)

종류		구조(형식 및 기능)
분리식	격리식	• 안면부, 여과재, 연결관, 흡기밸브, 배기밸브 및 머리끈으로 구성 • 여과재에 의해 분진이 제거된 깨끗한 공기를 연결관을 통하여 흡기밸브로 흡입되고 체내의 공기는 배기밸브를 통하여 외기중으로 배출하게 되는 것으로 부품을 자유롭게 교환할 수 있는 것
	직결식	• 안면부, 여과재, 흡기밸브, 배기밸브 및 머리끈으로 구성 • 여과재에 의해 분진이 제거된 깨끗한 공기가 흡기밸브를 통하여 흡입되고 체내의 공기는 배기밸브를 통하여 외기중으로 배출하게 되는 것으로 부품을 자유롭게 교환할 수 있는 것
안면부 여과식		• 여과재로 된 안면부와 머리끈으로 구성 • 여과재인 안면부에 의해 분진을 여과한 깨끗한 공기가 흡입되고 체내의 공기는 여과재인 안면부를 통해 외기중으로 배출(배기밸브가 있는 것은 배기밸브를 통하여 배출)되는 것으로 부품이 교환될 수 없는 것

3) 방진마스크 재료의 구비조건
　① 안면접촉부분은 피부에 해를 주지 않을 것.
　② 여과제는 여과 성능이 우수하고 인체에 해가 없을 것.
　③ 플라스틱은 내열성 및 내한성을 가질 것.
　④ 금속은 내식처리가 되어 있을 것.
　⑤ 고무재료는 인장강도, 신장률, 경도, 내열성 내한성 및 비중시험에 합격할 것.
　⑥ 섬유재료는 강도가 충분할 것.

4) 방진마스크의 선정기준(구비조건)
　① 분진포집효율(여과효율)이 좋을 것.
　② 흡기, 배기저항이 낮을 것.
　③ 사용면적(유효 공간)이 적을 것
　④ 중량이 가벼울 것.
　⑤ 시야가 넓을 것(하방 시야 60° 이상)
　⑥ 안면 밀착성이 좋을 것.
　⑦ 피부 접촉부위의 고무질이 좋을 것.

(2) 방진마스크의 등급별 사용장소

등급	사용장소
특급	• 베릴륨 등과 같이 독성이 강한 물질을 함유한 분진 등 발생장소 • 석면 취급장소
1급	• 특급마스크 착용장소를 제외한 분진 등 발생장소 • 금속 흄 등과 같이 열적으로 생기는 분진 등 발생장소 • 기계적으로 생기는 분진 등 발생장소(규소 등과 같이 2급 마스크를 착용하여도 무방한 경우는 제외)
2급	• 특급 및 1급 마스크 착용장소를 제외한 분진 등 발생장소

단, 배기밸브가 없는 안면부 여과식 마스크는 특급 및 1급 마스크 착용장소에서 사용하여서는 아니된다.

(3) 방진마스크의 성능기준

1) 여과재의 등급별 분진포집효율

종류	등급	염화나트륨(NaCl) 및 파라핀 오일(Paraffin oil) 시험(%)
분리식	특급 1급 2급	99.95(%) 이상 94.0(%) 이상 80.0(%) 이상
안면부 여과식	특급 1급 2급	99.0(%) 이상 94.0(%) 이상 80.0(%) 이상

2) 안면부 흡기저항시험

3) 안면부 배기저항시험

4) 안면부 누설률시험

5) 배기밸브작동시험

6) 시야

7) 투시부의 내충격성 : 이탈, 균열, 깨어짐 및 갈라짐이 없을 것

8) 여과재 호흡저항

9) 안면부 내부의 이산화탄소 농도 : 안면부 내부의 이산화탄소 농도가 부피분율 1% 이하일 것

[2] 방독마스크

(1) 방독마스크의 종류

1) 격리식 방독마스크(정화통, 연결관, 흡기밸브, 안면부, 배기밸브 및 머리끈으로 구성) : 가스 또는 증기의 농도가 2%(암모니아는 3%) 이하의 대기 중에서 사용하는 것

2) 직결식 방독마스크(정화통, 흡기밸브, 안면부, 배기밸브 및 머리끈으로 구성) : 가스 또는 증기의 농도가 1%(암모니아는 1.5%) 이하의 대기 중에서 사용하는 것

3) 직결식 소형 방독마스크(정화통, 흡기밸브, 안면부, 배기밸브 및 머리끈으로 구성) : 가스 또는 증기의 농도가 0.1% 이하의 대기 중에서 사용하는 것으로서 긴급용이 아닌 것.

길잡이

방독마스크 종류별 시험가스

종 류	시험가스
유기화합물용	시클로헥산(C_6H_{12})
할로겐용	염소가스 또는 증기(Cl_2)
황화수소용	황화수소가스(H_2S)
시안화수소용	시안화수소가스(HCN)
아황산용	아황산가스(SO_2)
암모니아용	암모니아가스(NH_3)

(2) 방독마스크 : 산소농도가 18% 미만 되는 장소 또는 가스, 증기의 농도가 2%(암모니아 3%)를 초과하는 장소에서 사용하여서는 안 된다.

(3) 방독마스크 재료의 구비조건

1) 얼굴에 밀착되는 부분은 피부에 장해를 주지 않아야 한다.

2) 정화제의 안쪽은 정화제에 의해서 부식되지 않는 것, 또는 부식되지 않도록 충분한 방식 처리가 되어있어야 한다.

3) 정화통 내부의 분진 포집용 거르개는 인체에 장해를 주지 않아야 한다.

4) 일반적인 취급에 있어 균열, 변형, 기타 이상이 생기지 않아야 한다.

(4) 방독마스크의 일반구조

1) 쉽게 깨어지지 않을 것.
2) 착용자의 시야가 충분할 것.
3) 착용자의 얼굴과 방독마스크 내면 사이의 공간이 너무 크지 않을 것.
4) 착용이 쉽고 착용하였을 때 공기가 새지 않고, 압박감이나 고통을 주지 않을 것.
5) 전면 형 방독마스크는 호기에 의해 눈 주위에 안개가 끼지 않을 것.
6) 정화통, 흡기밸브, 배기밸브 또는 머리끈을 바꿀 수 있는 것은 쉽게 바꿀 수 있는 구조일 것.

(5) 방독마스크의 흡수관(흡수통 또는 정화통)

1) 흡수관 속에 들어 있는 흡수제에 따라 그 종류별로 유효한 적응가스가 정해져 있다. 적응하는 가스의 종류를 나타내기 위해 흡수통에 색별의 도장과 기호가 표시되어 있다.
2) 흡수제 : 활성탄(가장 많이 쓰임), 실리카겔(sillca gel), 소다라임(soda lime), 호프카라이트(hopcalite), 큐프라마이트(kuperamite) 등

[표] 방독마스크의 흡수관

종류	표지		대응독물	주성분
	기호	색		
보통가스용 (할로겐가스용)	A	흑색, 회색	염소 및 할로겐 류, 포스겐, 유기 및 산성가스	활성탄, 소다라임
산성가스용	B	회색	염산, 할로겐화수소, 산, 탄산가스, 이산화질소, 산화질소	소다라임, 알카리제제
유기가스용	C	흑색	유기가스 및 증기, 이황화탄소	활성탄
일산화탄소용	E	적색	TEL, 일산화탄소	호프카라이트, 방습제
암모니아용	H	녹색	암모니아	큐프라마이트
아황산용	I	황적색	아황산 및 황산 미스트	산화금속, 알카리제제
청산용	J	청색	청산 및 청화물 증기	산화금속, 알카리제제
황화수소용	K	황색	황화수소	금속염류, 알카리제제

3) 흡수관의 파과 : 흡수관의 제독 능력에는 한계가 있으며, 흡수관속의 흡수제가 포화되어 흡수능력을 상실하면 유해가스가 제거되지 않은 채 통과되고 마는데, 이런 상태를 흡수관의 파과라 한다.

4) 흡수관의 유효시간 : $\dfrac{\text{표준유효시간} \times \text{시험가스농도}}{\text{사용한 환기중의 유해가스농도}}$

5) 정화통의 외부 측면의 표시색

종 류	표시색
유기화합물용 정화통	갈색
할로겐용 정화통	회색
황화수소용 정화통	
시안화수소용 정화통	
아황산용 정화통	노란색
암모니아용 정화통	녹색
복합용 및 겸용의 정화통	• 복합용의 경우 : 해당가스 모두 표시(2층 분리) • 겸용의 경우 : 백색과 해당가스 모두 표시(2층 분리)

(6) 방독마스크의 성능시험 : 기밀시험, 흡기저항시험, 통기저항시험, 제독능력시험. 배기저항시험, 배기밸브의 작동기밀시험

[3] 공기 공급식 마스크(송기마스크)

(1) 자급식 : 공기, 산소 또는 산소 발생물질을 착용자가 직접 운반하고 이를 흡수하는 식으로 SCBA(self-contained breathing apparatus)라고 불리운다.

(2) 호스 마스크(hose mask) : 전면형 마스크, 꼬이지 않는 호흡관, 착장대 및 직경이 크고 꼬이지 않는 공기공급용 호스로 구성되며, 송풍기형과 폐력 흡인식이 있다.

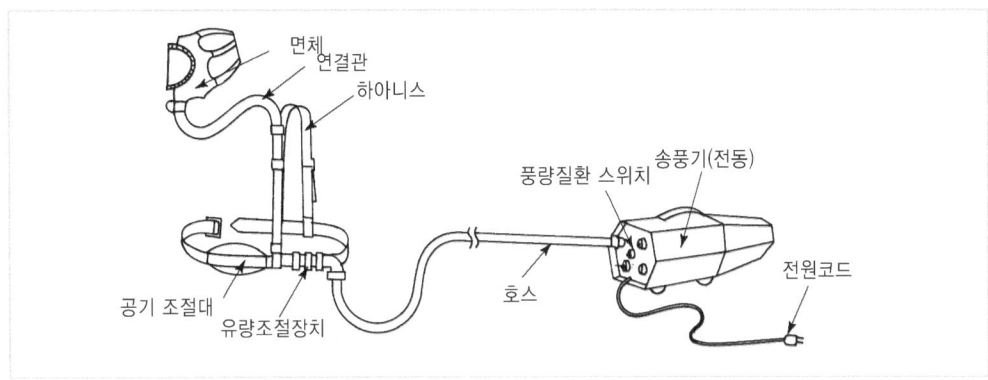

∥ 송풍기형(전동) 호스 마스크 ∥

(3) 에어-라인 마스크(air-line mask) : 압축기가 가압 공기 실린더에서 직경이 작은 에어라인을 통하여 공기를 공급하는 것으로, 일정유량형, 디맨드(demand)형, 압력디맨드(pressure demand)형이 있다.

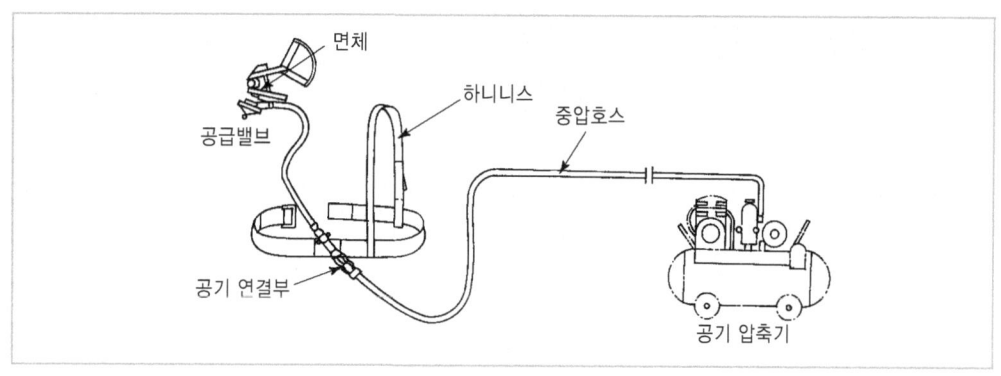

| 디맨드형 에어라인 마스크 |

7 손의 보호구

(1) 안전장갑(절연장갑)의 종류

구분	종류	재료	용 도
전기용 고무장갑	A종	고무	주로 300V를 초과하고 교류 600V 또는 직류 750V 이하의 작업에 사용
	B종	고무	주로 교류 600V 또는 직류 750V를 초과하고 3,500V이하의 작업에 사용
	C종	고무	주로 3,500V를 초과하고 7,000V이하의 작업에 사용

(2) 절연장갑의 재료 및 외형

1) 재료의 성질 : 적당한 정도의 유연성 및 탄력성이 있는 양질의 고무를 사용하여야 한다.
2) 외형 : 장갑은 다듬질이 양호하여 흠, 기포, 안구멍, 기타 사용상 유해한 결점이 없고, 이은 자국이 없는 고른 것이어야 한다.

(3) 절연장갑의 등급별 최대사용전압 및 색상

등급	최대사용전압		색상
	교류(V, 실효값)	직류(V)	
00	500	750	갈 색
0	1,000	1,500	빨강색
1	7,500	11,250	흰 색
2	17,000	25,500	노랑색
3	26,500	39,750	녹 색
4	36,000	54,000	등 색

(4) 유기화합물용 안전장갑

1) 유기화합물용 안전장갑 : 액체상태의 유기화합물이 피부를 통하여 인체에 흡수되는 것을 방지하기 위하여 사용하는 보호장갑

2) 장갑의 재료 및 구조
   ① 장갑에 사용되는 재료와 부품은 착용자에게 해로운 영향을 주지 않을 것.
   ② 장갑은 착용 및 조작이 용이하고 착용상태에서 작업을 행하는 데 지장이 없도록 할 것.
   ③ 장갑은 이은 자국이 없고 육안을 통해 검사한 결과 찢어진 곳, 터진 곳, 구멍난 곳이 없도록 할 것.

8 발의 보호구

(1) 안전화의 종류

종류	사용구분
① 가죽제 안전화	물체의 낙하, 충격 및 날카로운 물체에 의한 바닥으로부터의 찔림에 의한 위험으로부터 발을 보호하기 위한 것
② 고무제 안전화	물체의 낙하, 충격 및 찔림에 의한 위험으로부터 발을 보호하고 아울러 방수 또는 내화학성을 겸한 것
③ 정전기 안전화(정전화)	정전기의 인체 대전을 방지하기 위한 것
④ 발등 안전화(방호 안전화)	물체의 낙하 및 충격으로부터 발 및 발등을 보호하기 위한 것
⑤ 절연화	저압의 전기에 의한 감전을 방지하기 위한 것
⑥ 절연장화	고압에 의한 감전을 방지하고 아울러 방수를 겸한 것

(2) 가죽제 발 보호 안전화

1) 가죽제 안전화의 구분

구 분	몸통높이(뒷굽높이 제외)
단 화	113mm 미만
중단화	113mm 이상
장 화	178mm 이상

2) 안전화의 일반적인 구조
   ① 제조하는 과정에서 발가락 끝 부분에 선심을 넣어 압박 및 충격에 대하여 착용자의 발가락을 보호할 수 있는 구조일 것.
   ② 착용감이 좋고 작업에 편리할 것.
   ③ 견고하게 제작하고 부품품의 마무리가 확실하며 형상은 균형이 있을 것.

④ 선심의 내측은 헝겊, 가죽, 고무 또는 플라스틱 등으로 감싸고 특히 후단부의 내측은 보강되어 있을 것.

3) 가죽제 안전화의 성능시험방법
① 은면결렬시험　　② 인열강도시험
③ 6가크롬시험　　④ 내부식성시험
⑤ 인장강도시험　　⑥ 내유성시험
⑦ 내압박성시험　　⑧ 내충격성시험
⑨ 박리저항시험　　⑩ 내답발성시험

(3) 고무제 발보호 안전화

1) 일반 구조
① 신었을 때 편안하고 활동하기에 편리하도록 할 것.
② 안창포, 심지포 및 안에 부착하는 제품의 안감에 사용되는 메리야스, 융 등은 목적에 적합한 조직의 재료를 사용하고 견고 하게 제조하여 모양이 균일 하도록 할 것.
③ 선심의 안쪽은 포, 고무 또는 플라스틱 등으로 붙이고 특히 선심 뒷부분의 안쪽은 보강되도록 할 것.
④ 안쪽과 골 씌움이 안전하도록 할 것.

2) 고무제 안전화의 성능시험방법
① 인장강도 및 노화 후 인장강도시험　② 내유성시험
③ 내화학성시험　　④ 파열강도시험
⑤ 누출방지시험　　⑥ 완성품의 내화학성시험
⑦ 선심 및 내답판의 내부식성 시험

9 안전대

(1) 안전대의 종류

종 류	사 용 구 분
벨트(B)식	U자걸이 전용
	1개걸이 전용
안전그네식(H식)	안전블록
	추락방지대

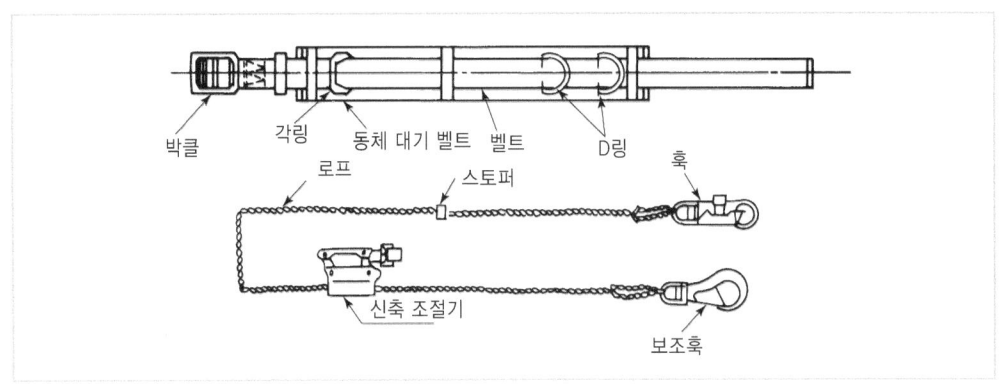

| U자걸이 전용 안전대 |

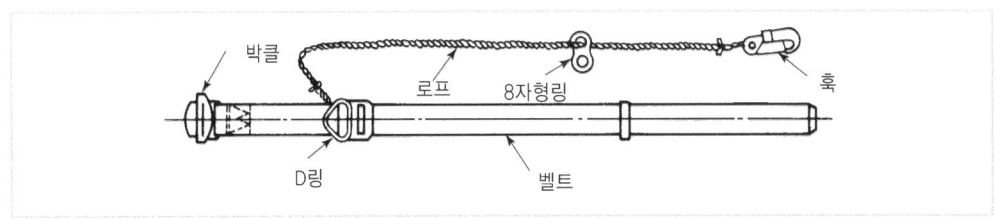

| 1개걸이 전용 안전대 |

| 추락방지대 | | 안전그네 | | 안전블록 |

(2) 안전대 용어의 정의

1) **U자걸이** : 안전대의 죔줄을 구조물 등에 U자모양으로 돌린 뒤 훅 또는 카라비나를 D링에 연결하고 신축조절기를 각링 등에 연결하여 신체의 안전을 꾀하는 방법

2) **1개 걸이** : 죔줄의 한쪽끝을 D링에 고정시키고 훅 또는 카라비나를 구조물 또는 구명줄에 고정시켜 추락에 의한 위험을 방지하기 위한 방법

3) **벨트** : 신체지지의 목적으로 허리에 착용하는 띠모양의 부품

4) **안전그네** : 신체지지의 목적으로 전신에 착용하는 띠모양의 부품

5) **추락방지대** : 벨트 또는 안전그네를 신체에 착용하기 위해 그 끝에 부착한 금속장치

6) **안전블록** : 안전그네와 연결하여 추락발생시 추락을 억제할 수 있는 자동잠금장치가 갖추어져 있고 죔줄이 자동적으로 수축되는 금속장치

(3) 안전대용 로프의 구비 조건

1) 충격, 인장강도에 강할 것.
2) 내마모성이 높을 것.
3) 내열성이 높을 것.
4) 완충성이 높을 것.
5) 습기나 약품류에 침범당하지 않을 것.
6) 부드럽고, 되도록 매끄럽지 않을 것.

10 색채조절

(1) 색의 3속성(색의 3요소)

1) 색상(hue) : 유채색에 있는 속성
2) 명도(value) : 눈에 느끼는 색의 명암의 정도(색의 밝기)
3) 채도(chroma) : 색의 선명도(색깔의 강약)

(2) 색채조절의 원칙사항

1) 조명
2) 광원의 색
3) 명도
4) 색채
5) 원심성
6) 구심성

(3) 색의 선택조건

1) 차분하고 밝은 색을 선택한다.
2) 안정감을 낼 수 있는 색을 선택한다.
3) 악센트(accent)를 준다.
4) 자극이 강한 색은 피한다.
5) 순백색은 피한다.
6) 차가운 색, 아늑한 색을 구분하여 사용한다.

11 산업안전 표지

(1) 안전표지의 사용목적

위험성을 표지로 경고 → 작업환경 통제 → 사전에 재해예방

(2) 산업안전표지의 크기 : 그림 또는 부호의 크기는 표지의 크기와 비례하여야 하며, 산업안전표지 전체규격의 30% 이상이 되어야 한다.

(3) 안전표찰 : 녹십자표지를 말하며 다음의 곳에 부착한다.

① 작업복 또는 보호의의 우측 어깨
② 안전모의 좌우면
③ 안전완장

(4) 안전표지의 종류 및 색채(시행규칙 별표 2)

분 류	종 류	색 채
금지표지	① 출입금지 ② 보행금지 ③ 차량통행금지 ④ 사용금지 ⑤ 탑승금지 ⑥ 금연 ⑦ 화기금지 ⑧ 물체이동금지	• 바탕은 흰색 • 기본모형은 빨간색 • 관련부호 및 그림은 검정색
경고표지	① 인화성물질경고 ② 산화성물질경고 ③ 폭발성물질경고 ④ 급성독성물질경고 ⑤ 부식성물질경고 ⑥ 방사성물질경고 ⑦ 고압전기경고 ⑧ 매달린 물체경고 ⑨ 낙하물체경고 ⑩ 고온경고 ⑪ 저온경고 ⑫ 몸균형상실경고 ⑬ 레이저광선경고 ⑭ 발암성·변이원성·생식독성·전신독성·호흡기과민성물질경고 ⑮ 위험장소경고	• 바탕은 노랑색 • 기본모형·관련부호 및 그림은 검정색 • 다만, 인화성물질경고, 산화성물질경고, 폭발성물질경고, 급성독성물질경고, 부식성물질경고 및 발암성·변이원성·생식독성·전신독성·호흡기과민성물질경고의 경우 바탕은 무색, 기본모형은 적색(흑색도 가능)
지시표지	① 보안경 착용 ② 방독마스크 착용 ③ 방진마스크 착용 ④ 보안면 착용 ⑤ 안전모 착용 ⑥ 귀마개 착용 ⑦ 안전화 착용 ⑧ 안전장갑 착용 ⑨ 안전복 착용	• 바탕은 파란색 • 관련그림은 흰색
안내표지	① 녹십자표지 ② 응급구호표지 ③ 들것 ④ 세안장치 ⑤ 비상구 ⑥ 좌측비상구 ⑦ 우측비상구	• 바탕은 흰색, 기본모형 및 관련부호는 녹색 • 바탕은 녹색, 관련부호 및 그림은 흰색
출입금지 표 지	① 허가대상 유해물질 취급 ② 석면취급 및 해체·제거 ③ 금지유해물질 취급	• 글자는 흰색 바탕에 흑색 • 다음 글자는 적색 　－○○○제조/사용/보관 중 　－석면취급/해체 중 　－발암물질 취급 중

(5) 산업안전표지의 색채 종류, 색도기준 및 용도

색 채	색도기준	용 도	사용 예
빨간색	7.5R 4/14	금 지	정지신호, 소화설비 및 그 장소, 유해행위의 금지
		경 고	화학물질 취급장소에서의 유해·위험 경고
노란색	5Y 8.5/12	경 고	화학물질 취급장소에서의 유해·위험 경고 이외의 위험경고, 주의표지 또는 기계방호물
파란색	2.5PB 4/10	지 시	특정행위의 지시 및 사실의 고지
녹 색	2.5G 4/10	안 내	비상구 및 피난소, 사람 또는 차량의 통행표지
흰 색	N 9.5		파란색 또는 녹색에 대한 보조색
검은색	N 0.5		문자 및 빨간색 또는 노란색에 대한 보조색

① 허용차 H = ±2, V = ±0.3, C = ±1 (H는 색상, V는 명도, C는 채도를 말한다)
② 위의 색도기준은 한국산업규격 색의 3속성에 의한 표시방법(KSA 0062 기술표준원고시 제 2008－0759)에 따른다.

12 색의 종류 및 사용범위(KSD)

색 명	표지사항	사용범위
1. 적	① 방화 ② 정지 ③ 금지	① 방화표시, 소화설비, 화학류 ② 긴급정지 신호 ③ 금지표지
2. 황적	① 위험	① 보호상자, 보호장치 없는 SW 또는 위험부위, 위험장소에 대한 표시
3. 황	① 주의	① 충돌, 추락, 층계, 함정 등 장소기구 주의
4. 녹	① 안전안내 ② 진행유도 ③ 구급구호	① 안내, 진행유도, 대피소 안내 ② 비상구 또는 구호소, 구급상자 ③ 구호장비 보관장소 등의 표시
5. 청	① 조심 ② 지시	① 보호구 사용, 수리중 기계장소 또는 운전정지 ② 표지 SW 상자의 외면
6. 백	① 통로 ② 정리정돈	① 통로구획선, 방향선, 방향표지 ② 폐품수집소, 수집용기
7. 적자	① 방사능	① 방사능 표지

[표] 안전 보건 표지의 종류와 형태(시행규칙 제6조 관련 · 별표 1의 2)

① 금지표시	101 출입금지	102 보행금지	103 차량통행금지	104 사용금지	105 탑승금지	106 금연
107 화기금지	108 물체이동금지	② 경고표지	201 인화성물질 경고	202 산화성물질 경고	203 폭발성물질 경고	204 급성독성물질 경고
205 부식성물질 경고	206 방사성물질 경고	207 고압전기 경고	208 매달린물체 경고	209 낙하물경고	210 고온경고	211 저온경고
212 몸균형상실 경고	213 레이저광선 경고	214 발암성·변이원성·생식독성·전신독성·호흡기과민성물질 경고	215 위험장소 경고	③ 지시표지	301 보안경 착용	302 방독마스크 착용
303 방진마스크 착용	304 보안면착용	305 안전모착용	306 귀마개착용	307 안전화착용	308 안전장갑 착용	309 안전복착용
④ 안내표지	401 녹십자표지	402 응급구호표지	403 들것	404 세안장치	406 비상구	407 좌측비상구

408 우측비상구	⑤ 관계자외 출입금지	501 허가대상물질 작업장 **관계자외 출입금지** (허가물질 명칭) 제조/사용/보관 중 보호구/보호복 착용 흡연 및 음식물 섭취 금지	502 석면 취급/해체 작업장 **관계자외 출입금지** 석면 취급/해체 중 보호구/보호복 착용 흡연 및 음식물 섭취 금지	503 금지대상물질의 취급 실험실 등 **관계자외 출입금지** 발암물질 취급 중 보호구/보호복 착용 흡연 및 음식물 섭취 금지

실 / 전 / 문 / 제

01
다음 보호구를 선택할 때 주의사항을 설명했다. 틀린 것은?
① 귀마개 – 피부에 유해한 영향을 주지 않는 것일 것
② 안전모 – 내전, 내수, 내충격에 강한 것일 것
③ 보안경 – 상해 등을 주는 각이나 凹凸이 없고 불쾌감이 없을 것
④ 방진마스크 – 흡배기 저항이 높은 것일 것

해설
방진마스크나 방독마스크는 흡기, 배기 저항이 높게 되면 호흡이 곤란하므로 흡배기 저항이 낮아야 한다.

02
다음 중 보호구 선택시 반드시 고려할 필요가 없는 사항은?
① 사용목적에 적합하여야 한다.
② 불연성(不燃性)물질이어야 한다.
③ 공업규격에 합격된 것으로 품질이 좋아야 한다.
④ 크기가 사용자에게 적합하여야 한다.

해설
보호구는 검정기준에 맞는 난연성 물질의 재료를 사용하여 만들면 되는 것이지 꼭 불연성물질을 사용할 필요는 없다.

03
보호구로 갖추어야 할 구비요건 중 거리가 먼 것은?
① 착용이 간편할 것
② 작업에 방해가 되지 않을 것
③ 유해, 위험요소에 대한 방호가 안전할 것
④ 가격이 저렴할 것

04
다음 보호구가 잘못 사용된 것은 어느 것인가?
① 폐수맨홀청소 – 방진마스크
② 아세틸렌용접 – 쉴드헬멧
③ 용광로 – 고열복
④ 3m위 작업 – 안전벨트

해설
①항 폐수맨홀청소 – 송기마스크

05
다음 중 방진마스크의 선정기준에 해당되는 것은?
① 흡기저항이 높은 것일수록 좋다.
② 흡기저항 상승률이 낮은 것일수록 좋다.
③ 배기저항이 높은 것일수록 좋다.
④ 분진포집 효율이 낮은 것일수록 좋다.

해설
방진마스크는 흡기 및 배기저항이 낮을수록 좋으며, 분진포집률(여과효율)은 높을수록 좋은 것이다.

06
방진마스크의 구비조건 중 맞지 않는 것은?
① 여과효율이 좋을 것
② 중량이 가볍고 안면 밀착성이 좋을 것
③ 하방시야가 50° 이상 넓을 것
④ 흡배기저항이 높을 것

해설
④항, 흡배기저항이 낮을 것

07
방진마스크를 착용하여야 할 작업이 아닌 것은?
① 암석의 파쇄작업
② 철분이 비산하는 작업

Answer ➡ 01. ④ 02. ② 03. ④ 04. ① 05. ② 06. ④ 07. ④

③ 금속 흄(fume)이 비산되는 작업
④ 염소 탱크내의 작업

해설
④항. 염소 탱크내의 작업은 방독마스크를 착용하여야 한다.

08
산소가 결핍되어 있는 장소에서 사용하는 마스크는?
① 송기마스크 ② 방진마스크
③ 방독마스크 ④ 특급방진마스크

09
다음 중 방진마스크를 사용해서는 안되는 경우는?
① 산소농도 18% 미만
② 갱내 채광
③ 암석 및 광석의 분쇄
④ 면진이 일어나는 타면기 작업

해설
방진마스크, 방독마스크는 공기 중 산소농도가 18% 미만인 산소결핍 장소에서 사용해서는 안된다.

10
유기용제에서 발생한 독성을 제거하기 위한 방독마스크의 흡수제로서 옳은 것은?
① 호프카라이트 ② 큐프라마이트
③ 활성탄 ④ 소다라임

해설
유기가스 및 증기용 방독마스크의 흡수제는 활성탄이다.

11
어느 공장에서 탈크를 공정 중에 투입하려고 한다. 투입 중 탈크가 많이 부유하므로 작업자들에게 보호구를 착용시킨다면 어느 것이 적합한가?
① 방진마스크 ② 방독마스크
③ 면마스크 ④ 산소마스크

해설
탈크(talc : 활석)분진 : 방진마스크의 사용

12
할로겐가스용 방독마스크용의 정화통 색은?
① 적색 ② 회색 및 흑색
③ 녹색 ④ 황적색

해설
방독마스크의 정화통색
1) 할로겐가스용 : 흑색 및 회색 2) 산성가스용 : 회색
3) 유기가스용 : 흑색 4) 일산화탄소용 : 적색
5) 암모니아용 : 녹색 6) 아황산가스용 : 황적색
7) 아황산·황용 : 백색 및 황적색 8) 황화수소용 : 황색

13
안전대용 로프의 구비조건이 아닌 것은?
① 내마모성이 높을 것. ② 완충성이 높을 것.
③ 내열성이 높을 것. ④ 값이 쌀 것.

14
안전모 성능시험의 항목이 아닌 것은?
① 내관통성 시험 ② 충격흡수성 시험
③ 내전압 시험 ④ 내식성 시험

해설
안전모의 성능시험 항목
1) 내관통성 시험 2) 충격흡수성 시험
3) 내전압성 시험 4) 내수성 시험
5) 난연성 시험 6) 턱끈풀림 시험

15
안전모의 각 부품에 사용하는 재료 및 구조는 다음과 같이 적합해야 한다. 틀린 항목은 어느 것인가?
① 사용목적에 따라 내열성, 내한성 및 내수성을 보유할 것
② 쉽게 부식하지 않을 것
③ 피부에 해로운 영향을 주지 않을 것
④ 안전모의 모체, 충격흡수 라이너, 착장제의 무게는 0.48kg을 넘지 않을 것

해설
안전모의 무게는 0.44kg를 넘지 않을 것

Answer ➡ 08.① 09.① 10.③ 11.① 12.② 13.④ 14.④ 15.④

16
방진마스크의 성능시험방법이 아닌 것은?

① 흡기저항시험   ② 분진포집시험
③ 배기저항시험   ④ 중량시험

해설
방진마스크의 성능시험방법
1) 흡기시험
2) 분진포집시험
3) 배기저항시험
4) 흡기저항상승시험
5) 배기변의 작동기밀시험
주) 중량시험, 사적(유효공간)시험, 시야시험은 구조시험이다.

17
다음 중 이상적인 눈의 차광보호구의 색은?

① 순도가 높지 않은 녹색과 자색
② 고순도의 녹색
③ 녹, 청 혼합색
④ 황록색에 녹색이 가미된 색

해설
이상적인 차광보호구 색은 순도가 높지 않은 녹색과 자색, 즉 청색이 가미된 색이 좋다.

18
방진마스크를 사용하는 작업이 아닌 것은?

① 금속을 전기아크로 용접 또는 용단하는 작업
② 갱내 또는 암석이나 암석과 유사한 광물을 뚫는 작업
③ 석면을 재료로 사용하는 작업
④ 반사물체가 있는 곳에서의 작업

해설
방진마스크를 사용하여야 하는 작업
1) 금속을 아크로 용접, 용단하는 작업
2) 주물공장에서 사형(砂型)을 사용하고 사락(砂落)하는 작업
3) 동력을 이용하여 토석, 암석, 광석을 파쇄, 분쇄하는 작업
4) 갱내에서 암석이나 암석과 유사한 광물을 뚫는 작업
5) 분상의 광물물질을 선별, 혼합 또는 포장하는 작업
6) 현저히 분진이 많은 작업장
7) 석면재료를 사용하는 작업

19
방진마스크의 흡기저항 상승률은 몇 % 이하이어야 하는가?

① 20%   ② 50%
③ 100% ④ 200%

해설
흡기저항 상승시험은 마스크를 통하여 공기를 흡입하는 때의 저항을 시험하는 것으로서 흡기저항 상승률은 200% 이하이어야 한다.

20
유독가스의 제거를 위한 방독마스크의 흡수제로서 틀린 것은?

① 암모니아 - 큐프라마이트
② 아황산 - 산화금속
③ 일산화탄소 - 소다라임
④ 유기가스 - 활성탄

해설
일산화탄소 : 호프카라이트

21
발을 보호하기 위한 가죽제 안전화의 구조에 대한 설명이다. 만족스럽지 못한 조건은 무엇인가?

① 가죽은 두께가 균등하고 홈 등의 결함이 없어야 하며, 두께는 중작업용은 1.8mm 이상, 경작업용은 1.5mm 이상일 것
② 착용감이 좋으며 작업하기에 편리할 것
③ 선심의 내측은 헝겊, 가죽, 고무 또는 플라스틱 등으로 감싸고 특히 후단부의 내측은 보강되어 있을 것
④ 견고하게 제작되어야 하며 부분품의 마무리가 확실하여야 하고 형상은 균형이 있을 것

해설
가죽제 안전화의 가죽은 두께가 균일해야 하고, 홈 등의 결함이 없어야 하며, 두께는 중작업용(H)은 1.5mm 이상, 경작업용(L)은 1.2mm 이상이어야 한다.

Answer ➡ 16. ④ 17. ① 18. ④ 19. ④ 20. ③ 21. ①

22
보호구 중 안전대의 종류별 사용방법에 맞지 않는 것은?

① U자걸이 전용
② 1개걸이 전용
③ 추락방지대
④ 특수용

해설

안전대의 종류(고용노동부고시)

종 류	사용구분
• 벨트식 • 안전그네식	1개걸이용
	U자걸이용
	추락방지대(안전그네식에만 적용)
	안전블록(안전그네식에만 적용)

23
공장 내 안전표지를 부착하는 이유는?

① 능률적인 작업을 유도하기 위해
② 인간심리의 활성화 촉진
③ 인간행동의 변화통제
④ 공장 내 환경정비목적

해설

안전표지의 목적은 금지, 경고, 지시, 안내 등을 통해 인간행동의 변화를 통제하기 위함이다.

24
다음 안전표지를 알맞게 나타낸 것은?

① 부식성 물질의 저장 – 경고표지
② 금연 – 지시표지
③ 화기엄금 – 경고표지
④ 안전모착용 – 안내표지

해설

②항 금연 및 ③항 화기엄금은 금지표지, ④항 안전모 착용은 지시표지

25
지시표지를 나타내는 색도기준으로 옳은 것은?

① 7.5R 4/14
② 5Y 8.5/12
③ 2.5 PB 4/10
④ 2.5G 4/10

해설

산업안전표지의 색도기준
1) 금지표지 : 7.5R 4/14   2) 경고표지 : 5Y 8.5/12
3) 지시표지 : 2.5 PB 4/10   4) 안내표지 : 2.5G 4/10

26
다음 보기의 안전표지가 나타내는 의미는?

① 위험장소 경고
② 위험물질 경고
③ 유해물질 경고
④ 고온 경고

27
다음 건설현장에서 안전표지를 설치하려 한다. 그 종류와 분류가 맞는 것은?

① 물체이동 – 금지표지
② 인화성 물질 – 지시표지
③ 위험장소 – 안내표지
④ 안전화 착용 – 경고표지

해설

② 인화성물질 : 경고표지
③ 위험 장소 : 경고표지
④ 안전화 착용 : 지시표지

28
산업안전 색채의 사용중에서 노란색에 관한 사항과 관계없는 것은?

① 위험경고
② 유해행위의 금지
③ 주의표시
④ 기계방호물

해설

산업안전색채의 종류에 따른 사용예
1) 빨간색 : 정지신호, 소화설비 및 그 장소, 유해행위의 금지(금지표지), 화학물질 취급장소에서의 유해·위험경고
2) 노란색 : 화학물질 취급장소에서의 유해·위험경고 이외의 위험경고, 주의표시, 기계방호물(경고표지)
3) 파란색 : 특정 행위의 지시 및 사실의 고지(지시표지)
4) 녹색 : 비상구 및 피난소, 사람 및 차량의 통행표지(안내표지)
5) 흰색 : 파란색 또는 녹색에 대한 보조색
6) 검은색 : 문자 및 빨간색 또는 노란색에 대한 보조색

Answer ● 22. ④ 23. ③ 24. ① 25. ③ 26. ① 27. ① 28. ②

29
안전표지 중 주의, 위험표지의 글자, 보조색에 이용되는 색은?

① 보라색 ② 빨강
③ 흑색   ④ 흰색

해설
주의표지색인 노랑, 위험표지색인 황적색을 잘 보이게 하기 위해 보조색으로 흑색을 사용한다.

30
바탕이 파란색에 관련된 그림을 흰색으로 표시한 표지는?

① 금지표시 ② 경고표지
③ 지시표지 ④ 안내표지

해설
산업안전표지의 구분
1) 금지표지 : 바탕은 흰색, 기본모형은 빨강, 관련부호 및 그림은 검정색
2) 경고표지 : 바탕은 노란색, 기본모형, 관련부호 및 그림은 검정색, 다만 화학물질 취급장소에서의 유해·위험경고의 경우 바탕은 무색, 기본모형은 적색(흑색도 가능)
3) 지시표지 : 바탕은 파랑, 관련그림은 흰색
4) 안내표지 : 바탕은 흰색, 기본모형 및 관련부호는 녹색 또는 바탕은 녹색, 관련부호 및 그림은 흰색

31
위험저장소의 표시는 다음 어느 표지에 해당하는가?

① 금지표지 ② 경고표지
③ 지시표지 ④ 안내표지

해설
산업안전표지의 구분
1) 금지표지 : 특정의 행동을 금지시키는 표지(안전명령)
2) 경고표지 : 위해 또는 위험물에 대한 주의를 환기시키는 표지
3) 지시표지 : 보호구 착용을 지시하는 등 지시 표지
4) 안내표지 : 위치(비상구, 의무실, 구급용구)를 알리는 표지

32
다음 색채 중 스위치 박스, 뚜껑내면, 재해발생장소에 위험표지로 사용되는 색깔은?

① 주황색 ② 빨강색
③ 노랑색 ④ 녹색

해설
색채의 종류에 따른 표시사항
1) 주황색 : 위험표지
2) 빨강색 : 방화, 정지, 금지표지
3) 노랑색 : 주의표지
4) 녹색 : 안전, 진행, 구급구호
5) 파랑 : 조심
6) 자주색 : 방사능 표지
7) 흰색 : 통로, 정돈

33
다음 중 기계작업장의 기계 본체의 색채 조절로서 가장 적합한 것은?

① 6.6YR 6/3   ② 3.5GY 6/3
③ 7.5GY 6/3   ④ 10YR 6/1.5

해설
기계작업장의 색채조절(대형기계현장)
1) 천장 5Y 9/2   2) 벽 6GY 7.5/2
3) 허리벽 10GY 5.5/2 4) 바닥 10YR 5/4
5) 기계본체 7.5GY 6/3 6) 기계공작면 1.5Y 8/3

34
다음 중 색채조절의 원칙이 아닌 것은?

① 주위가 작업면보다 밝으면 작업능률이 향상된다.
② 광원을 밝게 하면 사물을 보는 속도가 빨라진다.
③ 물건을 정확하게 보기 위해서는 노랑색 빛이 도는 광원이 좋다.
④ 강렬한 색채는 인체를 자극하고, 부드러운 색은 자율신경을 안정시킨다.

해설
작업면과 주변전체와의 밝기가 조화되어야 한다.

35
작업장의 색체 관리(color conditioning)에 있어서 색의 선택조건에 맞지 않는 것은?

① 차분하고 밝은 색을 선택할 것
② 안정감을 주도록 할 것
③ 악센트를 주지 말 것
④ 순백색을 피할 것

해설
지루함을 없애주기 위해 악센트를 주어야 한다.

Answer ➡ 35. ③

1편 종합예상문제
[안전관리론]

종/합/예/상/문/제

01
다음 중 안전관리의 정의에 해당되는 것은?
① 조직내 마련된 위험에 대한 사전통제 방법
② 안전공학 보다 관리적 측면을 강조하는 안전 활동
③ 산업심리나 인간공학적인 측면을 강조하는 수단
④ 안전공학 측면을 강조하는 안전수단

02
안전관리의 정의에 대한 설명으로 부적합한 것은?
① 생산성과는 무관하나 인명의 손실 방지만을 위한 활동을 말한다.
② 비능률적인 요소인 사고가 발생되지 않은 상태를 유지하기 위한 관리활동이라고 할 수 있다.
③ 비능률적인 재해로부터 인간의 생명과 재산을 보호하기 위한 계획적이고 체계적인 활동을 말한다.
④ 물적, 인적 손실을 최소화하기 위한 제반활동을 말한다.

해설
안전관리는 인명 및 재산 손실을 방지하기 위한 제반활동을 말한다.

03
다음 설명 중 재해의 특징이 아닌 것은?
① 모든 재해는 사전에 방지할 수 있다.
② 모든 재해의 발생에는 원인이 존재한다.
③ 모든 재해는 대책이 선정된다.
④ 모든 재해는 인적손상과 물적손상이 수반된다.

해설
모든 재해는 인적손실과 물적손실이 반드시 동시에 일어나는 것은 아니다.

04
산업재해를 가장 적절하게 표현한 것은?
① 산업재해는 사업체에서 일어난 사고를 말한다.
② 산업재해는 종업원 각자의 운에 관한 문제이다.
③ 사업체에서 야기된 사고의 결과로서 사망 및 부상자를 포함한 재산상의 손실을 말한다.
④ 근대화 과정에 따르는 부득이한 현상이다.

해설
산업재해는 사업체에서 일어난 사고의 결과로서 입은 인명손실과 재산의 피해현상을 말한다.

05
산업재해의 뜻을 가장 옳게 설명한 것은?
① 직업병은 산업재해에 속하지 않는다.
② 통제를 벗어난 에너지를 광란으로 인한 인명과 재산의 피해를 뜻한다.
③ 안전사고의 결과로 일어난 재산의 손실만을 말한다.
④ 공해와 사상은 산업재해에 속하지 않는다.

해설
산업재해는 에너지의 광란, 즉 에너지의 폭주현상이나 에너지와 에너지의 충돌현상에 의한 인명 및 재산의 피해현상을 말한다.

06
다음 산업재해의 위험을 분류한 것 중에서 물리적 위험성 물질에 속하지 않는 것은?
① 가연성 액체 ② α선
③ 자외선 ④ 고기압

Answer ▶ 01. ① 02. ① 03. ④ 04. ③ 05. ② 06. ①

해설

화학적 위험 및 물리적 위험
(1) 화학적 위험
　1) 화재 및 폭발 : 가연성 가스 및 액체 또는 분체, 폭발성 물질, 자연발화성 물질, 금수성 물질 등
　2) 공업 중독 및 위해물질에 의한 직업병 : 질식성 가스, 자극성 가스, 전신 중독성 가스, 유해 분진, 미스트, 발암성 물질, 부식성 물질, 독극물 등
　3) 대기 오염 : 매연, 분진, 배출가스, 악취 등
(2) 물리적 위험
　1) 눈 장해 : 자외선, 적외선 등
　2) 방사선 장해 : α선, β선, γ선, X선, 중성자선 등
　3) 열중증 및 동상 : 고온 저온
　4) 잠함병 및 고산병 : 고기압, 저기압
　5) 난청 및 소음공해 : 음파
　6) 신경증 및 진동 공해 : 진동

07
근로자가 업무에 관계되는 건설물, 설비, 원재료, 가스, 증기, 분진 등에 의하거나 작업 기타 업무에 기인하여 사망, 부상, 질병에 이환되는 것을 무엇이라고 하는가?

① 케이슨병　　② 직업병
③ 산업재해　　④ 상해

08
회전 중의 숫돌차 및 둥근톱의 파괴와 압력용기의 파열 등에 의해 발생되는 재해는 다음 중 어느 것인가?

① 붕괴물　　② 전도물
③ 회전체　　④ 비래물

해설

회전 중의 숫돌차 및 둥근톱의 파괴와 압력용기가 파열될 때는 파편 등의 비래물에 의해 재해를 입을 수 있다.

09
산업재해가 발생하였을 때 사람의 신체부위 중에서 어느 부위가 가장 많이 상해를 입을까?

① 다리, 발　　② 척추, 옆구리
③ 팔, 손　　　④ 가슴, 배

10
재해발생의 메카니즘을 나타낸 것이다. 기초원인은 어떤 것과 같은 것인가?

① 사고　　　② 직접원인
③ 간접원인　④ 재해

해설

간접원인(기초원인, 2차원인)
직접원인(1차원인) – 사고 – 재해

11
재해의 원인 중 기초원인에 속하는 것은?

① 기술적 원인　　② 안전교육적 원인
③ 정신적 원인　　④ 관리적 원인

해설

기초원인에는 학교교육적 원인과 관리적 원인이 있다.

12
사고원인 중 후천적인 원인에 해당되는 것이 아닌 것은?

① 기능적인 능력　② 지식미비
③ 제어방법의 미숙　④ 지속력

13
다음 중 사고의 원인과 거리가 먼 것은 어느 것인가?

① 재해결과 불명확한 규명
② 기계설비의 불량
③ 작업환경의 부적당
④ 작업관리의 불량

해설

재해결과를 제대로 규명하지 못하였다고 하여 그것이 사고의 원인이 되지는 않는다.

14
다음 재해발생 원인 중 관리적 원인에 속하는 것은?

① 안전기준의 부정확　② 점검 보전의 불충분
③ 조작기준의 부적당　④ 정신적인 동요

Answer ➡ 07. ③ 08. ④ 09. ③ 10. ③ 11. ④ 12. ④ 13. ① 14. ①

해설

재해발생의 원인 및 대책

관리적 원인	관리적 대책
1. 최고관리자의 책임감 부족 2. 안전관리조직의 결함 3. 안전교육제도의 불비 4. 안전기준의 불명확 5. 점검보전제도의 결함 6. 대책실시의 지연 7. 인사관리의 불비 8. 노동의욕의 침체	1. 최고관리자의 책임자각 2. 안전관리조직의 개선 3. 안전교육제도의 충실 4. 대책의 즉시실시 5. 인사관리의 개선 6. 근로의욕의 향상
기술적 원인	기술적 대책
1. 건물, 기계장치의 설계불량 2. 구조재료의 부적당 3. 점검보존의 불충분 4. 조작기준의 부적당	1. 안전설계 2. 작업행정의 개선 3. 점검보전의 확립 4. 5. 안전기준의 설정
정신적 원인	정신적 대책
1. 착각 2. 태도불량 3. 정신적 동요 4. 지각적 결함	1. 심리학적 조사 2. 규율 엄수 3. 훈계 · 징벌 4. 배치 전환

15
안전사고예방을 위한 관리적 대책이 아닌 것은?

① 안전교육제도 이행 ② 안전장치의 설치
③ 근로의욕향상   ④ 인사적정 배치

해설

②안전장치의 설치는 기술적 대책에 해당한다.

16
다음 중 산업재해의 발생형태가 아닌 것은?

① 집중형   ② 연쇄형
③ 복합형   ④ 폭발형

해설

산업재해의 발생형태는 ① 집중형(단순자극형), ② 연쇄형, ③ 복합형의 3가지가 있다.

17
Bird의 재해 분포에 따르면 30건의 물적 손실 사고가 발생할 경우 무손실 사고는 몇 건이 발생하는가?

① 300   ② 400
③ 600   ④ 800

해설

버드의 재해구성 비율
∴ 중상 또는 폐질 : 경상 : 무상해사고(물적손실) : 무상해 무사고 고장(위험순간) = 1 : 10 : 30 : 600

18
하인리히의 재해발생빈도 법칙에 따라 중대재해 5건이 발생하였다면 경상재해는 몇 건이 발생되었다고 볼 수 있는가?

① 145건   ② 29건
③ 300건   ④ 1500건

해설

1 : 29 : 300의 재해구성비율에서, 5×29 = 145

19
다음 재해예방원칙 중 대책선정의 원칙을 바르게 설명한 것은?

① 재해는 원인만 제거되면 예방가능하다.
② 재해예방을 위한 방안은 반드시 있다.
③ 손실은 우연히 일어나므로 예방가능하다.
④ 재해는 어떤 원인의 결과에 따라 일어난다.

해설

대책선정의 원칙 : 재해예방을 위한 안전대책은 반드시 존재한다. ①는 예방가능의 원칙, ②는 대책선정의 원칙, ③는 손실우연의 원칙, ④는 원인계기의 원칙을 설명한 것이다.

20
하인리히의 사고방지대책 제3단계(분석)에서 하여야할 내용과 가장 적합하지 않은 것은?

① 안전회의 및 토론회 개최
② 인적, 물적, 환경조건의 분석
③ 교육 및 배치 사항
④ 사고기록 및 관계자료 대조 확인

해설

①항은 제2단계 사실의 발견에 해당되며, 제 3단계 분석에 관계되는 내용은 다음과 같다.
1) 사고 보고서 및 현장조사
2) 사고기록 및 인적, 물적조건의 분석
3) 작업공정의 분석
4) 교육훈련의 분석

Answer ◯ 15. ② 16. ④ 17. ③ 18. ① 19. ② 20. ①

21
재해예방 대책은 제5단계 과정을 거쳐서 계획을 수립하게 된다. 이때 제 4단계에 맞지 않는 것은?

① 기술적인 개선안 ② 작업배치도 조정
③ 교육훈련의 개선 ④ 작업분석

해설
④항의 작업분석은 제2단계 사실의 발견(현상파악)에 해당된다.

22
Harvey는 안전대책의 3E를 주장하였다. 그러나 현재는 3E만 가지고는 되지 않는다고 한다. 즉 Education, Engineering, Enforcement와 더불어 한가지를 추가한다면 다음 중 어느 것인가?

① Man ② Machine
③ Media ④ Management

해설
안전대책
1) 기술(engineering)적 대책
2) 교육(education)적 대책
3) 규제(enforcement)적 대책
4) 관리(management)적 대책

23
3E를 주장한 사람은 누구인가?

① 하아비(Harvey)
② 하인리히(Heinrich)
③ 베르크호프(Berckhoff)
④ 사이몬즈(Simonds)

해설
3E는 하아비(J.H.Harvey)가 제창한 것이다.

24
사고발생의 제5단계 중 재해를 예방하기 위하여 제 몇 단계를 제거하면 되는가?

① 제2단계 ② 제3단계
③ 제4단계 ④ 제5단계

해설
재해를 예방하기 위해서는 하인리히의 사고발생의 제5단계 중 제3단계인 불안전한 행동 및 상태를 중점적으로 제거시켜야 한다.

25
물체의 낙하 또는 비래의 위험방지조치가 아닌 것은?

① 격벽설치 ② 출입금지구역 결정
③ 보호구 착용 ④ 망입설치

26
다음은 재해사례를 설명한 것이다. 이중 불안전한 행동은?(작업자 A가 빈 드럼통 위에 서서 철구조물에 용접을 하고 있다. 이때 용접 이 튀어 드럼통 속으로 들어가 속의 잔류가스가 폭발하여 작업자가 10m 뒤에 떨어져 척추를 다쳤다.

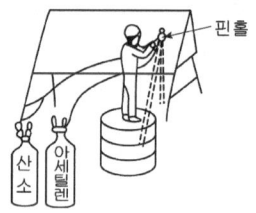

① 용접이 튀어 빈드럼통 속에 들어갔다.
② 빈드럼통 위에 서서 드럼통 속을 미확인하고 용접을 하였다.
③ 드럼통 속에 잔류가스가 있다.
④ 드럼통의 마개가 열려 있었다.

27
무재해운동의 이념은?

① 인간존중의 이념
② 이윤추구의 이념
③ 재해방지의 이념
④ 무사고 이념

28
무재해운동의 이념 중 선취의 원칙이란?

① 재해를 예방하거나 방지하는 것
② 근로자 전원이 일체감을 조성하는 것
③ 사고의 잠재요인을 사전에 파악하는 것
④ 근로자 전원이 자발성 자주성으로 안전활동을 촉진하는 것

Answer ▶ 21. ④ 22. ④ 23. ① 24. ② 25. ② 26. ② 27. ① 28. ③

해설
무재해운동에 있어서 선취란 궁극적 목표로서의 무재해, 무질병의 직장을 실현하기 위하여 일체의 직장위험요인을 행동하기 전에 발견, 파악, 해결하여 재해를 예방하거나 방지하는 것을 말한다.

29
무재해운동 기본이념의 참가의 원칙에 전원 참가의 '전원'이 의미하는 것에 해당되지 않는 것은 어느 것인가?

① 톱(Top)을 비롯하여 관리감독자 스텝(Staff)으로부터 작업자 전원
② 직장의 작업자 전원 – 직장 소집단 활동에 의한 전원
③ 근로자 가족까지 포함한 전원
④ 하청회사, 관련회사는 제외

30
한 사람의 상사가 통제할 수 있는 가장 적절한 부하의 수는?

① 5~7명　　② 8~10명
③ 11~12명　④ 14~15명

해설
한 사람의 통제하에 팀웍(team work)을 이룰 수 있는 적절한 인원은 5~7명 정도이다.

31
무재해운동의 개시보고는 누구에게 하는가?

① 고용노동부장관
② 산업안전공단, 관할 기술지도원장
③ 고용노동부 담당 근로감독관
④ 안전보건관리책임자

해설
무재해운동을 시작한다는 개시신고는 산업안전공단산하 관할 기술지도원장에게 하도록 되어있다.

32
다음 중 안전보건의식고취를 위한 추진방법 중에서 출근시 작업을 시작하기 전에 5~10분 정도의 시간을 내서 회합을 갖는 것은?

① OJT　　② OFF JT
③ TWT　　④ TBM

해설
TBM(tool box meeting) : TBM은 직장, 현장, 공구상자 등의 근처에서 인원 5~7명 정도가 작업개시 전에 5~10분 정도, 작업완료시에 3~5분 정도의 시간을 들여 행하는 안전미팅을 말하는 것이다.

33
T.B.M(Tool Box Meeting)의 의미를 가장 잘 나타낸 것은 다음 중 어느 것인가?

① 지시나 명령의 전달회피
② 공구함을 준비한 후 작업한다는 뜻
③ 작업원 전원의 상호대화로 스스로 생각하고 납득하는 작업상 안전회의
④ 상사의 지시된 작업내용에 따른 공구를 하나 하나 준비해야 한다는 뜻

34
지적확인의 특성은?

① 인간의 의식을 강화한다.
② 인간의 지식수준을 높인다.
③ 인간의 안전태도를 형성한다.
④ 인간의 육체적 기능수준을 높인다.

35
작업에 들어갈 때 그림과 같이 수지를 하나하나 꺽으면서 안전을 확인하고 전부 끝나면 힘차게 쥐고 '무사고로 가자'하는 안전확인 5지 운동에 속하지 않는 것은?

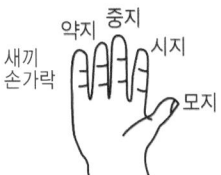

① 모지 : 마음　② 시지 : 복장
③ 약지 : 확인　④ 중지 : 규정

해설

안전확인 5지 운동
1) 모지 – 마음 : 정신차려서 마음의 준비
2) 시지 – 복장 : 연락, 신호 그리고 복장의 정비
3) 중지 – 규정 : 통로를 넓게, 규정과 기준
4) 약지 – 정비 : 기계, 차량의 점검정비
5) 새끼손가락 – 확인 : 표시는 뚜렷하게 안전 확인

36
안전업무에 해당되지 않는 것은?

① 재해를 국한하는 대책
② 재해의 처리 대책
③ 예방 대책
④ 안전예산승인 대책

해설

안전업무의 단계
1) 1단계 – 예방대책
2) 2단계 – 재해를 국한하는 대책
3) 3단계 – 재해처리 대책
4) 4단계 – 비상조치 대책
5) 5단계 – 개선을 위한 피드백(feed back)대책

37
안전관리의 조직형태 중에서 경영자(수뇌부)의 지휘와 명령이 위에서 아래로 하나의 계통이 되어 잘 전달되며 소규모 기업에 적합한 방식은?

① staff 방식
② line 방식
③ line – staff 방식
④ round 방식

38
안전조직 형태 중 직계(line)형의 특징은?

① 독립된 안전참모 조직을 보유하고 있다.
② 대규모의 사업장에 적합하다.
③ 안전지시나 명령이 신속히 수행된다.
④ 안전지식이나 기술축적이 용이하다.

해설

①, ④항은 참모(staff)형, ②항은 직계 – 참모(line – staff)형의 특징에 해당된다.

39
다음 안전조직 형태를 설명한 것이다. 맞게 이어놓은 것은?

① 명령과 보고관련 간단명료한 조직 – 라인 조직
② 경영자의 조언과 자문역할 – 라인조직
③ 명령자의 조언권고가 혼동되기 쉬운 조직 – 스탭조직
④ 생산부문은 안전에 대한 책임과 권한이 없다. – 라인 스탭조직

해설

②, ④항은 staff형, ③은 line – staff형에 대한 설명이다.

40
안전조직 중 안전스탭의 업무사항이 아닌 것은?

① 안전관리 목표 및 방침안 작성
② 정보수집과 주지활동
③ 실시 계획의 추진
④ 작업자의 적정배치에 대하여 조사한다.

41
조직의 목표는 집단관리체제에서 중요성을 갖고 있다. 조직목표의 이점(利點)에 속하지 않는 것은?

① 조직의 목표는 구성원에게 조직의 목표를 위하여 일을 할 수 있는 용기를 준다.
② 조직목표로 경제적 효용을 강조하는 사회적 효용은 강조될 수 없다.
③ 효율적 목표는 측정, 비교, 평가가 유효하게 실행될 수 있다.
④ 효율적 조직목표 아래서 조직 구성원은 개인의 목표를 보다 쉽게 달성시킬 수 있다.

42
A사업장의 평균 근로자수가 1,000명의 중규모이다. 안전조직은 어떤 형태가 가장 적합한가?

① 라인형 안전조직
② 스탭형 안전조직
③ 라인 – 스탭형 병행조직
④ 생산부서장이 안전책임자 겸직 조직

Answer ➡ 36. ④ 37. ② 38. ③ 39. ① 40. ④ 41. ② 42. ③

43
다음 표는 라인형 안전조직표이다. 안전관리자의 위치로 옳은 것은?

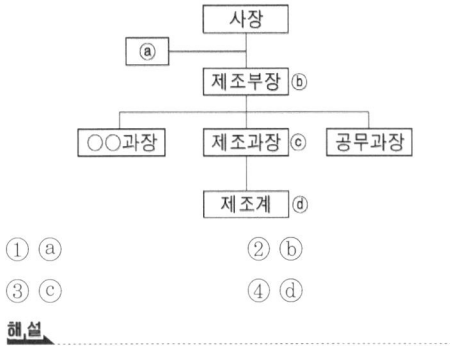

① ⓐ ② ⓑ
③ ⓒ ④ ⓓ

해설
line형에서는 생산 line의 부서의 장(생산부장 또는 제조부장)을 안전관리자로 본다.

44
사업주의 안전에 대한 책임에 해당되지 않는 것은?

① 안전기구의 조직
② 안전활동 참여 및 감독
③ 사고기록조사 및 분석
④ 안전방침 수립 및 시달

해설
사고기록조사 및 분석은 관리감독자 및 안전관리자의 책임에 해당된다.

45
관리감독자의 업무에 해당되지 않는 것은?

① 보호구 구입시 적격품 선정
② 기계설비의 안전보건 점검 및 이상유무의 확인
③ 산업재해에 관한 보고 및 그에 대한 응급조치
④ 작업장의 정리정돈 및 통로확보의 확인, 감독

해설
관리감독자의 업무내용
1) 사업장 내 관리감독자가 지휘, 감독하는 작업(이해 해당 작업)에 관련되는 기계, 기구 또는 설비의 안전, 보건 점검 및 이상 유무의 확인
2) 근로자의 작업복, 보호구 및 방호장치의 점검과 그 착용, 사용에 관한 교육, 지도
3) 해당 작업에서 발생한 산업재해에 관한 보고 및 그에 대한 응급조치
4) 해당 작업의 작업장의 정리정돈 및 통로 확보의 확인·감독
5) 산업보건의 안전관리자 및 보건관리자의 지도·조언에 대한 협조
6) 그 밖에 해당 작업의 안전·보건에 관한 사항으로서 고용노동부장관이 정하는 사항

46
사고보고에 대한 평가, 직업병, 파손된 제품에 대한 원인분석 등도 안전관리자가 하여야 할 일인데 그 중 가장 먼저 해야 할 일은?

① 안전의식을 높이기 위한 의사소통
② 종업원의 재훈련
③ 작업규칙의 강화
④ 생산시스템상 안전여건의 향상

47
다음 감독자의 주역할과 마음가짐에 대하여 설명한 것 중 맞지 않는 것은?

① 안전한 작업순서를 지도한다.
② 안전한 작업의식을 높여준다.
③ 재해발생시 적절한 조치를 취한다.
④ 항상 점검은 지정된 안전관리자만이 행하게 한다.

해설
안전점검은 안전관리자만이 아니라 관리감독자에게도 중요한 업무 중의 하나이다.

48
산업안전보건위원회를 설치, 운영하는 자는?

① 사업주
② 산업자원부장관
③ 고용노동부장관
④ 보건복지부장관

해설
상시 100인 이상의 근로자를 사용하는 사업장의 사업주는 위원회를 설치, 운영하여야 한다.

Answer ▶ 43. ② 44. ③ 45. ① 46. ① 47. ④ 48. ①

49
안전관리자의 직무로서 점검해야 할 사항은?

① 위험기계 설비에 대한 정기점검
② 작업방법에 대한 정기점검
③ 안전장치 중 위험방지시설의 정기점검
④ 작업환경의 점검

50
안전업무를 수행하기 위하여 필요한 시설, 작업, 기타 인간행위의 안전을 위한 법규, 행정지시, 기업체의 안전규칙 및 준칙들은 다음 중 어느 것에 해당하는가?

① 안전점검   ② 안전제도
③ 안전규칙   ④ 안전기준

해설
안전기준은 생산라인에서 실시하는 안전의 규범이 되는 것을 말하며, 안전수칙, 각종 설비 관리규정, 안전작업표준, 각종 위원회 규정, 안전관리규정 등 여러 가지의 명칭의 것이 있다.

51
안전계획 작성시 주된 항목이 아닌 것은?

① 실시사항
② 실시현장의 의견청취
③ 실행담당자 및 실시부분
④ 실시결과보고 및 확인

해설
안전계획 내용의 주요항목
1) 중점사항과 세부실시사항
2) 실시시기
3) 실시부서 및 실시담당자
4) 실시상의 유의점
5) 실시결과의 보고 및 확인

52
안전관리계획의 구비조건이 아닌 것은?

① 어떻게 실시할 것인가를 정확하고 구체적으로 제시하여야 한다.
② 계획의 내용과 대상은 명시하지 않아도 된다.
③ 목적에 접근시킬 수 있는 기본방침을 제시한다.
④ 계획이 무엇 때문에 작성되는가를 제시하여야 한다.

53
다음 중 안전관리 계획수립시 기본계획에 해당되지 않는 것은?

① 전체 사업장 및 직장단위로 구체적으로 계획한다.
② 계획의 목표는 점진적이고 중간수준의 것으로 한다.
③ 사후형보다는 사전형의 안전대책을 채택한다.
④ 여러 개의 안을 만들어 최종안을 채택한다.

해설
계획의 재해감소 목표는 점진적으로 수준을 높여야 한다. 통상 목표는 재해도수율이나 강도율 또는 재해건수 등에 의해서 제시된다.

54
안전보건개선계획에 포함되지 않는 사항은?

① 시설
② 안전보건교육
③ 안전보건관리체계
④ 복지

55
개선계획을 작성하기 위해서는 먼저 기본방향을 명확히 하지 않으면 안된다. 이 기본방향에 맞지 않는 것은?

① 재해사고의 감소방향
② 생산성 향상방향
③ 사용상 편리를 위한 개선 방향
④ 쾌적한 작업환경조성

해설
개선계획수립의 기본방향
1) 재해사고의 감소방향
2) 생산성 향상방향
3) 쾌적한 작업환경의 조성방향

Answer ➡ 49. ③ 50. ④ 51. ② 52. ② 53. ② 54. ④ 55. ③

56
안전보건개선계획을 수립할 때에 사업주는 누구의 심의를 거쳐야 하는가?

① 산업안전보건위원회
② 산업안전보건정책심의위원회
③ 보건복지부장관
④ 고용노동부장관

57
안전보건개선계획을 작성할 때 의견청취할 사람과 관계가 먼 것은?

① 안전관리자
② 보건관리자
③ 안전담당자
④ 근로자대표

해설
사업주가 안전보건개선계획서를 작성할 때에는 해당 사업장의 안전관리자, 보건관리자 및 근로자 대표의 의견을 들어야 한다.

58
다음 중 중점개선계획에 관한 내용이 아닌 것은?

① 산업재해를 근본적으로 근절시킬 수 있는 계획이어야 한다.
② 실천가능한 계획이 되어야 한다.
③ 계획을 위한 계획이며 기계설비의 부분적인 중점 개선이다.
④ 설비조건이나 작업환경 등 종합적인 방향에서 근본적인 개선이다.

해설
중점개선계획은 계획을 위한 계획이 되어서는 안되며, 기계설비의 전반적인 중점개선이 되어야 한다.

59
산업재해조사 목적에 해당되지 않는 것은?

① 동종재해 재발방지
② 원인규명
③ 예방자료 수집
④ Line 책임자 처벌

해설
산업재해조사는 line 책임자의 책임추궁 및 처벌보다는 재해재발방지를 우선하는 기본태도를 가져야 한다.

60
다음 중 재해발생시 긴급처리 내용이 아닌 것은?

① 현장보존
② 2차 재해방지
③ 사상자 보고
④ 응급조치

61
재해조사에 있어서 다음 중 관리적인 원인이 아닌 것은?

① 안전수칙의 오해
② 생산방법의 부적당
③ 구조 재료의 부적당
④ 복장, 보호구의 잘못 사용

해설
④항, 사고의 직접원인 중 인적원인의 불안전한 행동에 해당된다.

62
재해의 원인을 규명하는 것은 동종재해나 유사재해를 방지하기 위해 필요한 안전관리 업무이다. 다음의 재해원인규명시 고려할 사항 중 적합하지 않은 것은?

① 재해의 원인을 하나만으로 국한하는 것은 좋지 않다.
② 재해에는 직접원인과 간접원인이 연결되어 있다.
③ 재해의 원인은 시정대책을 실시하기 위해 규명한다.
④ 재해의 원인은 직접원인에 치중하여 규명함이 효과적이다.

해설
재해의 원인은 직접원인 뿐만 아니라 직접원인을 유발시킨 간접원인까지 규명되어야 근본적으로 재해를 예방할 수 있다.

Answer ➡ 56. ① 57. ③ 58. ③ 59. ④ 60. ③ 61. ④ 62. ④

63

'갑'회사에서는 전자제품 조립라인에서 4개월 이상 병원에 입원하여 치료를 받아야 될 부상자가 3명이 발생하였다. 다음 중 고용노동부 관할지청장 또는 지방고용노동관서장에게 즉시 보고해야 될 사항이 아닌 것은?

① 재해유발자개요   ② 재해자 개요
③ 입원한 병원명   ④ 원인 및 결과

해설
산업재해발생시 보고 사항
1) 중대재해 발생시 관할 노동관서의 장에게 보고할 사항(노동부 예규)
   ① 사업장, 재해유발자, 재해자 개요
   ② 발생경위
   ③ 원인 및 결과
   ④ 조치 및 전망
   ⑤ 기타 재해와 관련되는 주요사항
2) 사업주는 사망자 또는 3일 이상의 휴업을 요하는 부상을 입거나 질병에 걸린 사람이 발생한 때에는 해당 산업재해가 발생할 날로부터 1개월 이내에 산업재해조사표를 작성하여 관할 지방 고용노동관서의 장에게 제출하여야 한다(시행규칙 제4조 ①항).
3) 사업주는 산업재해 중 중대재해 (사망자가 1인 이상 발생한 경우, 3월 이상의 치료를 요하는 부상자가 동시에 2인 이상 발생한 경우 또는 부상자 및 질병자가 동시에 10인 이상 발생한 경우)가 발생한 때에는 지체없이 다음 사항을 관할지방고용노동관서의 장에게 보고하여야 한다(시행규칙 제4조 ③항).
   ① 발생개요 및 피해상황
   ② 조치 및 전망
   ③ 그 밖의 중요한 사항
4) 산업재해발생시 기록·보존하여야 할 사항
   ① 사업장의 개요 및 근로자의 인적 사항
   ② 재해발생의 일시 및 장소
   ③ 재해발생의 원인 및 과정
   ④ 재해재발 방지계획

64

다음 재해사례 중 어느 직장에서 메인스위치를 끄지 않고 퓨즈를 교체하던 중 스파크가 발생하여 화상을 입었다. 이 분석을 알맞게 한 것은?

① 메인 스위치를 끄지 않았다 – 간접원인
② 스파크가 발생했다 – 재해
③ 화상 – 재해
④ 퓨즈를 교체했다 – 불안전상태

65

현황 그림과 같이 K공업의 위험예지 쉬트의 경우 위험요인 파악이 잘못된 것은 어느 것인가?

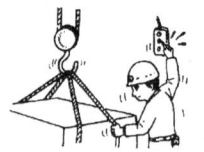

K군은 화물에 와이어를 걸고 들어 올리다가 위치가 나빠 바닥에 내리고 와이어의 위치를 고치고 있다.

① 화물이 고리에서 벗어지는 것을 방지하는 장치가 없다.
② 한꺼번에 두 가지의 동작을 하고 있는 등 불안전한 행동이나 상태가 보인다.
③ 작동펜던트 스위치 위치는 적당하다.
④ 와이어(wire)를 고치는 손의 위치가 화물에 끼임 위치에 있다.

해설
①, ②, ④항 이외에 다음과 같은 위험요인이 있다.
㉠ 작동펜던트 스위치(Pendant Switch) 위치가 높아서 오조작의 우려가 있다.
㉡ 혼자서 한꺼번에 두가지 동작을 하므로 화물을 정중앙에 걸기가 어렵다.

66

다음 재해통계작성의 필요성을 열거한 것 중 잘못 연결된 것은?

① 재해 통계 기록의 보존목적
② 안전업무를 수행하기 위한 기초자료
③ 재해의 경향, 안전관리의 목표설정자료
④ 재해예방계획 수립의 참고자료

Answer ⊃ 63. ③ 64. ③ 65. ③ 66. ①

67
안전대책을 수립하기 위한 방법으로 옳은 것은?

① 계획적 ② 경험적
③ 통계적 ④ 사무적

68
작업자의 사고발생빈도가 가장 많은 연령은?

① 20세 이전 ② 26~35세
③ 21~25세 ④ 36~45세

69
일반적인 작업조건 하에서 근속연수가 사고발생빈도에 미치는 영향은?

① 상대적 감소 ② 정비례
③ 상대적 증가 ④ 반비례

해설
일반적인 작업조건하에서는 근속연수가 많을수록 사고발생빈도는 상대적으로 감소한다.

70
안전사고의 통계를 보고도 알 수 없는 것은?

① 안전사고 감소 목표의 수준
② 안전임무의 정도
③ 작업의 순수작업능률
④ 사고의 경향성

해설
재해의 통계를 보고는 작업자체의 능률을 산정할 수 없다.

71
사고조사자가 현장에 도착하여 제일 먼저 해야 할 사항은?

① 다른 사고의 방지(2차 재해방지)
② 현장 확인
③ 목격자 면담
④ 피해자의 응급조치

해설
재해발생시의 긴급처리사항
1) 피재기계의 정지와 피해확산 방지
2) 피해자의 응급조치
3) 관계자에게 통보
4) 2차재해방지
5) 현장보존

72
다음의 재해원인분석방법 중 사고의 유형, 기인물 등의 분류 항목을 큰 순서대로 도표화하여 분석하는 것은?

① cross 분석
② 특성 요인도
③ 파렛트도
④ 관리도

73
다음은 재해분석으로 이용할 수 있는 것을 설명한 것이다. 잘못 말한 것은 어느 것인가?

① 타 작업장의 재해비교
② 사고의 경향과 수준
③ 정확한 안전계획상의 자료 제공
④ 안전교육 실시 횟수와 작업자 참석률

74
산업재해통계를 작성할 때 고려해야 할 점이 아닌 것은?

① 그 활용목적을 만족시킬 수 있는 충분한 내용이 담겨져 있을 것
② 안전활동을 추진한 실적을 작성한 것이다.
③ 통계에 나타난 경향과 성질의 활용을 중시한다.
④ 구체적으로 표시해야 하며, 쉽게 이해되도록 작성한다.

해설
산업재해통계는 안전활동을 추진하기 위한 자료이지 안전활동을 추진한 실적을 작성한 것은 아니다.

Answer ➡ 67. ③ 68. ③ 69. ① 70. ③ 71. ④ 72. ③ 73. ④ 74. ②

75
400명의 근로자가 근무하고 있는 어떤 공장에서 4건의 재해가 발생했다. 도수율은 얼마인가?

① 1.16
② 2.16
③ 3.16
④ 4.16

해설

도수율 $= \dfrac{4}{400 \times 2,400} \times 10^6 = 4.16$

76
다음의 설명 중 근로손실일수를 계산하는 방법으로 맞는 것은 어느 것인가?(단, I.L.O. 기준)

① 사망은 5,500일로 계산한다.
② 일시노동불능재해에는 휴업일수에 $\dfrac{300}{365}$을 곱한다.
③ 영구일부노동불능재해 중 신체장해등급 10급은 500일로 계산한다.
④ 영구전노동불능재해 중 신체장해등급에 따라 5,500일 이하로 계산한다.

77
작업원 500명이 근무하는 공장의 재해 강도율이 0.80이었다. 이 공장에서 연간 재해발생으로 인한 손실일수는 며칠인가?

① 480일
② 720일
③ 960일
④ 1,440일

해설

$0.8 = \dfrac{\text{근로손실일수}}{500 \times 2,400} \times 1,000$

∴ 근로손실일수 = 960일

78
상시 500명의 근로자를 두고 있는 사업장에서 1년간 25건의 재해가 발생하였다. 도수율은 얼마인가?

① 10.62
② 15.42
③ 20.83
④ 30.25

해설

도수율 $= \dfrac{25}{500 \times 2,400} \times 10^6 = 20.83$

79
상시근로자를 400명 채용하고 있는 사업장에서 주당 48시간씩 1년간 50주를 작업하였을 때 재해가 180건이 발생되고 이에 따른 근로손실일수가 780일이었다. 강도율은 얼마인가?

① 0.45
② 0.75
③ 0.81
④ 1.95

해설

강도율 $= \dfrac{780}{400 \times 50 \times 48} \times 1,000 = 0.81$

80
연평균 200명의 근로자가 작업하는 사업장에서 연간 3건의 재해가 발생하여 사망 1명, 30일 가료 1명, 나머지 1명은 20일간 요양하였다. 강도율은?

① 15.61
② 15.71
③ 17.61
④ 17.71

해설

강도율 $= \dfrac{\text{근로손실일수}}{\text{년수근로시간수}} \times 1,000$

$= \dfrac{7,500 + (30+20) \times 300/365}{200 \times 2,400} \times 1,000$

$= 15.71$

81
노동손실일수 산출근거에 있어서 노동손실연수는 몇 년으로 잡는가?

① 20년
② 25년
③ 10년
④ 15년

해설

재해사고 사망자는 평균연령을 30세로 근로가능연령을 55세로 한다.

∴ 근로 손실 연수는 55 - 30 = 25(년)

Answer ➡ 75. ④ 76. ② 77. ③ 78. ③ 79. ③ 80. ② 81. ② 82. ④

82
재해통계에서 강도율은 2.0이란?

① 한건의 재해강도 2.0%의 작업손실
② 근로자의 1,000명당 2.0건의 재해발생
③ 1,000시간 중 발생재해가 2.0건
④ 한건의 재해가 1,000시간 작업시 2.0일의 근로손실

해설
강도율 : 근로시간 1,000시간당 재해에 의해서 잃어버린 근로손실 일수를 말한다.

83
안전성과 평가 기준으로서 종합 재해지수(도수 강도치)를 구하는 식은?

① $\dfrac{총손실일수}{근로시간수} \times 10^3$ ② $\dfrac{노동재해지수}{연근로시간수} \times 10^6$
③ $\sqrt{도수율 \times 강도율}$ ④ 도수율 × 강도율

해설
도수강도치는 재해의 빈도의 다수(도수율)와 상해의 정도의 강약(강도율)을 종합하여 나타낸 종합재해 지수이다.

84
재해코스트를 산출하는 방식이다. 틀린 것은?

① 직접비와 간접비는 1 : 4로 계산한다.
② 직접비와 간접비를 모두 합한 수치이다.
③ 장해등급별×산재보험율+휴업상해 건수+무상해건수
④ 보험코스트+비보험코스트이다.

85
재해손실의 코스트 계산에 있어 1 : 4의 원칙 중 1에 해당되지 않는 것은?

① 재해자에게 지급되는 급료
② 재해보상보험금
③ 재해예방을 위한 교육비
④ 시설투자비

해설
1 : 4에서 1은 직접비, 4는 간접비를 나타낸다.

86
재해손실비용 계산법 중 하인리히법에서 직접손실비 중의 정부보상에 해당되지 않는 사항은?

① 휴업보상비 ② 장해보상비
③ 요양비   ④ 일시보상비

해설
재해 cost 중 직접비에는 장해보상비, 요양보상비, 휴업보상비, 장의비, 유족보상비, 상병보상연금 등이 있다.

87
재해코스트 계산방식 중에서 시몬즈법을 사용할 경우에 비보험코스트 항목으로 틀린 사항은? (단, A, B, C, D는 장해 정도별 비보험코스트의 평균치임)

① A × 휴업상해건수
② B × 통원상해건수
③ C × 응급처치건수
④ D × 중상해건수

해설
시몬즈 방식에 의한 재해코스트 산정방식에서 비보험 코스트의 산정에 포함되는 재해의 종류는 ① 휴업상해 ② 통원상해 ③ 응급조치상해 ④ 무상해사고의 4가지이다(사망과 영구전노동불능은 제외됨)

88
다음은 재해손실비용이다. 이중에서 직접손실비용에 해당하는 것은?

① 각종 보상금(휴업보상비)
② 건물설비 등의 손실보상
③ 근로하지 못한 부동시간 보상
④ 연체료 지불

해설
②, ③, ④항은 간접비이다.

Answer ▶ 83.③ 84.③ 85.④ 86.④ 87.④ 88.①

89
각종 손실비 중 정부보상항목이 아닌 것은?

① 통신비　　② 유족보상비
③ 요양보상비　④ 장례비

해설
②, ③, ④항은 간접비이다.

90
재해사례연구 설명 중 틀린 것은?

① 주관적이며 정확성이 있어야 한다.
② 신뢰성이 있어야 한다.
③ 논리적인 분석이 되어야 한다.
④ 과학적이며 객관성이 있어야 한다.

해설
①항은 객관적이며 정확성이 있어야 한다.

91
재해사례연구의 순서 중 제3단계는 어느 것인가?

① 문제점의 발견
② 근본적 문제점의 결정
③ 대책의 수립
④ 실시계획의 수립

92
안전점검의 대상이 아닌 것은?

① 안전관리 조직
② 안전점검 제조 및 실시 상황
③ 작업 환경
④ 인원의 배치

해설
안전점검대상
1) **전반적인 문제** : 안전관리조직체, 안전활동, 안전교육, 안전점검제도 및 실시상황 등
2) **설비에 관한 문제** : 작업환경, 안전장치, 보호구, 정리정돈, 위험물 방화관리, 운반설비 등

93
안전점검의 종류가 아닌 것은?

① 정기점검　② 확인점검
③ 임시점검　④ 특별점검

94
다음 안전점검 중 연결이 잘못된 것은?

① 계획설계 - 사전안전검사
② 제작도입 - 정기점검
③ 생산작업 - 기본동작점검
④ 기계운전 - 시업점검

해설
정기점검은 일정한 주기별로 실시하는 것이기 때문에 제작도입시의 점검에는 적합하지 않고 제작도입은 특별점검을 실시하여야 한다.

95
재해조사의 위원회가 요구가 있을 때 해야하는 안전진단의 형태는?

① 특별진단　② 예비진단
③ 정기진단　④ 임시진단

96
점검실시상 유의점과 관계없는 것은?

① 점검자 능력을 감안하여 점검실시
② 과거재해 발생장소는 완전히 제외한다.
③ 사소한 사항도 모두 도출한다.
④ 불량개소 발생사항도 모두 도출한다.

97
다음 중 안전의 5요소로서 맞는 것은 어느 것인가?

① 기계, 인간, 금전, 환경 시간이다.
② 인간, 기계, 재료, 작업, 환경이다.
③ 재료, 시간, 인간, 기계, 금전이다.
④ 인간, 기계, 공간, 재료, 시간이다.

해설
안전점검을 위한 안전의 5요소 : ① 인간 ② 도구(기계) ③ 원재료 ④ 환경 ⑤ 작업방법

Answer ▶ 89.① 90.① 91.② 92.④ 93.② 94.② 95.④ 96.② 97.②

98
직장의 안전점검 중 설비의 안전상태 유지확보를 위한 가장 적합한 점검 방법은?

① 설계사전점검 ② 수입검사
③ 시업검사 ④ 기본동작검사

해설
시업검사는 설비의 안전상태를 항상 유지확보하기 위하여 설비의 가동전에 실시하는 안전점검이다.

99
안전점검기준 작성시 주의사항이 아닌 것은?

① 점검 대상물의 과거 재해사고경력을 참작한다.
② 점검 대상물의 기능적 특성을 충분히 감안한다.
③ 점검 대상물의 위험도를 고려해야 한다.
④ 점검 대상물의 크기를 고려한다.

해설
①, ②, ③항 외에도 「점검의 기술적인 수준과 점검자의 기능이 적합하도록 점검한계를 적절히 설정한다」가 있다.

100
안전점검에 있어 점검방법에 해당되지 않는 것은?

① 기기점검 ② 육안점검
③ 확인점검 ④ 기능점검

해설
안전점검방법
1) 외관점검(육안점검) 2) 기능점검
3) 기기점검 4) 정밀점검 등

101
근로자들이 작업장에서 안전하게 직무를 수행하도록 하기 위한 작업대상에 깔려있는 위험성을 미리 알아내는 기술은?

① 직무분석 ② 사례연구
③ 안전교육 훈련 ④ 작업위험 분석

해설
작업위험 분석방법에는 ① 면접 ② 관찰 ③ 설문방법 ④ 혼합방식 등이 있다.

102
작업위험 분석법에 해당되지 않는 것은?

① 관찰법 ② 절충법
③ 방문법 ④ 면접법

해설
작업위험분석 방법
1) 면접법 2) 관찰법
3) 설문지법 4) 혼합방식

103
인간의 동작을 기본 요소별로 구별하여 분석하는 방법은?

① 양손작업 분석 ② 메모 모션 분석
③ therbig 분석 ④ 마이크로 모션 분석

해설
therbig : 동작을 구성하는 기본적인 요소를 정한 기호이다.

104
자체검사에 있어서 검사방법에 의한 분류가 아닌 것은?

① 검사기기에 의한 검사
② 기능검사 및 시험에 의한 검사
③ 품질검사
④ 육안검사

해설
자체검사방법에 의한 분류
1) 육안검사 2) 기능검사
3) 검사기기에 의한 검사 4) 시험에 의한 검사

105
기계 및 재료에 대한 검사시 파괴검사에 해당되는 검사는?

① 육안검사 ② 인장검사
③ 초음파검사 ④ 자기검사

해설
①, ③, ④는 비파괴검사방법이며, 인장검사는 재료의 기계적 성질(인장강도, 연신율, 조임률 등)을 측정하는 검사방법이다.

Answer ● 98. ③ 99. ④ 100. ③ 101. ④ 102. ③ 103. ③ 104. ③ 105. ②

106
자체검사방법 중 기기에 의한 검사의 인장검사(Tension Test)에서 알고자 하는 내용에 맞지 않는 것은?

① 항복점 ② 조임률
③ 비례한도 ④ 굽힘도

해설
인장검사(tension test) : 시험기에서 시험편을 서서히 인장하여 기계적 성질을 측정하는 방법으로 비례한도, 탄성한도, 항복점, 내력, 인장강도, 신장, 조임률 등을 측정할 수 있다.

107
자체검사의 대상이 아닌 것은?

① 국소배기장치의 청결상태
② 아세틸렌 용접장치의 안전기 성능
③ 원심기의 회전체 및 브레이크
④ 절단기의 슬라이드 기능

해설
아세틸렌 용접장치에 대해서는 손상, 변형, 부식의 유무 및 그 성능에 대한 자체검사를 실시한다.

108
프레스기의 동력전달장치 중 기계프레스기의 플라이휠 및 주차차 베어링의 검사방법이 아닌 것은?

① 육안검사 ② 소음측정기
③ 표면온도계 검사 ④ 치수측정검사

109
광선식 안정장치의 점검으로 맞지 않는 것은?

① 위험장소에 신체의 일부가 들어간 때에 광선이 차단되는가 확인한다.
② 광선의 최상부와 최하부를 확인한다.
③ 차광하지 않은 상태에서 버튼을 조직하여 프레스가 작동하지 않는 것을 확인한다.
④ 슬라이드가 상승 중 하강시 차광하여 급정지 유무를 확인한다.

해설
③항은 차광한 상태에서 버튼을 조작하여 프레스의 작동여부를 확인하여야 한다.

110
다음 보호구 종류 사용상 연관을 연결한 것이다. 사용용도가 잘못된 것은?

① 비래장 소각업자 – 안전모
② 분진비산장 소각업자 – 방독마스크
③ 인력운반취급자 – 안전화
④ 로작업자 – 내열석면장갑

해설
②항, 분진비산장 소각업자 – 방진마스크

111
다음은 근로자가 위험작업장에서 보호구를 착용하고자 할 때 꼭 알아두어야 할 사항이다. 이중에서 가장 그 의미가 약한 것은?

① 위험을 예측하는 방법
② 보호구의 종류와 성능
③ 보호구의 가격과 구입방법
④ 착용방법과 관리방법

112
작업장에서 보호구를 보다 효율적으로 사용할 수 있게 하는 기본적인 사항이 아닌 것은?

① 작업에 알맞은 보호구를 선정해야 한다.
② 필요수량만큼은 반드시 비치해야 한다.
③ 생산성 향상을 위한 최소의 보호구를 사용토록 한다.
④ 올바른 사용방법을 제대로 교육시켜야 한다.

113
다음 중 안전모의 성능기준으로 적당하지 않은 것은?

① 외관 ② 안전성
③ 내충격성 ④ 내식성(부식)

Answer ➡ 106. ④ 107. ② 108. ④ 109. ③ 110. ② 111. ③ 112. ③ 113. ①

114
다음 방진마스크 선택시 주의점을 설명한 것이다. 잘못 설명한 것은?

① 포집률이 좋아야 한다.
② 흡기저항 상승률이 높을수록 좋다.
③ 시야가 넓을수록 좋다.
④ 안면의 밀착성이 큰 것일수록 좋다.

해설
흡배기저항 상승시험은 마스크를 통하여 공기를 흡인하는 때의 저항을 시험하는 것으로서 될 수 있는대로 낮은 편이 좋다.

115
방진마스크 중 분리식 특급마스크의 분진포집효율로 맞는 것은?

① 99%   ② 99.95%
③ 99.9% ④ 95%

해설
분리식 방진마스크의 분진포집효율
1) 특급 : 99.95%
2) 1급 : 94%
3) 2급 : 80%

116
다음 중 방독마스크의 사용을 금지하는 경우는?

① 페인트를 제조할 때
② 소방작업을 할 때
③ 갱내의 산소가 결핍되었을 때
④ 메탄가스가 존재할 때

해설
산소결핍장소에서는 송기마스크를 사용하여야 한다.

117
폐수찌꺼기가 오래 쌓여있는 정화조를 청소하려고 한다. 작업자들에게 준비해야 할 보호구가 아닌 것은?

① 고무장화   ② 안전모
③ 방진마스크 ④ 방독마스크

118
방진마스크의 사용 방법 중 틀린 것은?

① 여과제는 건식으로 사용하고 물로 씻는다.
② 여과제가 수축되었거나 흠이 있을 때는 이 여과제를 사용하지 않는다.
③ 배기변, 흡기변의 기능 및 공기가 새는 것을 착용전에 반드시 점검한다.
④ 산소농도 18% 미만인 곳에서는 이 방진마스크를 사용해선 안된다.

119
탱크, 보일러 또는 반응탑의 내부 등 통풍이 불충분한 장소에서 아르곤, 탄산가스 또는 헬륨을 사용하여 용접작용을 시키려고 한다. 이때 사용되어야 할 보호구는?

① 분진마스크   ② 방독면
③ 가죽장갑   ④ 석면장갑

120
다음 중 열에 가장 잘 견디는 장갑은?

① 고무장갑   ② 면장갑
③ 가죽장갑   ④ 석면장갑

121
활선작업에만 필요한 보호장구는?

① 착색안경   ② 승주기
③ 핫스틱(hot stick) ④ 허리띠와 스트랩

122
안전대용 로프의 구비조건 중 틀린 것은 어느 것인가?

① 완충성이 높을 것
② 내마모성이 높을 것
③ 중량이 가벼울 것
④ 부드럽고 되도록 매끄럽지 않을 것

Answer ◎ 114. ② 115. ② 116. ③ 117. ③ 118. ① 119. ③ 120. ④ 121. ③ 122. ③

123
안전모의 해머그 상단과 모체 두정부의 간격은?

① 20mm 이상 ② 25mm 이상
③ 35mm 이상 ④ 50mm 이상

해설

안전모를 쓸 때 모자와 머리끝 부분과의 간격은 25mm 이상 되도록 조절하여야 한다(머리받침고리와 모체 내부와의 간격은 32mm 이상일 것 : 고용노동부 고시)

124
다음 중 안전모의 내관통성시험에 사용하는 철제추의 무게로 맞는 것은 어느 것인가?

① 0.24kg ② 0.45kg
③ 0.48kg ④ 0.54kg

해설

내관통성 시험 : 0.45kg의 철제추를 낙하점의 모체 정부에서 76mm 안이 되도록 높이 3.048m에서 자유낙하시켜 관통거리를 측정한다.

125
인간행동에 색채조절의 효과로 기대되는 것이 아닌 것은?

① 밝기의 증가 ② 생산의 증진
③ 피로의 증진 ④ 작업능력향상

해설

색채조절의 효과로 기대되는 것은 피로의 증진이 아니라 피로의 경감이다.

126
실제적인 위험을 표시하는데 쓰이는 안전 색채는?

① 청색 ② 적색
③ 황색 ④ 주황색

127
다음 산업안전색채 중 잠재한 위험을 일깨워 주거나 불안한 행위에 주위를 환기시킬 위치에 설치하는 경고표지의 색은?

① 빨강 ② 노랑
③ 녹색 ④ 파랑

해설

1) 빨강 : 금지표지 2) 노랑 : 경고표지
3) 녹색 : 안내표지 4) 파랑 : 지시표지

128
산업안전표지 중 지시표지는 어떠한 색채의 종류인가?

① 녹색 ② 파랑색
③ 빨강색 ④ 노랑색

해설

지시표지는 파랑색, 금지표지는 빨강색, 경고표지는 노랑색, 안내표지는 녹색

129
다음은 산업안전표지의 기본모형을 그린 것이다. 이것은 어느 표지에 이용하는가?

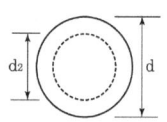

① 금지 ② 경고
③ 지시 ④ 안내

해설

산업안전표지의 기본모형

번호	기본모형	규격비율
1 금지		$d \geqq 0.25L$ $d_1 = 0.08d$ $0.7d < d_2 < 0.8d$ $d_3 = 0.1d$
2 경고		$a \geqq 0.034L$ $a_1 = 0.8a$ $0.7a < a_2 < 0.8a$
3 지시		$d \geqq 0.25L$ $d_2 = 0.08d$
4 안내		$b \geqq 0.0224L$ $b_2 = 0.8b$
5 안내		$h < l$ $h_2 = 0.8h$ $l \times h \geqq 0.0005L^2$ $h - h_2 = l - l_2 = 2e_2$ $l/h = 1, 4, 2, 4, 8(4종류)$

① L = 안전·보건표지를 인식할 수 있거나 인식해야 할 안전거리를 말한다(L과 a, b, d, e, h, l은 같은 단위로 계산해야 한다.).
② 점선 안에는 표시사항과 관련된 부호 또는 그림을 그린다.

130
산업안전표지 중에서 그림과 같이 3각형 모양의 표지는?

① 금지표지　　② 경고표지
③ 지시표지　　④ 안내표지

131
들 것, 비상구, 응급구호 표지를 나타내는 색은?

① 빨강　　② 노랑
③ 초록　　④ 주황

해설
안내표지(녹색) : 녹십자표지, 응급구호표지, 들 것, 세안장치, 비상구

132
다음 색(色) 중 주의경고 표시용으로는 어떤 것이 사용되는가?

① 적색　　② 황색
③ 녹색　　④ 청색

해설
주의경고 표시용은 황색(노랑)을 사용한다.

133
다음 그림 중에서 금지표지는 어느 것인가?

① 　　②
③ 　　④

134
현장에 배치되는 신입사원은 안전지식만이 아니라 작업을 시행하는데 다음 중 어느 것을 몸에 익혀야 할 것인가?

① 안전기능
② 안전기술
③ 안전지휘
④ 안전감독

해설
신입사원이 현장에 배치되면 안전지식 및 작업수행시 필요한 안전기능을 몸에 익혀야 한다.

135
사업장의 안전수칙에 포함되는 사항이 아닌 것은?

① 작업대 또는 기계주의의 청결 및 정리정돈의 정도
② 표준작업시간
③ 작업자의 복장, 두발 및 장구 등에 대한 규칙
④ 각종 기계 및 장비의 작동순서

해설
작업표준시간은 규정된 질과 양의 작업을 규정된 조건하에서 규정된 작업방법으로 숙련된 작업자가 작업에 수반되는 피로와 지연을 고려하여 정상페이스로 작업하는데 걸리는 시간을 말하는 것으로 안전수칙과는 관계가 없다.

136
사업장 내의 안전예산을 경제적 측면에서 책정하기 위하여는 다음 사항 중 어떤 것을 기초로 하여야 하는가?

① 산재 보상 보험금 총액
② 재해손비
③ 근로자의 임금총액
④ 사업장 내의 시설 투자액

해설
안전예산은 생산 및 시설 투자비용에 포함되어야 한다.

Answer ➡ 130. ②　131. ③　132. ②　133. ①　134. ①　135. ②　136. ④

137
다음 불안전 상태에서 역학적 불안전 요소 중 구속 에너지에 속하는 것은?

① 동력전도장치 및 작업점
② 유해분진
③ 조명불량
④ 피난방법의 표시

138
다음 중 동적 에너지 사고에 대한 대책으로 적합하지 않은 것은?

① 방호 복개를 한다.
② 원격조정식으로 한다.
③ 인터 록킹(inter locking)식으로 한다.
④ 환기를 철저히 한다.

해설
1) 동적 에너지의 사고는 위험기계·기구 및 설비 등에 의한 사고를 말하는 것이다.
2) ④항 환기 철저는 유해물질에 대한 사고대책이다.

139
물적인 위험성 및 정신적인 동요에서 자유로워 질 수 있는 것은 다음 어느 것에 의해서 달성될 수 있다고 보는가?

① 숙련   ② 안전
③ 계획   ④ 관리

140
사고예방을 위한 훈련프로그램에서 다루지 않아도 되는 사항은?

① 직무지식
② 안전에 대한 태도
③ 사고 보고서
④ 생산성 향상

141
다음 인간의 불안전 행동 중 그 빈도가 가장 높은 것은?

① 잘못해서 딴 것과 바꾸었다.
② 잊었다.
③ 위험을 알았으나 무시했다.
④ 착각했다.

142
사고의 요인 중 인간시스템의 결격사항이 아닌 것은?

① 사회적 환경   ② 유전적 요인
③ 불안전한 행위   ④ 불안전한 상태

해설
④ 불안전 상태는 사고의 물적 요인이다.

143
안전한 행위로서 당연히 해야 할 일을 지식으로 가지고 있는 것이나 의식대로 동작이 되지 아니하기 때문에 일어나는 재해는 다음 중 어느 경우인가?

① 작업태도가 좋고 안전의식이 높을 때
② 사태의 파악에 잘못이 없을 때
③ 안전의식이 없고 안전수단이 생략될 때
④ 좋은 행위만을 의식적으로 하고 있을 때

해설
①, ②, ④항의 경우는 재해가 일어나지 않은 경우를 나타낸 것이다.

144
안전추진을 위한 동기부여를 하부 기구에 대해서 생각할 경우 가장 중점적 대상이 되어야 하는 것은 다음 중 누구인가?

① 최고경영자   ② 기업경영자
③ 제일선감독자   ④ 경영관리자

해설
제일선감독자(현장감독자)는 현장안전관리의 핵심이 되는 자이다.

Answer ▶ 137. ① 138. ④ 139. ② 140. ④ 141. ③ 142. ④ 143. ③ 144. ③

145
건강장해의 근원적 예방대책이 아닌 것은?

① 생산공정 또는 작업방법을 무해화(無害化)한다.
② 보호구의 사용, 작업시간의 단축 등을 강구한다.
③ 환경을 개선하고 유해요인을 배제한다.
④ 작업방법을 개선하고 노동부담을 경감한다.

해설
②항, 보호구를 사용하고 작업시간의 단축 등을 강구하는 것은 소극적인 예방대책으로 근본적인 건강장해의 예방대책은 될 수 없다.

146
운반의 재해예방을 위한 작업방법의 개선 중에서 잘못된 것은?

① 3~4인이 오랜시간동안 계속하는 운반작업은 기계, 기구를 사용
② 작은 물건은 상자나 용기에 넣어서 운반
③ 작업장 내의 정리정돈 및 적절한 조명
④ 기계의 표준을 정하고 준수

147
사업장에 보호구의 사용 또는 지급을 기피하거나 무관심하게 취급되는 이유가 아닌 것은?

① 인시덴트(incident)의 영역확대
② 이해부족 및 경비절감
③ 사용방법 미숙
④ 불량품

해설
인시덴트(incident) : 강도가 높은 재해를 불휴재해(不休災害)로 피해를 축소(피해완화)하는 의미를 갖는다.

148
다음은 안전관리자가 수행하여야 할 4가지 사항이다. 이 중에서 안전관리자가 작업안전수칙의 이행상태를 확인하고 불안전한 상태나 조건을 지적하고 시정하는 항목은 어느 것인가?

① 안전계획의 수립과 시행
② 잠재위험성의 발견과 통제
③ 안전의 교육 및 훈련
④ 사고의 조사분석 및 시정

149
작업과정에서 인간의 주의력에 호소하여 없앨 수 있는 것은 다음 중 어느 것인가?

① 본질적 작업
② 설비적 능력
③ 생산성 향상
④ 불안한 행동

150
안전은 작업장의 정리정돈으로 부터라고 할 정도로 재해방지상 중요한 것이다. 틀린 것은 어느 것인가?

① 통로와 작업구역을 확실히 표시한다.
② 재료, 가공품, 제품 등은 일정한 장소에 정리하여 둔다.
③ 공구는 반드시 공구상자에 넣어서 공구실에 보관한다.
④ 재료, 제품 등을 각기 정위치에 올바르게 놓는다.

151
다음 중 근로자가 준수하여야 할 안전수칙에 포함되는 사항이 아닌 것은?

① 보호구의 착용시기, 종류, 요령의 지시
② 작업대 및 기계주변의 청결 및 정돈의 강조
③ 작업장 내의 무질서 및 소란의 금지 강조
④ 작업장에 알맞은 환기, 조명, 냉난방 장치 등의 설치 강조

152
다음 중 안전의식 고취방법으로서 적당하지 못한 것은?

① 안전경쟁
② 안전제안제도
③ 위험예지훈련
④ 작업위험분석

Answer ◐ 145. ② 146. ④ 147. ① 148. ② 149. ④ 150. ② 151. ④ 152. ①

153
작업장에서 가장 높은 비율을 차지하는 사고원인은?
① 작업방법
② 작업환경
③ 시설장비의 결함
④ 근로자의 불안전한 행동

154
문제해결의 첫 단계는 다음 중 어느 단계에 해당하는가?
① 계획　　② 실시
③ 검토　　④ 조치

155
동적 에너지에 의한 재해의 위험성을 배제하기 위한 방법이 아닌 것은?
① 위험부분을 사람으로부터 격리하는 방식
② 「인터록킹」(inter locking)에 의한 방식
③ 자동제어(Automation)에 의한 방식
④ 위험작업을 다른 직장에 옮기는 방식

156
일정기간을 두고 하는 것으로 정기점검에 해당되는 점검의 종류는?
① 자체검사　　② 일상검사
③ 특별점검　　④ 임시점검

157
다음은 사람에 대한 인적(人的)안전대책이다. 이에 해당되지 않는 것은 어느 것인가?
① 안전관리 체제를 확립한다.
② 안전작업 표준을 작성한다.
③ 설계단계에서부터 안전화 한다.
④ 안전교육에 훈련을 실시한다.

158
다음 중 안전관리의 기본적 대책으로서 잘못된 것은?
① 불안전 상태를 제거하는 것이 이상적이다.
② 인간의 주의력은 능력한계를 벗어나기 쉽다.
③ 물적, 인적 측면에서 일단은 안전한 것이라고 보는 것이 현상을 이해하는 방법이다.
④ 안전관리 방향은 불안전 상태를 개선할 수 있는 장기계획과 불안전 행위를 합리적으로 배제할 수 있는 시책을 병행해야 한다.

159
안전관리에서 고과(考課)제도 채용은 다음의 어느 것을 위한 것인가?
① 처벌관리　　② 채용계획
③ 승급관리　　④ 지도계몽

160
어느 사업장에서 당해연도에 660명의 재해자가 발상하였다. 하인리히(Heinrich)의 1 : 29 : 300의 법칙에 의한 경상해는 몇 명인가?
① 53명　　② 58명
③ 600명　　④ 602명

해설

$600 \times \dfrac{29}{330} = 58명$

161
산업재해의 발생으로 인한 작업능력의 손실을 나타내는 척도로서 상해 사고의 질적 정도를 표시하고 상이한 직종간의 손실정도의 비교가 가능한 재해발생율은?
① 빈도율　　② 천인율
③ 만인율　　④ 강도율

해설

강도율은 재해의 질을, 도수율은 재해의 양적 정도를 나타낸다.

Answer ▶　153. ④　154. ①　155. ④　156. ①　157. ③　158. ③　159. ④　160. ②　161. ④

162
작업자의 인적 결함내역 중 안전기능 결함에 해당되는 것은?

① 안전작업에 무관심하다.
② 안전작업을 할 줄 모른다.
③ 안전한 작업방법을 모른다.
④ 시설의 위험성을 모른다.

해설

안전작업을 할 줄 모르는 것은 안전기능이 부족하기 때문이다. ①은 안전태도 결함, ③, ④는 안전지식 부족에 기인한 결과이다.

163
다음 중 불안전한 상태가 아닌 것은 어느 것인가?

① 위험물질의 방치
② 난폭한 성격
③ 기계의 상태 불량
④ 환기불량

해설

난폭한 성격은 불안전한 행동에 해당한다.

164
암모니아용 방독마스크의 정화통 색은?

① 흑색 ② 황색
③ 녹색 ④ 적색

해설

방독마스크의 정화통색

종 류	색
할로겐가스용	흑색, 회색
산성가스용	회색
유기가스용	흑색
일산화탄소가스용	적색
아황산·황용	백색 및 황적색
연기용	흑색, 백색
암모니아용	녹색
아황산가스용	황적색
청산용	청색
황화수소용	황색

165
안전사고방지의 5단계에 속하지 않는 것은 다음 중 어느 것인가?

① 안전조직
② 위험소재의 발견
③ 시정방법의 선정
④ 사고관련자의 색출조치

166
100명이 있는 사업장에서 3개월간 불안전 행동 발견조치건수가 10건, 안전홍보가 5건, 불안전상태 지적 20건, 안전회의가 3건이 있었을 때 이 사업장의 안전활동율은 얼마인가?(단, 1일 8시간 월 25일 근무)

① 0.63 ② 6.33
③ 6.63 ④ 633.33

해설

$$\text{안전활동율} = \frac{\text{안전활동건수}}{\text{근로시간수} \times \text{평균근로자수}} \times 10^6$$

$$= \frac{10+5+20+3}{8 \times 25 \times 3 \times 100} \times 10^6 = 633.33$$

167
다음은 재해 사례의 주된 목적에 관한 설명이다. 틀린 것은?

① 재해요인을 체계적으로 규명하여 이에 대한 대책을 세운다.
② 재해요인을 체계적이고 합리적으로 분석하여 책임소재를 명확히 하기 위해서이다.
③ 피해방지의 원칙을 습득해서 이것을 일상 안전보건활동에 실천한다.
④ 참가자의 안전보건활동에 관한 견해나 생각을 깊게 하고 태도를 바꾸게 한다.

해설

재해사례연구나 사고조사는 책임 소재를 가리기 위해 하는 것이 아니다.

Answer ● 162. ② 163. ② 164. ③ 165. ④ 166. ④ 167. ②

168
다음 보호구 중 고소작업에 맞지 않는 것은?

① 안전모　② 안전화
③ 안전벨트　④ 핫스틱(hot stick)

해설
2m 이상의 고소작업에 필요한 보호구
① 안전모 ② 안전대 ③ 안전화

169
재해발생의 직접원인에는 물적원인과 인적원인이 있다. 인적원인인 불안전 행동이 아닌 것은?

① 안전장치의 기능제거
② 작업 방법, 장소에 결함이 있다.
③ 위험한 장소에 접근한다.
④ 운전 중의 기계장치에 급유, 수리 점검을 실시한다.

해설
②항은 물적원인인 불안전한 상태에 해당된다.

170
재해코스트에서 직접비는 다음 중 어느 것인가?

① 회사내의 직접적인 손실비
② 보험에서 지급되는 비용
③ 재해자의 재해발생시 인건비
④ 행정손실에 따른 발생비용

해설
하인리히에 의한 재해cost에서 직접비는 치료비를 포함한 법정보상비(보험에서 지급되는 비용)이다.

171
A현장의 '17년도 재해건수는 24건, 의사진단에 의한 휴업 총일수는 3,650일이었다. 도수율과 강도율을 각각 구하면?(단, 평균 근로자 수는 500명이었음)

① 도수율 20.00, 강도율 2.50
② 도수율 2.20, 강도율 0.25
③ 도수율 20.00, 도수율 3.40
④ 도수율 2.20, 도수율 0.34

해설
도수율 $= \dfrac{24}{500 \times 2,400} \times 10^6 = 20$

강도율 $= \dfrac{3,650 \times 300/365}{500 \times 2,400} \times 1,000 = 2.5$

172
사업장내의 물적, 인적 재해의 잠재 위험성을 사전에 발견하여 그 예방대책을 세우기 위한 안전관리 행위는?

① 안전관리 조직
② 안전진단
③ 페일 세이프(fail safe)
④ 안전장치

173
재해사고의 예방대책 5단계 중 시정책의 적용 내용에 맞지 않는 것은?

① 3E의 적용
② 기술적인 대책 우선적용
③ 대책실시에 따른 재평가
④ 안전기준의 수정

174
작업안전기법의 4단계를 설명한 것 중 그 순서가 2단계에 속하는 것은?

① 사고요인을 생각한다.
② 대책을 생각하여 결정한다.
③ 잘 생각해서 결과를 검토한다.
④ 대책을 실시한다.

175
검사원이 자체검사를 완료한 후에 사업주에게 보고해야될 사항이 아닌 것은?

① 검사결과에 대한 개선대책
② 개선에 필요한 소요예산과 개선기간
③ 개선책임자
④ 검사실시기간 및 검사방법

Answer ➡ 168. ④　169. ②　170. ②　171. ①　172. ②　173. ②　174. ②　175. ④

해설

자체검사 완료시 보고사항
(1) 사업주에게 보고할 사항
   1) 검사 체크 리스트
   2) 검사결과에 대한 개선 대책
   3) 개선에 필요한 예산과 기간
   4) 개선책임자
(2) 관할 고용노동부 관할 노동관서장에게 보고할 사항
   1) 검사일시
   2) 검사원
   3) 검사결과
   4) 검사결과 개선내용
   5) 검사체크 리스트 사본

176
개별적인 재해분석방법을 설명한 것으로 틀린 것은?

① 중대재해 및 특수한 재해 분석에 적용한다.
② 공통 표준항목의 조사항목을 적용한다.
③ 개개의 재해조사항목을 사용할 수 있다.
④ 재해건수가 적은 사업장에 적용한다.

177
방진안경의 빛의 투과율은 얼마가 적당한가?

① 60% 이상   ② 70% 이상
③ 80% 이상   ④ 90% 이상

해설

방진안경의 투과율은 약 90%를 투과하는 것으로 보통 70%를 내려 서서는 안된다.

178
불안전한 상태 및 행동의 주원인은 관리상의 결함이며, 관리 및 운영이 중요하다고 주장한 사람은?

① 하아베이(Harvey)
② 버드(Bird)
③ 하인리히(heinrich)
④ 버크호프(Berckhofs)

해설

버드의 관리모델이론 : 버드의 이론에 의하면 「상해, 손실, 손해」가 일어나기 전에 「사고, 접촉」이 있었고 그 이전에는 직접 원인이 되는 「징후」가 나타났으며 그 앞에서는 통제부족으로 인한 「관리소홀」이 있었던 탓이라고 하였다.

179
안전관리의 중요성에 대한 설명으로 틀린 것은?

① 기업의 대외여론과 활동에 도움 – 빈번한 사고 발생은 대외적으로 공신력을 잃는다.
② 생산능률 향상 – 근로자의 사기와 의욕을 증진시키고 생산 수단이 능률적으로 된다.
③ 기업의 경비절감 – 사고방지대책에 투자되는 비용은 사고 처리비용보다 많이 든다.
④ 근로자와 기업의 발전 – 기업의 인적, 물적 손실 방지

해설

사고방지를 위한 예방경비는 사고처리비용보다 적게 든다.

180
작업관리에서 작업연구나 시간연구를 도입하여 인간 및 기계의 능률을 크게 향상시키는데 연구한 사람은?

① 제임즈   ② 테일러
③ 켈리   ④ 하인리히

해설

테일러(Taylor)의 과학적 관리방식 : 생산능률향상을 위해 능률의 논리를 경영관리의 방법으로 체계화 한 관리방식

181
110dB의 소음에서 노출할 수 있는 최다 허용시간은?

① 30분   ② 5분
③ 10분   ④ 60분

해설

소음의 허용기준

소음강도(dB)	90	95	100	105	110	115
1일노출시간	8	4	2	1	1/2	1/4

115 dB를 초과하는 소음수준에 노출되어서는 안되며, 120dB을 초과할 때에는 격벽을 설치하여야 한다.

Answer ● 176. ② 177. ④ 178. ② 179. ③ 180. ② 181. ①

182
산성가스용으로 사용되는 방독마스크의 흡수제로 옳은 것은?

① 소다라임(soda lime)
② 호프카라이트(hopcalite)
③ 큐프라마이트(kuperamite)
④ 실리카겔(silica gel)

해설
산성가스(염산, 할로겐화수소, 산, 탄산가스, 이산화질소, 산화질소)의 흡수제 : 소다라임, 알카리 제제

183
1mm 두께의 보통유리에 의해 차단될 수 있는 차광효율은 다음의 자외선과 적외선 중 어느 것인가?

① 300mμ 이하 자외선과 3,000mμ 이상의 적외선
② 200mμ 이하 자외선과 3,000mμ 이상의 적외선
③ 300mμ 이하 자외선과 4,000mμ 이상의 적외선
④ 200mμ 이하 자외선과 4,000mμ 이상의 적외선

해설
광선은 400~700(mμ)의 가시광선, 400(mμ)보다 단파장인 자외선, 700(mμ)보다 장파장인 적외선으로 대별되며 300(mμ) 이하의 자외선과 4,000(mμ) 이상의 적외선은 1(mm)두께의 유리로도 차단이 되므로 유해성이 있는 것은 300~400(mμ)의 자외선과 800~4,000(mμ)범위의 적외선이다.

184
이전(ear plug)을 사용할 때는 회화의 방해가 적고 최소한 다음의 차음효과를 가져야 하는데 옳은 것은?

① 25dB 이상
② 30dB 이상
③ 50dB 이상
④ 90dB 이상

해설
이전(귀마개)은 4,000Hz에서 25dB 이상, 2,000Hz에서 20dB 이상의 차음 효과가 있어야 한다.

185
안전표지에 알맞은 색채로 연결이 잘못 된 것은?

① 노랑-주의표시
② 파랑-안전위생, 지도표시
③ 보라색-방사능, 위험표시
④ 빨강-방화, 금지, 방향 표시

해설
파랑은 조심 표시이다.

186
근로자 500명의 공사현장에서 응급조치 이상의 안전 사고발생건수는 1년간 24건이었다. 도수율은?

① 21
② 20
③ 18
④ 19

해설
도수율 = $\dfrac{24}{500 \times 2,400} \times 10^6 = 20$

187
방사능을 나타내는 표지 색깔로 옳은 것은?

① 주황색
② 자주색
③ 적색
④ 황색

188
작업연구 또는 작업개선을 위한 4단계에 해당되지 않는 것은?

① 작업분해
② 세부내용검토
③ 새로운 방법의 적용
④ 작업원 배치

해설
작업개선단계
1) 1단계 : 작업분해
2) 2단계 : 세부내용검토
3) 3단계 : 작업분석
4) 4단계 : 새로운 방법의 적용

189
안전제일에 대한 설명 중 그 뜻이 옳지 않은 것은?

① 미국 US철강회사의 게리(Gary) 회장이 최초로 제창하였다.
② 생산능률의 향상과 안전사고의 감소현상을 가져왔다.

Answer ➡ 182. ① 183. ③ 184. ① 185. ② 186. ② 187. ② 188. ④ 189. ④

③ 근로안전을 위하여 작업환경 및 기계설비를 개선하였다.
④ 기본방침은 생산 제1, 안전 제2, 품질 제 3이다.

해설
Gary 회장의 경영방침 : 안전 제1, 품질 제2, 생산 제3이다.

190
중대재해가 아닌 것은?

① 사망자가 1인 이상 발생한 경우
② 3월 이상의 요양을 필요로 하는 업무상 부상자가 동시에 2명이 발생한 경우
③ 부상 또는 질병자가 동시에 10명 이상 발생한 경우
④ 의사가 1개월 이상 가료를 요한다고 진단한 부상자가 2인 이상 동시에 발생한 경우

191
TBM 5단계의 진행순서로 올바른 것은?

① 도입 – 정비점검 – 작업지시 – 위험예지 – 확인
② 정비점검 – 장비지시 – 도입 – 위험예지 – 확인
③ 도입 – 위험예지 – 작업지시 – 정비점검 – 확인
④ 작업지시 – 도입 – 정비점검 – 위험예지 – 확인

192
안전모의 종류 중 AE에 대한 설명으로 옳은 것은?

① 물체의 낙하 및 비래에 의한 위험방지를 위한 것
② 물체의 낙하, 비래 및 추락에 의한 위험을 방지하기 위한 것
③ 추락에 의한 위험을 방지시키기 위한 것
④ 물체의 낙하, 비래 및 감전에 의한 위험을 방지하기 위한 것

해설
① A : 낙하, 비래방지용
② AB : 낙하, 비래, 및 추락 방지용
③ AE : 낙하, 비래 및 감전 방지용
④ ABE : 낙하, 비래 및 추락, 감전 방지용

193
평균 근로자수 500명인 어떤 사업장에서 연간 평균 48건의 재해가 발생하였다면 만약 이 사업장에서 한 작업자가 평생 작업한다면 몇 건의 재해를 당하겠는가? 단, 한 근로자의 근로가능연수는 40년, 잔업시간은 100시간으로 한다.

① 1.8건 ② 6.1건
③ 2.9건 ④ 4.0건

해설

도수율 = $\frac{48}{500 \times 2,400} \times 10^6 = 40$

∴ 환산 도수율 = $\frac{40}{10} = 4$건

194
사고 발생 후 인공호흡을 시작할 때까지 소요시간이 3분 이내인 때의 소생률은 몇 %가 되는가?

① 65% ② 75%
③ 85% ④ 95%

해설
인공호흡 시간과 소생률 관계는 1분 경과 95%, 2분 경과 90%, 3분 경과 75%, 5분 경과 25%, 6분경과 1%이다.

195
안전모 착용대상 사업장이 아닌 것은?

① 차량계 하역 운반기계의 하역작업
② 비계의 조립, 해체 작업
③ 2m 이상의 고소작업
④ 아세틸렌 용접, 용단 작업

해설
안전모 착용 대상 사업장
1) 2m 이상의 고소작업
2) 비계의 조립, 해체작업
3) 차량계 하역 운반기계의 하역작업
4) 낙하위험 작업
5) 동력으로 작동되는 기계작업

Answer ● 190. ④ 191. ① 192. ④ 193. ④ 194. ② 195. ④

196
재해조사순서를 옳게 나열한 것은?

① 목격자진술 – 자료수집 – 현장확인 – 분석평가 – 검증 – 재확인
② 현장확인 – 자료수집 – 목격자진술 – 검증 – 분석평가 – 재확인
③ 목격자진술 – 현장확인 – 자료수집 – 분석평가 – 검증 – 재확인
④ 현장확인 – 목격자진술 – 자료수집 – 검증 – 분석평가 – 재확인

197
근로자 200명의 사업장에서 1년간 안전사고로 인한 노동손실일수는 모두 135일이었다. 강도율은?

① 0.15
② 0.28
③ 0.20
④ 0.45

해설

강도율 $= \dfrac{\text{근로총손실일수}}{\text{근로총시간수}} \times 1{,}000$

$= \dfrac{135}{200 \times 2{,}400} \times 1{,}000 = 0.28$

198
하인리히의 사고발생 5단계 중 3단계에 맞는 것은?

① 능동적 재해 + 수동적 재해
② 물리적 재해 + 생화학적 재해
③ 불안전 상태 + 불안전행동
④ 설비적 결함 + 관리적 결함 + 잠재재해

해설

하인리히의 사고발생 5단계
1) 1단계 : 사회적 환경 및 유전적 요소
2) 2단계 : 개인적 결함
3) 3단계 : 불안전한 행동 및 상태
4) 4단계 : 사고
5) 5단계 : 재해

199
기업이 안전한 시스템을 만드는 데는 생산공정이 안전해야 하고, 기업이 발전하려면 생산된 제품에도 안전해야 한다고 주장한 사람은?

① 버크호프(Berckhofs)
② 말라스키(Malasky)
③ 테일러(Taylor)
④ 하인리히(Heinrich)

200
안전모의 시험 방법 중 KS 규격에 알맞은 1호형의 기준은?

① 4.0kg의 강구를 3m높이에서 낙하
② 2.5kg의 강구를 2m 높이에서 낙하
③ 3.5kg의 강구를 1.5m 높이에서 낙하
④ 1.5kg의 스트라이커(striker)를 1m 높이에서 낙하

201
색채조절의 원칙을 설명한 것으로 틀린 것은?

① 물체의 정확한 식별을 위해서는 황, 황적, 황록의 빛이 든 광원이 좋다.
② 작업면과 주변 전체와의 밝기가 조화되어야 한다.
③ 벽의 색을 부드럽게 하면 주의력이 외향적이 된다.
④ 광원을 밝게 할수록 보는 속도가 빨라진다.

해설

③항 벽의 색을 부드럽게 하면 주의력은 내향적이 된다.

202
재해발생비율이 작은 것에서 큰 것으로 표시한 것 중 옳은 것은?

① 천재지변 → 시설미비 및 물적요인 → 감독 불충분 및 인적요인 → 근로자의 불안전한 자세
② 시설미비 및 물적요인 → 천재지변 → 근로자의 불안전한 자세 → 감독 불충분 및 인적요인

Answer ▶ 196. ④ 197. ② 198. ③ 199. ② 200. ③ 201. ③ 202. ①

③ 천재지변 → 근로자의 불안전한 자세 → 감독 불충분 및 인적요인 → 시설미비 및 물적요인
④ 근로자의 불안전한 자세 → 감독 불충분 및 인적요인 → 시설미비 및 물적요인 → 천재지변

203
안면부 여과식의 1급 방진마스크의 흡기저항으로 옳은 것은?(단, 유량이 30 l/min인 경우)

① 7.2mmH₂O
② 8mmH₂O
③ 10mmH₂O
④ 12mmH₂O

해설

1) 특급 : 10.3mmH₂O 이하
2) 1급 : 7.2mmH₂O 이하
3) 2급 : 6.2mmH₂O
   (유량 160 l/min일 경우 배기저항은 31.0mmH₂O 이하)

204
안전작업모의 착용하는 목적에 있어서 안전관리와 관계가 없는 것은?

① 비산물로 인한 부상방지
② 작업원의 표시
③ 화상의 방지
④ 감전의 방지

205
방진마스크의 특급 또는 1급을 사용해서는 안되는 작업은?

① 금속을 전기나 아크로 용접 또는 용단하는 작업
② 동력을 이용하여 토석, 암석 또는 광석을 분쇄하는 작업
③ 염소 탱크내의 작업
④ 갱내 또는 암석이나 광물을 뚫는 작업

해설
③항은 방독마스크나 송기마스크를 착용하여야 한다.

206
연천인율과 도수율의 환산식을 옳게 나타낸 것은?

① 도수율 × 1,000 = 연천인율
② 도수율/2.4 = 연천인율
③ 도수율 × 2.4 = 연천인율
④ 2.4/도수율 = 연천인율

해설

도수율 = $\frac{재해발생건수}{연근로시간수} \times 10^6$ 공식에 연천인율의 사상자수를 재해발생건수와 같은 것으로 하여 연천인율을 대입시키면,

도수율 = $\frac{연천인율}{1000 \times 2400} \times 10^6$

∴ 도수율 = $\frac{연천인율}{2.4}$

∴ 연천인율 = 도수율 × 2.4

Answer ● 203. ① 204. ② 205. ③ 206. ③

memo

2편

산업심리 및 교육

1장 산업심리학

1 산업심리학의 정의 및 목적

(1) **정의** : 산업심리학은 심리학의 방법과 식견을 가지고 인간의 산업에 있어서의 행동을 연구하는 실천과학이며 응용심리학의 한 분야이다.

(2) **목적** : 생산능률과 성과의 증대, 인간의 복지 증진

2 산업심리학과 관련이 있는 학문

(1) 직접관련이 있는 학문

    1) 인사관리학   2) 인간공학   3) 사회심리학
    4) 응용심리학   5) 심리학   6) 안전관리학
    7) 노동과학   8) 행동과학   9) 신뢰성공학

(2) 간접관련이 있는 학문

    1) 자연과학(물리학, 화학 등)   2) 사회학   3) 교육학
    4) 생리학   5) 위생학   6) 병리학
    7) 정신병학   8) 체질학   9) 해부학

3 호오도온(Hawthorne) 실험

(1) **실험연구자** : 메이오(Mayo)와 레슬리스버거(Roethlisberger)

(2) **실험결론** : 작업자의 작업능률(생산성향상)은 물리적인 작업조건보다는 인간의 심리적인 태도, 감정을 규제하고 있는 인간관계의 요인에 의해서 좌우된다.

4 개성 및 욕구와 사회행동의 기본형태

(1) 개성(personality)

　1) 개성은 인간의 성격, 능력, 기질의 3가지 요인이 결합되어서 이루어진다.

　2) 개성의 형성조건 : 습관(습관행동, 규칙적 행동), 환경조건 및 교육, 습성(행동경향 : 중심적 습성, 주변적 습성, 지배적 습성)

(2) 욕구(desire) : 생리적 욕구를 의식적 통제가 힘든 순서로 나열하면 다음과 같다.

　1) 호흡욕구　　　　2) 안전욕구　　　　3) 해갈욕구
　4) 배설욕구　　　　5) 수면욕구　　　　6) 식욕

(3) 사회행동의 기본형태

　1) 협력(cooperation) : 조력, 분업
　2) 대립(opposition) : 공격, 경쟁
　3) 도피(escape) : 고립, 정신병, 자살

5 인간관계의 메커니즘 및 관리방식

(1) 인간관계의 메커니즘(mechanism)

　1) 동일화(identification) : 다른 사람의 행동 양식이나 태도를 투입시키거나, 다른 사람 가운데서 자기와 비슷한 것을 발견하는 것을 말한다.

　2) 투사(投射 : projection) : 자기 속의 억압된 것을 다른 사람의 것으로 생각하는 것을 투사(또는 투출)라고 한다.

　3) 커뮤니케이션(communication) : 갖가지 행동 양식이나 기호를 매개로 하여 어떤 사람으로부터 다른 사람에게 전달되는 과정을 말한다.

　4) 모방(imitation) : 남의 행동이나 판단을 표본으로 하여 그것과 같거나 또는 그것에 가까운 행동 또는 판단을 취하려는 것이다.

　5) 암시(suggestion) : 다른 사람으로부터의 판단이나 행동을 무비판적으로 논리적, 사실적 근거 없이 받아들이는 것을 말한다.

(2) 인간관계 관리방식

　1) 전제적(專制的)방식 : 권력이나 폭력에 의하여 생산성을 높이는 방식
　2) 온정적 방식 : 은혜를 사용하는 가족주의적 사고방식.
　3) 과학적 관리방식 : 생산능률을 향상시키기 위해 능률의 논리를 경영관리의 방법으로 체계화한 관리 방식(Taylor. F. W)

(3) 테크니컬 스킬즈와 소시얼 스킬즈

1) 테크니컬 스킬즈(technical skills) : 사물을 인간의 목적에 유익하도록 처리하는 능력을 말함
2) 소시얼 스킬즈(social skills) : 사람과 사람사이의 커뮤니케이션을 양호하게 하고, 사람들의 요구를 충족케 하고 모랄을 양양시키는 능력을 말함.
3) 근대산업에 있어서는 흔히 테크니컬 스킬즈가 중시되고 소시얼 스킬즈를 경시하기가 쉽기 때문에 이것은 종업원을 기계 시, 도구 시 하는 것으로 인간관계 관리와 본질적으로 거리가 먼 것이라고 할 수 있다.

6 집단관리

(1) 집단의 기능

1) 응집력   2) 행동의 규범   3) 집단목표

> **주**
> 파슨즈(Parsons)의 집단의 기능
> ① 적응기능   ② 목표달성기능   ③ 통합기능   ④ 내면화

(2) 집단목표를 수용하기 위한 결정요소

1) 목표의 명확성   2) 참여성
3) 응집성   4) 성취에 대한 욕구 충족도

(3) 집단의 효과

1) 동조효과(응집력)
2) synergy(system+energy : +α 상승효과)
3) 견물(見物)효과(자랑스럽게 생각)

(4) 집단관리 시 유의해야 할 사항

1) 집단규범(group norm)   2) 집단 참가감(participation)
3) 지도성(leader ship)
※ 작업방법이나 규범(노움 ; norm) 변경 등에 대한 저항현상 : 사보타아지(sabotage)나 소울저링(soldiering ; 게으름 피우는 것)

(5) 집단내의 인간관계나 비공식 집단에서 집단의 구조 및 지도자를 알아내는 방법

1) 소시오메트리(sociometry) : 집단의 구조를 밝혀내어 집단 내에서 개인간의 인기의 정도,

지위, 좋아하고 싫어하는 정도, 하위집단의 구성여부와 형태, 집단에 충성도, 집단의 응집력을 연구조사하여 행동지도의 자료로 삼는 것을 말한다.
2) 소시오그램(sociogram) : 교우도식 또는 집단의 구조도를 말하며, 이 소시오그램에 의하면 시각적으로 집단의 구조나 구성원의 위치, 직위에 대한 이해가 쉽게 된다.

7 직장에서의 적응과 부적응

(1) 적응과 역할(super의 역할이론)

1) 역할연기(role playing) : 자아탐색(self-exploration)인 동시에 자아실현(self realization)의 수단이다.
2) 역할기대(role expectation) : 자기의 역할을 기대하고 감수하는 사람은 그 작업에 충실한 것이다.
3) 역할조성(role shaping) : 개인에게 여러 개의 역할기대가 있을 경우 그 중의 어떤 역할기대는 불응, 거부하는 수도 있으며, 혹은 다른 역할을 해내기 위해 다른 일을 구할 때도 있다.
4) 역할갈등(role conflict) : 작업 중에는 상반된 역할이 기대되는 경우가 있으며 그럴 때 갈등이 생기게 된다.

(2) 부적응의 유형(인격 이상자의 유형)

1) 망상인격(편집성 인격) : 자기주장이 강하고 빈약한 대인관계를 가지고 있는 성격의 소유자(냉혹성, 과민성, 완고, 질투, 시기심이 강함)
2) 순환인격 : 외적자극과는 관계없이 울적상태(우울한 시기)에서 조적상태(명랑한 시기)로 상당한 장기간에 걸쳐 기분이 변동하는 특징이 있다.
3) 분열인격 : 극단적으로 수줍어하고, 말이 없고, 자폐적이고, 사교를 싫어하고, 친밀한 인간관계를 피하려고 하는 특징이 있다.
4) 폭발인격 : 사소한 일로 갑자기 노여움을 폭발시키거나, 폭언 및 폭력적인 공격성을 나타내는 특징이 있다.
5) 강박인격 : 엄격하고 지나치게 양심적이고, 우유부단, 욕망을 제지하고, 기준에 적합하도록 지나치게 신경을 쓰는 특징이 있다(완전주의 지향)
6) 반사회적인격 : 정서 불안정, 윤리 도덕성의 규범 결여, 무감각, 쾌락주의, 자기애적임
7) 부적합인격 : 정상적인 정신적, 신체적 능력을 가지고 있으면서도 일상생활의 요구에 적응 못함.
8) 무력인격 : 활력이 결여되고, 감정이 둔하고, 만성적 비관론자임.
9) 소극적 공격적 인격 : 적의(敵意)를 처리하는데 온갖 음흉한 방법으로 교묘히 활용함.

8 모랄 서어베이

(1) 일반적인 사기조사의 방법

1) 질문지법이나 2) 면접에 의한 태도(또는 의견)조사가 중심을 이룬다.

(2) 모랄 서어베이(morale survey : 사기조사)의 주요방법

1) 통계에 의한 방법 : 사고 상해율, 생산고, 결근, 지각, 조퇴, 이직 등을 분석하여 파악하는 방법
2) 사례 연구법 : 경영 관리상의 여러 가지 제도에 나타나는 사례에 대해 케이스 스터디(case study)로서 현상을 파악하는 방법
3) 관찰법 : 종업원의 근무 실태를 계속 관찰함으로써 문제점을 찾아내는 방법
4) 실험연구법 : 실험 그룹과 통제 그룹으로 나누고 정황, 자극을 주어 태도 변화 여부를 조사하는 방법
5) 태도조사법(의견조사) : 질문지법, 면접법, 집단토의법, 투사법(projective technique) 등에 의해 의견을 조사하는 방법

9 카운셀링(counseling)

(1) 개인적인 카운셀링 방법

1) 직접충고 : 안전수칙 불이행시 적합, 지시적 방법
2) 설득적 방법 : 비지시적 방법
3) 설명적 방법 : 비지시적 방법

(2) 카운셀링의 순서

장면구성 → 내담자 대화 → 의견 재분석 → 감정표출 → 감정의 명확화

(3) Rogers. C · R의 카운셀링 방법 : 지시적 카운셀링과 비지식적 카셀슬링 병용

1) 지시적(指示的)방법
  ① 직접충고 방법
  ② 상담자의 우월한 지위와 종업원의 종속적 지위

2) 비지시적(非指示的)방법
  ① 설득, 설명적 방법
  ② 상담자와 종업원의 역할은 거의 동등하다.

(4) 카운셀링의 효과

1) 정신적 스트레스 해소   2) 안전 태도 형성   3) 동기 부여

10 리더십

(1) 리더십(leadership)의 유형

1) 선출방식에 따른 리더십의 분류
   ① head ship : 집단 구성원이 아닌 외부에 의해 선출(임명)된 지도자로 명목상의 리더십이라고도 한다.
   ② leadership : 집단 구성원에 의해 내부적으로 선출된 지도자로 사실상의 리더십을 말한다.

2) 업무추진 방법에 의한 리더십의 분류
   ① 권위형 : 지도자가 집단의 모든 권한 행사를 단독적으로 처리한다.
   ② 민주형 : 집단의 토론, 회의 등에 의해 정책을 결정한다.
   ③ 자유 방임형 : 집단에 대하여 전혀 리더십을 발휘하지 않고 명목상의 리더 자리만을 지키는 유형으로 지도자가 집단 구성원에게 완전히 자유를 주는 경우이다.

(2) leadership의 기법(Haire. M의 방법론)

1) 지식의 부여
2) 관대한 분위기
3) 일관된 규율
4) 향상의 기회
5) 참가의 기회
6) 호소하는 권리

(3) 리더십의 권한

1) 조직이 지도자에게 부여한 권한
   ① 보상적 권한 : 지도자가 부하들에게 보상할 수 있는 능력으로 인해 부하직원들을 통제할 수 있으며 부하들의 행동에 대해 영향을 끼칠 수 있는 권한이다.
   ② 강압적 권한 : 부하직원들을 처벌할 수 있는 권한이다.
   ③ 합법적 권한 : 조직의 규정에 의해 지도자의 권한이 공식화된 것을 말한다.

2) 지도자 자신이 자신에게 부여한 권한 : 부하직원들이 지도자의 성격이나 능력을 인정하고 지도자를 존경하며 자진해서 따르는 것이다.

   ① 전문성의 권한 : 지도자가 목표수행에 필요한 전문적인 지식을 갖고 업무수행을 하므로 부하직원들이 자발적으로 지도자를 따르게 된다.
   ② 위임된 권한 : 집단의 목표를 성취하기 위해 부하직원들이 지도자가 정한 목표를 자진해서 자신의 것으로 받아들여 지도자와 함께 일하는 것이다.

(4) 성실한 지도자가 공통적으로 갖는 속성

1) 업무수행능력 및 판단능력
2) 강력한 조직능력 및 강한 출세욕구
3) 자신에 대한 긍정적 태도
4) 상사에 대한 긍정적 태도

5) 조직의 목표에 대한 충성심　　　6) 실패에 대한 두려움
7) 원만한 사교성　　　　　　　　8) 매우 활동적이며 공격적인 도전
9) 자신의 건강과 체력 단련　　　　10) 부모로부터의 정서적 독립

(5) 리더의 제특성(諸特性)

1) 대인적 숙련　　　　　　2) 혁신적 능력
3) 기술적 능력　　　　　　4) 협상적 능력
5) 표현 능력　　　　　　　6) 교육훈련 능력

(6) 리더십의 결정요소

1) 조직의 성격　　　　　　2) 집단성원의 인적사항
3) 기술의 발달　　　　　　4) 환경의 상태

(7) 리더십의 3가지 기술

1) 인간 기술　　　　2) 전문 기술　　　　3) 경영 기술

11 적성의 요인 및 적성발견의 방법

(1) 적성의 요인(적성의 분류)

1) 직업적성(기계적 적성과 사무적 적성)　　2) 지능
3) 흥미　　　　　　　　　　　　　　　　　4) 인간성(personality)

※ 연령이나 개인차 등은 적성의 요인이 아니다.

(2) 기계적 적성

1) 손과 팔의 솜씨 : 빨리 그리고 정확히 잔일이나 큰일을 해내는 능력
2) 공간 시각화 : 형상이나 크기의 관계를 확실히 판단하여 각 부분을 뜯어서 다시 맞추어 통일된 형태가 되도록 손으로 조작하는 과정
3) 기계적 이해 : 공간 시각화, 지각 속도, 추리, 기술적 지식, 기술적 경험 등의 복합적 인자가 합쳐져서 만들어진 적성

(3) 사무적 적성

1) 지능　　　　　　2) 손과 팔의 솜씨　　　　3) 지각의 속도 및 정확성

(4) 지능의 척도 : 지능지수(intelligence quotient : IQ)로 표시하며 그 식은 다음과 같다.

$$\therefore IQ = \frac{지능지수}{생활연령} \times 100$$

(5) 적성 발견의 방법

　　1) 자기이해　　　　　　　2) 계발적 경험　　　　　　　3) 적성 검사

12 성격검사

(1) Y – G 성격검사

성격유형	성 격 내 용
① A형(평균형)	조화적, 적응적
② B형(우편형)	정서불안정, 활동적, 외향적(불안정, 부적응, 적극형)
③ C형(좌편형)	안정, 소극형(소극적, 온순, 안정, 내향적, 비활동)
④ D형(우하형)	안정, 적응, 적극형(정서안정, 활동적, 대인관계양호, 사회적응)
⑤ E형(좌하형)	불안정, 부적응, 수동형(D형과 반대)

(2) Y – K(Yutaka – Kohata)성격검사

성격유형	작업 성격 인자	적성 직종의 일반적 경향
① C, C'형(담즙질) 진공성형	1. 운동, 결단, 기민하고 빠르다 2. 적응 빠르다 3. 세심하지 않다 4. 내구성, 집념부족 5. 진공 자신감 강함	1. 대인적 작업 2. 창조적, 관리자적 직업 3. 변화 있는 기술적, 가공작업 4. 변화 있는 물품을 대상으로 하는 불연속작업
② M, M'형(흡담즙질) 신경질형	1. 운동성 느리고 지속성 풍부 2. 적응 느리다 3. 세심, 억제, 정확하다 4. 내구성, 집념, 지속성 5. 담력, 자신감 강하다	1. 연속적, 신중적, 인내적 작업 2. 연구 개발적, 과학적 작업 3. 정밀 복잡성 작업
③ S, S'형(다혈질) 운동성형	1, 2, 3, 4 : C, C'형과 동일 5. 담력, 자신감 약하다	1. 변화하는 불연속적 작업 2. 사람상대 상업적 작업 3. 기민한 동작을 요하는 작업
④ P, P'형(점액질) 평범수동성형	1, 2, 3, 4 : M, M'형과 동일 5. 담력, 자신감 약함	1. 경리사무, 흐름작업 2. 계기관리, 연속작업 3. 지속적 단순작업
⑤ Am형(이상질)	1. 극도로 나쁨 2. 극도로 느림 3. 극도로 결핍 4. 극도로 강하거나 약함	1. 위험을 수반하지 않는 단순한 기술적 작업 2. 작업상 부적응성 성격자는 정신 위생 적 치료 요함

(3) **성격검사의 종류** : 작용검사법, 목록법, 투영법에 의한 성격진단법 등

13 심리검사

(1) 심리검사의 범위
1) 기초인간 능력
2) 기계적 능력
3) 정신운동 능력
4) 시각 기능적 능력
5) 특수직무 능력

(2) 심리검사의 구비조건 : 심리검사는 표준화되고 객관적이며 충분한 규준을 기초로 하여 신뢰성과 타당성이 있어야 한다.
1) **표준화** : 검사관리를 위한 조건과 검사절차의 일관성과 통일성을 표준화라 한다.
2) **객관성** : 검사결과의 채점에 관한 것으로, 채점하는 과정에서 채점자의 편견이나 주관성이 배제되어야 하며 어떤 사람이 채점하여도 동일한 결과를 얻어야 한다.
3) **규준(norms)** : 검사의 결과를 해석하기 위해서는 비교할 수 있는 참조 또는 비교의 어떤 틀이 있어야 하는데, 이 틀은 검사 규준이 제공하는 것이다.
4) **신뢰성** : 검사응답의 일관성, 즉 반복성을 말하는 것이다.
5) **타당성** : 측정하고자 하는 것을 실제로 측정하는 것을 타당성이라 한다.

> **길잡이**
>
> 인사심리검사의 구비조건
> ① 타당성 ② 신뢰성 ③ 실용성

14 적성배치와 인사관리

(1) 적재적소의 배치
1) 적성배치와 인사관리는 적재적소의 배치라는 근본적 이념에서는 일치한다.
2) 다만, 관리적 개념에 한계가 있는 것으로 적성배치는 능력위주이고, 인사관리는 조직(기능) 우선에 따라 부수적으로 적성배치를 고려하게 된다.

(2) 인사관리의 중요한 기능
1) 조직과 리더십(leadership)
2) 선발(적성검사 및 시험)
3) 배치
4) 작업분석
5) 업무평가
6) 상담 및 노사간의 이해

15 안전사고의 요인

(1) 안전사고의 경향성 : Greenwood는 대부분의 사고는 소수의 근로자에 의해서 발생된다. 즉 사고를 자주 내는 사람이 항상 사고를 낸다고 지적하였다.

(2) 소질적인 사고 요인 : 지능, 성격, 감각운동기능(시각기능)

1) **지능** : Chislli와 Brown은 지능단계가 낮을수록 또는 높을수록 이직률 및 사고 발생률이 높다고 지적하고 있다.
2) **성격** : 결함 있는 성격은 사고를 발생시킨다.
3) **시각기능**
   ① 재해와 시각관계를 조사한 결과 Tiffin. J는 시각기능에 결함이 있는 자에게 재해가 많았고, Fletdher. E. D는 두 눈의 시력이 불균형인 자에게 재해가 많음을 지적하였다.
   ② 시각기능과 재해발생에 있어서는 반응 속도 그 자체보다 반응의 정확도에 더 관계가 깊다.

16 산업안전 심리의 요소

(1) 안전심리의 5요소

1) 습관
2) 동기
3) 기질
4) 감정
5) 습성

(2) 개성과 사고력 : 인간의 개성과 사고력은 안전심리에서 고려되는 중요한 요소이다.

(3) 사고 요인이 되는 정신적 요소(정신상태 불량으로 일어나는 안전사고 요인)

1) 안전의식의 부족
2) 판단력의 부족 또는 잘못된 판단
3) 주의력의 부족
4) 방심 및 공상
5) 개성적 결함요소
   ① 지나친 자존심과 자만심
   ② 다혈질 및 인내력의 부족
   ③ 약한 마음
   ④ 도전적 성격
   ⑤ 감정의 장기 지속성
   ⑥ 경솔성
   ⑦ 과도한 집착성 또는 고집
   ⑧ 배타성
   ⑨ 태만(나태)
   ⑩ 사치성과 허영심

6) 정신력과 관계되는 생리적 현상
① 시력 및 청각의 이상
② 신경계통의 이상
③ 육체적 능력의 초과
④ 근육운동의 부적합
⑤ 극도의 피로

(4) **안전사고를 유발하는 원인을 분석하는데 필요한 요건** : 인간의 발전, 성장, 성숙과정 및 연령 등

17 재해 빈발설

(1) **암시설** : 재해의 경험으로 겁쟁이가 되거나 신경과민이 되어 그 사람이 갖는 대응 능력이 열화되기 때문에 재해가 빈발하게 된다는 설이다.

(2) **재해빈발 경향자설** : 소질적인 결함을 가지고 있기 때문에 재해가 빈발하게 된다는 설이다.

(3) **기회설** : 개인의 영향 때문이 아니라 작업에 위험성이 많고, 위험한 작업을 담당하고 있기 때문에 재해가 빈발한다는 설이다(대책 : 작업환경개선, 교육훈련실시).

18 사고경향성자 (재해 누발자, 재해 다발자)의 유형

(1) **상황성 누발자** : 작업의 어려움, 기계설비의 결함, 환경상 주의력의 집중 곤란, 심신의 근심 등 때문에 재해를 누발하는 자이다.

(2) **습관성 누발자** : 재해의 경험으로 겁쟁이가 되거나 신경과민이 되어 재해를 누발하는 자와 일종의 슬럼프(slump)상태에 빠져서 재해를 누발하는 자이다.

(3) **소질성 누발자** : 재해의 소질적 요인을 가지고 있기 때문에 재해를 누발하는 자이다.

(4) **미숙성 누발자** : 기능 미숙이나 환경에 익숙하지 못하기 때문에 재해를 누발하는 자이다.

19 Lewin. K의 법칙

Lewin은 인간의 행동(B)은 그 사람이 가진 자질 즉, 개체(P)와 심리학적 환경(E)과의 상호 함수관계에 있다고 하였다.

∴ B=f (P · E)
- B : Behavior(인간의 행동)
- f : function(함수관계 : 적성 기타 P와 E에 영향을 미칠 수 있는 조건)
- P : Person(개체 : 연령, 경험, 심신상태, 성격, 지능 등)
- E : Environment(심리적 환경 : 인간관계, 작업환경 등)

20 인간변화의 4단계(인간 변용의 메커니즘)

(1) 인간변용의 4단계

1) 1단계 : 지식의 변용
2) 2단계 : 태도의 변용
3) 3단계 : 행동의 변용
4) 4단계 : 집단 또는 조직에 대한 성과 변용

(2) 인간변용에 요하는 시간과 곤란도 : 용이한 순서대로 나열하면

① 지식의 변용 – ② 태도의 변용 – ③ 행동의 변용 – ④ 집단 또는 조직에 대한 성과의 변용 순이다.

21 동기부여이론

(1) Davis의 이론

∴ 인간의 성과×물적인 성과=경영의 성과

1) 지식(Knowledge)×기능(Skill)=능력(ability)
2) 상황(situation)×태도(attitude)=동기유발(motivation)
3) 능력× 동기유발=인간의 성과(human performance)

(2) Maslow의 욕구 5단계

1) 1단계 : 생리적 욕구(기아, 갈증, 호흡, 배설, 성욕 등)
2) 2단계 : 안전의 욕구(안전을 기하려는 욕구)
3) 3단계 : 사회적 욕구(애정, 소속에 대한 욕구)
4) 4단계 : 인정받으려는 욕구(자존심, 명예, 성취, 지위에 대한 욕구 : 자기존경의 욕구)
5) 5단계 : 자아실현의 욕구(잠재적인 능력을 실현하고자 하는 욕구 : 성취욕구)

(3) Alderfer의 ERG이론

1) 생존(Existence)욕구 : 신체적 차원에서 유기체 생존과 유지에 관련된 욕구
2) 관계(Relatedness)욕구 : 타인과의 상호작용을 통해 만족되는 대인 욕구
3) 성장(Growth) : 개인적인 발전과 증진에 관한 욕구

[표] Maslow와 Alderfer의 욕구이론 비교

Maslow의 욕구 5단계	Alderfer의 ERG이론
1. 생리적 욕구 2. 안전의 욕구 ── 신체적 ── 1. 생존(E) 3. 사회적 욕구 ── 대인적 ── 2. 관계(R) 4. 인정받으려는 욕구 5. 자아실현의 욕구 ────── 3. 성장(G)	

(4) McGreger의 X이론과 Y이론

1) X 이론 : X이론의 관리자는 종업원에 대하여 다음과 같은 것을 신봉함
   ① 종업원은 상사로부터 통제를 받지 않으면 안된다.
   ② 종업원을 회사의 목적에 헌신시키기 위해 강제성을 띄어야 한다.
   ③ 종업원은 본래 회사의 목적에 반하여 개인적인 목표를 가지고 있다.

2) Y 이론 : Y이론의 관리자는 종업원에 대하여 다음과 같은 것을 신봉함
   ① 종업원은 일하기를 원하고 또 자기 자신의 동기유발자가 되도록 한다.
   ② 종업원을 회사의 목적을 위한 수단으로서 자발적으로 받아들인다.
   ③ 목표설정에 참가함으로써 회사목표에 적합한 개인의 목표를 설정함

3) X 이론과 Y 이론의 비교

X 이론	Y 이론
① 인간 불신감 ② 성악설 ③ 인간은 본래 게으르고 태만하여 남의 지배받기를 즐긴다. ④ 물질욕구(저차적 욕구) ⑤ 명령통제에 의한 관리 ⑥ 저개발국형	① 상호신뢰감 ② 성선설 ③ 인간은 부지런하고 근면, 적극적이며 자주적이다. ④ 정신욕구(고차적 욕구) ⑤ 목표통합과 자기통제에 의한 자율관리 ⑥ 선진국형

(5) Herzberg의 2요인 이론

1) 위생요인과 동기요인
   ① 위생요인 : 인간의 동물적 욕구를 반영하는 것으로서 안전, 친교, 봉급, 감독형태, 기업의 정책, 작업조건 등이 해당되며 Maslow의 생리적, 안전, 사회적 욕구와 비슷하다.

② 동기요인 : 자아실현을 하려는 인간의 독특한 경향(성취, 인정, 작업자체, 책임감 등)을 반영한 것으로 Maslow의 자아실현 욕구와 비슷한 개념이다.

2) 직무확대방법
① 규제를 제거하여 일에 대한 개인적 책임감이나 책무를 증가시킨다.
② 완전하고 자연스러운 작업단위를 제공한다.
(한 단위의 한 요소만을 만들게 하지 말고 단위전체를 생산하도록 한다.)
③ 직무에 부가되는 자유와 권한을 주어야 한다.
④ 직접 상품 생산에 대한 보고를 정기적으로 하게 한다.
⑤ 더욱 새롭고 어려운 임무를 수행하도록 격려한다.
⑥ 특정한 직무에 대해 전문가가 될 수 있도록 전문화된 임무를 배당한다.

참

동기요소의 상호관계

위생요인과 동기요인 (Herzberg)	욕구의 5단계 (Maslow)	X 이론과 Y 이론 (McGreger)
위생요인	1단계 : 생리적 욕구(종족보존) 2단계 : 안전욕구	X 이론
동기부여요인	3단계 : 사회적 욕구(친화욕구) 4단계 : 인정욕구(승인의 욕구) 5단계 : 자아실현욕구(성취욕구)	Y 이론

(6) Korman의 일관성 이론

1) 균형 개념 : 인간은 누구나 자신의 인지적 균형감 및 일치감을 극대화하려는 방향으로 행동하게 되며 그 행동에서 만족감을 갖게 될 것이라는 견해를 말한다.
2) 일관성의 개념 : 높은 자기-존중의 사람들은 일관성을 유지하고 만족상태를 계속 유지하기 위해 더 높은 성과를 올리려고 할 것이며, 반대로 낮은 자기-존중의 사람들은 낮은 자기-이미지와 일치하는 방식으로 행동하려고 한다는 것을 일관성의 개념이라 한다.

(7) Vroom의 기대이론 : 의사결정을 하는 인지적 요소와 사람이 의사결정을 위해 이 요소들을 처리해가는 방법들을 나타내주는 것으로, 공식은 다음과 같다.

∴ 동기적인 힘(motivational force) = 유인가 × 기대

1) 힘은 동기와 같은 의미로 쓰이며 행동을 결정하는 역할을 한다.
2) 유인가(valence) : 여러 행동대안의 결과에 대해서 개인이 갖고 있는 매력의 강도를 의미한다.
3) 기대(expectancy) : 어떤 행동적인 대안을 선택했을 때 성공할 확률이 얼마인가를 예측하는 것을 말한다.

(8) **McClelland의 성취 동기이론** : 성취동기가 높은 사람의 특징은 다음과 같다.

1) 적절한 모험을 즐긴다.
2) 즉각적인 복원조치를 강구할 줄 안다. 또한 자신이 하고 있는 일의 구체적인 진행상황을 알고 싶어 한다.
3) 성공함으로써 얻어 지는 댓가보다는 성취 그 자체에 기쁨을 느낀다.
4) 과업에 전념하여 그 목표가 달성될 때까지 자신의 노력을 경주한다.

(9) **안전 동기의 유발방법**

1) 안전의 기본이념(참 가치)을 인식시킬 것.
2) 안전 목표를 명확히 설정할 것
3) 결과를 알려줄 것(K.R법 : Knowledge Results).
4) 상과 벌을 줄 것.
5) 경쟁과 협동을 유도할 것.
6) 동기유발 수준을 유지할 것

22 동기유발요인

(1) **Heinrich의 동기유발요인**

1) 분위기
2) 직무 그 자체
3) 작업자 자신
4) 노동조합
5) 동료그룹

(2) **Ross의 동기유발요인**

1) 안정
2) 기회
3) 참여
4) 인정
5) 경제
6) 성과
7) 부여권한
8) 적응도
9) 독자성
10) 의사소통

23 착오의 메커니즘 및 착오요인

(1) **착오의 메커니즘(mechanism)**

1) 위치의 착오
2) 패턴의 착오
3) 형(形)의 착오
4) 순서의 착오
5) 잘못 기억

(2) 착오요인(대뇌의 Human error)

1) 인지과정의 착오
    ① 생리, 심리적 능력의 한계
    ② 정보량 저장능력의 한계
    ③ 감각차단 현상 : 단조로운 업무, 반복 작업
    ④ 정서 불안정 : 공포, 불안, 불만

2) 판단과정 착오
    ① 능력부족   ② 정보부족
    ③ 자기 합리화   ④ 환경조건의 불비

3) 조치과정 착오

24 착시(Optical Illusion)

(1) 운동의 시지각(착각현상)

1) 자동운동 : 암실 내에서 정지된 소광점을 응시하고 있으면 그 광점이 움직이는 것을 볼 수 있는데 이것을 자동운동이라 한다. 자동운동이 생기기 쉬운 조건은 다음과 같다.
    ① 광점이 작을 것.   ② 시야의 다른 부분이 어두울 것.
    ③ 광의 강도가 작을 것.   ④ 대상이 단순할 것.

2) 유도운동 : 실제로는 움직이지 않는 것이 어느 기준의 이동에 유도되어 움직이는 것처럼 느껴지는 현상을 말한다.

3) 가현운동 : 객관적으로 정지하고 있는 대상물이 급속히 나타나든가 소멸하는 것으로 인하여 일어나는 운동으로 마치 대상물이 운동하는 것처럼 인식되는 현상을 말한다(β 운동 : 영화 영상의 방법).

(2) 착시현상(시각의 착각현상)

1) Müler · Lyer의 착시

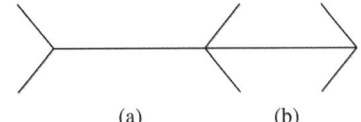

(a)가 (b)보다 길게 보인다(실제 a=b)

2) Helmholz의 착시

 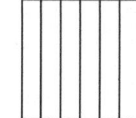

∴ (a)는 세로 길어 보이고
(b)는 가로로 길어 보인다.

3) Herling의 착시

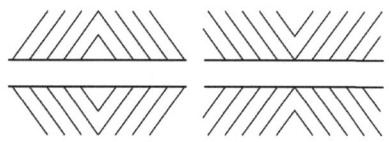

∴ (a)는 양단이 벌어져 보이고
(b)는 중앙이 벌어져 보인다.

4) Poggendorf의 착시

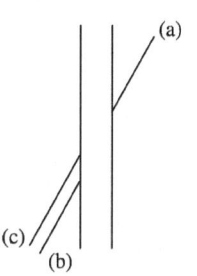

∴ (a)와 (c)가 일직선으로 보인다.
(실제 a와 b가 일직선)

25 인간의 동작 특성 및 동작실패의 원인이 되는 조건

(1) 인간의 동작 특성

1) 외적 조건
   ① 동적조건 : 대상물의 동적 성질 → 최대원인
   ② 정적조건 : 높이, 크기, 깊이 등
   ③ 환경조건 : 기온, 습도, 소음 등

2) 내적 조건
   ① 경력(Career)
   ② 개인차
   ③ 생리적 조건 : 피로, 긴장 등

(2) 동작 실패의 원인이 되는 조건

1) **자세의 불균형** : 행동의 습관
2) **피로도** : 신체조건, 질병, 스트레스 등
3) **작업강도** : 작업량, 작업속도, 작업시간 등
4) **기상조건** : 온도, 습도, 기타 기상조건 등
5) **환경조건** : 작업환경, 심리적 환경

26 간결성의 원리

(1) 간결성의 원리

1) 물적 세계에 서두름이나 생략행위가 존재하고 있는 것처럼 심리활동에 있어서도 최고에너지에 의해 어느 목적에 달성하도록 하려는 경향이 있는데, 이것을 간결성의 원리라 한다.
2) 간결성의 원리에 기인하여 착각, 착오, 생략, 단락 등의 사고에 관계되는 심리적 요인을 만들어 내게 된다.

(2) 군화의 법칙(물건의 정리)

구 분	내 용
근접의 요인	근접된 물건끼리 정리된다.
동류의 원인	매우 비슷한 물건끼리 정리한다.
폐합의 원인	밀폐형을 가지런히 정리한다.
연속의 요인	연속을 가지런히 정리한다.
좋은 형태의 요인	좋은 형체(규칙성, 상징성, 단순성)로 정리한다.

1) **근접의 요인** : 그림에서와 같이 동그라미가 전체로서 한군데 모여져 있지 않고 가까이 있는 두개의 동그라미가 각각 1조로 한군데 모여 있는 것처럼 보이는데 이것은 가까이 있는 물건끼리를 하나의 군으로 정리한다고 하는 지각이 있기 때문이다.

∥ 근접의 요인 ∥

2) **동류의 요인** : 6개 동그라미가 정리되어 있지 않고 흰 동그라미와 검은 동그라미가 각각 정리된 것처럼 보이는데 이것은 비슷한 물건끼리가 하나의 군으로서 인지되기 쉽기 때문이다.

∥ 동류의 요인 ∥

3) **폐합의 요인** : 3개 원형이 각각 있다 할 경우, 큰 바깥 측의 것이 작은 2개의 것을 폐합해 있는 것처럼 보이는데, 이것은 근접, 동류의 요인의 경향 쪽이 강한 것을 나타내고 있기 때문이다.

∥ 폐합의 요인 ∥

4) **연속의 요인** : 그림에서와 같이 직선과 곡선이 교차하고 있는 것처럼 보이고, 변형된 2개의 것이 조합된 것은 그렇지 않게 보인다.

① 직선과 곡선의 교차　　② 변형된 2개의 조합

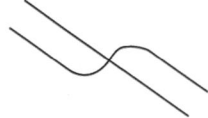

(3) 항상현상

1) **시각의 법칙** : 물체의 대소는 거리에 반비례해서 작게 되고 또한 대상에 대한 시각이 같게 되면 거리가 달라도 망막상의 크기는 변하지 않는다는 현상을 나타내는 것을 시각의 법칙이라 한다.
2) **항상의 현상** : 실제로 보이는 물체의 크기는 시각의 법칙대로는 작게 보이지 않고 같은 크기의 대상은 거리를 변하여도 같은 크기로 유지되려는 경향을 갖고 있는데 이 현상을 항상현상이라 한다.

27 주의력과 부주의

(1) 주의의 특징

1) **선택성** : 여러 종류의 자극을 자각할 때 소수의 특정한 것에 한하여 선택하는 기능
2) **방향성** : 주시점만 인지하는 기능
3) **변동성** : 주의에는 주기적으로 부주의의 리듬이 존재

(2) 주의의 특성

1) **주의력의 중복집중의 곤란** : 주의는 동시에 2개 방향에 집중하지 못한다(선택성).
2) **주의력의 단속성** : 고도의 주의는 장시간 지속할 수 없다(변동성).
3) 한 지점에 주의를 집중하면 다른데 주의는 약해진다(방향성).

(3) 부주의 현상

1) **의식의 단절** : 지속적인 의식의 흐름에 단절이 생기고 공백의 상태가 나타나는 것으로서 특수한 질병이 있는 경우에 나타난다(의식수준 : phase 0 상태).
2) **의식의 우회** : 의식의 흐름이 옆으로 빗나가 발생하는 경우로서 작업도중의 걱정, 고뇌, 욕구 불만 등에 의해 다른 것을 주의하는 것이 이에 속한다(의식수준 : phase 0 상태).
3) **의식수준의 저하** : 혼미한 정신상태에서 심신이 피로할 경우나 단조로운 작업 등의 경우에 일어나기 쉽다(의식수준 : phase Ⅰ 이하 상태).

4) 의식의 과잉 : 지나친 의욕에 의해서 생기는 부주의 현상으로서 돌발사태 및 긴급이상 사태 시 순간적으로 긴장되고 의식이 한 방향으로만 쏠리게 되는 경우가 이에 해당한다(의식수준 : phase Ⅳ 이하 상태).

(4) 부주의 발생원인 및 대책

1) 외적 원인 및 대책
   ① 작업, 환경조건 불량 : 환경 정비
   ② 작업 순서의 부적당 : 작업순서 변경

2) 내적 조건 및 대책
   ① 소질적 조건 : 적성 배치
   ② 의식의 우회 : 상담
   ③ 경험, 미경험 : 교육

28 의식 수준의 단계

단계	의식의 상태	주의 작용	생리적 상태	신뢰성	뇌파형태
Phase 0	무의식, 실신	없음(zero)	수면, 뇌 발작	0	δ파
Phase Ⅰ	정상이하(subnormal) 의식 몽롱함	부주의(inactive)	피로, 단조, 졸음, 술 취함	0.9 이하	θ파
Phase Ⅱ	정상, 이완상태 (normal, relaxed)	수동적(passive) 마음이 안쪽으로 향함	안정기거, 휴식시, 정례작업시	0.99 ~0.99999	α파
Phase Ⅲ	정상, 상쾌한 상태 (normal, clear)	능동적(active) 앞으로 향하는 주의시야도 넓다.	적극 활동시	0.999999 이상	β파
Phase Ⅳ	초정상, 과긴장 상태 (hypernormal, excited)	일점으로 응집, 판단정지	긴급 방위반응, 당황해서 panic	0.9 이하	β파 또는 전자파

29 피로

(1) **피로의 본체** : 피로란 작업경과에 따라 생리적 또는 심리적 요인으로 나타나는 현상이다.

(2) **피로의 3표지**(피로의 종류)

1) 주관적 피로 : 이것은 스스로 느끼는 「피곤하다」는 자각증상으로 대개의 경우 권태감이나 단조감 또는 포화감이 뒤따른다.

2) **객관적 피로** : 객관적 피로는 생산된 제품의 양과 질의 저하를 지표로 한다.

3) **생리적(기능적)피로** : 인체의 생리상태를 검사해 봄으로서 생체의 각 기능이나 물질의 변화 등에 의해 피로를 알 수 있는 방법

(3) 피로에 영향을 주는 기계측 인자 및 인간측의 인자

1) 기계측의 인자
   ① 기계의 종류
   ② 기계의 색채
   ③ 조작부분의 배치
   ④ 조작부분의 감촉
   ⑤ 기계의 이해 용이도

2) **인간측의 인자** : 정신상태, 신체적 상태, 생리적 리듬, 작업시간 및 작업내용, 사회환경, 작업환경 등

(4) 피로의 측정법

1) 생리학적 방법
   ① 근전도(EMG : electromyogram) : 근육활동 전위차의 기록
   ② 뇌전도(ENG : electroneurogram) : 신경활동 전의차의 기록
   ③ 심전도(ECG : electrocardiogram) : 심장근 활동 전위차의 기록
   ④ 안전도(EOG : electrooculogram) : 안구(眼球)운동 전위차의 기록
   ⑤ 산소소비량 및 에너지대사율(RMR : relative metabolic rate)

   $$\therefore \text{RMR} = \frac{\text{작업 대사량}}{\text{기초대사량}} = \frac{\text{작업시 소비에너지} - \text{안정시 소비에너지}}{\text{기초대사량}}$$

   ⑥ 피부전기반사(GSR : galvanic skin reflex) : 작업부하의 정신적 부담이 피로와 함께 증대하는 양상을 손바닥 안쪽의 전기저항의 변화를 이용해 측정하는 것으로 피부전기저항 또는 정신전류현상이라고도 한다.
   ⑦ 프릿가 값(융합점멸주파수) : 정신적 부담이 대뇌피질의 피로수준에 미치고 있는 영향을 측정하는 방법이다.

2) **화학적 방법** : 혈색소농도, 혈액수준, 혈단백, 응혈시간, 혈액, 요전해질, 요단백, 요교질 배설량 등

3) **심리학적 방법** : 피부(전위)저장, 동작분석, 연속반응시간, 행동기록, 정신작업, 전신자각증상, 집중유지기능 등

(5) 휴식시간 산출

$$\therefore R = \frac{60(E-4)}{E-1.5}$$

- R : 휴식시간(분),
- E : 작업 시 평균 에너지 소비량(kcal/분)
- 총 작업시간 : 60분, 휴식시간 중의 에너지 소비량 : 1.5(kcal/분)

30 바이오리듬(biorhythm : 생체리듬)

(1) 바이오리듬의 종류

    1) 육체적 리듬(physical cycle) : 주기 23일(식욕, 소화력, 활동력, 지구력), 청색표시
    2) 지성적 리듬(intellectual cycle) : 주기 33일(상상력, 사고력, 기억력 인지, 판단), 녹색표시
    3) 감성적 리듬(sensitivity cycle) : 주기 28일(감정, 주의심, 창조력, 예감 및 통찰력), 적색표시

(2) 위험일(critical day) : 한 달에 6일 정도 일어나며, 평소보다 뇌졸중이 5.4배, 심장질환 발작이 5.1배, 자살은 6.8배 정도 더 많이 발생된다.

(3) 생체리듬과 피로

    1) 혈액의 수분, 염분량 : 주간은 감소하고, 야간에는 증가한다.
    2) 체온, 혈압, 맥박 수 : 주간은 상승하고, 야간에는 저하한다.
    3) 야간에는 소화분비액 불량, 체중이 감소한다.
    4) 야간에는 말초운동 기능저하, 피로의 자각증상이 증대한다.

31 스트레스의 주요원인

(1) 외부로부터의 자극요인

    1) 경제적인 어려움
    2) 직장에서의 대인관계상의 갈등과 대립
    3) 가정에서의 가족관계의 갈등
    4) 가족의 죽음이나 질병
    5) 자신의 건강 문제
    6) 상대적인 박탈감 등

(2) 마음속에서 일어나는 내적자극 요인

    1) 자존심의 손상과 공격방어 심리
    2) 출세욕의 좌절감과 자만심의 상충
    3) 지나친 과거에의 집착과 허탈
    4) 업무상의 죄책감
    5) 지나친 경쟁심과 재물에 대한 욕심
    6) 남에게 의지하고자 하는 심리
    7) 가족간의 대화단절 의견의 불일치

실 / 전 / 문 / 제

01
산업심리학이 섬겨야 할 두 주인공은?

① 사회와 기업　　② 종업원과 기업
③ 종업원과 사회　④ 종업원과 국가

02
호오돈의 실증적 연구결과는 다음 중 어느 것인가?

① 인간관계가 일할 의욕을 높이고 생산성이 향상된다는 것
② 감독자가 부하를 엄격하게 관리해서 능률을 올린다는 것
③ 인간관계와 생산성과는 아무 관계가 없다는 것
④ 인간관계 보다는 제도적인 측면이 중요하다는 것

해설

호오돈(Hawthorne)실험 : 메이요(G.E.Mayo)에 의한 실험으로, 작업자의 작업능률(생산성 향상)은 물리적인 작업조건보다는 사람의 심리적인 태도, 감정을 규제하고 있는 인간관계에 의하여 결정됨을 밝혔다.
1) 인간관계는 상담, 조언에 의해서 이루어진다.
2) 종업원의 인간성을 경영자와 대등하게 본 인간관계의 기초 위에서 관리를 추진한다.

03
호오돈 실험 (Hawthorne Experiment)의 결과는?

① 생산성 향상에 영향을 주는 주요인은 안전관리이다.
② 생산성 향상에 영향을 주는 주요인은 작업조건이다.
③ 생산성 향상에 영향을 주는 주요인은 커뮤니케이션이다.
④ 생산성 향상에 영향을 주는 주요인은 인간관계이다.

04
다음 인간의 생리적 욕구 중에서 의식적 통제가 가장 힘드는 것은 어느 것인가?

① 안전욕구　② 식욕
③ 수면욕구　④ 배설욕구

해설

생리적 욕구에서 의식적 통제가 어려운 순서대로 나열하면
1) 호흡욕구　2) 안전욕구
3) 해갈욕구　4) 배설욕구
5) 수면욕구　6) 식욕 순으로 된다.

05
다음 중 사회행동의 기본 형태가 아닌 것은?

① 협력　② 대립
③ 고립　④ 도피

해설

사회행동의 기본형태
1) 협력(coorperation) : 조력, 분업
2) 대립(opposition) : 공격, 경쟁
3) 도피(escape) : 고립, 정신병, 자살
4) 융합(accomodation) : 강제, 타협, 통합

06
인간 관계의 메커니즘과 관련이 없는 것은?

① 투사　② 모방
③ 동기　④ 동일화

해설

인간관계의 매커니즘(mechanism)
1) **동일화**(identification) : 다른 사람의 행동양식이나 태도를 투입시키거나, 다른 사람 가운데서 자기와 비슷한 것을 발견하는 것을 말한다.
2) **투사**(投射 : projection) : 자기 속의 억압된 것을 다른 사람의 것으로 생각하는 것을 투사(또는 투출)라고 한다.

Answer ● 01. ②　02. ①　03. ④　04. ①　05. ③　06. ③

3) 커뮤니케이션(communication) : 갖가지 행동양식이나 기호를 매개로 하여 어떤 사람으로부터 다른 사람에게 전달되는 과정을 말한다.
4) 모방(imitation) : 남의 행동이나 판단을 표본으로 하여 그것과 같거나 또는 그것에 가까운 행동 또는 판단을 취하려는 것이다. 모방에는 단순모방(기계적 기억)과 창조모방(논리적 기억)이 있다.
5) 암시(suggestion) : 다른 사람으로부터의 판단이나 행동을 무비판적으로 논리적, 사실적 근거없이 받아들이는 것을 말한다.

07
다음 사회행동의 기본형태를 연결지은 것이다. 잘못 연결한 것은?

① 대립 – 공격, 경쟁
② 도피 – 정신병, 자살
③ 협력 – 분업
④ 조직 – 경쟁, 다툼

08
다음 중 집단의 기능이 아닌 것은?

① 응집력
② 집단목표
③ 집단의 이해
④ 행동의 규범

해설

집단의 기능
1) 응집력 : 집단의 내부로부터 생기는 힘
2) 행동의 규범(집단규범) : 집단을 유지하고 집단의 목표를 달성하기 위한 것으로 집단에 의해 지지되며 통제가 행하여진다.
3) 집단목표 : 집단의 역할을 위해 집단의 목표가 있어야 한다.

09
다음 중 집단효과가 아닌 것은?

① 동조효과
② 시너지효과(synergy 효과)
③ 경쟁효과
④ 견물효과(見物效果)

해설

집단효과
1) 동조효과(응집력)
2) synergy(system + energy)효과
3) 견물효과

10
소시오그램(Sociogram)이란?

① 집단내의 각 성원의 결합 상태를 나타낸 교우도식을 뜻한다.
② 인간관계론에 있어 비공식조직의 특성을 뜻한다.
③ 사회생활의 역학적 구조를 뜻한다.
④ 공식조직 내의 각 성원간의 구조도식을 뜻한다.

11
개인의 행동요인을 설명할 경우 개성이란 한 인간의 특징과 그 인간이 겪은 경험과 총화를 무엇으로 표현한 특성인가?

① 시각적
② 정서적
③ 습관적
④ 전인격적

12
비공식집단의 활동 및 특성을 나타내는 것은?

① 직접적이고 빈번한 개인간의 접촉을 필요로 한다.
② 관리자에 의해 주도된다.
③ 항상 태업이나 생산저하를 조장시킨다.
④ 대체로 규모가 크다.

해설

비공식집단의 특성
1) 경영통제권이나 관리 영역밖에 존재한다.
2) 규모가 과히 크지 않기 때문에 개인적 접촉기회가 많다.
3) 동료애의 욕구가 있다.
4) 응집력이 크다.

13
소시얼 스킬즈(Social Skills)란?

① 모랄을 양양시키는 능력
② 인간을 사물에 적응시키는 능력
③ 사물을 인간에 적응시키는 능력
④ 인간을 구속하는 능력

해설

근대 산업에 있어서는 흔히 테크니컬 스킬즈가 중시되고 소시얼 스킬즈를 경시하기가 쉽다.

Answer ➔ 07. ④ 08. ③ 09. ③ 10. ① 11. ④ 12. ① 13. ①

1) **소시얼 스킬즈**(social skills) : 사람과 사람사이의 커뮤니케이션을 양호하게 하고, 사람들의 요구를 충족케하고 모럴을 양양시키는 능력
3) **테크니컬 스킬즈**(technical skills) : 사물을 인간의 목적에 유익하도록 처리하는 능력

14
Lippitt 와 White 이론 중 리더쉽(leadership)의 유형에 가장 거리가 먼것은?

① 독재형　　② 민주형
③ 자유방임형　④ 솔직형

해설
리더쉽의 유형
1) 권위형 : 지도자가 모든 정책을 단독적으로 결정하기 때문에 부하직원은 오로지 따르기만 하면 된다.
2) 민주형 : 혼자 정책을 결정하려 하지 않고 집단토론이나 집단 결정을 통해서 정책을 결정한다.
3) 자유방임형 : 지도자가 집단구성원에게 완전히 자유를 주는 경우로서 그는 전혀 리더쉽을 행사하지 않고 단지 명목적인 리더의 자리만 지킨다.

15
리더쉽에 따른 집단성원의 반응 중 자유방임형 리더쉽의 특징과 관계가 적은 것은?

① 리더를 타인으로 간주함
② 낭비, 파손품이 많음
③ 작업의 양과 질이 우수함
④ 개성이 강하고 연대감이 없음

해설
③항 작업의 양과 질이 우수한 것은 민주형 리더쉽의 특징이다.

16
집단에서 리더의 구비요건과 관계가 먼 것은?

① 화합성
② 단순성
③ 통찰력
④ 정서적 안정성 및 활발성

해설
리더의 구비요건
1) 화합성 : 리더는 구성원들의 정서적 요구에 대한 호응력을 가져야 하며, 부하직원으로부터 집단의 한 구성원으로 수용될 수 있어야 한다.
2) 통찰력 : 리더 자신과 조직이 처해 있는 현재의 입장과 장래의 전망을 살펴볼 수 있어야 한다.
3) 정서적 안정성 및 활발성 : 정서적으로 안정되어 항상 마음의 균형과 침착성을 잃지 않아야 하며, 그에게로 향하는 공격, 노기, 냉담 등의 문제를 처리할 수 있는 역량을 갖추어야 하고, 명랑하고 열의가 있으며 표현능력이 있어야 한다.

17
부하직원들이 상사를 존경하여 스스로 따른다고 할 때의 상사의 권한은?

① 합법적 권한　　② 강압적 권한
③ 보상적 권한　　④ 위임된 권한

해설
리더쉽에 있어서 권한의 역할
(1) 조직이 지도자들에게 부여하는 권한
　1) 보상적 권한 : 조직의 지도자들이 그들의 부하에게 보상을 할 수 있는 권한(봉급의 인상이나 승진 등)
　2) 강압적 권한 : 부하들을 처벌할 수 있는 권한
　3) 합법적 권한 : 조직의 규정에 의해 권력구조가 공식화한 권한
(2) 지도자 자신이 자신에게 부여한 권한(부하직원들이 상사를 존경하여 자진해서 따른다)
　1) 위임된 권한 : 부하직원들이 지도자의 생각과 목표를 얼마나 잘 따르는지와 관련된 것이다.
　2) 전문성의 권한 : 지도자가 집단의 목표수행에 필요한 분야에 얼마나 많은 전문적인 지식을 갖고 있는가와 관련된 권한이다.

18
다음 지도자의 속성 중 성실한 지도자들이 공통적으로 소유한 속성이 아닌 것은?

① 업무수행능력　　② 강한 출세욕구
③ 강력한 조직능력　④ 실패란 없다는 자부심

해설
성실한 지도자들이 공통적으로 소유한 속성
1) 업무수행능력
2) 강한 출세욕구
3) 상사에 대한 긍정적 태도
4) 강력한 조직능력
5) 원만한 사교성
6) 판단능력
7) 자신에 대한 긍정적인 태도

Answer ➡ 14. ④　15. ③　16. ②　17. ④　18. ④

8) 매우 활동적이며 공격적인 도전
9) 실패에 대한 두려움
10) 부모로부터의 정서적 독립
11) 조직의 목표에 대한 충성심
12) 자신의 건강에 체력단련

19
리더쉽의 특성 조건에 속하지 않는 것은?

① 기계적 성숙
② 혁신적 능력
③ 표현 능력
④ 대인적 숙련

해설

리더쉽의 제특성
1) 기술적 숙련
2) 대인적 숙련
3) 혁신적 능력
4) 교육훈련능력
5) 협상적 능력
6) 표현능력

20
역할연기(role playing)를 바르게 설명한 것은?

① 자아탐구의 수단이다.
② 자아실현의 수단이다.
③ 자아탐구의 수단인 동시에 자아실현의 수단이다.
④ 자아탐구의 수단도 아니고 자아실현의 수단도 아니다.

해설

슈퍼(Super)의 역할이론
1) 역할연기(role playing) : 자아탐색(self-exploration)인 동시에 자아실현(selfrealization)의 수단이다.
2) 역할기대(role expection) : 자기의 역할을 기대하고 감수하는 사람은 그 직업에 충실한 것이다.
3) 역할조성(role shaping) : 개인에게 여러 개의 역할 기대가 있을 경우 그 중의 어떤 역할기대는 불응 거부하는 수도 있으며, 혹은 다른 역할을 해내기 위해 다른 일을 구할 때도 있다.
4) 역할갈등(role confict) : 직업 중에는 상반된 역할이 기대되는 경우가 있으며, 그럴 때 갈등이 생기게 된다.

21
모랄 서베이(morale survey)의 방법 중 주로 사용하는 것은?

① 질문지법
② 통계에 의한 방법
③ 사례연구법
④ 관찰법

해설

일반적인 사기조사(morale survey) 방법은 주로 질문지나 면접에 의한 태도조사가 중심을 이룬다.

22
안전수칙을 지키지 않은 사람에게 필요한 심리적인 카운셀링 방법은 다음 중 어느 것이 가장 좋은가?

① 간접적인 설득방법
② 직접적인 충고방법
③ 설명적인 방법
④ 지식적인 전달방법

해설

안전수칙 불이행시 적합한 카운셀링 방법은 직접충고방법, 즉 지시적(指示的)방법이다.

23
테크니컬 스킬즈(technical skills)란?

① 모랄을 앙양시키는 능력
② 인간을 사물에 적응시키는 능력
③ 사물을 인간에 적응시키는 능력
④ 인간을 구속하는 능력

해설

근대산업에 있어서는 흔히 테크니컬 스킬즈가 중시되고 소시얼 스킬즈를 경시하기가 쉽다.
1) 소시얼 스킬즈(social skills) : 사람과 사람 사이의 커뮤니케이션을 양호하게 하고, 사람들의 요구를 충족케 하며 모랄을 앙양시키는 능력
2) 테크니컬 스킬즈(technical skills) : 사물을 인간의 목적에 유익하도록 처리하는 능력

24
소울저링(soldiering)이란?

① 규칙을 잘 지키는 것
② 욕구불만에 빠져 있음
③ 게으름을 피우는 것
④ 조직에서 소외되어 있는 것

해설

작업방법이나 규범(norm)의 변경 등에 대한 저항현상으로 사보타이지(sabotage)나 소울저링(soldiering : 게으름을 피우는 것)이 있다.

Answer ➔ 19. ① 20. ③ 21. ① 22. ② 23. ③ 24. ③

25
상대적 의사전달방법(two way process communication)이 일방적 의사전달방법(one way process communication)보다 기능적으로 우수한 것이 아닌 것은?

① 정확도(正確度) ② 신뢰도(信賴度)
③ 이해도(利害度) ④ 속도(速度)

해설
상대적 의사전달방법은 신뢰성, 정확도와 자신감이 높고, 수의자의 불안감이 전혀 없는 장점이 있는 반면에 진행속도가 느려서 시간이 오래 걸린다는 결점이 있다.

26
적성의 요인이 아닌 것은?

① 개인차 ② 인간성
③ 지능 ④ 흥미

해설
적성의 요인
① 직업적성 ② 지능 ③ 흥미 ④ 인간성

27
인간의 적성을 발견하는 방법에 속하지 않는 것은?

① 자기이해 ② 적성검사
③ 직업경험 ④ 지능검사

해설
적성 발견의 방법 : ① 자기이해 ② 계발적경험(직업경험) ③ 적성검사

28
적정배치에 작업자의 특성과 관계가 적은 것은?

① 연령 ② 지적능력
③ 작업조건 ④ 기능

해설
적정배치시 고려해야 할 작업의 특성과 작업자의 특성
1) 작업의 특성 : 환경조건, 작업조건, 작업내용, 작업형태, 법적 자격 및 제한
2) 작업자의 특성 : 지적능력, 기능, 연령적 특성(경험의 다소, 숙련의 정도 등), 성격, 신체적 특성, 업무수행력

29
인간의 적성검사 중 시각적 판단검사에 해당되지 않는 것은?

① 공구판단검사 ② 명칭판단검사
③ 조립분해검사 ④ 형태비교검사

해설
적성검사의 종류

구 분	세부 검사 내용
시각적 판단 검사	① 언어의 판단검사(vocabulary) ② 형태 비교검사(form matching) ③ 평면도 판단검사(two dimension space) ④ 입체도 판단검사(three dimension space) ⑤ 공구 판단검사(tool matching) ⑥ 명칭 판단검사(name comparison)
정확도 및 기민성검사 (정밀성 검사)	① 교환검사(place) ② 회전검사(turn) ③ 조립검사(assemble) ④ 분해검사(disassemble)
계산에 의한 검사	① 계산검사(computation) ② 수학 응용검사(arthmatic reason) ③ 기록검사(기호 또는 선의 기입)
속도검사	타점 속도검사(speed test)
직무적성도 판단검사	설문지법, 색채법, 설문지에 의한 컴퓨터방식

30
인사관리의 목적을 옳게 설명한 것은 다음 중 어느 것인가?

① 사람과 일과의 관계
② 사람과 기계와의 관계
③ 기계와 적성과의 관계
④ 사람과 시간과의 관계

해설
인사관리는 "사람과 일과의 관계"를 합리적으로 조정하여 양호한 관계를 유지토록 하는데 목적이 있다.

31
산업심리학 측면에서 인사관리의 중요한 기능에 속하지 않는 것은?

① 업무평가 ② 작업 분석
③ 작업계획 ④ 조직과 리더쉽

Answer ➡ 25. ④ 26. ① 27. ④ 28. ③ 29. ③ 30. ① 31. ③

해설

인사관리의 기능에는 다음의 6가지가 있다.
1) 조직과 리더쉽
2) 선발(적성검사 및 시험)
3) 배치
4) 작업분석
5) 업무평가
6) 상담 및 노사간의 이해

32
Y-K 성격검사 결과에서 C, C'형인 성격에 대한 설명 중 잘못된 것은?

① 운동성과 결단력이 빠르다
② 정밀하고 복잡한 작업도 잘 수행한다.
③ 적응력은 빠르나 세심하지 않다.
④ 집념이 부족하나 담력이 크며 자신감이 강하다.

해설

Y-K 성격검사

작업적 성격유형	작업성격인자	적성 직종의 일반적 경향
C,C'형	① 운동, 결단, 기민, 빠름 ② 적응이 빠름 ③ 세심하지 않음 ④ 내구(耐久), 집념부족 ⑤ 담력, 자신감 강함	① 대인적 직업 ② 창조적, 관리자적 직업 ③ 변화있는 기술적 가공 작업 ④ 변화있는 물품을 대상으로 하는 불연속 작업
M,M'형 (신경질형)	① 운동성은 느리나 지속성풍부 ② 적응이 느림 ③ 세심, 억제, 정확함 ④ 내구성, 집념, 지속성 ⑤ 담력, 자신감 강함	① 연속적, 집중적, 인내적 작업 ② 연구 개발적, 과학적 작업 ③ 정밀, 복잡성 작업
S,S'형 다혈질 (운동성형)	①,②,③,④ → C,C'형 과 같음 ⑤ 담력, 자신감 약함	① 변화하는 불연속작업 ② 사람 상대 상업적 작업 ③ 기민한 동작을 요하는 작업
P,P'형 점액질 (평범 수동성형)	①,②,③,④ → M,M'형과 같음 ⑤ 담력, 자신감 약함	① 경리사무, 흐름작업 ② 계기관리, 연속작업 ③ 지속적 단순작업
Am형	① 극도로 나쁨 ② 극도로 느림 ③ 극도로 결핍 ④ 극도로 강하거나 약함	① 위험을 수반하지 않은 단순한 기술적 작업 ② 작업상 부적응적 성격자는 정신위생적 치료 요함

33
Y-G 성격검사의 프로필 유형(類型) 중 B형(右偏型)인 경우의 사회적응성으로 맞는 것은?

① 평균
② 부(不)적응
③ 적응
④ 적응 또는 평균

해설

Y-G 성격검사
1) A형(평균형) : 조화적, 적응적
2) B형(우편형) : 정서불안정, 활동적, 외향적(불안정, 부적응, 적극형)
3) C형(좌편형) : 안정, 소극형(온순, 소극적, 안정, 비활동, 내향적)
4) D형(우하형) : 안정, 적응, 적극형(정서안정, 사회적응, 활동적, 대인관계 양호)
5) E형(좌하형) : 불안정, 부적응, 수동형(D형과 반대)

34
심리검사로 갖추어야 할 요건에 해당하지 않는 것은?

① 표준화
② 타당성
③ 규준
④ 융통성

해설

적당한 심리검사는 「표준화」된 것이고 「객관적」이고 충분한 「규준」을 기초로 하고 「신뢰성」과 「타당성」이 있어야 한다.

35
심리검사의 특징 중 측정하고자 하는 것을 실제로 측정하는 것을 기술용어로 무엇이라 하는가?

① 타당성
② 신뢰성
③ 무오염성
④ 적절성

해설

심리검사의 요건에 관한 특징
1) 표준화 : 표준화는 검사의 관리를 위한 조건과 절차의 일관성과 통일성을 말한다.
2) 객관성 : 심리검사의 한 특징으로서 원칙적으로 채점에 관한 것으로 채점자의 편견이나 주관성이 배제되어야 한다.
3) 규준(norms) : 심리검사의 결과를 해석하기 위해서는 개인의 성적을 다른 사람들의 성적과 비교할 수 있는 참조 또는 비교의 어떤 틀이 있어야 한다.
4) 신뢰성 : 검사 응답이 일관성을 말한다.
5) 타당성 : 심리검사에서 가장 중요한 것 중의 하나는 측정하고자 하는 것을 실제로 측정하는 것인데 이것을 기술적 용어로 타당성이라 한다.

Answer ● 32. ② 33. ② 34. ④ 35. ①

36
기계적 이해는 단일의 심리학적 인자가 아니고 복합적 인자로 되어 있는 적성이다. 다음 중 기계적 이해를 구성하는 인자가 아닌 것은?

① 추리 ② 지각 속도
③ 공간 시각화 ④ 손과 팔의 솜씨

해설
기계작업에서의 성공에 관계되는 요인으로서는 '손과 팔의 솜씨', '공간 시각화', '기계적 이해'를 들 수 있으며, 「기계적 이해」는 복합적 인자로 되어 있는 적성으로 ① 공간시각화, ② 지각속도, ③ 추리, ④ 기술적 지식 또는 기술적 경험 같은 여러 가지가 합쳐져서 된 것이다.

37
슈퍼(Super.D.E)에 의한 직업생활의 단계내용에 해당되지 않는 것은?

① 탐색 ② 확립
③ 성장 ④ 유지

해설
인간의 직업생활의 단계 : 탐색(exploration), 확립(establish-ment), 유지(maintenance), 하강(decline)

38
그린우드(Greenwood)의 실험이론으로 옳은 것은?

① 사고의 특성은 인간의 불완전성에 있다.
② 지능이 높거나 낮을수록 사고 발생률이 높아진다.
③ 사고의 대부분은 우연성에 의하여 작업조건이 관건이 된다.
④ 사고의 대부분은 소수의 근무자에 의해서 발생한다.

해설
사고를 내기 쉬운 성격을 가진 사람은 반복하여 사고를 발생시킨다.

39
다음 중 설명이 틀린 것은?

① 티핀이나 프렛쳐에 의하면 시각기능에 이상이 있는 자에 재해가 많았고, 두 눈의 시력이 불균형인 자에 재해가 많았다.
② 기셀리와 브라운 등에 의하면 지능과 사고는 높은 관련성을 가지며, 특히 지능이 낮은 사람이 사고를 많이 일으키고 있다.
③ 고다마(兒玉)의 조사에 의하면 허영적, 쾌락추구적 성격 등의 특성을 가진 자 중에 사고자가 많았다. 즉, 안전에 있어 성격 특성의 적성적 문제가 존재하고 있다.
④ 그린우드에 의하면 사고의 대부분은 소수의 근로자에 의해 발생한다.

해설
지능이 낮거나, 지능이 높은 사람일수록 사고를 많이 일으킨다.

40
권태에 대한 와이어트(Wyatt.S)의 실험조사 결과로 옳은 것은?

① 지능이 낮은 사람은 단순작업에 약하다.
② 지능이 높은 사람은 권태를 느끼기 쉽다.
③ 지능이 낮은 사람은 권태를 느끼기 쉽다.
④ 지능이 높은 사람은 단순작업에 강하다.

해설
지능이 비교적 낮은 사람은 단순작업을 잘 이겨내지만 지능이 높은 사람은 권태를 느끼기 쉽다.

41
안전사고와 관련있는 인간의 심리적인 5대요소가 아닌 것은?

① 지능 ② 동기
③ 감정 ④ 습성

해설
안전심리의 5요소
① 습관 ② 동기 ③ 기질 ④ 감정 ⑤ 습성

42
안전심리에서 중요시하는 인간요소는?

① 대상자의 기능
② 대상자의 개성과 사고력
③ 대상자의 지능 정도

Answer 36. ④ 37. ③ 38. ④ 39. ② 40. ② 41. ① 42. ②

④ 대상자의 습관

해설
인간의 개성과 사고력은 안전심리에서 고려되는 중요한 요소이다.

43
Tiffin 의 동기유발요인 중 공식적 자극에 해당되지 않는 것은

① 특권박탈　　　② 칭찬
③ 승진　　　　　④ 작업계획의 선택

해설
Tiffin의 동기유발요인
(1) 공식적 자극
　1) 적극적 : 상여금, 돈, 특권, 승진, 작업계획의 선택 등
　2) 소극적 : 견책, 해고, 임시고용, 특권박탈 등
(2) 비공식적 자극
　1) 적극적 : 격려 및 칭찬, 친절한 태도, 직장동료에 의한 존경 등
　2) 소극적 : 악평, 비난, 배척, 동료 간의 비협조 등

44
안전사고를 유발시키는 심리적 요인 중에 해당되지 않는 것은?

① 인간의 발전　　② 인간의 성장
③ 인간의 환경　　④ 인간의 성숙

해설
안전사고 유발의 심리적 요인
1) 인간의 발전　2) 인간의 성장 및 성숙과정　3) 연령

45
안전사고를 일으키는 요인 중 인간의 개성적 요소가 아닌 것은 다음 중 어느 것인가?

① 근육운동의 부적합
② 과도한 자존심 및 자만심
③ 과도한 집착성
④ 인내력 부족

해설
개성적 결함요인(사고의 요인)
1) 과도한 자존심과 자만심　2) 사치와 허영심
3) 고집 및 과도한 집착성　　4) 인내력 부족

5) 감정의 장기지속성　6) 도전적 성격 및 다혈질
7) 나약한 마음　　　　8) 태만(나태)
9) 경솔성(성급함)

46
다음 정신력과 관련있는 생리적 현상과 거리가 먼 것은?

① 인내력 부족　　② 과로
③ 육체 능력　　　④ 근육운동의 부적합

해설
정신력에 영향을 주는 생리적 현상
1) 시력 및 청각의 이상　2) 신경계통의 이상
3) 육체적 능력의 초과　4) 근육운동의 부적합
5) 극도의 피로(과로)

47
한 번 재해를 당하면 겁쟁이가 되거나 신경과민이 되어 그 사람이 갖는 대응능력이 열화하기 때문에 재해를 빈발하게 된다는 설은?

① 기회설　　　　② 암시설
③ 경향설　　　　④ 미숙설

해설
재해 빈발설
1) 기회설 : 재해가 다발하는 것은 개인의 영향이 아니라 작업조건 자체에 위험성이 많기 때문이라는 설이다.
2) 암시설 : 한 번 재해를 당하면 겁쟁이가 되거나 신경과민이 되어 그 사람이 갖는 대응능력이 열화되기 때문에 재해가 빈발한다는 설이다.
3) 재해빈발경향자설 : 근로자 가운데에 재해를 빈발하는 소질적 결함자가 있다는 설이다.

48
환경에 익숙하지 못하기 때문에 재해를 일으키는 사람은?

① 미숙성 누발자　　② 소질성 누발자
③ 상황성 누발자　　④ 습관성 누발자

해설
재해 누발자의 유형
1) 미숙성 누발자 : 환경에 익숙치 못하거나 기능 미숙으로 인한 재해누발자를 말한다.
2) 소질성 누발자 : 지능, 성격, 감각운동에 의한 소질적 요소에

Answer ● 43. ②　44. ③　45. ①　46. ①　47. ②　48. ①

의해 결정된다.
3) 상황성 누발자 : 작업의 어려움, 기계설비의 결함, 환경상 주의집중의 곤란, 심신의 근심 등에 의한 것이다.
4) 습관성 누발자 : 재해의 경험으로 신경과민이 되거나 슬럼프(slump)에 빠지기 때문이다.

49
사고유발요인이 되는 정신적 요소에 해당되지 않는 것은?

① 책임감 및 창의력 ② 개성적 결함요소
③ 주의력의 부족   ④ 안전의식의 부족

해설
사고요인이 되는 정신적 요소 : 정신상태 불량에 의한 사고의 요인으로 다음과 같은 사항이 있다.
1) 방심 및 공상
2) 판단력의 부족 또는 잘못된 판단
3) 주의력의 부족
4) 안전의식의 부족
5) 개성적 결함요인
6) 정신력과 관계되는 생리적 현상

50
다음 중 레빈(Kurt Lewin)의 행동방정식인 B=f(P·E)에서 E가 나타내는 것은?

① Education   ② Environment
③ Engineering ④ Energy

해설
Lewin.K의 법칙 : Lewin은 인간의 행동(B)은 그 사람이 가진 자질 즉, 개성(P)과 심리학적 환경(E)과의 상호 함수관계에 있다고 하였다.
∴ B=f(P·E)
여기서,
- B : Behavior(인간의 행동)
- f : function(함수관계 : 적성 기타 P와 E에 영향을 미칠 수 있는 조건)
- P : Person(개성 : 연령, 경험, 심신상태, 성격, 지능 등)
- E : Environment(심리적 환경 : 인간관계, 작업환경 등)

51
인간의 행동은 사람의 개성과 환경에 영향을 미친다. 다음 환경적 요인이 아닌 것은?

① 작업조건   ② 직무의 안정
③ 감독   ④ 책임

해설
작업조건, 직무의 안정, 감독 등은 환경적 요인이며, 책임은 개성에 관계되는 요인이다.

52
인간의 안전심리는 행동의 변화를 가져온다. 시간에 따라 행동변화의 4단계가 옳은 것은?

① 지식변화 – 태도변화 – 개인적행동변화 – 집단성취변화
② 태도변화 – 지식변화 – 개인적행동변화 – 집단성취변화
③ 개인적행동변화 – 지식변화 – 태도변화 – 집단성취변화
④ 개인적행동변화 – 태도변화 – 지식변화 – 집단성취변화

해설
인간변화의 4단계
1) 1단계 : 지식의 변화
2) 2단계 : 태도의 변화
3) 3단계 : 행동의 변화
4) 4단계 : 집단 또는 조직에 대한 성과의 변화

53
인간에 대한 변화 중에 가장 쉽게 변화를 가져오는 것은 어느 것인가?

① 태도의 변화   ② 지식의 변화
③ 행동의 변화   ④ 조직의 성과변화

54
안전을 위한 동기부여로 옳지 않은 것은?

① 안전목표를 명확히 설정하여 주지시킨다.
② 상벌제도를 합리적으로 시행한다.
③ 경쟁과 협동을 유도한다.
④ 기능을 숙달시킨다.

해설
안전동기유발방법
1) 안전의 근본이념을 인식시킬 것
2) 안전목표를 명확히 설정할 것
3) 상과 벌을 줄 것

Answer ➡ 49. ① 50. ② 51. ④ 52. ① 53. ② 54. ④

4) 결과를 알려줄 것
5) 경쟁과 협동을 유도할 것
6) 동기유발수준을 유지할 것

55
데이비스(K.Davis)의 동기부여이론에서 인간의 성과는?

① 지식×기능
② 상황×태도
③ 인간조건×환경조건
④ 능력×동기유발

해설

Davis의 이론
∴ 인간의 성과×물적인 성과 = 경영의 성과
1) 능력×동기유발 = 인간의 성과
2) 지식×기능 = 능력
3) 상황×태도 = 동기유발

56
동기유발(motivation)방법이 아닌 것은?

① 안전의 참가치를 인식시킨다.
② 결과의 지식을 알려준다.
③ 상벌제도를 효과적으로 활용한다.
④ 동기유발의 수준을 최대로 높인다.

해설

동기유발 수준을 최대로 높이면 동기가 과잉유발되므로 동기유발의 수준은 최적의 상태로 유지하여야 한다.

57
마슬로우(A. H. Maslow)의 인간욕구의 5단계 중 해당되지 않는 것은?

① 1단계 : 생리적 욕구
② 2단계 : 자아실현의 욕구
③ 3단계 : 사회적 욕구
④ 4단계 : 인정을 받으려는 욕구

해설

Maslow의 욕구 5단계
1) 1단계 : 생리적 욕구
2) 2단계 : 안전의 욕구
3) 3단계 : 사회적 욕구
4) 4단계 : 인정을 받으려는 욕구
5) 5단계 : 자아실현의 욕구

58
동기유발의 방법 중 외적요소에 해당되는 것은?

① 학습결과의 진전 정도의 확인
② 학습 흥미의 환기
③ 학습목적의 명시
④ 호기심의 제고

해설

동기 유발 방법의 요소
(1) 내적요소
  1) 학습흥미의 환기
  2) 학습 목적의 명시
  3) 호기심의 제고
(2) 외적요소
  1) 학습결과와 진전정도의 확인
  2) 성공감과 실패감
  3) 상과 벌
  4) 경쟁심과 협동심의 이용
  5) 성적 충돌
  6) 좋은 학습환경 구성

59
Alderfer의 ERG 이론 중 신체적 차원에서 생존에 관련된 욕구는?

① 성장욕구
② 관계욕구
③ 사회적 욕구
④ 존재욕구

해설

Alderfer의 ERG 이론
1) 생존 또는 존재(existence) 욕구 : 신체적인 차원에서 유기체의 생존과 유지에 관련된 욕구
2) 관계(relatedness)욕구 : 타인과의 상호작용을 통해 만족되는 대인욕구
3) 성장(growth)욕구 : 개인적인 발전과 증진에 관한 욕구

60
다음 맥그레거(McGreger)의 인간분석 중 X이론의 관리처방은?

① 경제적 보상체제의 강화
② 직무확장
③ 민주적 리더쉽 확립
④ 분권화와 권한의 위임

Answer ➡ 55.④ 56.④ 57.② 58.① 59.④ 60.①

해설

McGreger XY이론의 관리처방
(1) X이론의 관리처방
  1) 경제적 보상체제의 강화
  2) 권위주의적 리더쉽의 확보
  3) 면밀한 감독과 엄격한 통제
  4) 상부책임제도의 강화
(2) Y이론의 관리처방
  1) 민주적 리더쉽의 확립
  2) 분권화의 권한과 위임
  3) 목표에 의한 관리
  4) 직무확장
  5) 비공식적 조직의 활용
  6) 자체 평가제도의 활성화

61
마슬로우의 욕구단계를 기초욕구로부터 잘 연결한 것은?

① 신체적 욕구-자기실현충족-존경지위-귀속의 욕구-안정의 욕구
② 안정의 욕구-자기실현 욕구-존경의 욕구-귀속의 욕구-신체적 욕구
③ 신체적 욕구-안정의 욕구-사회욕구-존경의 욕구-자기실현의 욕구
④ 신체적 욕구-사회욕구-안정의 욕구-존경의 욕구-자기실현 욕구

62
김부장(部長)은 종업원들이 원래 일하기 싫어하고 게으르기 때문에 직원들을 엄격히 통제하고 목표달성을 위하여는 강제성을 띠고 종업원을 감독해야 된다고 평소에 믿고 있다. 김부장은 다음 중 어떤 이론적 관리방법을 신봉하고 있다고 보는가?

① McGregor의 X이론
② McGregor의 Y이론
③ Herzberg의 동기이론
④ Maslow의 욕구단계이론

해설

김부장은 인간 불신감을 전제로 명령 통제에 의한 관리를 최상으로 믿고 있으므로 멕그레거의 X이론과 같은 관리방법을 신봉하고 있다.

63
콜만(Korman)의 일관성 이론에 해당되는 것은?

① 균형개념과 자기존중
② 위생요인과 동기부여요인
③ X이론과 Y이론
④ 기대이론

해설

콜만의 일관성 이론
1) 균형개념 : 사람은 누구나 자신에 대한 인지적 균형감 및 일치감을 극대화하는 방향으로 행동하게 되며 그 행동에서 만족감을 갖는다.
2) 자기존중 : 자기 이미지 개념으로 기본적으로 이것은 자기가치에 대한 인식이다. 높은 자기존중의 사람들은 일관성을 유지하고 따라서 만족상태를 유지하기 위해 더 높은 성과를 올리려고 한다.

64
Herzberg의 일을 통한 동기부여 원칙 중 틀린 것은?

① 개인적인 책임이나 책무를 증가시킴
② 직무에 따라 자유의 권한
③ 더욱 새롭고 어려운 업무 수행토록 과업 부여
④ 교육을 통한 간접적 정보제공

해설

④항, 교육을 통한 직접적인 정보를 제공한다.

65
직무만족도를 높이기 위한 방법이 아닌 것은?

① 고도로 산업화된 직무를 맡긴다.
② 새롭고 어려운 직무를 맡긴다.
③ 고도로 전문화된 직무를 맡긴다.
④ 일에 대한 개인적 책임감을 높인다.

해설

직무만족도(직무확대)를 높이는 방법
1) 일에 대한 개인적인 책임감이나 책무를 증가시킨다.
2) 완전하고 자연스러운 작업단위를 제공한다.
3) 새롭고 어려운 임무를 수행하도록 한다.
4) 특정의 직무에 전문가가 될 수 있도록 고도로 전문화된 임무를 배당한다.
5) 직무에 부과되는 자유와 권한을 준다.

Answer ➡ 61. ③ 62. ① 63. ① 64. ④ 65. ① 66. ③

66
Maslow의 욕구 5단계 중에 직장의 일에 대한 성취감은 다음 중 어느 단계에 속하는가?

① 생리적인 욕구
② 존경에 대한 욕구
③ 자아실현에 대한 욕구
④ 사회에 대한 욕구

해설
일에 대한 성취감은 미슬로우의 욕구단계 중 가장 고차적 욕구인 제5단계 자아실현의 욕구(성취욕구)에 속한다.

67
Alderfer의 ERG 이론에 의한 욕구의 분류에 해당되지 않는 것은?

① 생존욕구   ② 관계욕구
③ 성장욕구   ④ 안전욕구

해설
Alderfer의 ERG 이론
1) 생존(Existence) 욕구 : 신체적인 차원에서 유기체의 생존과 유지에 관련된 욕구
2) 관계(Relatedness)욕구 : 타인과의 상호작용을 통해 만족되는 대인 욕구
3) 성장(Growth) 욕구 : 개인적인 발전과 증진에 관한 욕구

68
허즈버그는 직무 만족을 산출해 내는 요인을 동기요인이라 부른다. 다음 중 동기요인이 아닌 것은?

① 일의 내용   ② 책임의 수준
③ 대인관계   ④ 개인적 발전

해설
허즈버그의 위생요인과 동기요인
1) 위생요인 : 직무환경에 관련된 것으로 기업정책, 개인 상호간의 관계(친교), 감독형태, 임금(급료), 보수지위, 안전, 작업조건 등이 있다.
2) 동기요인 : 직무내용에 관한 것으로 목표달성에 대한 성취감, 안정감, 책임감, 도전감, 성장과 발전, 작업자체 등이 있다.

69
매슬로우의 5단계 욕구성장과정을 관리감독자의 능력과 연결시켰다. 틀리는 것은?

① 종합적 능력 – 자기실현의 욕구
② 인간적 능력 – 생리적 욕구
③ 기술적 능력 – 안전의 욕구
④ 포괄적 능력 – 존경의 욕구

해설
관리감독자의 능력과 매슬로우 욕구 단계와의 관계
1) 기술적 능력 – 안전의 욕구
2) 인간적 능력 – 사회적 욕구
3) 포괄적 능력 – 존경욕구
4) 종합적 능력 – 자기실현의 욕구

70
"허즈버그"는 직무만족을 산출해 내는 요인을 동기요인이라 부른다. 다음 중 동기요인이 아닌 것은?

① 일의 내용   ② 책임감
③ 개인상호간의 관계   ④ 개인의 성장과 발전

해설
개인상호간의 관계는 대인관계를 나타내는 것으로 허즈버그의 위생요인에 해당된다.

71
다음 중 판단과정의 착오와 원인이 아닌 것은?

① 합리화   ② 능력부족
③ 정보부족   ④ 정보처리량의 한계

해설
착오요인
(1) 인지과정착오
  1) 생리, 심리적 능력의 한계
  2) 정보수용능력의 한계
  3) 감각차단현상
  4) 정서불안정 등 심리적 요인
(2) 판단과정착오
  1) 합리화
  2) 능력부족
  3) 정보부족
  4) 자신과잉(과신)
(3) 조작과정착오 : 판단한 내용에 따라 실제 동작하는 과정에서의 착오

Answer ⊙ 67. ④ 68. ③ 69. ② 70. ③ 71. ④

72
다음은 의식하여 행하는 동작 또는 무의식으로 행하는 동작 때문에 실패를 일으키지 않도록 하기 위한 일반적인 조건을 열거한 것이다. 틀리는 것은?

① 착각을 일으킬 수 있는 의무조건이 없을 것
② 감각기의 기능이 정상일 것
③ 대뇌의 명령에서 근육의 활동이 일어나기까지의 신경계의 저항이 많은 것
④ 시간적, 수량적으로 능력을 발휘할 수 있는 체력이 있을 것

해설
③항, 대뇌의 명령에서 근육의 활동이 일어나기까지의 신경계의 저항이 적을 것

73
실수 및 과오의 요인이 아닌 것은?

① 능력부족 ② 관리 부적당
③ 주의부족 ④ 환경조건 부적당

해설
실수 및 과오의 요인
1) 능력부족 : 적성, 지시, 기술, 인간관계
2) 주의부족 : 개성, 감정의 불안정, 습관성
3) 환경조건 부적당 : 표준불량, 규칙불충분, 작업조건불량, 연락 및 의사소통 불량

74
다음 중 운동의 시지각이 아닌 것은?

① 자동운동(自動運動) ② 항상운동(恒常運動)
③ 유도운동(誘導運動) ④ 가현운동(仮現運動)

해설
운동의 시지각(착각현상)
(1) 자동운동 : 암실내에서 정지된 소광점을 응시하고 있으면 그 광점이 움직이는 것을 볼 수 있는데 이것을 자동운동이라 한다. 자동운동이 생기기 쉬운 조건은 다음과 같다.
  1) 광점이 작을 것
  2) 시야의 다른 부분이 어두울 것
  3) 광의 강도가 작을 것
  4) 대상이 단순할 것
(2) 유도운동 : 실제로 움직이지 않는 것이 어느 기준의 이동에 유도되어 움직이는 것처럼 느껴지는 현상을 말한다.
(3) 가현운동 : 객관적으로 정지하고 있는 대상물이 급속히 나타나든가 소멸하는 것으로 인하여 일어나는 운동으로 마치 대상물이 운동하는 것처럼 인식되는 현상을 말한다(β 운동 : 영화영상의 방법).

75
암실 내에서 정지된 소광점을 응시하고 있으면 그 광점이 움직이는 것처럼 보인다. 이러한 현상을 자동운동이라 한다. 다음 중 자동운동이 생기기 쉬운 조건이 아닌 것은?

① 광점이 작을 것
② 시야의 다른 부분이 어두울 것
③ 광의 강도가 클 것
④ 대상이 단순할 것

76
현의 유무에 따라 원의 크기가 달라져 보이는 현상은?

① 인 착시 ② 대비 착시
③ 윤곽선 착시 ④ 반전 착시

77
다음 중 가현운동과 관계없는 것은?

① α 운동 ② β 운동
③ γ 운동 ④ θ 운동

해설
가현운동의 종류에는 α, β, γ, δ, ε 운동이 있다.

78
인간의 동작을 좌우하는 인자 중에서 영향이 가장 큰 것은?

① 환경조건 ② 동적조건
③ 정적조건 ④ 생리적 조건

해설
인간의 동작 특성
(1) 외적조건
  1) 동적조건 : 대상물의 동적 성질(최대요인)
  2) 정적조건 : 높이, 크기, 깊이 등
  3) 환경조건 : 기온, 습도, 소음 등
(2) 내적조건 : 경력, 개인차, 생리적 조건(피로, 긴장 등)

Answer ⊃ 72. ③ 73. ② 74. ② 75. ③ 76. ③ 77. ④ 78. ②

79
다음 중 최소의 에너지에 의해 어떤 목적에 쉽게 이르고자 하는 경향은?

① 단순화의 원리   ② 간결성의 원리
③ 사고심리의 원리   ④ 최소에너지의 원리

해설

간결성의 원리
1) 물적 세계에 서두름이나 생략행위가 존재하고 있는 것처럼 심리활동에 있어서도 최소 에너지에 의해 어느 목적에 달성하도록 하려는 경향이 있는데 이것을 간결성의 원리라 한다.
2) 간결성의 원리에 기인하여 착각, 착오, 생략, 단락 등의 사고에 관계되는 심리적 요인이 발생하게 된다.

80
다음은 군화의 법칙(群化의 法則)을 그림으로 나타낸 것이다. 동류의 요인에 해당되는 것은?

① ● ○ ● ○ ● ○ ● ○
② ○ ○ ○ ○ ○ ○
③
④

해설

①항 : 동류의 요인   ②항 : 근접의 요인
③항 : 연속의 요인   ④항 : 폐합의 요인

81
다음은 물건의 정리를 나타낸 그림이다. 관계없는 것은?

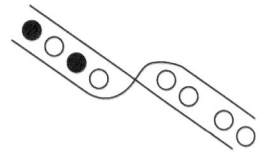

① 근접의 요인   ② 동류의 요인
③ 폐합의 요인   ④ 연속의 요인

해설

물건의 정리(군화의 법칙)
1) 근접된 물건끼리 정리한다(근접의 요인).
　　○○　　○○　　○○　　○○

2) 매우 비슷한 물건끼리 정리한다(동류의 요인).
　● ○ ● ○ ● ○ ● ○

3) 밀폐형을 가지런히 정리한다(폐합의 요인).

④ 연속을 가지런히 정리한다(연속의 요인).

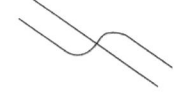　　

(직선과 곡선의 교차)　　(변형된 2개의 조합)

82
다음 중 주의의 특징이 아닌 것은?

① 습관성   ② 변동성
③ 선택성   ④ 방향성

해설

주의의 특징
1) 선택성 : 여러 종류의 자극을 자각할 때 소수의 특정한 것에 한하여 선택하는 기능
2) 방향성 : 주시점만 인지하는 기능
3) 변동성 : 주의에는 주기적으로 부주의의 리듬이 존재

83
다음 중 주의의 특성이 아닌 것은 어느 것인가?

① 주의력을 강화하면 기능은 저하한다.
② 주의는 동시에 두개 방향으로 집중하지 못한다.
③ 한지점에 주의를 집중하면 다른 지점에 주의력은 약해진다.
④ 고도의 주의는 장시간 지속될 수 없다.

해설

②항은 주의의 선택성(중복집중의 곤란), ③항은 주의의 방향성, ④항은 주의력의 단속성(변동성)을 나타낸 것이다.

84
다음은 부주의를 정의한 것이다. 잘못 설명한 것은?

① 부주의는 불안전한 행위와 불안전한 상태에도 적용된다.
② 부주의는 결과적으로 실패한 동작이다.
③ 부주의는 유사한 착각이나 본질적인 지식의 부족에 기인한다.

Answer ● 79. ② 80. ① 81. ③ 82. ① 83. ① 84. ③

③ 부주의는 인간 능력한계가 넘는 범위로 행위한 동작의 실패원인을 말한다.

85
다음은 부주의의 발생현상이다. 혼미한 정신상태에서 심신의 피로나 단조로운 반복 작업시에 일어나는 현상은 어떤 것인가?

① 의식의 과잉
② 의식의 단절
③ 의식의 우회
④ 의식 수준의 저하

해설
부주의 현상
1) 의식의 과잉 : 지나친 의욕에 의해서 생기는 부주의 현상으로서 돌발사태 및 긴급이상 사태시 순간적으로 긴장되고 의식이 한 방향으로만 쏠리게 되는 경우가 이에 해당된다.
2) 의식의 단절 : 지속적인 의식의 흐름에 단절이 생기고 공백의 상태가 나타나는 것으로서 특수한 질병이 있는 경우에 나타낸다.
3) 의식의 우회 : 의식의 흐름이 옆으로 빗나가 발생하는 경우이다.
4) 의식수준의 저하 : 혼미한 정신상태에서 심신이 피로할 경우나 단조로운 반복작업 등의 경우에 일어나기 쉽다.

86
다음의 부주의 발생현상 중 질병의 경우에 주로 나타나는 것은?

① 의식의 단절
② 의식의 우회
③ 의식 수준의 저하
④ 의식의 과잉

해설
부주의(inattention)는 의식을 어떤 일이나 물체에 집중하지 않는 것 또는 그와 같이 하는 심리적 능력을 갖고 있는 상태를 말하는 것으로 질병에 의해서는 의식의 단절 현상에 의해 부주의가 발생한다.

87
다음의 부주의 현상 중 phase I의 의식수준에 기인한 것은?

① 의식의 과잉
② 의식의 단절
③ 의식의 우회
④ 의식수준의 저하

해설
부주의 현상의 의식수준 상태
1) 의식의 단절 : phase O 상태
2) 의식의 우회 : phase O 상태
3) 의식수준의 저하 : phase I 이하
4) 의식의 과잉 : phase IV 상태

88
부주의 발생에 관한 외적조건에 속하지 않는 것은?

① 작업순서 부적당
② 작업강도
③ 의식의 우회
④ 기상조건

해설
부주의 발생원인
1) 외적조건 : 작업순서의 부적당, 작업 및 환경조건불량
2) 내적조건 : 소질적 조건, 의식의 우회, 경험 및 미경험

89
의식의 우회에서 오는 부주의를 극소화하기 위한 최적의 방법은?

① 적성배치
② 안전교육 훈련
③ 카운셀링
④ 피로대책

해설
의식의 우회를 극소화하기 위한 대책 : 카운셀링

90
의식의 레벨(Phase)로서 다음의 4단계가 있다. 이 중 일상적인 정상작업은 일반적으로 몇 단계의 의식으로 처리하는가?

① Phase I
② Phase II
③ Phase III
④ Phase IV

해설
의식 level의 단계별 생리적 상태
1) Phase O : 수면, 뇌발작
2) Phase I : 피로, 단조, 졸음, 술취함
3) Phase II : 안정기거, 휴식시, 정례작업시
4) Phase III : 적극활동시
5) Phase IV : 긴급방위반응, 당황해서 panic

Answer ● 85. ④ 86. ① 87. ④ 88. ③ 89. ③ 90. ②

91
Phase Ⅲ의 의식수준은 의식이 명석하고 사물을 적극적으로 받아들이려고 하는 상태인데 이 상태는 몇 분 정도 지속되는가?

① 5분 정도
② 15분 정도
③ 40분 정도
④ 1시간 정도

해설

Phase Ⅲ의 의식수준은 주의력이 강한 주의집중상태를 뜻하며 가장 좋은 상태인데 이 상태는 15분정도 지속시키는 것이 최적이지만 경우에 따라 30분까지는 지속시킬 수도 있으나 그 이상으로 지속시킬 때는 오히려 의식수준이 급속히 저하되는 현상이 따른다.

92
의식의 레벨(Phase)로서 다음의 4단계가 있다. 이들중 신뢰성이 가장 높은 단계는?

① Phase Ⅰ
② Phase Ⅱ
③ Phase Ⅲ
④ Phase Ⅳ

해설

의식 level의 단계별 신뢰성

단계(Phase)	신뢰성
Phase 0	0
Phase Ⅰ	0.9 이하
Phase Ⅱ	0.99~0.99999
Phase Ⅲ	0.999999
Phase Ⅳ	0.9 이하

93
피로가 작업능률의 저하를 가져온다고 볼 때 이것은 어떤 피로에 해당되는가?

① 생리적 피로
② 주관적 피로
③ 정신적 피로
④ 객관적 피로

해설

피로의 3표지(피로의 종류)
1) 주관적 피로 : 이것은 스스로 느끼는「피곤하다」는 자각증상으로 대개의 경우 권태감이나 단조감 또는 포화감이 뒤따른다.
2) 객관적 피로 : 객관적 피로는 생산된 제품의 양과 질의 저하를 지표로 한다.
3) 생리적(기능적) 피로 : 인체의 생리상태를 검사해 봄으로서 생체의 각 기능이나 물질의 변화 등에 의해 피로를 알 수 있는 방법이다.

94
Phase Ⅲ의 의식수준은 정보처리의 5가지 채널 중 몇 단계의 채널까지 대응되는가?

① ①, ②의 채널까지
② ①, ②, ③의 채널까지
③ ①, ②, ③, ④의 채널까지
④ ①, ②, ③, ④, ⑤의 채널까지

해설

(1) 정보처리의 5가지 채널
 1) 반사(대뇌를 통하지 않는 정보처리) : ①의 채널
 2) 주시하지 않아도 되는 조작 : ②의 채널
 3) 루틴작업의 동작(처리할 정보의 순서를 미리 알고 있는 경우) : ③의 채널
 4) 동적의지 결정을 필요로 하는 조작 : ④의 채널
 5) 문제해결적인 조작 : ⑤의 채널
(2) 의식수준과 대체 채널과의 관계
 1) Phase Ⅱ의 경우는 ①~③의 채널까지는 대응되나 그 이상 채널에 대한 정보처리는 무리가 생겨서 실수를 하게 된다.
 2) Phase Ⅲ는 가장 좋은 의식수준의 상태로 이때는 ①~⑤의 모든 채널에 대응된다.

95
다음 중 심리적이면서도 생리적인 요소를 모두 갖고 있는 요인은?

① 피로
② 동기저하
③ 단조로움
④ 근육긴장

해설

피로란 작업경과에 따라 생리적 또는 심리적 요인으로 나타나는 현상이다.

96
피로의 요인 중 외부인자에 속하지 않은 것은?

① 작업조건
② 환경조건
③ 생활조건
④ 책임감 및 경험조건

해설

피로의 발생요인
1) 내적요인 : 적성, 책임감, 경험 및 숙련도
2) 외적요인 : 인간관계, 생활조건, 작업 및 환경조건

Answer ● 91. ② 92. ③ 93. ④ 94. ④ 95. ① 96. ④

97
피로의 측정방법이 아닌 것은?

① 생리학적 방법 ② 심리학적 방법
③ 생화학적 방법 ④ 물리학적 방법

해설
피로의 측정방법
1) 생리학적 방법 2) 생화학적 방법 3) 심리학적 방법

98
다음 생체리듬 설명 중 맞지 않는 것은?

① 혈액의 염분량은 주간에 증가, 야간에 감소한다.
② 피로의 자각증상은 주간에 감소, 야간에 증가한다.
③ 체온은 주간에 상승, 야간에 감소한다.
④ 체중은 주간에 증가, 야간에 감소한다.

해설
혈액의 염분량은 주간에는 감소하고 야간에는 증가한다.

99
바이오리듬에서 육체적 리듬을 표시하는 색채는?

① 청색 ② 황색
③ 적색 ④ 녹색

해설
바이오리듬의 색채
1) 육체적 리듬 : 청색 2) 감성적 리듬 : 적색
3) 지성적 리듬 : 녹색

100
바이오리듬에 대한 설명 중 잘못된 것은?

① 체온, 혈압, 맥박수는 주간에 상승하고 야간에는 하강한다.
② 혈액의 수분, 염분량은 주간에 증가하고 야간에 감소한다.
③ 지성적 리듬은 표시하는 색채는 녹색이다.
④ 감성적 리듬을 표시하는 색채는 적색이다.

해설
혈액의 수분, 염분량은 주간에 감소하고 야간에는 증가한다.

101
바이오리듬상 위험일(critical day)에는 평소보다 심장질환의 발작이 몇 배가 발생되는가?

① 4.5배 ② 5.1배
③ 5.4배 ④ 6.8배

해설
바이오리듬상 위험일에는 평소보다 뇌졸중이 5.4, 심장질환이 발작이 5.1배, 자살은 6.8배가 더 많이 발생된다고 한다.

102
A작업에 대한 평균에너지 값은 4.5kcal/분일 경우 1시간의 총작업시간 내에 포함시켜야만 하는 휴식시간은? (단, 작업에 대한 평균에너지가의 상한은 4kcal/분이다)

① 5분   ② 10분
③ 15분 ④ 20분

해설
$$R = \frac{60(E-4)}{E-1.5} = \frac{60(4.5-4)}{4.5-1.5} = 10분$$

103
피로의 3가지 지표에 해당되지 않는 것은?

① 주관적 피로 ② 객관적 피로
③ 생리적 피로 ④ 정신적 피로

해설
피로의 지표
1) 주관적 피로 : 피로감
2) 객관적 피로 : 생산, 작업성적의 양적, 질적 저하
3) 생리적 피로 : 생리기능의 저하

104
다음 스트레스의 영향요소 중 내적 자극요소가 아닌 것은?

① 자존심 손상
② 허탈
③ 죄책감
④ 갈등과 대립

Answer ▶ 97. ④ 98. ① 99. ① 100. ② 101. ② 102. ② 103. ④ 104. ④

해설

스트레스의 영향요소
(1) 내적 자극요인(마음속에서 일어남)
   1) 자존심의 손상과 공격방어 심리
   2) 업무상의 죄책감
   3) 출세욕의 좌절감과 자만심의 상충
   4) 지나친 경쟁심과 재물에 대한 욕심
   5) 지나친 과거에의 집착과 허탈
   6) 가족간의 대화단절 및 의견의 불일치
   7) 남에게 의지하고자 하는 심리
(2) 외적 자극요인(외부로부터 오는 요인)
   1) 경제적인 어려움
   2) 가정에서의 가족관계의 갈등
   3) 가족의 죽음이나 질병
   4) 직장에서 대인관계상의 갈등과 대립
   5) 자신의 건강문제

105
다음 중 자기주장이 강하고 빈약한 대인관계를 가지는 인격은?

① 강박인격
② 순환인격
③ 망상인격
④ 반사회적 인격

해설

인격 이상자의 유형
1) 망상인격 : 편집성 인격이라고도 하며, 자기주장이 강하고 빈약한 대인관계를 가지고 있는 성격의 소유자이다.
2) 순환인격 : 외부로부터의 자극과는 관계없이 울적 상태(우울한 시기)에서 조적상태(명랑한 시기)로 상당히 장기간에 걸쳐 기분이 변동하는 것을 특징으로 한다.
3) 분열인격 : 극단적으로 수줍어하고 말이 없으며 자폐적이다. 사교를 싫어하고 될 수 있는 한 친밀한 인간관계를 피하려고 한다.
4) 폭발인격 : 사소한 일에 갑자기 예고없이 노여움을 폭발시키거나, 폭언을 쏟아 놓거나, 폭력적인 공격성을 나타낸다.
5) 강박인격 : 엄격하고 지나치게 양심적이고, 우유부단, 욕망을 제지하고, 기준에 적합하도록 지나치게 신경을 쓴다(완전주의로 노력을 함).
6) 반사회적 인격 : 정서불안정, 윤리도덕상의 규범결여, 무감각, 쾌락주의적이다.
7) 무력인격 : 활력이 결여되고 감정이 둔하고 만성적 비관론자이다.

106
다음 중 욕구저지(欲求沮止)를 일으키게 하는 장해에 대한 반응으로 분류할 수 없는 것은?

① 장해우위형
② 자아방위형
③ 욕구고집형
④ 반동형성형

해설

욕구저지를 일으키게 하는 장해에 대한 반응으로는 장해우의형, 자아방위형, 욕구고집형이 있다.
1) 장해우의형 : 장해 그 자체에 대하여 강조점을 둔다.
2) 자아방위형 : 저지당해 불만에 빠진 자아의 방위를 강조한다.
3) 욕구고집형 : 저지권 욕구를 포기하지 않고 욕구충족을 강조한다.

107
데이비스의 동기부여 이론에서 인간의 능력에 적합한 것은?

① 지식 × 기능
② 지식 × 태도
③ 기능 × 상황
④ 상황 × 태도

해설

Davis의 동기부여이론
1) 인간의 성과 × 물적인 성과 = 경영의 성과
2) 인간의 성과 = 능력 × 동기유발
3) 능력 = 지식 × 기능
4) 동기유발 = 상황 × 태도

108
심리학적으로 인사관리의 중요한 기능에 해당되지 않는다고 보는 것은?

① 목표
② 조직과 리더쉽
③ 작업분석
④ 업무평가

해설

인사관리의 중요한 기능
1) 조직과 리더쉽
2) 선발(적성검사 및 시험)
3) 배치
4) 작업분석
5) 업무평가
6) 상담 및 노사간의 이해

109
개인적 카운셀링의 진행순서로 맞는 것은?

┌─────────────────────────────┐
│ ㉠ 사실의 새진술   ㉡ 장면의 구성 │
│ ㉢ 대담자와의 대화 ㉣ 감정의 반사 │
│ ㉤ 감정의 명확화   │
└─────────────────────────────┘

① ㉡－㉠－㉢－㉤－㉣
② ㉡－㉢－㉠－㉣－㉤
③ ㉢－㉣－㉤－㉠－㉡
④ ㉠－㉢－㉡－㉤－㉣

해설

카운셀링의 순서 : 장면구성 – 내담자와의 대화 – 의견재분석(사실의 진술) – 감정표출 – 감정의 명확화

110
자기의 행동이 정당하며 실제의 행위나 상태보다도 훌륭하게 평가되기 위하여 사회적으로 인정되는 구실을 부쳐 증명하고자 하는 행위를 무엇이라고 하는가?

① 보상   ② 합리화
③ 동일시   ④ 승화

Answer ● 109. ② 110. ②

2장 안전보건교육

1 교육의 3요소

교육 활동은 교육의 3요소가 상호 실천적으로 교섭할 때 성립되며 그 가치가 피교육자의 성장과 발달로 나타난다.

(1) **교육의 주체** : 교도자, 강사, 교사

(2) **교육의 객체** : 학생, 수강자, 피교육자

(3) **교육의 매개체** : 교재

2 학습지도의 정의 및 원리

(1) **학습지도의 정의** : 학습자가 교육목적을 효과적으로 달성할 수 있도록 자극하고 도와주는 교육활동을 말한다. 즉, 모든 기술지도의 총체로 교육방법을 말한다.

   1) **핀케빗치(pinkevich)** : 지도란 「교사가 방향을 지시하며 조직적으로 계도하는 영향 하에 새로운 학생으로 하여금 지식, 기술, 습관에 정통하게 만드는 일」이라고 하였다.
   2) **로크(Locke)** : 교육론에서 「경험을 통한 학습」과 「감각에 의한 학습」을 강조하였다.

(2) **학습지도의 원리**

   1) **자기활동의 원리(자발성의 원리)** : 학습자 자신이 스스로 자발적으로 학습에 참여 하는데 중점을 둔 원리이다.
   2) **개별화의 원리** : 학습자가 지니고 있는 각자의 요구와 능력 등에 알맞은 학습활동의 기회를 마련해 주어야 한다는 원리이다.
   3) **사회화의 원리** : 학습내용을 현실사회의 사상과 문제를 기반으로 하여 학교에서 경험한 것과 사회에서 경험한 것을 교류시키고 공동학습을 통해서 협력적이고 우호적인 학습을 진행하는 원리이다.
   4) **통합의 원리** : 학습을 종합적인 전체로서 지도하자는 원리로, 동시학습 원리와 같다.
   5) **직관의 원리** : 구체적인 사물을 직접 제시하거나 경험시킴으로서 큰 효과를 볼 수 있다는 원리이다.

3 교육지도(학습지도)의 8원칙

(1) 피 교육자 중심교육(상대방 입장에서 교육)

(2) 동기부여

(3) 쉬운 부분에서 어려운 부분으로 진행

(4) 반복

(5) 한번에 하나씩 교육

(6) 인상의 강화(오래기억)

    1) 보조재의 활용

    2) 견학, 현장사진 제시

    3) 사고사례의 제시

    4) 중요사항의 재 강조

    5) 속담, 격언과의 연결 및 암시 등의 방법 선택

    6) 토의과제 제시 및 의견 청취

(7) 5관의 활용

    1) 5관의 효과치
        ① 시각효과 60%(미국 75%)   ② 청각효과 20%(미국 13%)
        ③ 촉각효과 15%(미국 6%)   ④ 미각효과 3%(미국 3%)
        ⑤ 후각효과 2%(미국 3%)

    2) 이해도 교육효과
        ① 귀 : 20%   ② 눈 : 40%
        ③ 귀+눈 : 60%   ④ 입 : 80%
        ⑤ 머리+손+발 : 90%

(8) **기능적인 이해** : 근거 있는 기능적 이해는

    1) 기억을 강하게 심어주고

    2) 경솔하게 멋대로 하지 않으며

    3) 생략행위를 하지 않으며

    4) 독자적이고 자기 자기만족을 억제하며

    5) 이상발견 시 응급조치가 용이하여야 한다.

4 교육법의 4단계 및 교육시간

(1) 교육법의 4단계

1) 제1단계 – 도입(준비) : 배우고자 하는 마음가짐을 일으키도록 도입한다.
2) 제2단계 – 제시(설명) : 상대의 능력에 따라 교육하고 내용을 확실하게 이해시키고 납득시켜 다시 기능으로서 습득시킨다.
3) 제3단계 – 적용(응용) : 이해시킨 내용을 구체적인 문제 또는 실제 문제로 활용시키거나 응용시킨다.
4) 제4단계 – 확인(총괄) : 교육내용을 정확하게 이해하고 습득하였는지의 여부를 확인한다.

(2) 단계별 교육시간 : 단계별 교육의 시간 배분은 단위 시간을 1시간(60분)으로 했을 때 대략 다음과 같이 된다.

교육법의 4단계	강의식	토의식
제1단계 — 도입(준비)	5분	5분
제2단계 — 제시(설명)	40분	10분
제3단계 — 적용(응용)	10분	40분
제4단계 — 확인(총괄)	5분	5분

(3) 작업지도 기법의 4단계

1) 제1단계 – 학습할 준비를 시킨다(학습준비).
   ① 마음을 안정시킨다.
   ② 무슨 작업을 할 것인가를 말해준다.
   ③ 작업에 대해 알고 있는 정도를 확인한다.
   ④ 작업을 배우고 싶은 의욕을 갖게 한다.
   ⑤ 정확한 위치에 자리 잡게 한다.

2) 제2단계 – 작업을 설명한다(작업설명).
   ① 주요단계를 하나씩 설명해주고 시범해 보이고 그려 보인다.
   ② 급소를 강조한다.
   ③ 확실하게, 빠짐없이, 끈기 있게 지도한다.
   ④ 이해할 수 있는 능력 이상으로 강요하지 않는다.

3) 제3단계 – 작업을 시켜본다(실습).
4) 제4단계 – 가르친 뒤를 살펴본다(결과시찰).

5 학습의 이론

(1) **S-R 이론** : 학습을 자극(Stimulus)에 의한 반응(Response)으로 보는 이론으로, 다음의 이론이 여기에 속한다.

1) 돈다이크(Thorndike)의 시행착오설
2) 파브로브(Pavlov)의 조건반사설
3) 스키너(Skinner)의 작동적(도구적) 조건화설
4) 구드리(Guthrie)의 접근적 조건화설

(2) **시행착오에 있어서의 학습법칙**

1) 연습의 법칙(law of exercise) : 모든 학습과정은 많은 연습과 반복을 통해서 바람직한 행동의 변화를 가져오게 된다는 법칙으로, 빈도의 법칙(law of frequency)이라고도 한다.
2) 효과의 법칙(law of effect) : 학습의 결과가 학습자에게 쾌감을 주면 줄수록 반응은 강화되고 반대로 고통이나 불쾌감을 주면 약화된다는 법칙으로 결과의 법칙이라고도 한다.
3) 준비성의 법칙(law of readiness) : 특정한 학습을 행하는 데에 필요한 기초적인 능력을 충분히 갖춘 뒤에 학습을 행함으로써 효과적인 학습을 이룩할 수 있다는 법칙이다.

(3) **조건 반사설에 의한 학습이론의 원리**

1) 시간의 원리 : 조건자극(종소리)이 무조건자극(음식물)보다 시간적으로 동시 또는 조금 앞서서 주어야만 조건화, 즉 강화가 잘 된다는 원리이다.
2) 강도의 원리 : 조건 반사적인 행동이 이루어지려면 먼저 준 자극의 정도에 비해 적어도 같거나 그보다 강한 자극을 주어야 바람직한 결과를 낳게 된다.
3) 일관성의 원리 : 조건자극은 일관된 자극물을 사용하여야 한다는 원리이다
4) 계속성의 원리 : 자극과 반응과의 관계를 반복하여 횟수를 거듭할수록 조건화가 잘 형성된다는 원리이다.

6 기억 및 망각

(1) **기억의 과정** : 기억은 기명(記銘), 파지(把持), 재생(再生), 재인(再認)의 단계를 거친다.

1) 기억 : 과거의 경험이 어떠한 형태로 미래의 행동에 영향을 주는 작용이라고 할 수 있다.
2) 기명 : 사물의 인상을 마음속에 간직하는 것을 말한다.
3) 파지 : 간직, 인상이 보존되는 것을 말한다.
4) 재생 : 보존된 인상을 다시 의식으로 떠오르는 것을 말한다.
5) 재인 : 과거에 경험했던 것과 같은 비슷한 상태에 부딪쳤을 때 떠오르는 것을 말한다.

(2) 망각

　　1) 기억의 단계 중 재생이나 재인이 안될 경우에는 곧 망각이 되었다는 것을 의미한다.

　　2) 파지란 획득된 행동이나 내용이 지속되는 것이며, 망각은 지속되지 않고 소실되는 현상을 말한다.

7 연습

(1) **연습의 3단계** : 연습의 효과란 모든 행동을 쉽고 빠르고 정확하게 익숙하는데 있으며 그 단계는 다음과 같다.

　　1) 1단계 – 의식적 연습 : 모든 것을 하나하나 세밀하게 의식하고 모든 힘과 정성을 다하여 연습한다.

　　2) 2단계 – 기계적 연습 : 연습을 반복함으로써 신속하고 정확성이 높아 가는 단계.

　　3) 3단계 – 응용적 연습 : 1, 2단계의 종합적인 결과에서 하나의 완성된 결과를 가져오는 단계.

(2) **고 원(plateau)**

　　1) 일반적으로 연습을 시작하면 처음에는 미숙해서 능률이 오르지 않다가 시간이 경과함에 따라 점차적으로 능률이 오르게 되는데, 어느 정도 시간이 경과하면 오히려 능률이 오르지 않고 한동안 정체상태에 들어간다. 이 때를 연습의 고원이라고 한다.

　　2) 고원현상은 모티베이션(motivation)의 감퇴, 포화, 피로, 행동의 고정화 및 단조성, 곤란한 문제에 대한 봉착 등의 여러 가지 원인에 의해서 생기게 된다.

(3) **연습의 방법** : 전습법과 분습법

　　1) **전습법**(whole method) : 학습재료를 하나의 전체로 묶어서 학습하는 방법이다.

　　2) **분습법**(part method) : 학습재료를 작게 나누어서 조금씩 학습하는 방법으로 순수 분습법, 점진적 분습법, 반복적 분습법이 있다.

[표] 전습법 및 분습법의 장점

전습법의 이점	분습법의 이점
1. 망각이 적다. 2. 학습에 필요한 반복이 적다. 3. 연합이 생긴다. 4. 시간과 노력이 적다.	1. 어린이는 분습법을 좋아한다. 2. 학습효과가 빨리 나타난다. 3. 주의와 집중력의 범위를 좁히는데 적합하고 유리하다. 4. 길고 복잡한 학습에 적당하다.

8 학습의 전이

(1) 전이(transference) : 학습의 전이란 어떤 내용을 학습한 결과가 다른 학습이나 반응에 영향을 주는 현상을 말한다.

(2) 학습전이의 조건

1) 학습정도의 요인 : 선행학습의 정도에 따라 전이의 가능정도가 다르다.
2) 유사성의 요인 : 선행학습과 후행학습에 유사성이 있어야 한다는 것으로 자극의 유사성, 반응의 유사성, 원리의 유사성이 있다.
3) 시간적 간격의 요인 : 선행학습과 후행학습의 시간간격에 따라 전이의 효과가 다르다.
4) 학습자의 지능요인 : 학습자의 지능정도에 따라 전이 효과가 달라진다.
5) 학습자의 태도요인 : 학습자의 주의력 및 능력, 특히 태도에 따라 전이의 정도가 다르다.

(3) 연습의 방법

1) 동일 요소설 : 선행 학습경험과 새로운 학습경험 사이에 같은 요소가 있을 때에는 서로의 사이에 연합 또는 연결의 현상이 일어난다는 설이다(E. L. Thorndike).
2) 일반화설 : 학습자가 하나의 경험을 하면 그것으로 그치는 것이 아니고 다른 비슷한 상황에서 같은 방법이나 태도로 대하려는 경향이 있어서 이것이 효과를 가져와 전이가 이루어진다는 설이다(C. H. Judd).
3) 형태 이조설(移調說) : 형태 심리학자들이 입증한 학설로 이것은 경험할 때의 심리학적 사태가 대체로 비슷한 경우라면 먼저 학습할 때 머릿속에 형성되었던 구조가 그대로 옮겨가기 때문에 전이가 이루어진다는 설이다.

9 적응기제(適應機制)

(1) 방어적 기제 : 자신의 약점이나 무능력, 열등감을 위장하여 유리하게 보호함으로써 안정감을 찾으려는 기제

1) 보상 : 자신의 무능에 의해서 생긴 열등감이나 긴장을 해소시키기 위해 자신의 장점 같은 것으로 그 결함을 보충하려는 행동기제
2) 합리화 : 자신의 실패나 약점을 그럴듯한 이유를 들어 남의 비난을 받지 않도록 하여 자위도 하는 행동기제
3) 동일시 : 자신의 것이 아님에도 불구하고 자기의 것이나 된 듯이 행동을 하여 승인을 얻고자 하는 기제
4) 승화 : 정신적인 역량의 전환을 의미하는 기제

(2) **도피적 기제** : 욕구불만에 의한 긴장이나 압박감으로부터 벗어나기 위해서 비합리적인 행동으로 공상에 도피하고, 현실세계에서 벗어나 마음의 안정을 얻으려는 기제

   1) 고립 : 현실을 피하고 자신의 내부로 도피하려는 행동기제
   2) 퇴행 : 발전 단계를 역행함으로써 욕구를 충족하려는 행동기제
   3) 억압 : 현실적인 필요(욕망, 감정등)를 묵살함으로써 오히려 자신의 안정을 유지하려는 기제
   4) 백일몽 : 현실적으로 도저히 만족시킬 수 없는 욕구나 소원을 공상의 세계에서 이룩하려고 하는 도피의 한 형식

(3) **공격적 기제**

   1) 직접적 공격기제 : 폭행, 싸움, 기물 파손 등
   2) 간접적 공격기제 : 조소, 비난, 중상모략, 폭언, 욕설 등

10 안전교육의 기본방향 및 목적

(1) **안전교육의 기본방향**

   1) 사고사례 중심의 안전교육
   2) 안전작업(표준작업)을 위한 안전교육
   3) 안전의식 향상을 위한 안전교육

(2) **안전교육의 목적**

   1) 안전정신의 안전화
   2) 행동의 안전화
   3) 환경의 안전화
   4) 설비와 물자의 안전화

11 안전교육의 3단계

(1) **지식교육(제1단계)** : 강의, 시청각교육을 통한 지식의 전달과 이해
(2) **기능교육(제2단계)** : 시범, 견학, 실습, 현장실습교육을 통한 경험체득과 이해
(3) **태도교육(제3단계)** : 작업동작지도, 생활지도 등을 통한 안전의 습관화

12 안전교육의 단계별 교육과정

(1) 지식교육의 특성 : 주로 강의식 전달교육으로서 다음과 같은 특성이 있다.

1) 이해도 측정 곤란
2) 단편적인 교육 치중 우려
3) 교사 학습방법에 따라 차이
4) 광범한 지식의 전달 가능
5) 많은 인원에 대한 교육가능
6) 안전의식 제고가 용이하다.

(2) 기능교육의 3원칙

1) readiness(준비)
2) 위험작업의 규제(수칙)
3) 안전작업 표준화(방법)

[표] 지식 및 기능교육의 4단계 지도 방법

단계	지식교육	기능교육
1단계	도입	학습준비
2단계	제시(설명)	작업설명
3단계	적용(응용)	실습
4단계	확인(종합)	결과시찰

(3) 안전태도 교육의 원칙(기본과정)

1) 청취(hearing)한다.
2) 이해(understand)하고 납득한다.
3) 항상모범(example)을 보여준다.
4) 권장한다.
5) 처벌한다.
6) 좋은 지도자를 얻도록 힘쓴다.
7) 적정배치한다.
8) 평가(evaluation)한다.

13 안전교육 계획

(1) 안전교육 계획에 포함할 사항

1) 교육목표(첫째 과제)
   ① 교육 및 훈련의 범위
   ② 교육 보조자료의 준비 및 사용지침
   ③ 교육훈련의 의무와 책임관계 명시
2) 교육의 종류 및 교육대상
3) 교육의 과목 및 교육내용
4) 교육기간 및 시간

5) 교육장소

6) 교육방법

7) 교육담당자 및 강사

(2) 준비계획에 포함되어야 할 사항

1) 교육목표의 설정
2) 교육대상자 범위 결정
3) 교육과정의 결정
4) 교육방법의 결정(교육방법과 형태)
5) 교육보조재료 및 강사 조교의 편성
6) 교육의 진행사항
7) 소요예산의 산정

(3) 실시계획의 내용

1) 소요인원(학급편성 및 강사, 지도원 등)
2) 교육장소
3) 소요기자재(교육보조재료, 교안 등)
4) 견학계획
5) 시범 및 실습계획
6) 협조부서 및 협동사항
7) 토의 진행계획
9) 소요 예산 책정
9) 평가계획
10) 일정표

14 기능(기술)교육의 진행방법

(1) 하버드 학파의 5단계 교수법

1) 1단계 : 준비시킨다(preparation).
2) 2단계 : 교시한다(presentation).
3) 3단계 : 연합한다(association).
4) 4단계 : 총괄시킨다(generalization).
5) 5단계 : 응용시킨다(application).

(2) 듀이(J.Dewey)의 사고과정의 5단계

1) 시사를 받는다.
2) 머리로 생각한다.
3) 가설을 설정한다.
4) 추론한다.
5) 행동에 의하여 가설을 검토한다.

(3) 교시법의 4단계

1) 준비단계(preparation)
2) 일을 하여 보이는 단계(presentation)
3) 일을 시켜 보이는 단계(performance)
4) 보습지도의 단계(follow-up : 추가지도)

15 안전교육 방법

(1) 강의 방식 : 강의법, 문답식, 문답제기식 등의 방법이 있다.

1) 강의법 : 많은 인원의 수강자(최적인원 40~50명)를 단기간의 교육시간에 비교적 많은 내용의 교육내용을 전수하기 위한 방법
2) 문답식 : 일문일답식으로 강의식에 의한 학습효과를 테스트하거나 확실하게 하기위해 사용
3) 문제 제기식 : 과제에 대처시키는 문제 해결적인 방법과 재생시키기 위한 방법의 2가지가 있다.

(2) 토의(회의)방식 : 쌍방적 의사전달에 의한 교육방식이다(최적인원 10~20명).

1) forum(공개토론회) : 새로운 자료나 교재를 제시하고 거기서의 문제점을 피교육자로 하여금 제기케 하거나 의견을 여러 가지 방법으로 발표하게 하여 다시 깊이 파고들어 토의를 행하는 방법
2) symposium : 몇 사람의 전문가에 의하여 과제에 관한 견해를 발표한 뒤 참가자로 하여금 의견이나 질문을 하게 하여 토의하는 방법.
3) panel discussion : 패널멤버(교육과제에 정통한 전문가 4~5명)가 피교육자 앞에서 자유로이 토의를 하고 뒤에 피교육자 전원이 참가하여 사회자의 사회에 따라 토의하는 방법.
4) colloquy(대화) : panel discussion의 변형으로 패널멤버 외에 참석자의 대표를 선출하여 질의응답의 형태로 실시되는 것이다.
5) 버즈 세션(buzz session) : 6-6회의라고도 하며, 먼저 사회자와 기록계를 선출한 후 나머지 사람은 6명씩의 소집단으로 구분하고, 소집단별로 각각 사회자를 선발하여 6분간씩 자유토의를 행하여 의견을 종합하는 방법.

(3) 구안법(project method) : 학생이 마음속에 생각하고 있는 것을 외부에 구체적으로 실현하고 형상화하기 위해서 자기 스스로가 계획을 세워서 수행하는 학습활동으로 이루어지는 형태다.

1) Collings는 구안법을 탐험(exploration), 구성(construction), 의사소통(communication), 유희(play), 기술(skill)의 5가지로 지적하고 산업시찰견학, 현장실습 등도 이에 해당된다고 하였다.

2) 구안법의 단계는 목적, 계획, 수행, 평가의 4단계를 거친다.

(4) 문제해결법 : 학생 앞에 현실적인 문제를 제시하여 해결해 나가는 과정에서 지식, 기능, 태도, 기술 등을 종합적으로 획득하는 학습과정으로 다음의 5단계 과정을 거친다.

1) 1단계 : 문제의 제시(인식)
2) 2단계 : 문제의 해결계획의 수립
3) 3단계 : 자료수집 및 검토
4) 4단계 : 해결방법의 실시(학습활동의 전개)
5) 5단계 : 정리와 결과의 검토

(5) 사례연구법(case study) : 먼저 사례를 제시하고 문제가 되는 사실들과 그의 상호관계에 대해서 검토하며, 대책을 토의하는 방식으로 토의법을 응용한 교육기법

1) 장점
   ① 흥미가 있고 학습동기를 유발할 수 있다.
   ② 현실적인 문제의 학습이 가능하다.
   ③ 관찰, 분석력을 높이고 판단력, 응용력의 향상이 가능하다.
   ④ 토의과정에서 각자가 자기의 사고 방향에 대하여 태도의 변형이 생긴다.

2) 단점
   ① 적절한 사례의 확보가 곤란하다.
   ② 원칙과 규정(rule)의 체계적 습득이 곤란하다.
   ③ 학습의 진보를 측정하기가 어렵다.

(6) 역할연기법(role playing) : 참석자에게 어떤 역할을 주어서 실제로 시켜 봄으로써 훈련이나 평가에 사용하는 교육기법으로, 절충능력이나 협조성을 높여서 태도의 변용에도 도움을 준다.

1) 장점
   ① 흥미를 갖고 문제에 적극적으로 참가한다.
   ② 자기태도의 반성과 창조성이 생기고 발표력이 향상된다.
   ③ 문제의 배경에 대하여 통찰하는 능력을 높임으로써 감수성이 향상된다.
   ④ 각자의 장점과 약점을 알 수 있다.

2) 단점
   ① 높은 수준의 의사 결정에 대한 훈련에는 효과를 기대할 수 없다.
   ② 목적이 명확하지 않고 다른 방법과 병용하지 않으면 의미가 없다.
   ③ 훈련 장소의 확보가 어렵다.

16 기업 내 정형교육

(1) TWI(training within industry)

1) 교육대상 : 감독자
2) 교육내용
    ① JI(job instruction) : 작업지도 기법
    ② JM(job method) : 작업개선 기법
    ③ JR(job relation) : 인간관계 관리기법(부하통솔기법)
    ④ JS(job safety) : 작업안전 기법
3) 한 클래스는 10명 정도, 교육방법은 토의법, 1일 2시간씩 5일에 걸쳐 10시간 정도 행한다.

(2) MTP(management training program) : FEAF(far east air force)라고도 함

1) 교육대상 : TWI 보다 약간 높은 관리자 계층
2) 교육내용 : 관리의 기능, 조직원 원칙, 조직의 운영, 시간관리 학습의 원칙과 부하 지도법, 훈련의 관리, 신인을 맞이하는 방법과 대행자를 육성하는 요령, 회의의 주관, 직업의 개선 안전한 작업, 과업관리, 사기양양 등
3) 한 클래스는 10~15명, 2시간 씩 20회에 걸쳐 40시간 훈련하도록 되어 있다.

(3) ATT(american telephone & telegram co.)

1) 교육대상 : 대상계층이 한정되어 있지 않고, 또 한번 훈련을 받은 관리자는 그 부하인 감독자에 대해 지도원이 될 수 있다.
2) 교육내용 : 계획적 감독, 작업의 계획 및 인원배치, 작업의 감독, 공구와 자료보고 및 기록, 개인작업의 개선, 종업원의 향상, 인사 관계, 훈련, 고객관계, 안전부대 군인의 복무조정 등
3) 코스는 1차 훈련(1일 8시간씩 2주간), 2차 과정에서는 문제가 발생할 때마다 하도록 되어 있으며, 진행방법은 통상 토의식에 의하여 지도자의 유도로 과제에 대한 의견을 제시하게 하여 결론을 내려가는 방식을 취한다.

(4) CCS(civil communication section) : ATP(administration training program)라고도 함

1) 교육대상 : 당초에는 일부회사의 톱 매니지먼트에 대해서만 행하여졌던 것이 널리 보급된 것이라고 한다.
2) 교육내용 : 정책의 수립, 조직(경영부분, 조직형태, 구조 등), 통제(조직통제의 적용, 품질관리, 원가통제의 적용 등) 및 운영(운영조직, 협조에 의한 회사운영) 등
3) 교육방법은 주로 강의법에 토의법이 가미된 것으로 매주 4일, 4시간씩으로 8주간(합계 128시간)에 걸쳐 실시하도록 되어있다.

17 O·J·T와 off·J·T

(1) O·J·T(on the Job training : 현장중심 교육) : 직속 상사가 현장에서 업무상의 개별교육이나 지도훈련을 하는 교육형태.

(2) off·J·T(off the Job training : 현장외 중심교육) : 계층별 또는 직능별 등과 같이 공통된 교육대상자를 현장 외의 한 장소에 모아 집체 교육 훈련을 실시하는 교육 형태

[표] O·J·T와 off·J·T의 특징

O·J·T	off·J·T
① 개개인에게 적합한 지도훈련이 가능	① 다수의 근로자에게 조직적 훈련이 가능
② 직장의 실정에 맞는 실체적 훈련을 할 수 있다.	② 훈련에만 전념하게 된다.
③ 훈련에 필요한 업무의 계속성이 끊어지지 않음	③ 특별 설비 기구를 이용할 수 있음
④ 즉시 업무에 연결되는 관계로 신체와 관련 있음	④ 전문가를 강사로 초청할 수 있음
⑤ 효과가 곧 업무에 나타나며 훈련의 좋고 나쁨에 따라 개선이 용이함	⑤ 각 직장의 근로자가 많은 지식이나 경험을 교류할 수 있음
⑥ 교육을 통한 훈련 효과에 의해 상호 신뢰 이해도가 높아짐	⑥ 교육훈련 목표에 대해서 집단적 노력이 흐트러질 수도 있음

18 교육방법의 선택

(1) 수업단계별 최적의 수업방법

수업단계	적합한 수업방법
도 입	강의법, 시범
전 개	반복법, 토의법, 실연법
정 리	반복법, 토의법, 실연법, 자율학습법

※ 수업의 모든 단계(도입 — 전개 — 정리)에 적합한 수업방법 : 프로그램 학습법, 학생상호 학습법, 모의 학습법

(2) **프로그램 학습법** : 수업 프로그램이 프로그램 학습의 원리에 의해서 만들어지고 학생의 자기 학습 속도에 따른 학습이 허용되어 있는 상태에서, 학습자가 프로그램 자료를 가지고 단독으로 학습토록 하는 교육방법이다.

[표] 프로그램 학습법의 특징

적용의 경우	제약 조건(단점)
① 수업의 모든 단계	① 한번 개발한 프로그램 자료를 개조하기가 어렵다.
② 학교수업, 방송수업, 직업훈련의 경우	
③ 학생들의 개인차가 최대한으로 조절되어야 할 경우	② 학생들의 사회성이 결여되기 쉽다.
④ 학생들이 자기에게 허용된 어느 시간에나 학습이 가능할 경우	③ 개발비가 높다.
⑤ 보충학습의 경우	

(3) **모의법** : 실제의 장면이나 상태와 극히 유사한 사태를 인위적으로 만들어 그 속에서 학습토록 하는 교육방법이다.

[표] 모의법의 특징

적용의 경우	제약 조건(단점)
① 수업의 모든 단계 ② 학교 수업 및 직업훈련 등 ③ 실제사태는 위험성이 따를 경우 ④ 직접조작을 중요시 하는 경우	① 단위 교육비가 비싸고 시간의 소비가 많다. ② 시설의 유지비가 높다. ③ 학생 대 교사의 비율이 높다.

19 시청각 교육

(1) 시청각 교육의 필요성

1) 교수의 **효율성**을 높여 줄 수 있다.
2) 지식 팽창에 따른 **교재의 구조화**를 기할 수 있다.
3) 인구 증가에 따른 **대량 수업체제**가 확립될 수 있다.
4) 교수의 개인차에서 오는 **교수의 평준화**를 기할 수 있다.
5) 피 교육자가 어떤 사물에 대하여 완전히 이해하려면 현실적이고 구체적인 지각 경험을 기초로 해야 한다.
6) 사물의 정확한 이해는 건전한 사고력을 유발하고 태도에 영향을 주어 바람직한 인격 형성을 시킬 수 있다.

(2) 시청각 교육의 기능

1) 구체적인 경험을 충분히 줌으로써 상징화, 일반화의 과정을 도와주며 의미나 원리를 파악하는 능력을 길러준다.
2) 학습동기를 유발시켜 자발적인 학습활동이 되게 자극한다.
   (학습효과의 지속성을 기할 수 없다.)
3) 학습자에게 공통경험을 형성시켜 줄 수 있다.
4) 학습의 다양성과 능률화를 기할 수 있다.
5) 개별 진로 수업을 가능케 한다.

20 강의 계획

(1) 강의 계획의 4단계

1) 1단계 : 학습목적과 학습성과의 설정
2) 2단계 : 학습자료 수집 및 체계화
3) 3단계 : 교수방법의 선정
4) 4단계 : 강의안 작성

(2) 학습목적의 3요소

1) 목표(goal) : 학습을 통하여 달성하려는 지표
2) 주제(subject) : 목표 달성을 위한 테마(thema)
3) 학습정도(level of learning) : 학습범위와 내용의 정도를 말하며 다음단계에 의해 이루어진다.
   ① 인지 : ~을 인지하여야 한다.
   ② 지각 : ~을 알아야 한다.
   ③ 이해 : ~을 이해하여야 한다.
   ④ 적용 : ~을 ~에 적용할 줄 알아야 한다.

> **길잡이**
>
> **학습목적** : 「안전의식을 높이기 위해 하인리히의 사고방지원리 5단계를 이해한다.」
> ① 목표 : 안전의식의 고양
> ② 주제 : 하인리히의 사고방지원리 5단계
> ③ 학습정도 : 이해한다.

21 교육훈련 평가의 기준

(1) 요더(D. Yoder)의 기준

1) 훈련 전후의 비교 (before and after comparisons) : 이는 경영자보다 감독자 훈련에서 더욱 유효하다.
2) 통제 그룹 (control groups) : 피 훈련자, 또한 비 훈련자도 포함하여 그룹으로서 비교 평가한다.
3) 평가기준의 설정 (yardsticks and criteria) : 작업훈련의 평가에서는 생산량 및 속도가 중요한 기준이 된다.

(2) 로쉬(C. H. Lawshe)의 기준

1) 생산량
2) 단위 생산 소요시간
3) 훈련 실시기간
4) 불량 및 파손자재 소모
5) 품질
6) 사기
7) 결근, 고정, 퇴직, 재해율
8) 일반관리 및 관리자 부담

22 교육훈련 평가의 4단계

(1) **반응 단계(1단계)** : 훈련을 어떻게 생각하고 있는가?

(2) **학습 단계(2단계)** : 어떠한 원칙과 사실 및 기술 등을 배웠는가?

(3) **행동 단계(3단계)** : 직무수행상 어떠한 행동의 변화를 가져왔는가?

(4) **결과 단계(4단계)** : 코스트절감, 품질개선, 안전관리, 생산증대 등에 어떠한 결과를 가져왔는가?

23 교육과목에 따른 학습평가 방법

(1) **지식교육** : 평가시험, 테스트

(2) **기능교육** : 노트, 테스트

(3) **태도교육** : 관찰, 면접

24 산업안전보건법관련 교육과정별 교육대상 및 교육내용

(1) 안전보건교육 교육과정별 교육시간(2023.11 개정)

교육과정	교육대상	교육시간
1. 정기교육	1) 사무직·판매직 근로자	매반기 6시간 이상
	2) 사무직·판매직 근로자 외의 근로자(일반근로자)	매반기 12시간 이상
2. 채용시 교육	1) 일용직근로자 및 근로계약기간이 1주일 이하인 기간제 근로자	1시간 이상
	2) 근로계약기간이 1주일 초과 1개월 이하인 기간제 근로자	4시간 이상
	3) 그밖에 근로자(일반근로자)	8시간 이상
3. 작업내용 변경시 교육	1) 일용근로자 및 근로계약기간이 1주일 이하인 기간제 근로자	1시간 이상
	2) 그밖에 근로자(일반근로자)	2시간 이상

4. 특별교육	1) 특별교육대상 작업에 종사하는 일용근로자 및 근로계약기간이 1주일 이하인 기간제근로자	2시간 이상
	2) 특별교육대상 작업 중 타워크레인 신호작업에 종사하는 일용근로자 및 근로계약기간이 1주일 이하인 기간제 근로자	8시간 이상
	3) 특별교육대상 작업에 종사하는 일용근로자 및 근로계약기간이 1주일 이하인 기간제 근로자를 제외한 근로자	• 16시간 이상(최초 작업에 종사하기 전 4시간 이상 실시하고 12시간은 3개월 이내에서 분할하여 실시 가능 • 단기간 작업, 간헐적 작업인 경우 2시간 이상
5. 건설업 기초 안전보건교육	건설일용근로자	4시간 이상

(2) 관리감독자 교육과정별 교육시간

교육과정	교육시간
1. 정기교육	연간 16시간 이상
2. 채용시 교육	8시간 이상
3. 작업내용 변경시 교육	2시간 이상
4. 특별교육	• 16시간 이상(최초 작업에 종사하기 전 4시간 이상 실시하고 12시간은 3개월 이내에서 분할하여 실시 가능 • 단기간 작업, 간헐적 작업인 경우 2시간 이상

(3) 근로자 안전·보건교육내용(시행규칙 별표 5)

1) 근로자 정기안전·보건교육

교육내용
① 산업안전 및 사고예방에 관한 사항 ② 산업보건 및 직업병 예방에 관한 사항 ③ 위험성 평가에 관한 사항 ④ 건강증진 및 질병 예방에 관한 사항 ⑤ 유해·위험 작업환경 관리에 관한 사항 ⑥ 산업안전보건법령 및 산업재해보상보험 제도에 관한 사항 ⑦ 직무스트레스 예방 및 관리에 관한 사항 ⑧ 직장 내 괴롭힘, 고객의 폭언 등으로 인한 건강장해 예방 및 관리에 관한 사항

2) 관리감독자 정기안전·보건교육

교육내용
① 산업안전 및 사고예방에 관한 사항
② 산업보건 및 직업병 예방에 관한 사항
③ 위험성 평가에 관한 사항
④ 유해·위험 작업환경 관리에 관한 사항
⑤ 산업안전보건법령 및 산업재해보상보험 제도에 관한 사항
⑥ 직무스트레스 예방 및 관리에 관한 사항
⑦ 직장 내 괴롭힘, 고객의 폭언 등으로 인한 건강장해 예방 및 관리에 관한 사항
⑧ 작업공정의 유해·위험과 재해예방대책에 관한 사항
⑨ 사업장 내 안전보건관리체제 및 안전보건조치 현황에 관한 사항
⑩ 표준안전 작업방법 결정 및 지도·감독 요령에 관한 사항
⑪ 현장 근로자와의 의사소통 능력 및 강의능력 등 안전보건교육 능력 배양에 관한 사항
⑫ 비상시 또는 재해발생시 긴급조치에 관한 사항
⑬ 그밖의 관리감독자의 직무에 관한 사항

3) 채용시 및 작업내용 변경시 교육

교육내용
① 산업안전 및 사고예방에 관한 사항
② 산업보건 및 직업병 예방에 관한 사항
③ 기계·기구의 위험성과 작업의 순서 및 동선에 관한 사항
④ 작업 개시 전 점검에 관한 사항
⑤ 정리정돈 및 청소에 관한 사항
⑥ 사고 발생 시 긴급조치에 관한 사항
⑦ 위험성 평가에 관한 사항
⑧ 물질안전보건자료에 관한 사항
⑨ 산업안전보건법령 및 산업재해보상보험 제도에 관한 사항
⑩ 직무스트레스 예방 및 관리에 관한 사항
⑪ 직장 내 괴롭힘, 고객의 폭언 등으로 인한 건강장해 예방 및 관리에 관한 사항

(4) 특별안전보건교육 대상작업(제1호~제39호까지의 작업)별 교육내용(시행규칙 별표 5)

1) 아세틸렌 용접장치 또는 가스집합용접장치를 사용하는 금속의 용접·용단 또는 가열작업(발생기·도관 등에 의하여 구성되는 용접장치만 해당)
   ① 용접 흄, 분진 및 유해광선 등의 유해성에 관한 사항
   ② 가스용접기, 압력조정기, 호스 및 취관두 등의 기기점검에 관한 사항
   ③ 작업방법·순서 및 응급처치에 관한 사항
   ④ 안전기 및 보호구 취급에 관한 사항
   ⑤ 화재예방 및 초기대응에 관한 사항
   ⑥ 그 밖에 안전·보건관리에 필요한 사항

2) 로봇 작업
    ① 로봇의 기본원리·구조 및 작업방법에 관한 사항
    ② 이상 발생시 응급조치에 관한 사항
    ③ 안전시설 및 안전기준에 관한 사항
    ④ 조작방법 및 작업순서에 관한 사항

3) 밀폐공간에서의 작업
    ① 산소농도 측정 및 작업환경에 관한 사항
    ② 사고 시의 응급처치 및 비상 시 구출에 관한 사항
    ③ 보호구 착용 및 사용방법에 관한 사항
    ④ 밀폐공간작업의 안전작업방법에 관한 사항
    ⑤ 그 밖에 안전·보건관리에 필요한 사항

4) 석면의 해체·제거 작업
    ① 석면의 특성과 위험성
    ② 석면 해체·제거의 작업방법에 관한 사항
    ③ 장비 및 보호구 사용에 관한 사항
    ④ 그 밖에 안전·보건관리에 필요한 사항

5) 전압이 75볼트 이상인 정전 및 활선 작업
    ① 전기의 위험성 및 전격 방지에 관한 사항
    ② 해당 설비의 보수 및 점검에 관한 사항
    ③ 정전작업·활선작업 시의 안전작업방법 및 순서에 관한 사항
    ④ 절연용 보호구, 절연용 보호구 및 활선작업용 기구 등의 사용에 관한 사항
    ⑤ 그 밖에 안전·보건관리에 필요한 사항

6) 굴착면의 높이가 2m 이상이 되는 지반굴착작업(터널 및 수직갱 외의 갱굴착은 제외)
    ① 지반의 형태구조 및 굴착요령에 관한 사항
    ② 지반의 붕괴재해 예방에 관한 사항
    ③ 붕괴방지용 구조물 설치 및 작업방법에 관한 사항
    ④ 보호구의 종류 및 사용에 관한 사항

7) 굴착면의 높이가 2m 이상이 되는 암석의 굴착작업
    ① 폭발물 취급요령과 대피요령에 관한 사항
    ② 안전거리 및 안전기준에 관한 사항
    ③ 방호물의 설치 및 기준에 관한 사항
    ④ 보호구 및 신호방법 등에 관한 사항

8) 거푸집 동바리의 조립 또는 해체작업
    ① 동바리의 조립작업 및 작업절차에 관한 사항
    ② 조립재료의 취급방법 및 설치기준에 관한 사항
    ③ 조립해체 시의 사고방지에 관한 사항
    ④ 보호구 착용 및 점검에 관한 사항

9) 비계의 조립·해체 또는 변경 작업
    ① 비계의 조립순서 및 방법에 관한 사항
    ② 비계작업의 재료취급 및 설치에 관한 사항
    ③ 추락재해방지에 관한 사항
    ④ 보호구 착용에 관한 사항
    ⑤ 비계상부 작업 시 최대적재하중에 관한 사항

실 / 전 / 문 / 제

01
교육의 3요소 중에서 교육의 주체는?

① 교육방법　　② 교재
③ 수강자　　　④ 강사

해설
1) 교육의 주체 : 강사, 교도자, 교사
2) 교육의 객체 : 수강자, 학생
2) 교육의 매개체 : 교재

02
다음 중 교육의 3요소가 바르게 나열된 것은?

① 교사 – 학생 – 교육재료
② 교사 – 학생 – 부모
③ 학생 – 환경 – 교육재료
④ 학생 – 부모 – 사회지식인

해설
교육의 3요소 : 교사, 학생, 교육 재료

03
인간의 감각기관을 최대한 활용한다는 것은 교육의 효과를 높이는 지름길이다. 다음 중 가장 효과가 높은 감각기관은?

① 시각　　② 청각
③ 촉각　　④ 후각

해설
5관의 효과치 : 시각(60%) → 청각(20%) → 촉각(15%) → 미각(3%) → 후각(2%)

04
다음 중 안전교육의 원칙과 거리가 먼 항목은?

① 피교육자 입장에서 교육한다.
② 동기부여를 위주로한 교육을 실시한다.
③ 어려운 것부터 쉬운 것을 중심으로 실시하여 이해를 돕는다.
④ 오감을 통한 기능적인 이해를 돕도록 한다.

해설
교육지도의 8원칙
(1) 상대방 입장에서 교육(학습자중심 교육)
(2) 동기부여
(3) 쉬운 부분에서 어려운 부분으로 진행
(4) 반복 교육
(5) 한 번에 하나씩 교육
(6) 인상의 강화(강조하고 싶은 사항)
　1) 보조재의 활용
　2) 견학 및 현장사진 제시
　3) 사고사례의 제시
　4) 중요사항의 재강조
　5) 토의과제 제시 및 의견 청취
　6) 속담 · 격언과의 연결 및 암시 등의 방법 선택
(7) 5감의 활용
(8) 기능적인 이해

05
교육방법 중 기능적인 이해(functional understand)를 돕기 위한 내용에 맞지 않는 것은?

① 기억의 강화
② 생략행위의 금지
③ 경솔한 임의행동의 억제
④ 안전의식 향상

해설
기능적인 이해
1) 기억의 강화
2) 경솔한 임의 행동 억제
3) 생략행위의 금지
4) 독자적인 자기 만족 억제
5) 이상 발견시 응급조치 용이

Answer ● 01. ④　02. ①　03. ①　04. ③　05. ④

06
다음 방법 중 교육효과(이해도)가 가장 높은 것은?

① 눈으로 보고 쓰게 한다.
② 눈으로 보고 귀로 듣게 한다.
③ 질문을 하여 대답하게 한다.
④ 머리로 생각하게 하고 손, 발로 동작시킨다.

해설
이해도 교육효과
1) 귀 : 20%   2) 눈 : 40%
3) 귀+눈 : 60%   4) 입 : 80%
5) 머리+손, 발 : 90%

07
학과교육의 4단계법이 순서대로 나열된 것은?

① 도입 – 제시 – 적용 – 확인
② 제시 – 도입 – 확인 – 적용
③ 도입 – 적용 – 확인 – 제시
④ 제시 – 적용 – 확인 – 도입

해설
학과교육의 4단계
1) 1단계 : 도입   2) 2단계 : 제시
3) 3단계 : 적용   4) 4단계 : 확인

08
안전교육방법 중 강의식 교육을 1시간하려고 한다. 가장 시간이 많이 소비되는 단계는?

① 도입   ② 적용
③ 제시   ④ 확인

해설
단계식 교육의 시간배분은 단위시간을 1시간(60분)으로 했을 때 대략 다음과 같이 된다.

교육법의 4단계	강의식	토의식
1단계 : 도입	5분	5분
2단계 : 제시	40분	10분
3단계 : 적용	10분	40분
4단계 : 확인	5분	5분

09
교육법의 4단계 중 학과와 실습에 따른 4단계를 연결한 것이다. 틀린 단계는?

① 도입 – 학습준비   ② 제시 – 작업설명
③ 적용 – 실습   ④ 확인 – 실습

해설
교육법의 4단계
1) 1단계 : 도입 – 학습준비
2) 2단계 : 제시 – 작업설명
3) 3단계 : 적용 – 실습 및 응용
4) 4단계 : 확인 – 총괄

10
S-R 이론이란?

① 학습을 자극에 의한 반응으로 보이는 이론
② 학습은 자극에 의한 무반응의 정도
③ 학습은 유전과 환경 사이의 반응
④ 학습과 학습자료에 관한 이론

해설
S-R이론 : 학습을 자극(stimulus)에 의한 반응(response)으로 보는 이론으로 시행착오설과 조건반사설이 있다.

11
안전교육훈련 지도방법을 설명한 것 중 지식교육의 4단계를 옳게 설명한 것은?

① 도입 – 제시 – 학습반응 – 성과확인
② 도입 – 학습반응 – 제시 – 성과확인
③ 학습방법 – 제시 – 도입 – 성과확인
④ 도입 – 학습방법 – 성과확인 – 제시

해설
지식교육의 4단계
(1) 도입(1단계) : 피교육자의 동기부여
(2) 제시(2단계)
  1) 교재를 보인다. 이야기를 한다.
  2) 어느 정도 암기하였는가 질문한다.
  3) 학습을 위한 과제와 자료를 준다.
(3) 학습반응(3단계)
  1) 자습시킨다.
  2) 상호학습
(4) 성과확인(4단계)
  1) 어느 정도 이해하였는가를 본다.
  2) 어떠한 잘못을 하였는가를 본다.

Answer ● 06. ④ 07. ① 08. ③ 09. ④ 10. ① 11. ①

12
교육작업 지도기법 중「이해할 수 있는 능력이상으로 강요하지 않는다」는 몇 단계에 속하는가?

① 1단계 ② 2단계
③ 3단계 ④ 4단계

해설

작업지도기법의 4단계
(1) 제1단계 : 학습할 준비를 시킨다.
　　1) 마음을 안정시킨다.
　　2) 무슨 작업을 할 것인가를 말해준다.
　　3) 작업에 대해 알고 있는 정도를 확인한다.
　　4) 작업을 배우고 싶은 의욕을 갖게 한다.
　　5) 정확한 위치에 자리잡게 한다.
(2) 제2단계 : 작업을 설명한다.
　　1) 주요단계를 하나씩 설명해주고 시범해 보이고 그려보인다.
　　2) 급소를 강조한다.
　　3) 확실하게, 빠짐없이, 끈기있게 지도한다.
　　4) 이해할 수 있는 능력이상으로 강요하지 않는다.
(3) 제3단계 : 작업을 시켜본다.
(4) 제4단계 : 가르친 뒤를 살펴본다.

13
시행착오설(trial and error theory)에 의하면, 학습이란 맹목적인 시행을 되풀이 하는 가운데 자극과 반응의 결합의 과정이다. 다음 중 시행착오설에 있어서 학습의 원칙이 아닌 것은?

① 연습의 법칙 ② 동일성의 법칙
③ 효과의 법칙 ④ 준비성의 법칙

해설

시행착오설에 의한 학습법칙
1) 연습의 법칙 : 모든 학습은 연습을 통하여 진보향상되고 바람직한 행동의 변화를 가져오게 된다.
2) 효과의 법칙 :「결과의 법칙」이라고도 한다. 어떤 일을 계획하고 실천해서 그 결과가 자기에게 만족스러운 상태에 이르면 더욱 그 일을 계속하려는 의욕이 생긴다.
3) 준비성의 법칙 : 준비성이란 학습을 하려고 하는 모든 행동의 준비적 상태를 말한다. 준비성이 사전에 충분히 갖추어진 학습활동은 학습이 만족스럽게 잘되지만, 준비성이 되어 있지 않을 때에는 실패하기 쉽다.

14
조건반사설에 의한 학습이론의 원리가 아닌 것은?

① 준비성의 원리 ② 일관성의 원리
③ 계속성의 원리 ④ 강도의 원리

해설

조건반사설에 의한 학습원리 : 조건반사과정에 있어서 조건화가 잘 이루어지기 위해서는 다음과 같은 기본적 학습원리가 따라야 한다.
1) 시간의 원리　　2) 강도의 원리
3) 일관성의 원리　4) 계속성의 원리

15
성적 욕구나 공격적 경향 등 사회적으로 승인되지 않는 욕구가 사회, 문화적으로 가치가 있는 것으로 형태를 바꾸어서 나타나는 것은?

① 보상(compensation)
② 승화(sublimation)
③ 투사(projection)
④ 반동형성(reaction formation)

해설

적응기제
1) 보상 : 욕구가 저지되면 그것을 대신할 목표로서 만족을 얻고자 하는 유형이다.
2) 투사 : 자기의 실패나 결함을 다른 대상에게 책임을 전가시키는 유형이다.
3) 반동형성 : 억압을 강화할 수 있고 어떠한 욕구가 그대로 행동화되어서 표현되는 것을 방지하는 유형이다.

16
학습 과정상에 있어서 동기가 가지는 기능이 아닌 것은?

① 시발적 기능 ② 협동적 기능
③ 지향적 기능 ④ 강화적 기능

해설

동기의 기능
1) 시발적(initiative)기능 : 동기가 행동을 촉발시키는 힘을 주어 행동을 하도록 하는 기능을 말한다.
2) 지향적(directive)기능 : 일정한 목표를 향한 행동을 일으키게 하는 어떤 내적인 기능을 말한다.
3) 강화적(reinforcement)기능 : 학습자로 하여금 어떤 학습목표에 대한 결과가 주는 만족의 여부 및 행동의 적부성을 선택짖는 기능을 말한다.

17
다음 중 적응의 기제(機制)에 포함되지 않는 것은?

① 갈등(conflict)
② 억압(repression)
③ 공격(aggression)
④ 합리화(rationalization)

해설
적응기제의 분야
1) 방어적 기제 : 보상, 합리화, 동일시, 승화 등
2) 도피적 기제 : 고립, 퇴행, 억압, 백일몽 등
3) 공격적 기제 : 직접적 공격기제(폭행, 싸움 등), 간접적 공격기제(조소, 비난, 욕설 등)

18
앞의 학습이 뒤의 학습에 미치는 영향을 무엇이라 하는가?

① 반사(reflex)
② 반응(reaction)
③ 전이(transfer)
④ 효과(effect)

19
학습 전이의 조건에 해당되지 않는 것은?

① 유사성의 요인
② 학습정도의 요인
③ 시간간격의 요인
④ 학습자의 행동요인

해설
학습 전이의 조건
1) 유사성의 요인
2) 시간간격의 요인
3) 학습정도의 요인
4) 지능적인 요인
5) 학습자의 태도 요인

20
어떤 자극을 받았을 때 그것에 의하여 과거에 기억했던 것들 중에서 어떤 이미지가 환기되어 오는 현상을 무엇이라 하는가?

① 기명
② 재생
③ 연상
④ 추상

해설
기억의 과정
1) 기억 : 과거의 경험이 어떠한 형태로 미래의 행동에 영향을 주는 작용이라 할 수 있다.
2) 기명 : 사물의 인상이 보존되는 것을 말한다.
3) 파지 : 간직, 인상을 마음속에 간직하는 것을 말한다.
4) 재생 : 보존된 인상을 다시 의식으로 떠오르는 것을 말한다.
5) 재인 : 과거에 경험했던 것과 같은 비슷한 상태에 부딪쳤을 때 떠오르는 것을 말한다.

21
안전보건교육의 목적으로 적합하지 않는 것은?

① 행동의 안전화
② 환경의 안전화
③ 의식의 안전화
④ 노무관리의 안전화

해설
안전교육의 목적
1) 인간정신의식의 안전화
2) 행동의 안전화
3) 환경의 안전화
4) 설비와 물자의 안전화

22
다음 중 안전교육의 단계가 순서대로 바르게 된 것은?

① 안전태도교육 – 안전지식교육 – 안전기능교육
② 안전지식교육 – 안전기능교육 – 안전태도교육
③ 안전기능교육 – 안전지식교육 – 안전태도교육
④ 안전자세교육 – 안전지식교육 – 안전기능교육

해설
안전교육의 3단계
1) 1단계 : 지식교육
2) 2단계 : 기능교육
3) 3단계 : 태도교육

23
안전보건교육의 효율화를 위한 3단계 지도원칙 중 단계별 지도원칙에 맞지 않는 것은 어느 것인가?

① 지식교육(제1단계)
② 태도교육(제3단계)
③ 기능교육(제2단계)
④ 습관화교육(제3단계)

Answer 17. ① 18. ③ 19. ④ 20. ② 21. ④ 22. ② 23. ④

24
재해가 발생했을 때 심리상태를 조사하면 알고 있었기 때문에 그렇게 하려고 하였으나 제대로 되지 않았다고 대답하는 자에게는 어떤 교육이 필요한가?

① 자질교육　　② 지식교육
③ 기능교육　　④ 태도교육

해설
알고는 있었으나 제대로 시행하지 않음으로써 재해가 발생한 것은 안전태도에 문제가 있는 것이다.

25
다음 교육 중 안전한 마음가짐을 몸에 익히는 교육방법은 어느 것인가?

① 태도교육　　② 기능교육
③ 지식교육　　④ 안전교육

해설
태도교육은 생활지도, 작업동작지도 등을 통한 안전의 습관화 교육으로 안전한 마음가짐을 몸에 익히는 교육이다.

26
작업방법, 기계장치, 계기류의 조작행위를 몸으로 습득시키는 교육방법은?

① 지식교육　　② 기능교육
③ 태도교육　　④ 해결교육

해설
기능교육은 작업능력 및 기술 능력을 몸으로 익히는 교육방법이다.

27
안전교육의 일반적인 내용은 다음 사항들이다. 이 중 알맞지 않는 것은 어느 것인가?

① 기능에 관한 훈련　　② 지식에 관한 훈련
③ 태도에 관한 훈련　　④ 경영에 관한 훈련

해설
안전교육의 종류
1) 지식교육　2) 기능교육　3) 태도교육

28
다음 안전교육방법 중 강의식 교육방법의 장점이 아닌 것은?

① 강사가 비교적 단시간 내에 여러 가지 구상을 제시할 수 있다.
② 강사가 강의동안 피교육자의 주장을 집중시키고 유지하는 일이 쉽다.
③ 대집단을 육성하는데 유익하고 편리한 교육방법이다.
④ 논제를 소개하는데 특히 적합하다.

해설
②항은 강의식 교육의 단점으로 강의식 교육은 피교육자의 참여가 제한되는 것이 특징이다.

29
작업의 종류나 내용에 따라 교육범위나 정도가 달라지는 이론교육 방법은?

① 지식교육　　② 정신교육
③ 태도교육　　④ 기능교육

해설
지식교육은 취급하는 기계, 설비의 구조, 기능, 성능의 개념을 형성시키며, 재해발생의 원리를 이해시키고, 안전관리작업에 필요한 법규, 규정, 기준 등을 알도록 하는 이론교육으로서 작업의 종류나 내용에 따라 교육의 범위나 정도가 달라진다.

30
안전교육을 실시하는 방법을 설명한 것이다. 가장 효과 있는 방법은 어느 것인가?

① 강의 중심으로 집합교육
② 집단토의 방식으로 이론 교육
③ 연설식으로 이론위주 교육
④ 이론, 실습과 사례연구를 분임 토의식으로 교육

31
안전교육 계획에 포함시킬 기본사항이 아닌 것은?

① 교육평가　　② 교육목표
③ 교육시기　　④ 교육장소

Answer ● 24. ④　25. ①　26. ②　27. ④　28. ②　29. ①　30. ④　31. ①

해설

안전교육계획에 포함시켜야 할 사항
1) 교육목표
2) 교육의 종류 및 교육대상
3) 교육의 과목 및 교육내용
4) 교육기간(교육시기)
5) 교육방법
6) 교육장소
7) 교육 담당자 및 강사

32
교육목표에 포함해야 할 사항이 아닌 것은?

① 교육 및 훈련의 범위
② 교육과정의 소개
③ 교육 보조자료의 준비 및 사용지침
④ 교육훈련의 의무와 책임한계의 명시

해설

교육목표에 포함되어야 할 사항
1) 교육 및 훈련의 범위
2) 교육보조 자료의 준비 및 사용지침
3) 교육훈련의 의무와 책임한계의 명시

33
안전교육계획을 수립할 때 가장 먼저 하여야 할 일은?

① 교육목표의 설정
② 교육내용의 구성
③ 교육대상과 장소설정
④ 성취도 평가방법

해설

안전교육계획을 수립할 때는 교육목표를 설정하는 것이 첫째 과제이다.

34
안전에 대한 교육훈련 계획 수립시 최우선적으로 고려해야할 사항은?

① 교육과목
② 교육사항
③ 교육대상
④ 교육범위

해설

안전교육은 교육대상을 고려하여 교육계획을 수립하여야 한다.

35
다음 중 안전교육의 기본과정을 옳게 나열한 것은?

① 시범을 보인다 – 이해 납득시킨다 – 들어본다 – 평가한다.
② 들어본다 – 시범을 보인다 – 이해 납득시킨다 – 평가한다
③ 이해 납득시킨다 – 들어본다 – 시범을 보인다 – 평가한다
④ 들어본다 – 이해 납득시킨다 – 시범을 보인다 – 평가한다

해설

안전교육의 기본과정
청취 – 이해 – 시범(모범) – 평가

36
안전교육의 기본 방향이 아닌 것은?

① 기술능력 향상을 위한 안전교육
② 사고사례 중심의 안전교육
③ 안전의식 향상을 위한 안전교육
④ 안전표준작업을 위한 안전교육

해설

기업의 규모나 특성에 따라 안전교육 방향을 설정하는데 차이가 있으나 원칙적으로 다음 3가지를 기본 방향으로 정하고 있다.
1) 사고사례중심의 안전교육
2) 안전표준작업을 위한 안전교육
3) 안전의식향상을 위한 안전교육

37
안전기능 교육의 3원칙이 아닌 것은?

① 안전작업표준화
② 안전의식고취
③ 준비상태
④ 위험작업의 규제

해설

기능교육의 3원칙
1) 준비상태(readiness)
2) 위험 작업의 규제
3) 안전 작업 표준화

Answer ➜ 32. ② 33. ① 34. ③ 35. ④ 36. ① 37. ②

38
신규채용시 실시하여야 할 교육목적이 아닌 것은?

① 기계기구의 위험성 및 취급방법
② 안전장치, 보호구의 취급방법
③ 자체검사방법
④ 작업절차

39
사업주가 당해 사업장의 근로자에게 매월 2시간 이상 안전과 보건에 대하여 실시하는 교육은?

① 정기교육　　　　② 채용시 교육
③ 작업내용 변경교육　④ 특별안전 보건교육

해설

정기교육대상자 및 교육시간
1) 근로자 정기교육 : 생산직은 매월 2시간 이상, 사무직은 매월 1시간 이상
2) 관리감독자 정기교육 : 반기 8시간 이상 또는 연간 16시간 이상

40
작업내용 변경시 실시하여야 할 안전교육과목이 아닌 것은?

① 작업 개시 전 점검에 관한 사항
② 정리정돈 및 청소에 관한 사항
③ 작업안전지도 요령에 관한 사항
④ 사고 발생 시 긴급조치에 관한 사항

해설

채용 시의 교육 및 작업내용 변경 시의 교육
1) 기계·기구의 위험성과 작업의 순서 및 동선에 관한 사항
2) 작업 개시 전 점검에 관한 사항
3) 정리정돈 및 청소에 관한 사항
4) 사고 발생 시 긴급조치에 관한 사항
5) 산업보건 및 직업병 예방에 관한 사항
6) 물질안전보건자료에 관한 사항
7) 「산업안전보건법」 및 일반관리에 관한 사항

41
특별안전보건교육 중 밀폐공간에서 작업을 할 경우 교육내용이 아닌 것은?

① 방호물의 설치 및 기준에 관한 사항
② 산소농도 측정 및 작업환경에 관한 사항
③ 사고 시의 응급처치 및 비상 시 구출에 관한 사항
④ 보호구 착용 및 사용방법에 관한 사항

해설

밀폐공간에서 작업을 할 경우 교육내용
1) 산소농도 측정 및 작업환경에 관한 사항
2) 사고 시의 응급처치 및 비상 시 구출에 관한 사항
3) 보호구 착용 및 사용방법에 관한 사항
4) 밀폐공간작업의 안전작업방법에 관한 사항
5) 그 밖에 안전·보건관리에 관한 사항

42
특별안전보건 교육 중 로봇작업의 교육내용이 아닌 것은?

① 조립해체시의 사고예방에 관한 사항
② 이상발생 시 응급조치에 관한 사항
③ 안전시설 및 안전기준에 관한 사항
④ 조작방법 및 작업순서에 관한 사항

해설

로봇작업의 교육 내용
1) 로봇의 기본원리·구조 및 작업방법에 관한 사항
2) 이상발생 시 응급조치에 관한 사항
3) 안전시설 및 안전기준에 관한 사항
4) 조작방법 및 작업순서에 관한 사항

43
관리대상유해물질을 취급하는 종사자에 대한 특별교육시의 교육내용이 아닌 것은?

① 취급물질의 성상 및 성질에 관한 사항
② 유해물질의 인체에 미치는 영향
③ 국소배기장치 및 안전설비에 관한 사항
④ 산소농도측정 및 작업환경에 관한 사항

해설

관리대상유해물질의 제조 또는 취급작업의 교육내용
1) 취급물질의 성상 및 성질에 관한 사항
2) 유해물질의 인체에 미치는 영향
3) 국소배기장치 및 안전설비에 관한 사항
4) 안전작업방법 및 보호구 사용에 관한 사항
5) 기타 안전보건 관리에 필요한 사항

Answer ● 38. ③　39. ①　40. ③　41. ①　42. ①　43. ④

44
하버드 학파(Havard school)의 학습지도법의 4단계를 바르게 나열한 것은?

① 준비시킨다 – 연합시킨다 – 교시한다 – 총괄한다 – 응용시킨다.
② 준비시킨다 – 연합시킨다 – 총괄시킨다 – 교시한다 – 응용시킨다.
③ 준비시킨다 – 교시한다 – 연합시킨다 – 총괄한다 – 응용시킨다.
④ 준비시킨다 – 교시한다 – 응용시킨다 – 연합시킨다 – 총괄한다.

해설
하버드학파의 5단계 교수법
1) 1단계 : 준비한다.
2) 2단계 : 교시한다.
3) 3단계 : 연합시킨다.
4) 4단계 : 총괄시킨다.
5) 5단계 : 응용시킨다.

45
듀이의 사고과정의 단계에 해당되지 않는 것은?

① 가설을 설정한다. ② 연합을 시킨다.
③ 시사를 받는다.   ④ 머리를 생각한다.

해설
듀이의 사고과정의 5단계
1) 시사를 받는다.
2) 머리로 생각한다
3) 가설을 설정한다.
4) 추론한다
5) 행동에 의하여 가설을 검토한다.

46
project method의 장점과 관계가 적은 것은?

① 동기부여가 충분하다.
② 현실적인 학습방법이다.
③ 작업에 대하여 창조력이 생긴다.
④ 시간과 에너지가 많이 소비된다.

해설
④항은 project method(구안법)의 단점에 해당된다.

47
어떤 상황의 판단능력과 사실의 분석 및 문제의 해결능력을 키우기 위하여 먼저 사례를 제시하고, 문제적 사실들과 그의 상호 관계에 대하여 검토하고 대책을 입안케 하는 교육기법을 무엇인가?

① 패널 디스커션(Panel discssion)
② 심포지엄(Symposium)
③ 케이스 메소드(Case method)
④ 로울 플레잉(Role playing)

해설
Case method(Case study : 사례연구법) : 단기간의 실무에서 발생하는 제문제에 접하여 그 해결을 위하여 고도의 판단력을 양성할 수 있는데 유효한 방법이다.

48
주로 일선 감독자를 대상으로 하는 교육방법은?

① TWI   ② CCS
③ ATT   ④ MTP

해설
TWI(training within industry) : 현장 제일선 감독자를 위한 교육방법으로 교육내용 및 교육방법은 다음과 같다.
1) TWI의 교육내용
  ① JI(job instruction) : 작업을 가르치는 기법(작업지도기법)
  ② JM(job method) : 작업의 개선방법(작업개선기법)
  ③ JR(job relation) : 사람을 다루는 법(인간관계 관리기법)
2) 전체의 교육시간 : 10시간으로 1일 2시간씩 5일에 걸쳐 행하며 한 클라스는 10명. 교육방법은 토의법을 의식적으로 취한다.

49
전문가 4~5명이 피교육자 앞에서 자유로이 토의를 하고, 뒤에 피교육자 전원이 사회자의 사회에 따라 토의하는 방법은 무엇인가?

① 패널 디스커션(Panel discssion)
② 심포지엄(Symposium)
③ 버즈세션(Buzz session)
④ 로울 플레잉(Role playing)

Answer ➡ 44. ③ 45. ② 46. ④ 47. ③ 48. ① 49. ①

50
안전교육방법으로 사례를 제시하고 사실을 검토하여 대책을 세우며 사실의 분석 및 문제해결의 능력을 키울 수 있는 방법은 어느 것인가?

① 케이스 메소드(Case method)
② 패널 디스커션(Panel discssion)
③ 심포지엄(Symposium)
④ 로울 플레잉(Role playing)

51
안전교육 방법 중 몇 사람의 전문가의 의견을 청취한 뒤 참가자의 의견이나 질문으로 토의하는 방법은 다음 어느 것인가?

① 케이스 메소드(Case method)
② 패널 디스커션(Panel discssion)
③ 심포지엄(Symposium)
④ 로울 플레잉(Role playing)

52
교육내용이 관리의 기능, 조직의 원칙, 조직의 운영 등으로 되어 있으며 한 클래스에 10~15명, 2시간씩 20회에 걸쳐 40시간 훈련하도록 되어 있는 교육방법은?

① ATT
② ATP
③ TWI
④ MTP

해설

MTP(management training program)
1) FEAF(far east air force)라고도 하며, 대상은 TWI보다 약간 높은 계층을 목표로 하고, TWI와는 달리 관리문제에 보다 더 치중하고 있다.
2) 교육내용 : 관리의 기능, 조직원 원칙, 조직의 운영, 시간관리학습의 원칙과 부하지도법, 훈련의 관리, 신인을 맞이하는 방법과 대행자를 육성하는요령, 회의 주관, 작업의 개선, 안전한 작업, 과업관리, 사기 양양 등
3) 교육방법 : 한 클래스는 10~15명, 2시간씩 20회에 걸쳐 40시간 훈련하도록 되어 있다.

53
정책수립, 조직 통제 및 운영에 관한 사항을 교육내용으로 하고 강의법과 토의법이 가미되어 매주 4일, 4시간씩 8주(128시간)간 실시하는 교육방법은 무엇이라 하는가?

① TWI(Training Within Industry)
② ATT(American Telephone & Telegraph Co.)
③ MTP(Management Training Program)
④ ATP(Administration Training Program)

해설

CCS(Civil Communication Section)
1) ATP(Administration Training Program)라고도 하며, 당초에는 일부 회사의 톱매니지먼트에 대해서만 행하여졌던 것이 널리 보급된 것이라고 한다.
2) 교육내용 : 정책의 수립, 조직(경영부분, 조직형태, 구조 등), 통제(조직통제의 적용, 품질관리, 원가통제의 적용 등) 및 운영(운영조직, 협조에 의한 회사 운영) 등
3) 교육방법 : 주로 강의법에 토의법이 가미된 것으로 매주 4일, 4시간씩으로 8주간 (합계 128시간)에 걸쳐 실시하도록 되어 있다.

54
교육내용이 계획적 감독, 작업의 계획 및 인원배치, 인사관계, 개인작업의 개선 등 12가지로 되어 있으며 교육대상계층이 한정되어 있지 않는 교육방법은?

① TWI
② ATT
③ CCS
④ MTP

해설

ATT(American Telephone & Telegraph Co.)
1) 중요 특징 : 대상 계층이 한정되어 있지 않고, 또 한 번 훈련을 받은 관리자는 그 부하인 감독자에 대해 지도원이 될 수 있다.
2) 교육내용 : 계획적 감독, 작업의 계획 및 인원배치, 작업의 감독, 공구와 자료보고 및 기록, 개인작업의 개선, 종업원의 향상, 인사관계, 훈련, 고객관계, 안전부대 군인의 복무조정 등 12가지로 되어 있다.
3) 코스 : 1차 훈련(1일 8시간씩 2주간), 2차과정에서는 문제가 발생할 때마다 하도록 되어 있으며, 진행방법은 통상 토의식에 의하여 지도자의 유도로 과제에 대한 의견을 제시하게 하여 결론을 내려가는 방식을 취한다.

Answer ➡ 50. ① 51. ③ 52. ④ 53. ④ 54. ②

55
종업원의 안전에 관한 O.J.T 교육에 있어서 가장 중요한 역할을 담당하는 사람은 누구인가?

① 사장
② 부장
③ 안전관리자
④ 일선감독자

해설
O.J.T(직장 내 훈련) : O.J.T는 직장에서 직속상사가 작업표준을 가지고 업무상의 개별교육이나 지도를 하는 경우에 활용하는 교육방법이다.

56
다음의 안전교육 지도방법 중에서 OJT의 장점이 아닌 것은?

① 직장의 실태에 맞춘 구체적이고 실제적인 지도교육이 가능하다.
② 교육효과가 업무에 신속히 반영된다.
③ 동기부여가 쉽다.
④ 다수의 대상자를 일괄적, 조직적으로 교육할 수 있다.

해설
O.J.T와 off.J.T의 특징

O. J. T	off. J. T
① 개개인에게 적합한 지도훈련을 할 수 있다.	① 다수의 근로자에게 조직 훈련이 가능하다.
② 직장의 실정에 맞는 실제적 훈련을 할 수 있다.	② 훈련에만 전념하게 된다.
③ 훈련에 필요한 업무의 계속성이 끊어지지 않는다.	③ 특별 설비 기구를 이용할 수 있다.
④ 즉시 업무에 연결되는 관계로 신체와 관련이 있다.	④ 전문가를 강사로 초청할 수 있다.
⑤ 효과가 곧 업무에 나타나며 훈련의 좋고 나쁨에 따라 개선이 용이하다.	⑤ 각 직장의 근로자가 많은 지식이나 경험을 교류할 수 있다.
⑥ 교육을 통한 훈련 효과에 의해 상호신뢰 이해도가 높아진다.	⑥ 교육 훈련 목표에 대해서 집단적 노력이 흐트러질 수 있다.

57
다음의 교육지도방법 중 off. J. T.의 장점이 아닌 것은?

① 다수의 대상자를 일괄적, 조직적으로 교육 할 수 있다.
② 교육목표에 대하여 집단적인 협조와 협력이 가능하다.
④ 특별교재, 교구, 시설을 유효하게 활용할 수 있다.
④ 교육으로 인해 업무가 중단되는 손실이 적다.

해설
④항은 OJT의 장점이다.

58
역할연기(role playing)에 의한 교육의 장점이 아닌 것은?

① 의사발표에 자신이 생기고 관찰력이 풍부해진다.
② 정도가 높은 의사결정의 훈련으로서 적합하다.
③ 관찰력을 높이고 감수성이 향상된다.
④ 자기태도의 반성과 창조성이 싹튼다.

59
역할연기법의 장점이 아닌 것은?

① 하나의 문제에 대해 관찰능력을 높인다.
② 자기반성과 창조성이 개발된다.
③ 높은 의지 결정의 훈련으로 기대할 수 없다.
④ 의견 발표에 자신이 생긴다.

해설
역할연기법의 장점 및 단점
1) 장점
① 하나의 문제에 대해 관찰 능력을 높인다.
② 자기 반성과 창조성이 개발된다.
③ 의견발표에 자신이 생긴다.
④ 문제에 적극적으로 참가하여 흥미를 갖게 하여, 타인의 장점과 단점이 잘 나타난다.
⑤ 사람을 보는 눈이 신중하게 되고 관대하게 되며 자신의 능력을 알게 된다.
2) 단점
① 목적이 명확하지 않고 계획적으로 실시하지 않으면 학습에 연계되지 않는다.
② 높은 의지결정의 훈련으로는 기대할 수 없다.

Answer ➡ 55. ④ 56. ④ 57. ④ 58. ② 59. ③

60
다음 중 모의법(simulation method) 교육의 특징은?

① 단위시간당 교육비가 많이 든다.
② 시설의 유지비가 저렴하다.
③ 시간의 소비가 거의 없다.
④ 학생대 교사의 비율이 낮다.

해설

모의법 : 실제의 장면이나 상태와 극히 유사한 사태를 인위적으로 만들어 그 속에서 학습토록 하는 교육방법으로 그 제약조건은 다음과 같다.
1) 단위교육비가 비싸고 시간의 소비가 많다.
2) 시설의 유지비가 높다
3) 다른 방법에 비하여 학생 대 교사의 비가 높다.

61
강의계획의 4단계 중 2단계에 해당되는 것은?

① 학습목적과 학습성과의 설정
② 학습자료수집 및 체계화
③ 교수방법의 선정
④ 강의안 작성

해설

강의계획의 4단계
1) 1단계 : 학습목적과 학습성과의 설정
2) 2단계 : 학습자료수집 및 체계화
3) 3단계 : 교수방법의 선정
4) 4단계 : 강의안 작성

62
시청각적 학습방법의 장점이 아닌 것은?

① 교수의 평준화 ② 교재의 구조화
③ 개인차의 고려 ④ 대량 수업체제확립

해설

시청각교육의 필요성
1) 교수의 효율성을 높여줄 수 있다.
2) 지식팽창에 따른 교재의 구조화를 기할 수 있다.
3) 인구증가에 따른 대량 수업체제가 확립될 수 있다.
4) 교수의 개인차에서 오는 교수의 평준화를 기할 수 있다.
5) 어떤 사물에 대하여 완전히 이해하려면 현실적이고 구체적인 지각경험을 기초로 해야 한다.
6) 사물의 정확한 이해는 건전한 사고력을 유발하고 태도에 영향을 주어 바람직한 인격형성을 시킬 수 있다.

63
다음 중 학습의 목적에 포함되는 내용이 아닌 것은?

① 목표   ② 주제
③ 학습정도   ④ 학습성과

해설

학습목적의 3요소 : 학습목적은 반드시 명확 간결하여야 하며, 수강자들의 지식, 경험, 능력, 배경, 요구, 태도 등에 유의하여야 하고, 한정된 시간 내에 강의를 끝낼 수 있도록 작성해야 한다. 학습목적의 3요소는 다음과 같다.
1) 목표(goal) : 학습목적의 핵심으로 학습을 통하여 달성하려는 지표를 말한다.
2) 주제(subject) : 목적달성을 위한 테마(thema)를 의미한다.
3) 학습정도(level of learning) : 학습범위와 내용의 정도를 말한다.

64
다음 중 학습 정도의 4단계가 아닌 것은?

① 지각한다.   ② 적용한다.
③ 인지한다.   ④ 정리한다.

해설

학습정도의 4단계
1) 인지(to aquaint) : ~을 인지하여야 한다.
2) 지각(to know) : ~을 알아야 한다.
3) 이해(to understand) : ~을 이해하여야 한다.
4) 적용(to apply) : ~을 ~에 적용할 줄 알아야 한다.

65
다음 안전교육의 방법 중 도입단계에서 가장 효과적인 수업방법은?

① 토의
② 자율학습법
③ 프로그램 학습법
④ 반복법

해설

수업단계별 최적의 수업방법
1) 도입 : 강의법, 시범
2) 전개 : 반복법, 토의법, 실연법
3) 정리 : 반복법, 토의법, 실연법, 자율학습법
4) 프로그램 학습법, 학생상호학습법, 모의학습법은 수업의 모든 단계에 적합하다.

Answer ◯ 60. ① 61. ② 62. ③ 63. ④ 64. ④ 65. ③

66

학습목적을 세분하여 구체적으로 결정한 것을 학습성과(desired learning outcomes)라 한다. 다음 중 학습성과의 설정 시에 유의해야 할 사항이 아닌 것은?

① 주관적 입장에서 구체적으로 서술해야 한다.
② 학습목적에 적합하고 타당해야 한다.
③ 주제가 포함되어야 한다.
④ 학습정도가 포함되어야 한다.

해설

①항은 객관적 입장(수강자의 입장)에서 구체적으로 서술해야 한다.

67

다음 안전교육의 방법 중 전개단계에서 가장 효과적인 수업 방법은?

① 시범　　② 강의법
③ 토의법　④ 자율학습법

해설

전개단계에 적합한 수업방법은 ① 토의법 ② 반복법 ③ 실연법 ④ 프로그램 학습법 ⑤ 학생상호학습법 ⑥ 모의법 등이 있다.

68

훈련의 평가라 함은 그 훈련의 목적을 달성하였는가를 분석하는 것이다. 그런데 교육훈련평가의 중심 대상인 실적평가에 있어서 직접효과와 간접효과를 측정하는 4단계의 방법을 채택하게 되는데 이 훈련평가의 4단계 중 틀린 것은 어느 것인가?

① 제1단계 : 반응단계
② 제2단계 : 작업단계
③ 제3단계 : 행동단계
④ 제4단계 : 결과단계

해설

교육훈련 평가의 4단계
1) 제1단계 : 반응단계
2) 제2단계 : 학습단계
3) 제3단계 : 행동단계
4) 제4단계 : 결과단계

69

학습평가의 기본적인 기준으로 합당치 못한 것은?

① 타당도　② 실용도
③ 주관도　④ 신뢰도

해설

학습평가도구의 기본적인 기준
1) 타당도 : 측정하고자 하는 본래 목적과 일치하느냐의 정도를 나타내는 기준이다.
2) 신뢰도 : 신용도로서 측정의 오차가 얼마나 적으냐를 나타내는 것이다.
3) 객관도 : 측정의 결과에 대해 누가 보아도 일치된 의견이 나올 수 있는 성질이다.
4) 실용도 : 사용에 편리하고 쉽게 적용시킬 수 있는 기준이 실용도가 높은 것이다.

70

프로그램 학습법 교육의 특징으로 맞는 것은?

① 한 번 개발한 프로그램 자료는 개조하기가 쉽다.
② 수업의 모든 단계에 적합하다.
③ 개발비가 저렴하다
④ 학생들의 사회성이 높아진다.

해설

프로그램 학습법의 특징
1) 한 번 개발한 프로그램 자료를 개조하기가 어렵다.
2) 개발비가 높다
3) 학생들의 사회성이 결여되기 쉽다.

71

새로운 자료나 교재를 제시하며, 피교육자로 하여금 문제점이나 의견을 발표케 하고, 토의하는 교육방법은 무엇인가?

① 심포지엄　② 포럼
③ 로울 플레잉　④ 패널 디스커션

72

Follow-up의 뜻으로 옳은 것은?

① 교육평가　② 추가지도
③ 실습방식　④ 카운셀링식 방식

Answer ▶ 66. ① 67. ③ 68. ② 69. ③ 70. ② 71. ② 72. ②

해설

follow – up은 추가지도 즉, 보습지도를 의미한다.

73
프로그램 자료(program instructional material)의 장점이 아닌 것은?

① 대량의 학습자를 한 강사가 지도할 수 있다.
② 지능, 학습적성, 학습속도 등 개인차를 충분히 고려할 수 있다.
③ 문제 해결력, 적용력, 평가력 등 고등정신을 기르는데 유리하다
④ 매 반응마다 피드백이 주어지기 때문에 학습자가 흥미를 갖는다.

해설

프로그램 자료의 장·단점
1) 장점
   ① 기본개념 학습이나 논리적인 학습에 유리하다.
   ② 지능, 학습적성, 학습속도 등 개인차를 충분히 고려할 수 있다.
   ③ 대량의 학습자를 한 교사가 지도할 수 있다.
   ④ 매 반응마다 피드백이 주어지기 때문에 학습자가 흥미를 갖는다.
   ⑤ 학습자의 학습과정을 쉽게 할 수 있다.
2) 단점
   ① 최소한의 독서력이 요구된다.
   ② 개발, 제작과정이 어렵다
   ③ 문제해결력, 적용력, 감상력, 평가력 등 고등정신을 기르는데 불리하다.
   ④ 교과서보다 분량이 많아 경비가 많이 든다.

74
다음 교육평가 중 태도교육 평가방법으로 가장 부적당한 것은?

① 관찰   ② 면접
③ 질문   ④ 테스트

해설

태도교육 평가방법
1) 우수한 것 : 관찰, 면접
2) 보통 : 질문, 평가시험
3) 부적당한 것 : 노트, 테스트

75
교육훈련평가의 단계를 순서대로 나열한 것은?

① 반응 → 행동 → 학습 → 결과
② 반응 → 학습 → 행동 → 결과
③ 행동 → 반응 → 학습 → 결과
④ 학습 → 반응 → 행동 → 결과

해설

교육훈련 평가의 4단계
1) 1단계 : 반응단계
2) 2단계 : 학습단계
3) 3단계 : 행동단계
4) 4단계 : 결과단계

76
안전교육의 목적을 설명한 것 중 잘못 말한 것은?

① 재해발생에 필요한 요소들을 교육하여 재해방지하기 위함
② 생산성이나 품질의 향상에 기여하는데 필요하기 때문
③ 작업자에게 안정감을 부여하고 기업에 대한 신뢰감을 부여키 위함
④ 외부에 안전교육 실시 PR하기 위하여

77
안전보건교육은 안전관리 3E 중의 하나이다. 이 교육의 기본방향이 아닌 것은?

① 사고사례중심의 안전보건교육
② 안전표준작업을 위한 교육
③ 안전의식 고취를 위한 교육
④ 적성능력 향상을 위한 교육

Answer ◦ 73. ③ 74. ④ 75. ② 76. ④ 77. ④

2 과목

종합예상문제
[산업심리 및 교육]

종 / 합 / 예 / 상 / 문 / 제

01
산업심리학에 대한 설명으로 옳은 것은?
① 산업심리학이란 기업을 경영하는 데 있어서는 기본 이념이 되는 학문이다.
② 산업심리학이란 인간의 심리적 측면을 연구하여 사회생활에 기여하려는 학문이다.
③ 산업심리학이란 사회심리학의 기초학문이다.
④ 산업심리학이란 인간공학의 기본이 되는 학문으로 산업사회에서의 인간의 산업적 적응화의 기초적 학문이다.

해설
산업심리학은 심리학의 방법과 식견을 가지고 인간의 산업에 있어서의 행동을 연구하는 실천과학이며 응용심리학의 한 분야이다.

02
산업심리학과 직접 관련이 없는 학문은?
① 경영학   ② 노동과학
③ 인사관리학   ④ 인간공학

해설
산업심리학과 직접 관련이 있는 학문
① 인사관리학   ② 인간공학
③ 사회심리학   ④ 심리학
⑤ 응용심리학   ⑥ 안전관리학
⑦ 노동과학   ⑧ 행동과학
⑨ 신뢰성공학

03
자생적 조직의 중요성 및 종업원의 심리적 태도가 작업조건보다 더 중요하다는 Hawthorne 실험을 한 사람은?
① Herzberg   ② McClelland
③ Maslow   ④ Mayo

04
산업심리와 생산이 직접적으로 관계되지 않는 사항은?
① 경영조직의 개선
② 휴식시간의 부여
③ 급료인상과 공로표창 수여
④ 작업환경의 개선

05
다음 중 개성을 형성하는 요소가 아닌 것은?
① 교육   ② 사회제도
③ 습성   ④ 환경조건

해설
개성의 형성조건
1) 습관 : 습관 행동, 규칙적 행동
2) 환경조건 및 교육
3) 습성(행동경향) : 중심적 습성, 주변적 습성, 지배적 습성

길잡이 개성의 요인 : 성격, 능력, 기질

06
다음의 인간관계 메커니즘 중에서 남의 행동이나 판단을 표본으로 하여 그것과 같거나 그것에 가까운 행동 또는 판단을 취하려는 것은?
① 투사   ② 암시
③ 모방   ④ 동일화

해설
모방(imitation)에는 단순모방(기계적 기억)과 창조모방(논리적 기억)이 있다.

Answer ● 01. ④ 02. ① 03. ④ 04. ① 05. ② 06. ③

07
집단관리의 기본적 요소에 속하지 않는 것은?

① 감정 ② 지위와 역할
③ 목표와 무관심 ④ 행위의 범위

08
그림은 18명의 종업원으로 구성된 작업부서의 교우관계를 나타낸 소시오그램(sociogram)이다. 리이더격의 인물은 누구인가?

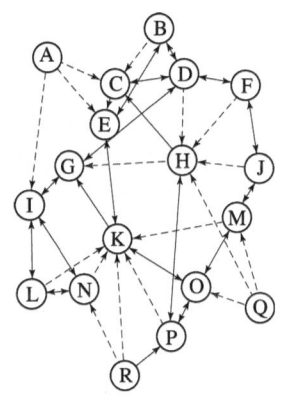

① A ② K
③ H ④ B

09
다음 중 비공식집단의 특성이 아닌 것은?

① 동료애의 욕구
② 규모가 크다.
③ 개인적 접촉기회가 많다.
④ 관리영역밖에 존재

10
다음 중 리더쉽(leader ship)의 특성이 아닌 것은?

① 밑으로 부터의 동의에 의한 권한부여
② 개인적 영향에 의한 부하와의 관계유지
③ 넓은 부하와의 사회적 간격
④ 민주주의적 지휘형태

11
리더쉽의 일반적인 유형이 아닌 것은?

① 권위주의적 리더쉽
② 민주주의적 리더쉽
③ 자유방임주의적 리더쉽
④ 사회절대주의적 리더쉽

12
리더쉽에 따른 집단성원의 반응에서 권위형 리더쉽의 특징과 관계가 먼 것은?

① 수동적이다. 주의환기를 요한다.
② 응집력이 크고 안정적이다.
③ 리더 부재시 좌절감을 갖는다.
④ 노동이동이 많고, 냉담·공격적이 된다.

해설

②항은 민주형 리더쉽의 집단행위의 특성이다.

13
Haire.M의 leadership의 기법이 아닌 것은?

① 엄숙한 분위기 ② 향상의 기회
③ 지식의 부여 ④ 일관된 규율

해설

Haire에 의한 리더쉽의 기법
1) 지식의 부여 2) 관대한 분위기
3) 일관된 규율 4) 향상의 기회
5) 참가의 기회 6) 호소하는 권리

14
다음은 리더의 의사결정 과정을 연결시킨 것이다. 알맞은 것은?

① 권위주의적 리더 – 집단중심
② 민주주의적 리더 – 종업원 중심
③ 방임주의적 리더 – 집단중심
④ 민주주의적 리더 – 집단중심

해설

리더의 의사결정
1) 권위주의적 리더 : 리더 중심
2) 민주주의적 리더 : 집단 중심
3) 방임주의적 리더 : 종업원 중심

Answer ➡ 07. ③ 08. ② 09. ② 10. ③ 11. ④ 12. ② 13. ① 14. ④

15
리더쉽의 대표적인 이론에 해당되지 않는 것은?

① 특성이론 ② 행동이론
③ 상황이론 ④ 성격이론

16
집단역학(group dynamics)에서 사용되는 개념 중 집단효과(group effect)와 관계없는 것은?

① 집단의 결정 ② 집단의 형성
③ 집단목표 ④ 집단표준

해설
집단역학에서 사용되는 개념
1) 집단규범 또는 집단표준
2) 집단목표
3) 집단의 응집력
4) 집단결정

17
다음 중 지도자 자신이 자신에게 부여한 권한은?

① 강압적 권한 ② 보상적 권한
③ 합법적 권한 ④ 전문성의 권한

18
다음 중 성실한 지도자의 속성이 아닌 것은?

① 강한 업무수행 능력
② 강한 출세욕구
③ 상사에 대한 비판적 태도
④ 실패에 대한 두려움

19
일반적인 리더의 구비요건이 아닌 것은?

① 화합성
② 개인의 이익 추구성
③ 통찰력
④ 정서적 안전성 및 활발성

20
리더쉽과 헤드쉽의 차이 설명이다. 맞는 것은?

① 헤드쉽에서의 책임은 상사에 있지 않고 부하에 있다.
② 헤드쉽은 부하와의 사회적 간격이 좁다.
③ 권한행사 측면에서 보면 리더쉽은 선출된 리더인 반면, 헤드쉽은 임명에 의하여 권한을 행사할 수 있다.
④ 리더쉽의 지휘형태는 권위주의적인 반면, 헤드쉽의 지휘형태는 민주적이다.

21
슈퍼(Super)의 역할이론에 포함되지 않는 것은?

① 역할갈등 ② 역할기대
③ 역할형성 ④ 역할유지

22
카운셀링의 방법으로서 비지시적 카운셀링(non-directive counseling)과 지시적 카운셀링(directive counseling)을 병용하도록 권장한 사람은?

① 로저즈(Rogers.C.R)
② 레만(Lehman.H.C)
③ 플란티(Planty.C.H)
④ 멕코드(McCord.W.S)

해설
① 지시적 방법 : 직접 충고방법
② 비지시적 방법 : 설득, 성명적 방법

23
신입사원 입사 면접시에 「만약 상사가 당신행동이 안전규칙에 위반된다고 꾸짖는다면 당신은 어떤 행동을 취하겠습니까?」하는 질문을 사용하였다면, 이것은 어떤 면접법을 활용한 것인가?

① 자유면접법 ② 중점적 면접법
③ 정형 면접법 ④ 탐색적 면접법

Answer ○ 15. ④ 16. ② 17. ④ 18. ③ 19. ② 20. ③ 21. ④ 22. ① 23. ④

24
테크니컬 스킬즈(technical skills)를 설명한 것으로 맞는 것은?

① 모랄을 앙양시키는 능력
② 인간을 사물에 적응시키는 능력
③ 사물을 인간에 적응시키는 능력
④ 인간을 구속하는 능력

해설
테크니컬 스킬즈는 사물을 인간의 목적에 유익하도록 처리하는 능력을 말한다.

25
다음에서 인간의 사회적 행동의 기본형태가 아닌 것은 어느 것인가?

① 도피(고립)   ② 습관(습성)
③ 협력(조력)   ④ 대립(경쟁)

26
사람이 새로운 문제 상황에 처했을 때 그 문제를 효과적으로 해결할 수 있는 종합적인 능력은?

① 지능   ② 정신연령
③ 개인차   ④ 적성

해설
지능은 새로운 문제 같은 것을 효과적으로 처리해가는 능력을 말하는 것으로 학습능력, 추상적 사고능력, 환경적응 능력 등으로 간주된다.

27
작업자에게 적성검사를 실시하는 이유는?

① 품질 향상을 위해
② 작업 능률을 최대화하기 위해
③ 효율적 인사관리를 위해
④ 안전태도의 변용을 위해

28
적성 배치에 필요한 인간능력의 측정은 정신능력과 신체적 능력이 있다. 다음 중 정신 능력의 주요 분석단계에 해당되지 않는 것은?

① 공간 시각화   ② 수능속도
③ 반응속도   ④ 지각속도

해설
정신 능력 분석단계는 7단계로서 지각속도, 공간 시각화, 수능속도, 언어이해, 어휘 유창성, 기억, 귀납적 추리능력이 있다.

29
합리적인 적정배치시 고려되어야 할 기본 사항이 아닌 것은?

① 인사관리의 기준에 원칙을 고수한다.
② 주관적인 감정요소에 의해 배치한다.
③ 직무평가를 통하여 자격수준을 정한다.
④ 적성검사를 실시하여 개인의 능력을 파악한다.

30
적재적소 배치에 있어 고려하는 작업특성에 해당하지 않는 사항은?

① 시설   ② 기계
③ 환경   ④ 체력

해설
체력은 작업자 개인의 특성에 해당된다.

31
다음 중 정밀도 검사가 아닌 것은?

① 교환검사(Place)
② 회전검사(Turn)
③ 분해검사(Disassemble)
④ 감각기능검사

32
Y-G 성격검사 프로필의 유형 중 C형(左偏型)인 경우의 정서 안정성은?

① 평균   ② 불안정
③ 안정   ④ 평균 및 불안정

해설
C형(좌편형) : 안전소극형(온순, 소극적, 안정, 비활동, 내향적)

Answer ➡ 24. ③ 25. ② 26. ① 27. ② 28. ③ 29. ② 30. ④ 31. ④ 32. ③

33
성격검사방법에 해당되는 것은?

① 실험법　　② 기능검사법
③ 투사기법　④ 지능검사법

해설
성격검사방법 : ① 투사기법 ② 질문지항목법

34
지능지수(IQ)의 산출공식으로 맞는 것은?

① $IQ = \dfrac{정신연령}{생활연령} \times 100$

② $IQ = \dfrac{생활연령}{정신연령} \times 100$

③ $IQ = \dfrac{정신연령}{생활연령 - 정신연령} \times 100$

④ $IQ = \dfrac{생활연령}{정신연령 - 생활연령} \times 100$

35
다음 심리검사 특징 중, 검사의 관리를 위한 조건과 절차의 일관성과 통일성을 의미하는 것은?

① 표준화　　② 객관성
③ 규준　　　④ 신뢰성

36
청년기의 정신발달의 특징과 관계가 있는 것은?

① 통합감　　② 솔선성
③ 자아발견　④ 신중성

37
사람의 성격과 안전사고와의 관계에서 사고자가 지니지 않는 생리적 성격은 다음 중 어느 것인가?

① 가정생활에의 불만
② 허영심의 부족
③ 교양부족
④ 쾌락적 성격 소유

해설
사고경향성자는 허영심이 크고 사치가 심하다.

38
일반적으로 재해빈발성을 가진 사람으로 주목되는 성격은 다음과 같은 것이라고 하는데 이중에서 잘못된 것은 어느 것인가?

① 고집이 없고 이해력이 있는 사람
② 희비에 대해서 극도로 예민한 성격의 사람
③ 경솔히 생각하고 꺼리낌없이 행동하는 사람
④ 운동신경이 우둔하고 민첩하지 못한 사람

해설
고집이 없고 이해력이 있는 사람은 융통성이 있는 사람으로 재해빈발경향성자가 되지 않는다.

39
기셀리와 브라운에 의한 근로자의 모티베이션(motivation)의 연구방법에 해당되지 않는 것은?

① 모티베이션에 관해서 개개인으로부터 보고를 받을 것
② 투영법(投影法)을 사용할 것
③ 지능 및 적성을 파악할 것
④ 사람의 행동에서 모티베이션을 추정할 것

40
다음은 사고 비유발자의 특성에 관한 설명이다. 틀린 것은?

① 의욕과 집착력이 강하다.
② 자기의 감정을 통제할 수 있고 온건하다
③ 주의력 범위가 좁고 편중되어 있다.
④ 상황판단이 정확하고 추진력이 강하다.

해설
③는 사고 유발자의 특성에 해당된다.

41
일반적으로 지능이 좋지 않은 사람은 재해나 사고의 요인을 어느 정도 가지고 있는가?

① 상대적으로 많이 가지고 있다.
② 상대적으로 보통 가지고 있다.
③ 전혀 가지고 있지 않다.
④ 상대적으로 거의 가지고 있지 않다.

Answer ● 33. ③　34. ①　35. ①　36. ③　37. ②　38. ①　39. ③　40. ③　41. ①

42
일반적으로 사고를 일으키기 쉬운 성격에 해당되지 않는 것은?

① 쾌락주의적 성격
② 허영심이 강한 성격
③ 결벽성이 강한 성격
④ 도덕성이 약한 성격

해설
결벽성이 강한 성격은 사고를 일으키기 쉬운 성격이 아니다.

43
다음 중 정신력과 관련 있는 생리적 현상에 속하지 않는 것은?

① 극도의 피로
② 시력 및 청각의 이상
③ 약한 마음
④ 근육운동의 부적합

해설
③ 약한 마음은 정신력과 관계되는 개성적 결함요소이다.

44
인간의 안전심리를 연구하는데 어떤 것을 과학적으로 연구하는가?

① 개인의 정신적 동태
② 개인의 성장과정
③ 환경 및 유전
④ 개성파악

45
시각기능운동의 재해 적성요인은?

① 반응속도
② 반응의 정확도
③ 반응의 방향
④ 반응의 지속성

해설
시각기능과 재해발생에 있어서는 반응속도 그 자체보다 반응의 정확도에 더 관계가 깊다.

46
재해가 다발하는 이유는 작업조건 자체에 위험성이 많기 때문이라는 설은?

① 기회설　② 암시설
③ 경향설　④ 미숙설

47
산업재해 발생원인 중에는 안전의식 레벨이 좌우된다. 의식작용의 적극적 대응이 가능한 상태는?

① 당황한 몸짓
② 판단을 동반한 행동
③ 느긋한 행동
④ 단조로움이 많아 졸음이 온 행동

48
인간의 행동(B)은 인간의 조건(P)과 환경조건(E)과의 함수관계를 갖는다. 즉 B=f(P·E)이다. 다음 중 환경조건(E)을 가장 잘 설명한 것은 어느 것인가?

① 사회적 환경　② 심리적 환경
③ 물리적 환경　④ 작업환경

49
인간의 산업심리작용과 직접 관계가 적은 것은?

① 작업환경　② 표창
③ 휴식　　④ 지식과 기능

해설
지식과 기능은 인간이 교육을 통해 갖추어야 할 인간의 능력에 관한 사항으로 인간의 심리에 영향을 끼치는 요소와는 관계가 없다.

50
인간행동과 인간의 조건 및 환경조건의 관계를 레빈은 B=f(P·E)로 표시했다. f를 설명한 것은?

① 관리적 조건
② 작업환경적 조건
③ 인간의 성격적 조건
④ 사회적 환경조건

Answer ➡ 42. ③　43. ③　44. ①　45. ②　46. ①　47. ②　48. ②　49. ④　50. ①

51
안전사고가 발생하는 요인 중 심리적인 요인에 해당하는 것은?

① 신경계통의 이상
② 감정
③ 육체적 능력의 초과
④ 극도의 피로감

해설
①, ③, ④항은 사고의 요인 중 정신력에 영향을 주는 생리적 현상에 해당한다.

52
지루함과 단조로움에 관한 연구결과 중 맞는 것은?

① 지루함은 작업이 끝날 때 쯤에 극대화된다.
② 지루함의 정도에는 개인적인 차이가 없다.
③ 지능이 높을수록 반복적인 일을 잘 참지 못한다.
④ 내성적인 사람이 외향적인 사람보다 덜 지루해 한다.

해설
지능이 비교적 낮은 사람은 단순한 반복작업 등을 잘 이겨내지만 지능이 높은 사람은 권태를 느끼기 쉽다.

53
재해가 발생하는 심리적 요인에 해당되는 것은?

① 작업공간이 적어서 압박감을 갖는다.
② 자기 능력을 다할 수 있는 책임있는 일을 주지 않는다.
③ 작업중에 졸려서 주의력이 없다.
④ 불안전한 조명으로 강한 정신집중이 요구된다.

54
다음은 행동과학자의 제이론을 전개시키고 있다. 관계가 다른 것은?

① 맥그레거(P.McGregor) – XY이론
② 맥클레랜드(McClelland) – 성취동기이론
③ 허즈버어그(Herzberg) – 성숙미성숙론
④ 리커트(R.Likert) – 상호작용 영향력

해설
허즈버그(Herzberg) : 동기 – 위생이론

55
마슬로우(A. H. Maslow)의 욕구 5단계 중 인간의 기본적인 욕구 다음 단계의 욕구는?

① 생리적 욕구
② 사회적 소속의 욕구
③ 안전, 안정 욕구
④ 자존심의 욕구

56
동기조사(motivation research)의 방법 중 가장 우수한 연구방법은?

① 종업원의 요구 연구
② 관심의 표명 연구
③ 작업태도 연구
④ 사의표명의 이유 연구

해설
동기조사의 방법은 다음과 같으며, 이 중에서 작업태도를 통한 조사 방법이 가장 우수한 연구방법으로 인정되고 있다.
1) 작업자의 불평불만을 통한 연구
2) 관심의 표명을 통한 연구
3) 사의표명의 이유를 통한 연구
4) 작업자의 요구를 통한 연구
5) 작업태도를 통한 연구

57
인간의 동기부여에 관한 맥그레거의 X, Y 이론 중 X 이론이 아닌 항목은 어느 것인가?

① 인간은 스스로 자기목표에 대하여 자기 통제를 한다.
② 인간은 본래 일을 싫어하며, 피하려고 한다.
③ 인간은 명령받는 것을 좋아하며, 책임회피를 좋아한다.
④ 동기는 생리적 수준 및 안정의 수준에서 나타난다.

해설
①항은 Y이론에 속하는 고차적 욕구이다.

Answer ➡ 51. ② 52. ③ 53. ② 54. ③ 55. ③ 56. ③ 57. ①

58
McGregor의 이론 중 Y이론에 해당되지 않는 것은?

① 분권화와 권한의 위임
② 목표에 의한 관리
③ 상부책임제도의 강화
④ 민주적 리더쉽의 확립

해설
③항의 상부책임제도의 강화는 X이론의 관리처방에 해당된다.

59
훈련 후 직무성과에 있어서 개인차이가 있다. 이 개인차는 개인적 변수에 따라 나타난다. 개인적 변수에 해당되지 않는 것은?

① 신체적 특성   ② 개인의 적성
③ 교육과 경험   ④ 작업공간 및 배치

60
어떤 일을 함에 있어 타인과 비교하여 적은 노력으로 좋은 결과를 가져오게 하는 사람이 있는데 이런 경우 어떤 적성과 관련성이 있는가?

① 기능적성   ② 성능적성
③ 성격적성   ④ 신체적적성

61
일을 통한 동기부여 원칙에 해당되지 않는 것은?

① 근로자에게 정기보고서를 통하여 간접적인 정보를 제공한다.
② 자기 과업을 위한 근로자의 책임감을 증대시킨다.
③ 특정과업을 수행할 기회를 부여한다.
④ 근로자에게 단위의 분배작업을 부여하도록 조정한다.

해설
①항, 근로자에게 정기보고서를 통하여 직접적인 정보를 제공한다.

62
다음 중 Maslow의 욕구단계이론과 Alderfer의 ERG이론 중에서 생존(existence) 욕구, 관계(relatedness) 욕구, 성장(growth) 욕구를 제안한 Alderfer의 생존 욕구에 해당되는 Maslow의 욕구는 무엇인가?

① 자아실현의 욕구   ② 존경의 욕구
③ 사회적 욕구   ④ 생리적 욕구

63
다음 중 맥그리거(Mcgregor)의 인간해석 중 Y이론의 관리방식은?

① 권위주의적 리더쉽의 확립
② 분권화와 권한의 위임
③ 경제적 보상체제의 강화
④ 조직구조의 고충성

64
Herzberg가 말하는 일을 통한 동기부여 이론에 해당되는 것은?

① 개체   ② 환경
③ 유전   ④ 작업자체

65
다음 중 Herzberg가 말한 동기요인에 해당되는 것은?

① 일의 내용   ② 복지제도
③ 관리내용   ④ 급료

해설
Herzberg의 동기요인 : 작업 자체(일의 내용), 성취, 책임감 등

66
하인리히의 동기유발요인에 해당되지 않는 것은?

① 분위기
② 작업자 자신
③ 직무 그 자체
④ 부여권한

Answer ➡ 58. ③ 59. ④ 60. ② 61. ① 62. ④ 63. ② 64. ④ 65. ① 66. ④

해설

하인리히의 동기유발요인
1) 분위기   2) 작업자 자신
3) 직무 그 자체   4) 동료그룹
5) 노동조합

67
다음 중 외적 동기유발에 해당되는 것은?

① 성취의욕의 고취
② 지적 호기심의 제고
③ 학습자의 요구수준에 맞는 적절한 교재의 제시
④ 학습의 결과를 알게 하고 만족감, 성공감을 갖게 할 것

해설

①, ②, ③항은 내적 동기유발(자연적 동기유발)에 해당된다.

68
동기부여의 욕구관계에 내적 요인이 아닌 것은?

① 유인   ② 동기
③ 기분   ④ 의지

69
인간은 이성적이며 의식적으로 행동한다는 가정에 근거한 로크(Locke)의 이론은?

① 동기위생이론   ② 일관성이론
③ 목표설정이론   ④ 기대이론

해설

로크의 목표설정이론의 요점은 의식적인 목표, 혹은 의도와 업무 수행간의 관계성에 두고 있다. 목표와 의도란 특별히 미래의 목적과 관련시켜서 개인이 의식적으로 무엇인가를 하려는 것이다.

> **길잡이** 브룸(Vroom)의 기대이론
> 동기의 힘(motivational)은 유인가(valence)와 기대(expectancy)의 곱에 의한 총화로 나타낸다.
> ∴ 동기적인 힘 = 유인가 × 기대
> 여기서 유인가란 여러 행동대안의 결과에 대해서 개인이 갖고 있는 매력의 강도를 말한다.

70
다음 동기유발요인에 속하지 않는 것은 어느 것인가?

① 목적달성   ② 책임
③ 작업자체   ④ 작업조건

해설

작업조건은 허즈버그의 위생요인에 해당된다.

71
학습동기를 유발시키는 방법 중 촉진효과가 가장 큰 것은?

① 통제   ② 직책
③ 무시   ④ 칭찬

72
인간착오의 메카니즘이 아닌 것은?

① 위치의 착오   ② 패턴의 착오
③ 형의 착오   ④ 크기의 착오

해설

인간착오 또는 오인의 메카니즘
1) 위치의 오인   2) 순서의 오인
3) 패턴의 오인   4) 형태의 오인
5) 기억의 틀림

73
다음 각종 감각에 주어야 할 역할과 연결이 잘못된 것은?

① 지각 – 감시적 역할
② 청각 – 연락적 역할
③ 피부감각 – 경보적 역할
④ 취각 – 조절적 역할

74
다음 지각의 해석상 문제에 기인될 것을 설명한 것은?

① 잘못한 의사결정   ② 잘못한 조작
③ 잘못한 풀이   ④ 첨가한 양의 오인

Answer ◐ 67. ④ 68. ① 69. ③ 70. ④ 71. ④ 72. ④ 73. ① 74. ④

75
착각 등 개인의 소질적인 차이가 없는 것은 아니나, 인간으로의 적성에 따르는 경우가 많이 있는 것은 다음 중 어느 것인가?

① 작업에 대해서 기능숙련이 있을 때
② 필요한 행위와 능력을 알고 있을 때
③ 작업량에 대해서 능력이 적합할 때
④ 사태의 파악에 잘못이 있을 때

76
착각을 일으키기 쉬운 조건을 잘못 설명한 것은?

① 착각은 인간노력으로 고칠 수 있다.
② 정보의 결함이 있으면 착각이 일어난다.
③ 착각은 인간측의 결함에 의해서 발생한다.
④ 환경조건이 나쁘면 착각이 일어난다.

77
능력부족은 human error 발생의 주요원인이 된다. 다음 중 능력의 범주에 포함되지 않는 것은?

① 개성   ② 적성
③ 지식   ④ 기술

78
실제로는 움직이지 않는 것이 어느 기준의 이동에 유도되어 움직이는 것처럼 느껴지는 현상을 무엇이라 하는가?

① 유도운동   ② 자동운동
③ 반사운동   ④ 가현운동

79
실제로 정지하고 있는 대상물을 나타냈다가 지웠다가 자주 반복하면 그 물체가 마치 운동하는 것처럼 인식되는데 이와 같은 현상을 무엇이라 하는가?

① 착오현상   ② 자동운동
③ 가현운동   ④ 착시현상

80
다음의 착시(錯視)현상 중에서 Herling의 착시 현상은 어느 것인가?

① a가 b보다 길게 보인다.
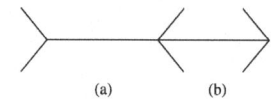

② a는 세로로 길어 보이고, b는 가로로 길어 보인다.
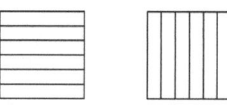

③ a는 양단이 벌어져 보이고, b는 중앙이 벌어져 보인다.
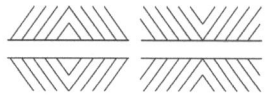

④ a와 c가 일직선으로 보인다.
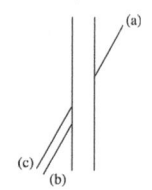

해설
①는 Muler.Lyer의 착시, ②는 Helmholz의 착시, ③는 Herling의 착시, ④는 Poggendorff의 착시

81
다음 중 생략행위를 유발하는 심리적 요인은?

① 간결성의 원리
② risk taking 원리
③ 주의의 일접집중 현상
④ 폐합의 요인

82
다음 중 기하학적 착시가 아닌 것은?

① 방향착시   ② 반전착시
③ 동화착시   ④ 원근법 착시

해설
착시에는 기하학적 착시(방향착시, 동화착시, 원근법착시, 분할거리의 착시), 반전착시, 월의 착시, 대비착시 등이 있다.

Answer ➔ 75. ③ 76. ① 77. ① 78. ① 79. ③ 80. ③ 81. ① 82. ②

83
주의력의 특성에 해당되지 않는 것은?

① 주의 범위는 언제나 좁다.
② 주의는 동시에 두 개의 방향에 집중할 수 없다.
③ 주의력 테스트에서 집중력과 판단력이 좋은 사람이 사고위험이 있다.
④ 고도의 주의는 장시간 지속이 불가능하다.

84
다음은 부주의를 정의한 것이다. 잘못 설명한 것은?

① 부주의는 불안전한 행위와 불안전한 상태에도 적용된다.
② 부주의는 결과적으로 실패한 동작이다.
③ 부주의는 유사한 착각이나 본질적인 지식의 부족에 기인한다.
④ 부주의는 인간 능력한계가 넘는 범위로 행위한 동작의 실패원인을 말한다.

85
부주의에 대한 설명으로 틀린 것은?

① 부주의는 거의 모든 사고의 직접원인이 된다
② 부주의라는 말은 불안전한 행위뿐만 아니라 불안전한 상태에도 응용된다.
③ 부주의라는 말은 결과를 표현한다.
④ 부주의는 무의식적 행위나 의식의 주변에서 행해지는 행위에 나타난다.

해설
부주의는 사고의 직접원인(불안전한 행동)을 유발시키는 사고의 간접원인이 된다.

86
다음은 사고와 연결되는 인간의 행동특성을 설명한 것이다. 틀리는 것은?

① 안전태도가 불량한 사람은 리스크테이킹(risk taking)의 빈도가 높다.
② 돌발적 사태하에서는 인간의 주의력이 분산된다.
③ 자아의식이 약하거나 스트레스에 저항력이 약한 자는 동조경향을 나타내기 쉽다.
④ 순간적으로 대피하는 경우에 우측보다 좌측으로 몸을 피하는 경향이 높다.

87
인간의 의식의 공통적인 경향이 아닌 것은?

① 의식은 그초점에서 멀어질수록 희미해진다.
② 당면한 사태에 의식의 초점이 합치되지 않고 있을 때는 대응력이 떨어진다.
③ 의식에는 현상 대응력에 한계가 있다.
④ 의식은 연속되는 경향이 있다.

88
다음 중 의식의 통제책에 관계없는 것은?

① 의식은 초점에서 멀어질수록 밝아진다.
② 의식은 초점에서 가장 명확하다.
③ 의식은 장기간 집중할 수 없으므로 적당한 휴식이 필요하다.
④ 의식의 우회는 카운셀링을 통해 해소할 수 있다.

해설
①항, 의식은 초점에서 멀어질수록 희미해진다.

89
다음 부주의형 중 의식의 우회를 나타낸 것은?

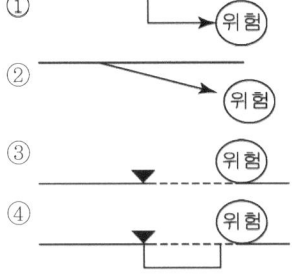

해설
①은 의식수준의 저하, ②는 의식의 혼란 ③은 의식의 단절(중단) ④는 의식의 우회를 나타낸다. 그림에서 실선은 의식이 정상적으로 활동하고 있는 상태이다.

90
다음의 피로에 관한 내용 중 피로의 특징은?

① 피로는 노동의 결과로 생기며, 노동을 중지하면 원상태로 돌아간다.
② 피로는 정신적 피로와 육체적 피로로 구분되며, 그 결과 피로감을 느낀다.
③ 피로는 노동의 양적, 질적 저하를 가져온다.
④ 피로는 정신적 또는 육체적 노동의 산물로써 작업능력 또는 생리적 기능의 저하를 가져온다.

91
부주의를 발생시키는 내적조건 중 소질적 조건에 관한 대책으로 맞는 것은?

① 적성배치   ② 교육
③ 카운슬링   ④ 작업조건 개선

92
피로를 발생시키는 내(內)적인 요인으로 적당하지 않은 것은?

① 인간관계(상급자, 동료, 하급자)
② 경험과 숙련도
③ 적성(지능, 성격, 기질, 기능)
④ 작업태도와 의욕

해설
①항의 인간관계는 피로발생의 외적인 요인이다.

93
피로를 발생시키는 외적인 요인으로 적당하지 않은 것은?

① 작업의 강도
② 작업환경조건
③ 경제적조건
④ 작업의 경험

해설
④항의 작업경험은 피로 발생의 내적요인에 속한다.

94
피로가 겹치게 됨으로써 차츰 생산성은 저하되기 시작하며, 따라서 작업자들의 재해발생빈도도 잦아지는데 동시에 다음 중 어느 것도 저하되는가?

① 작업관리   ② 동작밀도
③ 공정진행   ④ 생산관리

해설
피로가 겹치게 되면 동작밀도가 저하되기 때문에 작업시간에 비하여 실제로 일하는 시간의 비율인 실동률(實動率)이 떨어지게 된다.

95
피로대책의 원칙 중 단조로움이나 권태감에 의한 대책은?

① 용의주도한 작업계획의 수립이행
② 불필요한 마찰의 배제
③ 작업교대제 실시, 습도 및 통풍의 조절
④ 일의 가치를 가르침

96
피로의 예방과 회복대책을 설명한 것 중 틀린 것은?

① 작업부하를 크게 할 것
② 정적 동작을 피할 것
③ 작업속도를 적절하게 할 것
④ 근로시간과 휴식을 적정하게 할 것

해설
① 작업부하를 작게 할 것

97
바이오리듬에 해당하지 않는 것은?

① 지성적 리듬
② 육체적 리듬
③ 감성적 리듬
④ 안정적 리듬

Answer ➡ 90. ④ 91. ① 92. ① 93. ④ 94. ② 95. ③ 96. ① 97. ④

98
바이오리듬(Biorhythm)에서 위험일(critical day)과 관계가 깊은 것은 다음 중 어느 것인가?
① 생활습관상 기분이 좋지 않은 날이다.
② 컨디션이 가장 나쁜 날이며 (−)주기의 피크를 말한다.
③ 의지의 생략일을 말하는 것이다.
④ 위험일에는 혼자하는 일을 삼가는 것이 좋다.

99
다음의 생체리듬에 관한 설명 중 틀린 것은?
① 혈액의 수분과 염분량은 주간에 증가하고 야간에 감소한다.
② 체온과 혈압은 주간에 상승하고 야간에 저하한다.
③ 야간 작업에서는 주간 작업보다 체중의 감소가 크다
④ 야간 작업에서는 주간 작업보다 말초 운동 기능이 저하된다.

100
정신적 또는 육체적 활동의 부산물로 체내에 누적되어 활동 능력을 둔화시킴으로서 사고원인이 되기 쉬운 것은?
① 근심걱정
② 피로
③ 주의 집중력
④ 공상

101
다음 중 생리적 변화에 관계 있는 것은?
① 작업태도, 감정의 변화
② 대사물질의 양적, 질적 변화
③ 감각기능, 순환기능, 반사기능의 변화
④ 질과 양의 변화

102
피로측정방법 중 생리적 변화를 이용한 측정방법이 아닌 것은?
① 반사기능
② 대사기능
③ 감각기능
④ 사고활동의 변화

해설

피로측정방법
① 생리적 변화를 이용한 방법 : 감각기능, 반사기능, 대사기능, 순환기능, 대사물의 질량변화
② 정신적 변화를 이용한 방법 : 작업동작경로, 작업태도, 사고활동의 변화, 자세의 변화, 기억의 변화

103
다음 재해원인 중 생리적인 원인으로 생각되는 것은?
① 작업자의 무지
② 안전장치의 무시
③ 작업자의 피로
④ 작업자의 기능

해설

피로감(feelings of tiredness)이란 생리적인 기능의 변조(變調)에 따르는 주관적 체험이다.

104
작업시간에 관한 여러 방법 중 좋은 성과를 두고 있다고 볼 수 없는 것은?
① 영구적인 시간제 고용
② 주간 4일 업무
③ 공식적인 휴식
④ 교대근무

해설

영구적인 시간제고용은 근무의욕을 위축시키고 책임감이 결여될 수 있으므로 좋은 성과를 기대할 수 없다.

105
스트레스의 영향요인 중 외부로부터의 자극요인이 아닌 것은?
① 가족관계의 갈등
② 업무상의 죄책감
③ 경제적인 어려움
④ 자신의 건강문제

해설

업무상의 죄책감은 마음속에서 일어나는 내적 자극요인이다.

Answer ➡ 98.④ 99.① 100.② 101.③ 102.④ 103.③ 104.① 105.②

106
작업에 수반되는 피로의 예방과 대책으로서의 수단이 아닌 것은?

① 작업부하를 작게 할 것
② 정적 동작을 행할 것
③ 작업정도를 적절하게 할 것
④ 운동시간을 적당히 할 것

107
산업재해 발생 원인 중에는 안전의식 레벨이 좌우된다. 의식작용을 적극적 대응이 가능한 상태는?

① 당황한 몸짓
② 판단을 동반한 행동
③ 느긋한 행동
④ 단조로움이 많아 졸음이 온 행동

해설
판단을 동반한 행동은 안전의식 레벨이 높은 것으로 적극적 대응이 가능한 상태이다.

108
작업태도 분석에 의한 동기파악방법의 연구 과정은?

① 요인 – 태도 – 결과
② 태도 – 결과 – 요인
③ 결과 – 요인 – 태도
④ 태도 – 요인 – 결과

해설
작업태도 분석에 의한 동기파악 방법은 그 연구과정인 요인(factors) → 태도(attitude) → 결과(effects)를 동시에 파악하는 것이다.

109
안전한 방법에 대하여 알고 있는 사람이 불안전한 행위를 범해서 재해를 일으키는 경우에 적합하지 않은 것은?

① 무의식적으로 하는 경우
② 사태의 파악에 잘못이 있는 경우
③ 좋지 않다는 것을 의식하면서 행위를 할 경우
④ 작업의 내용에 무리가 있을 경우

110
작업자의 안전태도를 형성하기 위한 가장 유효한 방법은?

① 안전표지판의 부착
② 안전에 관한 훈시
③ 안전한 환경의 조성
④ 안전에 관한 교육의 실시

111
작업능률을 높이고 마음을 침착하게 할 수 있는 색채로 알맞은 것은?

① 연한 황색
② 연한 녹청색
③ 연한 백색
④ 연한 검정색

112
단조로운 업무가 장시간 지속될 때 작업자의 감각기능 및 판단능력이 둔화 또는 마비되는 현상을 무엇이라고 하는가?

① 감각차단현상
② 망각현상
③ 피로현상
④ 착각현상

113
인간의 지각판단 응답에 가장 큰 영향을 주는 인자는?

① 온도
② 조명
③ 소음
④ 진동

해설
인간의 중추신경에서 처리되는 정보의 지각 판단응답에 가장 큰 영향을 미치는 인자는 소음이다.

114
에너지대사율(R. M. R)이 높은 작업의 경우 사고예방대책은 어느 것인가?

① 작업시간 연장
② 휴식시간 증가
③ 임금의 증액
④ 작업의 전환

해설
RMR이 높은 작업은 작업강도가 큰 작업이므로 쉽게 피로해진다. 따라서 휴식시간도 그만큼 길어져야 한다.

Answer ➡ 106. ② 107. ② 108. ① 109. ③ 110. ③ 111. ② 112. ① 113. ③ 114. ②

115
다음 중 개인의 생활변화에 가장 많은 영향을 주는 것은?

① 친구의 죽음 ② 다치거나 병에 걸림
③ 실업실직 ④ 결혼

116
다음 인간관계 개선기법을 활용할 교육방법이 아닌 것은?

① 알지 못한다. ② 할 생각이 없다.
③ 하지 않는다. ④ 화목하지 않다

해.설

①항 알지 못한다는 것은 인간관계 개선기법이 아닌 지식교육을 통해 알게 하여야 한다.

117
정신적 기능에 속하지 않는 것은?

① 의식 ② 수면
③ 시각 ④ 기억

118
직무시사회(job preview)란 무엇인가?

① 직무확대의 한 방법
② 인사선발의 한 방법
③ 직무분석의 한 방법
④ 인사관리의 한 방법

119
다음 인간의 행동레벨 중 가치관 레벨에 속하는 것은?

① 기술을 몸에 익힌다.
② 안전규칙의 중요성을 알고 실천한다.
③ 헬멧착용을 하지 않는다.
④ 모든 행동을 생략하고 억제력이 있으면 강하게 행동한다.

120
다음 중 교육의 3요소는?

① 강사, 수강자, 교육방법
② 강사, 수강자, 교육내용
③ 수강자, 교육내용, 교육방법
④ 교육내용, 교육방법, 교육장소

해.설

교육의 3요소 : 강사, 수강자, 교육내용

121
기업에서 안전교육을 실시할 필요성으로 가장 중요한것은?

① 노동력유지 ② 돌발사고방지
③ 생산성 향상 ④ 보상지출감소

122
학습지도의 원리에서 구체적인 사물을 직접 제시하거나 경험시킴으로서 큰 효과를 볼 수 있다는 원리는?

① 사회화의 원리
② 자기활동의 원리
③ 직관의 원리
④ 통합의 원리

123
학과교육의 4단계법 중 제3단계는?

① 확인 ② 제시
③ 도입 ④ 적용

해.설

교육방법의 4단계
1) 1단계 : 도입(준비)
2) 2단계 : 제시(설명)
3) 3단계 : 적용(응용)
4) 4단계 : 확인(총괄)

124
다음의 교육 4단계 중 적용에 해당되는 설명은 어느 것인가?

① 관심과 흥미를 가지고 심신의 여유를 주는 단계
② 내용을 확실하게 이해시키고 납득시키는 단계
③ 과제를 주어 문제 해결을 시키거나 습득시키는 단계
④ 연수 내용을 정확하게 이해하였는가를 테스트하는 단계

해설
①항은 1단계 : 도입(준비), ②항은 2단계 : 제시(설명), ③항은 3단계 : 적용(응용), ④항은 4단계 : 확인(총괄)

125
토의식 교육지도에 있어서 가장 시간이 많이 소요되는 단계는?

① 도입 ② 제시
③ 적용 ④ 확인

해설
토의식 교육
도입(5분) – 제시(10분) – 적용(40분) – 확인(5분)

126
다음 교육을 시킬 때 학습에 영향을 주는 요인들과 거리가 멀게 설명된 것은?

① 보상이 수반되는 행위는 지속화되지 않고 소거된다.
② 반복적인 자극은 안정된 반응양식으로 발전한다.
③ 보상의 크기는 학습영향에 비례한다.
④ 학습은 반응하는데 소요되는 노력의 영향을 받는다.

127
작업지도 4단계 기법 중 확실하게 빠짐없이 끈기있게 지도하는 단계는?

① 제1단계 학습할 준비를 시킨다.
② 제2단계 작업을 설명한다.
③ 제3단계 작업을 시켜본다.
④ 제4단계 가르킨 것을 살펴본다.

128
Pavolv의 조건반사설은 행동주의 학습이론에 큰 영향을 미쳤다. 다음 중 조건반사설에 의거한 학습이론의 원리가 아닌 것은?

① 강도의 원리
② 일관성의 원리
③ 계속성의 원리
④ 시행착오의 원리

해설
조건반사설에 의한 학습이론의 원리
1) 시간의 원리
2) 강도의 원리
3) 일관성의 원리
4) 계속성의 원리

129
다음 중 학습의 이론이 아닌 것은?

① 통찰설(insight theory)
② 전이설(transfer theory)
③ 조건반사설(conditioned reflex theory)
④ 시행착오설(trial and error theory)

해설
학습이론
1) S-R이론 : ① 시행학오설 ② 조건반사설
2) 형태설 : ① 동찰설 ② 장설 ③ 기호형태설

130
다음 중 전이(transfer)의 조건이 아닌 것은?

① 학습방법 ② 학습정도
③ 학습시간 ④ 학습내용

Answer ● 124. ③ 125. ③ 126. ① 127. ② 128. ④ 129. ② 130. ①

131
전이의 이론에서 선행학습경험과 새로운 학습경험 사이에 같은 요소가 있을 때는 서로의 사이에 연합 또는 연결의 현상이 일어난다는 설로 맞는 것은?

① 일반화설　　② 동일요소설
③ 형태이조설　④ 도구적 조건화설

132
다음의 적응기제 중 방어적 기제에 해당되지 않는 것은?

① 합리화　　② 동일시
③ 보상　　　④ 퇴행

해설
④ 퇴행은 도피적 기제에 속한다.

133
기억과정에 관한 내용 중 사물의 인상을 마음속에 간직하는 것을 나타내는 것은?

① 파지　　② 재생
③ 기명　　④ 재인

134
전습법과 분습법에 대한 설명으로 틀린 것은?

① 지적으로 우수한 학생과 연령과 경험이 많은 학생은 분습법이 유리하다.
② 통일성이 있는 종합적인 학습재료는 전습법이 유리하다.
③ 집중 학습인 경우는 분습법이 유리하다.
④ 상호관련성이 적고 분과적인 것은 분습법이 유리하다.

해설
①항의 경우는 전습법이 유리한 경우이다.

135
연습의 방법 중 전습법의 이점이 아닌 것은?

① 학습효과가 빨리 나타난다.
② 망각이 적다.
③ 학습에 필요한 반복이 적다.
④ 연합이 생긴다.

해설
①는 분습법의 이점에 속한다.

136
앞의 학습이 뒤의 학습을 방해하는 조건이 아닌 것은?

① 앞의 학습이 불완전한 경우
② 앞과 뒤의 학습내용이 다른 경우
③ 뒤의 학습을 앞의 학습 직후에 실시하는 경우
④ 앞의 학습내용을 재생하기 직전에 실시하는 경우

137
인간의 안전한 행동을 유지시키기 위한 교육은?

① 기능교육　　② 지식교육
③ 태도교육　　④ 정신교육

138
이미 습득한 안전 지식을 실행할 수 있는 능력을 무엇이라고 하는가?

① 안전기능　　② 안전점검
③ 안전확인　　④ 안전교육 능력

139
안전교육에 대한 설명으로 틀린 것은?

① 작업자를 산업재해로부터 미연에 방지하기 위해
② 재해의 발생으로 인한 직접 및 간접 경제적 손실을 방지하기 위해
③ 안전보호구의 설계능력을 배양하기 위해
④ 생산을 위한 작업방법의 개선, 향상을 지향하기 위해

Answer ◐　131. ②　132. ④　133. ③　134. ①　135. ①　136. ②　137. ③　138. ①　139. ③

140
태도교육의 효과가 가장 높은 교육방법은 다음 중 어느 것인가?

① 토의식 방법
② 강의식 방법
③ 프로그램 학습법
④ 강연식 방법

141
강의식 교육의 단점에 해당되는 것은?

① 많은 사람을 한꺼번에 지식을 부여한다.
② 참가자는 수동적 입장에 놓인다.
③ 새로운 것을 체계적으로 교육할 수 있다.
④ 간단한 준비만 있으면 언제나 할 수 있다.

해설
②는 단점 ①, ③, ④는 강의식 교육의 장점에 해당된다.

142
교육·훈련방법 중 강의법의 장점은?

① 흥미를 갖고 적극적으로 참가한다.
② 시간의 계획과 통제가 용이하다.
③ 민주적, 협력적이다.
④ 현실적인 문제의 학습이 가능하다.

143
회사에 대한 일체감이나 대인관계를 교육내용으로 하는 것은 어떤 교육인가?

① 기능에 관한 교육
② 지식에 대한 교육
③ 태도에 관한 교육
④ 환경에 관한 교육

144
안전교육을 반복하는 이유가 아닌 것은 어느 것인가?

① 불안전 행동을 안전한 행동으로 바꾸기 위해서
② 교육상의 미비점을 보완하기 위하여
③ 교육을 통한 실제행동으로 반복시키기 위하여
④ 잊어버린 안전지식을 재차 알려주기 위해서

145
짧은 교육기간에 많은 내용을 전달하기 위해서는 다음 어느 교육방법이 적당한가?

① 강의식
② 문답식
③ 토의식
④ 질문식

해설
강의식 교육의 특징은 짧은 교육기간에 광범위한 지식의 전달이 가능한 것이다.

146
안전화를 이룩하기 위한 안전교육 중 교육을 통해 안전행동을 실행해 낼 수 있는 동기를 부여하자는 교육은 무엇인가?

① 안전지식 교육
② 안전기능 교육
③ 안전태도 교육
④ 안전환경 교육

147
안전교육계획 수립에 필요한 사항이 아닌 것은?

① 교육의 과목 및 교육내용
② 작업설비의 안전화
③ 교육의 종류 및 교육대상
④ 교육담당자 및 강사

해설
안전교육계획 수립에 필요한 사항
1) 교육목표
2) 교육기간 및 시간
3) 교육의 종류 및 교육대상
4) 교육장소
5) 교육의 과목 및 교육내용
6) 교육방법
7) 교육담당자 및 강사

148
안전교육목표에 포함시켜야 할 사항은 어느 것인가?

① 강의순서
② 과정소개
③ 강의개요
④ 교육 및 훈련범위

Answer ➡ 140. ① 141. ② 142. ② 143. ③ 144. ② 145. ① 146. ③ 147. ② 148. ④

149
안전교육의 준비계획에 속하지 않는 사항은?

① 교육목표 설정
② 교육대상자 결정
③ 교육과정 결정
④ 교육소요 기자재

해설

준비계획에 포함하여야 할 사항
1) 교육목표 설정
2) 교육대상자범위 결정
3) 교육과정의 결정
4) 교육방법 및 형태 결정
5) 교육보조재료 및 강사, 조교의 편성
6) 교육진행사항
7) 필요 예산의 산정

150
안전교육계획을 수립하는 작업순서이다. 필요한 순서가 아닌 것은?

① 교육의 필요점을 발견한다.
② 교육대상을 결정한다.
③ 교육을 실시한다.
④ 교육담당자를 정한다.

해설

교육계획의 수립 및 추진에 있어서는 다음의 순서에 따라 실시한다.
1) 교육의 필요점을 발견한다.
2) 교육대상을 결정하고 그것에 따라 교육내용 및 교육방법을 결정한다.
3) 교육의 준비를 한다.
4) 교육을 실시한다.
5) 교육의 성과를 평가한다.

151
안전교육 계획작성에 필요한 요소에 해당되지 않는 것은?

① 강의 개요
② 교육목표
③ 보조자료 사용계획
④ 과정요약

152
다음 중 교육의 3요소에 포함되는 것은?

① 교육계획
② 교육내용
③ 교육장소
④ 교육평가

해설

교육의 3요소 : 강사, 수강자, 교육내용

153
사고예방을 위한 교육에 있어서 안전에 관한 교육 외에 중요하게 다루어야 할 내용은?

① 직무에 대한 동기유발
② 회사의 규칙
③ 신체단련
④ 레크레이션

154
안전관리교육을 위한 교재(敎材)중 안전작업 분석도표(sheet)는 무엇을 위한 것인가?

① 안전관리기능을 위한 교재
② 안전사상(思想)을 위한 교재
③ 안전관리지식을 위한 교재
④ 안전태도를 위한 교재

155
학습 지도의 방법 중 구안법(project method)의 단계에 해당되지 않는 것은?

① 수행
② 구성
③ 목적
④ 계획

해설

구안법의 단계는 목적, 계획, 수행, 평가의 4단계를 거친다.

156
다음 안전교육 중 신입사원 안전교육 항목과 거리가 먼 것은?

① 현장안전 개선방법
② 보호구 취급방법
③ 안전의 의의 및 위험물 취급방법
④ 작업순서

Answer ◯ 149. ④ 150. ④ 151. ③ 152. ② 153. ① 154. ① 155. ② 156. ①

157
신규채용자에 대한 안전교육 내용이 아닌 것은?
① 관리감독자의 역할과 임무에 관한 사항
② 안전장치 및 보호구 사용에 관한 사항
③ 기계기구의 위험성과 안전작업 방법에 관한 사항
④ 당해설비, 기계 및 기구의 작업안전 점검에 관한 사항

해설
①항은 관리감독자의 정기안전보건교육 내용에 해당된다.

158
신규채용자에 대한 안전교육 내용이 아닌 것은 다음 중 어느 것인가?
① 안전조직 및 기구 역할
② 사업장의 안전규정 및 수칙
③ 이상 및 재해 발생기의 적절한 조치와 적정배치
④ 보호구의 성능 및 사용방법

159
안전교육의 대상자에 대한 설명 중 틀린 것은?
① 신규채용자 계절작업자는 교육대상에서 제외한다.
② 작업내용 변경자는 필히 교육대상이 된다.
③ 신규채용자 중 감시작업자는 교육대상이다.
④ 위험작업 종사자는 교육대상이다.

160
직무교육 중 신규교육을 이수한 후 2년마다 보수교육을 받는 자가 아닌 것은?
① 안전관리자
② 안전보건관리책임자
③ 관리감독자
④ 산업보건의

해설
관리감독자는 매월 2시간 이상 교육을 받아야 할 정기교육 대상자이다.

161
안전관리자를 위한 교육 내용으로 적당하지 않은 것은?
① 화재나 비상시의 임무
② 보호구 수선방법
③ 직업병과 환경
④ 안전관계 법규

해설
직업병과 환경은 보건관리자에게 필요한 교육내용이다.

162
다음 중 주제의 논리적 전개방법이 아닌 것은?
① 부분적인 것에서 전체적인 것으로
② 간단한 것에서 복잡한 것으로
③ 기지(旣知)의 것에서 미지의 것으로
④ 많이 사용하는 것에서 적게 사용하는 것으로

163
흙막이 지보공의 보강 또는 동바리 설치 또는 해체 작업에 대한 특별안전보건교육의 교육내용과 관계없는 것은?
① 작업안전점검 요령과 방법에 관한 사항
② 붕괴방지용 구조물설치 및 안전작업방법에 관한 사항
③ 해체작업 순서와 안전기준에 관한사항
④ 보호구 취급 및 사용에 관한 사항

해설
흙막이 지보공의 보강 또는 동바리의 설치 또는 해체작업의 특별안전보건교육의 내용
1) 작업안전점검 요령과 방법에 관한 사항
2) 동바리의 운반·취급 및 설치시 안전작업에 관한 사항
3) 해체작업 순서와 안전기준에 관한사항
4) 보호구 취급 및 사용에 관한 사항
5) 그 밖에 안전·보건관리에 필요한 사항

Answer ▶ 157. ① 158. ① 159. ① 160. ③ 161. ③ 162. ④ 163. ②

164
특별안전보건교육 중 건설용 리프트, 곤돌라를 이용한 작업의 교육내용이 아닌 것은?

① 걸고리, 와이로프트 및 비상정지장치 등의 기계·기구 점검에 관한 사항
② 방호장치의 종류 기능 및 취급에 관한 사항
③ 기계기구의 특성 및 동작원리에 관한 사항
④ 화물의 권상, 권하작업방법 및 안전작업지도에 관한 사항

해설

건설용 리프트, 곤돌라를 이용한 작업의 특별안전보건교육 내용
1) 방호장치의 기능 및 사용에 관한 사항
2) 기계, 기구, 달기체인 및 와이어 등의 점검에 관한 사항
3) 화물의 권상·권하 작업방법 및 안전작업 지도에 관한 사항
4) 기계·기구의 특성 및 동작원리에 관한 사항
5) 그 밖에 안전·보건관리에 필요한 사항

165
게이지압력을 $1kg/cm^2$ 이상으로 사용하는 압력용기의 설치 및 취급작업에 대한 특별안전보건교육의 교육내용이 아닌 것은?

① 열관리 및 방호장치에 관한 사항
② 안전시설 및 안전기준에 관한 사항
③ 압력용기의 위험성에 관한 사항
④ 용기취급 및 설치기준에 관한 사항

해설

①항은 보일러의 설치 및 취급작업시의 특별안전보건교육의 교육내용이다.

166
특별안전보건교육 중 비계의 조립,해체 또는 변경작업의 교육내용이 아닌 것은?

① 비계의 조립순서 방법에 관한 사항
② 지보공의 조립방법 작업절차에 관한 사항
③ 추락재해방지에 관한사항
④ 보호구 착용에 관한 사항

해설

비계의 조립·해체 또는 변경작업의 교육내용
① 비계의 조립순서 방법에 관한 사항
② 비계작업의 재료 취급 및 설치에 관한 사항
③ 추락재해 방지에 관한사항
④ 보호구 착용에 관한 사항
⑤ 그 밖에 안전·보건관리에 필요한 사항

167
교시법의 4단계가 아닌 것은?

① 일은 시켜 보이는 단계(performance)
② 응용시키는 단계(application)
③ 일을 하여 보이는 단계(presentation)
④ 준비단계(preparation)

해설

교시법의 4단계
1) 준비단계(1단계)
2) 일을 하여 보이는 단계(2단계)
3) 일을 시켜 보이는 단계(3단계)
4) 보습지도의 단계(4단계)

168
하버드 학파의 5단계 교수법에 해당되지 않는 것은?

① 시사를 받는다.
② 교시한다.
③ 연합한다.
④ 총괄시킨다.

169
학습 지도의 방법 중 구안법(project method)의 단계에 해당되지 않는 것은?

① 수행 ② 토의
③ 목적 ④ 계획

해설

구안법(project method) : 학생이 마음속에 생각하고 있는 것을 외부에 구체적으로 실현하고 형상화하기 위해서 자기 스스로가 계획을 세워 수행하는 학습 활동으로 이루어지는 형태이다. Collings는 구안법을 탐험(exploration), 구성(construction), 의사 소통(communication), 유희(play), 기술(skill)의 5가지로 지적하고 산업시찰, 견학, 현장실습 등도 이에 해당된다고 하였다. 구안법의 단계는 목적, 계획, 수행, 평가의 4단계를 거친다.

170
다음 안전교육방법 중 피교육자의 인간동작과 관련있는 교육방법은?

① 강의식 ② 토의식
③ 문답식 ④ 실연식

171
다음 중 필립스(Phillips)가 고안한 교육방법은?

① panel discussion
② buzz session
③ symposium
④ forum

해설
6-6회의라고 하며, 참가자가 특히 많은 경우 전원을 토의에 참가시키기 위하여 행하는 방법이다.

172
대집단을 몇 개의 집단으로 나누고 그 소집단별로 리더(leader)를 정하여 토의를 하고 결론을 내는 집단토의법은?

① panel discussion ② colloquy
③ work shop ④ film forum

173
문제해결법(problem method)의 단계 중 2단계에 해당되는 것은?

① 해결방법의 연구계획
② 문제의 인식
③ 자료의 수집
④ 해결방법의 실시

해설
문제해결법의 단계
1) 1단계 : 문제의 인식
2) 2단계 : 해결방법의 연구계획
3) 3단계 : 자료의 수집
4) 4단계 : 해결방법의 실시
5) 5단계 : 정리와 결과의 검토

174
관리감독의 교육에 알맞은 안전교육방법은?

① T. B. M ② symposium
③ O. J. T ④ off. J. T

175
다음 중 개인안전교육방법으로 부적당한 것은?

① follow-up ② 카운셀링
③ O. J. T ④ off. J. T

해설
off.J.T는 현장 외 또는 직장 외 교육훈련방법으로 다수의 근로자들에게 교육을 시킬 경우 적합한 방법이다.

176
토의식 교육방식으로 부적당한 것은?

① TBM
② role playing
③ case study
④ problem method

해설
role playing(역할연기법)은 어떤 역할을 규정하여 이것을 실제로 시켜봄으로 이것을 훈련이나 평가에 사용하는 것이다.

177
강의법에 의한 교육시 최적 수강자 수는?

① 30~50인 ② 50~70인
③ 70~90인 ④ 90~110인

해설
1) 강의법 : 30~50명 정도
2) 토의법 : 10~20명 정도

178
토의식 교육방법에 의한 교육시 최적 수강자 수는?

① 10~20인 ② 20~30인
③ 70~90인 ④ 90~110인

Answer ➡ 172. ③ 173. ① 174. ④ 175. ④ 176. ② 177. ① 178. ①

179
O.J.T(on th job training)의 효과가 아닌 것은?

① 다수의 근로자들에게 조직적 훈련을 행하는 것이 가능하다.
② 작업요령을 보다 효율적으로 이해하게 된다.
③ 작업요령이 몸에 배게 되어 작업능률이 향상된다.
④ 추지도(推知導) 교육을 효율적으로 추진할 수 있다.

해설
O.J.T(현장중심교육)는 집단교육으로 적합지 않다.

180
집단토의방식의 안전교육을 효과적으로 이끌기 위한 조건이다. 틀린 것은?

① 중지를 모을 수 있는 문제를 구체적으로 발굴한다.
② 태도와 행동의 변용이 어렵다.
③ 스스로 참여하여 학습의욕을 높인다.
④ 상호평가로 자기반성을 촉구한다.

181
교육형태에 따라 지도하는 교육자를 기준으로 분류한 협의교수법과 거리가 먼 것은?

① 역할 연기법　② 강의식법
③ 대화식법　　④ 설명회식법

182
수업방법 중 도입, 전개, 정리의 각 단계에서 가장 효과적인 수업방법은?

① 반복법
② 프로그램 학습법
③ 실연법
④ 토의법

183
주제를 학습시킬 범위와 내용의 정도를 무엇이라 하는가?

① 학습목적　② 학습목표
③ 학습정도　④ 학습성과

해설
학습정도(level of learning) : 주제를 학습시킬 학습범위와 내용의 정도를 말하며 인지, 지각, 이해, 적용의 단계에 의해 이루어진다.

184
안전교육훈련은 인간행동 변용을 안전하게 유지하기 위함이므로 행동 변용의 전개과정의 순서가 알맞은 것은?

① 자극 – 욕구 – 판단 – 행동
② 욕구 – 자극 – 판단 – 행동
③ 판단 – 자극 – 욕구 – 행동
④ 행동 – 요구 – 자극 – 판단

185
의식적으로 의견을 발표케 함으로써 보다 심층적인 내면의 사고나 태도를 알아내는 방법으로 옳은 것은?

① 집단토의법　② 면접법
③ 투사법　　　④ 질문지법

186
교육훈련의 평가기준에서 로쉬(Lawshe)의 기준에 해당되지 않는 것은?

① 생산량
② 통제그룹
③ 단위생산소요시간
④ 훈련실시기간

Answer ◯　179. ①　180. ②　181. ④　182. ②　183. ③　184. ①　185. ③　186. ②

187
학습지도의 다섯 단계를 순서에 맞게 나열한 것은 어느 것인가?

① 총괄 – 연합 – 준비 – 교시 – 응용
② 준비 – 교시 – 연합 – 총괄 – 응용
③ 교시 – 준비 – 연합 – 응용 – 총괄
④ 응용 – 연합 – 교시 – 준비 – 총괄

해설

하버드학파의 5단계 교수법
1) 준비시킨다.   2) 교시한다.
3) 연합한다.   4) 총괄시킨다.
5) 응용시킨다.

188
다음 중 TBM의 진행방법에 해당되지 않는 것은?

① 의견을 내도록 한다.
② 정리한다.
③ 도입한다.
④ 관찰한다.

해설

TBM은 직장에서 개최하는 안전을 위한 집단회의방식으로 진행방법은 다음과 같다.
1) 1단계 : 도입한다.
2) 2단계 : 의견을 내도록 한다.
3) 3단계 : 정리한다.

189
다음 중 신규채용시 및 작업내용 변경시의 근로자에 대한 안전교육의 강사가 될 수 없는 자는?

① 안전관리자
② 산업보건의
③ 안전보건관리 책임자
④ 사업주

해설

채용시 및 작업내용 변경시 교육, 유해위험작업의 특별안전보건교육시 강사자격이 있는 자는 ① 안전보건관리책임자 ② 안전관리자 ③ 관리감독자 ④ 보건관리자 ⑤ 산업보건의 ⑥ 한국산업안전공단 등 지정 교육기관에서 강사요원교육과정을 이수한 자 등이 있다.

190
다음 중 집단안전교육방법에 해당되지 않는 것은?

① 일을 통한 안전교육
② 문답방식에 의한 안전교육
③ 프로젝트방식에 의한 안전교육
④ 토의에 의한 안전교육

해설

일을 통한 안전교육은 개별안전교육방법이다.

191
사고예방을 위한 훈련프로그램에 다루지 않는 사항은 다음 중 어느 것인가?

① 직무지식
② 안전에 대한 의식
③ 사고 보고서
④ 생산성 향상

192
안전교육의 실시계획의 내용에 포함되지 않아도 되는 사항은?

① 교육장소
② 기자재 및 견학계획
③ 교육목표 설정사항
④ 협조부서 및 협동사항

해설

실시계획의 내용
1) 필요인원(강사, 지도원 등)
2) 교육장소
3) 기자재(교육보조재료, 교안 등)
4) 견학 계획
5) 시범 및 실습계획
6) 협조부서 및 협동조합
7) 토의진행계획
8) 소요예산책정
9) 평가계획
10) 일정표

Answer ▶ 187. ② 188. ④ 189. ④ 190. ① 191. ④ 192. ③

193
안전교육 훈련기법에서 지식형성을 위한 가장 적절한 방식은?

① 제시방식 ② 응용방식
③ 실습방식 ④ 참가방식

해설
안전교육 훈련방식
1) 지식형성 – 제시방식
2) 기능숙련 – 실습방식
3) 태도개발 – 참가방식

194
교육을 시킬 때 학습에 영향을 주는 요인들과 거리가 멀게 설명된 것은?

① 보상이 수반되는 행위는 지속화 되지 않고 소거(消去)된다.
② 반복적인 자극은 안정된 반응양식으로 발전한다.
③ 보상의 크기는 학습영향에 비례한다.
④ 학습은 반응하는데 소요되는 노력이 영향을 받는다.

195
안전교육의 평가방법으로 가장 적합한 것은?

① 관찰 ② 면접
③ 질문 ④ 테스트

196
다음중 노동부장관이 실시하는 직무교육을 받아야할 대상이 아닌 것은?

① 안전관리자 ② 보건관리자
③ 관리감독자 ④ 자체검사원

해설
직무교육(신규 · 보수교육) 대상자
1) 안전보건관리 책임자
2) 산업보건의
3) 안전관리자(대행 포함)
4) 보건관리자(대행 포함)
5) 자체검사원

197
안전교육의 방법 중 토의식 안전교육의 특징이 아닌 것은?

① 참가자가 자주적, 적극적으로 되기 쉽다.
② 참가자에게 미지의 분야의 지식을 일정한 시일에 습득시킬 수 있다.
③ 참가자 개개인에게 동기부여가 용이하다.
④ 기능적, 태도적인 것의 교육이 후비다.

198
다음 교육종류와 내용이 알맞게 연결된 것은?

① 재해발생원리를 이해시킨다 – 문제해결 교육
② 원인연구에서 대책을 세우는 순서를 알려준다 – 지식교육
③ 기계장치의 조작방법을 익힌다 – 기능교육
④ 직장규율을 몸에 익힌다 – 지식교육

199
교육계획을 수립할 때의 첫째 과제는?

① 교육방법 ② 강사
③ 교육내용 ④ 교육목표

200
안전교육을 실시하는 목적에 대하여 틀린 설명은?

① 안전작업동작과 방법을 알려주기 위해서
② 조업 중 발생한 사고의 원인을 분석하고 통계를 내기 위해서
③ 재해를 방지하고 안전을 확보하기 위해서
④ 생산능률의 향상과 조업시간의 단축을 기하기 위해서

201
안전교육방법에 부적합한 것은?

① 강의식 ② 카운셀링
③ 토의식 ④ 프로그램 학습법

Answer ● 193. ① 194. ① 195. ② 196. ③ 197. ② 198. ③ 199. ④ 200. ② 201. ②

해설
카운셀링(counseling)은 주로 학생생활지도의 방법으로 이용한다.

202
다음의 안전보건교육의 종류별 교육시간 중 잘못된 것은?

① 근로자의 정기교육 : 매월 2시간 이상
② 관리감독자의 정기교육 : 매월 1시간 이상
③ 신규채용시 교육 : 8시간 이상
④ 작업내용 변경시교육 : 건설업의 경우 1시간 이상

해설
안전보건교육의 종류별 교육시간
1) 근로자 정기 안전보건교육 : 매월 2시간 이상(사무직은 1시간 이상)
2) 관리감독자의 정기안전보건교육 : 반기 8시간 이상 또는 연간 16시간 이상
3) 신규채용시 교육 : 8시간 이상(건설업은 1시간 이상)
4) 유해위험작업근로자의 특별안전보건교육 : 16시간 이상 (건설업은 2시간 이상)

203
다음 중 안전교육의 기본과정을 옳게 나열한 것은?

① 청취 – 이해 – 시범 – 평가
② 청취 – 시범 – 이해 – 평가
③ 이해 – 청취 – 시범 – 평가
④ 시범 – 이해 – 청취 – 평가

204
하버드 학파의 5단계 학습지도법을 포함하는 구체적인 것으로 다음 중 강의방식에 속하지 않는 것은?

① 문제 제시식   ② 심포지엄
③ 강의식   ④ 문답식

해설
심포지엄(symposium)은 회의방식의 일종이다.

205
안전교육상 카운셀링의 효과로 옳은 것은?

① 기억효과
② 정서, 스트레스 해소효과
③ 강습효과
④ 전달효과

해설
카운셀링은 개인적 결함과 고민을 해소시키고 일체감을 갖도록 하여 정서, 스트레스 해소 등에 효과가 있다.

206
다음 중 교육대상자 수가 많을 때 집단 안전교육방법으로 가장 효과가 있는 것은?

① 강의식교육   ② 토의식교육
③ 질문식교육   ④ 시청각교육

207
안전교육계획을 작성하는데 필요한 요소가 아닌 것은?

① 과정 요약
② 보조재료의 준비
③ 교육목표
④ 강의개요

해설
교육보조자료의 준비나 사용지침을 교육목표에 속하는 사항이다.

208
훈련후 직무성과에 있어 개인차이가 있다. 이 개인차는 개인적 변수에 따라 나타난다. 개인적인 변수에 해당되지 않은 것은?

① 신체적 특성
② 개인의 적성
③ 작업공간 및 배치
④ 교육과 경험

Answer ➡ 202. ② 203. ① 204. ② 205. ② 206. ④ 207. ② 208. ③

209
다음 중 전이의 조건이 아닌 것은?

① 학습의 방법
② 학습자의 태도
③ 학습의 평가
④ 학습의 정도

210
학습의 정도란 학습의 범위와 내용의 정도를 뜻한다. 다음 중 학습의 정도의 단계에 포함되지 않은 것은?

① 인지(to aquaint)
② 이해(to understand)
③ 회상(to recall)
④ 적용(to apply)

해설

학습정도의 단계
1) 인지 : ~을 인지하여야 한다.
2) 지각 : ~을 알아야 한다.
3) 이해 : ~을 이해하여야 한다.
4) 적용 : ~을 ~에 적용할 줄 알아야 한다.

Answer ● 209. ③ 210. ③

memo

CONTENTS

PART 01 | 인간공학

PART 02 | 시스템 안전공학

2 과목

인간공학 및 시스템 안전공학

1장 인간공학

1 안전과 인간공학

(1) 인간공학의 목표(차피니스)

1) 첫째 목표 : 안전성 향상과 사고 방지
2) 둘째 목표 : 기계조작의 능률성과 생산성 향상
3) 셋째 목표 : 쾌적성

(2) 인간이 만든 물건, 기구 또는 환경의 설계과정에서의 인간공학의 목표

1) 첫째 목표
   ① 실용적 효능을 높인다.
   ② 건강, 안전, 만족 등의 특정한 인생의 가치 기준을 유지하거나 높인다.
2) 둘째 목표 : 인간복지

(3) 인간공학 용어의 분류

1) human engineering : 인간공학
2) human-factors engineering : 인간요소공학
3) man machine system engineering : 인간 기계체계공학
4) ergonomics : 작업경제학

2 체계의 특성 및 인간기계 체계

(1) 체계의 특성 : 대부분의 체계가 공통적으로 갖는 일반적인 특성은 다음의 5가지이다.

1) 체계의 목적
2) 임무 및 기본기능
3) **입력 및 출력** : 입력은 원하는 결과를 얻기 위한 필요한 재료(재목, 원유, 회계기록, 전보 통신문 등)이고, 출력은 체계의 성과나 결과(제품의 변화, 전달된 통신, 제공된 서비스 등)이다.
4) **통신 유대** : 어떤 체계에서는 최종 행동이 통신이다(컴퓨터).
5) **절차** : 일하는 요령

(2) 인간-기계 체계와 기능(임무 및 기본기능)

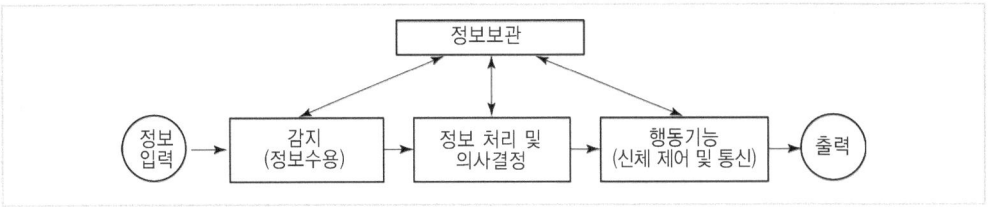

| 인간 또는 기계에 의해서 수행되는 기본기능 |

1) 감지(sensing)
    ① 인체의 감지 기능 : 시각, 청각, 후각 등의 감각기관
    ② 기계적인 감지 기능 : 전자, 사진, 기계적인 감지장치

2) 정보 보관(information storage)
    ① 인간의 정보 보관 : 기억된 학습 내용
    ② 기계적 정보 보관 : 펀치 카드(punch card), 자기 테이프, 형판(template), 기록, 자료표 등과 같은 물리적 기구에 보관

3) 정보처리 및 의사 결정(information processing and decision)
    ① 심리적 정보처리 단계 : 회상(recall), 인식(recognition), 정리(retention : 집적)
    ② 인간의 정보처리 시간 : 0.5초(인간의 정보처리능력 한계)

4) 행동기능(acting function)
    ① 물리적인 조종 행위나 과정 : 조종장치 작동, 물체나 물건을 취급, 이동, 변경, 개조하는 것 등이 있다.
    ② 통신행위 : 음성(사람의 경우) 신호, 기록 등의 방법이 사용된다.

(3) 인간 기계 통합체계의 유형

1) 수동 체계(인간의 신체적인 힘을 동력원으로 사용)
2) 기계화 체계(반 자동 체계)
3) 자동 체계(인간의 역할 : 감시, 프로그램, 정비유지)

(4) 인간과 기계의 상대적 재능

인간이 우수한 기능	기계가 우수한 기능
① 저 에너지 자극(시각, 청각, 후각 등) 감지 ② 복잡 다양한 자극 형태 식별 ③ 예기치 못한 사건 감지(예감, 느낌) ④ 다량 정보를 오래 보관 ⑤ 귀납적 추리 ⑥ 과부하 상황에서는 중요한 일에만 전념 ⑦ 임기응변, 융통성, 원칙 적용, 주관적 추산, 독창력 발휘 등의 기능	① 인간 감지 범위 밖의 자극(X선, 초음파 등)도 감지 ② 인간 및 기계에 대한 모니터 기능 ③ 드물게 발생하는 사상감지 ④ 암호화된 정보를 신속하게 대량 보관 ⑤ 연역적 추리 ⑥ 과부하 시 효율적으로 작동 ⑦ 정량적 정보처리, 장시간 중량작업, 반복작업, 동시에 여러 가지 작업수행

3 작업설계에 있어서의 인간의 가치기준

(1) 작업 설계시 철학적으로 고려할 사항 : 작업 확대, 작업 윤택화, 작업 만족도, 작업 순환
(2) 인간요소적 접근 방법 : 작업 능률이나 생산성 강조
(3) 작업 설계시 딜레마(Dilemma) : 작업 능률과 작업 만족도의 관계
(4) 설계 단계에서의 직무분석 목적

    1) 첫째 : 설계를 좀 더 개선시키기 위해서다.
    2) 둘째 : 최종설계에 필요한 작업의 명세(description)를 마련하기 위한 것이며, 이러한 명세는 요원명세, 인력수요, 훈련계획 등의 개발 등 다양한 목적에 사용된다.

(5) 작업 만족도(job satisfaction)를 가져오는 방법

    1) 수행되어야 할 활동의 수를 증가시킨다.
    2) 작업자 자신의 작업물에 대한 검사 책임을 준다.
    3) 어떤 특정한 부품보다는 완전한 한단위에 대한 책임을 부여한다.
    4) 작업자 자신이 사용할 작업 방법을 선택할 수 있는 기회를 준다.
    5) 작업 순환 또는 생산 공정의 작업조들에게 더 큰 책임을 지운다.

4 인간 요소적 평가 과정

(1) 실험 절차 : 체계나 부품의 실험이란 본질적인 실험이며 적절한 절차를 사용해야 하며 어떤 성능 척도(기준)가 있어야 한다.
(2) 실험조건 : 체계가 궁극적으로 사용될 때의 조건을 가능한 가깝게 모의하여야 한다.
(3) 피 실험자(subject) : 적성 및 훈련 상황을 고려하여 체계를 사용하게 될 사람과 같은 유형의 사람이어야 한다.
(4) 충분한 반복 횟수 : 믿을 만한 결과를 얻기 위해서 반복적인 관찰 및 시행이 필요하다.

5 인간공학의 연구 방법 및 인간공학의 기여도

(1) 인간공학의 연구방법(인간 - 기계 체계 측정법)

    1) 순간 조작 분석
    2) 지각 운동 정보 분석
    3) 연속 컨트롤(control) 부담 분석
    4) 사용 빈도 분석

5) 전 작업 부담 분석
6) 기계의 사고 연관성 분석

(2) 인간공학 연구에 사용되는 변수의 유형

1) 독립변수 : 조사, 연구되어야할 인자(factor)로서 조명, 기기의 설계형(design), 정보경로(channel), 중력 등과 같은 것이 있다.
2) 종속변수 : 보통 기준이라고 하며, 독립변수의 가능한 효과의 척도(반응시간과 같은 성능의 척도의 경우가 많다)이다.

(3) 실험실 및 현장연구 환경의 선택

1) 실험실 환경 : 변수의 관리(control), 모의실험(simulation)
2) 현장 환경 : 사실성

(4) 체계 설계과정에서의 인간공학의 기여도

1) 성능의 향상
2) 인력의 이용률의 향상
3) 사용자의 수용도 향상
4) 생산 및 정비유지의 경제성 증대
5) 훈련 비용의 절감
6) 사고 및 오용(誤用)으로부터의 손실감소

6 체계개발에 있어서의 기준 및 기준의 요건

(1) 체계 기준(system criteria)
체계의 성능이나 산출물(output)에 관련되는 기준이다. 즉 체계가 원래 의도한 바를 얼마나 달성하는가를 반영하는 기준이다(예 : 체계의 예상수명, 운용이나 사용상의 용이도, 정비 유지도, 신뢰도, 운용비, 인력소요 등).

(2) 인간기준(human criteria)

1) 인간 성능 척도 : 여러 가지 감각활동, 정신활동, 근육활동 등에 의해서 판단된다.
2) 생리학적 지표 : 혈압, 맥박수, 분당 호흡수, 뇌파, 혈당량, 혈액의 성분, 피부온도, 전기피부반응(galvanic skin response) 등의 척도가 있다.
3) 주관적인 반응 : 개인성능의 평점(rating), 체계 설계면에 대한 대안들의 평점, 체계에 사용되는 여러 가지 다른 유형에 정보의 판단된 중요도 평점, 의자의 안락도 평점 등이 있다.
4) 사고 빈도 : 어떤 목적을 위해서는 사고나 상해 발생 빈도가 적절한 기준이 될 수가 있다.

(3) 기준의 요건

1) 적절성(relevance) : 기준이 의도된 목적에 적당하다고 판단되는 정도를 말한다.
2) 무오염성 : 기준 척도는 측정하고자 하는 변수 외의 다른 변수들의 영향을 받아서는 안된다는 것을 무오염성이라고 한다.
3) 기준 척도의 신뢰성 : 척도의 신뢰성은 반복성(repeatability)을 의미한다.

7 휴먼에러(human error)

(1) 시스템 성능(S · P)과 인간과오(H · E)관계

$$\therefore S \cdot P = f(H \cdot E) = K(H \cdot E)$$

- S · P : 시스템의 성능(system performance)
- H · E : 인간과오(human error)
- f : 함수
- K : 상수

1) $K \fallingdotseq 1$: H · E가 S · P에 중대한 영향을 끼친다.
2) $0 < K < 1$: H · E가 S · P에 리스크(risk)를 준다.
3) $K \fallingdotseq 0$: H · E가 S · P에 아무런 영향을 주지 않는다.

(2) 심리적인 분류(Swain) : Error의 원인을 불확정, 시간지연, 순서착오의 세 가지로 나누어 분류한다.

1) Omission error : 필요한 task 또는 절차를 수행하지 않는데 기인한 error
2) Time error : 필요한 task 또는 절차의 수행지연으로 인한 error
3) Commission error : 필요한 task 또는 절차의 불확실한 수행으로 인한 error
4) Sequential error : 필요한 task 또는 절차의 순서 착오로 인한 error
5) Extraneous error : 불필요한 task 또는 절차를 수행함으로써 기인한 error

(3) 원인의 Level적 분류

1) primary error : 작업자 자신으로부터의 error
2) secondary error : 작업형태나 작업조건 중에서 다른 문제가 생겨 그 때문에 필요한 사항을 실행할 수 없는 error. 어떤 결함으로부터 파생하여 발생하는 error
3) command error : 요구된 것을 실행하고자 하여도 필요한 물건, 정보, 에너지 등의 공급이 없는 것처럼 작업자가 움직이려 해도 움직일 수 없으므로 발생하는 error

(4) 인간의 행동 과정을 통한 분류

1) In put error : 감지 결함
2) Information processing error : 정보처리 절차과오(착각)
3) Decison making error : 의사 결정 과오
4) Out put error : 출력과오
5) Feed back error : 제어과오

(5) 대뇌정보처리 Error

1) 인지 Miss : 작업정보의 입수에서 감각중추에서 하는 인지까지 일어난 것으로 확인 Miss도 이에 포함한다.
2) 판단 Miss : 중추과정에서 일으키는 것으로 의지 결정의 Miss나 기억에 관한 실패도 이에 포함된다.
3) 동작 또는 조작의 Miss : 운동 중추에서 올바른 지령은 주어졌으나 동작 도중에 Miss를 일으키는 것으로 좁은 의미의 조작 Miss를 말한다.

(6) 인간 과오의 배후요인 4요소(4M)

1) 맨(man) : 본인 이외의 사람
2) 머신(machine) : 장치나 기기 등의 물적 요인
3) 메디어(media) : 인간과 기계를 잇는 매체란 뜻으로 작업이 방법이나 순서, 작업정보의 실태나 환경과의 관계, 정리정돈 등이 포함된다.
4) 매니지먼트(management) : 안전법규의 준수 방법, 단속, 점검 관리 외에 지휘감독, 교육훈련 등이 여기에 속한다.

8 미확인 경우 및 착오의 메커니즘

(1) 미확인의 경우

1) 단락(短絡)에 의하는 경우
2) 별도의 아웃 풋(out put) 영역에서 지령이 나가 버리는 경우
3) 피드백(feed back)이 행해지지 않고 통제되지 않는 경우
4) 「… 을 하지 않으면 안된다.」고 생각했을 뿐 실제는 그것을 한 것으로 착각하는 경우(생각대로 행동을 해버리는 경우)

(2) 착오 또는 오인의 메커니즘

　　1) 위치의 오인

　　2) 순서의 오인

　　3) 패턴(pattern)의 오인

　　4) 형태의 오인

　　5) 기억의 틀림

(3) 주의력의 집중과 확장

　　1) 주의의 집중과 주의의 확장을 잘 조화시키는 것은 인간과오를 없애는데 있어 매우 중요하다.

　　2) 주의가 내향일 때 : 사고의 상태를 나타낸다.

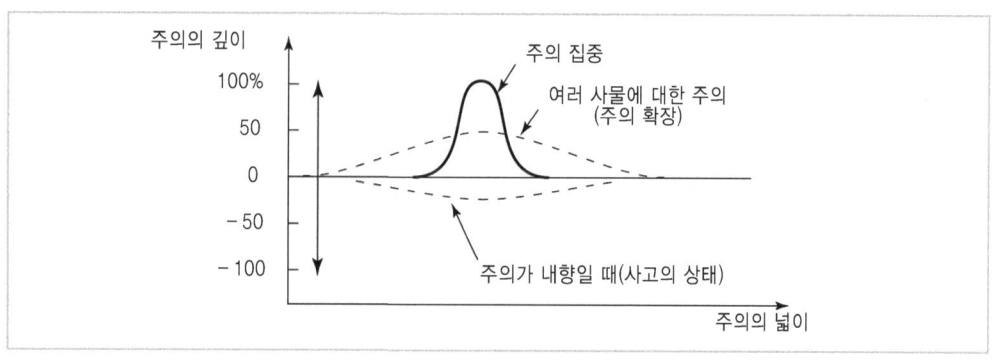

∥ 주의의 도시 ∥

9 인간 및 기계의 신뢰성 요인

(1) 인간의 신뢰성 요인

　　1) 주의력

　　2) 긴장수준

　　3) 의식수준(경험연수, 지식수준, 기술수준)

(2) 기계의 신뢰성 요인

　　1) 재질

　　2) 기능

　　3) 작동방법

10 신뢰도

(1) 인간 – 기계체계의 신뢰도(r_1 : 인간, r_2 : 기계)

1) 직렬(Series system) ∴ R_s(신뢰도)$= r_1 \times r_2$ ($r_1 < r_2$로 보면 $R_s \leqq r_1$)
2) 병렬(Parallel system) ∴ R_p(신뢰도)$= r_1 + r_2(1-r_1)$($r_1 < r_2$로 보면 $R_p \geqq r_2$)

(2) 설비의 신뢰도

1) 직렬연결 : 자동차 운전

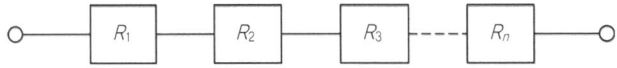

$$\therefore R_s = R_1 \cdot R_2 \cdot R_3 \cdots R_n = \prod_{i=1}^{n} R_i$$

2) 병렬연결 : 열차나 항공기의 제어장치

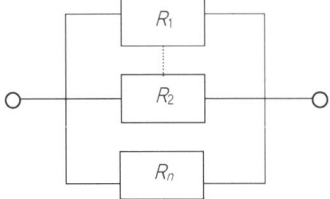

$$\therefore R_p = 1 - \{(1-R_1)(1-R_2)\cdots(1-R_n)\} = 1 - \prod_{i=1}^{n}(1-R_i)$$

(3) 리던던시(Redundancy)

1) 병렬 리던던시
2) 대기 리던던시
3) M out of N 리던던시(N개 중 M개 동작시 계는 정상)
4) 스페어에 의한 교환
5) 페일 세이프(fail safe)

11 고장 및 System의 수명

(1) 고장률의 유형

1) 초기고장 : 점검작업이나 시운전 등에 의해 사전에 방지할 수 있는 고장
   ① 디버깅(debugging)기간 : 결함을 찾아내 고장률을 안정시키는 기간
   ② 번인(burn in)기간 : 실제로 장시간 움직여 보고 그동안 고장난 것을 제거하는 공정기간
2) 우발고장 : 예측할 수 없을 때 생기는 고장으로 시운전이나 점검작업으로는 방지할 수 없는 고장
3) 마모고장 : 수명이 다해 생기는 고장으로, 안전진단 및 적당한 보수(정비)에 의해서 방지할 수 있는 고장

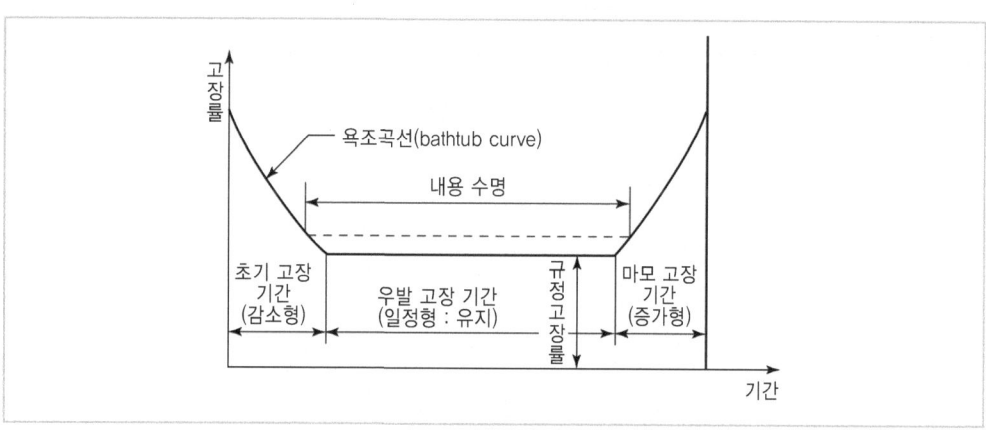

| 고장의 발생상황 |

(2) MTTF와 MTBF 및 가용도

1) MTTF(mean time to failure) : 평균 수명 또는 고장발생까지의 동작시간 평균이라고도 하며, 하나의 고장에서부터 다음 고장까지의 평균동작시간을 말한다.

$$\therefore \text{MTTF} = \frac{1}{\lambda(\text{고장률})}$$

2) MTTR(mean time to repair) : 평균수리시간(총수리시간을 그 기간의 수리회수로 나눈시간)

3) MTBF(mean time between failure) : 평균고장간격

$$\therefore \text{MTBF} = \text{MTTF} + \text{MTTR}$$

4) 가용도(availability : 이용률) : 설정된 시간에 시스템이 가동할 확률

$$\therefore 가용도(A) = \frac{\text{MTTF}}{\text{MTTF} + \text{MTTR}} = \frac{\text{MTTF}}{\text{MTBF}}$$

12 인간에 대한 monitoring 방식

(1) self monitoring 방법 : 자기 감지법

(2) 생리학적 monitoring 방법 : 맥박수, 체온, 호흡속도, 혈압, 뇌파 등에 의한 생리학적 감지법

(3) visual monitoring 방법 : 작업자의 태도를 보고 상태를 파악하는 방법

(4) 반응에 의한 monitoring 방법 : 자극(시각 또는 청각)에 의한 반응을 보고 판단하는 방법

(5) 환경의 monitoring 방법 : 간접적 monitoring 방법

13 fail - safety 및 lock system

(1) fail – safety : 인간 또는 기계에 과오나 동작상의 실수가 있어도 안전사고를 발생시키지 않도록 2중 또는 3중으로 통제를 가하도록 한 체제를 말한다.

(2) lock system

① 인간과 기계 사이에 두는 lock system : interlock system

② interlock system과 intralock system 사이에는 translock system을 둔다.

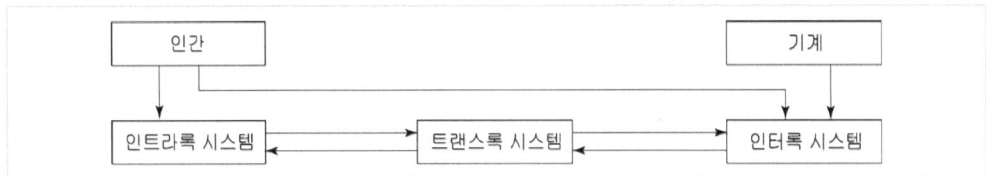

| 록 시스템 |

14 체계의 제어

(1) 시퀀스 제어(sequence control : 순차제어) : 미리 정하여진 순서에 따라 제어의 각 단계를 차례로 진행시키는 제어를 말한다.

(2) 서보 기구(servo mechanism) : 물체의 위치, 방향, 힘, 속도 등의 역학적인 물리량을 제어하는 기구이다(레이더의 방향제어, 선박, 항공기 등의 속도조절기구, 공작기계의 제어 등).

(3) 공정제어(process control) : 제조공업에서 공정(process)의 상태량(온도, 압력, 유량, 정도 등)을 제어량으로 하는 제어이다.

(4) 자동조정(automatic regulation) : 자동조작으로 항상 일정한 값을 유지 하도록 해주는 방식이다. 전압, 전류, 전력, 주파수, 전동기나 공작기계의 속도 등의 제어에 사용된다.

(5) 개방루프 및 피드백 제어방식

1) 개방루프 제어(open loop control)방식 : 항공기의 방향 조정의 경우, 항공기의 진로를 유지하기 위하여 기체의 역학적 특성, 진로상의 공기의 밀도와 바람 등을 사전에 충분히 알고 조정 방향을 시간적으로 프로그램 함으로써 항공기가 소정의 비행로를 따라 비행하게 되는데 이와 같은 제어 방식을 말한다.
2) 피드백 제어(feedback control)방식 : 제어결과를 측정하여 목표로 하는 동작이나 상태와 비교하여 잘못된 점을 수정해 나가는 제어방식으로 피드백 제어에서는 제어의 결과를 목표와 비교하기 위하여 출력이 피드백 측으로 피드백 되어 전체가 하나의 폐쇄 루프를 구성하기 때문에 일명 폐쇄루프제어(closed control)라고도 한다.

(6) 인간공학적 제어예방 프로그램의 4가지 주요 구성요소

1) 존재하거나 잠재적인 문제규정
2) 문제를 야기시키는 위험요소의 규명과 평가
3) 공학적이면서 경영적인 교정방법의 설계와 수행
4) 도입된 교정방법의 효율성 감시와 평가

15 인체계측

(1) 인체계측자료의 응용원칙

1) 최대치수와 최소치수 : 최대치수 또는 최소치수를 기준으로 하여 설계한다.
2) 조절범위(조절식) : 체격이 다른 여러 사람에 맞도록 만드는 것이다.
3) 평균치를 기준으로 한 설계 : 최대치수나 최소치수, 조절식으로 하기가 곤란할 때 평균치를 기준으로 하여 설계한다.

(2) 인체계측치 활용상의 유의사항

1) 최소표본수는 50~100명이 좋다
2) 인체계측치는 어떤 기준에 의해 측정된 것인가를 확인할 필요가 있다.
3) 인체계측치는 일반적으로 나체치수로서 나타내며 설계대상에 그대로 적용되지 않는 경우가 많다.

16 생리학적 측정법 및 작업의 종류에 따른 생리학적 측정법

(1) 생리학적 측정법

1) 근전도(EMG : electromyogram) : 근육활동의 전위차를 기록한 것으로, 심장근의 근전도를 특히 심전도(ECG : electrocardiogram)라고 하며, 신경활동전위차의 기록은 ENG(electroneuro−gram)라고 한다.
2) 피부전기반사(GSR : galvanic skin reflex) : 작업 부하의 정신적 부담도가 피로와 함께 증대하는 양상을 수장(手掌) 내측의 전기저항의 변화에서 측정하는 것으로, 피부전기저항 또는 정신전류현상이라고도 한다.
3) 프릿가 값 : 정신적 부담이 대뇌피질의 활동수준에 미치고 있는 영향을 측정한 값이다.

(2) 작업의 종류에 따른 생리학적 측정법

1) 정적근력작업 : 에너지대사량과 맥박수(심작수)와의 상관관계 및 시간적 경과, 근전도(EMG) 등
2) 동적근력작업 : 에너지대사량, 산소소비량 및 CO_2 배출량 등과 호흡량, 맥박수, 근전도 등
3) 신경적작업 : 맥박수, 피부전기반사(GSR), 매회 평균호흡진폭 등
4) 심적작업 : 프릿가 값
5) 작업부하, 피로 등의 측정 : 호흡량, 근전도, 프릿가 값
6) 긴장감 측정 : 맥박수, 피부전기반사

17 에너지 소모량의 산출

(1) 에너지 대사율(R. M. R : relative metabolic rate) : 작업강도 단위로서 산소호흡량을 측정하여 에너지의 소모량을 결정하는 방식이다.

$$\therefore R.\,M.\,R = \frac{작업대사량}{기초대사량} = \frac{작업시소비에너지 - 안정시소비에너지}{기초대사량}$$

1) 작업시 소비에너지와 안정시의 소비에너지 : 더그라스백 법
2) 기초대사량 = $A \times x$

여기서, A : 체표면적(cm^2)
A = $H^{0.725} \times W^{0.425} \times 72.46$ [H : 신장(cm), W : 체중(kg)]
x : 체표면적당 시간당 소비에너지

(2) 산소소비량 및 기초대사량

1) 1LO2 소비 : 5kcal 열량 소비
2) 보통 사람의 산소소모량 : 50(ml/분)

3) 기초대사량 : 1,500~1,800(kcal/day)

4) 기초대사와 여가(leisure)에 필요한 대사량 : 2,300kcal/day

(3) 작업강도 구분

1) 0~2 RMR(輕작업)
2) 2~4 RMR(中작업)
3) 4~7 RMR(重작업)
4) 7 RMR 이상(超重작업)

18 작업공간 및 작업대

(1) 작업공간 포락면(envelope) : 한 장소에 앉아서 수행하는 작업 활동에서 사람이 작업하는 데 사용하는 공간을 말한다.

(2) 작업역

1) 정상작업역 : 34~45cm
2) 최대작업역 : 55~65cm

(3) 작업대

1) 어깨 중심선과 작업대 간격 : 19cm
2) 입식 작업대 높이 : 팔꿈치 높이보다 5~10cm 정도 낮으면 좋다.

(4) 의자 설계원칙

1) 체중분포 : 체중이 좌골 결절에 실려야 편안하다.
2) 의자 좌판의 높이 : 좌판 앞부분이 오금의 높이 보다 높지 앉아야 한다.
3) 의자 좌판의 깊이와 폭 : 폭은 큰 사람에게, 깊이는 작은 사람에게 맞도록 해야 한다.
4) 몸통의 안정 : 의자의 좌판 각도는 3°, 좌판 등판 간의 등판 각도는 100°가 몸통 안정에 효과적이다.

(5) 부품 배치의 4원칙

1) 중요성의 원칙
2) 사용빈도의 원칙
3) 기능별 배치의 원칙
4) 사용순서의 원칙

(6) 작업장(표시장치와 조정장치를 포함하는) 설계시 배치 우선순위

1) 1순위 : 주된 시각적 임무
2) 2순위 : 주 시각 임무와 상호 교환하는 주조종장치
3) 3순위 : 조정장치와 표시장치 간의 관계

4) 4순위 : 사용 순서에 따른 부품의 배치

5) 5순위 : 자주 사용되는 부품은 편리한 위치에 배치

6) 6순위 : 체계 내 또는 다른 체계의 배치와 일관성 있게 배치

19 기계 통제장치의 유형

(1) 양의 조절에 의한 통제 : 연속 조절(knob, crank, handle, lever, pedall 등)

(2) 개폐에 의한 통제 : 불연속 조절(수동식 푸시버튼, 발 푸시버튼, 토글스위치, 로터리 스위치 등)

(3) 반응에 의한 통제 : 자동경보 시스템

20 통제기기의 설정조건

(1) 통제기기의 조작력이 적게 소요되는 경우의 설정조건

1) 2개소의 불연속 세팅의 경우 : 수동식 푸시버튼, 발 푸시버튼, 토글스위치의 사용

2) 3개소의 불연속 세팅의 경우 : 토글스위치, 로터리 스위치의 사용

3) 4~24개소의 세팅이 소요되는 경우 : 로터리 스위치 사용

4) 적은 범위의 연속 세팅의 경우 : 노브(knob)와 레버(lever)의 사용

5) 큰 범위의 연속 세팅의 경우 : 크랭크(crank)의 사용

(2) 통제기기의 조작력을 크게 요하는 경우의 설정조건

1) 2개소의 불연속 세팅의 경우 : 정지장치가 있는 레버, 수동식 대형 푸시버튼, 대형 발 푸시버튼 사용

2) 3~24개소의 불연속 세팅의 경우 : 정지장치가 있는 레버의 사용

3) 적은 범위의 연속 세팅을 사용하는 경우 : 핸들, 로터리 페달 또는 레버를 사용

4) 넓은 경우의 연속 세팅을 사용하는 경우 : 대형 크랭크를 사용

21 통제 표시비(통제비)

(1) 통제표시비 : 통제기기와 표시장치의 관계를 나타낸 비율을 말하며, C/D비라고도 한다.

$$\therefore \frac{C}{D} = \frac{X}{Y}$$

X : 통제기기의 변위량(cm)
Y : 표시계기의 지침의 변위량(cm)

(2) 조종구(ball control)에서의 *C/D*

$$\therefore \frac{C}{D}\text{비} = \frac{\frac{a}{360} \times 2\pi L}{\text{표시계기의 이동거리}}$$

- a : 조정장치가 움직인 각도,
- L : 반경(지레의 길이)

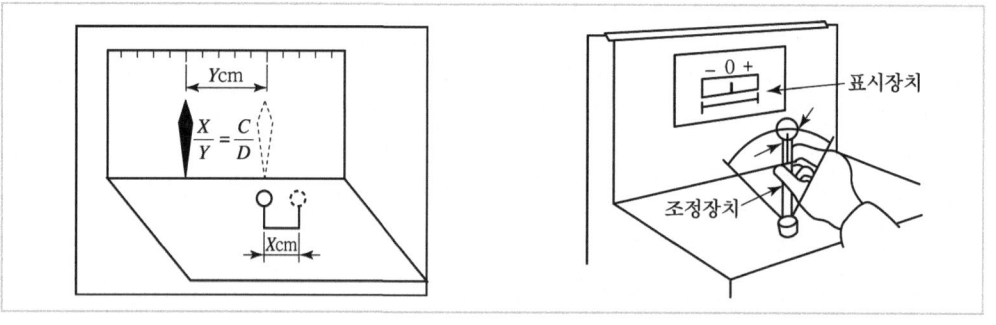

| 통제 표시비 | | 선형 표시장치를 움직이는 조종구에서의 C/D비 |

(3) 통제비 설계시에 고려해야 할 사항

1) 계기의 크기   2) 공차   3) 방향성
4) 조작시간   5) 목측거리

(4) 최적의 C/D비

1) 통제표시비(C/D)가 감소함에 따라 이동시간은 급격히 감소하다가 안정되며, 조정시간은 이와 반대의 형태를 갖는다.
2) 최적의 C/D비 : 1.18~2.42

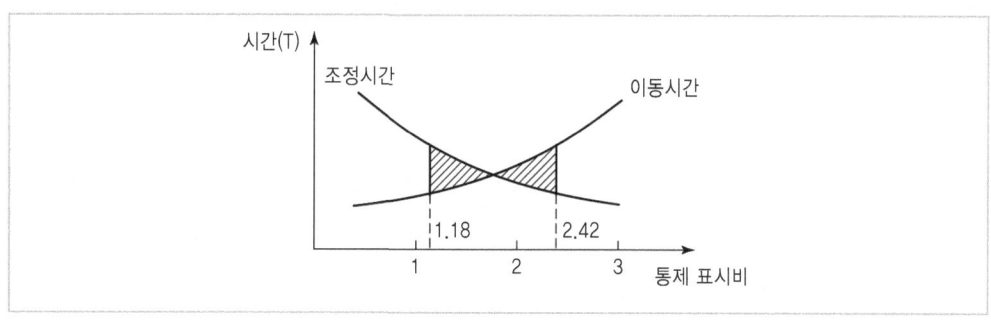

| 통제 표시비와 조작시간 |

22 인간의 특정감각(sensory modality)을 통하여 환경으로부터 받아들이는 자극차원

(1) **시각적 식별** : 형태 구성, 크기, 위치, 색 등
(2) **청각적 식별** : 진동수나 강도

23 인간기억의 정보량

(1) **단위시간당 영구 보관(기억)할 수 있는 정보량** : 0.7bit/sec
(2) **인간의 기억 속에 보관할 수 있는 총 용량**
  ∴ 약 1억(10^8, 100mega)~1,000조(10^{15})bit
(3) **신체 반응의 정보량** : 인간이 신체적 반응을 통해 전송할 수 있는 정보량은, 그 상한치가 약 10bit/sec 정도이다.
(4) **경로 용량 및 전달된 정보량**
  1) channel capacity(경로용량) : 절대식별에 근거하여 자극에 대해서 우리에게 줄 수 있는 최대 정보량
  2) 전달된 정보량 : 자극의 불확실성과 반응의 불확실성의 중복부분을 나타낸다.

24 표시장치로 나타내는 정보의 유형 및 표시장치의 종류

(1) **표시장치에 의한 정보의 유형**
  1) 정량적(quantitative)정보 : 변수의 정량적인 값
  2) 정성적(qualitative) 정보 : 가변 변수의 대략적인 값, 경향, 변화율 변화방향 등
  3) 상태(status)정보 : 체계의 상황이나 상태
  4) 묘사적(representational)정보 : 사물, 지역, 구성 등을 사진 및 그림 또는 그래프로 묘사
  5) 경계 및 신호 정보 : 비상 또는 위험 상황 또는 물체나 상황의 존재 유무
  6) 식별(identification)정보 : 어떤 정적 상태, 상황 또는 사물의 식별용
  7) 시차적(time phased) : 펄스(pulse)화 되었거나 또는 시차적 신호, 즉 신호의 지속 시간, 간격 및 이들의 조합에 의해 결정되는 신호
  8) 문자나 숫자의 부호(symbolic) 정보 : 구두, 문자, 숫자 및 관련된 여러 형태의 암호화 정보

(2) 표시장치의 유형

1) 정적 표시장치 : 시간에 따라 변하지 않는 것(간판, 도표, 그래프, 인쇄물, 필기물 등)
2) 동적 표시장치 : 시간에 따라 끊임없이 변하는 것(기압계, 온도계, 레이다, 음파탐지기, TV, 영화, 온도조절기) 등

25 청각장치와 시각장치의 선택(특정 감각의 선택)

청각장치 사용	시각장치 사용
① 전언이 간단하고 짧다.	① 전언이 복잡하고 길다.
② 전언이 후에 재 참조되지 않는다.	② 전언이 후에 재 참조된다.
③ 전언이 즉각적인 사상(event)을 이룬다.	③ 전언이 공간적인 위치를 다룬다.
④ 전언이 즉각적인 행동을 요구한다.	④ 전언이 즉각적인 행동을 요구하지 않는다.
⑤ 수신자의 시각계통이 과부하 상태일 때	⑤ 수신자의 청각계통이 과부하 상태일 때
⑥ 수신 장소가 너무 밝거나 암조응 유지가 필요할 때	⑥ 수신 장소가 너무 시끄러울 때
⑦ 직무상 수신자가 자주 움직이는 경우	⑦ 직무상 수신자가 한 곳에 머무르는 경우

26 암호체계 사용상의 일반적인 지침

(1) **암호의 검출성** : 검출이 가능해야 한다.
(2) **암호의 변별성** : 다른 암호표시와 구별되어야 한다.
(3) **부호의 양립성** : 양립성이란 자극들 간의, 반응들 간의, 자극-반응 조합의 관계가 인간의 기대와 모순되지 않는다.
(4) **부호의 의미** : 사용자가 그 뜻을 분명히 알아야 한다.
(5) **암호의 표준화** : 암호를 표준화하여야 한다.
(6) **다차원 암호의 사용** : 2가지 이상의 암호차원을 조합해서 사용하면 정보전달이 촉진된다.

27 속도압박과 부하압박

(1) **속도압박** : 본질적으로 어떤 임무를 수행하는 작업자 편에서의 반응으로서, 속도 압박은 표시장치의 물리적 특성으로부터 우리가 기대할 수 있는 그런 성능 이하로 작업성능을 저하시킨다.
(2) **부하(負荷)압박** : 작업의 특성을 변화시킨다.

(3) 신호들 간의 시간차(time phasing)

    1) 자극들이 짧게 촘촘한 시간 순으로 제시되면, 속도압박이나 부하압박 때문에 제대로 인식하지 못하는 수가 있다.

    2) 신호 간 간격이 약 0.5초보다도 더 짧으면 자극들을 혼동하기 쉬우며, 2개의 자극이 마치 1개인 것처럼 반응하게 된다.

28 다중감각입력 및 신호검출이론

(1) 다중감각입력

    1) 시배분(time sharing) : 정보가 여러 근원(根源)으로부터 동일한 감각경로나 둘 이상의 감각경로를 통해 들어온다.

    2) 감각경로의 중복사용 : 둘 이상의 감각을 사용하여 동일한 정보 또는 보조정보를 동시에, 또는 최소간격의 시간 순으로 전송한다.

    3) 잡음(noise) : 바람직하지 않고 필요 없는 자극을 말한다.

(2) 신호검출이론(TSD : theory of signal detection)

    1) 시각, 청각 및 기타 잡음이 자극 검출에 끼치는 영향은, 신호검출이론을 따르도록 하였다.

    2) 신호검출이론(TSD)의 의의

        ① (시각, 청각 및 기타)잡음에 실린 신호의 분포는, 잡음만의 분포와는 뚜렷이 구분되어야 한다.

        ② 어느 정도의 중첩이 불가피한 경우에는, 허위정보와 신호를 검출하지 못하는 과오 중 어떤 과오를 좀 더 묵인할 수 있는가를 결정하여 관측자의 판정기준설정에 도움을 주어야 한다.

29 인간의 기술

(1) 전신적(gross bodily) 기술 : 보행, 균형유지 등

(2) 조작적(manipulative) 기술 : 연속적, 수차적(遂次的), 이산적(離散的) 형태를 포함

(3) 인식적(perceptual) 기술

(4) 언어(language) 기술 : 의사소통, 수학, 은유 또는 컴퓨터언어같이 사람들이 사고할 때나 문제해결에 사용하는 여러 가지 표현방식

30 양립성(compatibility)

정보입력 및 처리와 관련한 양립성은 인간의 기대와 모순되지 않는 자극들 간의, 반응들 간의 또는 자극반응 조합의 관계를 말하는 것으로, 다음의 3가지가 있다.

(1) 공간적 양립성 : 표시장치나 조종장치에서 물리적 형태나 공간적인 배치의 양립성
(2) 운동 양립성 : 표시 및 조종장치, 체계반응에 대한 운동방향의 양립성
(3) 개념적 양립성 : 사람들이 가지고 있는 개념적 연상(어떤 암호체계에서 청색이 정상을 나타내듯이)의 양립성

31 디스플레이(display)가 형성하는 목시각

(1) 수평 : 최적 조건(15° 좌우), 제한조건(95° 좌우)
(2) 수직 : 최적 조건(0~30° 좌우), 제한조건(75° 상한, 85° 하한)
(3) 정상작업 위치에서 모든 디스플레이를 보기 위한 조업자 시계 : 60~90°

32 시각적 표시장치

(1) 정량적 동적 표시장치의 기본형

    1) 정목동침(moving pointer)형 : 눈금이 고정되고 지침이 움직이는 형
    2) 정침동목(moving scale)형 : 지침이 고정되고 눈금이 움직이는 형
    3) 계수(digital)형 : 전력계나 택시요금 계기와 같이 기계, 전자적으로 숫자가 표시 되는 형

(2) 지침의 설계요령

    1) 선각(先角)이 약 20° 정도가 되는 뾰족한 지침을 사용한다.
    2) 지침의 끝은 작은 눈금과 맞닿되, 겹쳐지지 않게 한다.
    3) 원형 눈금의 경우, 지침의 색은 선단에서 눈금의 중심까지 칠한다.
    4) 시차(視差)를 없애기 위해 지침은 눈금 면과 밀착시킨다.

(3) 신호 및 경보 등의 빛의 검출성에 영향을 끼치는 인자

    1) 광원의 크기
    2) 광속 발산도 및 노출시간
    3) 색광(효과 척도가 빠른 순서 : 적색 – 녹색 – 황색 – 백색)
    4) 점멸 속도
    5) 배경광

(4) 신호 및 경보 등의 점멸속도
점멸 속도는 점멸 융합주파수 약 30Hz보다 훨씬 적어야 하며, 주의를 끌기 위해서는 초당 3~10회의 점멸속도, 지속시간은 0.05초 이상이 적당하다.

(5) VFF(시각적 점멸융합주파수)에 영향을 주는 변수
1) VFF는 조명강도의 대수치에 선형적으로 비례한다.
2) 시표(視標)와 주변의 휘도가 같을 때에 VFF는 최대로 된다.
3) 휘도만 같으면 색은 VFF에 영향을 주지 않는다.
4) 암조응 때는 VFF에 영향을 주지 않는다.
5) VFF는 사람들 간에는 큰 차이가 있으나, 개인의 경우 일관성이 있다.
6) 연습의 효과는 아주 적다.

> 주
> 점멸융합 주파수란 계속되는 자극들이 점멸하는 것 같이 보이지 않고, 연속적으로 느껴지는 주파수이다.

(6) 비행자세 표시장치 설계의 제 원칙(표시장치 설계의 6원칙)
1) 표시장치 통합의 원칙 : 관련된 제반정보는 상호 관계를 직접 인식할 수 있도록 공동표시 장치계에 나타낸다.
2) 회화적 사실성의 원칙 : 도시적으로 관계를 나타낼 경우, 암호표시가 나타내는 바를 쉽게 알 수 있어야 한다.
3) 이동 부분의 원칙 : 이동부분(이동물체를 나타내는 부호)의 영상은 고정된 눈금이나 좌표계에 나타내는 것이 좋다.
4) 추종 추적의 원칙 : 추종 추적에서는 원하는 성능의 지표(목표)와 실제 성능의 지표가 공통 눈금이나 좌표계 상에서 이동한다.
5) 빈도 분리의 원칙 : 장치에 나타나는 표시의 상대적 이동 속도에 관한 것으로, 높은 빈도의 정보를 제공할 경우, 이동요소는 기대되는 방향으로 반응해야 한다(이동의 양립성의 중요).
6) 최적 축척의 원칙 : 정확도를 고려하여 최적 축척을 결정해야 한다.

(7) 문자-숫자 및 관련 표시장치
1) 획폭비 : 문자나 숫자의 높이에 대한 획 굵기의 비로서 나타내며, 최적 독해성(최대 명시거리)을 주는 획폭비는 흰 숫자(검은 바탕)의 경우에 1 : 13.3이고, 검은 숫자(흰 바탕)의 경우는 1 : 8 정도이다.
2) 광삼(光渗 : irradiation)현상 : 흰 모양이 주위의 검은 배경으로 번지어 보이는 현상이다.
3) 종횡비(문자 숫자의 폭 : 높이) : 1 : 1의 비가 적당하며, 3 : 5까지는 독해성에 영향이 없고, 숫자의 경우는 3 : 5를 표준으로 한다.

(8) 시각적 암호, 부호 및 기호의 유형

1) 묘사적 부호 : 사물의 행동을 단순하고 정확하게 묘사한 것(예 : 위험표지판의 해골과 뼈, 도보 표지판의 걷는 사람)
2) 추상적 부호 : 전언(傳言)의 기본요소를 도시적으로 압축한 부호로써, 원 개념과는 약간의 유사성이 있을 뿐이다.
3) 임의적 부호 : 부호가 이미 고안되어 있으므로 이를 배워야 하는 부호(예 : 교통 표지판의 삼각형 – 주의, 원형 – 규제, 사각형 – 안내표시)

33 청각적 표시장치

(1) 청각적 표시장치가 시각적인 것보다 효과가 있는 경우

1) 신호원 자체가 음일 때
2) 무선기의 신호, 항로 정보 등과 같이 연속적으로 변하는 정보를 제시할 때
3) 음성 통신 경로가 전부 사용되고 있을 때(청각적 신호는 음성과는 확실히 구별되어야 함)

(2) 청각적 신호를 받는 경우 신호의 성질에 따라 수반되는 3가지 기능

1) 검출(detection) : 신호의 존재 여부를 결정
2) 상대식별 : 2가지 이상의 신호가 근접하여 제시되었을 때 이를 구별
3) 절대식별 : 어떤 부류에 속하는 특정한 신호가 단독으로 제시되었을 때 이를 구별

> 주
> 상대 및 절대 식별은 강도, 진동수, 지속시간, 방향 등 여러 자극 차원에서 이루어질 수 있다.

(3) 경계 및 경보신호의 선택 또는 설계시의 설계지침

1) 500~3,000Hz(또는 2,000~5,000Hz)의 진동수 사용(귀는 중음역에 민감)
2) 장거리(300m 이상)용은 1,000Hz 이하의 진동수 사용
3) 장애물 및 칸막이 통과 시 500Hz 이하의 진동수 사용
4) 주의를 끌기 위해서는 변조된 신호(초당 1~8 번 나는 소리, 초당 1~3 번 오르내리는 소리 등)사용
5) 배경소음의 진동수와 구별되는 신호사용
6) 경보효과를 높이기 위해서 개시 시간이 짧은 고강도 신호를 사용
7) 수화기를 사용하는 경우에는 좌우로 교번하는 신호를 사용
8) 가능하면 확성기, 경적 등과 같은 별도의 통신계통을 사용

(4) **첨두삭제(peak clipping)** : 신호가 비선형 회로를 통과할 때 생기는 변형을 진폭왜곡이라고 하며, 첨두삭제는 진폭왜곡의 한 형태로서 음파의 첨두치들을 제거하고 중간부분만을 남기는 것을 말한다.

　1) 상당한 (20dB 정도) 첨두삭제를 하여도 음성이해도는 거의 영향 받지 않는다.
　2) 삭제된 신호를 원 신호 수준으로 재 증폭하면, 음성의 최고 수준을 증가시키지 않아도 약한 자음이 강화된다.
　3) 조용한 경우, 첨두삭제된 음성은 거칠고 불쾌하게 들린다.
　4) 첨두삭제 단계 이후에 들어온 잡음이 있는 경우, 왜곡효과는 잡음에 의해서 은폐되어 음성은 삭제되지 않은 것 같이 들리며, 잡음 속의 통화의 이해도는 오히려 증가한다.

(5) **인간의 vigilance(주의하는 상태, 긴장상태, 경계상태)현상에 영향을 끼치는 조건**

　1) 검출능력은 작업시작 후 빠른 속도로 저하된다(30~40분 후, 검출능력은 50%로 저하).
　2) 발생빈도가 높은 신호일수록 검출률이 높다.
　3) 기계 자체 또는 관계되는 인간과 다른 물체에 미치는 영향을 최소한도로 감소시킬 수 있어야 한다.
　4) 경고를 받고 나서부터 행동에 이르기까지 시간적인 여유가 있어야 한다.

34 동적인 촉각적 표시장치

(1) **촉각적 통신에서 기계적 자극을 사용하는 방법**

　1) 피부에 진동기를 부착하는 방법
　2) 증폭된 음성을 하나의 진동기를 사용하여 피부에 전달하는 방법

(2) **전기적 자극** : 통증을 주지 않을 정도의 진동전류 자극을 이용한다.

35 신체 활동 및 생리적 배경

(1) **지구력(endurance)** : 사람은 자기의 최대근력을 잠시 동안만 낼 수 있으며, 근력의 15% 이하의 힘은 상당히 오래 유지할 수 있다.

(2) **동작의 속도와 정확성**

　1) 반응시간(reaction time) : 동작을 개시할 때까지의 총 시간을 말한다.
　2) 단순반응시간(simple reaction time) : 하나의 특정한 자극만이 발생할 수 있을 때 반응에 걸리는 시간으로 자극을 예상하고 있을 때, 반응시간은 0.15~0.2초 정도이다(특정감관, 강도, 지속시간 등의 자극의 특성, 연령, 개인차 등에 따라 차이가 있음).

3) 자극이 가끔 일어나거나 예상하고 있지 않을 때, 반응시간은 약 0.1초가 증가 된다.
4) 동작시간 : 신호에 따라서 동작을 실행하는데 걸리는 시간 약 0.3초(조종 활동에서의 최소치)이다.

∴ 총 반응시간=단순반응 시간+동작시간=0.2+0.3=0.5초

(3) 사정효과(range effect) : 눈으로 보지 않고 손을 수평면 위에서 움직이는 경우에 짧은 거리는 지나치고 긴 거리는 못 미치는 경향을 말하며, 조작자가 작은 오차에는 과잉반응, 큰 오차에는 과소반응을 한다.

(4) 진전(tremor : 잔잔한 떨림)을 감소시키는 방법

1) 시각적 참조
2) 몸과 작업에 관계되는 부위를 잘 받친다.
3) 손이 심장 높이에 있을 때가 손떨림이 적다.
4) 작업 대상물에 기계적 마찰이 있을 때

36 조정장치의 저항력

(1) 탄성저항 : 조종장치의 변위에 따라 변한다.
(2) 점성저항 : 출력과 반대방향으로 그 속도에 비례해서 작용하는 힘 때문에 생기는 저항력이다.
(3) 관성(inertia) : 기계장치의 질량(중량)으로 인한 운동에 대한 저항으로 가속도에 따라 변한다.
(4) 정지 및 미끄럼마찰 : 처음의 움직임에 대한 저항력인 정지마찰은 급속히 감소하나, 미끄럼마찰은 계속하여 운동에 저항하여 변위나 속도와는 무관하다.

37 이력현상 및 사공간

(1) 이력현상(또는 반발) : 제어동작이 멈추면 체계반응의 거꾸로 돌아오는 것을 말한다, C/D 비가 낮은(민감) 경우에 반발의 악영향이 커진다.
(2) 제어장치의 사공간(死空間) : 조종장치를 움직여도 피 제어요소에 변화가 없는 공간을 말한다.

38 운동관계의 양립성

(1) **조종장치로 원형 또는 수평표시장치의 지침을 움직이는 경우** : 조종장치의 시계방향 회전에 따라 지시치가 증가해야 한다.

(2) **동침형 수직눈금의 경우** : 지침에 가까운 부분과 같은 방향으로 움직이는 것이 가장 양립성이 크다.

(3) **정침 동목형 표시장치** : 다음과 같은 점이 바람직하다.
    ① 직접구동(直接驅動, direct drive) : 눈금과 손잡이가 같은 방향으로 회전
    ② 눈금 숫자는 우측으로 증가
    ③ 손잡이는 시계방향 회전이 지시치의 증가

39 온도와 열 압박

(1) **열 교환**

  1) S(열축적)=M(대사열)−E(증발)−W(한일)±R(복사)±C(대류)

  2) 증발에 의한 열 손실률 : 37℃ 물 1g의 증발열은 2,410joule/g(575.7cal/g)이다.

$$\therefore \text{열 손실률(Watt)} = \frac{2{,}410 J/g \times 증발량(g)}{증발시간(\sec)}$$

  3) 열교환에 영향을 주는 요소 : 기온, 습도, 복사온도, 공기의 유동

  4) 보온율(clo 단위) $= 0.18 \dfrac{℃}{kcal/m^2 \cdot hr}$

  5) 열 유동률(R/A) $= \dfrac{\Delta T}{clo}$

(2) **환경요소의 복합지수**

  1) 실효온도(ET)
    ① 실효온도(체감온도 또는 감각온도)에 영향을 주는 요인 : 온도, 습도, 기류(공기유동)
    ② 허용한계 : 정신(사무작업)(60~64°F), 경작업(55~60°F), 중작업(50~55°F)

  2) Oxford 지수 : WD(습건) 지수라고도 하며 습구, 건구 온도의 가중(加重) 평균치로서 다음과 같이 나타낸다.

$$\therefore WD = 0.85W(습구온도) + 0.15D(건구온도)$$

(3) **온도의 영향**

  1) 안전활동에 알맞은 최적온도 : 18~21℃
  2) 갱내 작업장의 기온상황 : 37℃ 이하

3) 체온의 안전한계와 최고한계온도 : 38℃와 41℃

4) 손가락에 영향을 주는 한계온도 : 13~15.5℃

(4) 피로지수 : 직장온도는 가장 우수한 피로지수로서 38.8℃만 되면 기진하게 된다.

(5) 불쾌지수

1) 70 이하 : 모든 사람이 불쾌를 느끼지 않음

2) 70~75 : 10명 중 2~3명이 불쾌감지

3) 76~80 : 10명 중 5명 이상이 불쾌감지

4) 80 이상 : 모든 사람이 불쾌를 느낌

40 조 명

(1) 시식별에 영향을 주는 조건

1) 조도

2) 대비

3) 시간 : 노출시간이 클수록 식별력이 커진다.

4) 광속발산비

5) 이동(movement) : 이동률이 60°/초 이상이 되면 시력이 급격히 저하된다.

6) 휘광(glare)

(2) 조도 : 물체의 표면에 도달하는 빛의 밀도

1) foot-candle(fc) : 1촉광의 점광원으로부터 1foot 떨어진 곡면에 비추는 광의 밀도(1 lumen/ft^2)

$$1 \text{ fc} = 1 \text{ lumen/ft}^2 = 10 \text{ lumen/m}^2 = 10 \text{ lux}$$

2) lux(meter-candle) : 1촉광의 점광원으로부터 1m 떨어진 곡면에 비추는 광의 밀도(1 lumen/m^2)

(3) 광속발산도(luminance) : 단위면적당 표면에서 반사 또는 방출되는 빛의 양을 말하며, 이 척도를 때로는 휘도(輝度, brightness)라고도 한다.

1) Lambert(L) : 완전발산 및 반사하는 표면이 표준촛불로 1cm 거리에서 조명될 때의 조도와 같은 광속발산도이다.

2) millilambert(mL) : 1L의 1/1,000로 거의 1foot-Lampert에 가깝다(0.929fL).

3) foot-Lambert(fL) : 완전발산 및 반사하는 표면이 1fc로 조명될 때의 조도와 같은 광속발산도이다.

(4) 반사율(reflectance)

1) 반사율(%) = $\dfrac{\text{광속발산도}(fL)}{\text{조명}(fc)} \times 100$

2) 옥내 최적 반사율
   ① 천정 : 80~90%
   ② 벽, 창문 발(blind) : 40~60%
   ③ 가구, 사무용기기, 책상 : 25~45%
   ④ 바닥 : 20~40%

(5) 광속 발산비
주어진 장소와 주위의 광속발산도의 비이며, 사무실 및 산업 상황에서의 추천 광속발산비는 보통 3 : 1이다.

(6) 대비(對比)
표적의 광속발산도(Lt)와 배경의 광속발산도(Lb)의 차를 나타내는 척도

∴ 대비 = $\dfrac{L_b - L_t}{L_b} \times 100$

1) 표적이 배경보다 어두울 경우 : 대비는 +100%에서 0 사이
2) 표적이 배경보다 밝을 경우 : 대비는 0에서 -∞ 사이

41 휘광(glare)의 처리

(1) 광원으로부터의 직사휘광 처리
1) 광원의 휘도를 줄이고 수를 증가시킨다.
2) 광원을 시선에서 멀리 위치시킨다.
3) 휘광원 주위를 밝게 하여 광속발산비(휘도)를 줄인다.
4) 가리개(shield), 갓(hood), 혹은 차양(visor)을 사용한다.

(2) 창문으로부터 직사휘광 처리
1) 창문을 높이 단다.
2) 창위(실외)에 드리우개(overhang)를 설치한다.
3) 창문(안쪽)에 수직날개(fin)들을 달아서 직시선을 제한한다.
4) 차양(shade) 혹은 발(blind)을 사용한다.

(3) 반사휘광의 처리
1) 발광체의 휘도를 줄인다.
2) 일반(간접)조명의 수준을 높인다.

3) 산란광, 간접광, 조절판(baffle), 창문에 차양(shade) 등을 사용한다.
4) 무광택도료, 빛을 산란시키는 표면색을 한 사무용 기기, 윤기를 없앤 종이 등을 사용한다.

42 시각 및 색각

(1) 시각 : 노화에 따라 가장 먼저 기능이 저하되는 감각기관이며, 진동의 영향도 가장먼저 받는다.

   1) 시각의 최소감지 범위 : 10^{-6}mL

   2) 시각의 최대허용강도 : 10^{-4}mL

(2) 시계의 범위

   1) 정상적인 인간의 시계범위 : 200°

   2) 색채를 식별할 수 있는 시계의 범위 : 70°

(3) 완전 암조응에 걸리는 시간 : 30~40분

(4) C · A · S : 색채조절(color conditioning), 공기조절(air conditioning), 음향조절(sound conditioning)의 3가지를 말하며, 재해방지나 능률향상의 기본이 된다.

(5) 색광(色光)의 3가지 특성

   1) 주파장(dominant wavelength) : 혼합광의 색상을 결정하는 주요 파장

   2) 포화도(saturation) : 여러 파장의 혼합광에 비해 어떤 좁은 범위의 파장이 우세한 정도

   3) 광속발산도(luminance) : 단위 면적당 표면에서 반사 또는 방출되는 빛의 양

(6) 색의 3속성 : 색상, 채도, 명도

(7) 색채심리

   1) 색감(색채의 느낌)
     ① 적색 : 열정, 활기, 용기, 애정, 공포
     ② 황색 : 희망, 광명, 주의, 경계, 조심
     ③ 녹색 : 안심, 평화, 안전, 위안, 편안
     ④ 청색 : 진정, 침착, 소원, 냉담, 소극

   2) 색채의 생물학적 작용
     ① 적색은 신경에 대한 흥분작용을 가지고 조직호흡면에서 환원작용을 촉진한다.
     ② 청색은 진정작용을 가지고 있고 조직호흡면에서 산화작용을 촉진한다.

3) 색채의 속도 : 명도가 높은 색채는 빠르고 경쾌하게 느껴지고, 낮은 색채는 둔하고 느리게 느껴진다. 가볍고 경쾌한 색에서 느리고 둔한 색의 순서를 나타내면 다음과 같다.

∴ 백색 → 황색 → 녹색 → 등색 → 자색 → 적색 → 청색 → 흑색

43 소 음

(1) 음의 기본요소 : 음의 강도(또는 크기)와 진동수(또는 음조)의 2가지로 구분하거나, 다음의 3요소로 구분하기도 한다.

① 음의 고저　　　　② 음의 강약　　　　③ 음조

(2) 음의 측정단위

1) dB 수준과 음의 강도와의 관계식

∴ dB 수준 $= 10\log\left(\dfrac{I_1}{I_0}\right)$

- I_1 : 측정음의 강도
- I_0 : 기준음의 강도 (10^{-12} watt/m² 최소가청치)

2) dB 수준과 음압과의 관계식 : 음의 강도는 음압의 제곱에 비례하므로 dB 수준은 다음과 같다.

∴ dB 수준 $= 20\log\left(\dfrac{P_1}{P_0}\right)$

- P_1 : 측정하려는 음압
- P_0 : 기준음의 음압 (2×10^{-5} N/m² : 1,000Hz에서의 최소가청치)

3) P_1과 P_2의 음압을 갖는 두음의 강도차

∴ $dB_2 - dB_1 = 20\log\left(\dfrac{P_2}{P_1}\right)$

4) 거리에 따른 음의 강도 변화

① 음의 강도와 거리 : 음의 강도(I)는 거리의 자승에 반비례한다.

∴ $I_2 = I_1 \times \left(\dfrac{d_1}{d_2}\right)^2$

② 음압의 거리 : 음압(P)은 거리에 반비례한다.

∴ $P_2 = P_1 \times \left(\dfrac{d_1}{d_2}\right)$

∴ $dB_2 = dB_1 + 20\log\left(\dfrac{d_1}{d_2}\right) = dB_1 - 20\log\left(\dfrac{d_2}{d_1}\right)$

(3) 음의 크기의 수준

1) phon : 1,000Hz 순음의 음압수준(dB)을 나타낸다.
2) sone : 1,000Hz, 40dB의 음압수준을 가진 순음의 크기(=40phon)를 1sone이라 한다.
3) sone와 phon의 관계식

$$\therefore sone치 = 2^{(Phon-40)/10}$$

4) 인식소음 수준
    ① PNdB(perceived noise level) : 910~1,090Hz대의 소음 음압수준
    ② PLdB(perceived level of noise) : 3,150Hz에 중심을 둔 1/3 옥타브(octave)대음을 기준으로 사용한다.

(4) 은폐와 복합소음

1) masking(은폐)현상 : dB이 높은 음과 낮은 음이 공존할 때, 낮은 음이 강한 음에 가로막혀 숨겨져 들리지 않게 되는 현상을 말한다.(90dB+80dB → 90dB)
2) 복합소음 : 소음수준이 같은 2대 기계의 음이 합쳐지면 3dB이 증가한다.
    (90dB+90dB → 93dB)
3) 합성소음도(L)

$$L = 10 \log(10^{\frac{L_1}{10}} + 10^{\frac{L_2}{10}} + \cdots + 10^{\frac{L_n}{10}})$$ 여기서, $L_1 \sim L_n$: 각각 소음원의 소음(dB)

(5) 소음의 허용한계

1) 가청주파수 : 20~2,0000Hz(CPS)
    ① 20~50Hz : 저진동범위
    ② 500~2,000Hz : 회화범위
    ③ 2,000~20,000Hz : 가청범위(audible range)
    ④ 20,000Hz 이상 : 불가청범위

2) 가청한계 : $2 \times 10^{-4} dyne/cm^2 \sim 10^3 dyne/cm^2$(134dB)
3) 심리적 불쾌감 : 40dB 이상
4) 생리적 현상 : 60dB(안락한계 45~65dB, 불쾌한계 65~120dB)
5) 난청(C5 dip) : 90dB(8시간)
6) 유해주파수(공장소음) : 4,000Hz(난청현상이 오는 주파수)
7) 음압과 허용노출한계

dB	90	95	100	105	110	115	120
허용노출시간	8시간	4시간	2시간	1시간	30분	15분	5~8분

∴ 120dB 이상 : 격리 또는 격벽설치

(6) 소음대책

1) 소음원의 통제 : 기계의 적절한 설계, 적절한 정비 및 주유, 기계에 고무 받침대 부착, 차량에는 소음기 사용
2) 소음의 격리 : 씌우개 방, 장벽을 사용(집의 창문을 닫으면 약 10dB 감음 됨)
3) 차폐장치 및 흡음재료 사용
4) 음향처리재 사용
5) 적절한 배치(layout)
6) 방음보호구 사용 : 귀마개(이전) (2,000Hz에서 20dB, 4,000Hz에서 25dB 차음효과)
7) BGM(back ground music) : 배경음악(60±3dB)

(7) 청력손실

1) 진동수가 높아짐에 따라 심해진다.
2) 청력손실의 2요소 : 나이를 먹는 것과 현대문명의 정상적인 압박(stress)이나 비직업적인 소음
3) 청력손실의 정도는 노출소음 수준에 따라 증가한다.
4) 청력손실은 4,000Hz에서 크게 나타난다.
5) 강한 소음에 대해서는 노출기간에 따라 청력손실이 증가하지만, 약한 소음은 관계가 없다.

44 진동 및 기동중의 착각

(1) 전신 진동이 인간성능에 끼치는 영향

1) 진동은 진폭에 비례하여 시력을 손상하며, 10~25Hz의 경우에 가장 심하다.
2) 진동은 진폭에 비례하여 추적능력을 손상하며, 5Hz 이하의 낮은 진동수에서 가장 심하다.
3) 안정되고 정확한 근육조절을 요하는 작업은, 진동에 의해서 저하된다.
4) 반응시간, 감시, 형태식별 등 주로 중앙신경처리에 달린 임무는 진동의 영향을 덜 받는다.

(2) coriolis 현상 : 비행기와 함께 선회하던 조종사가 머리를 선회면 밖으로 움직일 때에 평형감각을 상실하는 현상

(3) 현기증(방향감각 혼란)의 변형

1) 선회 시의 상승감
2) 급강하 후 수평 비행시나 선회 후의 강하감
3) coriolis 현상
4) 회전 후의 역 회전감

실 / 전 / 문 / 제

01
인간공학의 직접적인 목적이 아닌 것은?

① 기계조작의 능률성   ② 기술개발
③ 사고방지   ④ 작업환경의 쾌적성

해설
인간공학의 목표
① 안전성 향상과 사고방지(첫째 목표)
② 기계조작의 능률성과 생산성 향상
③ 작업환경의 쾌적성

02
다음 중 인간과 기계와의 관계를 측정하는 방법과 관계가 먼 것은?

① 순간조작 분석   ② 사용빈도 분석
③ 지각운동정보 분석   ④ 욕구분석

해설
인간 · 기계체계 관계의 측정방법(인간공학의 연구방법)
① 순간조작분석
② 사용빈도분석
③ 지각운동 정보분석
④ 전작업 부담분석
⑤ 기계의 사고연관성 분석
⑥ 연속 컨트롤(control) 부담 분석

03
인간과 기계는 상호보완적인 기능을 담당하며 하나의 체계로서 업무를 수행한다. 다음 중 인간기계 체계에 의해서 수행되는 기본기능이 아닌 것은?

① 감지   ② 의사결정
③ 행동   ④ 감시

해설
인간기계체계의 기본기능
① 감지   ② 정보저장
③ 정보처리 및 결심   ④ 행동기능

04
정보처리기능에서 감지는 정보저장의 첫 단계이다. 다음 중 기계의 정보저장에 해당되는 것은?

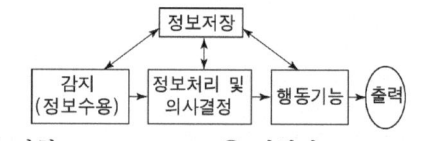

① 펀치   ② 펀치카드
③ 오실로 스코프   ④ 프로그래머

해설
기계적 정보보관 : 펀치카드(punch card), 자기테이프, 형판(template), 기록, 자료표 등과 같은 물리적 기구에 여러 가지 방법으로 보관될 수 있다.

05
인간과 기계의 기능분담은 여러 가지 형태로 분류된다. 인간이 동력원으로 기능하는 체계형태는?

① 기계화체계
② 수동체계
③ 자동체계
④ 반자동체계

해설
수동체계는 수공구나 기타 보조물로 이루어지며 자신의 신체적인 힘을 동력원으로 사용하여 작업을 통제하는 인간 사용자와 결합된다.

06
기계의 정보저장 형태에 속하지 않는 것은 다음 중 어느 것인가?

① 펀치카드   ② 자석테이프
③ 녹음테이프   ④ 위치카드

Answer ● 01. ② 02. ④ 03. ④ 04. ② 05. ② 06. ④

07
다음 인간·기계체계에서 기계의 이점에 해당되는 것은?

① 신속하면서 대량정보를 기억할 수 있다.
② 소음 중의 변화한 자극을 감지한다.
③ 귀납적으로 추리한다.
④ 주관적 평가를 한다.

해설
②, ③, ④항은 인간의 이점

08
기계가 현존하는 인간을 능가하는 조건이 아닌 것은?

① 여러 개의 프로그램 된 활동을 동시에 수행한다.
② 주위가 소란하여도 효율적으로 작동한다.
③ 명시된 프로그램에 따라 정성적(定性的)인 정보처리를 한다.
④ 물리적인 양(量)을 계수하거나 처리한다.

09
인간이 현존하는 기계를 능가하는 조건이 아닌 것은?

① 어떤 응용방법이 실패할 경우 다른 방법을 선택한다.
② 관찰을 통해서 일반화되고 연역적으로 추리한다.
③ 원칙을 적용하여 다양한 문제를 해결한다.
④ 주위의 이상하거나 예기치 못한 사건들을 감지한다.

해설
연역적으로 추리하는 기능은 기계가 인간보다 우수하고, 인간은 관찰을 통해서 일반화하고 귀납적으로 추리하는 기능이 우수하다.

10
기계의 정보처리 기능에 알맞은 것은?

① 임기응변적 기능   ② 응용 능력적 기능
③ 연역적 처리기능   ④ 귀납적 처리기능

해설
①, ②, ④ 항은 인간이 기계를 능가하는 기능이다.

11
작업설계를 함에 있어 철학적 접근방법은 무엇을 강조하는가?

① 작업에 대한 책임   ② 작업만족도
③ 적성배치   ④ 작업능률

12
인간공학에 사용되는 인간기준(human criteria)의 4가지 유형에 포함되지 않는 것은?

① 사고빈도   ② 주관적 반응
③ 생리학적 지표   ④ 심리적 지표

해설
인간기준의 4가지 유형
① 인간성능척도   ② 생리학적 지표
③ 사고발생 빈도   ④ 주관적 반응

13
작업만족도(job satisfaction)를 상승시키는 방법이 아닌 것은?

① 수행되어야 할 활동의 수를 증가시킨다.
② 작업에 대한 더 큰 책임을 지운다.
③ 작업자 자신이 사용할 작업방법을 선택할 수 있는 기회를 부여한다.
④ 작업을 세분화 시켜서 숙련을 덜 요하는 작업을 지향한다.

해설
작업만족도를 높이는 방법은 ①, ②, ③항 이외에도 다음과 같은 사항이 있다.
① 작업자 자신의 작업물에 대한 검사책임을 준다.
② 어떤 특정한 부품보다는 완전한 한 단위에 대한 책임을 부여한다.
③ 작업순환, 즉 몇 종류의 다른 작업에 순환 배치한다.

14
인간공학에 사용되는 인간기준(human criteria)의 기본유형이 아닌 것은?

① 주관적 반응   ② 생리학적 지표
③ 인간성능 척도   ④ 환경적응 척도

해설
인간기준의 유형에는 ①, ②, ③항 외에 「사고빈도」가 있다.

Answer ● 07. ① 08. ③ 09. ② 10. ③ 11. ② 12. ④ 13. ④ 14. ④

15
가치척도의 신뢰성이란?

① 보편성　　② 정확성
③ 객관성　　④ 반복성

해설
가치척도의 신뢰성은 반복성을 의미하는 것이다.

16
인간·기계체계의 분석 및 설계(체계설계)에 있어서의 인간공학의 가치에 해당되지 않는 것은?

① 인력이용률의 향상
② 사고 및 미스로 인한 손실방지
③ 생산 및 정비유지의 경제성 증대
④ 적정배치

해설
체계설계과정에서의 인간공학의 기여도
① 성능의 향상
② 훈련비용의 절감
③ 인력이용률의 향상
④ 사고 및 오용으로부터의 손실감소
⑤ 생산 및 경비유지의 경제성 증대
⑥ 사용자의 수용도 향상

17
인간공학적 제어예방 프로그램의 4개 주요 구성요소에 속하지 않는 것은?

① 문제를 야기시키는 위험요소 규명과 평가
② 도입된 교정방법 효율성 감시와 평가
③ 관리적이면서 경영적인 교정방법의 설계와 수행
④ 존재하거나 잠재적인 문제규명

해설
인간공학적 제어예방(control prevention) 프로그램에는 4개의 주요 구성요소가 있다.
① 존재하거나 잠재적인 문제규명
② 문제를 야기시키는 위험요소(risk factor)의 규명과 평가
③ 공학적이면서 경영적인 교정방법의 설계와 수행
④ 도입된 교정방법의 효율성 감시와 평가

18
일반적으로 연구조사에 사용되는 기준은 3가지 요건을 갖추어야 한다. 다음 중 기준의 3요건에 포함되지 않는 것은?

① 적절성　　② 무오염성
③ 신뢰성　　④ 객관성

해설
일반적으로 연구조사에 사용되는 기준은 3가지 요건, 즉 ① 적절성 ② 무오염성 ③ 신뢰성을 갖추어야 한다.

19
작업설계를 함에 있어 인간요소적 접근방법은?

① 작업만족도를 강조
② 능률과 생산성을 강조
③ 작업순환과 배치를 강조
④ 작업에 대한 책임을 강조

해설
작업설계시 인간요소적 접근방법은 주로 능률이나 생산성을 강조한다. 따라서 확대된 작업보다는 좀더 분화되고 숙련을 덜 요하는 작업을 지향한다.

20
작업설계 시에 딜레마(dilemma)란 무엇을 의미하는가?

① 작업 확대와 작업 윤택화간의 딜레마
② 작업 능률과 작업 만족도간의 딜레마
③ 작업 확대와 작업 만족도간의 딜레마
④ 작업 능률과 작업 윤택화간의 딜레마

21
작업만족도(job satisfaction)는 작업설계(job design)를 함에 있어 철학적으로 고려해야 할 사항이다. 다음 중 작업만족도를 얻기 위한 수단이 아닌 것은?

① 작업 확대(job enlargement)
② 작업 윤택화(job enrichment)
③ 작업 분석(job analysis)
④ 작업 순환(job rotation)

해설
작업설계시 철학적으로 고려할 사항
① 작업확대(job enlargement)
② 작업윤택화(job enrichment)
③ 작업만족도(job satisfaction)
④ 작업순환(job rotation)

Answer ➡ 15. ④　16. ④　17. ③　18. ④　19. ②　20. ②　21. ③

22
인간과 기계의 기능을 비교하여 볼 때 다음은 인간이 기계에 비하여 우수한 면을 나열한 것이다. 이들 중 적절하지 않은 것은?

① 융통성 있는 방법의 적용
② 문제해결의 독창성 발휘
③ 경험을 활용하여 행동방향 개선
④ 단시간에 많은 양의 정보기억과 재생

해설
④항은 기계의 우수한 면을 나타낸 것이다.

23
시스템 분석 및 설계에 있어서 인간공학의 가치와 거리가 먼 것은?

① 작업 숙련도의 감소　② 사용자의 수용도 향상
③ 성능의 향상　　　　④ 사고 및 오용의 감소

해설
인간공학의 가치에는 ②, ③, ④항 이외에도 다음 사항 등이 있다.
① 훈련비용의 절감
② 인력이용률의 향상
③ 생산 및 정비유지의 경제성 증대

24
인간 – 기계관계 측정법 중 틀린 것은?

① 순간조작 분석
② 지각운동 정보 분석
③ 연속컨트롤 부담분석
④ 총계적 통계분석

해설
인간 – 기계관계 측정법(인간공학 연구방법)은 ①, ②, ③항 이외에도 ① 전작업 부담분석 ② 사용빈도분석 ③ 기계의 사고 연관성 분석 등이 있다.

25
위험발생 가능한 여러 주어진 상태가 있고 각 상태의 발생확률을 의사결정자가 알고 있을 때 행하는 의사결정을 무엇이라고 하는가?

① 확실한 상황 하에서 의사결정
② 위험한 상황 하에서 의사결정
③ 불확실한 상황 하에서 의사결정
④ 대립상태 하에서 의사결정

해설
① **확실한 상황 하에서의 의사결정** : 의사결정자가 완전한 정보를 가지고 있어서 각 대안의 결과를 완전히 알고 있을 때 의사결정을 하는 것으로 이러한 상황은 그 기간이 짧다.
② **불확실한 상황 하에서의 의사결정** : 의사결정자가 각 대안에 대해 어떤 결과가 발생할 것인가를 알고 있으나 주어진 상태에 대한 확률을 모를 때 행하는 의사결정이다.
③ **대립상태 하에서의 의사결정** : 다른 의사결정에 의해 그 이득(주어진 상황에서 나타날 사상으로 대안별로 실현될 효과 또는 결과)이 달라짐을 말한다.

26
사고의 외적 요인으로서의 4M에 해당되지 않는 것은?

① Man　　　　　② Machine
③ Material　　　④ Media

해설
인간과오의 배후요인 4요소(4M)
① Man　　　　② Machine
③ Media　　　④ Management

27
인간에러(Human Error)를 일으킬 수 있는 정신적 요소가 아닌 것은?

① 방심과 공상　　② 개성적 결함 요소
③ 판단력의 부족　④ 기능정도

해설
정신상태 불량에 의한 사고의 요인
① 방심 및 공상　　② 판단력의 부족
③ 안전의식의 부족　④ 주의력의 부족
⑤ 개성적 결함요소

28
인간 정보처리과정에서 실패가 일어나는 것이 잘못 연결된 것은?

① 입력에러 – 확인미스
② 매개에러 – 결정미스

Answer ● 22. ④　23. ①　24. ④　25. ①　26. ③　27. ④　28. ②

③ 출력에러 – 동작미스
④ 판단에러 – 반응미스

해설
의지결정의 미스(miss)나 기억에 관한 실패 등은 중추과정에서 일으키는 것으로 판단 에러(error)에 해당된다.

29
어떤 장치의 이상을 알려 주는 경보기가 있어 그것이 울리면 일정시간 이내에 장치를 정지하고 상태를 점검하여 필요한 조치를 하게 된다. 그런데 담당 작업자가 정지조작을 잘못하여 장치에 고장이 발생하였다. 이 때 정지조작을 잘못 한 실수를 무엇이라고 하는가?

① primary error
② secondary error
③ command error
④ omission error

해설
인간과오 원인의 수준(level)적 분류
① 1차 에러(primary error) : 작업자 자신으로부터 발생한 과오
② 2차 에러(secondary error) : 작업형태나 작업조건 중에서 다른 문제가 생겨 그 때문에 필요한 사항을 실행할 수 없는 과오나 어떤 결함으로부터 파생하여 발생하는 과오
③ 컴맨드 에러(command error) : 요구된 것을 실행하고자 하여도 필요한 물건, 정보, 에너지 등의 공급이 없는 것처럼 작업자가 움직이려 해도 움직일 수 없으므로 발생하는 과오

30
System performance(SP)와 Human Error(HE)와의 관계는 SP = f(HE) = k · (HE)로 나타낸다 (단, f : 관수, k : 상수). 다음 중 Human Error가 System performance에 대하여 중대한 영향을 일으키는 것은 어느 것인가?

① k ≒ 1
② k < 1
③ k > 1
④ k ≒ 0

해설
SP = k(HE)에서
① k ≒ 1 : HE가 SP에 중대한 영향을 끼침
② 0 < k < 1 : HE가 SP에 risk를 줌
③ k ≒ 0 : HE가 SP에 아무런 영향을 주지 않음

31
인간 에러(error) 원인의 분류 중 작업자가 움직이려고 해도 움직일 수 없으므로 발생하는 에러는 무엇인가?

① Primary error
② Secondary Error
③ Third error
④ Command error

해설
① Primary error(1차 과오) : 작업자 자신으로부터 발생한 과오
② Secondary Error(2차 과오) : 작업형태나 작업조건 중에서 다른 문제가 생겨 그 때문에 필요한 사항을 실행할 수 없는 과오나 어떤 결함으로부터 파생하여 발생하는 과오

32
다음의 human error중 심리적 분류에 해당되지 않는 것은?

① Omission Error
② Sequential Error
③ Time Error
④ Input Error

해설
Human Error의 심리적 분류
① Omission Error : 필요한 task(작업) 또는 절차를 수행하지 않는데 기인한 과오
② Time Error : 필요한 task 또는 절차의 수행지연으로 인한 과오
③ Commission error : 필요한 task나 절차의 불확실한 수행으로 인한 과오
④ Sequential error : 필요한 task나 절차의 순서착오로 인한 과오
⑤ Extraneous error : 불필요한 task 또는 절차를 수행함으로서 기인한 과오

33
다음 중 감지미숙으로 인한 human error는?

① input error
② output error
③ feedback error
④ information processing error

해설
인간의 행동과정을 통한 과오의 분류
① input error : 감지결함
② output error : 출력과오
③ feedback error : 제어과오
④ information processing error : 정보처리절차과오

Answer ➔ 29. ① 30. ① 31. ④ 32. ④ 33. ①

34
미확인은 사고로 이어지는 경우가 종종 있다. 다음 행동과정에서 일어나는 미확인의 메커니즘에 해당되지 않는 것은?

① 단락에 의한 경우
② 다른 output 영역에서 지시가 빠져버리는 경우
③ feed back이 이루어지지 않고 통제되지 않는 경우
④ 생각대로 행동을 해버리지 못하는 경우

해설

④항은 생각대로 행동을 해버리는 경우, 즉 「…을 하지 않으면 안 된다」고 생각했을 뿐 실제는 그것을 한 것으로 착각하는 경우이다.

35
인간 – 기계 시스템(man – machine system)에서 조작상 인간에러의 발생 빈도수의 순서로 맞는 것은?

① 지식관련 ② 정보관련
③ 표시장치 ④ 시간관련

① ①—②—③—④
② ①—②—④—③
③ ①—④—③—②
④ ②—①—③—④

해설

인간, 기계 체계에서의 인간의 에러는 조작미스, 운전미스, 접촉미스 등이 있으며 그 원인에는 신체적 기능의 부조화, 계기의 식별미스, 습관, 심리적 요인 등이 있다.

• 조작상 미스의 발생빈도수의 순서
① 1순위 : 지식관련(자극의 과대, 과소)
② 2순위 : 정보관련(완전하지 못한 정보전달)
③ 3순위 : 표시장치(표시방법, 위치의 부적절)
④ 4순위 : 제어장치(배치, 식별성, 접촉성의 부적절)
⑤ 5순위 : 조작환경(작업공간, 환경조건의 부적절)
⑥ 6순위 : 시간관련(작업시간의 부적절)

36
인간이 과오를 범하기 쉬운 작업성격이 아닌 것은?

① 단독작업 ② 공동작업
③ 장시간 감시 ④ 다경로 의사결정

해설

인간이 과오를 범하기 쉬운 작업특성
(1) 공동작업
① 2인 이상의 작업자에 의한 작업 step 사이
② 고속에서의 수동제어 사이
③ 분산 배치되어 있는 조작반(操作盤)의 수동 제어 사이
(2) 속도와 정확성을 요하는 작업
① 고속을 요하는 작업이나 극도로 정확한 timing을 요하는 작업
② 의사결정시간이 짧은 작업
(3) 변별(辨別)을 요하는 작업
① 다수의 입력원에 기초한 의사결정(다경로 의사결정)
② 장시간에 걸친 표시장치의 감시(장시간 감시)
③ 2개 이상의 표시장치에 따른 빠른 변화의 비교
(4) 부적당한 입력 특성을 갖는 경우
① 자극입력의 성질과 timing을 모두 또는 어느 한쪽을 예측할 수 없는 경우
② 변별해야 할 표시장치가 공통적인 특성을 많이 갖고 있거나 표시장치가 빠르게 변화하는 경우
③ 부적당한 시각, 청각 feedback에 따라서 행동해야 하는 경우
④ 과오의 해소책이 작업수행을 방해하는 경우

37
Man machine system 설계에 있어서 신뢰도 계산상 병렬공식에 맞는 것은?

① $R = \dfrac{1-(1-r)}{1}$
② $R = 1-(1-m)$
③ $R = 1-(1-r)^m$
④ $R = 1-(1-r_m)$

해설

병렬연결의 신뢰도 공식
∴ $R = 1-(1-r)^m$

여기서, m : 병렬연결된 동일부품의 수
r : 단위부품의 신뢰도

Answer ● 34. ④ 35. ① 36. ① 37. ③

38
다음 중 병렬계의 특성이 아닌 것은?
① 요소의 수가 많을수록 고장의 기회가 줄어든다.
② 요소의 어느 하나가 정상이면 계는 정상이다.
③ 요소의 중복도가 늘수록 계의 수명은 짧아진다.
④ 계의 수명은 요소 중 수명이 가장 긴 것으로 정해진다.

해설
요소의 중복도가 늘수록 계의 수명은 길어진다.

39
다음과 같은 시스템의 신뢰도를 구하면? (단, 기계의 신뢰도는 0.99이다.)

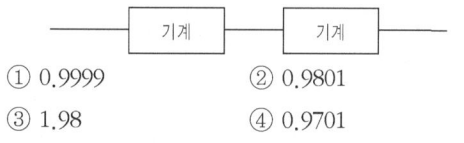

① 0.9999   ② 0.9801
③ 1.98   ④ 0.9701

해설
기계와 기계가 직렬로 연결되어 있으므로
시스템의 신뢰도 = 0.99 × 0.99 = 0.9801

40
다음 시스템의 신뢰도는? (단, ① : 85%, ②, ③ : 75%)

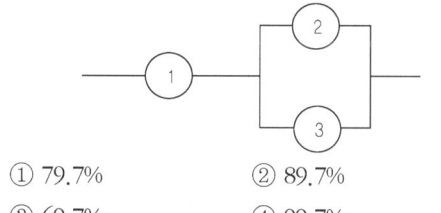

① 79.7%   ② 89.7%
③ 69.7%   ④ 99.7%

해설
R = 0.85 × [1 − (1 − 0.75)(1 − 0.75)]
  = 0.797 ≒ 79.7%

41
다음은 고압 액체탱크를 조절하는 밸브들로 이루어진 배관계이다. 각 밸브의 신뢰도를 r이라고 할 때 시스템의 신뢰도를 구하면?

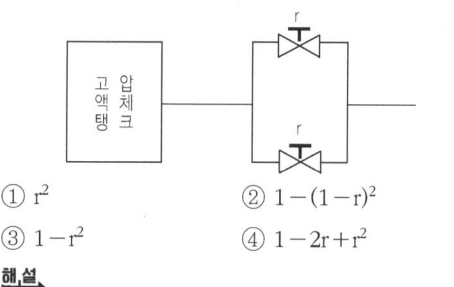

① r^2 ② $1-(1-r)^2$
③ $1-r^2$ ④ $1-2r+r^2$

해설
R = 1 − (1 − r)(1 − r) = 1 − (1 − r)²

42
다음 그림과 같은 block diagram을 갖는 시스템의 신뢰도는 얼마인가? (단, r_1, r_2는 부품의 신뢰도를 나타낸다.)

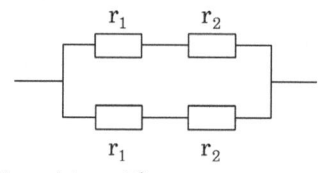

① $1-[(1-r_1)(1-r_2)]^2$
② $1-(r_1 \cdot r_2)^2$
③ $[1-(1-r_1)(1-r_2)]^2$
④ $1-(1-r_1 \cdot r_2)^2$

해설
시스템 신뢰도 = 1 − (1 − $r_1 \cdot r_2$)(1 − $r_1 \cdot r_2$)
           = 1 − (1 − $r_1 \cdot r_2$)²

43
다음 시스템의 신뢰도를 구하시오.

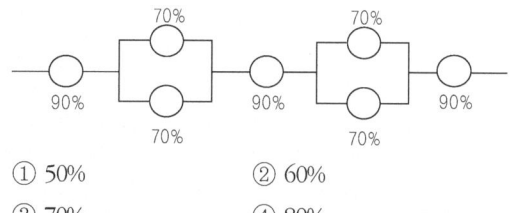

① 50%   ② 60%
③ 70%   ④ 80%

Answer ➔ 38. ③ 39. ② 40. ① 41. ② 42. ④ 43. ②

해설

R = 0.9 × [1 − (1 − 0.7)(1 − 0.7)] × 0.9
× [1 − (1 − 0.7)(1 − 0.7)] × 0.9
= 0.603 ≒ 60%

44
인간의 신뢰성 관계와 거리가 먼 것은?

① 주의력 ② 의식수준
③ 관찰력 ④ 긴장수준

해설

인간의 신뢰성 요인
① 주의력   ② 긴장수준
③ 의식수준(경험연수, 지식수준, 기술수준)

45
다음 그림과 같은 man machine system에서의 신뢰도를 구하면? (단, man의 신뢰도는 70%이고 machine의 신뢰도는 90%이다.)

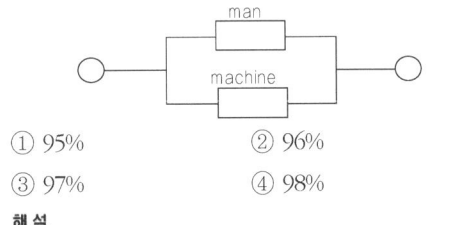

① 95% ② 96%
③ 97% ④ 98%

해설

R(신뢰도) = 1 − (1 − 0.7)(1 − 0.9) = 0.97 = 97%

46
수리하면서 사용하는 체계에서 고장과 고장 사이 시간의 평균치는?

① MTBF   ② MTTF
③ MTTFF ④ MTBHE

해설

① MTBF(평균고장간격 : mean time between failures) : 체계의 고장발생 순간부터 수리가 완료되어 정상작동하다가 다시 고장이 발생하기까지의 평균시간
② MTTR(평균수리시간 : mean time to repair) : 체계의 고장발생순간부터 수리가 완료되어 정상작동하기까지의 평균시간
③ MTTF(평균고장시간) : 체계가 작동하기 시작한 후 고장이 발생하기까지의 평균시간

47
고장형태 중 일정형은 다음 중 어떤 고장기간 중에 나타나는가?

① 초기고장기간 ② 우발고장기간
③ 마모고장기간 ④ 피로고장기간

해설

고장형태
① 초기고장 : 감소형   ② 우발고장 : 일정형
③ 마모고장 : 증가형

48
디버깅(debugging)이란?

① 초기고장기간의 고장원인 도출과정
② 우발고장기간의 고장원인 도출과정
③ 마모고장기간의 고장원인 도출과정
④ 고장원인 도출과는 상관이 없다.

해설

디버깅(debugging)기간 : 초기고장의 결함을 찾아내 고장률을 안정시키는 기간

49
인간의 손에 의하여 기계를 조작할 때 가장 중요한 사항은 다음 중 어느 것인가?

① 신뢰성 ② 견고성
③ 기민성 ④ 안전성

해설

인간이 물체와 제일 먼저 접촉하는 것은 손으로서 가장 중요한 것은 안전성이다.

50
인간이 기계를 조종하여 임무를 수행하여야 하는 인간−기계체계가 있다. 만일 이 인간−기계 통합체계의 신뢰도가 0.8 이상이어야 하며, 인간의 신뢰도는 0.9라 한다면, 기계의 신뢰도는 얼마 이상이어야 하는가?

① 0.6 이상 ② 0.7 이상
③ 0.8 이상 ④ 0.9 이상

해설

인간의 신뢰도 × 기계의 신뢰도 = 통합체계의 신뢰도

Answer ➡ 44. ③ 45. ③ 46. ① 47. ② 48. ① 49. ④ 50. ④

51
n개의 요소를 가진 병렬계에 있어 요소의 수명(MTTF)이 지수분포에 따를 경우 계의 수명은?

① $MTTF \times n$
② $MTTF \times \dfrac{1}{n}$
③ $MTTF \times \left(1 + \dfrac{1}{2} + \ldots + \dfrac{1}{n}\right)$
④ $MTTF \times \left(1 \times \dfrac{1}{2} \times \ldots \times \dfrac{1}{n}\right)$

해설

계의 수명(MTTF : mean time to failure)
(1) 병렬계에서는 구성요소가 모두 고장난 시점, 즉 가장 긴 수명이고 가장 늦게 고장난 요소가 계의 수명을 결정하는 최대수명계로 되어 있다. 요소가 지수분포에 따를 경우 계의 수명 MTTF는 $\left(1 + \dfrac{1}{2} + \ldots + \dfrac{1}{n}\right)$ 배로 늘어난다.

∴ **병렬계의 수명** = $MTTF\left(1 + \dfrac{1}{2} + \ldots + \dfrac{1}{n}\right)$

(2) 직렬계에서는 직렬계를 구성하는 요소 중에서 어느 하나가 맨 먼저 고장나는 것이 계의 수명을 결정한다. 특히 구성요소의 수명이 모두 같은 $MTTF = 1/\lambda$ 을 갖는 지수분포에 따를 경우 계의 고장률은 요소의 고장률의 n 배, 즉 고장의 찬스는 n 배로 늘고 따라서 계의 수명 MTTF는 요소 MTTF의 $\dfrac{1}{n}$ 이 된다.

∴ **직렬계의 수명** = $\dfrac{MTTF}{n}$

52
평균고장시간(MTTF)이 6×10^5 시간인 요소 3개가 병렬계를 이루었을 때 계(system)의 수명은?

① 2×10^5 ② 6×10^5
③ 11×10^5 ④ 18×10^5

해설

병렬계의 수명 = $MTTF\left(1 + \dfrac{1}{2} + \dfrac{1}{3}\right)$
$= 6 \times 10^5 \times \left(1 + \dfrac{1}{2} + \dfrac{1}{3}\right)$
$= 11 \times 10^5$ 시간

53
다음은 초기고장과 마모고장의 고장형태와 그 예방대책에 관한 내용이다. 연결이 잘못된 것은?

① 초기고장 – 감소형 ② 마모고장 – 증가형
③ 초기고장 – 디버깅 ④ 마모고장 – 스크리닝

해설

고장률의 유형
① 초기고장 : 감소형(debugging 기간, burnin 기간)
② 우발고장 : 일정형 ③ 마모고장 : 증가형

54
페일 세이프(fail safe)란 무엇인가?

① 안전사고를 예방할 수 없는 불완전한 조건과 불안전한 상태
② 기계장비의 성능이 생산에는 지장이 없으나 안전 상 위험한 상태
③ 인간 또는 기계가 동작상의 실패가 있어도 사고를 발생시키지 않도록 하는 통제
④ 안전장치가 고장이 나 있는 상태

해설

페일 세이프(fail safe)는 인간 또는 기계에 과오나 동작상의 실패가 있어도 안전사고를 발생시키지 않도록 2중 또는 3중으로 통제를 가하도록 한 체계를 말한다.

55
물체의 위치, 방위, 자세 등의 기계적 변위를 제어량으로 하는 피드백 제어계는?

① 프로세스 제어(process control)
② 자동조정(automatic regulation)
③ 장치제어(constant value control)
④ 서보 기구(servo mechanism)

해설

서보기구 : 레이더의 방향제어, 선박 및 항공기 등의 속도조절 기구, 공작기계의 제어 등과 같이 물체의 위치, 방향, 힘, 속도 등의 역학적인 물리량을 제어하는 기구이다.

56
다음 중 fail safe의 원리가 아닌 것은?

① 다경로하중구조 ② 사건구조
③ 교대구조   ④ 하중경감구조

해설

fail safe의 구조 : 다경로하중구조, 하중경감구조, 교대구조, 중복구조

Answer ➡ 51. ③ 52. ③ 53. ④ 54. ③ 55. ④ 56. ②

57
동작자의 태도를 보고 동작자의 상태를 파악하는 감시방법은?

① Self monitoring
② Visual monitoring
③ 생리학적 monitoring
④ 반응에 의한 monitoring

해설

인간에 대한 모니터링 방식
① self monitoring 방법 : 자극, 고통, 피로, 권태, 이상감각 등의 지각에 의해서 자신의 상태를 알고 행동하는 감시 방법이다.
② 생리학적 monitoring 방법 : 맥박수, 체온, 호흡속도, 혈압, 뇌파 등으로 인간 자체의 상태를 생리학적으로 모니터링하는 방법이다.
③ visual monitoring 방법 : 작업자의 태도를 보고 작업자의 상태를 파악하는 방법이다(졸리는 상태는 생리학적으로 분석하는 것보다 태도를 보고 상태를 파악하는 것이 쉽고 정확하다).
④ 반응에 의한 monitoring 방법 : 자극(청각 또는 시각의 자극)을 가하여 이에 대한 반응을 보고 정상 또는 비정상을 판단하는 방법이다.
⑤ 환경의 monitoring 방법 : 간접적인 감시방법으로서 환경 조건의 개선으로 인체의 안락과 기분을 좋게 하는 정상작업을 할 수 있도록 만드는 방법이다.

58
제어결과를 측정하여 목표로 하는 동작이나 상태와 비교하여 잘못된 점을 수정해 나가는 제어방식은 다음 중 어느 것인가?

① Open loop control
② Closed loop control
③ Fail safety control
④ Manual control

해설

제어방식에는 크게 개방루프 제어(open loop control)와 피드백 제어(feedback control) 방식이 있다.
① 개방루프제어 방식 : 항공기 방향조정의 경우, 항공기의 진로를 유지하기 위하여 기체의 역학적 특성, 진로상 공기의 밀도와 바람 등을 사전에 충분히 알고 조정방향을 시간적으로 프로그램 함으로서 항공기가 소정의 비행로를 따라 비행하게 되는데 이와 같은 제어방식을 말한다.
② 피드백제어 방식 : 제어결과를 측정하여 목표로 하는 동작이나 상태와 비교하여 잘못된 점을 수정해 나가는 제어방식으로 피드백 제어에서는 제어의 결과를 목표와 비교하기 위하여 출력이 피드백 측으로 피드백되어 전체가 하나의 폐루프를 구성하기 때문에 일명 폐쇄루프 제어(closed loop control)라고도 한다.

59
기계로부터의 정보(information)는 가령 시그널 램프(Signal lamp) 등과 같은 표시기에 의해서 이루어지게 되며, 기계의 조작은 다음 어느 것에 의해서 이루어지는가?

① 감각기
② 운동기
③ 제어기
④ 표현기

해설

기계로부터의 정보는 각종의 표시기에 의해 이루어지게 되며, 기계의 조작은 조절기(제어기)에 의해서 이루어진다.

60
설비의 안전효율을 높이기 위한 시간가동률에 해당되는 사항이 아닌 것은?

① 고장로스
② 작업조정로스
③ 설비교환로스
④ 속도로스

해설

설비교환 로스는 장비가동률이다.

61
Fool-proof를 하는 직접적인 목적은 다음 중 어느 것인가?

① 실수방지
② 정확성 증대
③ 품질향상
④ 수율증대

해설

Fool-proof : 근로자가 기계 등의 취급을 잘못해도 그것이 바로 사고나 재해로 연결되는 일이 없도록 하는 안전 기구를 말한다. 즉, 인간의 착오·실수 등 이른바 인간과오를 방지하기 위한 것이다.

Answer ➡ 57. ② 58. ② 59. ③ 60. ③ 61. ①

62
고상모드의 예측설정시 Item으로 전기계통에 속하지 않는 것은?

① 개방 ② 잡음
③ 입출력 불량 ④ 탈락

해설

Item은 기계계, 전기계, 유체계로 구분한다.
① 기계계 : 변형, 마모, 파손, 탈락, 기열 등
② 전기계 : 개방, 단락, 잡음, Drift, 입출력 불량, 절연불량
③ 유체계 : 누설, 부식, 폐쇄 등

63
다음 중 다른 것으로 착각하여 실행한 error는?

① extraneous error ② time error
③ omission error ④ commission error

해설

작업자의 error는 본래 완수해야 할 기능으로부터의 상위라고 생각하고 그 상위한 상태를 대략 분류하면 omission error와 commission error로 구분된다. 전자는 생략한 형태의 error이고, 후자는 다른 것으로 착각하여 실행한 error이다. 좀더 상세히 분류하면 **인간 error의 형태**는 다음 5가지로 된다.
① omission error : 해야 할 것을 하지 않는다.
② commission error : 해야 할 것을 불충분하게 한다.
③ sequential error : 해야 할 것과 상위한 것을 한다.
④ extraneous error : 필요 없는 것을 한다.
⑤ time error : 시간적으로 부당한 것을 한다.

64
인간 error 원인의 레벨(level)을 분류한 경우 요구된 것을 실행하고자 하여도 필요한 물건이나 정보 에너지(energy) 등의 공급이 없다고 하는 것처럼 작업자가 움직이려 해도 움직일 수 없으므로 발생하는 에러(error)를 무엇이라고 하는가?

① primary error ② secondary error
③ third error ④ command error

해설

인간 error의 원인적 level 분류는 1차 에러(primary error : 작업자 자신으로부터 발생한 error), 2차 에러(secondary error : 작업형태나 작업조건 중에서 다른 문제가 생겨 그 때문에 필요한 사항을 실행할 수 없는 과오나 어떤 결함으로부터 파생하여 발생하는 과오), 컴맨드 에러(command error)가 있다.

65
장비나 설비의 설계에 응용하기 위한 인체측정 대상 자료를 선택하는 3가지 원칙이 아닌 것은?

① 기능적 인체치수
② 최대치수와 최소치수
③ 조절범위
④ 평균치를 기준으로 한 설계

해설

인체계측자료의 응용원칙
① 최대치수와 최소치수 : 최대치수 또는 최소치수를 기준으로 하여 설계한다.
② 조절범위(조절식) : 체격이 다른 여러 사람에 맞도록 만든 것이다.
③ 평균치를 기준으로 한 설계 : 최대치수나 최소치수, 조절식으로 하기가 곤란할 때 평균치를 기준으로 설계한다.

66
인체계측에 맞는 것은?

① 정적 인체계측과 동적 인체계측
② 공간 인체계측과 작업조건
③ 동적 인체계측과 공간계측
④ 정적 인체계측과 설비계측

해설

인체계측 방법에는 정적 인체계측(구조적 인체치수)과 동적 인체계측(기능적 인체치수)이 있다.

67
인간의 생리적 부담 척도 중 국소적 근육 활동의 척도로 이용되는 것은?

① 혈압 ② 맥박수
③ 근전도 ④ 점멸융합 주파수

해설

국소적인 근육활동의 척도에는 근전도(electromyogram : EMG)가 있으며, 이는 근육활동 전위차의 기록으로서 수의근(隨意筋)의 활동 정도를 나타낸다.

Answer ➔ 62. ④ 63. ④ 64. ④ 65. ① 66. ① 67. ③

68
플리커법(flicker test)란?

① 혈중 알코올 농도를 측정하는 방법이다.
② 체내 산소량을 측정하는 방법이다.
③ 작업강도를 측정하는 방법이다.
④ 피로의 정도를 측정하는 방법이다.

해설
플리커법(flicker test)은 정신적부담이 대뇌피질의 활동수준에 미치고 있는 영향을 측정하는 방법으로 심적 작업시나 피로의 정도를 측정하는데 쓰인다.

69
인체계측의 생리학적 측정법에서 에너지대사량과 심박수의 상관관계 또는 시간적 경과에 따라 측정되는 것은?

① 동적근력작업 ② 정적근력작업
③ 신경적 작업   ④ 심적 작업

해설
작업의 종류에 대한 생리적인 측정법
① 정적 근력작업 : 에너지대사량과 맥박수(심박수)와의 상관관계 및 시간적 경과, 근전도(EMG) 등을 측정
② 동적 근력작업 : 에너지대사량, 산소소비량 및 CO_2 배출량 등과 호흡량, 맥박수, 근전도 등을 측정
③ 신경적 작업 : 매회 평균호흡진폭, 맥박수, 피부전기반사(GSR) 등을 측정
④ 심적 작업 : 프릿가값 등을 측정

70
작업강도는 에너지대사율(RMR)로서 측정될 수 있다. 사무작업이나 감시작업의 에너지대사율은?

① 0~1RMR   ② 2~4RMR
③ 4~7RMR   ④ 7~9RMR

해설
RMR에 따른 작업강도의 구분
① 0~2RMR(輕작업)
② 2~4RMR(中작업)
③ 4~7RMR(重작업)
④ 7RMR 이상(超重작업)

71
에너지의 대사율(Relative Metabolic Rate)은 무엇을 뜻하는가?

① 인체의 영양분을 측정하여 건강상태를 확인하는 것
② RMR = $\dfrac{\text{작업시의 소비에너지} - \text{안정시의 소비에너지}}{\text{기초대사량}}$
③ 탄산가스의 소비량 측정
④ $A = H \times W \times 72.46$

해설
1) 에너지대사율(R.M.R : relative metabolic rate) :
작업강도 단위로서 산소호흡량을 측정하여 에너지의 소모량을 결정하는 방식이다.

∴ R.M.R = $\dfrac{\text{작업대사량}}{\text{기초대사량}} = \dfrac{\text{작업시소비에너지} - \text{안정시소비에너지}}{\text{기초대사량}}$

2) 작업시 소비에너지와 안정시 소비에너지 : 더그라스·백법

기초대사량 = $A \times x$
A : 체표면적(cm^2)
$A = H^{0.725} \times W^{0.425} \times 72.46$
H : 신장(cm)
W : 체중(kg)
x : 체표면적당 시간당 소비에너지

72
EMG(electromyogram)를 바르게 설명한 것은 어느 것인가?

① 정신활동의 척도
② 근육활동의 척도
③ 신체활동의 측정기준
④ 신체기능의 계량

해설
EMG : 근육활동의 전위차를 기록한 것으로 근전도라고 한다.

Answer ➡ 68. ④ 69. ② 70. ② 71. ② 72. ②

73
작업이나 운동이 격렬해져서 근육에 생성이 되는 젖산이 적시에 제거되지 못하면 작업이 끝난 후에도 남아 있는 젖산을 제거하기 위해 여분의 산소가 필요하게 되므로, 이를 보충하기 위해 맥박과 호흡도 서서히 감소한다. 이 여분의 산소필요량을 무엇이라 하는가?

① 호기산소 ② 협기산소
③ 산소잉여 ④ 산소빚

해설
산소빚(산소부채) : 젖산은 신체활동에서 산소가 부족할 때에 생성되는 것으로 젖산의 제거속도가 생성속도에 못 미치면 신체활동이 끝난 후에도 남아 있는 젖산을 제거하기 위해서 산소가 더 필요하며 이를 산소빚(oxygen debt)이라 한다. 이 빚을 보충하기 위하여 맥박과 호흡수도 작업개시 이전 수준으로 즉시 돌아오지 않고 서서히 감소한다.

74
보통 사람의 매 분당 산소소모량은 얼마인가?

① 30ml ② 50ml
③ 70ml ④ 90ml

해설
인간의 산소소모량 : 50ml/min

75
성인이 하루에 섭취하는 음식물의 열량 중 일부는 생명을 유지하기 위한 신체기능에 소비되고, 나머지는 일을 한다거나 여가를 즐기는데 사용될 수 있다. 이 중 생명을 유지하기 위한 최소한의 대사량을 무엇이라 하는가?

① BMR ② RMR
③ CSR ④ EMG

해설
기초대사량(BMR : basal metabolic rate) : 활동하지 않는 상태에서 생명 및 신체기능을 유지하는데 필요한 대사량으로 성인의 경우 1,500~1,800kcal/day 정도이며, 기초대사와 여가(leisure)에 필요한 대사량은 약 2,300kcal/day이다.

76
작업 공간 포락면이란 사람이 작업하는데 사용하는 공간을 말하는데 다음의 어떤 경우에서 인가?

① 한 장소에 엎드려서 수행하는 작업 활동에서
② 한 장소에 누워서 수행하는 작업 활동에서
③ 한 장소에 앉아서 수행하는 작업 활동에서
④ 한 장소에 서서 수행하는 작업 활동에서

해설
작업공간포락면(work space envelope) : 한 장소에 앉아서 수행하는 작업활동에서 사람이 작업하는데 사용되는 공간을 말한다.

77
작업자가 앉아서 수작업을 하는 경우 기능을 편히 할 수 있는 공간의 외곽한계를 무엇이라 하는가?

① 파악한계 ② 최대작업역
③ 정상작업역 ④ 감축한계

해설
파악한계 : 앉은 작업자가 특정한 수작업 기능을 편히 수행할 수 있는 공간의 외곽한계를 말한다.

78
선 자세 작업이 앉은 자세 작업보다 좋은 점이 아닌 것은?

① 가동성이 증대 ② 수동력의 증대
③ 작업공간의 감소 ④ 신체의 안정성

해설
④항 신체의 안정성은 앉은 자세 작업의 이점에 해당된다.

79
Relative metabolic rate를 가장 적절하게 설명한 것은?

① 작업에 필요한 힘을 말한다.
② 작업강도에 따라 소비되는 에너지 대사율을 말한다.
③ 동적 에너지 소모량을 말한다.
④ 동적, 정적 작업행동에 필요한 칼로리를 말한다.

Answer ➔ 73. ④ 74. ② 75. ① 76. ③ 77. ① 78. ④ 79. ②

해설

R·M·R(에너지 대사율)
$$= \frac{작업시소비에너지 - 안정시소비에너지}{기초대사량}$$

80
작업의 강도를 에너지 대사율로 구분할 때 중정도 작업에 필요한 수치는?

① 0~2 ② 2~4
③ 4~6 ④ 8 이상

해설

에너지대사율에 따른 작업강도구분
① 0~2 RMR(輕작업) ② 2~4RMR(中작업)
③ 4~7 RMR(重작업) ④ 7RMR 이상(超중작업)

81
작업종류별 중 산소소비량이 중(Heavy)에 해당되는 것은?

① 2.5 l/분 ② 1.5~2.0 l/분
③ 1.0~1.5 l/분 ④ 0.5~1.0 l/분

해설

노동급에 따른 산소소비량

노동급	산소소비량(l/분)
극초중(unduly heavy)	2.5 이상
초중(very heavy)	2.0~2.5
중(重 : heavy)	1.5~2.0
중간(moderate)	1.0~1.5
경(light)	0.5~1.0
초경(very light)	0.5 이하

82
인간이 앉아서 작업대 위에 손을 움직여 나타나는 평면작업 중 팔을 굽히고도 편하게 작업을 하면서 좌우의 손을 움직여 생기는 작은 원호형의 영역을 무엇이라 하는가?

① 최대작업역 ② 평면작업역
③ 작업공간포락면 ④ 정상작업역

해설

정상작업역 : 상완을 자연스럽게 수직으로 늘어뜨린 채 전완만으로 편하게 뻗어 파악할 수 있는 구역(34~45cm)

83
의자의 설계원칙에 맞지 않는 것은?

① 체중분포
② 의자좌판의 높이
③ 의자좌판의 깊이와 폭
④ 의자의 안정도

해설

의자의 설계원칙 사항
① 체중분포
② 의자좌판의 높이
③ 의자좌판의 깊이와 폭
④ 몸통의 안정도

84
다음은 부품 배치의 4원칙이다. 이들 중 부품의 일반적인 위치를 정하기 위한 기준이 되는 것은?

① 중요성의 원칙 ② 사용빈도의 원칙
③ 기능배치의 원칙 ④ 사용순서의 원칙

① ①과 ② ② ②와 ③
③ ③과 ④ ④ ①과 ④

해설

일반적으로 중요성과 사용빈도에 따라서 부품의 일반적인 위치를 정하고, 기능 및 사용순서에 따라서 부품의(일반적인 위치 내에서의) 배치를 결정할 수 있다.

85
인간의 모든 신체 부위의 동작은 기본적인 몇 가지로 분류된다. 몸을 중심선으로부터 밖으로 이동하는 동작을 지칭하는 용어는?

① 외전 ② 외선
③ 내전 ④ 내선

해설

신체부위의 동작
① 굴곡(flexion) : 부위 간의 각도 감소
  신전(extension) : 부위 간의 각도 증가
② 외전(abduction) : 몸의 중심선으로부터의 이동
  내전(adduction) : 몸의 중심선으로의 이동
③ 외선(lateral rotation) : 몸의 중심선으로부터의 회전
  내선(medial rotation) : 몸의 중심선으로의 회전

Answer ● 80. ② 81. ② 82. ④ 83. ④ 84. ① 85. ①

86
모든 기계는 능률과 안전을 위하여 통제장치가 되어있다. 통제기능을 옳게 말한 것은?

① 개폐에 의한 통제, 방향조절에 의한 통제, ON
　－OFF SW
② 개폐에 의한 통제, 양의 조절에 의한 통제, 반응에 의한 통제
③ 개폐에 의한 통제, 긴급차단에 의한 통제, Open－Loop 통제
④ 개폐에 의한 통제, 피드백 통제, 맨머신 시스템에 의한 통제

해설

통제장치의 유형
① 개폐에 의한 통제　　② 양의 조절에 의한 통제
③ 반응에 의한 통제

87
통제기기의 레버를 3cm 이동시켰더니 표시기의 지침이 15cm 이동하였다. 이 계기의 통제표시비는 얼마인가?

① 5　　　　　　　② 1/5
③ 4　　　　　　　④ 12/15

해설

C/D＝X/Y＝3/15＝1/5

88
그림에 있는 조종구(ball control)와 같이 상당한 회전운동을 하는 조종장치가 선형표시장치를 움직일 때는 L을 반경(지레의 길이), a를 조정장치가 움직인 각도라 할 때 조종 표시장치의 이동비율(control display)을 나타낸 것은?

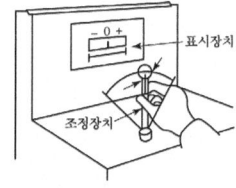

① $\dfrac{(a/360)\times 2\pi L}{표시장치이동거리}$

② $\dfrac{표시장치이동거리}{(a/360)\times 4\pi L}$

③ $\dfrac{(a/360)\times 4\pi L}{표시장치이동거리}$

④ $\dfrac{표시장치이동거리}{(a/360)\times 2\pi L}$

89
원형표시장치를 움직이는 크랭크를 회전시켰을 때 지침이 10° 움직였다면 C/D비는 얼마인가?

① 1/5　　　　　　② 1/10
③ 5　　　　　　　④ 10

해설

통제표시비(C/D)는 조종－표시장치의 이동비율로서 조정장치의 움직이는 거리(또는 회전수)와 표시장치상의 지침, 활자(滑子) 등과 같은 이동요소의 움직이는 거리(또는 각도)의 비이다.

∴ C/D＝$\dfrac{조정장치의\ 회전수}{지침의\ 움직임각도}=\dfrac{1}{10}$

90
통제비(C/D비) 설계시 고려하지 않아도 되는 사항은?

① 계기의 크기　　　② 공차
③ 목측거리　　　　④ 기계의 규모

해설

통제비 설계시 고려해야 할 사항
① 계기의 크기　　　② 공차
③ 방향성　　　　　④ 조작시간
⑤ 목측거리

91
통제기기 중에서 연속적인 조절이 필요한 형태는 다음 중 어느 것인가?

① 토글 스위치(toggle switch)
② 푸시버튼(push button)
③ 로터리 스위치(rotary switch)
④ 레버(lever)

해설

① **연속조절 통제기기** : 레버(lever), 나브(Knob), 크랭크(crank), 핸들(handle), 페달(pedal) 등
② **불연속 조절 통제기기** : 푸시버튼, 토글 스위치, 로터리 스위치 등

Answer ➡ 86. ②　87. ②　88. ①　89. ②　90. ④　91. ④

92
통제장치의 형태 중 그 성격이 다른 것은?

① 푸시버튼 ② 토글 스위치
③ 놉(knob) ④ 로터리 스위치

해설

푸시버튼, 토글 스위치, 로터리 스위치는 불연속조절형태의 통제장치이고, Knob(손잡이)은 연속조절이 가능한 통제장치이다.

93
Display에 사용되는 정보의 유형에 맞지 않는 것은?

① Quantitative = 정량적 정보
② Qualitative = 정성적 정보
③ Representational = 묘사적 정보
④ Functional = 기능적 정보

해설

표시장치로 나타내는 정보의 유형
① 정량적(quantitative)정보 : 변수의 정량적인 값
② 정성적(qualitative) 정보 : 가변 변수의 대략적인 값, 경향, 변화율, 변화방향 등
③ 상태(status)정보 : 체계의 상황이나 상태
④ 묘사적(representational)정보 : 사물, 지역, 구성 등을 사진 및 그림 또는 그래프로 묘사
⑤ 경계 및 신호 정보 : 비상 또는 위험 상황 또는 물체나 상황의 존재 유무
⑥ 식별(identification) 정보 : 어떤 정적 상태, 상황 또는 사물의 식별용
⑦ 문자나 숫자의 부호(symbolic) 정보 : 구두, 문자, 숫자 및 관련된 여러 형태의 암호화 정보
⑧ 시차적(time-phased) 정보 : 펄스(pulse)화 되었거나 또는 시차적인 신호, 즉 신호의 지속적인 간격 및 이들의 조합에 의해 결정되는 신호

94
다음 표시장치 중 정적 표시장치는?

① 온도계   ② 속도계
③ 고도계   ④ 그래프

해설

온도계, 속도계, 고도계, 기압계 등은 시간에 따라 끊임없이 변하는 것으로 동적표시장치이다.

95
control display에는 청각적 표시장치와 시각적 표시장치가 있다. 이 중 청각적 표시장치를 사용하는 경우가 아닌 것은?

① 정보수신자의 시각계통이 과부하일 때
② 정보전달이 즉각적인 행동을 요구할 때
③ 정보가 간단할 때
④ 수신자의 청각계통이 과부하일 때

해설

표시장치의 선택

청각장치의 사용	시각장치의 사용
1. 전언이 간단하고 짧다.	1. 전언이 복잡하고 길다.
2. 전언이 후에 재참조되지 않는다.	2. 전언이 후에 재참조 된다.
3. 전언이 시간적인 사상(event)를 다룬다.	3. 전언이 공간적인 위치를 다룬다.
4. 전언이 즉각적인 행동을 요구한다.	4. 전언이 즉각적인 행동을 요구하지 않는다.
5. 수신자의 시각계통이 과부하 상태일 때	5. 수신자의 청각계통이 과부하 상태일 때
6. 수신 장소가 너무 밝거나 암조응 유지가 필요할 때	6. 수신장소가 너무 시끄러울 때
7. 직무상 수신자가 자주 움직이는 경우	7. 직무상 수신자가 한 곳에 머무르는 경우

96
인간의 청각적 식별이 가능한 자극차원은?

① 강도   ② 형태
③ 구성   ④ 위치

해설

자극의 차원
① 청각적 식별 : 진동수나 강도
② 시각적 식별 : 형태, 구성(configuration), 크기, 위치, 색 등

97
인간의 시각적 식별이 가능한 자극차원이 아닌 것은?

① 형태   ② 강도
③ 구성   ④ 위치

해설

시각적 식별이 가능한 자극의 차원
형태, 구성(configuration), 크기, 위치, 색 등

Answer ▶ 92. ③ 93. ④ 94. ④ 95. ④ 96. ① 97. ②

98
정보를 전송하기 위한 표시장치 중 시각장치를 사용하여야 하는 것이 더 좋은 경우는?

① 수신장소가 너무 밝거나 암조응 유지가 필요할 때
② 전언이 즉각적인 행동을 요구한다.
③ 전언이 짧고 간단하다.
④ 직무상 수신자가 한 곳에 머무르는 경우

99
계기판(計器坂) panel의 형 중 주로 대략의 값과 시간적 변화를 필요로 하는 경우에 쓰이는 형은?

① 지침이동형   ② 지침고정형
③ 계수형   ④ 원형눈금형

해설
지침이동형(정목동침형), 지침고정형(정침동목형), 계수형 등은 정량적표시장치이며, 원형눈금형은 변수의 대략적인 값이나, 변화추세, 비율 등을 알고자 할 때 쓰이는 정성적 표시장치이다.

100
정량적인 동적 표시장치에 해당되지 않는 것은?

① 정목동침형   ② 정침동목형
③ 계수형   ④ 상태표시기

해설
정량적 동적 표시장치의 기본형
① 정목동침(moving pointer)형 : 눈금이 고정되고 지침이 움직이는 형(지침 이동형)
② 정침동목(moving scale)형 : 지침이 고정되고 눈금이 움직이는 형(지침 고정형)
③ 계수(digital)형 : 전력계나 택시요금 계기와 같이 기계, 전자적으로 숫자가 표시되는 형

101
아래 그림에서 A는 자극의 불확실성, B는 반응의 불확실성을 나타낸다. C부분은 무엇을 나타낸 것인가?

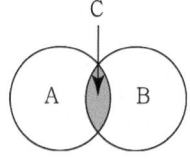

① 전달된 정보량
② 불안전한 행동의 향
③ 자극과 반응의 확실성
④ 자극과 반응의 불확실성

해설
자극의 불확실성과 반응의 불확실성의 중복부분(C부분)은 전달된 정보량을 나타낸다. 전달된 정보량을 구하기 위해서는 자극의 불확실성과 반응의 불확실성의 합에서 전체 불확실성을 빼주면 이것은 자극과 반응의 합집합(union)을 나타낸다. 이렇게 하여 남는 것이 전달된 정보이다.

102
신호검출이론의 적용대상이 아닌 것은?

① 성역화   ② 검사
③ 의학처방   ④ 법정에서의 판정

해설
신호검출이론 : 시각, 청각 및 기타 잡음이 자극검출에 끼치는 영향에 의해 신호검출이론(TSD : theory of signal detection)을 낳도록 하였으며 신호검출이론의 의의는 다음과 같다.
① 가능한 한 잡음이 실린 신호의 분포는 잡음만의 분포와는 뚜렷이 구분 되어야 한다.
② 어느 정도의 중첩이 불가피한 경우에는 어떤 과오를 좀 더 묵인할 수 있는가를 결정하여 관측자의 판정 기준 설정에 도움을 주어야 한다.

103
다음 중 리스크 처리기술을 4가지로 분류한 것에 속하지 않는 것은?

① 회피   ② 경감
③ 보유   ④ 계속

해설
리스크(risk : 위험) 처리기술
① 회피(avoidance)   ② 경감, 감축(reduction)
③ 보유, 보류(retention)   ④ 전가(transfer)

104
자극-반응조합의 공간, 운동, 혹은 개념적 관계가 인간의 기대와 모순 되지 않는 성질을 무엇이라 하는가?

① 적용성   ② 변별성
③ 양립성   ④ 신뢰성

Answer ➡ 98. ④ 99. ④ 100. ④ 101. ① 102. ① 103. ④ 104. ③

해설

양립성의 분류
① 공간적 양립성 : 어떤 사물들, 특히 묘사장치나 조종장치에서 물리적 형태나 공간적인 배치의 양립성
② 운동 양립성 : 표시장치, 조정장치, 체계반응의 운동방향의 양립성
③ 개념적 양립성 : 어떤 암호체계에서 청색이 "정상"을 나타내듯이, 사람이 가지고 있는 개념적 연상(association)의 양립성

105
중추신경계의 피로 즉, 정신피로의 척도로 사용되는 것으로서 점멸률을 점차 증가시키면서 피 실험자가 불빛이 계속 켜져 있는 식으로 느끼는 주파수를 측정하는 방법은?

① EMG
② MTM
③ VFF
④ cardiac arrhythmia

해설
VFF(시각적 점멸융합 주파수)는 중추신경계의 피로, 즉 정신피로의 척도로 사용되는 측정법이다.

106
사람의 기술 분류에 포함되지 않는 것은?

① 전신적 기술   ② 정신적 기술
③ 언어적 기술   ④ 인식적 기술

해설
사람의 기술분류
① 전신적(gross bodily) 기술 : 보행, 균형유지 등
② 조작적(manipulative) 기술 : 연속적, 수차적(遂次的), 이산적(離散的), 형태포함
③ 인식적(perceptual) 기술
④ 언어적(language) 기술 : 의사소통, 수학, 온유 또는 컴퓨터 언어 같이 사람들이 사고할 때나 문제 해결에 사용하는 여러 가지 표현방식

107
산업안전표지로서 경고표지는 삼각형, 안내표지는 사각형, 지시표지는 원형 등으로 부호가 고안되어 있다. 이처럼 부호가 이미 고안되어 있으므로 이를 배워야 하는 부호는?

① 묘사적 부호   ② 추상적 부호
③ 임의적 부호   ④ 사실적 부호

해설
부호의 3가지 유형
① 묘사적 부호 : 사물이나 행동을 단순하고 정확하게 묘사한 것(예 : 위험표지판의 해골과 뼈, 보도표지판의 걷는 사람)
② 추상적 부호 : 신호의 기본요소를 도식적으로 압축한 부호인데 원개념과는 약간의 유사성이 있을 뿐이다.
③ 임의적(arbitrary) 부호 : 부호가 이미 고안되어 있으므로 이를 배워야 하는 부호(예 : 교통표지판의 삼각형 – 주의, 원형 – 규제, 사각형 – 안내표지)

108
힘과 위치이동을 중복된 양식으로 결합하여 효율적 귀환을 줄 수 있는 저항의 형태는?

① 탄성력에 의한 저항
② 정적 마찰력에 의한 저항
③ 점성에 의한 저항
④ 관성에 의한 저항

해설
탄성저항(elastic resistance) : 용수철이 장치된 조정장치에서와 같이 탄성저항은 조종장치의 변위(displacement)에 따라 변한다. 탄성저항의 가장 큰 이점은 변위에 대한 귀환이 항력(抗力)과 체계적인 관계를 가지고 있기 때문에 유용한 귀환원으로 작용한다는 점이다.

109
다음 중 진동의 영향을 가장 많이 받는 인간성능은?

① 감시(monitoring)작업
② 반응시간(reaction time)
③ 추적(tracking)능력
④ 형태식별(pattern recognition)

해설
감시, 반응시간, 형태식별 등 주로 중앙신경처리에 달린 임무는 진동의 영향을 덜 받는다. 추적능력은 5Hz 이하의 낮은 진동수에서 가장 심하게 손상을 받는다.

Answer ● 105. ③   106. ②   107. ③   108. ①   109. ③

110
이동하는 동안에 계속 저항함으로써 존재하지만 속도나 변위와는 무관한 저항형태는?

① 쿨롱마찰력에 의한 저항
② 점성에 의한 감폭저항
③ 관성에 의한 저항
④ 탄성에 의한 저항

해설

조종장치의 저항력
① 탄성저항 : 조종장치의 변위에 따라 변한다.
② 점성저항 : 출력과 반대방향으로, 그 속도에 비례해서 작용하는 힘 때문에 생기는 저항력이다.
③ 관성저항 : 관계된 기계장치의 중량으로 인한 운동(또는 운동방향의 변화)에 대한 저항으로 가속도에 따라 변한다.
④ 정지 및 미끄럼(coulomb) 마찰저항 : 처음 움직임에 대한 저항력인 정지마찰은 급격히 감소하나, 미끄럼마찰은 계속하여 운동에 저항하며 변위나 속도(또는 가속도)와는 무관하다.

111
인간의 공학적 연구에서 작업 동작이 많으면 피로도가 커져 사고를 일으킬 수 있는데 동작경제원칙을 잘 설명한 것과 거리가 먼 것은?

① 동작범위를 최소로 할 것
② 양손 동작은 가급적 동시에 할 것
③ 급격한 방향전환운동을 할 것
④ 중심의 이동은 가급적 적게 할 것

해설

③항은 동작경제의 원칙(동작능력활용의 원칙, 작업량 절약의 원칙, 동작개선의 원칙)사항에 위배된다.

112
다음의 감각기관 중 자극반응시간(reaction time)이 가장 빠른 것은?

① 시각   ② 청각
③ 촉각   ④ 통각

해설

감각기관의 자극에 대한 반응시간 : 청각 0.17초, 촉각 0.18초, 시각 0.20초, 미각 0.29초, 통각 0.70초

113
인간반응에는 일정기간의 저항기간(refractory period)이 있어 이 기간 중에는 이미 시작된 반응은 조작자가 수정하지 못한다. 이 저항기간은?

① 0.5초   ② 1초
③ 1.5초   ④ 2초

해설

인간반응에서 0.5초 정도의 저항기간이 있기 때문에 이 기간 중에는 이미 시작될 반응은 조작자가 수정하지 못한다.

114
인간의 단순반응에 걸리는 시간은?

① 0.05~0.10(초)   ② 0.10~0.15(초)
③ 0.15~0.20(초)   ④ 0.20~0.25(초)

해설

단순반응시간(simple reaction time)이란 하나의 특정한 자극만이 발생할 수 있을 때 반응에 걸리는 시간이며 흔히 실험에서와 같이 자극을 예상하고 있을 때이다. 이런 경우의 반응시간이 가장 짧으며 전형적으로 0.15~0.2초이고, 특정감각(강도, 지속시간 등) 자극의 특성, 연령, 개인차 등에 따라 약간의 차이는 있다.

115
단순반응시간(simple reaction time)이란 하나의 특정한 자극만이 발생할 수 있을 때 반응에 걸리는 시간으로서 흔히 실험에서와 같이 자극을 예상하고 있을 때이다. 자극을 예상하지 못할 경우의 반응시간은 얼마나 추가로 소요되는가?

① 0.1초   ② 0.2초
③ 0.3초   ④ 0.4초

해설

자극을 예상하고 있을 때의 단순반응시간은 0.15~0.2초이고, 자극이 이따금씩 일어나거나, 예상하고 있지 않을 때에는 반응시간은 약 0.1초 정도 증가한다.

116
다음 중 진전(tremor)이 가장 적게 일어나는 경우는?

① 손이 어깨높이에 있을 때
② 손이 심장높이에 있을 때

Answer ➡ 110. ① 111. ③ 112. ② 113. ① 114. ③ 115. ① 116. ②

③ 손이 배꼽높이에 있을 때
④ 손이 무릎높이에 있을 때

해설
손이 심장높이에 있을 때가 손떨림(hand tremor)이 적다.

117
정지조정(static reaction)에서 문제가 되는 것은?
① 진전   ② 전도
③ 동요   ④ 요통

해설
진전(tremor : 잔잔한 떨림)은 (납땜질에서 전극을 잡고 있을 때와 같이) 신체부위를 정확하게 한 자리에 유지해야 하는 작업활동에서 문제가 된다.

118
인간이 낼 수 있는 최대의 힘을 최대근력이라고 한다. 그러나 이는 잠시 동안만 가능할 뿐 8시간 작업 등의 기준으로는 곤란하다. 8시간 작업기준으로는 최대근력의 몇 %가 적당한가?
① 10%   ② 15%
③ 20%   ④ 25%

해설
사람은 자기의 최대근력을 잠시 동안만 낼 수 있으며 최대근력의 15% 이하의 힘은 상당히 오래 유지할 수 있다.

119
인체에는 23일 내지 28일 주기의 바이오리듬이 있는 반면, 대뇌의 활동수준에도 1일 주기의 조석리듬이 존재한다. 다음 중 조석리듬 수준이 가장 낮아 재해사고의 가능성이 높은 시간은?
① 오전 6시   ② 오전 10시
③ 오후 4시   ④ 오후 10시

해설
저녁 이후 아침까지는 대뇌활동이 저하하고, 아침부터 낮 12시 경이 최고조에 달한다. 재해사고는 대뇌활동이 저하한 오후 야간 쪽에 많기 때문에 주간보다 오후 야간작업에 대한 환경 및 안전관리활동을 강화하거나 인간공학적인 배려가 필요하다.

120
인간공학적으로 조작구를 설계할 때 고려하여야 할 사항이 아닌 것은?
① 중량감   ② 탄력성
③ 마찰력   ④ 관성력

해설
조작구의 저항력
① 탄성저항   ② 점성저항
③ 관성   ④ 정지 및 미끄럼마찰

121
피로에 영향을 주는 기계측의 인자가 아닌 것은?
① 기계의 종류   ② 기계의 크기
③ 조작부분의 감촉   ④ 기계의 색

해설
피로에 영향을 주는 인자
1) 기계측 인자
　① 기계의 종류
　② 조작부분의 감촉
　③ 기계의 색
　④ 조작부분의 배치
　⑤ 기계의 이해 용이도
2) 인간측 인자 : 정신상태, 신체적 상태, 생리적 리듬, 작업시간 및 작업 내용, 사회환경 및 작업환경 등

122
인체는 눈에 띌 만한 발한 없이도 인체의 피부와 허파로부터 하루에 600g 정도의 수분이 무감증발된다. 이 무감증발로 인한 열손실률을 얼마인가? (단, 37℃의 물 1g을 증발시키는데 필요한 에너지는 2410J/g (575.7cal/g임))
① 17watt   ② 19watt
③ 21watt   ④ 23watt

해설
열손실률 = $\dfrac{2410(J/g) \times 600(g)}{24 \times 3600(\sec)}$ = 16.75(J/sec)
≒ 17watt

Answer ➡ 117. ① 118. ② 119. ④ 120. ① 121. ② 122. ①

123
다음과 같은 작업환경에서의 인체 열 축적률은 얼마인가? (단 작업대사(M) = 1,000Btu/hr, 땀증발(E) = 2,000 Btu/hr, 열복사(R) = 1,500Btu/hr이다.)

① 4,500Btu/hr ② 2,500Btu/hr
③ 1,500Btu/hr ④ 500Btu/hr

해설
S(열축적) = M(대사열) − E(증발열) ± R(복사열)
= 1,000 − 2,000 + 1,500
= 500Btu/hr

124
고온 환경에서 인간이 견딜 수 있는 안전한계온도는 몇 ℃인가?

① 32℃~36℃ ② 36℃~38℃
③ 38℃~41℃ ④ 40℃~42℃

125
손가락에 영향을 주는 한계온도는?

① 13~15.5℃ ② 15~20℃
③ 38~41℃ ④ 0~10℃

126
감각온도(effective temperature)는 실제로 감각되는 온도로서 무엇을 가리키는가?

① 체온 ② 실효온도
③ 실내온도 ④ 동작온도

해설
실효온도(effective temperature) : 온도, 습도 및 공기유동이 인체에 미치는 열효과를 하나의 수치로 통합한 경험적 감각지수로 상대습도 100%일 때의(건구)온도에서 느끼는 것과 동일한 온감이다(예 : 습도 50%에서 21℃의 실효온도는 19℃).
① 실효온도(체감온도 또는 감각온도)에 영향을 주는 요인 : 온도, 습도, 기류(공기유동)
② 허용한계 : 정신(사무작업) (60~64℉), 경작업(55~60℉), 중작업(50~55℉)

127
일반적으로 인체에 가해지는 온·습도 및 기류 등의 외적변수를 종합적으로 평가하는 데에는 불쾌지수라는 지표가 이용된다. 그 식은 다음과 같다.

불쾌지수 = 0.72 × (건구온도 + 습구온도) + 40.6

이 때 건구온도 및 습구온도의 단위는?

① 섭씨온도 ② 화씨온도
③ 절대온도 ④ 실효온도

해설
불쾌지수 = 섭씨(건구온도 + 습구온도) × 0.72 + 40.6
불쾌지수 = 화씨(건구온도 + 습구온도) × 0.4 + 15

128
조도에 관한 설명 중 틀린 것은?

① 조도란 어떤 물체의 표면에 도달하는 광의 밀도를 말한다.
② 1fc란 1촉광의 점광으로부터 1foot 떨어진 곡면에 비추는 광의 밀도를 말한다.
③ 1lux란 1촉광의 점광으로부터 1m 떨어진 곡면에 비추는 광의 밀도를 말한다.
④ 조도는 광도에 비례하고 거리에 반비례한다.

해설
조도는 광도에 비례하고 거리의 자승에 반비례한다.
∴ 조도 = $\dfrac{광도}{(거리)^2}$

129
사무실 설계시 반사율이 낮은 것부터 순서대로 나열한 것은?

| 1. 바닥 | 2. 벽 |
| 3. 천정 | 4. 사용기기 |

① 1−2−3−4 ② 3−4−1−2
③ 1−4−2−3 ④ 1−3−4−2

해설
추천반사율
① 천장 : 80~90% ② 벽 : 40~60%
③ 가구 : 25~45% ④ 바닥 : 20~40%

Answer ➡ 123. ④ 124. ③ 125. ① 126. ② 127. ① 128. ④ 129. ③

130
A작업자 주위의 기계장치류들의 반사율이 30%이고 재공품들의 반사율은 40%이다. 재공품과 기계장치류들의 대비(luminance-contrast)는 얼마나 되는가? (단, 재공품=배경, 기계장치류=표적이다.)

① -25% ② +25%
③ -33% ④ +33%

해설

대비 $= \dfrac{L_b - L_t}{L_b} = \dfrac{40-30}{40} \times 100 = +25\%$

131
사무실에서의 추천 광속발산비는?

① 2 : 1 ② 3 : 1
③ 4 : 1 ④ 5 : 1

해설
광속발산비란 주어진 장소와 주위의 광속발산도의 비를 말하며, 사무실 및 산업상황에서의 추천광속발산비는 보통 3 : 1 이다.

132
휘광은 눈에 적용된 휘도보다 훨씬 밝은 광원 혹은 반사광이 시계 내에 있으므로 발생하는데 작업성능 저하는 물론 심한 경우 시력 자체에도 손상을 가져온다. 다음 중 휘광에 대한 대책이 아닌 것은?

① 광원의 수를 늘리고, 휘도는 줄인다.
② 광원을 시계에서 멀리 위치시킨다.
③ 휘광원 주위를 어둡게 한다.
④ 가리개, 갓, 차양 등을 사용한다.

해설
③항, 휘광원 주위를 밝게 하여 광속발산비(휘도)를 줄인다.

133
광원으로부터의 직사 휘광 처리 방법이 아닌 것은?

① 광원의 수를 줄인다.
② 광원을 시선에서 멀리 위치시킨다.
③ 휘광원 주위를 밝게 하여 광속발산비를 줄인다.
④ 가리개, 갓 또는 차양을 사용한다.

해설
①항, 광원의 휘도를 줄이고 수를 증가시킨다.

134
다음의 색채 중 조직호흡면에서 환원작용을 촉진하는 것은?

① 적색 ② 황색
③ 청색 ④ 녹색

해설
색채의 생물학적 작용
① 적색은 신경에 대한 흥분작용을 가지고 조직호흡면에서 환원작용을 촉진한다.
② 청색은 진정작용을 갖고 있고 조직호흡면에서 산화작용을 촉진한다.

135
다음 중 먼셀의 Color System에서 규정한 색의 3속성에 해당되지 않는 것은?

① 색상 ② 명도
③ 조도 ④ 채도

해설

먼셀(Munsell)표색계 : HV/C
여기서, H(hue) : 색상
V(value) : 명도
C(Chroma) : 채도

136
반사 그레이어(glare)의 처리방법이 아닌 것은?

① 발광체의 그레이어를 줄인다.
② 간접조명 수준을 높인다.
③ 간접조명 수준을 낮춘다.
④ 무광택 도료를 사용한다.

해설

반사휘광의 처리
① 발광체의 휘도를 줄인다.
② 일반(간접)조명 수준을 높인다.
③ 산란광, 간접광, 조절판(baffle), 창문에 차양(shade) 등을 사용한다.
④ 반사광이 눈에 비치지 않게 광원을 위치시킨다.
⑤ 무광택 도료, 빛을 산란시키는 표면색을 한 사무용 기기, 윤을 없앤 종이 등을 사용한다.

Answer ▶ 130. ② 131. ② 132. ③ 133. ① 134. ① 135. ③ 136. ③

137
난색이나 밝은 색은 부풀어 보이고 한색이나 어두운 색은 쪼그라져 보인다. 다음 중 팽창색에서 수축색으로 향하는 순서가 옳은 것은 어느 것인가?

① 황색 – 적색 – 녹색 – 청색
② 적색 – 황색 – 청색 – 녹색
③ 적색 – 청색 – 녹색 – 황색
④ 청색 – 적색 – 황색 – 녹색

해설
팽창색에서 수축색으로 향하는 색의 순서를 나타내면 다음과 같다.
∴ 황 → 등 → 적 → 자 → 녹 → 청

138
다음과 같은 실내 표면에서 반사율이 가장 낮아야 하는 것은?

① 바닥
② 천장
③ 가구
④ 벽

해설
바닥의 반사율이 높으면 눈이 부셔서 위험하고 눈의 피로가 빨리 오므로 낮아야 한다. 추천반사율은 천장 : 80~90 %, 벽 : 40~60%, 가구 : 25~45%, 바닥 : 20~40%

139
다음 중 색채가 빠르고 경쾌함을 나타낸 색의 순서를 맞게 말한 것은 어느 것인가?

① 백색 – 녹색 – 적색 – 흑색
② 녹색 – 흑색 – 적색 – 백색
③ 적색 – 백색 – 흑색 – 녹색
④ 흑색 – 백색 – 녹색 – 적색

해설
명도가 높은 색채는 빠르고 경쾌하게 느껴지고 낮은 색채는 둔하고 느리게 느껴진다. 느리고 둔한 색에서 가볍고 경쾌한 느낌을 주는 색의 순서를 들어보면 다음과 같다.
∴ 흑 → 청 → 적 → 자 → 등 → 녹 → 황 → 백

140
음의 크기의 단위를 나타낸 것은?

① 폰(phon), 데시벨(dB), 럭스(Lux)
② 폰(phon), 파운드(lb), 쥬트
③ 폰(phon), 데시벨(dB), ASA(American Standard Association)
④ 폰(phon), 데시벨(dB), PSI

141
사람에게 심리적으로 나쁜 영향을 주는 소음의 최적수준은?

① 20dB
② 40dB
③ 60dB
④ 90dB

해설
심리적 불쾌감을 주는 소음의 수준은 40dB 이상이다.

142
소음노출로 인한 청력손실에 관한 내용 중 관계가 먼 것은?

① 청력손실의 정도는 노출 소음 수준에 따라 증가한다.
② 청력손실은 1,000 Hz에서 크게 나타난다.
③ 강한 소음에 대해서는 노출기간에 따라 청력손실도 증가한다.
④ 약한 소음에 대해서는 노출기간과 청력손실의 관계가 없다.

해설
청력손실은 4,000Hz에서 크게 나타난다.

143
음량 수준을 측정할 수 있는 세 가지 척도에 해당되지 않는 것은?

① Phone에 의한 음량수준
② 지수에 의한 음량 수준
③ 인식소음수준
④ Sone에 의한 음량수준

144
90dB과 65dB의 소음을 내는 2대의 방적기가 발생하는 복합소음은?

① 77.5dB
② 90dB
③ 105dB
④ 155dB

Answer ➡ 137. ① 138. ① 139. ① 140. ③ 141. ② 142. ② 143. ② 144. ②

해설

masking(은폐)현상 : dB이 높은음과 낮은음이 공존할 때 낮은음이 강한 음에 가로막혀 숨겨져 들리지 않게 되는 현상을 말한다.(90dB+65dB→ 90dB)

145
시각적 표시장치의 바람직한 위치, 즉 가장 편한 주시(注視)구역은 정상시선 주의의 몇 도의 반경을 갖는 원인가?

① 5~10° ② 10~15°
③ 10~20° ④ 15~20°

해설

정상시선은 수평하(水平下) 15° 정도이며, 가장 편한 주시구역은 정상시선 주의의 10°~15° 반경을 갖는 원(정확히는 아래, 위로 납작한 타원)이다.

146
작업장 내에서 반사경이 없는 점광원(點光源)에서 3m 떨어진 곳의 조도가 50Lux 라면 5m 떨어진 곳의 조도는 얼마인가?

① 18Lux ② 20.35Lux
③ 36Lux ④ 44.44Lux

해설

$50 \times \left(\dfrac{3}{5}\right)^2 = 18 \text{Lux}$

147
위험을 알려서 사람으로 하여금 사전에 대비토록 하는 목적의 안전장치로 사용되는 것이 경고신호이다. 다음 중 경고신호의 구비조건으로 적절치 않은 것은?

① 모든 방향으로부터 보이는 장소에 위치하여야 한다.
② 경고신호의 뜻과 절차를 제시하여야 한다.
③ 경고를 받고나서 행동하기까지 시간적 여유를 줄 수 있어야 한다.
④ 기계의 조작자나 주위사람의 주의를 끌 수 있어야 한다.

해설

경고신호의 구비조건
① 기계의 조작자나 주위사람의 주의를 끌 수 있어야 한다.
② 경고신호의 뜻과 행동 절차를 제시할 것
③ 기계의 자체 및 관계되는 인간과 타 물체에 미치는 영향을 최소한으로 감소시킬 수 있어야 한다.
④ 경고를 받고 나서 행동까지에 시간적 여유가 있어야 한다.

148
인간의 정보처리 능력의 한계를 시간적으로 표시하는 경우 어느 정도인가? (단, 계속 발생하는 신호의 뒷부분을 검출할 수 없는 경우가 가끔 발생할 때의 시간)

① 0.1초 이내 ② 0.2초 이내
③ 0.3초 이내 ④ 0.5초 이내

해설

인간의 정보처리 능력의 한계 : 0.5초

149
감각온도(effective temperature)란 인간의 생리와 심리의 양면을 조화시킨 척도로서 다음과 같은 요소들이 관계된다. 다음에서 이들 요소를 망라한 것은?

① 습도, 온도 및 감정
② 습도, 온도 및 생리
③ 습도, 온도 및 기류
④ 습도, 온도 및 불쾌지수

해설

감각온도(ET)에 영향을 주는 요인 : 온도, 습도, 기류(공기유동)

150
온·습도의 관리는 근로자의 건강관리뿐만 아니라 생산작업에 지대한 영향을 끼친다. 그 중 oxford 지수에 맞는 것은? (단, WD는 습건지수라고 부른다.)

① WD=0.8+0.3
② WD=습구온도+건조온도
③ WD=0.85W(습구온도)+0.25d(건조온도)
④ WD=0.85W(습구온도)+0.15d(건조온도)

Answer ▶ 145. ② 146. ① 147. ① 148. ④ 149. ③ 150. ④

해설

습건지수(WD)는 습구, 건구온도의 가중(加重) 평균치로서, 내구(耐久)한계가 같은 기후를 비교하기에 편리하다.

151

고음은 멀리가지 못한다. 300m 이상의 장거리 신호는 몇 Hz 이하의 진동수를 사용해야 하는가? 상한 주파수를 고르면?

① 500Hz
② 1,000Hz
③ 2,000Hz
④ 3,000Hz

해설

고음은 멀리가지 못하므로 300m 이상의 장거리용으로는 1,000Hz 이하의 진동수를 사용한다.

152

인간은 계속되는 소음에 장시간 노출되는 경우 청력을 손실하며 소음의 강도와 노출 허용시간은 반비례 하는 것이 일반적이다. 예를 들어 130dB 의 소음은 약 10초가 한계인데 8시간 작업시의 허용 소음 기준치는?

① 80dB
② 90dB
③ 100dB
④ 110dB

해설

음압과 허용노출한계

dB	90	95	100	105	110	115	120
허용 노출시간	8시간	4시간	2시간	1시간	30분	15분	5~8분

∴ 120dB 이상 : 격리 또는 격벽설치

153

작업환경 초기에 있어서 온도와 습도는 인체의 건강과 직접적인 관계를 갖고 있다. 불쾌감을 느끼기 시작하는 불쾌지수는?

① 40~45
② 50~60
③ 70~75
④ 80~90

해설

불쾌지수
① 70 이하 : 불쾌감이 없이 쾌적한 상태
② 70~75 이하 : 불쾌감을 느끼기 시작
③ 76~80 이하 : 절반정도가 불쾌감을 느낌
④ 80 이상 : 모든 사람이 불쾌감을 가짐

154

어느 부품이 1만개를 1만 시간 가동 중에 5개의 불량품이 발생하였다. 평균 고장시간(MTBF)은?

① 1×10^6시간
② 2×10^7시간
③ 1×10^8시간
④ 2×10^9시간

해설

$$MTBF = \frac{총작동시간}{고장갯수} = \frac{10^4 \times 10^4}{5} = 2 \times 10^7$$

Answer ➡ 151. ② 152. ② 153. ③ 154. ②

2장 시스템 안전공학

1 시스템의 구성요소 및 기능

(1) **시스템의 구성요소** : 재료, 부품, 기계설비, 일하는 사람 등

(2) **시스템의 목적하는 기능**

    1) 정보의 전달
    2) 물질 또는 에너지의 생산
    3) 사람, 물건, 에너지의 이송

2 시스템 안전관리

(1) **시스템 안전** : 시스템 안전을 달성하기 위해서는 시스템의 1) 계획 2) 설계 3) 제조 4) 운용 등의 모든 단계를 통해 시스템 안전관리와 시스템 안전공학을 정확히 적용시켜야 한다.

(2) **시스템 안전관리**

    1) 시스템 안전에 필요한 사항의 동일성의 식별(identification)
    2) 안전활동의 계획, 조직과 관리
    3) 다른 시스템 프로그램 영역과 조정
    4) 시스템 안전에 대한 목표를 유효하게 적시에 실현시키기 위한 프로그램의 해석, 검토 및 평가 등의 시스템 안전업무

(3) **시스템 안전공학** : 시스템 안전공학은 과학적, 공학적 원리를 적용해서 시스템내의 위험성을 적시에 식별하고 그 예방 또는 제어에 필요한 조치를 도모하기 위한 시스템 공학의 한 분야이다.

(4) **시스템 안전 프로그램** : 시스템 안전을 확보하기 위한 기본지침으로 프로그램의 작성계획에 포함되어야 할 내용은 다음과 같다.

    1) 계획의 개요   2) 안전조직
    3) 계약조건   4) 관련부문과의 조정
    5) 안전기준   6) 안전해석

7) 안전성의 평가
8) 안전데이터의 수집 및 분석
9) 경과 및 결과의 분석

3 시스템 안전의 달성

(1) 시스템 안전을 달성하기 위한 시스템 안전설계 원칙

1) 1 순위 : 위험상태 존재의 최소화(페일 세이프나 용장성 등 도입)
2) 2 순위 : 안전장치의 채용
3) 3 순위 : 경보장치의 채용
4) 4 순위 : 특수한 수단 개발

(2) 시스템 안전을 달성하기 위한 안전수단

재해의 예방	피해의 최소화 및 억제
1. 위험의 소멸 2. 위험 레벨의 제한 3. 잠금, 조임, 인터록 4. 페일 세이프 설계 5. 고장의 최소화 6. 중지 및 회복	1. 격리 2. 개인설비 보호구 3. 적은 손실의 용인 4. 탈출 및 생존 5. 구조

4 위험성의 분류 및 FAFR

(1) 위험성의 분류

1) Category(범주) I —파국적(Catastrophic) : 인원의 사망 또는 중상 또는 시스템의 손상을 일으킨다.
2) Category(범주) II —위험(Critical) : 인원의 상해 또는 주요 시스템의 손해가 생겼을 때, 또는 인원이나 시스템 생존을 위해 즉시 시정조치를 필요로 한다.
3) Category(범주) III —한계적(mariginal) : 인원의 상해 또는 주요시스템의 손해가 생기는 일이 없이 배제 또는 제어할 수 있다.
4) Category(범주) IV —무시(negligible) : 인원의 상해 또는 시스템의 손상에는 이르지 않는다.

(2) FAFR(fatality accdient frequency rate) : 위험도를 표시하는 단위로서 10^8(1억)근로시간당 사망자수를 나타낸다.

1) Kletz는 FAFR이 0.35~0.4를 넘지 않을 것을 권고함.
2) Gibson은 위험이 동정되어 있는 경우에는 2FAFR, 그 이외의 경우에는 0.4FAFR를 위험성 수준으로 정할 것을 권장함.

5 설비도입 및 제품 개발 단계의 안전성 평가

(1) 구상단계 : 다음의 4가지의 주요한 시스템 안전성 부분의 작업이 이루어져야 한다.

1) 시스템안전계획(SSP : system safety plan)의 작성 : SSP의 내용은 다음과 같다.
   ① 안전성 관리 조직 및 다른 프로그램 기능과의 관계
   ② 시스템에 발생하는 모든 사고의 식별 및 평가를 위한 분석법의 양식
   ③ 허용수준까지 최소화 또는 제거되어야 할 사고의 종류
   ④ 작성되고 보존되어야 할 기록의 종류
2) 예비위험분석(PHA : preliminary hazard analysis)의 작성
3) 안전성에 관한 정보 및 문서 파일의 작성 : 시스템 안전부분에서 이루어지는 모든 분석과 조치의 정확한 설명이 반드시 포함되어야 한다.
4) 구상단계 정식화 회의에의 참가 : 포함되는 사고가 방침 결정과정에서 고려되기 위해 구상 정식화 회의에 참가한다.

(2) 설계단계 : 설계단계에서 이루어져야 할 시스템 안전부분의 작업은 다음과 같다.

1) 구상 단계에서 작성된 시스템 안전 프로그램계획을 실시할 것.
2) 시스템의 설계에 반영할 안전성 설계기준을 결정하여 발표할 것.
3) 예비위험분석(PHA)을 시스템안전 위험분석(SSHA : system safety hazard analysis)으로 바꾸어 완료시킬 것.
4) 하청업자나 대리점에 대한 사양서 중에 시스템 안전성 필요사항을 정의하여 포함시킬 것
5) 시스템 안전성이 손상되지 않게 하기 위해 설계 트레이드 오프 회의에 참가할 것.
6) 안전성 부분의 모든 결정 사항을 문서로 하여 현행의 정확한 시스템 안전에 관한 파일로 하여 보존할 것.

(3) 제조, 조립 및 시험단계

1) 사고를 최소화하고, 제어하기 위해 시스템안전 위험분석(SSHA)에서 지정된 전 조치의 실시를 보증하는 계통적인 감시 및 확인 프로그램을 확립하여 실시할 것.
2) 운영 안전성 분석(OSA : operational safety analysis)을 실시할 것.
3) 요소 및 서브시스템(sub system)의 설계에 있어서 달성된 안전성이 손상되는 일이 없도록 제조, 조립 및 시험방법과 과정을 검토하고 평가할 것.
4) 제조 환경이 제품의 안전설계를 손상하지 않도록 산업 안전성과 협력할 것.
5) 위험한 상태를 유발할 수 있는 모든 결함에 대해서는 정보의 피드백 시스템을 확립할 것.
6) 품질보증요원이 이용할 수 있는 안전성의 검사 및 확인에 관한 시험법을 정할 것.
7) 안전성을 보증하기 위하여 일어날 수 있는 변화를 예측하고, 그것에 수반되는 재설계나 변경을 개시할 것.

(4) 운용단계 : 시스템 안전성 공학의 실증과 감시의 단계로 다음 사항이 이루어져야 한다.

1) 모든 운용, 보전 및 위급 시에 절차를 평가하여, 그들이 설계 때에 고려된 바와 같은 타당성이 있느냐의 여부를 식별할 것.
2) 안전성에 손상이 일어나지 않도록 조작 장치, 사용설명서의 변경과 수정을 평가할 것.
3) 제조, 조립 및 시험단계에서 확립된 고장의 정보 피드백 시스템을 유지할 것.
4) 바람직한 운용 안전성 레벨의 유지를 보증하기 위하여 안전성 검사를 할 것.
5) 사고와 그 유발 사고를 조사하고 분석할 것.
6) 위험상태의 재발방지를 위해 적절한 개량조치를 강구할 것.

6 PHA(예비사고분석)

(1) PHA(preliminary hazards analysis) : 대부분 시스템 안전 프로그램에 있어서 최초단계의 분석으로, 시스템 내의 위험한 요소가 얼마나 위험한 상태에 있는가를 정성적으로 평가하는 것이다.

(2) PHA의 목적 : 시스템의 개발 단계에 있어서 시스템 고유의 위험상태를 식별하고 예상되는 재해의 위험수준을 결정하는데 있다.

(3) PHA의 4가지 주요목표

1) 시스템에 대한 모든 주요한 사고를 식별하고, 대충의 말로 표시할 것(사고 발생 확률은 식별 초기에는 고려되지 않음).
2) 사고를 유발하는 요인을 식별할 것.
3) 사고가 발생한다고 가정하고, 시스템에 생기는 결과를 식별하고 평가할 것.
4) 식별된 사고를 다음의 범주(category)로 분류할 것.
   ① 파국적(catastrophic) ② 중대(critical)
   ③ 한계적(marginal) ④ 무시가능(negligible)

7 FHA(결함사고분석)

복잡한 시스템에서는 한 계약자만으로 모든 시스템의 설계를 담당하지 않고, 몇 개의 공동 계약자가 각각의 서브시스템(sub system)을 분담하고, 통합계약업자가 그것을 통합하는데, FHA(fault hazards analysis ; 결함사고분석)는 이런 경우의 서브시스템 해석 등에 사용되는 해석법이다.

8 FMEA(고장형태와 영향분석)

(1) FMEA(failure modes and effects analysis) : 시스템 안전 분석에 이용되는 전형적인 정성적 및 귀납적 분석방법으로 시스템에 영향을 미치는 전체요소의 고장을 형별로 분석하여 그 영향을 검토하는 것이다(각 요소의 1형식 고장이 시스템의 1영향에 대응한다).

(2) FMEA의 장점 및 단점
　1) 장점 : 서식이 간단하고 비교적 적은 노력으로 특별한 훈련 없이 분석을 할 수 있다.
　2) 단점 : 논리성이 부족하고, 특히 각 요소 간의 영향을 분석하기 어렵기 때문에 동시에 두 가지 이상의 요소가 고장날 경우에 분석이 곤란하며, 또한 요소가 물체로 한정되어 있기 때문에 인적 원인을 분석하는 데는 곤란하다.

(2) 고장의 영향

영 향	발생확률(β)
① 실제의 손실	$\beta = 1.00$
② 예상되는 손실	$0.10 \leq \beta < 1.00$
③ 가능한 손실	$0 \leq \beta < 0.10$
④ 영향 없음	$\beta = 0$

(3) 위험성 분류의 표시
　1) category 1 : 생명 또는 가옥의 상실
　2) category 2 : 사명(작업) 수행의 실패
　3) category 3 : 활동의 지연
　4) category 4 : 영향 없음

(4) FMEA의 표준적 실시절차
　1) 대상 시스템의 분석
　　① 기기, 시스템의 구성 및 기능의 전반적 파악
　　② FMEA 실시를 위한 기본방침의 결정
　　③ 기능 Block과 신뢰성 Block도의 작성

　2) 고장형과 그 영향의 분석(FMEA)
　　① 고장 mode의 예측과 설정
　　② 고장 원인의 상정
　　③ 상위 item에 대한 고장 영향의 검토
　　④ 고장 검지법의 검토
　　⑤ 고장에 대한 보상법이나 대응법의 검토

⑥ FMEA work sheet에 관한 기입
⑦ 고장등급의 평가

3) 치명도 해석과 개선책의 검토
① 치명도 해석
② 해석결과의 정리와 설계 개선의 제언

9 CA(위험도 분석)

(1) **CA(criticality analysis)** : 고장이 직접 시스템의 손실과 사상에 연결되는 높은 위험도(criticality)를 가진 요소나 고장의 형태에 따른 분석법을 말한다.

(2) **고장형의 위험도의 분류**(SEA : 미국자동차협회)

category I	생명의 상실로 이어질 염려가 있는 고장
category II	작업의 실패로 이어질 염려가 있는 고장
category III	운용의 지연 또는 손실로 이어질 고장
category IV	극단적인 계획 외의 관리로 이어질 고장

10 DT(디시전 트리)와 ETA(사상수분석법)

(1) **디시전 트리(decision tree)** : 요소의 신뢰도를 이용하여 시스템의 신뢰도를 나타내는 시스템 모델의 하나로, 귀납적이고 정량적인 분석 방법이다.

(2) **ETA(event tree analysis)** : 사상(事象)의 안전도를 사용한 시스템의 안전도를 나타내는 시스템 모델의 하나로서 귀납적이고, 정량적인 분석방법으로 재해의 확대요인을 분석하는 데 적합한 방법이다. 디시전 트리를 재해사고의 분석에 이용할 경우의 분석법을 ETA라 한다.

(3) **ETA의 작성방법**

1) 통상 좌로부터 우로 진행되며
2) 각 요소를 나타내는 시점에서 통상 성공사상은 윗쪽에 실패사상은 아래쪽으로 분기된다.
3) 분기마다 안전도와 불안전도의 발생확률이 표시되고,(분기된 각 사상의 확률의 합은 항상 1)
4) 최후의 각각의 곱의 합으로서 시스템의 안전도가 계산된다.

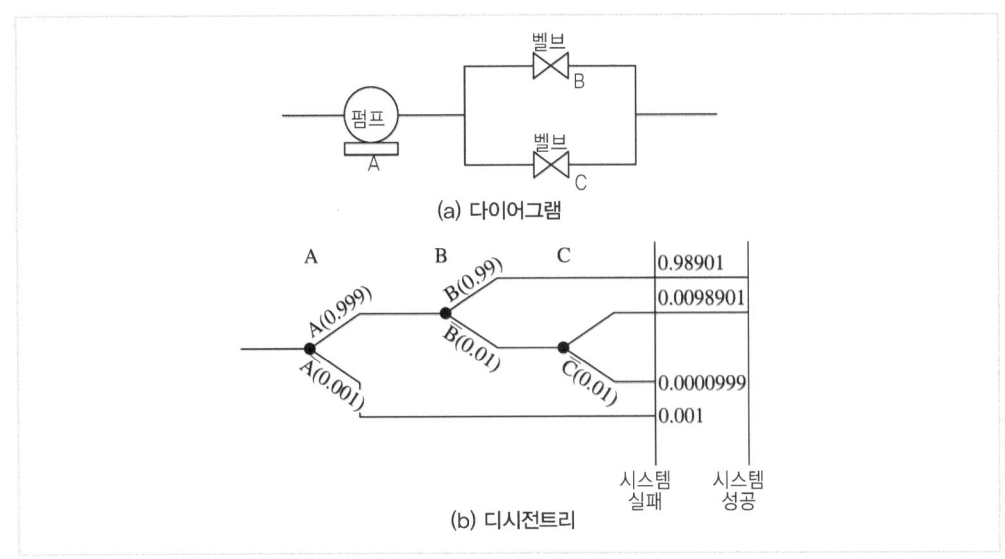

펌프와 밸브시스템의 디시전트리(DT)

11 THERP(인간과오율예측기법)

THERP(technique of human error rate prediction)는 인간의 과오(human error)를 정량적으로 평가하기 위하여 개발된 기법이다.

12 MORT(경영소홀과 위험수분석)

MORT(management oversight and risk tree) 프로그램은 tree를 중심으로 FTA와 같은 논리기법을 이용하여 관리, 설계, 생산, 보존 등으로 광범위하게 안전을 도모하는 것으로서, 고도의 안전을 달성하는 것을 목적으로 한다(원자력 산업에 이용).

13 O & SHA(운용 및 지원 위험분석)

(1) O & SHA(operating and support hazard analysis) : 지정된 시스템의 모든 사용단계에서 생산, 보전, 시험, 운반, 저장, 운전, 비상탈출, 구조, 훈련 및 폐기 등에 사용되는 인원, 순서, 설비에 관하여 위험을 동정하고 제어하며, 그것들의 안전 요건을 결정하기 위해 실시하는 분석법을 말한다.

(2) O & SHA의 분석 결과 : 다음 사항의 기초가 된다.

　1) 위험성의 염려가 있는 시기와 그 기간 중의 위험을 최소화하기 위해 필요한 행동의 동정(同定)

　2) 위험을 배제해고 제어하기 위한 설계의 변경

　3) 안전설비, 안전장치에 대한 필요요건과 그들의 고장을 검출하기 위해 필요한 보전순서의 결정

　4) 운전 및 보전을 위한 경보, 주의 특별한 순서 및 비상용 순서 결정

　5) 취급, 저장, 운반, 보전 및 개수(改修)를 위한 특정 순서 결정

14 HAZOP(위험 및 운전성 검토)

(1) 위험 및 운전성 검토(hazard and operability study) : 각각의 장비에 대해 잠재된 위험이나 기능저하, 운전 잘못 등과 전체로서의 시설에 결과적으로 미칠 수 있는 영향 등을 평가하기 위해서 공정이나 설계도 등에 체계적이고 비판적인 검토를 행하는 것을 말한다.

(2) 용어의 정의

　1) 의도(intention) : 어떤 부분이 어떻게 작동되리라고 기대된 것을 의미하는 것으로 서술적일 수도 있고 도면화될 수도 있다.

　2) 이상(deviations) : 의도에서 벗어난 것을 말하며, 유인어를 체계적으로 적용하여 얻어진다.

　3) 원인(causes) : 이상이 발생한 원인을 의미한다.

　4) 결과(consequences) : 이상이 발생할 경우 그것에 대한 결과이다

　5) 위험(hazard) : 손실, 손상, 부상 등을 초래할 수 있는 결과를 의미한다.

　6) 유인어(guidewords) : 간단한 용어(말)로서 창조적 사고를 유도하고 자극하여 이상을 발견하고, 의도를 한정하기 위해 사용된다. 즉, 다음과 같은 의미를 나타낸다.

　　① No 또는 Not : 설계의도의 완전한 부정

　　② More 또는 Less : 양(압력, 반응, flow rate, 온도 등)의 증가 또는 감소

　　③ As well as : 성질상의 증가(설계의도와 운전조건이 어떤 부가적인 행위와 함께 일어남)

　　④ Part of : 일부변경, 성질상의 감소(어떤 의도는 성취되나 어떤 의도는 성취되지 않음)

　　⑤ Reverse : 설계의도의 논리적인 역

　　⑥ Other than : 완전한 대체(통상 운전과 다르게 되는 상태)

(3) 위험 및 운전성 검토의 성패를 좌우하는 중요요인

　1) 팀의 기술능력과 통찰력

　2) 사용된 도면, 자료 등의 정확성

　3) 발견된 위험의 심각성을 평가할 때 팀의 균형감각 유지 능력

4) 이상(deviation), 원인(cause), 결과(consequence)들을 발견하기 위해 상상력을 동원하는 데에 보조수단으로 사용할 수 있는 팀의 능력

(4) 검토 절차

1) 1단계 : 목적과 범위 결정
2) 2단계 : 검토 팀의 선정
3) 3단계 : 검토 준비
4) 4단계 : 검토 실시
5) 5단계 : 후속 조치 후의 결과기록

(5) 검토 목적

1) 기존시설(기계설비 등)의 안전도 향상
2) 설비 구입여부 결정
3) 설계의 검사
4) 작업 수칙의 검토
5) 공장 건설 여부와 건설장소 결정
6) 공급자에게 문의사항 획득

(6) 검토 시 고려할 위험의 형태

1) 공장 및 기계설비에 대한 위험
2) 작업 중인 인원 및 일반 대중에 대한 위험
3) 제품 품질에 대한 위험
4) 환경에 대한 위험

(7) 검토 준비 작업의 4단계

1) 1단계 : 자료의 수집
2) 2단계 : 수집된 자료를 적당한 형태로 수정
3) 3단계 : 검토 순서 계획의 수립
4) 4단계 : 필요한 회의 소집

(8) 위험을 억제하기 위한 일반적인 조치사항

1) 공정의 변경(원료, 방법 등)
2) 공정 조건의 변경(압력, 온도 등)
3) 설계 외형의 변경
4) 작업방법의 변경

(9) 위험 및 운전성 검토를 수행하기에 가장 좋은 시점 : 설계완료(design freeze) 단계로서 설계가 상당히 구체화된 시점이다.

15 멀티플체크

시스템의 안전점검을 할 때 멀티플체크(multiple check : 복합체크 또는 다중점검)를 이용하여 다음 단계와 같이 시스템의 안정성을 평가한다.

(1) 1단계 – 시스템 어프로치(system approach) : 대상에 대한 시스템에 문제점이 있는가 없는가를 명확히 한다(관계자료의 정비검토, 관계법규기준 검토).

(2) 2단계 – 체크리스트, 안전진단 : 체크리스트에 의한 안전진단을 실시한다.

(3) 3단계 – FMEA(failure modes and effects analysis)에 의한 평가 : 주요원인에 대해 잠재 위험성을 정량적으로 평가하여 중요도를 결정한다.

(4) 4단계 – 안전대책 시행 : FMEA의 결과에 의하여 안전대책을 시행한다.

(5) 5단계 – what if(또는 operability study) : 재해 상정에 의한 4단계까지의 경과를 평가하여, 「만약에 ~라면」 등으로 관찰한다.

(6) 6단계 – FTA와 ETA에 의한 종합판단 : 대책 실패 시에는 피해가 점차 커진다는 발생확률을 중점적으로 진단한다.

16 위험(risk) 처리(조정)기술

(1) 회피(avoidance)
(2) 경감, 감축(reduction)
(3) 보류(retention)
(4) 전가(transfer)

17 F.T.A(결함수 분석법)

(1) FTA의 특징 : 연역적, 정량적 해석이 가능한 기법이다.

(2) FTA 도표에 사용하는 논리 기호

명칭	기호	해설
① 결함사상	▭	FT도표의 정상에 선정되는 사상, 즉 이제부터 해석하고자 하는 사상인 정상사상(top 사상)과 중간사상에 사용한다.
② 기본 사상	◯	「원」기호로 표시하여, 더 이상 해석을 할 필요가 없는 기본적인 기계의 결함 또는 작업자의 오동작을 나타낸다(말단 사상).

명 칭	기 호	해 설
③ 이하 생략의 결함사상(추적 불가능한 최후 사상)	◇	사상과 원인과의 관계를 충분히 알 수 없거나 또는 필요한 정보를 얻을 수 없기 때문에 이것 이상 전개할 수 없는 최후적 사상을 나타낼 때 사용한다(말단사상).
④ 통상사상(家形事象)	⌂	결함사상이 아닌 발생이 예상되는 사상을 나타낸다(말단사상).
⑤ 전이기호(이행기호)	△ (in)　△ (out)	FT 도상에서 다른 부분에의 이행 또는 연결을 나타내는 기호로 사용한다. 좌측은 전입, 우측은 전출을 뜻한다.
⑥ AND gate	출력 / 입력	출력 X의 사상이 일어나기 위해서는 모든 입력 A, B, C의 사상이 일어나지 않으면 안된다는 논리 조작을 나타낸다. 즉, 모든 입력 사상이 공존할 때만이 출력사상이 발생한다.
⑦ OR gate	출력 / 입력	입력 사상 A, B 중 어느 하나가 일어나도 출력 X의 사상이 일어난다고 하는 논리 조작을 나타낸다. 즉, 입력사상 중 어느 것이나 하나가 존재할 때 출력사상이 발생한다.
⑧ 수정기호	출력 / 조건 / 입력	제약 gate 또는 제지 gate라고도 하며, 이 gate는 입력사상이 생김과 동시에 어떤 조건을 나타내는 사상이 발생할 때만이 출력 사상이 생기는 것을 나타내고 또한 AND gate와 OR gate에 여러 가지 조건부 gate를 나타낼 경우 이 수정기호를 사용한다.

(3) 수정기호 (—⟨조건⟩)

1) **우선적 AND Gate** : 입력사상 가운데 어느 사상이 다른 사상보다 먼저 일어났을 때에 출력사상이 생긴다. 예를 들면 「A는 B보다 먼저」와 같이 기입한다.
2) **짜 맞춤 AND Gate** : 3개 이상의 입력사상 가운데 어느 것이든 2개가 일어나면 출력사상이 생긴다. 예를 들면 「어느 것이든 2개」라고 기입한다.
3) **위험지속기호** : 입력사상이 생겨서 어느 일정시간 지속하였을 때에 출력사상이 생긴다. 예를 들면 「위험지속시간」과 같이 기입한다.
4) **배타적 OR Gate** : OR Gate로 2개 이상의 입력이 동시에 존재할 때에는 출력사상이 생기지 않는다. 예를 들면 「동시에 발생하지 않는다.」라고 기입한다.

(4) D.R Cherition의 FTA에 의한 제해사례 연구순서

1) 1단계 : 톱(TOP) 사상의 선정
2) 2단계 : 사상의 재해 원인의 규명
3) 3단계 : FT의 작성
4) 4단계 : 개선 계획의 작성

(5) 확률사상의 곱과 합(n개의 독립사상에 관해서)

1) 논리곱의 확률

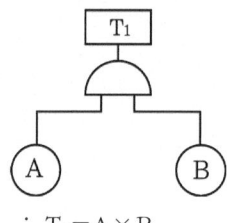

∴ $T_1 = A \times B$

2) 논리합의 확률

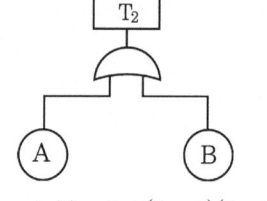

∴ $T_2 = 1 - (1-A)(1-B)$

(6) 컷과 패스

1) 컷(cut) : 컷이란 그 속에 포함되어 있는 모든 기본사상(여기서는 통상사상, 생략 결함사상 등을 포함한 기본사상)이 일어났을 때, 정상사상을 일으키는 기본사상의 집합을 말한다.

2) 미니멀 컷(minimal cut sets) : 컷 중 그 부분 집합만으로는 정상사상을 일으키는 일이 없는 것, 특히 정상사상을 일으키기 위한 필요 최소한의 컷을 미니멀 컷이라 한다.

3) 패스(path)와 미니멀 패스(minimal path sets) : 패스란 그 속에 포함되는 기본사상이 일어나지 않을 때, 처음으로 정상사상이 일어나지 않는 기본사상의 집합으로서, 미니컬 패스는 그 필요 최소한의 것이다.

4) 컷(또는 미니멀 컷)과 패스(또는 미니멀 패스)를 구하는 법

① 컷과 미니멀 컷 : AND 게이트는 가로로 나열시키고 OR게이트는 세로로 나열시켜서 말단사상까지 진행시켜 나간다.

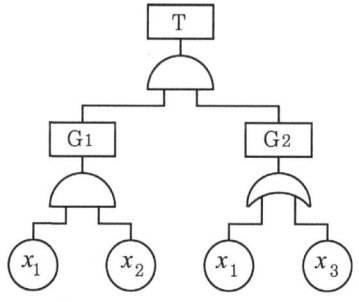

∴ $T \to A_1 A_2 \to X_1\ X_2 A_2 \to \begin{matrix} X_1 X_2 X_3 \\ X_1 X_2 X_4 \end{matrix}$ (미니멀 컷 = 2개)

② 패스와 미니멀 패스 : 쌍대 FT(AND게이트를 OR게이트, OR게이트를 AND 게이트로 치환시킨 FT도)를 구하여 쌍대 FT의 미니멀 컷을 구하면 원하는 FT의 미니멀 패스가 되는 것이다.

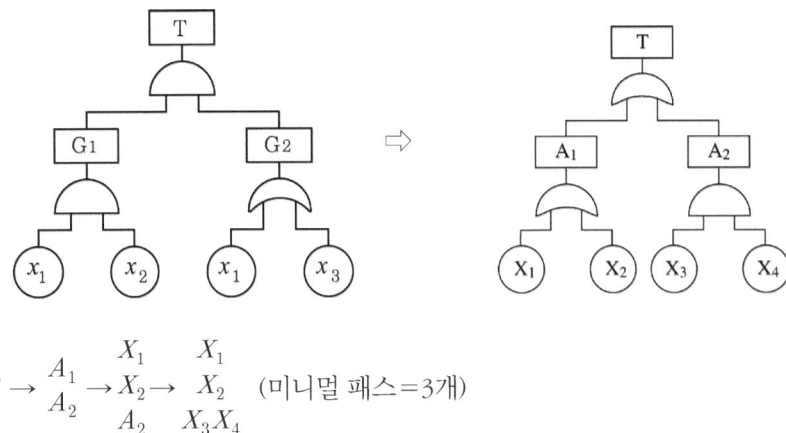

$$\therefore T \to \begin{matrix} A_1 \\ A_2 \end{matrix} \to \begin{matrix} X_1 \\ X_2 \\ A_2 \end{matrix} \to \begin{matrix} X_1 \\ X_2 \\ X_3 X_4 \end{matrix} \quad (\text{미니멀 패스}=3\text{개})$$

(7) 인간의 실수 및 조작자의 간과에 대한 기본사상 및 생략 사상

명 칭	기 호	명 칭	기 호
기본사상	○	생략사상	◇
기본사상 (인간의 실수)	(점선 원)	생략사상 (인간의 실수)	(점선 마름모)
기본사상 (조작자의 간과)	(빗금 원)	생략사상 (조작자의 간과)	(빗금 마름모)

(8) 억제게이트와 부정게이트

1) **억제게이트**(inhibit gate) : 수정기호(modifier)의 일종으로서 억제 모디파이어(inhibit modifier)라고 하며, 실질적으로 수정기호를 병용해서 게이트의 역할을 한다.
   ① 입력사상이 일어난 조건이 만족되어야 출력사상이 생긴다(조건이 만족되지 않으면 출력은 생기지 않는다)
   ② 조건은 수정기호 안에 쓴다.

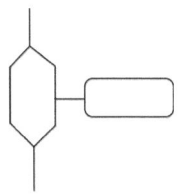

| 억제 게이트 |

2) **부정게이트**(not gate) : 부정 모디파이어(not modifier)라고 하며, 입력사상의 반대사상이 출력된다.

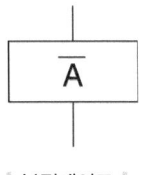

| 부정게이트 |

18 공장설비의 안전성 평가

(1) 안전성 평가와 종류

1) 세이프티 어세스먼트(safety assessment) : 안전성 평가
2) 테크놀로지 어세스먼트(technology assessment) : 기술개발의 종합평가
3) 리스크 어세스먼트 (risk assessment) : 위험성 평가
4) 휴먼 어세스먼트 (human assessment) : 인간과 사고 상의 평가

(2) 안전성 평가의 기본원칙(6단계)

1) 제1단계 : 관계자료의 정비검토
2) 제2단계 : 정성적 평가
3) 제3단계 : 정량적 평가
4) 제4단계 : 안전대책
5) 제5단계 : 재해정보에 의한 재평가
6) 제6단계 : F.T.A에 의한 재평가

(3) 안전성 평가의 4가지 기법

1) 체크리스트에 의한 평가(check list)
2) 위험의 예측평가 (lay out의 검토)
3) 고장형 영향분석(FMEA 법)
4) 결함수 분석법(FTA 법)

(4) 기술개발의 종합평가 5단계

1) 제1단계 : 사회적 복리기여도
2) 제2단계 : 실현 가능성
3) 제3단계 : 안전성과 위험성
4) 제4단계 : 경제성
5) 제5단계 : 종합평가(조정)

(5) 위험성 평가의 순서

1) 리스크의 검출과 확인
2) 리스크의 측정과 분석
3) 리스크의 처리
4) 리스크의 처리방법과 선택
5) 계속적인 리스크의 감시

19 화학설비의 안전성 평가

[1] 안전성 평가의 5단계

(1) **제1단계** : 관계자료의 작성준비

(2) **제2단계** : 정성적 평가

(3) **제3단계** : 정량적 평가

(4) **제4단계** : 안전대책

(5) **제5단계** : 재평가(재해정보 및 FTA에 의한 재평가)

[2] 평가의 진행방법

(1) **제1단계 : 관계자료의 작성준비**

   1) 안전성의 사전평가를 위해 필요한 자료의 작성준비를 실시한다.
   2) 관계자료의 조사항목
      ① 입지조건과 관련된 지질도, 풍배도(風配圖) 등의 입지에 관한 도표
      ② 화학설비 배치도 : 설비 내의 기기, 건조물, 기타 시설의 배치도를 말한다.
      ③ 건조물의 평면도, 입면도 및 단면도
      ④ 기계실 및 전기실의 평면도, 단면도 및 입면도
      ⑤ 원재료, 중간체, 제품 등의 물리적, 화학적 성질 및 인체에 미치는 영향 : 물질 각종의 측정치에 관해서는 법령 및 관계 부처에 나타난 수치에 따른다.
      ⑥ 제조공정의 개요 : Process flow sheet에 따라 제조공정의 개요를 정리한다.
      ⑦ 제조공정상 일어나는 화학반응 : 운전조건 상태에서 정상인 반응, 이상반응의 가능성, 특히 문제되는 폭주반응 또는 불안전한 물질에 의한 폭발, 화재 등의 발생에 관해서 검토하고 자료를 정리한다.
      ⑧ 공정계통도
      ⑨ 공정기기목록
      ⑩ 배관, 계장계통도
      ⑪ 안전설비의 종류와 설치장소
      ⑫ 운전요령, 요원배치계획, 안전보건교육 훈련계획

(2) **제2단계 : 정성적 평가**

1 설계 관계	2. 운전 관계
① 입지 조건	① 원재료, 중간체제품
② 공장 내 배치	② 공 정
③ 건 조 물	③ 수송, 저장
④ 소방 설비	④ 공정기기

(3) 제3단계 : 정량적 평가

1) 해당 화학설비의 취급물질, 용량, 온도, 압력 및 조작의 5항목에 대해 A, B, C, D 급으로 분류하고, A급은 10점, B급은 5점, C급은 2점, D급은 0점으로 점수를 부여한 후, 5항목에 관한 점수들의 합을 구한다.
2) 합산 결과에 의한 위험도의 등급은 다음과 같다.

등급	점수	내용
등급 Ⅰ	16점 이상	위험도가 높다.
등급 Ⅱ	11~15점 이하	주위상황, 다른 설비와 관련해서 평가
등급 Ⅲ	10점 이하	위험도가 낮다.

(4) 제4단계 : 안전 대책

1) 설비 대책 : 안전장치 및 방재장치에 관해서 배려한다.

2) 관리적 대책 : 인원 배치, 교육훈련 및 보전에 관해서 배려한다.
　① 적정인원 배치

구분	위험등급 Ⅰ	위험등급 Ⅱ	위험등급 Ⅲ
인원	긴급 시, 동시에 다른 장소에서 작업을 행할 수 있는 충분한 인원 배치	긴급 시, 동시에 다른 장소에서 작업이 가능한 인원 배치	긴급 시, 주 작업을 하고 바로 지원이 확보될 수 있는 체제의 인원배치
자격	법정 자격자를 복수로 배치, 관리밀도가 높은 인원배치	법정 자격자가 복수로 배치되어 있는 인원 배치	법정 자격자가 충분한 인원 배치

　② 교육 훈련 과목

학　과	실　기
① 위험물 및 화학반응에 관한 지식 ② 화학설비 등의 구조 및 취급방법에 관한지식 ③ 화학설비 등의 운전 및 보전의 방법에 관한 지식 ④ 작업규정 ⑤ 재해사례 ⑥ 관계법령	① 운전 ② 경보 및 보전의 방법 ③ 긴급 시의 조작방법

(5) 제5단계 : 재평가

제4단계에서 안전대책을 강구한 후, 그 설계 내용에 동종설비 또는 동종장치의 재해정보를 적용하여 안전대책의 재평가를 실시한다.

실 / 전 / 문 / 제

01
시스템안전(system safety)이란?
① 과학적, 공학적 원리를 적용하여 시스템의 생산성을 극대화
② 시스템 구성의 각 요인을 어떻게 활용하면 시스템 전체가 시간, 경제적으로 운영가능
③ 특히 사고나 질병으로부터 자기 자신 또는 타인을 안전하게 호신하는 것
④ 어떤 시스템에서 기능, 시간, 코스트 등의 제약조건하에서 인원, 설비의 상해, 손상 극소화

해설
시스템안전은 시스템 전체에 대하여 종합적이고 균형이 잡힌 안전성을 확보하는 것이다.

02
시스템안전관리에 해당되지 않는 것은?
① 시스템안전에 필요한 사항에 대한 동일성의 식별
② 안전활동의 계획, 조직과 관리 철저
③ 다른 시스템 프로그램 영역과 분리
④ 시스템안전 목표를 적시에 유효하게 실현하기 위한 프로그램의 해석, 검토 및 평가를 실시

해설
시스템안전관리
① 시스템안전에 필요한 사항의 동일성의 식별(identification)
② 안전활동의 계획, 조직과 관리
③ 다른 시스템 프로그램 영역과 조정
④ 시스템안전에 대한 목표를 유효하게 적시에 실현시키기 위한 프로그램의 해석, 검토 및 평가 등의 시스템안전업무

03
기계나 장비의 위험을 통제하는데 있어 취해야 할 첫 단계는?
① 작업원을 선발하여 훈련한다.
② 덮개나 격리 등으로 위험을 방호한다.
③ 안전점검 및 안전보호구를 사용하도록 한다.
④ 설계 및 공정 계획시 위험을 제거한다.

해설
시스템안전의 첫째 단계는 재해예방차원의 공정계획시에 위험을 제거(위험의 소멸)하는 것이고 다음 단계는 피해의 최소화 및 억제를 위한 ①, ②, ③항 등의 방법을 채용한다.

04
시스템안전 달성을 위한 시스템 안전설계 단계 중 위험상태의 최소화 단계에 해당하는 것은?
① 경보장치   ② 페일세이프
③ 안전장치   ④ 특수수단강구

해설
시스템 안전설계의 원칙
① 1단계 : 위험상태의 존재를 최소화(페일세이프 도입)
② 2단계 : 안전장치의 채용
③ 3단계 : 경보장치의 채용
④ 4단계 : 특수한 수단의 강구

05
위험도를 표시하는 단위로서 10^8 근로시간당 사망자 수를 나타내는 것으로 맞는 것은?
① FAFR   ② FTA
③ FMEA   ④ PAH

해설
① FAFR(fatality accident frequency rate)은 인간의 1년 근로시간을 2,500(잔업시간 100시간 포함)시간으로 하여 일생 동안 40년간 작업하는 것으로 했을 때 1,000명당 1명이 사망하는 비율에 상당한다.
② Kletz는 화학공업에서 FAFR이 0.35~0.4를 넘지 않을 것을 권고했고, Gibson은 위험이 동정되어 있는 경우는 2FAFR, 그 이외의 경우는 0.4 FAFR을 위험성의 수준으로 정할 것을 권장하고 있다.

Answer ● 01. ④ 02. ③ 03. ④ 04. ② 05. ①

06
위험분석상의 강도를 분류할 시에 환경, 인원의 과오, 절차의 결함, 요소의 고장 또는 기능불량이 시스템의 성능을 저하시키지만 인적, 물적의 중대한 손해를 초래하지 않고 대처 또는 제어할 수 있는 상태는?

① 파국적(catastrophic)
② 중대(critical)
③ 한계적(marginal)
④ 무시가능(negligible)

해설
위험성의 분류
1) Category(범주) - Ⅰ 파국적 : 인원의 사망 또는 중상 또는 시스템손상을 일으킨다.
2) Category(범주) - Ⅱ 위험 : 인원의 상해 또는 주요시스템의 손해가 생겼을 때, 또는 인원이나 시스템 생존을 위해 즉시 시정조치를 필요로 한다.
3) Category(범주) - Ⅲ 한계적 : 인원의 상해 또는 주요시스템의 손해가 생기는 일이 없이 배제 또는 제어할 수 있다.
4) Category(범주) - Ⅳ 무시 : 인원의 손상 또는 시스템의 손상에는 이르지 않는다.

07
System 안전관리를 위한 System의 위험성의 분류 중 Category에 맞지 않는 것은?

① Category Ⅰ - 무시
② Category Ⅱ - 한계적
③ Category Ⅲ - 경고
④ Category Ⅳ - 파국적

해설
Category Ⅲ는 '위험' : 인원의 상해 또는 주요 시스템의 손해가 생겨, 또는 인원이나 시스템 생존을 위해 즉시 시정조치를 필요로 한다.

08
1965년, 미국 안전공학자협회지에 시스템안전기법을 최초로 소개하여 산업안전 분야에의 적용 가능성을 제시한 사람은?

① Kolodner
② Taylor
③ Rasussen
④ Swain

09
복잡한 시스템을 설계, 가동하기 전의 구상단계에서 시스템의 근본적인 위험성을 평가하는 가장 기초적인 위험도 분석기법은 무엇인가?

① 결함수분석법(FTA)
② 예비위험분석(PHA)
③ 고장의 형과 영향분석(FMEA)
④ 운용안전성 분석(OSA)

해설
예비위험분석(PHA)은 시스템안전 프로그램에 있어서 최초 단계의 분석법이다.

10
시스템 안전프로그램에 있어 제일 첫 번째 단계의 분석으로 시스템 내의 위험요소가 어떤 상태에 있는가를 정성적으로 분석, 평가하는 것을 무엇이라 하는가?

① 예비위험분석
② 결함위험분석
③ 고장형태와 영향분석
④ 결함수 분석

해설
예비위험분석(PHA) : 최초단계(설계단계, 개발단계)분석

11
시스템안전분석법 중 예비위험분석의 식별된 4가지 사고 카테고리에 해당되지 않는 것은?

① 파국적 상태
② 중대 상태
③ 무시가능 상태
④ 선별적 상태

해설
예비위험분석(PHA)에 의해 식별된 사고(위험)의 분류
① 파국적(catastrophic)
② 중대(critical)
③ 한계적(marginal)
④ 무시가능(negligible)

Answer ▶ 06. ③ 07. ③ 08. ① 09. ② 10. ① 11. ④

12
식별된 사고가 인원이나 시스템에 중대한 손해를 초래하지 않고, 대처 또는 제어할 수 있는 상태가 되면 어떤 위험분류에 해당하는가?

① Category Ⅰ - 파국적
② Category Ⅱ - 위험
③ Category Ⅲ - 한계적
④ Category Ⅳ - 무시

해설
Category Ⅲ : 한계적은 인원의 상해 또는 주요 시스템의 손해가 생기는 일이 없이 배제 또는 제어할 수 있는 상태이다.

13
생산, 보존, 시험, 운반, 저장, 운전, 비상탈출 등에 사용되는 인원설비에 관하여 위험을 동정하고 제어하며 그들의 안전요건을 결정하기 위하여 실시하는 분석기법은?

① 운용 및 지원 위험분석(O & SHA)
② 사상수 분석(ETA)
③ 결함수 분석(FTA)
④ 고장형태 및 영향분석(FMEA)

14
인간의 과오를 평가하기 위한 안전 해석방법은?

① THERP
② MORT
③ CA
④ Decision tree

해설
THERP : 인간의 과오를 정량적으로 평가하기 위하여 개발된 안전 해석기법이다.

15
다음 중 처음으로 산업안전을 목적으로 개발된 시스템 안전프로그램으로 ERDA(미에너지연구개발청)에서 개발된 것은 어느 것인가?

① FTA
② MORT
③ FMEA
④ PHA

해설
MORT(management oversight and risk tree)
① 미국에너지연구개발청(ERDA)의 Johnson에 의해 개발된 시스템안전 프로그램이다.
② MORT 프로그램은 tree를 중심으로 FTA와 같은 논리기법을 이용하여 관리, 설계, 생산, 보존 등의 광범위하게 안전을 도모하는 것으로서 고도의 안전을 달성하는 것을 목적으로 한 것이다(원자력산업에 이용).

16
시스템에 영향을 미칠 우려가 있는 모든 요소의 고장을 형태별로 해석하여 그 영향을 검토하는 분석방법은?

① FTA
② ETA
③ MORT
④ FMEA

해설
FMEA(고장형태와 영향분석)는 전형적인 정성적, 귀납적 분석방법이다.

17
다음은 시스템이나 기기의 개발 · 설계단계에서 FMEA의 표준적인 실시절차에 관한 방법이다. 해당되지 않는 것은?

① 신뢰도 블록 다이어그램 작성
② 상위체계에의 고장영향 분석
③ 시스템 구성의 기본적 파악
④ 비용효과 절충 분석

해설
FMEA 표준적 실시절차
(1) 대상 시스템의 분석
  ① 기기 · 시스템의 구성 및 기능의 전반적 파악
  ② FMEA 실시를 위한 기본방침의 결정
  ③ 기능 Block과 신뢰성 Block도의 작성
(2) 고장 Mode와 그 영향의 해석(FMEA)
  ① 고장 Mode의 예측과 설정
  ② 고장 원인의 상정
  ③ 상위 item에의 고장 영향의 검토
  ④ 고장 검지법의 검토
  ⑤ 고장에 대한 보상법이나 대응법의 검토
  ⑥ FMEA work sheet에의 기입
  ⑦ 고장 등급의 평가
(3) 치명도 해석과 개선책의 검토
  ① 치명도 해석
  ② 해석결과의 정리와 설계개선으로 제언

Answer ● 12. ③ 13. ① 14. ① 15. ② 16. ④ 17. ④

18
FMEA의 위험성 분류 중 카테고리 – 2에 해당되는 것은?

① 사명 수행의 실패
② 영향 없음
③ 생명 또는 가옥의 상실
④ 활동의 지연

해설
FMEA에 의한 위험성의 분류
① category 1 : 생명 또는 가옥의 상실
② category 2 : 사명(작업) 수행의 실패
③ category 3 : 활동의 지연
④ category 4 : 영향 없음

19
고장영향의 β값을 정량화한 것 중 보통 일어날 수 있는 손실을 표시한 것은?

① $\beta = 1.00$
② $0.1 < \beta < 1.00$
③ $0 < \beta < 0.1$
④ $\beta = 0$

해설
①항 : 대단히 자주 일어나는 손실
②항 : 보통 일어날 수 있는 손실
③항 : 드물게 일어날 수 있는 손실
④항 : 영향 없음

20
인간의 과오를 시스템안전의 측면에서 이해하려면 인간의 과오율에 관한 자료수집과 분석에 필수적이다. tree구조와 비슷한 그림을 이용해 인간의 과오율을 추정하는 기법의 명칭은?

① Decision tree
② FTA
③ THERP
④ MORT

해설
THERP는 인간과오의 분류시스템과 그 확률을 계산함으로써 원래 제품의 결함을 감소시키고 사고의 원인 가운데 인간의 과오에 기인한 근원에 대한 분석 및 안전공학적 대책수립에 사용된다.

21
다음 중 FMEA에서 고장의 발생확률을 β라 하고, $0 < \beta < 0.10$일 때의 고장의 영향은?

① 영향 없음
② 가능한 손실
③ 예상되는 손실
④ 실제의 손실

해설
고장의 영향
① 실제의 손실 : $\beta = 1.00$
② 예상되는 손실 : $0.10 \leq \beta < 1.00$
③ 가능한 손실 : $0 < \beta < 0.10$
④ 영향 없음 : $\beta = 0$

22
다음의 Decision Tree에서 (ㄱ), (ㄴ), (ㄷ)에 들어갈 숫자는?

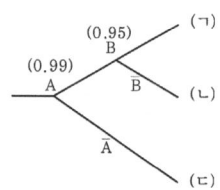

① 0.9405, 0.0495, 0.01
② 0.9999, 0.0495, 0.05
③ 0.9995, 0.9905, 0.05
④ 1.94, 1.04, 0.01

해설
DT에서 분기된 각 사상의 확률의 합은 항상 1.0이며 최후의 확률은 각각의 제곱의 합으로서 나타낸다.
① (ㄱ) : $0.99 \times 0.95 = 0.9405$
② (ㄴ) : $0.99 \times (1 - 0.95) = 0.0495$
③ (ㄷ) : $1 - 0.99 = 0.01$

23
FMEA의 장점 중에 해당하지 않는 것은?

① 서식이 간단
② 각 요소간의 해석이 용이
③ 특별한 훈련이 불필요
④ 비교적 적은 노력의 필요

Answer ➡ 18. ① 19. ② 20. ③ 21. ② 22. ① 23. ②

해설

FMEA의 장점 및 단점
① 장점 : 서식이 간단하고 비교적 적은 노력으로 특별한 훈련 없이 분석을 할 수 있다.
② 단점 : 논리성이 부족하고 각 요소간의 영향을 분석하기 어렵기 때문에 동시에 두 가지 이상의 요소가 고장날 경우 분석이 곤란하며 또한 요소가 물체로 한정되어 있기 때문에 인적원인을 분석하는 데는 곤란하다.

24
항공기의 안전성 평가에 널리 사용되는 기법으로서 각 중요부품의 고장률, 운용형태, 보정계수 사용시간비율 등을 고려하여 정량적, 귀납적으로 부품의 위험도를 평가하는 분석기법은?

① FMEA ② CA
③ FTA   ④ ETA

25
다음은 시스템 안전해석 방법이다. 틀린 것은?

① THERP : 정량적 해석방법
② ETA : 귀납적, 정량적 해석방법
③ PHA : 정성적 해석방법
④ FMECA : 귀납적, 정성적 해석방법

해설

FMECA : 귀납적, 정성적, 정량적 해석방법

26
시스템 안전관리에 관한 설명으로 옳지 않은 것은?

① 시스템 안전에 필요한 사항에 대해 동일성을 식별하여야 한다.
② 타 시스템의 프로그램 영역과 분리시켜야 한다.
③ 안전 활동의 계획, 안전조직과 관리를 철저히 하여야 한다.
④ 시스템 안전 목표를 적시에 유효하게 실현하기 위해 프로그램 해석, 검토 및 평가를 실시하여야 한다.

27
예비위험분석을 달성하기 위하여 노력해야 하는 4가지 주요사항이 아닌 것은?

① 시스템에 관한 주요사고를 식별하고, 개략적인 말로 표시할 것.
② 사고를 초래하는 요인을 식별할 것
③ 사고발생 확률을 계산할 것
④ 식별된 위험을 4가지 범주로 분류할 것

해설

PHA의 4가지 주요목표
(1) 시스템에 대한 모든 주요한 사고를 식별하고 대중의 말로 표시할 것(사고 발생의 확률은 식별 초기에는 고려되지 않음)
(2) 사고를 유발하는 요인을 식별할 것
(3) 사고가 발생한다고 가정하고 시스템에 생기는 결과를 식별하고 평가할 것
(4) 식별된 사고를 다음의 범주로 분류할 것
  ① 파국적 ② 중대 ③ 한계적 ④ 무시가능

28
시스템이나 서브시스템의 위험분석을 위하여 일반적으로 사용되는 전형적인 정성적, 귀납적 분석기법으로 시스템에 영향을 미치는 모든 요소의 고장을 형태별로 분석하여 그 영향을 검토하는 분석기법은?

① 예비위험 분석   ② 고장의 형과 영향분석
③ 운용안전성 분석 ④ 결함수 해석법

29
FMEA 실시를 위한 기본방침의 결정에 있어서 분명하게 해 둘 필요가 없는 것은?

① 시스템 운용단계
② 환경 stress나 동작 stress의 한계부여
③ 시스템의 software 구성요소의 고장원인
④ 시스템 업무의 기본적 목적

해설

FMEA 실시를 위한 기본방침의 결정
① 시스템·기기의 임무의 기본적 및 이차적인 목적을 명시한다.
② 시스템·기기의 운용단계를 분명하게 한다.
③ 환경 stress나 동작 stress의 한계를 부여한다.
④ 시스템의 hard ware 구성요소의 고장원인을 분명하게 한다.

30
FTA의 활용 및 기대효과를 설명한 것이다. 틀린 것은?

① 사고원인 규명의 복잡화
② 사고원인 분석의 일반화
③ 사고원인 분석의 정량화
④ 노력시간의 절감

해설

FTA(결함수 분석법)의 활용 및 기대효과
① 사고원인 규명의 간편화
② 사고원인 분석의 일반화
③ 사고원인 분석의 정량화
④ 노력시간의 절감
⑤ 시스템의 결함진단
⑥ 안전점검표 작성

31
결함수분석법(F.T.A)에 해당되지 않는 사항은?

① 새로운 시스템의 개발과 설계 및 생산시 안전관리 측면에서 작용되는 방법
② 결함의 원인과 요인을 추적하지만 상이한 조직의 결함을 지적 발견할 수 없는 점
③ 조직의 기능역할 중에서 주요도가 높은 구성적 요소의 결함으로 인해 발생하는 경로요인 분석
④ 원하지 않는 결과를 연구할 수 있도록 모든 사건을 처리하는 논리적 도표

32
FTA의 특징과 관계 없는 것은?

① 재해의 정량적 예측가능
② 간단한 FT도의 작성으로 정성적 해석가능
③ 컴퓨터 처리가능
④ 귀납적 해석가능

해설

FTA는 정상사상인 재해현상으로부터 기본사상인 재해원인을 향해 연역적 분석을 행하는 것이 특징이다.

33
다음은 결함수 분석법의 절차를 나타낸 것이다. 맞는 것은?

① 제일 먼저 FT(fault tree)를 작성한다.
② 제일 먼저 cut set, minimal cut set을 구한다.
③ 재해의 위험도를 검토하여 해석할 재해를 결정하는 것이 최우선이다.
④ 해석하는 재해 발생확률을 제일 먼저 계산한다.

해설

결함수 분석법(FTA)의 절차에서 최우선으로 결정할 사항은 정상(top)사항, 즉 해석할 재해를 결정하는 것이다.

34
System 안전해석기법의 종류로서 거리가 먼 것은?

① Fault Tree Analysis(F.T.A법)
② Decision Tree(DT법)
③ Management Oversight And Risk Tree(MORT법)
④ Industriai Engeneering(IE법)

35
FTA의 수준 중 정성적 FT의 작성단계에 해당되지 않는 것은?

① 공정 또는 작업내용 파악
② 재해사례나 재해통계 조사
③ 해석대상이 되는 재해결정
④ 재해발생확률 계산

해설

FTA의 순서 3단계
① 정성적 FT의 작성단계 : 공정 또는 작업내용파악, 예상재해 조사, 해석대상이 되는 재해결정, 예비해석, FT의 작성
② FT의 정량화 단계 : 재해발생확률 목표치 설정, 실패대수표시, 고장발생확률과 인간에러확률, 재해발생확률계산
③ 재해방지대책의 수립 : 중요도해석, FT의 수정 및 재해석, 최적 안전대책 수립

Answer ➡ 30. ① 31. ② 32. ④ 33. ③ 34. ④ 35. ④

36
FTA(Fault Tree Analysis) 기호 중 통상 상태를 나타내는 기호는?

① 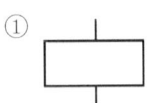　②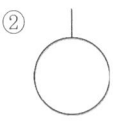
③ 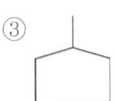　④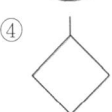

해설
① 결함사상　② 기본사상
③ 통상사상　④ 이하 생략의 결함사상

37
FT도에 사용되는 기호 중 더 이상의 세부적인 분류가 필요없는 고장을 의미하는 기호는?

① 　②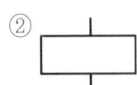
③ 　④

해설
① 전이기호　② 결함사상
③ OR게이트　④ 생략사상

38
FTA에 의한 "재해사례연구의 순서" 4단계가 아닌 것은?

① 톱사상의 선정
② 사고, 재해 모델화
③ FT도의 작성
④ 개선계획의 작성

해설
FTA에 의한 재해사례연구순서
① 1단계 : 톱사상의 선정
② 2단계 : 사상의 재해원인의 규명
③ 3단계 : FT도의 작성
④ 4단계 : 개선계획의 작성

39
FT를 작성하기 위해서는 몇 가지 기본기호를 사용하여야 한다. 그림의 삼각형 기호는 다음 중 어느 것을 나타내는가?

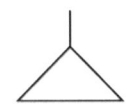

① 결함사상　② 기본사상
③ 조건기호　④ 전이기호

해설
전이기호(이행기호)는 FT도상에서 다른 부분에의 이행 또는 연결을 나타내는 기호로 사용된다.

40
FTA에 사용되는 기호 중 비전개 사항을 나타낸 기호는?

① 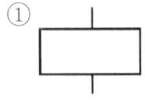　②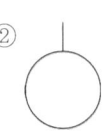
③ 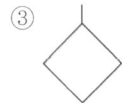　④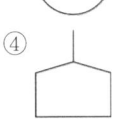

41
출력(out put)의 사상(event)이 일어나기 위해서는 모든 입력(in put)이 일어나지 않으면 안 된다는 논리 조작을 무엇이라고 하는가?

① 억제 게이트　② AND 게이트
③ OR 게이트　④ 조건부 게이트

42
F.T.A(Fault Tree Analysis)란 무엇인가?

① 재해발생을 귀납적, 정성적으로 해석, 예측할 수 있다.
② 재해발생을 연역적, 정성적으로 해석, 예측할 수 있다.
③ 재해발생을 연역적, 정량적으로 해석, 예측할 수 있다.

Answer ➡ 36. ③　37. ④　38. ②　39. ④　40. ③　41. ②　42. ③

④ 재해발생을 귀납적, 정량적으로 해석, 예측할 수 있다.

해설

FTA의 특징은 연역적이고, 정량적 해석이 가능하며, 필요에 따라서는 정성적 해석에만 머물게 하거나 재해의 직접원인에 대해서만 집중분석을 할 수도 있으며, 역으로 복잡한 시스템을 상세하게 해석할 수 있는 등 융통성이 풍부하다.

43
재해예방 측면에서 FT의 상부측 정상사상에 가까운쪽의 OR게이트를 어떠한 인터록이나 안전장치 등에 의해 AND게이트로 바꿔주면 어떠한 현상이 나타나는가?

① 재해율의 급격한 증가
② 재해율의 점진적인 증가
③ 재해율에 별영향을 안줌
④ 재해율의 급격한 감소

44
그림과 같은 논리기호의 명칭은?

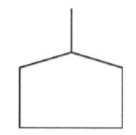

① 이하생략 사상   ② 통상사상
③ 결함사상   ④ 기본사상

45
결함수상의 다음 그림의 기호는 무슨 게이트를 나타내는가?

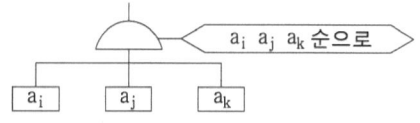

① 우선적 AND 게이트
② 조합 AND 게이트
③ 배타적 AND 게이트
④ AND 게이트

해설

수정 기호 ( ) 내에는 다음에 나타나는 조건을 기입한다.
① 우선적 AND Gate : 입력사상 가운데 어느 사상이 다른 사상보다 먼저 일어났을 때에 출력사상이 생긴다. 예를 들면 「A는 B보다 먼저」와 같이 기입한다.
② 짜 맞춤 AND Gate : 3개 이상의 입력사상 가운데 어느 것이든 2개가 일어나면 출력사상이 생긴다. 예를 들면 「어느 것이든 2개」라고 기입한다.
③ 위험지속기호 : 입력사상이 생겨서 어느 일정시간 지속하였을 때에 출력사상이 생긴다. 예를 들면 「위험지속시간」과 같이 기입한다.
④ 배타적 OR Gate : OR Gate로 2개 이상의 입력이 동시에 존재할 때에는 출력사상이 생기지 않는다. 예를 들면 「동시에 발생하지 않는다」라고 기입한다.

46
Boole 대수를 이용하여 FT를 수식화할 때 논리곱의 관계로 표시되는 게이트는?

① AND 게이트   ② OR 게이트
③ 억제 게이트   ④ 부정 게이트

해설

AND 게이트는 논리적(곱)의 확률을 나타내고, OR게이트는 논리화(합)의 확률을 나타낸다.

47
결함수 분석법에서 일정 조합 안에 포함되어 있는 기본사상들이 모두 발생하지 않으면 틀림없이 정상사상이 발생되지 않는 조합을 무엇이라고 하는가?

① 컷셋(cut set)
② 패스셋(path set)
③ 부울대수
④ 결함수셋(fault tree set)

해설

패스셋 : 정상사상이 일어나지 않는 기본사상의 집합

48
FT도 중에서 특정한 집합중의 기본사상들이 동시에 발생하는 조합을 무엇이라고 부르는가?

① 컷셋   ② 패스 셋
③ 최소 패스 셋   ④ 억제 게이트

Answer ➡ 43. ④ 44. ② 45. ① 46. ① 47. ② 48. ①

49
다음 그림에서 G_1의 발생확률은? (단, G_2는 0.1, G_3은 0.2, G_4는 0.3의 발생확률을 갖는다)

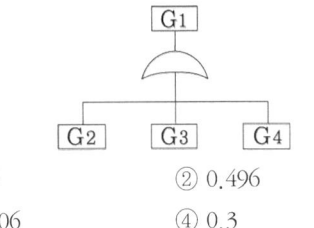

① 0.6 ② 0.496
③ 0.006 ④ 0.3

해설

$G_1 = 1-(1-G_2)(1-G_3)(1-G_4)$
$= 1-(1-0.1)(1-0.2)(1-0.3)$
$= 0.496$

50
다음의 결함수에서 정상사상의 재해발생 확률을 구하면?(단, 기본사상 1, 2의 발생확률은 2×10^{-3}/h, 3×10^{-2}이다)

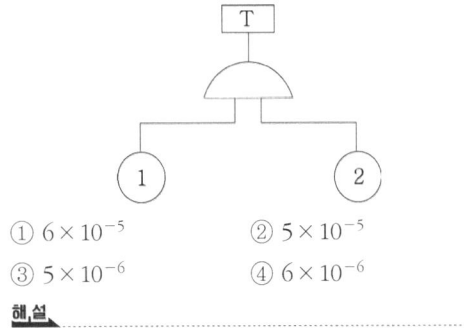

① 6×10^{-5} ② 5×10^{-5}
③ 5×10^{-6} ④ 6×10^{-6}

해설

$T = 2\times10^{-3}\times3\times10^{-2} = 6\times10^{-5}$/h

51
입력 B_1과 B_2의 어느 쪽 한쪽이 일어나면 출력 A가 생기는 경우를 "논리합"의 관계라 한다. 이때 입력과 출력 사이에는 무슨 게이트로 연결되는가?

① AND게이트 ② 억제 게이트
③ OR 게이트 ④ 부정 게이트

해설

1) AND : 논리적(논리곱)
2) OR : 논리합

52
다음 그림에서 G_1의 발생확률은? (단, G_2, 0.1, G_3 0.2, G_4 0.3의 발생확률을 갖는다)

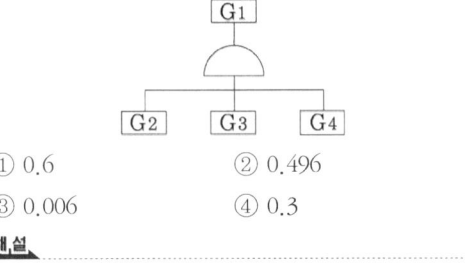

① 0.6 ② 0.496
③ 0.006 ④ 0.3

해설

$G_1 = G_2\times G_3\times G_4 = 0.1\times0.2\times0.3 = 0.006$

53
결함수분석법에 의한 재해사례 연구의 순서로 맞는 것은?

> ① 정상사상의 선정
> ② FT도 작성 및 분석
> ③ 개선계획의 작성
> ④ 사상마다 재해원인, 요인의 규명

① ① → ③ → ② → ④
② ① → ④ → ② → ③
③ ① → ② → ③ → ④
④ ① → ④ → ③ → ②

해설

FTA에 의한 재해사례 연구의 순서
① 1단계 : 정상(top)사상의 선정
② 2단계 : 사상의 재해원인의 규명
③ 3단계 : FT도의 작성
④ 4단계 : 개선계획의 작성

54
그림의 G_3 Tree를 짜맞춤 수식으로 나타낸 것은?

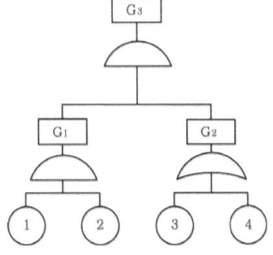

① ①×②×③×④
② (①×②)×(③+④)
③ (①+②)×(③×④)
④ (①+②)×(③+④)

해설

그림에서 G_3는 G_1, G_2와 AND기호로 연결되어 있으므로 $G_3 = G_1 \times G_2$이며, G_1는 ①, ②와 AND기호로 연결 $G_1 =$ ①×②, G_2는 ③, ④와 OR기호로 연결 $G_2 = ③+④$가 되므로 G_3의 짜맞춤 수식은 다음과 같이 정리된다.
∴ $G_3 = G_1 \times G_2 = (①\times②)\times(③+④)$

55
다음 FT도에서 minimal cut set를 구하면? (단, ① ~④는 기본사상)

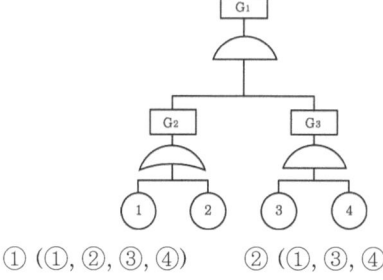

① (①, ②, ③, ④)   ② (①, ③, ④)
③ (①, ②)   ④ (③, ④)

해설

$G_1 \to G_2\,G_3 \to \begin{matrix}① G_3 \\ ② G_3\end{matrix} \to \begin{matrix}① ③ ④ \\ ② ③ ④\end{matrix}$

56
다음 그림의 결함수에서 컷셋을 구한 것이다. 맞는 것은?

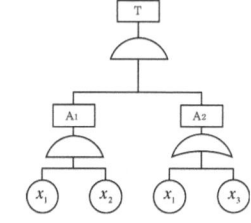

① (X_1, X_2), (X_1, X_2, X_3)
② (X_1, X_2, X_1), (X_2, X_3)
③ (X_1, X_2), (X_2, X_3)
④ (X_2, X_3, X_4), (X_1, X_2)

해설

$T \to A_1\,A_2 \to \begin{matrix}X_1 X_2 X_1 \\ X_1 X_2 X_3\end{matrix} \to \begin{matrix}X_1 X_2 \\ X_1 X_2 X_3\end{matrix}$

57
다음 그림의 결함수에서 컷셋을 구한 것이다. 맞는 것은?

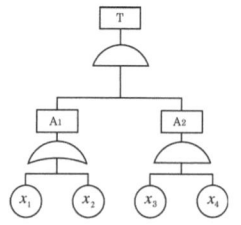

① (X_1, X_2, X_3), (X_2, X_3, X_4)
② (X_1, X_3, X_4), (X_2, X_3, X_4)
③ (X_1, X_2, X_3), (X_1, X_3, X_4)
④ (X_1, X_3, X_4), (X_1, X_2)

해설

$T \to A_1\,A_2 \to \begin{matrix}X_1 A_2 \\ X_2 A_2\end{matrix} \to \begin{matrix}X_1 X_3 X_4 \\ X_2 X_3 X_4\end{matrix}$

58
FTA에 의한 재해사례연구의 순서는?

① TOP사상의 선정 – FT도 작성 – 사상마다 재해원인규명 – 개선계획의 작성
② TOP사상의 선정 – 사상마다 재해원인규명 – FT도 작성 – 개선계획의 작성
③ FT도 작성 – TOP사상의 선정 – 사상마다 재해원인규명 – 개선계획의 작성
④ FT도 작성 – 사상마다 재해원인규명 – TOP사상의 선정 – 개선계획의 작성

59
다음 그림의 결함수를 간략히 한 것은?

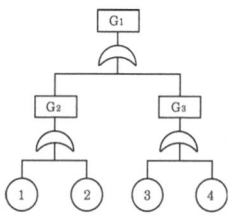

Answer ➡ 55. ② 56. ① 57. ② 58. ② 59. ②

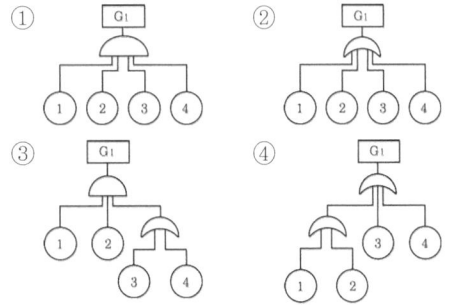

60

다음의 그림인 FT도에서 사상 A를 예방하는 방법이 아닌 것은 어느 것인가?

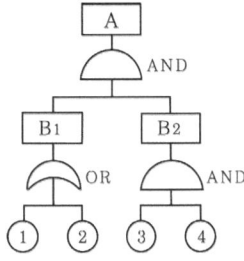

① ①번이나 ②번 원인 중 어느 하나라도 제거하면 된다.
② ③번이나 ④번 원인 중 어느 하나라도 제거하면 된다.
③ ①번과 ③번 원인을 동시에 제거하면 된다.
④ ②번과 ④번 원인을 동시에 제거하면 된다.

해설
①과 ②는 OR gate에 연결되어 있기 때문에 B₁은 ①과 ②중에 하나만 일어나도 발생한다. 따라서 B₁, 즉 A를 예방하기 위해서는 ①과 ②의 원인을 동시에 제거하여야 한다.

61

FTA에 의한 재해사례 연구순서 중 제1단계는?

① 사상의 재해 원인의 규명
② FT도의 작성
③ 톱 사상 선정
④ 개선 계획의 작성

해설
FTA에 의한 재해사례 연구의 순서
① top 사상의 선정(1단계)
② 사상마다 재해원인의 규명(2단계)
③ FT도의 작성(3단계)
④ 개선계획의 작성(4단계)

62

FMEA의 실시단계 중 고장형태와 그 영향해석은 몇 단계에 속하는가?

① 제 1단계   ② 제 2단계
③ 제 3단계   ④ 제 4단계

해설
FMEA의 표준적 실시 단계
① 제 1단계 : 대상 시스템의 분석
② 제 2단계 : 고장형태와 그 영향의 해석
③ 제 3단계 : 치명도 해석과 개선책의 검토

63

FMEA의 특징으로 틀린 것은?

① 서식이 복잡하여 특별한 훈련을 하여야 분석을 할 수 있다.
② 논리성이 부족하다.
③ 두 가지 이상의 요소가 고장날 경우 분석이 곤란하다.
④ 인적 원인을 분석하기가 곤란하다.

해설
FMEA는 서식이 간단하여 비교적 적은 노력으로 특별한 훈련 없이 분석을 할 수 있다.

64

중요도 결함수분석을 하는 경우 지수에는 여러 가지가 있다. 감각의 기본사항을 개선하는 난이도를 반영한 중요도 지수는?

① 구조 중요도   ② 확률 중요도
③ 치명 중요도   ④ 비용 중요도

해설
중요도 : 어떤 기본사항의 발생이 정상사상의 발생에 어느 정도의 영향을 미치는가를 정량적으로 나타낸 것을 그 기본사상의 중요도라 한다.
① 구조 중요도 : 기본사상의 발생확률을 문제로 하지 않고 결함수의 구조상, 각 기본사상이 갖는 치명성을 말한다.
② 확률 중요도 : 각 기본사상의 발생확률의 증감이 정상사상

Answer ● 60. ① 61. ③ 62. ② 63. ① 64. ②

발생확률의 증감에 어느 정도나 기여하고 있는가를 나타내는 척도이다.
③ 치명 중요도 : 기본사상 발생확률의 변화율에 대한 정상사상발생확률의 변화의 비로서, 특히 시스템 설계라고 하는 면에서 이해하기에 편리하다.

65
다음의 FT 도에서 몇 개의 미니멀 패스 셋(minimal path sets)이 존재하는가?

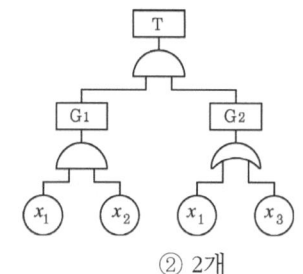

① 1개 ② 2개
③ 3개 ④ 4개

해설

$T \to \begin{matrix} G_1 \\ G_2 \end{matrix} \to \begin{matrix} x_1 \\ x_2 \\ G_2 \end{matrix} \to \begin{matrix} x_1 \\ x_2 \\ x_1 x_3 \end{matrix}$

66
다음 중 화학설비의 안전성 평가(safety assessment)절차에 해당되지 않는 것은?

① 정성적 평가
② 정량적 평가
③ 재해정보에 의한 재평가
④ ETA에 의한 평가

해설

안전성 평가의 6단계
① 1단계 : 관계자료의 정비검토
② 2단계 : 정성적 평가
③ 3단계 : 정량적 평가
④ 4단계 : 안전대책
⑤ 5단계 : 재해정보에 의한 재평가
⑥ 6단계 : FTA에 의한 재평가

67
다음 중 안전성 평가의 단계로 맞는 것은?

① 정성적평가 – 정량적평가 – 안전대책 – 적성준비 – 재평가
② 정량적평가 – 정성적평가 – 작성준비 – 안전대책 – 재평가
③ 작성준비 – 정성적평가 – 정량적평가 – 안전대책 – 재평가
④ 작성준비 – 정량적평가 – 정성적평가 – 안전대책 – 재평가

68
안전성 평가의 기법에 해당되지 않는 것은?

① 작업조건의 평가 ② 위험의 예측 평가
③ 고장형 영향분석 ④ F·T·A 기법

해설

안전성 평가의 4가지 기법
① 체크리스트에 의한 평가 ② 위험의 예측평가
③ 고장형과 영향분석 ④ FTA법

69
화학설비의 안전성 평가중 3단계에 해당하는 것은?

① 정성적 평가 ② 정량적 평가
③ 안전대책 ④ 재평가

해설

화학설비의 안전성 평가 5단계
① 1단계 : 관계자료의 작성준비
② 2단계 : 정성적 평가
③ 3단계 : 정량적 평가
④ 4단계 : 안전대책
⑤ 5단계 : 재평가

70
안전성 평가를 구체적으로 진행시키기 위한 관계자료의 작성 준비단계에 필요한 조사항목이 아닌 것은?

① 화학설비의 배치도
② 평가팀의 기술수준

Answer ➡ 65. ③ 66. ④ 67. ③ 68. ① 69. ② 70. ②

③ 건조물의 평면도, 입면도 및 단면도
④ 제조공정의 개요

해설

관계자료의 조사항목
① 입지조건
② 화학설비 배치도
③ 건조물의 평면도, 입면도 및 단면도
④ 기계실 및 전기실의 평면도, 단면도 및 입면도
⑤ 원재료, 중간체, 제품 등의 물리적, 화학적 성질 및 인체에 미치는 영향
⑥ 제조공정의 개요
⑦ 제조공정상 일어나는 화학반응
⑧ 공정 계통도
⑨ 공정기기 목록
⑩ 배관, 계장계통도
⑪ 안전설비의 종류와 설치장소
⑫ 운전요령, 요원배치계획, 안전보건교육 훈련계획
⑬ 기타 관계자료

71
다음 리스크 처리기술을 4가지로 분류한다. 이에 속하지 않는 것은 어느 것인가?

① 회피　　② 경감
③ 보유　　④ 계속

해설

리스크(risk : 위험) 처리기술
① 회피(avoidance)　② 경감, 감축(reduction)
③ 보유, 보류(retention)　④ 전가(transfer)

72
안전성 평가에서 정량적 평가의 항목이 아닌 것은?

① 취급물질　　② 온도
③ 공정　　　　④ 용량

해설

정량적 평가의 5항목
① 해당 화학설비의 취급물질
② 용량　③ 온도　④ 압력　⑤ 조작

73
정량적 평가방법에서 위험도의 등급구분을 점수별로 맞게 연결된 것은?

① 1등급 : 11~15점 이하
② 2등급 : 16점 이상
③ 3등급 : 5~3점 이하
④ 3등급 : 10점 이하

해설

위험도 등급
① 1등급(16점 이상) : 위험도가 높다.
② 2등급(11~15점 이하) : 주위 상황, 다른 설비와 관련해서 평가
③ 3등급(10점 이하) : 위험도가 낮다.

74
시스템 구성단계에서 이루어져야 할 4가지 주요한 시스템 안전부분의 작업이 아닌 것은?

① 시스템 안전계획
② 예비위험 분석
③ 안전성에 관한 정보 및 문서 파일의 작성
④ 시스템 안전 위험분석

해설

시스템의 구상단계에서 이루어져야 할 시스템 안전부분의 작업
① 시스템안전계획(SSP)의 작성
② 예비위험분석(PHA)의 작성
③ 안전성에 관한 정보 및 문서 파일의 작성
④ 포함되는 사고가 방침 결정과정에서 고려되기 위한 구상정식화 회의에의 참가

75
시스템 안전계획의 작성시 꼭 기술하여야 하는 것 중 틀린 것은?

① 안전성 관리조직
② 시스템 사고의 식별 및 평가를 위한 분석법
③ 작성되고 보존하여야 할 기록의 종류
④ 시스템의 신뢰성 분석내용

해설

설비도입 및 제품개발단계의 안정성 평가의 구상단계에서 시스템 안전계획(SSP : system safety plan)의 작성내용
① 안전성 관리조직 및 다른 프로그램 기능과의 문제
② 시스템에 발생하는 모든 사고의 식별 및 평가를 위한 분석법의 양식
③ 허용수준까지 최소화 또는 제거되어야 할 사고의 종류
④ 작성되고 보존되어야 할 기록의 종류

Answer ● 71. ④　72. ③　73. ④　74. ④　75. ④

76
시스템의 설계단계에서 이루어져야 할 시스템안전부분의 작업이 아닌 것은?

① 구상단계에서 작성된 시스템안전 프로그램 계획을 실시한다.
② 장치 설계에 반영할 안전성 설계기준을 결정하여 발표한다.
③ 예비위험분석을 완전한 시스템안전 위험분석으로 경신 발전시킨다.
④ 운용안전성 분석을 실시한다.

해설
설계단계: 설계단계에서 이루어져야 할 시스템 안전부분의 작업은 다음과 같다.
① 구상단계에서 작성된 시스템안전 프로그램계획을 실시할 것
② 시스템의 설계에 반영할 안전성 설계기준을 결정하여 발표할 것
③ 예비위험분석(PHA)을 시스템안전 위험분석(SSHA : system safety hazard and analysis)으로 바꾸어 완료 시킬 것
④ 하청업자나 대리점에 대한 사양서중에 시스템 안전성 필요사항을 정의하여 포함시킬 것
⑤ 시스템 안전성이 손상되지 않게 하기 위해 설계 트레이드오프 회의에 참가할 것
⑥ 안전성 부분의 모든 결정 사항을 문서로 하여 현행의 정확한 시스템안전에 관한 파일로 하여 보존할 것

77
운영안전성분석(OSA)은 제품개발사이클의 무슨 단계에서 실시하는가?

① 구상단계
② 설계단계
③ 제조, 조립 및 시험단계
④ 운영단계

해설
제조, 조립 및 시험단계
① 사고를 최소화하고 제어하기 위하여 시스템 안전성 사고분석(SSHA)에서 지정된 전 조치의 실시를 보증하는 계통적인 감시, 확인 프로그램을 확립하여 실시할 것
② 운영 안전성 분석(OSA : operational safety analysis)을 실시할 것
③ 요소 및 서브시스템의 설계에 있어서 달성된 안전성이 손상되는 일이 없도록 제조, 조립 및 시험방법과 과정을 검토하여 평가할 것

④ 제조 환경이 제품의 안전설계를 손상하지 않도록 산업 안전성과 협력할 것
⑤ 위험한 상태를 유발할 수 있는 모든 결함에 대해서는 정보의 피드백 시스템을 확립할 것
⑥ 품질보증요원이 이용할 수 있는 안전성의 검사 및 확인에 관한 시험법을 정할 것
⑦ 안전성을 보증하기 위하여 일어날 수 있는 변화를 예측하고 그것에 수반되는 재설계나 변경을 개시할 것

78
제품개발사이클의 제단계에서 시스템안전공학의 실증과 검사를 하는 단계는?

① 구상단계
② 설계단계
③ 제조, 조립 및 시험단계
④ 운용단계

해설
설비도입 및 제품개발 사이클의 제단계
(1) 구상단계: 시스템안전계획의 작성, 예비위험분석의 작성, 안전성에 관한 정보 및 문서 파일의 작성, 포함되는 사고가 방침결정과정에서 고려되기 위한 구상정식화 회의에의 참가
(2) 설계 및 발주성 작성단계: 시스템안전의 실제의 유용성은 이 단계에서 결정된다.
(3) 제조 또는 설치조립 및 시험단계: 이 단계에서는 식별되고 이어 시스템의 운용보존설명서 속에 구체화하여 포함시킬 안전성 필요사항이 작성된다.
(4) 운용단계: 시스템안전공학의 실증과 감시의 단계로 다음 사항이 이루어져야 한다.
 ① 모든 운용, 보전 및 위급시의 절차를 평가하여 그들이 설계시에 고려된 바와 같은 타당성이 있느냐의 여부를 식별할 것
 ② 안전성이 손상되는 일이 없도록 조작장치, 사용설명서의 변경과 수정을 평가할 것
 ③ 제조, 조립 및 시험단계에서 확립된 고장의 정보 피드백 시스템을 유지할 것
 ④ 바람직한 운용 안전성 레벨의 유지를 보증하기 위하여 안전성 검사를 할 것
 ⑤ 사고와 그 유발 사고를 조사하고 분석할 것
 ⑥ 위험상태의 재발방지를 위해 적절한 개량조치를 강구할 것

Answer ◐ 76. ④ 77. ③ 78. ④

79
위험 및 운전성 검토(HAZOP)에서 사용되는 용어 중에서 어떤 부분이 어떻게 작동될 것으로 기대된 것을 뜻하는 용어로 바른 것은 다음 중 어느 것인가? (단, 이것은 서술적일 수도 있고 도면화 될 수도 있다.)

① 의도(Intention)
② 이상(Deviations)
③ 원인(Causes)
④ 결과(Consequences)

해설

위험 및 운전성 검토에서 사용되는 중요 용어
① 의도(intention) : 의도는 어떤 부분이 어떻게 작동될 것으로 기대된 것을 뜻한다. 이것은 서술적일 수도 있고 도면화 될 수도 있다.
② 이상(異狀; deviation) : 이상은 의도에서 벗어난 것을 뜻하며 guide words(유인어 : 창조적 사고를 유도하고 자극하여 이상을 한정하기 위해 사용된다)를 체계적으로 적용하여 얻어진다.
③ 원인(causes) : 이상이 발생한 원인을 뜻한다.
④ 결과(consequences) : 이상이 발생한 경우 그의 결과이다.
⑤ 위험(hazard) : 손상, 부상 또는 손실을 초래할 수 있는 결과를 뜻한다.

80
위험 및 운전성 검토에서 검토목적에 타당하지 않은 것은?

① 설계 검사
② 설비의 정량적인 위험성 평가
③ 설비구매 여부의 결정
④ 기존 설비의 안전도 개선

해설

위험 및 운전성 검토의 검토목적
① 기존시설의 안전도 향상
② 설비구입 여부결정
③ 설계의 검사
④ 작업수칙의 검토
⑤ 공장건설 여부와 건설장소 결정
⑥ 공급자에게 문의사항 획득

81
위험 및 운전성 검토(HAZOP)에서 실질상의 증가를 나타내는 유인어는?

① MORE LESS
② AS WELL AS
③ AS MORE AS
④ MUCH LESS

해설

유인어(guide words) : 간단한 용어(말)로서 창조적 사고를 유도하고 자극하여 이상을 발견하고 의도를 한정하기 위하여 사용되는 것으로 다음과 같은 의미를 나타낸다.
① No 또는 Not : 설계의도의 완전한 부정
② More 또는 Less : 양(압력, 반응, flow rate, 온도 등)의 증가 또는 감소
③ As well as : 성질상의 증가(설계의도와 운전조건이 어떤 부가적인 행위와 함께 일어남)
④ Part of : 일부변경, 성질상의 감소(어떤 의도는 성취되나 어떤 의도는 성취되지 않음)
⑤ Reverse : 설계의도의 논리적인 역
⑥ Other than : 완전한 대체(통상 운전과 다르게 되는 상태)

82
위험 및 운전성 검토를 위한 검토팀을 구성할 경우 팀원으로서 적당치 않은 사람은?

① 기계기술자
② 현장근로자 대표
③ 연구개발 담당자
④ 프로젝트 관리자

해설

팀의 구성
① 기술적인 팀 구성원 : 기계기술자, 화공기술자, 계량 및 전기기술자, 토목기술자, 연구개발 담당자, 생산부장, 프로젝트 관리자, 공장설계 책임자 등
② 지원팀 구성원 : 검토담당자, 서기(검토를 통하여 발견된 위험요인을 기록하는 자)

83
위험 및 운전성 검토를 수행하기 위하여 필요한 4단계 준비작업에 적합하지 않은 것은?

① 자료의 수집
② 안전수칙의 작성
③ 검토순서 계획의 수립
④ 필요한 회의 소집

해설

검토준비작업의 4단계
① 1단계 : 자료의 수집
② 2단계 : 수집된 자료를 적당한 형태로 수정
③ 3단계 : 검토순서 계획의 수립
④ 4단계 : 필요한 회의 소집

Answer ▶ 79. ① 80. ② 81. ② 82. ② 83. ②

84
설계단계의 위험 및 운용성 검토에서 일반적으로 위험을 억제하기 위한 조치와 거리가 먼 것은?

① 공정의 변경(방법 및 원료 등)
② 생산 목표의 변경
③ 인간존중
④ 재산보호

해설
위험 및 운전성 검토에서 위험을 억제하기 위한 조치사항
① 공정의 변경(원료, 방법 등)
② 공정조건의 변경(압력, 온도 등)
③ 설계외형의 변경
④ 작업방법의 변경

85
위험 및 운전성 검토를 수행하기에 가장 좋은 시점은 어느 단계인가?

① 설계준비단계
② 설계초기단계
③ 설계완료단계
④ 설계중간단계

해설
위험 및 운전성 검토를 수행하기 가장 좋은 시점은 설계완료(design freeze)단계로서 설계가 상당히 구체화된 시점이다.

86
위험 및 운전성 검토의 절차에서 제 4단계에 해당하는 것은?

① 목적과 범위결정
② 검토 준비
③ 검토 실시
④ 후속조치 후 결과기록

해설
검토 절차
① 1단계 : 목적과 범위 결정 ② 2단계 : 검토팀의 선정
③ 3단계 : 검토 준비 ④ 4단계 : 검토 실시
⑤ 5단계 : 후속조치 후 결과기록

87
위험 및 운전성 검토에서의 검토절차를 다음 보기를 가지고 옳게 나타낸 것은?

1. 검토팀 선정   2. 검토준비 및 실시
3. 목적과 범위 결정 4. 후속조치 후 결과기록

① 1-2-3-4
② 3-1-2-4
③ 4-2-1-3
④ 4-3-2-1

88
기계설비의 배치에 대한 안전성 평가에서 검토해야 할 사항이 아닌 것은?

① 작업의 흐름에 따라 기계를 배치한다.
② 기계설비를 통로측에 설치할 수 없을 경우에는 작업자가 통로쪽으로 등을 향하여 일하도록 배치하여야 한다.
③ 비상시에 쉽게 대비할 수 있는 통로를 마련하고 사고 진압을 위한 활동통로가 반드시 마련되어야 한다.
④ 공장내외는 안전한 통로를 두어야 하며, 통로는 선을 그어 작업장과 명확히 구별하도록 한다.

해설
시설배치에 따른 안전성 평가시 검토해야 할 사항
① 작업의 흐름에 따라 기계를 배치한다.
② 기계설비 주위에 충분한 운전공간, 보수점검 공간을 확보한다.
③ 공장 내외는 안전한 통로를 두어야 하며, 통로는 선을 그어 작업장과 명확히 구별하도록 한다.
④ 기계설비를 통로측에 설치할 수 없을 경우에는 작업자가 통로쪽으로 등을 향하여 일하지 않도록 배치한다.
⑤ 원재료나 제품을 놓을 장소는 충분히 확보한다.
⑥ 기계설비의 설치에 있어서 기계설비의 사용중 필요한 보수, 점검이 용이하도록 배치한다.
⑦ 비상시 쉽게 대피할 수 있는 통로를 마련하고 사고 진압을 위한 활동 통로가 반드시 마련되어야 한다.
⑧ 장래의 확장을 고려하여 배치한다.

89
어떤 개인이 주어진 업종에 1년간 종사하다가 사망할 확률을 개인연간사망률 또는 1인당 연간사망률이라고 할 때 일반적으로 산업재해의 위험률 수준이 어느 정도 이상이 되어야 재해감소의 노력을 하는가?

① 10^{-3}
② 10^{-2}
③ 10^{-5}
④ 10^{-8}

해설
위험률 수준이 10^{-3} 정도 되었을 때 인간은 위험률 수준을 줄이기 위한 방어적인 수단을 요구하게 되며, 위험률 수준이 10^{-5} 정도가 되면 위험을 줄이기 위한 노력을 하지 않아도 된다(위험성 분석에서 사용되는 위험률 수준의 일반적 목표 : 10^{-5} 정도).

Answer ▶ 84. ② 85. ③ 86. ③ 87. ② 88. ② 89. ②

2 과목

종합예상문제
[인간공학 및 시스템안전공학]

종 / 합 / 예 / 상 / 문 / 제

01
인간-기계 체계의 주목적은 다음 중 어느 것인가?
① 안전의 최대화와 능률의 극대화
② 경제성과 보전성
③ 신뢰성 향상과 사용도 확보
④ 피로의 경감

해설
인간공학의 목적은 안전성과 능률의 향상을 위해서이다.

02
인간 공학은 많은 분야를 다루는 종합학문이기 때문에 유사 용어도 상당히 많다. 다음 중 인간공학과 가장 거리가 먼 것은?
① 작업경제학   ② 작업관리학
③ 인간요소공학   ④ 인간-기계 체계공학

03
인간기계 체계 설계 시 인간공학적 해석방법이 아닌 것은?
① 링크해석법   ② 웨이트식 중요빈도법
③ 공간지수법   ④ 워크샘플링법

해설
워크샘플링은 작업상태분석방법이다.

04
인간과 기계계에서 기계의 표시기에 해당되는 인간계의 요소는?
① 환경요인   ② 기억
③ 감각기   ④ 중추신경

05
인간·기계체계에서 의사결정을 실행에 옮기는 과정에 해당되는 사항은?
① 기억   ② 입력
③ 출력   ④ 감지

해설
의사결정을 실행에 옮기는 단계는 출력(out put)이다.

06
인간이 작업이나 어떤 행동을 전개함에 있어서는 기본적인 기능이 있다. 즉, input에서 output에 이르기까지의 이 기능체계에 맞지 않는 것은?
① 자극정보(입력)   ② 감각기능
③ 정보의 처리   ④ 판단

07
인간-기계체계의 link 분석에서 link란 무엇을 의미하는가?
① 인간과 인간사이의 의사소통
② 인간과 기계사이의 정보처리
③ 기계와 기계사이의 원재료의 전달
④ 인간-기계체계 구성요소간의 기능적 상호작용

08
Man-Machine의 인간공학적 설계상 결함 사항이 아닌 것은?
① 신호형태의 의미를 판단하기 어려울 때
② 표시기기 조작의 식별이 되어 있지 않을 때
③ 표시기기의 조작방법이 적당할 때
④ 표시기기의 관계가 분산되어 있을 때

Answer ➡ 01. ① 02. ② 03. ④ 04. ③ 05. ③ 06. ④ 07. ④ 08. ③

09
인간의 작업 활동상태를 조사하는 경우에 통계학의 확률론에 의거하여 작업 활동상태를 조사하는 방법은?

① 워크샘플링 ② 시간연구
③ 동작연구 ④ 사례연구

해설
워크샘플링은 관측회수를 이용하여 작업상태를 분석하는 방법이다.

10
인간 – 기계 시스템을 설계하기 위해 해야 할 사항 중 가장 적합하지 않은 것은?

① 동작경제의 원칙이 만족되도록 고려하여야 한다.
② 대상이 되는 시스템이 위치할 환경조건이 인간에 대한 한계치를 만족하는가의 여부를 조사한다.
③ 복수의 기계에 대하여 수행해야 할 배치는 인간의 심리 및 기능과 부합되어 있어야 한다.
④ 인간이 수행해야 할 조작이 연속적인가 불연속적인가를 알아보기 위해 측정조사를 실시한다.

11
다음 정보를 받아들이는 인간계 – 기계계에서 행동의 변수에 해당되는 것이 아닌 것은?

① 힘 ② 속도
③ 규칙성 ④ 정확성

12
기계보다 인간이 우수한 면은 무엇인가?

① 위험한 환경에서도 업무수행
② 의외의 부조화에도 일을 진행
③ 관계없는 외부요인에도 둔감
④ 각기 다른 과업을 동시에 수행

해설
②는 인간의 우수한 면, ①, ③, ④는 기계의 우수한 면이다.

13
인간 – 기계 시스템(man – machine system)의 설계단계에 중요하게 고려되어야 할 사항 중 틀린 것은?

① 인간과 기계와의 작업분담 한계
② 인간 기계의 융합
③ 전체시스템의 신뢰도 및 수행도 평가
④ 기계의 수명

14
인간과 기계관계에서 인간이 사용한 기능이 기계보다 유리하지 못한 것은?

① 대량 DATA 정리기능 요구시
② 패턴의 판별 요구시
③ 귀납적 추리력 요구시
④ 정보의 판별

15
직무분석(job analysis)기법으로 적당하지 않은 것은?

① 관찰조사에 의한 방법
② 자기진술서에 의한 방법
③ 면접에 의한 방법
④ 질문표에 의한 방법

해설
직무분석 방법
① 면접법
② 질문지법
③ 직접관찰법
④ 일지작성법
⑤ 결정사건기법(직무를 수행하는데 결정적인 행동들을 기록하는 방법)
⑥ 혼합방식

16
인간공학은 인간의 지각, 감각, 사고, 욕구 및 그리고 무엇의 안전을 유지하는 것인가?

① 성숙 ② 감정
③ 매개체 ④ 사회성

Answer ➡ 09. ① 10. ④ 11. ① 12. ② 13. ④ 14. ① 15. ② 16. ②

17
기계의 기능 체계에 속하지 않는 것은 어느 것인가?

① 경고 신호　② 정보저장
③ 행동기능　④ 정보의 처리

해설
인간 – 기계 기능계에서 기능은 ① 감지(sensing) ② 정보저장(information storage) ③ 정보처리 및 결심(information processing and decision) ④ 행동기능(action function)의 4가지 형태로 분류한다.

18
생산과 노동에 관한 인간의 갖가지 관련을 연구하여 인간의 생활과 노동을 최량, 최적의 요소로서 구성케 하려는 과학은?

① 노동과학　② 인간공학
③ 행동과학　④ 산업심리학

19
인간이 기계보다 우수한 기능은?

① 드물게 발생하는 사상의 감지
② 모니터 기능
③ 의외의 부조화에도 유효한 행동
④ 연역적 추리 기능

해설
인간은 상황적 요구에 따라 적응적인 결정을 하며, 비상사태에 대처하여 임기응변할 수 있는 능력을 가지고 있다.

20
인간 – 기계시스템의 형태에서 기억정보부분에 해당되지 않는 것은?

① 지각　② 정보처리 결정
③ 행동　④ 프로세스 제어

21
다음 중 인간의 외적 정보에 대한 반응시간과의 관계가 가장 먼 것은 어느 것인가?

① 인지　② 식별
③ 판단　④ 예민성

해설
인간의 외적 정보에 대한 반응시간에 영향을 끼치는 것은 인지, 식별, 판단, 의지(will)이다.

22
기계의 단점이나 제한점에 속하지 않는 것은?

① 융통적이지 못하다.
② 과거의 경험이나 실수로부터 아무런 도움을 얻지 못한다.
③ 임기응변을 하지 못한다.
④ 쉽게 피로해진다.

해설
④는 인간의 단점에 해당된다.

23
다음 중 정보처리기능이 아닌 것은?

① 감각기능　② 처리기능
③ 행동기능　④ 지시기능

24
다음 각종 감각에 주어야 할 역할과 연결이 잘못된 것은?

① 지각 – 감시적 역할
② 청각 – 연락적 역할
③ 피부감각 – 경보적 역할
④ 취각 – 조절적 역할

25
인간 – 기계체계의 분석 및 설계에 있어서 인간공학 가치가 아닌 것은?

① 사고로 인한 손실감소
② 훈련비용 절감
③ 설비 자동화의 확대
④ 작업자의 수용도 향상

Answer ➡ 17. ①　18. ②　19. ③　20. ③　21. ④　22. ④　23. ④　24. ④　25. ③

26
대부분의 체계가 공통적으로 갖는 일반적인 특성에 해당되지 않는 것은?

① 체계의 가치 ② 임무 및 기본기능
③ 입력 및 출력 ④ 통신유대

해설
체계가 공통적으로 갖는 일반적 특성
① 체계의 목적 ② 임무 및 기본기능
③ 입력 및 출력 ④ 통신유대
⑤ 절차

27
Human Error의 배후요인으로서의 4M이 아닌 것은?

① 인간(Man) ② 기계(Machine)
③ 재료(Material) ④ 관리(Management)

28
다음 중 인간 error의 직접적인 요인이 아닌 것은?

① 인간 – 기계의 인간공학적 설계의 결함
② 작업자의 교육, 훈련, 교시 등의 문제
③ 생간공정의 자동화
④ 직장의 성격

해설
생산공정의 자동화는 작업능률을 향상시키고, 인간의 error를 감소시키는 대책이다.

29
인간실수의 개인 특성 중 자질에 해당되는 항목이 아닌 것은?

① 심신기능 ② 건강상태
③ 작업부적응성 ④ 욕구결함

30
시스템 퍼포먼스(SP)와 휴먼에러(HE)와의 관계는 SP = f(HE) = k · HE로 나타낸다. 다음 중 휴먼에러가 시스템 퍼포먼스(System performance)에 대하여 아무런 영향(effect)을 주지 않는 것은?

① k≒1 ② k < 1
③ k > 1 ④ k≒0

31
인간에러의 원인 중 환경조건의 상태악화와 관련이 먼 것은?

① 정전 ② 색채부조화
③ 소음 ④ 고온

32
인간의 실수(Human error)가 기계의 고장과 다른 점이 아닌 것은?

① 인간의 실수는 우발적으로 재발하는 유형이다.
② 기계나 설비(hardware) 고장조건은 저절로 복구되지 않는다.
③ 인간은 기계와는 달리 학습에 의해 계속적으로 성능을 향상시킨다.
④ 인간성능과 압박(stress)은 선형관계를 가져 압박이 중간정도일 때, 성능수준이 가장 높다.

33
인간에러 원인의 수준적 분류 중 작업자 자신으로부터 발생한 에러를 무엇이라 하는가?

① Primary error ② Secondary error
③ Third error ④ Command error

34
어떤 장치에서 이상을 알려주는 경보기가 있어서 그것이 울리면 일정시간 이내에 장치의 운전을 정지하고, 상태를 점검하여 필요한 조치를 하여야 한다. 장치에 고장이 발생된 상황을 조사한 즉, 이 작업자는 두 개의 장치에 대해서 같은 일을 담당하고 있고, 그 장치는 장소적으로 떨어져 있기 때문에 한 쪽에 가까이 있을 때에 다른 쪽의 경보가 울리면 시간 내 조정을 할 수 없었다면 이때의 error는?

① primary error ② secondary error
③ command error ④ omission error

Answer ▶ 26. ① 27. ③ 28. ③ 29. ② 30. ④ 31. ① 32. ④ 33. ① 34. ③

35
Human error에 해당되지 않는 것은?

① 필요한 task 혹은 절차 등을 수행하지 않으므로 인한 error
② 불필요한 task 혹은 절차 등을 개선하지 않으므로 인한 error
③ 필요한 task 혹은 절차의 순서를 잘못 이해하므로 인한 error
④ 불필요한 task 혹은 절차를 수행하므로 인한 error

해설
인간과오의 심리적인 분류(Swain)
① 오미션 에러(omission error) : 필요한 작업(task) 또는 절차를 수행하지 않는데 기인한 과오(error)
② 타임 에러(time error) : 필요한 작업 또는 절차의 수행지연으로 인한 과오
③ 컴미션 에러(commission error) : 필요한 작업 또는 절차의 불확실한 수행으로 인한 과오
④ 시퀀셜 에러(sequential error) : 필요한 작업, 절차의 순서 착오로 인한 과오
⑤ 엑스트레니어스 에러(extraneous error) : 불필요한 작업 또는 절차를 수행함으로서 기인한 과오

36
심신의 기능의 실패율이 가장 큰 것은?

① 상태파악 과정
② 생각의 통합과정
③ 작업의 행동과정
④ 입력하는 과정

37
Tension level을 적절하게 설명한 것은?

① 긴장과 주의력의 기준
② 주의력의 지속수준
③ 주의수준
④ 긴장수준

해설
Tension level은 긴장수준을 나타내는 것으로 긴장수준이 저하하면 인간의 기능도 저하하고 주관적으로도 여러 가지 불쾌증상을 일으킴과 동시에 사고경향이 커진다.

38
300건의 실수원인 중 연결이 잘못된 것은?

① 입력에러 – 동작미스
② 습관적 조작 – 무의식동작
③ 매개에러 – 판단
④ 출력에러 – 조작

해설
입력에러는 인지미스(miss)에 해당되며, 동작 또는 조작미스는 출력에러를 나타내는 것이다.

39
현실적으로 시스템을 사용하는 때에는 정비나 보수가 필수불가결한 작업이다. 이러한 작업들로 인해 시스템의 신뢰도함수가 가장 크게 영향을 받는 구조는?

① 대기구조
② n중 K구조
③ 병렬구조
④ 직렬구조

해설
시스템을 구성하는 여러 개의 요소가 직렬로 연결되었을 경우에는 한 요소의 고장으로 인해 정비 또는 보수를 하게 되면 그 요소는 기능을 잃은 상태가 되기 때문에 시스템의 신뢰도는 큰 영향을 받게 된다.

40
신뢰도 r인 요소 n개가 직렬로 구성된 시스템의 신뢰도는?

① $\prod_{i=1}^{n} R_i$
② $1 - \prod_{i=1}^{n} R_i$
③ $1 - \prod_{i=1}^{n} (1-R_i)$
④ $\prod_{i=1}^{n} (1-R_i)$

해설
① 직렬연결 : $R_S = \prod_{i=1}^{n} R_i$
② 병렬연결 : $P_p = 1 - \prod_{i=1}^{n} R_i(1-R_i)$

Answer ➡ 35. ② 36. ③ 37. ④ 38. ① 39. ④ 40. ①

41
그림과 같은 압력탱크 용기에 연결된 두 개의 안전밸브의 신뢰도를 구하고자 한다. 안전밸브 하나의 신뢰도를 r이라 할 때 안전밸브 전체의 신뢰도는?

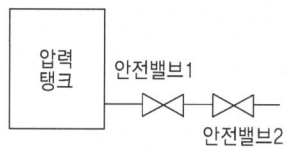

① r^2
② $r(2-r)$
③ $r(1-r)$
④ $(1-r)^2$

해설
안전밸브 1과 2가 직렬로 연결되어 있으므로 안전밸브 전체의 신뢰도 = r×r = r^2

42
다음 시스템의 신뢰도를 구하시오.

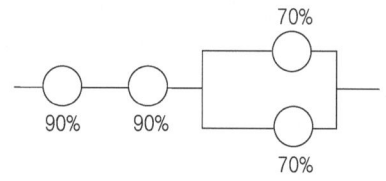

① 54(%)
② 64(%)
③ 74(%)
④ 84(%)

해설
R = 0.9×0.9×[1−(1−0.7)(1−0.7)]
 = 0.74 = 74%

43
다음과 같은 시스템의 신뢰도를 구하면? (단, 기계의 신뢰도는 0.90이다.)

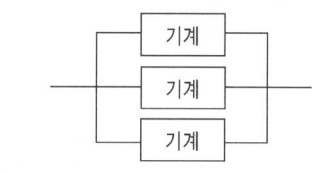

① 0.729
② 0.810
③ 0.981
④ 0.999

해설
시스템 신뢰도 = 1−(1−0.9)(1−0.9)(1−0.9) = 0.999

44
다음의 그림은 어떤 시스템의 흐름도를 그린 것이다. 전 시스템의 신뢰도는 얼마인가? (단, ○속에 있는 수치는 각 구성요소의 신뢰도임)

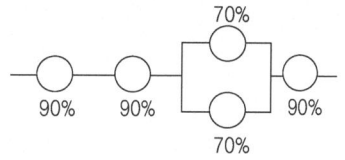

① 56%
② 66%
③ 76%
④ 86%

해설
R = 0.9×0.9×[1−(1−0.7)(1−0.7)]×0.9
 = 0.66 ≒ 66%

45
인간과 기계계에서 병렬로 연결된 작업의 신뢰도를 구하시오. (단, 인간은 80%, 기계는 98%의 신뢰도를 갖고 있다.)

① 99.6%
② 98.6%
③ 97.6%
④ 95.6%

해설
R(신뢰도) = 1−(1−0.8)(1−0.98) = 0.996 = 99.6%

46
시스템을 가동시키기 시작하면서부터 최초의 고장까지를 평균 고장시간이라고 하는데 다음 중 이에 해당하는 용어는?

① MTTF
② MTBF
③ MTTR
④ MTBR

47
직장의 안전점검 중 설비의 안전상태 유지 확보를 위한 가장 적합한 점검방법은?

① 설계 사전검사
② 수입검사
③ 시업검사(始業檢査)
④ 기본 동작검사

해설
시업검사는 설비의 안전상태 유지확보를 위해 작업을 시작하기 전에 설비에 대한 안전점검을 말한다.

Answer ▶ 41. ① 42. ③ 43. ④ 44. ② 45. ① 46. ① 47. ③

48
고장형태 중 감소형은 어느 고장기간에 나타나는가?

① 초기고장기간 ② 우발고장기간
③ 마모고장기간 ④ 피로고장기간

49
일정한 고장률을 가진 어떤 기계의 고장률이 0.004일 때 10시간 이내에 고장을 일으키는 확률은 얼마인가?

① $e^{-0.004}$ ② $e^{-0.04}$
③ $1-e^{-0.004}$ ④ $1-e^{-0.04}$

해설

$F_{(t=10)} = 1 - R_{(t=10)} = 1 - e^{-\lambda t} = 1 - e^{-0.004 \times 10} = 1 - e^{-0.04}$

50
어떤 설비의 시간당 고장률이 일정하다고 한다. 이 설비의 고장간격은 다음 중 어떤 확률분포를 따르는가?

① t분포 ② Erlang분포
③ 와이블분포 ④ 지수분포

51
인간의 과오 유형에 해당되지 않는 것은?

① 인간의 과오를 줄여 제품의 결함을 감소시키기 위한 기법
② 인간의 과오에 기인된 근본적 분석 및 안전 공학적 대책수립에 사용되는 방법
③ 비확률적인 방법이다.
④ 확률적 안전기법이다.

52
실사용에 앞서서 최대허용정격조건 등의 가혹한 조건으로 수시간 내지 수일간 동작시켜 초기고장의 원인으로 되어 있는 고장원을 되도록 짧은 시간 내에 토해 내도록 하는 과정을 무엇이라고 하는가?

① 설계검사(design review)
② 예방보전(preventive maintenance)
③ 디버깅(debugging)
④ 스크리닝(screening)

해설

디버깅(debugging)기간 : 초기고장의 결함을 찾아내 고장률을 안정시키는 기간

53
다음 설명은 어떤 설비보전방식인가?

> 설비를 항상 정상, 양호한 상태로 유지하기 위한 정기검사와 초기의 단계에서 성능의 저하나 고장을 제거하여 조정 또는 수복하기 위한 설비의 보수 활동을 뜻한다.

① 예방보전(preventive maintenance)
② 일상보전(routine maintenance)
③ 개량보전(corrective maintenance)
④ 예지보전(predictive maintenance)

54
공장설비의 고장원인 분석방법으로 적당하지 못한 것은?

① 고장원인 분석은 언제 누가 어떻게 행하는가를 그때의 상황에 따라 결정한다.
② P-Q 분석도에 의한 고장 대책으로 빈도가 많은 고장에 대하여 근본적인 대책을 수립한다.
③ 동일기종이 다수 설치되었을 때는 공통된 고장개소, 원인 등을 규명하여 개선하고 자료를 작성한다.
④ 발생한 고장에 대해 원인, 수리상의 문제점, 생산에 미치는 영향을 조사하고 재발방지계획을 수립한다.

55
fool-proof라는 것은 인간이 실수를 범하지 못하도록 고안한 설계이다. 다음 중 fool-proof에 해당되지 않는 것은?

① 병렬구조 ② 격리
③ 기계화 ④ lock

Answer 48. ① 49. ④ 50. ④ 51. ③ 52. ③ 53. ① 54. ① 55. ①

해설
병렬구조는 중복구조라고도 하며 fail safe에 해당된다. fail safe에는 다경로하중구조(병렬구조), 분할구조(조합구조), 교대구조(대기병렬구조, 지원구조), 하중경감구조 등이 있다.

56
설비열화형 기계 설비를 전체적으로 대수리, 점검하는 것을 무엇이라 하는가?

① 오버홀(over haul)   ② 월례점검
③ 일상점검   ④ 정기검사

해설
오버홀(over haul) : 기계류를 완전히 분해하여 점검, 수지, 조정하는 일

57
기계에 고장이 발생하였을 경우 재해로 발전되는 것을 막는 기구를 무엇이라 하는가?

① fool-proof   ② fail-safe
③ safe-life   ④ man-machine system

58
기계와 인간 사이에 두는 Lock system은 무엇인가?

① Trans lock system   ② Intra lock system
③ Time lock system   ④ inter lock system

59
제어방식은 그 제어목적과 제어량에 의해서 많은 종류로 분류되고 있다. 다음 중 제어목적에 따라 분류된 것이 아닌 것은?

① 시스템 제어   ② 프로그램 제어
③ 추종제어   ④ 시컨스 제어

60
어떤 전자기기의 수명은 지수분포를 따르며, 그 평균수명은 1,000시간이라고 할 때 500시간 동안 고장 없이 작동할 확률은 얼마인가?

① $1-e^{0.5}$ ② $e^{0.5}$
③ $1/2$ ④ $e^{-500/1000}$

해설
$R(t=1,000) = e^{-\lambda/t} = e^{-500/1000}$

61
인간 error의 직접적인 요인이 아닌 것은?

① 인간-기계의 인간공학적 설계의 결함
② 작업자의 교육, 훈련, 교시 등의 문제
③ 생산공정의 자동화
④ 직장의 성격

62
자동제어 중 feed back 제어에 대한 설명으로 틀린 것은?

① 순서에 의하여 실행한다.
② 폐회로(closed-loop)제어라 한다.
③ 제어의 목표치와 결과치를 항상 밝힌다.
④ 자동화 기기와 같이 연속적인 조정을 필요로 한다.

63
기계의 기능에서 전형적인 고장률을 표시하는 곡선이 있다. 유용수명기간 중에 우발적인 고장기간은 언제부터 주로 발생하는가?

① 기계의 시운전시에 발생한다.
② 기계의 일정 안정기에 들어서 발생한다.
③ 기계부품의 수명이 다 되었을 때 발생한다.
④ 기계초기부터 계속 발생하는 현상이다.

64
인체 측정치 중 기능적 인체치수에 대한 설명은?

① 표준자세
② 측정 작업에 국한
③ 움직이지 않는 피측정자
④ 각지체는 독립적으로 움직임

Answer ◯ 56. ① 57. ② 58. ④ 59. ④ 60. ④ 61. ③ 62. ① 63. ② 64. ④

65
인체계측자의 표본수는 신뢰성과 재현성이 높은 것이 보다 바람직하다. 최소 표본수는 얼마인가?

① 50~100명
② 100~150명
③ 450~500명
④ 1,000명 이상

66
기초대사율은 활동하지 않은 상태에서 신체기능을 유지하는데 필요한 대사량이다. 성인의 경우 기초대사량은?

① 1,200~1,500 kcal/일
② 1,500~1,800 kcal/일
③ 1,800~2,100 kcal/일
④ 2,100~2,400 kcal/일

67
작업 공간 설계에 있어 수평작업대의 설계기준에 맞는 것은?

① 상체활동범위와 손작업 범위
② 수작업 범위와 작업대의 넓이
③ 정상작업역과 최대작업역
④ 작업자의 체격과 작업조건

해설
① **정상작업역** : 상완을 자연스럽게 수직으로 늘어뜨린 채, 전완만으로 편하게 뻗어 파악할 수 있는 구역(34~45cm)
② **최대작업역** : 전완과 상완을 곧게펴서 파악할 수 있는 구역(55~65cm)

68
수평작업대 설계에 있어서 최대작업역의 설명 중 옳은 것은?

① 전완만으로 편하게 뻗어 파악할 수 있는 구역
② 전완과 상완을 곧게 펴서 파악할 수 있는 구역
③ 상완만을 뻗어 파악할 수 있는 구역
④ 손을 최대한 펴서 파악할 수 있는 구역

69
신체의 안정성을 증대시키는 조건이 아닌 것은?

① 기저(基底)를 작게 한다.
② 몸의 무게중심을 낮춘다.
③ 몸의 무게중심을 기저(基底) 내에 들게 한다.
④ 모멘트의 균형을 생각한다.

70
정신 신경기능을 중심으로 피로도를 측정하는 경우의 측정대상이 아닌 것은?

① 지각역치   ② 반응시간
③ 에너지 대사   ④ 안구운동

해설
피로도 측정방법 중 정신·신경기능검사의 측정대상 : 프릿커치, 반응시간(단순반응, 선택반응), 안구운동, 뇌파, 시각(정지시력, 동체시력), 청각(청력, 변별력), 촉각(지각역치), 주의력 및 집중력

71
아래 그림은 앉은 자세로 수리작업을 하는 특수작업역을 나타내고 있다. 다음 중 맞는 것은?

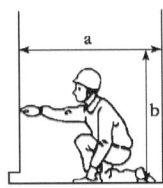

① a=80cm, b=90cm
② a=90cm, b=100cm
③ a=100cm, b=110cm
④ a=110cm, b=120cm

해설
특수작업역

 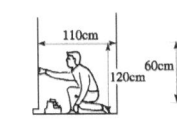 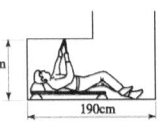

① 선 자세   ② 쪼그려 앉은 자세   ③ 누운 자세

 ④ 의자에 앉은 자세   ⑤ 구부린 자세  ⑥ 엎드린 자세

72
다음 작업 중 에너지 소비량이 가장 높은 직업은?

① 벽돌쌓기
② 삽질(7.2kg 이상)
③ 전자부품의 조립작업
④ 도끼로 나무 절단

73
기초대사(basal metabolism)와 여가(leisure)에 필요한 대사량은?

① 약 1500 kcal/일
② 약 1800 kcal/일
③ 약 2300 kcal/일
④ 약 2700 kcal/일

74
인체의 생리적인 변화에 대한 측정기법의 설명이다. 틀린 것은?

① 동적 근력작업은 에너지대사량, 근전도 등을 측정한다.
② 정적 근력작업은 에너지대사량과 심박수와의 상관관계 또는 그 시간적 경과, 근전도 등을 측정한다.
③ 신경적 작업은 융합점멸주파수, 피부전기반응 등을 측정한다.
④ 심적 작업은 에너지 대사율, 산소섭취량, 심박수 등을 측정한다.

해설
심적작업은 프릿가값 등을 측정한다.

75
작업공간 디자인의 원칙 중 틀린 것은?

① 근로자의 연속적 운동에 끊임이 없도록 필요한 도구를 순서대로 배치해야 한다.
② 사용할 때 즉각 집어 올릴 수 있도록 도구를 미리 배열해야 한다.
③ 부품과 도구들은 저장 등에 큰 것부터 작은 것으로 배열해야 한다.
④ 부품이나 도구는 언제나 같은 장소에 두어야 한다.

76
서서하는 작업에서 사용하는 작업대의 적절한 높이는?

① 팔꿈치 높이
② 팔꿈치 높이 보다 5~10cm 높게
③ 팔꿈치 높이 보다 5~10cm 낮게
④ 섬세한 작업일수록 더 낮게

77
수평작업대에서의 작업 시 작업자의 어깨중심선과 작업대와의 최적거리는?

① 15cm
② 19cm
③ 23cm
④ 25cm

해설
어깨중심선과 작업대 간격 : 19cm

78
여자가 서서 작업을 하는 경우 작업 점의 위치가 신체의 전방 20cm일 때 가장 적당한 작업 점의 높이는?

① 75cm
② 80cm
③ 85cm
④ 90cm

해설
서서 작업을 하는 경우 가장 적당한 작업점의 높이는, 남자는 90cm, 여자는 85cm로 되어 있다.

Answer ➡ 72. ② 73. ③ 74. ④ 75. ③ 76. ③ 77. ② 78. ③

79
회전운동을 하는 조종구와 같은 조종장치의 반경이 5cm이고 60° 움직였을 때, 선형 표시장치의 눈금이 6.28cm 움직였다. 이때의 통제표시비는?

① 30 ② 60
③ 1.256 ④ 0.833

해설

$$C/D = \frac{a/360 \times 2\pi L}{\text{표시계기의 이동거리}}$$
$$= \frac{60/360 \times 2 \times 3.14 \times 5}{6.28}$$
$$= 0.833$$

80
반경 10cm의 조종구를 30° 움직일 때 활자는 1cm 이동한다. 다음 중 통계표시비는 얼마인가?

① 2.56 ② 3.12
③ 4.05 ④ 5.23

해설

$$C/D = \frac{30/360 \times 2 \times 3.14 \times 10}{1} = 5.23$$

81
통제기기에서 통제기기의 변위를 2cm 움직였을 때 표시계의 지침이 8cm 움직였다면 이 기기의 통제/표시비(C/D)는 얼마인가?

① 0.6 ② 0.20
③ 0.25 ④ 0.80

해설

C/D = 2/8 = 0.25

82
기계는 안전과 능률을 위한 통제기능을 갖고 있다. 이 기능에 속하지 않는 것은 어느 것인가?

① 반응에 의한 통제
② 진행과정에 의한 통제
③ 개폐에 의한 통제
④ 양의 조절에 의한 통제

해설

통제장치의 유형
① 양의 조절에 의한 통제 : 투입되는 원료, 연료량, 전기량(저항, 전류, 전압), 음량, 회전량 등의 양을 조절하여 통제하는 장치
② 개폐에 의한 통제 : S/W on-off로 동작자체를 개시하거나 중단하도록 통제하는 장치
③ 반응에 의한 통제 : 계기, 신호 또는 감각에 의하여 행하는 통제장치(자동경보시스템)

83
기계의 통제장치 형태 중 개폐에 의한 통제장치는 어느 것인가?

① 놉(Knob)
② 토글스위치(Toggle switch)
③ 레버(lever)
④ 크랭크(Crank)

해설

기계 통제장치의 유형
① 양의 조절에 의한 통제 : 연속조절(Knob, crank, handle, lever, pedal 등)
② 개폐에 의한 통제 : 불연속조절(수동푸시버트, 발푸시버트, 토글스위치, 로타리스위치 등)
③ 반응에 의한 통제 : 자동경보시스템

84
조종-표시장치 이동비율(C/D)에 따른 이동시간과 조종시간의 관계를 가장 잘 나타낸 그림은?

① 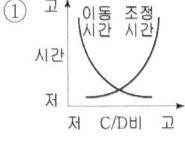 ②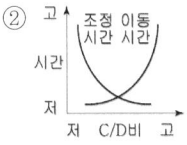
③ 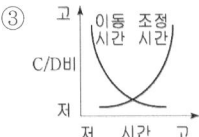 ④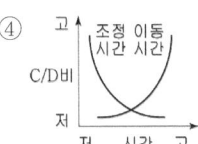

해설

C/D비가 감소함에 따라 이동시간을 급격히 감소하다가 안정되며, 조정시간은 이와 반대의 형태를 갖는다.

Answer ● 79. ④ 80. ④ 81. ③ 82. ② 83. ② 84. ①

85
다음 중 연속조절통제기가 아닌 것은?

① 토글(Toggle) 스위치
② 놉(Knob)
③ 페달(Pedal)
④ 핸들(Handle)

해설
연속조절통제기기 : 놉(knob), 페달(Pedal), 핸들(Handle), 크랭크(Crank), 레버(Lever) 등

86
다음 표시장치 중 동적표시장치는?

① 도로표지판 ② 도표
③ 지도   ④ 고도계

87
다음 중 정보의 시각적 제시가 바람직한 경우는?

① 주위환경이 소란할 때
② 정보가 간단하고 직선적일 때
③ 정보가 정확한 순간을 다룰 때
④ 작동자가 여러 곳으로 움직여야 할 때

해설
주위환경이 소란할 때는 시각적 제시가 효과적이다.

88
주어진 자극에 대하여 인간이 반응할 수 있는 최대 정보량은?

① channel capacity   ② chunk
③ bottle   ④ sensory motor system

해설
channel capacity : 경로용량이라 하며, 이것은 주어진 자극에 대하여 인간이 반응할 수 있는 최대정보량을 나타내는 것이다.

89
다음 정보를 받아들이는 인간 기계계에서 정보의 변수에 해당되는 사항이 아닌 것은?

① 규칙성   ② 정확성
③ 주파수   ④ 강도

90
디스플레이가 형성하는 수평 최적목시각(目視覺)은 몇 도인가?

① 좌우 15°   ② 좌우 25°
③ 좌우 35°   ④ 좌우 45°

해설
디스플레이(display)가 형성하는 목시각
① 수평 : 최적조건(15° 좌우), 제한조건(95° 좌우)
② 수직 : 최적조건(0∼30° 하한), 제한조건(75° 상한, 85° 하한)
③ 정상작업 위치에서 모든 디스플레이를 보기 위한 조업자 시계 : 60°∼90°

91
인간이 원하는 정보를 검출함에 있어, 주변소음(noise)의 영향을 파악하려는 경우 다음 중 어떤 분야의 이론에 가장 관계가 있는가?

① 정보처리이론   ② 신호검출이론
③ 웨버의 법칙   ④ 상대식별

해설
신호검출이론(TSD)의 의의 : 잡음(noise)에 실린 신호분포는 잡음만의 분포와 뚜렷이 구분되어야 하고, 또한 어느 정도의 중첩이 불가피한 경우에는(허위경보와 신호를 검출하지 못하는 과오 중) 어떤 과오를 좀더 묵인할 수 있는가를 결정하여 관측자의 판정기준설정에 도움을 주어야 한다.

92
양립성이란 인간의 기대가 자극들, 반응들, 혹은 자극-반응조합에 모순되지 않는 관계를 말한다. 다음 중 양립성의 분류에 속하지 않는 것은?

① 공간적 양립성   ② 형태적 양립성
③ 개념적 양립성   ④ 운동 양립성

93
정보를 음성적으로 의사소통하는 것이 효과적일 때는 어느 경우인가?

① 정보가 어렵고 추상적일 때
② 여러 종류의 정보를 동시에 제시해야 할 때
③ 정보가 긴급할 때(빨리 제시)
④ 정보의 영구적인 기록이 필요할 때

Answer ➡ 85. ① 86. ④ 87. ① 88. ① 89. ④ 90. ① 91. ② 92. ② 93. ③

해설
①, ②, ④의 경우는 시각적 표시장치를 사용하는 것이 효과적이다.

94
인간공학에서 기계장치의 작동상태를 정확히 제공하기 위한 표시 형식 중 청각표시 특징을 잘못 설명한 것은?

① 벨, 부저 등은 인간이 같은 방향으로 눈을 돌리지 않아도 지각(知覺)할 수 있다.
② 배경음으로부터 목적음을 추출하기 쉽다.
③ 두개의 정보를 동시에 수용할 수 있다.
④ 지시의 범위나 부분은 시각적인 것에 비해 훨씬 좁다.

95
산업안전 표지 중 보행금지는 걷는 사람을, 독극물 경고는 해골과 뼈로 나타내고 있다. 이처럼 사물이나 행동을 단순하고 정확하게 나타낸 부호는?

① 묘사적 부호   ② 추상적 부호
③ 사실적 부호   ④ 임의적 부호

해설
사물이나 행동을 단순하고 정확하게 묘사한 부호는 묘사적 부호이다.

96
글자 B의 높이가 9cm일 때 글자의 폭 x를 얼마로 하여야 글자 식별에 있어 오독률이 가장 적은가?

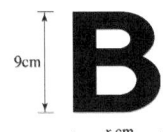

① 3cm   ② 6cm
③ 9cm   ④ 12cm

해설
1) 글자의 굵기 : 글자의 폭 : 글자의 높이
   = 1 : 4 : 6에서 오독률이 가장 적어진다.
2) 4 : 6 = x : 9
   $x = \dfrac{4 \times 9}{6} = 6$cm

97
시간-동작연구에 대한 비판으로 맞지 않는 것은?

① 생산량을 저하시키는 방법이다.
② 개인차를 고려하지 못한다.
③ 부적절한 표집을 사용한 연구이다.
④ 비교적 단순하고 반복적인 직무에만 적절하다.

98
인간이 전화기 등의 전자기기를 통해 의사전달을 하는 경우 원래의 육성음과는 상당히 차이가 있는 소리가 청취자에게 전달된다. 이런 경우를 '첨두삭제'라 하는데 다음 중 첨두삭제의 효과는?

① 약한 자음이 강화된다.
② 약한 모음이 강화된다.
③ 강한 자음이 약화된다.
④ 강한 모음이 약화된다.

해설
첨두삭제(peak clipping)는 음파의 첨두치들을 제거하고 중간부분만을 남기는 것을 말하며 상당한 첨두삭제(20dB 정도)를 하더라도 음성이해도는 거의 영향을 받지 않는다. 진폭은 균일하게 되며, 모음의 진폭은 자음과 같아지고, 삭제된 신호를 원신호 수준으로 재증폭하면, 음성의 최고수준(따라서 증폭기, 송신기 등의 소요출력)을 증가시키지 않더라도 약한 자음이 강화된다.

99
진전(tremor)을 감소시킬 수 있는 손의 높이는?

① 입 높이   ② 심장높이
③ 배꼽높이   ④ 무릎높이

해설
손이 심장높이에 있을 때가 손떨림(hand tremor)이 적다.

100
발로 조작하는 족동조종장치는 발판의 각도가 수직으로부터 몇 도인 경우가 답력이 가장 큰가?

① 0~15°   ② 12~35°
③ 35~50°   ④ 50~75°

해설
족동조종장치(foot control)는 발판각도가 수직으로부터 15~35°인 경우에 답력이 가장 크다.

Answer 94. ③ 95. ① 96. ② 97. ① 98. ① 99. ② 100. ②

101
균형 잡힌 동전 2개를 던져서 나타나는 앞면의 수를 자극정보라 하자. 이 자극의 불확실성은 얼마인가?

① 0.5bit
② 1.0bit
③ 1.5bit
④ 2.0bit

해설
자극의 불확실성 : $\log_2 N = \log_2 2 = 1.0\text{bit}$

102
진전(tremor)과 표동(drift)이 문제가 되는 동작은?

① 정지조정(static reaction)
② 계열동작(serial movement)
③ 연속동작(continuous movement)
④ 반복동작(repetitive movement)

103
다음 중 사정효과(range effect)를 바르게 설명한 것은?

① 조작자가 움직일 수 있는 속도나 조종장치에 가할 수 있는 힘에는 상한이 있다.
② 조작자는 작은 오차에는 과잉 반응, 큰 오차에는 과소 반응한다.
③ 조작자는 비 우발적인 입력신호는 미리 알 수 있다.
④ 조작자는 오차가 인식의 한계를 넘을 때까지는 반응하지 못한다.

104
동작의 합리화를 위한 동작경제의 법칙에서 벗어난 것은?

① 동작을 가급적 조합하여 하나의 동작으로 할 것
② 양손의 동작은 동시에 시작하고, 동시에 끝낼 것
③ 동작의 수는 줄이고, 동작의 속도는 적당히 할 것
④ 동작의 범위는 최소로 하되, 사용하는 신체의 범위는 크게 할 것

105
물체의 안전성을 유지하는 조건을 설명한 것 중 거리가 먼 것은?

① 중심위치를 가급적 지점 아래 오도록 한다.
② 마찰력을 크게 한다.
③ 접촉면적을 적게 한다.
④ 물체중심의 흔적이 기저 안에 떨어지도록 한다.

106
시간-동작연구가들이 밝힌 효율적인 작업에 관한 규칙과 일치하지 않는 것은?

① 근로자들이 기계를 조작할 때 움직여야만 하는 거리를 최소화시킨다.
② 양손은 동시에 시작하고 끝나야 한다.
③ 동작은 가능한 대칭에 가까워야 한다.
④ 동작이 반복적으로 빠르게 되려면 직선으로 움직이는 것이 효과적이다.

107
조사연구자가 특정한 연구 목적을 생각하고 있을 때 어떤 상황에서 실시할 것인가를 선택하여야 한다. 즉, 실험실 환경에서도 가능하고 실제 현장 연구도 가능하다. 이중 현장 연구를 수행했을 경우 장점은?

① 비용절감
② 실험조건 조절용이
③ 자료의 정확성
④ 적절한 작업변수 설정가능

108
다음 중 lay out의 원칙인 것은?

① 인간이나 기계의 흐름을 라인화한다.
② 사람이나 물건의 이동거리를 단축하기 위해 기계배치를 분산화한다.
③ 운반작업을 수작업화한다.
④ 중간중간에 중복부분을 만든다.

Answer ➡ 101. ② 102. ① 103. ② 104. ④ 105. ② 106. ④ 107. ③ 108. ①

해설

②항 : 사람이나 물건의 이동거리를 단축하기 위해 기계배치를 집중화한다.
③항 : 운반작업을 기계화한다.
④항 : 중복부분을 없앤다.

109
수치를 정확히 읽어야 할 경우에 적합한 시각적 표시장치는 어느 것인가?

① 동침형
② 동목형
③ 수평형
④ 계수형

110
공장건물의 평면계획 수립 시에 고려해야 할 사항과 관계가 먼 것은?

① 종업원 수
② 설비의 크기
③ 출입구의 크기 및 통로의 위치
④ 건물부지의 형상

111
인체의 피부감각 중 민감한 순서대로 나열된 것은?

① 압각 – 온각 – 냉각 – 통각
② 냉각 – 통각 – 온각 – 압각
③ 온각 – 냉각 – 통각 – 압각
④ 통각 – 압각 – 냉각 – 온각

112
display를 layout할 때의 기본요인이 아닌 것은?

① 확인
② group 편성
③ 관련성
④ 보편성

113
흰 바탕에 검은 문자나 숫자의 경우 최적 독해성을 주는 획폭비(stroke width ratio)로 적당한 것은?

① 1 : 5
② 1 : 8
③ 1 : 10
④ 1 : 13.3

해설

문자나 숫자의 획폭은 보통 문자나 숫자의 높이에 대한 획 굵기의 비로써 나타낸다.
최적 획폭비는 흰 바탕에 검은 숫자의 경우는 1 : 8, 검은 바탕에 흰 숫자의 경우는 1 : 13.3이다.

114
열대기후에 순화된 사람은 시간당 최고 4kg까지의 땀을 흘릴 수 있다. 땀 4kg의 증발로 잃을 수 있는 열은? (단, 증발열은 2,410joule/g이다.)

① 116 watt
② 161 watt
③ 2,678 watt
④ 9,640 watt

해설

$$열손실율 = \frac{2,410(J/g) \times 증발량(g)}{증발시간(sec)}$$
$$= \frac{2,410 \times 4,000}{3,600} = 2,678 watt$$

115
열 스트레스(heat stress)가 인간 성능에 끼치는 영향 중 틀린 것은?

① 체심온도는 가장 우수한 피로지수이다.
② 피부온도 38.8℃만 되면 기진하게 된다.
③ 실효율 온도가 증가할수록 육체작업의 성능은 저하된다.
④ 열압박은 정신활동에도 악영향을 미친다.

해설

체심온도(직장온도)가 38.8℃가 될 때 기진하게 된다.

116
열압박지수(heat stress index)를 바르게 설명한 것은?

① 열평형을 유지하기 위한 온도지수
② 열평형을 유지하기 위하여 증발하는 발한량(열부하)
③ 열평형을 유지하기 위한 작업 강도와의 관계 함수
④ 작업으로 소모되는 체열이 생리적으로 압박하는 기준치

Answer ➡ 109. ④ 110. ① 111. ③ 112. ④ 113. ② 114. ③ 115. ② 116. ②

해설
열압박지수는 열평형을 유지하기 위하여 증발해야 하는 발한량으로 열부하를 나타낸다.

117
추정 4시간 발한율(P 4 SR)을 추정하는데 고려해야 할 요소가 아닌 것은?

① 건습구 온도   ② 공기유동 속도
③ 피복   ④ 대기의 압력

해설
P 4 SR 지수 : 주어진 일을 수행하는 순환된 젊은 남자의 4시간 동안의 발한량을 건습구온도, 공기유동 속도, 에너지 소비, 피복을 고려하여 추정한 것이다.

118
다음 중 공기온열 조건의 4요소에 포함되지 않는 것은?

① 대류열   ② 전도열
③ 복사열   ④ 반사열

119
온도, 습도 및 공기의 유동이 인체에 미치는 열효과를 하나의 수치로 통합한 감각지수를 무엇이라 하는가?

① 보온율   ② 열압박지수
③ oxford지수   ④ 실효온도

120
다음 인간의 식별의 기초가 되는 오관 중 시각에 속하는 것이 아닌 것은?

① 색채   ② 조명
③ 원근   ④ 온도

121
다음은 조명방법을 설명한 것이다. 잘못된 것은?

① 실내전체를 조명할 때는 전반조명이 좋다.
② 작업에 필요한 곳이나 시각적으로 강한 빛을 필요로 하는 조명은 투명조명이 좋다.
③ 유리나 플라스틱 모서리조명은 투명조명이 좋다.
④ 긴 터널의 경우는 완화조명이 필요하다.

해설
②항은 국부조명을 사용하여야 한다. 국부조명은 작업면을 고조도로 조명하는 방법으로서 광원을 작업면에 근접시키든가, 반사용갓을 붙인 조명기구 등을 사용하여 고조도로 작업하기 쉽게 한다.

122
실내 전체를 일률적으로 밝히는 조명방법으로 실내전체가 밝아짐으로 기분이 명랑해지고 눈에 피로가 적어져서 사고나 재해가 적어지는 조명방식은?

① 직접조명   ② 간접조명
③ 병행조명   ④ 전반조명

해설
전반조명은 작업장 전반에 걸쳐 대체로 일정한 조도로 조명하는 방식으로 광원을 상당히 높은 곳에 규칙적이면서 같은 간격으로 배치한다.

123
직사휘광을 제거하는 방법이 아닌 것은?

① 광원의 휘도를 줄이고 수를 늘인다.
② 휘광원 주위를 어둡게 하여 광속 발산도를 줄인다.
③ 가리개, 갓 또는 차양을 사용한다.
④ 광원을 시선에서 멀리 위치시킨다.

해설
휘광(glare)의 처리
(1) 광원으로부터의 직사휘광처리
   ① 광원의 휘도를 줄이고 수를 높인다.
   ② 광원을 시선에서 멀리 위치시킨다.
   ③ 휘광원 주위를 밝게하여 광속발산비(휘도)를 줄인다.
   ④ 가리개(shield), 갓(hood), 혹은 차양(visor)을 사용한다.
(2) 창문으로부터 직사휘광처리
   ① 창문을 높이 단다.
   ② 창 위(실내)에 드리우게(overhang)를 설치한다.
   ③ 창문(안쪽)에 수직날개(fin)들을 달아 직시선을 제외한다.
   ④ 차양(shade) 혹은 발(blind)을 사용한다.
(3) 반사 휘광의 처리
   ① 발광체의 휘도를 줄인다.
   ② 일반(간접) 조명 수준을 높인다.

Answer ➡ 117. ④ 118. ④ 119. ④ 120. ④ 121. ② 122. ④ 123. ②

③ 산란광, 간접광, 조절판(baffle), 창문에 차양(shade) 등을 사용한다.
④ 반사광이 눈에 비치지 않게 광원을 위치시킨다.
⑤ 무광택도료, 빛을 산란시키는 표면색을 한 사무용기기, 윤을 없앤 종이 등을 사용한다.

124
다음 각 작업별로 조명수준이 높은 작업에서 낮은 작업 순으로 나열한 것은?

| ① 세밀한 조립작업 | ② 아주 힘든 검사작업 |
| ③ 보통 기계 작업 | ④ 드릴 또는 리벳작업 |

① ①-②-③-④ ② ②-①-④-③
③ ②-①-③-④ ④ ①-②-④-③

해설
추천 조명수준
① 세밀한 조립작업 : 300fc (foot-candle)
② 아주 힘든 검사작업 : 500fc
③ 보통 기계작업 : 100fc
④ 드릴 또는 리벳작업 : 30fc

125
다음 색채 중 경쾌하고 가벼운 느낌을 주는 배열이 잘된 순서는?

① 흑색 - 자색 - 적색 - 회색
② 백색 - 흑색 - 적색 - 청색
③ 자색 - 녹색 - 황색 - 백색
④ 검정 - 청색 - 회색 - 백색

해설
명도가 높은 색채는 빠르고 경쾌하게 느껴지고 낮은 색채는 둔하고 느리게 느껴진다. 느리고 둔한 색에서 가볍고 경쾌한 느낌을 주는 색의 순서를 들어보면 다음과 같다.
∴ 흑 → 청 → 적 → 자 → 등 → 녹 → 황 → 백

126
차분하고 진정된 분위기를 갖게 하는 색채는?

① 노랑   ② 녹색
③ 청색   ④ 청자

해설
녹색은 안심, 위안, 평화, 평정 등의 차분하고 진정된 분위기를 갖게 한다.

127
1촉광의 광원으로부터 1m 떨어진 곡면의 1m²을 받는 광량은 1ft 떨어진 곡면의 1ft²이 받는 광량의 몇 배인가?

① 약 3배   ② 약 9배
③ 약 27배   ④ 같다.

해설
1fc = 1lumen/ft², 1lux = 1lumen/m²
$$1\text{lumen/ft}^2 \times \frac{1\text{ ft}^2}{0.3048^2\text{m}^2} ≒ 10.76\text{lumen/m}^2$$

128
인간의 감각기능에 대한 설명 중 잘못된 것은?

① 눈으로 직접 빛을 느낄 수 있는 것은 가시광선의 범위이다.
② 눈은 밝기의 변화에 따라서 순응하며, 명조응은 암조응보다 시간이 오래 걸린다.
③ 눈은 수직방향보다 수평방향에 대한 판별력이 예민하다.
④ 귀는 소음 속에서 필요한 음을 구별할 수가 있다.

해설
암조응은 밝은 곳에서 어두운 곳으로 들어갈 때의 눈의 순응성을 나타낸 것으로 명조응보다 시간이 오래 걸린다(30~40분).

129
재해 방지나 능률의 향상의 큰 요소와 관계가 적은 것은 어느 것인가?

① 색채 조절   ② 공기 조절
③ 음향 조절   ④ 개인 조절

해설
C·A·S
① 색채(color)조절 ② 공기(air)조절 ③ 음향(sound)조절

130
다음은 색채의 느낌을 나타낸 것이다. 옳은 것은?

① 황색 - 경계   ② 녹색 - 안전
③ 빨강 - 자극   ④ 청색 - 활동

해설
① 황색 : 희망, 광명   ② 녹색 : 안심, 평화
③ 빨강 : 열정, 활동   ④ 청색 : 진정, 침착

131
인간 행동에 색채 조절의 효과로 기대되는 것이 아닌 것은?

① 밝기의 증가   ② 생산의 증진
③ 피로의 증진   ④ 작업능력 향상

해설
색채조절의 효과로 기대되는 것은 피로의 증진이 아니라 피로의 감소이다.

132
주어진 작업에 대하여 필요한 조명을 구하는 식은?

① 조명(fc) = $\dfrac{\text{소요광속발산도}(f_L)}{\text{반사율}(\%)} \times 100$

② 조명(fc) = $\dfrac{\text{반사율}(\%)}{\text{소요광속발산도}(f_L)} \times 100$

③ 조명(fc) = $\dfrac{\text{소요광속발산도}(f_L)}{(\text{거리})^2}$

④ 조명(fc) = $\dfrac{(\text{거리})^2}{\text{소요광속발산도}(f_L)}$

해설
반사율(%) = $\dfrac{\text{광속발산도}(f_L)}{\text{조명}(fc)} \times 100$

133
다음 색채 중 안전을 나타내는 가장 관계 깊은 것은?

① 빨강   ② 파랑
③ 초록   ④ 노랑

해설
녹색(초록)은 항상 안전 및 의료와 밀접한 관계가 있는 색채로 이용된다.

134
Weber Fechner의 법칙을 바르게 설명한 것은?

① 감각의 강도는 자극의 강도의 대수에 비례한다.
② 강도율은 Rs = $r_1 + r_2(r_1 - 1)$에 구할 수 있다.
③ 감각의 강도는 강도율에 비례한다.
④ 웨버와 훼시너의 법칙은 정신건강법칙이다.

해설
특정감관의 변화감지역(ΔL)은 사용되는 표준자극(I)에 비례(ΔI/I=상수)한다는 관계를 Weber 법칙이라 하며, 어떤 한정된 범위 내에서 동일한 양의 인식(감각)의 증가를 얻기 위해서는 자극은 지수적으로 증가해야 한다는 법칙을 Fechner법칙이라 한다. 예를 들면, 음높이의 변화감지역은 진동수의 대수치에 비례하고, 시력은 조명강도의 대수치에 비례하며, 음의 강도를 측정하는 dB 눈금은 대수적이라는 등이다.

135
인간의 비지런스 현상에 영향을 미치는 조건이다. 관계없는 것은?

① 작업 전후에는 검출율이 낮다.
② 발생빈도가 높은 신호는 검출율이 높다.
③ 불규칙적인 신호에 대한 검출율이 낮다.
④ 오래 지속되는 신호는 검출율이 높다.

136
작업자의 감시능력을 유지하는 것은 Vigilance의 문제이다. 이 경우 검출능력은 시간이 경과할수록 저하된다. 신호출현율이 낮게 발생한다면 검출능력은 어떤 변화를 보이는가?

① 서서히 저하된다.
② 빨리(급속히) 저하된다.
③ 서서히 향상된다.
④ 빨리(급속히) 향상된다.

137
인간의 식별기능에 영향을 주는 요인이 아닌 것은?

① 물체와 배경과의 대조도
② 색채의 사용과 조명
③ 사람의 개인차
④ 대소규격과 주요 세부사항에 대한 공간의 배분

Answer ➡ 131. ③ 132. ① 133. ③ 134. ① 135. ① 136. ② 137. ③

138
인간의 의식동작을 올바르게 전달하는 순서는 다음 중 어느 것인가?

① 5관 – 운동신경 – 지각 – 두뇌 – 정보수집 – 근육운동
② 근육운동 – 5관 – 운동신경 – 두뇌 – 정보수집 – 근육운동
③ 5관 – 정보수집 – 지각 – 두뇌 – 운동신경 – 근육운동 – 판단
④ 5관 – 정보수집 – 지각 – 두뇌 – 판단 – 운동신경 – 근육운동

139
제어기의 조작에 영향을 미치는 주요인을 설명한 것과 거리가 먼 것은?

① 팔이 정확히 미칠 수 있는 위치
② 색채의 사용과 조명
③ 최대효율을 발휘하는 운동방향
④ 자세를 변화케 하는 반응률

140
모든 형태의 기계장비와 그 조작에 관한 안전과 그 능률 및 편의성을 향상 발전시키기 위한 요소가 아닌 것은?

① 설계할 때 인체의 몸치수에 맞게 적용
② 동적인 행동범위를 고려
③ 공간은 시계범위 내에 둔다.
④ 작업공간을 장비에 관한 설계지침의 하나로 간주한다.

141
높은 소음으로 생긴 생리적 변화가 아닌 것은?

① 근육 이완
② 혈압 상승
③ 동공 팽창
④ 심장 박동수 증가

해설
높은 소음 : 근육 수축

142
인간 – 기계 시스템의 분석기법의 O.S.D(operational sequence diagram) 분석기호 중에서 수신(受信)정보의 자동조작을 나타내는 것은?

① 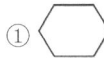 ②
③   ④

143
색채 조절시에 고려해야 하는 올바른 색의 선정 순서는?

① ① 색상결정 – ② 명도결정 – ③ 채도결정
② ① 명도결정 – ② 채도결정 – ③ 색상결정
③ ① 채도결정 – ② 색상결정 – ③ 명도결정
④ ① 색상결정 – ② 채도결정 – ③ 명도결정

144
다음 중 진동의 영향을 비교적 많이 받는 것은?

① 반응시간
② 감시(monitoring)
③ 형태식별
④ 추적능력

해설
반응시간, 감시, 형태식별 등 주로 중앙신경처리에 달린 임무는 진동의 영향을 덜 받으며, 시력 및 추적능력 등은 진동의 영향을 많이 받는다.

145
정적인 자세에서 벗어나는 것을 진전(tremor : 잔잔한 떨림)이라 하며, 진전은 신체 부위를 정확하게 한 자리에 유지해야 하는 작업활동에서 아주 중요하다. 다음 중 진전을 감소시킬 수 있는 방법으로 맞지 않은 것은?

① 시각적 참조(reference)
② 몸과 작업에 관계되는 부위를 잘 받친다.
③ 작업대상물에 기계적인 마찰(friction)이 있을 때
④ 손이 심장 높이보다 낮게 있을 때가 손 떨림이 적다.

해설
④항, 손이 심장 높이에 있을 때가 손 떨림이 적다.

146
Display가 형성하는 수직방향의 최적목시각은?

① 0°~30° 하한
② 15° 상한~15° 하한
③ 0°~30° 상한
④ 상방 30°~하방 30°

해설
① 수직방향 : 최적조건(0°~30° 하한), 제한조건(75° 상한~85° 하한)
② 수평방향 : 최적조건(15° 좌우), 제한조건(95° 좌우)

147
제어계통에서 제어동작이 멈추면 체계반응이 거꾸로 돌아오는 현상은?

① 이력현상(hysteresis)
② 사공간(dead space)
③ 관성(inertia)
④ 사정효과(range effect)

해설
이력현상은 반발(backlash)을 말하며, 특히 C/D비가 낮은(민감) 경우에 반발의 악영향이 두드러지므로, C/D비가 낮은 체계에서는 체계오차를 줄이기 위해 이력현상을 최소화시켜야 하고, 이것이 비현실적인 경우에는 C/D비를 높여주어야 한다.

148
시각표시장치를 사용하는 목적에 적합치 않은 것은?

① 정량적 판독
② 정성적 판독
③ 이분적 판독
④ 귀납적 판독

해설
시각적 표시장치의 사용목적
① 정량적 판독 : 눈금을 사용하는 경우와 같이 정확한 정량적 값을 얻으려 하는 경우에 사용
② 정성적 판독 : 기계가 작동되는 상태나 조건 등을 결정하기 위한 것으로, 보통 허용범위 이상, 이내, 미만 등과 같이 3가지 조건에 대하여 사용
③ 이분적 판독 : on-off와 같이 작업을 확인하거나 상태를 규정하기 위해 사용

149
작업시 정보회로를 옳게 나열한 순서는?

① 표시(정보원)-감각-지각-판단-응답-출력-조작
② 표시-판단-응답-감각-지각-출력-조작
③ 표시-지각-판단-응답-감각-조작-출력
④ 지각-표시-감각-판단-조작-응답-출력

해설
정보회로의 순서
표시(정보원) — 감각 — 지각 — 판단 — 응답 — 출력 — 조작

150
인간이 영구보관할 수 있는 정보량으로 맞는 것은?

① 0.1bit/sec
② 0.7bit/sec
③ 10bit/sec
④ 17bit/sec

해설
인간이 기억 속에 보관할 수 있는 총용량은 약 1억(10^8)에서 100조(10^{15})bit 정도로 추산되며, 영구보관(장기기억)할 수 있는 정보량은 0.7 bit/ sec 정도이다.

151
다음 소음이 나는 장소에서 귀덮개를 착용했을 때 차음효과는 얼마나 되는가?

① 5dB 내외
② 10dB 내외
③ 15dB 내외
④ 20dB 내외

152
소음이 약한 곳에서 쓰는 귀마개는 신호음 자체의 음압을 떨어뜨려 의사소통을 하는데 장애가 된다. 그러나 주위의 소음이 일정수준 이상이 되면 소음에 관계없이 신호음과 소음의 대비가 증가되어 통화 이해도는 향상된다. 여기에서 말하는 일정수준이란?

① 80dB
② 85dB
③ 90dB
④ 95dB

Answer ▶ 146. ① 147. ① 148. ④ 149. ① 150. ② 151. ④ 152. ②

153
다음의 소음예방 방법 중 가장 바람직한 방법은?

① 기계 장치 등의 구조를 바꾸거나 다른 기계로 대체한다.
② 소음원을 제거 감소시킨다.
③ 소음이 작업자에게 전달되지 않도록 음원을 음폐하고 소음흡수장치를 한다.
④ 귀마개나 귀덮개를 사용하여 음의 강도를 줄인다.

해설
소음 예방의 근본적인 방법은 소음원을 없애는 것이고, 다음에 환경개선기술을 활용하여 소음레벨을 감소시키거나 귀마개, 귀덮개 등의 보호구를 사용케하는 것이다.

154
색채조절시 제일 먼저 선택해야 하는 것은?

① 색상　　② 명도
③ 채도　　④ 조명

155
인간이 들을 수 있는 가장 낮은 소리는?

① 0dB　　② 1dB
③ 40dB　　④ 60dB

해설
가청한계
0dB(2×10^{-4}dyne/cm^2)~134dB(10^3dyne/cm^2)

156
1sone은 몇 phon인가?

① 1phon　　② 10phon
③ 30phon　　④ 40phon

157
신호가 장애물을 돌아가거나 칸막이를 통과해야 할 때에 사용하여야하는 진동수의 상한은?

① 500Hz　　② 1,000Hz
③ 1,500Hz　　④ 3,000Hz

해설
신호가 장애물을 돌아가거나 칸막이를 통과해야 할 경우에는 500Hz 이하의 낮은 진동수를 사용해야 한다.

158
진동주파수에 대한 인간의 감지특성은?

① 주파수가 낮은 진동에 민감하다.
② 주파수가 높은 진동에 민감하다.
③ 주파수에 관계없이 일정하다.
④ 개개인 특성에 따라 좌우된다.

159
1sone을 올바르게 정의한 것은?

① 1dB의 1,000Hz 순음의 크기
② 1dB의 4,000Hz 순음의 크기
③ 40dB의 1,000Hz 순음의 크기
④ 40dB의 4,000Hz 순음의 크기

해설
음량척도로서 1,000Hz, 40dB의 음압수준을 가진 순음의 크기 즉, 40phon을 1sone이라 한다.

160
외부로부터 자극이 주어졌을 때 인간이 반응하는 데 소요되는 시간을 반응시간이라고 하는데 이것은 다음 어느 것에 비례하는가? (단, n은 자극의 종류를 나타낸다.)

① n　　② n!
③ en　　④ log$_2$ n

해설
외부로부터 여러 개의 자극이 주어 졌을 때 반응에 걸리는 시간을 선택반응시간이라 하며, 선택반응시간은 bit로 표시한 정보량 즉, log$_2$ n에 선형적으로 비례한다.

161
평균고장시간이 10,000시간인 지수분포를 다루는 요소 10개가 직렬계로 구성되어 있는 경우 계의 기대수명은?

① 1,000시간　　② 5,000시간
③ 10,000시간　　④ 100,000시간

해설
계의 수명(직렬) = $\dfrac{MTTF}{n} = \dfrac{10,000}{10} = 1,000$시간

Answer ➡ 153. ②　154. ②　155. ①　156. ④　157. ①　158. ①　159. ③　160. ④　161. ①

162
시스템의 신뢰도를 높이기 위해서는 여러 가지 중복 구조가 이용된다. 다음의 중복구조 중 일반적으로 가장 신뢰도가 높은 구조는?

① 체계중복   ② 부품중복
③ 부분중복   ④ 절충중복

해설

중복구조
① 체계중복   ② 부품중복

 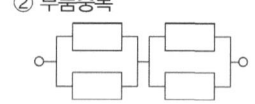

③ 절충중복

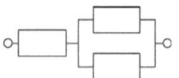

163
시스템안전에서 사용되는 용어의 정의이다. 틀린 것은?

① 시스템안전이란 어떤 시스템에서 기능, 시간, 코스트 등의 제약조건하에서 인원이나 설비가 받는 상해, 손상을 가장 적게 하는 것을 말한다.
② 시스템이란 2개 이상의 다른 기능의 요인이 짝을 짓고 하나의 목적을 위하여 그 기능을 발휘하는 것을 말한다.
③ 시스템공학이란 특정한 목적을 가지고 이를 성취하기 위해 여러 구성인자가 각 인자의 목적을 위해 노력하는 것을 말한다.
④ 시스템안전공학이란 과학적, 공학적, 원리를 적용해서 시스템 내 위험성을 적출하여 그 예방에 필요한 조치를 도모하기 위한 것을 말한다.

164
시스템 또는 제품에 관한 모든 사고를 식별하고 설계 및 제조과정을 통하여 이들의 사고를 최소화 하고 제어하는 것을 보증하는 시스템 공학의 일부분인 학문은?

① 시스템공학   ② 신뢰성공학
③ 운용안전성공학 ④ 시스템안전공학

165
system 안전을 위한 관리적 전개과정에 맞지 않는 것은?

① 계획   ② 설계
③ 제조   ④ 운반

해설

시스템안전을 달성하기 위해서는 시스템의 계획, 설계, 제조, 운용 등의 전 단계를 통해 시스템안전공학을 정확히 적용시켜야 한다.

166
시스템 안전 프로그램의 목표사항으로 보증할 필요가 있지 않은 것은?

① 사명 및 필요사항과 모순되지 않는 안전성의 시스템 설계에 의한 구체화
② 신 재료 및 신 제조, 시험기술의 채용 및 사용에 따른 위험의 최소화
③ 유사한 시스템 프로그램에 의하여 작성된 과거 안전성 데이터의 고찰 및 이용
④ 시스템의 사고조사에 관한 구체적 기준

167
시스템안전을 달성하기 위한 안전수단 중 재해의 예방에 해당되지 않는 것은?

① 위험의 소멸
② 위험 레벨의 제한
③ 페일세이프 설계
④ 격리

해설

시스템안전을 달성하기 위한 안전수단
① 재해의 예방 : 위험의 소멸, 위험 레벨의 제한, 잠금과 조임 및 인터록, 페일세이프 설계, 고장의 최소화, 중지 및 회복
② 피해의 최소화 및 억제 : 격리, 개인보호구, 적은 손실의 용인, 탈출 및 생존, 구조

Answer ▶ 162. ② 163. ③ 164. ④ 165. ④ 166. ① 167. ④

168
다음 중 시스템안전(system safety)을 위한 잠재 위험검출의 기본유형이 아닌 것은?

① 변증법적 추구
② 연역적 추구
③ 불안전한 행동에 대한 귀납적 추구
④ 불안전한 상태에 대한 귀납적 추구

해설
변증법적 추구는 잠재위험의 검출을 위한 논리로 적합지 않다.

169
시스템안전프로그램의 내용이 아닌 것은?

① 안전데이터의 수집 및 분석
② 작업조건의 측정
③ 안전성의 평가
④ 관련 부분과의 조정

해설
시스템안전프로그램 : 시스템안전을 확보하기 위한 기본지침으로 그 내용은 다음과 같다.
① 계획의 개요
② 안전조직
③ 계약조건
④ 관련부분과의 조정
⑤ 안전기준
⑥ 안전해석
⑦ 안전성의 평가
⑧ 안전데이터의 수집 및 분석
⑨ 경과 및 결과의 분석

170
시스템안전을 위한 잠재위험요소의 검출방법이 아닌 것은?

① 위험발생시 조치 체크리스트(check list)
② 경보장치와 방호장치 체크리스트
③ 잠재위험최소화를 위한 설계 체크리스트
④ 방법상의 잠재위험 제어 체크리스트

해설
시스템안전을 위한 잠재위험요소의 검출은 위험발생 전에 위험을 통제하는데 목적이 있으므로 ①항의 내용과는 관계가 없다.

171
위험통제의 제1단계는?

① 안전보호구를 제공
② 위험부위에 대한 방호장치
③ 요원에 대한 안전교육
④ 설계 및 시공시 위험제거

172
시스템안전을 달성하기 위한 단계에서 페일세이프와 용장성(冗長性) 등을 도입하는 단계로 맞는 것은?

① 안전장치 채용
② 위험상태의 존재를 최소화
③ 경보장치 채용
④ 특수한 수단 개발

173
시스템안전설계의 원칙이 아닌 것은?

① 위험상태의 최소화
② 안전장치의 채용
③ 경보장치의 채용
④ 개인보호구의 착용

해설
시스템안전설계 원칙사항
① 1순위 : 위험상태의 존재의 최소화
② 2순위 : 안전장치의 채용
③ 3순위 : 경보장치의 채용
④ 4순위 : 특수한 수단 개발

174
FAFR(Fatality Accident Frequency Rate)은 일정한 업무 또는 행위에 직접 노출된 몇 시간당 사망확률을 나타내는가?

① 10^6시간 ② 10^7시간
③ 10^8시간 ④ 10^9시간

해설
FAFR : 10^8(1억) 근로시간당 사망자 수

175
시스템의 위험성 분류 중 사람의 손해 또는 주요 시스템의 손해가 생겨 즉시 시정조치를 필요로 하는 범주는?

① 무시 ② 한계적
③ 위험 ④ 파국적

176
다음 중 시스템안전 해석에 가장 필요한 사항은?

① 시스템의 개념적 모델
② 각 단계별 비용대 효과분석
③ 모든 과정에서의 정밀한 통계방법
④ 계획을 수행하기 위한 특수기술

해설
시스템의 개념적 모델이 있어야 평가분석이 이루어질 수 있다.

177
MIL-SID-882의 위험성 분류 중 범주 I에 해당하는 것은?

① 무시 ② 한계적
③ 위기적 ④ 파국적

해설
MIL-SID-882는 미국군 안전물자 조달을 위한 군용규격을 나타내는 것으로 위험성분류방법은 다음과 같다.
① 범주 I : 파국적 ② 범주 II : 위험
③ 범주 III : 관계적 ④ 범주 IV : 무시

178
예비위험분석(PHA)의 목적으로 알맞은 것은?

① 시스템의 구상단계에서 시스템 고유의 위험상태를 식별하여 예상되는 위험수준을 결정하기 위한 것이다.
② 시스템에서 사고위험성이 정해진 수준이하에 있는 것을 확인하기 위한 것이다.
③ 시스템내의 사고의 발생을 허용레벨까지 줄이고, 어떠한 안전상에 필요사항을 결정하기 위한 것이다.
④ 시스템의 모든 사용단계에서 모든 작업에 사용되는 인원 및 설비 등에 관한 위험을 분석하기 위한 것이다.

179
모든 시스템안전 프로그램 중 최초 단계의 해석으로 정성적인 평가방법은?

① FHA ② FMEA
③ FTA ④ PHA

해설
PHA : 예비사고(위험) 분석

180
예비위험분석이란?

① 시스템안전 위험분석을 수행하기 위한 예비적인 최초의 작업
② 기계의 기능에 관한 위험분석
③ 프로세스제어의 분석
④ 정기적인 시스템의 분석

181
다음 신뢰성 해석에 사용되고 있는 FMEA실시 절차 중 대상 시스템분석 사항에 해당되지 않는 설명은?

① 기기의 성능 및 구성 파악
② 기본방침의 설정
③ 기능 Block과 신뢰성 Block도 작성
④ 고장원인 상정

해설
④항 고장원인 상정은 고장 Mode와 그 영향의 해석(FMEA)에 해당된다.

182
시스템을 설계함에 있어 개념 형성 단계에서 최초로 시도하는 위험도 분석의 명칭은?

① PHA ② FHA
③ SHA ④ OHA

Answer ➜ 175. ③ 176. ① 177. ④ 178. ① 179. ④ 180. ① 181. ④ 182. ①

해설
PHA(예비사고분석)는 모든 시스템안전 프로그램의 최초단계의 분석으로서 시스템 내의 위험요소가 얼마나 위험한 상태에 있는가를 정성적으로 평가하는 것이다.

183
고장의 형과 영향해석은 본래 정성적 분석방법이나 이를 정량적으로 보완하기 위하여 개발된 위험분석은?

① 결함분석법(FTA)
② 의사결정수(decision tree)
③ 운용안전성 분석(OSA)
④ 고장의 형과 영향 및 치명도 분석

해설
FMECA(고장의 형과 영향 및 치명도 분석) : 정성적 및 정량적 분석법

184
FTA와 같이 이미 상당한 안전이 확보되어 있는 장소에서 설계, 생산, 보전 등 광범위하고 고도의 안전달성을 목적으로 하는 시스템 해석법은?

① ETA
② FMECA
③ MORT
④ FHA

185
시스템안전에서 예비위험분석의 식별된 사고의 분류 중 사고가 1건도 허용되지 않는 카테고리는?

① 파국적(catastrophic)
② 중대(critical)
③ 한계적(marginal)
④ 무시가능(negligible)

186
시스템 위험분석을 위한 정성적, 귀납적 분석법으로 시스템에 영향을 미치는 모든 요소 고장을 형태별로 분석, 검토하는 기법은?

① PHA
② FHA
③ FMEA
④ MORT

해설
FMEA : 고장의 형태와 영향 분석

187
시스템 공정의 치명도를 분석하는 치명도(criticality analysis)는 구성부품의 고장형태 및 발생확률로부터 치명도 치수(criticality number)를 계산한다. 다음 중 시간당 또는 싸이클당의 통상 고장률을 나타낸 기호는?

① α
② K_E
③ K_A
④ λ_G

188
관리, 설계, 보전 등 광범위한 안전을 도모하기 위하여 개발된 시스템안전 해석기법은?

① MORT
② DT
③ ETA
④ FTA

189
FMEA에 관한 설명 중 틀린 것은?

① 정성적 방법
② 귀납적 방법
③ CA와 병용함
④ 정량적 방법

해설
FMEA(고장의 형과 영향분석법)는 고장의 형태별로 시스템에 미치는 영향을 정성적, 귀납적 방법으로 분석하는 기법으로서 CA(치명도 분석법)와 병용하여 사용하기도 한다.

190
작업의 위험성을 상대적으로 비교하는 방법에는 여러 가지가 있는데 Kletz가 제안한 FAFR이란?

① 10^6근로시간당 사상자수
② 10^6근로시간당 사망자수
③ 10^8근로시간당 사상자수
④ 10^8근로시간당 사망자수

191
터프(THERP)법과 기본과오율(BER)의 개념은?

① 1만 운전시간당 과오돗수
② 10만 운전시간당 과오돗수
③ 100만 운전시간당 과오돗수
④ 1,000만 운전시간당 과오돗수

Answer ➡ 183. ④ 184. ③ 185. ④ 186. ③ 187. ④ 188. ① 189. ④ 190. ④ 191. ③

192
FMEA 표준적 실시절차 중 2단계에 해당하는 것은?

① 치명도해석
② 상위체계에의 고장 영향 검토
③ 기능 block과 신뢰성 block도의 작성
④ 기기 및 시스템의 구성 기능의 전반적 파악

193
PHA의 기법에서 위험한 요소가 어느 서브 시스템(sub system)에 존재하는가를 조사하는 방법이 아닌 것은?

① 위험성의 판단에 의한 방법
② 체크리스트의 사용
③ 경험에 의한 방법
④ 기술적 판단에 기초하는 방법

194
시스템안전 접근방법 중 귀납적, 정량적 방법인 것은?

① O. S
② E. T. A
③ F. T. A
④ F. M. E. A

195
시스템안전관리에 관한 설명 중 옳지 않은 것은?

① 시스템안전에 필요한 사항의 식별
② 안전활동의 계획 조직 및 관리
③ 시스템안전관리의 목표는 생산성 향상
④ 다른 시스템 프로그램 영역과 조정

196
시스템이 복잡해지면 확률론적인 분석기법만으로 분석이 곤란하여 computer simulation을 이용한다. 이것은 어떤 기법에 근거를 두고 있는가?

① 미분방정식 기법
② 적분방정식 기법
③ 차분방정식 기법
④ Monte carlo 기법

해설

④는 simulation 방법 중 가장 많이 사용하는 방법이다.

197
모든 시스템은 가락구조와 비가락구조로 구분될 수 있다. 다음 중 비가락구조의 신뢰도 분석기법이 아닌 것은?

① 경로추적법
② 사상공간법
③ 분해법
④ 모듈분할법

해설

비가락구조의 신뢰도 구하는 방법 : 사상공간법, 경로추적법, 분해법, minimum cut-set, minimum tie-set

198
다음 중 시스템 안전해석 방법이 아닌 것은?

① PHA
② OJT
③ DT
④ MORT

해설

OJT(On the Job Training : 현장중심교육)은 교육방법을 나타내는 것으로 시스템의 안전해석방법이 아니다.

199
예비위험 분석을 한 결과에 따라 안전대책을 수립하여 시스템 전체의 위험성이 허용범위 내에 오도록 안전대책을 강구하는 위험도 분석은?

① 운용안전성 분석
② 의사 결정수
③ 시스템 위험분석
④ 운용 및 지원 위험성 분석

200
시스템안전해석기법이 아닌 것은?

① DYNAMO
② FTA
③ FMEA
④ THERP

해설

FTA(결함수분석법), FMEA(고장의 형과 영향분석), THERP(인간과오를 정량적으로 평가하는 분석법) 등은 시스템안전해석기법에 해당된다.

Answer ➡ 192. ② 193. ① 194. ② 195. ③ 196. ④ 197. ④ 198. ② 199. ③ 200. ①

201
다음의 시스템안전분석기법 중 정성적(定性的) 분석방법과 정량적(定量的) 분석방법을 동시에 사용하는 기법은?

① O.S
② F.T.A
③ E.T.A
④ FMECA

202
FTA의 절차에서 FT도를 작성하기 전에 실시할 내용과 관계없는 것은?

① FT 작성전에 필요하다면 PHA 또는 FMEA를 실시
② 예상되는 재해를 과거의 재해사례나 재해통계를 기초로 가급적 폭넓게 조사
③ 재해 위험도를 검토하여 해석할 재해 결정
④ 해석하는 재해의 발생확률의 계산

해설
④항은 FT도를 작성한 후에 실시하는 것이다.

203
결함수분석법의 활용 및 기대효과와 거리가 먼 것은?

① 사고원인 규명의 간편화
② 사고원인 규명의 이중화
③ 사고원인 분석의 정량화
④ 사고원인 분석의 일반화

해설
FTA의 활용 및 기대효과
1) 사고원인 규명의 간편화   2) 사고원인 분석의 일반화
3) 사고원인 분석의 정량화   4) 시스템의 결함 진단
5) 노력, 시간의 절감   6) 안전점검 체크리스트 작성

204
다음은 FTA(Fault Tree Analysis)에 사용되는 논리기호 중 기본사상을 나타내는 것은?

①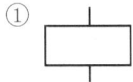
②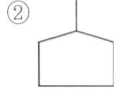
③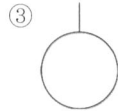
④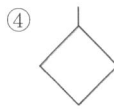

해설
「기본사상」은 더 이상 해석을 할 필요가 없는 기본적인 기계의 결함 또는 작업자의 오동작을 나타낸다.

205
FT도에 사용되는 기호 중 AND 게이트를 나타낸 것은?

①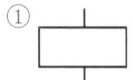
②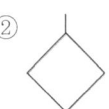
③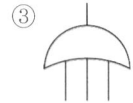
④

① 결함사상   ② 생략사상
③ OR게이트   ④ AND게이트

206
시스템안전해석에 이용되지 않는 방법은?

① PHA
② FHA
③ MORT
④ SLP

207
다음 그림은 THERP를 수행하는 예이다. 작업개시점 N_1으로부터 작업종점 N_3까지 도달하는 확률을 구하려 한다. 옳은 것은? (단, $P(B_1)$, $P(B_2)$, $P(B_3)$는 해당 직무의 수행확률을 나타내며 각 작업과오의 발생은 상호독립이라고 가정하기로 한다.)

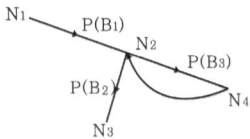

① $P(B_1) \cdot P(B_2)$
② $P(B_1) \cdot P(B_2) - P(B_3)$
③ $P(B_1) \cdot P(B_2)[1 + P(B_3)]$
④ $P(B_1)$

Answer ➡ 201. ② 202. ④ 203. ② 204. ③ 205. ④ 206. ④ 207. ④

208
FTA의 논리적 기호 중 다음 그림은 어떤 기호인가?

① 결함사상 ② 최후사상
③ 기본사상 ④ 통상사상

209
그림에서 나타내는 기호는 무슨 사상을 나타내는가?

① 결함사상 ② 기본사상
③ 통상사상 ④ 생략사상

210
결함수 분석법(FTA)을 미니트맨 미사일 개발과정에서 최초로 창안 적용시킨 사람은?

① Watson ② Haasl
③ Kolodner ④ Recht

211
FTA를 실행함에 있어 계산과 분석이 용이하려면 결함수가 "Coherent"라는 수학적 성질을 가져야 한다. 이 성질을 만족하지 못하는 논리연산 기호는?

① IF ② OR
③ AND ④ NOT

해설
FTA의 논리 gate는 AND gate, OR gate, NOT(부정)gate 등이 있다.

212
FT를 작성했을 때 그 최하단에 통상적으로 사용되지 않는 사상은?

① 결함사상 ② 통상사상
③ 기본사상 ④ 생략사상

해설
결함사상은 최상단(정상사상)이나 중간(중간사상)에 사용한다.

213
입력현상 중에서 어떤 현상이 다른 현상보다 먼저 일어난 때 논리곱의 관계로 표시되는 게이트는?

① AND 게이트 ② 우선적 AND 게이트
③ 조합 AND 게이트 ④ 배타적 OR 게이트

214
최소 컷셋(Minimal cut sets)에 대한 설명으로 가장 타당한 것은?

① 컷 중에 타 컷셋을 포함하고 있는 것을 배제하고 남은 컷셋들을 의미한다.
② 어느 고장이나 에러를 일으키지 않으면 재해가 일어나지 않는 시스템의 신뢰성이다.
③ 기본사상이 일어났을 때 정상사상을 일으키는 기본사상의 집합이다.
④ 기본사상이 일어나지 않을 때 정상사상이 일어나지 않는 기본사상의 집합이다.

215
시스템안전에 대한 접근방법 중 연역적 방법은?

① 예비위험분석 ② 결함위험분석
③ 시스템위험분석 ④ 결함수분석

해설
FTA(결함수분석법) : 연역적, 정량적 분석방법

216
사상 B₁과 B₂가 OR게이트로 연결되어 있고, B₁, B₂의 발생확률이 0.2이다. 이때 출력사상 A의 발생확률은?

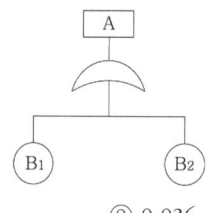

① 0.36 ② 0.036
③ 0.4 ④ 0.04

해설
A = 1 − (1 − 0.2)(1 − 0.2) = 0.36 = 36%

Answer ▶ 208. ① 209. ② 210. ① 211. ① 212. ① 213. ② 214. ① 215. ④ 216. ①

217
FAT의 논리기호 중 OR게이트는?

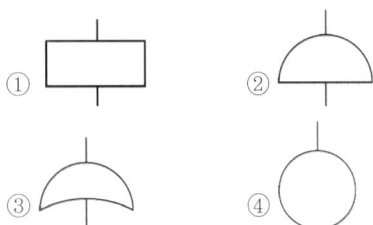

218
FT의 해석방법에 이용되지 않는 것은?

① 부울리언 앨저브러(Boolean algebra)
② 컷셋(Cut set)
③ 미니멀 컷셋(Minimal cut set)
④ 미니맥스 이론(Minimax theory)

219
다음은 FTA(Fault Tree Analysis)에 사용되는 논리 기호이다. 맞지 않는 것은?

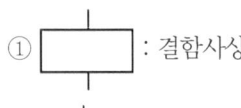 : 결함사상

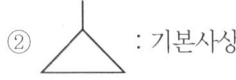 : 기본사상

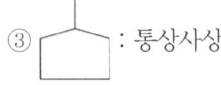 : 통상사상

 : 생략사상

해설
②는 전이기호를 나타낸 것이다.

220
결함수상 다음 그림의 기호는?

① OR 게이트
② 배타적 OR게이트
③ 조합 OR 게이트
④ 우선적 OR 게이트

221
다음 FT도에서 정상사상의 발생확률은? (단, X_1, X_2, X_3의 발생확률은 각각 0.1이다)

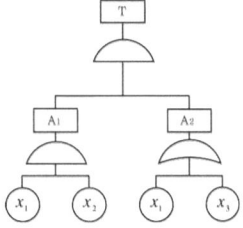

① 0.0019
② 0.019
③ 0.02
④ 0.2

해설
$T = A_1 \times A_2 = (x_1 \times x_2) \times [1-(1-x_1)(1-x_3)]$
$= (0.1 \times 0.1) \times [1-(1-0.1)(1-0.1)]$
$= 0.0019$

222
FTA의 순서에 의해 "재해사례연구의 순서" 4단계가 아닌 것은?

① 톱사상의 선정
② 사고, 재해, 모델화 추진
③ FT도의 작성
④ 개선계획의 작성

223
다음은 FT도에서 제시된 T의 재해발생 확률을 구한 것이다. 옳은 것은? (단, 1, 2, 3의 발생확률은 각각 10^{-1}/h이다.)

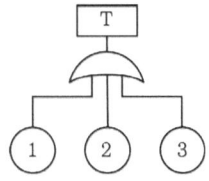

① 0.171
② 0.192
③ 0.242
④ 0.271

해설
$T = 1-(1-10^{-1})(1-10^{-1})(1-10^{-1}) = 0.271$

Answer ● 217. ③ 218. ④ 219. ② 220. ② 221. ① 222. ② 223. ④

224

그림과 같은 결함수를 보고 Fussell의 알고리즘에 의해 BICS를 구하는 경우 최종결과 행렬의 형태는?

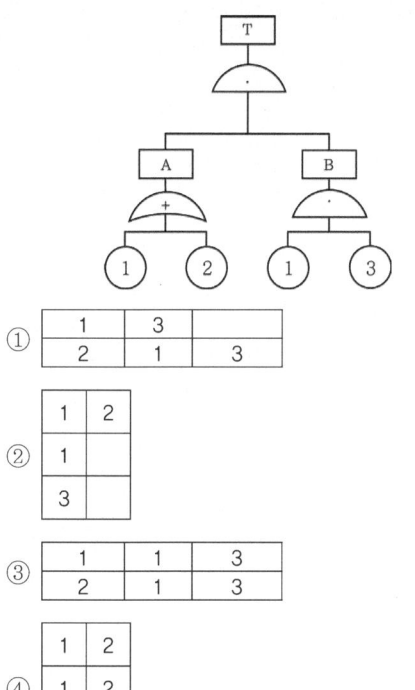

① | 1 | 3 | |
  | 2 | 1 | 3 |

② | 1 | 2 |
  | 1 | |
  | 3 | |

③ | 1 | 1 | 3 |
  | 2 | 1 | 3 |

④ | 1 | 2 |
  | 1 | 2 |
  | 3 | 2 |

해설

$A \to A \cdot B \to \begin{matrix} ①B \\ ②B \end{matrix} \to \begin{matrix} ① & ① & ③ \\ ② & ① & ③ \end{matrix} \to \begin{matrix} ① & ③ \\ ② & ① & ③ \end{matrix}$

225

다음의 FT 도에서 몇 개의 미니멀 컷셋(minimal cut set)이 존재하는가?

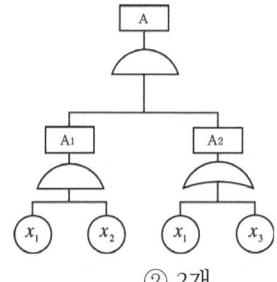

① 1개   ② 2개
③ 3개   ④ 4개

해설

$A \to A_1 A_2 \to X_1 X_2 A_2 \to \begin{matrix} X_1 & X_2 & X_1 \\ X_1 & X_2 & X_3 \end{matrix}$

∴ 컷 셋은 2개 ($X_1 X_2$와 $X_1 X_2 X_3$), 미니멀 컷셋은 1개 ($X_1 X_2$)

226

다음 그림의 결함수에서 최소 컷셋을 올바르게 구한 것은?

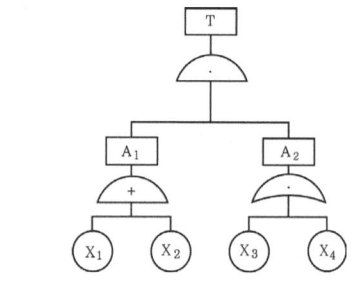

① (X_1, X_2) ② (X_1, X_2, X_3)
③ (X_1, X_3) ④ (X_3, X_3)

해설

$T \to A_1 A_2 \to X_1 X_2 A_2 \to \begin{matrix} X_1 & X_2 & X_3 \\ X_1 & X_2 & X_4 \end{matrix}$

227

다음의 컷셋 중에서 최소 컷셋을 구한 것으로 맞는 것은?(단, 컷셋 : $(X_1, X_2), (X_1, X_2, X_3), (X_1, X_2, X_4)$)

① (X_1, X_2)
② (X_1, X_2, X_3)
③ (X_1, X_2, X_4)
④ $(X_1, X_2) (X_1, X_2, X_3)$

228

다음에 패스셋 중 최소 패스셋을 구하면 어떤 것이 적합한가? (단, 패스셋 : $(X_2, X_3 X_4) (X_1 X_3 X_4) (X_3 X_4)$)

① (X_1, X_2)
② (X_1, X_2, X_3)
③ (X_1, X_2, X_4)
④ $(X_1, X_2) (X_1, X_2, X_3)$

Answer ➡ 224. ① 225. ① 226. ② 227. ① 228. ③

229
다음의 결함수에서 정상사상의 재해발생확률을 구하면? (단, 기본사상 ①, ②의 발생확률은 각각 0.1, 0.2이다.)

① 0.02　　② 0.3
③ 0.28　　④ 0.2

해설
T = 1 − (1 − 0.1)(1 − 0.2) = 0.28

230
3개 이상의 입력현상 중에 어느 것이던가 2개가 일어나면 출력이 생기는 결함수에 이용되는 게이트는?

① 우선적 AND 게이트　② 조합 AND 게이트
③ 위험지속기호　　　　④ 배타적 OR 게이트

231
결함수상의 다음 그림의 기호는?

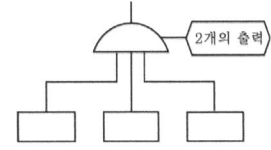

① 우선적 AND 게이트
② 조합 AND 게이트
③ AND 게이트
④ 배타적 AND 게이트

232
아래의 FT도에 있어 A의 사상(事狀)이 발생할 수 있는 확률을 구하시오 (단, 사상 ①,②,③의 발생확률은 각각 0.1, 0.2, 0.15이다.)

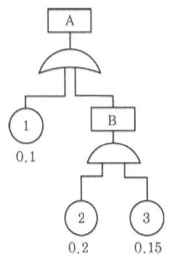

① 1.27×10^{-1}　　② 3.5×10^{-1}
③ 3.25×10^{-2}　　④ 7.3×10^{-2}

해설
B = 0.2 × 0.15 = 0.03
∴ A = 1 − (1 − 0.1)(1 − 0.03) = 0.127

233
다음 그림에서 G₁의 발생확률은?(단, G₂ 0.1, G₃ 0.2, G₄ 0.3의 발생확률을 갖는다.)

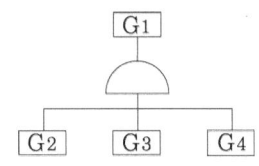

① 0.6　　② 0.496
③ 0.006　　④ 0.3

해설
G₁ = G₂ × G₃ × G₄ = 0.1 × 0.2 × 0.3 = 0.006

234
다음 중 부정 게이트는 무엇인가?

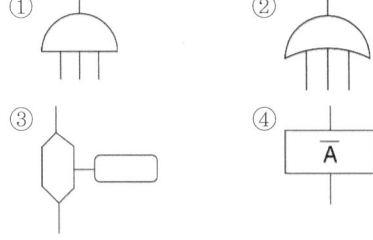

해설
①항은 AND 게이트, ②항은 OR 게이트, ③항은 억제 게이트(수정기호의 일종으로 입력사상이 일어난 조건이 만족되어야 출력사상이 생긴다), ④항은 부정 또는 부족 게이트(not gate : 입력사상의 반대사상이 출력된다.)

235
FTA의 기호 중 그림은 무슨 뜻인가?

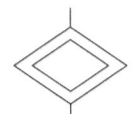

Answer ● 229. ③　230. ②　231. ②　232. ①　233. ③　234. ④　235. ③

① 생략사상으로서 인간의 에러를 나타낸다.
② 기본사상으로서 조작자의 간과를 나타낸다.
③ 생략사상으로서 간소화를 나타낸다.
④ 생략사상으로서 조작자의 간과를 나타낸다.

해설

생략사상을 나타내는 기호
① 생략사상   ② 생략사상(인간의 에러)

③ 생략사상(간소화)   ④ 생략사상(조작자의 간과)

236
FTA 기호 중 조작자의 간과를 나타내는 기본사상의 기호는?

① 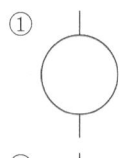   ②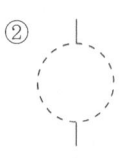

③ 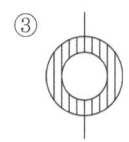   ④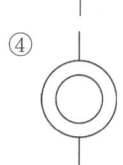

해설

①항은 기본사상, ②항은 기본사상 중 인간의 에러(인간동작의 생략 또는 오류를 표시), ③항은 기본사상 중 조작자의 간과(조작자에 의한 결함의 누락이나 시정누락을 표시)

237
고장이 직접 시스템의 손해나 인원의 사상에 연결되는 높은 위험도를 가지는 경우에 위험도를 가져오는 요소 또는 고장의 형태에 따른 분석기법은?

① PHA   ② FMEA
③ CA   ④ FTA

해설

CA(Criticality analysis)는 FMEA와 병용되는 경우가 많다.

238
다음중 치명도 해석과 관계있는 위험해석기법은?

① FMECA   ② MORT
③ ETA   ④ O&S

해설

FMECA(고장 형태와 영향 및 치명도 해석)는 FMEA(고장형태와 영향해석)와 CA(치명도해석)가 병용된 해석기법이다.

239
다음 그림의 설명 중 틀린 것은?

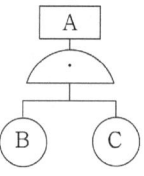

① $R_A = R_B \cdot R_C$
② B와 C가 동시에 발생하지 않으면 A는 발생하지 않는다.
③ 논리기호는 AND를 나타낸다.
④ 논리합의 경우이다.

해설

AND 기호는 $R_A = R_B \cdot R_C$의 논리적(곱)을 나타낸다.

240
AND 게이트 또는 OR 게이트는 수정기호를 병용함으로써 각종 조건부 게이트를 구성한다. 3개 이상의 입력사상 중 어느 것인가 2개가 일어나면 출력사상이 생기는 조건부 게이트에 해당되는 것은?

① 우선적 AND 게이트
② 조합(짜맞춤) AND 게이트
③ 위험지속기호
④ 배타적 OR 게이트

해설

수정기호(제약 gate) : 수정기호 조건 내에는 다음에 나타나는 조건을 기입한다.
① 우선적 AND gate : 입력사상 가운데 어느 사상이 다른 사상보다 먼저 일어났을 때에 출력사상이 생긴다. 예를 들면[A는 B보다 먼저]와 같이 기입한다.
② 짜맞춤 AND gate : 3개 이상의 입력사상 가운데 어느 것이던 2개가 일어나면 출력사상이 생긴다. 예를들면[어느 것이

Answer ● 236. ③ 237. ③ 238. ① 239. ④ 240. ②

든 2개]라고 기입한다.
③ 위험지속기호 : 입력사상이 생기어 어느 일정시간 지속하였을 때에 출력사상이 생긴다. 예를 들면 [위험지속시간]과 같이 기입한다.
④ 베타적 OR gate : OR gate로 2개 이상의 입력이 동시에 존재한 때에는 출력사상이 생기지 않는다. 예를 들면[동시에 발생하지 않는다]라고 기입한다.

241
ETA의 7단계에 해당되지 않는 것은?

① 설계 ② 심사
③ 제작 ④ 확인

해설
ETA의 7단계 : ① 설계 ② 심사 ③ 제작 ④ 검사 ⑤ 보전 ⑥ 운전 ⑦ 안전대책

242
FMEA 이란 다음 중 어느 것을 뜻하는가?

① 고장이 체계에 미치는 영향을 분석한 고장 영향 사전평가이다.
② 결함을 나타내어 정량적으로 분석한 결함분석 평가를 뜻한다.
③ FTA 결과를 분석한 하나의 기법이다.
④ 위험 예지 방법의 일종이다.

해설
FMEA는 system에 영향을 미치는 전체 요소의 고장을 형별로 분석하여 그 영향을 검토하는 것이다.

243
MORT(management oversight and risk tree)는 누구에 의해서 개발된 시스템안전해석 방법인가?

① G. L. Wells ② W. G. Johonson
③ D. Petersen ④ R. L. Browing

244
단일부품의 고장이 시스템에 어떠한 영향을 미치는가를 파악하는데는 FMEA 등의 귀납적 기법이 대표적이다. 고장부품이 두 개인 사상을 분석대상으로 하는 기법의 대표적인 것은?

① 체계 분해법 ② 경로 추적법
③ 고장 행렬법 ④ 사상 공간법

해설
①, ②, ④는 신뢰도를 구하는 방법이다.

245
위험분석 기법 중 가장 기본적인 방법은 PHA, FHA, FTA 인데, 이 세가지 방법 중 (①)는 원인을 강조하며, (②)는 위험 그 자체와 영향을 강조한다. 또 (③)는 귀납적이고, (④)는 연역적인 방법이다. (⑤)는 양쪽 모두의 요소를 사용하고 있다. ( )안에 알맞은 기법을 순서대로 옮겨 나열한 것은?

| ① ② ③ ④ ⑤ |
① FTA － PHA － FHA － FTA － PHA
② FTA － FHA － FTA － PHA － FHA
③ FTA － FHA － PHA － FTA － PHA
④ FTA － PHA － FHA － PHA － FTA

246
안전성 평가의 종류가 아닌 것은?

① Technology Assessment
② Fault Assessment
③ Safety assessment
④ Risk Assessment

해설
①항은 기술개발의 종합평가, ③항은 안전성 평가, ④항은 위험성 평가를 의미하며, 이외에 안전성 평가의 종류로서 Human Assessment(인간사고상의 평가)가 있다.

247
안전성 평가는 6단계 과정을 거쳐 실시되는데 이에 해당되지 않는 것은?

① 작업조건의 측정
② 정성적 평가
③ 안전대책
④ 관계자료의 정비 검토

Answer ● 241. ④ 242. ① 243. ② 244. ③ 245. ③ 246. ② 247. ①

248
안전성평가의 기본방침에 대한 설명 중 틀린 것은?

① 관리자는 근로자의 상해방지에 대한 책임을 진다.
② 상해위험부분에는 방호장치를 설치한다.
③ 안전에 대한 책임을 질 수 있도록 법규정을 강화한다.
④ 상해방지는 가능하다.

해설
③항은 안전에 대한 책임을 질 수 있도록 교육훈련을 의무화해야 한다.

249
안전성 평가의 순서를 바르게 기술한 것은 다음 중 어느 것인가?

① 자료의 정리 – 정량적 평가 – 정성적 평가 – 대책수립 – 재평가
② 자료의 정리 – 정성적 평가 – 정량적 평가 – 재평가 – 대책수립
③ 자료의 정리 – 정량적 평가 – 정성적 평가 – 재평가 – 대책수립
④ 자료의 정리 – 정성적 평가 – 정량적 평가 – 대책수립 – 재평가

250
기술개발에 있어서 종합평가(technology assessment)의 제 3단계에 해당되는 것은?

① 경제성
② 사회적 복리기여도
③ 실현가능성
④ 안전성과 위험성

해설
기술개발의 종합평가
① 1단계 : 사회적 복리기여도
② 2단계 : 실현가능성
③ 3단계 : 안전성과 위험성
④ 4단계 : 경제성
⑤ 5단계 : 종합평가(조정)

251
다음 중 기술개발의 종합평가에서 효율성의 체크 포인트가 아닌 것은 어느 것인가?

① 재해사고의 감소
② 인체에 대한 영향
③ 생산성 향상
④ 기술수준의 향상

해설
효율성의 체크 point
① 재해사고의 감소   ② 생산성의 향상
③ 기술수준의 향상   ④ 자원의 확대
⑤ 생활의 고도화   ⑥ 상품의 고도화

252
기술개발의 종합평가에 의한 비합리성의 체크 포인트에 해당되지 않는 것은?

① 인체에 대한 영향
② 환경에 대한 영향
③ 자원낭비의 증대 여부
④ 기술수준의 향상

해설
비합리성의 체크 포인트
① 사회기능에 대한 영향
② 산업, 문화적 측면에 대한 영향
③ 인체에 대한 영향
④ 자연환경에 대한 영향
⑤ 자원낭비의 증대여부

253
리스크 어세스먼트(risk assessment)의 순서 중 제 3순위에 해당되는 것은?

① 리스크의 검출과 확인
② 리스크의 측정과 분석
③ 리스크의 처리
④ 리스크 처리방법의 선택

해설
①항 1순위, ②항 2순위, ③항 3순위, ④항 4순위, 5순위는 계속적인 리스크의 감시

Answer ⊃ 248. ③ 249. ④ 250. ④ 251. ② 252. ④ 253. ③

254
설계관계에 관하여 정성적 평가를 해야 될 대상이 아닌 것은?

① 입지조건 ② 공장내 배치
③ 소방설비 ④ 공정기기

해설
정성적 평가항목
1) 설계관계 항목 : 입지조건, 공장내 배치, 건조물, 소방설비
2) 운전관계 항목 : 원재료·중간체 제품, 공정, 수송·저장, 공정기기

255
안전점검의 멀티플 체크(multiple check)의 순서에서 제 3단계에 해당되는 것은?

① 시스템 어프로치(system approach)
② 체크리스트에 의한 안전진단
③ 고장형과 영향분석
④ 안전대책의 시행

해설
안전점검의 멀티플 체크의 순서
① 1단계(시스템 어프로치) : 대상에 대한 시스템에 어떤 문제점이 있는가를 명확히 한다.
② 2단계 : 체크리스트에 의하여 안전진단을 행한다.
③ 3단계(FMEA) : 주요 요인에 대한 잠재위험성을 정량적으로 평가하여 중요도를 정한다.
④ 4단계(안전대책의 시행) : FMEA 결과를 기초로 안전대책을 실행한다.
⑤ 5단계(what if) : 재해상정에 의한 제 4단계까지의 경과를 평가하여 보고 "만약에 ~라면" 등으로 살펴본다.
⑥ 6단계 : ETA와 FTA를 활용하여 종합 평가한다.

256
화학설비의 안전성 평가단계를 다음의 보기를 가지고 맞게 나타낸 것은?

① 관계자료의 정비검토
② 정성적 평가
③ 정량적 평가
④ 안전대책

① ①—②—③—④ ② ①—③—②—④
③ ①—③—④—② ④ ①—②—④—③

257
안전성 평가의 4단계인 안전대책에는 설비 등에 관한 대책과 관리적 대책이 있다. 다음 중 관리적 대책이 아닌 것은?

① 적정인원 배치
② 교육 훈련
③ 폭풍으로부터의 보호대책
④ 보전대책

해설
③항은 설비대책이다.

258
재해의 예방에 관계되는 페일세이프 설계에서 고장시 대책이 마련될 때까지 안전상태로 유지시키는 것으로 맞는 것은?

① 페일·액티브   ② 인터록크
③ 페일·패시브   ④ 페일·오퍼레이셔널

해설
페일세이프 설계
① 페일·패시브(자동감지) : 고장시에 에너지를 최저화(정지)시킨다.
② 페일·액티브(자동제어) : 고장시에 대책을 취할 때까지 안전상태로 유지시킨다.
③ 페일·오퍼레이셔널(차단 및 조정) : 고장시에 시정조치를 취할 때까지 안전하게 기능을 유지시킨다.

259
시스템의 안전계획에 기술되어야 할 내용과 관계가 없는 것은?

① 안전성관리 조직 및 타의 프로그램 기능과의 관계
② 시스템에 생기는 모든 사고의 식별 및 평가를 위한 해석법의 양식
③ 시스템의 위험요인에 대한 구체적인 개선 대책
④ 허용수준까지 최소화 또는 제거되어야 할 사고의 종류

Answer ➡ 254. ④ 255. ③ 256. ① 257. ③ 258. ① 259. ③

260
위험 및 운전성 검토의 성패를 좌우하는 중요요인으로 적합하지 않은 것은?

① 팀의 기술능력과 통찰력
② 발견될 위험의 심각성을 평가할 때 팀의 균형감각 유지능력
③ 사용된 도면, 자료 등의 정확성
④ 검토팀의 무재해운동 추진 능력

해설

위험 및 운전성 검토의 성패를 좌우하는 중요요인
① 팀의 기술능력과 통찰력
② 사용된 도면, 자료 등의 정확성
③ 발견된 위험의 심각성을 평가할 때 팀의 균형감각 유지 능력
④ 이상(deviation), 원인(cause), 결과(consequence) 등을 발견하기 위해 상상력을 동원하는데 보조 수단으로 사용할 수 있는 팀의 능력

261
위험 및 운전성 검토시에 고려해야 할 위험의 형태가 아닌 것은?

① 지역기간산업의 위험
② 작업중인 인원 및 일반대중에 대한 위험
③ 제품 품질에 대한 위험
④ 환경에 대한 위험

해설

검토시 고려할 위험의 형태
① 공장 및 기계설비에 대한 위험
② 작업중인 인원 및 일반대중에 대한 위험
③ 제품 품질에 대한 위험
④ 환경에 대한 위험

262
위험 및 운전성 검토에서 검토팀 구성원수는 몇 명이 적당한가?

① 3~5명   ② 6~8명
③ 9~10명   ④ 11~15명

해설

팀 구성원수는 너무 많지 않아야 하며 3~5명의 기술자가 적당하다.

263
기계설비의 안전성 평가시 본질적인 안전화를 진전시키기 위하여 검토해야 할 사항과 거리가 먼 것은?

① 작업자측에 실수나 잘못이 있어도 기계설비측에서 커버하여 안전을 확보할 것
② 기계설비의 유압회로나 전기회로에 고장이 발생해 정전 등 이상상태 발생시 안전쪽으로 이행
③ 작업방법, 작업속도, 작업자세 등을 작업자가 안전하게 작업할 수 있는 상태로 강구함
④ 재해를 분석하여 근로자의 안전작업 방법에 대한 강화

해설

기계설비의 본질안전화를 진전시키기 위해 검토해야 할 사항
① 작업자측에 실수나 잘못이 있어도 기계설비측에서 커버하여 안전을 확보할 것
② 기계설비의 유압회로나 전기회로에 고장이 발생해 정전 등 이상상태가 발생한 경우에는 안전쪽으로 이행하도록 할 것
③ 작업방법, 작업속도, 작업자세 등을 작업자가 안전하게 작업할 수 있는 상태로 강구할 것

264
가스 집합장치의 위험방지를 위하여 사업주는 화기를 사용하는 설비로부터 몇 m 이상 떨어진 장소에 장치를 설치하여야 하는가?

① 20   ② 10
③ 7   ④ 5

해설

가스집합장치의 위험방지(안전보건규칙)
① 사업주는 가스집합장치에 대하여는 화기를 사용하는 설비로부터 5m 이상 떨어진 장소에 설치하여야 한다.
② 가스집합장치를 설치할 때에는 전용의 방(가스장치실)에 설치하여야 한다(단, 이동식은 제외).

265
법상의 유해·위험방지계획서를 제출해야 할 대상 기계·기구 및 설비의 종류에 해당되지 않는 것은?

① 금속 기타 광물의 용해로
② 화학 설비
③ 이동식 가스집합용접장치
④ 건조 설비

Answer ➡ 260. ④ 261. ① 262. ① 263. ④ 264. ④ 265. ③

266
다음의 건설공사에서 법상의 유해·위험 방지계획서의 제출대상에 해당되지 않는 것은?

① 지상높이가 31m 이상인 건축물의 건설
② 최대지간 길이가 50m 이상인 교량건설 등 공사
③ 터널건설 등의 공사
④ 제방높이가 15m 이상인 댐건설 등의 공사

267
사업주가 유해·위험 방지계획서를 제출할 경우에 해당 건설물 등의 설치·이전 또는 주요구조부분 변경 및 공사착공하기 몇일 전까지 그 계획서를 공단에 제출하여야 하는가?

① 공사착공전일 ② 45일
③ 60일 ④ 80일

해설
유해위험방지계획서를 제출하고자 하는 사업주는 유해위험방지계획서를 해당 공사의 착공전일까지 공단에 2부를 제출하여야 한다.

268
공단은 유해·위험 방지계획서 및 그 첨부서류를 접수한 때에는 접수일로부터 몇일 이내에 심사하여 사업주에게 그 결과를 통지하여야 하는가?

① 10일 ② 15일
③ 30일 ④ 60일

해설
유해·위험 방지계획서의 심사 및 결과통지
① 공단은 유해·위험 방지계획서 및 그 첨부서류를 접수한 때에는 접수일로부터 15일 이내에 심사하여 사업주에게 그 결과를 통지하여야 한다.
② 공단은 심사의 결과를 해당 사업장을 관할하는 지방노동관서의 장에게 보고하여야 한다.

269
유해·위험 방지설비 중에서 금속 기타 광물의 용해로는 용량이 몇 톤 이상의 것에 관하여 유해·위험 방지에 관한 심사를 받아야 하는가?

① 0.5톤 ② 1톤
③ 2톤 ④ 5톤

270
법상 유해·위험 방지계획서의 제출대상을 대별하였을 때 적합하지 않은 것은?

① 제조업 및 가스업의 설치·이전·주요 구조부 변경시
② 선반, 밀링의 설치 이전 주요 구조부의 변경시
③ 화학 plant 설비의 설치 이전 주요 구조부 변경시
④ 건설공사시

271
다음은 안전진단시의 진단항목을 열거하였다. 해당되지 않는 것은 무엇인가?

① 최고 책임자의 안전방침
② 재해조사방법 및 분석
③ 고용노동부에 안전관계보고의 적정성
④ 안전교육훈련

272
위험성 분석에 사용되는 일반적 목표의 위험레벨은?

① 1×10^{-3}의 위험레벨
② 1×10^{-4}의 위험레벨
③ 1×10^{-5}의 위험레벨
④ 1×10^{-6}의 위험레벨

273
시스템안전관리의 내용에 해당되지 않는 것은?

① 시스템 어프로치
② 안전활동의 조직
③ 시스템안전 프로그램의 제시
④ 다른 시스템 프로그램 영역과의 조정

Answer ➡ 266. ④ 267. ① 268. ② 269. ② 270. ② 271. ② 272. ③ 273. ①

274
단위 운전시간 내에 결함 발생 1건일 때를 기준으로 한 결함발생의 빈도구분으로 틀린 것은?

① 개연성 – 10,000시간 내에 결함발생 1건
② 추정적 개연성 – 100,000시간 내에 결함발생 1건
③ 희박 – 100,000~10,000,000시간 내에 결함발생 1건
④ 무관 – 10,000,000 이상 시간 내에 결함발생 1건

해설
추정적 개연성 : 10,000~100,000시간 내에 결함 발생 1건일 때 추정적 개연성이 있다고 한다.

275
시스템 안전성 평가기법들의 일반적인 장점을 나열한 것이다. 해당되지 않는 것은?

① 가능성을 정량적으로 다룰 수 있다.
② 원인, 결과 및 모든 사상들의 관계가 명확해진다.
③ 시각적 표현에 의해 정보전달이 용이하다.
④ 연역적 추리를 통해 결함사상을 빠짐없이 도출한다.

276
위험관리 내용을 가장 잘 설명한 것은?

① 위험의 식별
② 위험의 양적 제시
③ 위험수준의 결정
④ 위험성의 확인 및 평가

277
다음 중 서브시스템 해석에 주로 사용되는 시스템 해석기법은?

① FMEA
② PHA
③ ETA
④ FHA

해설
FHA(fault hazard analysis : 결함 위험 분석)는 서브시스템 해석 등에 사용되는 해석법이다.

278
시스템안전분석에 대한 설명 중 틀린 것은?

① 해석의 논리적 견지에 따라 귀납적, 연역적 해석방법이 있다.
② PHA(예비사고 분석)는 운용사고분석이라고 할 수 있다.
③ 해석의 수리적 방법에 따라 정성적, 정량적 해석방법이 있다.
④ FTA는 정성적, 정량적 해석이 가능한 방법이다.

해설
PHA는 시스템안전 프로그램에 있어서 최초 단계의 분석, 즉 개발단계의 분석방법으로 운용단계에서 사고분석을 하는 것이라고 할 수 없다.

279
고장의 형과 영향분석(FMEA)에서 시스템에 영향을 미치는 요소의 고장형의 분류에 해당되지 않는 것은?

① 노출 또는 개방된 고장
② 폐쇄 또는 차단된 고장
③ 운전연속의 고장
④ 기동 고장 및 정지의 고장

해설
③항은 「운전연속의 고장」이 아니라 「운전단속의 고장」이다.

280
다음 중 MORT의 해석기법은?

① 연역적, 정성적
② 연역적, 정량적
③ 귀납적, 정량적
④ 귀납적, 정성적

해설
MORT 프로그램은 tree를 중심으로 FTA와 같은 논리기법(연역적, 정량적 해석기법)을 이용하여 관리, 설계, 생산, 보존 등의 광범위하게 안전을 도모하는 것으로서 고도의 안전을 달성하는 것을 목적으로 한 것이다(원자력 산업에 이용).

Answer ➡ 274. ② 275. ③ 276. ④ 277. ④ 278. ② 279. ③ 280. ②

281

FMECA(failure mode effects and criticality analysis)를 실시하는 목적으로 틀린 것은?

① 안전운용의 확률이 높은 설계를 선택하는 수법을 준다.
② 초기단계에서 시스템의 경계에 있는 문제를 명확히 한다.
③ 시스템의 안전상에 치명적인 여러 개의 모드(mode)를 결정한다.
④ 초기단계에서 시험계획을 세우는 기준을 준다.

해설

FMECA(고장의 **형태와 영향** 및 **치명도분석**)는 시스템의 안전성에 치명적인 단일한 고장개소를 특정한다.

Answer ⊙ 281. ③

memo

CONTENTS

CHAPTER 01 | 목재
CHAPTER 02 | 시멘트 및 콘크리트
CHAPTER 03 | 석재 및 점토
CHAPTER 04 | 금속재료
CHAPTER 05 | 미장 및 방수재료
CHAPTER 06 | 합성수지
CHAPTER 07 | 도로 및 접착제

3 과목

건설재료학

1장 목재

1 목재의 장·단점

(1) 장점

1) 가벼워 운반, 취급이 편리하고 가공이 용이하다.
2) 무게에 비해 강도와 탄성이 크다.
3) 열전도율 및 열팽창율이 작고 전기의 부도체이다.
4) 산성, 약품 및 염분 등에 대하여 저항력이 크다.
5) 종류가 많고 각각 외관이 다르며 아름답다.
6) 충격, 진동, 소음을 잘 흡수한다.
7) 온도에 대한 신축이 크다.

(2) 단점

1) 재질, 강도에 균일성이 없고 비틀림이 생기기 쉽다.
2) 큰 치수의 구입이 곤란하다.
3) 착화점이 낮아 내화성이 적다.
4) 흡수성이 크며 변형되기 쉽고 또한 부식하기 쉽다.
5) 충해나 풍해에 의해 내구성이 떨어진다.

2 목재의 조직

(1) 연륜(나이테): 수목 횡단면에 춘재부와 추재부가 교대로 연속되어 나타나는 동심원형의 조직으로 1년 동안에 성장하여 형성된 층을 말한다.

(2) 변재와 심재

변 재	심 재
1. 목재의 표피 가까이 위치	1. 목재의 수심 가까이 위치
2. 담색	2. 암색
3. 역할 : 수액의 전달과 양분 저장	3. 변재가 변화되어 세포가 고화된 것
4. 수분을 많이 함유	4. 수분이 적음
5. 수축 변형이 크고 내구성이 작다.	5. 변형이 적고 내구성이 크다.

(3) 목재의 세포(cell)

1) 섬유 : 수목 전체적의 90~97%(활엽수는 전체적의 40~75%)를 차지하는 가늘고 긴 세포로, 길이는 1~4mm(활엽수는 0.5~2.5mm)정도이다.
2) 도관 : 활엽수에만 있는 것으로 변재에서 수액의 운반역할을 한다.
3) 수선 : 수심에서 사방으로 뻗어있는 것으로 수액을 수평 이동하는 역할을 한다.
4) 수지구 : 수지(송진 등)의 이동이나 저장을 하는 곳이다.

3 목재의 성분

(1) **목재의 원소 조성** : 탄소(C) 50%, 산소(O) 44%, 수소(H) 6% 정도
(2) **목재의 성분** : 섬유소(세포막 구성) 50~60%, 리그닌(접착제 역할)25~30%, 그밖에 셀룰로오스, 탄닌(tannin), 수지(resin) 등이 포함되어 있다.

4 결의 종류에 따른 특성

(1) **널결(판목)** : 연륜에 평행 방향으로 컨 목재면에 나타난 곡선형(물결모양)의 나무결
  1) 신축이 균일하지 않다(잘 휘어짐).
  2) 곧은결보다 변형이 크고 마모율도 크다.
  3) 제재가 쉽고, 아름답다.

(2) **곧은결(정목)** : 연륜에 직각 방향으로 컨 목재면에 나타나는 평행선상의 나무결
  1) 신축이 균일하다.
  2) 널결에 비해 수축변형과 마모율이 적다.
  3) 마무리가 쉽고 널리 사용한다.

5 목재의 비중

(1) **기건비중** : 목재의 수분을 공기 중에서 제거한 상태의 비중(일반적으로 사용하는 목재의 비중으로 0.3~0.9)
(2) **진비중(실비중)** : 목재가 공극을 포함하지 않는 실제부분의 비중(1.54~1.56)
(3) **절대건조비중(절건비중)** : 100~110℃의 온도로 건조시켜 수분을 제거했을 때의 비중

(4) 공극률과 비중과의 관계식

$$\therefore V = 1 - \frac{r}{1.54} \times 100(\%)$$

- V : 공극률(%)
- r : 절건비중
- 1.54 : 목재를 구성하고 있는 섬유질의 비중(진비중)

6 함 수 율

(1) **기건재의 함수율** : 12~18%(평균 15%)

(2) **섬유 포화점** : 섬유자신의 함수율이 25~30%(보통 30%)인 경우

(3) **함수율에 의한 목재 재질의 변화**

    1) 목재의 재질 변동(수축, 팽창 등)은 섬유포화점 이하의 함수 상태에서만 발생한다.
       ① 변재는 심재보다 수축이 크다.
       ② 활엽수가 침엽수 보다 수축이 크다.
    2) 섬유 포화점 이하에서 함수율의 감소에 따라 강도는 증가하고 탄성은 감소한다.

7 열에 의한 성질

(1) 목재는 열전도율 및 열 팽창율이 극히 낮다.

(2) 내화성이 낮다.

(3) **목재의 연소성**

    1) 100℃ : 수분증발
    2) 180℃전후 : 열분해에 의해 가연성가스를 발생하여 인화(인화점)
    3) 260~270℃ : 목재에 불이 붙음(착화점 또는 화재위험온도)
    4) 400~450℃ : 화기 없이 자연 발화(발화점)

8 목재의 강도

(1) **목재의 강도**

    1) 목재강도의 크기 순서 : 인장강도 > 휨강도 > 압축강도 > 전단강도

2) 인장 및 압축강도 : 섬유의 평행방향에 대한 강도가 가장 크고, 섬유의 직각방향에 대한 것이 가장 작다(직각방향의 인장강도는 평행방향 강도의 약 20~25% 정도).

3) 휨강도 : 휨강도는 압축강도의 약 1.75배 정도이다.

4) 전단강도 : 전단강도의 크기는 세로방향 인장강도의 1/10 정도이며, 전단력은 섬유의 직각방향이 평행방향보다 강하다.

(2) 목재의 강도에 영향을 주는 요인

1) 비중 : 비중이 클수록 강도가 크다.

2) 함수율 : 함수율과 강도는 반비례하며, 섬유포화점 이상의 함수상태에서는 함수율이 변화해도 강도는 일정하다.

3) 홈 : 홈이 있으면 강도가 매우 떨어진다.

4) 목재수종 : 목재수종에 따라 강도가 큰 것이 있고 작은 것이 있다.

(3) 목재를 인장재로 사용하지 않는 이유 : 목재는 주로 압축 및 휨부재로 사용

1) 옹이, 마디가 있다.

2) 나이테와 접선방향(평행방향)의 인장강도가 작다.

3) 목재의 이음이 어렵다.

4) 섬유가 변형된다.

(4) 목재의 내구성을 감소시키는 원인

1) 박테리아 또는 균류에 의한 부패

2) 풍화작용으로 인한 마모

3) 곤충류에 의한 충해

4) 연소에 의한 화재

9 목재의 방부법

(1) 표면탄화법 : 목재의 표면을 3~10mm정도 태우는 방법(방부효과가 1~2번 정도뿐으로 지속성 부족)

(2) 방부제 사용법

1) 도포법 : 방부제를 목재표면에 도포하는 방법

2) 주입법 : 방부제를 목재중에 주입하는 방법
   ① 상압주입법 : 보통 압력(상압)하에서 방부제를 주입하는 방법

② 가압주입법 : 압력용기속에 목재를 넣고 7~12atm의 고압하에 방부제를 주입하는 방법

3) 침지법 : 방부제 용액중에 목재를 침지하는 방법

4) 생리적 주입법 : 벌목전에 나무뿌리에 약액을 주입하여 수간에 이행시키는 방법

(3) 방부제의 종류

1) 수용성 방부제 : 황산동 1%용액, 불화소다 2%용액, 염화아연 4%용액, 염화제2수은 1%용액

2) 유성방부제 : 코울타르 및 아스팔트, 크레오소트유, 페인트

3) PCP(penta chloro phenol)의 특성 (방부제)
   ① 방부제 중 방부력이 가장 우수하다.
   ② 열이나 약재에도 안정하다.
   ③ 무색제품으로 그 위에 페인트를 칠할 수 있다.

10 목재의 건조

(1) 건조전의 처리법

1) 수침법 : 2주 이상 흐르는 물에 담그는 방법

2) 자비법 : 열탕에 삶는 방법

3) 증기법 : 원통속에서 수증기로 찌는 방법

(2) 인공 건조 방법 : ① 증기법 ② 훈연법 ③ 진공법 ④ 열기법

11 목재 제품

(1) 합판

1) 합판 : 3매 이상의 얇은 판을 1매마다 섬유방향에 직교하도록 붙여서 만든 것

2) 합판의 특성
   ① 단판을 서로 직교시켜서 붙인 것이므로 잘 갈라지지 않고 방향에 따른 강도의 차가 적다.
   ② 판재에 비해 균질이다.
   ③ 큰판 및 곡면판을 만들 수 있다.
   ④ 무늬가 좋은 판을 얻을 수 있다.

(2) 집성목재

1) 집성목재와 합판의 차이점
   ① 판을 섬유방향에 평행하도록 붙인다.
   ② 판이 홀수가 아니어도 된다.
   ③ 합판과 같은 얇은판이 아니고, 보나 기둥에 사용할 수 있는 두꺼운 단면을 가진다.

2) 집성목재의 특성(장점)
   ① 목재의 강도를 자유롭게 조절할 수 있다.
   ② 응력에 따라 필요한 단면을 만들 수 있다.
   ③ 집성재의 내부에 있어서 건조균열 및 변형등을 피할 수 있다.
   ④ 방부성, 방충성, 방화성이 높은 목재를 만들 수 있다.

(3) 마루판류(flooring)
무늬가 아름다운 나무를 사용하여 인공 건조한 판재(board)로 만든 것으로, 플로링보드, 플로링블복, 쪽매널, 파키트리 보드, 파키트리 패널, 파키트리 블록 등이 있다.

1) 큰 면적의 판을 만들 수 있고, 두께는 비교적 자유로이 선택할 수 있다.
2) 표면이 평활하고 경도가 크다.
3) 방충, 방부성이 크다.
4) 가공성이 양호하다.

(4) 파티클보드(particle board)
목재를 주원료로 하여 접착제로 성형, 열압하여 제판한 비중 0.4 이상의 판을 말하며 칩보드(cheep board)라고도 한다. 그 특성은 다음과 같다.

1) 두께는 비교적 자유로이 선택할 수 있다(가공성 양호).
2) 강도에 방향성이 없고, 큰 면적의 판을 만들 수 있다.
3) 방충·방부성이 크다.
4) 표면이 평활하고 경도(硬度)가 크다.

(5) 코펜하겐 리브판(copenhagen rib board)

1) 두께 5cm, 폭(너비) 10cm 정도의 긴 판에다 표면을 리브로 가공한 것이다.
2) 면적이 넓은 강당, 집회장, 극장 등의 천장 또는 내벽에 붙여 음향조절용으로 쓰이며 수장재로 사용된다.

실 / 전 / 문 / 제

01
목재의 장점 및 단점을 설명한 것 중 틀린 것은?

① 가볍고 가공이 용이하며 감촉이 좋다.
② 흡수성이 크며 흡수율에 따른 변형이 크다.
③ 열전도율 및 열팽창율이 작다.
④ 산성, 약품 및 염분에 약하다.

해설

목재의 장점 및 단점
(1) 장점
　① 가볍고 가공이 용이하며 감촉이 좋다.
　② 무게(비중)에 비하여 강도가 크다.
　③ 열전도율 및 열팽창율이 작고 전기의 부도체이다.
　④ 산성, 약품 및 염분 등에 대하여 저항력이 크다.
　⑤ 종류가 많고 각각 외관이 다르며 아름답다.
(2) 단점
　① 착화점이 낮아 내화성이 적다.
　② 흡수성이 크며 변형되기 쉽고 습도가 많은 곳에서는 부식하기 쉽다.
　③ 충해나 풍해에 의해 내구성이 떨어진다.

02
목재에 관한 설명 중 틀린 것은?

① 열전도율이 크다.
② 섬유포화점 이상의 상태에서는 수축, 팽창이 일어나지 않는다.
③ 비중이 작으면서 압축, 인장강도가 크다.
④ 가공성이 좋다.

03
심재에 대한 설명 중 틀린 것은?

① 변재에서 변화되어 세포는 고화되고 수지, 색소, 광물질 등이 고결된 것으로 색깔이 짙다.
② 재질이 단단하고 내구성이 있다.
③ 수액의 통로이며 양분의 저장소이고 제재(製材) 후에 부패하기 쉽다.
④ 목재로서는 양질로 취급된다.

해설

심재는 수분이 적고, 단단하므로 부패하지 않는다.

04
목재에 대한 다음 설명 중 틀린 것은?

① 기건상태에 있는 목재의 함수율은 보통 15% 내외이다.
② 일반적으로 목재의 추재는 춘재보다 견고하다.
③ 변재는 심재보다 내후성, 내구성이 크다.
④ 변재는 심재보다 비중이 작다.

해설

변재는 수분을 많이 함유하며 변형, 부패에 대한 저항이 적고, 심재는 수분도 적고 변재보다 내후성 및 내구성이 크다.

05
목재의 비중은 일반적으로 무엇을 말하는가?

① 일반비중　　② 기건비중
③ 건조비중　　④ 진비중

해설

목재의 비중
① 목재의 비중(단위 용적당 중량[g/cm²])은 기건비중(목재의 수분을 공기중에서 제거한 상태의 비중)이나 절대건조비중(100~110℃의 온도에서 목재의 수분을 완전히 제거했을 때의 비중)으로 나타낸다.
② 진비중(실비중) : 목재가 공극을 포함하지 않은 실제 부분의 비중으로 1.54 정도이다.

Answer ● 01. ④ 02. ① 03. ③ 04. ③ 05. ②

06
목재의 비중에 있어 공극률을 산출하는 것은? 단, V는 공극률, W는 전건비중이다.

① $V = \left(1 + \dfrac{W}{1.54}\right) \times 100$
② $V = \left(1 - \dfrac{W}{1.54}\right) \times 100$
③ $V = \left(1 + \dfrac{1.54}{W}\right) \times 100$
④ $V = \left(1 - \dfrac{1.54}{W}\right) \times 100$

해설

목재의 공극률 산정식
∴ 공극률 $(V) = \left(1 - \dfrac{W}{1.54}\right) \times 100$
여기서, W : 전건 비중
1.54(진비중) : 목재를 구성하고 있는 섬유질의 비중

07
목재의 함수율과의 관계를 설명한 것 중 부적당한 것은?

① 함수율이 30%(섬유포화점) 이하로 될 때부터 신축변형이 생긴다.
② 완전포수상태의 목재는 부패하기 힘든다.
③ 우리나라의 경우 구조재의 기건함수율은 15% 정도이다.
④ 함수율이 높을수록 강도는 증가한다.

해설

목재의 강도는 섬유포화점(함수율 30%정도) 이상에서는 일정하나 섬유포화점 이하에서는 함수율의 감소에 따라 강도는 증가하고 탄성은 감소한다.

08
목재에 관한 일반적 기술 중 옳지 않은 것은?

① 목재의 섬유방향의 강도는 인장, 압축, 전단의 순으로 작아진다.
② 목재의 기건상태에서의 함수율은 13~17% 정도이다.
③ 보통 사용상태에서는 목재의 흡습팽창은 열팽창에 비해 영향이 적다.
④ 목재의 화재위험온도는 260℃ 정도이다.

해설

목재의 흡습팽창은 열팽창에 비해 영향이 매우 크다. 일반적으로 목재의 열팽창율은 다른 재료에 비하여 극히 낮다.

09
목재의 기건재라고 할 수 있는 함수율은?

① 함수율 5~10%
② 함수율 10~15%
③ 함수율 15~30%
④ 함수율 30% 이상

해설

기건재와 전건재의 함수율
① 기건재(氣乾材) : 생재를 대기중에 두면 점차 세포 사이의 수분(유리수)이 증발하여 건조되는데, 공기중의 습도에 의해 더 이상의 수분 감소가 없는 상태의 것을 기건재라 하며, 기건재의 함수율은 보통 12~18%의 범위이다.
② 전건재(全乾材) : 목재를 건조장치에서 건조하여 함수율이 0%가 되었을 때의 것을 전건재라 한다.

10
다음의 목재성질 중 부적당한 것은?

① 섬유포화점이란 흡착수분만이 최대한도로 존재하는 상태를 말하며 그때의 함수율은 약 30%이다.
② 목재는 섬유포화점 이상의 함수상태에서는 신축하지 않으나 그 이하에서는 함수율에 비례하여 신축한다.
③ 섬유포화점 이상에서는 목재의 강도는 일정하나 이 이하에서는 함수율이 감소하면 강도도 감소한다.
④ 동일건조상태이면 비중이 큰 것일수록 강도, 탄성계수가 크다.

해설

섬유포화점 이하에서는 함수율의 감소에 따라 강도는 증가하고 탄성은 감소한다.

11
목재에 관한 기술 중 틀린 것은?

① 변재는 심재보다 용적변화가 크다.
② 섬유방향의 인장강도는 압축강도보다 크다.
③ 기건상태에 있는 목재의 함수율은 25% 정도이다.

Answer ➔ 06. ② 07. ④ 08. ③ 09. ② 10. ③ 11. ③

④ 목재강도는 함수율 30% 이상일 때는 거의 변하지 않는다.

해설
기건상태에 있는 목재의 함수율은 15% 정도이다.

12
목재 부패로 인하여 강도저하율은 비중감소율의 약 몇 배 정도인가?

① 2~3배
② 3~4배
③ 4~5배
④ 5~6배

해설
부패된 목재는 성분의 변질로 비중이 감소하며, 강도저하율은 비중감소율의 약 4~5배가 된다.

13
목재의 함수율에 관한 기술중 적당하지 않은 것은?

① 함수율이 기건 상태 이상으로 증가되면 목재의 부패가 심해진다.
② 목재는 벌목 후 수분이 30% 정도가 될 때까지 급격히 강도가 증가하고 30% 이하에서는 변화가 거의 없다.
③ 함수율이 적어질수록 목재는 수축되며 그 수축률은 방향에 따라 일정하지 않다.
④ 세포 사이에 있던 수분이 완전히 빠지고 섬유에만 수분이 남아 있는 상태로 건조할 때의 함수율은 30% 정도이다.

해설
함수율에 따른 목재의 성질
① 함수율이 섬유 포화점인 30%까지는 강도의 변화가 작으나, 함수율이 30% 이하로 더욱 감소하면 강도는 급격히 증가하며, 전건상태(절건상태)에서는 섬유포화점의 강도의 약 3배로 증가한다.
② 함수율이 감소하면 목재의 무게가 감소하는데 기건상태 이상이 되면 함수율이 증가하여 부패균의 번식이 증가되고 목재의 부패가 심해진다.
③ 함수율이 적을수록 목재는 수축되고, 그 수축율은 방향에 따라서 일정하지 않으나, 전 수축율은 무늬결 나비 방향이 가장 크고, 섬유방향(길이)가 가장 작으며, 곧은결 나비방향은 중간이다.

14
목재의 강도에 대한 성질 중 맞는 것은?

① 함수율이 낮을수록 강도는 증가된다.
② 함수율과 강도는 관계가 없다.
③ 섬유포화 상태에서 강도가 최대이다.
④ 함수율이 증가할수록 강도가 증가된다.

해설
목재는 함수율이 낮을수록 강도가 증가하고 함수율이 크면 클수록 강도는 감소한다. 따라서 기건재의 강도는 섬유포화점 강도의 1.5배 정도이며, 전건재의 강도는 섬유포화점 강도의 3배 정도가 된다.

15
목재의 강도에 관한 설명 중 옳지 않은 것은?

① 비중이 크면 압축강도도 크다.
② 목재의 휨강도는 전단강도보다 크다.
③ 목재의 함수율이 크면 클수록 압축강도는 증가한다.
④ 목재의 강도는 섬유방향에 평행하게 힘을 가한 것이 가장 강하다.

16
목재의 함수율에 따른 변형에 관한 기술 중 옳은 것은? (단, A : 섬유와 평행방향, B : 연륜에 직각방향, C : 연륜에 축방향)

① A > B > C
② B > C > A
③ C > B > A
④ B > A > C

17
목재 중 침엽수의 섬유방향의 강도 크기의 순서로 맞는 것은?

① 인장 > 휨 > 압축 > 전단
② 압축 > 전단 > 인장 > 휨
③ 휨 > 압축 > 전단 > 인장
④ 전단 > 인장 > 휨 > 압축

해설
목재의 강도
① 인장강도 : 800~1400(kg/cm^2)
② 휨강도 : 550~1200(kg/cm^2)

Answer ➡ 12. ③ 13. ② 14. ① 15. ③ 16. ③ 17. ①

③ 압축강도 : 330~550(kg/cm²)
④ 전단강도 : 50~120(kg/cm²)

18
다음 중 전 수축률이 큰 것에서 작은 것으로 나열된 것으로 맞는 것은 어느 것인가?

① 널결 나비방향, 길이(섬유)방향, 곧은 결 나비방향
② 곧은결 나비방향, 길이(섬유)방향, 널결 나비방향
③ 널결 나비방향, 곧은결 나비방향, 길이(섬유)방향
④ 길이(섬유)방향, 널결 나비방향, 곧은결 나비방향

해설
목재의 수축의 크기는 방향에 따라 현저히 다르며 생재에서 전건까지 수축률은 일반적으로 널결 방향에 6~10%, 곧은결 방향에 3~4%, 길이(섬유)방향에 0.1~0.3% 정도이다.

19
목재의 착화점은 몇 ℃ 정도인가?

① 200~250℃
② 250~300℃
③ 350~400℃
④ 400~450℃

20
목재의 강도에 관한 기술 중 옳은 것은?

① 목재는 건조할수록 강도가 감소한다.
② 목재는 인장강도가 압축강도보다 크다.
③ 목재의 인장강도는 섬유방향이 직각방향보다 작다.
④ 목재는 콘크리트보다 인장강도가 작다.

해설
목재의 강도
① 목재는 건조할수록 강도가 증가한다.
② 목재의 인장강도는 섬유방향이 직각방향보다 크다.
③ 목재는 콘크리트보다 인장강도가 크다.

21
목재에 관한 다음 기술 중 틀린 것은?

① 압축강도가 인장강도보다 크다.
② 함유수분이 섬유포화점 이상의 경우 강도는 거의 일정하다.
③ 목재의 비강도(강도/비중)는 강재(SS39)의 비강도 보다 크다.
④ 착화점은 일반적으로 260℃ 전후이다.

해설
목재는 인장강도가 압축강도보다 크다.

22
목재의 기건상태에서의 함수율은 어느 정도인가?

① 0%
② 5%
③ 10%
④ 15%

해설
생재를 대기중에 두면 점차 세포사이의 수분(유리수)이 증발되어 건조되는데 공기중의 습도에 의해 더 이상의 수분감소가 없는 상태의 것을 기건재라 하며 기건재의 함수율은 보통 12~18%(평균 15% 정도)의 범위이다.

23
목재의 방부제 처리법 중 방부제의 침투깊이가 깊어 가장 효과가 크고 내구성이 양호한 것은?

① 침지법
② 도포법
③ 상압주입법
④ 가압주입법

24
집성목재(集成木材)에 관한 설명 중 옳지 않은 것은?

① 파괴시 목재부분 보다 접착면에서 파괴된다.
② 건축구조재로 이용할 수 있다.
③ 고강도의 목재를 만들 수 있다.
④ 응력에 따라 단면을 다르게 하는 변단면재를 만들 수 있다.

해설
집성목재의 특징(장점)
① 목재의 강도를 인공적으로 자유롭게 조절할 수 있다.
② 응력에 따라 필요한 단면을 만들 수 있다.
③ 방화성 및 방충성이 큰 목재를 만들 수 있다.
④ 건조균열 및 변형 등을 피할 수 있다.
⑤ 구조재, 마감재, 화장재를 겸용한 인공목재 제조가 가능하다.

Answer ➡ 18. ③ 19. ② 20. ② 21. ① 22. ④ 23. ④ 24. ①

25
압축강도가 650kg/cm²인 목재의 허용강도는?

① 650kg/cm² ② 80kg/cm²
③ 100kg/cm² ④ 120kg/cm²

해설

목재의 허용강도 = 파괴강도 × (1/7~1/8)정도
= 650 × (1/7~1/8) = 93~71kg/cm²

26
재료가 외력을 받아 변형된 경우 외력을 제거해도 완전히 원상태로 되돌아 오지 않는 성질을 무엇이라 하는가?

① 탄성(elasticity) ② 인성(toughness)
③ 소성(plasticity) ④ 취성(brittleness)

해설

재료의 일반적인 성질
① 탄성 : 물체가 외력을 받아 변형되었을 때 외력을 제거하면 원상태로 되돌아오는 성질
② 인성 : 재료가 외력을 받아도 쉽게 파괴되지 않는 성질
③ 소성 : 재료가 외력을 받아 변형되었을 때 외력을 제거해도 되돌아오지 않는 성질
④ 취성 : 재료가 외력을 받아 약간 변형이 있으면 쉽게 파괴되는 성질

27
목재의 강도에 영향을 끼치는 요인이 아닌 것은?

① 흠 ② 건조방법
③ 비중 ④ 함수율

해설

목재의 강도에 영향을 주는 요인
① 비중 : 비중이 클수록 강도가 크다.
② 함수율 : 함수율과 강도는 반비례하며, 섬유포화점 이상의 함수상태에서는 함수율이 변화해도 강도는 일정하다.
③ 흠 : 흠이 있으면 강도가 매우 떨어진다.

28
목재의 인공건조법중 짚이나 톱밥 등을 태운 연기를 건조실에 도입하여 건조시키는 방법은?

① 증기법 ② 열기법
③ 진공법 ④ 훈연법

해설

인공건조 방법
① 증기법 : 건조실을 증기로 가열하여 건조시키는 방법으로 주로 사용한다.
② 열기법 : 건조실 내의 공기를 가열하거나, 가열공기를 넣어 건조시키는 방법이다.
③ 훈연법 : 짚이나 톱밥을 태운 연기를 건조실에 도입하여 건조시키는 방법을 말한다.
④ 진공법 : 원통형 탱크 속에 목재를 넣고 밀폐하여 고온, 저압상태로 수분을 없애는 방법이다.

29
코펜하겐 리브(Copenhagen rib)에 관한 설명 중 틀린 것은?

① 두께 10cm, 너비 5cm 정도로 만든 건축 내장재이다.
② 표면을 자유곡면으로 깎아 수직 평행선이 되게 리브(rib)를 만든 것이다.
③ 음향조절용 및 수장재로 사용된다.
④ 면적이 넓은 강당, 극장 등의 내벽에 많이 사용된다.

해설

코펜하겐 리브는 두께 5cm, 너비 10cm 정도의 긴판에다 표면을 리브로 가공한 것이다.

30
합판에 대한 설명 중 적당하지 못한 것은?

① 단판을 서로 직교되게 붙인다.
② 단판을 짝수겹으로 붙인다.
③ 단판제조에는 로터리(rotary veneer)법이 많이 쓰인다.
④ 값싸고 무늬가 좋은 판을 얻을 수 있다.

해설

합판의 특성
① 단판을 서로 직교시켜서 붙인 것이므로 잘 갈라지지 않으며, 방향에 따른 강도의 차가 적다.
② 판재에 비해 균질이며, 유리한 재료를 많이 얻을 수가 있다.
③ 나비가 큰 판을 얻을 수 있고, 쉽게 곡면판으로 만들 수가 있다.
④ 아름다운 무늬가 되도록 얇게 벗긴 단판을 합판 양 표면에 사용하면 값싸게 무늬가 좋은 판을 얻을 수 있다.

Answer ➡ 25. ② 26. ③ 27. ② 28. ④ 29. ① 30. ②

2장 시멘트 및 콘크리트

1 시멘트의 성분 및 주요 구성 화합물·제조법

(1) 시멘트의 성분

구 분	명 칭	함 량
주성분	1. 석회(CaO)	60~66(%)
	2. 실리카(SiO_2)	20~25(%)
	3. 알루미나(Al_2O_3)	4~9(%)
기타 성분	1. 산화철(Fe_2O_3)	2~4(%)
	2. 산화마그네슘(MgO)	1~3.5(%)
	3. 무수황산(SO_3)	1~3(%)

(2) 시멘트 주요 구성 화합물

1) 주요 구성 화합물

   ① 규산삼석회($3CaO \cdot SiO_2$: 약호 C_3S)

   ② 규산이석회($2CaO \cdot SiO_2$: 약호 C_2S)

   ③ 알루민산삼석회($3CaO \cdot Al_2O_3$: 약호 C_3A)

   ④ 알루민산철사석회($4CaO \cdot Al_2O_3 \cdot Fe_2O_3$: 약호 C_4AF)

2) 시멘트 구성 화합물의 특성

   ① C_3S : 시멘트의 초기강도(조기강도)를 좌우하며 시멘트 중 함유율이 5% 이하이다.

   ② C_2S : 시멘트의 후기강도(장기강도)에 영향을 주고 수화열이 낮다.

   ③ C_3A : 수화작용이 빠르고 발열량이 많다.

   ④ C_4AF : 수화작용, 수화열, 조기강도가 가장 낮으며 시멘트 중 함유율 35~37%이다.

(3) 시멘트의 제조 및 제조방식

1) 시멘트의 제조

   ① **시멘트의 주원료** : 석회석(CaO) + 점토(SiO_2, Al_2O_2, Fe_2O_2)

   ② 응결시간조절제 : 3% 이하의 석고($CaSO_4 \cdot 2H_2O$)를 사용한다.

   ③ 제조법 : 석회석과 점토의 비율을 4 : 1로 충분히 섞어서 용융할 때까지 소성하여 얻은 클링커(clinker)에 석고를 가하고 분해하여 만든다.

2) 제조방식 : 건식법, 반습식법, 습식법

2 시멘트의 성질 및 저장

(1) 시멘트의 비중

1) 보통 포틀랜드시멘트의 비중 : 3.10~3.15

2) 시멘트 비중의 감소원인
   ① 소성이 불충분하거나 소성온도가 높을 경우
   ② 불순물이 혼입될 경우
   ③ 성분 중에 SiO_2, Fe_2O_3가 부족할 경우
   ④ 대기중에 수분이나 탄산가스를 흡수하여 풍화될 경우
   ⑤ 저장기간이 길 경우

(2) 분말도

1) 분말도 시험
   ① 분말도 측정 목적 : 수화작용과 강도를 예측하기 위해서이다.
   ② 표시 : 비표면적(cm^2/g) 또는 표준체 44μ 의 잔분
   ③ 분말도 시험 : 시멘트 50g을 표준체 (44μ : No. 325)에 넣고 1분에 150번의 통과량이 0.1 이하가 될 때까지 친다(25회 칠 때까지 1/6 정도 회전).

   $$\therefore 분말도 = \frac{체에남은시멘트중량}{시료전체중량(50g)} \times 100(\%)$$

2) 분말도가 높은 경우 일어나는 현상
   ① 수화작용이 촉진되어 응결이 빠르고, 초기강도가 높아지며 블리딩이 적어진다.
   ② 워커빌리티, 공기량, 수밀성, 내구성 등에 영향을 준다.
   ③ 수축균열이 생기기 쉬우며 내구성이 나빠진다.
   ④ 풍화되기 쉽다.

(3) 시멘트의 응결 및 경화

1) 응결의 시작(initial set)과 응결의 종결(final set)은 각각 1시간 이후와 10시간 이내로 규정하고 있다(한국공업규격).

2) 응결은 첨가된 석고량이 많거나 물·시멘트비가 높을수록 지연되며 분말도가 곱고, 알칼리가 많을수록 빨라진다.

3) 온도와 습도가 높으면 응결 시간이 짧아지며, 경화가 촉진되고, 풍화된 시멘트는 응결이 늦어진다(경화는 응결 다음에 오는 변화로서 기계적 강도의 증진을 의미한다.).

4) 위응결(또는 이중응결) : 시멘트에 따라서 시멘트풀이 물과 혼합하여 발열치 않고 10~20 분만에 굳어졌다가 다시 풀리면서 응결하는 현상이다.

(4) 시멘트 강도에 영향을 주는 요인

1) 시멘트 성분 : SO_3나 규산삼석회(C_3S)가 많을수록 조기강도가 높아지고 규산이석회(C_2S)가 많을수록 장기강도가 높아진다.
2) 분말도 : 분말도가 크면 조기강도를 증가시킨다.
3) 풍화 : 시멘트가 풍화하면 강렬감량이 많아져서 조기강도가 저하된다.
4) 양생조건 : 양생온도는 30℃까지는 온도가 높을수록 강도가 증가하며 재령이 커짐에 따라 강도가 증가한다.
5) 풍화된 시멘트의 특징
   ① 초기강도가 작다.
   ② 압축강도가 작다.
   ③ 비중이 작다.
   ④ 비표면적이 작다.
   ⑤ 응결시간이 늦다.

(5) 시멘트의 저장시 유의사항

1) 시멘트는 방습적인 구조로 사일로(silo) 또는 창고에 구분하여 저장한다.
2) 저장소는 습기가 없고 통풍이 되지 않는 기밀한 구조여야 한다.
3) 포대 올려쌓기는 13포대 이하로 하고, 장기간 저장을 요할 대는 7포대 이상 쌓으면 안된다.
4) 포대시멘트는 지상에서 30cm 이상 되는 마루 위에 적재하고 검사나 반출에 편리하도록 배치하여 저장한다.
5) 시멘트 사용은 반드시 입하된 순서대로 해야 한다.
6) 저장중의 시멘트에 덩어리가 생겼을 경우 구조물에 사용해서는 안된다.

3 시멘트의 종류별 특성

(1) **보통 포틀랜드시멘트** : 중용열 포틀랜드시멘트와 조강 포틀랜드시멘트의 중간적인 성질을 가진다.

(2) **중용열 포틀랜드시멘트** : C3A와 C3S 양을 적게 하고 C2S 양을 많게 하여 댐 및 방사능 차폐용 등 매시브한 구조물에 사용된다.

1) 조기강도가 작고 장기강도가 크다.
2) 화학저항성이 크다.
3) 내산성 및 내구성이 크다.
4) 시멘트 중에서 건조수축이 가장적다.

(3) 조강 포틀랜드시멘트 : 보통 시멘트보다 CaO를 2.2~2.7배 만큼 더 증가시켜서 조기강도가 커지도록 만든 시멘트이다.

    1) 수화열이 많고 수화속도가 커서 동절기, 수중공사에 적합하다.
    2) 건조수축에 의한 균열이 생기기 쉽다.
    3) 재령 7일로 보통 시멘트 28일 강도를 낸다.

(4) 백색 포트랜드시멘트 : 산화철 성분이 적은 백색 점토와 석회석을 사용하여 만든 시멘트이다 (도장용, 장식용, 채광용 등에 사용).

(5) 혼합 시멘트

    1) 혼합 시멘트의 종류 : 고로 시멘트, 실리카 시멘트(포졸란 시멘트), 플라이애시 시멘트 등

    2) 혼합 시멘트의 공통적 특성
      ① 조기강도가 작은 대신 장기강도가 크며 내구성도 크다.
      ② 워커빌리티가 크다.
      ③ 블리딩이 작다.
      ④ 화학저항성이 크다.

(6) 초조강 시멘트

    1) 알루미나 시멘트 : 알루미늄 원광인 보크사이트(Bauxite)와 석회석을 혼합하여 용융방법 또는 소성방법에 의하여 만든 시멘트이다.
      ① 조기강도가 매우 크다(재령 1일로 보통 시멘트의 28일 강도를 나타냄).
      ② 발열량이 대단히 커서 $-10℃$의 한중 공사에 이용된다.
      ③ 산에는 약하나 알칼리에는 강하다.
      ④ 내화성이 우수하여 내화로용 시멘트로 사용한다.

    2) 초속경 시멘트 : 클링커속의 얼릿(allite)조성을 증대시켜 분말도를 높이고 석고성분을 많이 첨가한 시멘트이다.
      ① 재령 1일로 조강시멘트의 3일 강도를 나타낸다(one day 시멘트).
      ② 단시간에 강도를 나타내는 시멘트이다(one hour 시멘트).

(7) 팽창 시멘트 : 응결, 경화 시에 팽창을 유발시켜 수축으로 인한 결점을 개선시킨 시멘트이다 (P.S 콘크리트에 사용).

4 콘크리트 개요

(1) 콘크리트 재료의 구성 비율
1) 콘크리트 : 시멘트(10%) + 골재(70%) + 물(15%) + 공기(5%)
2) 시멘트 풀 : 시멘트 + 물
3) 몰탈 : 시멘트 풀 + 잔골재 + 공기

(2) 콘크리트의 장점·단점
1) 장점
   ① 다른 재료에 비해 압축강도가 비교적 크다.
   ② 내화성, 내수성, 내구성 및 내진성, 차음성 등이 좋다.
   ③ 강알칼리성이 있어 철강재의 방청상 유리하다.
   ④ 부재나 구조물을 만들기가 용이하다.
   ⑤ 시공시에 특별한 숙련을 요하지 않는다.
   ⑥ 다른 재료에 비해 경제적이다.

2) 단점
   ① 중량이 비교적 크다
   ② 압축강도에 비해 인장강도와 휨강도가 작다
   ③ 경화시 수축에 의한 균열이 발생하기 쉽다.

5 골 재

(1) 골재의 종류
1) 보통골재 : 전건비중이 2.5~2.7 정도(강모래, 강자갈, 깬자갈 등)
2) 경량골재 : 전건비중이 2.0 이하(경석, 인조 경량골재)
3) 중량골재 : 전건비중이 2.8 이상(철광석)

(2) 골재의 품질
1) 견강하고 내화성, 내구성이 있어야 한다.
2) 청정해야 한다.
3) 표면이 거칠고 구형이나 입방체가 좋다.
4) 골재는 잔 것과 굵은 것이 적당히 혼합된 것이 좋다.
5) 골재는 경화한 시멘트풀 강도 이상이어야 한다.

(3) 골재의 염화물 함유량

1) 해사(海沙)가 콘크리트에 미치는 영향 : 염소이온(Cl^-)에 의해 철근을 부식시켜 철근체적이 2.5배 정도 팽창하게 되어 콘크리트의 균열을 발생시키며 내구성을 저하시킨다.

2) 염화물(Cl^-) 규정
   ① 잔골재의 염화물이온(Cl^-)량 : 골재 절건중량의 0.02% 이하, 염분(NaCl, 염화나트륨)으로 환산하면 0.04%에 해당
   ② 콘크리트의 염화물이온(Cl^-)량 : $0.3kg/m^3$ 이하

(4) 골재의 성질

1) 비중이 클수록 치밀하며 흡수량이 낮고 내구성이 크다.

2) bulking 및 inundate
   ① bulking : 건조 상태의 잔골재(모래)가 물을 함유함에 따라 부풀어 오른 것을 bulking이라 한다.
   ② inundate : 최대로 부푼(약 8% 함수되었을 경우) 것에 물을 더 가하면 이번에는 용적이 감소되고 포화상태(25~35%)일 경우에는 마른모래와 거의 같은 용적이 되는데 이를 inundate라고 한다.

3) 실적률 : 용기내에 골재입이 점하는 실용적의 백분율을 나타낸다.

   $$\therefore \text{실적률}(d) = \frac{w}{\rho} \times 100(\%)$$

   $\begin{bmatrix} \rho : \text{의 비중} \\ w : \text{단위용적 중량}(kg/l) \end{bmatrix}$

4) 공극률 : 단위 용적중의 공극의 비율을 백분율로 나타낸 것으로 실적률이 클수록 공극률은 작아진다.

   $$\therefore \text{공극률}(v) = \left(1 - \frac{w}{\rho}\right) \times 100(\%) = 100 - d(\%)$$

   $\begin{bmatrix} \rho : \text{골재의 비중} \\ w : \text{단위용적 중량}(kg/l) \\ d : \text{실적율}(\%) \end{bmatrix}$

(5) 골재의 함수상태 및 함수량

1) 골재의 함수상태
   ① 절대 건조상태(절건상태) : 110℃ 정도에서 24시간 이상 골재를 건조시킨 상태
   ② 공기중 건조상태(기건상태) : 공기중에서 골재의 표면과 내부의 일부가 건조된 상태
   ③ 표면건조 내부포화상태(표건상태) : 골재의 표면에는 물이 없으나 내부의 공극에는 물이 꽉차 있는 상태
   ④ 습윤상태 : 표면에도 물이 부착되어 있고, 내부에도 물이 채워져 있는 상태

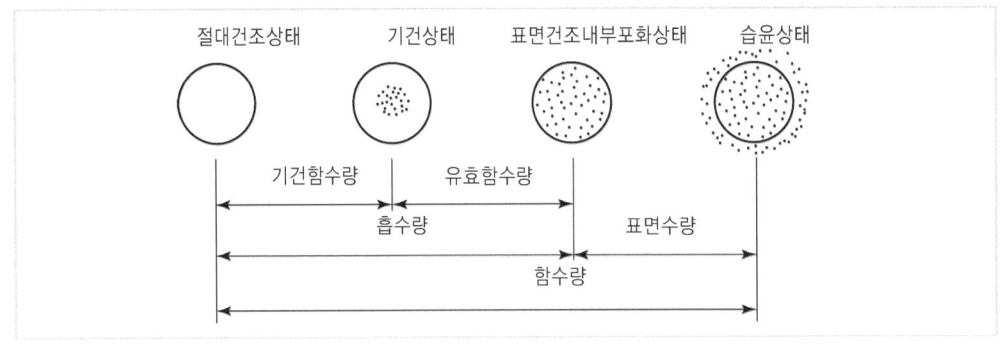

| 골재의 함수 상태 |

2) 골재의 함수량
    ① 기건함수량 = 기건상태수량 − 절건상태수량
    ② 유효함수량 = 표건상태수량 − 기건상태수량
    ③ 흡수량 = 표건상태수량 − 절건상태수량
    ④ 표면수량 = 습윤상태수량 − 표건상태수량
    ⑤ 함수량 = 습윤상태수량 − 절건상태수량

3) 흡수율과 표면수율의 산정식
    ① 흡수율 = $\dfrac{\text{표건상태중량} - \text{절건상태중량}}{\text{절건상태중량}} \times 100(\%)$
    ② 표면수율 = $\dfrac{\text{습윤상태중량} - \text{표건상태중량}}{\text{절건상태중량}} \times 100(\%)$

6 굳지 않는 콘크리트의 성질

(1) 콘크리트 성질을 나타내는 용어의 정의

1) 워커빌리티(workability ; 시공연도) : 반죽질기(콘시스텐시)에 의한 작업의 난이도 및 재료 분리에 저항하는 정도를 나타내는 콘크리트의 성질
2) 콘시스텐시(consistency ; 반죽질기) : 주로 수량의 다소에 의해서 변화하는 콘크리트의 유동성의 정도
3) 플라스티시티(plasticity ; 성형성) : 거푸집의 형상에 순응하여 채우기 쉽고 분리가 일어나지 않는 성질
4) 피니셔빌리티(finishability ; 마무리성) : 굵은골재의 최대치수, 잔골재율, 잔골재의 입도, 반죽질기 등에 의한 콘크리트 표면의 마무리 정도를 나타내는 성질
5) 블리딩(bleeding) : 콘크리트 타설 후 시멘트, 골재입자 등이 침하에 따라 물이 분리 상승되어 콘크리트 표면에 떠오르는 현상

6) 레이턴스(laitance) : 블리딩에 의해 떠오른 미립물이 그 후 콘크리트 표면에 엷은 막으로 침적되는 현상

(2) 워커빌리티(workability)에 영향을 주는 요인

1) **시멘트의 양** : 시멘트 양이 많을수록 워커블(workable)한 콘크리트가 되며 시멘트양이 적으면 재료분리 현상이 일어난다.
2) **시멘트의 품질** : 혼합시멘트가 워커빌리티가 좋다.
3) **단위수량** : 단위수량을 증가시키면 워커빌리티가 나빠진다.
4) **골재의 입도와 형상**
   ① 입도분포는 연속입도가 중간에서 끊어진 불연속입도보다 워커빌리티가 좋다.
   ② 입형이 둥글 둥글한 자연모래(강모래)가 모가 진 부순모래보다 워커빌리티가 좋다.
5) 기타, 배합 및 비빔, 혼화재료 등이 있다.

(3) 워커빌리티의 측정법

1) **슬럼프 시험(slump test)** : 시험통에 규정된 방법으로 콘크리트를 다져넣은 다음에 시험통을 벗기면 콘크리트가 가라앉는데, 이 주저앉은 정도(무너져 내린 높이 cm)를 슬럼프 값이라 한다.

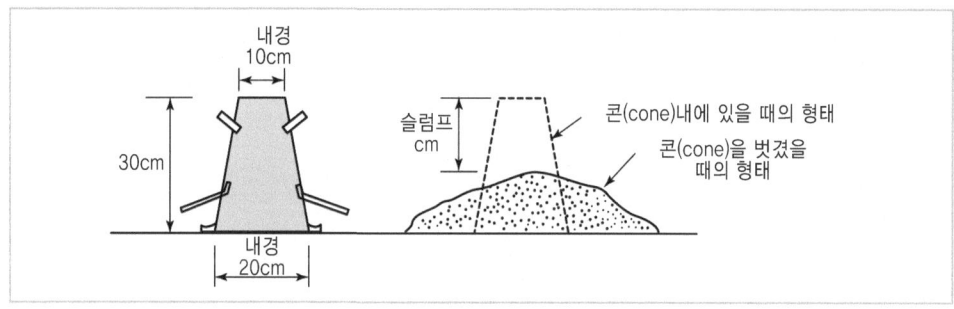

| 슬럼프 시험 |

2) **다짐계수시험** : 슬럼프 시험보다 정확하며, 진동 다짐을 해야 하는 된비빔 콘크리트에 유효하다.
3) 기타, 비비시험, 흐름시험(flow test), 구관입시험, 리몰딩 시험 등이 있다.

(4) 콘시스텐시(consistency ; 반죽질기)에 영향을 미치는 요인 : 반죽질기는 워커빌리티를 나타내는 하나의 지표로서 슬럼프값으로 표시된다.

1) 단위수량이 많을수록 반죽질기는 커지고, 작업성은 용이해지나 재료 분리를 일으키기가 쉽다.
2) 잔골재율을 증가시키면 슬럼프값은 작아진다.

3) 콘크리트의 온도가 높을수록 반죽질기는 작아진다.

4) 공기량에 비례하여 슬럼프값이 커진다.

(5) 재료 분리 현상

1) 재료 분리를 일으키면 콘크리트는 분균질하게 되어 강도, 내구성, 수밀성 등이 저하되고 풍화되기 쉽다.

2) 재료 분리 현상을 일으키는 원인
   ① 굵은골재의 치수가 너무 큰 경우
   ② 거친 입자와 잔골재를 사용하는 경우
   ③ 단위 골재량이 너무 많은 경우
   ④ 단위수량이 너무 많은 경우
   ⑤ 배합이 적정하지 않은 경우

3) 재료 분리 현상을 줄이기 위해 유의해야 할 사항
   ① 잔골재율을 크게 하고, 잔골재중의 0.15~0.3mm 정도의 세입분을 많게 한다.
   ② 물·시멘트 비를 작게 한다.
   ③ 콘크리트의 플라스티시티(plasticity)를 증가시킨다.
   ④ AE제, 플라이애시 등을 사용한다.

(6) 블리딩 현상

1) 블리딩 현상에 의한 영향
   ① 콘크리트의 품질 및 수밀성, 내구성을 저하시킨다.
   ② 시멘트 풀과의 부착을 저해한다.

2) 블리딩을 적게 하기 위한 방법
   ① 단위수량을 적게 한다.
   ② 골재입도가 적당해야 한다.
   ③ 적당한 혼화재를 사용한다.

7 경화된 콘크리트의 성질

(1) 압축강도

1) 콘크리트의 강도는 재령 28일의 압축강도를 기준으로 한다.

2) 콘크리트강도에 영향을 주는 요인
   ① 사용재료(시멘트, 골재, 혼합수, 혼화재료 등)의 품질 : 시멘트 물 비가 동일하면 콘크리트의 강도는 시멘트 강도(사용 시멘트의 품질)에 비례하여 증감한다.
   ② 물·시멘트 비 : 콘크리트 강도에 영향을 미치는 가장 중요한 요인이다.
   ③ 공기량 : 공기량 1% 증가에 따라 콘크리트의 강도는 4~6% 감소한다.
   ④ 시공방법 : 손 비빔보다 기계비빔이 강도 면에서 10~20% 정도 증대되며, 진동기는 묽은 반죽에는 효과가 적다.
   ⑤ 양생방법 : 습윤 양생 후 공기 중에서 건조시키면 강도가 20~40% 증가되며 일반적으로 4~40℃의 범위에서는 온도가 높을수록 재령 28일까지의 강도는 증가된다.

(2) 인장강도 및 기타강도

1) 인장강도 : 압축강도의 1/10~1/13
2) 휨강도 : 압축강도의 1/5~1/8(인장 강도의 1.6~2배)
3) 전단강도 : 압축강도의 1/4~1/6
4) 부착강도 : 압축강도가 증가함에 따라 증가(압축강도 350kg/cm² 이상에서는 증가하지 않음)
   ∴ 강도크기 : 압축강도 > 전단강도 > 휨강도 > 인장강도

(3) 탄성계수 : 콘크리트의 탄성계수는 압축강도 및 밀도가 클수록 커진다.

(4) 크리프 현상

1) 일정한 하중이 장기간 가해질 때 하중의 증가가 없어도 변형이 증대되는 현상을 크리프라 한다.

2) 콘크리트에서 크리프(creep)가 커지는 경우
   ① 재령이 짧을수록
   ② 부재의 단면치수가 작을수록
   ③ 외부습도가 낮을수록
   ④ 대기온도가 높을수록
   ⑤ 배합이 적절치 않고 물시멘트비가 클수록
   ⑥ 단위시멘트 양이 많을수록

(5) 건조수축 : 콘크리트는 흡수하면 팽창하고 건조하면 수축한다.

1) 건조수축에 가장 큰 영향을 미치는 것은 단위수량이며 단위수량을 적게 해야 건조수축이 적어진다.

2) 건조수축이 커지는 경우
　① 분말도가 낮은 시멘트일수록
　② 흡수량이 많은 골재일수록
　③ 온도가 높을수록
　④ 습도가 낮을수록
　⑤ 단면치수가 작을수록

(6) 수밀성 : 콘크리트의 수밀성은 투수성이나 흡수성이 작은 것을 말한다.

1) 수밀성이 커지는 경우는 다음과 같다.
　① 물·시멘트가 작을수록
　② 골재최대치수가 작을수록
　③ 습윤 양생이 충분하고 다짐이 충분할수록

2) 혼화제(混和劑)나 혼화재(混和材)를 사용하면 수밀성이 좋아진다.

(7) 내화성

1) 콘크리트는 고온을 받으면 강도 및 탄성계수가 저하되고, 철근과의 부착력이 떨어진다.

2) 콘크리트의 강도와 온도 관계
　① 110℃ 전후에서는 팽창하나 그 이상의 온도에서는 수축이 진행되어 260℃ 이상이 되면 결정수가 없어지며 강도가 점차 감소한다.
　② 300~350℃ 이상이 되면 강도가 현저히 떨어지며 500℃에서는 상온강도의 35% 정도로 저하된다.

8 콘크리트 배합

(1) 콘크리트의 배합 : 배합이란 콘크리트의 조성재료인 시멘트, 잔골재, 굵은골재 및 물 등의 비율 또는 사용량을 말한다.

(2) 배합의 표시

1) 시멘트(C) : 잔골재(S) : 굵은골재(G)의 비율로 표시한다.
2) C : S : G를 1 : m : n으로 표시하는 것을 nominal mix라 한다.
3) C : (S+G)를 1 : (m+n)로 표시하는 것을 real mix라 한다.

4) 부배합 및 빈배합

　① 부배합 : 배합설계에서 산출된 단위시멘트량 보다 많은 양의 시멘트를 사용하는 배합

　② 빈배합 : 적은 양의 시멘트를 사용한 배합

(3) 배합 설계의 순서

1) 소용강도 결정 → 배합강도 결정 → 시멘트강도 결정
2) 물·시멘트 비 결정
3) 워커빌리티 측정을 위한 슬럼프 값의 결정
4) 굵은골재 최대치수의 결정
5) 절대 잔골재율의 결정
6) 단위수량의 결정
7) 시방배합의 산출 및 조정
8) 현장배합으로 수정

(4) 배합의 결정

1) 설계기준강도 및 배합강도의 결정

　① 설계기준강도 : 재령 28일에 있어서의 압축강도

　② 배합강도 : 설계기준강도에 할증계수(안전율)를 곱한 강도

2) 굵은골재의 최대치수결정

　① 무근 콘크리트용 굵은골재의 최대지름은 10cm 이하, 부재 단면 최소치수의 1/4 이하

　② 철근 콘크리트용은 지름 50mm 이하, 부재단면 최소치수의 1/5 이하

3) 슬럼프값의 결정

타설장소	슬럼프 값	
	진동기를 사용하지 않는 경우	진동기를 사용하는 경우
기초, 보 바닥슬래브 기둥, 벽	15~18cm 18~21cm	5~10cm 10~15cm

4) 물시멘트비의 결정

　① 물시멘트비가 너무 크면 시공연도가 증가되나 내구성이 감소된다.

　② 물시멘트비가 작으면 시공연도가 낮아지고 균열이 발생된다.

　③ 물·시멘트의 범위는 40~70% 정도가 적당하다.

$$\therefore \text{물시멘트비 } (x) = \frac{61}{(F/K) + 0.34}(\%)$$

　　F : 콘크리트의 배합강도
　　K : 시멘트 강도

9 시멘트의 혼화재료

(1) **혼화제** : 사용량이 적어서 배합계산에서 무시되는 혼화재료

    1) 계면 활성작용에 의해 워커빌리티나 내구성을 향상시키는 것 : AE제, AE감수제, 감수제, 유동제 등

    2) 응결, 경화시간을 조절하는 것 : 촉진제, 지연제, 급결제

    3) 방수효과를 주는 것 : 방수제

    4) 기타, 기포제, 발포제, 응집제 등

(2) **혼화재** : 사용량이 많아서 배합계산에서 고려되는 혼화재료

    1) 포졸란 작용이 있는 것 : 플라이애시, 고로슬래그, 규산백토 미분말 등

    2) 경화과정에서 팽창을 일으키는 것 : 팽창제

    3) 기타, 규산질 미분말, 착색제, 폴리머 증량제 등

10 각종 콘크리트

(1) **경량 콘크리트**

    1) 경량 골재를 사용하여 단위 용적중량이 $1.7(t/m^3)$, 기건비중이 2.0 이하인 콘크리트를 말한다.

    2) 장점
        ① 건물 중량을 경감할 수 있다.
        ② 열전도율이 낮고, 내화성, 방음효과 흡음율이 크다.

    3) 단점
        ① 다공질로 강도가 작고, 건조수축이 크다.
        ② 흡수율이 커서 동해(凍害)에 대한 저항성이 작다.

(2) **중량콘크리트**

    1) 사용목적 : 방사선 차폐

    2) 중량콘크리트에 사용하는 골재 : 중정석(barite), 자철광, 화강암쇄석 등

(3) **A · E 콘크리트**

    1) AE제(공기 연행제)를 사용하여 만든 콘크리트이다.

    2) 장점
        ① 방수성이 크고 화학작용에 대한 저항성이 크다.

② 미세기포의 조활작용으로 연도가 증대되고, 응집력이 있어 재료분리가 적다.
③ 블리딩 및 침하가 적다.

3) 단점
① 강도가 저하된다.
② 철근 부착강도가 저하된다.

(4) 프리팩트 콘크리트

1) 거푸집에 미리 굵은골재를 넣어 놓고 그 골재 사이의 공극에 몰탈을 압입주입하여 콘크리트를 형성하는 것으로 주입콘크리트라고도 한다.

2) 특성
① 수밀성이 크고 염류에 대한 내구성도 크다.
② 조기 강도는 작으나 장기 강도는 보통 콘크리트와 비슷하다.
③ 굵은 골재를 사용하므로 재료 분리나 수축이 보통 콘크리트의 1/2정도 작다.
④ 기성 콘크리트나 암반 또는 철근과의 부착력이 커서 구조물의 수리 및 개조에 유리하다.
⑤ 수중 시공에 적합하다.

(5) 프리스트레트 콘크리트(Prestressed concrete) : P·S concrete

1) P·S 콘크리트 : 외력에 의한 응력에 견디도록 콘크리트에 미리 압축력을 준 콘크리트이다.

2) 종류
① 프리텐션 방식(pretension)
　　순서 : 강선긴장 → 콘크리트타설경화 → 부착
② 포스트텐션 방식(post tension)
　　순서 : 시드 → 타설경화 → 강선삽입·긴장·고정 → 그라운팅

(6) PC(Precast) 콘크리트

1) 공장에서 기성제품화한 콘크리트이다.

2) 장점
① 양질의 부재를 경제적으로 생산할 수 있다.
② 기계화 작업으로 공기 단축을 꾀 할 수 있다.
③ 기상과 관계없이 작업이 가능하며, 특히 한냉기의 시공시 유리하다.

3) 단점
① 큰 치수의 부재를 운반할 때 도로 및 장비등의 제약을 받는다.

② 접합의 이음부가 약하다.

(7) 래디믹스트(ready mixed) 콘크리트

1) 레미콘이라고도 하며, 특수한 운반 자동차를 사용하여 현장까지 배달공급하는 굳지 않은 콘크리트를 말한다.

2) 종류
   ① 센트럴믹스트 콘크리트(central mixed concrete) : 고정된 믹서에서 완전히 비벼진 콘크리트를 현장까지 배달·공급하는 방식
   ② 시링크믹스트 콘크리트(shrink mixed concrete) : 고정된 믹서로 반 혼합한 것을 트럭믹서로 운반 중에 계속 혼합하여 현장도착시에는 완전히 비벼진 콘크리트를 만들어 배달·공급하는 방식
   ③ 트랜싯믹스트 콘크리트(transit mixed concrete) : 트럭믹스에 계량된 각 재료를 투입하고 공사현장에 운반하는 중에 수요수량을 가해 교반 혼합하여 배달·공급하는 방식

3) 레디믹스트 콘크리트의 사용
   ① 소량의 콘크리트 타설하는 경우
   ② 현장이 좁고 콘크리트 혼합설비를 설치하기 어려운 경우
   ③ 기초, 지층(지반)에 콘크리트를 타설하는 경우
   ④ 품질이 좋은 콘크리트를 얻으려는 경우

(8) 한중콘크리트

1) 한중콘크리트 : 동결위험이 있는 기간(겨울) 중에 시공하는 콘크리트(치어붓기 후 28일간의 예상 평균기온이 약 3℃ 이하인 경우에 적용)

2) 한중콘크리트 시공시의 주의사항
   ① 물시멘트비(W/C)를 60% 이하로 가급적 작게 한다.
   ② 압축강도는 초기양생 기간 내에 약 50kg/cm² 정도가 얻어지도록 한다.

(9) 서중콘크리트 : 하루평균 기온이 25℃ 또는 최고온도가 30℃를 초과할 때 시공하는 콘크리트

(10) 매스콘크리트 : 부재단면치수가 80cm 이상이고 콘크리트 내·외부 온도차가 215℃ 이상인 콘크리트

(11) 고강도콘크리트 : 설계기준강도가 보통콘크리트에서 400kg/cm² 이상인 콘크리트(경량콘크리트에서는 270kg/cm²)

(12) 수밀 콘크리트

1) 수밀콘크리트 : 물의 침투방지(방수)를 목적으로 만들어진 콘크리트이다.

2) 수밀콘크리트 시공시 유의사항(수밀콘크리트를 만드는 방법)
   ① 물-시멘트비(W/C)는 55% 이하로 한다.
   ② 시공연도를 좋게 하기 위하여 AE제를 사용한다.
   ③ 골재는 둥글고 굳은 것을 사용한다.
   ④ 슬럼프 값은 18cm 이하로 한다.
   ⑤ 다짐은 진동다짐을 하는 것을 원칙으로 한다.
   ⑥ 이음부분을 최대한 적게 한다.

(13) ALC(autoclaved lightweight concrete) : 경량기포콘크리트

1) ALC : 발포제에 의하여 콘크리트 내부에 무수한 기포를 독립적으로 분산시켜 중량을 가볍게 한 기포콘크리트(고온·고압으로 증기양생하여 제조)

2) 특징
   ① 기건비중이 보통콘크리트의 약 1/4 정도이다.
   ② 불연재인 동시에 내화재료이다.
   ③ 흡수율이 크다.
   ④ 동결해에 대한 저항성이 크며 내약품성이 증대된다.

실 / 전 / 문 / 제

01
다음 시멘트의 화학성분 중 함유량이 가장 많은 것은?

① SiO_2 ② Al_2O_3
③ Fe_2O_3 ④ CaO

해설

포틀랜드시멘트의 화학성분(%)

시멘트의 종류		보통 포틀랜드	조강 포틀랜드	중용열 포틀랜드	초조강 포틀랜드	백색 포틀랜드
화학성분	SiO_2	21.0~22.5	20.5~21.5	22.5~24.0	20.0	23.4
	Al_2O_3	4.5~6.0	4.5~5.5	4.0~4.5	4.8	4.7
	Fe_2O_3	2.5~3.5	2.5~3.0	4.0~4.5	2.7	0.2
	CaO	63.0~66.0	64.5~66.5	63.0~64.5	64.9	65.8
	MgO	0.9~3.3	1.0~2.0	1.0~1.6	1.5	1.8
	SO_3	1.0~2.0	1.7~2.5	1.2~2.0	3.3	2.4
강열감량		0.5~1.3	0.7~1.6	0.5~1.0	0.9	0.5
불용해잔분		0.2~0.9	0.2~1.0	0.1~0.9	0.5	0.1

02
포틀랜드시멘트의 비중에 관한 설명 중 틀리는 것은?

① 풍화된 시멘트는 비중이 감소한다.
② 성분 중 SiO_2나 Fe_2O_3가 많이 포함된 시멘트는 비중이 작다.
③ 혼화제가 많이 포함된 것은 비중이 작다.
④ 소성이 부족한 시멘트는 비중이 작다.

해설

시멘트의 비중감소원인
① 소성이 불충분하거나 소성온도가 높을 경우
② 불순물이 혼입될 경우
③ 성분중에 SiO_2, Fe_2O_3 이 부족할 경우
④ 풍화한 경우나 저장기간이 길어질 경우

03
시멘트의 비중감소의 원인이 아닌 것은?

① 풍화작용 때문에
② 소성온도가 높을 때
③ 성분중에 SiO_2, Fe_2O_3가 부족할 때
④ 시멘트 중에 혼화제를 넣을 때

04
시멘트의 분말도가 높을 때 다음과 같은 성질 중 틀린 것은?

① 풍화하기 쉽다.
② 수화작용이 빠르다
③ 수축균열이 생기지 않는다.
④ 초기 강도가 높다.

해설

시멘트 분말도가 높은 경우 일어나는 현상
① 수화작용이 촉진되어 응결이 빠르고 초기강도가 높아지며 블리딩(bleeding; 아직 굳지 않은 몰탈이나 콘크리트에 있어서 위면에 물이 스며 나오는 현상)이 적어진다.
② 워커빌리티, 공기량, 수밀성, 내구성 등에 영향을 준다.
③ 발열량이 높아지고 수축 균열이 많이 생긴다.
④ 풍화되기 쉽다.

05
시멘트의 응결에 대한 성질 중 틀린 것은?

① 수량이 많을수록 응결시간이 길어진다.
② 온도가 높을수록 응결시간이 길어진다.
③ 시멘트의 분말도가 높을수록 응결시간이 빠르다.
④ 알루민산 3칼슘 성분이 많을수록 응결이 빠르다.

Answer ◆ 01. ④ 02. ② 03. ④ 04. ③ 05. ②

해설

응결(setting)과 경화(hardening) : 시멘트의 수화반응에 의해 일어나는 물리적, 화학적 현상으로 시멘트에 물을 첨가하여 비빈 시멘트풀(cement paste)이 시간이 경과함에 따라 수화에 의하여 유동성과 점성을 상실하고 고화하는 현상을 응결이라 하고 이 과정 이후에 차차 굳어져는 상태를 경화라 한다.
① 응결의 시작(initial set)과 응결의 종결(final set)은 각각 1시간 이후와 10시간 이내로 규정하고 있다(한국공업규격).
② 응결은 첨가된 석고량이 많거나 물시멘트비가 높을수록 지연되며 분말도가 곱고, 알카리가 많을수록 빨라진다.
③ 온도와 습도가 높으면 응결시간이 짧아지며, 경화가 촉진되고, 풍화된 시멘트는 응결이 늦어진다.
④ 위응결(또는 이중응결) : 시멘트에 따라서 시멘트풀이 물과 혼합하여 발열치 않고 10-20분만에 굳어졌다가 다시 풀리면서 응결하는 현상이다.

06
콘크리트의 압축강도는 재령 몇일간을 표준으로 하는가?

① 7일 ② 14일
③ 21일 ④ 28일

해설

콘크리트의 강도는 재령 28일의 압축강도를 실용강도의 표준으로 한다.

07
보통 포틀랜드시멘트를 사용한 시멘트의 7일 강도가 125kg/cm²일 때 28일 강도의 추정값은?

① 225kg/cm² ② 250kg/cm²
③ 260kg/cm² ④ 270kg/cm²

해설

28일의 추정강도값 $= 0.8K_7 + 170$
$= 0.80 \times 125 + 170$
$= 270 \text{kg/cm}^2$

08
시멘트는 풍화작용에 의해 시멘트의 응결경화에 이상을 초래하고 강도의 저하를 가져온다. 풍화작용에 의한 강도저하가 가장 심한 것은?

① 압축강도 ② 인장강도
③ 휨강도   ④ 전단강도

해설

시멘트가 풍화하면 강열감량(시멘트의 풍화정도를 판단하는 척도로서 시멘트를 950~1050℃ 정도로 강열하였을 때 감소되는 양)이 많아져서 압축강도가 심하게 저하된다.

09
다음 설명 중 틀리는 것은?

① 보통 포틀랜드시멘트는 석회석과 점토를 원료로 한 수경성 시멘트이다.
② 조강 포틀랜드시멘트는 낮은 온도에서도 경화가 잘 되고 단기강도가 크므로 긴급공사나 한지공사에 사용된다.
③ 중용열 포틀랜드시멘트는 경화시에 발열량이 많고 내식성이 있고 수축율이 크므로 큰 단면을 가진 구조체 등에 쓰인다.
④ 백색 포틀랜드시멘트는 주로 미장재료나 인조석 원료로 사용된다.

해설

중용열포틀랜드시멘트는 발열량이 적고 건조수축이 적기 때문에 댐 및 콘크리트포장, 방사능차폐용 콘크리트 등에 많이 쓰인다.

10
시멘트의 조성광물 중 수화작용이 가장 빠르고 수화열도 가장 높아서 중용열 시멘트에서는 8% 이하로 규정하는 조성광물질로서 맞는 것은?

① $3CaO \cdot SiO_2$
② $2CaO \cdot SiO_2$
③ $4CaO \cdot Al_2O_3 \cdot Fe_2O_3$
④ $3CaO \cdot Al_2O_3$

해설

중용열포틀랜드시멘트 : $3CaO \cdot Al_2O_3$(알루민산삼석회) 8% 이하, $3CaO \cdot SiO_2$(규산삼석회) 30% 이하로 하여 만든 시멘트

11
시멘트에 관한 설명 중 틀린 것은?

① 고로시멘트 : 풍화가 용이, 응결시간이 약간 느리나 수화열이 작고 단기강도가 낮다.

Answer ➡ 06. ④ 07. ④ 08. ① 09. ③ 10. ④ 11. ④

② 중용열시멘트 : 수화열이 작고 안정성이 높아 댐 등 큰 단면의 구조체공사에 적합하며 방사선 차단효과도 있다.
③ 백색포틀랜드시멘트 : Fe_2O_3의 함량을 적게 한 것으로 강도는 보통 포틀랜드시멘트보다 낮다.
④ 알루미나시멘트 : 보통 포틀랜드시멘트에 비해 응결 및 경화시에 발열량이 작으므로 보양 시 특별한 조건이 필요없다.

해설

알루미나시멘트는 발열량이 대단히 크므로 −10℃의 동기공사에 이용된다.

12
시멘트 성질을 설명한 것 중 옳지 않은 것은?

① 조강 포틀랜드시멘트는 경화시 내부응력에 의한 균열이 생기기 쉽다.
② 고로 시멘트는 수화열이 적다.
③ 조강 포틀랜드시멘트는 수화열이 많다.
④ 고로 시멘트의 콘크리트는 바닷물에 저항성이 나쁘다.

해설

고로시멘트는 바닷물에 대한 저항성이 큰 시멘트이다.

13
중용열 포틀랜드시멘트의 특징이나 용도에 해당되지 않는 것은?

① 수화속도가 비교적 빠르다.
② 수화열이 적다.
③ 내침식성이 크다.
④ 댐공사 등에 사용된다.

해설

중용열 포틀랜드시멘트의 특성
① 화학저항성이 크고 내산성 및 내구성이 우수하다.
② 포틀랜드시멘트중에서 건조수축이 가장 적다.
③ 댐 및 콘크리트포장, 방사능차폐용 콘크리트 등에 많이 쓰인다.

14
시멘트 중 주로 매스 콘크리트용에 사용되며, 수축이 적고 화학저항성이 일반적으로 크며 내황산염성이 있는 것은?

① 조강 포틀랜드시멘트
② 중용열 포틀랜드시멘트
③ 실리카 시멘트
④ 알루미나 시멘트

15
조강 포틀랜드시멘트의 특성에 대한 설명 중 틀린 것은?

① 조기강도가 크다.
② 석회분이 적어서 품질이 향상된다.
③ 분말도가 커서 수화열이 크고 수화속도가 빠르다.
④ 공기를 단축할 수 있다.

해설

조강포틀랜드시멘트의 특성
① 보통 포틀랜드시멘트에 비해서 경화가 빠르고, 조기강도가 크다.
② 원료속에 석회분이 약간 많아서 품질이 향상된다.
③ 분말도가 커서 수화열이 크다.
④ 한중공사, 수중공사, 긴급공사에 사용한다.

16
고로 시멘트의 주원료는 무엇인가?

① 포틀랜드시멘트 클링커와 서냉 분쇄한 고로 슬래그
② 플라이에서 시멘트와 급랭 분쇄한 고로 슬래그
③ 포틀랜드시멘트 클링커와 급랭 분쇄한 고로 슬래그
④ 실리카 시멘트와 서냉 분쇄한 고로 슬래그

해설

고로 시멘트(blast furnace slag cement)의 제법 및 특성
(1) 고로 시멘트는 고로에서 선철을 만들 때 나오는 광재를 공기 중에서 냉각시키고 잘게 부순 것을 포틀랜드시멘트 클링커를 혼합한 다음 석고를 적당히 섞어서 분쇄하여 분말로 한 것이다.

Answer ➡ 12. ④ 13. ① 14. ② 15. ② 16. ③

(2) 고로 시멘트의 특성
① 수화열이 적고 수축율이 적어서 댐공사 등에 적합하다.
② 비중이 적고(2.85 이상), 바닷물에 대한 저항이 크다.
③ 단기강도가 작고, 장기강도가 크며, 풍화가 용이하다.
④ 응결시간이 약간 느리고, 콘크리트의 블리딩(bleeding)이 적어진다.

17
다음의 플라이애시 시멘트의 특성 중 틀린 것은?

① 워커빌리티가 좋고 수밀성이 크다.
② 수화열이 크고 건조수축이 적다.
③ 화학적 저항성이 크다.
④ 초기강도는 작고 장기강도는 크다.

해설

플라이애시 시멘트(포틀랜드시멘트 + 플라이애시)
① 수화열이 작고, 조기강도는 낮으나 장기강도는 커진다.
② 콘크리트의 워커빌리티가 좋고 수밀성이 크다.
③ 단위 수량을 감소시킬 수 있다.
④ 하천, 해안, 배수공사 등에 사용된다.

18
조기강도가 가장 커서 동기공사나 긴급공사에 쓰이는 시멘트는?

① 중용열 포틀랜드 시멘트
② 슬래그 시멘트
③ 알루미나 시멘트
④ 포졸란 시멘트

해설

알루미나 시멘트는 조기강도가 대단히 크고 발열량이 높고, 알칼리에 강하기 때문에 긴급공사, 해안공사 등에 사용된다.

19
시멘트의 저장 및 사용에 관한 다음 설명 중 틀린 것은?

① 품종별로 구분해서 저장하고 입하된 순서대로 사용한다.
② 13포대 이상 쌓아 올려서는 안된다.
③ 지상 30cm 이상 바닥판 위에 쌓는다.
④ 환기시설을 잘 한 곳에 보관한다.

해설

시멘트는 통풍이 안되고 습기가 없는 곳에 보관한다.

20
시멘트가 공기 중의 습도와 탄산가스에 의해 작은 알갱이 모양으로 굳어지고, 드디어는 큰 덩어리로 굳어지는 현상을 무엇이라 하는가?

① 경화
② 풍화
③ 응결
④ 수화

해설

시멘트의 풍화는 공기중의 습기와 탄산가스가 시멘트와 결합하여 입상 또는 괴상으로 고화시키는 등 변질시키는 현상이다.

21
알루미나 시멘트의 특성에 대한 설명 중 틀린 것은?

① 조기강도가 크고 수화시 발열량이 높다.
② 수축이 크다.
③ 내화성이 우수하다.
④ 화학적 침식작용에 대한 저항이 크다.

해설

알루미나 시멘트는 수축이 작다.

22
건축재료 중 물만 비비면 잘 경화되지 않으므로 간수를 넣어 주는 것은?

① 회반죽
② 실리카 시멘트
③ 석고 플라스터
④ 마그네시아 시멘트

해설

마그네시아 시멘트(magnesia cement)는 소성한 산화마그네슘(MgO)에 염화마그네슘($MgCl_2$)의 수용액을 가하여 만든 백색 또는 담황색의 시멘트로서 다음과 같은 성질을 가지고 있다.
① 단시간에 응결하고 경화 후에는 견고하며, 반투명의 광택이 난다.
② 흡습성(염화마그네슘을 함유하기 때문임)이 크고 백화현상이 잘 일어난다.
③ 철재를 녹슬게 한다.
④ 경화 수축이 크다.

Answer ➡ 17. ② 18. ③ 19. ④ 20. ② 21. ② 22. ④

23
시멘트 응결(setting)에 관한 설명 중 옳은 것은?

① 온도가 높을수록 응결시간이 길어진다.
② 가수량이 많을수록 응결이 빨라진다.
③ 알루민산 삼칼슘(3CaO · Al2O3)성분이 많을수록 응결이 늦어진다.
④ 시멘트 분말도가 높을수록 응결이 빠르다.

해설
응결은 첨가된 석고량이 많거나 물 시멘트비가 높을수록 지연되며, 분말도가 높고 알칼리가 많을수록 빨라진다. 또한 온도와 습도가 높으면 응결시간이 짧아지며 경화가 촉진되고, 풍화된 시멘트는 응결이 늦어진다.

24
콘크리트의 장점에 대한 설명 중 틀린 것은?

① 인장강도가 크다.
② 내화성, 내구성 등이 좋다.
③ 부재나 구조물을 만들기가 용이하다.
④ 강재와 접착이 잘 되고, 방청력이 크다.

해설
콘크리트의 장점 및 단점
(1) 장점
  ① 압축강도가 크다.
  ② 내화성, 내구성, 내진성, 내수성, 차음성 등이 좋다.
  ③ 강과의 접착이 잘 되고 강알칼리성이 있어 방청력이 크다.
  ④ 크기에 제한을 받지 않으므로 임의의 크기, 모양의 구조물을 만들 수 가 있다.
  ⑤ 시공하는데 특별한 숙련을 필요로 하지 않는다.
  ⑥ 유지비가 적게 든다.
  ⑦ 역학적인 결점은 다른 재료를 사용하여 보완할 수 있다.
(2) 단점
  ① 자체중량이 비교적 크다.
  ② 압축강도에 비하여 인장강도와 휨강도가 적다(철근을 사용하여 보강한다).
  ③ 경화시에 수축균열이 발생하기 쉽다.

25
모래 및 자갈에 관한 다음 기술 중 틀린 것은?

① 모래를 완전히 침수한 경우의 단위용적내의 실질량은 완전히 건조한 경우의 양과 거의 동일하다.
② 동일 물 · 시멘트비로 슬럼프 20cm 내외의 콘크리트에 있어서는 쇄석을 골재로 한 경우의 강도는 천연 강자갈을 골재로 한 경우의 강도보다 대체로 적다.
③ 모래 및 자갈의 비중은 보통 매우 비슷하고 2.65~2.70 정도이다.
④ 골재의 표면수의 영향은 자갈에 의한 것보다 모래에 의한 것이 크다.

해설
쇄석은 모가 나있어서 표면이 거칠기 때문에 강자갈보다 워커빌리티는 나빠지나 몰탈과 부착성을 더하므로 강도는 강자갈보다 커진다.

26
모래의 함수율과 용적변화에서 이넌데이트(inundate)현상이란 무슨 상태를 말하는가?

① 함수율 0~8%에서 모래의 용적이 증가하는 현상
② 함수율 8%이상 습윤상태에서 모래의 용적이 감소하는 현상
③ 함수율 8%에서 모래의 용적이 최고가 되는 현상
④ 함수율 0%(절건상태)인 때와 습윤상태의 모래의 용적이 동일한 현상

해설
bulking 및 inundate : 건조상태의 잔골재(모래)가 함수함에 따라 부풀어 오른 것은 bulking이라 하며, 최대로 부풂(약 8% 함수되었을 경우) 것에 물을 더 가하면 이번에는 용적이 감소되고 포화상태(25~35%)일 경우에는 마른모래와 거의 같은 용적이 되는 이를 inundate라고 한다.

27
자연산 골재를 사용한 콘크리트를 쇄석을 사용한 콘크리트와 비교 설명한 것 중 틀린 것은? (단, 동일한 배합비 및 물 · 시멘트비)

① 시공 연도가 좋다.
② 같은 조건하에서의 콘크리트 강도는 증가한다.
③ 시멘트 페이스트가 적게 필요하다.
④ 슬럼프차가 크다.

해설
쇄석을 사용한 콘크리트가 자연산 골재를 사용한 콘크리트보다 강도가 크다.

Answer ● 23. ④ 24. ① 25. ② 26. ④ 27. ②

28
콘크리트용 세골재(細骨材, 모래)의 조립률(F.M 값)로서 적정한 것은?

① 1.2~2.4 ② 1.6~2.4
③ 2.0~3.6 ④ 3.6~4.8

29
콘크리트에 쇄석골재를 이용하는 경우 쇄석골재에 유해물질을 함유하고 있어 이것이 시멘트 성분과 작용하여 팽창작용을 일으켜 콘크리트에 균열 등을 발생시킨다. 이 현상을 무엇이라 하는가?

① 알칼리-골재반응 ② 이넌데이션 현상
③ 수화반응 ④ 블리딩

30
철근 콘크리트용 골재에 관한 설명 중 옳지 않은 것은?

① 골재의 알 모양은 구형에 가까운 것이 좋다.
② 골재의 표면은 매끈한 것이 좋다.
③ 골재는 크고 작은 알이 골고루 섞여 있는 것이 좋다.
④ 골재에는 염분이 섞여 있지 않은 것이 좋다.

해설

콘크리트용 골재의 품질
① 골재는 견강(堅强)하고 물리적, 화학적으로 안정되어야 하며, 내화성 및 내구성을 가져야 한다.
② 골재는 청정(淸淨)해야 한다. 유해성이 있는 먼지, 흙 및 유기불순물 등이 포함되지 않아야 한다.
③ 골재의 형태는 표면이 거칠고 구형(球形)이나 입방체에 가까운 것이 좋다.
④ 골재는 잔 것과 굵은 것이 적당히 혼합된 것이 좋다.
⑤ 다량의 운모가 함유된 골재는 콘크리트의 강도를 떨어뜨리고 풍화되기도 쉽다.

31
콘크리트용 골재로서 다음 기술 중 적당하지 않은 것은?

① 골재는 청정, 견경, 내구적인 것으로 유해량의 유기물이 있으면 못 쓴다.
② 깬 자갈에는 넓고 긴 것이 섞여 있기 쉬우므로 주의해야 한다.
③ 골재의 입도는 일정해야 하며 잘고 굵은 것이 혼합된 것은 못 쓴다.
④ 골재에 부착된 흙 등을 물로 씻어 낸 다음에는 입도분석을 함이 좋다.

해설

골재의 입도가 균일하면 공극이 커져서 강도가 저하되므로 골재의 입도는 굵고 가는 것이 적당히 혼입되어야 한다.

32
골재의 함수상태에 대한 설명 중 틀린 것은?

① 습윤상태의 수량에서 절대건조상태의 수량을 뺀 것을 함수량이라고 한다.
② 습윤상태의 수량에서 표면건조내부포화상태의 수량을 뺀 것을 표면수량이라고 한다.
③ 기건상태의 수량에서 절대건조상태의 수량을 뺀 것을 기건 흡수량이라고 한다.
④ 표면건조내부포화상태의 수량에서 기건상태의 수량을 뺀 것을 유효 함수량이라고 한다.

해설

기건상태수량 – 절대건조상태수량 = 기건함수량

33
아직 굳지 않은 콘크리트의 성질에 관한 다음 기술 중 옳은 것은?

① 컨시스턴시가 작은 콘크리트는 워커빌리티가 나쁜 것을 의미한다.
② 워커빌리티의 양부는 시공조건을 무시해서 판정할 수 없다.
③ 플라스티시티는 수량의 다소에 의한 연도의 정도로 표시되는 아직 굳지 않은 콘크리트의 성질을 말한다.
④ 피니시어빌리티는 굵은골재의 최대치수, 잔골재율, 잔골재입도, 컨시스턴시 등에 의한 다짐의 용이 정도를 나타내는 아직 굳지 않은 콘크리트의 성질이다.

Answer ➡ 28. ③ 29. ① 30. ② 31. ③ 32. ③ 33. ④

해설

콘크리트의 성질
① 컨시스턴시(consistency) : 물의 양에 따라 결정되는 반죽의 질기 정도를 나타낸다.
② 워커빌리티(workability) : 작업의 난이도 및 재료분리에 저항하는 정도를 나타낸다.
③ 플라스티시티(plasticity) : 거푸집에 쉽게 다져넣을 수 있고 거푸집을 제거해도 허물어지거나 재료가 분리되지 않는 성질을 말한다.
④ 피니시어빌리티(finish ability) : 굵은골재의 최대치수, 잔골재율, 잔골재입도, 컨시스턴시 등에 의한 마감성의 정도를 나타내는 성질을 말한다.

34
골재시험과 관계없는 것은?

① 비중시험
② 체분석시험
③ 유기불순물시험
④ 압축시험

해설

골재시험에는 비중시험, 체분석시험, 유기불순물시험, 흡수량시험, 안전성시험, 단위용적중량시험 등이 있다. 압축시험은 시멘트 강도시험에 속한다.

35
콘크리트의 성질에 관한 다음 설명 중 틀린 것은?

① 워커빌리티(workability)란 작업의 난이도 및 재료의 분리에 저항하는 정도를 나타내며 골재의 입도와 밀접한 관계가 있다.
② 피니시어빌리티(finishability)란 굵은골재의 최대치수, 잔골재율, 골재의 입도, 반죽질기 등에 따라 마무리하기 쉬운 정도를 말한다.
③ 단위 수량이 많으면 컨시스턴시(consistency)가 좋아 작업이 용이하고 재료 분리가 일어나지 않는다.
④ 블리딩(bleeding)이란 콘크리트 타설 후 표면에 물이 고이게 되는 현상으로서 레이턴스(Laitance)의 원인이 된다.

해설

(1) 컨시스턴시(consistency) : 콘크리트의 반죽질기를 말하며 반죽질기는 워커빌리티를 나타내는 하나의 지표로서 슬럼프값으로 표시된다.

(2) 반죽질기에 영향을 미치는 요인 : 단위수량, 잔골재율, 콘크리트의 온도, 공기연행량 등이 있다.
① 단위수량이 많을수록 반죽질기는 커지고, 작업성은 용이해지나 재료분리를 일으키기가 쉽다.
② 잔골재율을 증가시키면 슬럼프값은 작아진다.
③ 콘크리트의 온도가 높을수록 반죽질기는 작아진다.
④ 공기량에 비례하여 슬럼프값이 커진다.

36
콘크리트 성질에 관한 설명 중에서 옳지 않은 것은?

① 콘크리트의 강도는 물·시멘트 비에 영향이 크다.
② 콘크리트 강도라면 압축강도만 생각하는 것이 보통이다.
③ 철의 열팽창계수는 콘크리트의 열팽창계수의 2배 정도이다.
④ 콘크리트는 목재보다 열의 전도율이 크나 내화성도 크다.

37
철근콘크리트 공사에서 보통 사용하는 물·시멘트비는?

① 30~40%
② 45~60%
③ 50~70%
④ 60~75%

해설

철근콘크리트에 사용하는 물·시멘트비 : 50~70%

38
콘크리트의 강도와 가장 관련이 있는 것은?

① 물·시멘트비
② 한중 콘크리트 시공
③ 골재의 조립물
④ A.E제를 혼입

해설

콘크리트의 강도는 표준양생을 한 재령 28일의 압축강도를 기준으로 하여 **압축강도에 영향을 주는 요인**은 다음과 같다.
① 사용재료의 품질 : 시멘트, 골재, 혼합수, 혼화재료 등
② 배합 : 물·시멘트비, 공기량, 단위 시멘트량 등
③ 시공방법 : 콘크리트의 비빔, 다짐 등
④ 양생방법, 재령, 시험방법 등

Answer ➡ 34. ④ 35. ③ 36. ③ 37. ③ 38. ①

39
콘크리트 강도를 결정하는데 가장 중요한 것은?

① 시멘트 강도와 물·시멘트비
② 시멘트 강도와 슬럼프
③ 슬럼프와 골재입도
④ 물·시멘트비와 골재입도

40
콘크리트의 강도를 변화시키지 않고 워커빌리티를 조절하는 방법은?

① 물의 사용량을 증가한다.
② 모래와 자갈을 증감한다.
③ 시멘트 사용량을 증가한다.
④ 모래를 증감한다.

해설
콘크리트의 강도를 변화시키지 않기 위해서는 물과 시멘트의 양(물·시멘트비 : W/C)은 변함이 없어야 하고 워커빌리티를 조절하기 위해서는 골재(모래와 자갈)를 증감시키는 방법이 가장 효과적이다.

41
콘크리트의 강도 중에서 가장 큰 것은?

① 인장강도   ② 휨강도
③ 전단강도   ④ 압축강도

해설
콘크리트 강도의 크기 : 압축강도가 가장 크며 전단강도는 압축강도의 1/4~1/6정도, 휨강도는 압축강도의 1/5~1/8 정도, 인장강도는 1/10~1/13정도이다.

42
보통 콘크리트 배합강도가 210kg/cm²를 요구할 때 물·시멘트비를 구한 것 중 가장 가까운 것은? (단, 사용할 때 시멘트는 강도가 300kg/cm²인 보통 포틀랜드시멘트)

① 49%   ② 53%
③ 59%   ④ 63%

해설
물·시멘트비 $= \dfrac{61}{(F/K)+0.34}$ (%)
$= \dfrac{61}{(210/300)+0.34} = 58.65\%$

43
콘크리트공사 현장에서 슬럼프(slump)시험을 행하는 주 목적은?

① 콘크리트의 용량을 확인하기 위하여
② 콘크리트의 강도를 측정하기 위하여
③ 시공연도를 양호하게 하기 위하여
④ 시멘트량의 많고 적음을 조절키 위하여

44
Concrete 성질 중 잘못된 것은?

① Concrete 탄성 계수는 압축 변형보다 인장 변형이 크다.
② Concrete의 건조 수축율은 물·시멘트비가 높을수록 크다.
③ 수밀성은 일반적으로 불충분하다.
④ 화재시엔 내부 균열로 강도가 저하된다.

해설
콘크리트의 탄성계수는 압축강도가 클수록 커지며 인장강도일 때도 압축강도일 때와 거의 비슷하다고 본다.

45
콘크리트의 시공연도를 측정하는 시험과 관계없는 것은?

① 낙하시험(Drop test)
② 슬럼프 콘(Slump cone)
③ 플로우 테이블(flow table)
④ 길모어 시험장치

46
다음 중 콘크리트의 내화학성에 영향을 주지 않는 것은?

① 황산   ② 황산염
③ 식물유   ④ 알칼리

Answer ➡ 39. ① 40. ② 41. ④ 42. ③ 43. ③ 44. ① 45. ④ 46. ③

47
콘크리트에서 물·시멘트비를 결정할 때 다음 중 어느 상태의 골재를 기준으로 하는가?

① 완전건조상태
② 표면건조 내부포수상태
③ 공기중의 건조(기건)상태
④ 전체습윤상태

48
포틀랜드 포졸란 시멘트 A종인 경우에 물·시멘트비의 최대값은?

① 55% ② 60%
③ 65% ④ 70%

해설

물·시멘트비 최대값(% 이하)
① 보통포틀랜드, 고로특급, 포졸란 A종, 플라이애시 A종 : 65%
② 고로슬래그 1급, 포졸란 B종, 플라이애시 B종 : 60%

49
콘크리트의 중성화에 관한 기술 중 틀린 것은?

① 콘크리트 중의 수산화석회가 탄산가스에 의해 중화되는 현상
② 물·시멘트비가 클수록 중성화의 진행속도가 빠르다.
③ 중성화된 부분은 페놀프탈레인액을 살포해도 적변하지 않는다.
④ 경량골재콘크리트와 강자갈 콘크리트의 중성화 정도는 물·시멘트비가 같으면 거의 동일하다.

50
바닷모래 중에 포함된 염분이 철근 콘크리트에 미치는 영향은?

① 염소이온이 철근의 방청피복을 파괴시켜 철근에 녹이 슨다.
② 콘크리트의 압축강도가 저하된다.
③ 콘크리트의 중성화가 촉진된다.
④ 염분이 시멘트의 응결, 경화에 나쁜 영향을 미친다.

51
포틀랜드시멘트를 사용한 콘크리트의 압축강도와 양생조건과의 관계에 대한 기술 중 옳지 않은 것은?

① 습윤양생을 계속하면 콘크리트의 강도는 재령과 함께 증가한다.
② 습윤양생 시킨 공시체를 2~3주간 건조시키면 압축강도는 급격히 증가한다.
③ 양생온도가 일정한 경우 타설시의 콘크리트의 온도가 높을수록 재령 28일 후의 장기강도는 크다.
④ 35℃이하의 범위에서 양생온도가 높을수록 재령 28일까지의 강도는 크다.

해설

일반적으로 양생온도 4~40℃의 범위에서는 온도가 높을수록 재령 28일까지의 강도가 커진다.

52
통상 철근 콘크리트 공사에 있어서 입도가 적당한 골재를 사용한 경우 워커빌리티가 좋은 콘크리트 배합의 일반적 경향에 대한 기술 중 틀린 것은?

① 동일 슬럼프라면 물·시멘트비가 클수록 시멘트 사용량이 적다.
② 물·시멘트비가 동일하다면 슬럼프가 적을수록 시멘트 사용량이 적다.
③ 강도와 슬럼프가 동일한 콘크리트를 만들 경우 시멘트 강도가 높을수록 시멘트 사용량은 적다.
④ 모래가 가늘수록 시멘트 사용량은 적다.

53
철근 콘크리트에 관한 기술 중 틀린 것은?

① 콘크리트에 사용하는 물은 염분을 포함하고 있으면 안된다.

Answer ➡ 47. ② 48. ③ 49. ③ 50. ③ 51. ③ 52. ④ 53. ④

② 콘크리트 타설전에 철근의 녹은 완전히 제거하는 것이 좋다.
③ 철근 콘크리트용 콘크리트를 만드는 데에는 연석골재를 사용해서는 안된다.
④ 공기량이 증가하면 부착강도가 증대된다.

해설
물·시멘트비가 일정한 콘크리트에서 공기량 1%의 증가에 따라 콘크리트의 강도는 4~6% 감소한다.

54
콘크리트의 소요강도, 골재의 입도가 결정된 경우 콘크리트의 조합을 결정하는 순서로 옳은 것은? (단, (a) 시멘트 강도, (b) 슬럼프, (c) 절대용적배합, (d) 물·시멘트비)

① (a) – (d) – (b) – (c)
② (b) – (c) – (d) – (a)
③ (b) – (d) – (a) – (c)
④ (c) – (b) – (a) – (d)

55
시멘트 혼화제 중 발열량이 가장 높아지는 것은?

① 경화촉진제
② A.E제
③ 포졸란
④ 방수제

해설
응결경화촉진제
(1) 촉진제 : 수중공사에 강도발생촉진, 한기(寒氣)공사, 방수공사에서의 일시적 누수방지, 시멘트 성형품의 급속경화, 거푸집 단기제거 등의 목적에 쓰이는 혼화제이다. 가장 많이 쓰이는 혼화제인 염화칼슘(CaCl₂)의 혼화량은 시멘트량의 4% 이내라야 하나 부작용관계로 2%내외가 안전하다.
(2) 경화촉진제를 사용할 때 주의사항
① 사용량이 많으면(4% 이상) 흡습성이 커지고, 철물을 부식시킨다.
② 건조추숙이 증가한다.
③ 콘크리트의 응결이 빨라지므로, 콘크리트의 운반, 넣기, 다지기 작업등의 시공을 빨리 해야 한다.
④ 황산염의 작용을 받는 구조물에는 부적당하다.

56
다음 중 콘크리트의 혼화재료에 속하지 않는 것은?

① 염화칼슘
② A.E제
③ 타르
④ 포졸란

해설
콘크리트의 혼화재료
(1) 혼화제 : 사용량이 비교적 적어 그 자체의 부피가 콘크리트 배합계산에서 무시되는 것으로 약품적인 사용에 그치는 것을 말하며 AE제, 경화촉진제(염화칼슘), 분산제, 급결제 및 지연제, 방수제 등이 이에 속한다.
(2) 혼화재 : 사용량이 비교적 많아서 그 자체의 부피가 콘크리트 배합계산에서 고려되는 것으로 시멘트 중량의 5%이상, 경우에 따라서는 50% 이상이 쓰이기도 한다. 혼화재의 종류는 다음과 같다.
① 경화과정중 팽창을 일으키는 것 : 팽창제
② 포졸란(pozzolan) 작용이 있는 것 : 고로슬래그, 플라이애시
③ 증량제 : 폴리머증량제, 광물질미분말

57
독립된 작은 기포를 콘크리트 속에 균일하게 분포시키기 위하여 사용하는 혼화제로 맞는 것은?

① AE제
② 경화촉진제
③ 지연제
④ 급결제

해설
AE제는 콘크리트용 계면활성제의 일종이다.

58
콘크리트에서 A.E제를 사용하는 주된 목적으로 틀린 것은?

① 강도를 증가시킨다.
② 내 동해성을 증가시킨다.
③ 기포에 의해 재료분리, 침하가 작게되어 슬럼프가 증대한다.
④ 화학적 부식에 대한 저항성이 커진다.

해설
AE제 콘크리트의 장점 및 단점
(1) 장점
① 방수성이 크고 화학작용에 대한 저항성도 크다.
② 미세기포의 조활작용으로 연도(軟度)가 증대되고 응집력이 있어 재료분리가 적다.

Answer ➡ 54. ① 55. ① 56. ③ 57. ① 58. ①

③ 사용수량(水量)을 줄일 수 있어서 블리딩(bleeding) 및 침하가 적다.
④ 탄성을 가진 기포는 동결융해(凍結融解) 및 건습(乾濕) 등에 용적변화가 적다.

(2) 단점
① 강도가 저하된다. 공기량 1%에 대하여 압축강도는 약 4~6% 저하된다.
② 철근 부착강도가 저하되고 감소비율은 압축강도보다 크다.

59
AE 콘크리트에 관한 설명 중 옳지 않은 것은?

① 방수성이 좋고 화학작용에 대한 저항성이 크다.
② 사용수량이 증가된다.
③ 철근 부착강도가 저하된다.
④ 콘크리트면이 평활하여 제품치장 콘크리트 시공에 적당하다.

해설
콘크리트에 AE제를 사용하면 사용수량(水量)을 줄일 수 있어 블리딩(bleeding) 및 침하가 적다.

60
다음 중 콘크리트의 지연제가 아닌 것은?

① 리그닌 솔폰산 ② 염화칼슘
③ 인산염 ④ 옥시 카본산

해설
급결제 및 지연제
① 급결제 : 시멘트의 응결시간을 매우 빠르게 하기 위해 사용되는 것으로 염화제이철 및 염화알루미늄, 탄산소다, 알루민산소다, 규산소다 등을 주성분으로 한 것이다.
② 지연제 : 콘크리트의 응결 및 초기경화를 지연시키기 위해 사용되는 것으로 폴리알콜류, 옥시카본산과 그 염, 리그닌 솔폰(lignin sulfon)산과 그 염, 셀룰로오스류 등의 유기질계와 불화수소산, 인산염, 붕사, 산화아연 등의 무기질계가 지연제로 사용된다.

61
콘크리트의 경화촉진제에 대한 설명이다. 다음 중 틀린 것은?

① 사용량이 많으면 흡수성이 커지고, 철물을 부식시킨다.

② 콘크리트의 응결이 빨라지므로 콘크리트의 운반, 넣기, 다지기 작업에 시공을 빨리해야 한다.
③ 황산염의 작용을 받는 구조물에는 부적당하다.
④ 건조, 수축이 감소한다.

해설
경화촉진제는 시멘트의 수화작용을 촉진하는 혼화제로서 일반적으로 염화칼슘이 많이 쓰이며 경화촉진제를 사용하면 건조, 수축이 증가하게 된다.

62
포졸란을 사용할 때 얻을 수 있는 콘크리트의 일반적인 특징이 아닌 것은?

① 워커빌리티가 좋아진다.
② 블리딩이 증가한다.
③ 초기강도는 작으나 장기강도, 수밀성, 화학저항성이 크다.
④ 발열량이 적어지므로 단면이 큰 콘크리트에 적합하다.

해설
포졸란 시멘트
(1) 포졸란 시멘트 클링커에 포졸란을 혼합하여 적당량의 석고를 가해 만든 시멘트로 실리카 시멘트(silica cement)라고도 한다. 포졸란(pozzolan)은 천연산이나 인공실리카질 혼합재인 규산백토, 화산회, 소성점토, 트라스(trass), 규조토 등의 총칭이다. 포졸란 시멘트는 포틀랜드시멘트의 수화작용에 의해서 생성되는 Ca(OH)$_2$와 포졸란 재료 속의 가용성 실리카, 알루미나와 반응(포졸란 반응)하여 불용성의 염을 생성하여 경화와 수밀성을 조장한다.
(2) 포졸란 시멘트의 특성
① 초기강도는 포틀랜드시멘트보다 약간 낮으나 장기강도는 약간 크다.
② 수밀성이 좋고 내구성이 있는 콘크리트를 만들 수 있다.
③ 해수 등에 대한 화학저항성이 크다.
④ 콘크리트의 워커빌리티(workability)를 증대시키고 블리딩(bleeding)을 감소시킨다.
⑤ 비중이 작고 장기양생이 필요하다.
⑥ 경화건조에 의한 수축이 큰 경향이 있고 균열이 생기기 쉽다.
⑦ 사용수량 증가에 대한 강도의 저하율이 민감하다.

Answer ● 59. ② 60. ② 61. ④ 62. ②

63
콘크리트용 혼화재로서 플라이애시의 특성이 아닌 것은?

① 시멘트 수화열에 의한 콘크리트의 발열이 감소된다.
② 콘크리트의 워커빌리티를 좋게 한다.
③ 콘크리트의 수밀성을 향상시킨다.
④ 블리딩(bleeding)이 증가된다.

해설
플라이애시의 특성
① 콘크리트의 워커빌리티를 좋게 하고 사용수량을 감소시켜 준다.
② 초기 재령의 강도는 다소 작으나 장기 재령의 강도는 상당히 크다.
③ 시멘트 수화열에 의한 콘크리트의 발열이 감소되므로 단면이 큰 콘크리트 구조물의 경우 콘크리트 내부 온도 상승에 의한 균열발생 등을 억제하는데 유효하다.
④ 콘크리트의 수밀성을 크게 개선한다.
⑤ 플라이애시는 건축에는 별로 쓰이지 않고 댐콘크리트, 매스 콘크리트, 프리팩트 콘크리트의 주입용 몰탈 등에 중량제로 쓰인다.

64
다음 중 포졸란의 특성에 대한 설명으로 틀린 것은?

① 콘크리트의 시공연도가 좋아지며, 블리딩이 감소한다.
② 조기강도는 작으나 장기간 습윤 양생하면 장기강도, 수밀성 및 화학적 저항성이 커진다.
③ 건조 수축이 크다.
④ 발열량이 크고, 조립이 많은 것은 콘크리트 단위 수량을 감소시킨다.

해설
포졸란을 사용한 콘크리트는 발열량이 적어지고, 조립이 많은 것은 단위수량을 증가시키므로 건조수축이 크다.

65
혼합재료와 그 효과를 조합한 것 중 틀린 것은?

① 염화칼슘 – 조기강도의 발생
② 플라이애시 – 내화성의 향상
③ 감수제(減水劑) – 단위 수량의 감소
④ 알루미늄 분말 – 발포, 경량

해설
플라이애시를 콘크리트에 사용하면 장기강도가 커지고, 사용 수량을 감소시키고, 워커빌리티를 좋게 하는 등의 이점이 있으나 내화성이 향상되지는 않는다.

66
콘크리트에 사용되는 혼화제중 응결경화 촉진제가 아닌 것은?

① 염화칼슘
② 포졸란
③ 카알(cal)
④ 염화알루미늄

해설
콘크리트의 응결경화촉진제란 콘크리트의 조기강도 발현을 촉진시켜 콘크리트 구조물을 조기에 사용하고자 하는데 사용되는 혼화제로서 염화칼슘, 염화알루미늄, 카알(cal), 탄산칼륨, 규산소다, 탄산소다 등이 있다.

67
경량 콘크리트에 대한 설명 중 틀린 것은?

① 경량 골재를 쓰거나 발포제를 써서 만든 콘크리트이다.
② 내부에 공간이 생겨 탄력성이 있으므로, 건조 수축이 적고 강도가 증가한다.
③ 경량, 단열, 방음 등의 효과를 가지는 콘크리트이다.
④ 기건 비중이 2.0 이하의 콘크리트이다.

해설
경량 콘크리트는 다공질로 강도가 작고 건조수축이 크다.

68
AE제를 혼합한 콘크리트에 대한 다음 설명 중 적당치 않은 것은?

① 공기량 1%에 압축강도는 3~5% 감소한다.
② 공기량이 많을수록 강도는 저하된다.
③ 약 6%이상 공기량을 함유하면 내구성이 저하된다.
④ 공기량이 적을수록 슬럼프는 증대한다.

해설
AE제 콘크리트는 공기량이 많을수록 슬럼프값이 커진다.

Answer 63. ④ 64. ④ 65. ② 66. ② 67. ② 68. ④

69
콘크리트 강도 및 AE 콘크리트에 관한 설명 중 틀린 것은?

① AE제를 사용한 콘크리트의 AE 공기량은 온도가 높을수록 감소한다.
② 시공연도가 일정한 경우 깬자갈 콘크리트가 강자갈을 사용한 콘크리트보다 강도가 낮다.
③ 동일한 시멘트의 양을 사용할 경우 물·시멘트비가 큰 것일수록 강도가 낮다.
④ 재료 배합비 및 시공연도가 일정한 경우 큰 골재가 많이 포함될수록 강도가 크다.

해설
깬자갈은 강자갈에 비하여 자갈표면이 거칠어 시멘트 풀의 부착력이 크기 때문에 시공연도가 일정한 경우 보통 콘크리트보다 강도가 크다.

70
프리팩트 콘크리트(prepact concrete)의 특징에 해당되지 않는 항목은?

① 초기강도가 높다.
② 시멘트가 절약된다.
③ 건조수축률이 감소된다.
④ 동결·융해에 대한 내성이 크다.

해설
프리팩트 콘크리트의 특성
① 수밀성, 내구성이 크고 동결융해에 대해서도 강하다.
② 재료분리나 수축이 적다.
③ 조기강도는 낮으나 장기강도는 보통 콘크리트와 비슷하거나 상회될 때도 있다.

71
고강도 강재나 피아노선과 같은 특수 선재를 사용하여 재축 방향으로 콘크리트에 미리 압축력을 주어서 콘크리트의 강도를 증가시켜 휨 저항이 증대되도록 한 콘크리트는 어느 것인가?

① 프리팩트 콘크리트
② P.S 콘크리트
③ 진공 콘크리트
④ P.C 콘크리트

해설
P.S 콘크리트(prestressed concrete) : P.S 콘크리트는 외부의 하중작용에 따라서 프리스테레스(하중에 의하여 일어나는 인장응력을 소정의 한도로 상쇄할 수 있도록 미리 계획적으로 콘크리트에 주는 응력)을 방출하여 외력에 의한 응력에 견디도록 콘크리트에 미리 압축력을 준 콘크리트이다.

72
프리스트레스트(Pre-stressed) 콘크리트에 관한 기술로서 틀리는 것은?

① 프리스트레스트에 의해 콘크리트의 인장응력도에 균열을 방지할 수 있다.
② 기둥과 같이 압축력을 받는 부재는 프리스트레스트를 가하면 불리할 경우가 있다.
③ 고강도 철근을 철근 콘크리트에 사용할 시에 프리스트레스트 콘크리트로 하면 강재의 내력을 충분히 활용할 수 있다.
④ 프리스트레스트를 사용하면 저강도의 콘크리트에서도 압축강도가 높게 한다.

73
레디 믹스트 콘크리트(ready mixed concrete)를 사용하는 이유로서 틀린 것은?

① 시가지에서는 콘크리트를 혼합할 장소가 좁다.
② 현장에서는 균질의 골재를 얻기 힘들다.
③ 콘크리트의 혼합이 충분하여 품질이 고르다.
④ 콘크리트의 운반거리 및 운반시간에 제한을 받지 않는다.

해설
레디 믹스트 콘크리트는 레미콘(remicon)이라고도 하며 1시간 이내에 운반이 가능한 장소에서만 사용이 가능하다.

Answer ▶ 69. ② 70. ① 71. ② 72. ④ 73. ④

74
진공 콘크리트의 특징으로 틀린 것은?

① 조기강도는 작다.
② 내구성이 개선된다.
③ 강도가 극도로 높아진다.
④ 건조수축이 적다.

해설

진공 콘크리트: 대기압을 유효하게 이용하는 방법으로 보통 콘크리트를 시공한 후 진공장치(진공매트 또는 진공패널)에 의하여 굳지 않은 콘크리트 표면을 진공으로 만들어 경화하는데 필요 이상의 물을 제거하고 대기압에 의해 콘크리트에 압력이 가해지도록 만든 콘크리트이다. 그 특성은 다음과 같다.
① 조기강도가 현저하게 증가되고 장기강도도 크다.
② 내구성이 커지고 경화수축률이 감소된다.
③ 동결융해에 대한 저항이 증대되고 공기를 단축할 수 있다.

75
한중 콘크리트의 양생에 관한 설명중 틀린 것은?

① 초기 양생시 콘크리트의 어느 부분도 양생온도가 0℃ 이하로 되지 않도록 한다.
② 초기 양생은 콘크리트 강도가 50kg/cm2이 될 때까지 행한다.
③ 초기 양생은 반드시 필요하지는 않다.
④ 콘크리트의 노출면은 보온 양생한다.

해설

한중 콘크리트의 양생시 주의사항은 ①, ②, ④항 이외에도 다음과 같은 것이 있다.
① 양생기간중은 콘크리트 온도, 보온된 공간의 온도 및 기온을 자기 기록 온도계에 의하여 기록한다.
② 단열보온 양생을 할 경우 콘크리트가 계획된 양생온도를 유지하고 또 국부적으로 냉각되지 않도록 한다.

76
수밀 콘크리트 배합에 대한 설명 중 틀린 것은?

① 수밀 콘크리트는 원칙적으로 표면활성제를 사용한다.
② 물시멘트비는 50% 이하로 한다.
③ 슬럼프값은 15cm 이하로 한다.
④ 묽은 비빔 콘크리트를 사용한다.

해설

수밀 콘크리트 배합방법
① 된비빔 콘크리트를 사용한다.
② 진공다짐을 한다.
③ 물 시멘트비를 50% 이하로 한다.
④ 시공연도를 좋게 하기 위해서 AE제를 첨가한다.
⑤ 콘크리트의 비빔시간은 2~3분으로 한다.

77
콘크리트 측압에 관한 기술 중 틀린 것은?

① 콘크리트의 붓기 속도가 빠를수록 측압은 크다.
② 온도가 낮을수록 측압은 크다.
③ 부재의 수평단면이 작을수록 측압은 작다.
④ 콘크리트의 시공연도가 클수록(즉, 슬럼프값이 클수록) 측압은 작다.

해설

콘크리트의 측압은 슬럼프값이 클수록, 부어넣는 속도가 빠를수록, 온도가 낮을수록, 부배합일수록 증대된다.

78
콘크리트가 금속에 주는 영향을 설명한 것으로 틀린 것은 다음 중 어느 것인가?

① 철(Fe)은 부식된다.
② 납(Pb)은 침식되지 않는다.
③ 동(Cu)은 약간 침식이 된다.
④ 아연(Zn)은 약간 침식이 된다.

해설

납은 건조한 곳에서는 영향을 받지 않으나 습기가 있는 곳에서는 콘크리트에 의해서 침식된다.

79
보통 무근 콘크리트의 중량은?

① $2.1t/m^3$
② $2.2t/m^3$
③ $2.3t/m^3$
④ $2.4t/m^3$

해설

콘크리트의 중량
① 무근 콘크리트 : $2.3t/m^3$
② 철근 콘크리트 : $2.4t/m^3$
③ 철골 철근 콘크리트 : $2.5t/m^3$

Answer ➡ 74. ① 75. ③ 76. ④ 77. ④ 78. ② 79. ③

80
ALC는 오토클레브에서 고압증기에 의해 양생한 경량기포 콘크리트로 제품에는 블록, 패널 등이 있다. 다음 중 ALC의 특성으로 틀린 것은?

① 경량으로 방음성이 있다.
② 단열성이 있다.
③ 흡수성이 적다.
④ 사용 후 변형이나 균열이 적다.

해설

ALC(autoclaved lightweight concrete) 제품
(1) ALC : 생석회와 규사를 고온, 고압하에서 양생하면 수열(水熱) 반응을 일으키고 이 반응에 의해 만들어진 건축재료에 기포를 넣어 경량화한 경량기포콘크리트를 약칭해서 ALC라고 한다.
   ① 수열반응에 의해서 생성된 규산석회의 결정은 강고하고 안정된 것이나 생석회 대신 시멘트의 석회원(CaO 60% 함유)을 사용하기도 한다.
   ② 발포제는 알루미늄 분말을 사용한다.
(2) 특성 및 용도
   ① 기포 콘크리트 제품에 비해 강도가 크고 수축이 적으며 방음, 단열 등의 특성이 있으나 다공질이므로 흡수성이 크다.
   ② 제품은 패널 및 블록류로서 바닥, 벽, 지붕재로 사용된다.

3장 석재 및 점토

1 석재의 분류 및 장·단점

(1) 석재의 성인에 의한 분류

1) 화성암 : 지구 내부의 암장이 냉각되어 형성된 것으로 화강암, 안산암, 황화석 등이 있다.

2) 수성암 : 지표의 암석이 풍화, 침식, 운반, 퇴적 등의 작용에 의해 생긴 암석으로 사암, 이판암 및 점판암, 응회석, 석회암 등이 있다.

3) 변성암 : 화성암, 수성암이 압력 또는 열에 의해 심히 변질된 암석으로 대리석, 사문암, 석면 등이 있다.

(2) 석재의 장·단점

1) 장점
① 압축강도가 크다
② 내수성, 내화학성, 내구성, 내마모성이 양호하다.

2) 단점
① 인장강도가 압축강도의 1/10~1/40 정도이다.
② 비중이 크고 가공성이 좋지 않다(장대재를 얻기 어렵다.).
③ 열에 의해 균열(화강암), 분해(석회석, 대리석 등)되어 강도를 상실하기도 한다.

2 석재의 성질

(1) 강도

1) 석재의 강도는 압축강도를 기준으로 한다.

2) 석재의 압축강도가 커지는 경우
① 구성입자 및 공극율이 작을수록
② 단위용적 중량이 클수록
③ 결정도와 결합 상태가 좋을수록

3) 함수율이 높으면 강도는 저하된다.

(2) 흡수율

1) 석재의 흡수율이 크다는 것은 다공성이라는 것을 나타내는 것이다.
2) 흡수율의 크기 : 응회암 > 사암 > 안산암 > 화강암 = 점판암 > 대리석

(3) 석재의 내구성 및 내구연한

1) 석재의 내구성을 지배하는 요인
   ① 조암광물의 종류
   ② 조직의 차이
   ③ 노출상태

2) 내구연한(수명)의 순서 : 화강암 > 대리석 > 석회암 > 사암

(4) 내화성 : 500℃까지는 거의 피해를 입지 않지만 그 이상의 온도에서는 급격히 파괴된다.

1) 응회암, 사암, 안산암 등은 1000℃ 이하의 고온에 거의 영향을 받지 않는다.
2) 화강암은 575℃ 정도에서 붕괴된다.
3) 내화성의 크기 : 응회암 > 사암 > 안산암 > 점판암 > 화강암 > 대리석

3 석재의 조직

(1) **석리** : 석재표면의 구성조직을 말하는 것으로 결정질과 파리질(비결정질 또는 유리질)이 있다.
(2) **절리** : 천연적으로 갈라진 틈(화성암에 많다)을 말하며 채석에 영향을 준다.
(3) **석목(돌눈)** : 일정한 방향의 깨지기 쉬운 면을 말하는 것으로 석재의 채석이나 가공 시 이용된다.

(4) **층리와 편리**

1) 층리 : 퇴적암, 변성암에 흔히 있는 평행상의 절리
2) 편리 : 변성암에서 생기는 불규칙한 절리(박편 모양으로 작게 갈라짐)

4 석재의 가공

(1) **가공의 종류**

    1) 규격화가공   2) 원석의 할석   3) 표면가공

(2) **표면가공의 순서(손 다듬기)** : 혹두기 – 정다듬 – 깎기 – 도드락다듬 – 잔다듬 – 물갈기

5 각종 석재의 특성

(1) 화강암(쑥돌)
1) 석질이 견고하고 풍화나 마멸에 강하다.
2) 대재를 용이하게 채취할 수 있다.
3) 외관이 아름다워 장식재로 쓸 수 있다.
4) 내화도가 낮아서 고열을 받는 곳에는 부적당하다.

(2) 안산암
1) 강도, 경도가 크며 내화성이 있다.
2) 구조재로 많이 사용한다.

(3) 부석
1) 열전도율이 작고 내화성, 내산성이 있다.
2) 단열재, 특수화학장치에 이용한다.

(4) 이판암 및 점판암
1) **이판암** : 침전된 점토가 지압과 지열에 의해 응결한 것
2) **점판암** : 이판암이 다시 지압에 의해 변질된 것
3) 점판암은 박판으로 탈리성이 있고 치밀하여 슬레이트 지붕재, 벽재, 비석 등에 이용

(5) 응회석
1) 화산재가 모래와 같이 퇴적하여 응고된 것이다.
2) 석질이 연하고 다공질이어서 흡수성이 크나 강도, 내구성이 부족하다.
3) 내화성이 크다.
4) 가공하기 쉬우나 풍화하기 쉽다.

(6) 대리석
1) 변성암의 대표적 석재이다.
2) 연마하면 아름다운 광택을 낸다(장식재).
3) 내산성 및 내화성이 낮고 풍화되기 쉽다.

> **길잡이**
>
> 트래버틴(travertin)
> 1) 벌레에 침식된 듯한 구멍이 있는 무늬를 가진 특수 대리석의 일종이다.
> 2) 변성암의 일종으로 탄산석화를 포함한 물에서 침전, 생성된 것이다.
> 3) 석질이 불균일하고 다공질이다.
> 4) 황갈색의 반문이 있다.
> 5) 특수 내장용 장식재로 사용된다.

(7) 석면

1) 천연결정 섬유이다.
2) 내화성(1,200~1,300℃)이 있다.
3) 열전도율이 작고 내알칼리성이 우수하다.

> **길잡이**
>
> 석재의 용도
> 1) 화강암 : 구조재, 외장용, 콘크리트 골재
> 2) 안산암 : 구조재
> 3) 점판암 : 지붕재, 벽재료
> 4) 화산암 : 경량골재
> 5) 응회암 : 기초석, 조적석재, 석축재
> 6) 대리석 : 장식재, 조각재
> 7) 석회암 : 도로포장용, 석회나 콘크리트 원료

6 석재 제품

(1) **암 면** : 단열, 보온, 흡음 등이 우수하고 내화성이 있다(음이나 열의 차단재로 사용).

(2) **질 석** : 운모계와 사문암계의 광석을 800~1000℃로 가열 팽창시켜 체적이 5~6배로 된 다공질석의 경석이다.

(3) **테라죠** : 종석(대리석)+백색시멘트+강모래+안료+물

(4) **퍼얼라이트** : 진주암, 흑요석, 송지석 등을 분쇄하여 입상으로 된 것은 가열 팽창시켜서 제조한다.

7 점토

(1) 점토의 주성분 : 함수규산알루미나($Al_2O_3 \cdot 2SiO_2 \cdot 2H_2O$)

    1) **성분** : 규산 SiO_2 50~70%, 알루미나 Al_2O_3 15~36%, 기타 Fe_2O_3, CaO, MgO, Na_2O 등이 포함되어 있다.

    2) **카올린** : 순수한 점토

    3) **샤모트** : 구어진 점토 분말

(2) 점토의 성질

    1) **점토의 비중** : 비중은 2.5~2.6 정도이고 입자의 크기는 보통 2μ 이하의 미립자이다.

    2) 양질의 점토일수록 가소성이 좋다.

    3) **함수율에 따른 점토의 성질**

       ① 40~45% : 가소성이 가장 커진다.

       ② 30% : 최대의 수축이 나타낸다.

       ③ 30% 이하 : 소성 제품의 강도, 경도가 커진다.

    4) **점토의 소성온도(S · K)**

       ① 점토제품의 소송온도범위 : 800~1500℃

       ② 소성온도 측정법 : 제게르 콘 법(seger cone method)

(3) 점토 소성제품의 분류

종류	원료	소성온도(℃)	특성	제품
토기	보통점토 (전답의 흙)	700~1000	흡수성이 크고 깨지기 쉽다.	벽돌, 기와, 토관
도기	도토(석영, 운모의 풍화작용)	1100~1230	다공질로서 흡수성이 있고, 질이 좋으며 두드리면 탁음이 난다.	타일, 테라코타, 위생도기
석기	양질점토 (유기질 없음)	1160~1350	흡수성이 작고 경도와 강도가 크다.	경질기와, 타일, 테라코타
자기	양질점토 또는 장석분	1230~1460	흡수성이 극히 작고 경도와 강도가 가장 크다.	타일, 위생도기

(4) 보통 벽돌의 품질

등급	압축강도(N/mm^2)	흡수율(%)
1종	20.59 이상	10 이하
2종	15.69 이상	13 이하
3종	10.78 이상	15 이하

(5) 타 일

1) 등급에 의한 타일의 분류

등급	기　준
1급품	색조가 특히 양호한 것, 외관 결점이 없는 것, 색조가 정확하고 고른 것
2급품	색조가 좋은 것, 외관 결점이 심하지 않은 것
3급품	색조가 보통인 것

2) 타일의 용도에 따른 소지의 질

① 내장타일 : 자기질, 도기질, 석기질

② 외장타일 : 자기질, 석기질

③ 바닥타일 : 자기질, 석기질

④ 모자이크타일 : 자기질

⑤ 클링커타일 : 석기질

3) 타일의 종류

① 클링커 타일 : 표면에 거칠게 요철 무늬를 넣는다.

② 모자이크 타일 : 아름다운 무늬를 만들 수 있고 소형 타일로서 바닥에 많이 쓰인다.

③ 알루미늄 타일 : 보오크사이트를 원료로 하여 만든 타일이다.

④ 계단 non-slip : 계단의 모서리에 붙이는 것으로 마모에 대한 저항성이 금속제보다 우수하다.

⑤ 스크래치드 타일 : 표면이 긁힌 모양의 외장용 타일이다.

4) 리놀륨타일(linoelum tile)

① 리놀륨(linoelum) : 아마유인의 산화물인 리녹신(linoxyn)에 수지 · 고무질물질 · 코르크 가루 · 안료 등을 섞어 마포(麻布)에 발라 두꺼운 종이 모양으로 압연성형한 제품으로서 바닥이나 벽의 수장제로 쓰인다.

② 리놀륨타일 : 리놀륨과 동질이며 뒤에 마포를 대지 않는다(단색과 대리석 무늬가 있다).

(6) 테라코타 : 속이 빈 대형의 점토소성품이다.

① 일반 석재보다 가볍다.

② 압축강도는 800~900(kg/cm²)로서 화강암의 1/2 정도이다.

② 내화성이 크고 풍화에도 강하다(외장용).

(7) 위생도기 : 세면기, 욕조, 대소변기, 개수대(sink) 등의 위생시설에 쓰이는 도기들을 말한다.

실 / 전 / 문 / 제

01
다음 중 수성암의 종류가 아닌 것은?

① 황화석　　② 사암
③ 석회암　　④ 점판암

해설
성인(成因)에 의한 석재의 분류
① 화성암(火成巖) : 지구 내부의 암장이 냉각되어 형성된 것으로서 일반적으로 괴상(怪狀)으로 되어있다. 종류에는 심성암(화강암, 섬록암), 화산암(안산암, 석영조면암), 황화석, 현무암 등이 있다.
② 수성암(水成巖) : 암석의 쇄편(碎片), 물에 녹은 광물질, 동식물의 유해(遺骸) 등이 침전되어 쌓이고 겹쳐져서 고화(固化)되어 층상(層狀)으로 된 것이다. 종류에는 응회암, 점판암, 석회암, 사암 등이 있다.
③ 변성암(變成巖) : 화성암, 수성암이 압력 또는 열에 의하여 심히 변질된 것으로서 일반적으로 층상(層狀)으로 되어 있다. 종류에는 화성암계(사문석), 수성암계(대리석), 석면 등이 있다.

02
석재를 건축재료로 사용할 때의 장점이 아닌 것은?

① 내마모성이 크다　　② 압축강도가 크다.
③ 비중이 크다.　　④ 불연성이다.

해설
석재의 장·단점
(1) 장점
　① 불연성으로 압축강도가 크며 내수성, 내화학성 및 내구성, 내마모성이 양호하다.
　② 외관이 장엄하고 치밀하며 종류가 많고 여러 외관과 색조가 풍부하다. 또한 갈면 아름다운 광택을 낸다.
(2) 단점
　① 인장강도가 압축강도의 1/10~1/40 정도이며 비중이 크고 가공성이 좋지 않다.
　② 열에 의해 균열(화강암)을 일으키거나, 분해되어 강도를 상실(석회석, 대리석 등) 하기도 한다.

03
석재의 일반적인 성질에 관한 기술 중 부적당한 것은?

① 불연성이고 압축강도가 크므로 내수성, 내구성, 내화학성이 크다.
② 외관이 장중하고 종류가 다양하나 가공성이 불량하다.
③ 인장강도가 커서 장스팬을 얻을 수 있다.
④ 화강암과 대리석은 내화적으로는 불리하다.

해설
석재는 인장강도가 압축강도의 1/10~1/40 정도이며 장대재를 얻기가 어렵다.

04
석재의 압축강도를 큰 것에서 작은 것으로 순서대로 나열했을 때 맞는 것은?

① 화강암 - 안산암 - 점판암 - 대리석
② 화강암 - 대리석 - 안산암 - 점판암
③ 화강암 - 점판암 - 안산암 - 대리석
④ 대리석 - 점판암 - 안산암 - 화강암

해설
압축강도
- 화강암(1500~1600kg/cm²),
- 대리석(1200~1400kg/cm²),
- 안산암(1000kg/cm²),
- 점판암(700kg/cm²)

05
가장 흡수율이 적은 석재는?

① 화강암　　② 안산암
③ 점판암　　④ 석회암

Answer ➡ 01. ①　02. ③　03. ③　04. ②　05. ③

06
석재의 흡수율이 큰 순서로 옳은 것은?

① 안산암 – 사암 – 응회암 – 화강암 – 대리석
② 안산암 – 응회암 – 사암 – 화강암 – 대리석
③ 응회암 – 사암 – 화강암 – 안산암 – 대리석
④ 응회암 – 사암 – 안산암 – 화강암 – 대리석

해설
석재의 흡수율 : 응회암(13.5~18.2%), 사암(13.2%), 안산암(1.82~3.2%), 화강암(0.33~0.5%), 점판암(0.18~0.25%), 대리석(0.09~0.12%)

07
다음 석재 중 흡수율이 가장 작은 것은?

① 화강암　　② 응회암
③ 점판암　　④ 대리석

08
다음 석재의 내화도가 가장 높은 것은?

① 대리석　　② 화산암
③ 사암　　④ 화강암

해설
석재의 내화도
① 화산암, 안산암, 응회암, 사암 : 1000℃
② 대리석, 석회암 : 600~800℃
③ 화강암 : 600℃

09
화강암을 가열할 경우 압축강도가 급격히 저하되는 온도는?

① 350~400℃　　② 550~600℃
③ 750~800℃　　④ 1150~1200℃

10
화강암이 화재를 입었을 때 파괴되는 가장 중요한 원인은?

① 화학성분의 열분해
② 조직의 용융
③ 조암광물의 종류에 따른 팽창계수의 차이
④ 조직의 두께에 대한 압축강도 차이

해설
석재는 화열을 받으면 조암광물의 열팽창율이 다르거나, 변태를 가진 광물의 대립을 함유한 석재는 이 상극에 의하여 내응력이 발생하여 파괴된다.

11
석재에 대한 일반적인 성질을 설명한 것 중 틀린 것은?

① 열전도율은 비중에 비례한다.
② 흡수율은 동결과 융해에 대한 내구성의 지표가 된다.
③ 부석은 화성암의 일종으로 열을 차단하는 효과가 있다.
④ 대리석은 화강암에 비해 내구성이 크다.

해설
대리석(내구연한 60~100년)은 화강암(내구연한 75~200년)에 비해 내구성이 적다.

12
다음 중 석재의 가공순서로 맞는 것은 어느 것인가?

① 혹두기 – 정다듬 – 도드락다듬 – 잔다듬 – 물갈기
② 혹두기 – 잔다듬 – 도드락다듬 – 정다듬 – 물갈기
③ 혹두기 – 도드락다듬 – 정다듬 – 잔다듬 – 물갈기
④ 혹두기 – 정다듬 – 잔다듬 – 도드락다듬 – 물갈기

해설
손다듬의 순서 : 혹두기(쇠메, 망치) → 정다듬(정) → 도드락다듬(도드락 망치) → 잔다듬(양날 망치) → 물갈기(철판, 숫돌)

13
다음 중 화강암을 구성하고 있는 3가지 중요한 광물은?

① 장석, 운모, 휘석　　② 운모, 휘석, 석영
③ 석회, 석영, 장석　　④ 석영, 장석, 운모

Answer ➡ 06. ④　07. ④　08. ②　09. ②　10. ③　11. ④　12. ①　13. ④

해,설

화강암 : 쑥돌이라 불리며 심성암에 속하고 성분은 석영 30%, 장석 65%, 기타(운모, 휘석, 각섬석) 5%로 되어 있다.

14
화강암에 대한 기술 중 틀린 것은?

① 화재시 화강암이 파괴되는 이유는 각 조암광물들의 팽창계수가 다르기 때문이다.
② 견고하고 대형재가 생산되므로 구조재로 쓴다.
③ 내화도가 높으므로 내화재로서 사용된다.
④ 마모, 풍화 등에 대한 내구성이 크다.

해,설

화강암의 성질 및 용도
① 석질이 견고하며 풍화나 마멸에 강하고, 대재를 용이하게 채취할 수 있으며, 외관이 아름다워 장식재로 쓸 수 있다.
② 내화도가 낮아서 고열을 받는 곳에는 부적당하며, 너무 견고하여 세밀한 조각에도 부적당하다.
③ 외장 및 내장재, 구조재, 도로포장재, 콘크리트골재 등에 사용된다.

15
화강암에 대하여 틀리게 설명한 것은?

① 내·외장재로 쓰인다.
② 결정체의 크고 작음에 따라 외관과 강도가 다르다.
③ 경도가 크기 때문에 세밀한 조각 등에 적당치 못하다.
④ 내화도가 커서 고열을 받는 곳에 적당하다.

해,설

화강암은 내화도가 낮아서 고열을 받는 곳에는 부적당하다.

16
안산암에 대한 설명 중 틀린 것은?

① 가공이 용이하며 조각을 필요로 하는 곳에 적합하다.
② 표면을 갈아도 광택이 나지 않는다.
③ 내화성이 높고 강도, 경도, 비중이 크다.
④ 석재 중 가장 자원이 풍부하다.

해,설

석재 중 가장 자원이 풍부한 것은 화강암이며 안산암은 화강암 다음이다.
(1) **안산암의 종류**
　① 휘석안산암 : 회색 또는 암흑색으로 외장에는 부적당하고 구조재나 판석, 비석 등에 쓰인다.
　② 각섬석(角閃石)안산암 : 휘석보다 담색으로 화강암과 유사한 색깔이다. 따라서 장식재로 쓰인다.
　③ 기타 석영안산암 및 운모안산암 등이 있다.
(2) **성질 및 용도** : 강도, 경도, 비중이 크며 내화적이고 석질이 극히 치밀하여 구조용 석재로 많이 쓰인다.

17
부석에 대한 설명 중 틀린 것은?

① 마그마가 급속히 냉각될 때 가스가 방출되면서 다공질의 유리질로 된 것이다.
② 색은 회색, 담홍색이고 비중이 가볍다.
③ 내산성이 강하고, 열전도율이 작다.
④ 중량 골재로 사용한다.

해,설

부석의 특성
① 가스방출로 인한 다공질의 유리질로 된 것이다.
② 석재 중 가장 가벼워(비중 0.7~0.8) 경량골재로 사용한다.
③ 내화 내산성이 강하고 열전도율이 작다.

18
내화도가 가장 큰 석재는?

① 대리석　　　　② 화강석
③ 응회석　　　　④ 안산암

19
석회암에 대한 설명 중 틀린 것은?

① 암석의 주성분은 탄산석회($CaCO_3$)로써 회백색이다.
② 석질은 치밀하고 견고하다.
③ 내산성과 내화성이 강하다.
④ 석회나 콘크리트의 원료로 이용된다.

Answer ➡ 14. ③　15. ④　16. ④　17. ④　18. ③　19. ③

해설

석회암의 특성
① 화강암, 동식물의 잔해중에 포함되어 있는 석회분이 물에 녹아 침전된 것이다.
② 석질이 치밀하고 견고하다.
③ 내산성과 내화성이 부족하다.

20
석재 중 사문암이나 각섬암이 열과 압력을 받아 변질되어 섬유모양의 결정질이 된 것으로써 유일한 천연결정섬유인 것은?

① 석면
② 석회암
③ 응회암
④ 안산암

해설

석면(asbestos) : 석면은 천연결정섬유로 사문 또는 각섬암이 열과 압력을 받아 변형하여 섬유모양의 결정질로 된 것으로 그 성질은 다음과 같다.
① 석면은 유기섬유와 비슷하여 단면은 원형이거나 다각형으로 되어 있다.
② 온석용의 인장강도는 대체로 견사(絹絲)와 비슷하고 석면망(지름 25.4mm)은 약 1060kg에 견딘다.
③ 내화성은 1200~1300℃ 정도이므로 보통 화재에는 안전하며 또한 열전도율이 작고 내알칼리성이 우수하다.

21
대리석에 대한 설명 중 옳지 않은 것은?

① 열과 산에 강한 석재이다.
② 실내 장식으로 적당하다.
③ 주성분은 탄산칼슘이다.
④ 내화도는 700℃ 정도이다.

해설

대리석(marble) : 석회암이 변성작용에 의해서 결정화된 변성암의 대표적인 석재로써 주성분은 탄산석회($CaCO_3$)이다.
① 치밀하고 견고하며, 연마하면 아름다운 광택을 낸다(실내장식용으로는 최고급의 석재이다.)
② 강도는 높지만 내산성 및 내화성이 낮고 풍화되기 쉽다.

22
질석에 대한 설명 중 틀린 것은?

① 운모계와 사문암계의 광석을 원광으로 한다.
② 800~1000℃로 가열하면 부피가 5~6배로 팽창된 다공질의 경석이다.
③ 비중이 0.6~0.8 정도이다.
④ 단열, 흡음, 보온, 내화성이 우수하다.

해설

질석 : 운모계와 사문암계의 광석을 800~1000℃로 가열팽창시켜 체적이 5~6배로 된 다공질의 경석으로 그 성분 및 성질은 다음과 같다.
① 화학성분 : SiO_2 40.34%, Al_2O_3 19.32%, Fe_2O_3 18.93%, MgO 9.29%, CaO 1.6%
② 성질 : 질석비중 0.2~0.4, 강열감량 6.3%, 흡수율 24시간 후 90~110%, 공극률 53~64%, 융점 1300℃

23
테라죠 반죽에 필요한 재료는?

① 백색시멘트, 돌가루, 종석, 안료, 물
② 백색시멘트, 종석, 강모래, 안료, 물
③ 백색시멘트, 돌가루, 안료, 강모래, 물
④ 백색시멘트, 강자갈, 강모래, 종석, 물

해설

테라죠 반죽에 필요한 재료 : 대리석, 쇄석(종석), 백색시멘트, 강모래, 안료, 물 등

24
테라죠에 대한 설명 중 틀린 것은?

① 주로 바닥재로 사용한다.
② 대리석의 종석을 써서 대리석 계통의 색조가 나게 표면을 물갈기한 것이다.
③ 인조 대리석 판으로 현장제품과 공장제품이 있다.
④ 공장제품에는 테라블록, 테라죠 타일이 있다.

해설

테라죠(terrajjo)는 주로 벽의 수장재로 쓰인다.

25
펄라이트(perlite)는 다음 중 어느 용도에 가장 적합한가?

① 외부 장식용
② 흡음재료
③ 방사선 차단용
④ 경량 콘크리트

해설
펄라이트는 진주암(perlite), 흑요석, 송지석 등을 분쇄하여 입상으로 된 것을 가열 팽창시켜서 제조한다.

26
트래버틴(travertin)은 어떤 암석의 일종인가?

① 화강암　　② 안산암
③ 대리석　　④ 응회석

27
운모계 광석이며 1000℃까지 가열팽창시켜 체적이 5~6배로 된 다공질의 경석인 것은?

① 석회석(lime stone)
② 질석(vermiculite)
③ 안산암(andeside)
④ 인조석판(marble)

28
다음 중에서 진주석, 흑요석을 분쇄하여 가루로 한 것을 가열, 팽창시켜서 만든 백색 또는 회백색 경골재의 석재 제품을 무엇이라 하는가?

① 암면　　② 활석
③ 질석　　④ 펄라이트

29
다음 석재의 용도로 틀리게 짝지어진 것은?

① 팽창질설 – 단열보온재
② 점판암 – 지붕재(천연 slate)
③ 중정석 – X선 차단 콘크리트용 골재
④ 트래버틴(travertin) – 외부 바닥 장식재

해설
트래버틴(travertin) : 대리석의 일종, 실내장식재

30
석재의 용도에 관한 기술 중에서 틀린 것은?

① 대리석 – 내장 – 장식재
② 화강석 – 외장 – 벽, 바닥, 계단
③ 안산암 – 외장 – 벽, 바닥
④ 사암 – 내장 – 바닥, 계단

해설
규산질사암은 구조재로 적당하나 외관이 좋지 않으며, 연질사암은 장식재로 실내에 손상이나 마멸이 적은 장소에 쓰인다. 사암은 바닥이나 계단용으로 부적당하다.

31
카올린(kaolin)에 대하여 맞게 기술한 것은?

① 콘크리트의 혼화제
② 순수한 점토의 성분
③ 인조석재
④ 회반죽 균열방지제

해설
화학적으로 순수한 점토를 카올린(함수 규산 알루미나 : $Al_2O_3 \cdot 2SiO_2 \cdot 2H_2O$)이라고도 하며 구워진 점토분말을 샤모테(schamotte)라고 한다.

32
점토의 일반적인 성질에 대한 설명 중 틀린 것은?

① 점토의 비중은 2.5~2.6이다.
② 입자의 크기는 보통 2μ 이하의 미립자이다.
③ 수축률은 함수율이 30%인 경우가 가장 크다.
④ 가소성은 함수율이 30~40%인 경우가 가장 크다.

해설
함수율에 따른 점토의 성질
① 함수율이 40~45% : 가소성이 가장 크다.
② 함수율이 30% 이하인 경우 : 최대 수축이 일어난다.
③ 함수율이 30% 이하인 경우 : 소성제품의 강도, 경도가 커진다.

33
내화점토 등 유기 불순물이 섞여 있지 않은 양질의 점토를 원료로 하여 1000~1300℃에서 소성을 한 것으로 경질기와, 바닥타일, 도관 등을 만드는 데 사용되는 것은?

① 토기　　② 석기
③ 도기　　④ 자기

Answer ➡ 26. ③　27. ②　28. ④　29. ④　30. ④　31. ②　32. ④　33. ②

해설

점토소성제품의 분류

종류	원료	소성온도(℃)	특성	제품
토기	보통점토 (전답의 흙)	700~1000	흡수성이 크고 깨지기 쉽다.	벽돌, 기와, 토관
도기	도토 (석영, 운모의 풍화작용)	1100~1230	다공질로서 흡수성이 있고, 질이 좋으며 두드리면 탁음이 난다.	타일, 테라코타, 위생도기
석기	양질점토 (유기질 없음)	1160~1350	흡수성이 작고 경도와 강도가 크다.	경질기와, 타일, 토관, 테라코타
자기	양질점토 또는 장석분	1230~1460	흡수성이 극히 작고 경도와 강도가 가장 크다.	타일, 위생도기

34
다음 점토제품 중 소성온도가 가장 낮은 것은 어느 것인가?

① 기와 ② 위생도기
③ 자기타일 ④ 도관

해설

점토제품의 소성온도
① 토기(벽돌, 기와, 토관) : 790~1000℃
② 도기(타일, 위생도기) : 1100~1230℃
③ 석기(작은도관, 도기류의 원료) : 1160~1350℃
④ 자기(고급타일, 고급자기류) : 1230~1460℃

35
점토에 유기질 가루인 분탄, 톱밥, 겨 등을 혼합해서 성형, 소성한 벽돌로 맞는 것은?

① 공동 벽돌 ② 다공질 벽돌
③ 내화 벽돌 ④ 이형 벽돌

해설

다공질 벽돌은 내부에 무수히 작은 구멍이 있기 때문에 절단, 못치기 등의 가공이 용이하다.

36
1종 점토벽돌의 압축강도는 몇 kg/cm² 이상인가?

① 100 ② 150
③ 210 ④ 230

해설

점토벽돌의 압축강도
① 1종 : 210kg/cm² 이상
② 2종 : 160kg/cm² 이상
③ 3종 : 100kg/cm² 이상

37
점토제품의 재료로서 짝지어진 것 중 틀린 것은?

① 토기류 – 기와
② 석기류 – 벽돌
③ 도기류 – 위생도기
④ 자기류 – 자기질 타일

해설

점토제품
① 토기(저급점토) : 벽돌, 기와, 토관
② 도기(도토) : 타일, 테라코타, 위생도기
③ 석기(석암점토) : 바닥용타일, 도관, 경질기와
④ 자기(자토) : 자기질타일, 위생도기

38
점토제품에 관한 설명 중 옳지 않은 것은?

① 1종 벽돌은 외관 및 치수가 정확하고 압축강도는 100kg/cm², 흡수율은 23% 이하이다.
② 토관은 저급점토를 원료로 하여 유약을 칠하지 않고, 1000℃ 정도로 소성한 것이다.
③ 내화벽돌의 표준형 크기는 230mm×114mm×65mm이다.
④ 타일은 도토나 자토를 원료로 하여 표면만 유약을 칠하여, 1200℃ 정도로 소성한 것이다.

해설

1종 벽돌의 압축강도는 210kg/cm² 이상, 흡수율은 10% 이하이다.

39
고온으로 충분히 소성한 석기질타일로서 표면은 거칠게 요철무늬를 넣고 두께 2.5cm 정도의 후형(厚形)이며, 테라스, 옥상 등에 쓰이는 바닥용 타일은?

① 스크랏치 타일 ② 모자이크 타일
③ 클링커 타일 ④ 카본런덤 타일

Answer ➡ 34.① 35.② 36.③ 37.② 38.① 39.③

40
벽돌의 품질은 주로 흡수율과 압축강도, 외관(형상, 색깔)에 따라 나누어진다. 다음 중 1종 벽돌의 흡수율 – 압축강도에 해당하는 항목은?

① 20% 이하 – 100kg 이상
② 10% 이하 – 210kg 이상
③ 23% 이하 – 100kg 이상
④ 23% 이하 – 150kg 이상

해설

보통벽돌의 품질규격
① 1종(1등급) : 압축강도 210kg/cm² 이상, 흡수율 10% 이하
② 2종(2등급) : 압축강도 160kg/cm² 이상, 흡수율 13% 이하

41
다음 중 점토제품이 아닌 것은?

① 테라코타(terra – cotta)
② 타일(tile)
③ 테라죠(terrazzo)
④ 내화 벽돌

해설

테라죠는 석재제품으로 대리석의 종석을 사용하여 대리석 계통의 색조가 나게 표면을 물갈기한 것이다.

42
내화 벽돌이란 소성온도가 얼마 이상일 때를 말하는가?

① S.K 11 이상   ② S.K 21 이상
③ S.K 26 이상   ④ S.K 36 이상

해설

내화벽돌의 내화도와 용도

벽돌의 종류	내화도	용도
저급 내화벽돌	SK 26(1580℃)~ SK 29(1650℃)	굴뚝, 페치카의 안쌓기
보통 내화벽돌	SK 30(1670℃)~ SK 33(1730℃)	보통의 가마
고급 내화벽돌	SK 34(1750℃)~ SK 42(2000℃)	고열 가마

43
테라코타에 대한 설명으로 옳지 못한 것은?

① 무게가 무겁고 석재보다 값이 비싸다.
② 자토를 반죽한 것을 조각의 형틀로 찍어내어 소성한다.
③ 부벽, 주두, 돌림띠 등의 조각물로 쓴다.
④ 조각이 복잡한 것은 석고형을 써서 주조하여 구어낸다.

해설

테라코타 : 고급점토에 도토, 자토 등을 혼합 반죽하여 단순한 것은 가압성형 또는 압축성형하고 조잡한 것은 석고틀형(mold)로 찍어내어 소성한 속이 빈 대형의 점토소성품이다. 테라코타의 특성은 다음과 같다.
① 일반 석재보다 가볍고, 압축강도는 800~900 kg/cm²로서 화강암의 1/2 정도이다.
② 화강암보다 내화력이 강하고 대리석보다 풍화에 강하므로 외장에 적당하다.
③ 건축에 쓰이는 점토 제품으로는 가장 미술적이고 색도 석재보다 자유롭다.
④ 한 개의 크기는 제조와 취급상 최대크기를 평물(平物)이면 0.5m², 형물(型物)이면 1.1m²를 한도로 한다.

Answer ● 40. ② 41. ③ 42. ③ 43. ①

4장 금속재료

1 금속재료의 장·단점

(1) 장 점

1) 강도와 탄성계수가 크다(특히 인장 강도가 큼).
2) 경도 및 내마모성이 크다.
3) 인성과 연성이 크다(돌발적으로 파괴되지 않음).
4) 가공이 용이하고 도금 및 도장에 의해 내구성이 커진다.
5) 다른 금속과 합금하면 품질과 성능이 향상된다.

(2) 단 점

1) 전기 및 열전도율이 크다.
2) 비중이 커서 자중이 증가된다.
3) 부식되기 쉽다.

2 철 강

(1) 철강의 성분 : 철(Fe)과 탄소(C), 규소(Si), 망간(Mn), 황(S), 인(P)

(2) 탄소함유량에 따른 철강의 종류와 성질

명 칭	탄소함유량	성 질
연 철	0.04% 이하	연질이고, 가단성이 크다.
강	0.04~1.7%	가단성, 주조성, 담금질, 효과가 있다.
주 철	1.7% 이상	경질이고, 주조성이 좋고, 취성이 크다.

(2) 탄소함유량에 의한 탄소강의 분류

1) 저탄소강 : 0.3% 이하
2) 중탄소강 : 0.3~0.6%
3) 고탄소강 : 0.6% 이상

3 강의 열처리

(1) 풀 림(annealing ; 어닐링)
1) 강의 가공으로 인한 내부응력을 제거시키기 위해서 강을 높은 온도(800~1000℃)로 30분~1시간 가열한 후에 로속에서 서서히 냉각시키는 열처리 방식
2) 풀림효과는 신도가 증대되어 단조, 압연에 필요한 가공성과 적당한 기계적, 물리적 성질을 얻을 수 있다.

(2) 불 림(normalizing ; 노멀라이징)
1) 강의 조직을 미세화하고 내부응력과 변형을 제거하기 위해서 강을 800~1000℃로 가열한 후 대기 중에서 냉각시키는 열처리 방법
2) 강을 다소 연질로 할 필요가 있을 때는 다소 높은 온도로 가열한다.

(3) 담금질(quenching ; 퀜칭)
1) 강을 가열한 후 물 또는 기름 속에 투입하여 급냉시키는 열처리 방법(탄소 함유량이 0.4%이하는 불가능)
2) 강의 강도 및 경도는 증가하나 신장률, 단면수축률은 감소한다.
3) 담금질에 의하여 비중은 약간감소하고 비열은 약간 증가하며, 전기저항과 잔류응력은 크게 증가한다.

(4) 뜨임질(tempering ; 템퍼링)
1) 담금질한 강을 250~300℃ 정도로 다시 가열한 후에 공기중에서 서서히 냉각시키는 열처리법
2) 강도, 경도는 감소하지만 신장률, 단면수축률 및 충격값이 증가된다.

길잡이

강의 열처리방법 및 열처리효과

구분	열처리 방법	열처리 효과
1) 풀림	강의 800~1000℃로 가열 후 로속에서 서서히 냉각시키는 방법	• 신도(연신율) 증대 • 인장강도 감소
2) 불림	강을 800~1000℃로 가열 후 대기중에서 냉각시키는 방법	• 취도(취성) 감소
3) 담금질	강을 가열한 후 물 또는 기름속에서 급랭시키는 방법	• 강도 및 경도 증대 • 신도 및 단면수축률 감소
4) 뜨임질	담금질한 강을 200~600℃로 가열한 후 공기중에서 서서히 냉각시키는 방법	• 강도 및 경도 감소 • 신도 및 단면수축률, 충격값 증대

4 강의 성질

(1) 물리적 성질 : 강은 탄소함유량이 증가함에 따라 다음과 같은 성질을 갖는다.

1) 비중, 열전도율, 열팽창계수 등은 감소한다.
2) 비열 및 전기저항 등은 증가한다.

(2) 기계적 성질

1) 응력(stress) : 단위면적당 내력(하중)의 크기를 말한다.

$$\therefore 응력(\sigma) = \frac{하중(W)}{단면적(A)}[\text{kg/mm}^2]$$

2) 인장강도 및 연신율
   ① 인장강도 : 인장시험에 의해 시험편이 견디는 최대하중을 원 단면적으로 나눈 값을 말한다.
   ② 연신율 : 인장시험을 할 때의 재료의 늘어나는 비율로 변형률이라고도 한다.

(3) 탄소 및 기타 성분 함유에 의한 특성

1) 탄소(C) : C의 함유량이 많을수록 경(硬)하고 강도가 증대되나 신도는 감소된다.
   ① C가 0.9~1.0% 함유할 때 인장강도는 최대로 증대되고 이를 넘으면 감소된다.
   ② 경도는 0.9% 함유 시 최대로 되며 그 이상 함유 시에는 경도가 일정하다.
2) 규소(Si) : 3%까지는 강도가 증대되나 많아질수록 취약하고 가단성이 감소된다.
3) 망간(Mn) : 1%정도까지는 강도 및 경도 등이 커지나 2% 이상 되면 취약해진다.
4) 황(S) 및 인(P) : 유해한 불순물로서 함유율이 0.2%에 이르면 강재로서 가치가 없어진다.
5) 구리(Cu) : 용융성 증대, 크롬(Cr)은 산화에 대한 내력증대, 경도증대, 취성증대, 니켈(Ni)은 경도증대, 인성증대의 성질을 나타낸다.

(2) 온도에 의한 성질

1) 온도와 강도
   ① 0~250℃ : 강도증가, 250℃에서 최대, 250℃ 이상이 되면 강도감소
   ② 500℃전후 : 0℃때 강도의 1/2로 감소
   ③ 600℃전후 : 0℃때 강도의 1/3로 감소
   ④ 900℃전후 : 0℃때 강도는 1/10로 감소

2) 온도와 신도
   ① 상온 이하에서는 신도가 약간 감소
   ② 200~300℃에서는 현저히 감소, 이로부터 급격히 증대 (200~250℃에서 청열취성, 900℃ 전후에서 적열취성을 나타냄)

(3) 내산 및 내알칼리성

1) 순철은 산에 약하나 탄소 함유량이 많을수록 저항력을 증대시킨다.
2) 강은 강알칼리에는 약하나 약알칼리에는 영향이 거의 없다.

5 특수강(합금강)

(1) 구조용 특수강

1) 탄소강에 Ni, Cr, Mo 등의 금속원소를 첨가하여 탄소강보다 강인성을 높인 것으로 기계 구조용에 많이 쓰인다.
2) 니켈강, 크롬강, 니켈·크롬강 등이 있다.

(2) 스테인레스강

1) 내식성이 우수한 특수강으로 전기 저항이 크고 열전도율이 낮으며, 경도에 비해 가공성도 좋다.
2) 13 크롬 스테인레스강, 18 크롬 스테인레스강, 18−8 스테인레스강이 있다.

6 비철금속

(1) 동(구리 ; Cu)

1) 동의 특성
   ① 부식성이 적고, 유연성, 전성, 연성이 좋아 가공하기 쉽다.
   ② 전기 및 열의 양도체이다(금속중 전기전도열 가장큼)
   ③ 고온에 취약하고, 주조하기 어렵다.
   ④ 아름다운 색을 갖는다.

2) 화학적 성질
   ① 건조공기중에서는 산화가 잘 안되나, 습기(H_2O)와 CO_2 작용에 의해 녹청색의 염기성 탄산동을 발생시킨다.
   ② 암모니아 등 알칼리에 약하고, 초산이나 농황산에는 녹기쉬우나 염산에는 강하다.

(2) 동합금

1) 황동(일명 ; 놋쇠)
   ① 동+아연(10~45% 정도 함유)의 합금
   ② 동보다 단단하고 주조가 잘되며 압연, 인발 등의 가공이 용이하다.

③ 내식성이 크다(산, 알칼리에는 침식됨).

2) 청동
① 동+주석(Sn)의 합금
② 황동보다 내식성이 크고 주조하기 쉽다.
③ 포금 : 동+주석(10%정도 포함)의 합금으로 강도와 경도가 크다.

3) 인청동 : 인(P)을 포함한 청동으로 탄성과 내마멸성이 크다.
4) 알루미늄청동 : 동(Cu)에 알루미늄(Al) 5~12% 정도를 가하여 만든 합금(황금색으로 색깔이 변하지 않는다.)

(3) 알루미늄(Al)

1) 물리적 성질
① 비중(2.7)이 철의 약 1/3 정도이며 열 및 전기의 양도체이다(전기전도율은 동의 64% 정도)
② 결량질에 비해 강도가 크다.
③ 광선 및 열에 대한 반사율이 크다(철의 2배).
④ 내화성이 적고 열팽창이 크다.

2) 화학적 성질
① 공기 중에서 Al_2O_3의 피막을 만들어 내부를 보호한다.
② 내산성 및 내알칼리성에 약하다.
③ 테르밋(thermit) : 알루미늄분에 산화철분을 혼입한 것으로 철의 용접에 쓰인다.

(4) 두랄루민(duralumin : 독일 Alfred wilm 발명) : 알루미늄(Al)에 Cu 4%, Mg 5%, Mn 0.5%를 첨가하여 제조한 알루미늄 합금으로 그 특성은 다음과 같다.

1) 보통 온도에서는 균열이 생기고 압연이 잘 되지 않는다.
2) 430~470℃에서 용이하게 압연이 되며, 한 번 가공한 것은 보통온도나 고온에서 가는 선이나 박판으로 제조된다.
3) 열처리를 하면 재질이 개선되며 경도 및 강도 등이 증대된다.
4) 염분이 있는 해수에 부식성이 크다.

(5) 납(Pb)과 납합금

1) 인장강도 극히 작다.
2) X선 차단효과가 크며 보통 콘크리트의 100배 이상이다.
3) 공기중에서 수분(H_2O)과 탄산가스(CO_2)에 의해 표면이 산화하여 $PbCO_3 \cdot Pb(OH)_2$(염기성 탄산납)를 만들어 내부를 보호한다.

4) 염산, 황산, 농질산에는 침해되지 않으나 묽은 질산에 녹는다.

5) 알칼리에 약하다.

6) 납합금
　① 땜납 : 납(Pb)과 주석(Sn)의 합금
　② 가용합금(可用合金) : Pb+Sn+Bi+Cd의 합금

7 금속 제품

(1) 선제제품

1) 와이어 메시(wire mesh) : 콘크리트 보강용으로 많이 쓰인다.
2) 와이어 라스(wire lath) : 시멘트 몰탈 바름 등의 바탕용으로 쓰인다.

(2) 금속성형 가공제품

1) 메탈라스(matal lath) : 천장, 벽 등의 몰탈 바름 바탕용으로 쓰인다.
2) 익스팬디드 메탈(expanded metal) : 콘크리트 보강용으로 주로 쓰인다.
3) 메탈폼(metal form) : 금속제의 콘크리트용 거푸집으로서 특히 치장 콘크리트에 많이 쓰인다.

(3) 장식용 금속 제품

1) 코너비드(corner bead) : 모서리 부분의 미장 바름을 보호하기 위하여 사용하는 모서리쇠이다.
2) 조이너(joiner) : 이음새를 누르고 감추는데 쓰이는 금속 제품이다.
3) 펀칭메탈(punching metal) : 환기공 및 라디에이터 커버에 사용한다.
4) 스팬드럴 패널(spandrel panel) : 수평이 되게 하기 위하여 고이는 모든 삼각형 부재를 말한다.

(4) 고정철물

1) 인서트(insert) : 콘크리트 표면 등에 어떤 구조물 등을 매달기 위하여 콘크리트를 부어넣기 전에 미리 묻어 넣는 고정철물이다.
2) 익스팬션볼트(expansion bolt) : 콘크리트 표면 등에 다른 부재(띠장, 볼트 등)을 고정하기 위하여 묻어두는 특수형 볼트로서 팽창볼트라고도 한다.
3) 드라이브핀 : 못박기총(drivit)을 사용하여 콘크리트나 철판 등에 순간적으로 처박는 특수못이다.

(5) 창호 철물

1) **정첩** : 여닫이 창호에 사용하는 철물이다.
2) **지도리(pivot)** : 회전 창에 사용하는 것으로 장부와 구멍에 들어 끼어 돌게된 철물이다.
3) **플로어 힌지(마루정첩)** : 중량이 큰 문에 사용한다.
4) **크리센트(crecent)** : 오르내리창을 걸어 잠그는데 사용한다.
5) **나이트랫치(night latch)** : 외부에서는 열쇠로, 내부에서는 작은 손잡이를 틀어 열 수 있는 실린더 장치로 된 것이다.
6) **도어클로저(door closers)** : 문을 열면 자동적으로 닫히게 하는 장치로, 도어체크(door check)라고도 한다.
7) **래버터리 힌지(lavatory hinge)** : 공중용 변소나 공중전화실 출입문에 사용되는 창호철물이다.
8) **도어스톱(door stop)** : 여닫이 문이나 장지를 고정하는 철물(문받이 철물)이다.

실 / 전 / 문 / 제

01
다음 그림은 일반구조용 강재의 응력 변형에 관한 것이다. 다음 기술 중 잘못된 것은?

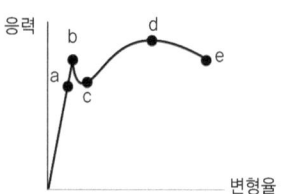

① a는 비례한도　② b는 탄성한도
③ d는 최대강도　④ e는 파괴점

해설

그림에서 b는 상항복점, c는 하항복점을 나타낸다.

02
강을 800℃～1000℃로 가열한 후 공기 중에서 냉각시켜 열처리하는 방법은?

① 불림　② 풀림
③ 담금질　④ 뜨임

해설

강의 열처리 : 금속재료에 필요한 성질을 주기 위하여 가열 또는 냉각하는 조작을 열처리라 하며 그 방법에는 풀림, 담금질, 뜨임질, 불림 등이 있다.
(1) **풀림**(normalizing) : 강을 적당한 온도(800～1000℃)로 일정한 시간 가열한 후에 로(爐)안에서 천천히 냉각시키는 것을 풀림이라 하며, 이 과정을 거치면 신도가 증대되어 단조, 압연 등에 필요한 가공성과 적당한 기계적, 물리적 성질을 얻을 수 있다.
(2) **불림**(normalizing) : 강의 결정입자를 미세화하고 조직을 균일하게 하여 강력한 재료로 만들기 위해 강을 800～1000℃의 온도로 가열한 후 대기중에서 냉각시키는 열처리를 말한다. 강을 다소 연질로 할 필요가 있을 때는 다소 높은 온도로 가열한다.
(3) **담금질**(hardening 또는 quenching) : 강을 가열한 후 물 또는 기름속에 투입하여 급냉시키는 조작으로서 마르텐사이트(martensite)라고 하는 조직을 가진 상당히 단단한 조직을 얻는다.
① 담금질의 효과는 탄소량에 따라 다르며 인장강도, 경도는 탄소량이 증가함에 따라 증가하나 신장률, 단면수축률은 감소한다.
② 담금질에 의하여 비중은 약간 감소하고 비열은 약간 증가하며, 전기저항과 잔류응력은 크게 증가한다.
(4) **뜨임질**(tempering) : 담금질을 한 강에 인성을 주고 내부 잔류응력을 없애기 위해 변태점 이하의 적당한 온도(726℃ 이하 : 제일변태점)에서 가열한 다음 냉각시키는 조작을 말한다.
① 뜨임질을 하면 재료의 경도와 강도는 감소하지만 신장률, 단면수축률 및 충격값이 증가하므로 메짐성(취성)이 완화된다.
② 필요한 경도 및 인성을 얻기 위해서는 적당하게 온도를 가하는 것이 좋다.

03
다음 중 강의 탄소함유량으로 맞는 것은?

① 0.04% 이하
② 0.04～1.7%
③ 1.7% 이상
④ 1.7～3.5%

해설

철강의 성분 : 철강은 철(Fe) 외에 소량의 탄소(C), 규소(Si), 망간(Mn) 및 불순물로 황(S), 인(P) 등을 함유하고 특히 탄소량에 따라 여러 가지 성질을 나타낸다.

명칭	탄소 함유량	융점	성 질
연철	0.04% 이하	1480℃ 이상	연질이고, 가단성이 크다.
강	0.04～1.7%	1450℃ 이상	가단성, 주조성, 담금질 효과가 있다.
주철	1.7% 이상	1100～1250℃	경질이고, 주조성이 좋고 취성이 크다.

Answer ● 01. ② 02. ① 03. ②

04
아래와 같은 재료의 역학적 성질에 관한 설명 중 틀린 것은?

① 전성 : 재료를 얇게 두드려 펼 수 있는 성질
② 연성 : 재료가 인장을 받아 잘 늘어나는 성질
③ 인성 : 재료가 응력을 잘 견디면서 큰 변형을 나타내는 성질
④ 취성 : 재료를 긁었을 때 자국이 생기거나 절단, 마모되지 않도록 저항하는 성질을 표시함

해설
취성은 재료에 하중을 가했을 때 부서지고 깨지기 쉬운 성질을 나타내는 것이다.

05
강의 탄소 함유량이 몇 % 일 때 인장강도 및 경도가 최대에 도달하는가?

① 0.3% ② 0.5%
③ 0.7% ④ 0.9%

해설
탄소 및 기타 성분함유에 의한 강의 특성
① 탄소함유량이 0.9~1.0% 함유시 인장강도가 최대로 증대되고 이를 넘으면 감소되며, 경도는 0.9% 함유시 최대이며 이상 함유되어도 경도는 일정하다.
② 탄소함유량이 많을수록 신도(연신율)은 감소된다.
③ 규소(Si)는 3%까지는 강도가 증대되나 많아질수록 취약하고 가단성이 감소된다.
④ 망간(Mn)은 1%까지는 강도 및 경도 등이 커지나 2% 이상되면 취약해진다.

06
강재는 온도에 따라 신도(연신율)가 변한다. 다음 중 신도가 현저히 감소하는 온도는?

① 70~100℃ ② 100~150℃
③ 200~300℃ ④ 350~400℃

해설
강재의 신도는 상온이하에서는 약간 감소되며 200~300℃ 정도의 고온에서는 현저히 감소된다.

07
보통 강재의 인장(f_t), 압축(f_c), 휨(f_b)의 각 허용응력도를 비교할 경우 올바른 것은?(단, f_t : 인장허용응력도, f_c : 압축허용응력도, f_b : 휨허용응력도)

① $f_t = f_c > f_b$ ② $f_t > f_c > f_b$
③ $f_c > f_t = f_b$ ④ $f_t = f_c = f_b$

08
플로우(flow)라고도 하며, 재료에 열을 가하여 점성 액체상태로 된 것에 하중을 가하면 무제한 변형이 진행되는 현상은 어느 것인가?

① 크리프(creep)   ② 인성(toughness)
③ 취약성(brittleness)   ④ 연성(ductillty)

해설
크리프 현상 : 재료를 가열하여 점성이 있는 액체상태로 된 것에 하중을 가하면 무제한 변형이 진행되는 현상을 말한다.

09
강재의 온도에 의한 영향을 설명한 것이다. 틀린 것은?

① 250℃ 이상이 되면 강도가 감소된다.
② 500℃에서는 0℃일 때 강도의 1/2로 감소된다.
③ 900℃에서는 0℃일 때 강도의 1/3로 감소된다.
④ 0~250℃ 사이에는 강도가 증가하여 약 250℃에서 최대가 된다.

해설
강재의 온도에 의한 성질
(1) 온도와 강도
 ① 0~250℃ : 강도가 증가하여 약 250℃에서 최대가 되며, 250℃ 이상이 되면 강도가 감소된다.
 ② 500℃에서는 0℃일 때 강도의 1/2로 감소된다.
 ③ 600℃에서는 0℃일 때 강도의 1/3로 감소된다.
 ④ 900℃에서는 0℃일 때 강도의 1/10로 감소된다.
(2) 온도와 신도(伸度) : 신도는 상온 이하에서는 약간 감소되며 고온에서는 200~300℃에서는 현저히 감소되고 이로부터 급격히 증대된다.
 ① 200~250℃에서 강은 청색으로 구워져 취약성을 나타내는데 이러한 현상을 청열취성(靑熱脆性 : Blue Shortness)이라 한다.
 ② 강도가 더욱 상승하여 900℃ 전후에 이르면 또다시 신도가 감소되고 취약하여 진다. 이런 현상을 적열취성(赤熱脆性 : Red Shortness)이라 한다.

Answer ● 04. ④ 05. ④ 06. ③ 07. ③ 08. ① 09. ③

10

화재에 의해 철골이 500℃로 가열되었을 때의 인장강도로 올바른 것은?(단, 철골의 상온에 있어서 인장강도의 값은 F로 한다.)

① 약 1/6F　　② 약 1/2F
③ 약 1/4F　　④ 약 5/4F

해설
강재가 500℃ 정도로 가열되었을 때의 강도는 상온시 강도보다 1/2로 감소된다.

11

탄소(0.5% 이하), 이외에 Ni, Cr, Mn 등의 원소를 한 원소의 약 5% 이하로 한 가지 이상 첨가하여 담금질한 다음 뜨임을 하여 소정의 강도를 가지도록 한 강으로서 맞는 것은?

① 구조용 합금강　　② 주강
③ 스테인레스강　　④ 황동강

해설
구조용 합금강(특수강)은 탄소강보다 강인성을 높이기 위해 탄소강의 기본성분에 Ni, Mn, W, Mo 등의 원소를 적당량 첨가하여 담금질해서 경화시킨 것이다.

12

다음 공업용 금속 중 열 및 전기전도율이 가장 큰 것은?

① 알루미늄　　② 크롬
③ 니켈　　　　④ 구리

해설
구리(Cu)는 열 및 전기의 양도체로서 공업용 금속 중 열 전도율이 가장 크다.

13

황동의 성분은?

① 동과 알루미늄　　② 동과 니켈
③ 동과 납　　　　　④ 동과 아연

해설
황동은 동과 아연, 청동은 동과 주석을 주성분으로 하는 동합금이다.

14

황동에 대한 설명 중 틀린 것은?

① 기계적 내식성이 크고, 외관이 아름다우며 가공이 용이하다.
② 황동은 구리보다 단단하고 주조가 잘 되지 않는다.
③ 색깔은 주로 아연의 양에 의해서 정해진다.
④ 구리에 아연 10~45% 정도를 가하여 만든 합금이다.

해설
황동은 구리보다 단단하고 주조가 잘 된다.

15

두랄루민의 성질에 대한 설명 중 틀린 것은?

① 보통 온도에서는 균열이 생기고 압연이 잘 되지 않으나 430~470℃에서는 압연이 잘된다.
② 염분이 있는 해수에서도 부식이 되지 않는다.
③ 비중이 2.8, 인장강도 40kg/cm2이다.
④ 열처리로 성질이 개선되고, 시일이 경과함에 따라 강도와 경도는 커진다.

해설
두랄루민(duralumin : 독일 Alfred wilm 발명) : 알루미늄(Al)에 Cu 4%, Mg 0.5%, Mn 0.5%를 첨가하여 제조한 알루미늄 합금으로 그 특성은 다음과 같다.
① 보통 온도에서는 균열이 생기고 압연이 잘 되지 않는다.
② 430~470℃에서 용이하게 압연이 되며, 한 번 가공한 것은 보통온도나 고온에서 가는 선이나 박판으로 제조된다.
③ 열처리를 하면 재질이 개선되며 경도 및 강도 등이 증대된다.
④ 염분이 있는 해수에 부식성이 크다.

16

알루미늄재에 관한 다음 기술 중 틀린 것은?

① 탄성계수는 강재와 같은 정도이다.
② 알루미늄재에 접촉하는 철 부분은 아연도금 또는 아스팔트 도장을 한다.
③ 콘크리트와 직접 접촉시켜서는 안된다.
④ 용융점이 낮으므로 갑종 방화문으로 사용할 수 없다.

Answer ● 10. ② 11. ① 12. ④ 13. ④ 14. ② 15. ② 16. ①

17
알루미늄 재료에 관한 기술에서 옳지 않은 것은?

① 비중이 철의 약 1/3이다.
② 내화성이 작다.
③ 온도변화에 의한 신축성이 비교적 크다.
④ 산, 알칼리에 강하다.

해설
알루미늄 재료는 내산성 및 내알칼리성이 약하며 콘크리트에 접하는 면에는 방식도장을 하여야 한다.

18
알루미늄의 내식성에 관한 기술 중 옳은 것은?

① 순도가 높은 알루미늄은 내식성이 낮다.
② 구조용 알루미늄 합금은 산, 알칼리에 강하다.
③ 알루미늄 새시의 콘크리트 접촉 부분은 부식을 막기 위하여 광명단계 도료를 사용함이 좋다.
④ 알루미늄 합금은 강, 동과 같은 중금속과 접촉하면 전해작용을 일으킨다.

19
다음 금속재료 중 X선 차단성이 가장 큰 것은?

① 연(납)   ② 구리
③ 동   ④ 아연

해설
납(연 ; 鉛)의 성질
(1) 물리적 성질
　① 비중 11.4, 융점 327℃, 비열 0.315kcal/kg℃, 연질이며 연성, 전성이 크다.
　② 인장강도는 극히 작다(주물은 1.25kg/mm², 상온압연재는 1.7~2.3kg/mm²).
　③ X선의 차단효과가 크며 보통 콘크리트의 100배 이상이다.
(2) 화학적 성질
　① 공기 중에서는 습기와 CO_2에 의하여 표면이 산화하여 $PbCO_3$ 등이 생겨 내부를 보호한다.
　② 염산, 황산, 농질산에는 침해되지 않으나 묽은 질산에는 녹는다(부동태현상).
　③ 알칼리에 약하므로 콘크리트와 접촉되는 곳은 아스팔트 등으로 보호한다.
　④ 납을 가열하면 황색의 리사지(PbO)가 되고, 다시 가열하면 광명단(Pb_3O_4)이 된다.

20
순금속을 용융점이 낮은 것에서 높은 것의 순으로 나열한 것 중 맞는 것은?

① 아연 – 철 – 니켈 – 알루미늄
② 납 – 알루미늄 – 구리 – 철
③ 철 – 구리 – 니켈 – 아연
④ 알루미늄 – 구리 – 철 – 아연

해설
금속의 용융점 : 납(Pb) 327.5℃, 아연(Zn) 419.5℃, 알루미늄(Al) 653~657℃, 구리(Cu) 1065~1083℃, 철(Fe) 1425~1530℃

21
다음과 같은 비철금속에 대한 설명 중 부적당한 것은?

① 알루미늄 – 연질이고 연성과 내식성이 크다.
② 납 – 경도는 최저, 비중은 최고수준이다.
③ 구리 – 내식성이 철보다 크고 열전도율도 대단히 크다.
④ 주석 – 연성이 풍부하며, 인장강도가 커서 선재(線材)로 적당하다.

해설
주석(Sn)은 융점이 낮고, 주조성, 단조성이 양호하므로 각종 금속과 합금화가 용이한 특징이 있다(선재로는 부적당하다).

22
다음 금속판에 대한 기술 중 틀린 것은

① 알루미늄은 산, 알칼리에 모두 약하다.
② 연판은 내구성이 크나, 알칼리에 약하다.
③ 함석은 표면에 주석을 도금한 것으로 SO2가스에 특히 약하다.
④ 동은 전기 및 열전도율이 공업용 금속 중 가장 크다.

해설
함석은 연강판에 아연(Zn)을 도금하여 만든 것이다.

Answer ▶ 17. ④ 18. ③ 19. ① 20. ② 21. ④ 22. ③

23
다음 금속 중 비중이 큰 것부터 차례로 나열된 것은?

① 아연 – 알루미늄 – 구리 – 주석
② 구리 – 주석 – 알루미늄 – 아연
③ 알루미늄 – 구리 – 아연 – 주석
④ 구리 – 주석 – 아연 – 알루미늄

해설

비철금속의 성질

금속 및 그 합금	비중	인장강도 (kg/mm^2)	항복점 (kg/mm^2)
구리	8.9	16~36	9.8~35
청동	7~9	28~140	14~122
황동	8.4~8.8	21~28	10~25
알루미늄 및 그 합금	2.6~2.9	9.1~50.4	3.5~43.5
납 및 그 합금	10.5~11.5	1.4~8.4	0.7~7
아연 및 그 합금	6.6~7.1	10.5~21.5	7~17.5
주석 및 그 합금	7.3~7.8	1.4~10.5	0.9~7
니켈 및 그 합금	8.3~8.9	42~70	21~56

24
아연에 대한 설명 중 틀린 것은?

① 공기 중에서 거의 산화되지 않는다.
② 강도가 상당히 약하다.
③ 연성 및 내식성이 양호하다.
④ 습기나 이산화탄소가 있을 때 표면에 탄산염이 생겨 내부의 산화 진행을 막는다.

해설

아연(Zn)의 성질 및 용도
① 공기중의 습기와 CO_2에 의하여 표면에 $ZnCO_3$, $Zn(OH)_2$의 염기성 탄산염의 피막을 만들어 내부를 보호한다.
② 내식성이 우수하여 건조한 공기중에서는 거의 산화되지 않는다.
③ 산류, 알칼리 및 해수에는 침식된다.
④ 용도 : 철판의 아연도금, 함석제조용, 지붕재료 등에 쓰인다.

25
양은에 대한 설명 중 틀린 것은?

① 문 장식이나 전기 기구 등에 쓰인다.
② 색깔이 아름답고 내산, 내알칼리성이 있다.
③ 마멸에 강하다.
④ 화이트브론즈라고도 하며 구리, 니켈, 주석의 합금이다.

해설

양은(white bronze) : 은색으로 되어 있는 Cu – Ni – Zn – Sn의 합금으로 조성은 Cu 45~55%, Ni 15~20%, Zn 18~28%, Sn 0.5~5%이다.
① 색깔이 아름답고 마멸에 강하며, 내산 및 내알칼리성이 있다.
② 문 장식, 전기기구 등에 쓰인다.

26
내식성이 가장 우수하고 산과 알카리에도 강한 재료는?

① 순철　　　　② 강철
③ 스테인레스강　④ 주철

해설

스테인레스강 : 크롬(Cr), 니켈(Ni) 등을 함유하며 탄소량이 적고 내식성이 우수한 특수강으로 일반적으로 전기저항이 크고 열전도율이 낮으며 경도에 비해 가공성이 좋다.

27
대기중에서 표면이 제일 빨리 부식되고 그 부식이 계속해서 내부로 진행하는 금속은?

① 알루미늄　② 연
③ 철강　　　④ 동

해설

알루미늄, 납(연), 동 등은 대기중에서 산화막을 만들어 내부를 보호하지만 철강은 산화철을 만들어 부식이 내부로 계속 진행된다.

28
알루미늄과 철에 관한 다음 기술 중 틀린 것은?

① 알루미늄과 접하는 철의 부분에는 아연도금 아스팔트 도장 등을 한다.
② 알루미늄의 비중 및 영계수는 철의 약 1/3이다.
③ 알루미늄의 열전도율은 철에 비해 크다.
④ 알루미늄은 철에 비해 내식성이 뛰어나 모르타르, 콘크리트 등의 알칼리에도 부식되지 않는다.

Answer ● 23. ④　24. ②　25. ④　26. ③　27. ③　28. ④

해설
알루미늄(Al)은 내산성 및 내알칼리성이 약하여 콘크리트에 접하는 면에는 방식도장을 하여야 한다.

29
비철금속에 대한 기술 중 옳은 것은?

① 동의 기계적 성질은 온도변화에 따라 심한 변화를 한다.
② 황동은 내식성이 좋으나 절삭 가공성이 나쁘다.
③ 알루미늄은 대기중에서도 부식하기 쉽다.
④ 알루미늄은 고순도일수록 내식성이 부족하다.

해설
알루미늄(Al)은 대기중에서 산화알루미늄(Al_2O_3)의 얇은 막을 만들어 내부를 보호한다.

30
화학약품 중에 동을 침식시키지 않는 것은?

① 암모니아　　② 초산
③ 농황산　　　④ 염산

해설
동(Cu)은 암모니아 등의 알칼리에 약하며, 초산이나 진한 황산에는 녹기 쉬우나 염산에는 강하다.

31
인산철과 산화망간과의 혼합액 속에 강을 담가 표면에 염기성 인산철의 피막을 만들고 유성도료로 마감질을 하는 방식법을 무엇이라고 하는가?

① 파커라이징(parkerizing)
② 알루미나이트법
③ 크로마이징(chromizing)
④ 메다리콩법

해설
금속의 방식법
(1) 침지법 : 금속을 용액에 담그어 도금하는 방법이다.
　① 아연 또는 주석도금 : 강판 표면을 황산 등으로 씻고 아연 또는 주석 용액에 넣어서 도금하는 방법이다.
　② Parkerizing : 인산철과 이산화망간의 혼합물의 묽은 용액에 철을 넣어서 98℃로서 2시간 정도 가열하면 표면에 염기성 인산철의 내식막이 생긴다.
　③ Bonderite : parkerizing에 쓰이는 혼합물과 Fe, Zn, Cu, Mn 등의 인산 염과의 혼합액에 98℃로 15분간 가열하면 피막이 생기는데 내식성이 약하다.
(2) 건식아연도금 : 금속분말과 같이 노 내에서 가열하여 녹여진 금속물을 금속면에 취부하거나 금속면에 융착시키는 방법이다.
　① 건식아연도금 : 아연을 가열하여 가스 상으로 하여 철에 취부하는 표면 합금법인데 내식성은 약하나 벗겨질 염려는 적다. 파이프 내부 도금에 적합하다.
　② Sherardizing : 아연(Zn) 분말을 철과 같이 밀폐된 용기 중에서 300~400℃로 가열하여 철 표면에 아연 층을 만든다.
　③ Calomizing : 크롬(Cr)과 산화알루미늄(Al_2O_3)의 혼합 분말을 써서 철과 같이 수소기류 중에서 1300~1400℃로 가열하여 크롬을 융착시키는 방법이다.
　④ 알루미나이트 : 알루미늄(Al)분말을 써서 1000℃로써 3~10시간 가열하여 0.3mm 정도의 합금층을 만든다. 동, 놋쇠에 쓰인다.
　⑤ 메다리콩 : 각종의 녹여진 금속을 압착공기로 취부하는 것으로써 금속면 외에도 석고, 목재, glass, 직물에도 도금된다.

32
철골, 철근, 리벳 등은 다음의 어떤 강으로 만들어지는가?

① 연강　　② 합금강
③ 경강　　④ 주강

해설
철골, 철근, 강판 등은 연강(탄소함유량 0.12~0.20%), 리벳, 못, 박판 등은 극연강(탄소함유량 0.12% 이하)으로 만든다.

33
다음 재료의 기술 중 사용용도가 적당치 않은 것은?

① 메탈라스(Metal Lath)는 0.6mm 정도의 박강판에 구멍을 뚫어 목조천정의 미장 바탕에 사용한다.
② 조이너(Joinner)는 계단디딤판 모서리에 보강 및 미끄럼막이 금속으로 알루미늄판, 놋쇠판 등이 있다.
③ 인서트(Insert)는 9mm 철근을 사용하여 콘크리트 슬립에 묻어 천정 달대받이용으로 사용한다.

Answer ● 29. ③　30. ④　31. ①　32. ①　33. ②

④ 스크류 앵커(Screw Anchor)는 콘크리트 구종에 삽입된 연결금속의 플러그(Plug)에 나사못을 박은 것

해설

조이너는 천정, 벽 등에 보드(board)류를 붙이고 그 이음새를 누르고 감추는데 사용되는 것으로 아연도금철판제, 경금속제, 황동제의 얇은 판을 프레스판 제품 및 경질염화비닐성형제 등이 있다.

34
창호의 철물 중 정첩으로 유지할 수 없는 무거운 출입문에 쓰이는 철물은?

① 도어스톱 ② 래버터리힌지
③ 도어체크 ④ 플로어힌지

해설

창호철물
① 플로어힌지(마루정첩) : 중량이 큰 문에 쓰이는 것으로 자재 여닫이 문을 열면 저절로 닫히게 하는 장치를 바닥에 설치하여 문장부를 끼우고 상부는 지도리를 축대로 하여 돌게 한 철물이다.
② 래버터리 힌지 : 저절로 닫혀지나 항상 15cm 정도 열려 있어 표시기가 없어도 비어있는 것이 판별되고 사용할 때에는 안에서 잠그도록 되어있으며 공중용 변소나 전화실 출입문에 사용한다.
③ 도어체크(도어클로저) : 문을 열면 자동적으로 닫히게 하는 장치로 용수철 정첩의 일종이다.

35
P.C 강재인 피아노선에 대한 설명 중 잘못된 것은?

① 고탄소강을 반복냉간, 인발 가공하여 가는 줄로 만든다.
② 철근에 비해 4~6배의 강도를 가진 고인장강이다.
③ 신장율이 적다.
④ 4줄 이상으로 꼬아서 만든 P.C 강연선이다.

해설

P.C 강연선은 P.C 강선으로 만들며 2연선과 7연선의 2종류가 있다.

36
얇은 강판에 마름모꼴의 구멍을 연속적으로 뚫어서 그물처럼 만든 것으로 천장 내벽 등의 회반죽 바탕에 균열 방지제로 쓰는 것은?

① 와이어 라드(wire lath)
② 메탈 라드(metal lath)
③ 와이어 메시(wire mesh)
④ 리브 라드(rib lath)

해설

① 메탈라드 : 두께 0.4~0.8mm의 연강판에 일정한 간격으로 그물눈을 내고 늘여 철망모양으로 만든 것으로 천장, 벽 등의 몰탈바름 바탕용으로 쓰인다. 종류에는 편평라스, 파형라스, 봉우리라스, 라브라스 등이 있다.
② 와이어 라드(wire lath) : 보통철선 또는 아연도금철선으로 둥근형, 갑옷형, 마름모형 등으로 만든 철망이다. 시멘트몰탈바름 등의 바탕 등에 쓰인다.
③ 와이어 메시(wire mesh) : 비교적 굵은 연강철선으로 정방형 또는 장방형으로 짠 다음 각 접점을 전기용접한 것으로 콘크리트 보강용으로 많이 쓰인다.
④ 리브라드 : 메탈 라아드의 철판에 꾸부려 만든 채널모양의 뼈대를 넣고 용접한 것으로, 이것을 경량 벽체의 바탕으로 대고 모르타르 받이로 사용한다.

37
정첩으로 지탱할 수 없는 무거운 자재문 등에 쓰이는 창호 철물은 어느 것인가?

① 플로어 힌지 ② 도어 체크
③ 도어 클로저 ④ 도어 홀더

해설

① 플로어 힌지(floor hinge, 마루정첩) : 중량이 큰 문에 쓰이는 것으로 자재여닫이 문을 열면 저절로 닫히게 하는 장치를 바닥에 설치하여 문장부를 끼우고 상부는 지도리를 축대로 하여 돌게 한 철문이다.
② 도어체크(door check) : 도어 클로저(door closer)라고도 하며 문을 열면 자동적으로 닫히게 하는 장치로 용수철 정첩의 일종이다.
③ 도어홀더(door holder) : 여닫이 창호를 열어서 고정시켜 놓은 창호철물이다.

Answer ➡ 34. ④ 35. ④ 36. ② 37. ①

38
다음 창호와 관련되는 철물의 기술로서 적당한 것은?

① 회전창 – 바퀴
② 여닫이문 – 도어 힌지(door hinge)
③ 오르내리창 – 지도리
④ 쌍여닫이문 – 함자물쇠

해설

창호철물의 용도
① 회전창 : 돌개철물, 지도리
② 여닫이문 : 돌쩌귀, 실린더 자물쇠, 도어클로저
③ 오르내리창 : 크레센트(crescent)
④ 쌍여닫이문 : 함자물쇠

39
와이어로프에 대한 설명 중 틀린 것은?

① 자승이나 로프의 중심에 마심을 넣어 부드럽게 만들어 굴곡에 견디도록 하고 있다.
② 자승을 8가락을 합쳐 꼰 것이다.
③ 보통 꼬임은 자승과 로프 꼬임의 방향이 서로 반대인 것이다.
④ 랭크 꼬임은 자승과 로프 꼬임의 방향이 같은 방향으로 된 것이다.

해설

와이어로프는 가는 철선을 7, 12, 19, 24, 30, 37, 61 가닥으로 꼬아 1줄의 자승(새끼줄)을 만들고 이 자승을 6가닥으로 합쳐 꼬아 만든 것이다.

40
다음 중 연결이 잘못된 것은?

① 도어 체크(door check) – 미닫이문
② 레일(rail) – 미서기창
③ 크리센트(crecent) – 오르내리창
④ 플로어 힌지(floor hinge) – 자체 여닫이문

해설

도어체크는 여닫이문에 설치하여 문을 열면 저절로 닫히게 하는 장치이다.

Answer ➡ 38. ④ 39. ② 40. ①

5장 미장 및 방수 재료

1 미장 재료의 분류

(1) 구성재료 역할에 따른 미장재료의 분류

1) 고결제 : 미장 바름의 주체가 되는 재료(소석회, 점토, 돌로마이트 석회, 석고, 마그네시아 시멘트 등)
2) 결합제 : 고결제의 결점 보완, 응결·경화시간을 조절(여물, 풀, 수염 등)
3) 골재 : 증량 또는 치장을 목적으로 사용(모래)

(2) 바름벽 재료의 분류와 역할

1) 결합재료 : 경화되어 바름벽에 필요한 강도를 발휘시키기 위한 재료로서, 바름벽의 기본소재이다.
2) 보강재료 : 균열방지를 위하여 부분적으로 사용되는 선상 또는 메시상의 재료이다.
3) 부착재료 : 못, 스테플, 커터침 등 바름벽 마감과 바탕재료를 붙이는 역할을 하는 재료이다.
4) 혼화재료 : 시공성, 균열, 탈락방지를 위하여 첨가되는 재료이다.

2 응결·경화방식에 따른 미장재료의 분류

(1) 수경성 미장재료(팽창성) : 물(H_2O)과 수화 반응에 의해 경화하는 미장재료이다.

1) 시멘트 모르타르 : 시멘트+모래+물
2) 석고 플라스터 : 석고+모래+여물+물
3) 경석고 플라스터 : 무수석고+모래+여물+물
4) 인조석 바름 : 시멘트모르타르+인조석
5) 테라조(terrazzo) 현장바름 : 백시멘트+안료+종석(대리석, 화강석 등)

(2) 기경성 미장재료(수축성) : 공기 중에서 경화하는 미장재료이며 종류는 다음과 같다.

1) 진흙 : 진흙+짚여물+물
2) 회반죽 : 소석회+모래+여물+해초풀
3) 회사벽 : 석회죽(lime ceram)+모래(필요시 시멘트 또는 여물 혼입)
4) 돌로마이트 플라스터 : 돌로마이트 석회(마그네시아 석회)+모래+여물+물

3 각종 미장 바름

(1) 시멘트 몰탈 : 시멘트(고결재)에 모래, 물, 혼화재를 혼합하여 쓰는 미장재료이다.

> **길잡이**
>
> 특수모르타르의 용도
> 1) 합성수지 혼화모르타르 : 광택 및 특수 치장용
> 2) 석면모르타르 : 보온·불연용
> 3) 질석 모르타르 : 경량·단열용
> 4) 아스팔트 모르타르 : 내산바닥용
> 5) 바라이트 모르타르 : 방사선차단용

(2) 인조석 바름 및 테라죠 현장 바름

1) 인조석 바름 : 몰탈 바름 바탕위에 인조석을 바르고 씻어내기, 갈기 또는 잔다듬 등으로 마무리한 것을 인조석 바름이라 한다.
2) 테라죠 현장 바름 : 백색 시멘트와 안료 및 종석(대리석, 화강암 등)을 섞어서 정벌바름을 하고 연마, 광내기 등에 의해 광택이 있는 표면을 만드는 것을 말한다.

(3) 석고 플라스터

1) 석고에 풀 등의 접착제, 응결시간조절제, 혼화제등을 혼합한 플라스터이다.
2) 벽, 천정 등에 사용하는 미장 재료이다.
3) 특성
   ① 경화속도가 빠르다.
   ② 경화·건조시 수축균열이 적어 치수 안전성을 갖는다.
4) 킨스시멘트(keene's cement) : 경석고 플라스터라고도 하며 경석고에 명반 등의 촉진재를 배합한 것으로 약간 붉은 빛을 띤 백색을 나타내는 플라스터이다.

(4) 석고보드

1) 경석고에 톱밥, 석면 등을 넣어서 만든 것이다.
2) 내화성이 있다.

(5) 돌로마이트 플라스터 : 돌로마이트석회(마그네시아 석회)에 모래, 여물 등을 혼합한 것이다.

1) 점도가 크고, 응결시간이 길다.
2) 회반죽보다 강도가 크다.
3) 건조경화 시에 균열이 생기기 쉽고 물에 약하다.

(6) 마그네시아 시멘트 : 산화마그네슘(MgO)과 염화마그네슘($MgCl_2 \cdot 6H_2O$)을 혼합한 것이다.

1) 강도가 크다.
2) 흡습성이 좋다.
3) 백화현상이 잘 생긴다.
4) 수축성이 크고 철을 부식시킨다.

(7) 회반죽 및 회사벽

1) 회반죽 : 소석회, 해초풀, 여물, 모래 등을 혼합하여 바르는 미장재료이다.
   ① 소석회는 건조·경화시 수축성이 크기 때문에 삼여물로 균열을 분산, 미세화시킨다.
   ② 회반죽은 점성이 없으므로 해초풀을 끓여서 체로 거른 풀물을 사용한다.(반죽시에는 풀을 혼합하지 않음)
   ③ 회반죽에 석고를 약간 혼합하면 수축균열을 감소시키고 경화속도 및 강도 등이 증대된다.

2) 회사벽 : 석회죽(lime cream)에 모래를 넣어 반죽한 것으로 시멘트 또는 여물을 혼입하기도 한다.

> **길잡이**
>
> 미장 바탕면의 요구조건
> 1) 바름층과 유해한 화학반응을 하지 않을 것
> 2) 바름층을 지지하는 데 필요한 접착강도를 얻을 수 있을 것
> 3) 바름층보다 강도, 강성이 클 것
> 4) 바름층의 경화, 건조를 방해하지 않을 것

4 방수 재료 및 방수공법

(1) 방수재료

1) 바탕의 표면에 층을 만들어 물을 차단하는 것 : 아스팔트, 코울타르, 피치 등
2) 바탕에 혼합하여 방수적으로 한 것 : 시멘트 방수제
3) 바탕에 도포하여 방수하는 것 : 도포 방수재

(2) 방수 공법

1) 재료 자체를 수밀하게 하는 공법
2) 피막방수층 공법(시멘트 방수 공법, 아스팔트 방수 공법)
3) 방수제를 도포 및 침투시키는 방법
4) 수밀제를 붙이는 공법

5 아스팔트

(1) 아스팔트의 종류

1) **천연 아스팔트** : 로크 아스팔트, 레이크 아스팔트, 아스팔트 타이트
2) **석유 아스팔트** : 스트레이트 아스팔트, 블로운 아스팔트, 아스팔트 컴파운드

(2) 아스팔트의 성질

1) **비중** : 1.0~1.1 정도이며, 침입도가 작을수록, 황의 함유량이 많을수록 비중이 크다.
2) **침입도** : 아스팔트의 견고성 정도를 침의 관입 저항으로 평가하는 방법이다(침입도가 적을수록 경질이다.)
3) **연화점** : 아스팔트를 가열하여 일정한 점성에 도달했을 때의 온도를 말한다(30~80℃)
4) **인화점** : 250~320℃의 범위이다.
5) **감온성(感溫性)** : 아스팔트는 온도에 따라 견고성의 변화가 매우 크며, 이 변화의 정도를 감온성이라 한다.
   ① 감온성이 너무 크면 저온시에 취성을 나타내고, 고온 시에는 연질을 나타낸다.
   ② 감온비 $A = \dfrac{25℃의 \; 침입도}{0℃의 \; 침입도}$

   　 감온비 $B = \dfrac{46℃의 \; 침입도}{25℃의 \; 침입도}$

6) **신도** : 시료의 양단을 잡아당겨 끊어질 때의 길이(cm)로서 아스팔트의 연성을 나타내는 것이다.

> **길잡이**
>
> 스트레이트 아스팔트와 블로운 아스팔트의 성질 비교
>
> | 성질 | 스트레이트 아스팔트 | 블로운 아스팔트 |
> | :---: | :---: | :---: |
> | 접착력 | 크다 | 작다 |
> | 신 도 | 크다 | 작다 |
> | 감온성 | 크다 | 작다 |
> | 침입도 | 크다 | 작다 |
> | 연화점 | 작다 | 크다 |
> | 탄력성 | 작다 | 크다 |

6 아스팔트의 제품

(1) **아스팔트 프라이머** : 방수층을 만들 때 콘크리트 바탕에 제일 먼저 사용되는 재료이다.

(2) **아스팔트 유제** : 유화제를 사용하여 아스팔트 미립자를 수중에 분산시킨 다갈색의 액체로 도로포장용, 특수시멘트 혼합용, 방수도료 등에 사용된다.

(3) **아스팔트 펠트** : 펠트(felt)상으로 만든 원지에 연질의 스트레이트 아스팔트를 침투시켜 롤러로 압착하여 제조한 것으로 아스팔트방수 중간층재료, 내외벽라스, 몰탈 바탕의 방수 및 방습 재료로 사용된다.

(4) **아스팔트 루핑** : 아스팔트의 펠트의 양면에 아스팔트 컴파운드를 피복한 다음 그 위에 활석 또는 운석의 미분말을 부착하여 제조한다.

   1) 흡수성, 투수성이 작고 유연하며, 온도의 상승으로 유연성이 증대된다.
   2) 내후성이 크며 내산성, 내염성이 있다.
   3) 용도 : 건물의 평지붕의 방수층, 슬레이트 평판, 금속판 등의 지붕 깔기 바탕 등에 이용

(5) **아스팔트 바닥 재료**

   1) 아스팔트 타일
   2) 아스팔트 블록

7 코울타르와 피치

(1) **코울타르**

   1) 비중 1.1~1.3 정도, 인화점(60~160℃)이 아스팔트보다 낮고 120℃ 이상으로 가열하면 직화의 위험이 있다.
   2) 용도 : 방수포장, 방수도료, 방부제로 사용된다.

(2) **피 치**

   1) 감온비가 높고 비 휘발성이며 가열하면 쉽게 유동체로 된다.
   2) 용도 : 지붕 및 지하실 방수 공사, 코크스의 원료가 된다.

8 도막방수법

(1) **도막방수** : 도료상의 방수제를 여러 번 칠하여 상당한 두께의 방수막을 형성하는 것이다.

(2) **종류**

    1) 유제형(emulsion) 도막방수 : 수지 유지를 여러 번 발라 방수피막을 형성하는 공법

    2) 용제형(solvent) 도막방수 : 합성고무를 휘발성 용제에 녹인 고무도료를 여러 번 발라 방수피막을 형성하는 공법(인화성이 크므로 화기엄금)

    3) 에폭시계 도막방수 : 에폭시수지에 의해서 방수피막(0.1~0.2mm의 얇은 막)을 형성하는 공법(내약품성, 내마모성 우수, 화학공장의 바닥마무리재로 사용)

실 / 전 / 문 / 제

01
다음 중 그 자신이 물리적 또는 화학적으로 고화하여 미장 바름의 주체가 되는 재료를 무엇이라고 하는가?

① 고결제
② 결합제
③ 골재
④ 혼화재

해설

미장재료의 구성
① 고결제 : 그 자신이 물리적 또는 화학적으로 고화하여 미장 바름의 주체가 되는 재료이다(소석회, 점토, 돌로마이트석고, 마그네시아시멘트 등).
② 결합제 : 고결제의 결점(수축균열, 점성, 보수성의 부족 등)을 보완하고, 응결 경화시간을 조절하기 위하여 쓰이는 재료이다(여물, 풀, 수염 등).
③ 골재 : 증량 또는 치장을 목적으로 혼합되며 그 자신은 직접 고화에 관계하지 않는 재료이다(모래).

02
돌로마이트 석회에 대한 설명 중 틀린 것은?

① 탄산마그네슘을 상당량 함유하고 있는 백운석을 원료로 하여 생석회와 같은 방법으로 제조한다.
② 비중이 2.35~2.45이고 생석회보다 강도가 높다.
③ 점도가 크고 건조경화시 수축률이 크다.
④ 15~20%의 수산화 마그네슘을 함유한다.

해설

돌로마이트 석회는 백운석을 약 1000℃로 가소하여 CaO · xMgO를 만들고 여기에 물을 가하여 제조한다(즉, 백운석을 소석회와 같은 방법으로 제조한다.).

03
석고에 대한 설명 중 옳은 것은?

① 소석회보다 강도가 작다.
② 경화시간이 극히 짧다.
③ 미장재료 중 점성도가 가장 작다.
④ 석고를 180~190℃ 정도 가열하면 경석고가 된다.

해설

석고 : 석고플라스터의 고결재로서 소석고(소성온도 180~190℃)와 바르면 소석회와는 달리 수화작용에 의하여 단단한 천연석고가 된다. 석고의 일반적인 성질은 다음과 같다.
① 경화시간이 빠르고, 경화할 때 팽창하는 경향이 있다.
② 강도가 크다.

04
석고보드에 대한 설명으로 옳지 못한 것은?

① 방부성, 방화성이 크다.
② 팽창, 수축의 변형이 크다.
③ 열전도율이 작고 난연성이다.
④ 가공이 쉬우며 유성 페이트로 마감할 수 있다.

해설

석고보드(board) : 경석고에 톱밥, 석면 등을 넣어서(85 : 15의 비율로 혼합) 판상으로 굳히고 그 양면에 석고액을 침지시킨 회색의 두꺼운 종이를 부착시켜 압축 성형한 것으로 그 특성은 다음과 같다.
① 팽창과 수축의 변형이 적다.
② 보온성, 방화성, 방습성, 방부성이 우수하고 유성페인트를 곧 칠할 수 있다.
③ 가공이 용이하고 해충의 피해를 받지 않으나 비바람에 피해를 입을 수 있다.
④ 흡음판과 미장바탕재, 벽이나 천정의 마감재 등으로 사용된다.

05
다음 재료중 백화현상이 가장 크게 일어나는 것은?

① 돌로마이트 플라스터
② 무수석고
③ 실리카 시멘트
④ 마그네시아 시멘트

Answer ● 01. ① 02. ① 03. ② 04. ② 05. ④

해설
마그네시아 시멘트는 강도가 크나 $MgCl_2$를 함유하기 때문에 흡수성 및 수축성이 좋고 백화현상이 잘 생긴다.

06

회반죽에 대한 설명 중 틀린 것은?

① 소석회, 풀, 여물, 모래 등을 혼합하여 바른 미장재료이다.
② 건조, 경화할 때에 수축률이 크다.
③ 풀은 내수성이 크기 때문에 주로 외부용으로 쓰인다.
④ 시공시 벽면은 15mm, 천장면은 12mm가 표준이다.

해설
회반죽 및 회사벽
(1) **회반죽** : 소석회, 해초풀, 여물, 모래(초벌, 재벌에만 섞고 정벌바름에는 섞지 않음)등을 혼합하여 바르는 미장재료이다.
　① 건조, 경화할 때의 수축률이 크기 때문에 삼여물로 균열을 분산, 미세화시킨다.
　② 풀은 내수성이 없기 때문에 주로 실내에 바른다.
　③ 회반죽에 석고를 약간 혼합하면 수축균열을 감소시키고, 경화속도, 강도 등이 증대된다.
(2) **회사벽(灰砂壁)** : 석회죽(lime cream)에 모래를 넣어 반죽한 것을 회사벽이라 하며, 필요에 따라서는 시멘트 또는 여물을 혼입하기도 한다.
　① 석회죽과 모래, 황토, 회백토(풍화토)를 혼합한 것을 회사물 또는 회삼물(灰三物)이라고 한다.
　② 회사벽은 흙벽위의 정벌바름에 쓰이고 회사물은 내부 벽돌벽면 또는 회반죽 바름의 고름질, 재벌바름 등에 쓰인다.

07

지하실 방수나 방수지포의 침투용으로 사용되는 것은?

① 스트레이트 아스팔트
② 블로운 아스팔트
③ 아스팔트 컴파운드
④ 아스팔트 프라이머

08

다음 재료 중 건물의 바닥 마무리재로서 부적당한 것은?

① 리그노이드
② 리놀륨
③ 아스팔트 타일
④ 리신

해설
① **리신(lishin)** : 돌로마이트에 화강석 부스러기·안료·색모래 등을 섞어 바른 후 충분히 굳지 않은 상태에서 표면을 긁어 면을 거칠게 하는 것으로 바닥 마무리재로는 부적합하다.
② **리그노이드** : 바닥 포장재료로 쓰기 위하여 탄성재료인 코르크 분말안료 등을 혼합한 몰탈 반죽을 말한다.
③ **리놀륨** : 아마인유의 산화물인 리녹시에 수지, 고무질 물질, 코르크 가루, 안료 등을 섞어 마포같은데 발라 압연 성형한 제품으로 바닥이나 벽의 수장재로 쓰인다.
④ **아스팔트 타일** : 아스팔트와 석면 섬유를 주원료로 하여 수지 및 증강제를 넣어 만든 것으로 실내 바닥에 까는 내장재료이다.

09

다음 중 천연 아스팔트가 아닌 것은?

① 레이크 아스팔트
② 로크 아스팔트
③ 스트레이트 아스팔트
④ 아스팔트 타이트

해설
천연 아스팔트의 종류
① **로크 아스팔트(rock asphalt)** : 다공질 암석에 스며든 천연 아스팔트로 역청분의 함유량이 5~40% 정도이다.
② **레이크 아스팔트(lake asphalt)** : 남미에서 산출되는 것으로 지표에 호수 모양으로 퇴적되어 형성된 반유통체의 아스팔트이다. 역청분의 함유량이 50% 정도이다.
③ **아스팔트 타이트(asphalt tite)** : 원유가 암맥 사이에 침투되어 지열이나 공기 등에 의해 중합 또는 축합반응을 일으켜서 만들어진 탄성성이 풍부한 화합물로 길소나이트(gilsonite), 그라하마이트(grahamite) 등이 있다.

10

블로운 아스팔트(blown asphalt)를 스트레이트 아스팔트(straight asphalt)와 비교했을 때 블로운 아스팔트의 특징에 해당되지 않는 것은?

① 용융점이 더 높다.
② 교착력이 더 크다.
③ 신장도(伸長度)가 더 작다.
④ 감온비(感溫比)가 더 작다.

해설

블로운 아스팔트 : 스트레이트 아스팔트보다 내후성이 좋고 연화점은 높으나 신장도, 접착성(교착력), 감온성은 적다. 아스팔트 컴파운드, 아스팔트 프라이머의 원료로 쓰인다.

11

아스팔트 침입도에 있어서 감온비의 식이 맞는 것은?

① 감온비 $A = \dfrac{0℃의\ 침입도}{25℃의\ 침입도}$

  감온비 $B = \dfrac{25℃의\ 침입도}{46℃의\ 침입도}$

② 감온비 $A = \dfrac{0℃의\ 침입도}{25℃의\ 침입도}$

  감온비 $B = \dfrac{46℃의\ 침입도}{25℃의\ 침입도}$

③ 감온비 $A = \dfrac{25℃의\ 침입도}{0℃의\ 침입도}$

  감온비 $B = \dfrac{46℃의\ 침입도}{25℃의\ 침입도}$

④ 감온비 $A = \dfrac{25℃의\ 침입도}{0℃의\ 침입도}$

  감온비 $B = \dfrac{25℃의\ 침입도}{46℃의\ 침입도}$

해설

감온성(感溫性) : 아스팔트는 온도에 따라 견고성의 변화가 매우 크며, 이 변화의 정도를 감온성이라 한다. 감온성이 너무 크면 저온시에 취성을 나타내고, 고온시에는 연질을 나타낸다.

∴ 감온비 $A = \dfrac{25℃의\ 침입도}{0℃의\ 침입도}$

  감온비 $B = \dfrac{46℃의\ 침입도}{25℃의\ 침입도}$

12

아스팔트 방수시 맨처음 바탕 밀착용으로 사용하는 아스팔트는?

① 아스팔트 프라이머
② 아스팔트 펠트
③ 블로운 아스팔트
④ 아스팔트 루핑

해설

아스팔트 프라이머(asphalt primer)는 콘크리트와 아스팔트의 밀착을 좋게 하기 위하여 아스팔트를 휘발성용제(휘발유 등)에 녹인 흑갈색 액체로서 아스팔트 방수층을 만들기 위해 콘크리트 바탕에 가장 먼저 바르는 방수재료이다.

13

유화제(乳化劑)를 써서 아스팔트를 미립자로 수중(水中)에 분산시킨 다갈색 액체로서 깬 자갈의 점결제(粘結劑) 등으로 쓰이는 아스팔트 제품은?

① 아스팔트 프라이머(asphalt primer)
② 아스팔트 에멀젼(asphalt emulsion)
③ 아스팔트 그라우트(asphalt grout)
④ 아스팔트 콤파운드(asphalt compound)

14

방수공사에 사용되는 아스팔트의 양부(良否)를 판정하는데 필요없는 것은?

① 침입도   ② 연화점
③ 마모도   ④ 감온비

해설

아스팔트의 양부를 판정하는데는 침입도, 연화점, 감온성, 신도 등이 쓰인다.

① **연화점(軟化點)** : 아스팔트를 가열하여 일정한 점성에 도달했을 때의 온도를 연화점이라고 한다. 침입도가 일정할 경우 연화점이 높은 것이 양질의 아스팔트이다.
② **침입도** : 침입도란 아스팔트의 견고성 정도를 침(針)의 관입저항으로 평가하는 방법으로 시험기를 사용하여 침(針)이 25℃로 일정한 조건하에서 시료에 침입되는 깊이로서 나타내는데, 침입도가 적을수록 경질이다.
③ **신도(伸度)** : 시료의 양단을 잡아당겨 끊어질 때의 길이 (cm)로서 나타낸다.

Answer ➡ 10. ② 11. ③ 12. ① 13. ② 14. ③

15
섬유로 만든 원지에 스트레이트 아스팔트를 침투시켜 만든 것으로 방수지로 사용하는 것은?

① 아스팔트 타일 ② 아스팔트 펠트
③ 아스팔트 싱글 ④ 아스팔트 블록

해설

아스팔트 펠트(asphalt felt) : 유기질 섬유인 양모, 마사, 목면, 폐지 등을 펠트(felt)상으로 만든 원지(原紙)에 연질의 스트레이트 아스팔트를 침투시켜 로울러로 압착하여 제조한다. 용도는 아스팔트 방수 중간층 재료, 내외벽 라스, 몰탈 바탕의 방수 및 방습재료로 이용된다.
① 석면 아스팔트 펠트 : 원지의 원료로서 석면섬유를 사용하여 만든 것으로 유기성의 펠트에 비하여 흡수성이 적고 신축과 변질도 적으며 내화성 및 내식성이 좋다.
② 유공(有孔)펠트 : 보통 아스팔트 펠트에 지름 1mm 정도의 구멍을 적당한 간격으로 만든 것으로서 방수층에 쓰일 경우 내부에 기포(氣泡)가 밀봉(密封)되는 것을 막을 수 있는 효과가 있다.

16
아스팔트 펠트의 양면에 아스팔트 컴파운드를 피복하고, 활석, 운모, 석회석, 규조토 등의 가루를 뿌려 붙여서 만든 아스팔트 제품은?

① 아스팔트 컴파운드
② 아스팔트 펠트
③ 아스팔트 루핑
④ 스트레이트 아스팔트

해설

아스팔트 루핑(asphalt rooging) : 아스팔트 펠트의 양면에 아스팔트 컴파운드를 피복한 다음 그 위에 활석 또는 운석의 미분말을 부착시켜 제조한다.
① 흡수성, 투습성이 작고 유연하며, 온도의 상승으로 유연성이 증대된다.
② 내후성이 크며 내산성, 내염성이 있다.
③ 용도는 건물의 평지붕의방수층, 슬레이트 평판, 금속판 등의 지붕깔기 바탕 등에 이용된다.

17
지붕의 방수공사에 주로 사용되는 아스팔트는?

① 블로운 아스팔트
② 스트레이트 아스팔트
③ 피치(pitch)
④ 아스팔트 컴파운드

해설

블로운 아스팔트는 아스팔트 루핑의 표층 및 지붕 방수용으로 사용한다.

18
시멘트 방수제의 구비요건이 아닌 것은?

① 응결시간은 1시간 후에 시작하여 5시간 이내에 종결한다.
② 투수비는 몰탈 또는 콘크리트에 방수제를 혼입한 것이 혼입하지 않은 것에 비하여 0.8% 이하로 한다.
③ 흡수율은 콘크리트에 방수제를 혼입한 것이 혼입하지 않은 것에 비하여 0.95% 이하로 한다.
④ 강도는 몰탈에 방수제를 혼입한 것이 혼입하지 않은 것에 비하여 70% 이상으로 한다.

해설

시멘트 방수제의 응결시간은 1시간 후에 시작하여 10시간 이내에 종결되어야 한다.

19
다음 중 시이트 방수제가 아닌 것은?

① 네오프렌 고무 ② 폴리에틸렌
③ 염화비닐   ④ 피치

해설

시이트(sheet) 방수제는 합성고무제(네오프렌고무, 폴리이소브틸렌 고무 등), 합성수지제(염화비닐, 폴리에틸렌 등) 등이 있다. 피치는 지붕 및 지하실 방수공사 등에 사용된다.

20
다음 중 방수 시멘트 몰탈에 사용되는 방수제가 아닌 것은?

① 알루미나   ② 염화칼슘
③ 아스팔트   ④ 규산질 광물의 가루

해설

염화칼슘, 물유리, 규산질 광물의 가루, 파라핀, 아스팔트 등의 방수제를 시멘트 몰탈에 섞어 넣으면 방수 몰탈이 되며 외벽 방수 등 간단한 방수 공사에 사용된다.

Answer ➡ 15. ② 16. ③ 17. ① 18. ① 19. ④ 20. ①

6장 합성수지

1 합성수지와 플라스틱

(1) **합성수지** : 석탄, 석유, 섬유소, 유지, 녹말, 고무, 천연가스 등의 원료를 인공적으로 합성시켜 만든 고분자 물질을 말한다.

(2) **플라스틱** : 가소성을 가진 고분자 물질을 총칭하여 플라스틱이라 한다.

2 플라스틱의 장점 및 단점

(1) 장 점

    1) 가볍고 강인성이 있다.
    2) 투광성이 양호하다.
    3) 내수성, 내산 및 내알칼리성 등이 크고 전기 절연성도 우수하다.
    4) 가공성이 우수하다.

(2) 단 점

    1) 경도 및 내마모성이 작다.
    2) 내열성, 내화성, 내후성 등이 작다.
    3) 열에 의한 변형 신축성이 크다.

3 합성수지의 종류

(1) **열가소성 수지** : 고형상에 열을 가하면 연화되거나 용융되어 점성 또는 가소성이 생기고 다시 냉각하면 고형상으로 되는 수지이다.

    1) 염화비닐 수지   2) 폴리에틸렌수지
    3) 폴리프로필렌수지   4) 아크릴수지
    5) 폴리스티렌수지   6) 메타크릴수지
    7) ABS수지   8) 폴리아미드수지

9) 셀룰로이드 10) 비닐아세탈수지
11) 플루오르 수지

(2) 열경화성수지 : 고형상에 열을 가하여도 연화되지 않는 수지로서 보통축합반응에 의하여 합성시킨 고분자물질이다.

1) 페놀수지 2) 요소수지
3) 멜라민수지 4) 알키드수지
5) 불포화 폴리에스테르수지 6) 실리콘
7) 에폭시수지 8) 우레탄수지
9) 규소수지 10) 프란수지

4 중요한 합성수지의 성질 및 용도

(1) 염화비닐 수지(PVC, Poly Vinyl Chloride)

1) 열을 받으면 연화하고 내수성, 내약품성, 전기절연성 등이 우수하다.

2) 용도
① 필름(film), 시트(sheet), 플레이트(plate), 파이프(pipe) 등의 성형품 제조
② 지붕재, 벽재, 수도관, 타일, 도료 및 접착제 등에 사용
③ 수지시멘트(염화비닐수지 + 시멘트 + 석면)로 사용

(2) 에틸렌 수지(poly ethylene)

1) 내충격성이 일반 플라스틱의 5배 정도이다.
2) 내수성, 내화학약품성, 전기절연성 등이 우수하다.
3) 용도 : 건축용 방수 및 방습시트재료, 파이프, 전선피복, 포장필름 등에 쓰인다.

(3) 아크릴 수지

1) 투명도가 높아 유기유리라는 명칭을 가지고 있다.
2) 성질 : 투명성, 유연성, 내후성, 내약품성이 우수하다.

3) 용도
① 도료, 접착제 등에 사용
② 채광판, 도어판, 칸막이 등에 사용
③ 고문화제 표면박락(剝落) 방지제

(4) 메타크릴 수지

1) 성질 : 투명성이 좋고 강인성, 내후성, 내약품성이 우수하다.
2) 용도 : 항공기의 방풍유리, 도료, 접착제등에 쓰인다.

(5) 멜라민 수지

1) 성질 : 무색투명하고 경도가 크고 내약품성, 내용제성, 내열성이 우수하다.
2) 용도 : 접착제, 마감재, 가구재, 전기부품 등에 쓰인다.

(6) 실리콘 수지

1) 내열성 및 내한성이 매우 뛰어나고 전기절연성 및 내수성이 있다.
  ① $-60℃\sim260℃$: 탄성을 유지하며 안정하다.
  ② $150℃\sim177℃$: 장시간 연속사용에 견딘다.
  ③ $270℃$: 수시간 사용이 가능하다.

2) 도료의 경우 안료로서 알루미늄 분말을 혼합한 것은 $500℃$에서는 수시간, $250℃$에서는 장시간을 견딘다.

3) 용도
  ① 건축물의 방수제, 콘크리트의 발수성 방수도료 등에 사용
  ② 실리콘고무 : 개스킷(gasket), 패킹 등에 사용
  ③ 실리콘수지 : 성형품, 접착제, 전기절연재료 등에 사용

(7) 불포화 폴리에스테르 수지(polyester)

1) 유리섬유로 보강한 강화플라스틱(FRP)은 금속재료에 버금가는 기계적 특성을 가진다.

2) 용도
  ① 강화플라스틱(FRP : 유리섬유) 제조
  ② 커튼월, 창호재, 칸막이벽 등에 사용
  ③ 도료 접착제 등에 사용

(8) 에폭시 수지

1) 접착성이 아주 우수하며 금속, 유리, 플라스틱, 도자기, 목재, 고무 등에 탁월한 접착성을 발휘한다.
2) 내약품성, 내용제성이 뛰어나다.
3) 농질산을 제외하고 산, 알칼리에 강하다.
4) 용도 : 접착제, 도료, 유리섬유의 보강품 등에 쓰인다.

5 합성수지 제품

(1) 폴리에스테르 강화판 : 유리섬유로 가성소다 등 알칼리에는 약하나 그 외의 화학약품에는 저항성이 있고 내구성도 뛰어나다.

(2) 리놀륨(linoleunm)

   1) 리녹신(아마인유의 산화물)에 수지를 가하여 리놀륨시멘트를 만들고 여기에 코르크분말, 톱밥, 안료 등을 섞어 마포에 도포한 후 롤러로 열압하여 성형한 제품으로 바닥이나 벽의 수장재료 쓰인다.
   2) 내구력이 비교적 크고 탄력성, 내수성 등이 있다.

(3) 스펀지 류 : 염화비닐스펀지(스티로폼), 합성고무스펀지, 폴리우레탄폼 등이 있다.

(4) 하니캄재

   1) 페놀수지액에 적신 크라프트지나 얇은 염화비닐판 등을 사용하여 여러 겹으로 겹치거나 또는 벌집 모양으로 만든 제품 등을 말한다.
   2) 천장이나 내부벽체에 흡음재로 사용한다.

(5) 아크릴평판

   1) 제법 : 입상의 아크릴 원료를 열압성형하여 만든다.

   2) 성질
   ① 색이 자유롭고 투명, 반투명, 불투명품이 있다.
   ② 아크릴평판은 광선의 굴절률이 커서 에치라이팅(etch lighting) 현상을 일으킨다.
      etch lighting 현상 : 성형품의 일부분에서 받은 광선을 내부에서 전반사하여 끝부분을 빛내는 현상

   3) 용도 : 채광판·곡면천장, 간판, 조명기구 등에 사용

실 / 전 / 문 / 제

01
다음 중 합성수지의 장점이 아닌 것은?

① 내화성이 좋다. ② 내수성이 좋다.
③ 전기절연성이 좋다. ④ 가공성이 좋다.

해설
합성수지의 특성(장점 및 단점)
(1) 장점
  ① 비중이 적어 건축물의 경량화에 적합하다.
  ② 투광성이 양호하여 이용가치가 크다.
  ③ 내수성, 내산성 및 내알칼리성 등이 크고 전기절연성도 우수하다.
  ④ 가공성이 우수하며 성형이 용이하다.
(2) 단점
  ① 경도 및 내마모성이 약하다.
  ② 내화성, 내열성, 내후성 등이 작다.
  ③ 열에 의한 변형 신축성이 크다.

02
열가소성 수지의 특성을 나타낸 다음 기술 중 가장 부적합한 것은?

① 연화온도는 열경화성 수지보다 낮다.
② 열경화성 수지보다 유연성이 있다.
③ 성형방법으로는 압축성형, 사출성형, 진공성형 등이 있다.
④ 열경화성 수지보다 높은 강도와 탄성률을 갖는다.

해설
① **열가소성 수지** : 고형상에 열을 가하면 연화되거나 용융되어 점성 또는 가소성이 생기고 다시 냉각하면 고형상으로 되는 성질을 가진 합성수지로서 성형성과 투광성은 좋지만 경도 및 연화점은 낮다.
② **열경화성 수지** : 고형상에 열을 가하여도 연화되지 않고 굳어 버리는 합성수지로 축합반응에 의하여 합성시킨 고분자 물질이다.

03
다음 중 열가소성 수지가 아닌 것은?

① 멜라민 수지
② 염화비닐 수지
③ 아크릴 수지
④ 폴리에틸렌 수지

해설
합성수지의 분류
① 열가소성 수지 : 열화비닐수지, 폴리에틸렌수지, 폴리프로필렌수지, 폴리스틸렌수지, ABS수지, 아크릴수지, 메타크릴수지, 폴리아세탈수지, 폴리아미드수지, 초산비닐수지 등이 있다.
② 열경화성 수지 : 페놀(베이클라이트)수지, 요소수지, 멜라민수지, 폴리에스테르수지(알킷수지, 불포화 폴리에스테르수지), 실리콘수지, 에폭시수지 등
③ 섬유소계 수지 : 셀룰로이드, 아세트산 섬유소 수지

04
열가소성 수지는 어느 것인가?

① 페놀 수지
② 요소 수지
③ 염화비닐 수지
④ 멜라민 수지

05
다음 중 열경화성 수지가 아닌 것은?

① 페놀 수지
② 아크릴 수지
③ 멜라민 수지
④ 폴리에스테르 수지

해설
아크릴수지는 열가소성이다.

Answer ◑ 01. ① 02. ④ 03. ① 04. ③ 05. ②

06
합성수지에 관한 설명 중에 틀린 것은?
① 투광률이 비교적 큰 것이 있어 유리대용의 효과를 가진 것이 있다.
② 착색이 자유스러우며 형태와 표면이 매끈하고 미관이 좋다.
③ 흡수율, 투수율이 작으므로 방수효과가 좋다.
④ 경도가 높아서 마멸되기 쉬운 곳에 사용하면 효과적이다.

해설
합성수지는 경도 및 내마모성이 약하고 내화성, 내열성, 내후성 등이 작다.

07
열가소성 수지 중 수지시멘트로 사용되는 합성수지는?
① 염화비닐 수지
② 폴리에틸렌 수지
② 폴리프로필렌 수지
④ 폴리스틸렌 수지

해설
수지시멘트는 염화비닐수지에 시멘트, 석면 등을 가하여 만든 것이다.

08
합성수지중에서 파이프, 튜브, 물받이용 등의 제품에 가장 많이 사용되는 것은?
① A.B.S 수지
② 폴리에틸렌 수지
③ 초산비닐 수지
④ 염화비닐 수지

09
아크릴 수지의 성질 중 틀린 것은?
① 비중은 1.8 정도이다.
② 내유성, 내약품성, 전기절연성이 좋지 않다.
③ 투명도가 높고 유기유리라는 명칭이 있다.
④ 투과율은 90% 내외이고 무색투명하여 착색이 자유롭다.

해설
아크릴수지는 투명성, 유연성, 내후성, 내화학약품성 등이 우수한 합성수지이다.

10
투명도가 극히 높고 항공기의 방풍유리나 조명기구, 도료, 접착제로 사용되는 것으로 유기(有機)유리로 불리어지는 것은?
① 염화비닐수지
② 에폭시수지
③ 폴리아미드수지
④ 메타크릴수지

해설
메타크릴수지(polymethyl methacrylate)는 투명성이 좋고, 강인성, 내후성, 내약품성이 우수하여 항공기의 방풍유리, 조명기구, 도료, 접착제 등에 사용된다.

11
다음 재료 중 저온단열재로 사용되는 것은?
① 폴리스틸렌 수지
② 폴리아미드 수지
③ 멜라민 수지
④ 메타크릴 수지

해설
폴리스틸렌수지 제품 중 특히 발포(發泡) 제품은 저온 단열재로서 널리 쓰인다.

12
단열재로 사용하는 스치로플은 어떤 수지로 만든 것인가?
① 폴리스틸렌 수지
② 멜라민 수지
③ 폴리프로피렌 수지
④ 폴리비닐크로라이드 수지(P.V.C 수지)

Answer ● 06. ④ 07. ① 08. ② 09. ② 10. ④ 11. ① 12. ①

13
에폭시 수지의 성질 중 틀리는 것은?

① 에폭시 수지는 접착성이 매우 좋다.
② 에폭시 수지는 경화에 있어서 휘발물의 발생이 없다.
③ 금속, 유리, 플라스틱, 도자기, 목재, 고무 등의 접착에 우수하다.
④ 에폭시 수지는 유기용제에는 침식된다.

해설
에폭시수지는 내약품성, 내용제성이 뛰어나고 농질산을 제외하고는 산, 알칼리에 강하다.

14
내열성이 크고 발수성을 나타내어 방수제로서 쓰이며, 저온에서도 탄성이 있어 gasket, packing의 원료로 쓰이는 합성수지는?

① phenol(페놀) 수지
② silicon(실리콘) 수지
③ polyester(폴리에스테르) 수지
④ epoxy(에폭시) 수지

해설
실리콘(silicon)
① 제법 : 염화규소에 그리냐아르 시약을 가하여 클로로실란을 제조하여 만든다. 클로로실란의 종류와 배합비에 따라 액체, 고무, 수지 등을 얻는다.
② 성질 : 실리콘은 내열성이 우수하다. 실리콘 고무는 -60~260℃에 걸쳐 탄성을 유지하고, 150~177℃에서는 장시간 연속사용에 견디고, 270℃의 고온에서도 수 시간 사용이 가능하다. 도료의 경우 안료로서 알루미늄 분말을 혼합한 것은 500℃에서는 수 시간, 250℃에서는 장시간을 견딘다. 실리콘은 전기절연성 및 내수성이 좋고 발수성(撥水性)이 있다.
③ 용도 : 실리콘 오일은 감마제(減摩劑), 펌프유, 절연유, 방수제로 쓰이고, 실리콘 고무는 고온, 저온에서 탄성이 있어서 가스켓(gasket), 패킹(packing) 등에 쓰인다.

15
유리섬유로 보강(補强)하면 강철과 유사한 강도를 나타내며 항공기, 차량 등의 구조재나 건축의 창호재 등으로 이용되는 합성수지는?

① 푸란(furan) 수지
② 폴리에스테르(polyester) 수지
③ 알키드(alkyd) 수지
④ 에폭시(epoxy) 수지

해설
폴리에스테르 강화판(유리섬유)은 가는 유리섬유에 폴리에스테르 수지를 넣어 상온 가압하여 성형한 건축재로서 내구성이 뛰어난 합성 수지 제품이다.

16
폴리에스테르 수지에 대한 설명 중 옳지 않은 것은?

① 알키드수지라 불리는 것은 포화 폴리에스테르를 말한다.
② 포화 폴리에스테르 수지는 거의 도료용으로 쓰인다.
③ 불포화 폴리에스테르 수지는 유리섬유로 보강하여 건축재로 이용된다.
④ 폴리에스테르 수지는 열가소성 수지이다.

해설
폴리에스테르수지는 포화폴리에스테르수지(알키드수지)와 불포화폴리에스테르수지가 있으며 열경화성수지에 속한다.

17
알칼리로 반응시켜 만든 접착성이 매우 우수하고 목재, 금속, 유리, 플라스틱, 고무 등에 뛰어난 접착성과 200℃ 이상에 견딜 수 있는 내열성과 내약품성을 가진 수지 재료는?

① 요소 수지
② 페놀 수지
③ 에폭시 수지
④ 아크릴 수지

해설
에폭시 수지(epoxy resin)
① 제법 : 에피클로로히드린과 비스페놀에 알칼리를 가해 반응시켜 제조한다.
② 성질 : 에폭시수지는 접착성(接着性)이 아주 우수하여 금속, 유리, 플라스틱, 도자기, 목재, 고무 등에 탁월한 접착성을 발휘하며, 특히 알루미늄과 같은 경금속의 접착에 가장 좋다. 또한 내약품성, 내용제성에 뛰어나고 농질산을 제외하고는 산, 알칼리에 강하다.
③ 용도 : 주형재료, 접착제, 도료, 적층품으로는 유리섬유의 보강품 등에 쓰인다.

Answer ➡ 13. ④ 14. ② 15. ② 16. ④ 17. ③

18
강화 폴리에스테르에 관한 기술 중 틀린 것은?

① 강도가 크고 내구성이 뛰어나 지붕재, 외벽, 천장 등에 사용된다.
② 열경화성 수지의 일종이다.
③ 제조시는 상온에서 가압하지 않아도 되며 유리 섬유로 보강한 것이다.
④ 일명 알키드(alkid) 수지라고 하는 포화 폴리에스텔을 사용한다.

해설
폴리에스테르강화판(유리섬유)은 가는 유리섬유에 폴리에스테르수지를 넣어 상온 가압하여 성형한 것으로서 알칼리에는 약하나 내화학 약품성이 있고 내구성이 뛰어난 편이다.

19
압축강도가 큰 것에서부터 작은 것의 순서로 나열한 것 중 맞는 것은?

① 멜라민수지 – 페놀수지 – 폴리에스텔수지
② 페놀수지 – 폴레에스텔수지 – 멜라민수지
③ 멜라민수지 – 폴리에스텔수지 – 페놀수지
④ 폴리에스텔수지 – 멜라민수지 – 페놀수지

해설
압축강도가 큰 순서대로 나열하면 페놀수지가 3,000kg/cm², 폴리에스텔수지가 2,500 kg/cm², 멜라민수지가 2,100kg/cm² 정도이다.

20
합성수지의 그 용도에 관한 기술 중에 옳지 않은 것은?

① 아크릴 수지 – 광고판
② 멜라민 수지 – 테이블판
③ 폴리에스텔 수지 – 욕조
④ 염화비닐 수지 – 내수합판 접착제

해설
염화비닐수지의 용도는 필름, 시이트(sheet), 플레이트(plate), 파이프 등의 성형품, 지붕재, 벽재, 수도관 등에 쓰인다. 내수합판 접착제로는 주로 페놀수지가 사용된다.

21
다음 합성수지 제품 중에서 강도 및 내구성이 가장 뛰어난 것은?

① 멜라민 마감 적층판
② 폴리에스테르판
③ 염화비닐평판
④ 아크릴평판

22
F.R.P, 염화비닐수지, 아크릴수지의 강도의 순서로 옳은 것은?

① F.R.P > 아크릴수지 > 염화비닐수지
② 아크릴수지 > F.R.P > 염화비닐수지
③ 아크릴수지 > 염화비닐수지 > F.R.P
④ 염화비닐수지 > 아크릴수지 > F.R.P

23
다음 플라스틱 재료에 관한 기술 중 부적당한 것은 어느 것인가?

① 페놀수지는 내수성 있는 접착제로서 사용할 수 있다.
② 폴리에스테르 수지의 인장강도는 압축강도에 비해 작으므로 유리섬유로 보강하여 사용되는 경우가 많다.
③ 아크리 수지는 투명성, 유연성이 좋아 유기유리로 사용된다.
④ 멜라민 수지는 내수, 내약품성이 다른 수지에 비해 약하다.

해설
멜라민수지는 무색투명하고 착색이 자유로우며, 경도가 크고, 내약품성, 내용제성, 내열성이 우수하고 기계적강도, 전기적 성질 및 내노화성도 우수하다.

Answer ● 18. ③ 19. ② 20. ④ 21. ② 22. ① 23. ④

24
합성수지의 다포질제품에 대한 설명 중 틀린 것은?

① 발포제를 이용하여 다공성으로 만든 것으로 염화비닐스펀지, 합성고무스펀지 등이 있다.
② 페놀 수지액을 침투시킨 두꺼운 종이를 파형으로 겹쳐서 만든 것이다.
③ 초산비닐 수지를 파형으로 겹쳐서 만든 것이다.
④ 단열재나 흡음재 또는 의자나 침대 쿠션으로 사용한다.

해설
다포질제품인 하니캄재는 염화비닐판이나 페놀수지액을 침투시킨 두꺼운 종이를 파형으로 겹쳐서 만든다.

25
비중이 강철의 1/3 정도로 가벼우면서 강철과 같은 강도를 가지고 있어서 창호, 칸막이, 루버 등에 사용되는 것은?

① 알킷 수지
② 요소 수지
③ 불포화 폴리에스테르 수지
④ 실리콘 수지

해설
불포화 폴리에스테르수지의 성질 및 용도
① 비중이 강철의 1/3 정도로 가볍다.
② 강도가 크다.
③ 사용한계 온도는 100~150℃, -90℃에서도 내성이 크다.
④ 산과 알칼리에는 약하나 그 외의 화학약품에는 저항성이 있다.
⑤ 아케이트의 천정, 구조재, 창호, 간막이 및 루버 등에 사용된다.

26
건설재료와 그 주성분의 조합중 가장 부적당한 것은?

① 방수공사용 아스팔트 – 스트레이트 아스팔트
② 발포단열재 – 폴리우레탄
③ 콘크리트용 도로 – 염화비닐
④ 치장판(표면제) – 멜라민

해설
콘크리트용 도로의 주성분은 시멘트, 골재 등이다.

Answer ● 24. ③ 25. ③ 26. ③

7장 도료 및 접착제

1 도료의 구성

(1) **주성분** : 전색제 및 안료(도막구성성분), 용제 및 희석제(도막에 남지 않는 성분)
(2) **조성분** : 건조제, 가소제, 증량제 등

2 도막의 원료

(1) 전색제

1) **유지류** : 도료에 사용되는 유지는 지방유로서 식물유, 동물유이며 주로 건성유(아마인유 등)이다.
2) **천연수지** : 로진(rosin), 댐퍼(dammar), 셀락(shellec), 코우펄(copal), 앰버(amber) 등이 있다.
3) **합성수지** : 알키드수지, 페놀수지, 아크릴 수지, 에폭시 수지 등이 있다.
4) **기타** 셀룰로이드 유도체, 고무유도체 등이 있다.

(2) 안 료

1) **흰색 안료** : 연백, 산화아연, 리토론, 이산화티탄(티탄백)
2) **검은색 안료** : 카본블랙, 흑연(석묵), 산화철흑
3) **노란색(등색)안료** : 황토, 크롬엘로우(황연), 아연황, 카드뮴 황, 일산화납
4) **빨간색 안료** : 연단(사산화삼납), 산화제2철, 카드뮴 적
5) **파란색 안료** : 감청, 군청, 코발트청
6) **녹색 안료** : 산화크롬, 기네그린, 크롬그린, 아연그린

(3) 용 제

1) **유성 페인트, 유성 바니쉬, 에나멜 등의 용제** : 미네랄 스피릿을 사용한다.
2) **락카 용제** : 벤졸, 알코올, 초산에스테르 등의 혼합물을 사용한다.

(4) 희석제

1) 도료의 점도를 저하시키고 증발속도를 조절하는데 사용한다.
2) **종류** : 도료용 신나, 염화비닐수지 도료용 신나, 락카용 신나 등이 있다.

(5) 건조제 및 가소제

1) 건조제 : 납 건조제, 망간 건조제, 코발트건조제, 칼슘건조제, 아연건조제 등이 있다.
2) 가소제 : DBP, DOP, 피마자유, 염화파라핀 등이 있다.

3 도료의 종류

(1) 유성페인트 : 전색제(보일유) + 안료 + 용제 및 희석제 + 건조제

1) 두꺼운 도막을 만들 수 있으나 내후성, 내약품성, 변색성 등의 도막성질이 나쁘다.
2) 목제, 석고판류 등의 도장에 사용한다.

(2) 수성페인트 : 물을 용제로 하는 도료의 총칭으로 취급이 간단하고 건조가 빠르나 광택이 없다.

(3) 에멀션 페인트 : 수성페인트와 유성페인트의 특징을 겸비한 유화액상의 페인트이다.

(4) 에나멜페인트 : 전색제로 유성 바니쉬나 중합유에 안료를 섞어서 만든 유색 불투명한 도료이다.

(5) 유성 바니시 : 수지를 건성유(중합유, 보일유 등)에 가열 용해시킨 후 휘발성용제로 희석시킨 도료이다.

1) 단유성 바니시(골드사이즈) : 수지의 비율이 기름의 양보다 많기 때문에 속건성이다.
2) 중유성 바니시(코펄 니스) : 수지와 기름의 양이 같은 양으로 중건성이다.
3) 장유성 바니시(스파 니스 또는 보디 니스) : 수지보다 기름의 비율이 높은 바니시로 완건성이다.

(6) 휘발성 바니시 : 수지류를 휘발성 용제에 녹인 바니시이다.

1) 래크(Lake) : 천연수지를 주체로 한 것
2) 락카(래커 : lacquer) : 합성수지를 주체로 한 것

(7) 락카(lacquer)

1) 종류
   ① 클리어락카(clear lacquer) : 안료가 들어가지 않은 투명락카로 유성바니시보다 도막은 얇으나 견고하고 담색으로 광택이 우아하다.
   ② 에나멜락카(enamel lacquer) : 클리어락카에 안료를 첨가한 락카이다.
   ③ 기타 하이솔리드락카(high solid lacquer), 호트락카(hot lacquer) 등이 있다.

2) 특성
   ① 건조가 빠르고(10~20분) 내후성, 내유성, 내수성 등이 우수하다.
   ② 도막이 얇고 부착력이 약하다.(단점)

③ 락카 도막에는 때때로 흐려지거나 백화현상이 일어난다. 신나(thinner) 대신에 리타더(retarder)

(8) 방청도료 : 녹막이 도료 또는 녹막이 페인트를 말한다.

1) 광명단 도료 : Pb_3O_4를 보일드유에 녹인 유성페인트의 일종이다.
2) 산화철 도료 : 도막의 내구성도 좋다.
3) 알루미늄 도료 : 알루미늄 분말을 안료로 하는 도료로서(방청효과 및 열 반사 효과가 있다.
4) 징크로메이트 도료 : 전색제로 알키드 수지, 안료로 크롬산아연을 사용한 도료가 있다.
5) 워시 프라이머(엣칭 프라이머) : 합성수지의 전색제에 소량의 안료와 인산을 첨가한 도료이다.
6) 기타 아스팔트, 타르, 피치 등이 있다.

4 접착제

(1) 단백질 접착제

1) 카세인(casin) : 우유 중에 포함되어 있는 단백질
2) 아교(albumin) : 가축의 혈액 중에 있는 단백질
3) 콩풀 : 탈지 내두분말

(2) 전분질계 접착제

1) 전분 : 쌀, 감자, 고구마, 소맥, 옥수수 등에서 만들어진다.
2) 호정 : 전분에 황산을 가한 후 가열(110~150℃)하여 만든다.

(3) 고무계 및 섬유소계 접착제

1) 고무계 접착제 : 천연고무, 네오프렌
2) 섬유소계 접착제 : 질화면, 나트륨칼폭시메틸 셀룰로이드

(4) 합성수지 접착제

1) 페놀수지 접착제
  ① 상온에서 경화하는 것도 있으나 20℃ 이하에서는 충분히 접착력을 발휘할 수 없고 60~110℃ 정도로 가열하여 사용한다.
  ② 용도 : 목재 접합에 사용되며, 금속, 유리 등의 접합에는 적당하지 않다.

2) 에폭시 수지 접착제
  ① 내산성, 내알칼리성, 내수성, 내약품성, 전기절연성 등이 우수하다.

② 강도 등의 기계적 성질도 뛰어나다.
③ 용도 : 금속접착에 적당하고 플라스틱, 도자기, 유리, 석재, 콘크리트 등의 접착에 사용되는 만능형 접착제이다.

3) 멜라민 수지 접착제
① 특성 : 내수성이 크고 열에 대하여 안전성이 있다.
② 용도
㉠ 목재에 대한 접착성이 우수하며 내수합판제조 접착제로 사용
㉡ 금속, 고무, 유리 접착용으로는 부적당

4) 실리콘 수지 접착제 등
① 특성 : 내수성이 뛰어나고 200℃의 열을 계속 가해도 견디는 내열성 및 전기절연성이 있다.
② 용도 : 피혁류, 텍스, 유리섬유판 등의 접착제로 사용

실 / 전 / 문 / 제

01
다음 중 도막을 형성하는 주요소에 해당되는 것은?

① 건조제 및 가소제　② 유류 및 수지
③ 안료　　　　　　　④ 용제 또는 희석제

해설
도막 형성요소
① 주요소 : 유류, 수지 등
② 부요소 : 건조제 및 가소제
③ 안료
④ 용제 또는 희석제

02
도장재료에 관한 기술 중 틀린 것은?

① 레이크(lake)란 유기안료를 말한다.
② 바라이트(Baryte)는 중정석을 분해한 것으로 레이크 안료의 체질로 사용된다.
③ 체질안료란 안료의 양을 늘리기 위해 사용한다.
④ 무기안료는 유기안료보다 색의 선명도 및 착색력이 크다.

해설
무기안료는 색의 선명도 및 착색력이 유기안료보다 작으나 변색되지 않으며 화학적으로 안정하다.

03
도장공사에서 뿜칠을 해야만 그 효과가 가장 좋은 도장재료는?

① 유성페인트(oil paint)
② 니스(varnish)
③ 락카(lacquer)
④ 수성페인트(water paint)

해설
락카는 속건성이기 때문에 붓으로 바르기는 어려우므로 스프레이로 뿜칠을 하여 사용한다.

04
도장공사에 관한 다음 사항 중 맞지 않는 것은?

① 여름은 겨울보다 건조제를 적게 넣는다.
② 유성페인트보다 합성수지계의 도료 편이 공정 능률이 좋다.
③ 뿜칠은 겹쳐지면 두께가 틀려지므로 절대 겹쳐서는 안된다.
④ 뿜칠은 보통 30cm 거리로 칠면에 직각으로 일정속도로 이행한다.

해설
뿜칠의 공법에 따른 유의사항
① 뿜칠할 때에는 미끈한 평면을 만들기 위해 항상 평행이동 하면서 운행의 한줄마다 뿜칠너비의 1/3 정도 겹쳐 뿜는다.
② 뿜칠거리는 30cm를 기준으로 하고 뿜칠방향은 전회의 방향에 직각으로 한다.
③ 두께는 매회의 솔칠과 동등한 정도로 하고 2회분의 도막 두께를 한번에 칠하지 않는다.

05
도장 작업에 관한 설명 중 틀린 것은?

① 뿜칠 거리는 60cm이다.
② 외부용 도료는 탄력성을 필요로 한다.
③ 샌드페이퍼(sand paper)는 정벌 마감에 가까울수록 고운 것을 사용한다.
④ 도막은 매회 충분히 건조시켜야 한다.

해설
뿜칠 거리는 30cm 정도를 표준으로 한다.

06
목부에만 사용되는 투명 도료로서 뜨거운 물에도 변질되지 않는 도막을 갖는 도료는?

① 유성니스　　② 클리어 래커
③ 래커 에나멜　④ 에나멜 페인트

Answer ➡ 01. ②　02. ④　03. ③　04. ③　05. ①　06. ②

해설
① 클리어 래커 : 안료가 들어가지 않은 투명 래커로 유성 바니쉬보다 도막은 얇으나 견고하여 뜨거운 물에도 변질되지 않고 담색으로 광택이 우아하다.
② 래커 에나멜 : 클리어 래커에 안료를 첨가하여 만든 착색도료이다.
③ 유성니스 : 천연수지에 건성유(중합유, 보일유 등)를 혼합하여 가열 용해시킨 후 휘발성 용제로 희석시킨 투명성 도료이다.
④ 에나멜 페인트 : 니스에 안료를 혼합한 유성 페인트의 일종으로 유성페인트보다 도막이 두껍고 견고하며 광택이 좋다.

07
시멘트 콘크리트 면에 도장하고자 한다. 다음 중에서 어느 도료를 사용함이 좋은가?

① 유성 페인트
② 아미노 알킷도료
③ 아크릴수지 에멀션 페인트
④ 래커 에나멜

해설
아크릴수지 에멀션 페인트는 수지성 페인트(합성수지+안료+휘발성 용제)로서 내구성, 내산성 및 내알칼리성이 우수하고 건조성 및 광택이 좋기 때문에 콘크리트용 도료, 녹막이 도료, 방수용 도료 등에 적합하다.

08
합성수지 도료를 유성페인트와 비교한 특성으로 옳지 않은 것은?

① 건조시간이 빠르다.
② 내알칼리성이 없다.
③ 방화성이 있다.
④ 도막이 단단하다.

해설
합성수지도료 및 유성페인트의 특성
(1) 합성수지도료의 특성
  ① 건조가 빠르고 도막도 견고하다.
  ② 내산성 및 내알칼리성이 있다.
  ③ 페인트나 바니쉬보다 더욱 방화성이 있다.
(2) 유성페인트의 특성
  ① 비교적 두꺼운 도막을 만들 수 있다.
  ② 내후성, 내약품성, 변색성 등의 도막성질이 나쁘다.

09
도장 시방에 관한 기술 중 옳지 않은 것은?

① 습도가 85%일 때는 도장을 중지한다.
② 온도 10℃일 때에는 도장을 중지한다.
③ 함수율이 20%인 목재 바탕은 도장하지 않는다.
④ 미장 마감 직후의 모르타르 바탕은 도장하지 않는다.

해설
도장시방에 관한 사항
① 온도 5℃ 이하, 습도 80% 이상, 바람이 심하게 부는 날은 도장을 중지하여야 한다.
② 함수율이 20% 이상인 목재의 바탕이나 잘 마르지 않는 모르타르의 바탕은 도장시기를 연장하여 충분히 건조시킨 후 도장을 하여야 한다.

10
다음 중 도료에 관한 설명으로 맞지 않는 것은?

① oil vanish는 내후성이 작으므로 옥내에 사용함이 좋다.
② oil paint는 목재 내외부의 바탕에 칠할 수 있다.
③ paint를 칠할 때 건조제를 너무 많이 넣으면 도막(塗膜)이 수축되고 균열이 생긴다.
④ enamel lacquer는 유성 에나멜 페인트보다 도막이 두껍고, 밀착력이 좋으며, 견고하고, 기계적 성질도 우수하며, 닦으면 은색이 난다.

해설
에나멜 래커는 도막이 얇으며 밀착력이 떨어지기 때문에 바탕칠을 잘 하여야 한다.

11
도료 중에서 "녹막이"용 방청도료가 아닌 것은?

① 연단 도료
② 규산염 도료
③ 크롬산 아연(징크로메트)
④ 에칠알콜(Ethyl−alcohl)

해설
녹막이용 방청도료에는 광명단도료(연단도료), 산화철도료, 알루미늄도료, 징크로메이트도료(크롬산아연), 워시프라이머(에칭프라이머), 규산염도료, 역청질도료 등이 있다.

Answer ▶ 07. ③ 08. ② 09. ② 10. ④ 11. ④

12
도장공사에서 바탕재료에 따른 도료의 종류가 맞지 않는 것은?

① 금속바탕 – 브론징 리퀴드(bronging liquid)
② 반경질 섬유판 – 징크로 메이트(zincromate)
③ 경금속부 – 합성수지 에나멜(enamel)
④ 콘크리트 – 합성수지 에멀죤(emulsoin)

해설
징크로메이트도료는 크롬산 아연을 안료로 하고 알키드수지를 전색제로 한 도료로서 녹막이 효과가 좋고 알루미늄판이나 아연철판의 초벌용으로 적합한 도료이다.

13
알루미늄 분말을 혼합하여 500℃까지 견딜 수 있는 내열도료를 만들 수 있는 수지는?

① 요소 수지
② 실리콘 수지
③ 알키드 수지
④ 멜라민 수지

해설
실리콘 수지는 내열성 및 전기절연성, 내수성이 우수한 수지이다. 도료로 사용할 경우 안료로서 알루미늄 분말을 혼합한 것은 500℃에서도 수시간, 250℃에서는 장시간을 견디는 내열도료이다.

14
오래된 도막을 기계적으로 제거하지 않고 도막을 팽창습윤시켜 바탕에 상처를 입히지 않고 도막을 제거하는 것은?

① 엣칭 프라이머(sevhing primer)
② 우드 실러(wood sealer)
③ 리타더(retarder)
④ 리무버(remover)

해설
① 엣칭프라이머 : 철재외에 알루미늄, 아연, 주석, 카드뮴 등의 금속의 방식처리를 하기 위한 방법으로서 일종의 바닥칠용 도료임
② 실러(sealer) : 다공성 흡수성이 큰 부재의 내수성을 향상시키기 위해 표면에 칠하는 초벌용 도료
③ 리타더(retarder) : 덥힘 방지 전용의 신너(thinner : 도료희석제)

15
다음의 접착제 중 합성수지계 접착제가 아닌 것은?

① 멜라민
② 에폭시
③ 카세인
④ 페놀

해설
카세인은 단백질계 접착제이다.

16
접착제중 가장 우수한 것으로 경화제의 첨가에 따라 불용불융(不溶不融)인 수지가 되고 특히 금속 접착에 적당하며 항공기재의 접착에 쓰이는 것은?

① 에폭시수지
② 페놀수지
③ 멜라민수지
④ 요소수지

해설
에폭시수지는 금속의 접착성이 크고 내열성 및 내약품성이 우수한 수지이다.

17
접착제 중 합판 접착제로 가장 좋은 접착제는?

① 페놀수지 접착제
② 아교
③ 카세인
④ 염화비닐수지 접착제

해설
페놀수지접착제는 접착력, 내수성, 내열성 등이 우수한 접착제로서 주로 목재제품에 사용한다.

18
알루미늄 등 경금속의 접착에 쓰이는 합성수지는?

① 페놀수지
② 에폭시수지
③ 요소수지
④ 알키드수지

해설
에폭시수지는 내산성, 내알칼리성, 내수성이 뛰어나게 좋고 접착성이 아주 우수하여 금속, 유리, 플라스틱, 도자기, 목재, 고무 등에 대한 탁월한 접착성을 발휘한다. 특히, 알루미늄과 같은 경금속의 접착에 가장 좋다.

Answer ● 12. ② 13. ② 14. ④ 15. ③ 16. ① 17. ① 18. ②

19
내산·내알칼리·내수성이 뛰어나게 좋고 특히 금속접착에 적당하여 항공기재의 접착에 이용되는 것은?

① 에폭시 수지풀   ② 실리콘 수지풀
③ 푸란 수지풀   ④ 멜라민 수지풀

해설

에폭시수지 접착제: 비스페놀(bisphenol)과 에피클로로히드린(epichlorohydrin)의 반응에 의해서 만들어지는 접착제로서 다음과 같은 특성이 있다.
① 접착할 때 가압할 필요가 없다.
② 내산성, 내알칼리성, 내수성, 내약품성, 전기절연성 등이 우수하고 강도 등의 기계적 성질도 뛰어나다.
③ 경화제(폴리아민, 지방족 및 방향족 아민과 그 유도체 등)가 반드시 필요하고 경화제 양의 다소가 접착력에 영향을 끼친다.
④ 금속접착에 적당하고 플라스틱류, 도기 및 유리, 콘크리트, 목재, 천 등의 접착에도 사용된다.

20
페놀수지 접착제에 관한 특성 중 틀린 것은?

① 접착력, 내수성, 내열성이 우수하다.
② 20℃ 이하에서는 충분한 접착력을 발휘할 수 없다.
③ 완전히 굳으면 적등색을 띤다.
④ 목재 및 유리, 금속의 접착에 적당하다.

해설

페놀수지 접착제는 유리나 금속의 접착에는 적당하지 않고 주로 목재 제품에 사용한다.

21
요소수지풀에 대한 설명 중 틀린 것은?

① 목재, 합판 등의 접착제로 쓰인다.
② 접착성이 크고 내산성, 내알칼리성, 내수성 등이 우수하다.
③ 접착시 5kg/cm²의 압력을 가한다.
④ 상온에서 사용이 가능하다.

해설

요소수지풀은 내수성, 내산성, 내알칼리성, 내열성 및 내후성 등이 약간 뒤떨어진다.

22
리놀륨의 설명에서 잘못된 것은?

① 내구력이 비교적 크고 탄력성, 내수성 등이 있다.
② 마루 마감재료 중 가장 우수한 것이다.
③ 리놀륨시멘트는 리녹신에 수지를 가하여 통상 만든 것이다
④ 리녹신은 코르크분말, 톱밥 등으로 혼합해서 만든다.

해설

리놀륨(linoleum): 아마인유의 산화물인 리녹신(linoxyn)에 수지를 가하여 리놀륨 시멘트를 만들고 여기에 코르크 분말, 톱밥, 안료 등을 섞어 마포로 도포한 후 롤러로 열압하여 성형한 제품으로 내구력이 비교적 크고 탄력성, 내수성 등이 있다.

Answer ➡ 19. ① 20. ④ 21. ② 22. ④

4과목 종합예상문제 [건설재료학]

종 / 합 / 예 / 상 / 문 / 제

01
목재의 장점에 관한 설명 중 틀린 것은?

① 충격, 진동 등에 강하다.
② 열, 전기 등에 대한 저항력이 크다.
③ 산, 염분 등에 대한 저항력이 크다.
④ 재질, 강도 등이 균일하다.

해설
목재는 재질, 강도 등이 균일성이 없다.

02
목재의 섬유포화점은 함수율이 어느 정도일 때 인가?

① 1%   ② 20%
③ 30%   ④ 50%

03
세포에 관한 설명 중 옳지 못한 것은?

① 나무심의 세포는 목재의 대부분을 차지하고 있는 복잡한 세포이다.
② 도관 세포는 대개 활엽수에 있고 도관이 많은 목재는 내구성이 높다.
③ 수선 세포는 수목 줄기의 중심에서 껍질 방향에 복사상으로 들어 있는 세포이다.
④ 도관세포는 침엽수에만 있는 것으로 활엽수에는 없다

해설
도관세포는 활엽수에만 있는 것으로 침엽수에는 없다.

04
목재의 변재(邊材)에 관한 설명으로 옳지 않은 것은?

① 습기에 의한 변형이 심재보다 크다.
② 마모성이 심재보다 크다.
③ 강도가 심재보다 작다.
④ 흡수율이 심재보다 작다.

05
목재의 비중에 대한 설명 중 옳은 것은?

① 심재는 변재보다 비중이 작다.
② 나이테의 밀도가 클수록 비중이 작다.
③ 줄기의 비중은 가지의 비중보다 작다.
④ 근간(根幹)의 비중은 줄기의 비중보다 크다.

해설

목재의 비중
① 심재는 변재보다 비중이 크다.
② 나이테의 밀도가 클수록 비중이 크다.
③ 가지 및 줄기와 근간의 비중관계 : 가지의 비중 > 줄기의 비중 > 근간의 비중 순이다.

06
나무에 관한 설명에서 옳지 않은 것은?

① 소나무의 기건비중은 0.5 정도이다.
② 삼나무(杉)의 톱밥은 물에 침하된다.
③ 생(生)오동나무라도 함수율은 100%를 넘지 않는다.
④ 참나무의 비중은 오동나무의 비중의 2배가 넘는다.

Answer ➡ 01. ④ 02. ③ 03. ④ 04. ④ 05. ③ 06. ④

07
목재함수율 변동으로 생기는 성질 변화 중에서 옳지 않은 것은?

① 박판재는 건조반곡이 생긴다.
② 건조목재는 부패되지 않는다.
③ 건조되지 않는 목재는 도장이 잘 안된다.
④ 목재의 강도는 건조와 관계가 없다.

08
목재의 함수율을 구하는 공식으로 맞는 것은? (단, W_1은 건조 전의 무게[g], W_2는 절대건조시 무게[g]이다.)

① $\dfrac{W_1 - W_2}{W_1} \times 100\%$ ② $\dfrac{W_1 - W_2}{W_2} \times 100\%$

③ $\dfrac{W_2 - W_1}{W_1} \times 100\%$ ④ $\dfrac{W_2 - W_1}{W_2} \times 100\%$

해설
목재의 함수율 산정식

∴ 함수율 = $\dfrac{W_1 - W_2}{W_1} \times 100\%$

여기서, W_1 : 건조전의 시료의 중량
W_2 : 절대건조(100~105℃에서 일정량이 될 때까지 건조)시의 시료의 중량

09
옹이의 종류 중에서 가공이 가능하며 목재로 사용할 수 있는 것은?

① 산 옹이   ② 죽은 옹이
③ 썩은 옹이   ④ 옹이 구멍

해설
옹이(knot)의 종류
① 산옹이 : 벌목할 때까지 붙어있던 산가지의 흔적으로 가공이 가능하다.
② 죽은옹이 : 죽은 나뭇가지의 흔적으로 너무 견고하여 가공하기가 어렵다.
③ 썩은옹이 : 나뭇가지가 부패되어 생긴 것으로 목재로서 적당치 않다.

10
침엽수의 섬유방향 제강도에 관한 대소관계에 대하여 옳은 것은?

① 압축 > 휨 > 전단
② 압축 > 전단 > 휨
③ 전단 > 휨 > 압축
④ 휨 > 압축 > 전단

11
목재에 대한 설명 중 부적당한 것은?

① 함수율이 30% 이하로 감소하면 강도는 증가된다.
② 섬유포화점일 때 그 비중을 그 목재의 비중으로 한다.
③ 목재 강도는 인장 강도가 압축 강도보다 크다.
④ 목재 풍화는 내구성을 감소시키는 요소가 된다.

해설
목재의 비중은 원칙적으로 절대건조비중(100~110℃의 온도에서 수분을 완전히 제거했을 때의 비중)으로 하나 보통 실용적으로 기건비중(목재의 수분을 공기중에서 제거한 상태의 비중)을 표준으로 한다.

12
목재의 섬유방향에 대한 강도 중 가장 약한 것은?

① 인장강도   ② 전단강도
③ 휨강도   ④ 압축강도

해설
목재의 섬유방향의 강도의 크기
인장강도 > 휨강도 > 압축강도 > 전단강도

13
다음과 같은 목재의 4종의 강도에 대하여 크기순서가 옳은 것은?

| A : 섬유방향의 압축강도 |
| B : 섬유방향의 인장강도 |
| C : 섬유의 직각방향의 압축강도 |
| D : 섬유의 직각방향의 인장강도 |

① A > B > C > D
② B > A > D > C
③ A > B > D > C
④ B > A > C > D

Answer ➔   07. ④   08. ①   09. ①   10. ④   11. ②   12. ②   13. ②

14
그림에 나타낸 목재의 A, B, C 3방향에 있어서 함수율의 변화에 따른 수축팽창율을 큰 순서대로 나타낸 것은?

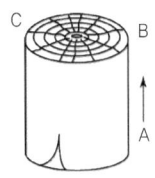

A : 길이방향
B : 반경방향
C : 원주방향

① B > A > C
② A > C > B
③ C > B > A
④ B > C > A

15
그림과 같은 목재의 결에 대한 방향 중 수축율이 가장 큰 것은?

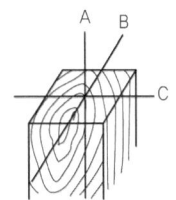

① A(수간) 방향
② B(곧은결) 방향
③ C(널결)방향
④ A방향이 가장 작고 BC방향이 같다.

16
목재의 건조에 따른 강도의 크기 비교 중 강도가 큰 경우는?

① 25% 건조재
② 기건재
③ 생재
④ 전건재

17
목재의 수축 및 팽창을 최소로 줄이는 방법 중 틀린 것은?

① 기건상태로 건조한 목재를 사용한다.
② 곧은결 목재를 사용한다.
③ 외력에 저항할 수 있는 한 될 수 있으면 무거운 목재를 쓴다.
④ 널결 판은 뒤(심재쪽)를 약간 파둔다.

18
목재의 일반적 성질에 관한 기술 중 틀린 것은?

① 활엽수가 침엽수보다 일반적으로 비중이 작다.
② 추재는 춘재에 비해 강도가 크다.
③ 수분을 많이 함유하고 있을 때는 건조할 때보다 강도가 작다.
④ 목재의 인화점은 일반적으로 260℃ 전후이다.

19
목재의 내화성에 있어서 인화점(착화온도)은?

① 160℃ 전후
② 200℃ 전후
③ 250℃ 전후
④ 450℃ 전후

20
다음 중 목재의 강도에 관한 설명으로 틀린 것은?

① 벌목의 시기는 목재의 강도에 영향이 있다.
② 일반적으로 압축강도가 인장강도보다 작다.
③ 섬유포화점 이하에서는 함수율 감소에 따라 압축강도가 증가한다.
④ 변재는 심재보다 강도가 높다.

해,설

변재는 목재의 표피 가까이에 위치하고 있는 부분으로 목재의 수심 가까이에 위치하고 있는 심재보다 강도가 낮다.

21
목재의 일반적 특성에 관한 기술 중 옳지 않은 것은?

① 동일 함수율일 때는 비중이 클수록 열전도율이 크다.
② 활엽수가 침엽수보다 수축 변형이 크다.
③ 목재의 비강도(比强度)는 강철의 비강도보다 크다.
④ 저심재는 수심재(樹心材)보다 갈램이 크다.

Answer ⊙ 14. ③ 15. ③ 16. ④ 17. ③ 18. ① 19. ③ 20. ④ 21. ④

22
목재의 강도와 관계가 없는 것은?

① 건조   ② 비중
③ 추재율과 연륜밀도   ④ 용적

23
목재의 건조방법 설명 중 틀린 것은?

① 목재의 건조법에는 대기건조, 침수건조, 인공건조법 등이 있다.
② 침수 건조에서는 침수는 담수에서 보다는 해수 중에서 하는 것이 좋다.
③ 건조방법 중 가장 많이 사용되는 것이 대기건조 방법이다.
④ 목재를 침수시켜 수액의 농도를 줄인 후에 공기중에서 다시 건조시키는 방법이 침수건조법이다.

24
자재의 마구리 치수가 12cm×12cm, 길이가 240cm, 비중이 0.6인 목재를 저울에 달아 보았더니 25kg이었다. 이 목재의 함수율로 가장 가까운 것은?

① 10%   ② 15%
③ 20%   ④ 25%

25
목재와 건축용 강재의 압축강도(허용응력도)를 비교하면 강재는 목재의 몇배 정도인가?

① 2~3배   ② 5~9배
③ 10~15배   ④ 15~20배

26
다음 목재중 압축강도가 가장 큰 것은?

① 삼나무   ② 낙엽송
③ 밤나무   ④ 육송

해설

목재의 압축강도
① 낙엽송 : 635kg/cm²   ② 육송 : 440kg/cm²
③ 삼나무 : 400kg/cm²   ④ 밤나무 : 353kg/cm²

27
목재의 허용강도는 파괴강도의 얼마 정도인가?

① 1/2~1/3   ② 1/7~1/8
③ 1/4~1/5   ④ 1/10~1/12

해설

목재의 허용강도는 파괴강도의 1/7~1/8 정도로 한다.

28
목재의 방부·방충에 사용되는 크레오소트유에 대한 설명 중 틀린 것은?

① 방부력이 우수하고 내습성도 있으며 값이 싸다.
② 침투성이 좋아서 목재에 깊게 주입할 수 있다.
③ 냄새가 좋아서 실내에서도 사용이 가능하다.
④ 도포 부분이 갈색이고 미관을 고려하지 않는 외부에 사용된다.

해설

크레오소트유 : 흑갈색의 용액으로 냄새가 좋지 않아서 실내에서는 사용할 수 없고 눈에 보이지 않는 토대, 기둥 등의 외부에 사용된다.

29
무색이고 방부력이 가장 우수하며 페인트칠도 할 수 있고, 석유 등의 용제로 녹여 쓰는 목재방부재는?

① 콜타르
② 크레오소오트
③ PCP
④ 플로오르화나트륨

해설

PCP(penta chloro phenol)는 침투성이 매우 양호하여 도포 뿐만 아니라 주입도 할 수 있다.

Answer ➔ 22. ④ 23. ② 24. ③ 25. ③ 26. ② 27. ② 28. ③ 29. ③

30
목재에 있어서 부패균의 번식조건에 대한 설명으로 틀린 것은?

① 온도 25~35℃
② 습도 15% 이하
③ 공기중의 산소
④ 목질부의 단백질 및 녹말

해설

부패균의 번식조건
(1) 온도
　① 4℃ 이하 : 발육하지 못한다.
　② 25~35℃ : 가장 왕성하다.
　③ 55℃ 이상 : 거의 사멸된다.
(2) 습도
　① 20% 이상 : 균의 발육이 시작된다.
　② 40~50% : 균의 발육이 가장 왕성하다.
　③ 15% 이하 : 균의 번식이 중단된다.
(3) 산소 : 공기
(4) 양분 : 목질부의 단백질 및 녹말

31
자연건조법의 특성에 대한 설명 중 틀린 것은?

① 건조비가 적게 든다.
② 재질의 변질이 적다.
③ 건조 시간이 길다.
④ 건조 변형이 생기지 않는다.

해설

자연건조는 건조변형이 생기기 쉽기 때문에 다음 사항에 주의하여야 한다.
① 목재 상호간에 간격을 두고 지면에서의 거리를 충분히 둘 것(약 40~50cm 정도가 적당)
② 목재 마구리면의 급속 건조를 피하기 위해 이 부분의 일광을 막거나 경우에 따라서는 페인트를 칠할 걸
③ 균일한 건조를 위하여 가끔 상하 좌우로 환적(換積)할 것
④ 뒤틀림을 막기 위해 오림대를 고루 괴어 둘 것

32
다음 중 경질 섬유판에 대한 설명으로 틀린 것은?

① 목재펄프만을 압축하여 만든 것으로 비중이 0.8 이상이다.
② 표면은 평활하고 경도가 크며 내마멸성 및 강도가 크 방향성을 고려하지 않아도 된다.
③ 외부 장식용으로 쓸 때에는 강도가 증가한다.
④ 가로, 세로의 신축이 거의 같으므로 비틀림이 작다.

해설

경질섬유판은 구멍뚫기, 본뜨기, 구부림 등의 2차 가공이 용이하여 수장판으로 많이 쓰이나, 외부장식용으로 쓰일 때에는 강도가 줄어들고 평활도와 광택도 줄어든다.

33
다음 재료의 용도와 조합에서 옳지 않은 것은?

① 오일스테인 – 착색제
② 신나 – 희석제
③ 크레오소오트 – 용제
④ 광명단 – 방청제

해설

크레오소오트유(creosote oil) : 유성방부제

34
다음 중 집성목재의 장점에 속하지 않는 것은?

① 목재의 강도를 인공적으로 조절할 수 있다.
② 응력에 따라 필요한 단면을 만들 수 있다.
③ 방부성, 방충성, 방화성이 높은 목재를 만들 수 있다.
④ 톱밥, 대패밥, 나무 부스러기를 이용하므로 경제적이다.

해설

집성목재와 그 특징
(1) 집성목재 : 두께 1.5~5cm의 단판을 몇장 또는 몇십장 겹쳐서 접착제로 접착한 것으로서 합판과 다른 점은 다음과 같다.
　① 판의 섬유방향을 평행으로 붙인 것이다.
　② 판이 홀수가 아니어도 된다.
　③ 합판과 같은 얇은판이 아니고 보나 기둥에 사용할 수 있는 단면을 가진다.
(2) 집성목재의 특징(장점)
　① 목재의 강도를 인공적으로 자유롭게 조절할 수 있다.
　② 응력에 따라 필요한 단면을 만들 수 있다.
　③ 건조균열 및 변형 등을 피할 수 있다.
　④ 방화성 및 방부성, 방충성이 큰 목재를 만들 수 있다.

Answer ● 30. ② 31. ④ 32. ③ 33. ③ 34. ④

35
단판에 페놀수지 등을 침투시켜 140~150℃에서 200~300kg/cm²의 압력으로 붙여 댄 것이며, 단판의 수는 수십매에 이르는 경우도 있고, 비중은 1 이상이며, 강도가 크고 마멸이 잘 되지 않으므로 특수한 용도로 쓰이는 목재제품은?

① 강화목재 ② 집성목재
③ 인조목재 ④ 섬유판

36
인슐레이션 보드란 무엇을 말하는가?

① 경질 섬유판 ② 연질 섬유판
③ 반경질 섬유판 ④ 파티클 보드

해설

① **연질섬유판**(비중 0.4 미만) : 인슐레이션 보드(insulation board) 또는 텍스(tex)
② **반경질섬유판**(비중 0.4~0.8 정도) : 세미하드 보드(semi-hard board)
③ **경질섬유판**(비중 0.8 이상) : 하드 보드(hard board)

37
경화적층재에 대한 설명 중 틀린 것은?

① 강화목재라고도 하는 개량목재의 일종이다.
② 단판에 페놀수지 등을 침투시켜 온도 150℃, 압력 150~200kg/cm2로서 열압하여 만든다.
③ 두께 1.5~5cm의 단판을 섬유방향에 평행하도록 붙여 만든 것이다.
④ 매우 무겁고 강도는 소재의 4배 이상에 이른다.

해설

경화적층재는 대단히 가볍고 각종 강도는 소재의 3~4배에 이르며 금속 대용으로 기어나 프로펠러에 사용할 수 있다.

38
다음 중 시멘트의 주요 구성화합물에 속하지 않는 것은?

① 알루민산철사석회
② 알루민산삼석회
③ 규산사석회
④ 규산삼석회

해설

시멘트의 주성분 및 주요 구성화합물

① **주성분** : 시멘트는 실리카(SiO_2), 알루미나(Al_2O_3), 석회(CaO)의 3가지 주요 성분 이외에 소량의 산화마그네슘(MgO), 산화철(Fe_2O_3), 알칼리(K_2O, Na_2O), 탄산가스(CO_2), 물(H_2O) 등의 화합물을 포함하고 있다.
② **주요 구성화합물** : 규산삼석회($3CaO \cdot SiO_2$: 약호 C_3S), 규산이석회($2CaO \cdot SiO_2$: 약호 C_2S), 알루민산삼석회($3CaO \cdot Al_2O_3$: 약호 C_3A), 알루민산철사석회($4CaO \cdot Al_2O_3 \cdot Fe_2O_3$: 약호 C_4AF)

39
포틀랜드시멘트의 주원료는?

① 석회석, 산화철, 실리카
② 산화철, 석고, 점토
③ 석회석, 점토, 석고
④ 점토, 석고, 실리카

해설

시멘트는 석회석(CaO 함유)과 점토(SiO_2, Fe_2O_3 함유)의 비중을 4 : 1로 충분히 섞어서 그 일부가 용융할 때까지 소성하여 얻은 클링커(Clinker)에 응결시간안정제로 3% 이하의 석고($CaSO_4 \cdot 2H_2O$)를 가하고 분쇄하여 만든다.

40
시멘트의 비중에 대한 설명 중 틀린 것은?

① 시멘트 비중의 측정에는 르샤틀리에(Le Chatelier) 비중병이 사용된다.
② 비중은 보통 3.05~3.15이다.
③ 같은 시멘트에서 풍화한 것일수록 비중이 커진다.
④ 시멘트의 비중은 소성이 불충분하거나 저장기간이 길어짐에 따라 작아진다.

해설

시멘트의 비중은 풍화정도를 나타내는 척도가 되는 것으로 풍화된 것일수록 비중이 작아진다.

Answer ● 35. ① 36. ② 37. ④ 38. ③ 39. ③ 40. ③

41
시멘트에 있어서 비표면적(比表面的)이 나타내는 것은?

① 비중
② 수화속도
③ 안전성
④ 분말도

42
시멘트의 구성화합물에 물을 첨가하면 각각 특유한 화학반응을 일으켜 다른 화합물을 생성하는데, 이러한 작용을 무엇이라고 하는가?

① 응결작용
② 중합작용
③ 풍화작용
④ 수화작용

해설

수화작용 : 구성 화합물들이 물과 접촉하여 각각 특유한 화학반응을 일으켜 다른 화합물이 되는 작용을 말한다.

43
시멘트가 응결하는데 필요한 시간으로 옳은 것은?

① 1.5~3.5시간
② 3.0~6.0시간
③ 1.0~5.0시간
④ 1.0~10.0시간

44
시멘트에 관한 기술 중 틀린 것은?

① 시멘트 비중은 콘크리트배합의 계산에 있어서 시멘트가 접하는 체적을 계산하는데 편하다.
② 시멘트의 강도시험은 시멘트결합재로서 결합력 발현의 정도를 알기 위해 행한다.
③ 응결시험은 시멘트강도 발현의 속도를 알기 위해 행하고 일반적으로 시발시간이 빠른 시멘트는 강도가 크다.
④ 안정성시험은 주로 시멘트의 이상팽창성에 대한 안정성을 알기 위해 행한다.

45
보통 시멘트 강도를 알기 위한 7일 강도에서 28일간 강도를 추정하는 식으로 적당한 것은? (단, K는 시멘트 7일 강도)

① $0.80K7 + 170$
② $0.4K7 + 290$
③ $0.25K7 + 300$
④ $0.8K7 + 90$

46
시멘트 강도에 영향을 주는 요인이 아닌 것은?

① 시멘트에 대한 물의 양(W/C)과 그 성질
② 골재의 성질과 입도
③ 시험체의 형상과 크기
④ 조립률

해설

시멘트 강도에 영향을 주는 요인은 ①, ②, ③항 이외에도 풍화정도, 양생조건, 시험방법 등이 있다.

47
다음 시멘트 중 수경률이 가장 큰 시멘트는?

① 보통 포틀랜드시멘트
② 조강 포틀랜드시멘트
③ 백색 포틀랜드시멘트
④ 중용열 포틀랜드시멘트

해설

조강포틀랜드시멘트는 수화작용이 빨라(빨리 경화) 조기(단기) 경화도가 높고(3일 강도가 보통의 4주 강도와 같음) 발열량도 많은 시멘트이다.

48
중용열 포틀랜드시멘트의 장점 중 틀린 것은?

① 수화발열량이 적다.
② 장기강도가 낮다.
③ 수축균열이 작다.
④ 내구성이 크다.

해설

중용열 포틀랜드시멘트는 수화발열량이 적고 장기강도가 크며, 내구성 및 내화학 저항성이 우수하여 포틀랜드시멘트 중에서 건조수축이 가장 적다.

Answer ➡ 41. ④ 42. ④ 43. ④ 44. ① 45. ① 46. ④ 47. ② 48. ②

49
시멘트에 관한 기술로서 틀린 것은?

① 입자가 가늘수록 일반적으로 콘크리트의 초기 강도가 크게 된다.
② 응결속도는 온도에 관계가 있다.
③ 조강 포틀랜드시멘트는 수화열이 다른 시멘트보다 높다.
④ 고로 시멘트는 고온에서 조성한 것으로 초기강도가 크다.

해설
고로 시멘트는 초기강도(단기강도)가 작고 장기강도가 큰 시멘트이다.

50
중용열 포틀랜드시멘트의 특성에 대한 설명 중 틀린 것은?

① 수화열을 적게 하기 위해 원료 중 석회, 알루미나, 마그네시아 양을 적게 한 것이다.
② 댐이나 방사능 차폐용 콘크리트 등에 쓰인다.
③ 조기강도가 작으나 장기강도는 크다.
④ 건조수축이 커서 균열발생이 크고 화학저항성이 작다.

해설
중용열 포틀랜드시멘트의 특성은 ①, ②, ③항 이외에도 다음과 같은 것이 있다.
① 체적의 변화가 적어서 균열 발생이 적다.
② 방사선을 차단한다.
③ 내식성·내구성이 크다.

51
시멘트의 종류 중 혼합시멘트가 아닌 것은?

① 실리카 시멘트
② 플라이애시 시멘트
③ 조강 시멘트
④ 고로 시멘트

해설
시멘트의 종류
① 포틀랜드시멘트 : 보통, 중용열, 조강, 백색포틀랜드시멘트
② 혼합시멘트 : 고로(슬래그), 포졸란(실리카), 플라이애시 시멘트
③ 특수시멘트 : 알루미나, 팽창, 초속경, 마그네시아 시멘트

52
다음 중 조강 포틀랜드시멘트의 특성이 아닌 것은?

① 수축이 약간 크다.
② 수화열이 크고 투수성이 적다.
③ 조기강도는 낮으나 장기강도가 크다.
④ 보통 시멘트보다 값이 싸다.

해설
조강 포틀랜드시멘트는 수축이 크고, 수화열이 크며, 투수성이 적고, 조기강도가 높으며 장기에 걸쳐 강도가 증진된다.

53
다음 중 안전성이 제일 좋은 시멘트는?

① 보통 포틀랜드시멘트
② 중용열 포틀랜드시멘트
③ 알루미나 시멘트
④ 조강 포틀랜드시멘트

해설
중용열 포틀랜드시멘트는 포틀랜드시멘트 중에서 건조수축이 가장 작고 내산성 및 내구성 등이 우수하여 방사능차폐용 콘크리트, 댐 및 콘크리트포장 등에 이용된다.

54
시멘트 창고에 통로를 두지 않고 시멘트를 쌓아 올릴 때 $1m^2$에 몇 포대를 적재할 수 있는가?

① 20포대
② 30포대
③ 40포대
④ 50포대

해설
창고에 통로를 두지 않고 시멘트를 적재할 때에는 $1m^2$ 대해서 50포대를 쌓을 수 있다.

55
고로시멘트의 특징에 관한 기술 중 부적당한 것은?

① 수화열이 적다. 그러므로 수축이 적어서 댐공사에 적합하다.
② 바닷물에 대한 저항이 크고 단기강도가 적고, 장기강도가 크다.
③ 콘크리트의 블리딩이 적어진다.
④ 풍화가 쉽게 진행되지 않는다.

Answer ➡ 49. ④ 50. ④ 51. ③ 52. ③ 53. ② 54. ④ 55. ④

56
마그네시아 시멘트에 대한 설명 중 틀린 것은?

① 산화마그네슘에 염화마그네슘의 수용액을 가하여 경화한 것이다.
② 광택이 있고 착색이 용이하다.
③ 경화수축이 작다.
④ 흡수성이 있다.

해설
마그네시아 시멘트는 경화수축이 크고, 공기 및 습기에 의해 광택이 없어진다.

57
포졸란의 효과 중 틀린 것은?

① 수밀성이 커진다.
② 해수에 대한 저항성이 약하다.
③ 수화작용이 늦어지고 발열량이 감소한다.
④ 시공연도가 좋아지고 블리딩과 재료분리가 적어진다.

해설
포졸란 시멘트는 해수 등에 대한 화학저항성이 크다.

58
다음 중 보통 골재에 속하는 것으로 짝지어진 것은?

① 인공경량 골재, 철광석, 경석
② 강모래, 강자갈, 깬자갈
③ 강모래, 경석, 강자갈
④ 경석, 인공경량 골재, 강모래

해설
비중에 따른 골재의 종류
① **보통골재**: 전건 비중이 2.5~2.7 정도(강모래, 강자갈, 깬자갈)
② **경량골재**: 전건 비중이 2.0 이하(경석, 인조경량 골재)
③ **중량골재**: 전건비중이 2.8 이상인 것(철광석 등에서 얻은 것)

59
단위 채적당 조골재, 세골재가 가장 가벼울 때는 다음 중 어느 상태일 때인가?

① 조골재 – 전건상태, 세골재 – 함수율 8%시
② 조골재 – 습윤상태, 세골재 – 전건상태
③ 조골재 – 표면건조내부포수상태, 세골재 – 표면건조내부포수상태
④ 조골재 – 함수율 2~4%시, 세골재 – 습윤상태

60
콘크리트의 골재에 관한 기술 중 옳지 않은 것은?

① 바닷모래를 씻어서 사용하면 콘크리트의 강도에는 큰 영향이 없다.
② 모래와 자갈의 구분은 5mm체에 의하여 정해진다.
③ 쇄석골재는 보통 안산암을 파쇄하여 쓴다.
④ 강자갈과 쇄석을 쓴 콘크리트 중에서 물시멘트비 등의 조건이 같으면 강자갈을 쓴 콘크리트의 강도가 높다.

61
철근콘크리트에 쓰이는 골재로서 좋지 않은 것은?

① 가장 적합한 모래와 자갈
② 입의 크기가 일정한 골재
③ 입이 둥근 골재
④ 청정하면서 유기불순물이 함유되지 않은 골재

62
다음 중 콘크리트 골재의 공극률(빈틈률)을 구하는 식으로 맞는 것은?(단, 비중을 ρ, 골재의 단위 무게를 W라 한다)

① $\left(1 - \dfrac{W}{\rho}\right) \times 100\%$
② $\left(1 - \dfrac{\rho}{W}\right) \times 100\%$
③ $\left(\dfrac{W}{\rho} - 1\right) \times 100\%$
④ $\left(\dfrac{\rho}{W} - 1\right) \times 100\%$

해설
공극률(percentage of voids): 골재의 단위 용적중의 공극의 비율을 백분율로 나타낸 것이다.

∴ 공극률 $V = \left(1 - \dfrac{W}{\rho}\right) \times 100\% = 100 - d(\%)$

여기서, ρ: 골재의 비중,
W: 단위용적중량(kg/ℓ),
d: 실적률(%)

Answer ➡ 56. ③ 57. ② 58. ② 59. ① 60. ④ 61. ② 62. ①

63
자연산 골재를 사용한 콘크리트를 쇄석을 사용한 콘크리트와 비교 설명한 것 중 틀린 것은?(단, 동일한 배합비 및 물·시멘트비)

① 시공연도가 좋다.
② 같은 조건하에서의 콘크리트 강도는 감소한다.
③ 시멘트 페이스트가 적게 필요하다.
④ 슬럼프치가 작다.

해설
자연산 골재를 사용한 콘크리트가 쇄석을 사용한 콘크리트보다 슬럼프치가 크다.

64
다음 중 골재의 비중으로 알 수 없는 것은?

① 골재의 강도
② 골재의 경도
③ 골재의 입도
④ 골재의 내구성

해설
골재는 비중에 의하여 골재가 어느 정도의 경도, 강도, 내구성을 갖고 있는가를 알 수 있다.

65
콘크리트 골재의 공극률과 실적률에 대한 설명 중 틀린 것은?

① 잔골재와 굵은골재를 적당히 혼합하면 공극률을 20%까지 줄일 수 있다.
② 잔골재와 굵은골재를 혼입하면 단위용적무게가 커진다.
③ 공극률 + 실적률 = 100%
④ 잔골재 및 굵은골재의 공극률은 보통 10~30% 정도이다.

해설
잔골재 및 굵은골재의 공극률은 보통 30~40% 정도이다.
- 실적률(percentage of solids) : 골재를 어떤 용기속에 채워 넣을 때 그 용기 내에 골재입이 점하는 실용적 백분율을 나타낸다.

∴ 실적률 $d = \dfrac{W}{\rho} \times 100(\%)$

여기서, ρ : 골재의 비중
 W : 단위용적중량(kg/l)

66
골재의 함수상태에 관한 설명 중 틀린 것은?

① 절대건조상태란 대기중에서 완전히 건조된 상태이다.
② 습윤상태란 내부에 충전되고 표면수도 있는 상태이다.
③ 표면건조상태란 내부에는 수분이 있으나 표면수는 없는 상태이다.
④ 기건상태란 골재의 표면수는 없으나 내부는 대기 함수율 정도로 수분이 있는 상태이다.

67
비중이 큰 골재를 사용했을 때의 일반적인 특성과 관계가 없는 것은?

① 동결에 의한 손실이 적다.
② 내구성이 적어진다.
③ 흡수율이 적어진다.
④ 강도가 크고 충격에 의한 손실이 적다.

해설
골재의 비중이 클수록 치밀하여 흡수량이 낮고 내구성이 커진다.

68
콘크리트의 슬럼프 시험에 관한 설명 중 옳지 않은 것은?

① 시공연도를 측정하는데 사용한다.
② 시료를 4회로 나누어 다지면서 채운다.
③ 시료를 채울 경우 각 회마다 25회씩 다짐봉으로 다진다.
④ 슬럼프 테스트콘을 제거하고 콘크리트가 내려앉은 값이 슬럼프 값이다.

해설
콘크리트 시료를 3개의 층으로 나누어 다짐막대로 각 층마다 25회씩 다진다.

Answer ➡ 63. ④ 64. ③ 65. ④ 66. ① 67. ② 68. ②

69
통상 철근 콘크리트공사에 있어서 입도가 적당한 골재를 사용한 경우 워커빌리티가 좋은 콘크리트 배합의 일반적 경향에 대한 기술 중 틀린 것은?

① 동일 슬럼프라면 물시멘트비가 클수록 시멘트 사용량이 작다.
② 물시멘트비가 동일하다면 슬럼프가 적을수록 시멘트 사용량이 적다.
③ 강도와 슬럼프가 동일한 콘크리트를 만들 경우 시멘트 강도가 높을수록 시멘트 사용량은 적다.
④ 모래가 가늘수록 시멘트 사용량은 적다.

70
콘크리트의 강도나 내구성은 어느 것에 의해 영향을 가장 많이 받는가?

① 물과 시멘트의 배합비
② 모래와 자갈의 배합비
③ 시멘트와 자갈의 배합비
④ 시멘트와 모래의 배합비

해설
콘크리트의 강도에 영향을 미치는 가장 중요한 요인은 물과 시멘트의 배합비이다.

71
콘크리트의 크리프 변형에 영향을 주는 것에 대한 설명으로 옳지 않은 것은?

① 재하기간중의 대기 습도가 적으면 크리프는 커진다.
② 재하용적이 크면 크리프는 커진다.
③ 부재치수가 작으면 크리프는 커진다.
④ 시멘트 페이스트의 량이 적으면 크리프는 커진다.

72
경화 콘크리트의 제 성질에 관한 다음 기술 중 가장 적당한 것은?

① 콘크리트의 수밀성은 물·시멘트비 만으로 결정되며 굵은골재의 최대치수는 거의 영향을 주지 않는다.
② 보통 콘크리트의 동결·융해작용에 대한 내구성은 물·시멘트비에 의해 다르나 AE콘크리트에서는 물·시멘트비 영향을 받지 않는다.
③ 콘크리트의 중성화는 물·시멘트비가 클수록 그 진행속도가 크다.
④ 콘크리트의 마모에 대한 저항성은 사용한 골재의 품질에 의해 결정되고 물·시멘트비의 영향을 받지 않는다.

73
콘크리트의 양생에서 가장 중요한 시기는 언제인가?

① 4주중 초기
② 4주중 2주기
③ 4주중 3주기
④ 4주중 말기

74
물·시멘트비는 콘크리트의 성질을 정하는 중요한 요소이다. 이와 가장 밀접한 관계를 가진 것은?

① 시공연도
② 응결속도
③ 강도
④ 내화성

해설
물·시멘트비는 콘크리트 강도에 영향을 미치는 가장 중요한 요인이다.

75
콘크리트의 성질에 관한 기술로서 틀리는 것은?

① 콘크리트의 강도는 시멘트 페이스트의 농도에 좌우된다.
② 콘크리트의 강도는 큰 공시체보다 작은 공시체로 시험한 폭이 큰 값으로 된다.
③ 콘크리트는 부배합일수록 균열에 대해 안전하다.
④ 콘크리트는 장시간 화재를 입으면 강도가 저하된다.

Answer 69. ④ 70. ① 71. ④ 72. ③ 73. ① 74. ③ 75. ②

76
콘크리트의 경화수축에 관한 기술로 틀린 것은?

① 시멘트의 조성분에 의해 수축이 다르다.
② 골재의 성질에 의해 수축량이 다르다.
③ 된비빔일수록 수축량이 많다.
④ 시멘트량의 다소에 의해 일반적으로 수축량이 다르다.

77
온도 20℃, 습도 80% 이상으로 된 상태의 콘크리트는 며칠 이상만 경과되면 충분한 강도를 가지게 되는가?

① 7일
② 14일
③ 21일
④ 28일

해설

온도 20℃, 습도 80% 이상으로 보양된 콘크리트는 28일 이상만 경과되면 충분한 강도를 가지게 된다.

78
콘크리트 건물에 하중의 증가가 없어도 시간과 더불어 변형이 증대되는 현상은?

① 영계수
② 소성
③ 탄성
④ 크리프

해설

크리프(creep)
① 콘크리트에 일정 지속하중을 가하면 하중의 증가가 없어도 콘크리트의 변형은 시간이 경과함에 따라 증가하는데 이와 같은 현상을 크리프라 한다.
② 콘크리트의 크리프는 하중 작용시의 재령이 오래될수록, 부재의 단면치수가 클수록 작아진다.

79
물 · 시멘트비가 50%일 때, 시멘트 10포를 쓴 콘크리트에 필요한 물의 전체량은?

① 160 l
② 200 l
③ 240 l
④ 280 l

해설

① 물 · 시멘트비(W/C) = $\dfrac{물의\ 중량}{시멘트중량} \times 100$

② 물의 중량 = 물 · 시멘트비 × 시멘트중량 × $\dfrac{1}{100}$

  = $50 \times 40 \text{kg/포} \times 10\text{포} \times \dfrac{1}{100}$ = 200kg

③ 물 1m³는 1000kg이므로

∴ 물의 양(부피) = $\dfrac{200\text{kg}}{1000\text{kg/m}^3}$ = 0.2m³ = 200 l

80
콘크리트의 내화성을 크게 좌우하는 요인으로 옳은 것은?

① 시멘트풀
② 물 · 시멘트비
③ 골재의 암질(석질)
④ 골재의 비중

해설

콘크리트의 내화성은 사용골재의 암질에 크게 지배된다. 사용골재로서 화산암질, 안산암질은 내화성이 우수하고 화강암, 석영질 등은 내화성이 떨어진다.

81
콘크리트에 관한 기술 중 틀린 것은?

① 수중 콘크리트는 공기중 콘크리트보다 수축량이 적다.
② 일반적으로 단위 시멘트량이 많은 콘크리트는 수축량이 적다.
③ 콘크리트의 영계수는 일반적으로 콘크리트 강도가 크면 크다.
④ 매스 콘크리트는 내부 발열에 의해 고온이 되기 때문에 발열량을 적게 하기 위해 단위 시멘트량을 적게 한다.

82
콘크리트는 온도의 저하 및 건조에 의하여 수축한다. 온도가 25℃에 상당한 수축이 되었다면 길이 6m 콘크리트의 수축은 얼마 정도인가?

① 1mm
② 3mm
③ 5mm
④ 8mm

해설

콘크리트의 건조수축율은 최대 0.05%이므로 길이 6m (6000mm)에 대한 수축은 다음과 같이 구한다.

∴ 6000mm × $\dfrac{0.05}{100}$ = 3mm

Answer ➡ 76. ③ 77. ④ 78. ④ 79. ② 80. ③ 81. ② 82. ②

83
수밀콘크리트의 물·시멘트비는 보통 어느 정도로 하는가?

① 50% 이하　② 35% 이하
③ 55% 이하　④ 75% 이하

해설
수밀콘크리트의 물·시멘트비 : 50% 이하

84
시멘트 몰탈, 콘크리트에 유해한 물질이 아닌 것은?

① 유지류　② 당분
③ 부식토　④ 규조토

85
콘크리트를 혼합할 때 염화마그네슘을 혼합하는 이유는?

① 방수성을 증가하기 위함이다.
② 동해를 방지하기 위함이다.
③ 강도를 증가시키기 위함이다.
④ 콘크리트의 비빔소선을 좋게 하기 위함이다.

86
시멘트 강도에 영향을 주는 요인이 아닌 것은?

① 시멘트에 대한 물의 양(W/C)과 그 성질
② 골재의 성질과 입도
③ 시험체의 형상과 크기
④ 조립률

해설
시멘트 강도에 영향을 주는 요인은 ①, ②, ③항 이외에도 풍화 정도, 양생조건, 시험방법 등이 있다.

87
표준배합표에 의한 배합방법의 설명 중 틀린 것은?

① 배합이라 함은 시멘트 : 잔골재 : 굵은골재의 비율을 표시하는 것이다.
② 각 재료는 콘크리트 $1m^3$를 만드는데 필요한 양으로 나타낸다.
③ 콘크리트를 부어 넣기 전 콘크리트 $1m^3$의 시멘트풀 속에 포함된 물의 무게를 유효수량이라고 한다.
④ 잔골재의 절대 용적을 잔골재와 굵은골재의 절대 용적을 합한 값으로 나눈 백분율을 잔골재율이라고 한다.

해설
유효 수량이라 함은 콘크리트를 부어넣은 직후 콘크리트 $1m^3$의 시멘트풀 속에 포함된 물의 무게를 말한다.

88
용적배합비가 1 : 3일 때 몰탈 $1m^3$당 소요시멘트의 계산량은?

① 1,093kg　② 680kg
③ 510kg　④ 385kg

해설
몰탈 $1m^3$ 당 시멘트 및 모래의 계산량

용적 배합비	시멘트			모래
	kg	40(m^3)	kg (포대)	
1 : 1	1,026	0.684	25.6	0.685
1 : 2	683	0.455	17.1	0.910
1 : 3	510	0.341	12.7	1.023
1 : 5	344	0.228	8.6	1.140
1 : 7	244	0.162	6.1	1.200

89
콘크리트 배합설계에 관한 다음 설명 중 틀린 것은?

① 시멘트 강도의 최대치는 $370kg/cm^2$로 한다.
② 쇄석을 골재로 사용하면 배합표에 의한 표준 골재량에서 일정량의 쇄석을 감소시킨다.
③ 시공관리의 정도가 높을수록 시공 급별 표준편차는 작다.
④ AE제를 사용하면 배합표에 의한 모래 표준량에서 일정량의 모래를 증가시킨다.

해설
AE제를 사용할 때 콘크리트의 배합은 다음과 같이 보정하여야 한다.
① 시멘트량, 자갈량 : 보정불요
② 모래량 : 콘크리트 $1m^3$ 당 30ℓ(약 5%)감소
③ 수량 : 8% 감소

Answer ➡ 83.① 84.④ 85.② 86.④ 87.③ 88.③ 89.④

90
철근 콘크리트용 모래의 염분 함유량을 몇 % 이하로 해야 하는가?

① 0.01%   ② 0.1%
③ 0.5%   ④ 1%

해설
염분은 철근을 녹슬게 하기 때문에 방청상 0.01% 이하여야 한다.

91
콘크리트용 쇄석에 가장 적당한 것은?

① 경질사암   ② 응회암
③ 석회암   ④ 점판암

92
철근 콘크리트에 관한 다음 기술 중 건조 수축 및 균열을 방지하기 위해서 부적당한 것은?

① 바닥판은 콘크리트를 친 직후 거적을 덮는다.
② 단위 시멘트량을 필요 이상으로 사용하지 않는다.
③ 단위수량을 가능한 한 감소시킨다.
④ 철근은 단면적이 동일하면 굵은 것을 사용한다.

93
콘크리트는 온도의 저하 및 건조에 의하여 수축한다. 온도가 25℃로 저하하고 건조로 인하여 25℃에 상당한 수축이 되었다면 길이 10m 콘크리트의 수축은 얼마 정도인가?

① 1mm   ② 3mm
③ 5mm   ④ 8mm

해설
콘크리트의 건조수축률은 최대 0.05%이므로 길이 10m(1×10^4mm)에 대한 수축은 다음과 같이 구한다.
$$\therefore 1 \times 10^4 mm \times \frac{0.05}{100} = 5mm$$

94
콘크리트의 배합설계시 실험에 의한 배합방법의 순서로 맞는 것은?

> ㉮ 소요강도에 적합한 물·시멘트비를 결정한다.
> ㉯ 잔골재와 굵은골재와의 비를 정한다.
> ㉰ 골재의 비로 된 골재에 소요 W/C의 시멘트풀을 소요연도가 될 때까지 넣는다.
> ㉱ 배합에 의해서 시험비비기를 하여 수정한다.

① ㉮-㉯-㉰-㉱   ② ㉰-㉮-㉱-㉯
③ ㉰-㉱-㉮-㉯   ④ ㉱-㉰-㉮-㉯

95
AE 콘크리트에 관한 설명 중 틀린 것은?

① 동일 물·시멘트비의 경우 강도를 높인다.
② 철근과의 부착강도가 감소한다.
③ 재료의 분리나 블리딩이 적게 된다.
④ 워커빌리티를 증진시킨다.

96
AE 콘크리트에 대한 설명 중 옳지 않은 것은?

① 동결 융해에 대한 저항성이 크게 된다.
② 수밀성이 적다.
③ 단위 수량을 적게 할 수 있다.
④ 발열, 증발이 적고 수축, 균열을 적게 한다.

해설
AE 콘크리트는 수밀성이 크기 때문에 방수성이 크다.

97
AE 콘크리트의 성질에 관한 기술로서 틀린 것은?

① 콘크리트의 워커빌리티를 양호하게 한다.
② 동일 물·시멘트비의 경우 강도를 높게 한다.
③ 동결 융해에 대한 내구성을 증대한다.
④ 재료의 분리, 특히 블리딩을 적게 한다.

Answer ➡ 90. ①　91. ①　92. ④　93. ③　94. ①　95. ①　96. ②　97. ②

98
콘크리트의 혼화재와 그 효과를 잘못 설명한 것은?

① 염화칼슘 – 촉진제
② 탄산소다 – 급결제
③ 플라이애시 – 내화재
④ 당분 – 응결지연제

해설
플라이애시는 석탄화력발전소의 미분탄연소 보일러에서 나오는 재로서 내화재료는 아니다.

99
다음 중 AE제의 특징이 아닌 것은 어느 것인가?

① 작업성이 좋아짐
② 단위수량을 증가시킬 수 있음
③ 강도가 감소함
④ 화학작용에 대한 저항성이 증가

해설
AE제의 특징
① 워커빌리티가 좋아지고 단위수량이 감소된다.
② 내구성, 수밀성이 크다.
③ 동결에 대한 저항성이 크다.
④ 강도가 감소되어 흡수율이 커진다.

100
알루미늄, 마그네슘, 아연 등의 분말로서 콘크리트에 섞으면 시멘트의 수화반응에 의해 만들어지는 수산화물과 반응하여 수소가스를 발생시키기 위하여 사용하는 혼화제는?

① 발포제   ② 지연제
③ 감수제   ④ 급결제

해설
발포제를 콘크리트에 섞으면 시멘트 속의 유리석회와 규산칼슘이 수화반응에 만들어지는 수산화칼슘과 반응하여 수소가스를 발생시켜 콘크리트 속에 미세한 기포를 생기게 한다.

101
다음 중 콘크리트의 촉진제가 아닌 것은?

① 염화칼슘   ② AE제
③ 트리에탄올아민   ④ 탄산염

해설
촉진제 : 염화칼슘, 염화나트륨, 황산염, 탄산염, 트리에탄올아민 등

102
콘크리트의 응결촉진 및 방동(防凍) 효과가 있어서 동기 및 수중공사에 사용되는 염화칼슘의 양은 시멘트 중량의 몇 % 정도가 안전한가?

① 1~2%   ② 3~4%
③ 5~7%   ④ 8~10%

해설
염화칼슘은 시멘트 중량에 대해 1~2% 정도 사용한다. 2% 이상 사용하면 큰 효과가 없으며 오히려 순결강도 저하를 나타낼 수 있다.

103
혼화재료 중에서 사용량이 비교적 많아서 그 자체의 체적이 배합 계산에 관계되는 것은?

① AE제 감수제   ② 포졸란
③ 경화 촉진제   ④ 급결제

해설
배합계산에 관계되는 혼화재는 포졸란, 플라이애시, 팽창제, 고로슬래그, 규산백토 미분말, 착색제 등이 있으며, 사용량이 적어서 배합계산에서 무시되는 혼화제는 AE제, 분산제(감수제), 응결경화촉진제, 급결제 및 지연제, 방수제 등이 있다.

104
포졸란이란 콘크리트 중에서 물속에 녹아있는 수산화나트륨과 상온에서 화합하여 불용성의 화합물을 만들 수 있는 물질로서 수밀성, 내구성 및 강도를 증가시킨다. 다음 중 포졸란이 아닌 것은?

① 염화칼슘   ② 고로슬랙
③ 화산회   ④ 소성점토

해설
포졸란 : 실리카물질(SiO_2)을 주성분으로 하는 화산회, 규산백토, 규조토, 플라이애시, 고로슬래그, 소성점토, 혈암(頁岩 ; shale) 등이 있다.

Answer ▶ 98. ③ 99. ② 100. ① 101. ② 102. ① 103. ② 104. ①

105
콘크리트에 사용되는 혼화제 중 응결경화 촉진제가 아닌 것은?

① 염화칼슘 ② 카알(cal)
③ 포졸리스 ④ 염화알루미늄

해설
포졸리스는 시멘트 입자를 분산시켜 주는 분산제이다. 응결 경화촉진제는 ①, ②, ④항 이외에도 규산소다, 염화마그네슘 등이 있다.

106
콘크리트의 동결방지를 위하여 사용하는 물질은?

① 염화칼슘 ② 알루미나
③ 수산화칼슘 ④ 마그네슘

해설
방동제 : 염화칼슘, 식염 등이 있다.

107
경량 콘크리트의 시공상 주의할 사항 중 옳지 않은 것은?

① 표면활성제를 사용한다.
② 골재로는 둥근 것이 좋다.
③ 경량골재를 건조시켜 사용한다.
④ 조골재는 비빔이 나쁘면 분리되기 쉽다.

108
기포(氣泡) 콘크리트(가스 콘크리트)에 대한 사항 중 틀린 것은?

① 주로 알루미늄(Al) 분말을 넣는다.
② 보통 콘크리트보다 가볍다.
③ 보통 콘크리트보다 수축이 적다.
④ 보통 콘크리트보다 단열성이 우수하다.

해설
기포 콘크리트는 보통 콘크리트에 비하여 다음과 같은 특징이 있다.
① 건조수축 및 흡수성이 크다.
② 열전도율 1/10 정도로서 단열재료로 많이 쓰인다.

109
콘크리트의 건조수축에 관한 다음 기술 중 가장 부적당한 것은?

① 동일 물·시멘트비의 경우 단위수량이 많을수록 건조수축이 크다.
② 동일 단위수량의 경우 공기량이 많을수록 건조수축이 적다.
③ 골재중의 점토분이 많을수록 일반적으로 콘크리트의 건조수축이 크게 된다.
④ 단면이 큰 부재는 적은 부재보다 건조수축의 속도가 늦다.

110
AE 콘크리트에 관한 설명 중 틀린 것은?

① 손비빔보다 기계비빔을 하면 공기량이 증대된다.
② AE 공기량은 온도가 높을수록 증대된다.
③ AE제를 적절히 사용하면 콘크리트의 내수성이 좋아진다.
④ 공기량 1%에 대하여 압축강도는 3~4% 저하된다.

해설
온도가 높을수록 AE 공기량은 감소한다.

111
AE 콘크리트 공기량의 성질에 관한 기술로 적당하지 않은 것은?

① AE제를 넣을수록 공기량은 증가한다.
② AE 공기량은 진동을 주면 증가한다.
③ AE 공기량이 높아질수록 강도는 감소한다.
④ AE 공기량은 잔골재의 입도에 영향이 크다.

해설
진동을 주면 공기량은 감소한다.

Answer ➡ 105. ③ 106. ① 107. ③ 108. ③ 109. ② 110. ② 111. ②

112
조골재(粗骨材)를 먼저 투입한 연후에 골재와 골재사이 빈틈에 시멘트 몰탈을 주입(注入)하여 제작하는 방식의 콘크리트는 다음 중 어느 것인가?

① 프리팩트 콘크리트(prepact concrete)
② 진공 콘크리트(vacuum concrete)
③ 수밀(水密) 콘크리트
   (water tight concrete)
④ AE 콘크리트(air entrained concrete)

해설
프리팩트 콘크리트는 거푸집속에 미리 조골재를 채우고 몰탈을 주입하여 불투수성 및 내구성을 갖도록 한 특수시공법으로 만들어진 것으로 주입 콘크리트라고도 한다.

113
P.S 콘크리트의 특성 중 틀린 것은?

① 강 및 콘크리트량이 적게 들고 단면을 적게 할 수 있다.
② 상용 하중하의 콘크리트에 전혀 균열이 발생하지 않게 할 수 있다.
③ 탄성이 높고, 가소성이 크다.
④ 제작하는데 인력이 적게 들고 초보자도 가능하다.

해설
PS 콘크리트의 단점은 제작하는데 인력이 많이 들고 숙련인이 필요하며 콘크리트는 극히 양질의 것을 사용하여야 하고 프리스트레스를 가하는 장치가 필요하며 작업비가 많이 든다.

114
원심력 가공제품의 종류에 해당되지 않는 것은?

① 철근콘크리트 관
② 철근콘크리트 말뚝
③ 철근콘크리트 기둥
④ 프리스트레스트 콘크리트

해설
철근콘크리트 관, 철근콘크리트 기초말뚝, 철근콘크리트 기둥 등은 원심기의 원심력을 이용하여 만든 제품이다.

115
ready mixed concrete를 이용하는 이유로서 적당치 않은 것은?

① 현장에서 균질한 골재를 입수하기 어렵기 때문이다.
② 콘크리트 타설 수량을 정확히 파악할 수 있기 때문이다.
③ 시가지에서 현장비빔을 행할 장소가 적어졌기 때문이다.
④ 콘크리트의 배합관리가 용이하고, 현장관리가 용이하기 때문이다.

해설
레미콘은 품질이 균일하고 우수한 콘크리트를 얻을 수 있으나 레미콘만이 콘크리트 타설 수량을 정확히 파악할 수 있는 것이 아니다.

116
다음 중 부재 또는 구조물의 치수가 커서 시멘트의 수화열(水和熱)에 의한 온도의 상승을 고려하여 시공하는 콘크리트는?

① shot concrete
② mass concrete
③ precast concrete
④ prestressed concrete

해설
단면의 두께가 1m 이상인 구조물은 mass concrete로 시공하는 것이 유리하며 mass concrete의 내부에 있어서의 온도상승은 단위시멘트량 10kg/cm³의 증감에 따라 약 1℃의 비율로 증감한다.

117
한중 콘크리트에 대한 사항 중 옳지 않은 것은?

① W/C비는 하절기 공사 때보다 약간 높게 한다.
② 물의 온도를 38~60℃로 올린다.
③ AE제를 사용하는 것이 좋다.
④ 골재를 가열한다.

해설
W/C비(물·시멘트비)는 60% 이하로 하며 단위수량을 콘크리트의 소요성능이 얻어지는 범위 내에서 가능한 적게 한다.

Answer ➡ 112. ① 113. ④ 114. ④ 115. ② 116. ② 117. ①

118
시멘트 블록조의 보강용 철망(wire mesh)은 다음 중 어느 것으로 하는가?

① #8~#10번 아연도금 철선을 결속으로 압접을 한 것
② #12~#14 철선을 용접 또는 가스 압접을 한 것
③ #8~#10 철선을 용접 또는 가스 압접을 한 것
④ #16~#18 아연도금 철선을 결속으로 묶는 것

119
시멘트와 골재를 1:5~1:7의 비로 혼합한 잔자갈의 콘크리트 또는 굵은 모래의 몰탈을 목형 또는 철형의 형틀에 채워 넣고 진동 가압하여 성형한 제품은?

① 콘크리트 블록
② 시멘트 기와
③ 목모 시멘트 판
④ 후형 슬레이트

120
기둥과 벽의 거푸집 생 콘크리트 측압에 대한 설명 중 옳은 것은?

① 슬럼프가 클수록 측압은 작아진다.
② 부어넣기 속도가 빠를수록 측압은 작아진다.
③ 온도가 낮을수록 커진다.
④ 벽 두께가 얇을수록 커진다.

해설
콘크리트의 측압이 증가하는 경우는 온도가 낮을 경우, 부어넣는 속도가 빠른 경우, 슬럼프가 큰 경우이며, 또한 측압이 감소하는 경우는 한 번에 부어넣는 높이가 클수록 시간이 많이 소요되어 측압이 감소한다.

121
열전도율이 가장 적은 것은?

① 공기　　　② 물
③ 목재　　　④ 콘크리트

122
시멘트 기와에 대한 설명 중 틀린 것은?

① 지붕재료는 수밀, 내수적이고 내풍, 냉한적이어야 한다.
② 시멘트 기와의 실용 크기는 265×267mm이다.
③ 시멘트 기와의 1m2 당 소요량은 10장이다.
④ 회첨골에는 골 평고대를 회첨골 양옆으로 댄다.

해설
시멘트 기와의 1m² 당 소요량은 14장이다.

123
보강 콘크리트 블록조에 대한 설명 중 틀린 것은?

① 블록 1일 쌓기 높이는 6~7켜 이하로 한다.
② 보강블록은 몰탈, 콘크리트 사춤이 용이하도록 원칙적으로 막힌 줄눈쌓기로 한다.
③ 블록은 살두께가 두꺼운 쪽을 위로 가게 쌓는다.
④ 2층 건축물인 경우 세로근을 원칙적으로 기초, 테두리에서 위층의 테두리 보까지 잇지 않고 배근한다.

해설
②항은 원칙적으로 통줄눈으로 해야 시공이 용이하다.

124
목재 조각을 화학처리하고, 시멘트와 혼합하여 판, 블록(block) 등으로 가압 성형시킨 경량재로서, 상품명으로는 드리졸(Durisol)이라고 하는 시멘트 제품은?

① 후형 슬레이트
② 퍼라이트 시멘트 판
③ 목편 시멘트 판
④ 플렉시블 평판

해설
목편 시멘트판을 개선시킨 제품을 드리졸이라 한다.

Answer ➡ 118. ③　119. ①　120. ③　121. ①　122. ③　123. ②　124. ③

125
시멘트 기와에 대한 설명 중 틀린 것은?

① 시멘트 기와는 시멘트와 모래의 비(무게 비)를 1 : 3의 비율로 배합한 것이다.
② 시멘트 기와의 흡수율은 12% 이하이다.
③ 시멘트 기와의 휨강도는 50kg/cm2이다.
④ 시멘트 기와의 1평당 소요 매수는 45장이다.

해설

시멘트 기와의 규격

길이 (mm)	나비 (mm)	두께 (mm)	3.3m² (1평) 당 (맷수)	휨강도 (kg)	흡수율 (%)
340	300	15	45 이상	80 이상	12 이하

126
암석의 종류에 있어 화성암에 속하지 않는 것은?

① 화강암 ② 안산암
③ 대리석 ④ 부석

해설
대리석은 변성암에 해당된다.

127
다음 석재 중 압축강도가 제일 큰 것은?

① 화강암 ② 대리석
③ 안산암 ④ 응회암

128
석재의 인장강도는 압축강도에 비해 얼마 정도의 크기를 갖는가?

① 5~10% ② 10~15%
③ 15~20% ④ 20~25%

129
석재의 인장강도는 압축강도에 비해서 얼마로 보아야 하는가?

① 1/10~1/40 ② 1/20~1/25
③ 1/25~1/30 ④ 1/30~1/35

해설
인장강도는 극히 약하여 압축강도의 1/10~1/40 정도이다.

130
석재의 일반적인 성질에 관한 기술 중 부적당한 것은?

① 불연성이고 압축강도가 크다.
② 외관이 장중하고 종류가 다양하나 가공성이 불량하다.
③ 압축강도가 인장강도보다 작다.
④ 내수성, 내구성, 내화학성이 크다.

해설
석재는 인장강도가 압축강도보다 작다.

131
석재의 흡수율(단위 : °/wt)을 큰 것부터 작은 것으로 순서대로 나열했을 때 맞는 것은?

① 사암 - 안산암 - 대리석 - 화강암
② 안산암 - 대리석 - 사암 - 화강암
③ 사암 - 안산암 - 화강암 - 대리석
④ 안산암 - 사암 - 대리석 - 화강암

해설
석재의 흡수율 : 사암(13.2%), 안산암(1.82~3.2%), 화강암(0.33~0.5%), 대리석(0.09~0.12%)

132
석재에 관한 다음 기술 중 틀린 것은?

① 대리석은 아황산이나 탄산가스를 포함한 우수에 침식당한다.
② 경석은 공극이 많을수록 내화성이 크다.
③ 석재는 비중이 클수록 강도도 크다.
④ 변성암에는 심성암과 화산암이 있다.

해설
변성암에는 대리석, 사문암, 석면 등이 있다.

Answer ➡ 125. ③ 126. ③ 127. ① 128. ① 129. ① 130. ③ 131. ③ 132. ④

133
석재의 일반적 성질이 아닌 것은?

① 흡수율이 적은 것은 내구성이 크다.
② 강도가 큰 것이 내구성이 크다.
③ 비중이 큰 것은 강도가 적다.
④ 산성암은 일반적으로 내산성이 있다.

134
석재의 겉보기 비중을 구하는 계산식으로 맞는 것은? (단, W_1은 110℃에서 건조시켜 냉각시킨 중량(g), W_2는 수중에서 측정한 중량, W_3은 공기 중에서 측정한 중량을 말한다.)

① $\dfrac{W_3}{W_1 - W_2}$ ② $\dfrac{W_1}{W_2 - W_3}$

③ $\dfrac{W_3}{W_2 - W_1}$ ④ $\dfrac{W_1}{W_3 - W_2}$

해설

비중 : 석재의 비중은 겉보기 비중으로 나타내며, 보통 2.5~3.0으로 평균 2.65이다. 겉보기 비중은 다음 식으로 구한다.

∴ 겉보기 비중 = $\dfrac{W_1}{W_3 - W_2}$

여기서, W_1 : 110℃로 건조하여 냉각시킨 중량(절대 건조공기중의 중량)
W_2 : 수중에서 충분히 흡수된 대로 수중에서 측정한 중량
W_3 : 흡수된 시험편의 표면을 잘 닦아내고 측정한 것(공기중에서 측정한 중량)

135
석재의 흡수율을 구하는 공식으로 맞는 것은?(단, W_1은 절대 공기중의 중량(g), W_3은 공기중에서 측정한 중량(g)이다.)

① $\dfrac{W_1 - W_3}{W_1} \times 100\%$

② $\dfrac{W_1}{W_3 - W_1} \times 100\%$

③ $\dfrac{W_3 - W_1}{W_1} \times 100\%$

④ $\dfrac{W_1 - W_3}{W_3} \times 100\%$

해설

흡수율 : 석재의 흡수율이 크다는 것은 다공성이라는 것을 나타내는 것으로 풍화, 파괴, 내구성에 큰 관계가 있다. 흡수율은 다음 식으로 구한다.

∴ 흡수율 = $\dfrac{W_3 - W_1}{W_1} \times 100\%$

여기서, W_1 : 110℃로 건조하여 냉각시킨 중량(절대 건조공기중의 중량)
W_3 : 흡수된 시험편의 표면을 잘 닦아내고 측정한 것(공기중에서 측정한 중량)

136
다음 중 석재의 공극률을 계산하는 공식으로 맞는 것은?(단, P는 공극률(%), W는 겉보기 단위중량(kg/l), V는 겉보기 전체적(l), D는 진비중, U는 실질의 체적(l)이며, 진비중 $D = \dfrac{V-U}{V}$이다)

① $P + \dfrac{1-W}{D} \times 100\%$

② $P = \dfrac{D}{W} \times 100\%$

③ $P = \left(1 - \dfrac{W}{D}\right) \times 100\%$

④ $P = \left(\dfrac{W}{D} - 1\right) \times 100\%$

해설

공극률 : 석재가 함유하고 있는 전공극과 겉보기 체적의 비를 말하며 다음 식으로 구한다.

∴ 공극률(P) = $\left(1 - \dfrac{W}{D}\right) \times 100\%$

단, $D = \dfrac{V - U}{V} \times 100$

여기서, W : 겉보기 단위중량(kg/l)
D : 진비중
V : 겉보기 전체적(l)
U : 실질의 체적(l)

137
석재의 내구성이 큰 것에서 작은 것으로 나열한 것으로 맞는 것은?

① 화강암 – 사암 – 대리석 – 석회암
② 대리석 – 화강암 – 석회암 – 사암
③ 석회암 – 대리석 – 화강암 – 사암
④ 화강암 – 대리석 – 석회암 – 사암

Answer ● 133. ③ 134. ④ 135. ③ 136. ③ 137. ④

해설

내구연한(수명) : 건축물의 석재가 퇴색 또는 분해로 인하여 최초의 수리를 필요로 하게 될 때까지의 기간을 내구연한이라 하면 조입자 사암은 5~10년, 세입자 사암은 20~50년, 석회암은 20~40년, 대리석은 60~100년, 화강암은 75~200년 정도이다.

138
석재의 일반적인 특징 중 틀린 것은?

① 인장강도는 압축강도의 1/10~1/20정도이다.
② 공극률이 클수록 내화성이 적다.
③ 비중이 클수록 강도가 크다.
④ 흡수율이 클수록 동해(凍害)나 풍화하기 쉽다.

해설
공극률이 클수록 석재는 내화성이 크다.

139
석재의 절리에 대한 설명 중 틀린 것은?

① 석재를 채석할 때 이용한다.
② 암석 중에 금이 간 상태를 말한다.
③ 수성암의 특유한 성질이다.
④ 암석이 냉각할 때의 수축으로 인하여 자연적으로 수평, 수직 두방향으로 갈라지기 때문에 생긴 것이다.

해설
절리는 자연적으로 생긴 금이 간 상태를 말하는 것으로 화성암이 가지고 있는 특유의 성질이다.

140
석재의 채석방법에 대한 설명 중 틀린 것은?

① 응회암, 사암, 대리석 등의 연한 석재는 암석 둘레에 작은 홈을 파서 석재를 떼어낸다.
② 석질의 단단한 정도에 따라서 다르다.
③ 석재의 절리나 석목에 따라서 다르다
④ 화강암이나 안산암과 같이 단단한 암석은 절리나 석목을 무시하고 채석한다.

해설
화강암, 안산암 등과 같이 단단한 암석은 절리나 석목을 잘 가려서 채취계획선에 따라 작은 구멍을 뚫고, 폭약에 의한 발파나 철쐐기에 의한 부리 쪼개기 등의 방법에 의해 채석한다.

141
석재를 채석할 경우 곡괭이나 구절기 등으로 암석 둘레에 작은 홈을 파서 석재를 떼어내는 방법을 사용하지 않는 석재는?

① 대리석   ② 화강암
③ 응회암   ④ 사암

해설
응회암, 사암, 대리석 등 연한 석재는 곡괭이나 철쐐기 등으로 암석 둘레에 좁은 홈을 파서 석재를 분리시킨다.

142
다음 중 석재의 모양에 따른 분류가 틀린 것은?

① 각석   ② 판석
③ 견치석   ④ 경석

해설
석재를 모양에 따라 분류하면 각석, 판석, 견치석, 사고석 등이 있다.

143
경석과 연석을 구분하는 기준은 무엇인가?

① 비중   ② 공극률
③ 강도   ④ 흡수율

144
화강암의 성질 중 옳지 않은 것은?

① 내구적이다.
② 내마모성이다.
③ 내화적이다.
④ 경질이다.

145
건축에 사용하는 석재 중 외장재로 가장 적당한 것은?

① 트래버틴   ② 대리석
③ 안산암   ④ 석회석

Answer ▶ 138. ② 139. ③ 140. ④ 141. ② 142. ④ 143. ① 144. ③ 145. ③

146
화성암에 대한 설명 중 틀린 것은?

① 화산 작용으로 용융한 마그마가 냉각, 응고한 것으로 응고한 위치에 따라 조직이 다르다.
② 지표 또는 지표 가까이에 굳은 것은 결정입자가 적으며 화산암이 이에 속한다.
③ 지표와 지표 깊은 곳의 중간 정도에서 굳은 것을 반화산암이라고 한다.
④ 마그마가 지표로부터 깊은 곳에서 냉각되어 굳은 것일수록 결정입자가 큰데 심성암이 이에 속한다.

해설
지표와 지표 깊은 곳의 중간 정도에서 굳은 것을 반심성암 또는 맥반암이라고 한다.

147
사암에 대한 특성을 설명한 것 중 틀린 것은?

① 규산질 사암은 견고하나 구조재로는 부적당하다.
② 내화성과 흡수성이 크고, 가공성이 좋다.
③ 색깔은 교착재에 따라서 다르다.
④ 강도는 교착재에 다라 다르며 규산질, 산화철질, 탄산석회질, 점토질순으로 강도가 저하된다.

해설
규산질 사암은 견고하여 구조재로 적당하나 외관은 좋지 않다.

148
점판암에 대한 설명으로 틀린 것은?

① 이판암이 오랜 세월동안 지열, 지압으로 인하여 변질되어 층상으로 응고된 것이다.
② 청회색의 치밀한 판석으로 탈리성이 있어 얇은 판을 만들 수 있다.
③ 천연 슬레이트로 지붕재 및 비석 등에 이용된다.
④ 석질이 치밀하지 못하므로 방수성이 적다.

해설
점판암은 석질이 치밀하여 방수성이 있다.

149
내화도가 가장 큰 석재는?

① 대리석
② 화강석
③ 부석
④ 안산암

150
다공질이며 내화성이 크나 강도가 약하여 주로 내장 및 외장용으로 사용되는 석재는?

① 안산암
② 사암
③ 응회암
④ 점판암

해설
응회암은 다공질이며 내화성은 크나 강도 및 내구성이 부족하며 주로 장식재로 쓰인다.

151
석재의 용도로서 가장 부적당한 것은?

① 화강암 – 외장용
② 화산석 – 바닥용
③ 대리석 – 장식용
④ 점판암 – 지붕용

152
페인트의 혼화제, 아스팔트 루핑 등의 표면 정활제, 유리 연마 등에 쓰이는 석재는?

① 활석
② 트래버틴
③ 질석
④ 펄라이트

해설
활석 : 석회암 중에서 산출되거나 사문암 등의 암석에 접하여 산출되며 마그네시아를 포함한 여러 가지 암석이 변질된 것으로서 그 특성은 다음과 같다.
① 비중이 2.6~2.8이며 재질이 연하고 담록, 담황색의 진주와 같은 광택이 있다.
② 분말은 고착성, 활성, 흡수성, 내화성 및 작열후에 경도가 증가하기도 한다.
③ 용도로는 페인트 혼화제, 유리의 연마제, 아스팔트 루핑 등의 표면정활제 등에 사용된다.

Answer ▶ 146. ③ 147. ① 148. ④ 149. ④ 150. ③ 151. ② 152. ①

153
석재의 용도로 가장 적당치 않은 것은?

① 대리석은 물갈기하면 광택과 아름다운 무늬로 실내장식 또는 조각용으로 쓰인다.
② 이판암은 회흑색으로 판재로 채취하여 지붕이 음용에 쓰인다.
③ 화강암은 견고하고 대형재가 생산되므로 구조재로 쓰인다.
④ 응회석은 화산에서 분출된 것으로 내화벽 또는 구조재 등에 쓰인다.

154
옥외계단 바닥용 석재로 사용할 수 있는 것은?

① 사문석　② 대리석
③ 트레버틴　④ 안산암

155
중정석은 다음 중 어느 목적으로 사용하는가?

① 흡음재로 사용한다.
② 보온재로 사용한다.
③ 방사선 차단용 콘크리트 골재로 사용한다.
④ 경량 콘크리트 골재로 사용한다.

156
건축재료 중 압축응력도가 가장 강한 순서로 나열된 것은?

① 화강암 – 콘크리트 – 벽돌 – 소나무
② 콘크리트 – 화강암 – 소나무 – 벽돌
③ 화강암 – 소나무 – 콘크리트 – 벽돌
④ 콘크리트 – 소나무 – 화강암 – 벽돌

157
잔류 점토에 대한 설명 중 틀린 것은?

① 석영, 운모의 덩어리가 혼합하여 있는 경우가 있다.
② 비교적 순수한 점토이다.
③ 암석이 놓여 있던 자리에 그대로 쌓여 있는 점토이다.
④ 가소성이 좋은 1차 점토이다.

해설

점토의 분류
① 잔류점토 : 암석이 풍화한 위치에 그대로 잔류되어 있는 점토를 말하며 가소성이 나쁜 1차 점토라고 한다.(도자기 등과 같은 고급 점토소성품의 원료)
② 침적점토 : 암석이 분해된 미립자들이 바람 또는 물의 힘에 의해 이동하여 침적된 것으로 유기물이 포함되어 있는 가소성이 큰 2차점토이다. 침전장소에 따라서 호점토(lake clay), 하점토(stream clay), 해점토(sea clay)가 있다.

158
연한 점토 또는 장석분을 원료로 하고 소성온도 1250~1450°C로 구운 것을 무엇이라 하는가?

① 토기　② 도기
③ 석기　④ 자기

159
점토로 만든 벽돌에 붉은 색을 갖게 하는 성분은?

① 산화철　② 석회식
③ 산화아연　④ 산화마그네슘

해설

벽돌이 적색 또는 적갈색을 띠고 있는 것은 점토중에 포함되어 있는 산화철분에 기인하는 것이다.

160
비중이 1.2~1.5 정도로 톱질과 못박이가 가능한 벽돌은?

① 다공질 벽돌　② 공동 벽돌
③ 내화 벽돌　④ 광재 벽돌

161
점토제품의 제조에 있어서 내화도 증대용으로 쓰이는 원료는?

① 규석　② 장석
③ 석회석　④ 고령토

Answer ● 153. ②　154. ③　155. ③　156. ③　157. ④　158. ④　159. ①　160. ①　161. ④

162
위생도기가 갖추어야 할 조건에 대한 설명 중 틀린 것은?

① 표면에 흠이 없고 깨끗해야 한다.
② 내산, 내알칼리성이고 흡수성이 작아야 한다.
③ 원료는 철 함량이 많은 점토를 사용한다.
④ 모양과 치수가 정확해야 한다.

해설
위생도기의 원료는 철 함량이 적은 장석질점토를 사용한다.

163
연한 점토질 지반의 토질시험에 가장 적합한 것은?

① 표준관입시험
② 베인 테스트
③ 전기적 탐사
④ 삼축압축시험

해설
베인 테스트(vane test) : 베인의 회전력에 의하여 점토의 점착력을 판별하는 시험방법으로 연한 점토질 지반의 토질시험에 적합한 방법이다.

164
점토재료에서 SK의 번호는 무엇을 나타내는가?

① 제품의 품질을 나타낸다.
② 점토의 구성성분을 표시한다.
③ 제품의 용도를 구분짓는다.
④ 소성온도를 나타낸다.

해설
SK의 번호는 소성온도를 나타내고 소성온도는 내화도를 의미한다.

165
점토제품에 있어 소성온도의 측정에 쓰이는 것은 어느 것인가?

① 샤모트(chamotte) 추
② 머플(muffle) 추
③ 호프만(Hoffman) 추
④ 제게르(Seger con) 추

해설
점토제품의 소성온도 측정에는 주로 제게르 추(錐)가 쓰이고 광학온도계, 열전쌍온도계, 방전온도계 등도 쓰인다.

166
강(鋼)의 응력, 변형도 곡선의 그림에서 A와 C점이 나타내는 것은?

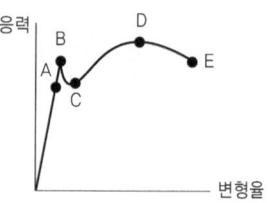

① A : 탄성한도, C : 상항복점
② A : 인장강도, C : 비례한도
③ A : 비례한도, C : 하항복점
④ A : 하항복점, C : 파괴점

167
주강에 대한 설명 중 틀린 것은?

① 구조용재로서 철골 구조의 주각, 기둥과 보와의 접합부 등에 많이 쓰인다.
② 주조성이 있으나 신장률은 강에 비해서 작다.
③ 항복점이나 경도는 탄소강과 비슷하다.
④ 탄소량이 1.7% 이상인 용융강을 필요한 모양과 치수로 만든 것이다.

해설
주강 : 강의 성질과 거의 같으면서 주조할 수 있는 철을 말하며, 탄소량이 0.1~0.5%의 용해강을 주형에 주입하여 제작하는 주물로서 저탄소주철이라고 할 수 있다. **주강의 특성**은 다음과 같다.
① 규소(Si) 및 망간(Mn)의 양이 특히 많고 주조성이 있는 것이 특징이다.
② 성질은 탄소강과 비슷하지만 인성은 떨어진다.
③ 화학조성에 의해서 보통주강(탄소강주강)과 특수주강(저합금강주강 및 고합금강주강)으로 구분하며, 고합금강주강은 다시 스테인리스주강, 내열강주강, 고망간주강 등으로 분류한다.

168
스테인레스강에 대한 설명 중 틀린 것은?

① 니켈 7~12%, 크롬 18~20%의 강은 1000℃의 열을 견디나 아세트산에는 침해된다.

Answer ➡ 162. ③ 163. ② 164. ④ 165. ④ 166. ③ 167. ④ 168. ①

② 크롬의 양이 증가(13% 이상)함에 따라 내식성, 내열성이 좋아진다.
③ 탄소강에 비하여 공기중이나 수중에서 내식성이 큰 강이다.
④ 화학약품을 취급하는 기구, 개수기, 식기, 건축 장식 등에 쓰인다.

해설
니켈(7~12%), 크롬(18~20%)의 강은 고온(1000℃)에도 견디고 아세트산에도 침해받지 않는다.

169
백선을 700~1000℃의 고온으로 오랜 시간 풀림 하여 전성과 연성을 증가시킨 것은?

① 보통 주철
② 가단 주철
③ 특수 주철
④ 칠드 주철

해설
가단주철은 비중 7.2~7.6, 인장강도 25~35kg/mm², 연신율이 2~5% 정도이며 보통주철보다 인성이 수배나 더 강하다.

170
주철의 압축강도는 인장강도의 몇 배 정도인가?

① 0.5배
② 1배
③ 1.5~2배
④ 3~4배

171
구리의 특성에 대한 설명 중 틀린 것은?

① 열이나 전기 전도율이 크다.
② 알칼리성(암모니아)용액에 침식되지 않는다.
③ 습기를 받으면 이산화탄소와 부식하여 녹청색이 된다.
④ 건조한 공기 중에서는 변화하지 않는다.

해설
구리(Cu)는 연성, 전성이 크고 알카리성(암모니아) 용액에 침식이 잘 된다.

172
청동에 대한 설명 중 틀린 것은?

① 구리와 주석의 합금이다.
② 구리의 양에 따라 성질이 달라진다.
③ 내식성이 크고, 주조하기 쉬우며, 표면은 특유의 아름다운 청록색이다.
④ 주석의 함유량은 보통 4~12%정도이다.

해설
청동의 성질은 주석의 양에 따라 달라진다.

173
알루미늄에 관한 설명 중 틀린 것은?

① 콘크리트와는 접촉되어도 변질되지 않는다.
② 비중은 철의 1/3 정도이다.
③ 시공은 철보다 용이하다.
④ 철보다 용접하기 어렵다.

174
알루미늄의 재료에 대한 설명 중 틀린 것은?

① 영계수는 강재보다 크다.
② 콘크리트와 직접 접촉시키지 않아야 한다.
③ 철과 접촉부분은 아연도금을 한다.
④ 알루미늄 새시에 부착하는 철물은 전기부식을 방지하기 위해서 절연처리를 한다.

해설
알루미늄의 영계수는 강재의 1/3이다.

175
다음 금속판 중 내산성이 가장 우수한 것은?

① 철판
② 알루미늄판
③ 연판
④ 두랄루민판

176
주철의 성질 중 틀린 것은?

① 인장강도가 적어서 인장재, 곡재로 사용을 하지 않는다.
② 압축강도는 인장강도의 3~4배이다.
③ 곡강도는 인장강도의 1.5~2배이다.
④ 인장강도는 전단강도의 10~15%이다.

Answer ▶ 169. ② 170. ④ 171. ② 172. ② 173. ① 174. ① 175. ④ 176. ④

177
함석은 어떤 금속을 연강판에 도금한 것인가?

① 구리(Cu) ② 주석(Sn)
③ 알루미늄(Al) ④ 아연(Zn)

해설
함석은 연강판에 아연(Zn)을 도금하여 만든다.

178
철재의 표면 방식 처리법 중 틀린 것은?

① 유성페인트, 광명단을 도포
② 시멘트제품으로 도포
③ 마그네샤 시멘트, 몰탈로 도포
④ 아스팔트, 콜타르로 도포

179
철재의 방청에 관한 설명 중 틀린 것은?

① 철재의 녹은 공기와 수분이 없으면 생기지 않는다.
② 방청도료는 투명한 것보다 동, 수은 등의 화합물의 안료가 혼합된 것이 효과적이다.
③ 방청력이 강한 도료가 반드시 내구성이 크다고는 할 수 없다.
④ 방청도료는 초벌바름에 중점을 두고 재벌은 내구성, 색조 등에 중점을 둔다.

180
금속재료에 관한 다음 기술 중 틀린 것은?

① 이용금속이 습기가 있는 곳에서 접촉하고 있으면 이온화 경향이 작은 금속이 부식된다.
② 징크로메이트는 금속면에 안정된 산화피막을 형성하므로 부식억제로서 사용된다.
③ 강제는 강도가 크고 인성이 풍부하여 구조재로서 사용되나 내화성, 내식성이 작다.
④ 콘크리트 속의 철근이 부식하지 않는 것은 콘크리트가 알칼리성이기 때문이다.

181
구조용 강재에 관한 설명 중 부적당한 것은?

① 탄소의 함량이 많을수록 강도와 경도가 증가한다.
② 구조용 탄소강은 일반적으로 저탄소강이다.
③ 구조용강중 연강은 철근 또는 철골재로 사용된다.
④ 구조용 탄소강은 압연철근 또는 단조한 것을 사용한다.

182
건축용 강재에 관한 설명 중 틀린 것은?

① 일반구조용 강재의 탄소함유량은 0.2% 이하이다.
② 건축용 철골부재는 500℃에서 상온강도의 1/2이 된다.
③ 제조법에 따라 림드강과 킬드강으로 구분한다.
④ 탄소함유량과 강도와는 관계없다.

183
다음 중 압연 강재가 아닌 것은?

① 형강 ② 평강
③ 연강 ④ 강판

해설
일반구조용 압연강재 : 강재(ingot)를 열처리 및 기계에 의한 표면 처리를 하지 않고 압연성형한 상태로 사용할 수 있는 강재를 말한다.
① 압연강재는 형강, 강판, 봉강, 평강 등이 있다.
② 용도는 건축, 교량, 차량, 철도, 선박 및 기타 구조물에 쓰인다.

184
건축재료와 용도의 결합이 틀리는 것은?

① 황동 – 창호철물
② 연(鉛) – 산(酸)을 취급하는 배수파이프
③ 알루미늄 – 방화셔터
④ 염화비닐 – 도료

Answer ➡ 177. ④ 178. ② 179. ② 180. ④ 181. ② 182. ④ 183. ③ 184. ②

185
P.C 강재에 속하는 것은?

① 강판　　　② 연강선
③ 용접봉　　④ 피아노선

186
두께 0.4~0.8mm의 연강판에 일정한 간격으로 그물눈을 매고 늘여 철망모양으로 만든 것으로 천장, 벽 등의 몰탈바름 바탕용으로 쓰이는 금속제품은?

① 메탈라아드　　② 익스팬디드 메탈
③ 메탈 폼　　　　④ 펀칭 메탈

187
여닫이문을 자동적으로 닫을 수 있게 한 철문은?

① 도어 클로우저(door closer)
② 플로어 힌저(floor hinger)
③ 도어 홀더(door holder)
④ 도어 행거(door hanger)

해설

도어클로저(door closer) : 도어체크(door check)라고도 하며 문을 열면 자동적으로 닫히게 하는 장치로 용수철 정첩의 일종이다.

188
창호 철물의 사용용도 중 옳지 않은 것은?

① 외 여닫이 : 실리더 록크(cylinder lock)
② 접문 : 도어 볼트(door bolt)
③ 오르내리창 : 크레센트(crecent)
④ 자재 여닫이 : 플로어 힌지(floor hinge)

해설

① **실린더 록크** : 실린더 속에 자물쇠 장치를 한 함자물쇠의 일종으로 나이트랫치(night latch)와 같이 실내에서는 열쇠 없이 열 수 있도록 되어 있다.
② **도어 볼트** : 여닫이문 안쪽에 놋쇠 등으로 간단히 설치하여 잠그는 철물을 말한다.
③ **크레센트** : 오르내리창의 옷막이대 윗면에 대어 다른 창의 밑막이에 걸리게 되는 걸쇠이다.
④ **플로어 힌지** : 자재여닫이 문을 열면 저절로 닫히게 하는 장치를 바닥에 설치하여 문장부를 끼우고 상부는 지도리를 축대로 하여 돌게 한 철물이다.

189
다음의 창호 철물 중에서 오르내리창용 철물이 아닌 것은?

① 도르래　　② 크레센트
③ 피벗 한지　④ 손걸이

해설

창호철물
① 오르내리창용 철물 : 도르래, 크레센트(걸이쇠), 손걸이 추
② 여닫이창호용 철물 : 플로어 한지, 피벗 힌지, 래버터리 힌지

190
공중변소, 전화실 출입문 등에 사용되는 일종의 스프링 힌지로 옳은 것은?

① 경첩　　　② 플로어 힌지
③ 피벗 힌지　④ 레버터리 힌지

해설

래버터리 힌지는 스피링 힌지로서 공중변소 및 전화실 출입문에 사용되는 창호철물이다. 또한 플로어 힌지는 무거운 여닫이문에 적합한 철물이다.

191
다음 중 여닫이 문에 사용되지 않는 창호용 철물은 어느 것인가?

① 도어 클로우저　② 플로어 힌지
③ 자유 경첩　　　④ 도어 행거

해설

도어행거(door hanger) : 접문의 이동장치에 사용되는 것으로 2개 또는 4개의 바퀴가 달린 창호철물이다.

192
창호와 창호용 철물과의 조합 중 틀린 것은?

① 미닫이문 - 창호바퀴와 창호레일
② 외여닫이문 - 도어클로저와 자유경첩
③ 양여닫이문 - 문버팀쇠와 창도르래
④ 오르내리창 - 크레센트와 창도르래

Answer ● 185. ④　186. ①　187. ①　188. ②　189. ③　190. ④　191. ④　192. ②

해설
자유경첩은 양여닫이문에 설치하는 철물이다.

193
창호 철물의 종류 중 용도가 옳게 짝지어지지 않은 것은?

① 자유정첩 – 안팎개폐
② 크레센트 – 오르내리창
③ 도어클로저 – 도어스톱장치
④ 래버터리 힌지 – 중량문짝

해설
도어클로저는 자동닫이 장치로 도어체크라고 한다.

194
석고 플라스터 중 휨강도나 인장강도가 가장 큰 것은?

① 혼합석고
② 크림용 석고
③ 보드용 석고
④ 경석고

195
미장재료에 관한 설명 중 틀린 것은?

① 회반죽의 주성분은 수산화칼슘[$Ca(OH)_2$]이다.
② 아스팔트 모르타르는 내산성이 크다.
③ 굵은 모래를 사용하면 바름면의 균열을 적게 할 수 있다.
④ 석고 플라스터는 공기 중의 탄산가스를 흡수하여 경화한다.

해설
공기중에 탄산가스를 흡수하여 경화하는 미장재료로는 소석회, 돌로마이트 플라스터 등이 있다.

196
미장용 여물 중 가성소다로 처리하여 사용하는 여물은?

① 삼 여물
② 짚 여물
③ 종이 여물
④ 털 여물

197
돌로마이트 플라스터에 관한 설명 중 틀린 것은?

① 경화가 느리다.
② 해초를 섞지 않아도 된다.
③ 수축률이 적다.
④ 공기중의 탄산가스와 화합하여 굳어진다.

해설
돌로마이트 플라스터는 건조경화시에 수축률이 커서 균열이 생기기 쉽고 물에 약한 것이 결점이다.

198
석고보드의 특징에 대한 설명으로 적합하지 못한 것은?

① 수축율이 크고 탄성이 적다.
② 방화성능 및 보온성이 우수하다.
③ 저렴하고 방습성이 우수하다.
④ 설치 후 도료로 도포할 수 있다.

199
킨스 시멘트에 대한 설명 중 틀린 것은?

① 응결 경화가 소석고에 비하여 매우 빠르다.
② 산성을 나타내므로 금속재료를 부식시킨다.
③ 경석고 플라스터를 말하는 것으로 석고계 플라스터 중 가장 경질이다.
④ 경화한 것은 강도가 극히 크고, 표면 경도도 커서 광택이 있다.

해설
킨스 시멘트는 응결, 경화가 소석고에 비하여 매우 늦기 때문에 경화 촉진제(명반, 붕사 등)를 혼합하여 만든 것이다.

200
미장재료에 관한 설명 중 틀린 것은?

① 회반죽의 주성분은 무수석고($CaSO_4$)이다.
② 아스팔트 모르타르는 내산성이 크다.
③ 굵은 모래를 사용하면 바름면의 균열을 적게 할 수 있다.
④ 소석회는 공기중의 탄산가스를 흡수하여 경화한다.

Answer ➡ 193. ③ 194. ④ 195. ④ 196. ④ 197. ③ 198. ① 199. ① 200. ①

해설

회반죽의 주성분은 소석회[$Ca(OH)_2$]이다.

201
통풍이 잘 안되는 지하실 또는 밀폐된 방의 미장공사로서 부적당한 것은?

① 인조석 바름 ② 몰탈 바름
③ 회반죽 바름 ④ 석고 플라스터 바름

해설

회반죽 바름은 적당한 통풍이 있는 곳에서 사용해야 한다.

202
콜타르(A)와 석유 아스팔트(B)를 다음에 비교 설명하였다. 틀린 것은?

① A는 주로 역청탄을 건류하고 B는 원유를 증류해서 만든 것이다.
② 상온에서의 형태는 A는 액체－반고체이고, B는 반고체－고체이다.
③ 휘발성분이 A는 없고, B는 있다.
④ 인화점은 A보다 B가 높다.

203
아스팔트 방수를 시멘트 액체방수와 비교한 기술 중 옳지 않은 것은?

① 시공이 번잡하다.
② 공기(工期)가 짧다.
③ 보수가 불편하다.
④ 수명이 길다.

204
아스팔트 제품 중 도로포장에 사용되지 않는 것은?

① Asphalt mastic
② Asphalt concrete
③ Asphalt emulsion
④ Asphalt grout

205
다음 재료중 방수제로 사용하지 않는 것은?

① 실리콘계수지 및 코오킹재
② 슬라임 및 벤토나이트용액
③ 합성수지도료 및 실정제
④ 블로운 아스팔트 및 아스팔트 펠트

해설

슬라임은 cooler나 condenser의 관내면 또는 저수탱크면 등에 침적 부착한 덩어리진 점착성의 찌꺼기이며, 벤토나이트 용액은 기초공사에서 토사붕괴 방지에 사용하는 진흙같은 용액으로 방수제로 사용할 수 없다.

206
모래 붙인 루핑을 사각형 육각형으로 잘라 주택 등의 경사 지붕에 사용하는 것은?

① 아스팔트 펠트 ② 알루미늄 루핑
③ 아스팔트 싱글 ④ 아스팔트 타일

해설

아슬팔트 싱글 : 아슬팔트 루핑을 사각형, 육각형으로 잘라 주택 등의 경사 지붕에 사용하는 것을 아스팔트 싱글이라 한다.

207
아스팔트 타일에 대한 설명 중 틀린 것은?

① 탄성이 있고, 내습성이 우수하다.
② 가공이 용이하지 않다.
③ 내알칼리성은 좋으나 내산성이 부족하다.
④ 바닥재료로 사용된다.

해설

아스팔트 타일은 가공하기가 쉽다.

208
다음 중 알루미늄 루핑에 대한 설명으로 틀린 것은?

① 알칼리에 강하므로 콘크리트 바탕제로 쓰인다.
② 지붕재, 내외벽, 천정 등의 방습제로 쓰인다.
③ 알루미늄판에 아스팔트를 바른 것이다.
④ 루핑과 알루미늄판을 붙여서 만든 것이다.

해설

알루미늄 루핑은 알칼리에 침식되므로 콘크리트나 시멘트 바탕은 피하는 것이 좋다.

Answer ➡ 201. ③ 202. ③ 203. ② 204. ④ 205. ② 206. ③ 207. ② 208. ①

209
아스팔트 방수가 시멘트 액체 방수보다 비교적 좋은점은?

① 경제성이 있다.
② 균열의 발생 정도가 비교적 적다.
③ 보수 범위가 국부적이다.
④ 시공이 간단하다.

해설
아스팔트 방수는 시멘트 방수에 비해 거의 균열이 발생하지 않는다.

210
블로운 아스팔트에 대한 설명 중 틀린 것은?

① 증류한 석유의 잔류유에 공기를 불어넣어 만든 탄력성이 큰 아스팔트이다.
② 온도에 의한 변화가 많으며, 내후성도 크다.
③ 점성이나 침투성이 작다.
④ 아스팔트 루핑의 표층, 지붕방수, 아스팔트 콘크리트 재료로 사용된다.

해설
블로운 아스팔트는 열에 대해 안정성이 크다.

211
방수제로서 콘크리트 중의 공간을 안정하게 채우는데 사용되는 재료에 속하지 않은 것은?

① 소석회   ② 규산백토
③ 염화칼슘   ④ 암석의 분말

해설
염화칼슘은 시멘트의 가수분해에 의해 생기는 수산화칼슘의 유출 방지용으로 사용된다.

212
아스팔트 유제에 대한 설명 중 틀린 것은?

① 아스팔트를 고운 가루로 만든 다음, 산을 에멀션화제로 사용하여 물에 분산시켜서 만든다.
② 도로포장용으로 많이 사용된다.
③ 시공시는 가열하여 스프레이건으로 뿌려서 도포한다.
④ 보관시는 드럼속에 넣어 0℃ 이상에서 보관한다.

해설
①항은 알칼리를 에멀션화제로 사용한다.

213
합성수지의 특성에 대한 설명 중 옳지 않은 것은?

① 비중이 작으며 내식성이 강하다.
② 흡수 변형되기 쉽고 온도와 관계가 있다.
③ 경도는 비교적 높은 편으로 유리의 3배 정도이다.
④ 제작후 시간이 경과함에 따라 약간씩 수축되는 경향이 있다.

해설
대부분의 합성수지는 경도가 낮아서 마멸되기 쉽다. 가장 경도가 높은 멜라민수지도 유리경도의 1/3 정도이다.

214
합성수지의 성질 및 용도에 관한 기술 중 틀린 것은?

① 가공성, 방적성이 커서 기구류, 판류, 시트, 파이프 등을 만드는데 쓰인다.
② 내수성 및 내투습성이 양호하므로 구조물의 방수피막제로 적당하다.
③ 상호간에 접착이 잘되며 금속, 콘크리트, 목재, 유리 등 다른 재료에 잘 접착된다.
④ 전기 절연성은 양호하나 각종 산이나 알칼리, 염류, 가스등에 대한 저항성이 약하다.

해설
합성수지는 내산성, 내알칼리성이 크고 염류 및 가스 등에 대한 저항성과 부식성에 대한 저항성이 콘크리트나 강 등에 비해 우수하다.

215
합성수지 중 열가소성 수지가 아닌 것은?

① 염화비닐 수지   ② 아크릴 수지
③ 폴리에틸렌 수지 ④ 페놀 수지

Answer ➔ 209. ② 210. ② 211. ③ 212. ① 213. ③ 214. ④ 215. ④

216
열가소성 수지가 아닌 것은?

① 염화비닐 수지 ② 초산비닐 수지
③ 에폭시 수지   ④ 아크릴 수지

217
열경화성 수지는?

① 염화비닐 수지 ② 요소 수지
③ 아크릴 수지   ④ 폴리에틸렌 수지

해설
열경화성수지는 고형체로 된 후 열을 가하여도 연화되지 않는 수지로서 강도가 높고 내후성 등이 우수하나 성형성 등에 결점이 있다.

218
플라스틱의 공통된 성질(일반적인)을 말한 다음 설명 중 틀린 것은?

① 열팽창계수, 열전도율은 철재에 비해서 극히 적다.
② 영계수가 적어서 구조재료로서 큰 결점이다.
③ 내약품성, 내식성이 우수하다.
④ 일광에 의해서 열화하여 변퇴색하고 취약해지기 쉽다.

219
합성수지의 특징이 아닌 것은?

① 변형의 우려가 많고 표면경도가 크다.
② 외기에 오래 접하면 연율이 감소한다.
③ 내구성이 적다.
④ 내열성이 부족하다.

220
염화비닐 수지의 특성에 대한 설명 중 틀린 것은?

① 비중 1.4, 휨강도 $1000kg/cm^2$, 인장강도 $600kg/cm^2$이다.
② 내열성은 $-10 \sim 60℃$이다.
③ 내약품성, 전기 절연성이 약하다.
④ 경질성이나 가소제의 혼합에 따라 유연한 고무형태의 제품을 제조한다.

해설
염화비닐수지는 내약품성 및 전기절연성이 양호하다.

221
폴리에틸렌 수지의 특성에 대한 설명 중 틀린 것은?

① 비중이 0.94인 유백색의 불투명한 수지이다.
② 저온에서는 유연성이 부족하다.
③ 내충격성이 일반 플라스틱의 5배 정도이다.
④ 내약품성, 전기절연성, 내수성이 우수하다.

해설
폴리에틸렌수지는 저온에서도 유연성이 크다.

222
아크릴 수지의 특성으로 틀린 것은?

① 유기유리라 한다.
② 내충격강도는 무기유리의 8~10배 정도이다.
③ 내약품성, 전기절연성이 크다.
④ 열경화성 수지이다.

해설
아크릴수지는 열가소성 수지이다.

223
폴리스틸렌수지의 특성에 대한 설명 중 틀린 것은?

① 유기용제에 침해되지 않는다.
② 비점이 145.2℃인 무색 투명한 액체이다.
③ 발포제품은 저온 단열재로 많이 쓰인다.
④ 내수성, 내약품성, 전기절연성이 우수하나 취약한 것이 결점이다.

해설
폴리스틸렌수지는 유기용제에 쉽게 침해된다.

224
페놀수지의 특성에 대한 설명 중 틀린 것은?

① 매우 견고하고 전기절연성이 우수하다.
② 내후성이 약하다.

Answer ⇨ 216. ③ 217. ② 218. ① 219. ③ 220. ③ 221. ② 222. ④ 223. ① 224. ②

③ 내수성, 내산성 등은 양호하나 내알칼리성이 약하다.
④ 수지 자체는 취약하여 성형품, 적층품의 경우에는 충전제를 첨가한다.

해설
페놀수지는 내후성이 우수하다.

225
다음은 멜라민 수지의 특성에 대한 설명이다. 틀린 것은?

① 무색, 투명하여 착색이 자유롭다.
② 내수, 내약품성이 뛰어나다.
③ 기계적 강도는 크나 전기적 성질이 약하다.
④ 내노화성이 우수하다.

해설
멜라민수지는 기계적 강도 및 전기적 성질이 우수하다.

226
합성수지 중 안전사용온도가 가장 높은 것은?

① 페놀 수지　　② 멜라민 수지
③ 실리콘 수지　④ 염화비닐 수지

해설
합성수지의 안전사용용도
① 실리콘 수지 : −80~250℃
② 멜라민 수지 : 120℃
③ 페놀수지 : 60℃
④ 염화비닐 수지 : −10~60℃

227
얇은 염화비닐판이나 페놀수지액에 적신 크라프트지등을 사용하여 여러 겹으로 겹친 제품을 말하며, 단열 및 흡음이 뛰어나 천정이나 벽의 흡음제로 널리 사용되는 것은?

① 플라스틱 스펀지　② 하니캄재
③ 비닐레더　　　　④ 플라스틱 라이닝

해설
하니캄재를 이용한 제품으로는 페놀침투지 하니캄코어, 염화비닐 하니캄판, 벌집플러시 도어 등이 있다.

228
사용온도 −100~250℃ 정도이고 물리적, 화학적 성질이 우수하여 만능 수지라고도 하는 열가소성 수지는?

① 아크릴 수지　　② 플루오르 수지
③ 폴리에스테르 수지　④ 에폭시 수지

해설
플루오르수지
① 사플루오르화 에틸렌 수지 : 열가소성수지로서 내수성, 내열성, 내약품성, 내전기성 등의 물리적, 화학적 성질이 우수하여 만능수지라고 하며 사용온도는 −100~250℃이다.
② 삼플루오르화 에틸렌수지 : 내약품성이 약간 떨어진다.

229
보통 F. R. P판으로 알려져 있고 내외장재, 가구재 등으로 쓰이고 구조재로 사용 가능한 재료는?

① 강화 폴리에스테르판
② 아크릴판
③ 페놀수지판
④ 경질 염화비닐판

해설
FRP(fiberglass reinforced plastic) : 폴리에스테르의 성형품으로서 유리섬유로 보강한 섬유 강화 플라스틱을 말한다.

230
아크릴 수지의 내충격 강도는 유리강도의 몇 배 정도인가?

① 2~4배　　② 5~7배
③ 8~10배　④ 11~13배

해설
아크릴수지의 내충격강도는 유리보다 8~10배 정도이다.

231
재료가 외력을 받아 변형이 생길 때 일정한 하중에 의해 시간이 경과함에 따라 변형이 증가되는 현상을 무엇이라 하는가?

① 연성
② 릴렉세이션(relaxation)

Answer ➡ 225. ③　226. ③　227. ②　228. ②　229. ①　230. ③　231. ③

③ 크리프(creep)
④ 피로한계

해설

재료의 일반적인 성질
① 연성 : 재료가 인장응력을 받아 파괴시까지 늘어나는 성질
② 크리프(creep) 또는 플로우(flow) : 재료가 외력을 받아 변형될 때 일정하중에 의해 시간의 경과에 따라 변형이 증가되는 성질
③ 릴렉세이션(relaxation) : 재료가 외력을 받아 변형시 일정한 하중에 의해 시간의 경과에 따라 변형이 감소되는 성질
④ 피로한계 : 응력의 최소치와 최대치가 어느 한도 이하이면 무한회수하중을 되풀이 하여도 파괴되지 않는데 그 한도를 말한다.

232
재료의 열팽창 계수가 큰 것부터 작은 순으로 나열한 것은?

① 알루미늄 – 염화비닐 – 청동 – 탄소강
② 염화비닐 – 청동 – 탄소강 – 알루미늄
③ 청동 – 알루미늄 – 염화비닐 – 탄소강
④ 염화비닐 – 알루미늄 – 청동 – 탄소강

233
지방유, 수지 등을 휘발성 용제에 녹인 것으로서 가소제, 건조제, 분산제 등 도료의 성질을 개선하기 위한 첨가제가 혼합되기도 하는 재료는?

① 전색제
② 안료
③ 희석제
④ 혼화제

해설

전색제는 안료를 제외한 도막형 요소(주요소와 부요소)와 도막형성 조요소(용제)를 포함한 것을 말한다. 즉, 안료가 함유되어 있는 도료에서 안료를 제거한 부분을 전색제라 한다.

234
유성페인트에 대한 설명 중 틀린 것은?

① 건성유를 가열 처리한 보일유와 안료에 용제, 건조제 등을 혼합시켜 만든다.
② 건조제로서는 코발트, 망간, 납 등의 산화물을 사용한다.
③ 안료는 대부분 식물성인 것을 사용한다.
④ 용제로서는 테레빈유, 벤젠 등이 쓰인다.

해설

안료는 대부분 광물성 안료인 무기질 안료를 사용한다.

235
다음 중 유성페인트, 유성바니시, 에나멜 등의 용제로 옳은 것은?

① 미네랄 스피릿
② 벤졸
③ 알콜
④ 초산 에스테르

해설

벤졸, 알콜, 에스테르 등은 락카의 용제로 사용된다.

236
다음 중 유성페인트의 특성이 아닌 것은?

① 밀착성 및 내후성이 나쁘다.
② 경도가 낮고 건조속도가 느리다.
③ 내화학성이 나쁘다.
④ 비교적 두꺼운 도막을 만들 수 있다.

해설

유성페인트는 밀착성 및 내후성이 좋다.

237
합성수지 중 비닐계 수지를 물에서 유화 분산시킨 에멀션이나 알킷계의 페인트 등은 주로 어디에 쓰이나?

① 철재 바닥용
② 눈메움칠용
③ 녹막이용
④ 모르타르 바닥용

해설

비닐계 수지를 물에서 유화분산시킨 에멀션이나 알킷계의 에멀션 페인트 등은 주로 모르타르 바닥용에 쓰인다.

238
다음 칠들의 관계 중 틀린 것은?

① 바니시 – 세락크
② 유성페인트 – 보일유
③ 수성페인트 – 중합제
④ 합성수지페인트 – 아크릴

해설

중합제는 무용제형 합성수지도료의 용제로 쓰인다.

Answer ➡ 232. ④ 233. ① 234. ③ 235. ① 236. ① 237. ④ 238. ③

239
다음 도료 중 콘크리트면, 몰탈면의 바름에 적당한 것은?

① 래커 ② 칠
③ 유성페인트 ④ 수성페인트

해설
수성페인트는 취급이 간단하고 건조가 빠르며 작업성 및 내알칼리성이 좋으므로 콘크리면, 몰탈면, 회반죽면 등의 도장에 적당하고 또한 무광택으로서 주로 실내용으로 사용된다.

240
다음 중 도료에 관한 설명으로 맞지 않는 것은?

① oil vanish는 내후성이 작으므로 옥내에 사용함이 좋다.
② oil paint는 목재 내외부의 바탕에 칠할 수 있다.
③ paint를 칠할 때 건조대를 너무 많이 넣으면 도막(塗膜)이 수축되고 균열이 생긴다.
④ enamel lacquer는 유성에나멜 페인트보다 도막이 두껍고, 밀착력이 좋으며, 견고하고 기계적 성질도 우수하며, 닦으면 은색이 난다.

241
안료에 오일니스를 반죽한 액상으로 내수성, 내구성이 우수한 외장용 도료로 옳은 것은?

① 래커 ② 알루미늄 페인트
③ 에나멜 페인트 ④ 바니쉬

해설
에나멜 페인트 : 유성바니쉬(오일 니스)에 안료를 섞어서 만든 유색 불투명한 도료로서 건조가 빠르고 도막은 탄성 및 광택이 있으며 내수성, 내유성, 내약품성, 내열성 등이 우수하다.

242
크롬산 아연을 안료로 하고, 알키드 수지를 전색료로 한 것으로써 알루미늄 녹막이 초벌칠에 적당한 것은?

① 광명단 ② 징크로메이트도료
③ 그래파이트도료 ④ 알루미늄도료

해설
징크로메이트도료는 녹막이 효과가 좋은 도료로서 알루미늄판이나 아연철판의 초벌용으로 쓰인다.

243
칠공사에서 목부에 유성페인트칠과 관계가 가장 적은 것은?

① 안료 ② 아크릴
③ 보일드유 ④ 테레빈유

해설
유성페인트는 보일드유에 안료를 섞은 후 코발트, 납, 망간 등 건조제를 첨가하여 사용하며, 정벌칠 재료에는 테레빈유를 첨가한다.

244
혈액 알부민의 사용에 대한 설명 중 틀린 것은?

① 6~7시간 정도 물에 담가 녹인다.
② 알부민 무게에 대하여 암모니아 4%, 소석회 2~3%, 물 25%를 넣고 거품이 나지 않게 젓는다.
③ 90~100℃로 피접부분을 가열한다.
④ 피접부분은 4~7kg/cm2의 압력을 가한다.

해설
혈액 알부민을 사용할 때는 1~2시간 정도 물에 담가 녹인다.

245
콩풀의 특성 및 사용법에 대한 설명으로 틀린 것은?

① 내수성이 크다.
② 상온에서 사용이 가능하다.
③ 점성이 크고 색이 좋다.
④ 사용할 때 15~20% 정도의 소석회를 가한다.

해설
콩풀의 특성 및 사용법
① 가격이 저렴하다.
② 내수성이 크고 상온에서 사용이 가능하다.
③ 점성이 작고 색이 나쁘며 오염되기 쉽다.
④ 사용법 : 20~30℃로 데운 2.5~3배의 물에 콩가루를 넣어 15~20% 정도의 소석회를 가하여 거품이 일지 않게 젓는다(8~10시간 정도). 10~14kg/cm² 의 압력을 가진다.

Answer ▶ 239. ④ 240. ④ 241. ③ 242. ② 243. ② 244. ① 245. ③

246
단백질계 접착제인 카세인(casein)에 대한 설명 중 틀린 것은?

① 카세인을 제조할 때 유산(젖산)을 쓰면 질이 좋아지고 황산은 응결을 단축시킨다.
② 알칼리에 잘 녹으나 알콜 에스테르 등에는 잘 녹지 않는다.
③ 사용가능 시간은 6~7시간이다.
④ 카세인은 칼슘과 결합된 상태로 우유 중에 존재하고 있다.

해설
카세인은 알콜, 에스테르, 물 등에는 잘 녹으나 알칼리에는 녹지 않는다.

247
단백질로 만든 접착제가 아닌 것은?

① 고무풀   ② 아교
③ 콩풀   ④ 카세인

해설
단백질계 접착제 : 카세인, 아교, 콩풀, 달걀흰자 등

248
실리콘 수지 접착제에 대한 설명 중 틀린 것은?

① 내수성이 뛰어나다.
② 전기적 절연성이 없다.
③ 200℃의 열을 가해도 견디는 내열성이 있다.
④ 피혁류, 텍스, 유리 섬유판 등의 접착에 쓰인다.

해설
실리콘 수지풀은 전기적 절연성이 있다.

249
합판 가공시 접착력과 내수성이 제일 좋은 풀은?

① 페놀 수지풀   ② 요소 수지풀
③ 포졸란   ④ 아교풀

해설
페놀수지풀은 접착력, 내열성, 내수성이 우수하여 주로 합판이나 목재제품 등에 사용되고, 유리나 금속의 접착에는 적당하지 않다.

250
다음 중 목재의 교착제가 아닌 것은?

① 페놀 수지   ② 멜라민 수지
③ 카세인   ④ 스티롤 수지

해설
목재의 접착제는 아교, 카세인, 페놀수지, 요소수지, 멜라민수지 등이 사용된다.

251
광명단(光明丹)과 관계가 있는 것은?

① 희석제   ② 공기연행제
③ 방청제   ④ 방부제

해설
광명단은 금속재료의 부식을 방지하는 방청제이다.

252
다음 중 내열성이 우수하나 300℃의 고온에서 경화시켜야 하고 금속이나 도자기의 접착에 적당한 접착제는?

① 멜라민 수지풀
② 포화 폴리에스테르 수지풀
③ 불포화 폴리에스테르 수지풀
④ 알키드 수지풀

253
불포화 폴리에스테르 수지 접착제에 대한 설명 중 틀린 것은?

① 금속, 목재, 플라스틱, 시멘트 제품의 접착에 사용된다.
② 붙일 부분에 수분이 있으면 접착이 크게 나빠진다.
③ 접착력이 강력하여 항공기나 구조재의 접착에 쓰인다.
④ 내열성은 좋으나 내수성, 내구성은 좋지 않다.

해설
④항은 내열성은 약간 떨어지나 내수성, 내구성은 좋다.

Answer ● 246. ② 247. ① 248. ② 249. ① 250. ④ 251. ③ 252. ④ 253. ④

memo

CONTENTS

CHAPTER 01 | 시공일반
CHAPTER 02 | 토공사
CHAPTER 03 | 기초공사
CHAPTER 04 | 철근 콘크리트 공사
CHAPTER 05 | 철골공사
CHAPTER 06 | 조적공사

4 과목

건설시공학

1장 시공일반

1 공사시공 방식

[1] 직영공사

(1) **직영공사** : 건축주가 공사계획을 세우고 일체의 공사를 건축주 책임으로 시행하는 공사방식

(2) **직영공사의 장점 및 단점**

1) 장점
   ① 도급공사의 입찰 및 계약의 번잡한 수속이나 감독상의 곤란, 경쟁의 피해 등을 피할 수 있다.
   ② 영리를 도외시한 확실성 있는 공사를 할 수 있다.
   ③ 계약에 구속되지 않고, 임기응변의 처리가 가능하다.

2) 단점
   ① 사무가 번잡해 지고, 작업관리가 어려우며 공사기간이 지연되기 쉽다.
   ② 공사비가 증대될 우려가 있다(가설재, 시공기계의 비경제성과 시공관리 능력부족 등으로 경제상 불리).

[2] 공사실시방식에 의한 도급계약 방식

(1) **일식도급** : 건축 공사전체를 한 사람의 도급 자에게 도급을 주는 공사 방식(도급 방법 중 가장 일반적 방법)

1) 장점
   ① 계약 및 감독이 간단하다.
   ② 공사의 시공 책임 한계가 분명하여 공사관리가 쉽다.
   ③ 가설재의 중복이 없어 공사비가 절감된다.

2) 단점
   ① 공사가 조잡해질 우려가 있다.
   ② 건축주의 의도나 설계도의 취지가 충분히 반영되지 못한다.

(2) 분할도급 : 공사를 세분하여(공종별, 공정별, 공구별 등)각기 따로 도급자를 선정하여 도급계약을 맺는 방식

  1) **전문 공종별 분할도급** : 시설공사 중 설비공사(전기, 난방 등)를 주체공사와 분리하여 전문공사업자와 계약하는 방식

    ① **장점** : 전문공사업자(설비업자)의 자본, 기술이 강화되고 복잡한 공사 내용이 전문화되므로 건축주와 시공자와의 의사소통이 잘 되고 공사의 우수성을 기대할 수 있다.

    ② **단점** : 공사 전체 관리가 곤란하고 가설 및 시공기계의 설치가 중복되어 공사비가 증대 될 우려가 있다.

  2) **공정별 분할도급** : 정지, 기초, 구체, 마무리 공사 등의 과정별로 나누어 도급을 주는 방식

    ① **장점** : 설계의 완료분만을 발주하거나 예산 배정상 구분될 때 편리하다.

    ② **단점** : 후속공사를 다른 업자로 바꾸거나, 후속공사 금액의 결정이 곤란하며, 업자에 대한 불만이 있어도 변경하기 어렵다.

  3) **공구별 분할도급** : 대규모 공사에서 지역별, 공구별로 분리하여 도급시키는 방식

    ① **장점** : 중소업자에게 균등기회를 주고, 입찰자 상호간의 경쟁으로 공사기일 단축, 시공기술 향상에 유리하다.

    ② **단점** : 공구마다 총괄도급으로 하므로 등록사무가 번잡하다.

  4) **직종별 · 공종별 분할도급** : 전문직별 또는 각 공종별로 세분하여 도급하는 방식

    ① **장점** : 전문직별 또는 각 공종별로 세분하여 도급하는 방식으로 전문 직종에게 건축주의 의도를 정확하게 시공 시킬 수 있다.

    ② **단점** : 현장 종합관리 사무가 번잡하고 경비도 증대될 수 있다.

(3) 공동도급 : 2명 이상의 도급업자가 공동출자 하여 기업체를 조직해서 협동으로 공사를 도급하는 방식

  1) **장점**

    ① 소자본으로 대규모 공사 도급이 가능

    ② 기술, 자본, 위험부담의 분산 및 감소

    ③ 기술의 확충, 강화 및 경험의 증대

    ④ 공사 계획과 시공이행의 확실

  2) **단점**

    ① 각 업체의 업무 방식에서 오는 혼란

    ② 현장관리의 곤란

③ 일식도급 보다 경비 증대

[3] 공사비 지불방식에 의한 도급계약 방식

(1) 단가도급 : 공사에 필요한 각종 재료와 노임 또는 공사의 내용을 상세항목으로 나누어 각 항목에 대한 단가만을 가지고 계약을 체결하는 방식

1) 장점 : 긴급공사 시 계약을 간단히 할 수 있고 공사를 빨리 착공할 수 있으며 설계 변경 시에 수량증감이 용이하다.

2) 단점 : 총공사비를 예측하기 어렵고, 공사 수량에 대한 관념이 희박하여 공사비가 높아진다.

(2) 정액도급 : 총 공사비를 미리 결정하여 입찰자와 계약하는 방식으로 일식도급, 분할도급 등과 병용되며 정액일시도급제도가 가장 많이 채용된다.

1) 장점
   ① 경쟁 입찰로 공사비를 절약할 수 있다.
   ② 공사 관리업무가 간단하고 총 공사비가 판명되어 건축주가 자금을 조달 하는데 편리하다.

2) 단점
   ① 입찰 전에 설계도서가, 완성 되어야 한다.
   ② 공사 변경에 따른 도급 금액의 증감이 어렵다.
   ③ 공사비가 낮아 공사가 조잡해 질 우려가 있다.

(3) 실비청산 보수가산식도급 : 건축주가 시공자에게 공사를 위임하고 공사에 소요되는 실비와 보수 즉 공사비와 미리 정해 놓은 보수를 시공자에게 지불하는 방식

1) 장점 : 도급자는 비율 보수가 보장되므로 우수한 공사를 할 수 있다.
2) 단점 : 공사기간이 연장되고 공사비가 상승될 수 있다.

[4] 턴키(Turn - Key) 도급 : 건설업자가 주문자가 필요로 하는 모든 것(대상계획의 기업, 금융, 토지조달, 설계, 시공, 기계기구 설치, 시 운전까지의 모든 것)을 조달하여 주문자에게 인도하는 도급방식이다.(신규 플랜트 공사, 특정공사 등에 적용)

(1) 장점
1) 공사비 절감 및 공기 단축이 가능하다.
2) 공사 방법의 연구 및 개발을 할 수 있다.

(2) 단점

1) 설계·견적 기간이 짧아 계획이 불충분하다.
2) 최저 낙찰제로 건축물의 질이 저하될 수 있다.
3) 설계지침이 자주 변경될 수 있다.
4) 소수업자로 한정되며, 과다 경쟁으로 덤핑(dumping)의 우려가 있다.

2 도급업자 선정방법

[1] 수의 계약

(1) 수의 계약 : 최저 입찰자의 순으로 계약을 체결하거나 경쟁 입찰에 부치지 않고 특명 또는 특정업자와 계약을 체결하는 방식

(2) 특명입찰 : 공사 시공에 적합한 1명의 업자를 선정하여 입찰시키는 수의 계약방식(후속 공사, 추가공사 등에 채용)

(3) 특명 입찰의 장점·단점

1) 장점
   ① 입찰 수속이 간단하고 도급자를 신용할 수 있다.
   ② 공사기밀유지에 유리하고 양호한 공사를 기대할 수 있다.

2) 단점 : 공사비가 많아질 우려가 있다.

[2] 공개입찰(일반경쟁입찰)

(1) 공개입찰 : 시공자를 널리 공고하여 입찰시키는 방식(민주적이며, 관청공사에 많이 채용)

(2) 공개입찰의 장점·단점

1) 장점
   ① 도급업자에게 균등한 기회를 준다.
   ② 담합(collusion)의 우려가 적다.
   ③ 공사비를 절감할 수 있다.
   ④ 입찰참가 지명에 관한 개입이 적으므로 입찰자의 선정이 공정하다.

2) 단점
   ① 입찰자가 많으므로 사무가 번잡하다.

② 부적격자에게 낙찰될 우려가 있다.
③ 과대경쟁으로 조잡한 공사가 될 수 있다.

[3] 지명경쟁입찰

(1) 지명경쟁입찰 : 공사에 적합하다고 인정되는 시공업자(3~7명 정도)를 지명하여 경쟁 입찰에 붙이는 방식

(2) 지명경쟁입찰의 장점 · 단점

1) 장점
① 시공능력이 곤란한 자에게 낙찰될 위험성이 작다.
② 양질의 시공결과를 얻을 수 있다.
③ 시공능력, 기술 등을 신뢰할 수 있다.

2) 단점 : 입찰자가 한정되어 담합의 우려가 있다.

3 입찰순서 및 공사순서

[1] 입찰순서 및 계약시 첨부서류

(1) 입찰순서

1) 입찰공고 → 현장설명 → 견적 → 입찰 → 개찰 → 낙찰자 결정 → 계약

2) 입찰공고(통지) → 설계도서교부·현장설명·질의 응답·적산(견적) → 입찰 → 개찰·재입찰 → 낙찰 → 계약

(2) 공사도급 계약 시 첨부서류

1) 설계도
2) 시방서
3) 현장설명서 및 질의 응답서
4) 공사계약서 및 공사 도급 계약 약관
5) 공사비 내역 명세서

[2] 공사 도급 계약 체결 후 공사순서

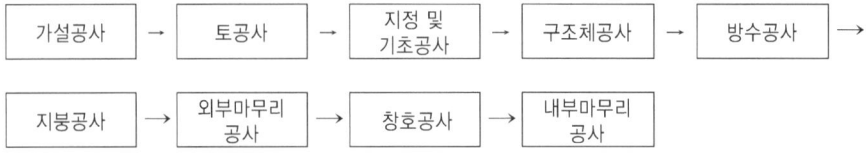

4 공사 시공계획 및 공사현장 관리

[1] 공사계획의 내용 및 공사계획 수립시 유의사항

(1) 공사계획의 내용 및 순서

1) 현장원(공사책임자, 현장주임, 사무주임 등)의 편성(가장 먼저 실시)
2) 공정표의 작성
3) 실행예산의 편성
4) 하도급업자의 선정
5) 가설준비물의 결정
6) 재료의 선정 및 결정
7) 재해방지 대책 및 의료대책

(2) 공사계획 수립시 유의사항

1) 기초공사 : 옥외작업이므로 공정의 변경이 많고 기후에 좌우되기 쉬우므로 지연되는 점을 감안한다.
2) 골조공사 : 기후에 좌우되기는 하나 비교적 공정이 적으므로 공기를 단축하기 쉽다는 점을 감안한다.
3) 마감공사 : 주체공사가 끝나는 부분부터 순차적으로 착공하여 타공사 기간과 중복시키는 것이 좋다.
4) 발주시기 : 재료일수의 난이, 부품제작 일수, 운반조건 등을 고려하여 발주시기를 조절한다.
5) 공기확보 : 방수공사, 도장공사, 미장공사 등과 같은 공정에서 일기를 고려하여 충분한 공기를 확보한다.
6) 공사에 사용하는 사용기계, 기구 : 공사 진행 및 순서에 따라 현장에 반입하도록 조치한다.

[2] 공사현장관리

(1) 건축시공의 5대 관리

1) 공정관리
2) 원가관리
3) 품질관리
4) 안전관리
5) 환경관리

(2) 공사관리의 3개 목표

1) 공정관리
2) 품질관리
3) 원가관리

5 공정표

[1] 공정표의 작성시 주의 사항 : 공정표란 공정의 계획을 세운 표를 말하며, 작성 시 주의사항은 다음과 같다.

(1) 공정표의 작성은 시공자(경험이 풍부한자)가 작성한다.
(2) 공정표가 완성되면 즉시 감리자에게 승인을 받는다.
(3) 공정표 작성 시 기본이 되는 사항은 각 공사별 공사량이다.
(4) 공정계획은 일단 작성한 후 공사 진척 상황에 따라 변경하여 실시한다.
(5) 공정표에는 공사 수량 및 재료의 발주시기를 명시한다.
(6) 기초공사는 충분한 여유를 둔다.
(7) 공정표 작성은 한 공사가 완전히 끝난 후에 다음 공사를 진행할 것이 아니라 공사를 중첩시켜 공사기간을 단축 시켜야 한다.
(8) 시공기계·기구 및 공사 재료가 공사 진행 및 공사 순서에 맞추어서 현장에 반입하는 것이 현장관리에 유리하다.

[2] 공정표의 종류

(1) 횡선식공정표 : 시간 경과에 따른 공정을 횡축에, 작업 진척 상황을 종축에 취하여 공정을 막대그래프로 표시한 공정표

1) 공종별 공사와 전체 공정 시기 등이 일목요연하고, 공종별 착수 및 종료일이 명시되어 판단이 용이하다.
2) 공사의 진척상황(기성고)을 기입하여 예정과 실시를 비교하면서 공정관리를 할 수 있다.

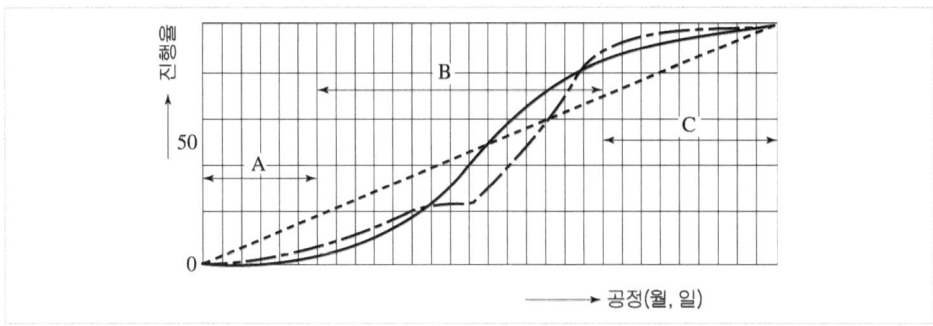

┃ 횡선 막대식 공정표 ┃

(2) 사선그래프 식 공정표 : 공사 기간을 횡축에, 재료반입량, 노무자수, 공사 기성고 등을 종축으로 하여 공사 진척 상황을 사선 그래프로 나타낸 공정표

1) 공사의 기성고를 표시하는데 편리하고, 예정과 실시가 비교되어 공정관리에 편리하다.
2) 작업간의 상호관련성 및 각 작업이 전체 공정에 미치는 영향을 알 수 없다.

┃ 사선 공정표 ┃

(3) 열기식 공정표 : 각 공사의 착수와 완료의 일정 등을 문자로 열기하는 공정표

1) 재료 및 인부의 수배에 가장 적합한 공정표이다.
2) 부분공정을 나타낼 때 사용하는 가장 간단한 공정표이다.

(4) 네트워크(Net work)공정표 : 네트워크 기법에는 PERT와 CPM이 있다.

1) PERT와 CPM

PERT	CPM
1. 공기단축	1. 공사비 절감
2. 신규사업시 적용	2. 반복사업시 적용
3. 3점 추정(낙관, 정상, 비관)	3. 1점 추정(정상)
4. MCX 이론 무(無)	4. MCX 이론 유(有)

2) 네트워크 공정표의 특징(장·단점)

장 점	단 점
① 개개의 작업관련이 도시되어 있어 내용을 알기 쉽다. ② 작성자 이외의 사람도 이해하기 쉽다. ③ 작업수속이 과학적이고 신뢰성이 높다. ④ 공사 전체의 파악이 용이하다.	① 기법에 대한 습득이 어렵다. ② 공정계획의 작성에 많은 시간이 소요된다. ③ 작업의 세분화 정도에 한계가 있다. ④ 공정표를 수정하기가 어렵다.

3) 크리티컬패스(critical path : 주공정선) : 개시결합점에서 완료 결합점에 이르는 가장 긴 패스(path)를 말한다.

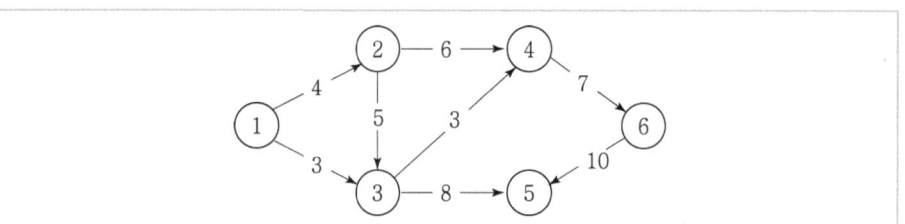

∴ 크리티컬 패스 : ①-②-③-⑤-⑥(4+5+8+10=27)

4) 여유시간(float)

① Total float(TF ; 총여유시간) : 작업을 EST(가장 빠른 개시 시간)로 시작하고 LFT(가장 늦은 완료시간)로 완료할 때 생기는 여유시간

∴ TF=LFT(가장 늦은 완료시간)-EFT(가장 빠른 완료 시간)

또는 후속작업의 LST(가장 늦은 개시시간)-EFT

② Free float(FF ; 자유여유시간) : 작업을 EST로 시작하고 후속작업도 EST로 시작하여도 존재하는 여유시간

∴ FF=후속작업의 EST-EFT

③ Dependent float(DF ; 간섭여유시간) : 후속작업의 Total float에 영향을 미치는 여유시간

∴ DF=TF-FF

6 시방서

[1] 시방서 및 시방서 기재내용

(1) **시방서** : 설계자가 도면에 표시하기 어려운 사항을 자세히 기술하여 설계자의 의사를 충분히 전달하기 위한 문서로 처음에는 일반시방을 쓰고 뒤에는 특기 시방을 쓴다.

1) 일반시방 : 공사의 명칭, 종류, 규모, 구조 등 일반사항을 기록

2) 특기시방 : 재료의 품질, 종류, 시공방법, 마감정도 등을 상세하기 기록

(2) 시방서의 기재내용

1) 공사전체의 개요
2) 시방서의 적용, 범위, 공통주의사항
3) 시공방법(준비사항, 공사의 정도, 사용장비, 주의사항 등)
4) 사용재료(종류, 품질, 수량, 필요한 시험, 저장방법, 검사 방법 등)
5) 특기사항

[2] 시방서 작성 시 주의사항

(1) 간단명료하게 그 의미가 충분히 전달되어야 한다.
(2) 재료의 품질은 명확하게 규정하고, 그 지점은 신중해야 한다.
(3) 공사 전체를 빠짐없이 기재하고(시방서 작성 시 가장 중요한 사항), 공사 진행순서와 일치하여야 한다.
(4) 공정의 정밀도와 손질의 정밀도(마무리 정도)를 명확하게 규정한다.
(5) 시방서와 도면의 내용이 서로 다를 경우에는 시방서에 준하는 것이 원칙이나 먼저 감독관에 신고하여 그의 지시에 따라 시공한다.

> **길잡이**
>
> **(1) 품질관리(QC, Quality Control) 활동의 7가지 도구(QC 7가지 수법)**
>
> 1) 히스토그램(histogram) : 길이, 무게, 강도 등과 같이 계량치의 데이터가 어떠한 분포를 하고 있는지 알아보기 위하여 작성하는 주상(柱狀)기둥그래프(막대그래프)이다.
> 2) 특성요인도 : 결과에 원인이 어떻게 관계하고 있는가를 생선뼈 모양으로 나타낸 그림이다.
> 3) 파렛토도(pareto diagram) : 시공불량의 내용이나 원인을 분류 항목으로 나누어 크기 순서대로 나열해 놓은 그림이다.
> 4) 관리도 : 공정의 상태를 나타내는 특성치에 관해서 그려진 꺾은선 그래프이다.
> 5) 산점도(산포도, scatter diagram) : 서로 대응되는 두 종류의 데이터의 상호관계를 보는 것이다.
> 6) 체크시트 : 불량수, 결점수 등 셀 수 있는 데이터를 분류하여 항목별로 나누었을 때 어디에 집중되어 있는가를 알기 쉽도록 한 그림 또는 표이다.
> 7) 층별 : 데이터의 특성을 적당한 범주마다 얼마간의 그룹으로 나누어 도표로 나타낸 것이다.
>
> **(2) 건설시공분야의 근대화 : 건설시공분야의 향후 발전방향**
>
> 1) 시공의 기계화
> 2) 재료의 건식화
> 3) 건축의 공업화
> 4) 가설구조의 강재화
> 5) 재료의 프리패브(pre-fab)·시스템화

실 / 전 / 문 / 제

01
건축공사 도급계약 방법에서 공사실시 방식에 의한 계약제도와 관계가 없는 것은 어느 것인가?

① 일식도급 계약제도
② 단가도급 계약제도
③ 분할도급 계약제도
④ 공사별 도급 계약제도

해설
단가도급 및 정액도급 계약제도는 공사비 지불방식에 의한 분류이고, 일식도급과 분할도급 및 공사별(공동)도급 계약제도는 공사실시방법에 의한 분류이다.

02
일식도급 계약제도의 장·단점에 대한 기술로서 틀린 것은?

① 전체 공사를 원활히 진척시킬 수 있다.
② 하도급 금액은 원도급 금액보다 저액이 되므로 공사가 조잡해질 우려가 있다.
③ 하도급의 선택이 용이하다.
④ 우수한 시공이 불가능하며, 공사비를 절약할 수 없다.

해설
도급 계약제도의 장·단점

구분	장 점	단 점
일식도급	① 계약 및 감독이 비교적 간단 ② 공사비의 절감 ③ 책임한계가 분명	① 공사의 조잡화 우려 ② 도급자의 기회 불평등
분할도급	① 우량한 시공 기대 ② 저액 시공 가능	① 건축관계와의 교섭 번잡 ② 감독상의 노무증대 ③ 감독 비용증대
공동도급	① 소규모 도급자에게도 균등 기회부여 ② 우량한 시공 기대	① 건축관계와의 교섭 번잡 ② 공사비의 비용증대

구분	장 점	단 점
단가도급	① 계약절차 간단 ② 설계변경에 의한 수량의 증감 용이	① 소요총공사비의 예측 불가능 ② 공사비의 비용증대
정액도급	① 건축자금의 예측가능 ② 공사비의 절감	① 합리성의 결여 ② 입찰까지 상당시간 소요

03
건축공사의 각종 분할도급에 관한 설명 중 장점으로 옳지 않은 것은?

① 전문공종별 분할도급은 설비업자의 자본과 기술이 강화되고, 건축주와 시공자의 의사소통이 잘 된다.
② 공정별 분할도급은 후속공사를 다른 업자로 바꾸거나 후속공사 금액의 결정이 용이하다.
③ 공구별 분할도급은 중소업자에 균등기회를 주고 업자 상호간 경쟁으로 공사기일 단축, 시공기술향상에 유리하다.
④ 직종별·공종별·분할도급은 전문직종에게 건축주의 의도를 철저하게 시공시킬 수 있다.

해설
공정별 분할도급 : 건축공사에 있어서 정지·기초·구체 마무리공사 등의 과정별로 나누어 도급을 주는 방식으로, 후속공사를 다른 자로 바꾸거나 후속공사 금액의 결정이 곤란하며, 업자에 대한 불만이 있어도 변경하기 어렵다.

04
분할도급에 관한 기술 중 옳지 않은 것은?

① 전문 공종별 분할도급은 공사 전체관리가 용이하다.
② 공정별 분할도급은 정지, 기초, 구체, 마무리공사 등을 과정별로 나누어 도급을 주는 방식이다.

Answer 01. ② 02. ④ 03. ② 04. ①

③ 공구별 분할도급은 대규모 공사에서 지역별로 공사를 분리하여 발주하는 방식이다.
④ 직종별·공정별 분할도급은 현장 종합관리사무가 복잡하고 경비도 가산된다.

해설
전문공종별 분할도급은 시설공사 중 설비공사(전기·난방 등)를 주체공사와 분리하여 전문공업자와 직접 계약하는 방식으로, 각종 종별공사와 의견차이로 공사 전체의 관리가 곤란하다.

05
정부 및 관청에서 발주하는 공사로, 예산상 구분될 때 채택되는 분할도급 명칭은?

① 전문 공종별 분할도급
② 공정별 분할도급
③ 공구별 분할도급
④ 직종별·공종별 분할도급

해설
직종별·공종별 분할도급 : 전문직별 또는 각 공종별로 세분하여 도급하는 방식

06
다음 분할도급공사 중 지하철 공사와 고속도로 공사 및 대규모 아파트단지 등의 공사에 채용하면 가장 효과적인 것은?

① 전문 공종별 분할도급
② 공정별 분할도급
③ 공구별 분할도급
④ 직종별·공종별 분할도급

해설
공구별 분할도급 : 대규모공사에서 지역별, 공구별로 분리하여 도급시키는 방식

07
건축공사의 각종 분할도급에 관한 설명 중 장점으로 옳지 않은 것은?

① 직종별·공종별 분할도급은 전문직종에게 건축주의 의도를 철저하게 시공시킬 수 있다.
② 공구별 분할도급은 중소업자에 균등한 기회를 주고 업자 상호간의 경쟁으로 공사기일 단축, 시공기술향상에 유리하다.
③ 공정별 분할도급은 후속공사를 다른 업자로 바꾸거나 후속공사 금액의 결정이 곤란하다.
④ 전문 공종별 분할도급은 공사전체관리가 용이하고 공사비가 절감된다.

08
도급방식에 있어서 경쟁 입찰로 공사비를 절감할 수 있고, 건축주가 가격결정을 할 수 있는 장점이 있는 방식은?

① 단가도급
② 실비청산 보수도급
③ 정액도급
④ 성능발주 방식도급

해설
① **정액도급** : 공사비 총액을 확정하여 계약하는 도급방식으로 공사비가 절약되나 부실공사의 우려가 있다.(경쟁입찰방식)
② **성능발주방식 도급** : 건축주가 제시한 기본요건에 맞게 도급자가 제시한 시공법·공사비 등을 대상으로 심사하여 적격자에게 시공시키는 방식으로 직종별·공종별 분할도급에 사용된다.(특명입찰방식)

09
공동도급(joint venture contract)의 장점이 아닌 것은?

① 기술 및 자본의 증대
② 위험부담의 분산
③ 이윤의 증대
④ 공사시공의 확실성

해설
공동도급의 장점에는 ①, ②, ④항 이외에도 사용력 및 융자력의 증대, 기술의 확충, 신용도의 증대, 공사도급 경쟁의 완화 등이 있다.

Answer ● 05. ④ 06. ③ 07. ④ 08. ③ 09. ③

10
다음의 공동도급(joint venture contract)에 관한 설명 중에서 틀린 것은?

① 단독 회사의 도급공사보다 경비가 적게 든다.
② 공사 수급의 경쟁완화 수단이 된다.
③ 기술·자본 및 위험 등의 부담을 분산 및 감소시킨다.
④ 공동출자기업체를 조직하여 한 회사 입장에서 공사의 수급 및 시공을 한다.

해설

공동도급 : 경비증대로 이윤감소

11
도급금액 결정방법에서 각종 도급방식의 장점에 대한 기술 중 옳지 않은 것은?

① 정액도급은 공사관리와 업무가 간단하고, 시공자는 자금 및 공사계획 등의 수립이 명확하여 공사원가를 절감시키도록 노력할 수 있기 때문에 편리하다.
② 단가도급은 공사를 빨리 착수할 수 있고, 자재 및 노무비를 절감할 수 있으며, 공사량에 따른 단위가격의 변동 등을 할 수 있어서 합리적이다.
③ 실비정산보수 가산도급은 비율 보수가 보장되어 있으므로 양심적인 공사를 할 수 있고, 기업주도 업자를 믿고 시공시킬 수 있다.
④ 성능 발주방식이란 일종의 특명입찰로, 건축주가 제시한 기본요건에 맞게 도급자가 제시한 시공법 및 공사비 등을 대상으로 심사하여 적격자에게 시공시킬 수 있는 방법이다.

해설

②항, 단가도급은 공사비가 증대된다.

12
계약방식에 대한 다음의 설명 가운데 가장 옳지 못한 것은?

① 일식도급 계약제도는 공사가 거칠고 불량해지기 쉽다.
② 공사도급 계약서류로서 공정표는 필요하지 않다.
③ 지명 경쟁 입찰은 일반 경쟁 입찰보다 좋은 질의 공사를 기대할 수 있다.
④ 공동도급 계약제도는 특명에 의한 수의계약을 한다.

해설

도급계약서류 : ① 공사도급계약서 ② 공사도급약관 ③ 설계도 ④ 시방서 ⑤ 현장설명서 ⑥ 질의응답서 ⑦ 공정표 ⑧ 공사비내역서

13
일반 경쟁 입찰의 장점이 아닌 것은?

① 공사비 절감
② 입찰 참가의 균등한 기회 부여
③ 공사의 시공정밀도 확보
④ 공정하고 자유로운 경쟁

14
지명 경쟁 입찰 제도를 하는 가장 중요한 목적은?

① 공비를 저렴하게 하기 위하여
② 공기를 단축시키기 위하여
③ 공사에 적격인 업자를 선정하기 위하여
④ 예산의 범위 내에서 완성시키기 위하여

15
특명입찰에 관한 기술 중 옳지 않은 것은?

① 건축주가 그 공사에 가장 적당하다고 생각되는 1개 회사에 지명하여 입찰시키는 방법이다.
② 시공업자는 양심적인 시공을 하게 되므로 좋은 공사를 기대할 수 있다.
③ 공사의 기밀유지에 유리하고, 업자 선정이 간단하다.
④ 공사금액이 명확하여 공평하게 일이 처리된다.

Answer ➡ 10. ① 11. ② 12. ② 13. ③ 14. ③ 15. ④

16
일반적인 공사입찰의 순서로서 가장 올바른 것은?

① 입찰통지 – 현장설명 – 입찰 – 개찰 – 낙찰 – 계약
② 입찰통지 – 입찰 – 현장설명 – 개찰 – 낙찰 – 계약
③ 입찰통지 – 현장설명 – 입찰 – 개찰 – 유찰 – 계약
④ 입찰통지 – 입찰 – 개찰 – 낙찰 – 현장설명 – 계약

17
공정계획에서 공정표 작성 시의 주의사항 중 관계가 가장 적은 것은?

① 기초공사는 옥외작업이기 때문에 기후에 좌우되기 쉽고 공정변경이 많다.
② 노무와 재료 및 시공기기는 적절하게 준비하도록 계획한다.
③ 공기를 단축하기 위하여 다른 공사와 중복하여 시공할 수 없다.
④ 마감공사는 기후에 좌우되는 것이 적으나, 공정단계가 많으므로 충분한 공기(工期)가 필요하다.

해설
③항, 공기단축을 위해 다른 공사와 중복하여 시공할 수 있다.

18
건축공사의 공정표 작성에 관한 기술 중 틀리는 것은?

① 마무리 공사·공정은 신축이 자유로우므로 공정 조절은 여기에서 해야 한다.
② 공정표에는 공사수량을 기입해야 한다.
③ 공기를 단축시키려면 주체공사를 촉진시켜야 한다.
④ 공기예정은 일기를 고려하여 결정해야 한다.

19
다음 공정표 중 공사의 기성고를 표시하는 데는 대단히 편리하고, 공사의 지연에 대하여 조속히 대처할 수 있는 것은?

① 횡선식 공정표   ② PERT 공정표
③ CPM 공정표   ④ 사선 공정표

20
각 공사별로 공사 진척사항을 기입하면 예정과 실시가 비교되어 공정관리에 편리한 공정표는?

① 횡선식 공정표
② 열기식 공정표
③ 사선 그래프의 공정표
④ 일순식 공정표

21
네트워크 공정표(net work progress chart)에 관한 설명 중 옳지 않은 것은?

① 개개의 작업관련이 알기 쉽다.
② 공정관리가 편리하다.
③ 작성자 이외에도 이해하기 쉽다.
④ 실제공사도 네트워크와 같이 구분, 이행하므로 진척관리를 하지 않아도 된다.

22
Network에 의한 공정계획과 관리에 관한 기술 중 가장 부적당한 것은?

① Network 수법은 관리자의 판단에 필요한 정보를 제공하는 수단이다.
② 기획, 관리의 대상과 목적을 명확하게 하여 거기에 Network 수법을 쓰지 않으면 효과가 분명하지 않다.
③ 요즘 건축 현장에서 쓰이고 있는 일반적인 Net-work 수법에는 노무를 주된 관리로 하고 있다.
④ Network 수법의 실시에 있어서는 기업의 상층부에서 공사의 직접담당자에 이르기까지 전 관계자의 충분한 이해와 협력이 필요하다.

Answer ● 16. ① 17. ③ 18. ① 19. ④ 20. ① 21. ④ 22. ③

해설
일반적인 network 수법은 시간을 주된 관리대상으로 한다.

23
network공정표에서 critical path는?

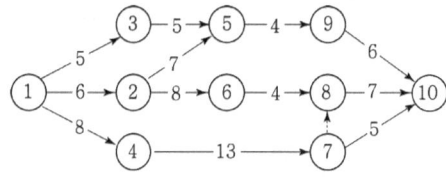

① ①-③-⑤-⑨-⑩
② ①-②-⑤-⑨-⑩
③ ①-②-⑥-⑧-⑩
④ ①-④-⑦-⑧-⑩

해설
critical path란 개시결함점에서 종료결함점에 이르는 가장 긴 path를 말한다.

24
다음 네트워크 공정표에 대한 용어의 설명 중 맞지 않는 것은?

① 크리티칼 패스 – 개시결함점에서 종료결함점에 이르는 최장 패스
② 이벤트 패스 – 작업의 개시점 또는 결함점
③ 슬랙 – 네트워크 중에서 둘 이상의 작업 연결
④ 플로우트 – 작업의 여유시간

해설
슬랙(Slack) : 결함점에서 생기는 여유시간

25
다음 중 네트워크(net work) 공정표에 사용되는 용어가 아닌 것은?

① E. T(earliest node time)
② L. T(latest node time)
③ T. F(total float)
④ E. F(earliest float)

해설
① E. T : 가장 빠른 결함점 시각
② L. T : 가장 늦은 결함점 시각
③ T. F : EST(가장 빠른 개시시각)에서 공정을 시작하여, LFT(가장 늦은 종료시각)로 완료될 때 생기는 총 여유시간

26
시방서에 기재하지 않아도 되는 사항은?

① 재료 및 시공에 관한 검사 사항
② 시공방법의 정도 및 완성에 대한 사항
③ 재료의 종류 및 품질, 사용에 대한 사항
④ 인도검사 및 건물 인도의 시기에 대한 사항

해설
시방서란 건축설계도에 포함되는 것으로, 설계도에 표현할 수 없는 사용재료의 품질, 종류, 수량, 공사방법 및 순서, 필요한 시험, 저장방법 등을 공사전반에 걸쳐 자세히 기재한 것이다. 설계자 및 건축주의 의도하는 바를 전달하여 공사수행에 차질이 없도록 하며, 설계자가 작성한다.

27
시방서 작성상의 주의사항 중 틀린 것은?

① 재료의 지정은 신중히 한다.
② 도면에 명시되어 있으면 중요한 것이어도 기입하지 않는다.
③ 실행이 곤란한 것은 피해야 한다.
④ 분명하지 않은 자구(字句)나 표현은 피해야 한다.

28
시방서를 작성할 때 주의해야 할 사항 중 가장 필요한 것은?

① 가급적이면 간단명료하게 기재한다.
② 공사의 전반에 걸쳐 빠짐없이 기재한다.
③ 공사 순서에 따라 기재한다.
④ 여러 가지로 해석될 수 있는 어구를 피하고, 될 수 있는 대로 쉬운 용어로 기재한다.

Answer ● 23. ④ 24. ③ 25. ④ 26. ④ 27. ② 28. ②

29
공사계획에 관한 기술로서 옳지 않은 것은?

① 시공계획은 공사착수 전에 수립하여 재료 및 노무계획을 공사착수 전에 완성토록 한다.
② 법률로 정한 지역 내에서는 관계법령에 따른 건축공사에 대한 제반허가를 받아야 한다.
③ 건설공사는 의외의 작업이 많으므로 전후의 관계를 충분히 고려하여 공사기일을 결정한다.
④ 계약체결 후의 공사의 진행은, 토공사나 기초공사에 앞서 가설공사를 먼저 한다.

30
통상 공사를 착공함에 있어서 시공계획을 세울 때에 주의해야 할 사항 중 특히 급하게 필요하지 않은 것은?

① 공사의 내용을 설계도서에 의해 연구할 것
② 골조공사의 공법에 대해 검토할 것
③ 마감공사에 대해 원척도를 작성할 것
④ 주요 재료의 납기에 관한 조사를 할 것

31
일반적으로 공사착공을 위한 시공계획 작성 시에 특별히 서두를 필요가 없는 것은?

① 주요 자재의 납기에 대한 조사
② 주체공사의 공법검토
③ 마무리 공사용 시공계획도 작성
④ 공사내용에 대한 설계도서 파악

32
공정계획작성에 있어 주의할 사항 중에서 적당하지 않은 것은?

① 재료 수입의 난이(難易), 상품 제작일수, 운송상황 등을 고려해서 발주의 시기를 조정한다.
② 시공에 필요한 기계는 공사착수와 동시에 전부 현장에 반입해 둔다.
③ 방수공사, 도장공사, 미장공사에 대해서는 충분한 공기를 고려하여야 한다.
④ 우기(雨期) 또는 동기(冬期)의 공사는 작업가능일수가 한정되는 것을 고려하는 것이 좋다.

해설

시공기계, 기구 및 재료는 공사 진척 및 순서에 따라서 현장에 반입하도록 한다.

33
공사계획의 수립과 별로 관계가 없는 것은?

① 공정표의 작성
② 가설물의 계획
③ 재해방지의 대책
④ 원척도의 작성

해설

공사계획수립 시에 필요한 사항
① 현장원의 편성
② 공정표의 작성
③ 실행예산의 편성
④ 사용기계·기구의 선정 및 그 설치위치
⑤ 동력 및 용수의 계획
⑥ 각종 노무·자재·수배표의 작성
⑦ 가설물 계획
⑧ 재해방지 대책
⑨ 의료대책 등 능률적이고 경제적인 방법을 검토한다.

34
다음 중 현장에서 공무적 현장관리가 아닌 것은?

① 자재관리
② 노무관리
③ 위험 및 재해 방지
④ 공정표 작성

해설

공무적 현장관리사항
① 자재관리
② 노무관리
③ 현장자산관리
④ 재해방지 및 안전관리

Answer ➡ 29.① 30.③ 31.③ 32.② 33.④ 34.④

35
공사도급계약 체결 후의 공사순서로 옳은 것은?

① 토공사 – 가설공사 – 기초공사 – 방수공사 – 구체공사
② 기초공사 – 가설공사 – 토공사 – 방수공사 – 구체공사
③ 가설공사 – 토공사 – 기초공사 – 구체공사 – 방수공사
④ 토공사 – 기초공사 – 가설공사 – 구체공사 – 방수공사

해설

공사의 시공순서
① 공사착공준비　② 가설공사
③ 흙막이 및 토공사　④ 지정 및 기초공사
⑤ 구체공사　⑥ 방수 및 방습공사
⑦ 지붕공사　⑧ 외벽 마무리공사
⑨ 창호공사　⑩ 내부수장

36
공사의 시공순서 중 옳은 것은?

① 흙막이 및 토공사 – 기초공사 – 방수공사 – 구체공사 – 도장공사 – 지붕공사 – 마무리공사
② 흙막이 및 토공사 – 기초공사 – 철근콘크리트공사 – 조적 및 미장공사 – 방수공사 – 지붕공사 – 마무리공사
③ 흙막이 및 토공사 – 기초공사 – 조적 및 미장공사 – 철근콘크리트공사 – 지붕공사 – 방수공사 – 마무리공사
④ 기초공사 – 흙막이 및 토공사 – 구체공사 – 미장공사 – 방수공사 – 마무리공사 – 지붕공사

Answer ➡ 35. ③ 36. ②

2장 토공사

1 흙의 성질

[1] 흙의 성질

(1) 흙 = 토립자 + 간극(물, 공기, 가스)

(2) 간극비와 공극율 · 포화도

1) 간극비(공극비) = $\dfrac{\text{간극의 용적}}{\text{토립자의 용적}}$

2) 공극율 = $\dfrac{\text{공극의 용적}}{\text{토립자의 용적}} \times 100(\%)$

3) 포화도 = $\dfrac{\text{물의 용적}}{\text{공극의 용적}} \times 100(\%)$

(3) 함수비와 함수율

1) 함수비 : 습윤 토중에 함유된 물의 중량과 그 토립자의 절대건조상태의 중량과의 비

∴ 함수비 = $\dfrac{\text{물의 중량}}{\text{흙의 건조 중량}} \times 100(\%)$

2) 함수율 : 토중에 함유된 물의 중량과 흙의 전체 중량(토립자 + 물·공기)과의 비

∴ 함수율 = $\dfrac{\text{물의 중량}}{\text{흙의 전체 중량}} \times 100(\%)$

(4) 예민비 : 자연시료에 대한 함수율을 변화시키지 않고 이기면 약하게 되는 성질이 있는데 그 정도를 나타낸 것을 예민비라 한다.

∴ 예민비 = $\dfrac{\text{자연시료의 강도}}{\text{이긴시료의 강도}}$

(5) 흙의 경연도

1) 소성한계 : 파괴 없이 변형을 일으킬 수 있는 최소의 함수비
2) 액성한계 : 외력에 전단 저항이 0이 되는 최소의 함수비로 액성한계가 크면 수축, 팽창이 커진다.
3) 수축한계 : 함수비가 감소해도 부피의 감소가 없는 최대의 함수비

[2] 점토의 비화작용 및 흙의 전단강도

(1) 점토의 비화작용 : 액상상태에 있는 흙을 건조시키면 고체로 되었다가 재차 흡수하면 토립자 간의 결합력이 감소되어 갑자기 붕괴되는 현상

(2) 흙의 전단강도(Coulomb 식)

$$\therefore S = C + \sigma \tan \phi$$

- S : 흙의 전단강도(kg/cm²)
- C : 점착력(kg/cm²)
- σ : 전단면(파괴면)에 작용하는 수직응력(kg/cm²)
- ϕ : 내부마찰각

2 지반조사

[1] 지반조사방법

(1) 터 파보기 : 경질 지반의 위치 또는 얕은 지층의 토질, 지하수위 등을 파악하기 위해 삽으로 구덩이를 파 보는 방법

(2) 탐사간 짚어보기 : 쇠꽂이 찔러보기(sound rod)

(3) 보링(Boring)

1) 기계식 보링 : 충격식, 수세식, 회전식(가장 정확한 방법)
2) 오우거 보링 : 작업현장에서 인력으로 간단하게 실시할 수 있는 방법으로 사질토의 경우에는 3~4m, 보통 지층에서는 10m 정도의 깊이로 토사를 채취

[2] 현장의 토질시험 방법

(1) 베인 테스트(vane test) : 십자형 날개의 vane test를 지반에 때려 박고 회전 시켜서 그 회전력에 의해 점토의 점착력을 판별하는 방법(연한 점토질에 주로 쓰이는 방법)

(2) 표준관입시험 : 63.5kg의 추를 75cm의 높이에서 자유 낙하시켜 30cm 관입시킬 때의 타격회수(N)를 측정하여 흙의 경·연도의 정도를 판정하는 방법

1) 사질지반의 상대밀도 등 토질 조사시 신뢰성이 높다.

2) N값과 모래의 상태

N의 값	모래의 상태
0~5	몹시 느슨하다.
5~10	느슨하다.
10~30	보통
50 이상	다진 상태(밀실 상태)

(3) **지내력 시험(평판재하시험)** : 지반면에 직접 재하 하여 허용지내력을 구하기 위한 시험 방법

1) 시험은 원칙적으로 예정기초면에서 행한다.
2) 하중시험용 재하판은 정방형 또는 원형의 두께 약 25mm 철판재, 면적 $0.2m^2$, 보통 30cm의 각이나 45cm 각의 것이 사용된다.
3) 매회의 재하는 1 ton 이하 또는 예정파괴하중의 1/5 이하로 한다.
4) 침하의 증가는 2시간에 0.1mm의 비율 이하가 될 때에는 침하가 정지된 것으로 간주한다.
5) 단기하중에 대한 허용지내력은 총 침하량이 20mm에 도달하였을 때, 침하량이 20mm 이하더라도 침하곡선이 항복상황을 나타낼 때로 한다.
6) 장기하중에 대한 허용지내력은 단기하중에 대한 허용지내력의 1/2이다.

3 토공기계

[1] 굴착용 기계

(1) **파워 셔블(power shovel)** : 중기가 위치한 지면보다 높은 장소의 땅을 굴착하는데 적합하며, 산지에서의 토공사, 암반으로부터 점토질까지 굴착할 수 있다.

(2) **백호우(드래그 셔블)** : 중기가 위치한 지면보다 낮은 곳의 땅을 파는데 적합하며, 수중굴착도 가능하다.

(3) **드래그라인(drag line)** : 작업범위가 광범위하고 수중굴착 및 연약한 지반의 굴착에 적합하다.(8m 정도의 기초 흙파기에 적당)

(4) **클램셀** : 수중굴착, 건축구조물의 기초 등 정해진 범위의 깊은 굴착 및 호퍼작업에 적합하나 파는 힘은 약하다.

[2] 정지용 기계

(1) 모터그레이더
1) 상하 경사가 가능하고 방향전환을 할 수 있는 정지판을 장치하고 있다.
2) 지면을 절삭하여 평활하게 다듬는 토공기계의 대패이다.

(2) 도저
1) 불도저 : 배토판(blade)을 트랙터 앞부분에 90°로 설치하여 배토판을 상하로만 조절할 수 있는 도저이다.
2) 앵글도저 : 배토판을 좌우 30°까지 회전할 수 있고 주로 산허리 등을 깎아 내리는데 유효하다.
3) 틸트도저 : 블레이드를 레버로 조정할 수 있으며 동결된 땅, V형 배수로 작업 등에 쓰인다.

(3) 캐리오올 스크레이퍼
1) 흙의 굴착, 싣기, 운반, 하역 등 작업을 연속적으로 행할 수 있는 토공만능기다.
2) 100~200m의 중거리 정지공사에 적합하다.

[3] 싣는 기계

(1) **크로울러 로더** : 불도저의 대용으로 쓰이며 굴착력이 매우 강하고 흙 등을 싣기에 쓰다.
(2) **휘일 로더** : 크로울러식보다 굴착력은 약하나 기동성이 매우 우수하다.

4 흙막이

[1] **흙막이** : 흙막이 기초파기 측면을 보호하여 토사의 유출과 붕괴를 방지하기 위한 것으로 버팀대와 널말뚝으로 이루어진다.

(1) 흙파기 깊이가 3m 이상일 때는 토질에 관계없이 흙막이를 설치한다.
(2) 흙파기 깊이가 3m 이하일 경우는 적당한 경사를 두어야 하며, 1m 이하의 기초파기에는 보통 흙막이를 하지 않는다.

[2] 흙막이 공법

(1) 빗 버팀대식 흙막이 공법 : 넓은 면적에서 비교적 얕은 기초파기를 할 때 이용되는 방법

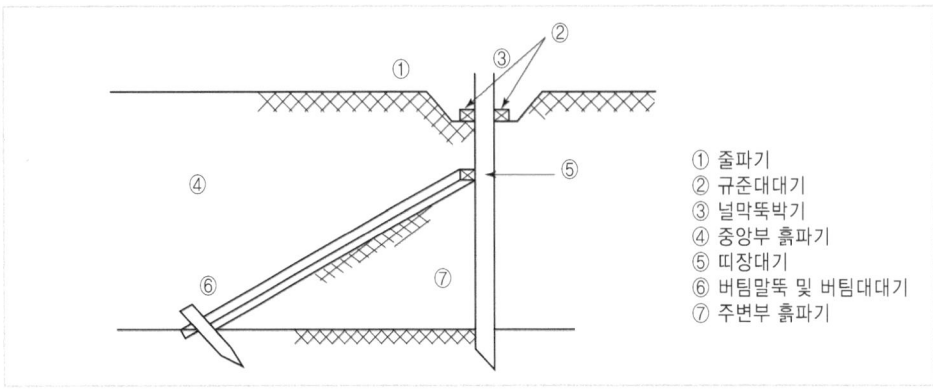

| 빗 버팀대식 흙막이 공법 |

(2) 수평버팀대식 흙막이 공법 : 좁은 면적에서 깊은 기초파기를 할 때나, 폭이 좁고 길이가 길 경우에 이용되는 공법

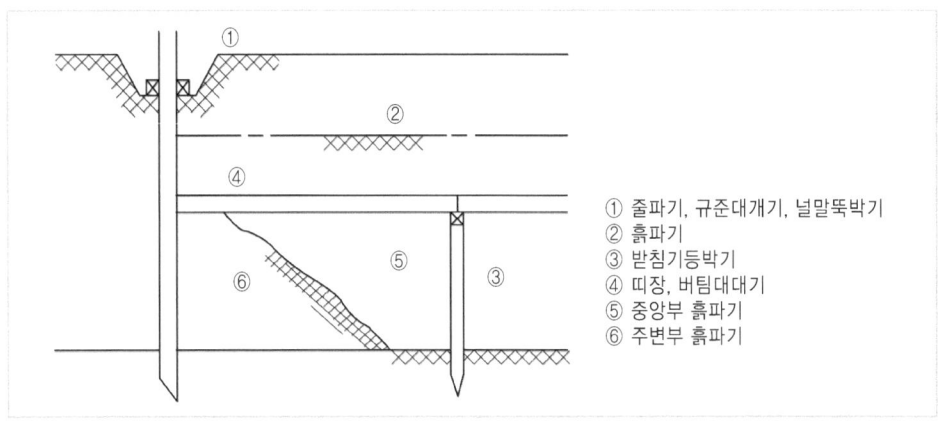

| 수평 버팀대식 흙막이 공법 |

[3] 지하연속벽 공법

(1) 지하연속법 공법(slurry wall) : 벤토나이트 이수(泥水)를 사용해서 지반을 굴착하여 여기에 철근망을 삽입하고 콘크리트를 타설하여 지중에 철근콘크리트 연속벽체를 형성하는 공법

(2) 지하연속벽 공법의 특징

1) 무진동, 무소음 공법이다.
2) 인접건물에 근접시공이 가능하다.

3) 차수성이 높다.
4) 벽체 강성이 높다(연약지반의 변형 및 이면침하를 최소한으로 억제할 수 있음)
5) 형상치수가 자유롭다.
6) 공사비가 고가이고 고도의 기술경험이 필요하다.

5 흙 파 기

[1] 기초파기(터 파기)

(1) 줄기초파기(Trenching) : 지중보, 벽 구조의 기초 등에서 도랑모양으로 파는 것.

(2) 구덩이파기(Pit excavation) : 독립기초 등과 같이 국부적으로 파는 것을 말한다.

(3) 온통기초파기(Overall excavation) : 총기초, 지하실의 파기에서와 같이 넓게 전체적으로 파는 것을 말한다.

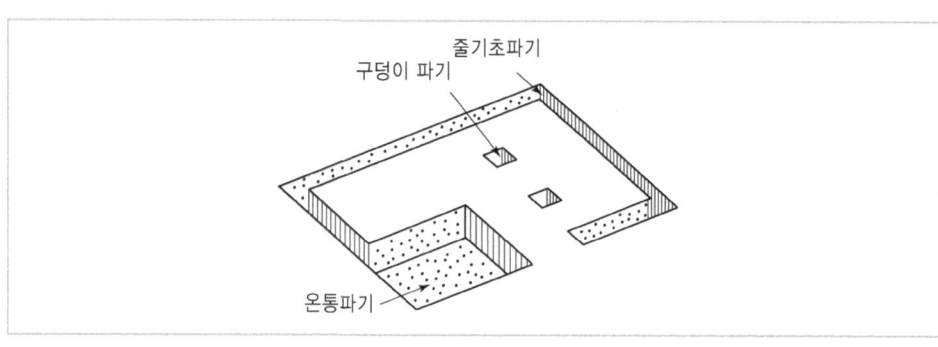

‖ 기초파기 ‖

[2] 흙파기 공법

(1) 오픈 컷(open cut) 공법

1) 비탈면 오픈 컷 공법 : 굴착단면을 토질의 안전 구배인 사면이 유지되도록 하면서 파내는 방법

2) 흙막이 벽 오픈 컷 공법 : 널말뚝을 건물의 주위에 박고 소정의 깊이까지 파내어 기초를 구축하는 방법
   ① 타이로드(Tie rod)공법
   ② 버팀대 공법
   ③ 자립 흙막이 벽 공법

(2) 아일랜드 컷 공법

1) 얕고 면적이 넓은 기초파기에 쓰이는 공법이다.
2) 좁은 대지에서는 비탈면 온통파기가 곤란하므로 흙막이를 주위에 박고, 그 주위는 비탈면으로 남겨두고 중앙 부분을 먼저 파고 구조물의 기초를 여기에 축조한 다음 버팀대를 여기에 지지시켜 주변 흙을 파내고 지하 구조물을 완성하는 공법이다.

(3) 트랜치 컷 공법 : 아일랜드 공법의 역순으로 흙을 파내는 공법

(4) 언더피닝 공법 : 기존 구조물의 기초를 보강하거나 새로이 기초를 삽입하는 공법

6 지하공법(구체 흙막이 지보공법)

[1] 케이슨 공법

(1) **뉴매틱케이슨 공법** : 건물의 주위 1개 스팬분의 뉴매틱 케이슨을 침하시켜 이것을 흙막이 벽으로 하여 내부의 흙을 파내는 공법

(2) **오픈케이슨 공법** : 지상에 지하실 부분의 구체를 축조하고 그 밑을 파내어 침하시켜 지하실을 축조하는 공법

[2] 심초공법

(1) 표토를 제거하고 건물의 기둥 위치에 3~3.5 m 지름의 심초우물을 판 뒤 기초를 축조한다.
(2) 기초 상부에 철골기둥을 세우고 1층 바닥부터 콘크리트를 친 후 지하를 향해 공사해 나가는 공법이다.

실 / 전 / 문 / 제

01
사질지반에 있어서 토질 조사를 할 경우 비교적 신뢰할 수 있는 방법은 다음 중 어느 것인가?

① 보링과 베인 테스트
② 보링과 틴월 샘플링
③ 보링과 표준관입시험
④ 전기 탐사법

02
다음 중 토질시험이 아닌 것은?

① 투수시험　　② 액성한계시험
③ 비표면적시험　④ 압축시험

03
지반조사 방법 중 해당되지 않는 것은?

① 시험파기　　② 물리지하 탐사법
③ 우물통 공법　④ 지내력 시험

04
다음 토공사에 이용되는 각종 식 중 설명이 틀린 것은?

① 간극비 = $\dfrac{간극의\ 용적}{토립자의\ 용적}$

② 함수율 = $\dfrac{물의\ 중량}{토립자의\ 중량} \times 100$

③ 포화도 = $\dfrac{물의\ 용적}{간극(공극)의\ 용적} \times 100$

④ 예민비 = $\dfrac{이긴\ 시료의\ 강도}{자연\ 시료의\ 강도}$

해설
예민비 = $\dfrac{자연시료의\ 강도}{이긴시료의\ 강도}$

05
표준관입시험에 대한 사항 중 틀린 것은?

① 추의 무게는 63.5kg이다.
② 토질시험의 일종이다.
③ 추의 낙하높이는 100cm이다.
④ N의 값은 30cm 관입시킬 때의 타격 횟수이다.

해설
추의 낙하는 70~80cm의 범위로, 75cm 정도로 한다.

06
자연상태로서 흙의 강도는 10kg/cm²이고, 이긴 상태로의 강도는 2kg/cm²이라면 이 흙의 예민비는?

① 1/5　　② 2
③ 5　　　④ 10

해설
예민비 = $\dfrac{10}{2} = 5$

07
지반조사에 관한 기술 중 부적당한 것은?

① 보링 조사의 깊이는 보통 건물에 있어서의 건물 폭의 1.5~2배를 표준으로 한다.
② 기초파기 공사에 있어서 흙의 전단강도는 비중 및 투수성을 조사할 필요가 있다.
③ 어느 지층이 말뚝 지지층으로 될 수 있는지의 여부는 중·고층 정도의 건물에서 N값과 층 두께로 어느 정도 판단할 수 있다.
④ 지반의 성질을 추정할 경우, N값이 갖는 의미는 일반적으로 점토에서나 모래에 있어서도 변화하지 않는다.

해설
점성토와 사질토에는 같은 N값이라도 성질이 다르다.

Answer ▶ 01. ③　02. ③　03. ③　04. ④　05. ③　06. ③　07. ④

08
사질토의 경우, 표준관입시험의 타격 횟수 N의 값이 50이면 이 지반의 상태는?

① 몹시 느슨하다.   ② 느슨하다.
③ 보통이다.   ④ 다진 상태이다.

해설

30cm의 관입에 필요한 타격 횟수 N

N의 값	모래의 상태
0~5	몹시 느슨하다.
5~10	느슨하다.
10~30	보통
50 이상	다진 상태(밀실 상태)

09
연약한 점토질 지반에서의 토질조사를 할 때 비교적 믿을 만하다고 생각되는 방법은?

① 베인 테스트   ② 코어 보링
③ 전기탐사   ④ 말뚝시험

10
보링의 구멍을 이용하여 십자 날개형을 지반에 때려 박고 회전시켜서 그 회전력에 의하여 진흙의 점착력을 판별하는 시험명은?

① 표준관입시험   ② 삼축압축시험
③ 액성한계시험   ④ 베인 시험

11
지내력 시험에 관한 기술 중 옳지 않은 것은?

① 재하판은 2,000cm²로 한다.
② 매회 재하는 1t 이하, 또한 예정 파괴하중의 1/5 이하로 한다.
③ 총 침하량은 20mm에 달했을 때의 하중을 장기하중에 대한 허용 지내력도로 한다.
④ 침하의 증량이 2시간에 0.1mm 이하일 때를 침하가 정지한 것으로 본다.

해설

③항. 총침하량은 20mm에 도달했을 때의 하중을 단기하중에 대한 허용지내력도로 한다.

12
지내력 시험을 하는 가장 올바른 이유는?

① 말뚝의 종류를 결정하기 위해서
② 가장 적합한 기초구조를 결정하기 위해서
③ 건물의 부동침하를 방지하기 위해서
④ 지층의 상태를 측정하기 위해서

해설

지반조사는 기초설계 및 시공에 필요한 자료를 얻기 위하여 행하는 것이고, 지내력 시험은 기초설계를 위한 자료를 얻고자 행하는 것이다.

13
사질지반의 토질조사를 할 때, 비교적 신뢰성이 있는 방법은 다음 중 어느 것인가?

① 페네트레이션 테스트
② 틴 월 샘플링
③ 베인 테스트
④ 전기탐사법

해설

현장토질시험(Field soil test, Building site soil test)
① 베인 테스트(vane test) : 연약한 점토지반에 사용
② 틴월 샘플링(Thin wall sampling) : 연약점토 시료에 행한다.
③ 페네트레이션 테스트(penetration test ; 관입시험) : 지반 내의 모래밀도 측정
④ 재하시험(Loading test, 지내력 시험) : 기초지반의 지지력 시험
⑤ 재하공법 : 대기압 재하공법, 성토공법, 지하수위 저하공법 등이 있다.
⑥ 표층처리공법 : sand mat 공법, 시설재공법, 표층고결공법, 표층배수공법 등이 있다.
⑦ 치환공법 : 굴착치환공법, 강제치환공법 등이 있다.
⑧ 표준관입시험 : 사질지반의 상대밀도 조사에 사용

14
다음 기술 중 틀린 것은?

① 보통 흙의 휴식각(休息角)은 50~70°이다.
② 보통 흙의 단위중량은 약 1,500kg/m³ 정도이다.
③ 흙은 일반적으로 파내면 파기 전보다 부피의 증가가 생긴다.
④ 파낸 흙을 되 메우기 할 때는 30cm 두께마다 적당한 기구로 다진다.

Answer ● 08. ④ 09. ① 10. ④ 11. ③ 12. ② 13. ① 14. ①

해설
보통 흙의 휴식각은 25~45°에서 30~35° 정도로 하며, 파기 경사각은 약 60°이다.

15
다음 지반 중에서 터파기 하였을 때 부피증가가 제일 큰 것은?

① 점토　　② 모래
③ 경암　　④ 경점토

해설
터파기 공사후의 부피증가율

토 질	증가율(%)	
	일시적	영구적
① 연토	8~12	1~3
② 모래 또는 자갈	15	~
③ 모래섞인 진흙, 적토사	20	5
④ 경질흙, 점토, 부식토	25	7
⑤ 진흙반	30	8
⑥ 연암	35	10
⑦ 경암	35이상	~

16
터파기를 할 경우에 있어서 굴착토의 굴착 전에 대한 중량으로 틀리는 것은?

	토질	굴착에 의한 중량
①	모래 또는 자갈	15%
②	점토	25%
③	부식토	25%
④	경암	30%

17
모래 섞인 점토지반이 연질이고 밀실하지 않을 때의 허용 지내력도는 다음 중 어느 것인가?

① 10t/m²　　② 20t/m²
③ 30t/m²　　④ 15t/m²

해설
①는 모래 또는 점토, ②는 자갈과 모래의 혼합물, ③는 자갈의 허용지내력도이다.

18
흙파기 저면에 투수성이 좋은 지반에서 흙파기 저면부근에 피압수가 있을 때에 흙파기 저면을 통하여 상승하는 유수(流水)로 말미암아 모래입자가 부력을 받아 저면 모래지반의 지지력이 없어지는 현상은?

① 히빙 파괴(heaving failure)
② 언더피닝(underpinning)
③ 압밀침하
④ 보일링(boiling)

해설
① 언더피닝 : 기존 구조물의 기초를 보강하거나 새로이 기초를 삽입하는 공사의 총칭이다.
② 압밀침하 : 외력에 의해 간극 내의 물이 빠져서 흙입자의 사이가 좁아지며 침하되는 것을 말한다.

19
흙막이 공사 시에 지표 재하하중의 중량에 못 견디어 흙막이 저면흙이 붕괴되어 바깥에 있는 흙이 안으로 밀려 볼록하게 되어 파괴되는 현상을 무엇이라 하는가?

① 히빙(heaving)파괴
② 보일링(boiling)파괴
③ 수동토압(passive earth pressure)파괴
④ 전단(shearing)파괴

20
흙이 압축력을 받아서 흙의 빈틈 속에 있는 물이 외부로 배출됨에 따라 흙입자의 사이가 좁아지며 지반이 서서히 침하되는 현상을 무엇이라고 하는가?

① 보일링(boiling)
② 압밀침하
③ 언더피닝(Underpinning)
④ 히빙 파괴(heaving failure)

해설
압밀(consolidation) : 압축응력의 증가로 흙의 체적이 서서히 감소하는 것

Answer ● 15. ③　16. ④　17. ④　18. ④　19. ①　20. ②

21
토공사에서 히빙 파괴의 방지책으로서 가장 안전한 방법은?

① 지표재의 하중을 줄인다.
② 저면 지반은 개량공법으로 보강한다.
③ 흙막이 벽의 재료는 강도가 높은 것을 사용하고 버팀대의 수를 증대시킨다.
④ 강성이 높은 강력한 흙막이 벽의 밑끝을 양질의 지반 속까지 깊게 밑둥 넣기를 한다.

22
지반의 성질에 대한 다음 기술 중 옳지 않은 것은?

① 점토층은 건조하면 수축된다.
② 점토층에 하중을 가하면 급속히 압밀침하 된다.
③ 모래층은 투수성이 좋고 압밀침하를 일으키기 쉽다.
④ 흙의 투수계수는 간극비가 크면 클수록 좋다.

해설
점토층은 흙·모래와 달리, 점착력은 있으나 내부 마찰각은 거의 없기 때문에 장기하중에 대하여 압밀현상을 일으킨다. 이것은 점토층의 투수성이 나쁘기 때문이다.

23
다음의 흙 돋우기에 관한 설명 중 부적당한 것은?

① 흙 돋우기를 할 때 쓰레기나 잡물 등이 나타나면 밑에 깔고 잘 다져야 한다.
② 흙 돋우기에 사용하는 흙은 양질의 것으로 담당원의 승인을 받아야 한다.
③ 경사가 급한 경우는 층 파기를 하여 흙 돋우기와 원지반의 밀착을 도모한다.
④ 지하수위가 높은 지반 위에 흙 돋우기를 할 때에는 미리 배수처리를 하여야 한다.

24
흙막이에 사용하는 널말뚝에 관한 기술 중 틀린 것은 어느 것인가?

① 널말뚝의 두께는 1/60 또는 4cm 이상이어야 한다.
② 널말뚝의 너비는 두께의 3배 또는 25cm 이내로 한다.
③ 널말뚝은 낙엽송, 소나무 등의 생나무가 좋다.
④ 널말뚝 머리에는 쇠가락지를 끼우고 #8 철선 등을 감는다.

해설
널말뚝의 두께는 널말뚝 길이의 //60 또는 5cm 이상이어야 한다.

25
다음의 널말뚝 재료 중 흙막이 뿐만 아니라 물막이로도 쓸 수 있는 것은 어느 것인가?

① 목재 널말뚝
② 현장제작 콘크리트 널말뚝
③ 공장제작 철근콘크리트 널말뚝
④ 철재 널말뚝

26
아래 그림의 철재 널말뚝의 명칭은?

① 라르센(Larssen)
② 렌섬(Ransom)
③ 유니버설 조인트(Universal joint)
④ 테레스 로우거스(Terres Rouges)

27
수평 버팀대식 흙막이 공법의 시공에 관한 주의 사항 중 적당한 것은?

① 버팀대를 수평으로 하는 것으로서 될 수 있는 한 중앙부에 3~6cm 정도를 높여 만드는 것이 좋다.
② 띠장의 이음은 버팀대 이음보다도 중요하므로 덧판의 길이나 볼트 수를 충분히 하는 것이 좋다.
③ 버팀대는 각 단의 상하에 연결시키지 않아도 지장은 없다.
④ 띠장은 버팀대 사이의 1/4 정도의 곳에 이음을 두는 것이 좋다.

Answer ● 21. ④ 22. ② 23. ① 24. ① 25. ④ 26. ② 27. ④

해설
띠장은 주로 휨 하중을 받으므로 그 이음을 버팀대의 1/4의 곳, 즉 연속보로 생각할 경우에 휨 모우멘트가 0에 가까운 곳에 두는 것이 좋다.

28
흙막이용 철재 널말뚝의 밑둥넣기 깊이를 정하는데 가장 중요한 기준이 되는 것은?

① 보일링 현상을 고려한다.
② 단단한 지반깊이를 고려한다.
③ 파이핑 현상을 고려한다.
④ 히빙 파괴현상을 고려한다.

29
다음 중에서 흙막이 주의 사항으로 틀린 것은 어느 것인가?

① 지주 및 버팀대 등을 밑둥은 침하하지 않도록 한다.
② 수평 버팀대는 떠오르지 않게 하중을 설치하고, 약간 중간에 볼록하게 한다.
③ 접착부는 형상을 간단히 하고 철물로 충분히 보강한다.
④ 띠장 및 버팀대는 장착물을 써서 이음을 적게 한다.

해설
②항, 수평버팀대는 버팀대 길이의 1/100~1/200 정도를 중앙부에서 처지게 한다.

30
지반보다 6m 정도 깊은 경질지반의 기초파기에 적합한 굴삭기계는?

① drag line
② tractor shovel
③ back hoe
④ power shovel

해설
백호우(back hoe : 드래그셔블) : 중기가 위치한 지면보다 낮은 곳의 굴착에 적합하며 수중굴착도 가능하다.

31
흙파기 공법에 관한 설명 중 가장 옳은 것은?

① 온통파기 공법은 굴삭깊이가 깊을수록 공기 및 공비상으로 유리하다.
② 아일랜드 컷 공법은 좁은 대지에 이용되며, 극히 연약한 지반에도 효율적이다.
③ 버팀대를 대는 위치는 땅파기 밑바닥에서 1/2 지점이 가장 좋다.
④ 수평 버팀대는 좌굴을 고려하여 버팀대 길이의 1/100~1/200 정도를 중앙부에서 처지게 한다.

32
토공사용 기계에 대한 기술 중 부적당한 것은?

① 불도저는 대체로 60m 이하의 배토작업에 사용된다.
② 백 호우는 5~6m 깊이를 파낼 때 유리하다.
③ 크램 셸은 좁은 곳의 수직파기에 쓰인다.
④ 파워 셔블은 기계가 위치한 면보다 낮은 곳의 흙파기에 쓰인다.

해설
파워셔블 : 기계가 위치한 지면보다 높은 장소의 땅을 굴착하는데 적합하다.

33
토사를 파내는 형식으로 깊은 흙파기용, 흙막이의 버팀대가 있기 때문에 좁은 곳, 케이슨(caisson) 내의 굴착 등에 적합한 기계는?

① 크램 셸(clam shell)
② 드래그 셔블(shovel)
③ 드래그 라인(drag line)
④ 앵글 도저(angle)

Answer ● 28. ④ 29. ② 30. ③ 31. ④ 32. ④ 33. ①

34
다음의 흙파기용 기계 중 수직굴삭이나 수중굴삭 등에 사용되는 깊은 흙파기용으로 적합한 것은?

① 백 호우
② 크램 셸
③ 그레이더
④ 파워 셔블

해설
크램셸(clam shell) : 수중굴착, 건축구조물의 기초 등 정해진 범위의 깊은 굴착 및 호퍼작업에 적합하다.

35
토공사용 기계에 관한 기술 중 틀린 것은?

① 불도저 최대운반거리는 100m이다.
② 파워 셔블(power shovel)은 지반보다 높은 곳의 굴삭에 최적이다.
③ 드래그 라인(drag line)은 기계를 설치한 지반보다 낮은 장소 또는 수중을 굴삭하는 데 적당하다.
④ 크램 셸(clam shell)은 기초지반을 파는 데 사용되며, 파는 힘은 약하다.

해설
불도저는 토사운반거리가 15m 정도로 하여 사용되며, 최대 60m 이내로 단거리 공사용에 적합하다. 스크레이퍼는 100~200m의 중거리 정지공사용에 적합하다.

36
다음 중 토공사가 기계의 사용이 적당하지 않은 것은 어느 것인가?

① 기계의 위치보다 높은 곳의 굴착 – Power shovel
② 기계의 위치보다 낮은 곳의 굴착 – Back hoe
③ 토량 운반 – Dump truck
④ 평탄지에서의 굴착 – Drag line

해설
드래그 라인(Drag line) : 중기가 설치된 지면보다 8m 정도의 깊은 기초굴착에 적합하며, 수중굴착도 가능하다.

37
이미 파 올려 쌓아놓은 흙, 모래, 자갈 등을 주로 퍼서 적재해 주는 것을 주 목적으로 하는 기계의 기종은 다음 중 어느 것인가?

① 그레이더(Grader)
② 백 호우(Back hoe)
③ 로우더(Loader)
④ 드래그 라인(Drag line)

해설
로우더(크로울러 로우더, 휘일로우더)는 싣는 기계이다.

38
떨공이로 말뚝을 박을 경우, 떨공이의 무게는 말뚝무게의 몇 배로 하는 것이 좋은가?

① 1배
② 2.5배
③ 5배
④ 10배

해설
떨공이(Drop hammer)로 나무 말뚝을 박을 때 추의 중량은 말뚝중량의 2~2.5배 정도로 하고, 추의 낙고는 3~4m 정도로 한다.

39
디젤 해머(Diesel hammer)에 관한 기술 중 틀린 것은 어느 것인가?

① 타격 에너지가 크고, 박는 속도가 빠르다.
② 공이는 가스의 연속폭발로 위로 오른다.
③ 연약한 지반에서는 발화되지 않는다.
④ 말뚝머리의 타격파손이 대단히 크기 때문에 쇠가락지를 끼운다.

해설
디젤 해머의 특징
(1) 장점
　① 타격 에너지가 크고 박는 속도가 빠르다.
　② 동력원은 가스이고, 경비가 저렴하다.
　③ 말뚝머리에 타격파손이 적다.
(2) 단점
　① 장시간 타격에는 실린더 내의 냉각이 곤란하여 조기착화로 타격에너지가 반감된다.
　② 연약지반에는 발화되지 않는다.
　③ 타격음이 크다.
　④ 경사말뚝, 대형중량말뚝에는 특별한 배려가 필요하다.

Answer ◐ 34. ② 35. ① 36. ④ 37. ③ 38. ② 39. ④

40
아일랜드 공법과 역순으로 흙파기 공사를 하는 것은 어느 것인가?

① 오픈 컷(Open Cut) 공법
② 트랜치 컷(Trench Cut) 공법
③ 케이슨(Caisson) 공법
④ 개방잠함(Open Caisson) 공법

해설

트랜치 컷(Trench cut) 공법 : 아일랜드 공법과는 역순으로 흙을 파내는 공법이다. 구조물 위치 전체를 동시에 파내지 않고 측벽이나 주열손 부분만을 먼저 파내며, 그 부분의 기초와 지하구조체를 축조한 다음, 중앙부의 나머지 부분을 파내어 지하구조물을 완성시키는 방식이다. 이 공법은 히빙 현상이 예상될 때, 지반이 극히 연약하여 온통파기를 할 수 없을 때, 매우 효과적이다. 하지만, 널말뚝을 이중으로 박아야 하고 공사기간이 길어지는 단점이 있다.

41
철재 또는 목재로 우물통을 만들어, 이것을 흙막이로 하여 파내려 가서 굳은 지반에 도달시킨 후, 그 내부를 콘크리트로 충진하여 만드는 기초파일 공법은?

① 심플렉스 파일
② 레이몬드 파일
③ 용기잠함 기초지정
④ 심초공법

Answer ➡ 40. ② 41. ④

3장 기초공사

1 지정과 기초 및 지정의 종류

[1] 지정과 기초

(1) 지정 : 기초를 안전하게 지탱하기 위하여 기초를 보강하거나 지반의 내력을 보강하는 지반다지기, 잡석다지기, 말뚝 박기 등의 한 부분을 말한다.

(2) 기초 : 건물에 작용하는 외력을 받아 이것을 안전하게 지반 또는 지정에 전달시키기 위하여 만든 건축물 최하부의 구조부를 말한다.

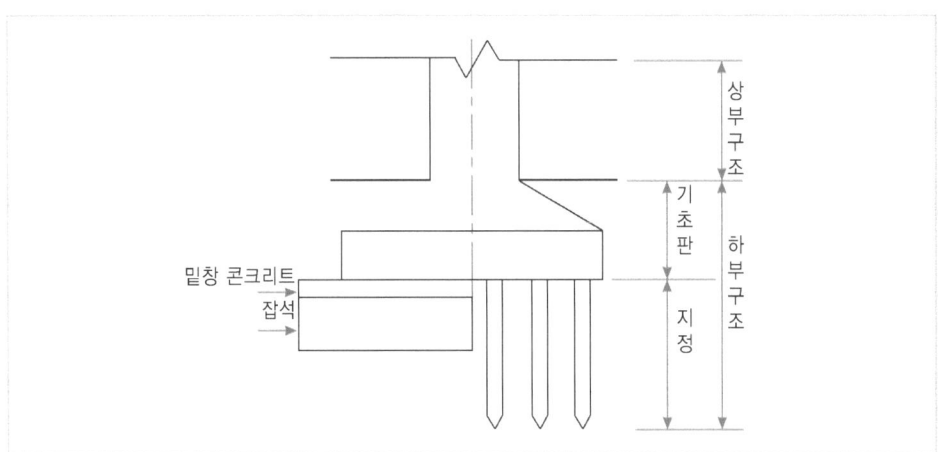

| 기초와 지정 |

[2] 지정의 종류

(1) 보통지정 : 잡석지정, 자갈지정, 모래지정, 밑창콘크리트지정, 긴주춧돌지정

(2) 말뚝지정 : 나무말뚝지정, 강재(철재)말뚝지정, 제자리콘크리트말뚝지정, 기성콘크리트말뚝지정, 파넣은말뚝지정

(3) 깊은기초지정 : 우물통지정, 잠함기초지정

2 보통지정 및 말뚝지정

[1] 보통지정

(1) 잡석지정 : 기초파기를 한 밑바닥에 10~30cm 정도의 잡석을 세워서 나란히 깔고 쇄석, 틈막이 자갈 등으로 틈새를 메우고 견고하게 다진 것이다.

(2) 자갈지정 : 굳은 지층에 자갈을 5~10cm 정도 깔고 충분히 다진 것이다.

(3) 모래지정 : 지반이 연약하고 건물의 무게가 비교적 가벼울 경우 지반을 파내고 모래를 물다짐 한 것이다.

(4) 밑창 콘크리트 지정 : 잡석이나 자갈 위의 기초 부분에 먹매김을 하기 위해 6cm 정도의 밑창 콘크리트를 치는 것이다.

[2] 말뚝지정

(1) 나무말뚝지정

1) 끝마구리와 밑마구리의 테이퍼(Taper)가 적은 재로서 길이 6m 내외 정도이며 말뚝재의 허용압축강도는 $50kg/cm^2$ 정도, 직경(끝지름) 12cm 이상, 보통 15~20 cm의 것을 사용한다.

2) 말뚝의 휨 정도(굽은 정도)는 윗마구리와 끝마구리의 중심을 연결한 중심선이 말뚝재 내에 있거나, 말뚝의 길이의 1/50 이내로 한다.

3) 말뚝의 간격은 말뚝머리지름의 2.5배 이상(기초판 끝에서는 1.25배 이상), 보통 4배 또는 60cm 이상이어야 한다.

4) 떨 공이로 말뚝 박기를 할 때 공이의 무게는 말뚝무게의 2~3배로 하고 공이의 낙하 높이는 5m(3~5m) 이내로 한다.

(2) 기성 콘크리트 말뚝지정

1) 대규모의 중량건물, 또는 굳은 지층이 깊어서 말뚝을 깊이 박아야할 경우에 쓰인다.

2) 말뚝의 외경은 25~50cm, 길이는 지름의 4.5 배 이하로 하고, 때려 박기 중심 간격은 외경의 2.5배 이상 또는 75cm 이상으로 한다.

3) 15m 이상의 장척물이 필요할 경우에는 이어서 사용한다.

(3) 강재(철재) 말뚝지정

1) H 형강, 철관(강관) 등이 사용된다.

2) 해안 매립지 또는 경질지반이 깊을 때에 이용된다.

3) H 형강말뚝은 단면에 30cm, 길이 18m 정도이며 최대 70m 정도까지 이어서 쓸 수 있다.

4) 철관말뚝은 지름 15~40cm, 길이 6m 정도의 철관을 이어서 사용한다.

5) 말뚝 박기 중심 간격은 말뚝머리 지름이 2.5배 이상 또는 90cm 이상으로 한다.

[3] 제자리 콘크리트 말뚝지정

(1) 제자리 콘크리트 말뚝지정 : 기계로 말뚝 구멍을 굴착하고 여기에 철근 콘크리트를 충전하는 공법

(2) 제자리 콘크리트 말뚝의 특징

1) 말뚝의 지름은 40~60cm 정도, 무근콘크리트는 말뚝길이의 1/20 이상으로 한다.
2) 콘크리트의 압축강도는 $180kg/cm^2$로 한다.
3) 주근의 철근비는 0.5% 이상, 피복두께는 6cm 이상으로 한다.
4) 말뚝의 중심 간격은 지름의 2.5배 이상 또는 90cm 이상으로 한다.

[4] 제자리 콘크리트 말뚝의 종류

(1) 관입 공법

1) **페데스탈 말뚝** : 지중에 2중관(내관, 외관)을 쳐 박은 후 내관을 빼내어 콘크리트를 부어 넣고 다시 내관을 집어넣어 다져서 구근을 만든 다음 공간에 콘크리트를 채우고 난 후 외관을 빼내는 것이다.
2) **멀티페데스탈 말뚝** : 페데스탈말뚝을 개량한 것으로 외관 밑에는 원뿔형의 신을 따로 내고, 내관 밑은 여닫게 된 뚜껑이 있어서 내관 속에 콘크리트를 부어 넣고 다지면서 점차로 외관도 빼어내어 말뚝을 형성시킨 것이다.
3) **콤프레솔 말뚝** : 지중에 1.0~2.5t 정도의 주철제 원뿔추를 자유 낙하시켜 구멍을 뚫고, 그 속에 콘크리트를 주입시켜 둥근 추로 콘크리트를 다지고 밑이 평면진 추로 재다짐하여 말뚝을 형성시킨 것이다.(지하수가 많이 나지 않는 굳은 지중에 짧은 말뚝으로 사용)
4) **프랭키 말뚝** : 콤프레솔 말뚝과 페데스탈 말뚝을 병용한 형식으로 심대 끝에 주철제 원추형인 내관을 외관 내에 끼워 넣고 쇠신을 씌우고 무거운 추를 낙하시켜 소요내력을 얻을 수 있는 깊이에 도달하면 내관을 빼 올리고 외관 내에 콘크리트를 부어 넣고 추로 다짐 작업을 반복하면서 구근을 만들며 외관을 빼내는 공법이다.
5) **심플레스 말뚝** : 굳은 지반에 쇠신을 끼운 강관을 소정의 깊이까지 박고 콘크리트를 투입하여 무거운 추로 다지면서 외관을 서서히 뽑아 올리며 말뚝을 형성하는 공법이다.
6) **레이몬드 말뚝** : 강판으로 만든 외관 속에 강제내관(core)을 끼워 넣고 내 외관을 동시에 쳐 박아 소정의 깊이에 도달하면 내관을 빼내어 외관 속에 콘크리트를 다져 넣은 공법이다.

① 외관을 콘크리트 속에 남겨 두므로 진흙이나 지하수 침투를 방지할 수 있다.
② 콘크리트가 절약되고 신속하게 시공할 수 있다.
③ 공사비가 높아지는 결점이 있다.

(2) 주열 공법(프리팩트 말뚝) : CIP, PIP, MIP 3종류가 있다.

1) CIP(cast-in-place pile) : 스크류오거머신(screw auger machine)으로 땅 속에 구멍을 뚫어 철근을 조립한 후 몰탈주입용 파이프를 밑창까지 꽂은 다음 구멍에 자갈을 다져 넣고 몰탈을 주입하여 콘크리트 기둥을 만든 것이다.

2) PIP(packed-in-place pile) : 스크류오거를 땅 속에 넣어 오거(auger)를 뽑아 올리면서 오거의 중심 관 선단으로부터 몰탈이나 잔자갈 콘크리트를 주입하여 말뚝을 형성하는 공법이다.

3) MIP(mixed-in-place pile) : 파이프 회전봉의 선단에 커터(cutter)를 장치하여 지중을 파고 다시 회전시켜 빼내면서 몰탈을 분출시켜 지중에 소일 콘크리트 말뚝(soil concrete pile)을 형성 시킨 것이다.

(3) 굴삭 공법

1) 어스드릴 공법 : 끝이 뾰족한 강재 샤프트(shaft)의 주변에 나사 형으로 된 날이 연속된 천공기를 지중에 틀어박아 토사를 드러내고 구멍을 파서 기초 피어를 제작하는 공법으로 굴착속도가 빠르다.

2) 베노토 공법 : 직경이 1~1.2m의 지반 천공기를 써서 케이싱(casing)을 삽입하여 기초 피어를 만드는 공법이다.

3) 이코스파일 공법 : 지수벽(止水壁)을 만드는 공법으로 도시소음방지나 근접 건물의 침하 우려시 유효한 공법이다.

4) 칼 웰드 공법 : 특수 드릴링 버킷(drilling bucket)을 말뚝구멍 속에서 회전시켜 천공하는 공법이다.

3 지반개량공법

(1) 치환법 : 연약토를 양질토로 치환하여 양질의 지지층을 만드는 공법으로 다음의 종류가 있다.

1) 성토자중에 의한 치환
2) 굴착치환공법 및 폭파치환공법

(2) **탈수법** : 지반 중의 수분을 탈수시킴으로서 지반의 밀도를 높이는 공법이다.

　1) 웰 포인트 공법

　　① 출 수가 많고 깊은 터 파기에서 진공펌프와 원심펌프를 병용하는 지하수 배수에 의해 지하수위를 낮추는 공법이다.

　　② 사질토, 실트층 등 투수성이 좋은 지반에는 효율이 좋으나 점토질 등 투수성이 나쁜 지반에는 효율이 나쁘다.

　　③ 흙막이 토질 약화를 예방하고, 흙막이 토압을 낮추며 기초 파기 공사를 용이하게 하고 지내력을 증가시킨다.

　2) 샌드드레인 공법 : 연약한 점토층의 수분을 배제하여 지반의 개량을 도모하는 공법으로 철관을 지반에 때려 박아 그 속에 모래를 다져 넣고 지표면에 하중을 실어서 모래 말뚝을 통하여 탈수 시켜서 지반을 다진다.

(3) **다짐 법** : 다짐기계 등을 이용하는 공법으로 주로 사질지반에 이용된다.

　1) 바이브로플로테이션 공법 : 지표로부터 관입되는 진동체의 진동과 물 제트에 의한 물다짐을 병용하여 모래, 자갈 등을 보급하면서 느슨한 사질토 지반을 다지는 공법이다.

　2) 샌드콤팩션말뚝 공법 : 점토질 지반, 사질토 지반 등에 적용되는 공법으로 특히 느슨한 모래지반에 효과적이다.

(4) **탈수다짐 법** : 특수 파이프를 관입하여 모래를 투입하고 이것을 진동하여 다지는 공법이다. (바이브로 콤포우저 이용)

(5) **약액주입 법** : 점토질의 연약지반 중에 응결제를 주입하여 고결 시키는 공법으로 주입 재료와 용도는 다음과 같다.

　1) 시멘트 : 굵은 사질토 지반의 강도 증진

　2) 벤토나이트, 아스팔트, 점토 : 물을 방지 하는 것

4 기초

[1] 기초 : 건축물 상부 구조의 각 종 하중을 받아 지반에 안전하게 전달시키는 건축물 최하부의 구조물을 말한다.

[2] 기초의 종류

(1) 직접기초(얕은 기초)

1) 푸팅(footing)기초 : 슬랩(slab)의 형식에 따라 다음과 같이 구분한다.
   ① 독립기초 : 단일 기둥을 하나의 기초에 연결하여 지지하는 방식
   ② 복합기초 : 2개 이상의 기둥을 하나의 기초에 연결하여 지지하는 방식
   ③ 연속기초(줄기초) : 연속된 기초판이 기둥 또는 벽의 하중을 지지하는 방식

2) 온통기초(전체기초) : 건물 하부 전체를 하나의 기초판으로 지지하는 형식이다.

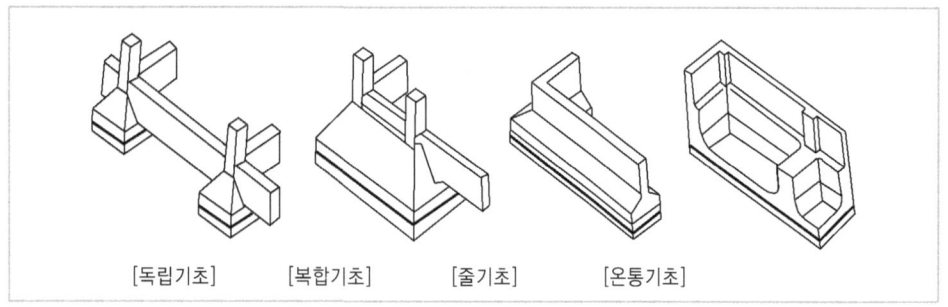

| 기초의 종류 |

(2) 깊은 기초

① 말뚝기초 : 나무말뚝, 강재말뚝, 기성콘크리트말뚝
② 피어기초 : 제자리 콘크리트 말뚝기초
③ 케이슨기초 : 우물통케이슨(open caisson), 박스케이슨(box caisson), 공기케이슨(pneumatic caisson)

실 / 전 / 문 / 제

01
기초공사에 관한 기술 중 옳지 않은 것은?

① 기초라 함은 건물의 최하부에 위치하여 건물의 하중을 받아, 이것을 지반에 안전하게 전달시키는 구조 부분을 말한다.
② 지정(地定)이라 함은 연약한 지반을 환토하는 것을 말한다.
③ 나무말뚝용 생나무는 반드시 껍질을 벗겨 쓰고 옹이나 기타 두드러진 곳은 다듬어서 사용한다.
④ 제자리 콘크리트 말뚝은 기초저면지반에 먼저 구멍을 추로 내려쳐서 뚫거나 철판을 박거나 굴착기로 파내고, 그 구멍 속에 조립철근을 넣은 다음, 콘크리트를 부어 넣어 만든 말뚝이다.

해설
지정이란 기초를 보강하거나 지반의 지지력을 증가시키기 위하여 하는 일을 말한다.

02
잡석지정에 관한 기술에서 틀린 것은?

① 잡석지정은 암석지반 위에서 실시하지 않는다.
② 잡석을 먼저 눕혀서 깐다.
③ 잡석을 깔고 사춤자갈을 펴고 잘 다진다.
④ 잡석은 직경 10~25cm 정도의 길쭉한 것이 좋다.

해설
잡석은 나란히 세워서 깔고 가장자리에서부터 중앙부로 다져간다.

03
잡석 다짐량이 5m³일 때 틈막이로 넣는 자갈의 양으로 옳은 것은?

① 1.5m³   ② 3.0m³
③ 4.5m³   ④ 5.0m³

해설
잡석지정에서 틈막이자갈(사춤자갈)의 양은 잡석 부피의 20~30% 정도로 한다.

04
나무말뚝 지정에 관한 다음 설명 중 틀린 것은?

① 나무말뚝은 껍질을 벗기고 큰 옹이는 다듬는다.
② 떨공이의 높이는 될 수 있는 대로 높게 한다.
③ 말뚝은 건조한 것을 사용해서는 안 된다.
④ 떨공이는 말뚝의 무게보다 무거운 것을 사용해야 한다.

해설
떨공이의 낙하높이는 5m 이내로 하여 약 3~4m 정도가 좋다.

05
나무말뚝의 휨률은 길이의 다음 중 얼마가 적당한가?

① 1/10   ② 1/30
③ 1/50   ④ 1/70

해설
나무말뚝의 휨 정도는 윗마구리 중심과 끝 마구리 중심을 연결하는 중심선이 말뚝재 내에 있거나 말뚝길이의 1/50 이내로 한다.

06
지정에 관한 설명 중 틀린 것은?

① 기성콘크리트 말뚝은 지하수위에 영향을 받지 아니한다.
② 나무말뚝 중심 간격은 말뚝머리 지름의 2.5배 이상, 75cm 이상으로 한다.

③ 기성 철근콘크리트 말뚝 중심 간격은 75cm 이상으로 한다.
④ 기성 콘크리트 말뚝의 길이는 3~15m이다.

해설
나무말뚝의 간격은 말뚝머리지름의 2.5배 이상(기초판 끝에서는 1.25배 이상), 보통 4배 또는 60cm 이상이어야 한다.

07
말뚝의 특성에 관한 기술 중 옳지 않은 것은?
① 마찰말뚝은 지지력이 약하므로 연약 지반층이 적은데만 쓴다.
② 나무말뚝은 지하수위가 높은 지반에 좋다.
③ 콘크리트 말뚝은 지하수위가 깊은 지반에서만 쓴다.
④ 널 말뚝은 마찰력으로 기초보강을 하는 데 쓴다.

해설
나무말뚝을 박을 때 주의사항
① 상수면 이하에 박을 것(나무말뚝은 지하수위가 낮은 지반에 사용)
② 껍질을 벗겨서 사용할 것
③ 생나무(여름은 벌목 후 15일 이내, 기타 30일 이내)를 사용할 것
④ 곧은 나무를 사용할 것

08
기초공사 중 말뚝 지정에 관한 설명으로 잘못된 것은?
① 나무말뚝은 소나무, 낙엽송 등으로 곧고 긴 생나무를 반드시 껍질을 벗겨서 이용한다.
② 강재말뚝은 중량이 가볍고, 휨 저항도 크며, 흙에 묻히면 부식에 대한 저항성도 있기 때문에 중요한 공사에 주로 이용된다.
③ 프리스트레스트 콘크리트 말뚝은 강도가 크고, 파손되는 일이 적으며, 휨 강도도 크다.
④ 무리말뚝의 말뚝 한 개가 받는 지지력은 단일 말뚝의 지지력보다 감소되는 것이 보통이다.

해설
강재말뚝은 부식에 대한 우려가 있으며 방식방법으로 판 두께를 증가시키는 방법, 전기방식법, 도장법 등이 사용되고 있다.

09
기성콘크리트 말뚝박기에서 박기의 중심 간격은 얼마로 해야 하는가?
① 말뚝머리 지름의 2.5배 이상 또는 60cm 이상으로 한다.
② 말뚝머리 지름의 2.5배 이상 또는 75cm 이상으로 한다.
③ 말뚝머리 지름의 3.0배 이상 또는 60cm 이상으로 한다.
④ 말뚝머리 지름의 3.0배 이상 또는 75cm 이상으로 한다.

10
말뚝 박기 시공에 관한 기술 중 틀린 것은?
① 기성 철근 콘크리트 말뚝 박기 중심 간격은 말뚝머리 직경의 2.5배 이상 또는 최소 간격 60cm이상으로 한다.
② 기초판 끝에서 말뚝의 중심까지의 최단거리는 말뚝 머리 직경의 1.25배 이상으로 한다.
③ 기성 철근 콘크리트 말뚝 1본의 길이는 외경의 45배 이하로 한다.
④ 강(鋼) 말뚝박기 중심간격은 말뚝머리 직경의 2.5배 이상 또는 최소간격 90cm 이상으로 한다.

해설
말뚝의 간격
① 나무 : 60cm
② 기성 콘크리트 : 75cm
③ 제자리 콘크리트, 강재(형강) : 90cm

11
말뚝지정에 관한 기술 중 옳지 않은 것은?
① 기초 slab 주변에서 말뚝의 중심까지의 최단거리는 말뚝지름의 1.2배 이상으로 한다.
② 기성 철근콘크리트 말뚝 1개의 길이는 지름의 45배 이하로 한다.
③ 제자리 콘크리트 말뚝중심간격은 말뚝머리의 지름 또는 폭의 2.5배 이상. 최소간격 75cm로 한다.

Answer ➔ 07. ② 08. ② 09. ② 10. ① 11. ③

④ 나무말뚝박기 중심간격은 말뚝머리 지름의 2.5배 이상 또는 60cm 이상으로 한다.

해설

제자리 콘크리트 말뚝의 중심간격은 지름의 2.5배 이상, 또는 90cm 이상으로 한다.

12

모래층, 모래 섞인 자갈층, 굳은 진흙층 등에 말뚝박기가 곤란한 경우, 사용되는 말뚝 방식 기계는?

① 압입식 말뚝박기 기계
② 회전식 말뚝박기 기계
③ 수사법 말뚝박기 기계
④ 떨공이 말뚝박기 기계

해설

수사법 말뚝박기 기계 : 말뚝 옆에 가는 철관을 꽂아 그 끝에서 물을 분사하여 수압에 의해 지반을 무르게 하여 작업하는 기계로, 해머와 병용하면 효과적이며 점성토에는 적합하지 않다.

13

말뚝박기공법 중 소음, 진동 등 공해가 가장 적은 것은?

① 떨공이 박기
② 디젤 해머 박기
③ 바이브로 해머 박기
④ 수사식 압입 박기

14

제자리 콘크리트 말뚝 중 관계없는 것은?

① 페데스탈 말뚝(Pedestal pile)
② 프랭키 말뚝(Franky pile)
③ 레이몬드 말뚝(Raymond pile)
④ 시트파일(Sheet pile)

15

주철제 원추형의 추로서 강관을 소정의 깊이까지 박고 관내에 콘크리트를 투입하여 다른 추로서 다지며 외관을 제거하면서 지중말뚝을 형성하는 것은?

① 심플렉스 파일(simplex pile)
② 레이몬드 파일(raymond pile)
③ 콤프레솔 파일(compressol pile)
④ 페데스탈 파일(pedestal pile)

16

1.0~2.5톤 정도의 세 가지 추를 사용하여 끝이 뾰족한 추로 천공하고, 속에 넣은 콘크리트를 끝이 둥근 추로 다지는 공법은?

① 프랭키 파일
② 콤프레솔 파일
③ 레이몬드 파일
④ 심플렉스 파일

해설

콤프레솔 파일은 지하수가 많이 나지 않은 굳은 지반에 짧은 말뚝으로 사용된다.

17

얇은 철판제의 외관에 심대를 넣어 처박은 후 심대를 빼내고 콘크리트를 다져 넣는 방법으로 만드는 말뚝은 다음 중 어느 것인가?

① 심플렉스 파일(simplex pile)
② 페데스탈 파일(Pedestal pile)
③ 레이몬드 파일(raymond pile)
④ 프랭키 파일(franky pile)

18

제자리 콘크리트 말뚝을 시공 할 때 목표지점까지 케이싱 튜브(casing tube)로 공벽(孔壁)을 보호하면서 굴착하는 공법은?

① 심초 말뚝공법
② 베노토(benoto) 말뚝공법
③ 어스 드릴(earth drill) 말뚝법
④ 리버스 서큘레이션(reverse circulation) 말뚝공법

19

피어(pier) 기초공사에 사용되지 않는 것은?

① 트레미(tremie) 관
② 어스 오거(earth auger) 버킷
③ 디젤 해머(diesel hammer)
④ 벤토나이트(ventonite) 액(液)

Answer ● 12. ③ 13. ④ 14. ④ 15. ① 16. ② 17. ③ 18. ② 19. ③

20
다음의 제자리 콘크리트 말뚝공법 가운데 공벽지반의 보호와 안정을 위해 청수(淸水)를 사용하는 공법은?

① 베노토 파일
② 어스드릴 파일
③ 이코스 파일
④ 리버스 서큘레이션 파일

21
지정 및 기초공사에 관한 다음 기술 중에서 부적당한 것은?

① benoto 공법은 caisson을 흔들어 압입(壓入)하고, 해머그래브(hammer grab)로 흙을 파낸 후, 콘크리트를 부으면서 cassion을 뽑아내어 말뚝을 만드는 공법이다.
② earth drill 공법에서는 공벽(孔壁)을 보호할 필요가 있을 때에 일반적으로 벤토나이트 용액을 사용한다.
③ 기성 콘크리트 말뚝의 시험박기에 있어서는 지반의 상황이나 지지력 이외에 시공 시의 소음(騷音)이나 진동 등에 의한 장해에 대하여도 조사 확인한다.
④ 제자리 콘크리트 말뚝의 시공에 있어서 벤토나이트 용액을 써서 땅파기를 하는 경우는 콘크리트 치기의 마감 높이를 원칙적으로 설계 높이보다 낮게 한다.

22
사질지반에서 지하수를 강제로 뽑아내어 전체 지하수위를 낮추어서 기초공사를 하는 공법은?

① 웰 포인트(well point) 공법
② 샌드 드레인(sand drain) 공법
③ 케이슨(caisson) 공법
④ 레이몬드 파일(raymond pile) 공법

23
기초공법 중 점토질 지반에 부적당한 것은?

① 아일랜드(Island) 공법
② 웰 포인트(well-point) 공법
③ 샌드 드레인(sand drain) 공법
④ 어스 드릴(earth drill) 공법

해설
웰 포인트 공법은 사질토 지반에 적합한 지반개량공법이다.

24
지하수가 많은 지반을 탈수하여 건조한 지반으로 만들기 위한 공법 중 틀린 것은?

① 샌드 드레인 공법(sand drain)
② 웰 포인트 공법(well point)
③ 토질치환 공법
④ 진공 공법

25
지반개량 또는 지반안정 공법에 관한 설명으로 적합하지 않은 것은?

① 페이퍼 드레인(paper drain) 공법은 샌드 파일(sand pile)을 형성한 후, 모래 대신에 흡수지를 삽입하여 지반의 물을 뽑아내는 공법이다.
② 바이브로 프로테이션(vibro floatation) 공법은 주로 점토질 지반을 진동시켜 굳히는 공법이다.
③ 그라우트(grout) 공법은 지반 내부의 공극에 시멘트죽 또는 약액을 주입하여 고결(固結)시키는 공법이다.
④ 샌드 드레인(sand drain) 공법은 적당한 간격으로 모래말뚝을 형성하고, 그 지반 위에 하중을 가하여 지반 중의 물을 유출시키는 공법이다.

해설
바이브로 프로테이션 공법은 지중에 대형 봉상 진동기를 워터제트 등을 이용하여 일정한 간격으로 박고 주변의 모래를 진동시켜 지반을 다지는 방법이다.

Answer ➜ 20. ④ 21. ④ 22. ① 23. ② 24. ③ 25. ②

4장 철근 콘크리트 공사

1 철근공사

[1] 철근의 가공

(1) 절단 : 철근의 절단은 인력 및 동력기계에 의한다.

(2) 구부리기 및 갈고리내기

1) 철근의 구부리기는 직경 25mm 이하는 상온에서 상온가공(냉간가공), 28mm 이상은 적당히 가열(가열가공)하여 굽힘기로 구부린다.
2) 원형철근의 말단부와 이형철근의 보·기둥의 단부, 굴뚝 대근 등은 갈고리(hook)를 설치한다.

(3) 철근 가공기구

1) **절단용** : 철근절단기(bar cutter), 와이어클립퍼(wireclipper)
2) **구부림용** : 바벤터(barbenter), 집게(hooker)

[2] 철근의 이음과 정착

(1) 이음의 종류

1) **겹침이음** : #18~#20철선으로 결속하여 이음
2) **용접이음** : 아크(arc)전기용접에 의한 이음
3) **가스압점** : 철근을 가열·가압하여 연결하는 일종의 용접이음(보와 같은 수평부재에서는 사용하지 않음)
4) **기계적 이음** : 각종 연결재(sleeve, 나사 등)를 이용한 철근의 이음

(2) 이음과 정착길이

1) 이음의 위치는 되도록 응력이 큰 곳을 피하고 동일개소에 철근수의 반 이상을 이어서는 안 된다.
2) 이음의 겹침길이는 갈고리 중심간의 거리로 한다(이음길이에 hook 부분은 포함되지 않음).
3) 주근의 이음은 구조부재의 인장력이 가장 작은 부분에 두어야 한다.

4) 지름이 서로 다른 주근을 잇는 경우에는 작은 주근지름으로 한다.
5) 이음 및 정착의 길이는(용접한 것은 제외) 압축근 또는 작은 인장력을 받는 곳은 주근지름의 25배(경량 철근 콘크리트 구조는 30배) 이상, 큰 인장력을 받는 곳은 40배(경량 철근 콘크리트 구조는 50배) 이상으로 한다.
6) 경미한 압축근의 이음길이는 20배로 할 수 있다.

(3) 정착위치

1) 기둥의 주근은 기초에 정착한다.
2) 보의 주근은 기둥에 정착한다.
3) 작은 보의 주근은 큰 보에 정착한다.
4) 직교하는 단부 보 밑에 기둥이 없을 때에는 상호간에 정착한다.
5) 벽 철근은 기둥, 보, 기초 또는 바닥판에 정착한다.
6) 바닥 철근은 보 또는 벽체에 정착한다.
7) 지중보의 주근은 기초 또는 기둥에 정착한다.

[3] 철근의 간격 및 배근순서

(1) 철근의 간격(배근)
철근배근의 최소간격은 콘크리트에 쓰이는 최대자갈지름의 1.25배 이상, 2.5cm 이상, 철근지름의 1.5배 이상 중 큰 값으로 한다.

(2) 철근공사의 배근 순서
기둥 – 벽 – 보 – 슬래브

[4] 철근에 대한 콘크리트의 피복두께

(1) 피복두께
콘크리트 표면에서 제일 외측에 가까운 철근표면까지의 거리

(2) 철근의 피복두께 계획시 고려사항(철근피복의 목적)

1) 내화성
2) 내구성
3) 시공상 유동성 확보

(3) 철근의 피복두께
최소 2cm(평균 3cm) 이상

[5] 철근의 조립

(1) 기초철근조립

1) 직교하는 철근 위에 대각선 방향으로 2~3본의 철근을 배근·결속한다.
2) 기초판 철근 밑에는 피복 두께를 유지하기 위해 6cm 각 정도의 몰탈 블록을 괸다.

(2) 기둥철근조립

1) 기둥의 철근은 위층의 층 높이의 1/3 지점 정도로 뽑아 올린다.
2) 동일기둥 내에서 주근 이음의 상호 수직거리는 철근지름의 3배 이상 또는 25mm 이상 떨어지게 한다.
3) 대근(hoop bar : 띠철근)의 간격은 30cm 이하, 작은 주근지름의 15배 이하로 한다.

(3) 바닥판(slab)철근 조립

1) 바닥판의 두께는 8cm 이상(경량 콘크리트는 10cm 이상) 또는 단변길이의 1/40 이상으로 한다.
2) 주근은 바깥에, 부근(배력근 또는 온도조절근)은 안에 두는 것을 원칙으로 한다.
3) 인장철근의 간격은 주근(단변방향)은 20cm 이내, 부근(장변방향)은 30cm 이내 또는 바닥판 두께의 3배 이내로 한다.

2 거푸집 공사

[1] 거푸집의 일반사항

(1) 거푸집 : 콘크리트 부어넣기 작업과 응결, 경화하는 동안 일정한 형상과 치수로 유지시켜 주며 경화에 필요한 수분의 누출을 방지하고 규정된 존치기간이 지나면 제거하는 가설공작물

(2) 거푸집에 사용되는 자재와 역할

1) **거푸집널** : 콘크리트와 직접 접촉하여 구조물의 표면형태를 조성하고 하중을 받는 거푸집 판재
2) **띠장 · 장선** : 거푸집 널을 지지하고 콘크리트의 하중을 거푸집 널에서 전달받아 장선, 장선(띠장)받이, 멍에게 전달시키는 부재
3) **멍에 · 장선받이**
   ① 멍에 : 띠장이나 장선을 받는 것
   ② 장선받이 : 갓 둘레에서 띠장이나 장선을 받는 것
4) **받침기둥(support ; 지주)** : 장선받이, 멍에 등을 지지하고 그 하중을 지반 또는 밑층의 바닥판에 전달하는 기둥

(3) 거푸집의 부재

1) **긴장재(formite)** : 콘크리트를 부어 넣을 때 거푸집의 벌어짐을 방지하는 것

2) 간격재(spacer) : 철근과 거푸집의 간격을 유지(피복간격 유지)

3) 박리제(formoil) : 거푸집의 박리를 용이하게 하는 것으로 동·식물섬유, 파라핀, 석유 등

4) 격리제(separator) : 거푸집의 상호간의 간격을 유지시켜 주는 긴결재

5) 캠버(camber) : 처짐을 고려하여 보나 슬라브 중앙부를 1/300~1/500 정도 미리 치켜 올림, 높이 조절용 쐐기

6) 인서트(incert) : 달대를 매달기 위해 사전에 매설시키는 수장철물

7) 파이프서포트 : 바닥 거푸집을 지지하는데 쓰이는 철제 지주

[2] 특수거푸집

(1) 슬라이딩 폼(sliding form)

1) 활동거푸집(sliding form)이라고도 하며, 콘크리트를 부어 넣으면서 거푸집을 수직방향으로 이동시켜 연속작업을 할 수 있게 된 수직활동 거푸집이다.

2) 사일로(silo), 연돌공사시 적합하다.

3) 특징
   ① 공기를 단축할 수 있다(1/3정도 단축).
   ② 내·외부 비계발판이 필요 없다.
   ③ 콘크리트의 일체성을 확보하기가 용이하다.

(2) 메탈 폼(metal form)

1) 강재 금속재의 콘크리트용 거푸집이다.

2) 콘크리트 면이 평활 하고 정확하다.

3) 치장 콘크리트에 많이 사용된다.

(3) 무지주공법 : 받침기둥(지주; support)을 사용하지 않고 보에 걸어서 거푸집널을 지지하는 방식으로 보빔과 페코빔이 있다.

1) 보빔(bow beam) : 수평조절이 불가능한 무지주공법의 수평지지보

2) 페코빔(pecco beam) : 수평조절이 가능한 무지주공법의 수평지지보

(4) 와플 거푸집(waffle form)

1) 무량판구조, 평판구조에서 사용하는 특수상자모양으로 된 기성제 거푸집이다.

2) 격자보 또는 슬래브의 거푸집으로 적합하다.

3) 층고를 낮추거나 스팬을 크게 하기 위한 목적으로 사용된다.

(5) 이동식 거푸집

1) 터널거푸집 : 한 구획 전체의 벽판과 바닥판을 T자형 또는 L자형으로 짜서 사용하는 이동식 거푸집이다.
2) 유로거푸집(Euro form) : 경량형강과 합판으로 대형벽판 또는 바닥판을 짜서 간단히 조립하여 사용하는 거푸집이다.
3) 갱거푸집(gang form) : 옹벽, 피어 등의 특수 거푸집으로 고안된 것이다.

(6) 크라이빙폼(climbing form)
벽체용 거푸집으로 거푸집과 벽체 마감공사를 위한 비계틀을 일체로 제작한 거푸집이다.

(7) 플라잉폼(flying form)
바닥전용 거푸집으로 테이블폼(table form)이라고도 한다.

[3] 거푸집의 존치기간 및 콘크리트의 측압

(1) 거푸집의 존치기간

1) 시멘트의 종류에 의한 거푸집 존치기간

부위		기초, 보옆, 기둥 및 벽		바닥 및 지붕 슬래브, 보 밑	
시멘트 종류		포틀랜드 시멘트	조강포틀랜드 시멘트	포틀랜드 시멘트	조강포틀랜드 시멘트
콘크리트의 재령(일)	평균 20℃이상	4	2	7	4
	평균 10~20℃ 미만	6	3	8	5
콘크리트의 압축강도		50kg/cm²		설계기준강도의 50%	

2) 온도에 의한 존치기간

온도 \ 부위	기초 옆, 기둥 옆, 벽 옆, 보 옆	바닥판 밑, 보 밑
5℃ 이상	5일	11일
15℃ 이상	4일	9일

(콘크리트의 보양도중 최저 기온이 5℃ 이하일 때는 1일을 1/2일로 하고, 0℃ 이하일 때는 산정하지 않는다.)

(2) 거푸집에 대한 콘크리트의 측압(콘크리트 타설 시 측압이 커지는 조건)

1) 기온이 낮을수록(대기 중의 습도가 높을수록)
2) 치어 붓기 속도가 클수록
3) 묽은 콘크리트 일수록(물·시멘트비가 클수록, 슬럼프 값이 클수록, 시멘트·물 비가 적을수록)
4) 콘크리트의 비중이 클수록

5) 콘크리트의 다지기가 강할수록
6) 철근양이 작을수록
7) 거푸집의 수밀성이 높을수록
8) 거푸집의 수평단면이 클수록(벽 두께가 클수록)
9) 거푸집의 강성이 클수록
10) 거푸집의 표면이 매끄러울수록
11) 측압은 생 콘크리트의 높이가 높을수록(어느 일정한 높이에 이르면 측압의 증대는 없게 됨)

[4] 거푸집 조립

(1) 거푸집의 조립순서 : 기둥 → 내벽(보받이 내력벽) → 큰보 → 작은보 → 바닥 → 외벽

(2) 거푸집 철거시 지주(받침기둥) 바꾸어 세우기

1) 지주 바꾸어 세우기 : 원칙적으로 하지 않으나 필요시 담당원의 승인을 받는다.

2) 지주 바꾸어 세우기 순서 : 큰보 → 작은보 → 바닥판
   ① 지주 바꾸어 세우기는 직상 층의 콘크리트를 부어넣기 전에 하며,
   ② 일시에 지주 전부를 제거하지 말고,
   ③ 큰보의 일부에서부터 거푸집을 제거하여 바꾸어 세운 다음에,
   ④ 작은 보, 바닥판의 순서로 한 부분씩 신속하게 시행한다.

3) 바꾸어 세운 지지의 상부에는 30cm 이상의 두꺼운 판을 대고, 밑 부분에는 쐐기 등으로 적절하게 떠받쳐 바꾸어 세우기 전의 지지력을 갖도록 한다.

3 콘크리트 공사

[1] 콘크리트의 배합설계 순서

(1) 소요강도(설계기준강도) 결정   (2) 배합강도 결정
(3) 시멘트 강도 결정   (4) 물-시멘트비 결정
(5) 슬럼프값의 결정   (6) 굵은골재 최대치수 결정
(7) 잔골재율 결정   (8) 단위수량 결정
(9) 표준배합(시방배합)의 산출   (10) 현장배합의 조정

(1) 소요강도와 배합강도

1) 소요강도(설계기준강도) : 구조계산에서 요구되는 콘크리트 강도

$$\therefore F_0(\text{소요강도}) = 3 \times \text{장기허용응력도}$$
$$= 1.5 \times \text{단기허용응력도}$$

2) 배합강도 : 콘크리트의 배합설계에 있어서 소요강도에 비비기, 시공관리, 기온 등에 의한 강도의 표준편차를 가산, 수정한 강도

$$\therefore F = F_0 + \delta + T$$

- F : 배합강도(kg/cm² : 콘크리트의 28일 압축강도)
- F_0 : 소요강도(kg/cm²)
- δ : 콘크리트 강도의 표준편차(kg/cm²)
- T : 기온에 따른 콘크리트 강도의 보정치

(2) 물 시멘트 비(W/C)

1) 물 시멘트 비 : 콘크리트를 배합할 때 물과 시멘트의 중량 백분율
2) 물 시멘트의 산정식

시멘트의 종류	산 정 식
보통포틀랜드 시멘트	$\chi = \dfrac{61}{\dfrac{F}{K} + 0.34}$ (o/wt)
조강포틀랜드 시멘트	$\chi = \dfrac{61}{\dfrac{F}{K} + 0.03}$ (o/wt)
고로실리카 시멘트	$\chi = \dfrac{61}{\dfrac{F}{K} + 1.09}$ (o/wt)

여기서, χ : 물 시멘트 비(o/wt)
 K : 시멘트의 28일 강도(kg/cm²)
 F : 배합강도(kg/cm²)

(3) 슬럼프 시험

1) 슬럼프 시험 : 콘크리트의 시공연도를 측정하는 시험
2) 표준 슬럼프 값

장 소	진동 다짐일 때	진동다짐이 아닐 때
기초, 바닥판, 보	5~10cm	15~19cm
기둥, 벽	10~15cm	19~22cm

(4) 굵은골재의 최대치수
굵은골재의 최대치수는 골재와 같은 크기의 중량비로 90% 이상 통과하여야 한다.

(5) 잔골재율(S/A, sand/aggregate)

1) 잔골재율(S/A) = $\dfrac{\text{잔골재 용적}}{\text{잔골재(모래)용적}+\text{굵은골재(자갈)용적}} \times 100(\%)$

2) 용적(m^3) = $\dfrac{\text{중량}(kg)}{\text{비중}(kg/m^3)}$

(6) 단위수량(W)

1) 단위수량의 결정 : 단위수량이 많으면 반죽질기가 좋아 작업이 용이하나 재료분리가 발생하므로 단위수량은 소요시공연도(workability)를 얻을 수 있는 범위 내에서 가급적 작게 한다.

2) 단위수량의 산정식

∴ 단위수량(W) = 물 − 시멘트비(W/C)×시멘트중량(C)/100

여기서, 물−시멘트비(W/C) = $\dfrac{\text{물의 중량}(W, \text{단위수량})}{\text{시멘트의 중량}} \times 100(\%)$

시멘트 중량(C) = 시멘트 비중(kg/m^3)×시멘트 용적(m^3)

[2] 콘크리트 비비기

(1) 손 비빔

1) 재료투입순서 : 모래 → 시멘트 → 자갈 → 물
2) 비빔횟수 : 건비빔 3회 이상, 물 비빔 4회 이상

(2) 기계비빔

1) 재료투입 : 물과 시멘트를 넣어 시멘트 풀을 만들고 다음에 모래와 자갈을 넣어 비빈다.
2) 믹서(mixer)의 외주 회전속도 : 1m/sec
3) 비빔시간 : 재료전부를 투입한 후 1~2분 정도

[3] 콘크리트 이어 붓기의 이음위치

(1) 보, 바닥판의 이음은 span(간 사이)의 중앙 부근에서 수직으로 한다. 단, 캔틸레버(cantilever)로 내민 보나 바닥판은 이어 붓지 않는다.
(2) 기둥은 바닥판, 연결보, 또는 기초 상단에서 수평으로 한다.
(3) 바닥판의 중앙에 작은 보가 있을 때는 중앙부에서 작은 보 너비의 2배 떨어진 곳에 둔다.
(4) 벽은 개구부(문틀)등 끊기 좋고 또한 이음자리 막기와 떼어내기에 편리한 곳에 수직 또는 수평으로 한다.
(5) 아치의 이음은 아치 축에 직각으로 한다.

[4] 콘크리트 다지기

(1) 다지기 방법 : 손다짐, 진동다짐

(2) 진동다짐 시 유의사항

1) 콘크리트 붓기의 높이는 진동기의 꽂이를 넘지 않게 30~60cm 정도로 한다.
2) 진동기 운행간격(꽂이 간격)은 진동효과가 중복되지 않게 약 60cm 정도로 한다.
3) 진동기의 진동시간은 최소 15초, 보통 30~40초, 최대 1분 정도로 한다.
4) 진동기는 가능한 한 수직으로 세워서 사용한다.
5) 철근 또는 거푸집에 직접 진동을 주면 변형, 파손의 우려가 있으므로 주의하여야 한다.
6) 콘크리트에 구멍이 나지 않도록 서서히 뽑아 올린다.
7) 슬럼프 15cm 이하의 된 비빔 콘크리트에 사용함을 원칙으로 한다.

[5] 콘크리트의 보양(양생)

(1) 보양방법

1) **증기보양** : 거푸집을 빨리 제거하고 단시일에 소요강도를 내기 위해 고온, 고압 증기로 보양하는 방법(기성 콘크리트제품, 한중 콘크리트 보양에 유리)
2) **습윤보양(수중보양과 살수보양)** : 콘크리트 강도가 충분히 나도록 하고 수축, 균열을 작게 하기 위한 보양방법
3) **전기보양** : 콘크리트 중에 전기를 통하여 콘크리트의 전기저항에 의해서 발생하는 열을 이용하여 보양하는 방법
4) **피막보양** : 콘크리트 표면에 방수막이 생기는 피막 보양제를 뿌려 수분 증발을 방지하는 보양방법

(2) 콘크리트 양생 시 유의사항

1) 콘크리트 양생은 특히 초기가 중요하며 강도에 영향이 크다(초기 양생은 반드시 필요하다.).
2) 콘크리트 경화에는 충분한 물이 필요하다.
3) 온도 유지를 위해 가열하거나 수분유지를 위해 피복한다.
4) 초기 양생 시 콘크리트의 양생온도가 5℃ 이하로 되지 않게 한다.
5) 초기 양생은 콘크리트 강도가 50kg/cm²로 될 때까지 한다.

실 / 전 / 문 / 제

01
각종 시멘트를 사용한 콘크리트의 특성에 관한 기술 중 틀린 것은?

① 조강포틀랜드시멘트를 사용한 콘크리트의 7일 강도는 보통 콘크리트의 28일 강도와 거의 같다.
② 중용열시멘트는 발열량이 비교적 많다.
③ 고로시멘트를 사용한 콘크리트는 압축강도와 인장강도와의 차가 비교적 작다.
④ 실리카시멘트로 만든 콘크리트는 수밀성과 화학적 저항성이 크다.

해설
① **중용열시멘트**는 가장 발열량이 적으므로 매스콘크리트(mass concrete)에 사용한다.
② **매스콘크리트**는 부재 또는 구조물의 치수가 커서(1m 이상) 시멘트 수화열에 의한 온도상승을 고려하여 시공하는 콘크리트를 말한다.

02
시멘트 저장 시의 주의사항 중 부적당한 것은?

① 방습을 고려하여 지상 30cm 이상 되는 마루에 적재하는 것이 좋다.
② 반입된 순서로 사용하며, 저장소는 가급적 통풍을 억제하는 것이 좋다.
③ 저장 시는 13포대 이상을 쌓지 않도록 한다.
④ 6개월 이상 저장된 것은 강도가 10~20% 저하될 우려가 있으므로 재시험하여 사용한다.

해설
시멘트 창고는 빗물의 침투 등 누수를 방지하고, 2개월 이상 저장된 시멘트는 재시험하여 사용한다.

03
쇄석 콘크리트의 배합(조합)설계에 관한 기술로서 부적합한 것은?

① 조골재의 크기는 강자갈의 경우보다 약간 적은 것이 좋다.
② 세골재는 특히 미립분이 부족하지 않도록 주의한다.
③ 모래는 강자갈 콘크리트의 경우보다 적게 사용한다.
④ 될 수 있는 한 A·E제를 사용한다.

04
철근 콘크리트에 사용할 쇄석 실적률의 최소값은?

① 55% ② 65%
③ 75% ④ 85%

해설
쇄석의 실적률 = 실적률 + 공간율
= 55~63% + 37~45% = 100%

05
경량 콘크리트로 시공할 때 주의할 사항에 대한 기술 중 옳지 않은 것은?

① 경량골재는 사용하기 3일 전에 살수하여 충분히 흡수포화 시키고, 표면건조 및 내부포수 상태에 가까운 상태로 사용한다.
② 경량골재는 흡수율이 작고 건조상태가 아니면 콘크리트 부어넣기 중 시공연도가 나빠지고, 팽창의 원인이 된다.
③ 과잉된 표면수를 제거하기 위하여 살수한 다음, 약5시간이 지난 후에 사용하도록 한다.
④ 경량 콘크리트 상부(보, 바닥판)로 부어, 올라갈수록 된비빔으로 하는 것이 좋다.

Answer ● 01. ② 02. ④ 03. ③ 04. ① 05. ②

해설

경량 콘크리트는 비중이 보통 1.9 정도의 콘크리트로써 경량골재인 화산석, 석탄각, 질석, 펄라이트, 슬래그 등을 사용하여 중량을 가볍게 함으로써 단열 및 방음 등의 효과를 가지게 한 것이다. 경량골재 중 slag를 사용할 경우 slag는 흡수량이 커 사용 전에 물을 충분히 주지 않으면 콘크리트 부어 넣기 중 시공연도가 나빠지고 수축의 원인이 되며, 콘크리트의 수분을 흡수하여 수화반응을 저해한다. 그러므로 표면건조 내부포수상태로 하여 사용된다.

06
콘크리트 공사에서 시공연도를 증진시키는 혼화제가 아닌 것은?

① A · E제 ② 경화촉진제
③ 포졸란 ④ 발포제

07
콘크리트의 배합설계순서가 바르게 연결된 것은?

```
1. 소요강도의 결정
2. 시멘트 강도의 산정
3. 슬럼프 치의 결정
4. 배합강도의 결정
5. 물 · 시멘트 비의 산정
6. 표준배합의 설계
7. 현장배합의 환산
```

① 1-2-4-7-5-3-6
② 6-1-5-4-7-3-2
③ 1-6-2-5-3-4-7
④ 1-4-2-5-3-6-7

해설

콘크리트 배합 결정의 순서
① 소요강도(설계기준강도) 산출 → ② 배합강도 결정 → ③ 시멘트 강도 산정 → ④ 물 · 시멘트비 산정 → ⑤ 슬럼프치 결정 → ⑥ 계획(표준)배합의결정 → ⑦ 현장배합의 환산

08
슬럼프 시험으로 아직 굳지 않은 콘크리트의 성질 중 가장 잘 표현될 수 있는 것은?

① 성형기(plasticity)
② 반죽질기(consistency)
③ 마감성(finish ability)
④ 펌프 압송성(pump ability)

해설

굳지 않은 콘크리트의 성질
① plasticity : 쉽게 거푸집에 넣을 수 있고, 거푸집을 떼면 천천히 모양이 변하지만, 재료분리가 되지 않는 아직 굳지 않은 콘크리트의 성질을 말한다.
② consistency : 물의 양에 따라 좌우되는 아직 굳지 않은 콘크리트 등의 유동성 정도를 말한다.
③ finish ability : 굵은골재의 최대치수, 잔골재율, 잔골재입도, consistency 등에 대한 마감성의 난이를 표시하는 성질이다.
④ pump ability : 콘크리트의 수송거리, 수송높이, 콘크리트 배합, 배관조건, 수송관의 지름 등의 저항요소에 따른 압송성능의 말한다.

09
콘크리트 배합에 관한 기술 중 틀린 것은?

① 배합강도는 설계 기준강도 시공급별에 의한 콘크리트강도의 표준편차나 기온에 의한 강도 보정치의 합이다.
② 콘크리트 설계 기준강도는 장기 허용응력도의 2배, 단기 허용응력도의 1.5배이다.
③ 골재의 단위용적 중량은 골재의 비중에 실적률을 곱한 값을 말한다.
④ 배합에 있어, 물 · 시멘트 비는 유효수량과 시멘트의 중량 비이다.

해설

콘크리트의 소요강도 = 3 × 장기 허용응력도 = 1.5 × 단기 허용응력도

10
콘크리트의 허용압축응력도가 단기 140kg/cm², 장기 70kg/cm²일 때의 소요강도는?

① 60kg/cm² ② 120kg/cm²
③ 180kg/cm² ④ 210kg/cm²

해설

콘크리트의 소요강도
= 3 × 70 = 1.5 × 140 = 210kg/cm²

Answer ◯ 06. ④ 07. ④ 08. ②, ④ 09. ② 10. ④

11
물 · 시멘트의 비는 콘크리트의 성질을 정하는 중요한 요소이다. 이와 가장 밀접한 관계가 있는 것은?

① 시공연도　② 강도
③ 중량　　　④ 응결속도

12
콘크리트 배합 시에 물 · 시멘트비가 일정할 때 다음 설명 중 옳은 것은?

① 슬럼프 값이 커질수록 세골재율은 작아진다.
② 슬럼프 값이 커질수록 단위 조골재량은 커진다.
③ 슬럼프 값이 커질수록 단위수량은 작아진다.
④ 슬럼프 값이 커질수록 단위 시멘트 양은 많아진다.

13
배합강도 210kg/cm²를 목표로 한 배합설계에서 보통 포틀랜드 시멘트 28일 압축강도 330kg/cm²일 경우의 물 · 시멘트 비로 가장 적당한 것은?

① 63%　② 67%
③ 65%　④ 70%

해설

물 · 시멘트의 비 $(x) = \dfrac{61}{\dfrac{210}{330} + 0.34} = 63\%$

14
콘크리트 비비기에 관한 기술 중 옳지 않은 것은?

① 손비빔은 철판 위에 모래를 붓고 시멘트를 쏟은 다음, 건비빔 3회 이상하여 자갈을 쏟아놓고 물을 부어 물비빔 4회를 실시한다.
② 기계비빔의 재료 투입순서가 이상적인 것은, 동시에 투입하지만 일반적으로 할 때 모래 · 시멘트 · 자갈 · 물의 순서로 한다.
③ 손비빔은 한 비빔판에 보통 네 사람의 콘크리트 비빔공이 마주서서 비빈다.
④ 콘크리트 비비기는 특별한 경우를 제외하고 원칙적으로 기계비빔으로 한다.

해설

콘크리트를 믹서로 혼합할 때는 물 → 시멘트 → 모래 → 자갈의 순으로 투입하고, 회전시간을 1분 이상 경과시킨 후 콘크리트를 꺼내어서 거푸집에 넣는다.

15
기계비빔에서 콘크리트를 혼합하는 경우, 재료 전부를 투입한 후의 최소혼합시간은 통상 다음 중 어느 것인가? (단, 믹서의 외주 회전속도는 1m/sec이다)

① 30초 이상　② 1분 이상
③ 2분 이상　　④ 3분 이상

해설

기계비빔
① 재료투입순서 : 물 – 시멘트 – 모래 – 자갈
② 믹서의 외주 회전속도 : 1m/sec
③ 비빔시간 : 재료전부를 투입한후 1~2분 정도

16
이어붓기의 위치에 관한 설명으로 옳지 않은 것은?

① 보 및 바닥판의 이음은 그 간 사이의 중앙부에 수직으로 한다.
② 캔틸레버로 내민보나 바닥판은 지점부분에서 수직으로 한다.
③ 기둥은 기초판, 연결보 또는 바닥판 위에서 수평으로 한다.
④ 아치의 이음은 아치축에 직각으로 설치한다.

해설

캔틸레버(Cantilever)로 내민보나 바닥판은 이어 붓지 않고 일체로 한다.

17
콘크리트의 이어붓기 위치에 관한 기술 중 부적당한 것은?

① 보 및 바닥판의 이음은 스팬의 중앙부에서 45° 직선으로 한다.
② 기둥은 기초판 연결보의 위 또는 바닥판에서 수평으로 한다.

Answer ➡ 11. ②　12. ④　13. ①　14. ②　15. ②　16. ②　17. ①

③ 이어붓기 면은 가 급적 짧게 하고, 수평 또는 수직으로 정확히 끊는다.
④ 바닥판은 스팬의 중앙부에, 작은 보가 있을 때는 작은 보 폭의 2배 정도 떨어진 곳에 둔다.

해설

이음위치로 보 및 슬래브(바닥판)는 스팬의 1/2 되는 곳에 수직으로 설치하고 기타 벽은 개구부 주위에, 아치는 축의 직각으로 설치한다.

18
블리딩(Bleeding)을 옳게 설명한 것은?

① 콘크리트가 굳어 가는 현상
② 아직 굳지 않은 콘크리트의 이상응결 정도
③ 양생 초기단계에서 생기는 미세한 물질
④ 현장 콘크리트 타설 중 수분이 상승하는 현상

해설

Bleeding 현상 : 콘크리트의 시공연도가 지나치게 커져서 유동질이 되거나 입도가 부적당한 골재나 지나치게 큰 자갈 등을 사용하여 불순물이 섞인 물이 위로 떠오르는 현상을 말한다.

19
콘크리트 이어붓기에 관한 기술 중 틀린 것은?

① 콘크리트 위에 떠오른 물과 laitance는 제거하고 이어붓는다.
② 이음자리는 밀실하게 막아 콘크리트가 흘러내리거나 시멘트 paste가 새지 않게 되어야 한다.
③ 이어붓기할 때 전날에 임시로 막아 놓은 나무 쪽 등은 완전히 제거하고, 그 면은 될 수 있는 대로 미끈하게 되도록 하여 이어붓는다.
④ 이음 소개는 먼저 부어 넣은 콘크리트에 충격 및 균열 등의 손상을 주지 않도록 주의하여 잘 다진다.

해설

이어붓기를 할 때에는 미끈한 면을 까내고 물씻기를 한다.

20
콘크리트 공사의 여러 줄눈 중 가장 일체화가 잘 되도록 시공되어야 하는 것은?

① 익스팬숀 조인트
② 콘드롤 조인트
③ 콘스트럭숀 조인트
④ 콜드 조인트

해설

시공이음(Construction Joint)이 생기는 이유
① 야간작업을 피하기 위하여
② 높고 큰 구조물에서 아주 튼튼하고 큰 거푸집 및 동바리공을 축소하지 않아도 되도록 하기 위하여
③ 공사 중에 콘크리트의 검사를 쉽게 하기 위하여
④ 거푸집을 교대로 사용할 수 있도록 하기 위하여

21
콘크리트 시공에 있어서 다지거나 진동을 주는 목적으로 옳은 것은 다음 중 어느 것인가?

① 점도를 증가시킨다.
② 시멘트를 절약시킨다.
③ 동결을 방지하고 경화를 촉진시킨다.
④ 콘크리트를 거푸집 구석구석까지 충진시킨다.

22
된 비빔 콘크리트의 진동 다지기에 대한 기술 중 옳지 않은 것은?

① 진동기의 사용간격은 60cm를 넘지 않도록 하고, 진동부분의 진동효과가 중복되지 않게 한다.
② 응결이 시작된 콘크리트에 진동을 주어서는 안된다.
③ 꽂이식 내부 진동기는 가만히 꽂아 놓고 서서히 뽑아내어 구멍이 남지 않게 되어야 한다.
④ 내부 진동기는 콘크리트에 수평으로 꽂아서 사용한다.

해설

꽂이식 내부 **진동기**는 될 수 있는 대로 수직방향으로 동일한 간격과 일정한 시간으로 운행해야 하며, 진동기의 끝은 전층(前層)에 약간 들어갈 정도로 한다.

23
콘크리트 보양의 방법에 관한 기술 중 잘못된 것은?

① 습윤보양은 보통 수중보양 또는 살수보양으로 한다.
② 증기보양은 서열기 콘크리트 보양에 유리하다.
③ 전기보양은 콘크리트 중에 저압교류를 통하여 콘크리트의 전기저항에 의하여 생기는 열을 이용하여 콘크리트를 따뜻하게 하는 방법이다.
④ 피막보양은 콘크리트 표면에 방수막이 생기는 피막보양제를 뿌림으로써 콘크리트 중의 수분 증발을 방지하는 보양법이다.

해설
증기보양은 거푸집을 빨리 제거하고 단시일에 소요강도를 내기 위하여 고온·고압증기로 보양하는 것으로, 한중 콘크리트에 유리하다.

24
다음 콘크리트 보양방법 중 초기강도가 크게 발휘되어 거푸집을 빨리 제거할 수 있는 방법은?

① 살수보양   ② 수중보양
③ 피막보양   ④ 증기보양

25
콘크리트를 양생하기 위해 피막 양생제를 살포하는 목적으로 옳은 것은?

① 표면 유리수를 양생분으로 제거한다.
② 혼합수의 증발을 방지한다.
③ 표면을 양생분으로 경화시킨다.
④ 밖으로부터 우수의 침입을 방지한다.

해설
도로포장과 같이 직사일광에 노출된 콘크리트 공사는 피막양생을 함으로써 수화반응에 필요한 혼합수의 증발을 방지한다.

26
극한기 콘크리트 시공에 관한 기술 중 적당하지 않은 것은 다음 중 어느 것인가?

① 기온이 2~5℃ 이하일 때는 물을 가열하여 쓴다.
② 기온이 0℃ 이하일 때는 물과 시멘트를 가열하여 쓴다.
③ 기온이 −10℃ 이하일 때는 물과 모래 및 자갈을 가열하여 쓴다.
④ 부어 넣은 콘크리트의 온도는 10~35℃ 정도로 한다.

해설
재료의 가열 때 직화에 접촉하지 않도록 하고, 가열온도는 60℃ 이하로 하고 기온이 0℃ 이하일 때는 물과 모래를 가열하며, 시멘트는 절대로 가열하지 않는다.

27
콘크리트에 A·E제를 넣어주는 가장 큰 목적은?

① 압축강도 증진   ② 부착강도 증진
③ 내구성 증진   ④ 내화성 증진

해설
A·E 콘크리트의 특징
(1) 장점
  ① 수밀성 및 내구성이 향상되며, 화학작용에 대한 저항성이 커진다.
  ② 미세기포의 조활작용으로 시공연도가 증대되고 응집력이 있기 때문에 재료의 분리가 적다.
  ③ 단위수량을 줄일 수 있기 때문에 블리딩 및 침하가 적다.
  ④ 동결 융해에 대한 저항성이 증가하고, 건습 등에 용적변화가 적다.
  ⑤ 발열 및 증발이 적고 수축 및 균열이 적다.
  ⑥ 콘크리트면이 평활하여 제치장 콘크리트 시공에 적합하다.
(2) 단점
  ① 동일 물·시멘트의 비의 경우, 강도가 저하한다.
  ② 철근과의 부착강도가 감소하고, 감소비율은 압축강도보다 크다.

28
콘크리트 강도 및 A·E 콘크리트에 관한 기술 중 옳지 않은 것은?

① 동일한 시멘트의 양을 사용할 경우, 물·시멘트비가 큰 것일수록 강도가 낮다.
② 재료배합비 및 시공연도가 일정한 경우, 큰 골재가 많이 포함될수록 강도가 크다.

Answer ➡ 23. ② 24. ④ 25. ② 26. ② 27. ③ 28. ④

③ A · E제를 사용한 콘크리트의 A · E 공기량은 온도가 높을수록 감소한다.
④ 시공연도가 일정한 경우, 깬자갈 콘크리트가 강자갈을 사용한 콘크리트보다 강도가 낮다.

해설
깬자갈을 사용한 콘크리트가 강자갈 콘크리트보다 강도가 높다.

29
수밀 콘크리트를 만드는 방법에 관한 사항 중 잘못된 것은?

① 틈새가 없는 좋은 거푸집을 사용한다.
② 가급적이면 물 · 시멘트의 비를 크게 한다.
③ 이음치기를 하지 않는 것이 좋다.
④ 양생을 충분히 하는 것이 좋다.

해설
수밀 콘크리트는 소요 슬럼프 값을 15cm 이하(보통 7.5cm 이하)로 하고, 물 · 시멘트 비를 50% 이하로 가급적 적게 한다.

30
수밀 콘크리트에 관한 설명 중 틀린 것은?

① 수밀 콘크리트는 일반적으로 산과 알칼리의 해를 받을 우려도 적다.
② 물 · 시멘트의 비(W/C)는 50% 이하로 한다.
③ 슬럼프는 15cm 이하의 된비빔 콘크리트로 한다.
④ 시공 후 1주일 간은 습윤상태를 유지하여야 한다.

해설
수밀 콘크리트
① 시공 후 2주일 간 이상 습윤상태를 유지하여야 건조균열을 방지할 수 있다.
② A · E제를 사용하고, 골재는 가급적 적은 것으로 굳은 것을 사용하며, 다지기는 진동기를 사용한다.

31
프리팩트 콘크리트(pre – packed concrete)에 관한 다음 설명 중 틀린 것은 어느 것인가?

① 수중시공에는 부적합한 콘크리트이다.
② 미리 제작한 후 거푸집 속에 자갈을 충진하고 특수 모르타르를 주입한 콘크리트이다.
③ 파이프(25m)를 1.5~2m 정도의 간격으로 배치하여 콘크리트를 주입한다.
④ 재료의 투입순서는 물, 주입보조제, 플라이 애쉬, 시멘트, 모래의 순이다.

해설
프리팩트 콘크리트(pre – packed concrete)
① 비교적 시공이 쉽고 grout는 유동성이 크고 또 물과 잘 섞이지 않으므로 수중 콘크리트의 시공이나 지수벽 등에 이용된다.
② 주입 콘크리트라고도 하며, 거푸집 속에 미리 자갈을 충진하고 특수 모르타르를 주입하여 불투성 및 내구성을 갖도록 한 특수시공법으로 만들어진 것이다.

32
철근을 조립할 때 각부의 배근순서로 옳은 것은?

① 기둥 – 보 – 벽 – 슬래브
② 기둥 – 벽 – 슬래브 – 보
③ 벽 – 기둥 – 슬래브 – 보
④ 기둥 – 벽 – 보 – 슬래브

해설
철근공사의 배근순서 : 기둥 – 벽 – 보 – 슬래브

33
철근배근에 관한 기술 중 틀린 것은?

① 이형철근을 사용할 경우, slab의 정착철근은 hook를 만들지 않아도 된다.
② 굴뚝에 철근을 배근할 때, 철근말단은 hook를 만들지 않는다.
③ 보의 주근을 이을 때는 중앙 하부근과 단부 상부근은 이음을 하지 않는 것이 좋다.
④ 철근을 가열하여 사용하여야 하는 철근의 최소 지름은 ϕ28mm 이상이다.

해설
이형철근이라도 반드시 hook을 설치해야 할 경우
① 대근(hoop)
② 굴뚝
③ 기둥과 보의 외각 모서리
④ 단순보의 지지단, 내민보, 내민보 슬랩 상단부의 선단

Answer ➡ 29. ② 30. ④ 31. ① 32. ④ 33. ②

34
철근콘크리트 건축물의 건축 연면적당 콘크리트 및 철근 개산량 중 적당하지 않은 것은?

① 콘크리트량 : 0.4~0.8m³/m² 당
② 거푸집 : 5~7m²/m² 당
③ 철근량 : 0.03~0.06t/ CONCm³ 당
④ 철근 결속선 : 5~8kg/t(철근량) 당

해설
철근량은 건물의 단위 면적당 60~90kg(평균 75kg), 콘크리트 1m³ 당 75~135kg(평균 125kg) 정도이다.

35
철근의 이음 및 정착에 관한 다음 설명 가운데 부적합한 것은?

① 이음길이의 산정은 갈고리 중심 간의 거리로 한다.
② 큰 인장을 받는 곳의 겹침이음 길이는 지름의 40배로 한다.
③ 압축을 받는 곳의 정착길이는 지름의 25배로 한다.
④ 경량골재를 사용하는 경우, 압축근의 정착길이는 지름의 35배로 한다.

해설
철근의 이음길이
① **인장측(큰 인장력을 받는 것)** : 철근지름의 40배(경량골재 사용할 때 50배)
② **압축측(또는 적은 인장력을 받는 것)** : 철근지름의 25배(경량골재 사용할 때 30배)
③ **경미한 압축을 받는 것** : 철근 지름의 20배
④ **철근의 지름이 다를 때** : 가는 철근 지름의 40배

36
철근의 이음에 관한 설명 중 틀린 것은?

① 이음의 거리는, 갈고리 중심 간의 거리를 말한다.
② 이음 및 정착 길이는, 작은 인장을 받는 경우에 철근 지름의 25배로 한다.
③ 이음은 큰 응력을 받는 곳은 피하고, 엇갈려 잇기를 원칙으로 한다.
④ 철근의 지름이 서로 다를 때는 큰 지름을 기준으로 한다.

해설
지름이 서로 다른 주근을 잇는 경우에는 작은 주근의 지름을 기준으로 한다.

37
철근의 이음과 정착 길이에 대해 설명한 것 중에서 맞는 것은?

① 경미한 압축근의 이음길이는 철근지름의 40배로 한다.
② 이음길이는 긴 고리의 바깥선 간의 거리로 한다.
③ 이음에서 철근 지름이 다를 때는 굵은 철근의 지름을 기준으로 한다.
④ 이음위치는 한 곳에서 철근 수의 1/2 이상이 되지 않도록 한다.

38
철근의 정착위치로서 옳지 않은 것은?

① 기둥의 주근은 기초에
② 바닥 철근은 보 또는 벽체에
③ 보의 주근은 벽체에
④ 벽 철근을 기둥 보 또는 바닥판에

해설
철근의 정착위치
① 기둥의 주근은 기초에
② 보의 주근은 기둥에
③ 작은보의 주근은 큰보에
④ 직교하는 단부보 밑에 기둥이 없을 때는 보 상호간에
⑤ 지중보의 주근은 기초 또는 기둥에
⑥ 벽철근은 기둥·보 또는 바닥판에
⑦ 바닥철근은 보 및 벽체에

39
철근압접(GHS)의 장점 중 해당이 없는 것은?

① 가공이 복잡화되고 가공장의 면적이 증가된다.
② 가공에 요하는 공사비가 감소된다.
③ 겹친이음에 비해 콘크리트의 타설이 쉽게 된다.
④ 공기(工期)의 단축을 꾀할 수 있다.

Answer ➡ 34. ③ 35. ④ 36. ④ 37. ④ 38. ③ 39. ①

40
철근의 정착위치에 관한 다음의 설명 중 옳지 않은 것은?

① 바닥 철근은 보 또는 벽체에 정착한다.
② 벽철근은 보 또는 바닥판에 정착한다.
③ 지중보 철근은 기초 또는 기둥에 정착한다.
④ 기둥철근은 큰 보 혹은 작은 보에 정착한다.

해설
기둥철근은 기초에 정착한다.

41
철근 배근시에 이용하는 결속선의 규격으로 적당한 것은?

① #8~#10
② #12~#14
③ #18~#20
④ #24~#26

해설
철근배근 시에 결속선은 #18~#20(0.8~0.85mm) 정도의 철선으로 불에 달군 것을 사용한다.

42
철근콘크리트 기둥의 철근조립에 관한 기술 중에서 부적당한 것은?

① 주근의 간격은 철근 지름의 1.5배 이상, 25mm 이상 또는 자갈 지름의 1.25배 이상이 되어야 한다.
② hoop의 철근 지름은 6mm 이상이며, 그 간격은 주근 지름의 15배 이하 또는 30cm 이하로 한다.
③ 주근 이음 위치는 기둥 높이의 2/3 이상이 되는 곳에 둔다.
④ 주근의 지름은 13mm 이상으로서 장방형은 4개, 원형은 6개 이상이어야 한다.

해설
기둥철근의 조립
① 주근의 간격은 원형철근인 경우는 철근 지름의 1.5배 이상, 이형 철근인 경우는 철근 지름의 1.7배 이상으로 한다.
② 기둥주근의 이음은 기둥 높이의 2/3이내, 보통 1/3 지점에 둔다.
③ 기둥주근의 단면적 합계는 콘크리트 단면적의 0.8~4% 이어야 한다.

43
콘크리트의 부착력에 관한 기술 중 옳지 않은 것은?

① 압축강도가 클수록 부착강도가 크다.
② 길이가 같으면 부착력은 철근의 주장(周長)에 비례한다.
③ 철근의 지름에는 비례하나, 길이에 비례하는 것은 아니다.
④ 압축철근은 인장철근보다 부착력은 작고 피복두께가 클수록 부착력은 작아진다.

해설
콘크리트의 부착력은 압축철근이 인장철근 보다 크고, 피복두께가 클수록 커진다.

44
철근콘크리트 공사에 있어서 도면에 특별한 지시가 없는 경우, 19mm 철근의 최소간격은 다음 중 어느 것으로 할 것인가? (단, 사용하는 자갈의 최대입경은 25mm)

① 37.5mm 이상
② 31.25mm 이상
③ 28.5mm 이상
④ 25mm 이상

해설
철근콘크리트의 기둥의 철근 조립간격은 다음의 값 중에서 큰 값 이상으로 한다.
① 사용자갈의 최대입경의 1.25배 이상
 ∴ 25×1.25 = 31.25mm 이상
② 25mm
③ 철근지름의 1.5배(이형 철근인 경우 1.7배) 이상
 ∴ 19×1.5 = 28.5mm 이상

45
철근콘크리트의 피복에 관한 기술 중 틀린 것은?

① 철근콘크리트의 내구성은 피복두께가 두꺼울수록, 그리고 콘크리트의 물·시멘트의 비가 적을수록 크다.
② 철근의 피복두께는 주근의 외면과 콘크리트의 표면과의 거리를 말한다.(기둥과 보의 경우)

Answer ● 40. ④ 41. ③ 42. ③ 43. ④ 44. ② 45. ②

③ 외부에 면하는 차장 콘크리트 또는 마멸이 예상되는 곳은 피복두께를 1cm이상 두껍게 하든가 또는 물·시멘트비를 55% 이하로 한다.
④ 철근에 대한 콘크리트의 피복은 방화, 방청, 부착력 증대 때문에 필요하다.

해설
기둥과 보의 피복두께는 늑근 또는 대근의 외면으로부터 콘크리트의 표면과의 거리를 말한다.

46
철근콘크리트에서 철근의 피복두께에 관한 기술 중 옳지 않은 것은?

① 기초 : 6cm 이상
② 접지하는 벽·기둥·바닥·보 : 4cm 이상
③ 내력벽·보 : 5cm 이상
④ 바닥·옥내 유효 마무리를 한 내력벽 : 2cm

해설
내력벽, 기둥, 보 : 3cm 이상

47
거푸집 조립순서로 옳은 것은?

① 내벽 – 기둥 – 큰보 – 작은보 – 외벽 – 바닥
② 외벽 – 기둥 – 내벽 – 큰보 – 작은보 – 바닥
③ 기둥 – 보받이 내력벽 – 큰보 – 작은보 – 바닥 – 외벽
④ 기둥 – 내벽 – 큰보 – 외벽 – 작은보 – 바닥

해설
거푸집의 조립순서는 밑에서 위로 기둥 및 보를 먼저하고, 바닥을 후에 하는 순서로 하며, 외벽은 지주 등 거푸집재의 반입을 위해 제일 늦게 한다.

48
거푸집 공사에 따른 용어에서 잘못 기술된 것은?

① pipe support : 높이 조절이 간단하다.
② sliding form : 사이로(silo) 등의 콘크리트 치기에 적당하다.
③ metal form : 콘크리트 면이 정확하고 평활하다.
④ bow beam : support가 필요하다.

해설
bow beam은 무지주공법으로 쓰인다.

49
서로 관계가 있는 것끼리 짝지어진 것 중 옳은 것은?

① 파이프 서포트(pipe support)
② 슬라이딩 폼(sliding form)
③ 메탈 폼(metal form)
④ 보우 빔(bow beam)

a. 사일로(silo)의 콘크리트 시공
b. 서포트가 필요 없다.
c. 높이 조절이 용이하다.
d. 콘크리트면이 원활, 정확하다.

① ①-a, ②-b, ③-c, ④-d
② ②-a, ③-d, ④-b, ①-c
③ ③-d, ④-b, ①-a, ②-c
④ ④-c, ①-b, ②-d, ③-a

50
보의 거푸집은 중앙에서 간사이(span)의 얼마 정도로 치켜 올리는 것이 보통인가?

① 1/300~1/500
② 1/150~1/120
③ 1/100~1/200
④ 1/50~1/100

51
거푸집 조립에서 버팀벽은 기둥중심에서 보통 어느 정도 떨어져야 하는가?

① 0.5m
② 1m
③ 1.5m
④ 2m

Answer ➡ 46. ③ 47. ③ 48. ④ 49. ② 50. ① 51. ③

52
무량판 구조(mush slab construction), 또는 평판 구조(flat slab construction)의 거푸집으로 크기 60~90cm, 각 높이 9~18cm이고, 모서리는 모두 둥그렇게 되어 있는 기성 거푸집 종류는?

① sliding form
② metal form
③ waffle form
④ 굴뚝 철판 거푸집

53
거푸집에 관한 설명으로 틀린 것은?

① 터널 거푸집(tunnel form)은 한 구획 전체의 벽판과 바닥면을 기역자형, 디근자형으로 견고하게 짜고 이동 설치가 용이하다.
② 워플 거푸집(waffle form)은 옹벽, 피어 등의 특수거푸집으로 고안된 것이다.
③ 메탈 폼(metal form)은 철판 및 앵글 등을 써서 패널 제작된 철제 거푸집이다.
④ 슬라이딩 폼(sliding form)은 돌출부가 없는 사일로 등에 사용되며, 공기는 약 1/3 정도의 단축이 가능하다.

해설
워플 거푸집은 기역자형의 보와 슬래브의 거푸집용으로 사용된다.

54
슬라이딩 폼의 특성에 관한 기술 중 옳지 않은 것은?

① 공사기간을 단축할 수 있다.
② 연속적으로 콘크리트를 부어 넣음으로써 콘크리트의 일체성이 확보된다.
③ 외부 및 내부의 비계가 불필요하다.
④ 사일로(silo) 등의 공사에는 부적당하다.

해설
슬라이딩 폼이란 활동 거푸집이라고도 하며, 굴뚝이나 사일로, 빌딩의 코아 부분, 교각 등의 평면형상이 일정하고 돌출부가 없는 높은 구조물에 사용한다.

55
한 구획 전체의 벽판과 바닥판을 기역자형 또는 디근자형으로 짜서 이동식 거푸집으로 이용되는 거푸집 명칭은?

① 터널 거푸집(tunnel form)
② 유로 거푸집(euro form)
③ 갱 거푸집(gang form)
④ 워플 거푸집(waffle form)

해설
특수거푸집의 종류
① euro form : 합판과 특수경량강으로 만들며, 하나의 panel로 기둥·벽·바닥의 조립이 가능하다.
② gang form : 표면피복 강화합판과 각재 및 철골을 사용하여 특수제작한 거푸집으로서, 옹벽 또는 기둥을 일체식으로 제작한다.
③ waffle form : 무량판구조 또는 평판구조라고도 하며, 장스팬의 구조물 또는 층 높이를 낮게 하는 방법으로 특수상자 모양의 기성제 거푸집이다.

56
이동식 거푸집에 속하지 않는 것은?

① 터널 거푸집
② 유로 거푸집
③ 메탈 거푸집
④ 갱 거푸집

57
일반적으로 콘크리트를 부어 넣기 전에 점검해야 할 사항으로 가장 우선적인 것은?

① 거푸집의 치수 및 그 강도
② 매입 철물과 배관의 위치
③ 거푸집 내부의 청소와 물뿌리기
④ 배근의 적부 및 철근의 피복두께

해설
콘크리트 붓기 전의 점검순서 : ① - ④ - ② - ③

58
거푸집에 대한 콘크리트의 측압에 가장 영향을 적게 미치는 것은?

① 콘크리트 비중
② 공기량
③ 기온
④ 붓기 속도

Answer ● 52. ③ 53. ② 54. ④ 55. ① 56. ③ 57. ① 58. ②

59
생콘크리트가 거푸집에 미치는 측압에 관한 기술 중 틀린 것은?

① 묽은 비빔 콘크리트가 측압은 크다
② 온도가 높을수록 측압은 크다.
③ 콘크리트의 붓기 속도가 빠를수록 측압은 크다.
④ 측압은 생콘크리트의 높이가 높을수록 커지는 것이나, 어느 일정한 높이에 이르면 측압의 증대는 없게 된다.

해설

콘크리트 타설 때 거푸집의 측압에 미치는 영향
① 슬럼프가 클수록 크다(물·시멘트비가 클수록 크다).
② 기온이 낮을수록 크다(대기 중에 습도가 높을수록 크다).
③ 콘크리트의 치어붓기 속도가 클수록 크다.
④ 거푸집의 수밀성이 높을수록 크다.
⑤ 콘크리트의 다지기가 강할수록 크다(진동기를 사용할 때의 측압은 30% 정도 증가).
⑥ 거푸집의 수평단면이 클수록 크다.
⑦ 거푸집의 강성이 클수록 크다.
⑧ 거푸집 표면이 매끄러울수록 크다.
⑨ 콘크리트의 비중이 클수록 크다(단위중량이 클수록 크다).
⑩ 묽은 콘크리트일수록 크다.
⑪ 철근량이 적을수록 크다.
⑫ 측압은 생콘크리트의 높이가 커지는 것이나, 일정 높이에 이르면 측압의 증대는 없게 된다(이 때의 높이를 concrete head라 하며, 기둥에서는 1m, 벽에서는 0.5m 정도로 한다).

60
생콘크리트의 측압에 대한 설명으로 틀린 것은?

① 슬럼프가 클수록 측압은 크다.
② 부어넣기 속도가 빠를수록 측압은 크다.
③ 거푸집의 널 두께가 얇을수록 측압은 크다.
④ 대기 중의 습도가 높을수록 측압은 크다.

61
거푸집에 가해지는 콘크리트의 측압에 관한 다음의 기술 중 틀린 것은 어느 것인가?

① 콘크리트 치기 및 붓는 속도가 빠를수록 크다.
② 부재의 수평단면이 클수록 크다.
③ 기온이 낮을수록 크다.
④ 철근량이 많을수록 크다.

62
여름철에 보통 포틀랜드 시멘트를 이용하여 슬래브 콘크리트를 타설하였을 경우, 최소 며칠 동안 슬래브 및 거푸집을 존치하여야 하는가?

① 4일　　② 5일
③ 7일　　④ 9일

해설

표준시방서에 의한 거푸집의 존치기간

부위		기초, 보옆, 기둥 및 벽		바닥 및 지붕 슬래브, 보 밑	
시멘트 종류		포틀랜드 시멘트	조강 포틀랜드 시멘트	포틀랜드 시멘트	조강 포틀랜드 시멘트
콘크리트의 재령 (일)	평균 20℃ 이상	4	2	7	4
	평균 10~20℃ 미만	6	3	8	5
콘크리트의 압축강도		50kg/cm²		설계기준강도의 50%	

63
콘크리트 공사의 거푸집 존치기간이 긴 것에서 짧은 순서로 나열된 것은?

① 보밑－슬래브－벽－기초
② 슬래브－보밑－기초－기둥
③ 벽－보밑－슬래브－기초
④ 기초－벽－슬래브－계단－보밑

해설

거푸집의 존치기간순서(긴것에서 짧은 순서) : 보밑－계단－슬래브－독립기둥－보 옆－붙임기둥－벽－기초

Answer ➡ 59. ②　60. ③　61. ④　62. ③　63. ①

64
거푸집 철거 시에 지주 바꾸어 세우기 순서 중 제일 먼저 실시하여야 하는 것은?

① 큰 보
② 작은 보
③ 바닥판
④ 계단

해설

거푸집의 해체
① 거푸집 철거시에 지주 바꾸어 세우기 순서는 큰보 → 작은보 → 바닥판의 순서로 한다.
② 바꾸어 세운 지주는 쐐기 등으로, 전 지주와 동등의 지지력이 작용하도록 한다.
③ 상부에 30cm 각 이상의 두꺼운 머리받침판을 댄다.

65
철근콘크리트 보로서 폭 30cm, 춤 60cm, 길이 6m 5개의 중량은?

① 5.21t
② 5.48t
③ 12.9t
④ 15.42t

해설

철근콘크리트의 비중이 2.4t/m³이고, 보의 체적이
0.3×0.6×6×5=5.4m³이므로
보의 중량=2.4×5.4=12.96t≒12.9t

66
콘크리트 시공요령에 관한 기술 중 잘못된 것은?

① 슈트에서 내린 콘크리트는 직접 부어넣지 않고 일단 비빔판에 받아서 잘 섞은 다음에 부어넣는다.
② 콘크리트 부어넣기 전에 청소를 완전히 하여 검사를 받은 후에 청소구를 봉한다.
③ 작업개시 전에 건조된 거푸집 면은 고루 물을 뿌려 추긴다.
④ 콘크리트를 부어넣을 때는 보를 먼저 부어넣고, 안정된 다음에 바닥판을 부어넣는 것이 좋다.

해설

콘크리트를 부어넣을 때에 보는 바닥판과 동시에 부어넣고 바닥판의 윗면은 부어넣기가 완료되는 대로 다지고, 곧 고르기를 한다.

5장 철골공사

1 철골작업공작

[1] 공장가공 제작순서

① 원척도 → ② 본 뜨기 → ③ 변형 바로잡기 → ④ 금 매김 → ⑤ 절단 → ⑥ 구멍 뚫기 → ⑦ 가 조립 → ⑧ 리벳치기 및 용접 → ⑨ 검사 → ⑩ 녹막이 칠 → ⑪ 현장반입(운반)

[2] 철골의 절단 · 가공

(1) 철골의 절단방법

1) 전단력(shear)을 이용하여 자르는 방법
2) 톱에 의한 절단
3) 가스 절단

(2) 가공

1) 구부리기 가공 : 상온 또는 열간가공(800~1,100℃)
2) 앵글(angle) 등의 구부리기 : 30℃ 이상을 피한다.

[3] 구멍 뚫기

(1) 리벳, 볼트 및 핀의 구멍크기

종 류	지 름	구멍크기 여유
리 벳	16mm 미만 16~32mm 미만 32mm 이상	리벳 직경 +1.0mm 리벳 직경 +1.5mm 리벳 직경 +2.0mm
보통볼트 앵커볼트		볼트직경 +0.5mm 볼트직경 +5.0mm
핀	130mm 미만 130mm 이상	핀 직경 +0.5mm 핀 직경 +1.0mm

(2) 리벳 구멍 뚫기

1) 펀칭 : 부재의 두께가 비교적 얇을 때(12mm 이하), 리벳 지름이 작을 때(9mm 이하)때 사용
2) 송곳 뚫기 : 펀칭에 비해 변형이 작고 세밀한 가공이 가능하나 속도가 느리며, 부재 두께가 12mm 이상일 때, 주철재일 때 사용
3) 구멍가심 : 리머(reamer)로 수정(구멍가심)할 수 있는 최대 편심거리는 1.5mm 이하

[4] 리벳치기

(1) 리벳치기 순서 : 접합부 – 가새 – 귀잡이

(2) 불량 리벳의 처리방법 : 기구(치핑해머, 리벳 자르개, 리벳 커터, 드릴 등)를 사용하여 리벳의 머리를 따내고 다시치기를 한다.

(3) 리벳 접합 시 유의사항

1) 리벳은 800~1100℃ 정도로 가열하여 사용한다(600℃이하가 되면 가공이 어려워짐).
2) 현장치기 리벳 수는 총 리벳 수의 1/3이 적당하다.
3) 둥근머리리벳의 머리지름은 리벳지름의 1.5배가 되도록 하고, 리벳으로 접합하는 판의 총 두께(grip)는 리벳지름의 5배 이하로 한다.

(4) 리벳간격 및 용어

1) 피치(pitch) : 리벳구멍 중심간 거리 (d : 리벳지름, t : 가장 얇은 판의 두께)

최소피치	표준	최대피치	
		인장재	압축재
2.5d	4.0d	12d, 30t 이하	8d, 15t 이하

2) 게이지 라인(gauge line) : 리벳을 배치하는데 기준이 되는 중심선
3) 게이지(gauge) : 게이지 라인 상호간의 거리
4) 연단거리 : 구멍중심에서 부재 끝단까지 거리
5) 그립(glip) : 리벳으로 접합하는 재의 총 두께(≦5d)
6) 클리어런스 : 리벳과 수직재면과의 여유거리

[5] 고장력 볼트 접합의 특징

(1) 장점
1) 화재위험이 없고 소음이 적다.
2) 현장 시공 설비가 간단하다.
3) 응력집중이 적고 반복응력에 강하다.
4) 불량개소의 수정이 용이하다.
5) 노동력이 절감되고 공기가 단축된다.

(2) 단점
1) 나사의 마무리 정도가 어렵다.
2) 판의 접촉면 상황의 관리가 어렵다.
3) 조이는 방법과 조이는 힘이 부족하다.

[6] 용 접

(1) 용접 접합의 장·단점
1) 장점
   ① 강재의 양이 절약된다.
   ② 구조가 간단하여 건물의 경량화를 도모할 수 있다.
   ③ 기름, 기체(gas) 등에 대하여 고도의 수밀성을 유지할 수 있다.
   ④ 시공 속도가 빠르고 무소음, 무진동의 시공을 할 수 있다.
   ⑤ 건물의 일체성과 강성을 확보할 수 있다.

2) 단점
   ① 용접 모재의 재질에 따라 응력상의 영향이 크다.
   ② 용접부의 검사가 어렵다.
   ③ 숙련공이 필요하다.

(2) 아크(Arc)용접
1) 용접봉 : 아크용접에는 연강재 심선에 피복제를 도포한 피크아크용접봉이 사용된다.
2) 용접봉 심선의 규격 : 직경 4mm가 표준이며, 가는 것은 3.2mm고, 능률용은 6mm가 쓰이며, 길이는 400mm가 표준이다.

(3) 용접 이음 및 맞춤의 형식
1) 맞댄 용접 : 접합하는 두부재를 맞대어 용접하는 방법

2) 모살 용접 : 두 장의 강판을 직각 또는 60~90°로 배치하거나 겹쳐서 그 모서리 각 부를 용착 시키는 용접법

(4) 용접결함

1) 균열(crack) : 공기구멍 또는 선상조직, 용접의 구속, 살 붙임 불량 등으로 생기는 결함
2) 슬래그 섞임(slag inclusion ; 슬래그 감싸돌기) : 용접에서 용융금속이 급속하게 냉각 되면 슬래그의 일부분이 달아나지 못하고 용착 금속 내에 혼입되는 결함.
3) 피트(pit) : 공기의 구멍이 발생함으로서 용접부의 표면에 생기는 작은 구멍
4) 공기구멍(blow hole = gas pocket) : 용접 금속의 내부에 생기는 구멍으로 주로 용융금속이 응고할 때 방출되어야 할 가스가 남아서 생기는 결함
5) 언더 컷(under cut) : 용접상부(모재표면과 용접표면이 교차되는 점)에 따라 모재가 녹아 용착금속이 채워지지 않고 홈으로 남게 되는 부분
6) 오버 랩(over lap ; 겹치기) : 용접 금속과 모재가 융합되지 않고 겹쳐지는 결함
7) 기타 결함 : 외관 비틀림 결함, 불용착(녹아 붙기 불량), 변형, 용접치수의 불규칙, 용입 부족 등

> **길잡이**
>
> ● 용접용어
> 1) 플럭스(flux) : 용접봉의 피복재 역할을 하는 분말상의 재료
> 2) 위빙(weaving ≒ weeping) : 용접봉을 용접방향과 직각으로 움직이면서 용접너비를 증가시키는 운봉법
> 3) 스패터(spatter) : 용접 중 튀어나오는 슬래그 및 금속일자
> 4) 가스하우징(gas gouging) : 철골공사에서 홈을 파기 위한 목적으로 한 화구(火口)로서 산소아세틸렌 불꽃을 이용하여 녹여 깎은 재의 뒷부분을 깨끗이 깎는 것
> 5) 테르미트(thermit) : 알루미늄 + 산화철분(가열하여 철의 용접에 사용)

(5) 용접검사

1) 용접착수전 검사 : 트임새모양, 모아대기법, 구속법, 자세의 적부
2) 용접작업중 검사 : 용접봉, 운봉, 전류
3) 용접완료후 검사 : 외관검사, 비파괴검사(방사선투과검사, 초음파탐상시험, 자기분말탐상법)

(6) 철골 용접시 주의사항

1) 현장용접을 하는 부재는 용접부위에 어떠한 칠을 해서는 안 된다.
2) 기온이 0℃(또는 -5℃) 이하일 때에는 용접을 중지한다.
3) 기온이 0~15℃(-5~5℃)인 경우에는 용접접합부로부터 100mm 이내의 거리에 있는 모재부분은 적절하게 가열(36℃ 이상)하여 용접할 수 있다.

4) 용접봉의 교환 또는 다층용접일 때는 용접에 지장을 주는 슬래그(slag)와 스패터(spatter)를 제거한다.

5) 용접할 소재는 용접에 의해 수축변형이 생기고 또는 마무리 작업도 고려해야 되므로 치수에 여분을 두어야 한다.

[7] 녹막이 칠

(1) 녹막이 칠
현장운반에 앞서 강재면에 녹막이 칠을 1회하고, 녹슬기 쉬운 때는 2회 칠한다.

(2) 녹막이 칠을 할 필요가 없는 부분
1) 콘크리트에 밀착 또는 매입되는 부분
2) 조립에 의해 서로 밀착되는 면
3) 현장 용접을 하는 부위 및 그곳에 인접하는 양측 100mm 이내(용접부에서 50mm 이내)
4) 고장력 볼트 마찰접합부의 마찰면
5) 기계 깎기 마무리 면
6) 폐쇄형 단면을 한 부재의 밀폐된 내면

2 철골 세우기

[1] 철골 세우기 시공순서

① 앵커볼트매입 – ② 철골 세우기 – ③ 볼트 가조임 – ④ 변형 바로잡기 – ⑤ 볼트 본 조임 – ⑥ 현장 리벳 치기 – ⑦ 리벳 검사

[2] 앵커볼트(Anchor bolt) 묻기 및 기초상부 고름질

(1) 앵커볼트
철골의 주각을 기초에 고정 시키는 데 사용하는 부품

(2) 앵커 볼트 매입공법

1) 고정매입공법
① 앵커볼트의 위치 및 높이를 정확히 정하고 이것을 충분하게 긴밀히 연결한 후 앵커볼트가 완전하게 고정 되도록 하고 콘크리트를 친다.
② 시공의 정밀도가 요구되는데 사용된다.

2) 가동매입공법(나중매입공법)
   ① 기초 콘크리트에 앵커볼트를 묻을 구멍을 미리 내 두었다가 나중에 앵커 볼트를 묻고 고정하는 공법
   ② 앵커 볼트의 지름이 작을 때 이용된다.
   ③ 나중 매입공법 : 경미한 공사에만 사용한다.

(3) **기초상부 고름질(기둥밑창 고르기)** : 철골세우기에서 기초상부는 베이스판을 완전수평으로 밀착시키기 위해서 30~50mm 두께로 모르타르를 펴 바른다.

1) 전면바름 마무리법
2) 나중채워넣기 중심바름법
3) 나중채워넣기 십자(+)바름법
4) 나중채워넣기법

[3] 철골 세우기용 기계설비

(1) 가이데릭(guy derrick)

1) 가이로프(guy rope)로 지지된 철골제 마스트의 밑둥에 붐(boom)을 설치하여 윈치로 감아올려 상하로 움직이면서 중량물을 운반하거나 철골을 조립하는 기계
   ① **주요구조부분** : 마스트(mast), 붐(boom), 불휠(bull wheel – 가이데릭에만 있음) 등
   ② 붐의 길이는 마스트 길이보다 짧다.
2) 붐의 행동 범위는 360°이며, 가이라인(guy line : 당김줄)은 지면과 45°이하가 되도록 한다.
3) 7.5t 의 데릭이 1일 세우기 능력은 15~20t이다.
4) 기계 설치에 15일, 해체에 각각 7일을 요한다.

(2) 스티프 레그데릭(stiff leg derrick)

1) 데릭의 밑에 바퀴가 있어 수평이동이 가능하다.
2) 건물이 저층이고 길이가 길고 넓은 면적의 건물(공장, 창고)철골 세우기용으로 사용된다.
3) 당김줄을 마음대로 맬 수 없을 때 편리하다.
4) 붐의 행동범위는 270°이나 실제 작업 범위는 180°이다.

(3) 진폴(gin pole)

1) 폴 데릭(pole derrick)이라고도 하며, 소규모 또는 가이데릭으로 할 수 없는 펜트 하우스(pent house) 등의 돌출부에 사용된다.
2) 중량재료를 달아 올리는데 편리하다.
3) 널말뚝 빼기와 목조건물 세우기에 사용한다.

[4] 철골세우기

(1) 철골기둥세우기 순서

1) 기둥 중심선 먹 메김
2) 기초 볼트 위치 재점검
3) 베이스 플레이트(base plate)레벨 조정용 라이너 플레이트(liner plate)고정
4) 기둥 세우기
5) 주각 몰탈 채움

(2) 철골 세우기 시 주의사항

1) 기둥의 베이스 플레이트는 중심선 및 높이를 정확히 설치하고 앵커 볼트로 조인다.
2) 기둥과 보는 반드시 연결시키며 한 간사이(span)마다 가볼트로 충분히 조인다.
3) 가조임볼트의 수는 접합부 전 리벳수의 20~30% 또는 현장치기 리벳수의 1/5을 표준으로 한다.
4) 세워 놓은 철골에 달아 올리는 철골이 충돌되지 않게 한다.

실 / 전 / 문 / 제

01
철골의 공장가공 공정순서가 바르게 된 것은?

① 원척도 작성 → 형판 뜨기 → 금 긋기 → 절단 → 가조립 → 리벳치기
② 원척도 작성 → 금 긋기 → 형판 뜨기 → 절단 → 가조립 → 리벳치기
③ 원척도 작성 → 형판 뜨기 → 절단 → 금 긋기 → 구멍 뚫기 → 리벳치기
④ 원척도 작성 → 금 긋기 → 형판 뜨기 → 절단 → 구멍 뚫기 → 리벳치기

해설

공장가공 제작순서
① 원척도(현치도)작성 – ② 형판(본) 뜨기 – ③ 변형 바로잡기 – ④ 금 긋기 – ⑤ 절단 – ⑥ 구멍 뚫기 – ⑦ 가 조립 – ⑧ 리벳치기 및 용접 – ⑨ 녹막이 칠 – ⑩ 현장반입(운반)

02
철골세우기 공사에 있어서 가죔임 볼트 수는 현장치기 리벳수의 얼마를 표준으로 하는가?

① 1/3   ② 1/4
③ 1/5   ④ 1/6

03
공장리벳 가공 또는 조립을 완료한 철골부재에 대하여 녹막이 칠을 하여야 할 곳은?

① 콘크리트에 매입되는 부분
② 리벳머리
③ 고장력 볼트 마찰 접합부의 마찰면
④ 조립에 의하여 맞닿는 면

해설

녹막이 칠을 하지 않은 부분
① 콘크리트에 밀착 또는 매입되는 부분
② 조립에 의해 서로 밀착되는 면
③ 현장용접을 하는 부위 및 그 곳에 인접하는 양측 100mm 이내(용접부에서 50mm 이내)
④ 고장력 볼트 마찰 접합부의 마찰면
⑤ 기계 깎기 마무리 면
⑥ 폐쇄형 단면을 한 부재의 밀폐된 내면

04
철골의 리벳접합에 대한 기술 중 틀린 것은?

① 리벳으로 접합하는 판의 총 두께는 리벳지름의 5배 이하로 한다.
② 리벳은 둥근 리벳이 많이 쓰인다.
③ 공장에서 조립할 때 리벳의 가열온도는 1,200℃ 이상으로 한다.
④ 리벳 구멍은 판두께 12mm 이상의 것은 송곳 뚫기로 하고, 그 이하인 것은 펀칭으로 한다.

해설

리벳의 가열온도는 1100℃를 초과하면 강재가 변질되고 600℃ 이하이면 가공이 어려워지기 때문에 800∼1100℃로 가열하여 사용한다.

05
Reamer(리머)의 사용목적 중 옳게 설명한 것은?

① 말뚝박기에 사용한다.
② 철골구멍을 가셔 낸다.
③ 목재에 홈을 판다.
④ 콘크리트에 진동을 준다.

06
철골 1ton 당 가공 및 조립에 필요한 철골공수로서 가장 알맞은 것은?

① 4∼5인   ② 6∼9인
③ 10∼12인   ④ 13∼15인

Answer ➡ 01. ① 02. ③ 03. ② 04. ③ 05. ② 06. ③

해설
철골공(가공＋조립) : 10~12명/ton

07
철골공사에 있어서 리벳 · 볼트의 지름과 구멍의 여유에 있어서 그 표준으로 부적당 한 것은?

① 리벳의 지름 16mm 이하 : 1.0mm
② 리벳의 지름 32mm 이상 : 2.0mm
③ 볼트 : 2.5mm
④ 앵커볼트 5.0mm

해설
③항, 볼트 : 0.5mm 이하

08
철골의 리벳접합에 대한 기술 중 옳지 않은 것은 어느 것인가?

① 리벳으로 접합하는 판의 총 두께는 리벳 지름의 5배 이하로 한다.
② 리벳치기에 의한 이음 및 접합은 공장에서 행하고 기둥, 보는 현장에서 제작 사용한다.
③ 현장 리벳의 가열온도는 800~1,100℃가 적당하다.
④ 리벳 구멍은 판두께 12mm 이상의 것은 송곳뚫기로 하고, 그 이하인 것은 편칭으로 한다.

해설
철골의 기둥, 보는 공장에서 제작하고, 그 이음 및 접합은 보통 현장에서 리벳치기로 한다.

09
다음 리벳 구멍뚫기에 관한 설명 중 틀린 것은?

① 리벳 구멍의 크기는 리벳 지름이 32mm 이상일 때 2.0mm 정도를 더 크게 한다.
② 부재의 두께 12mm 이하 또는 리벳 지름의 9mm 이하일 때에 편칭으로 한다.
③ 송곳 뚫기는 부재 두께가 12mm 이상일 때, 주철재일때 사용한다.
④ 구멍가심에는 드리프트핀을 사용한다.

해설
리벳의 구멍가심은 리머(reamer)로 하고, 수정할 수 있는 최대 편심거리는 1.5mm 이하로 하며, 수정한 구멍은 원형이 되도록 한다.

10
철골접합 공사에서 검사에 불합격된 리벳을 제거하기 위한 장비로서 옳지 않은 것은?

① 칩핑 해머(chipping hammer)
② 리벳 커터(rivet cutter)
③ 드릴(drill)
④ 리벳 홀더(rivet holder)

해설
Rivet holder는 불어 달군 리벳을 판금의 구멍에 박고, 그 머리를 누르는 공구의 일종이다.

11
철골공사용의 리벳 및 볼트 구멍의 크기에서 옳지 않은 것은?(단, d는 직경)

① 리벳직경 16mm 이하 : d＋1.0mm
② 리벳직경 20mm~28mm : d＋1.5mm
③ 리벳직경 32mm 이상 : d＋2.0mm
④ 볼트 : d＋2.5mm

해설
구멍의 크기 표준(d : 지름)
(1) 리벳
　① 지름 16mm 미만 : d＋1.0 mm
　② 지름 16~32mm 미만 : d＋1.5mm
　③ 지름 32mm 이상 : d＋2.0mm
(2) 볼트
　① 보통볼트 : d＋0.5mm 이내
　② 앵커볼트 : d＋5.0mm
(3) 핀
　① 지름 130mm 미만 : d＋0.5mm 이내
　② 지름 130mm 이상 : d＋1.0mm 이내

12
철골공사에서 용접접합의 장점과 거리가 먼 것은?

① 철재량을 절약할 수 있다.
② 소음을 방지할 수 있다.

Answer ➡ 07. ③ 08. ② 09. ④ 10. ④ 11. ④ 12. ④

③ 진동을 방지할 수 있다.
④ 접합부의 검사가 간단하다.

해설

용접접합의 특징
(1) 장점
  ① 무소음 및 무진동으로 시공된다.
  ② 응력전달이 확실하여 신뢰성이 높다.
  ③ 철골중량이 감소된다.
  ④ 철재량이 절약될 수 있어 경제적이다.
  ⑤ 단면처리 및 이음이 쉽다.
  ⑥ 공해가 없다.
  ⑦ 의장적으로 쾌적하다.
(2) 단점
  ① 취성파괴가 일어나기 쉽고 피로강도가 낮다.
  ② 숙련공이 필요하다.
  ③ 접합부의 검사가 곤란하다.
  ④ 0℃ 이하의 온도에서는 작업이 곤란하다.

13
철골조립에 주로 사용되는 용접은 어느 것인가?

① 전기압접
② 가스압접
③ 냉각용접
④ 아크용접

14
다음 용접에 관한 설명 중 옳지 않은 것은?

① 교류아크 용접기는 값이 싸고 고장이 적어 많이 쓰인다.
② 용접봉의 심선은 4mm가 보통이고, 6mm는 고장력으로 쓰인다.
③ 용접상부를 따라 모재가 녹아서 용착금속이 채워지지 않은 것을 언더 커트(under cut)라 한다.
④ 판 두께가 다를 때에 맞댄 용접은 높은 면에서 낮은 면으로 미끈하게 이행되도록 용착분입한다.

15
용접봉에 관한 기술 중 가장 옳지 않은 것은?

① 언더 컷의 수정에는 4mm보다 굵은 용접봉을 사용해서는 안 된다.
② 피복제는 녹아서 arc를 안정시키고 대기 중의 산소와 질소의 용융 금속혼입을 방지한다.
③ 용접봉의 심선은 모재와 동질의 것은 좋지 않으므로 모재와 이질재를 사용한다.
④ 심선 지름은 4mm가 표준이고, 길이는 400mm가 표준이다.

16
철골조 용접공작에서 용접봉의 피복제 역할로 옳지 않은 것은?

① 함유원소를 이온화하여 아크를 안정시킨다.
② 용착금속에 합금원소를 가한다.
③ 용착금속의 산화를 촉진하여 고열을 발생시킨다.
④ 슬래그로 떠올라서 냉각응고속도를 작게 한다.

17
다음 중 철골용접에 관한 용어 중 결함에 속하지 않는 것은?

① 언더 컷(under cut)
② 오버 랩(over lap)
③ 블로우 홀(blow hole)
④ 위핑(weeping)

18
철골세우기의 일반적 유의사항과 거리가 먼 것은?

① 현장용접은 상향자세를 원칙으로 한다.
② 대체로 현장치기 리벳 수는 모든 리벳 수의 1/3 정도로 한다.
③ 세운 철골에 달아 올리는 철골이 충돌되지 않게 해야 한다.
④ 변형이 생긴 부분을 바로잡은 후에는 현장 리벳치기가 완료될 때까지 풀지 말아야 한다.

19
다음은 철골의 용접에 대한 기술이다. 부적당한 것은 어느 것인가?

① 모살 용접에서 용접단면 각(脚)의 길이는 용접치수보다 짧게 한다.
② 모살 용접에서 단속용접의 길이는 유효치수보

Answer ➡ 13. ④ 14. ④ 15. ③ 16. ③ 17. ④ 18. ① 19. ①

다 모살크기를 2재 이상 길게 한다.
③ 맞댄 용접에서는 단속용접을 하지 않는다.
④ 모살 용접에서 보조살 붙임 두께는 0.1s + 1mm(s는 유효각의 길이)

해설

모살 용접에서 용접단면 각(脚)을 s로 표시하면, 목두께는 0.7s로 한다. 따라서 용접각의 길이를 목두께보다 길게 한다. 맞댄 용접은 전장 용접을 하여야 하며, 모살 용접에서는 단속용접을 할 수 있다.

20
철골공사 현장에서 철골 구조상 감독자가 유의해야 할 사항 중 제일 중요한 것은?

① Rivet 검사
② 녹벗김
③ 기중기의 체크
④ 매입기초 앵커볼트 위치 및 간격

21
철골의 주각(柱脚)을 기초에 고정시키는 가동 매립 공법을 사용하는 경우는?

① 구조물에 고층일 때
② 구조물의 이동조립을 가능하게 할 때
③ 앵커볼트의 지름이 작을 때
④ 구조물에 적재되는 하중이 적을 때

해설

앵커볼트의 매립공법
① 고정매립공법 : 시공의 정밀도 요구시 사용, 위치수정 불가능
② 가동매립공법 : 앵커볼트의 지름이 작을 때 사용, 다소 위치수정 가능
③ 나중매립공법 : 경미한 공사에 사용, 위치수정 가능

22
철골조립 및 설치에 있어서 소요되는 기계와 관계가 없는 것은?

① 진-폴(gin-pole)
② 윈치(winch)
③ 타워 크레인(tower crane)
④ 리버스 서큘레이션 드릴(reverse circulation drill)

해설

reverse circulation drill : 제자리 콘크리트 말뚝으로 기초공사를 하기 위한 지반천공기의 일종이다. 리버스 서큘레이션 공법은 정수압으로 공벽을 유지하면서 물의 순환을 이용하여 드릴비트로 굴착한 흙을 드릴 파이프를 통하여 배출시킨 다음, 철근·콘크리트를 시공하여 기초말뚝을 완성하는 공법으로 지층이 연약하고 깊이가 깊은 곳에 적합하다.

23
타워 크레인(tower crane)에 관한 기술 중 부적당한 것은?

① 고층건물의 시공에 적당하다.
② 작업능률은 데릭의 2배 정도이다.
③ 당김 줄이 불필요하다.
④ 기체의 조립은 지상에서 행한다.

해설

기체의 조립은 건물 내에서 하며, 층수가 올라감에 따라 기체를 올릴 수 있다.

24
가이 데릭(guy derrick)에 대한 기술 중 틀린 것은?

① 가이 데릭은 1본의 마스트(mast)의 꼭대기에 6~8개의 와이어로프로 잡아당겨서 마스트를 수직으로 세운다.
② 붐(boom)의 길이는 마스트의 길이보다 길다.
③ 볼 휘일(ball wheel)은 가이 데릭에만 있다.
④ 붐(boom)의 회전은 360°이다.

해설

가이데릭의 길이는 회전할 때 버팀 wire rope에 걸리지 않게, boom의 길이는 mast의 길이보다 3~5m 정도 짧게 설치한다.

25
다음의 철골 세우기용 기계 설비에서 수평이동이 용이하고 또 건물의 층수가 적고 긴 평면일 때나 또는 당김 줄을 맬 수 없을 때 유리한 것은?

① 스티프 레그 데릭(stiff leg derrick)
② 가이 데릭(guy derrick)
③ 트럭 크레인(truck crane)
④ 진 폴(gin pole)

Answer ➡ 20. ④ 21. ③ 22. ④ 23. ④ 24. ② 25. ①

26
철골공사에 관한 설명 중 옳지 못한 것은?

① 고장력 볼트의 죔은 임펙트 렌치 및 토크 렌치를 사용한다.
② 삼각데릭(stiff leg derrick)의 boom의 길이는 mast보다는 길고 수평선회 각도는 360°이다.
③ 기온이 0℃ 이하일 때는 특별한 조치를 하는 경우를 제외하고 용접을 해서는 안 된다.
④ 기초 콘크리트를 시공할 때의 고정 매립공법은 앵커볼트의 기능이 안전히 발휘되는 우수한 공법이나, 시공의 정밀도가 요구된다.

해설
삼각데릭의 수평선회 각도는 다리 설치부분의 내각을 제외한 270°이다.

27
철골 철근콘크리트 보의 피복두께 제한에서 철근에 대한 콘크리트의 피복은 3cm 이상이다. 철골에 대한 콘크리트의 피복은 얼마인가?

① 3cm 이상
② 4cm 이상
③ 5cm 이상
④ 6cm 이상

해설
① 철근의 피복두께 : 3cm 이상
② 철골의 피복두께 : 5cm 이상

Answer ➡ 26. ② 27. ③

6장 조적공사

1 벽돌공사

[1] 벽돌공사의 시공순서

① 규준틀(세로, 수평) → ② 기초 → ③ 조적(벽돌, 블록, 돌) → ④ 지붕 → ⑤ 창호 → ⑥ 내장 → ⑦ 외장 → ⑧ 도장

[2] 벽돌 쌓기법

(1) 교차부 및 모서리 쌓기

1) 교차부 쌓기
   ① 켜 걸름 들여쌓기 : 한 벽을 먼저 쌓고 여기에 교차되는 벽을 나중에 쌓을 경우 교차부의 벽돌 물림자리를 벽돌 한 켜 걸러 1/4B 들여쌓기 하는 것
   ② 교차부 물려 쌓기 : 몰탈을 충분히 펴고 끼우는 벽돌에는 몰탈을 발라 끼워 대고 사춤 몰탈도 빈틈없이 채워 넣는다.
   ③ 층 단 떼어쌓기 : 연속되는 벽면의 일부를 동시에 쌓지 못할 때 층 단 떼어 쌓기를 한다.

2) 모서리 쌓기
   ① 모서리 쌓기를 할 때에는 내부에 통줄눈이 생기지 않게 한다.
   ② 토막 벽돌이 적게 사용되도록 벽돌 나누기를 하고 사춤 몰탈로 충분히 채운다.
   ③ 벽돌 벽의 끝 또는 모서리선은 정확히 수직선이 되게 한다.

(2) 기초 쌓기 및 내 쌓기

1) 기초 쌓기 : 1/4 B씩 1켜 또는 2켜씩 내어 쌓고, 기초벽돌의 맨 밑의 너비는 벽돌벽 두께의 2배로 하고 2켜를 길이쌓기로 한다.
2) 내 쌓기 : 벽돌벽면 중간에서 내 쌓기를 할 때에는 2켜씩 1/4B 또는 1켜씩 1/8B로 내 쌓기로 하고 맨 위는 두켜 내쌓기하며, 마구리쌓기로 하는 것이 강도상, 시공 상 유리하다.

> **길잡이**
>
> • 벽돌벽면 중간에서의 내 쌓기
>   1) 한켜 내 쌓기 : 1/8B   2) 두켜 내 쌓기 : 1/4B   3) 내미는 한도 : 2B

(3) 창대 쌓기

1) 창대 벽돌은 윗면을 15° 정도로 경사지게 옆 세워 쌓는다.
2) 창대 벽돌의 앞 끝은 밑 부분의 벽돌 벽면에 일치 시키거나 1/8B~1/4B 정도로 내밀어 쌓는다.
3) 창대벽돌의 위 끝은 창틀 밑에 1.5cm 정도 들어가 끼우게 한다.
4) 창문틀 주위는 방수가 완전하게 되도록 한다.

(4) 아치 쌓기

1) 몰탈은 시멘트와 모래의 비를 1 : 2로 한다.
2) 아치의 높이는 너비의 1/5 이상으로 한다.
3) 창문의 너비가 1m 정도일 때는 평아치로 한다.
4) 아치의 줄 눈 방향은 모두 중심에 모이게 쌓아야 한다.

(5) 벽돌 쌓기의 종류

1) 영식 쌓기 : 한 켜는 길이 쌓기, 다음 켜는 마무리 쌓기로 하고, 마무리 쌓기켜의 벽 끝에 이 오토막(0.25)을 사용한다(벽돌쌓기법 중 가장 튼튼한 쌓기법)
2) 화란(네덜란드)식 쌓기 : 한 켜는 길이 쌓기, 다음 켜는 마무리 쌓기로 하고, 길이 쌓기 켜의 벽 끝에 칠오토막(0.75)을 사용한다.
3) 불식(프랑스식) 쌓기 : 매켜에 길이 쌓기와 마구리 쌓기가 번갈아 나오는 쌓기 방식이다.
4) 미식 쌓기 : 5켜는 길이쌓기로 하고 한 켜는 마구리 쌓기로 하는 쌓기 방식이다.

[3] 벽돌 벽의 균열

(1) 계획 설계상의 미비

1) 기초의 부동침하
2) 건물의 평면, 입면의 불균형 및 불합리한 벽의 배치
3) 불균형 하중 또는 큰 집중하중, 횡력 및 충격
4) 벽돌 벽의 길이와 높이 및 두께에 대한 벽체의 강도 부족
5) 문골 크기의 불합리 및 상하층 창문배치의 불균형

(2) 시공상의 결함

1) 불량벽돌 및 몰탈로 인한 강도 부족
2) 온도차와 흡수 정도에 의한 재료의 신축성(사전 예방이 곤란)
3) 신축줄눈 미설치로 인한 이질재와의 접합부
4) 콘크리트 보 밑 사춤 몰탈 다져 넣기 부족

5) 세로줄눈의 몰탈 채움 부족

[4] 백화현상

(1) 백화현상 : 콘크리트나 벽돌을 시공한 후 흰 가루가 돋아 나는 현상

(2) 백화의 원인 : 유출되는 몰탈의 석회분이 빗물에 의하여 수산화석회로 되어 표면에 유출될 때 공기 중의 탄산가스(CO_2) 또는 벽체중의 황분과 결합하여 생긴다.

(3) 백화현상 방지책

1) 잘 소성된 양질의 벽돌을 사용한다.
2) 벽돌 벽면에 실리콘, 파라핀 도료 등을 바른다.
3) 벽면 특히 줄눈부분을 방수처리 한다.

[5] 벽돌 쌓기 시공 상의 주의사항

(1) 1일 벽돌 쌓기 높이는 1.5m(22켜) 이하, 보통 1.2m(18켜) 정도로 한다.
(2) 벽돌 쌓기 전에는 충분히 물 축이기를 해야 한다.
(3) 시멘트 벽돌은 쌓기 2~3일 전에 물을 축여 표면이 약간 건조된 상태에서 쌓는다.
(4) 몰탈강도는 벽돌강도와 같은 정도로 한다.
(5) 가로, 세로줄눈은 10mm를 표준으로 하고, 세로줄눈은 통줄눈이 되지 않도록 한다.
(6) 벽돌 벽은 가급적 건물 전체를 균일한 높이고 쌓는다.

2 블록공사

[1] 블록구조의 분류

(1) 보통블록구조

1) 내력벽(bearing wall) : 상부하중을 받아 기초에 전달하는 벽체로 층수가 높은 건물에는 부적당하다.
2) 장막벽(curtain wall) : 비내력벽이라고도 하며 벽을 단순히 간막이벽으로 쌓는 구조형식이다.

(2) 보강블록구조 : 블록의 빈속에 철근과 콘크리트로 보강하여 횡력에 강한 블록벽체를 구성하는 것이다.

(3) 거푸집블록구조 : 거푸집블록(ㄱ자형, ㄷ자형, T자형 등)을 쌓고 그 안에 철근을 배근하여 콘크리트를 부어 넣어 철근콘크리트 구조로 한 것이다.

> **길잡이**
>
> - ALC 블록공사
>   1) 쌓기 모르타르는 교반기 사용 배합 후 1시간 이내에 사용
>   2) 줄눈의 두께 : 1~3mm 정도
>   3) 하루 쌓기 높이 : 1.8m 표준, 최대 2.4m 이내
>   4) 연속되는 벽면의 일부를 트이게 하여 나중쌓기로 할 경우 : 층단 떼어쌓기로 함

[2] 블록 쌓기 시 유의사항

(1) 기초, 바닥판 윗면은 청소를 깨끗이 하고 물 축이기를 한다.
(2) 가로, 세로줄눈은 줄 바르고 일매지게 하여 접착이 잘 되게 한다.
(3) 블록은 살 두께가 두꺼운 부분이 위로 가도록 쌓는다.
(4) 블록의 하루쌓기 높이는 1.2m(6켜)를 표준으로 하고 최대 1.5m(7켜) 이내로 한다.
(5) 가로줄눈 몰탈은 블록상단 전면에 바르고, 세로줄눈은 한쪽 접착면에 미리 몰탈을 충분히 부착 시켜서 쌓는다.
(6) 줄눈은 가로, 세로 모두 10mm를 표준으로 하고 6mm 이하가 되지 않게 한다.
(7) 보통 블록쌓기는 블록공 2인, 비빔공 1인 운반공 1인 등 4인을 1개조하여 1일 평균 200장 정도를 쌓는다.

[3] 보강 콘크리트 블록조

(1) 블록의 강도 : 블록의 상 하면에 두께 10mm의 순 시멘트 몰탈을 바른 후 24시간 보양을 하고 시험기에 걸어 매초 2kg/cm² 속도로 가압하여 붕괴 될 때 까지의 압력을 최대하중으로 한다.

$$\therefore \text{블록의 압축강도} = \frac{최대하중}{가압단면적}(g/cm^2)$$

여기서, 가압단면적(블록의 공동 부 포함)=전 길이×전 두께

(2) 보강 콘크리트 블록 조 쌓기

1) 1일 쌓기 높이는 1m 정도, 6~7켜 이하로 한다.
2) 줄눈은 철근 배근을 위해서 통줄눈을 원칙으로 한다.
3) 2층 건축물인 경우 세로 근을 원칙적으로 기초 테두리 보에서 위층의 테두리 보까지 잇지 않고 배근한다.

(3) 보강 콘크리트 블록조의 테두리 보의 역할

1) 횡력에 대한 벽면의 직각 방향의 이동은 수직 균열이 생기게 되고 이것을 막기 위해 강력한 테두리 보를 설치한다.
2) 분산된 벽체를 일체로 연결하여 하중을 균등히 분포 시킨다.(건축물의 강도증가)

3 석재공사

[1] 석재의 가공순서(공구)

① 혹두기(쇠메) → ② 정다듬(정) → ③ 도드락다듬(도드락망치) → ④ 잔다듬 → ⑤ 물갈기(숫돌 등)

[2] 석재 사용상의 주의사항

(1) 석재의 최대치수는 크기, 운반상, 가공상 등의 제반조건을 고려하여 정한다.
(2) 석재는 휨강도 및 인장강도가 약하고 압축강도가 크므로 압축력을 받는 곳에 사용한다.
(3) 석재는 석질이 균일한 것을 사용하여야 한다.
(4) 석재는 일반적인 내화성에 약하므로 내화가 필요한 곳에는 열에 강한 것을 사용하여야 한다.
(5) 구조체에 사용하는 석재는 압축강도가 50kg/cm² 이상, 흡수율이 30% 이하의 것을 사용하도록 한다.

[3] 돌쌓기

(1) 돌쌓기 방법

1) 건쌓기(건성쌓기) : 돌, 석축 등을 모르타르나 콘크리트 등을 쓰지 않고 잘 물려서 그냥 쌓는 돌쌓기법
2) 찰쌓기 : 돌과 돌 사이의 맞댐면에 모르타르를 다져 넣고 뒷면(뒷고임)에도 모르타르나 콘크리트를 채워 넣는 돌쌓기법
3) 귀갑쌓기 : 거북 등의 껍질모양(정육각형)으로 된 무늬, 돌면이 육각형으로 두드러지게 특수한 모양을 한 돌쌓기법
4) 모르타르 사춤쌓기 : 돌의 맞댐자리에 모르타르나 콘크리트를 깔고 뒤에는 잡석다짐을 하는 견치돌 석출쌓기 방법

(2) 돌쌓기시 유의사항

1) 먹줄에 맞추어 돌 밑에 나무쐐기 등을 받아 임시로 쌓는다.
2) 치켜쌓기에서 내민쐐기는 1~2일 후에 제거하고 모르타르로 땜질한다.
3) 모르타르사춤을 할 때는 돌 높이의 1/3정도는 된비빔으로 하여 다져 넣고 나머지는 묽은비빔 모르타르를 부어 넣는다.
4) 줄눈에 끼운 헝겊은 모르타르를 넣은 후 1~2시간 경과 후 제거한다.
5) 1일 쌓기 높이는 3켜~4켜로 1m 이하로 한다.

[4] 돌 공사

(1) 첫 켜 쌓기

1) 돌 쌓기는 먼저 모서리, 구석 또는 중간 요소에 기준이 되는 돌을 설치하고 그 중간의 돌을 쌓는다.
2) 내민 쐐기, 목재 쐐기는 1~2일 후에 모두 제거하고 몰탈 땜질을 해둔다.
3) 사춤몰탈을 할 때는 먼저 돌 높이 1/3 정도를 된 비빔으로 하여 다져 넣고 나머지는 묽은비빔 몰탈을 부어 넣는다.
4) 사춤몰탈, 콘크리트 다짐은 가로, 세로줄눈에 깨끗한 헝겊을 끼고 시멘트 풀이 흘러나오지 않게 하고 빈틈없이 사춤을 쳐 넣는다.
5) 줄 눈에 끼운 헝겊은 몰탈을 넣은 후 1~2시간 경과 후 제거한다.

(2) 둘째 켜 쌓기

1) 돌 높이 50cm 내외인 것은 하루 2켜 이상 쌓아 올리지 않는다.
2) 콘크리트 채움은 1켜마다 정하고 2켜를 넘지 않게 한다.
3) 몰탈 배합은 1 : 3, 아치는 1 : 2로 한다.

실 / 전 / 문 / 제

01
벽돌공사의 일반적인 시공순서로 가장 적당한 것은?

① 규준틀 – 기초 – 벽돌 – 지붕 – 창호 – 내장 – 외장 – 도장
② 규준틀 – 기초 – 벽돌 – 내장 – 지붕 – 외장 – 도장 – 창호
③ 규준틀 – 기초 – 벽돌 – 내장 – 외장 – 지붕 – 도장 – 창호
④ 규준틀 – 기초 – 벽돌 – 지붕 – 내장 – 외장 – 창호 – 도장

해설
벽돌공사의 시공순서 : ① 규준틀(세로, 수평) ② 기초 ③ 조적(벽돌, 블록, 돌) ④ 지붕 ⑤ 창호 ⑥ 내장 ⑦ 외장 ⑧ 도장

02
벽돌쌓기 시공 상의 주의할 점에 대하여 틀린 것은?

① 벽돌은 흡수성이 강하므로 가능한 한 건조상태에서 시공한다.
② 내화 벽돌은 건조상태에서 시공한다.
③ 1일 쌓기 높이는 1.5m 이내로 하고, 보통 1.2m 정도로 한다.
④ 줄눈 사용 모르타르의 강도는 벽돌의 강도보다 작아서는 안 된다.

해설
벽돌쌓기 전에는 충분히 물 축이기를 해야 한다.

03
벽돌쌓기에서 줄눈에 관한 기술 중 옳지 않은 것은?

① 벽돌쌓기 줄눈은 보통 10mm 정도로 한다.
② 치장줄눈용 모르타르의 배합은 1 : 3으로 한다.
③ 치장쌓기 줄눈은 통줄눈으로 하기도 한다.
④ 치장줄눈은 평줄눈을 많이 사용한다.

해설
치장줄눈용 모르타르의 배합은 1 : 1로 한다.

04
벽돌 벽 치장줄눈 시공에 관한 기술 중 옳지 않은 것은?

① 치장 벽돌면은 쌓은 후 2~3일 후에 줄눈을 흙손으로 눌러준다.
② 치장줄눈 모르타르에는 방수제를 넣어 쓰기도 하고, 백 시멘트에 색소를 넣어 쓸 때도 있다.
③ 치장줄눈은 될 수 있는 대로 빠른 시기에 하여 벽면에 빗물이 스며들지 않게 한다.
④ 치장줄눈 시공은 벽면의 상부에서부터 내려온다.

해설
① 치장 벽돌 면은 쌓기가 완료되는 대로 공사에 지장이 없는 한 줄눈을 흙손으로 눌러 둔다.
② **치장줄눈의 시공순서** : 줄눈누름 → 줄눈파기(깊이 8mm 정도) → 치장줄눈(깊이 6mm)

05
일반 벽돌 벽 1B 쌓기로 할 때, 벽돌 1,000매 쌓는 데 필요한 모르타르량으로 가장 맞는 것은? (기존형, 한면치장)

① 0.30m³   ② 0.37m³
③ 0.40m³   ④ 0.42m³

해설
① 기존형(B형, 재래형) 벽돌 치수는 210×100×60이다.
② ①은 0.5B, ②는 1B, ③은 1.5B, ④는 2.0B 쌓기의 모르타르량이다.

Answer ● 01. ① 02. ① 03. ② 04. ① 05. ②

06
벽돌쌓기에서 교차부 및 모서리 쌓기에 관한 기술 중 옳지 않은 것은?

① 벽돌벽은 건물 전체를 균일한 높이로 쌓아 올라가는 것이 이상적이다.
② 모서리 쌓기는 될 수 있는 대로 내부에 통줄눈이 생기도록 쌓는 것이 미관상 좋다.
③ 켜걸음 들여쌓기는 교차벽의 벽돌물림자리를 내어 벽돌 한켜걸음으로 1/4~1/2B 들여쌓는 것이다.
④ 벽돌 나누기를 잘하고, 깔 모르타르 및 사춤 모르타르를 충분히 넣는다.

07
벽돌 결원아치 쌓기에 관한 기술에서 가장 적당한 것은?

① 아치의 줄눈방향은 원호의 중심에 모이도록 한다.
② 아치의 줄눈방향은 양지점 간의 1/2 지점에 모이도록 한다.
③ 아치의 줄눈방향은 대칭축상에 모이도록 한다.
④ 아치의 줄눈방향은 적당한 각도가 되게 한다.

해설
반원아치의 줄눈은 1개의 아치 중심점으로 향하지만, 결원아치의 줄눈은 양 지점간의 1/2점에 모이게 한다.

08
아치 벽돌쌓기에 관한 기술 중 옳지 않은 것은?

① 아치 벽돌은 우측에서부터 좌측으로 쌓아 간다.
② 아치에 쓰이는 모르타르 배합은 1 : 2로 한다.
③ 쌓은 후에는 보행, 짐 싣기, 충격 등을 주지 말고, 모르타르가 굳은 다음에 그 윗벽을 쌓는다.
④ 환기구멍, 층보걸침 구멍 등의 작은 문꼴이라도 그 윗부분에는 아치를 트는 것이 원칙이다.

해설
① 아치 벽돌은 좌우에서 대칭으로 균등하게 쌓는다.
② 수평아치의 개구부 너비는 1.2m 이하로 한다.

09
벽돌쌓기의 기술 중에서 영국식 쌓기는?

① 한 켜는 마구리 쌓기로, 다음 켜는 길이 쌓기로 하고, 모서리 벽끝에는 칠오토막을 사용한다.
② 한 켜는 마구리 쌓기로, 다음 켜는 길이 쌓기로 하고, 모서리 벽 끝에는 이오토막을 사용한다.
③ 매 켜에는 길이쌓기와 마구리 쌓거가 번갈아 들어간다.
④ 3켜까지 길이 쌓기로 하고, 그 위 1켜는 마구리 쌓기로 한다.

해설
①는 화란식 쌓기, ③는 불란서식 쌓기, ④는 미국식 쌓기이다.

10
조적조 벽에 생기는 백화현상을 방지하기 위해서 취하는 조치로 효과가 없는 것은?

① 잘 구워진 벽돌을 사용한다.
② 눈금 모르타르에 방수제를 넣는다.
③ 벽돌 벽면에 실리콘을 바른다.
④ 눈금 모르타르에 석회를 혼합한다.

해설
백화현상이란 벽돌 속에 포함된 황산나트륨과 시멘트에 혼합된 탄산칼륨 등이 빗물에 녹아서 벽면에 유출되어 생기는 것으로, 잘 구워진 양질의 벽돌을 사용하고 벽면을 실리콘 등의 방수제로 처리하면 효과적이다.

11
벽돌 벽면에 균열이 생기는 이유가 아닌 것은?

① 기초의 부동 침하
② 온도 및 흡수에 의한 재료의 신축성
③ 구조체 접합부의 모르타르 다져 넣기 과잉
④ 벽돌 및 모르타르의 강도 부족

12
다음의 블록쌓기에 대한 설명 중에서 옳지 않은 것은?

① 치장줄눈은 줄눈누름, 줄눈파기, 치장줄눈의 순서로 시공한다.
② 블록의 살두께는 얇은 쪽이 위로 가게 쌓는다.
③ 1일 쌓기높이로 1.2m를 표준으로 하고 1.5m 이하로 한다.
④ 줄눈두께는 10mm를 표준으로 하고 6mm 이하는 하지 않는다.

13
보강 콘크리트 블록조에 대한 기술 중 적당하지 않은 것은?

① 블록은 살두께가 두꺼운 쪽을 위로 가게 쌓는다.
② 보강 블록은 모르타르, 콘크리트 사춤이 용이하도록 원칙적으로 막힌 줄눈쌓기로 한다.
③ 블록 1일 쌓기높이는 6~7켜 이하로 한다.
④ 2층 건축물인 경우, 세로근은 원칙적으로 기초 및 테두리 보에서 윗층의 테두리로까지 잇지 않고 배근한다.

14
블록벽 쌓기에 있어서 와이어 메시(wire mesh)를 줄눈에 묻어 쌓는 효과로 틀린 것은?

① 블록벽의 수직하중을 경감하는 효과가 있다.
② 블록벽의 교차부의 균열을 보강하는 효과가 있다.
③ 블록벽에 가해지는 횡력에 효과가 있다.
④ 블록벽의 균열을 방지하는 효과가 있다.

15
석재의 가공 공정상 날망치를 사용한 표면 마무리 정도는?

① 도드락 다듬   ② 잔 다듬
③ 정 다듬   ④ 혹두기

해설

① 도드락 다듬 : 거친 도드락 망치로부터 잔 도드락 망치의 순인데, 1~3회 두들김으로 한다.
② 정 다듬 : 정으로 쪼아서 평탄한 거친면으로 만든다.
③ 혹두기 : 거친 돌면 그대로를 다소 가공하여 심한 요철이 없게 한다.

16
돌다듬기 종류를 시공하는 순서와 같게 나열하여 놓은 것은?

A : 정 다듬   B : 혹떼기   C : 도드락 다듬
D : 물갈기   E : 잔 다듬

① A-B-C-D-E   ② B-A-C-E-D
③ B-C-A-E-D   ④ C-B-A-E-D

17
돌쌓기(stone work)의 종류에 관한 기술 중 옳지 않은 것은?

① 거친 돌쌓기의 모서리 돌은 면의 것보다 큰 것을 쌓는 것이 좋다.
② 절석(切石) 쌓기는 일정한 모양으로 가공하여 줄을 바르게 쌓는다.
③ 허튼층 쌓기는 세로줄눈이 수직 또는 일직선이 되어야 한다.
④ 바른층 쌓기는 수평줄눈은 항상 일직선을 이루도록 한다.

18
석축쌓기에 관한 기술 중 옳지 않은 것은?

① 석축은 경사지대의 비탈면에 견치돌 및 각석 등을 쌓아올린 토사붕괴방지용 공작물이다.
② 석축 토압의 중심은 지반에서 1/3 지점이며, 배수 구멍은 상부에 많이 둔다.
③ 석축 뒷고임돌에 스며드는 빗물은 파이프 토막, 대나무통 등의 물빼기 구멍으로 배수한다.
④ 쌓기법 중 사춤쌓기는 돌 표면에 치장줄눈을 하고 돌맞댄 자리에 콘크리트를 깔고 뒤에는 잡석 다짐을 한 것이다.

Answer ➔ 12. ② 13. ② 14. ① 15. ② 16. ② 17. ③ 18. ②

해설
석축의 배수 구멍은 하부에 많이 두고, 상부에는 적게 둔다.

19
Spray gun을 사용한 뿜칠 마무리를 할 경우, 가장 적당한 도료는 다음 중 어느 것인가?

① 유성 paint   ② lacquer
③ varnish   ④ enamel

해설
Spray gun은 초기건조가 빠른 lacquer에 가장 적당하다.

20
다음 목재의 모접기(moulding) 마무리 단면이다. 게눈모란 어느 것인가?

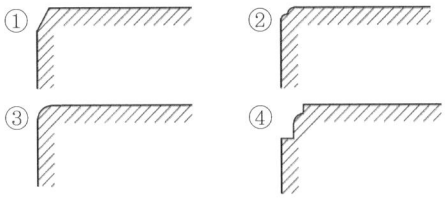

해설
① ①는 큰모접기, ②는 쌍사모접기, ③는 실모접기, ④는 게눈모접기이다.
② 모접기 : 석재, 목재 등 모서리를 깎아서 좁은면을 내거나 둥글게 하는 것이다.

Answer ▶ 19. ② 20. ④

# 4과목

종합예상문제
[건설시공학]

종/합/예/상/문/제

01
건축시공의 의의에 관한 기술 중 틀린 것은?
① 건축시공법은 건축설계도서의 종합적 표현 및 형태화의 방법이다.
② 건축시공기술자는 의장·재료·구조 및 설비의 지식과 시공법을 충분히 체득하고 있는 자라야 한다.
③ 시공은 동일설계라 할지라도 똑같이 할 수는 없다.
④ 더 싼 공사비로 더 빠른 기일 내에 질이 좋은 건물을 완성해야 한다.

해설
시공은 가급적 설계도에 부합되는 것이어야 한다.

02
다음 기술 중 옳지 않은 것은?
① 개산견적은 설계도서가 불완전하거나 정밀산출 시간이 없을 때 하는 것이다.
② 개산견적을 하여 입찰을 하면, 뒤에 그 가격에 대한 책임을 지지 않는다.
③ 명세견적은 설계도서, 현장설명, 질의응답에 의하여 정밀히 적산 견적하여 공사비를 산출하는 것으로, 공사 집행에도 쓰이는 것이다.
④ 개산견적에는 단위기준에 의한 견적과 비례기준에 의한 견적이 있다.

해설
개산견적이라 하여도 일단 입찰을 하고 나면 그 가격에 대해 책임을 지게 되므로 요구되는 정확도를 충분히 헤아려서 산출근거를 신중하고 명확하게 한다.

03
건축공사시의 견적방법 중 가장 정확한 공사비의 산출이 가능한 견적방법으로 옳은 것은?
① 단위면적당 견적
② 당위설비별 견적
③ 부분별 견적
④ 명세견적

04
공사준비로서 시공업자는 다음 중 어느 것을 제일 먼저 해결해야 하는가?
① 현장원의 편성
② 건설대지의 조성
③ 가설물의 건설
④ 기계공구 및 건설장비의 정비

해설
시공업자의 공사준비로서 기본적인 공사계획순서
① 현장원의 편성   ② 제신고
③ 건설대지의 조성   ④ 가설물의 건설
⑤ 가설전력 및 급수설비 ⑥ 실행예산의 정비
⑦ 하도급의 선정   ⑧ 기계공구 및 건설장비의 정비

05
공기(工期)를 지배하는 요소가 아닌 것은?
① 실행예산의 과다편성
② 건물의 규모
③ 기후, 계절의 천연현상
④ 감독능력

해설
공기지배요소
① 1차적 요소(내부적, 기술적) : 구조, 규모, 용도
② 2차적 요소(외부적, 사회적) : 시공자의 능력, 기후 및 계절, 금융사정
③ 3차적 요소 : 발주자의 요구, 설계의 적부, 감독능력

Answer ● 01. ③ 02. ② 03. ④ 04. ① 05. ①

06
공사관리를 행하는 데 특히 필요하지 않은 것은?
① 설계변경에 관한 설계자와의 상의
② 공사재료의 품질, 규격의 검사
③ 시공도의 작성
④ 공사자금의 조달

07
건축공사를 계획하기 전에 조사해야 할 사항과 관계가 없는 것은?
① 급수 및 배수의 편의 여부
② 동력이용의 편의 여부
③ 사용재료 공급의 편의 여부
④ 현장원의 작업 편의 여부

08
공사계획에 있어서 고려하지 않아도 좋은 것은?
① 가설계획
② 재료반입 및 가공계획
③ 공사도급계획
④ 시공기계 설치기계 및 노무동원계획

09
시공계획을 세울 때 그다지 필요하다고 생각되지 않는 사항은 다음 중 어느 것인가?
① 계약방법
② 공정표 작성
③ 실행예산의 작성
④ 현치도의 작성

해설
현치도의 작성은 시공계획이 아닌 본공사 진행 중에 필요한 도면이다.

10
다음 중 현장에서 공무적 현장관리가 아닌 것은?
① 현장일지
② 현장자산관리
③ 노무관리
④ 자재관리

해설
기타 재해방지 및 안전관리 등이 있다.

11
건축시공에 관련 있는 조합에서 틀린 것은?
① earth auger – 기초공사
② under pinning – 철골공사
③ corner bead – 미장공사
④ chain block – 가설공사

해설
② under pinning : 토공사

12
시공순서에 관한 기술 중 가장 부적당한 것은?
① 외부에 면하는 창은 실내 미장공사 전에 설치한다.
② 지붕공사는 잡공사보다 먼저 한다.
③ 돌 공사와 타일 공사가 접속되는 곳은 타일 공사를 먼저 한다.
④ 벽과 반자가 회반죽 반자일 때에는 반자를 먼저 한다.

13
건축 재료를 현장에 보관하는 방법 중 적당하지 않은 것은?
① 합판 – 방습 및 통풍이 좋은 창고에 수평으로 한다.
② 기와 – 세워서 쌓는다.
③ 루핑 – 옆으로 눕혀서 10단 정도로 보기 좋게 쌓는다.
④ 유리 – 상자에 넣은 채로 세워서 둔다.

해설
루핑은 두루마리로 말아서 세워 보관한다.

14
다음의 현장관리에 대한 설명 중 반드시 필요하다고 볼 수 없는 것은?
① 적당한 곳에 소화기를 배치하고, 그 부근은 항상 정리 정돈하여 둔다.
② 재료 둘 곳은 반드시 현장사무소에 인접시켜

Answer ● 06. ④ 07. ④ 08. ③ 09. ④ 10. ① 11. ② 12. ③ 13. ③ 14. ②

서 설치한다.
③ 규준틀은 수시로 검사하여야 한다.
④ 비계다리 또는 발판 등은 항상 유지보존에 주의하도록 한다.

15
도급의 종류에 관한 기술로서 부적당한 것은?

① 도급방식에는 일식도급과 분할도급이 있다.
② 일식도급이란 모든 공사를 하나의 도급자에게 맡겨 재료와 노무 및 현장 시공 일체를 일괄하여 시공시키는 방법이다.
③ 분할도급이란 건축주가 자재비를 부담하고 노임만 도급자가 부담하는 것을 말한다.
④ 공동도급이란 대규모의 공사에서 몇 개의 건설회사가 공동출자 기업체를 조직하여 한 회사의 입장에서 모든 공사를 책임지고 시공을 하는 것을 말한다.

해설
분할도급 : 하나의 공사를 둘 이상의 시공자에게 나누어 도급하는 방식

16
분할도급(分割都給)의 종류 중 관계가 없는 것은?

① 전문공종별 도급   ② 공정별 도급
③ 공구별 도급   ④ 공동도급

해설
분할도급 : ① 전문공종별 분할도급 ② 공정별 분할도급 ③ 공구별 분할도급 ④ 직종별 분할도급 등이 있다.

17
공정별 분할도급에 관한 기술 중 옳지 않은 것은?

① 시설공사 중 설비공사를 주체공사에서 분리하여 전문공사업자와 직접 계약하는 방식이다.
② 정지, 기초, 구체, 마무리공사 등의 과정별로 나누어 도급주는 방식이다.
③ 설계의 완료분만을 발주하거나 예산배정상 구분될 때에 편리하다.
④ 특수할 때 외에는 잘 쓰이지 않는 방식이다.

해설
①는 전문공종별 분할도급의 설명이다.

18
공구별 분할도급의 장점이 아닌 것은?

① 중소업자에게 균등한 기회를 준다.
② 업자 상호간의 경쟁으로 공사기일이 단축된다.
③ 책임한계가 명료하며 공사관리가 용이하다.
④ 시공기술 향상과 공사의 높은 성과를 기대할 수 있다.

해설
③는 일식도급의 특징이다.

19
경쟁 입찰에 의한 정액도급 계약제도의 장점은?

① 설계변경으로 인한 수량의 증감이 용이하다.
② 시급한 공사일 때 유리하다.
③ 공사의 감독이 비교적 용이하다.
④ 공사비를 절약할 수 있다.

20
공동도급(joint venture) 방식의 특징이 아닌 것은?

① 손익분담의 공동계산 – 위험분산
② 시공의 불확실성 – 각 회사의 이익만 추구
③ 단일 목적성 – 특정 공사
④ 일시성 – 특정 공사 완료시에 해체

해설
공동도급 : 시공의 확실성 – 경비증대로 이윤감소

21
주문받은 건설업자가 대상계획의 기업 · 금융 · 토지조달, 설계 · 시공 기타 모든 요소를 포괄한 도급계약 방식은 무엇인가?

① 설비청산 보수가산 도급
② 정액도급
③ 공동도급
④ 턴키(turn – key) 도급

Answer 15. ③ 16. ④ 17. ① 18. ③ 19. ④ 20. ② 21. ④

해설

turn-key 도급 : 건설업자가 주문자가 필요로 하는 모든 것(대상계획의 기업, 금융, 토지조달, 설계, 시공, 기계기구 설치, 시운전까지의 모든 것)을 조달하여 주문자에게 인도하는 도급방식

(1) 장점
① 공사비 절감 및 공기 단축이 가능하다.
② 공사 방법의 연구 및 개발을 할 수 있다.

(2) 단점
① 설계·견적 기간이 짧아 계획이 불충분하다.
② 최저 낙찰제로 건축물의 질이 저하될 수 있다.
③ 설계지침의 자주 변경될 수 있다.
④ 소수업자로 한정되며, 과다 경쟁으로 덤핑(dumping)의 우려가 있다.

22
턴키도급(turn-key base contract) 제도에 대한 다음 설명 중 가장 적당하지 않은 것은?

① 설계 및 견적기간이 짧으므로 계획이 불충분할 우려가 많다.
② 공법의 연구 및 개발을 할 수 있다.
③ 건축주의 의도가 충분히 반영될 수 있다.
④ 단순한 구조물의 되기 쉽고 기능 및 미의 저하가 우려된다.

해설

턴키도급 : 건축주의 의도반영 미흡

23
다음 도급방식 중 가장 빨리 착공이 가능할 수 있는 것은?

① 정액도급 ② 단가도급
③ 공동도급 ④ 일식도급

24
공사도급계약을 할 때 반드시 첨부하지 않아도 되는 서류는?

① 공사도급약관
② 공사도급계약서
③ 시방서
④ 견적서

25
도급계약이 완전히 성립되었다고 볼 수 있는 시기는?

① 개찰하여 낙찰자가 결정되었을 때
② 건축주와 낙찰자 간에 문서로서 낙찰회담을 하였을 때
③ 계약서에 각각 서명날인을 하였을 때
④ 낙찰자가 건축주에게 계약서를 제출하였을 때

26
일정계획에 관한 사항 중 옳지 않은 것은?

① 일정은 시공형태와 시공의 간결성 및 연속성에 의하여 좌우된다.
② 일정계획이 고도화될수록 공사는 어렵게 되는 반면, 융통성이 있게 된다.
③ 일정계획은 융통성 및 기계능력을 고려하여 작성되어야 한다.
④ 일정계획은 융통성과 단순성이 없어서는 안 된다.

27
공사현장에서 공정표를 작성함에 있어서 가장 기본이 되는 사항은?

① 날씨
② 각 공사별 공사량
③ 실행예산
④ 재료반입 및 노무공급계획

해설

①, ②, ③, ④예문의 모두가 공정표작성 시의 고려해야 할 사항이지만, 가장 기본이 되는 사항은 각 공사별 공사량이다.

28
절선(사선) 그래프식 공정표를 바르게 기술한 것은?

① 일반적으로 공사종목과 월일(月日)과의 관계를 나타낸다.
② 가장 일반적인 공정표로서 공사의 전체를 일람할 수 있는 특징을 갖는다.

Answer ➡ 22. ③ 23. ② 24. ④ 25. ③ 26. ② 27. ② 28. ④

③ 공사 중의 일주간 또는 10일마다 그 기간 중의 공정을 상세하게 나타낸다.
④ 일반적으로 공사량, 자재 반입량, 인공수(人工數)와 월일과의 관계를 나타낸다.

29
PERT/CPM 도입에 따른 이점이 아닌 것은?

① 효과적인 예산 통제가 가능하다.
② 요소작업 상호간의 관련성이 명확해진다.
③ 최저 비용으로 공기 단축이 가능하다.
④ 경제적인 면에서 과학적인 의사전달이 가능하다.

30
네트워크 공정표에서 쓰이는 용어 중 더미(dummy)에 관한 해설 중 옳은 것은?

① 작업의 여유시간
② 화살표형 네트워크에서 정상표현으로 할 수 없는 상호관계를 표시하는 화살표
③ 작업을 수행하는 데 필요한 시간
④ 화살형 네트워크의 작업과 연결하는 점 및 개시점, 종료점

해설
①는 float, ③는 duration(소요시간), ④는 mode, event(결합점)

31
공기(工期)를 지배하는 요소가 아닌 것은?

① 실행예산의 과다편성
② 건물의 규모
③ 기후 및 계절의 천연현상
④ 감독능력

32
지반조사에 관한 기술 중 옳지 않은 것은?

① 과거 또는 현재의 지층표면 변천사항을 조사한다.
② 상수면의 위치와 지하유수 방향을 조사한다.
③ 지하매설물 유무와 위치를 파악한다.
④ 각 종 지반조사를 먼저 실시한 후, 기왕의 조사자료와 대조하여 본다.

해설
지반조사는 기초설계 및 시공에 필요한 자료를 얻기 위하여 행하는 것이므로, 모든 기초 자료를 우선 수집 및 조사하는 것이 필요하다.

33
지반을 조사하는 데 적당하지 않은 방법은?

① 물리지하탐사법   ② 정통공법
③ 시험파기   ④ 보링 테스트

34
지반조사의 방법을 대별하였으나, 서로 관계가 맞지 않은 것은?

① 지하 탐사법 : 물리적 탐사법
② 보링 : 관입시험
③ 토질시험 : 시료 채취
④ 지내력 시험 : 베인 테스트

해설
지내력 시험 : 평판재하시험, 하중시험

35
골재의 수량을 설명한 것 중에서 절건 상태에 대한 표면건조 내부포수상태의 골재 중에 포함되는 물의 양을 무엇이라고 하는가?

① 함수량   ② 표면수량
③ 유효흡수량   ④ 흡수량

36
흙의 함수율에 대한 설명으로 옳은 것은?

① $\dfrac{\text{물의 용적}}{\text{토립자의 용적}} \times 100$

② $\dfrac{\text{물의 중량}}{\text{토립자의 중량}} \times 100$

③ $\dfrac{\text{물의 용적}}{\text{토립자} + \text{물의 용적}} \times 100$

④ $\dfrac{\text{물의 중량}}{\text{토립자} + \text{물의 중량}} \times 100$

Answer ▶ 29.① 30.② 31.① 32.④ 33.② 34.④ 35.④ 36.②

37
표준관입시험의 N치에서 추정이 곤란한 사항은?

① 모래의 상대밀도와 내부 마찰각
② 점토지반의 투수계수와 예민비
③ 선단 지지층이 모래 지반일 때의 말뚝 지지력
④ 점토지반의 콘시스턴시(consistency)의 일축 압축강도

해설
표준관입시험은 사질지반에는 유효하나, 점토지반에서는 큰 편차가 생기므로 신뢰성이 없다.

38
연약 점토의 점착력을 판정하기 위한 지반조사 방법으로 가장 적당한 것은?

① 베인 테스트　　② 샘플링
③ 스웨덴 테스트　④ 표준관입시험

해설
베인 테스트라 함은 보링의 구멍을 이용하여 십자날개형 vane을 지반에 때려 박고 회전시켜보아 흙의 침착력을 판별하는 방법으로, 굳은 진흙층에는 부적당하다.

39
지내력 시험 중 평판재하시험에 관한 기술 중 틀린 것은 다음 중 어느 것인가?

① 재하판은 정방형 또는 원형으로 면적 0.2m²의 것을 표준으로 한다.
② 시험은 예정기초 저면에서 행한다.
③ 시험하중은 예정최대하중을 한꺼번에 재하함이 좋다.
④ 장기하중에 대한 허용지내력은 단기하중 허용 지내력의 절반이다.

해설
평판재하시험에서 매회 재하는 1ton 이하 또는 예정파괴 하중의 1/5 이하로 하고 침하가 멎을 때까지의 침하량을 측정하여, 침하의 증가가 2시간에 0.1mm 이하일 때 침하가 정지된 것으로 한다.

40
지반조사에서 지내력 시험에 관한 설명 중 틀린 것은?

① 시험은 예정 기초면보다 조금 위에서 한다.
② 장기하중에 대한 허용지내력은 단기하중의 허용 지내력의 절반이다.
③ 하중 시험용 재하판은 정방형 또는 원형의 판을 사용한다.
④ 매회 재하는 1t이하 또는 예정 파괴하중의 1/5 이하로 한다.

해설
시험은 예정기초의 저면에서 행한다.

41
흙의 휴식각과 연관한 터파기 경사각도로서 옳은 것은?

① 휴식각은 1/2로 한다.
② 휴식각과 같게 한다.
③ 휴식각은 2배로 한다.
④ 휴식각은 3배로 한다.

42
지반의 특성에 관한 기술 중 옳지 않은 것은?

① 사층의 예민비는 작다.
② 점토층은 빨리 수축침하를 일으킨다.
③ 사층의 불교란 시료는 채취하기 어렵다.
④ 점토층은 장기하중에 대하여 압밀현상을 일으킨다.

43
모래의 증가율이 15%이고, 굴토량이 261m³이면 잔토 처리량은?

① 300m³　　② 250m³
③ 231m³　　④ 200m³

해설
$261 + 261 \times 0.15 = 300m^3$

Answer ● 37.② 38.① 39.② 40.① 41.③ 42.② 43.①

44
지반의 성질에 대한 설명 중 틀린 것은?

① 진흙층은 건조하면 수축한다.
② 흙의 투수계수는 간극비가 클수록 크다.
③ 모래층은 투수성이 좋고 압밀침하를 일으키기 쉽다.
④ 점토층에 하중을 가하면 급속히 압밀침하된다.

45
깊이 2.0m, 잡석 다짐너비 1.5m인 줄기초를 팔 때 지면에서 파기 시작하는 줄기초의 최소 너비로서 적당한 것은?

① 2.0m   ② 2.5m
③ 3.0m   ④ 3.5m

46
타일 붙임(낱장 붙이기)에서 압착 모르타르의 배합비는 다음 어느 것인가?

① 시멘트 : 모래 = 1 : 1
② 시멘트 : 모래 = 1 : 2
③ 시멘트 : 모래 = 1 : 3
④ 시멘트 : 모래 = 1 : 4

47
다음 말뚝재료 중 흙막이뿐만 아니라 물막이도 가능한 것은?

① 목재 널말뚝
② 철제 널말뚝
③ 철근콘크리트 기성재 널말뚝
④ 철제 형강말뚝

48
기초파기를 할 때 흙막이의 버팀대는 어느 위치에 하는 것이 이상적인가?

① 기초파기 및 바닥에서 그 깊이의 1/2의 위치
② 기초파기 및 바닥에서 그 깊이의 1/3의 위치
③ 기초파기 및 바닥에서 그 깊이의 1/4의 위치
④ 기초파기 및 바닥에서 그 깊이의 2/3의 위치

해설

흙막이 버팀대의 위치는 흙의 측압이 가장 큰 위치가 되며, 사질토의 경우에 0.2H가 된다.

49
깊이 h(m)인 수평 버팀대식 널말뚝 흙막이에서 한 단의 버팀대로 지지하는 경우, 기초파기 밑바닥에서 버팀대까지의 거리(m)는?

① h/2   ② h/6
③ h/3   ④ h/4

50
수평 버팀대식 흙막이 공법의 시공에 관한 주의사항 중 적당한 것은?

① 띠장의 이음은 버팀대 간격의 1/4 지점에 두는 것이 좋다.
② 버팀대의 이음은 띠장의 이음보다도 중요한 것이 덧판의 길이와 볼트의 수를 충분히 하여 두는 것이 보통이다.
③ 버팀대는 각단의 상하이음을 하지 않는 것이 좋다.
④ 버팀대는 수평지게 하고 가능하면 중앙에서 3~6cm 정도를 치켜 올려서 만드는 것이 좋다.

51
지보공(支保工)에 관한 기술 중 틀린 것은?

① 흙막이 벽에 가해지는 측압이 충분히 버팀보에 전달될 수 있도록 시공한다.
② 버팀보와 접하는 부분은 좌굴 및 쭈그러짐에 대하여 안전해야 한다.
③ 지보공의 철거는 되 메우기 전에 안전을 확인한 후 철거한다.
④ 지주는 버팀보의 교차부에 설치하는 것을 원칙으로 한다.

Answer ● 44. ④ 45. ③ 46. ② 47. ② 48. ② 49. ③ 50. ① 51. ④

52
흙파기 공사용 기계에 관한 기술 중 옳지 않은 것은 어느 것인가?

① 파워 셔블은 기계가 놓여 있는 지반보다 낮은 곳의 굴착에 강력하다.
② 크램 셸은 좁은 곳의 수직파기와 자갈 등의 적재에 좋다.
③ 드래그 라인은 기계가 놓여 있는 지반보다 낮은 곳의 굴착에 좋고, 굴착범위는 크지만 굴착력이 약간 약하다.
④ 불도저는 일반적으로 운반거리 60m 이하의 배토작업에 쓰인다.

53
터파기 공사에서 흙파기 기계에 관한 다음 기술 중 틀린 것은?

① 불도저는 일반적으로 운반거리 60m 이하의 배토작업에 사용된다.
② 드래그라인의 굴착범위는 크지만 파는 힘은 약하다.
③ 그램셸은 좁은 곳의 수직파기나 자갈 및 모래땅 파기에 적합하다.
④ 드래그셔블은 기계가 서있는 지반보다 높은 곳의 굴착에 쓰인다.

해설
드래그셔블(백호)은 기계가 서있는 지반보다 낮은 곳의 굴착에 쓰인다.

54
토사를 운반하여야 하는 거리가 15m일 때 가장 적합한 장비는?

① 불도저
② 백 호우
③ 덤프 트럭
④ 피견인식 스크레이퍼

해설
불도저 : 운반거리 60m 이하의 배토작업에 적합

55
다음의 건설기계와 용도가 맞지 않은 것은?

① 파워 셔블 – 굴착 및 크레인 작업
② 불도저 – 굴착 및 운반
③ 드래그 라인 – 기체보다 깊은 굴착에 적합
④ 컨베이어 – 굴착, 적재

해설
④항, 컨베이어 – 운반작업

56
토공사용 기계 중 굴삭용 기계에 속하지 않는 것은?

① 백 호우(Back hoe)
② 크램 셸(clam shell)
③ 드래그 라인(drag line)
④ 캐리올 스크레이퍼(carryall scraper)

해설
④항, 캐리올 스크레이퍼 : 정지용 기계

57
건설공사의 기계동력이 5마력이라면 전력으로 환산할 때 옳은 것은?

① 3.73KW
② 7.46KW
③ 37.3KW
④ 746KW

해설
① 1HP = 75kg · m/s = 630Kcal/h = 0.7355KW
② 1PS = 76kg · m/s = 42Kcal/h = 0.7457KW
③ 1KW = 102kg · m/s = 860Kcal/h = 1.36HP
∴ 5PS = 5 × 0.7457 = 3.74KW

58
지하 흙막이 벽을 시공할 때 말뚝구멍을 하나 걸음으로 뚫고 콘크리트를 부어 넣어 흙막이 말뚝을 만들고, 말뚝과 말뚝사이에 다음 말뚝구멍을 뚫어서 말뚝을 만드는 공법은?

① 베노토 공법
② 어스드릴 공법
③ 칼웰드 공법
④ 이코스파일 공법

Answer ➡ 52.① 53.④ 54.① 55.④ 56.④ 57.① 58.④

59

파이프 회전봉의 선단에 컷터(Cutter)를 장치한 것으로 지중을 파고 다시 회전시켜 빼내면서 모르타르를 분출시켜 지중에 소일 콘크리트 파일(soil concrete)을 형성시킨 말뚝은?

① 오우거 파일(auger pile)
② 시아이피 파일(C. I. P pile)
③ 엠아이피 파일(M. I. P pile)
④ 피아이피 파일(P. I. P pile)

해설

주열공법
① P. I. P말뚝(Pact in place prepact pile) : 이 공법은 어스 오우거로 소정의 깊이까지 뚫은 다음, 흙과 오우거를 함께 끌어올리면서 그 밑 공간은 파이프 선단을 통하여 유출되는 모르타르로 채워 흙과 치환하여 모르타르 말뚝을 형성한다.
② C. I. P 말뚝(Cast in place prepact pile) : 지하수가 없는 비교적 경질인 지층에서 어스 오우거로 구멍을 뚫고 그 내부에 자갈과 철근을 채운 후, 미리 삽입해 둔 파이프를 통해 저면에서부터 모르타르를 채워 올라오게 한 공법이다.
③ M. I. P 말뚝(Mixed in place prepact pile) : 파이프회전봉의 선단에 커터(curter)를 장치하여 흙을 뒤섞으며 지중으로 파들어간 다음, 다시 회전시켜 도로 빼내면서 모르타르를 회전봉 선단에서 분출시켜 소일 콘크리트말뚝(Soil concrete pile)을 형성하는 공법으로 연약지반에서도 시공이 가능하다.

60

다음 중 깊은 기초지정은 어느 것인가?

① 잡석지정
② 우물통식 기초지정
③ 밑창콘크리트지정
④ 긴주춧돌지정

해설

기초지정의 분류
(1) 보통지정
　① 잡석지정　② 자갈지정
　③ 모래지정　④ 밑창콘크리트지정
　⑤ 긴주춧돌지정
(2) 깊은지정
　① 말뚝지정
　　㉠ 나무말뚝
　　㉡ 강재말뚝
　　㉢ 제자리콘크리트말뚝
　　㉣ 기성콘크리트말뚝
② 특수공법지정
　㉠ 오픈케이슨 공법
　㉡ 뉴매틱 케이슨 공법
　㉢ 우물통식 기초공법(심초공법)
　㉣ 진관식 기초말뚝

61

다음 기초잡석지정에 대한 기술 중 부적당한 것은?

① 사춤자갈량은 잡석의 20~30% 정도이다.
② 잡석은 눕혀 깔고, 틈 사이는 잔자갈로 채운다.
③ 잡석의 가장자리에서 중앙부로 다져 나간다.
④ 잡석이 크기는 12~20cm 정도로 한다.

62

잡석지정에 관한 기술에서 틀린 것은?

① 잡석은 직경 10~25cm 정도의 길쭉한 것이 좋다.
② 잡석을 깔고 사춤자갈을 편 다음에 잘 다진다.
③ 잡석을 먼저 눕혀서 깐다.
④ 잡석지정을 암석지반 위에는 실시하지 않는다.

해설

③항. 잡석은 세워서 깐다.

63

경암반까지 말뚝을 도달시켜 사용하는 말뚝은?

① 마찰말뚝　② 지지말뚝
③ 다짐말뚝　④ 인장말뚝

해설

말뚝의 사용
① 마찰말뚝(Friction pile) : 견고한 지층이 대단히 깊은 곳에 있기 때문에 말뚝의 끝을 그 곳까지 도달시키지 못한 말뚝으로, 말뚝 하나의 마찰력에는 한도가 있으므로 길이를 비교적 짧게 하고 수량을 많게 하여 약간의 부력이 생기도록 하여 하중을 받게 한다.
② 지지말뚝(Bearing pile) : 말뚝의 끝을 견고한 지층까지 도달시킴으로써 하중을 지지하는 말뚝이다.

Answer ➡ 59. ③　60. ②　61. ②　62. ③　63. ②

64
간접 지내력(말뚝지지력) 시험에서 주의해야 할 사항 중 타당하지 않은 것은?

① 시험말뚝은 3본 이상으로 할 것
② 최종관입량은 5회 또는 10회 타격한 평균값으로 쓸 것
③ 휴식시간을 두지 말고 연속적으로 박을 것
④ 말뚝은 침하하지 않을 때까지 박을 것

해설
시험말뚝을 실제 사용할 말뚝과 동일한 조건으로 하되, 소정의 최종 침하량에 도달하면 그 이상 무리하게 박지 않는다.

65
나무말뚝에 관한 기술 중 옳지 않은 것은?

① 말뚝은 생소나무를 사용하고 껍질을 벗기어 박는다.
② 말뚝은 주변에서부터 박기 시작하여 점차 중앙을 향하여 박는다.
③ 박기용 추의 중량은 말뚝의 중량의 2배 정도로 한다.
④ 추의 낙하고는 3~4m 정도가 좋다.

해설
말뚝박기 순서(단, 다짐말뚝은 제외)
① 일반적으로 중앙부에서부터 박은 후 점차 주위를 향하여 박는다(흙의 다짐효과가 심하지 않고 거의 균일하므로 정확한 말뚝박기를 할 수 있으며, 항타기를 대형으로 바꾸지 않고 사용할 수 있고 항두가 돌출되어도 기계의 사용이 용이하다).
② 인접한 기존 말뚝으로부터 시작하여 먼 곳으로 박는다.
③ 부두 및 잔교와 같은 해안구조물에서는 지표면에서 바다쪽으로 진행한다.

66
나무말뚝의 거리간격으로 옳은 것은?

① 말뚝 지름의 4.5배 이상, 보통 6배로 하고, 80cm 이상으로 한다.
② 말뚝 지름의 3.5배 이상, 보통 5배로 하고, 70cm 이상으로 한다.
③ 말뚝 지름의 2.5배 이상, 보통 4배로 하고, 60cm 이상으로 한다.
④ 말뚝 지름의 1.5배 이상, 보통 3배로 하고, 50cm 이상으로 한다.

67
독립 기초판 크기 2.4m 각에 지름 20cm의 나무말뚝 9개를 박을 때 말뚝 상호간의 간격으로서 가장 옳은 것은?

① 40cm ② 60cm
③ 80cm ④ 100cm

해설
나무말뚝의 배치
① 나무말뚝 간의 최소중심간격은 말뚝머리지름의 1.25배 이상, 보통 4배 또는 60cm 이상으로 한다.
② 기초판의 끝에서 말뚝 중심까지 최단거리는 말뚝머리지름의 1.25배 이상, 보통 2배 또는 30cm 이상으로 한다.

68
다음 중 강재말뚝의 특징이 아닌 것은?

① 말뚝을 이어서 긴 말뚝으로 할 수 있다.
② 무게가 가볍고 취급이 간단하다.
③ 굽힘에 강하고 수평력을 받는 말뚝에 적합하다.
④ 말뚝 머리부분을 상부구조와 직접 연결할 수 없다.

해설
①, ②, ③ 외의 특징으로 상부구조와의 결합이 용이하고 강한 타격에도 견디며 다져진 중간지층의 관통도 가능하나, 재료비가 고가이다.

69
원심력 철근콘크리트 말뚝(centrifugal reinforced concrete pile)에 관한 기술 중 옳지 않은 것은?

① 재질이 균일하다.
② 소요길이 및 크기를 자유로이 할 수 있다.
③ 말뚝 재료의 입수가 용이하다.
④ 강도가 크므로 지지 말뚝에 적합하다.

Answer ▶ 64. ④ 65. ② 66. ③ 67. ③ 68. ④ 69. ②

70
시가지에서의 말뚝공법은 인근에 소음, 진동 등의 피해를 주지 않는 공법으로 해야 하는데, 이러한 파넣기식 말뚝공법 중에 말뚝을 매설할 위치에 먼저 굴착을 한 후에 그 천공 속으로 기성말뚝을 수직으로 정치하는 공법은?

① 프리보링(Pre-boring) 공법
② 중공(中空)파기 공법
③ 수사(water jet) 공법
④ 압입공법

71
다음 중 기초지정 말뚝이 아닌 것은?

① 페데스탈 파일
② 나무말뚝
③ 시트 파일
④ 프리캐스트 콘크리트 파일

72
제자리 콘크리트 말뚝 중 1.0~2.5t 정도의 세 가지 추를 사용하여 끝이 뾰족한 추로 파고, 그 속에 넣은 콘크리트를 끝이 둥근 추로 다져 넣은 다음, 평면의 추로 다져 넣는 방법의 말뚝은?

① 심플렉스 말뚝(simplex pile)
② 레이몬드 말뚝(raymond pile)
③ 콤프레솔 말뚝(compressol pile)
④ 프랭키 말뚝(franky pile)

73
심대 끝에 주철제 원추형의 마개가 달린 외관을 무거운 추로 내리친 후에 마개와 추를 빼 올리면서 콘크리트를 넣고 추로 다져 구근을 만든 다음, 지중 말뚝을 형성하는 공법은?

① 심플렉스 파일(simplex pile)
② 레이몬드 파일(raymond pile)
③ 콤프레솔 파일(compressol pile)
④ 프랭키 파일(franky pile)

해설

제자리 콘크리트 말뚝의 종류
① 유각 : raymond pile, cased concrete pile
② 무각 : pedestal pile, simplex pile, franky pile, compressol pile, prepact pile

74
지하연속벽 공법을 기술한 것 중 적당치 않은 것은?

① 시공 시에 진동 · 소음이 적다.
② 강성이 높은 지하 구조체를 만든다.
③ 균질의 구조체를 시공할 수 있다.
④ 대 운반 작업이 줄어든다.

75
다음 중 피어(pier) 기초공사와 관계가 없는 것은?

① 트레미관   ② 케이싱
③ 벤토나이트 액   ④ 디젤 해머

76
지반개량 공법이 아닌 것은?

① 치환공법   ② 다짐공법
③ 가동매입공법   ④ 탈수공법

77
기초공법 중 투수성이 나쁜 점토질 연약지반에 적당하지 않은 것은?

① 샌드 드레인(sand drain) 공법
② 콘크리트 파일(concrete pile) 공법
③ 페이퍼 드레인(paper drain) 공법
④ 웰 포인트(well point) 공법

78
기존 건설물의 기초지정을 보강하거나 또는 거기에 새로운 기초를 삽입하거나 지지면을 더 깊은 지반에 옮기는 공사의 통칭명은?

① 언더 피닝 공법(under pinning method)
② 소일 콘크리트 공법(soil concrete method)

Answer ➡ 70. ①　71. ③　72. ③　73. ④　74. ③　75. ④　76. ③　77. ④　78. ①

③ 웰 포인트 공법(well point method)
④ 아일랜드 공법(island method)

79
다음 조합 중 서로 관계가 없는 것은?

① 토공사 — sheet pile
② 말뚝공사 — drop hammer
③ 콘크리트공사 — drift pin
④ 도장공사 — spray gun

해설

드리프트 핀(drift pin) : 구멍중심 맞춤기구

80
다음은 시멘트 강도(K)를 최대치 순서로 나열한 것이다. 맞는 것은 어느 것인가?

① 보통 포틀랜드 시멘트
② 고로 시멘트 B종
③ 실리카 시멘트 B종
④ 조강 포틀랜드 시멘트

① ②-③-④-①
② ④-①-③-②
③ ④-①-②-③
④ ③-②-④-①

해설

시멘트의 강도
① 조강 포틀랜드 시멘트 : 400kg/cm²
② 보통 포틀랜드 시멘트 : 370kg/cm²
③ 고로 시멘트 B종 : 350kg/cm²
④ 실리카 시멘트 B종 : 320kg/cm²

81
8개월간을 공사하는 어느 공사현장에 필요한 시멘트의 양이 2,397포이다. 이 공사현장에 필요한 시멘트의 창고면적으로 적당한 것은?(단, 쌓기 단수는 13단)

① 24m²　　② 54.2m²
③ 73.8m²　　④ 98.5m²

해설

시멘트 1포당 면적이 0.42m²이므로
시멘트 창고면적
$A = 0.4 \times \frac{N}{n} = 0.4 \times \frac{2397}{13} = 73.75 ≒ 73.8m^2$

82
보통 콘크리트용 쇄석의 원석으로 가장 적당한 것은 어느 것인가?

① 석회암　　② 안산암
③ 응회암　　④ 현무암

해설

안산암의 압축강도는 1150~1200kg/cm² 정도로 강한 편이며, 화강암과 같은 용도로 쓰인다.

83
용적 배합 비가 1 : 3인 모르타르 1m³당 소요 시멘트의 개산량은?

① 1,093kg　　② 680kg
③ 510kg　　④ 385kg

해설

모르타르 1m³ 당 시멘트 및 모래의 개산량

용적 배합비	시 멘 트			모 래
	kg	40(m³)	kg(포대)	
1 : 1	1,026	0.684	25.6	0.685
1 : 2	683	0.455	17.1	0.910
1 : 3	510	0.341	12.7	1.023
1 : 5	344	0.228	8.6	1.140
1 : 7	244	0.162	6.1	1.200

84
깬자갈 콘크리트의 조합설계에 관한 기술로서 부적당한 것은?

① 굵은 골재의 크기는 강자갈의 경우보다 약간 작은 쪽이 좋다.
② 모래는 강자갈 콘크리트 경우보다 적게 사용한다.
③ 가능한 한, A·E제를 사용한다.
④ 깬자갈은 임의 입경의 것이 용이하게 얻어질 수 있으므로 골재의 입도분포를 적당히 조정한다.

Answer ➡ 79. ③　80. ③　81. ③　82. ②　83. ③　84. ②

85
철근콘크리트의 골재로서 불가피하게 해사(海砂)를 사용할 경우, 특히 취해야 할 조치는?

① 구조내력상 중요한 부분에 보강근을 넣는다.
② 조골재의 혼합비를 많이 한다.
③ 충분히 물에 씻은 후에 사용한다.
④ 충분히 건조시킨 후에 사용한다.

해설
염분의 함유량은 잔골재의 절대 건조중량의 0.01% 이하가 되도록 하여야 한다. 즉, 철근부식의 우려가 없도록 한다.

86
물시멘트를 정확히 유지시키기 위한 기계는?

① 이넌데이터(inundator)
② 콘크리트 믹서(concrete mixer)
③ 워세크리터(wacecreator)
④ 펌프 크리트(pump crete)

해설
① inundator : 모래를 물과 포화된 상태로 달아서 모래의 부피와 물의 부피를 일정하게 계량하는 동시에 자갈, 시멘트, 물에도 관계있는 정량장치가 달린 것으로, 현재에는 잘 사용하지 않는다.
② concrete mixer : 콘크리트 혼합기계
③ Pump crete : 콘크리트를 수평 및 수직으로 운반하는 기계

87
다음 중 콘크리트의 성질에 관한 설명 중 옳지 않은 것은?

① 피니쉬어빌리티(finish ability)란 굵은 골재의 최대치수, 잔골재율, 골재의 입도, 반죽질기 등에 따라 마무리하기 쉬운 정도를 말한다.
② 단위수량이 많으면 콘시스턴시(consistency)가 좋아 작업이 용이하고 재료분리가 일어나지 않는다.
③ 블리딩(Bleeding)이란 콘크리트 타설 후 표면에 물이 모이게 되는 현상으로, 레이턴스(laitance)의 원인이 된다.
④ 워크어빌리티(work ability)란 작업의 난이도 및 재료의 분리에 저항하는 정도를 나타내며 골재의 입도와도 밀접한 관계가 있다.

88
다음은 200포대의 시멘트로 배합 비 1 : 2 : 4인 콘크리트를 배합할 때 사용되는 물의 양으로 가장 옳은 것은 어떤 것인가? (단, 물·시멘트 비는 60%이다.)

① 4,800 l
② 2,400 l
③ 1,200 l
④ 120 l

해설
200×40kg(시멘트 1포대 당 무게)×0.6(물·시멘트 비) = 4,800

89
콘크리트의 균열방지 방법으로 적합하지 않은 것은?

① 골재의 실적률을 크게 한다.
② 단위수량을 적게 한다.
③ 세골재의 조립률을 작게 한다.
④ 단위 체적당의 골재량을 많게 한다.

해설
콘크리트의 균열방지를 위해서는 콘크리트의 단위수량을 적게 하여 건조수축을 되도록 적게 하는 것이 원칙이며, 필요한 시공연도(work ability)가 얻어지는 범위 내에서 세골재의 조립률을 크게 할 필요가 있다.

90
콘크리트 배합을 결정할 때, 그 순서에 맞는 것은?

① 배합강도-시멘트강도-물·시멘트 비-슬럼프-표준배합
② 물·시멘트 비-시멘트강도-슬럼프-표준배합-배합강도
③ 배합강도-슬럼프-물·시멘트 비-표준배합-배합강도
④ 슬럼프-시멘트강도-물·시멘트 비-표준강도-배합강도

Answer ● 85. ③ 86. ② 87. ② 88. ① 89. ③ 90. ①

91
콘크리트의 허용압축응력도가 단기 120kg/cm², 장기 60kg/cm²일 때의 소요강도는?

① 60kg/cm2
② 120kg/cm2
③ 180kg/cm2
④ 200kg/cm2

해설
콘크리트의 소요강도 = 3×60 = 1.5×120
= 180kg/cm²

92
다음 중 콘크리트 배합 시에 시공연도와 관계가 없는 것은?

① 시멘트 강도
② 골재의 입도
③ 혼화제
④ 혼합방법

해설
시공연도에 영향을 미치는 요인
① 단위수량
② 단위시멘트량
③ 골재의 입도 및 입형
④ 공기량
⑤ 혼화재료
⑥ 온도
⑦ 혼합방법 등

93
콘크리트의 고강도화와 관계가 적은 것은?

① 시멘트·물의 비를 크게 한다.
② 시멘트의 강도를 크게 한다.
③ 폴리머(polymer)를 함침(含浸)한다.
④ 골재의 입자분포를 가능한 균일입자분포로 한다.

94
다음 중 콘크리트의 시공성과 관계가 없는 것은?

① 분말도 값
② 슬럼프 값
③ 플로우 값
④ 다짐계수 값

95
콘크리트의 배합강도 185kg/cm², 시멘트의 28일 압축강도 310kg/cm²일 때, 물 시멘트는 다음 중 어느 것이 적당한가? (단 보통 포틀랜드 시멘트를 사용할 경우임)

① 55%
② 60%
③ 65%
④ 70%

해설
물·시멘트의 비$(x) = \dfrac{61}{\dfrac{F}{K}+0.34}$

$= \dfrac{61}{\dfrac{185}{310}+0.34} ≒ 65\%$

96
콘크리트의 조합에 관한 기술 중 틀린 것은?

① 시멘트 강도, 물·시멘트의 비, 슬럼프가 동일할 경우 모래가 거칠수록 모래를 증가시키고 자갈을 감소시킨다.
② 시멘트 강도, 물·시멘트의 비가 동일하면 콘크리트 강도는 동일하다.
③ 시멘트 강도, 물·시멘트의 비가 동일할 때는 슬럼프가 클수록 시멘트의 사용량은 증가한다.
④ 시멘트 강도, 슬럼프가 동일할 때에는 물·시멘트의 비가 클수록 콘크리트의 강도는 증가한다.

97
콘크리트를 믹서로 혼합할 때의 순서로 옳은 것은?

① 물 – 시멘트 – 모래 – 자갈
② 모래 – 시멘트 – 물 – 자갈
③ 시멘트 – 모래 – 물 – 자갈
④ 모래 – 시멘트 – 자갈 – 물

98
콘크리트를 손비빔할 때 재료투입순서로 옳은 것은?

① 모래 – 물 – 시멘트 – 자갈
② 시멘트 – 모래 – 물 – 자갈
③ 모래 – 시멘트 – 자갈 – 물
④ 시멘트 – 모래 – 자갈 – 물

Answer ➡ 91. ③ 92. ① 93. ④ 94. ① 95. ③ 96. ④ 97. ② 98. ③

99
다음 평면도 같은 2층 바닥 콘크리트의 이어붓기에 다음 중 어느 곳이 적당한가?

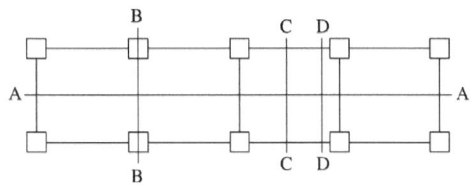

① A-A ② B-B
③ C-C ④ D-D

해설
바닥판의 이음은 span의 1/2되는 곳에 수직으로 설치한다.

100
Bleeding(수분상승) 현상이 생기는 주 원인은?
① 부적당한 골재나 지나치게 큰 자갈을 사용하기 때문이다.
② 거푸집 제거에 원인이 있다.
③ 물을 적게 사용하기 때문이다.
④ 철근의 이음에 원인이 있다.

101
된 비빔 콘크리트의 진동 다지기에 관한 기술 중 틀린 것은?
① 내부진동기는 수직으로 사용하는 것이 좋다.
② 진동기의 사용간격은 60cm를 넘지 않도록 한다.
③ 내부진동기는 콘크리트로부터 급히 빼는 것이 좋다.
④ 진동기는 1개소에 고정시켜 오래 있지 않고 단시간에 각 부분에 균등히 사용하는 것이 좋다.

102
콘크리트 공사 때 진동기(vibrator) 사용에 관한 기술 중 옳지 않은 것은?
① 진동기는 콘크리트 1일 부어넣기량 50m³마다 1대꼴로 한다.
② 진동기의 진동영향범위는 진동시간에 따라 틀리나 대략 30~40초 정도가 적당하다.
③ 진동기는 될 수 있는 대로 수직으로 세워서 사용해야 한다.
④ 진동기의 사용간격은 효과가 중복하지 아니하도록 60cm 이내로 사용한다.

해설
진동기는 콘크리트 1일 부어넣기량 20m³ 마다 1대 꼴로 하고, 사용대수 3대에 1대의 비율로 예비품을 마련한다.

103
콘크리트 양생은 특히 어느 때가 중요한가?
① 4주 중 후기
② 4주 중 3중기
③ 4주 중 중기
④ 4주 중 초기

해설
콘크리트 재령 3일의 압축강도는 4주 압축강도의 30~40%에 달하므로 초기 양생이 중요하다.

104
콘크리트 부어 넣은 후 콘크리트 보양하는 방법 중 거푸집을 빨리 제거하고 단시일 내에 소요강도를 얻을 수 있는 것은?
① 피막보양 ② 전기보양
③ 습윤보양 ④ 증기보양

105
한중 콘크리트에 대한 다음 사항 중 옳지 않은 것은?
① 골재를 가열한다.
② A. E제를 사용하는 것이 좋다.
③ 물의 온도를 38~60℃로 올린다.
④ W/C비를 하절기공사 때보다 약간 높게 한다.

해설
④항, W/C비를 하절기공사 때보다 약간 작게 한다.

106
한중 콘크리트에 대한 다음 사항 중 옳지 않은 것은?

① W/C비를 하절기공사 때보다 약간 높게 한다.
② 물의 온도를 올린다.
③ A. E제를 사용하는 것이 좋다.
④ 골재를 가열한다.

107
레디 믹스트 콘크리트(ready mixed concrete)를 사용하는 이유로서 틀린 것은?

① 시가지에서는 콘크리트를 혼합할 장소가 좁다.
② 현장에서는 균질인 골재를 얻기 힘들다.
③ 콘크리트의 혼합이 충분하여 품질이 고르다.
④ 콘크리트의 운반거리 및 운반시간에 제한을 받지 않는다.

해설
콘크리트는 물을 가한 후 1시간 이후부터 굳기 시작하므로 운반시간을 1시간 이내로 한다.

108
A·E콘크리트에 관한 다음 사항 중 옳지 않은 것은?

① 손비빔보다 기계비빔을 하면 공기량이 증대된다.
② A·E 공기량은 온도가 높을수록 증대된다.
③ A·E제를 적절하게 사용하면 콘크리트의 내구성이 향상된다.
④ 공기량 1%에 대하여 압축강도는 3~4% 저하된다.

해설
A·E 공기량의 감소요인
① 기계비빔보다 손비빔일 때
② 온도가 높을수록
③ 비벼놓은 시간이 길수록
④ 진동을 줄수록
⑤ 굵은 골재나 모래를 사용할수록

109
A·E 콘크리트에 관한 기술 중 옳은 것은?

① 공기량은 A·E제의 양이 증가할수록 감소하나, 콘크리트의 강도는 증대한다.
② 공기량은 기계비빔이 손비빔의 경우보다 적다.
③ 공기량은 비벼놓은 시간이 길수록 증가한다.
④ 공기량은 잔골재의 미립분이 많을수록 증가한다.

해설
A·E 공기량은 기계비빔이 손비빔보다 증가하고 비빔시간은 3~5분까지는 증가하나, 그 이상이 되면 오히려 감소한다.

110
A·E 콘크리트에 함유되는 공기량의 특성에 관한 설명 중 옳은 것은?

① A·E 제를 많이 넣을수록 강도 및 내구성은 증가된다.
② A·E 공기량은 비비는 시간이 많을수록 증대된다.
③ A·E 공기량은 자갈입도보다 모래입도에 영향을 많이 받는다.
④ A·E 공기량은 온도가 높을수록 증가된다.

해설
A·E 공기량은 2~5%를 표준으로 하며, 공기량이 1% 증가에 대해 압축강도는 3~4%, 휨 강도는 2~3% 감소한다.

111
A·E 콘크리트에 관한 기술 중 옳지 않은 것은?

① A·E 제는 계량의 정확을 기하기 위하여 희석액으로 하여 사용한다.
② 공기량이 많을수록 slump는 감소된다.
③ 공기량은 온도가 높을수록 감소한다.
④ 시공하는 동안은 공기량을 air-meter로 항상 측정하여 소정의 공기량을 갖도록 유의한다.

해설
②, 공기량이 많을수록 슬럼프(slump)치는 증대된다.

Answer ➡ 106. ① 107. ④ 108. ② 109. ④ 110. ③ 111. ②

112
진공 콘크리트(vacuum concrete)의 특징에 있어서 옳지 않은 것은?

① 강도가 극도로 높아진다.
② 내구성이 개선된다.
③ 조기 강도가 작다.
④ 콘크리트가 경화하기 전에 진공매트(mat)로 콘크리트 중의 수분과 공기를 흡수하는 공법이다.

해설
진공 콘크리트의 특징
① 조기강도, 내구성, 마모성이 커진다.
② 건조 수축이 적게 되므로 콘크리트 기성재 제조에 이용된다.
③ 진공처리하므로 물이 감소되어, 물·시멘트의 비가 적게 되고 표면의 공기구멍이 적게 된다.

113
다음에 열거하는 콘크리트 중 물·시멘트 비의 최대치가 가장 작은 것은?

① 한중 콘크리트
② 수밀 콘크리트
③ 더모 – 콘(thermo – con)
④ 경량 콘크리트로 상시 흙과 물에 접한 부분

해설
더모 – 콘(thermo – con) : 골재를 사용하지 않고 시멘트와 발포제를 혼합한 경량 기포 콘크리트로, 4주 압축강도 40~50kg/cm², 비중 0.8~0.9, W/C 43% 정도이다.

114
프리스트레스트 콘크리트(pre – packed concrete)의 단점에 관계되지 않은 것은?

① 강성(剛性)이 적어 하중에 의한 처짐 및 충격에 의한 진동이 크다.
② 고강도의 강재나 각종 보조재료 및 그라우팅(grouting) 비용 등이 소요되므로 단가가 비싸다.
③ 제작에 고도의 기술과 세심한 주의를 요한다.
④ 내구성과 복원성(復原性)이 크다.

해설
프리스트레스트 콘크리트 : 부재에 미리 스트레스를 가한 콘크리트로, 그 부재에 하중이 작용하였을 때 미리 가한 스트레스와 평형이 되도록 하여 그 부재에는 아무런 하중도 작용하지 않는 상태에 있게 한 콘크리트를 말한다.

115
철근의 공작도 작성요령에 관한 설명 중 가장 부적합한 것은?

① 공작도란 철근 구조도에 의거하여 현장에서 실제 철근작업을 편리하게 시공하기 위하여 작성된 것이다.
② 기초 상세도는 다른 부위와 접속되는 철근의 정착 및 다른 부재와의 관계를 명확히 기입한다.
③ 기둥 상세도는 층높이에 맞추어 적당한 이음 위치를 정하고 띠근의 지름 및 길이 등을 기입한다.
④ 바닥판 상세도는 바닥판 끝선을 기준으로 보, 벽, 계단, 개구부 등의 위치를 명시한다.

116
철근공사에 대한 기술 중 맞는 것은?

① 28mm 이하의 직경을 가진 철근가공은 상온에서 한다.
② 철근콘크리트용 강봉을 용접할 때, 그 용접부에 물을 뿌리면 강도가 커진다.
③ 철근 D19 이라고 표시한 원형철근의 공칭지름은 19mm이다.
④ 철근의 겹침 이음길이는 갈고리(hook)도 가산하여 측정한다.

117
철근콘크리트에 관한 기술 중 틀린 것은?

① 콘크리트의 인장강도는 압축강도의 약 1/10이다.
② 인장 철근의 연결에 있어서는 철근 끝을 구부리지 않아도 좋다.
③ 콘크리트에 삽입되는 철근은 페인트를 칠하여 사용하면 안 된다.
④ 철근콘크리트 1m³의 중량은 2,400kg이다.

Answer ● 112. ③ 113. ③ 114. ④ 115. ④ 116. ② 117. ②

118
건축용 강재(철근, 철골, 리벳 등)의 재료시험 항목에서 일반적으로 제외되는(중요하게 생각되지 않는)항목은 다음 중 어느 것인가?

① 압축강도시험 ② 인장강도시험
③ 굽힘시험 ④ 연신율

해설
건축용 강재는 주로 인장재를 사용하므로 인장응력과 변경과의 관계가 가장 중요하다.

119
철근의 장기 허용 인장응력도는?

① 1,600kg/cm² ② 7kg/cm²
③ 2,400kg/cm² ④ 14kg/cm²

120
지름 19mm 철근을 사용하는 경우, 인장력이 큰 곳의 이음길이로 옳은 것은?

① 720mm 이상 ② 740mm 이상
③ 760mm 이상 ④ 780mm 이상

해설
L = 40d = 40 × 19 = 760mm

121
경량 콘크리트 타설 시에 압축근의 이음 및 정착길이로 맞는 것은? (단, d는 철근의 직경)

① 25d 이상 ② 30d 이상
③ 40d 이상 ④ 50d 이상

122
철근의 이음 및 정착에 관한 기술에서 옳은 것은?

① 보의 철근을 90° 구부려서 정착하는 경우, 구부림의 반지름은 철근 지름의 6배 이상으로 한다.
② 이형철근의 말단 후크는 135°로 한다.
③ 지름이 다른 철근의 이음길이는 지름이 큰 철근의 지름으로써 산출한다.
④ 지름 16mm 이하의 철근, 말단 후크는 90° 구부림을 하는 것이 좋다.

123
철근배근에 대한 다음 기술 중 부적당한 것은?

① 이음 및 정착길이로서 큰 인장을 받는 것은 40d(d : 지름)로 한다.
② 기둥의 철근은 위층의 층높이 1/3 지점 정도를 뽑아 넣어 잇는다.
③ 기초부분의 철근 최소피복두께는 6cm 이다.
④ 철근의 이음은 큰 응력을 받는 곳을 피하고, 한 곳에서 나란히 잇는다.

124
철근콘크리트조 보의 배근을 할 때, 그 주근의 이음이 가장 적당한 위치는?

① 지점으로부터 span의 1/4 되는 곳
② 인장력이 가장 적은 곳
③ 보의 중간 지점
④ 압축력이 가장 적은 곳

125
철근콘크리트 공사에서 철근의 이음 및 정착에 관한 기술 중 틀린 것은?

① 이음위치는 인장력이 가장 적은 곳에서 하며, 그 길이는 철근 지름의 25배로 한다.
② 결속선의 굵기는 20번 선을 사용하며, 이음자리에서 2개소 이상을 결속한다.
③ 인장근의 정착길이는 철근 지름의 40배로 한다.
④ 철근 끝은 갈고리를 만들고 구부림 반지름은 3d로 하며, 끝은 4d까지 더 연장한다.

해설
④. 철근끝은 갈고리를 만들고 구부림 반지름은 1.5d로 한다.

Answer ➡ 118. ① 119. ① 120. ③ 121. ④ 122. ① 123. ④ 124. ② 125. ④

126
철근콘크리트 기둥 주근의 이음위치로 맞는 것은?

① 층 높이의 1/3 하부
② 층 높이의 1/4 하부
③ 층 높이의 2/3 하부
④ 층 높이의 3/4 하부

해설
기둥 주근이음은 기둥 높이의 2/3 이내로, 보통 1/3 지점에 이음을 둔다.

127
철근의 용접에 관한 기술 중 틀린 것은?

① 철근의 용접법은 일반적으로 가스 압접이 사용된다.
② 용접면은 충분히 연마(研磨)하여야 한다.
③ 강우 시에는 용접작업을 금지하여야 한다.
④ 철근의 이음을 용접으로 할 때, 겹침이음의 길이는 3D 이상으로 한다(D : 철근의 길이).

해설
철근 이음을 겹친용접이음으로 할 때는 이음길이를 철근지름의 5배 이상으로 해야 한다.

128
철근의 현장 가공에 있어서 가스압접공법으로 이음을 하는 경우, 적당하지 않은 것은?

① 겹침이음에 비교하여 콘크리트치기가 용이하다.
② 일반적으로 비 또는 바람, 눈이 오는 경우에 바로 작업을 중지하지 않으면 안 된다.
③ 보 철근의 경우는 가스압접공법에 따르고, 특히 작업이 공정의 면에서 유리하고 쉽다.
④ 가공이 매우 간단하여 가공장의 면적을 축소시킬 수 있다.

129
철근의 구조용 이음으로 사용할 수 없는 용접법은?

① 원호용접
② 가스(gas)용접
③ 맞대기 용접
④ 산소용접

해설
산소용접법은 얇은 판, 비철금속의 용접 등에 사용한다.

130
철근콘크리트 공사에서 사용해도 좋은 철근은?

① 녹막이 칠한 철근
② 붉은 녹이 있는 철근
③ 약간 녹슨 철근
④ 유해한 들뜬 녹이 있는 철근

해설
약간 녹슨 철근은 콘크리트와의 접촉을 다소 좋게 하는 효과가 있다.

131
철근 공사에서 철근의 크기에 따른 사용 개소가 부적당한 것은?

① 22mm … 보 및 기둥의 주근
② 22mm … 늑근(stirrup) 철근
③ 13mm … 바닥판의 주근
④ 9mm ……후프(hoop)

해설
일반적으로 늑근(stirrup)은 보의 전단력에 의한 장력의 보강근으로 그 굵기는 기둥의 대근 정도로 한다.

132
철근의 수량조사를 설명한 것 중 적당치 않은 것은?

① 수량조사 순서는 꼭 공정에 맞출 필요는 없다.
② 도면계산 등으로 조사에 있어서 의심이 나면 명확히 체크한다.
③ 조사한 결과는 누가 봐도 알 수 있도록 도시한다.
④ 조근(助筋)의 형상을 도시화하여 기입한다.

133
다음 중에서 거푸집 널의 이음방법으로 가장 많이 사용되는 것은?

① 반턱 쪽매
② 제혀 쪽매
③ 딴혀 쪽매
④ 맞댄 쪽매

Answer ◑ 126. ③ 127. ④ 128. ③ 129. ④ 130. ③ 131. ① 132. ① 133. ④

134
땅에 접하는 철근콘크리트 기초의 최소 피복두께는 몇 cm인가?

① 2cm ② 3cm
③ 4cm ④ 6cm

135
긴결재에 관한 기술 중 옳지 않은 것은?

① 긴결재란, 거푸집을 정확한 위치, 치수를 유지하기 위하여 사용되는 재료이다.
② 긴결재에 사용되는 못은 널 두께의 2.5배, 5~6.5cm이다.
③ 긴결재에 사용되는 가열 철선은 #18~#20을 사용한다.
④ 꺽쇠는 길이 9~12cm, 볼트 지름의 6~12mm로 한다.

136
기초판 거푸집 시공에서 기초 윗면의 경사가 얼마 이상이면 옆판만이 아니라 위 경사면에서 거푸집널을 대야 하는가?

① 5° ② 15°
③ 25° ④ 35°

137
철판 거푸집(metal form)에 관한 기술 중 적당하지 않은 것은?

① 설계 당초부터 사용계획을 세우지 않으면 사용하기 불편하다.
② 콘크리트 형상의 치수를 정확하게 할 수 있다.
③ 세부적 조작이 용이하다.
④ 거푸집의 조립 및 제거가 간단하다.

138
다음의 특수한 거푸집 가운데 무량판 구조 또는 평판구조와 관계가 깊은 거푸집은?

① 슬라이딩 폼 ② 워플 폼
③ 메탈 폼 ④ 경 폼

139
슬라이딩 폼에 관한 다음 기술 중 부적당한 것은?

① 이동식 거푸집이라고도 하며, 돌출물이 있는 벽제 기둥 시공에는 이용할 수 없고, 보통 사일로 축조에 이용된다.
② 거푸집은 1단(높이 1.2m 정도)만 가지고도 되므로 거푸집 재료와 거푸집 조립 및 제거에 소요되는 노력이 절약된다.
③ 내외의 비계 발판을 따로 가설할 필요가 없다.
④ 거푸집의 끌어올리기와 콘크리트의 붓기 속도는 약 3~5m이다(주야 연속작업에서).

140
나무 거푸집 강도를 계산하는데 꼭 필요한 사항이 아닌 것은 다음 중 어느 것인가?

① 생콘크리트의 중량 ② 작업하중
③ 거푸집의 자중 ④ 충격하중

해설
기타 생콘크리트의 측압력 등이 있다.

141
콘크리트를 타설하기 전에 거푸집에 물을 충분히 뿌리는 이유 중 가장 중요한 것은 다음 중 어느 것인가?

① 거푸집을 반복 사용하기 위함이다.
② 거푸집의 더러운 불순물을 청소하는데 있다.
③ 콘크리트의 마무리를 좋게 하기 위함이다.
④ 거푸집이 콘크리트 경화에 필요한 수분을 흡수하는 것을 방지하는데 있다.

Answer ➡ 134. ④ 135. ③ 136. ④ 137. ③ 138. ② 139. ④ 140. ③ 141. ④

142
철근콘크리트 공사에 대한 기술 중 부적당한 것은?

① 외부에 면한 벽식 P. C 판의 수평 조인트는 우수 방지를 위하여 wet joint가 일반적으로 채용된다.
② 콘크리트의 부어 넣기는 일반적으로 기초 – 기둥 – 벽 – 계단 – 보 – 바닥판의 순서로 한다.
③ 거푸집의 조립은 일반적으로 기둥 – 벽 – 보 – 바닥판의 순서로 한다.
④ 지상 구조물에 사용되는 철근에 대한 콘크리트의 피복 두께는 보통의 경우에 보통 콘크리트나 경량 콘크리트에 있어서 동일하게 해도 좋다.

143
철근콘크트조 기둥의 거푸집에서 콘크리트 측압(concrete head)을 결정하는 요소가 아닌 것은?

① 기둥의 넓이
② 거푸집의 널 두께
③ 콘크리트의 무게(t/m3)
④ 콘크리트를 부어 넣은 높이

144
콘크리트 공사에 있어서 거푸집에 가해지는 콘크리트의 측압(側壓)에 관한 기술 중 잘못된 것은?

① 콘크리트치기할 때의 기온이 높을 쪽은 일반적으로 측압이 커진다.
② 벽의 경우는 그 벽 높이 또는 길이가 큰 쪽이 일반적으로 측압이 커진다.
③ 잘 다진 쪽이 일반적으로 측압이 커진다.
④ 중량 골재를 사용한 쪽이 일반적으로 측압이 커진다.

해설
①항, 기온이 낮을수록 측압이 커진다.

145
기둥과 벽의 거푸집에 대한 생콘크리트의 측압에 관한 기술 중 옳은 것은?

① 워커빌리티가 클수록 측압은 커진다.
② 부어넣기 속도가 빠를수록 측압은 작아진다.
③ 온도가 높을수록 측압은 커진다.
④ 벽 두께가 얇을수록 측압은 커진다.

146
다음은 콘크리트의 측압에 영향을 주는 요소들을 열거한 것이다. 가장 부적당한 것은?

① 거푸집의 강성이 작을수록 측압이 크다.
② 콘크리트의 타설속도가 빠를수록 측압이 크다.
③ 콘크리트 비중이 클수록 측압이 크다.
④ 부재의 단면이 클수록 측압이 크다.

147
거푸집 존치기간에 관한 기술 중 옳지 않은 것은?

① 최저기온이 0℃ 이하일 때는 존치기간으로 계산하지 않는다.
② 콘크리트 시공 중이거나 시공 후 5일간은 콘크리트를 온도 0℃보다 내려가지 않도록 하여야 한다.
③ 거푸집은 콘크리트의 보양과 변형의 우려가 없고 충분한 강도가 날 때까지 존치해야 한다.
④ 콘크리트 경화 중 최저기온이 5℃ 이하일 때는 1일을 반일로 계산한다.

해설
최초 5일간은 콘크리트 온도가 2℃보다 내려가지 않도록 한다.

148
다음 설명 중 옳지 않은 것은?

① 수밀콘크리트는 단위시멘트량, 단위수량 및 물·시멘트의 비를 적게 하여야 한다.
② 고장력 볼트의 조임 경사수는 볼트군에 대하여 볼트수의 10% 이상, 최소 1개 이상으로 해야 한다.
③ 대리석 붙이기 공법에서 바탕면과 돌 위의 거리는 25~30mm를 표준으로 한다.
④ 아스팔트 방수층 시공 시에 가장 신축이 큰 재료는 블로운 아스팔트이다.

해설

아스팔트(Asphalt)
(1) 천연 아스팔트 : 천연으로 산출되는 것으로, 로크 아스팔트, 레이크 아스팔트, 아스팔트 타이트 등이 있다.
(2) 석유 아스팔트 : 석유를 정제할 때 원유 또는 증유하여 공기를 넣어 만든 것이다.
  ① 스트레이트 아스팔트 : 신축이 좋고 교착력도 우수하지만 연화점이 낮고 내구력도 떨어지므로 건축공사에서는 잘 쓰이지 않는다.
  ② 블로운 아스팔트 : 비교적 연화점이 높고 안전하며, 온도에 예민하지 않아서 많이 사용한다.
  ③ 아스팔트 컴파운드 : 블로운 아스팔트에 광물성·동식물성유, 광물질가루 섬유 등을 혼합한 것으로, 모르타르, 콘크리트 등의 모체와 교착이 잘 되게 하기 위해 사용하며, 방수층 시공 시에 가장 신축이 크고 최우량인 제품이다.
  ④ 아스팔트 프라이머 : 아스팔트 방수층을 만들기 위해 콘크리트 바닥에 가장 먼저 바르는 방수재료이다.
  ⑤ 기타 아스팔트로 에멀젼, 아스팔트 그라우트 등이 있다.

149
콘크리트 거푸집에 관한 기술 중 옳지 않은 것은?

① 하중과 압력에 견디도록 한다.
② 치수를 정확하게 하고, 소요 형태를 확보한다.
③ 수용성이 유지되도록 한다.
④ 해체 시는 수평을 먼저, 수직틀을 나중에 한다.

150
철근콘크리트의 전류에 의한 영향을 기술 한 것 중 옳지 않은 것은?

① 피해는 직류에 의하여 발생한다.
② 전류가 철근에서 콘크리트로 흐르면 철근에 녹이 슬어서 콘크리트에 균열이 발생한다.
③ 전류가 콘크리트에서 철근으로 흐르면 철근이 연화되어 철근의 부착력이 감소된다.
④ 콘크리트가 습하거나 콘크리트에 염화석회가 함유되면 전해가 발생한다.

151
제치장 콘크리트에 기술 중 옳지 않은 것은?

① 제치장 콘크리트 공비를 절약할 목적으로 쓰인다.
② 콘크리트는 된비빔으로 한다.
③ 비빔은 믹서로 하고 진동기로 충분히 다진다.
④ 벽 및 기둥은 한편에 꼭대기까지 부어넣는다.

해설

제치장 콘크리트(exposed concrete)란 외장을 하지 않고 노출된 콘크리트면 자체가 치장이 되게 마무리한 콘크리트를 말하며, 외관·모양 등을 깨끗이 해야 한다.

152
제치장 콘크리트 시공에 관한 기술 중 옳지 않은 것은?

① 시멘트는 동일회사 동일색을 사용한다.
② 철근의 피복은 보통 때보다 1cm 정도 두껍게 하는 것이 좋다.
③ 슈트에 의하지 않고 손차로 운반하여 벽 기둥에 직접 떨어뜨리지 않고 일단 비빔판에 받아서 가만히 각삽으로 떠 넣는다.
④ 콘크리트는 여기저기 분산하여 넣으면서 다져야 한다.

해설

제치장 콘크리트는 한쪽에서부터 부어넣으며 다져 마무리 하여 나오고, 여기저기 분산하여 넣지 않도록 한다. 분산하면 진동기를 쓰지 않는 곳이 생기고, 기계 또는 전기 등의 고장시에 수습하기가 곤란하다.

Answer ➡ 148. ④ 149. ④ 150. ③ 151. ① 152. ④

153
prefabrication(조립식) 건축에 대한 기술 중 적당치 않은 것은?

① prefab 공장과 시공 현장과의 허용거리는 50km 이내가 적당하다.
② 부재는 prefab이므로 평면계획이 자유롭다.
③ 품질의 질적인 향상과 규격화를 할 수 있다.
④ 같은 구조와 같은 형식의 건물을 동시에 많이 건축할 때 가장 유리하다.

154
기둥의 작은 지름은 구조 내력상 주요 지점 간의 거리의 얼마 이상이어야 하는가?

① 1/8
② 1/10
③ 1/12
④ 1/15

해설
또한 기둥의 최소 단면적은 600cm² 이상으로, 그 작은 지름은 20cm 이상으로 해야 한다.

155
철근콘크리트 기성재 조립공사에 관한 기술 중에서 틀린 것은?

① 철근콘크리트의 기성재를 제작하여 각 부재를 조립하여 구조체를 만든다.
② 기성제는 pre cast concrete 와 pre stressed-concrete의 2종이 있다.
③ 각 부재조립의 접합은 φ1.6mm 이상의 볼트 조임으로만 한다.
④ 바닥판을 보에 걸 때는 4cm 이상을 걸리도록 한다.

해설
③항, φ16mm 이상의 볼트 조임으로 한다.

156
다음 공사 중 가설공사에 해당되지 않는 것은?

① 비계설치
② 규준틀 설치
③ 현장 사무실 축조
④ 거푸집 설치

157
고층건물 공사 시에 자재를 올려놓고 작업하여야 할 외장 공사용 비계로서 적합한 것은?

① 겹 비계
② 외줄 비계
③ 쌍줄 비계
④ 달 비계

158
비계다리의 경사로서 가장 알맞은 것은?

① 30° 이내
② 40° 이내
③ 50° 이내
④ 60° 이내

해설
비계다리의 경사는 30° 이내로 하고, 15°를 초과하는 경우는 디딤판에 15×30mm 정도의 미끄럼막이를 30cm 내외의 간격으로 부착한다.

159
가설공사의 비계에 대한 기술 중 옳지 않은 것은?

① 비계에서 수평 낙하물 방지망의 각도는 10° 정도가 적당하다.
② 낙하물 방지망의 설치높이는 지상에서 6m 정도로 하고, 그 위부터는 15~18m마다 설치한다.
③ 낙하물 방지망에서 철망의 눈 크기는 10mm 정도가 적당하다.
④ 비계기둥의 끝 지름은 4.5cm 이상이 되어야 한다.

Answer ➡ 153. ② 154. ④ 155. ③ 156. ④ 157. ③ 158. ① 159. ①

160
가설공사에 관한 기술 중 틀린 것은?

① 공사현장 울타리(널)는 원칙적으로 1.5m 이상이다.
② 통나무 비계의 가새는 수평간격 약 14m 내외, 각도 45°로 비계 기둥과 띠장에 긴결한다.
③ 비계발판 폭은 90cm 이상, 물매(경사)는 4/10를 표준으로 한다.
④ 달비계 발판은 바닥폭 전면에 빈틈없이 깔아야 한다.

해설
공사현장의 울타리의 높이는 보통 1.8m 이상으로 한다.

161
가설공사에 관한 기술로서 적당치 않은 것은?

① 비계기둥은 2.5m 이내 간격으로 세운다.
② 비계장선의 간격은 1.5m 이내로 한다.
③ 비계다리 물매(경사)는 30° 이내, 보통 17°로 한다.
④ 비계다리 미끄럼막이는 30cm 간격으로 한다.

해설
비계기둥 간의 간격은 보통 1.5~1.8m 이내의 간격으로 한다.

162
단관비계의 구성기준에 관한 기술 중 틀린 것은?

① 비계기둥의 최고부에서 50m까지의 밑부분은 2본의 강관으로 세운다.
② 띠장의 간격은 150cm 내외로 하고, 최하단의 띠장은 지상에서 2m 이하의 위치에 설치한다.
③ 비계장선의 간격은 150cm 내외로 하고, 최하단의 띠장은 지상에서 2m 이하의 위치에 설치한다.
④ 건물과의 간격은 5m 간격으로 하고, 버팀대 간격도 이에 준한다.

해설
비계기둥의 최고부로부터 31m 되는 지점 밑부분의 비계기둥은 2본의 강관으로 묶어 세운다.

163
단관비계에 대한 기술 중 옳지 않은 것은?

① 도리방향 가새는 비계의 외측면에서 수평과 45° 내외의 방향에 건너지르고, 간격은 약 10cm(수평간격 약 14m)로 교차하여 설치한다.
② 비계기둥의 간격은 도리방향을 150~180cm, 보 사이의 방향은 120~150cm로 한다.
③ 장선의 간격은 180cm로 한다.
④ 비계기둥의 최고부에서 측정하여 31m 까지의 밑부분은 2본의 강관을 묶어서 사용한다.

해설
장선의 간격은 1.5m 이하로 한다.

164
강관 틀비계의 사용에 대한 설명 중 틀린 것은?

① 틀의 간격이 1.8m 일 때, 틀 사이의 하중한도는 400kg으로 한다.
② 높이는 원칙적으로 60m를 초과할 수 없으며 높이 10m를 초과 시에 틀의 간격을 조정한다.
③ 세로틀은 수직방향 6m, 수평방향 8m 내외로 벽연결대를 한다.
④ 틀파이프 비계는 바깥지름 42.7mm, 살두께 2.4mm 이상의 철관으로 한다.

해설
강관 틀비계의 높이는 원칙적으로 45m를 초과할 수 없으며, 높이가 20m를 초과할 때 및 중량물의 적재를 수반하는 작업을 하는 때에 사용하는 주틀은 높이가 2m 이하인 것으로 하고, 주틀 간의 간격은 1.8m 이하로 할 것.

Answer ● 160. ① 161. ① 162. ① 163. ③ 164. ②

165
다음 중에서 철골공사의 일반사항에 대한 기술 중 옳지 않은 것은?

① 철골은 다른 재료에 비해 강력한 장대재(長大材)를 조립하여 튼튼한 것을 만들 수 있다.
② 철골공사는 공법이 한정되어 있으므로 거대한 구조물에 적당하지 못하다.
③ 철골은 값이 비싸고, 또 각 부재의 가공 조립을 엄밀히 하지 않으면 조립이 불가능하거나 사용불능이 된다.
④ 철골은 현장가공 조립분만 남기고, 공장에서 거의 완성품에 가까운 제품으로 만들어서 발송하는 것이 유리하다.

166
철골조의 공장가공순서가 바르게 연결된 것은?

```
1. 원척도 작성      2. 형뜨기
3. 구멍 뚫기        4. 녹막이칠
5. 절단, 깎기       6. 가조립
7. 리벳치기, 용접
```

① 1-2-4-3-5-6-7
② 4-1-2-5-6-7-3
③ 2-1-3-5-6-7-4
④ 1-2-5-3-6-7-4

167
철골공사의 공정에 앞서 가장 주의하여야 할 사항은 다음 중 어느 것인가?

① 리벳치기를 엄격히 감독 검사한다.
② 일정 내에 늦지 않도록 독촉한다.
③ 앵커 볼트의 위치를 점검한다.
④ 원척도, 형판그림쇠, 금매김을 면밀히 점검한다.

168
철골공사 시공에 관한 기술 가운데 잘못된 것은?

① 가스 절단으로 강재를 절단하는 경우는 원칙적으로 자동 gas 절단에 의한다.
② 열간 가공에서 두께 9mm의 일반구조용 압연 강재의 휨 가공을 하는 경우, 강재의 온도는 300~500℃ 정도를 유지한다.
③ 고장력 볼트 접합력에 있어서 마찰면의 mill scale은 미리 제거한다.
④ 용접 이음부에 균열이 발견되면 그 부분을 청소하여 재용접한다.

해설
열간 가공시의 강재는 900℃ 이상이 되게 가열한다.

169
리벳의 가열온도로 적당한 것은?

① 600℃   ② 800℃
③ 1,200℃   ④ 1,400℃

170
철골공사에 관한 기술 중 잘못된 것은?

① 리벳은 적열상태(600~1,100℃)의 것을 사용한다.
② 두께 1cm 이상의 강판은 송곳 뚫기로 구멍을 낸다.
③ 리벳치기는 공기 리벳터를 쓴다.
④ 강판의 절단은 반드시 가스 절단으로 한다.

171
철골을 리벳팅할 때, 리벳 상호간의 중심거리로 옳은 것은? (단, 리벳 지름은 d이다)

① 최소 2.0d, 보통 1~2d
② 최소 2.5d, 보통 3~4d
③ 최소 3.0d, 보통 4~5d
④ 최소 3.5d, 보통 5~6d

해설
참고로 리벳의 최대 간격은 인장재 : 12d 이하(30t 이하), 압축재 : 8d 이하(15t 이하)이다.

Answer ❏ 165. ② 166. ④ 167. ③ 168. ② 169. ② 170. ④ 171. ②

172
철골콘크리트조 건물에 있어서 통상 사용하는 공장의 리벳(Rivet) 수치는 다음 중 어느 것인가?

① 100~200
② 200~300
③ 300~400
④ 400~500

해설
① 현장조립에 있어서 리벳수는 50~100본/ton 이다.
② 현장 리벳치기는 보통 4인 1조로 1일 400~500본을 친다.

173
리벳치기에 관한 기술 중 가장 부적당한 것은?

① 접합부 리벳은 최소 2개 이상 박는다.
② 가볼트는 현장치기 리벳 수의 1/5 이상으로 한다.
③ 리벳치기한 리벳 중 머리와 축선이 일치되지 않아도 다시 치기를 할 필요가 없다.
④ 현장 리벳치기는 pneumatic hammer 1대로 1일 500~700개 정도를 친다.

174
철골조 공사의 현장리벳치기 및 용접에 관한 기술 중 옳지 않은 것은?

① 용접은 하향자세(下向姿勢)를 원칙으로 한다.
② 리벳을 달구는 노(爐)를 설치할 곳은 리벳 던지기에 편리한 곳에 둔다.
③ 강우나 강풍으로 리벳이 냉각되기 쉬운 천후(天候)일 때는 작업을 중지한다.
④ 현장 리벳치기는 부재를 올려놓고 위에서 리벳치기를 하는 것이 좋다.

해설
현장 리벳치기라도 될 수 있는 한 부재를 올리기 전에 밑에서 하는 것이 좋다.

175
고력 볼트 접합에 관한 다음 기술 중 옳은 것은 어느 것인가?

① 일군(一群)의 볼트를 조일 때는 주변부에서 중앙부로 향해서 조인다.
② 볼트 두부를 조이는 경우는 너트를 조이는 경우보다도 토크(torque)를 크게 해야만 한다.
③ 마찰접합으로 마찰력이 생기는 접면(接面)은 미리 기름 등을 발라서 녹이 발생하지 않도록 한다.
④ 예비조임은 표준 볼트장력의 50%로 한다.

176
고장력볼트(higf tensile bolt)의 부재접합 구조방식(system)으로 옳은 것은?

① 전단력
② 인장력
③ 측입력
④ 마찰력

177
건물의 공급전압중 고압으로 볼 수 없는 것은?

① 교류 600V
② 직류 600V
③ 직류 6000V
④ 교류 6000V

178
다음은 철골 용접작업 중 운봉을 용접방향에 대하여 가로로 왔다갔다 움직여 용착금속을 녹여 붙이는 것의 용어이다. 옳은 것은?

① 밀 스케일(mill scale)
② 그루브(grove)
③ 위핑(weeping)
④ 블루우 홀(blow hole)

179
그림과 같은 용접의 명칭은?

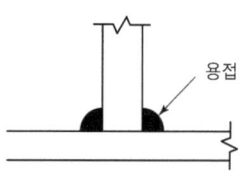

① 홈 용접(groove weld)
② 필렛 용접(fillet weld)

③ 부분 녹임 용접(partial penetration groove weld)
④ 슬롯 용접(slot welding)

180
다음 철제구조 중 부재적합에 접합판을 거의 쓰지 않는 구조는?

① 철골 철근 콘크리트 구조
② 평행현 트러스 구조
③ 경량 철골 구조
④ 테이퍼스틸 뼈대 구조

181
철골조의 주각을 기초에 고정시키는 데, 이동 매립 공법을 적용하는 경우는?

① 구조물이 고층일 때
② 구조물의 이동조립을 가능하게 하기 위하여
③ 앵커볼트의 지름이 클 때
④ 앵커볼트의 지름이 작을 때

182
다음의 기계설비 가운데 철골세우기와 관계가 적은 것은?

① 가이 데릭   ② 파워 프레스
③ 타워 크레인 ④ 진 폴

183
다음 철 금속 재료의 탄소함유량이 0에서 0.8%로 증가함에 따른 제반물성 변화에 대한 설명으로 옳지 않은 것은?

① 인장강도는 증가한다.
② 탄성한계는 증가한다.
③ 신율은 증가한다.
④ 경도는 증가한다.

184
낙하 물 방지 망 설치에 관한 기술 중 부적당한 것은?

① 비계의 바깥에 설치한다.
② 수평방지망은 수평에 대하여 보통 55° 정도의 구배로 설치한다.
③ 지상 2층 바닥 부분 그 위는 6층 이내마다 또는 필요한 위치에 설치한다.
④ 수직으로 둘러치는 것과 수평으로 둘러치는 것이 있다.

해설
수평 방지망은 수평에 대하여 15~45°(보통 20°) 정도로 한다.

185
시멘트 뿜칠(cement spray)의 다음 기술에서 틀린 것은?

① 뿜칠은 2회 이상 보통 3회를 실시한다.
② 직사광선과 급격한 건조를 피하기 위하여 동 측면은 오후, 서 측면은 오전에 뿜칠은 한다.
③ 뿜칠은 비 맞기 쉬운 처마 끝 또는 체양 등은 더욱 잘할 필요가 있다.
④ 초벌뿜칠 후 1시간(하기)~3시간(동기) 경과 후에 재벌 및 정벌뿜칠을 한다.

해설
시멘트 뿜칠은 초벌 뿜칠 후 4시간(하기)~24시간(동기) 경과 후에 재벌 및 정벌 뿜칠을 한다.

186
벽돌공사에 대한 기술 중 옳지 않은 것은?

① 벽돌(190×90×57) 0.5B 쌓기에 $1m^2$ 당 필요 장수는 75매이다.
② 쌓기 용 모르타르는 0.5B 1,000장 당 약 $0.25m^3$가 필요하다.
③ 붉은 벽돌쌓기에서 벽돌 할증률은 3%로 한다.
④ 시멘트 벽돌은 쌓기 전에 건조시켜 놓아 모르타르가 잘 붙게 한다.

187
두께 1.0B의 벽돌 벽을 쌓을 경우, 표준형 벽돌(190mm×90mm×57mm)의 1m² 당 소요정미 수량(A)과 보통 벽돌 할증률(B) 및 시멘트 벽돌 할증률(C)은 각각 얼마인가?

① A : 130매, B : 3%, C : 5%
② A : 130매, B : 5%, C : 3%
③ A : 149매, B : 3%, C : 5%
④ A : 149매, B : 5%, C : 3%

188
벽돌을 내쌓기할 경우, 두 켜씩 내쌓기를 한다면 일반적으로 한 번에 내미는 길이는 얼마로 하는가?

① $\frac{1}{16}$B
② $\frac{1}{8}$B
③ $\frac{1}{4}$B
④ $\frac{1}{2}$B

해설
벽돌 내쌓기의 내미는 길이 : 한켜 내쌓기는 1/8B, 두켜 내쌓기는 1/4B

189
내화벽돌 공사에 관한 기술 중 옳지 않은 것은?

① 내화점토를 물반죽하여 내화벽돌을 쌓는다.
② 내화벽돌쌓기는 물 축이기를 하지 않는다.
③ 건축용 내화벽돌은 보통 1,000~1,100℃ 정도에 견디는 산성 내화벽돌을 사용한다.
④ 저급품으로는 보통 SK-NO. 30~33이 사용된다.

해설
내화벽돌의 내화도에 의한 분류
① 저급품 : 1580~1650℃(SK 26~29)
② 중급품 : 1670~1730℃(SK 30~33)
③ 고급품 : 1750~2000℃(SK 34~42)

190
벽돌쌓기 공사에 관한 사항 중에서 옳지 않은 것은?

① 보통 벽돌은 쌓기 전에 반드시 물씻기를 하여야 한다.
② 내화벽돌은 물축임을 하지 않고 쌓는다.
③ 보통벽돌은 1 : 3의 시멘트 모르타르로 쌓는다.
④ 내화벽돌은 1 : 5의 회 모르타르로 쌓는다.

해설
내화벽돌 쌓기용 모르타르는 내화점토를 물반죽하여 쌓는다.

191
벽돌쌓기에서 한 켜마다 길이와 마구리 쌓기를 번갈아 나오게 쌓는 방법은?

① 영국식
② 프랑스식
③ 네덜란드 식
④ 미국식

192
벽돌공사 쌓기에 있어서 안팎을 연결하는 방법으로 옳지 못한 것은?

① 벽돌로 물린다.
② 철선을 디근형으로 구부려서 줄눈에 물린다.
③ 9mm 철근을 구부려 줄눈에 건너 댄다.
④ 굳은 나무를 벽돌 모양으로 다듬어 댄다.

193
블록쌓기에 관한 기술 중 옳지 않은 것은?

① 1일 쌓기 높이는 1.2~1.5m 이하로 한다.
② 쌓기 시작은 벽면 모서리 중간 요소에 먼저 쌓고, 상하 좌우 평활하게 쌓는다.
③ 쌓기 전에 불순물 등을 청소하고 접착부분을 습윤케 한다.
④ 블록은 살 두께가 두꺼운 편이 아래로 가게 쌓는다.

Answer ➡ 187. ③ 188. ③ 189. ④ 190. ④ 191. ② 192. ④ 193. ④

194

보강 콘크리트 블록조 내력벽에 관한 기술 중 틀리는 것은?

① 벽량은 단위 바닥 면적당의 내력벽에 대한 길이를 나타낸다.
② 통줄눈으로 쌓는 것은 가급적 피하는 것이 좋다.
③ 건물의 각 구석과 중간의 각 요소는 내력벽을 직교시키는 것이 좋다.
④ 내력벽은 일반적으로 벽 두께를 늘이는 것보다 적당히 길이를 늘리는 쪽이 유효하다.

해설
보강 콘크리트 블록조에 사용하는 세로철근은 기초에서 테두리 보까지 1개로 시공해야 하므로 막힌줄눈으로 시공하기는 곤란하다.

195

돌의 공사에 관한 기술 중 틀린 것은?

① 석재는 강도가 큰 재료이므로 인장, 압축, 뒤틀림을 받는 장소에 사용한다.
② 돌쌓기용 모르타르를 1 : 3 용적 배합비로 하고, 치장줄눈용 모르타르는 1 : 1 용적 배합비로 한다.
③ 뒤채움 콘크리트는 보통 1 : 3 : 6 용적 배합비로 한다.
④ 석재 연결 고정 철물은 촉, 꺽쇠, 은장 등이 있다.

해설
석재는 항상 압축하중을 받은 장소에만 사용한다.

196

돌 공사에서 첫켜쌓기에 관한 설명 중 틀린 것은?

① 내민쐐기, 목제쐐기는 일주 일후에 모두 제거하고 모르타르 땜질을 한다.
② 모서리, 구석 또는 중간 요소에 규준이 되는 돌을 설치하고 그 중간을 쌓아 돌아간다.
③ 사춤 모르타르는 먼저 돌의 높이 1/3 정도를 된 비빔으로 하고 나머지를 묽은 비빔 모르타르를 넣는다.
④ 줄눈에 끼운 헝겊은 모르타르를 넣은 후 1~2시간 경과한 다음에 헝겊을 제거한다.

해설
내민쐐기, 목제쐐기는 1~2일 후에 모두 제거하고, 모르타르 땜질을 한다.

197

목조, 철골조 등의 벽, 천장에 모르타르 바탕이 되어 부착이 잘 되게 하며, 미장재의 균열을 방지할 수 있는 금속재료로서 적당하지 않은 것은?

① 메탈 라스(metal lath)
② 와이어 라스(wire lath)
③ 익스팬디드 메탈(expanded metal)
④ 와이어 메시(wire mesh)

해설
와이어 메시 : 콘크리트 보강용

memo

CONTENTS

CHAPTER 01 | 건설공사 안전의 개요
CHAPTER 02 | 건설기계안전
CHAPTER 03 | 건설재해 및 대책
CHAPTER 04 | 건설 가시설물 안전
CHAPTER 05 | 운반·하역작업 안전 및 기타작업안전

5 과목

건설안전기술

1장 건설공사 안전의 개요

1 지반의 안전성

[1] 지반의 조사방법

(1) 시험파기(터파보기) : 지반을 직경 60~90cm, 깊이 2~3m 정도로 우물 파듯이 파보아 지층 및 용수량 등을 측정하는 것

(2) 탐사관 짚어보기 : 철봉에 의한 검사방법으로 끝이 뾰족한 직경 25~32mm 정도의 철봉을 꽂아 내리고 그 때의 손의 촉감으로 지반의 경·연질 상태, 지내력 등을 측정하는 것

(3) 보오링(boring)

  1) 지하에 깊게 작은 구멍을 뚫어 깊이에 따른 토질의 시료를 채취하여 그에 따라 지층의 상태를 판단하는 방법이다.

  2) 종류
  ① 기계식 보오링 : 수세식 보오링, 충격식 보오링, 회전식 보오링
  ② 오우거 보오링(Auger boring) : 인력으로 간단하게 실시하는 방법

[2] 토질 시험

(1) 흙의 분류를 위한 시험

  1) 함수량시험

  $$\therefore 함수비 = \frac{물의\ 중량}{흙의\ 건조중량} \times 100\%$$

  2) 입도시험 : 흙 입자 크기의 분포상태를 중량 백분율로 표시한 것
  3) 액성한계시험 : 흙을 가볍게 충동시켰을 때 처음으로 흐르기 시작하는 함수비
  4) 소성한계시험 : 흙을 국수모양으로 만들 때 부슬부슬해지는 한계의 함수비
  5) 수축한계시험 : 흙이 반고체상태에서 고체상태로 옮겨지는 경계의 함수비
  6) 비중시험 : 흙 입자의 비중을 결정하는 시험

(2) 흙의 공학적 성질을 구하기 위한 시험

1) 투수시험 : 흙의 투수계수를 결정하는 시험

2) 다지기시험 : 흙의 최적함수비와 최대건조밀도를 구하는 시험

3) 전단시험 : 흙의 전단강도 및 흙의 내부마찰각과 점토력을 결정하기 위한 시험
   ① 흙의 전단강도 : Coulomb식 사용

   $$\therefore S = c + \sigma \tan\phi$$

   - S : 흙의 전단강도(kg/cm^2)
   - c : 점착력(kg/cm^2)
   - σ : 전단면에 작용하는 수직응력(kg/cm^2)
   - ϕ : 내부 마찰각

   ② 흙의 역학적 성질 중 전단강도가 가장 중요하다.

4) 압밀시험 : 흙의 표면을 구속하고 축 방향으로 배수를 허용하면서 재하할 때의 압축량과 압축속도를 구하는 시험

5) 압축시험
   ① 일축압축시험 : 흙의 일축압축(토질시험) 강도 및 예민비를 결정하는 시험
   ② 삼축압축시험 : 간접 전단시험이라고도 하며 흙의 강도 및 변형계수를 결정하는 시험

6) 원심함수당량시험 : 흙의 원심함수당량(물로 포화된 흙이 중력의 1,000배와 동등한 힘을 1시간 동안 받았을 때의 함수비)을 결정하는 시험

(3) 현장시험

1) 현장함수량시험 : 흙의 현장함수당량(평활하게 된 흙의 표면에 떨어뜨린 물 한 방울이 곧 흙에 흡수되지 않고 표면상에 퍼져 광택이 있는 외관을 나타낼 때의 최소 함수비)을 결정하는 시험

2) 현장의 토질시험방법
   ① 표준관입시험 : 흙(사질토 지반)의 경·연질(consistency)과 상대밀도 등을 알기위한 시험
   ② 베인시험(Vane test) : 흙(점성토 지반)의 점착력을 판별하는 시험
   ③ 지내력시험(평판재하시험) : 지반면의 허용지내력을 구하는 시험

[3] 지반의 이상현상 및 대책

(1) 보일링(boiling)현상

1) 보일링 : 사질토 지반 굴착시 굴착부와 지하수위차가 있을 경우 수두차에 의해 삼투압이 생겨 흙막이 벽 근입 부분을 침수하는 동시에 모래가 액상화되어 솟아오르는 현상

2) 지반조건 : 지하수위가 높은 사질토

3) 현상

① 저면에 액상화 현상(Quick sand) 발생

② 굴착면과 배면토의 수두차에 의한 침투압 발생

4) 대책

① 주변수위를 저하시킨다(웰 포인트 공법에 의하여 물의 압력 감소).

② 널말뚝 저면의 타설 깊이를 깊게 한다.

③ 널말뚝을 불투수성 점토질 지층까지 깊게 박는다.

④ 굴착토의 원상매립 및 작업중지

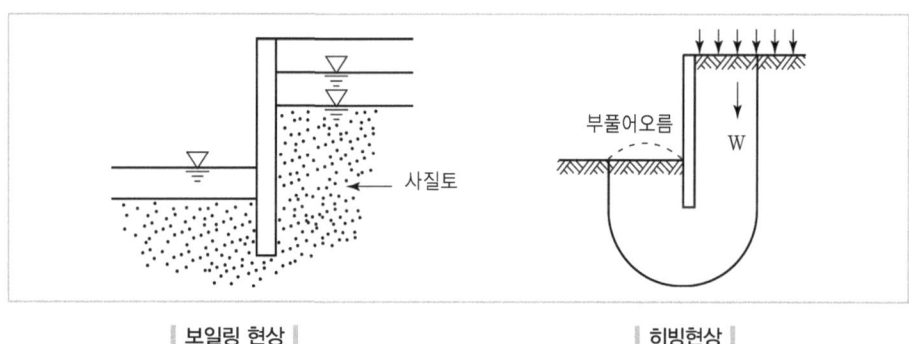

| 보일링 현상 |　　　　| 히빙현상 |

(2) 히빙(Heaving)현상

1) 히빙 : 굴착이 진행됨에 따라 흙막이 벽 뒤쪽 흙의 중량이 굴착부 바닥의 지지력 이상이 되면 흙막이 벽 근입 부분의 지반이동이 발생하여 굴착부 저면이 솟아오르는 현상

2) 지반조건 : 연약성 점토지반

3) 현상

① 굴착저면이 솟아오르고 배면의 토사가 붕괴됨

② 널말뚝(지보공) 파괴

4) 대책

① 굴착주변의 상재하중 제거

② 강성이 높고 강력한 흙막이 벽의 밑을 양질의 지반 속까지 깊게 박음(가장 좋은 방법)

③ 트랜치공법 및 부분굴착, 케이슨공법이나 아일랜드공법 고려

④ 1.3m 이하 굴착시 버팀대설치 및 버팀대, 브라켓, 흙막이 등 점검

2 유해·위험방지계획

[1] 건설업의 유해·위험방지계획서 제출 등

(1) 유해·위험방지계획서 제출: 사업주는 유해·위험방지계획서를 공사 착공전날까지 공단에 2부를 제출하여야 한다.

(2) 유해·위험 방지 계획서 제출 대상 공사(건설업)

1) 다음 각 목의 어느 하나에 해당하는 건축물 또는 시설 등의 건설·개조 또는 해체(이하 "건설등"이라 함) 공사
   - (가) 지상높이가 31m 이상인 건축물 또는 인공구조물
   - (나) 연면적 3만m^2 이상인 건축물
   - (다) 연면적 5천m^2 이상인 시설로서 다음의 어느 하나에 해당하는 시설
     ① 문화 및 집회시설(전시장 및 동물원·식물원은 제외)
     ② 판매시설, 운수시설(고속철도의 역사 및 집배송시설은 제외)
     ③ 종교시설
     ④ 의료시설 중 종합병원
     ⑤ 숙박시설 중 관광숙박시설
     ⑥ 지하도상가
     ⑦ 냉동·냉장 창고시설
2) 연면적 5천m^2 이상의 냉동·냉장창고시설의 설비공사 및 단열공사
3) 최대 지간길이가 50m 이상인 교량 건설 등 공사
4) 터널 건설등의 공사
5) 다목적댐, 발전용댐 및 저수용량 2천만톤 이상의 용수전용댐·지방상수도 전용댐 건설 등의 공사
6) 깊이 10m 이상인 굴착공사

[2] 제조업 등 유해·위험장지계획서 제출 등

(1) 유해·위험방지계획서 제출: 사업주는 해당 작업시작 15일 전까지 공단에 2부를 제출하여야 한다.

(2) 제조업 등 유해·위험방지계획서 제출 대상 기계·기구 및 설비

1) 금속이나 그 밖의 광물의 용해로
2) 화학설비
3) 건조설비
4) 가스집합 용접장치

5) 근로자의 건강이 상당한 장해를 일으킬 우려가 있는 물질로서 고용노동부령으로 정하는 물질의 밀폐·환기·배기를 위한 설비

3 표준 안전 관리비

(1) 안전관리비 산정

∴ 안전관리비 = 기본비용 + 별도계상비용

1) 기본비용 : 건설공사현장에서 법에 규정된 사항의 이행을 위해 공통적으로 필요한 비용
2) 별도계상비용 : 건설공사 현장의 특성에 따라 적정한 방법으로 적산하는 안전관리비

(2) 적용범위 : 산업재해보상보험법의 적용을 받는 건설공사 중 총 공사금액이 2천만원 이상인 건설공사

(3) 안전관리비 계상기준

1) 대상액(재료비 + 직접노무비)이 5억원 미만 또는 50억원 이상일 때 : 대상액에 별표 1에서 정한 비율을 곱한 금액

$$\therefore 안전관리비 = 대상액 \times \frac{비율(\%)}{100}$$

2) 대상액이 5억원 이상 50억 미만 : 대상액에 별표1에서 정한 비율(X)을 곱한 금액에 기초액(C)을 합한 금액

$$\therefore 안전관리비 = 대상액 \times \frac{X(\%)}{100} + C(기초액)$$

(4) 공사종류별 규모 및 안전관리비 계상 기준표(별표1)

공사종류 \ 대상액	5억 원 미만	5억 원 이상 50억 원 미만 비율(x)	5억 원 이상 50억 원 미만 기초액(c)	50억 원 이상
건축공사	2.93(%)	1.86(%)	5,349,000원	1.97(%)
토목공사	3.09(%)	1.99(%)	5,499,000원	2.10(%)
중건설공사	3.43(%)	2.35(%)	5,400,000원	2.44(%)
특수건설공사	1.85(%)	1.20(%)	3,250,000원	1.27(%)

(5) 안전관리비 항목별 사용 내역

1) 안전관리자 등의 인건비 및 각종 업무수당 등
2) 안전시설비 등
3) 개인보호구 및 안전장구 구입비 등
4) 사업장의 안전진단비 등

5) 안전보건교육비 및 행사비 등
6) 근로자의 건강관리비 등
7) 건설재해예방 기술지도비
8) 본사사용비

(6) 안전관리비의 사용내역에서 제외되는 항목

1) 관리감독자의 업무수당 외의 인건비
2) 경비원, 청소원, 폐자재처리원, 사무보조원의 인건비
3) 외부비계, 작업발판, 가설계단 등의 시설비
4) 도로 확장·포장공사 등에서 공사용 외의 차량의 원활한 흐름 및 경계표시를 위한 교통안전시설물
5) 기성제품에 부착된 안전장치 비용
6) 가설전기설비, 분전반, 전신주 이설비용
7) 타법적용사항(대기환경보전법에 의한 대기오염 방지시설 등)
8) 일반근로자 작업복의 구입비
9) 순시선·구명정 등의 구명조끼, 튜브 등 구입비
10) 면장갑, 코팅장갑 구입비
11) 건설기술관리법에 의한 안전점검비, 전기안전대행수수료 등
12) 매설물 탐지, 계측, 지하수개발, 지질조사, 구조안전검토 비용
13) 안전관계자(안전보건관리책임자, 안전보건총괄책임자, 안전관리자, 관리감독자, 명예산업안전감독관, 본사 안전전담부서 안전전담직원) 외의 해외견학·연수비
14) 안전교육장 대지구입비
15) 안전교육장 외의 냉난방 설비비 및 유지비
16) 기공식, 준공식 등 무재해 기원과 관계 없는 행사
17) 안전보건의식 고취 명목의 회식비
18) 국민건강보험에 의해 실시되는 비용
19) 숙사 또는 현장사무소 내의 휴게시설비
20) 이동 화장실, 급수, 세면, 샤워시설, 병·의원 등에 지불되는 진료비

실 / 전 / 문 / 제

01
다음 중 건설공사 현장에서 발견되는 재해의 특징과 거리가 먼 것은?

① 재해의 발생형태가 다양하다.
② 중대재해가 발생되고 있다.
③ 복합적인 재해가 동시에 자주 발생한다.
④ 재해 기인물이 단순하다.

해설
건설공사에서의 재해는 재해 기인물이 건설기계, 가설설비, 전기설비 등 매우 복잡한 것이 특징이다.

02
건설공사의 붕괴재해 중에서 가장 많은 비율을 차지하는 것은?

① 암석   ② 눈사태
③ 토사   ④ 철골

해설
대체로 붕괴재해의 빈도율이 높은 순서는 다음과 같다. 토사붕괴(60.2%)-암석붕괴(8.2%)-눈사태붕괴(0.8%)-철골붕괴(0.8%)

03
흙의 구조조직상 기초 흙으로서의 안전성 가치가 가장 높은 구조는?

① 단립구조
② 면모구조
③ 봉소구조
④ 점토광물구조

해설
흙의 구조
① **단립구조** : 자갈, 모래, 실트 등의 조립토가 물속에 침강할 때 생긴 구조로서 입자가 크고 모가 날수록 강도가 크다.
② **벌집구조(봉소구조)** : 실트나 점토가 물속에 침강하여 이룬 구조로 간극비가 높아서 가벼운 하중에는 비교적 안정하나 충격과 진동에 약하다(d : 0.074~0.005mm의 실트질)
③ **면모구조** : 콜로이드 같은 미세입자가 물속에서 이루어진 것으로 간극비가 크고 압축성이 커서 기초지반의 흙으로 부적당하다(d : 0.005mm 이하의 점토분, 콜로이드분)
④ 기타 **점토광물구조** 등이 있다.

길잡이
흙의 안정을 위한 지지력이 가장 높은 구조는 단립구조로 미세립자와 조립자가 골고루 섞여진 구조이어야 한다.

04
Rod에 붙인 저항체를 지중에 삽입하여 관입, 회전, 빼기 등의 저항으로부터 토층의 성상을 탐지하는 것을 무엇이라 하는가?

① Sounding   ② Support
③ Timbering   ④ Heading

해설
sounding(탐심기) : 흙속에 시험기를 정적 또는 동적으로 관입시켜 흙의 저항을 측정하고 그 위치에서 토층의 상대적 밀도 또는 컨시스턴시를 추정하는 조사방법의 총칭이다.

길잡이 용어해설
1) **Support** : ① 장선받이·멍에 등을 받아 그 하중을 지붕 또는 밑층의 바닥판에 전달하는 기둥, 지주, ② 거푸집을 수직으로 받쳐 지지하는 가설기둥, 지주
2) **Timbering** : ① (집합적)건축용재, ② 목재구조
3) **Heading** : ① 머리 또는 전면의 부분·(채광, 환기, 배수 따위의)수평갱도, ② (초목의)순치기, 머리 자르기
4) **Heading bond** : ① 마구리 쌓기, ② 벽돌을 가로 방향으로 쌓는 것, ③ 벽표면에는 벽돌의 마구리만 나타나며, 둥근벽 쌓기에 많이 쓰임

Answer ● 01. ④ 02. ③ 03. ① 04. ①

05
다음 중 흙의 간극비(공극비)는?

① $\dfrac{공기의\ 체적}{흙의\ 체적}$

② $\dfrac{공기와\ 물의\ 체적}{흙의\ 체적}$

③ $\dfrac{공기와\ 물의\ 체적}{공기,\ 물,\ 흙의\ 체적}$

④ $\dfrac{공기의\ 체적}{물,\ 흙의체적}$

해설

흙의 간극비, 함수비, 포화도의 관계식

① 간극비 = $\dfrac{간극(공기와\ 물)의\ 체적}{토립자(흙)의\ 체적}$

② 포화도 = $\dfrac{물의\ 체적}{토립자(흙)의\ 체적}$

③ 함수비 = $\dfrac{물의\ 중량}{토립자(흙)의\ 중량}$

06
다음 중 흙의 함수비는?

① $\dfrac{물의\ 중량}{흙의\ 건조중량}$

② $\dfrac{물의\ 중량}{흙과\ 물의\ 중량}$

③ $\dfrac{물의\ 중량}{흙과\ 물-공기의\ 중량}$

④ $\dfrac{물의\ 중량}{흙과\ 물+공기의\ 체적}$

해설

함수비 = $\dfrac{물의\ 중량}{흙의\ 건조중량} \times 100(\%)$

07
점토질 지반에 구조물을 세울 경우, 점토의 예민비와 안전율과의 관계 중 옳은 것은?

① 예민비가 높으면 안전율도 높게 보아야 한다.
② 예민비가 낮으면 안전율을 높게 보아야 한다.
③ 예민비와 안전율은 관계가 전혀 없다.
④ 예민비란 안전율의 다른 표현이며 같은 의미로 보는 말이다.

해설

예민비는 함수율을 변화시키지 않고 비교한 것이다. 그 값이 항상 1보다 크며, 사층의 예민비는 작다.

∴ 예민비 = $\dfrac{자연\ 시료의\ 강도}{이긴\ 시료의\ 강도}$

길잡이 소성한계(plastic limit)와 액성한계(liquid limit)

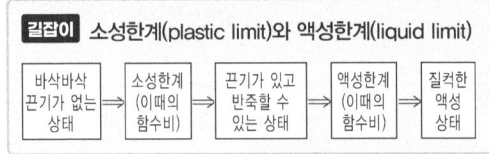

08
흙의 안식각은 어느 각을 말하는가?

① 자연경사각이다.   ② 비탈면각
③ 시공경사각   ④ 계획경사각

해설

1) 흙의 휴식각(休息角, Angle of repose) : 안식각, 자연경사각이라고도 하며 흙 입자 간의 응집력, 부착력을 무시한 때, 즉 마찰력만으로써 중력에 의하여 정지되는 흙의 사면각도이다.

토질	휴식각	파기경사각
모래	30~45°	60°
보통흙	25~45°	50°
자갈	30~38°	60°
진흙	35°	70°
암반	–	–

2) 파기경사각은 휴식각의 2배로 보고 있다.

09
토공의 비탈면에서 경사의 각도가 토사의 안식각보다 큰 각도를 이루고 있을 경우에 일어나는 재해현상은?

① 낙반사고   ② 토사붕괴
③ 자연재해   ④ 추락상해

10
점착성이 있는 흙은 액체상태로부터 함수량의 감소에 따라서 고체상태로 된다. 이와 같이 하여 얻어진 고체상태의 흙을 침수시키면 다시 액체상태로 되지 아니하고 어느 한계점에서 갑자기 붕괴하게 된다. 이러한 현상을 무엇이라 하는가?

① 흙의 유동지수   ② 흙의 비화작용
③ 흙의 팽창작용   ④ 흙의 하수당량

11
연약지반을 굴착할 때, 흙막이벽 뒤쪽 흙의 중량이 바닥의 지지력보다 커지면, 흙이 부풀어오르는 현상은?

① 슬라이딩 ② 보일링
③ 파이핑   ④ 히빙

해설
히빙(Heaving)현상 : 굴착이 진행됨에 따라 흙막이 벽 뒤쪽 흙의 중량이 굴착부 바닥의 지지력 이상이 되면 흙막이벽 근입(根入)부분의 지반 이동이 발생하여 굴착부 저면이 솟아오르는 현상이다. 이 현상이 발생하면 흙막이 벽의 근입부분이 파괴되면서 흙막이벽 전체가 붕괴하는 경우가 많다.
① 지반조건 : 연약성 점토지반인 경우이다.
② 현상
  ㉠ 지보공 파괴
  ㉡ 배면 토사붕괴
  ㉢ 굴착저면의 솟아오름
③ 대책
  ㉠ 굴착주변의 상재하중을 제거한다.
  ㉡ 시트 파일(Sheet pile)등의 근입심도를 검토한다.
  ㉢ 1.3m 이하 굴착시에는 버팀대(Strut)를 설치한다.
  ㉣ 버팀대, 브라켓, 흙막이를 점검한다.
  ㉤ 굴착주변을 탈수공법과 병행한다.
  ㉥ 굴착방식을 개선(Island Cut 공법, 케이슨공법, 트렌치공법, 부분굴착공법 등)한다.

12
히빙(heaving)현상은 다음 중 어떠한 경우에 발생하게 되는가?

① 암반을 파쇄 굴착할 경우
② 연약점토지반을 굴착할 경우
③ 굴착한 부분을 다시 매립할 경우
④ 흙을 굴착한 부분이 갑자기 건조될 경우

13
히빙(heaving)을 방지하는 방법 중 적합지 않은 것은?

① 표토에 하중을 증가시킨다.
② 케이슨 공법으로 시공하면 히빙현상을 방지할 수 있다.
③ 흙막이 널말뚝의 깊이를 깊게 한다.
④ 지반을 개량한다.

해설
표토에 하중을 증가시키면 히빙 현상이 발생한다.

14
보일링(boiling)현상에 대한 설명 중 틀리는 것은?

① 지하수위가 높은 모래 지반을 굴착할 때 발생하는 현상이다.
② 보일링 현상의 경우, 흙막이 보에는 지지력이 없어진다.
③ 지하수위를 낮게 저하시킬 필요는 없다.
④ 아래 부분의 토사가 수압을 받아서 굴착한 곳으로 밀려나와 굴착부분을 다시 메우는 현상

해설
보일링(Boiling) : 보일링이란 사질토 지반을 굴착시, 굴착부와 지하수위차가 있을 경우, 수두차(水頭差)에 의하여 삼투압이 생겨 흙막이벽 근입부분을 침식하는 동시에 모래가 액상화(液狀化)되어 솟아오르는 현상으로 흙막이 벽의 근입부가 지지력을 상실하여 흙막이공의 붕괴를 초래한다.
① 지반조건 : 지하수위가 높은 사질토의 경우이다.
② 현상
  ㉠ 저면에 액상화현상(Quick Sand)이 일어난다.
  ㉡ 굴착면과 배면토의 수두차에 의한 침투압이 발생한다.
③ 대책
  ㉠ 주변수위를 저하시킨다.
  ㉡ 흙막이 근입도를 증가하여 동수구배를 저하시킨다.
  ㉢ 굴착토를 즉시 원상 매립한다.
  ㉣ 작업을 중지시킨다.

15
파이핑(piping)현상에 의한 흙댐(earth dam)의 붕괴를 방지하기 위한 안전대책 중에서 옳지 않은 것은?

① 흙댐의 하류측에 필터를 설치한다.
② 흙댐의 상류측에 차수판을 설치한다.
③ 흙댐 내부에 점토 코아(core)를 넣는다.
④ 흙댐에서 물의 침투유로의 길이를 짧게 한다.

해설
동수구배를 저하시켜 유속을 느리게 하기 위하여 물의 침투유로의 길이를 길게 하여야 한다.

Answer ● 11. ④ 12. ② 13. ① 14. ③ 15. ④

16
흙막이의 수평버팀대가 휜 것을 이용할 때 볼록한 면이 위치해야 할 방향은?

① 상부
② 하부
③ 차량진행 방향의 횡면
④ 차량진행 반대방향의 횡면

해설
수평버팀대의 떠오름을 방지하기 위하여 하중 또는 인장재를 설치하고 중앙부는 약간 처지게 한다(경사 1/100~1/200).

17
토사붕괴 재해를 방지할 수 있는 흙막이 공법 중 공사비를 무시할 때 가장 성능이 우수한 것은?

① 오니쪽매형 목재 널말뚝
② 제혀쪽매형 목재 널말뚝
③ 철근콘크리트 기성재 널말뚝
④ 라르센(Larssen)식 철재 널말뚝

해설
강재 널말뚝(steel sheet pile)
(1) 토압이 크고 용수가 많으며 기초가 깊을 때 쓰이고, 특히 대규모 토공사에 사용된다.
(2) 종류
　① 라르센식 : 큰토압, 수압에 견디는 특징으로 널리 사용된다.
　② 랜섬식　　　③ 심플렉스식
　④ 라카완나식　⑤ 유니버설조인트식
　⑥ U.S 스틸식　⑦ 테르루즈식

18
다음 중 말뚝 기초공사에 사용되는 말뚝의 안전율을 결정하는 데 고려해야 할 사항이 아닌 것은?

① 극한 지지력의 결정방법
② 상부구조의 형상과 하층상태
③ 표준관입시험
④ 허용침하

해설
표준관입시험은 말뚝의 안전율 결정과는 관계없는 지반의 조사방법의 일종이다.

길잡이 표준관입시험(Standard penetration test)
보오링을 할 때 스플리트 수푼 샘플러를 쇠막대 끝에 붙여서 63.5kg의 추를 70~80cm 정도의 높이에서 떨어뜨려 30cm 관입시킬 때 타격회수를 측정하여 흙의 경·연도를 측정하는 방법으로, 특히 사질지반의 상대밀도 등 토질조사시 신뢰성이 높다.

타격횟수(N값)	모래의 상대밀도
0~4	몹시 느슨하다.
4~10	느슨하다.
10~30	보통
50 이상	다진상태

19
점토질 지반의 침하 및 압밀재해를 막기 위하여 실시하는 지반개량 탈수공법으로 적당하지 않은 것은?

① 샌드 드레인 공법
② 생석회 공법
③ 페이퍼 드레인 공법
④ 웰 포인트 공법

해설
탈수공법의 종류별 특징
① 웰 포인트(Well point)공법 : 1~3m의 간격으로 파이프를 지중에 박아 이것을 지상의 집수관에 연결하여 pump로 지중의 물을 배수하는 공법으로 사질지반에 유효하다.
② 샌드 드레인(Sand drain)공법 : 점토지반에 모래를 깔고 그 위에 성토에 의해 하중을 가하면 샌드파일을 통하여 점토 중의 물이 지상에 배수되어 지반이 압밀강화되는 것으로, 점토질의 지반에만 이용되고 있다. 최근에는 투수성과 강도가 큰 종이를 모래 대신으로 이용한 paper drain 공법이 점차 실용화되고 있다.
③ 깊은 우물 공법
④ 전기침투 공법
⑤ 프리로딩 공법
⑥ 진공 공법
⑦ 생석회 공법 등이 있다.

20
노면안정을 위한 동상방지 대책 중 틀린 것은?

① 배수구 설치로 지하수위를 저하시키는 방법
② 동결깊이 상부에 있는 흙을 동결되지 않는 재료로 치환하는 방법(자갈, 쇄석, 석탄재 등으로 치환한다.)

Answer ⊃ 16. ② 17. ④ 18. ③ 19. ④ 20. ④

③ 흙속에 단열재료를 매립하는 방법
④ 지하의 흙을 화학약액으로 처리하는 방법

해설

노면의 안정을 위한 동상방지대책으로 ④항의 경우, 지표의 흙을 화학약액($CaCl_2$, NaCl, $MgCl_2$)처리하여 동결온도를 내리는 것이 옳은 내용이며, 그 밖에 모관수의 상승을 차단할 목적으로 된 조립토층을 지하수위보다 높은 위치에 설치하는 방법 등이 있다.

21

기존건물에서 인접된 장소에 새롭게 깊은 기초를 시공하고자 한다. 이 때 기존건물의 기초가 얕아서 안전상 보강하려고 할 때 적당한 것은?

① 언더피닝(underpining) 공법
② 압성토 공법
③ 선행제하(preloading) 공법
④ 치환 공법

해설

언더피닝 공법의 종류
① 이중방축 공법   ② 피트 또는 웰(Pit or well) 공법
③ 차단벽 공법   ④ 현장 콘크리트 말뚝 공법
⑤ 강재 말뚝 공법   ⑥ 케이슨 공법
⑦ 말뚝 또는 웰의 압입 공법

22

연약지반에 관한 내용 중 옳지 않은 사항은?

① 건물을 경량화시킬 것
② 상부구조의 평면길이를 크게 할 것
③ 기초는 굳은 층(경질지반)에 지지시킬 것
④ 이웃 건물과의 거리를 멀게 할 것

해설

연약지반의 기초 및 대책
(1) 상부구조관계
  ① 강성을 높일 것
  ② 건물을 경량화할 것
  ③ 건물의 중량분배를 고려할 것
  ④ 이웃 건물과의 거리를 멀게 할 것
  ⑤ 평면길이를 작게 할 것
(2) 기초구조의 관계
  ① 굳은 층에 지지시킬 것
  ② 마찰 말뚝을 사용할 것
  ③ 지하실을 설치할 것

(3) 지반관계 : 지반안정공법에 의한 시공으로 고결, 탈수, 치환, 다짐공법 등의 처리를 할 것

23

다음 중에서 기초의 안전상 부동침하를 방지하는 대책으로 맞는 것은?

① 경미한 구조물의 기초는 동결선에 관계없이 설치한다.
② 이질지정을 한다.
③ 이웃 건물의 거리를 멀게 한다.
④ 토질이 연약지반이면 기초중량을 줄인다.

해설

부동침하(Uneven settlement)의 원인
① 건물이 경사지거나 언덕에 근접되어 있는 경우
② 건물이 이질지반에 걸쳐 있는 경우
③ 근접해서 부주의한 기초파기를 했을 경우
④ 기초의 제원이 현저하게 틀리는 경우
⑤ 부주의한 증축을 하는 경우
⑥ 이종의 기초구조를 채용한 경우
⑦ 지반구조상 연약층의 두께가 상이한 경우
⑧ 지하수위가 부분적으로 변화되는 경우
⑨ 지하에 매설물이나 구멍이 있는 경우
⑩ 하부지반이 연약한 경우

24

같은 장소에서 행해지는 사업의 일부를 도급에 의하여 행할 경우에 발생하는 산업재해를 예방하기 위해서 반드시 선임해야 하는 자는?

① 안전관리자
② 보건관리자
③ 안전보건 총괄책임자
④ 안전담당자

해설

안전보건총괄책임자(법제18조) : 같은 장소에서 행하여지는 사업의 일부를 도급에 의하여 행하는 사업으로서 대통령령이 정하는 사업의 사업주는 그가 사용하는 근로자 및 그의 수급인(하수급인을 포함한다. 이하 같다)이 사용하는 근로자가 같은 장소에서 작업을 할 때에 생기는 산업재해를 예방하기 위한 총괄관리하기 위하여 관리책임자를 안전보건총괄책임자로 지정하여야 한다.

Answer ➡ 21. ① 22. ② 23. ③ 24. ③

25
도급사업을 행할 시에 사업주는 경보를 통일적으로 하는 경우가 있다. 해당되지 않는 것은?

① 토석붕괴   ② 건물붕괴
③ 화재발생   ④ 발파작업

해설
경보의 통일(법 제29조)
① 작업 장소에서 발파작업
② 작업 장소에서 화재발생
③ 작업 장소에서 토석의 붕괴

26
건설업에서 유해위험방지계획서를 고용노동부장관에게 제출해야 할 사업이 아닌 것은?

① 최대지간 길이가 50m 이상인 교량건설공사
② 지상높이가 30m 이상인 건축물의 건설제조공사
③ 깊이가 10m 이상인 굴착공사
④ 터널건설공사

해설
유해 · 위험방지 계획서
(1) 유해 · 위험방지 계획서 제출 등(법 제48조)
 ① 대통령령으로 정하는 업종 및 규모에 해당하는 사업의 사업주는 해당제품 생산공정과 직접적으로 관련된 건설물 · 기계기구 및 설비 등 일체를 설치 · 이전하거나 그 주요부분을 변경할 때에는 유해위험방지계획서를 작성하여 고용노동부장관에게 제출하여야 한다.
 ② 기계기구 및 설비 등으로서 다음 각호에 해당하는 「고용노동부령으로 정하는 것」을 설치 · 이전하거나 그 주요 구조부분을 변경하려는 사업주는 제①항을 준용한다.
  ㉠ 유해하거나 위험한 작업을 필요로 하는 것
  ㉡ 유해하거나 위험한 장소에서 사용하는 것
  ㉢ 건강장해를 방지하기 위하여 사용하는 것
 ③ **유해위험방지계획서 제출대상 기계기구 및 설비**(시행규칙 제120조 제3항) : 기계기구 및 설비 등으로서 「고용노동부령으로 정하는 것」이란 다음 각호에 해당하는 기계기구 및 설비를 말한다.
  ㉠ 금속이나 그 밖의 광물의 용해로
  ㉡ 화학설비
  ㉢ 건조설비
  ㉣ 가스집합 용접장치
  ㉤ 허가대상 · 관리대상 유해물질 및 분진작업 관련설비
(2) 건설업 중 유해위험방지계획서 제출대상 사업의 종류(시행규칙 제120조 제4항)(제출시기 : 공사착공전 일까지)
 ① 지상 높이가 31m 이상인 건축물 또는 인공구조물, 연면적 3만m² 이상인 건축물 또는 연면적 5천m² 이상의 문화 및 집회시설(전시장 · 동물원 · 식물원은 제외) · 판매시설 · 운수시설(고속철도의 역사 및 집배송시설은 제외) · 종교시설 · 의료시설 중 종합병원 · 숙박시설 중 관광숙박시설 또는 지하도상가 또는 냉동 · 냉장창고시설의 건설 · 개조 또는 해체
 ② 연면적 5천m² 이상의 냉동 · 냉장창고시설의 설비공사 및 단열공사
 ③ 최대 지간 길이가 50m 이상인 교량건설 등 공사
 ④ 터널건설 등의 공사
 ⑤ 다목적댐 · 발전용댐 및 저수용량 2천만톤 이상의 용수 전용댐 · 지방상수도 전용댐 건설 등의 공사
 ⑥ 깊이가 10m 이상인 굴착공사

27
다음 중 공사용 구조재료의 피로를 가장 빨리 촉진시키는 하중은?

① 재하하중   ② 피로하중
③ 반복하중   ④ 축방향하중

해설
피로를 빨리 촉진시키는 것은 충격하중, 교번하중, 반복하중 등이다.

28
콘크리트 공시체의 지름이 15cm, 높이가 30cm인 것을 압축시험 결과 38,000kg에서 파괴되었다. 압축강도로 옳은 것은?

① 213kg/cm²   ② 215kg/cm²
③ 220kg/cm²   ④ 230kg/cm²

해설
$$압축강도 = \frac{파괴하중}{공시체단면적}$$
$$= \frac{38,000}{\frac{3.14 \times 15^2}{4}} ≒ 215kg/cm²$$

29
단면적이 154mm²인 인장철근을 인장하였더니 11,500kg에서 파단되었다. 이 때 인장강도로 옳은 것은?

① 70kg/mm²   ② 72kg/mm²
③ 75kg/mm²   ④ 78kg/mm²

해설

인장강도 = $\dfrac{\text{파단하중}}{\text{단면적}} = \dfrac{11,500}{154} ≒ 75\text{kg/mm}^2$

30
재료에서 안전계수라 함은 다음 중 어느 것인가?

① 최대응력을 비례한도로 나눈 것
② 최대응력을 탄성한도로 나눈 것
③ 최대응력을 항복점 응력으로 나눈 것
④ 최대응력을 허용응력으로 나눈 것

해설

안전계수 = $\dfrac{\text{최대응력}}{\text{허용응력}} = \dfrac{\text{인장강도}}{\text{허용응력}} = \dfrac{\text{극한강도}}{\text{허용응력}}$

31
기초지반의 극한 지지력을 규정된 안전율로 나눈 것을 무엇이라 하는가?

① 허용지지력   ② 최대응력
③ 안전지지력   ④ 안전응력

해설

안전율 = $\dfrac{\text{극한지지력}}{\text{허용지지력}}$

∴ 허용지지력 = $\dfrac{\text{극한지지력}}{\text{안전율}}$

32
지반이 마찰할 때, 무진동, 무소음으로 위쪽에 공간이 없을 때 사용하는 공법은?

① 충격법   ② 수사법
③ 압입법   ④ 진동법

해설

압입법은 보통 잭(jack)으로 압입하여 타설하므로 무진동, 무소음이고 위쪽에 받침대를 두고 작업을 하게 된다.

Answer ➡ 30. ④   31. ①   32. ③

2장 건설기계안전

1 굴착기계

[1] 쇼벨계 굴착기계

(1) **파워쇼벨**(power shovel)
  1) 중기가 위치한 지면보다 높은 장소 굴착시 적합
  2) 굳은 점토굴착, 깨진 돌이나 자갈 등의 옮겨쌓기 등에 사용

(2) **백호우**(drag shovel ; 드래그쇼벨)
  1) 중기가 위치한 지면보다 낮은 장소 굴착 시 적합(앞쪽으로 끌어당기면서 작업)
  2) 지하층 굴착, 기초 굴착, 수중 굴착 등에 사용

(3) **드래그 라인**(drag line)
  1) 중기가 높은 위치에서 깊은 곳을 굴착할 때 적합
  2) 연약한 지반굴착, 수중굴착 등 작업범위 광범위

(4) **클램 셸**(clamshell)
  1) 붐의 선단에서 버킷을 와이어로프로 매달아 바로 아래로 떨어뜨려 흙을 떠 올리는 중기
  2) 수직굴착, 수중굴착, 연약지반에 사용

[2] 굴착기의 전부장치

붐, 암, 버킷으로 구성되어 있으며 모두 유압실린더에 의해 작동을 한다.

2 토공기계

[1] 도 저

(1) **도저** : 트랙터에 블레이드(blade ; 배토판, 토공판)를 장착하여 송토, 절토, 성토작업을 하는 중기

(2) **도저의 종류** : 불도저, 앵글도저, 틸드도저

[2] 스크레이퍼

(1) 굴착기와 운반기를 조합한 토공만능기로 굴착, 싣기, 운반, 하역 등의 작업을 연속적으로 행할 수 있는 중기

(2) 스크레이퍼의 종류 : 피견인식 스크레이퍼, 모터스크레이퍼(자기추진식)

[3] 모터 그레이더

(1) 지면을 절삭하여 평활하게 다듬는 것이 목적인 토공기계의 대패

(2) 모터 그레이더이 종류 : 기계식 모터 그레이더, 유압식 모터 그레이더

[4] 롤 러

(1) 2개 이상의 매끈한 드럼 롤러를 바퀴로 하는 다짐기계

(2) 롤러는 다짐력을 가하는 방법에 따라 전압식, 진동식, 충격식 등이 있다.

(3) 종류

1) **마케덤 롤러**(macadam roller) : 앞쪽에 1개의 조향륜 롤러와 뒤축에 2개의 롤러가 배치된 것으로(2축 3륜), 전륜구동식과 후륜구동식이 있다.(3륜 롤러, 3-wheel roller)

2) **탠덤 롤러**(tandem roller) : 앞뒤 2개의 차륜이 있으며(2축 2륜), 각각의 차축이 평행으로 배치된 것이다.

3) **탬핑 롤러**(tamping roller) : 롤러의 표면에 돌기를 만들어 부착한 것으로 돌기가 전압층에 매입되어 풍화암을 파쇄하고 흙 속의 간극 수압을 제거하는 롤러이다.

3 운반기계

[1] 지게차(fork lift)

(1) 지게차 : 차체 앞에 화물적재용 포크와 포크승강용 마스트를 갖춘 특수자동차로 운반 및 하역에 이용된다.

(2) 마스트 경사각 : 마스트를 앞뒤로 기울인 경우 수직면에 대하여 이루는 경사각

1) 전경각(마스트의 수직위치에서 앞으로 기울인 경우의 최대경사각) : 5~6° 범위
2) 후경각(마스트의 수직위치에서 뒤로 기울인 경우의 최대경사각) : 10~12° 범위

(3) 최대올림높이(최대하중 적재상태에서 포크를 최고위치로 올렸을 때의 지면에서 포크 위면까지의 높이) : 3,000mm

(4) 안정도

상태	상태	구배(%)
전후안정도	기준 부하 상태에서 포크를 최고로 올린 상태	최대하중 5톤 미만 : 4 최대하중 5톤 이상 : 3.5
	주행시 기준 무부하 상태	18
좌우안정도	기준 부하 상태에서 포크를 최고로 올리고 마스트를 최대로 기울인 상태	6
	주행시의 기준 무부하 상태	$15 + 1.1 \times$ 최고 속도

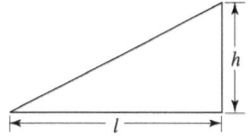

$$\therefore 안정도 = \frac{h}{l} \times 100(\%)$$

(5) 지게차 헤드가드의 구비조건

1) 상부틀의 각개구부의 폭 또는 길이 : 16cm 미만
2) 강도 : 지게차 최대하중의 2배 값(4t 초과 시는 4t)의 등분포정하중에 견딜 수 있을 것
3) 서서 조작하는 방식 : 운전석의 바닥면에서 헤드가드의 상부틀 아랫면까지의 높이는 2m 이상일 것
4) 앉아서 조작하는 방식 : 운전자의 좌석 상면에서 헤드가드의 상부틀 아랫면까지의 높이는 1m 이상일 것

(6) 지게차 작업 시작 전 점검사항

1) 제동장치 및 조종장치 기능의 이상유무
2) 하역장치 및 유압장치 기능의 이상유무
3) 바퀴의 이상유무
4) 전조등 · 후조등 · 방향지시기 및 경보장치기능의 이상유무

[2] 로더

(1) 로더 : 셔블도저, 트랙터 셔블이라고도 하며 트랙터의 앞 작업장치에 버킷을 붙인 기계로 굴착 및 상차를 주작업으로 한다.

(2) 로더의 종류 : 휠식 로더, 트랙식 로더

(3) 로더의 작업

1) 굴착 작업
2) 송토 작업
3) 지면고르기 작업
4) 깎아내기 작업

4 법상 차량계 건설기계 및 하역 운반기계

[1] 법상 차량계 건설기계

(1) 법상 차량계 건설기계의 종류

1) 도저형 건설기계(불도저, 스트레이트도저, 틸트도저, 앵글도저, 버킷도저 등)
2) 모터그레이더
3) 로더(포크 등 부착물 종류에 따른 용도 변경 형식을 포함한다)
4) 스크레이퍼
5) 크레인형 굴착기계(크램쉘, 드래그라인 등)
6) 굴삭기(브레이커, 크러셔, 드릴 등 부착물 종류에 따른 용도 변경 형식을 포함한다)
7) 항타기 및 항발기
8) 천공용 건설기계(어스드릴, 어스오거, 크롤러드릴, 점보드릴 등)
9) 지반 압밀침하용 건설기계(샌드드레인머신, 페이퍼드레인머신, 팩드레인머신 등)
10) 지반 다짐용 건설기계(타이어롤러, 매커덤롤러, 탠덤롤러 등)
11) 준설용 건설기계(버킷준설선, 그래브준설선, 펌프준설선 등)
12) 콘크리트 펌프카
13) 덤프트럭
14) 콘크리트 믹서 트럭
15) 도로포장용 건설기계(아스팔트 살포기, 콘크리트 살포기, 아스팔트 피니셔, 콘크리트 피니셔 등)
16) 골재채취 및 살포용 건설기계(쇄석기, 자갈채취기, 골재살포기 등)
17) 제1)호부터 제16)까지와 유사한 구조 또는 기능을 갖는 건설기계로서 건설작업에 사용하는 것

(2) 차량계 건설기계를 사용하여 작업을 할 때 작업계획에 포함되는 내용

1) 사용하는 차량계 건설기계의 종류 및 능력
2) 차량계 건설기계의 운행경로
3) 차량계 건설기계에 의한 작업방법

(3) 차량계 건설기계의 전도 등의 방지(차량계 건설기계의 전도 또는 전락 등에 의한 근로자의 위험방지 조치사항)

1) 갓길(노견)의 붕괴방지
2) 지반의 부동침하방지
3) 도록폭의 유지
4) 유도자 배치

(4) 차량계 건설기계 작업시 근로자의 접촉방지 안전기준

1) 근로자의 출입금지
2) 유도자 배치

(5) 차량계 건설기계의 운전자가 운전위치를 이탈할 때 준수할 사항

1) 버킷, 디퍼 등 작업장치를 지면에 내려둘 것
2) 원동기를 정지시키고 브레이크를 거는 등 이탈을 방지하기 위한 조치를 할 것

(6) 차량계 건설기계의 붐, 아암 등의 불시 하강에 의한 위험방지를 위해 근로자가 준수해야 할 사항

1) 안전지주 사용
2) 안전블록 사용

(7) 차량계 건설기계의 작업시작 전 점검사항 : 브레이크 및 클러치 등의 기능

(8) 항타기 · 항발기의 안전기준

1) 항타기 또는 항발기의 부적격한 권상용 와이어로프의 사용금지 사항
   ① 이음매가 있는 것
   ② 와이어로프 한 꼬임에서 소선(필러선 제외)의 수가 10% 이상 절단된 것
   ③ 지름의 감소가 호칭지름의 7%를 초과하는 것
   ④ 심하게 변형 또는 부식된 것
   ⑤ 꼬인 것
   ⑥ 열과 전기충격에 의해 손상된 것

2) 항타기, 항발기의 권상용 와이어로프의 안전계수 : 5 이상

3) 항타기, 항발기조립시 사용 전 점검사항
   ① 본체의 연결부의 풀림 또는 손상의 유무
   ② 권상용 와이어로프, 드럼 및 도르래의 부착상태의 이상유무
   ③ 권상장치의 브레이크 및 쐐기장치 기능의 이상유무
   ④ 권상기의 설치상태의 이상유무
   ⑤ 버팀의 방법 및 고정상태의 이상유무

[2] 법상 차량계 하역 운반기계

(1) 법상 차량계 하역운반기계의 종류

1) 지게차
2) 구내운반차
3) 화물자동차

(2) 차량계 하역운반기계에 의한 작업시 작업계획의 작성 내용

1) 작업에 따른 추락·낙하·전도·협착 및 붕괴 등의 위험을 예방할 수 있는 안전대책
2) 차량계 하역운반기계의 운행경로 및 작업방법

(3) 차량계 하역운반기계의 포크, 셔블, 아암 또는 이들에 의하여 지지되어 있는 화물의 밑에 근로자를 출입시킬 경우 조치할 사항

1) 안전지주 사용
2) 안전블록 사용

(4) 차량계 하역운반기계의 전도, 전락 등에 의한 근로자의 위험방지 조치사항

1) 유도자 배치
2) 지반의 부동침하 방지
3) 갓길(노견)의 붕괴 방지

(5) 차량계 하역운반기계의 운전자가 운전위치를 이탈할 경우 준수할 사항

1) 포크 및 셔블 등의 하역장치를 가장 낮은 위치에 둘 것
2) 원동기를 정지시키고 브레이크를 확실히 거는 등 불시 주행을 방지하기 위한 조치를 할 것

(6) 차량계 하역운반기계에 화물적재시 준수사항

1) 편하중이 생기지 아니하도록 적재할 것
2) 구내운반차 또는 화물자동차에 있어서 화물의 붕괴 또는 낙하로 인한 근로자의 위험을 방지하기 위하여 화물에 로프를 거는 등 필요한 조치를 할 것
3) 운전자의 시야를 가리지 아니하도록 화물을 적재할 것

(7) 차량계 하역운반기계 등의 수리 또는 부속장치의 장착 및 해체작업시 작업지휘자의 준수사항

1) 작업순서를 결정하고 작업을 지휘할 것
2) 안전지주 또는 안전블록 등의 사용상황 등을 점검할 것

5 건설용 양중기

[1] 양중기

(1) 양중기의 종류

1) 크레인(호이스트 포함)
2) 이동식 크레인
3) 리프트(이삿짐운반용 리프트의 경우 적재하중이 0.1ton 이상인 것)
4) 곤돌라
5) 승강기

(2) 양중기의 방호장치

1) 과부하방지장치
2) 권과방지장치
3) 비상정지장치
4) 제동장치 등

[2] 크레인

(1) 크레인의 작업 시작 전 점검사항

1) 권과방지장치 · 브레이크 · 클러치 및 운전 장치의 기능
2) 주행로의 상측 및 트롤리가 횡행하는 레일의 상태
3) 와이어로프가 통하고 있는 곳의 상태

(2) 크레인의 설치 · 조립 · 수리 · 점검 또는 해체작업시 조치사항

1) 작업순서를 정하고 그 순서에 의하여 작업을 실시할 것
2) 작업을 할 구역에 관계근로자 외의 자의 출입을 금지시키고 그 취지를 보기 쉬운 곳에 표시할 것
3) 비 · 눈 그 밖의 기상상태의 불안정으로 인하여 날씨가 몹시 나쁠 때에는 그 작업을 중지시킬 것
4) 작업장소는 안전한 작업이 이루어질 수 있도록 충분한 공간을 확보하고 장애물이 없도록 할 것
5) 들어올리거나 내리는 기자재는 균형을 유지하면서 작업을 실시하도록 할 것
6) 크레인의 능력, 사용조건 등에 따라 충분한 응력을 갖는 구조로 기초를 설치하고 침하 등이 일어나지 아니하도록 할 것

(3) 폭풍에 의한 이탈방지조치 및 이상유무 점검

1) 이탈방지조치 : 순간 풍속이 30m/sec를 초과하는 바람이 불어올 우려가 있을 때는 옥외

설치 주행 크레인에 대하여 이탈방지 장치를 작동시킬 것

2) **이상유무점검** : 순간 풍속이 30m/sec를 초과하는 바람이 불어온 후 또는 중진 이상 진도의 지진 후에는 크레인의 각 부위의 이상유무를 점검할 것

[3] 이동식 크레인

(1) 추락방지 조치사항(전용탑승설비를 설치한 경우)

1) 탑승설비가 뒤집히거나 떨어지지 아니하도록 필요한 조치를 할 것
2) 안전대 및 구명줄을 설치하고, 안전난간의 설치가 가능한 구조인 경우에는 안전난간을 설치할 것

(2) 이동식 크레인의 작업시작 전 점검사항

1) 권과방지장치나 그 밖의 경보장치의 기능
2) 브레이크·클러치 및 조정장치의 기능
3) 와이어로프가 통하고 있는 곳 및 작업장소의 지반상태

[4] 타워크레인

(1) 타워크레인의 설치·조립·해체작업시 작업계획서의 작성내용

1) 타워크레인의 종류 및 형식
2) 설치·조립 및 해체순서
3) 작업도구·장비·가설설비 및 방호설비
4) 작업인원의 구성 및 작업근로자의 역할 범위
5) 타워크레인의 지지방법

(2) 강풍시 타워크레인의 작업제한

1) 순간풍속이 매초당 10m를 초과하는 경우 : 타워크레인의 설치·수리·점검 또는 해체작업을 중지할 것
2) 순간풍속이 매초당 15m를 초과하는 경우 : 타워크레인의 운전작업을 중지할 것

[5] 리프트

(1) **종류** : 건설작업용 리프트, 일반작업용 리프트, 간이 리프트, 이삿짐운반용 리프트

(2) **건설용 리프트의 붕괴방지조치** : 순간 풍속이 35m/sec를 초과하는 바람이 불어올 우려가 있을 때는 받침수를 증가하는 등 붕괴를 방지하기 위한 조치를 할 것

(3) 리프트의 작업시작 전 점검사항

1) 방호장치·브레이크 및 클러치의 기능
2) 와이어로프가 통하고 있는 곳의 상태

[6] 곤돌라

(1) 운전방법 등의 주지 : 곤돌라의 운전방법 또는 고장이 났을 때의 처치방법을 그 곤돌라를 사용하는 근로자에게 주지시켜야 한다.

(2) 곤도라의 작업 시작전 점검사항

1) 방호장치·브레이크 기능
2) 와이어로프·슬링와이어 등의 상태

[7] 승강기

(1) 승강기의 방호장치

1) 과부하방지장치
2) 파이널리미트 스위치
3) 비상정지장치
4) 속도조절기
5) 출입문 인터록

(2) 승강기의 설치·조립·수리·점검 또는 해체작업시 조치사항

1) 작업을 지휘하는 자를 선임하여 그 자의 지휘하에 작업을 실시할 것.
2) 작업을 할 구역에 관계근로자 외의 자의 출입을 금지시키고 그 취지를 보기 쉬운 장소에 표시할 것.
3) 비·눈 그밖의 기상상태의 불안정으로 인하여 날씨가 몹시 나쁠 때에는 그 작업을 중지시킬 것.

[8] 양중기의 와이어로프·달기체인

(1) 양중기의 와이어로프(고리걸이용 포함) 또는 달기체인의 안전계수

1) 근로자가 탑승하는 운반구를 지지하는 경우 : 10 이상
2) 화물의 하중을 직접 지지하는 경우 : 5 이상
3) 훅, 샤클, 클램프, 리프팅 빔 등의 경우 : 3 이상
4) 기타 : 4 이상

(2) 부적격한 와이어로프의 사용금지사항

1) 이음매가 있는 것
2) 와이어로프의 한 꼬임에서 끊어진 소선(필러선 제외)의 수가 10% 이상(비전자로프의 경우에는 끊어진 소선의 수가 와이어로프 호칭지름의 6배 길이 이내에서 4개 이상이거나 호칭지름 30배 길이 이내에서 8개 이상)인 것
3) 지름의 감소가 공칭지름의 7%를 초과하는 것
4) 꼬인 것
5) 심하게 변형 또는 부식된 것
6) 열과 전기충격에 의해 손상된 것

(3) 부적격한 달기체인의 사용금지사항

1) 달기체인의 길이의 증가가 그 달기체인이 제조된 때의 길이의 5%를 초과한 것
2) 링의 단면지름 감소가 그 달기체인이 제조된 때의 해당 링의 지름의 10%를 초과한 것
3) 균열이 있거나 심하게 변형된 것

(4) 부적격한 섬유로프 또는 안전대의 섬유벨트의 사용금지사항

1) 꼬임이 끊어진 것
2) 심하게 손상 또는 부식된 것
3) 2개 이상의 작업용 섬유로프 또는 섬유벨트를 연결한 것
4) 작업 높이보다 길이가 짧은 것

실 / 전 / 문 / 제

01
다음 중 쇼벨(shovel)계 굴착기계의 작업에 따른 분류에 속하지 않은 것은?

① 드래그 라인(drag line)
② 파워 쇼벨(power shovel)
③ 모터 그레이더
④ 크램 셸

해설
쇼벨계 굴착기계로는 ①, ②, ④항 이외에 드래그 쇼벨(백호우)이 있다. 모터 그레이더는 굴착기계가 아니라 정지용 기계에 해당된다.

02
토공기계 중 굴착기계인 것은?

① clam shall
② road roller
③ shovel loader
④ velt conveyor

해설
굴착기계에는 크램셸, 백호우, 파워쇼벨, 드래그라인의 쇼벨계 굴착기계 외에 불도저, 어스드릴, 트렌치 등이 있으며 그밖에 road roller는 전압식 다짐기계, shovel loader는 싣기기계, velt conveyor는 운반기계이다.

03
굴삭기계에 속하지 않는 것은?

① 파워 쇼벨
② 크램 셸
③ 스크레이퍼
④ 드래그 라인

해설
스크레이퍼도 굴삭기능을 수행할 수도 있는 기계이지만 토공기계 중 정지용 기계로 분류된다.

04
다음 건설기계 중 굴착 및 상차용 장비가 아닌 것은?

① 파워 쇼벨
② 드래그 라인
③ 크램 셸
④ 모터 그레이더

해설
모터 그레이더는 토공기계의 대패라고도 하며, 지면을 절삭하여 평활하게 다듬는 것을 목적으로 하는 정지용 장비이다.

05
도로건설 작업 중 측구를 굴착하고자 한다. 가장 적합한 기계는 어느 것인가?

① 파워쇼벨
② 백호우
③ 불도저
④ 그레이더

해설
백호우는 측구, 관로 등의 굴착에 적합하다.

06
다음의 말뚝박기 해머(hammer) 중 비교적 소음이 적은 것은?

① 디젤 해머(diesel hammer)
② 스팀 해머(steam hammer)
③ 바이브로 해머(vibro hammer)
④ 드롭 해머(drop hammer)

해설
바이브로 해머의 특징은 소음이 적고 파일을 박거나 뽑을 수 있으므로 널리 쓰인다.

07
항타기 또는 항발기의 권상용 와이어로프의 사용금지에 해당되지 않는 것은?

① 이음매가 있는 것
② 와이어로프의 한 가닥에서 소선(필러선을 제외한다)의 수가 5% 절단된 것
③ 현저히 변형되거나 부식된 것
④ 지름의 감소가 공칭지름의 7%를 초과하는 것

Answer ● 01. ③ 02. ① 03. ③ 04. ④ 05. ② 06. ③ 07. ②

해설

부적격한 권상용 와이어로프의 사용금지(안전보건규칙 : 사업주는 항타기 또는 항발기의 권상용 와이어로프로 다음 각 호에 해당하는 것을 사용하여서는 아니 된다.
① 이음매가 있는 것
② 와이어로프의 한 꼬임에서 끊어진 소선의 수가 10% 이상일 것
③ 지름의 감소가 공칭지름의 7%를 초과하는 것
④ 심하게 변형되거나 부식된 것
⑤ 꼬인 것
⑥ 열과 전기충격에 의해 손상된 것

08
윈치와 드럼의 거리는 최소한 드럼폭의 몇 배 이상인가?

① 5배 ② 10배
③ 15배 ④ 20배

해설

드르래의 위치 : 항타기 또는 항발기의 권상장치의 드럼축과 권상장치로부터 첫 번째 도르래의 축과의 거리를 권상장치의 드럼폭의 15배 이상으로 하여야 한다.

> **길잡이 윈치드럼의 직경(고용노동부고시)**
> 윈치드럼의 직경과 당해 드럼에 감기는 와이어로프의 직경과의 비 또는 권상용 와이어로프가 통하고 있는 도르래의 직경과 당해 도르래에 통하는 와이어로프의 직경과의 비는 각각 20 이상으로 한다.

09
항타기를 사용하기 위하여 조립할 때 점검하여야 할 사항 중 적당치 않은 것은?

① 기체의 연결부의 풀림 또는 손상의 유무
② 버킷, 디퍼의 손상 유무
③ 권상기의 설치상태의 이상 유무
④ 버팀의 설치, 방법 및 고정상태의 이상 유무

해설

항타기 또는 항발기 조립시 점검할 사항
① 본체의 연결부의 풀림 또는 손상의 유무
② 권상용 와이어로프·드럼 및 도르래의 부착상태의 이상 유무
③ 권상장치의 브레이크 및 쐐기장치 기능의 이상 유무
④ 권상기의 설치상태의 이상 유무
⑤ 버팀의 방법 및 고정상태의 이상 유무

10
다음 중 건설공사에서 운반기계로 분류되지 않는 것은 어느 것인가?

① 컨베이어 ② 덤프트럭
③ 토운차 ④ 트렌치

해설

트렌치는 굴착용 기계에 속한다.

11
기중기의 안전작업수칙 중 옳지 않은 것은?

① 조작자는 두 사람의 신호에 의해서만 작업을 하여야 한다.
② 기중기는 경사진 곳에 놓고 사용해서는 안 된다.
③ 기중기의 '로프', '클러치' 등은 매주 특별점검을 해야 한다.
④ 기중기는 화물을 인양할 때 옆구리로부터 인양함을 금한다.

해설

조작자는 신호자 한 사람의 신호에 의해서만 작업을 해야 혼동되지 않고 일관된 작업을 할 수 있다.

12
다음은 차량에 대한 유도자의 신호법을 설명한 것이다. 옳지 않은 것은?

① 한 손을 올리고 원을 그리는 것은 운전개시 신호이다.
② 한 손을 좌, 우로 크게 흔드는 것은 전진 신호이다.
③ 한 손을 상, 하로 크게 흔드는 것은 후진 신호이다.
④ 한 손을 앞아래로 흔드는 것은 정지 신호이다.

해설

양손을 좌, 우로 크게 흔드는 것은 비상정지신호이다.

Answer ● 08. ③ 09. ② 10. ④ 11. ① 12. ②

13
건설용 양중기에 해당되지 않은 것은?

① 곤돌라
② 리프트
③ 최대하중이 0.25톤 이하인 승강기
④ 크레인

해설

양중기의 종류(안전보건규칙)
1) 크레인(호이스트 포함)
2) 이동식크레인(이삿짐운반용리프트는 적재하중이 0.1 ton 이상인 것)
3) 리프트
4) 곤돌라
5) 승강기(0.25ton 이상인 것)

14
승강기에 부착시키는 안전장치에 해당되지 않는 것은?

① 과부하방지장치   ② 비상정지장치
③ 속도조절기   ④ 권과방지장치

해설

양중기의 방호장치 종류
1) 크레인
   ① 과부하방지장치   ② 권과방지장치
   ③ 비상정지장치   ④ 브레이크장치
2) 이동식 크레인
   ① 과부하방지장치   ② 권과방지장치
   ③ 브레이크장치
3) 건설용 리프트 및 간이 리프트
   ① 과부하방지장치   ② 권과방지장치
4) 곤돌라
   ① 과부하방지장치   ② 권과방지장치
   ③ 제동장치
5) 승강기
   ① 과부하방지장치   ② 파이널 리미트 스위치
   ③ 비상정지장치   ④ 속도조절기
   ⑤ 출입문 인터록

15
건설공사용 장비 중에서 일반적으로 재해가 가장 많이 발생하는 것은 다음 중 어느 것인가?

① 크레인   ② 케이블
③ 윈치   ④ 리프트

해설

건설공사용 장비 중 재해발생율(%)
① 크레인(39.3%)   ② 케이블(32.7%)
③ 윈치(8.4%)   ④ 리프트(6.5%)
⑤ 기타(13.1%)

> **길잡이** 차량계 건설기계 중 재해발생율(%)
> ① 불도저(43.2%)   ② 파워 쇼벨(20.5%)
> ③ 트롤리(11%)   ④ 기타(15.2%)]

16
타워 크레인 설치사용 시의 준수사항으로 옳지 않은 것은?

① 철교 위에 설치시는 철골을 보강하여야 한다.
② 설치시는 해당 작업이 종료되었을 경우, 기계의 해체방법을 고려하여야 한다.
③ 기중장비의 드럼에 감겨진 와이어로프는 적어도 한바퀴 이상 남도록 하여야 한다.
④ 드럼에는 회전 레어기어나 역회전 방지기 또는 기타 안전장치를 갖추어야 한다.

해설

기중장비의 드럼에 감겨진 권상용 와이어로프는 달기도구의 위치가 최하부에 도달했을 때 권상장치의 드럼에 2번 이상 감고 남은 길이가 있어야 한다.

17
리프트(lift) 작업 지휘자가 지켜야 할 사항 중 옳지 않은 것은?

① 작업원의 배치를 정한다.
② 공구의 기능을 점검하여 불량품을 제거한다.
③ 작업방법은 운전자 지시에 따라 실시한다.
④ 작업용 안전대, 안전모의 착용상태를 점검한다.

해설

리프트 조립 등의 작업안전(안전보건규칙 제156조)
1) 리프트의 조립 또는 해체작업시 조치할 사항
   ① 작업을 지휘하는 사람을 선임하여 그 사람의 지휘하에 작업을 실시할 것
   ② 작업을 할 구역에 관계 근로자가 아닌 사람의 출입을 금지하고 그 취지를 보기 쉬운 장소에 표시할 것

Answer ➜ 13. ③ 14. ④ 15. ① 16. ③ 17. ③

③ 비, 눈, 그 밖에 기상상태의 불안정으로 날씨가 몹시 나쁜 경우에는 그 작업을 중지시킬 것.
2) 리프트의 조립 또는 해체 작업시 작업지휘자의 이행사항
① 작업방법과 근로자의 배치를 결정하고 해당 작업을 지휘하는 일
② 재료의 결함유무 또는 기구 및 공구의 기능을 점검하고 불량품을 제거하는 일
③ 작업 중 안전대 등 보호구의 착용상황을 감시하는 일

18
공사현장에서의 짐 올리기 및 긴결(緊結)용으로 사용되는 와이어로프에 대한 사항으로서 잘못된 것은?

① 로프의 끝에 매듭을 지어 턴버클 등에 연결할 때에는 되도록 스프라이스 새클(splice shackle)을 사용한다.
② 마찰을 받는 부분에는 꼭 그리스를 주유한다.
③ 끊은 도막을 이어서 사용하는 것은 가급적 피하고 긴 것을 사용한다.
④ 활차의 지름은 로프 지름의 3배 정도의 것을 사용하는 것이 표준이다.

해설
④의 경우에 활차의 지름은 로프 지름의 10배 정도의 것을 사용하는 것이 표준이다.

19
와이어로프로 중량물을 달아 올릴 때 로프에 힘이 가장 적게 걸리는 각도는 다음 중 어느 것인가?

① 30° ② 60°
③ 90° ④ 120°

해설
와이어로프의 슬링각도가 작을수록 힘이 적게 걸린다.

20
철근의 와이어로프 체결방법으로 옳지 않은 것은?

① 철근의 중량을 확인한다.
② 2군데 묶어서 인양한다.
③ 매다는 각도는 70° 이내로 한다.
④ 훅은 해지장치가 있는 것으로 한다.

해설
철근의 매다는 각도는 60° 이내로 한다.
(고용노동부고시)

21
풍하중이 작용할 때 풍하중을 계산하는 것에 대한 설명으로 틀린 것은?

① 풍하중은 풍력계수에 비례한다.
② 풍하중은 풍속의 제곱에 역비례한다.
③ 풍하중은 단면적의 크기에 비례한다.
④ 풍하중은 풍향과 단면의 방향과 관계 있다.

해설
건설용 리프트의 구조·규격에 관한 기술상의 지침
(1) 하중의 종류 : 구조부분에서 부하되는 하중은 다음 각 호와 같다.
  1) 수직하중
  2) 수평하중
  3) 풍하중
(2) 풍하중의 계산
  1) **풍하중**은 다음 식에 의해 계산한다. 이 경우, 폭풍 시의 풍속은 35m/s, 폭풍 이외의 풍속은 16m/s로 한다.
  $W = qCA$
  여기서, W : 풍하중(kg)
  q : 속도압(kg/cm^2)
  C : 풍력계수
  A : 수압면적(m^2)

  2) 속도압의 값은 다음 식에 의해 계산한다.
  $q = \dfrac{V^2}{30} \sqrt[4]{h}$
  여기서, q : 속도압(kg/cm^2)
  v : 풍속(m/sec)
  h : 바람받는 면의 지상으로부터 높이(m)
  (높이 15m 미만일 때는 15)

  3) **풍력계수의 값**은 풍동시험에 의할 때를 제외하고는 고시상에 정한 값으로 한다.
  4) **압력을 받는 면적**은 바람을 받는 면의 바람방향의 직각면에 대한 투영면적으로 한다. 이 경우 바람을 받는 면이 바람방향에 대해 2면 이상 겹쳐 있을 때는 다음 각 호에 정한 바에 의한다.
  ① 바람받는 면이 2면으로 겹칠 때 바람방향에 대해 제1면의 투영면적에 바람방향에 대하여 제2면 중 제1면과 겹친 부분의 투영면적의 60% 면적 및 바람방향에 대한 제2면 중 제1면과 겹치지 않는 면의 투영면적을 합한 면적.

Answer ➡ 18. ④ 19. ① 20. ③ 21. ②

② 바람받는 면이 3면 이상 겹칠 때 ①의 면적에 바람방향에 대하여 제3면 이상이 되는 면 중 전방의 면과 겹치는 면이 투영 면적이 50% 면적 및 바람방향에 대해 3면 이하가 되는 면 중 전방에 있는 면과 겹치지 않는 부분의 투영면적을 합한 면적.

22
풍하중의 계산에서 틀린 것은?

① 풍하중 단면적의 크기에 비례한다.
② 풍향과 단면의 방향과 관계있다.
③ 풍속에 비례한다.
④ 풍력계수에 비례한다.

해설
풍하중의 계산에서 풍하중은 속도압에는 비례하지만 풍속에는 제곱에 비례한다.

23
다음은 운송기계 중 지게차의 장점을 열거하고 있다. 해당하지 않는 것은?

① 하역, 운반 작업시에 작업자는 운전자 1명으로도 가능하다.
② 하역을 위한 마스트(mast)가 주행시에 시야를 넓게 한다.
③ 50m 이내의 운반거리에서는 하역량을 극대화 시킬 수 있다.
④ 하역, 운반시의 안전성은 다른 운송기계에 비해 우수하다.

해설
하역을 위한 마스트(mast)가 주행시에 시야를 가릴 수 있다.

24
차량계 하역 운반기계를 이용하여 하역 및 운반 작업을 할 때는 작업계획을 작성해야 한다. 다음 중 작업계획 작성할 때 고려사항에 해당되지 않는 것은?

① 작업장소의 넓이
② 차량계 하역 운반기계의 종류
③ 화물의 물량
④ 화물의 종류

해설
차량계 하역 운반기계 등의 작업계획의 작성내용
① 해당 작업에 따른 추락 · 낙하 · 전도 · 협착 및 붕괴 등의 위험예방대책
② 차량계하역운반기계 등의 운행경로 및 작업방법

25
단위화물 중량이 얼마 이상의 화물을 차량계 하역 운반기계기구에 싣고 내리는 작업시에 작업지휘자를 지정하여 작업을 하여야 하는가?

① 100kg
② 200kg
③ 300kg
④ 400kg

해설
차량계 하역운반기계에 싣는 작업(로프걸이작업 및 덮개 덮기 작업 포함)을 하는 경우 작업 지휘자가 준수해야 할 사항
① 작업순서 및 그 순서마다의 작업방법을 정하고 작업을 지휘할 것
② 기구 및 공구를 점검하고 불량품을 제거할 것
③ 당해 작업을 행하는 장소에 관계근로자 외의 자의 출입을 금지시킬 것
④ 로프를 풀거나 덮개를 벗기는 작업은 적재함의 화물이 떨어질 위험이 없음을 확인한 후에 해당 작업을 하도록 할 것

26
지게차 운행시의 안전대책으로 옳지 않은 것은?

① 짐을 싣고 주행시에는 저속주행이 좋다.
② 주행시에는 반드시 마스트(mast)를 지면으로부터 올려 놓아야 한다.
③ 조작시에는 시동 후 5분 정도 지난 다음에 한다.
④ 짐을 싣고 내려갈 때는 후진으로 내려가야 한다.

해설
주행시에는 반드시 마스트를 지면에 내려놓아야 한다.

27
차량계 건설기계를 사용하여 작업을 할 때 작성해야 할 작업계획의 내용이 아닌 것은?

① 기계의 종류 및 성능
② 기계에 적합한 탑승인원
③ 기계의 운행경로
④ 기계에 의한 작업방법

Answer ➡ 22. ③ 23. ② 24. ③ 25. ① 26. ② 27. ②

해설

작업계획의 작성(안전보건규칙)
① 사업주는 차량계 건설기계를 사용하여 작업을 하는 때에는 미리 작업장소의 조사결과를 고려하여 작업계획을 작성하고, 그 작업계획에 따라 작업을 실시하도록 하여야 한다.
② 작업계획에는 다음 각 호의 사항이 포함되어야 한다.
  ㉠ 사용하는 차량계 건설기계의 종류 및 성능
  ㉡ 차량계 건설기계의 운행경로
  ㉢ 차량계 건설기계에 의한 작업방법
③ 사업주는 작업계획을 수립하는 때에는 작업계획의 내용을 해당 근로자에게 주지시켜야 한다.

28

차량계 건설기계에 해당되지 않는 것은?

① 곤돌라
② 항타기 및 항발기
③ 파워 쇼벨
④ 불도저 및 로우더

해설

법상 차량계 건설기계의 종류
① 도저형 건설기계(불도저, 스트레이트도저, 틸트도저, 앵글도저, 버킷도저 등)
② 모터그레이더
③ 로더(포크 등 부착물 종류에 따른 용도 변경 형식을 포함한다)
④ 스크레이퍼
⑤ 크레인형 굴착기계(크램쉘, 드래그라인 등)
⑥ 굴삭기(브레이커, 크러셔, 드릴 등 부착물 종류에 따른 용도 변경 형식을 포함한다)
⑦ 항타기 및 항발기
⑧ 천공용 건설기계(어스드릴, 어스오거, 크롤러드릴, 점보드릴 등)
⑨ 지반 압밀침하용 건설기계(샌드드레인머신, 페이퍼드레인머신, 팩드레인머신 등)
⑩ 지반 다짐용 건설기계(타이어롤러, 매커덤롤러, 탠덤롤러 등)
⑪ 준설용 건설기계(버킷준설선, 그래브준설선, 펌프준설선 등)
⑫ 콘크리트 펌프카
⑬ 덤프트럭
⑭ 콘크리트 믹서 트럭
⑮ 도로포장용 건설기계(아스팔트 살포기, 콘크리트 살포기, 아스팔트 피니셔, 콘크리트 피니셔 등)
⑯ 제①호부터 제⑮까지와 유사한 구조 또는 기능을 갖는 건설기계로서 건설작업에 사용하는 것

29

차량계 건설기계를 사용하여 작업을 할 때 기계의 전도 또는 전락에 의한 근로자의 위험을 방지하기 위하여 사업주가 취하여야 할 조치사항으로 적당하지 않은 것은?

① 도로폭의 유지
② 지반의 침하방지
③ 울, 손잡이 설치
④ 노견의 붕괴방지

해설

전도 등의 방지를 위해 조치할 사항
① 갓길의 붕괴방지
② 지반의 부동침하방지
③ 도로폭의 유지
④ 유도자 배치

30

차량계 건설기계로 작업할 때 작업시작 전 점검사항에 해당하는 것은?

① 제동장치 및 조종장치 기능의 이상 유무
② 브레이크 및 클러치의 기능
③ 유압장치 및 하역장치 기능의 이상 유무
④ 바퀴의 이상 유무

해설

작업시작 전 점검 등 : 사업주는 차량계 건설기계를 사용하여 작업을 하는 때에는 해당 작업시작 전에 브레이크 및 클러치 등의 기능을 점검하여야 한다.

Answer ▶ 28. ① 29. ③ 30. ②

3장 건설재해 및 대책

1 추락재해

[1] 추락재해의 형태에 의한 발생원인

(1) 비계로부터의 추락

1) 난간이 없을 때
2) 작업대의 발판이 좁을 때
3) 비계에 매달려 올라갔을 때
4) 비계와 구조체 사이의 연결로가 불비할 경우
5) 난간을 제거한 채 작업했을 때
6) 외줄비계에서 안전대를 사용하지 않았을 경우
7) 비계발판의 고정이 나쁘고 어긋났을 때

(2) 작업대 끝 및 개구부로부터의 추락

1) 난간, 덮개, 방책이 없을 때
2) 안전대를 사용하지 않을 때
3) 난간, 덮개, 방책을 제거하고 작업했을 때

(3) 슬레이트 지붕에서의 추락

1) 작업발판이나 통로 판을 설치하지 않았을 때
2) 안전대의 부착이나 설비가 나빴을 경우
3) 안전대를 사용하지 않았을 때
4) 작업자세와 동작이 나빴을 때

[2] 추락재해의 위험성 및 안전조치

(1) 높이 2m 이상의 장소(고소장소)에서의 추락재해 방지 조치사항

1) 작업발판 설치
2) 방망 설치
3) 안전대 착용

(2) 높이 2m 이상의 작업발판 끝이나 개구부 등의 추락재해 방지 조치사항

1) 안전난간, 울타리 및 수직형 추락방망 등 설치
2) 충분한 강도를 가진 구조의 덮개 설치 및 개구부 표시
3) 난간 설치 곤란 시 방망을 치거나 안전대 착용

(3) 슬레이트 등 지붕 위에서의 위험방지 조치사항

1) 폭 30cm 이상의 발판 설치
2) 방망설치

(4) 안전난간의 구조 및 설치요건(안전보건규칙)

1) 상부난간대, 중간난간대, 발끝막이판 및 난간기둥으로 구성할 것(중간난간대, 발끝막이판 및 난간기둥은 이와 비슷한 구조 및 성능를 가진 것으로 대체할 수 있다.)
2) 상부난간대는 바닥면·발판 또는 경사로의 표면(이하 "바닥면 등"이라 한다)으로부터 90cm 이상 지점에 설치하고, 상부난간대를 120cm 이하에 설치하는 경우 중간난간대는 상부난간대와 바닥면 등의 중간에 설치하여야 하며, 120cm 이상 지점에 설치하는 경우에는 중간난간대를 2단 이상으로 균등하게 설치하고 난간의 상하간격은 60cm 이하가 되도록 할 것
3) 발끝막이판은 바닥면 등으로부터 10cm 이상의 높이를 유지할 것(물체가 떨어지거나 날아올 위험이 없거나 그 위험을 방지할 수 있는 망을 설치하는 등 필요한 예방조치를 한 장소를 제외한다.)
4) 난간기둥은 상부난간대와 중간난간대를 견고하게 떠받칠 수 있도록 적정한 간격을 유지할 것
5) 상부난간대와 중간난간대는 난간길이 전체에 걸쳐 바닥면 등과 평행을 유지할 것
6) 난간대는 지름 2.7cm 이상의 금속제 파이프나 그 이상의 강도를 가진 재료일 것
7) 안전난간은 구조적으로 가장 취약한 지점에서 가장 취약한 방향으로 작용하는 100kg 이상의 하중에 견딜 수 있는 튼튼한 구조일 것

(5) 기타 추락재해 방지 조치사항

1) **안전대 부착설비** : 높이 2m 이상의 장소에서 안전대 착용 시는 안전대의 부착설비를 설치하여야 한다.
2) **승강설비의 설치** : 높이 또는 깊이가 2m를 초과하는 장소에서 작업하는 경우 해당 작업에 종사하는 근로자가 안전하게 승강하기 위한 건설작업용 리프트 등의 설비를 설치하여야 한다.
3) **울타리의 설치** : 작업 중 또는 통행 시 전락으로 인하여 근로자가 화상·질식 등의 위험에 처할 우려가 있는 케틀(kettle), 호퍼(hopper), 피트(pit) 등이 있는 경우에는 높이 90cm 이상의 울타리를 설치하여야 한다.

[3] 추락방지용 방망의 구조 등 안전기준

(1) 구조

1) **구성** : 방망, 망테두리, 재봉사, 매다는 망 등
2) **재료** : 합성섬유 또는 그 이상의 재질을 보유한 것
3) **그물코** : 가로, 세로 10cm 이하
4) **그물바닥** : 뒤틀리거나 어긋나지 않는 구조

(2) 강도

1) 테두리 및 매다는 망의 강도 : 1,500kg/cm²
2) 방망사의 신품에 대한 인장강도

그물코의 종류	매듭 없는 방망의 강도	매듭 방망의 강도
10cm	240kg	200kg
5cm		110kg

3) 방망사의 폐기시 인장강도

| 그물코의 크기 | 방망의 종류 | |
	매듭 없는 방망의 강도	매듭 방망의 강도
10cm	150kg	135kg
5cm		60kg

(3) 추락방호망의 설치기준

1) **설치위치** : 가능하면 작업면으로부터 가까운 지점에 설치하여야 하며, 작업면에서 방망 설치지점까지의 수직거리는 10m를 초과하지 아니할 것
2) 방망은 수평으로 설치할 것
3) **방망의 처짐** : 짧은 변 길이의 12% 이상
4) **방망의 내민 길이** : 벽면으로부터 3m 이상
   > 다만, 그물코가 20mm 이하인 망을 사용한 경우에는 낙하물방지망을 설치한 것으로 봄.

(4) 방망지지점 강도

1) 600kg의 외력에 견딜 수 있을 것
2) 연속적인 구조물이 방망지지점인 경우의 외력

   $F = 200B$

   여기서, F : 외력(kg)
   B : 지지점 간격(m)

(5) 방망의 정기시험
방망은 사용 개시 후 1년 이내, 그 후 6개월마다 1회 정기적으로 시험용사에 대하여 인장시험을 하여야 한다.

(6) 방망의 표시사항

1) 제조자명
2) 제조연월
3) 재봉치수
4) 그물코
5) 신품 때의 방망의 강도

2 낙하 · 비래재해

[1] 낙하 · 비래재해의 발생원인

(1) 안전모를 착용하지 않았을 때
(2) 작업 중 재료 · 공구 등을 떨어뜨렸을 때
(3) 높은 위치에 놓아둔 물건의 정리정돈이 나빴을 때
(4) 안전망 등의 유지관리가 나빴을 때
(5) 출입금지, 감시인의 배치 등의 조치를 하지 않았을 때
(6) 물건을 버릴 때 투하설비를 하지 않았을 때
(7) 작업바닥의 폭, 간격 등 구조가 나빴을 때

[2] 낙하 · 비래의 위험방지 조치사항 및 방호설비

(1) 물체가 낙하 · 비래할 위험이 있을 경우 위험방지 조치사항

1) 낙하물 방지망(방망) · 수직보호망 또는 방호선반의 설치
2) 출입금지구역의 설정
3) 보호구 착용

(2) 낙하물 방지망 또는 방호선반의 설치기준

1) 높이 10m 이내마다 설치하고, 내민 길이는 벽면으로부터 2m 이상으로 할 것
2) 수평면과의 각도는 20° 이상 30° 이하를 유지할 것

(3) 물체를 투하할 경우 위험방지 조치사항

1) 투하설비 설치
2) 감시인 배치

(4) 낙하 · 비래재해의 방호설비 : 방호철망, 방호울타리, 방호시트, 방호선반, 안전망 등

3 붕괴재해

[1] 붕괴재해의 형태 및 발생원인

(1) 경사면 굴착에 의한 붕괴

1) 지질조사 불충분 및 부석의 점검을 소홀히 했을 경우
2) 시공계획이나 공정을 잘 모르고 있을 경우
3) 작업 지휘자의 지휘를 따르지 않았을 경우
4) 굴착면 상하에서 동시작업을 했거나 안전구배로 굴착하지 않았을 경우
5) 굴착면 하부의 작업원 위치가 나빠 대피할 수 없었을 경우
6) 악천후 후에 안전점검을 하지 않았을 경우

(2) 흙막이 지보공의 도괴

1) 지보공 점검을 하지 않거나 지보공 조립방법이 나빴을 경우
2) 지보공의 구조와 재료가 좋지 않았을 경우
3) 작업지휘자의 지휘 없이 조립했을 경우
4) 지보공 상부 또는 근처에 중량물을 적재했을 경우

[2] 붕괴재해의 위험방지 조치사항

(1) 갱내에서의 낙반 또는 측벽의 붕괴에 의한 위험방지 조치사항

1) 지보공 설치
2) 부석제거

(2) 지반의 붕괴, 구축물의 붕괴 또는 토석의 낙하 등에 의한 위험방지 조치사항

1) 지반을 안전한 경사로 할 것
2) 낙하의 위험이 있는 토석을 제거할 것
3) 옹벽, 흙막이 지보공을 설치할 것
4) 지반의 붕괴, 토석의 낙하원인이 되는 빗물이나 지하수 등을 배제할 것

(3) 굴착작업 시 지반의 붕괴 또는 토석의 낙하 등에 의한 위험방지 조치사항

1) 흙막이 지보공의 설치
2) 방호망의 설치
3) 근로자의 출입금지
4) 비올 경우 대비 측구설치 및 굴착사면에 비닐을 덮음

(4) 지반의 굴착작업 시 조사사항

1) 형상, 지질 및 지층의 상태
2) 균열·함수·용수 및 동결의 유무 또는 상태
3) 매설물의 유무 또는 상태
4) 지반의 지하수위 상태

(5) 굴착면의 기울기(구배) 기준(개정 2023. 11. 14)

구분	지반의 종류	구배
보통 흙	모래	1 : 1.8
	그밖의 흙	1 : 1.2
암반	풍화암	1 : 1.0
	연암	1 : 1.0
	경암	1 : 0.5

(6) 흙막이지보공(흙막이판, 말뚝, 버팀대 및 띠장 등) 조립시 조립도에 포함되는 내용

1) 부재의 배치
2) 부재의 치수
3) 부재의 재질
4) 부재의 설치방법과 순서

(7) 흙막이지보공 설치시 붕괴 등의 위험방지를 위한 정기점검사항

1) 부재의 손상·변형·부식·변위 및 탈락의 유무와 상태
2) 버팀대의 긴압의 정도
3) 부재의 접속부·부착부 및 교차부의 상태
4) 침하의 정도

[3] 터널작업 등의 위험방지

(1) 사전조사 및 작업계획서 내용

1) 터널굴착작업시 낙반·출수 및 가스폭발 등의 위험방지를 위해 미리 조사할 사항 : 지형·지질 및 지층상태

2) 터널굴착작업시 작업계획의 작성내용
   ① 굴착의 방법
   ② 터널지보공 및 복공의 시공방법과 용수의 처리방법
   ③ 환기 또는 조명시설을 하는 때에는 그 방법

(2) 자동경보장치의 설치 등

1) 터널공사 등 건설작업시에는 인화성 가스의 농도를 측정할 담당자를 지명하고, 인화성 가스의 농도를 측정할 것
2) 자동경보장치의 설치 : 터널공사 등 건설작업시에는 인화성 가스 농도의 이상상승을 조기에 파악하기 위해 자동경보장치를 설치할 것
3) 자동경보장치에 대한 당일의 작업시작 전 점검사항
   ① 계기의 이상유무
   ② 검지부의 이상유무
   ③ 경보장치의 작동상태

(3) 터널건설작업시 낙반 등에 의한 위험방지 조치사항

1) 터널지보공 설치
2) 록볼트의 설치
3) 부석의 제거

(4) 터널 등의 출입구 부근의 지반 붕괴 및 토석 낙하에 의한 위험방지 조치사항

1) 흙막이지보공 설치
2) 방호망 설치

(5) 터널작업시 터널 내부의 시계를 유지하기 위한 조치사항

1) 환기를 시킬 것
2) 물을 뿌릴 것

(6) 터널지보공 설치시 수시점검사항

1) 부재의 손상·변형·부식·변위 탈락의 유무 및 상태
2) 부재의 긴압의 정도
3) 부재의 접속부 및 교차부의 상태
4) 기둥침하의 유무 및 상태

(7) 깊이 10.5m 이상의 굴착시 설치해야 할 계측기기

1) 수위계
2) 경사계
3) 하중 및 침하계
4) 응력계

(8) 파이럿 터널(pilot tunnel) : 본 터널(main tunnel)을 시공하기 전에 터널에서 약간 떨어진 곳에 지질조사, 환기, 배수, 운반 등의 상태를 알아보기 위하여 설치하는 터널

[4] 채석작업 및 잠함내 작업 등 안전기준

(1) 채석작업시 작업계획의 작성내용

1) 노천굴착과 갱내굴착의 구별 및 채석방법
2) 굴착면의 높이와 기울기
3) 굴착면의 소단(小段)의 위치와 넓이
4) 갱내에서의 낙반 및 붕괴방지의 방법
5) 발파방법
6) 암석의 분할방법
7) 암석의 가공장소
8) 사용하는 굴착기계·분할기계·적재기계 또는 운반기계(이하 "굴착기계 등"이라 함)이 종류 및 능력
9) 토석 또는 암석의 적재 및 운반방법과 운반경로
10) 표토 또는 용수의 처리방법

(2) 잠함·우물통·수직갱 그 밖에 이와 유사한 건설물 또는 설비의 내부에서 굴착작업을 하는 경우 준수사항

1) 산소결핍의 우려가 있는 경우에는 산소의 농도를 측정하는 사람을 지명하여 측정하도록 할 것
2) 근로자가 안전하게 승강하기 위한 설비(승강설비)를 설치할 것
3) 굴착깊이가 20m를 초과하는 경우에는 해당 작업장소와 외부와의 연락을 위한 통신설비 등을 설치할 것
4) 산소결핍이 인정되거나 굴착깊이가 20m를 초과할 때에는 송기설비를 설치하여 필요한 양의 공기를 공급할 것

[5] 토석붕괴

(1) 토석붕괴의 원인

1) 외적요인
   ① 사면, 법면의 경사 및 구배의 증가
   ② 절토 및 성토 높이의 증가
   ③ 지표수 및 지하수의 침투에 의한 토사중량의 증가
   ④ 공사에 의한 진동 및 반복하중의 증가
   ⑤ 지진, 차량, 구조물의 하중

2) 내적요인

　　① 절토사면의 토질, 암석
　　② 토석의 강도저하
　　③ 성토사면의 토질

(2) 토석 붕괴의 형태

1) 미끄러져 내림
2) 절토면의 붕괴
3) 얕은 표층의 붕괴
4) 성토법면의 붕괴
5) 깊은 절토 법면의 붕괴

(3) 토석 붕괴 시 조치사항

1) 동시작업의 금지
2) 대피 통로 및 공간의 확보
3) 2차재해 방지

(4) 토사붕괴예방을 위한 조치사항(고용노동부 고시)

1) 적절한 경사면의 기울기를 계획하여야 한다.
2) 경사면의 기울기가 당초 계획과 차이가 발생되면 즉시 재검토하여 계획을 변경시켜야 한다.
3) 활동할 가능성이 있는 토석은 제거하여야 한다.
4) 경사면의 하단부에 압성토 등 보강공법으로 활동에 대한 저항대책을 강구하여야 한다.
5) 말뚝(강관, H형강, 철근콘크리트)을 타입하여 지반을 강화시킨다.
6) 비탈면 또는 법면의 「하단」을 다져서 활동이 안되도록 저항을 만들어야 한다.
7) 지표수가 침투되지 않도록 배수를 시키고 지하수위를 낮추기 위하여 수평보링을 하여 배수시켜야 한다.

(5) 토사붕괴의 발생을 예방하기 위하여 점검할 사항(고용노동부 고시)

1) 전 지표면의 답사
2) 경사면의 지층 변화부 상황 확인
3) 부석의 상황 변화의 확인
4) 용수의 발생 유무 또는 용수량의 변화 확인
5) 결빙과 해빙에 대한 상황의 확인
6) 각종 경사면 보호공의 변위, 탈락 유무
7) 점검시기는 작업 전·중·후, 비온 후, 인적 작업구역에서 발파한 경우에 실시

[6] 지반개량공법

(1) 연약지반 개량공법

1) **치환공법** : 굴착치환공법, 성토자중에 의한 치환공법, 폭파치환공법, 폭파다짐공법
2) 압성토 및 여성토 공법
3) 샌드드레인공법 및 페이퍼드레인공법
4) 샌드콤펙션 말뚝공법(다짐모래말뚝공법 : 압축법)
5) 바이브로플로테이션공법(진동법)
6) 약액주입공법과 생석회 파일공법

(2) 점토지반의 개량공법

1) 샌드드레인(sand drain)공법
2) 페이퍼드레인(paper drain)공법
3) 프리로딩(pre loading)공법
4) 치환공법

(3) 사질토지반을 강화하는 개량공법 : 다짐기계 등을 이용하는 다짐공법 사용

1) 바이브로플로테이션 공법 : 진동법
2) 샌드콤펙션말뚝 공법 : 압축법

(4) 지반개량을 위한 재하공법

1) 여성토(pre-loading)공법
2) 서차지(sur-charge)공법
3) 사면선단 재하공법

(5) 지반개량을 위한 탈수공법

1) 샌드드레인 공법(점성토에 적합)
2) 페이퍼드레인 공법(점성토에 적합)
3) 웰포인트 공법(사질토에 적합)
4) 생석회 공법

(6) 언더피닝 공법 : 기존건물의 인접된 장소에서 새로운 깊은 기초를 시공하고자 할 때 기존 건물의 기초를 보강하거나 새로이 기초를 삽입하는 공법

4 감전안전

[1] 감전재해의 형태 및 발생원인

(1) 전기공사 중의 감전재해

1) 작업순서를 잘못했을 경우
2) 감시인이 없거나 보호구를 착용하지 않았을 경우
3) 전로차단의 조치(표시등)와 그 확인을 하지 않았을 경우

(2) 전기기계 기구의 재해

1) 코드의 피복이 나빴거나, 코드의 취급이 나빴다
2) 접지를 시키지 않거나 누전차단기를 설치하지 않았을 경우
3) 아크 용접기에 자동전격방지 장치를 설치하지 않았을 경우
4) 용접봉 홀더의 피복이 나빴을 경우

(3) 고압활선 근접작업 중의 재해

1) 작업자세가 나쁘고 물이 전선에 접속했을 경우
2) 전선의 방호가 없을 경우
3) 갖고 있던 재료나 공구가 전선에 접촉했을 경우
4) 보호구를 착용하지 않았을 경우

[2] 정전 작업시 및 정전작업 후 조치사항

(1) 정전작업시의 조치사항 : 전로차단의 절차

1) 전기기기 등에 공급되는 모든 전원을 관련 도면, 배선도 등으로 확인할 것.
2) 전원을 차단한 후 각 단로기 등을 개방하고 확인할 것.
3) 차단장치나 단로기 등에 잠금장치 및 꼬리표를 부착할 것.
4) 개로된 전로에서 유도전압 또는 전기에너지가 축적되어 근로자에게 전기위험을 끼칠 수 있는 전기기기 등은 접촉하기 전에 잔류전하를 완전히 방전시킬 것.
5) 검전기를 이용하여 작업 대상 기기가 충전되었는지를 확인할 것.
6) 전기기기 등이 다른 노출 충전부와의 접촉, 유도 또는 예비동력원의 역송전 등으로 전압이 발생할 우려가 있는 경우에는 충분한 용량을 가진 단락 접지기구를 이용하여 접지할 것.

(2) 정전작업 후 조치사항

1) 작업기구, 단락 접지기구 등을 제거하고 전기기기 등이 안전하게 통전될 수 있는지를 확인할 것.

2) 모든 작업자가 작업이 완료된 전기기기 등에서 떨어져 있는지를 확인할 것.
3) 잠금장치와 꼬리표는 설치한 근로자가 직접 철거할 것.
4) 모든 이상 유무를 확인한 후 전기기기 등의 전원을 투입할 것.

[3] 충전전로에서의 전기작업(활선작업시의 안전조치)(안전보건규칙 제321조)

(1) 충전전로 취급 및 인근작업시 안전조치 : 근로자가 충전전로를 취급하거나 그 인근에서 작업하는 경우에는 다음 각 호의 조치를 하여야 한다.

1) 충전전로를 정전시키는 경우에는 제319조에 따른 조치를 할 것.
2) 충전전로를 방호, 차폐하거나 절연 등의 조치를 하는 경우에는 근로자의 신체가 전로와 직접 접촉하거나 도전재료, 공구 또는 기기를 통하여 간접 접촉되지 않도록 할 것.
3) 충전전로를 취급하는 근로자에게 그 작업에 적합한 **절연용 보호구**를 착용시킬 것.
4) 충전전로에 근접한 장소에서 전기작업을 하는 경우에는 해당 전압에 적합한 **절연용 방호구를 설치**할 것. 다만, 저압인 경우에는 해당 전기작업자가 절연용 보호구를 착용하되, 충전전로에 접촉할 우려가 없는 경우에는 절연용 방호구를 설치하지 아니할 수 있다.
5) 고압 및 특별고압의 전로에서 전기작업을 하는 근로자에게 **활선작업용 기구 및 장치**를 사용하도록 할 것.
6) 근로자가 절연용 방호구의 설치·해체작업을 하는 경우에는 절연용 **보호구를 착용하거나 활선작업용 기구 및 장치**를 사용하도록 할 것.
7) 유자격자가 아닌 근로자가 충전전로 인근의 높은 곳에서 작업할 때에 근로자의 몸 또는 긴 도전성 물체가 방호되지 않은 충전전로에서 대지전압이 50kV 이하인 경우에는 300cm 이내로, 대지전압이 50kV를 넘는 경우에는 10kV당 10cm씩 더한 거리 이내로 각각 접근할 수 없도록 할 것.
8) 유자격자가 충전전로 인근에서 작업하는 경우에는 다음 각 목의 경우를 제외하고는 노출 충전부에 다음 표에 제시된 **접근한계거리** 이내로 접근하거나 절연 손잡이가 없는 도전체에 접근할 수 없도록 할 것.
   ① 근로자가 노출 충전부로부터 절연된 경우 또는 해당 전압에 적합한 절연장갑을 착용한 경우
   ② 노출 충전부가 다른 전위를 갖는 도전체 또는 근로자와 절연된 경우
   ③ 근로자가 다른 전위를 갖는 모든 도전체로부터 절연된 경우

[표] 특별고압에 대한 접근한계거리

충전전로의 선간전압(단위 : KV)	충전전로에 대한 접근한계거리(단위 : cm)
0.3 이하	접근금지
0.3 초과 0.75 이하	30
0.75 초과 2 이하	45
2 초과 15 이하	60
15 초과 37 이하	90
37 초과 88 이하	110
88 초과 121 이하	130
121 초과 145 이하	150
145 초과 169 이하	170
169 초과 242 이하	230
242 초과 362 이하	380
362 초과 550 이하	550
550 초과 800 이하	790

(2) 절연이 되지 않은 충전부 및 인근에 접근방지 및 제한조치

1) 방책을 설치하고 근로자가 쉽게 알아볼 수 있도록 할 것.
2) 전기와 접촉할 위험이 있는 경우에는 도전성 금속제 방책을 사용하거나, 접근 한계거리 이내에 설치하지 않을 것.
3) 방책설치가 곤란한 경우에는 사전에 위험을 경고하는 감시인을 배치할 것.

[4] 충전전로 인근에서의 차량·기계장치 작업

(1) 충전전로 인근에서 차량, 기계장치 작업이 있는 경우

1) 차량 등을 충전전로의 충전부로부터 300cm 이상 이격시켜 유지시킨다.
2) 대지전압이 50kV(킬로볼트)를 넘는 경우 이격거리는 10kV 증가할 때마다 10cm씩 증가시켜야 한다.
3) 다만, 차량 등의 높이를 낮춘 상태에서 이동하는 경우에는 이격거리를 120cm 이상(대지전압이 50kV를 넘는 경우에는 10kV 증가할 때마다 이격거리를 10cm씩 증가)으로 할 수 있다.

(2) 충전전로의 전압에 적합한 절연용 방호구 등을 설치한 경우 : 이격거리를 절연용 방호구 앞면까지로 할 수 있으며, 차량 등의 가공 붐대의 버킷이나 끝부분 등이 충전전로의 전압에 적합하게 절연되어 있고 유자격자가 작업을 수행하는 경우에는 붐대의 절연되지 않은 부분과 충전전로 간의 이격거리는 접근 한계거리까지로 할 수 있다.

(3) 방책 등 설치 : 차량 등의 그 어느 부분과도 접촉하지 않도록 방책을 설치하거나 감시인 배치 등의 조치를 하여야 한다.

(4) 방책·설치 및 감시인 배치 제외되는 경우
    1) 근로자가 해당 전압에 적합한 절연용 보호구 등을 착용하거나 사용하는 경우
    2) 차량 등의 절연되지 않은 부분이 접근 한계거리 이내로 접근하지 않도록 하는 경우

(5) 충전전로 인근에서 접지된 차량 등이 충전전로와 접촉할 우려가 있을 경우 : 지상의 근로자가 접지점에 접촉하지 않도록 조치하여야 한다.

[5] 전기작업용 안전장구

(1) 절연용 보호구 : 절연안전모(절연모), 절연 고무장갑, 절연복, 절연고무장화 등

(2) 절연용 방호구 : 방호관, 점퍼 호스, 건축지장용 방호관, 커트아웃스위치커버, 고무불랭킷, 애자후드, 완금커버

(3) 활선장구 : 활선시메라, 활선커터, 커트아웃스위치조작봉, 디스콘스위치 조작봉, 점퍼선, 주상작업대, 활선애자 청소기, 활선사다리, 기타 활선공구

실 / 전 / 문 / 제

01
다음 중 추락재해 방지설비가 아닌 것은?

① 비계 ② 발판
③ 안전대 ④ 버팀대

해설

추락방지대책
① (비계를 조립하여) 작업발판 설치
② 안전방망 설치
③ 안전대 착용

02
다음 근로자가 추락할 위험이 있는 곳에서 작업을 할 때 조치하여야 할 사항 중 적당하지 않은 것은?

① 작업발판 설치
② 방망의 설치
③ 안전대를 착용시킴
④ 지보공의 설치

해설

①, ②, ③ 이외의 조명의 유지, 악천후시의 작업금지, 승강설비의 설치 등도 추락위험방지 조치사항이다.

03
2m 이상 작업발판의 끝이나 개구부의 방호조치로 틀린 것은?

① 건널다리 ② 표준안전난간
③ 울 ④ 손잡이

해설

개구부 등의 방호조치(안전보건규칙 제43조)
① 안전난간, 울타리, 수직형 추락방망설치
② 덮개설치 및 개구부 표시
③ 안전방망 실시
④ 안전대 착용

04
안전관리규정에 있어서 비계의 높이가 2m 이상인 작업장소의 작업상(床) 설치에 있어, 추락의 위험성이 있는 장소에 설치하는 손잡이의 높이는?

① 60cm ② 75cm
③ 90cm ④ 120cm

해설

손잡이의 높이 : 90cm 이상

05
산업안전보건법상 슬레이트 지붕 위에서 작업을 할 때 발이 빠지는 등 근로자에게 위험을 미칠 우려가 있을 경우에 폭이 얼마 이상인 발판을 설치하여야 하는가?

① 30cm 이상 ② 50cm 이상
③ 80cm 이상 ④ 1m 이상

해설

슬레이트 지붕 위에서의 위험방지(안전보건규칙 제45조) : 슬레이트, 선라이트 등 강도가 약한 재료로 덮은 지붕 위에서 작업을 할 때에 발이 빠지는 등 근로자에게 위험해질 우려가 있는 경우 폭 30cm 이상의 발판을 설치하거나 추락방호망을 치는 등 위험을 방지하기 위하여 필요한 조치를 하여야 한다.

06
물체의 낙하 또는 비래 위험방지조치가 아닌 것은?

① 방망의 설치 ② 출입금지구역 설정
③ 보호구 착용 ④ 건널다리 설치

해설

낙하 · 비래에 의한 위험방지(안전보건규칙 제14조) : 작업으로 인하여 물체가 떨어지거나 날아올 위험이 있는 경우에는 ① 낙하물방지망, 수직보호망 또는 방호선반의 설치, ② 출입금지구역의 설정, ③ 보호구의 착용 등을 위험방지하기 위하여 필요한 조치를 하여야 한다.

Answer ◐ 01. ④ 02. ④ 03. ① 04. ③ 05. ① 06. ④

07
추락방지용 방망의 기준으로 맞지 않은 것은?

① 방망의 재료는 합성섬유로 한다.
② 그물코는 가로, 세로가 12cm 이하로 한다.
③ 그물바닥은 어긋나지 않는 구조일 것
④ 망테두리와 매다는 망과의 연결은 3회 이상을 엮어 묶는다.

해설

방망의 구조 및 치수(추락재해표준안전작업지침) : 방망은 망, 테두리 로프, 달기 로프, 시험용사로 구성되어진 것으로서 각 부분은 다음 각 호에 정하는 바에 적합하여야 한다.
① **소재** : 합성섬유 또는 그 이상의 물리적 성질을 갖는 것이어야 한다.
② **그물코** : 사각 또는 마름모로서 그 크기는 10cm 이하이어야 한다.
③ **방망의 종류** : 매듭방망으로서 매듭은 원칙적으로 단매듭을 한다.
④ **테두리 로프와 방망의 재봉** : 테두리 로프는 각 그물코를 관통시키고 서로 중복됨이 없이 재봉사로 결속한다.
⑤ **테두리 로프 상호의 접합** : 테두리 로프를 중간에서 결속하는 경우는 충분한 강도를 갖도록 한다.
⑥ **달기 로프의 결속** : 달기 로프는 3회 이상 엮어 묶는 방법 또는 이와 동등 이상의 강도를 갖는 방법으로 테두리 로프에 결속하여야 한다.
⑦ 시험용사는 방망 폐기시에 방망사의 강도를 점검하기 위하여 테두리 로프에 연하여 방망에 재봉한 방망사이다.

08
추락방지용 방망의 그물코가 10cm일 때 망사의 강도로 적당한 것은?

① 80kg   ② 100kg
③ 110kg   ④ 200kg

해설

방망사의 강도(추락재해 표준안전작업지침) : 방망사는 시험용사로부터 채취한 시험편의 양단을 인장시험기로 시험하거나 또는 이와 유사한 방법으로서 등속인장시험을 한 경우 그 강도는 다음에 정한 값 이상이어야 한다.
(1) 방망사의 신품에 대한 인장강도

그물코의 크기 (단위 : cm)	방망의 종류(단위 : kg)	
	매듭 없는 방망	매듭 방망
10	240	200
5		110

(2) 방망사의 폐기시 인장강도

그물코의 크기 (단위 : cm)	방망의 종류(단위 : kg)	
	매듭 없는 방망	매듭 방망
10	150	135
5		60

09
근로자의 추락 위험성이 많은 통로나 작업장에 근로자의 추락을 방지하기 위하여 조치하여야 할 사항 중 가장 중요한 것은 어느 것인가?

① 감시인 배치   ② 울타리 설치
③ 안전모 착용   ④ 보호망 설치

10
안전대의 로프 사용법으로 맞지 않는 것은?

① 로프를 지지하는 구조물의 높이는 높게 선정하는 것이 좋다.
② 신축조절기를 이용하여 가능한 로프의 길이를 길게 한다.
③ 추락 후 진자상태가 되었을 경우, 물체에 부딪히지 않는 위치에 설치한다.
④ 바닥면에서 로프 길이 2배 이상의 위치에 설치한다.

해설

신축조절기를 이용하여 가능한 한 작업자의 신체에 적합하게 로프의 길이를 조정하여 짧게 하여야 한다.

11
추락시 로프의 지지점에서 최하단까지의 거리 h를 구하는 식으로 옳은 것은?

① h = 로프의 길이 + 신장
② h = 로프의 길이 + 신장/2
③ h = 로프의 길이(1 + 신장률) + 신장
④ h = 로프의 길이(1 + 신장률) + 신장/2

해설

h = 로프의 길이 + (로프의 길이 × 신장률) + (근로자의 신장 × 1/2)
∴ h = 로프의 길이(1 + 신장률) + 신장/2

Answer ➡ 07. ② 08. ④ 09. ④ 10. ② 11. ④

12
추락시 로프의 지지점에서 최하단까지의 거리 h를 구하면? (단, 로프의 길이 150cm, 로프의 신장률은 30% 근로자의 신장은 180cm이다)

① 2.70m ② 2.85m
③ 3.00m ④ 3.15m

해설
추락시 로프의 지지점에서 최하단까지의 거리(h) = 로프의 길이 + (로프의 길이 × 신장률) + (근로자의 신장 × 1/2)
∴ h = 1.5 + (1.5 × 0.3) + (1.8 × 1/2) = 2.85m

13
비계로부터 추락과 관계가 먼 것은?

① 작업발판의 폭이 좁았다.
② 덮개가 없었다.
③ 비계 위로 올라갔다.
④ 난간이 없었다.

해설
비계로부터의 추락재해 발생원인
① 난간이 없었다.
② 작업대의 발판이 좁았다.
③ 비계와 구조체 사이의 연결로가 불비했다.
④ 비계에 매달려서 올라갔다.
⑤ 난간을 제거한 채로 작업했다.
⑥ 비계 발판의 고정이 나쁘고 어긋났다.
⑦ 외줄 비계에서 안전대를 사용하지 않았다.

14
이동식 사다리로부터 추락과 관계가 먼 것은?

① 브레이크를 사용하지 않았다.
② 사다리 상부의 거는 방법이 나빴다.
③ 격자의 재료가 꺾였다.
④ 작업방법이 나빴다.

해설
이동식 사다리에서의 추락재해 발생원인
① 사다리가 바닥에 미끄러져서 넘어졌다.
② 사다리의 구조가 나빴다.
③ 작업동작이 나빴다.
④ 사다리 상부의 고정이 나빴다.
⑤ 사다리 재료가 나빠서 꺾어졌다.

15
해체작업 중의 추락과 관계가 먼 것은?

① 강풍이 불 때 작업을 했다.
② 해체작업 순서가 잘못되었다.
③ 구명줄, 안전모, 안전대를 사용하지 않았다.
④ 지반이 나빴다.

해설
해체작업 중의 추락재해 발생원인
① 야간 작업시에 조명이 부족했다.
② 빔 위에서 이동 중에 비 때문에 발이 미끄러졌다.
③ 승강설비가 있음에도 이용하지 않았다.
④ 강풍 아래서 작업을 실시했다.
⑤ 상부에서 공구가 떨어져서 신체를 타격했다.
⑥ 해체작업 순서가 틀렸다.
⑦ 안전망 또는 구명줄, 안전모를 사용하지 않았다.
⑧ 크레인의 화물이 요동하거나 신체에 닿았다.
⑨ 해체 작업자와 신호자의 신호가 충분하지 않았다.

16
다음 설명 중 추락재해의 원인과 방지대책으로 맞지 않은 것은?

① 일반적으로 추락은 작업자의 고소(高所)에 있어서의 작업행동이 나쁜데 원인이 있다.
② 작업장에서의 신발은 미끄러지기 쉽고 벗겨지기 쉬운 신발을 신지 않는다.
③ 사다리는 평면에 대하여 75°로 하고, 사다리의 상부는 90cm 가량 위로 나오게 한다.
④ 개구부, 피트는 특히 조명을 잘하고, 노란 헝겊을 매달아서 표시한다.

해설
③항의 경우, 사다리의 상부는 걸친 지점으로부터 60cm 이상 올라가도록 한다.

17
터널공사시에 가연성 가스 농도의 이상상승을 조기에 파악키 위해 작업시작 전에 자동경보장치를 점검해야 할 사항이 아닌 것은?

① 계기의 이상 유무 ② 발열 여부
③ 검지부 이상 유무 ④ 경보장치 작동상태

Answer ➡ 12. ② 13. ② 14. ① 15. ④ 16. ③ 17. ②

해설

자동경보장치의 설치 등(안전보건규칙 350조)
(1) 인화성 가스가 존재하여 폭발이나 화재가 발생할 위험이 있는 경우에는 인화성 가스 농도의 이상상승을 조기에 파악하기 위하여 그 장소에 자동경보장치를 설치하여야 한다.
(2) 자동경보장치에 대하여 당일의 작업시작 전 다음 각 호의 사항을 점검하고, 이상을 발견하면 즉시 보수하여야 한다.
  ① 계기의 이상 유무
  ② 검지부의 이상 유무
  ③ 경보장치의 작동상태

18
다음 중 터널작업 시의 낙반에 의한 위험방지 조치사항이 아닌 것은?

① 출입구 부근에 방호망 설치
② 출입금지구역 설정
③ 시계(視界) 유지
④ 부석의 낙하지역에 일정통로 설정

해설

터널작업 시의 낙반 등에 의한 위험 방지조치사항(안전보건규칙)
(1) 터널 지보공, 록볼트의 설치, 부석의 제거 등의 조치
(2) 출입구 부근 등에 흙막이 지보공이나 방호망 설치
(3) 관계근로자 외의 자의 출입금지
(4) 시계유지(환기를 하거나 물을 뿌린다)
(5) 규정준용
  ① 위험작업 시에 굴착기계 등의 사용금지
  ② 운반기계의 운행으로 인한 위험방지
  ③ 운반기계 등의 작업 시에 유도자 배치
(6) 가스 제거 등의 조치
(7) 용접 등, 작업시의 조치
(8) 점화물질 휴대금지
(9) 방화담당자의 지정 등
(10) 소화설비 설치
(11) 위험 시 작업의 중지 및 대피

19
다음 중 낙반 재해에 대한 방지공법으로 적당하지 않은 것은?

① 지보공을 설치한다.
② 출입구 부근에 방호망을 설치한다.
③ 터널 지보공의 주재는 이중평면 내에 설치한다.
④ 출입을 통제한다.

해설

터널 지보공을 조립하거나 변경하는 경우에는 주재를 구성하는 1세트의 부재는 동일평면 내에 배치할 것

20
터널공사장에서 터널출입구 부근의 지반이 붕괴 또는 토석낙하에 의하여 근로자가 위해를 입을 우려가 있을 때 위험을 방지하기 위한 조치는 다음 중 어느 것이 적당한가?

① 터널 지보공 설치
② 라이닝
③ 감시인의 배치
④ 흙막이 지보공 설치

해설

출입구 부근 등의 지반붕괴에 의한 위험방지 :
터널 등의 건설작업을 할 때에 터널 등의 출입구 부근의 지반의 붕괴나 토석의 낙하에 의하여 근로자가 위험해질 우려가 있는 경우에는 흙막이 지보공이나 방호망을 설치하는 등 위험을 방지하기 위하여 필요한 조치를 하여야 한다.

21
터널 지보공 조립시에 위험방지를 위하여 준수할 사항이 아닌 것은?

① 기둥에는 침하방지 받침목을 사용한다.
② 강 아치 지보공의 조립은 2.5m 이하로 할 것
③ 목재 지주식 지보공은 양 끝에 받침대를 설치할 것
④ 목재 부재의 접속부는 꺾쇠 등으로 고정할 것

해설

터널지보공의 조립시 위험방지 조치사항
(1) 기둥에는 침하를 방지하기 위하여 받침목을 사용하는 등의 조치를 할 것
(2) 강 아치 지보공의 조립은 다음 각목의 정하는 바에 의할 것
  ① 조립간격은 조립도에 따를 것
  ② 주재가 아치작용을 충분히 할 수 있도록 쐐기를 박는 등 필요한 조치를 할 것
  ③ 연결 볼트 및 띠장 등을 사용하여 주재 상호 간을 튼튼하게 연결할 것
  ④ 터널 등의 출입구 부분에는 받침대를 설치할 것
  ⑤ 낙하물이 근로자에게 위험이 미칠 우려가 있는 경우에는 널판 등을 설치할 것

Answer ➡ 18. ④ 19. ③ 20. ④ 21. ②

(3) 목재 지주식 지보공은 다음 각 목의 사항을 따를 것
   ① 주기둥은 변위를 방지하기 위하여 쐐기 등을 사용하여 지반에 고정시킬 것
   ② 양끝에는 받침대를 설치할 것
   ③ 터널 등의 목재 지주식 지보공에 세로방향의 하중이 걸림으로써 넘어지거나 비틀어질 우려가 있는 경우에는 양끝 외의 부분에도 받침대를 설치할 것
   ④ 부재의 접속부는 꺾쇠 등으로 고정시킬 것
(4) 강아치 지보공 및 목재지주식 지보공 외의 터널 지보공에 대하여는 터널 등의 출입구 부분에 받침대를 설치할 것

22
강아치지보공의 조립 시에 준수해야 할 사항이 아닌 것은?

① 조립간격은 1.6m 이하로 할 것
② 연결볼트를 사용하여 주재 상호 간을 튼튼하게 연결할 것
③ 출입구 부분에는 받침대를 설치할 것
④ 낙하물 위험방지를 위해 널판을 설치할 것

해설
강아치지보공 조립시, 조립간격은 1.5m 이하로 해야 된다.

23
터널 지보공을 설치할 때 수시로 점검해야 할 사항이 아닌 것은?

① 부재의 긴압정도
② 기둥침하의 유무 및 상태
③ 부재의 접속부 및 교차부 상태
④ 부재의 강도

해설
붕괴 등의 방지(안전보건규칙) : 터널 지보공을 설치한 경우에는 다음 각 호의 사항을 수시로 점검하여야 하며, 이상을 발견한 때에는 즉시 보강하거나 보수하여야 한다.
① 부재의 손상·변형·부식·변위 탈락의 유무 및 상태
② 부재의 긴압의 정도
③ 부재의 접속부 및 교차부의 상태
④ 기둥침하의 유무 및 상태

24
채석작업시의 계획서에 포함시켜야 될 사항이 아닌 것은?

① 부재의 긴압정도
② 암석의 가공장소
③ 발파방법
④ 굴착면의 높이와 구배

해설
채석작업의 작업계획의 작성 내용(안전보건규칙)
① 노천굴착과 갱내굴착의 구별 및 채석방법
② 굴착면의 높이와 기울기
③ 굴착면의 소단의 위치와 넓이
④ 갱 내에서의 낙반 및 붕괴방지의 방법
⑤ 발파방법
⑥ 암석의 분할방법
⑦ 암석의 가공장소
⑧ 사용하는 굴착기계·분할기계·적재기계 또는 운반기계 (이하 "굴착 기계 등")의 종류 및 성능
⑨ 토석 또는 암석의 적재 및 운반방법과 운반경로
⑩ 표토 또는 용수의 처리방법

> **길잡이**
> 부재의 긴압정도는 터널 지보공 설치시에 수시로 점검하여야 할 사항이다.

25
채석작업에 있어서 붕괴 또는 낙하에 의해 근로자에게 위험이 미칠 우려가 있을 때 설치해야 하는 것은?

① 건널다리   ② 덮개
③ 손잡이   ④ 방호망

해설
붕괴 등에 의한 위험방지(안전보건규칙 제372조) : 채석작업 (갱내에서의 작업을 제외한다)을 하는 경우에 붕괴 또는 낙하에 의하여 근로자를 위험하게 할 우려가 있는 토석·입목 등을 미리 제거하거나 방호망을 설치하는 등 위험을 방지하기 위하여 필요한 조치를 하여야 한다.

26
낙반의 위험이 있는 장소에서 작업을 실시할 때에는 어떠한 조치를 해야 하는가?

① 작업장소의 안전한 경사를 유지한다.
② 토사의 유출방지의 설비를 한다.
③ 낙반의 원인이 되는 누수, 지하수 등을 배제할 것
④ 지주 기타 낙반방지를 위한 설비를 하여야 한다.

Answer ● 22. ① 23. ④ 24. ① 25. ④ 26. ④

해설

낙반 등에 의한 위험방지(안전보건규칙 제373조) : 갱내에서 채석작업을 하는 경우로서 암석·토사의 낙하 또는 측벽의 붕괴로 인하여 근로자에게 위험이 발생할 우려가 있는 경우에 동바리 또는 버팀대를 설치한 후 천장을 아치형으로 하는 등 그 위험을 방지하기 위한 조치를 하여야 한다.

27
굴착기계로 채석작업시에 후진하여 접근하거나 전락할 우려가 있을 때 누구를 배치하여 사고를 방지하여야 하는가?

① 작업지휘자 ② 안전담당자
③ 감시인 ④ 유도자

해설

굴착기계 등의 유도(안전보건규칙) : 채석작업을 할 때에 굴착기계 등이 근로자의 작업장소에 후진하여 접근하거나 전락할 우려가 있는 때에는 유도자를 배치하고 굴착 기계 등을 유도하여야 하며, 굴착기계 등의 운전자는 유도자의 유도에 따라야 한다.

28
잠함 또는 우물통 내부에서 굴착작업을 할 때 바닥으로부터 천정 또는 보까지의 높이로 맞는 것은?

① 0.9m 이상 ② 1.2m 이상
③ 1.5m 이상 ④ 1.8m 이상

해설

급격한 침하로 인한 위험방지(안전보건규칙 제376조) : 잠함 또는 우물통의 내부에서 근로자가 굴착작업을 하는 경우에 잠함 또는 우물통의 급격한 침하에 의한 위험을 방지하기 위하여 다음 각 호의 사항을 준수하여야 한다.
① 침하관계도에 따라 굴착방법 및 재하량 등을 정할 것
② 바닥으로부터 천정 또는 보까지의 높이는 1.8m 이상으로 할 것

29
잠함 내부굴착작업시의 준수사항으로 틀린 것은?

① 산소농도 측정
② 승강설비 설치
③ 굴착깊이 10m 초과시의 통신설비 설치
④ 굴착깊이 20m 초과 시의 공기 송급

해설

잠함 등 내부에서의 작업(안전보건규칙 제377조)
(1) 잠함, 우물통, 수직갱 그 밖에 이와 유사한 건설물 또는 설비(이하 "잠함 등"이라 한다)의 내부에서 굴착작업을 하는 경우에는 다음 각 호의 사항을 준수하여야 한다.
① 산소결핍의 우려가 있는 경우에는 산소의 농도를 측정하는 사람을 지명하여 측정하도록 할 것
② 근로자가 안전하게 오르내리기 위한 설비를 설치할 것
③ 굴착 깊이가 20m를 초과하는 경우에는 해당 작업장소와 외부와의 연락을 위한 통신설비 등을 설치할 것
(2) 산소농도 측정결과 산소의 결핍이 인정되거나 굴착 깊이가 20m를 초과하는 경우에는 송기를 위한 설비를 설치하여 필요한 양의 공기를 공급해야 한다.

30
산소결핍 위험장소에서 작업할 때 산소농도는 몇 % 이상이어야 하는가?

① 16% ② 17%
③ 18% ④ 19%

해설

공기 중의 산소농도는 18% 이상이 되도록 신선한 공기를 환기하여야 한다.

31
기둥에 달아서 수평으로 구멍을 뚫는 착암기는?

① 하향착암기 ② 상향착암기
③ 횡향착암기 ④ 햄머착암기

해설

착암기의 종류별 특징
① 충격착암기(Percussion or piston drill) : 끌의 날끝을 피스톤의 끝에 달고 피스톤의 운동과 함께 끌 자신이 왕복운동을 하여 암석을 타격함으로써 천공을 할 수 있는 장치이다.
② 해머착암기(Hammer drill) : 피스톤과 끌이 분리되어 있고 피스톤의 왕복운동에 의하여 끌에 타격을 주는 장치로 되어 있다. 타 착암기보다 가볍고 취급이 용이하고 동력의 소비량이 적어 일반적으로 널리 사용되고 있다.
③ 횡향착암기(Drifter) : 기둥에 달아서 수평으로 구멍을 뚫는 착암기이다.
④ 상향착암기(Stoper) : 스텐드 또는 3각에 장치하여 상향으로 착암하는 기계이다.
⑤ 하향착암기(Jack hammer drill of sinker) : 소형으로 되어 있어 취급이 용이하고 손으로 잡고 천공할 수 있어 편리하다. 컴프레서는 가솔린 또는 디젤엔진을 사용한다.

Answer ● 27. ④ 28. ④ 29. ③ 30. ③ 31. ③

32
다음 그림과 같이 굴착하는 도갱은?

① 저설도갱 ② 정설도갱
③ 측벽도갱 ④ 저하도갱

해설
도갱이란 굴착단면부위를 먼저 굴진하는 것으로, 보통 높이와 폭이 1.8~2m 정도이며, 위치에 따른 도갱의 분류는 다음 그림과 같다.

측벽   중심도갱 정설도갱 저설도갱 저하도갱 평행도갱

33
터널굴착의 종류가 아닌 것은?

① BENCH 식 ② 상부개착식
③ 축권식   ④ 전진도갱식(PIONIA 식)

해설
터널굴착공법의 종류별 특징

명 칭	장 점	단 점
미국식 (Bench식)	대형의 설비를 사용하므로 진행이 빠르다.	굴진도중 지질이 불량할 때 방법을 바꾸기가 곤란하다.
상부개착식	도갱 이외는 일개벽면이므로 폭발을 요하지 않는다.	
전진도갱식 (Pionia)	진행이 매우 양호 통풍이 특히 양호하다.	터널을 2개 굴착하는 것
일본식	순서적으로 동바리 공을 할 수 있다. 지반을 교란시키지 않으며, 지질불량일 때는 역권법으로 바꿀 수 있다.	전하적송에 구교를 필요로 한다.
신오스트리아식 (New Austria)	지질이 건강해지면 곧 bench 식으로 바꿀 수 있다.	지반을 교란시키는 경우가 일본식보다 더 많다.
독일식	동바리 공의 재료가 적게 든다.	좁은 곳에서 작업이 곤란하여 공비가 더 든다.
벨기에식	진행이 능률적이고 비교적 안전하다.	아치 콘크리트가 약해지기 쉽다. Invert 측벽의 복공이 곤란하다.
이태리식	상단과 하단이 전연 따로 나누어 작업할 수 있다. Invert를 제일 먼저 축조할 수 있다.	공비가 다액이다.
오스트리아식	축조	

34
지표면에서 소정의 위치까지 파 내려간 두 구조물을 축조하고 되메운 후에 지표면을 원래 상태로 복구시키는 공법은?

① NATM 공법
② 개착식 터널공법(open cut and cover)
③ half cut 공법
④ 침매공법(sunken tube method)

해설
개착식 터널공법의 설명에 해당되며, 지질 또는 입지조건에 따라 복공식, 무복공식, V형 cut공법으로 분류되기도 한다.

35
굴착공사의 중대재해 다발이유 중 틀린 것은?

① 공사량이 많고 암반의 낙석, 붕괴의 위험성이 높다.
② 굴착방법 및 시공장비가 다양하다.
③ 토사의 안정조건이 다르다.
④ 지반이 지역 및 위치에 따라 유사하다.

해설
④항의 경우, 지반이 지역 및 위치에 따라 판이한 점이 중대재해 다발이유가 된다.

36
굴착작업에 있어서 지반의 붕괴 또는 매설물 기타 지하 공작물의 손괴 등에 의하여 근로자에게 위험을 미칠 우려가 있을 때 작업장소 및 주변 지반조사 사항이 아닌 것은?

① 형상, 지질 및 지층의 상태
② 매설물 등의 유무 또는 상태
③ 지반의 지표수위 상태
④ 균열, 함수, 용수 및 동결의 유무 또는 상태

Answer ● 32. ② 33. ③ 34. ② 35. ④ 36. ③

해설

작업장소 등의 조사(안전보건규칙) : 지반의 굴착작업에 있어서 지반의 붕괴 또는 매설물 기타 지하공작물(이하 "매설물 등"이라 한다)의 손괴 등에 의하여 근로자에게 위험을 미칠 우려가 있는 때에는 미리 작업장소 및 그 주변의 지반에 대하여 보링 등 적절한 방법으로 다음 각 호의 사항을 조사하여 굴착시기와 작업순서를 정하여야 한다.
① 형상 · 지질 및 지층의 상태
② 균열 · 함수 · 용수 및 동결의 유무 또는 상태
③ 매설물 등의 유무 또는 상태
④ 지반의 지하수위 상태

37
굴착작업에서 지반의 안전성을 위하여 조치해야 할 사항으로 옳지 않은 것은?

① 형상, 지질 및 지층의 상태
② 균열, 함수, 용수 및 동결의 유무 또는 상태
③ 매설물 등의 유무 또는 상태
④ 지반의 지상배수 상태

해설

④항의 내용은 지반의 지하수위 상태를 조사하여 조치해야 된다는 것이 옳은 말이다.

38
굴착작업을 할 때 지반의 붕괴에 의한 위험을 방지하기 위해 안전담당자가 작업시작 전에 점검해야 할 사항이 아닌 것은?

① 작업장소 선정
② 부석, 균열 유무점검
③ 작업순서 결정
④ 함수, 용수 및 동결 상태

해설

토석붕괴 위험방지(안전보건규칙 제339조) : 굴착작업을 하는 경우에는 지반의 붕괴 또는 토석의 낙하에 의한 근로자의 위험을 방지하기 위하여 관리감독자로 하여금 작업시작 전에 작업장소 및 그 주변의 부석 · 균열의 유무, 함수 · 용수 및 동결상태의 변화를 점검하도록 하여야 한다.

39
굴착면의 구배기준으로 틀린 것은?

① 풍화암 1 : 1.0
② 경암 1 : 0.5
③ 모래 1 : 1.8
④ 연암 1 : 0.4

해설

지반 등의 인력굴착시 위험방지 : 지반 등을 인력으로 굴착하는 때에는 굴착면의 구배를 다음 기준에 적합하도록 하여야 한다.

구 분	지반의 종류	구 배
보통 흙	모래	1 : 1.8
	그밖의 흙	1 : 1.2
암반	풍화암	1 : 1.0
	연암	1 : 1.0
	경암	1 : 0.5

40
굴삭한 토사나 암석이 떨어지는 것을 막기 위해 설치하는 것을 무엇이라 하는가?

① 소울저 빔(soldier beam)
② 띠장(wale)
③ 버팀대(strut)
④ 지보공(support timbering)

해설

지반의 붕괴 등에 의한 위험방지(안전보건규칙)
① 사업주는 굴착작업에 있어서 지반의 붕괴 또는 토석의 낙하에 의하여 근로자에게 위험을 미칠 우려가 있는 경우에는 미리 흙막이 지보공의 설치, 방호망의 설치 및 근로자의 출입금지 등 그 위험을 방지하기 위하여 필요한 조치를 하여야 한다.
② 사업주는 비가 올 경우를 대비하여 측구를 설치하거나 굴착사면에 비닐을 덮는 등 빗물 등의 침투에 의한 붕괴재해를 예방하기 위하여 필요한 조치를 하여야 한다.

41
다음은 토사붕괴로 인한 재해를 방지하기 위한 흙막이 지보공 설비이다. 이 중 옳지 않은 것은?

① 말뚝
② 버팀대
③ 띠장
④ 턴버클

해설

흙막이 지보공의 조립도(안전보건규칙)
① 사업주는 흙막이 지보공을 조립하는 경우 미리 조립도를 작성하여 그 조립도에 의하여 조립하도록 하여야 한다.
② 조립도는 흙막이판 · 말뚝 · 버팀대 및 띠장 등 부재의 배치 · 치수 · 재질 및 설치방법과 순서가 명시되어야 한다.

Answer ➡ 37. ④ 38. ③ 39. ④ 40. ④ 41. ④

42
흙막이 지보공을 조립할 때 조립도에 명시되어야 할 것이 아닌 것은?

① 부재명칭
② 부재설치순서
③ 부재치수
④ 부재배치

해설

흙막이 지보공 조립시 조적도에 포함되는 사항
1) ②, ③, ④항
2) 부재의 재질

43
흙막이 지보공을 설치시에 점검해야 할 사항이 아닌 것은?

① 버팀대의 긴압 정도
② 침하 정도
③ 형상, 지질 및 지층의 상태
④ 부재의 손상, 변형유무 및 상태

해설

붕괴 등의 위험방지 : 흙막이 지보공을 설치할 때에는 정기적으로 다음 각 호의 사항을 점검하고, 이상을 발견하면 즉시 보수하여야 한다.
① 부재의 손상 · 변형 · 부식 · 변위 및 탈락의 유무와 상태
② 버팀대의 긴압의 정도
③ 부재의 접속부 · 부착부 및 교차부의 상태
④ 침하의 정도

44
발파작업시의 관리감독자의 직무사항이 아닌 것은?

① 근로자 대피지시
② 대피장소 및 경로지시
③ 공기압축기의 안전밸브 유무 점검
④ 점화 후 위험구역 내 근로자 대피 확인

해설

발파작업시 관리감독자의 직무(안전보건규칙 별표 2)
① 점화전에 점화작업에 종사하는 근로자 외의 자의 대피를 지시하는 일
② 점화작업에 종사하는 근로자에 대하여 대피 장소 및 경로를 지시하는 일
③ 점화전에 위험구역 내에서 근로자가 대피한 것을 확인하는 일
④ 점화순서 및 방법에 대하여 지시하는 일
⑤ 점화신호를 하는 일
⑥ 점화작업에 종사하는 근로자에게 대피신호를 하는 일
⑦ 발파 후 터지지 않은 장약이나 남은 장약의 유무, 용수의 유무 및 암석 · 토석의 낙하 여부 등을 점검하는 일
⑧ 점화하는 사람을 정하는 일
⑨ 공기압축기의 안전밸브 작동유무를 점검하는 일
⑩ 안전모 등 보호구 착용상황을 감시하는 일

45
토공사 착수 전에 실시해야 할 조사 사항 중 지형조사의 일반적인 안전점검 사항 중 틀린 것은?

① 지형의 형태 및 우수, 배수의 처리확인 점검
② 토취장 및 토사장의 지형 및 위치확인 점검
③ 공사용 가설물의 배치 및 위치점검 확인
④ 흙의 물리적 성질 및 용해성 성질 분석

해설

④항의 경우에는 토공사 착수 전이 아니라, 토공계획시에 지반의 사전조사 항목에 포함될 내용이다.

46
토사굴착 작업시에 안전상 고려할 사항으로 옳지 않은 것은?

① 흙깎기는 될 수 있는 대로 중력을 이용하는 방법으로 한다.
② 작업면적을 될 수 있는 대로 좁게 해야 한다.
③ 싣기 높이는 1m 이상이면 인력으로는 힘들므로 싣기 높이를 될 수 있으면 낮게 해야 한다.
④ 지형과 지질에 따라서 굴착방식을 선택하여야 한다.

해설

굴착폭은 작업 및 대피가 용이하도록 충분한 넓이를 확보하여야 하며, 굴착 깊이가 2m 이상일 경우에는 1m 이상의 폭으로 한다.

47
배수시설을 충분히 실시하여 지하용수는 물론이고 지표수가 토사에 아무런 영향을 미치지 못하도록 하는 것은 다음의 어느 경우에 대한 대책인가?

① 토사붕괴
② 옥외통로
③ 전기배선
④ 수도배관

Answer ▶ 42.① 43.③ 44.④ 45.④ 46.② 47.①

48
흙막이 말뚝에 대한 지하수 재해방지상 유의하여야 할 점을 기술한 것 중 틀린 것은?

① 토압, 수압, 적재하중 등에 대해서 상정한 것과 시공 중의 관찰 측정의 결과를 비교 검토한다.
② 흙막이, 말뚝의 근입길이를 짧게하여 히빙, 보링 현상을 방지한다.
③ 지하수, 폭류수 등의 상황을 고려하여 충분한 지수효과를 갖게 하는 조치를 검토한다.
④ 누수, 출수의 조기발견에 힘써야 하며, 우려가 있을 경우에는 적적한 조치를 취한다.

해설
②항의 경우에 흙막이, 말뚝의 근입길이를 깊게 하여야만 히빙, 보링현상을 방지할 수 있다.

49
지반의 전단강도가 감소하는 원인이 아닌 것은?

① 점토지반의 흡수
② 간극수압의 증대
③ 점토지반의 진동 및 충격
④ 동결토의 융해

해설
사면의 안전을 위한 흙의 전단응력이 감소하는 원인
① 간극수압의 증대
② 장기응력에 대한 소성변형
③ 동결토의 융해
④ 흡수에 의해 점토면의 흡수팽창, 소성감소
⑤ 사질토에 따른 진동 또는 충격
⑥ 수축, 팽창 또는 인장으로 균열이 발생
⑦ 흙의 건조에 의해 사질토, 유기질토의 점착력의 소실

길잡이
(1) 흙의 전단응력이 증가하는 원인
  ① 인공 또는 자연력에 의해 지하공동의 형성
  ② 사면의 구배가 자연구배보다 급경사일 때
  ③ 지진, 폭파, 기계 등에 의한 진동 및 충격
  ④ 함수량의 증가에 따른 흙의 단위체적 중량의 증가
(2) 사면붕괴 방지의 안전대책
  ① 경점토 사면은 구배를 느리게 한다.
  ② 느슨한 모래의 사면은 지반의 밀도를 크게 한다.
  ③ 연약한 균질의 점토사면은 배수에 의하여 전단강도를 증가시킨다.
  ④ 암층은 배수가 잘 되도록 하며, 층이 얕을 때에는 말뚝을 박아서 정지시키도록 한다.
  ⑤ 모래층을 둘러싼 점토사면은 배수에 의하여 모래층의 함유수분을 배제한다.

50
토석붕괴 요인 중 외적 요인이 아닌 것은?

① 토석의 강도저하
② 사면, 법면 경사 및 구배의 증가
③ 절토 및 성토높이의 증가
④ 공사에 의한 진동 및 반복하중의 증가

해설
토석붕괴의 원인(고용노동부고시)
(1) 토석이 붕괴되는 외적 원인
  ① 사면, 법면의 경사 및 기울기의 증가
  ② 절토 및 성토 높이의 증가
  ③ 공사에 의한 진동 및 반복 하중의 증가
  ④ 지표수 및 지하수의 침투에 의한 토사 중량의 증가
  ⑤ 지진, 차량, 구조물의 하중작용
  ⑥ 토사 및 암석의 혼합층 두께
(2) 토석이 붕괴되는 내적 원인
  ① 절토 사면의 토질, 암질
  ② 성토 사면의 토질구성 및 분포
  ③ 토석의 강도 저하

51
토석붕괴방지를 위한 점검시기로 적당치 않은 것은?

① 작업 전후
② 비온 후
③ 지표수가 유입된 후
④ 인접작업구역에서 발파작업을 한 후

해설
토석 붕괴 방지를 위해 점검해야 할 사항
① 전 지표면의 답사
② 경사면의 지층 변화부 상황 확인
③ 부석의 상황 변화의 확인
④ 용수의 발생 유, 무 또는 용수량의 변화 확인
⑤ 결빙과 해빙에 대한 상황의 확인
⑥ 각종 경사면 보호공의 변위, 탈락 유, 무
⑦ 점검시기는 작업 전, 중, 후, 비온 후, 인접 작업구역에서 발파한 경우에 실시한다.

Answer ➡ 48. ② 49. ③ 50. ① 51. ③

52
비탈면은 강우나 용수 또는 풍화 등으로 채굴 유출되고 붕괴되므로 적당한 방법으로 보호하여야 한다. 다음 중 비탈면 보호공의 종류가 아닌 것은?

① 떼붙임
② 돌붙임
③ 더돋기
④ 돌망테입

해설

비탈면 보호공의 종류
(1) 떼입공법
　① 떼입(흙떼, 털떼)　② 줄떼공법　③ 평떼공법
(2) 식생에 의한 비탈면 보호
　① 씨앗뿌리기 공법　② 초식공법
(3) 기타 공법
　① 소일 시멘트(soil cement)공법
　② 시멘트 모르터 뿜어 붙이기 공법
　③ 콘크리트 블록과 돌 쌓기 공법
　④ 콘크리트 틀에 의한 공법
　⑤ 낙석방지책 공법
　⑥ 비탈면 배수공
　⑦ 비탈면의 활동방지(비탈 밑에 말뚝을 박든지 옹벽구축)
　⑧ 절취비탈면의 보호
　　㉠ 사질토인 경우 : 식수, 떼붙임(평떼), 돌쌓기 등을 실시한다.
　　㉡ 풍화암질인 경우 : 돌쌓기, 잡석콘크리트, 모르터 뿜어 붙이기, 흙막이 옹벽 등을 설치한다.
(4) 표면수, 용수 등의 처리에 의한 방법

53
토사붕괴의 예방대책으로 적합하지 않은 것은?

① 적절한 법면구배를 계획
② 지표수가 침수되지 않도록 배수
③ 지하수위를 높인다.
④ 부석의 상황변화 확인

해설

지하수위를 낮추는 것이 토사붕괴의 예방대책에 해당된다.

54
토석붕괴 방지공법 중 틀린 것은?

① 말뚝(강판, 형강, 콘크리트)을 박아서 지반을 강화
② 활동할 가능성이 있는 토석 제거
③ 지표수가 침투되지 않도록 배수시키고, 지하수위 저하를 위해 수평보링을 하여 배수
④ 비탈면, 법면의 상단을 다져서 활동이 안 되도록 저항을 만든다.

해설

토사붕괴예방을 위한 조치사항(고용노동부고시)
① 적절한 경사면의 기울기를 계획하여야 한다.
② 경사면의 기울기가 당초 계획과 차이가 발생되면 즉시 재검토하여 계획을 변경시켜야 한다.
③ 활동할 가능성이 있는 토석은 제거하여야 한다.
④ 경사면의 하단부에 압성토 등 보강공법으로 활동에 대한 저항대책을 강구하여야 한다.
⑤ 말뚝(강관, H형강, 철근콘크리트)을 타입하여 지반을 강화시킨다.

> **길잡이** 토석붕괴 방지공법(고용노동부고시)
> ① 활동할 가능성이 있는 토석은 제거하여야 한다.
> ② 비탈면 또는 법면의「하단」을 다져서 활동이 안 되도록 저항을 만들어야 한다.
> ③ 지표수가 침투되지 않도록 배수를 시키고 지하수위를 낮추기 위하여 수평보링을 하여 배수시켜야 한다.
> ④ 말뚝(강관, H형강, 철근콘크리트)을 박아서 지반을 강화시킨다.

55
토량의 활동 방지대책 중 틀린 것은?

① 수목벌채
② 전기화학적 공법
③ 옹벽설치
④ 지하수침투방지 공법처리

해설

수목벌채는 지하수위의 촉진, 토량의 인장력 감소, 응력감소 등으로 슬라이딩 현상을 촉진시키므로 토량의 활동 방지대책으로는 부적합하다.

56
옹벽의 안전기준에서 활동에 대하여 안전하기 위하여서는 활동에 대한 저항력이 수평력보다 몇 배 이상이 되어야 하는가?

① 0.5배
② 1.0배
③ 2.0배
④ 2.5배

해설

옹벽 설계시에 고려해야 할 활동에 대한 안전율은 2.0이며, 반면에 옹벽의 안전기준에서 전도에 대하여 안전하기 위해서는 저항력이 수평력보다 1.5배 이상이 되어야 한다.

Answer ● 52. ③　53. ③　54. ④　55. ①　56. ③

4장 건설 가시설물 안전

1 비계 설치기준

[1] 비 계

(1) 비계 : 건축공사시 고소에서 작업 발판과 작업 통로 확보를 주목적으로 하는 가설 구조물

(2) 비계의 종류

    1) 통나무비계   2) 강관비계
    3) 강관틀비계   4) 달비계
    5) 달대비계   6) 이동식비계
    7) 말비계(안장비계, 각주비계)   8) 시스템비계

(3) 비계가 갖추어야 할 3요소

    1) 안전성   2) 업성   3) 경제성

[2] 비계 조립 시 안전조치

(1) **통나무 비계**(지상높이 4층 이하 또는 12m 이하 건축물에 사용)

    1) 비계기둥의 간격 : 2.5m 이하(표준안전 작업지침에서는 1.8m 이하로 규정), 첫 번째 띠장은 지상으로부터 3m 이하에 설치할 것
    2) 침하 방지 조치 : 호박돌, 잡석, 깔판 등으로 보강, 지반이 연약할 경우는 매입고정할 것.
    3) 비계기둥의 이음
        ① 겹침 이음 : 1m 이상 서로 겹쳐서 2개소 이상을 묶을 것
        ② 맞댐이음 : 1.8m 이상의 덧 댐목을 사용하여 4개소 이상 묶을 것
    4) 벽이음 : 수직방향 5.5m 이하, 수평 방향 7.5m 이하
    5) 인장재와 압축재로 구성되어 있는 경우 인장재와 압축재의 간격 : 1m 이내

(2) **강관비계**

    1) 비계기둥의 미끄러짐, 침하방지조치 : 밑받침철물, 깔판, 깔목 등을 사용하여 밑둥 잡이 설치

2) 강관의 접속부 또는 교차부 : 부속 철물을 사용하여 접속하고 단단히 묶을 것.
3) 교차가새 : 기둥간격 10m마다 45° 방향으로 설치
4) 벽 이음 및 버팀대 설치
   ① 강관비계 조립 간격

강관비계종류	조립간격(단위 : m)	
	수직방향	수평방향
단관비계	5	5
틀비계(높이 5m 미만 제외)	6	8

   ② 인장재와 압축재로 구성 시는 인장재와 압축재의 간격을 1m 이내로 할 것

5) 비계기둥의 간격 : 보 방향(띠장방향)에서는 1.5m 이상 1.8m 이하, 간 사이 방향(장선방향)에서는 1.5m 이하
6) 띠장간격은 1.5m 이하, 첫 번째 띠장은 지상에서 2m 이하의 위치에 설치할 것
7) 비계 기둥간의 적재하중 : 400kg을 초과하지 않을 것
8) 31m 되는 비계기둥 밑 부분 : 비계기둥 2본을 강관으로 묶어세울 것.

(3) 강관틀비계

1) 비계기둥의 밑둥에는 밑받침 철물을 사용하여야 하며 밑받침에 고저차(高低差)가 있는 경우에는 조절형 밑받침철물을 사용하여 각각의 강관틀비계가 항상 수평 및 수직을 유지하도록 할 것
2) 높이가 20m를 초과하거나 중량물의 적재를 수반하는 작업을 할 경우에는 주틀 간의 간격을 1.8m 이하로 할 것
3) 주틀 간에 교차 가새를 설치하고 최상층 및 5층 이내마다 수평재를 설치할 것
4) 수직방향으로 6m, 수평방향으로 8m 이내마다 벽이음을 할 것
5) 길이가 띠장 방향으로 4m 이하이고 높이가 10m를 초과하는 경우에는 10m 이내마다 띠장 방향으로 버팀기둥을 설치할 것

(4) 달비계

1) 달비계에 사용하는 와이어로프의 사용금지사항
   ① 이음매가 있는 것
   ② 와이어로프의 한 꼬임[스트랜드(strand)를 말함]에서 끊어진 소선의 수가 10(%)이상 (비자전로프의 경우에는 끊어진 소선의 수가 와이어로프 호칭 지름의 6배 길이 이내에서 4개 이상이거나 호칭지름 30배 길이 이내에서 8개 이상) 인 것
   ③ 지름의 감소가 공칭지름의 7(%)를 초과하는 것
   ④ 꼬인 것
   ⑤ 심하게 변형 또는 부식된 것

⑥ 열과 전기충격에 의한 손상된 것

2) 달비계에 사용하는 달기체인의 사용금지사항
① 달기체인의 길이의 증가가 그 달기체인이 제조된 때의 길이의 5%를 초과한 것
② 링의 단면지름의 감소가 그 달기체인이 제조된 때의 해당 링의 지름의 10%를 초과하여 감소한 것
③ 균열이 있거나 심하게 변형된 것

3) 달비계에 사용하는 섬유로프 또는 섬유벨트의 사용금지사항
① 꼬임이 끊어진 것
② 심하게 손상되거나 부식된 것
③ 2개 이상의 작업용 섬유로프 또는 섬유벨트를 연결한 것
④ 작업높이보다 길이가 짧은 것

4) 작업판의 폭 : 40cm 이상으로 하고 틈새가 없도록 할 것

5) 달비계(곤돌라의 달비계는 제외)의 안전계수
① 달기와이어로프 및 달기강선의 안전계수 : 10 이상
② 달기체인 및 달기훅의 안전계수 : 5 이상
③ 달기강대와 달비계 하부 및 상부지점의 안전계수 : 강재의 경우 2.5 이상
목재의 경우 5 이상

(5) 달대비계 : 철골공사의 리벳치기, 볼트 작업시에 주로 이용되는 것으로 주체인 철골에 매달아서 작업발판을 만드는 비계로서 상하이동을 시킬 수 없는 것이다.

(6) 말비계를 조립하여 사용하는 경우 준수사항

1) 지주부재(支柱部材)의 하단에는 미끄럼 방지장치를 하고, 근로자가 양측 끝부분에 올라서서 작업하지 않도록 할 것
2) 지주부재와 수평면의 기울기를 75도 이하로 하고, 지주부재와 지주부재 사이를 고정시키는 보조부재를 설치할 것
3) 말비계의 높이가 2m를 초과하는 경우에는 작업발판의 폭을 40cm 이상으로 할 것

(7) 이동식 비계를 조립하여 작업을 하는 경우 준수사항

1) 이동식 비계의 바퀴에는 뜻밖의 갑작스러운 이동 또는 전도를 방지하기 위하여 브레이크·쐐기 등으로 바퀴를 고정시킨 다음 비계의 일부를 견고한 시설물에 고정하거나 아웃트리거(outrigger)를 설치하는 등 필요한 조치를 할 것
2) 승강용 사다리는 견고하게 설치할 것
3) 비계의 최상부에서 작업을 할 경우에는 안전난간을 설치할 것

4) 작업발판은 항상 수평을 유지하고 작업발판 위에서 안전난간을 딛고 작업을 하거나 받침대 또는 사다리를 사용하여 작업하지 않도록 할 것

5) 작업발판의 최대 적재하중은 250(kg)을 초과하지 않도록 할 것

(8) 걸침비계의 구조 : 선박 및 보트 건조작업에서 걸침비계를 설치하는 경우에는 다음 각 호의 사항을 준수하도록 할 것

1) 지지점이 되는 매달림부재의 고정부는 구조물로부터 이탈되지 않도록 견고히 고정할 것

2) 비계재료 간에는 서로 움직임, 뒤집힘 등이 없어야 하고, 재료가 분리되지 않도록 철물 또는 철선으로 충분히 결속할 것. 다만, 작업발판 밑 부분에 띠장 및 장선으로 사용되는 수평부재 간의 결속은 철선을 사용하지 않을 것

3) 매달림부재의 안전율은 4 이상일 것

4) 작업발판에는 구조검토에 따라 설계한 최대적재하중을 초과하여 적재하여서는 아니되며, 그 작업에 종사하는 근로자에게 최대적재하중을 충분히 알릴 것

2 가설통로 설치기준

[1] 통로의 설치 및 구조

(1) 통로의 설치

1) 사업주는 작업장으로 통하는 장소 또는 작업장 내에 근로자가 사용할 안전한 통로를 설치하고 항상 사용할 수 있는 상태로 유지하여야 한다.

2) 통로의 주요 부분에는 통로표시를 하고, 근로자가 안전하게 통행할 수 있도록 하여야 한다.

3) 통로면으로부터 높이 2m 이내에는 장애물이 없도록 하여야 한다.

4) **통로의 조명** : 75Lux 이상의 채광 또는 조명시설을 할 것

(2) 가설통로의 구조(가설통로 설치시 준수사항)

1) 견고한 구조로 할 것

2) 경사는 30도 이하로 할 것. 다만, 계단을 설치하거나 높이 2미터 미만의 가설통로로서 튼튼한 손잡이를 설치한 경우에는 그러하지 아니하다.

3) 경사가 15도를 초과하는 경우에는 미끄러지지 아니하는 구조로 할 것

4) 추락할 위험이 있는 장소에는 안전난간을 설치할 것. 다만, 작업상 부득이한 경우에는 필요한 부분만 임시로 해체할 수 있다.

5) 수직갱에 가설된 통로의 길이가 15m 이상인 경우에는 10m 이내마다 계단참을 설치할 것
6) 건설공사에 사용하는 높이 8m 이상인 비계다리에는 7m 이내마다 계단참을 설치할 것

(3) 가설계단

1) 계단의 강도 : 계단 및 계단참은 500kg/m²(매 m²당 500kg) 이상의 하중에 견딜 수 있는 강도를 가진 구조로 설치하여야 하며, 안전율(파괴응력도 / 허용응력도)은 4 이상으로 하여야 한다.
2) 계단의 폭 : 계단은 그 폭을 1m 이상으로 하여야 한다.(단, 급유용·보수용·비상용 계단 및 나선형 계단은 제외)
3) 계단참의 높이 : 높이가 3m를 초과하는 계단에 높이 3m 이내마다 너비 1.2m 이상의 계단참을 설치하여야 한다.
4) 천장의 높이 : 계단 설치시는 바닥면으로부터 높이 2m 이내의 공간에 장애물이 없도록 한다.(단, 급유용·보수용·비상용 계단 및 나선형 계단은 제외)
5) 계단의 난간 : 높이 1m 이상인 계단의 개방된 측면에 안전난간을 설치하여야 한다.

[2] 사다리 및 사다리식 통로

(1) 사다리의 구조

1) 옥외용 사다리 : 철재를 원칙으로 하며, 길이가 10m 이상인 때에는 5m 이내의 간격으로 계단참을 두어야 하고 사다리 전면의 사방 75cm 이내에는 장애물이 없을 것
2) 목재 사다리 : 발 받침대의 간격은 25~35cm로 하고 벽면과의 이격거리는 20cm이상으로 할 것
3) 철재 사다리 : 발 받침대는 미끄럼 방지장치를 하여야 하며 받침대의 간격은 25~35cm로 할 것

(2) 이동식 사다리

1) 길이가 6m를 초과하지 않을 것
2) 다리의 벌림은 벽 높이의 1/4 정도로 할 것
3) 벽면 상부로부터 최소 1m 이상의 연장길이가 있을 것.

(3) 사다리식 통로의 설치기준

1) 견고한 구조로 할 것
2) 심한 손상·부식 등이 없는 재료를 사용할 것
3) 발판의 간격은 일정하게 할 것
4) 발판과 벽과의 사이는 15cm 이상의 간격을 유지할 것

5) 폭은 30cm 이상으로 할 것
6) 사다리가 넘어지거나 미끄러지는 것을 방지하기 위한 조치를 할 것
7) 사다리의 상단은 걸쳐놓은 지점으로부터 60cm 이상 올라가도록 할 것
8) 사다리식 통로의 길이가 10m 이상인 경우에는 5m 이내마다 계단참을 설치할 것
9) 사다리식 통로의 기울기는 75° 이하로 할 것. 다만, 고정식 사다리식 통로의 기울기는 90° 이하로 하고, 그 높이가 7m 이상인 경우에는 바닥으로부터 높이가 2.5m 되는 지점부터 등받이울을 설치할 것
10) 접이식 사다리 기둥은 사용 시 접혀지거나 펼쳐지지 않도록 철물 등을 사용하여 견고하게 조치할 것

3 거푸집 설치 기준

[1] 거푸집에 작용하는 하중

(1) 거푸집 및 지보공(동바리) 설계시 고려해야 할 하중 (콘크리트공사표준 작업지침)

1) **연직방향 하중** : 거푸집, 지보공(동바리), 콘크리트, 철근, 작업원, 타설용 기계 기구, 가설설비 등의 중량 및 충격하중
2) **횡방향 하중** : 작업할 때의 진동, 충격, 시공오차 등에 기인되는 횡방향 하중 이외에 필요에 따라 풍압, 유수압, 지진 등
3) **콘크리트의 측압** : 굳지 않은 콘크리트의 측압
4) **특수하중** : 시공중에 예상되는 특수한 하중
5) 상기 1~4호의 하중에 안전율을 고려한 하중

(2) 거푸집의 연직방향 하중(W) 산정식

$$W = 고정하중 + 충격하중 + 작업하중 = (r \cdot t) + (1/2\, r \cdot t) + 150 \text{kg/m}^2$$

여기서, r : 철근콘크리트 비중(kg/m³)
t : 슬래브 두께(m)

1) **고정하중** : 콘크리트 자중(= 철근콘크리트 비중×슬래브 두께)
2) **충격하중** : 고정하중×1/2
3) **작업하중** : 작업원 중량+장비 및 가설설비의 등의 중량=150kg/m²

[2] 거푸집 재료 및 조립시 안전조치사항

(1) 거푸집 및 거푸집 동바리의 재료 : 변형, 부식, 심하게 손상된 것을 사용하지 않을 것

(2) 거푸집 동바리 조립 시 안전조치 사항(안전보건규칙 제332조)

1) 깔목의 사용, 콘크리트 타설, 말뚝 박기 등 동바리의 침하를 방지하기 위한 조치를 할 것
2) 개구부 상부에 동바리 설치 시 상부하중을 견딜 수 있는 견고한 받침대를 설치할 것
3) 동바리의 상하고정 및 미끄러짐 방지 조치를 하고, 하중의 지지 상태를 유지할 것
4) 동바리의 이음 : 동질 재료를 사용하여 맞댐 이음, 장부 이음을 할 것
5) 강재와 강재의 접속부 및 교차부는 볼트·클램프 등 전용철물을 사용하여 단단히 연결할 것
6) 곡면인 거푸집은 버팀대의 부착 등 그 거푸집의 부상을 방지하기 위한 조치를 할 것

(3) 깔판 및 깔목 등을 끼워서 계단형상으로 조립하는 거푸집 동바리에 대하여 준수할 사항

1) 거푸집의 형상에 따른 부득이한 경우를 제외하고는 깔판·깔목 등을 2단 이상 끼우지 않도록 할 것
2) 깔판·깔목 등을 이어서 사용할 경우에는 해당 깔판·깔목 등을 단단히 연결할 것
3) 동바리는 상·하부의 동바리가 동일 수직선상에 위치하도록 하여 깔판·깔목 등에 고정시킬 것

[3] 거푸집 동바리의 설치기준

(1) 거푸집의 동바리로 사용하는 강관의 설치기준(파이프 서포트 제외)

1) 높이 2m 이내마다 수평연결재를 2개 방향으로 만들고 수평연결재의 변위를 방지할 것
2) 멍에 등을 상단에 올릴 경우에는 해당 상단에 강재의 단판을 붙여 멍에 등을 고정시킬 것

(2) 거푸집의 동바리로 사용하는 파이프 서포트에 대한 설치기준

1) 파이프 서포트를 3개 이상 이어서 사용하지 않도록 할 것
2) 파이프 서포트를 이어서 사용할 경우에는 4개 이상의 볼트 또는 전용철물을 사용하여 이을 것
3) 높이가 3.5m를 초과할 때에는 높이가 2m 이내마다 수평연결재를 2개 방향으로 만들고 수평연결재의 변위를 방지할 것

(3) 거푸집의 동바리로 사용하는 강관틀에 대한 설치기준

1) 강관틀과 강관틀과의 사이에 교차가새를 설치할 것
2) 최상층 및 5층 이내마다 거푸집 동바리의 측면과 틀면의 방향 및 교차가새의 방향에서 5개 이내마다 수평연결재를 설치하고 수평연결재의 변위를 방지할 것

3) 최상층 및 5층 이내마다 거푸집 동바리의 틀면의 방향에서 양단 및 5개틀 이내마다 교차가새의 방향으로 띠장틀을 설치할 것
4) 멍에 등을 상단에 올릴 경우에는 해당 상단에 강재의 단판을 붙여 멍에 등을 고정시킬 것

(4) 거푸집의 동바리로 사용하는 조립강주에 대한 설치기준

1) 멍에 등을 상단에 올릴 경우에는 해당 상단에 강재의 단판을 붙여 멍에 등을 고정시킬 것
2) 높이가 4m를 초과하는 경우에는 높이 4m 이내마다 수평연결재를 2개 방향으로 설치하고 수평연결재의 변위를 방지할 것

(5) 거푸집의 동바리로 사용하는 목재에 대한 설치기준

1) 높이 2m 이내마다 수평연결재를 2개 방향으로 만들고 수평연결재의 변위를 방지할 것
2) 목재를 이어서 사용하는 경우에는 2개 이상의 덧댐목을 대고 4군데 이상 견고하게 묶은 후 상단을 보 또는 멍에에 고정시킬 것

(6) 시스템 동바리(규격화·부품화된 수직재, 수평재 및 가새재 등의 부재를 현장에서 조립하여 거푸집으로 지지하는 동바리 형식을 말함) 설치기준

1) 수평재는 수직재와 직각으로 설치하여야 하며, 흔들리지 않도록 견고하게 설치할 것
2) 연결철물을 사용하여 수직재를 견고하게 연결하고, 연결 부위가 탈락 또는 꺾어지지 않도록 할 것
3) 수직 및 수평하중에 의한 동바리 본체의 변위가 발생하지 않도록 각각의 단위 수직재 및 수평재에는 가새재를 견고하게 설치하도록 할 것
4) 동바리 최상단과 최하단의 수직재와 받침철물은 서로 밀착되도록 설치하고 수직재와 받침철물의 연결부의 겹침길이는 받침철물 전체길이의 3분의 1 이상 되도록 할 것

[4] 거푸집 동바리의 조립 또는 해체작업

(1) 거푸집 동바리를 고정하거나 조립 또는 해체작업을 할 때 관리감독자의 직무

1) 안전한 작업방법을 결정하고 작업을 지휘하는 일
2) 재료·기구의 결함유무를 점검하고 불량품을 제거하는 일
3) 작업중 안전대 및 안전모등 보호구 착용상황을 감시하는 일

(2) 기둥·보·벽체·슬리브 등의 거푸집 동바리 등의 조립 또는 해체작업을 하는 때 준수할 사항

1) 해당 작업을 하는 구역에는 관계근로자가 아닌 사람의 출입을 금지시킬 것
2) 비, 눈 그 밖의 기상상태의 불안정으로 날씨가 몹시 나쁠 경우에는 그 작업을 중지시킬 것
3) 재료, 기구 또는 공구 등을 올리거나 내리는 경우에는 근로자로 하여금 달줄·달포대 등을 사용하도록 할 것
4) 낙하·충격에 의한 돌발적 재해를 방지하기 위하여 버팀목을 설치하고 거푸집 동바리 등을 인양장비에 매단 후에 작업을 하도록 하는 등 필요한 조치를 할 것

[5] 철근조립 및 콘크리트 타설 작업 시 준수할 사항

(1) 철근 조립 등의 작업을 하는 때에 준수하여야 할 사항

1) 크레인 등 양중기로 철근을 운반할 경우에는 2개소이상 묶어서 수평으로 운반할 것
2) 작업위치의 높이가 2m 이상일 경우에는 작업발판을 설치하거나 안전대를 착용하게 하는 등 위험방지를 위하여 필요한 조치를 할 것

(2) 콘크리트의 타설작업을 하는 때에 준수할 사항

1) 당일의 작업을 시작하기 전에 해당 작업에 관한 거푸집 동바리 등의 변형·변위 및 지반의 침하 유무 등을 점검하고 이상이 있으면 이를 보수할 것
2) 작업 중에는 거푸집 동바리 등의 변형·변위 및 침하 유무 등을 감시할 수 있는 감시자를 배치하여 이상이 있으면 작업을 중지하고 근로자를 대피시킬 것
3) 콘크리트의 타설 작업 시 거푸집 붕괴의 위험이 발생할 우려가 있으면 충분한 보강조치를 할 것
4) 설계도서상의 콘크리트 양생기간을 준수하여 거푸집 동바리 등을 해체할 것
5) 콘크리트를 타설하는 경우에는 편심이 발생하지 않도록 골고루 분산하여 타설할 것

(3) 콘크리트의 타설작업을 하기 위하여 콘크리트 펌프카를 사용할 때에 준수할 사항

1) 작업을 시작하기 전에 콘크리트 펌프용 비계를 점검하고 이상을 발견하였으면 즉시 보수할 것
2) 건축물의 난간 등에서 작업하는 근로자가 호스의 요동·선회로 인하여 추락하는 위험을 방지하기 위하여 안전난간 설치 등 필요한 조치를 할 것
3) 콘크리트 펌프카의 붐을 조정하는 경우에는 주변의 전선 등에 의한 위험을 예방하기 위한 적절한 조치를 할 것

4) 작업 중에 지반의 침하, 아웃트리거의 손상 등에 의하여 콘크리트 펌프카가 넘어질 우려가 있는 경우에는 이를 방지하기 위한 적절한 조치를 할 것

[6] 콘크리트 타설 및 다지기 or 타설시 거푸집 측압에 미치는 영향

(1) 콘크리트 타설시의 유의사항

1) 타설속도는 하계 1.5m/h, 동계 1.0m/h를 표준으로 한다.
2) 비비기로부터 타설시까지 시간은 25℃ 이상에서는 1.5시간을 넘어서는 안된다.
3) 최상부의 슬래브는 이어붓기를 되도록 피하고 일시에 전체를 타설하도록 한다.
4) 휠발로우(wheel barrow)로 콘크리트를 운반할 때에는 적당한 간격으로 한다.
5) 타설시 콘크리트의 재료분리는 가능한 적게 일어나도록 해야 한다.
6) 운반통로에는 장애물 등이 없는가 확인하고, 있으면 즉시 제거하도록 한다.
7) 타설한 콘크리트를 거푸집 안에서 횡방향으로 이동시켜서는 안된다.
8) 높은 곳으로부터 콘크리트를 세게 거푸집 내에 부어넣지 않는다.
9) 타설시 공동이 발생되지 않도록 밀실하게 부어 넣는다.

(2) 콘크리트 타설시 내부진동기를 사용하여 다지기를 할 때 유의사항

1) 진동기는 슬럼프값 15cm 이하에만 사용한다.
2) 퍼붓기 1회의 깊이는 60cm 미만으로 하고, 진동기 사용간격은 60cm 이내로 한다.
3) 내부진동기는 수직으로 사용한다.
4) 진동기를 넣고 나서 뺄 때까지의 시간은 보통 5~15초가 적당하다.
5) 진동기를 가지고 거푸집 속의 콘크리트를 옆 방향으로 이동시켜서는 안된다.
6) 진동기는 거푸집, 철근 또는 철골에 접촉되지 않도록 하고, 뽑을 때에는 천천히 뽑아내어 콘크리트에 구멍이 남지 않도록 한다.

(3) 콘크리트 타설을 할 때 거푸집의 측압에 미치는 영향

1) 슬럼프가 클수록 크다(물·시멘트 비가 클수록 크다).
2) 기온이 낮을수록 크다(대기 중에 습도가 높을수록 크다).
3) 콘크리트의 치어붓기 속도가 클수록 크다.
4) 거푸집의 수밀성이 높을수록 크다.
5) 콘크리트의 다지기가 강할수록 크다(진동시 사용시 측압은 30% 정도 증가).
6) 거푸집의 수평단면이 클수록 크다(벽 두께가 클수록 크다).
7) 거푸집의 강성이 클수록 크다.
8) 거푸집 표면이 매끄러울수록 크다.
9) 콘크리트의 비중이 클수록 크다(단위중량이 클수록 크다).
10) 묽은 콘크리트일수록 크다.

11) 철근량이 적을수록 크다.
12) 측압은 생콘크리트의 높이가 높을수록 커지는 것이나, 일정한 높이에 이르면 측압의 증대는 없게 된다.

[7] 철골공사 안전기준

(1) 철골구조물이 외압에 대한 내력이 설계에 고려되었는지 확인할 사항

1) 높이 20m 이상의 구조물
2) 구조물의 폭과 높이의 비가 1 : 4 이상인 구조물
3) 단면구조에 현저한 차이가 있는 구조물
4) 연면적당 철골량이 50kg/m² 이하인 구조물
5) 기둥이 타이 플레이트(tie plate)형인 구조물
6) 이음부가 현장용접인 구조물

(2) 승강로 및 작업발판의 설치

1) 근로자가 수직방향으로 이동하는 철골부재에는 답단간격이 30cm 이내인 고정된 승강로를 설치할 것
2) 수평방향 철골과 수직방향 철골이 연결되는 부분에는 연결작업을 위하여 작업발판 등을 설치할 것

(3) 철골작업을 중지해야 하는 기상조건

1) 풍속이 10m/sec 이상인 경우
2) 강우량이 1mm/hr 이상인 경우
3) 강설량이 1cm/hr 이상인 경우

실 / 전 / 문 / 제

01
가설 구조물의 특징이 아닌 것은?

① 연결재가 적은 구조로 되기 쉽다.
② 부재결합이 불완전하다.
③ 구조설계의 개념이 확실하다.
④ 단면에 결함이 있기 쉽다.

해설
③항의 경우에 구조설계의 개념이 확실하지 않다. 다른 특징으로는 조립의 정밀도가 낮다는 점도 들 수 있다.

02
가설통로 설치시에 직접 고려할 사항이 아닌 것은?

① 보호망 설치
② 낙하물에 의한 위험요소 제거
③ 작업원의 추락, 전도, 미끄러짐의 방지 대책
④ 시공하중 또는 폭풍 등 외력에 안전

해설
가설통로 중 경사로의 안전(고용노동부고시) : 건설공사의 외부비계에 설치하여 재료의 운반, 작업원의 통로로 활용되는 것으로 시공하중 또는 폭풍, 진동 등 외력에 대하여 안전하도록 설계되어야 하며, 작업원 이동시에 추락, 전도, 미끄러짐 등의 재해를 예방할 수 있는 대책이 강구되어야 한다. 상부로부터의 낙하물에 의한 위험요소를 제거하여야 하고, 경사를 완만하게 하여 근로자가 오르내리기에 편리한 구조이어야 한다.

03
다음 중에서 가설통로를 설치할 때 준수해야 할 사항이 아닌 것은?

① 견고한 구조로 할 것
② 경사는 30° 이하로 할 것
③ 추락위험시는 표준안전난간을 설치할 것
④ 경사가 20° 초과시에는 미끄럼방지구조로 할 것

해설
가설통로의 구조(안전보건규칙) : 사업주는 가설통로를 설치하는 때에 다음 각 호의 사항을 준수하여야 한다.
① 견고한 구조로 할 것
② 경사는 30° 이하로 할 것(계단을 설치하거나 높이 2m 미만의 가설통로로서 튼튼한 손잡이를 설치한 때에는 그러하지 아니하다)
③ 경사가 15°를 초과하는 때에는 미끄러지지 아니하는 구조로 할 것
④ 추락할 위험이 있는 장소에는 안전난간을 설치할 것(작업상 부득이한 경우에는 필요한 부분만 임시로 해체할 수 있다)
⑤ 수직갱에 가설된 통로의 길이가 15m 이상인 경우에는 10m 이내마다 계단참을 설치할 것
⑥ 건설공사에 사용하는 높이 8m 이상인 비계다리에는 7m 이내마다 계단참을 설치할 것

04
작업장 내 가설통로의 구조기준에 맞지 않는 것은 어느 것인가?

① 견고한 구조로 할 것
② 구배는 30° 이하로 할 것
③ 추락위험이 있는 곳은 안전난간을 설치할 것
④ 건설공사에 사용하는 높이 5m의 이상의 비계다리에는 7m 이내마다 계단참을 설치할 것

해설
④항의 경우, 높이 8m 이상인 비계다리에는 7m 이내마다 계단참을 설치해야 옳다.

05
가설공사에 사용하는 높이 8m 이상인 비계다리는 얼마마다 계단참을 설치해야 하는가?

① 5m
② 6m
③ 7m
④ 8m

Answer ➡ 01. ③ 02. ① 03. ④ 04. ④ 05. ③

해설
가설공사에 사용하는 높이 8m 이상의 비계다리에는 7m 이내 마다 계단참을 설치하고, 수직갱에 가설된 통로의 길이가 15m 이상인 때에는 10m 이내마다 계단참을 설치한다.

06
비상통로의 문으로 적당한 문은?

① 유리창문
② 철문
③ 안으로 열리는 문
④ 외부로 열리는 문

해설
비상구의 설치(안전보건규칙)
① 사업주는 위험물을 제조·취급하는 작업장과 그 작업장이 있는 건축물에는 작업장의 출입문 외에 안전한 장소로 대피할 수 있는 1개 이상의 비상구를 설치하여야 한다.
② 비상구에는 미닫이문 또는 외부로 열리는 문을 설치하여야 한다.

07
다음 중 옥내 통로의 안전조치에 부적당한 것은?

① 용도에 따라 적당한 나비를 둘 것
② 통로면은 넘어지거나 미끄러지는 등의 위험이 없어야 할 것
③ 통로면으로부터 높이 4m 이내에 장애물이 없도록 할 것
④ 중요한 통로에는 적당한 표시를 할 것

해설
통로의 설치(안전보건규칙)
① 사업주는 작업장으로 통하는 장소 또는 작업장 내에 근로자가 사용할 안전한 통로를 설치하고 항상 사용할 수 있는 상태로 유지하여야 한다.
② 통로의 주요 부분에는 통로표시를 하고, 근로자가 안전하게 통행할 수 있도록 하여야 한다.
③ 통로면으로부터 높이 2m 이내에는 장애물이 없도록 하여야 한다.

08
궤도를 설치한 갱도, 터널 및 교량 등에 근로자가 통행할 때에 적당한 간격마다 설치하여야 하는 것은?

① 격벽
② 계단참
③ 휴게소
④ 대피소

해설
대피공간 : 궤도를 설치한 터널·지하구간 및 교량 등에 근로자가 통행 또는 작업을 하는 때에는 적당한 간격마다 대피소를 설치하여야 한다.

09
사다리식 통로를 설치할 때는 다음 사항을 준수하여야 한다. 옳지 못한 것은?

① 갱내 사다리식 통로의 구배는 80° 이내로 할 것
② 답단과 벽과의 사이는 적당한 간격을 유지할 것
③ 사다리의 전위방지를 위한 조치를 할 것
④ 사다리의 상단은 걸쳐 놓은 곳에서부터 20cm 이상 돌출하게 할 것

해설
사다리식 통로 설치시 준수할 사항(사다리식 통로의 구조 : 안전보건규칙 제24조)
① 견고한 구조로 할 것
② 발판의 간격은 동일하게 할 것
③ 발판과 벽과의 사이는 15cm 이상의 간격을 유지할 것
④ 사다리가 넘어지거나 미끄러지는 것을 방지하기 위한 조치를 할 것
⑤ 사다리의 상단은 걸쳐놓은 지점으로부터 60cm 이상 올라가도록 할 것
⑥ 사다리식 통로의 길이가 10m 이상인 때에는 5m 이내마다 계단참을 설치할 것
⑦ 사다리식 통로의 기울기는 75° 이하로 할 것

10
고정식 사다리 설치에 가장 적합한 수평면에 대한 경사각은?

① 45°
② 70°
③ 75°
④ 90°

해설
고정식 사다리(고용노동부고시) : 고정식 사다리는 90°의 수직이 가장 적합하며 경사를 둘 필요가 있는 경우에는 수직면으로부터 15°를 초과해서는 안 된다.

Answer ➡ 06. ④ 07. ③ 08. ④ 09. ④ 10. ④

11
이동식 사다리의 구조기준을 잘못 설명한 것은?

① 견고한 구조로 할 것
② 재료는 심한 손상, 부식 등이 없는 것으로 할 것
③ 다리부분에는 미끄럼 방지장치 등 전위방지조치를 할 것
④ 폭은 60cm 이내로 할 것

해설

사다리식 통로 등의 구조(안전보건규칙 제24조)
① 견고한 구조로 할 것
② 재료는 심한 손상, 부식 등이 없는 것으로 할 것
③ 폭은 30cm 이내로 할 것
④ 다리부분에는 미끄럼 방지장치 등 전위방지조치를 할 것

12
고소작업에서 사다리를 사용할 때 걸치는 경사각도는 수평에 대하여 몇 도 정도가 적당한가?

① 45° ② 60°
③ 75° ④ 85°

해설

사다리 기둥의 구조
① 견고한 구조로 할 것
② 재료는 심한 손상 · 부식 등이 없는 것으로 할 것
③ 기둥과 수평면과의 각도는 75° 이하로 하고, 접는식 사다리 기둥은 철물 등을 사용하여 기둥과 수평면과의 각도가 충분히 유지되도록 할 것
④ 바닥면적은 작업을 안전하게 하기 위하여 필요한 면적이 유지되도록 할 것

13
다음 중 이동식 사다리의 규격으로 맞지 않는 것은?

① 길이가 6m를 초과해서는 안된다.
② 미끄럼 방지장치를 해야 한다.
③ 벽면 상부로부터 최소 70cm 이상을 연장해야 한다.
④ 다리의 벌림은 벽 높이의 1/4 정도가 적당하다.

해설

이동식 사다리(고용노동부고시) : 이동식 사다리를 설치하여 사용함에 있어서 다음 각 호의 사항을 준수하여야 한다.
① 길이가 6m를 초과해서는 안된다.
② 다리의 벌림은 벽높이의 1/4 정도가 적당하다.
③ 벽면 상부로부터 최소한 1m 이상의 연장길이가 있어야 한다.

14
계단 및 계단참의 안전율은 얼마 이상이어야 하는가?

① 3 ② 4
③ 5 ④ 6

해설

계단의 강도(안전보건규칙 제26조) : 사업주는 계단 및 계단참을 설치하는 때에는 500kg/m² 이상의 하중에 견딜 수 있는 강도를 가진 구조로 설치하여야 하며, 안전율(안전의 정도를 표시하는 것으로서 재료의 파괴응력도와 허용응력도와의 비율을 말한다)은 4 이상으로 하여야 한다.

15
계단을 설치할 때 계단의 폭이 얼마 이상 되어야 하는가?

① 1m ② 2m
③ 3m ④ 4m

해설

계단의 폭(안전보건규칙 제27조) : 사업주는 계단을 설치하는 경우 그 폭을 1m 이상으로 하여야 한다.

16
계단의 높이가 얼마 이상을 초과할 때 계단참을 설치하여야 하는가?

① 4m ② 3m
③ 2m ④ 1m

해설

계단참의 높이(안전보건규칙 제28조) : 사업주는 높이가 3m를 초과하는 계단에는 높이 3m 이내마다 너비 1.2m 이상의 계단참을 설치하여야 한다.

17
높이 1m 이상인 계단의 개방된 측면에 설치해야 하는 것은?

① 난간 ② 계단참
③ 중간대 ④ 답단

Answer ▶ 11. ④ 12. ③ 13. ③ 14. ② 15. ① 16. ② 17. ①

해설
계단의 난간(안전보건규칙 제30조) : 높이 1m 이상인 계단의 개방된 측면에 안전난간을 설치하여야 한다.

18
다음은 공사용 가설도로에 대한 설명이다. 옳지 않은 것은?

① 도로표면은 장비 및 차량이 안전운행할 수 있도록 유지 보수되어야 한다.
② 최고허용경사로는 20%를 넘어서는 안된다.
③ 안전운행을 위하여 먼지가 일어나지 않도록 물을 뿌려야 한다.
④ 도로는 배수를 위해 도로 중앙부를 약간 높게 하거나 배수시설을 하여야 한다.

해설
가설도로(고용노동부고시) : 사업주는 공사용 가설도로를 설치하여 사용함에 있어서 다음 각 호의 사항을 준수하여야 한다.
① 도로의 표면은 장비 및 차량이 안전운행할 수 있도록 유지·보수하여야 한다.
② 장비사용을 목적으로 하는 진입로, 경사로 등은 주행하는 차량통행에 지장을 주지 않도록 만들어야 한다.
③ 도로와 작업장높이에 차가 있을 때는 바리케이트 또는 연석 등을 설치하여 차량의 위험 및 사고를 방지하도록 하여야 한다.
④ 도로는 배수를 위해 도로 중앙부를 약간 높게 하거나 배수시설을 하여야 한다.
⑤ 운반로는 장비의 안전운행에 적합한 도로의 폭을 유지하여야 하며, 또한 모든 커브는 통상적인 도로 폭보다 좀더 넓게 만들고 시계에 장애가 없도록 만들어야 한다.
⑥ 커브 구간에서는 차량이 가시거리의 절반 이내에서 정지할 수 있도록 차량의 속도를 제한하여야 한다.
⑦ 최고 허용경사도는 부득이한 경우를 제외하고는 10%를 넘어서는 안된다.
⑧ 필요한 전기시설(교통신호 등 포함), 신호수, 표지판, 바리케이트, 노면표지 등을 교통안전운행을 위하여 제공하여야 한다.
⑨ 안전운행을 위하여 먼지가 일어나지 않도록 물을 뿌려주고 겨울철에는 눈이 쌓이지 않도록 조치하여야 한다.

19
건설공사에서 추락재해 중 어떤 곳으로부터 추락하는 것이 가장 많은가?

① 사다리   ② 들보
③ 발판   ④ 기타

해설
작업발판으로부터 추락하는 경우가 가장 많다.

20
달비계용 와이어로프의 인장하중에 대한 안전율은?

① 3   ② 5
③ 7   ④ 10

해설
작업발판의 최대적재하중(안전보건규칙)
① 비계의 구조 및 재료에 따라 작업발판의 최대적재하중을 정하고 이를 초과하여 실어서는 아니된다.
② 달비계(곤도라의 달비계를 제외한다)의 최대적재하중을 정하는 경우 그 안전계수는 다음의 각 호와 같다.
 ㉠ 달기 와이어로프 및 달기강선의 안전계수 : 10 이상
 ㉡ 달기 체인 및 달기 훅의 안전계수 : 5 이상
 ㉢ 달기 강대와 달비계의 하부 및 상부지점의 안전계수 : 강재의 경우 2.5 이상, 목재의 경우 5 이상
③ 안전계수는 와이어로프 등의 절대하중 값을 와이어로프 등에 걸리는 하중의 최대값으로 나눈 값을 말한다.

21
비계 조립작업시에 추락방지를 위한 작업발판 설치 높이는?

① 1.5m 이상   ② 1.8m 이상
③ 2.0m 이상   ④ 3.0m 이상

해설
작업발판의 구조(안전보건규칙 제56조) : 비계의 높이가 2m 이상인 작업장소에 다음 각 호의 기준에 적합한 작업발판을 설치하여야 한다.
① 발판재료는 작업할 때의 하중을 견딜 수 있도록 견고한 것으로 할 것
② 작업발판의 폭은 40cm 이상으로 하고 발판재료 간의 틈은 3cm 이하로 할 것
③ 선박 및 보트 건조작업의 경우 선박블록 또는 엔진실 등의 좁은 작업공간에 작업발판을 설치하기 위하여 필요하면 작업발판의 폭을 30cm이상으로 할 수 있고, 결침비계의 경우 강관기둥 때문에 발판재료간의 틈을 3cm 이하로 유지하기 곤란하면 5cm 이하로 할 수 있다. 이 경우 그 틈 사이로 물체 등이 떨어질 우려가 있는 곳에는 출입금지 등의 조치를 하여야 한다.
④ 추락의 위험이 있는 장소에는 안전난간을 설치할 것(작업의 성질상 안전난간을 설치하는 것이 곤란한 경우, 작업의 필요상 임시로 안전난간을 해체할 때에 추락방호망을 설치하거나 근로자로 하여금 안전대를 사용하도록 하는 등 추락위

Answer ➡ 18. ② 19. ③ 20. ④ 21. ③

험방지조치를 한 경우에는 그러하지 아니하다.)
⑤ 작업발판의 지지물은 하중에 의하여 파괴될 우려가 없는 것을 사용할 것
⑥ 작업발판재료는 뒤집히거나 떨어지지 않도록 둘 이상의 지지물에 연결하거나 고정시킬 것
⑦ 작업발판을 작업에 따라 이동시킬 경우에는 위험방지에 필요한 조치를 할 것

22
다음 통로발판의 안전지침으로 옳지 않은 것은?

① 발판폭은 60cm 이상, 두께 2.5cm 이상, 길이는 3.6m 이내의 것을 사용하여야 한다.
② 발판의 겹친길이는 20cm 이상으로 하여야 한다.
③ 발판 1개의 지지물은 2개 이상이어야 한다.
④ 작업발판의 최대폭은 1.6m 이내이어야 한다.

해설
통로발판(고용노동부고시)
(1) 사업주는 통로발판을 설치하여 사용함에 있어서 다음 각 호의 사항을 준수하여야 한다.
① 근로자가 작업 및 이동하기에 충분한 넓이가 확보되어야 한다.
② 추락의 위험이 있는 곳에는 안전난간이나 철책을 설치해야 한다.
③ 발판을 겹쳐 이음하는 경우 장선 위에서 이음을 하고 겹침길이는 20cm 이상으로 하여야 한다.
④ 발판 1개에 대한 지지물은 2개 이상이어야 한다.
⑤ 작업발판의 최대폭은 1.6m 이내이어야 한다.
⑥ 작업발판 위에는 돌출된 못, 옹이, 철선 등이 없어야 한다.
⑦ 비계발판의 구조에 따라 최대적재하중을 정하고 이를 초과하지 않도록 하여야 한다.
(2) 비계발판의 치수는 폭이 두께의 5~6배 이상이어야 하며, 발판폭은 40cm 이상, 두께는 3.5cm 이상, 길이는 3.6m 이내이어야 한다.

23
다음 중 통로발판의 안전지침으로 옳지 않은 것은?

① 근로자가 작업 또는 이동하기에 충분한 넓이가 확보되어야 한다.
② 발판의 폭은 30cm 이상으로 해야 한다.
③ 발판 1개에 지지물은 2개 이상이어야 한다.
④ 작업발판의 최대폭은 1.6m 이내이어야 한다.

해설
통로발판의 폭은 40cm 이상으로 해야 한다.

24
발판의 연결을 안전하게 하기 위해서는 다음의 어느 경우가 가장 알맞은가?

① 겹치기 15cm 여유 15cm
② 겹치기 20cm 여유 20cm
③ 겹치기 25cm 여유 25cm
④ 겹치기 30cm 여유 30cm

해설
발판의 겹침길이는 20cm 이상으로 하고 여유길이도 20cm 이상 되어야만 안전하다. 그러나 발판의 폭은 40cm 이상, 발판재료간의 틈새는 3cm 이하로 해야만 안전하다.

25
높이 5m 이상 되는 달비계를 조립, 해체 또는 변경할 때의 준수사항 중 적당하지 않은 것은?

① 작업 중 추락방지의 조치를 강구한다.
② 공구나 기구 등은 반드시 하나씩 휴대하여 운반한다.
③ 조립, 해체 또는 변경시 외뢰인의 출입을 통제한다.
④ 조립, 해체 또는 변경의 시기, 범위 또는 순서 등을 주지시킨다.

해설
비계 등의 조립·해체 및 변경(안전보건규칙 제57조): 사업주는 달비계 또는 높이 5m 이상의 비계를 조립·해체하거나 변경하는 작업을 하는 경우에는 다음 각 호의 사항을 준수해야 한다.
① 관리감독자의 지휘에 따라 작업하도록 할 것
② 조립·해체 또는 변경의 시기·범위 및 절차를 그 작업에 종사하는 근로자에게 주지시킬 것
③ 조립·해체 또는 변경 작업구역에는 해당 작업에 종사하는 근로자가 아닌 사람의 출입을 금지시키고, 그 내용을 보기 쉬운 장소에 게시할 것
④ 비, 눈 그 밖의 기상상태의 불안정으로 날씨가 몹시 나쁠 경우에는 그 작업을 중지시킬 것
⑤ 비계재료의 연결·해체작업을 하는 경우에는 폭 20cm 이상의 발판을 설치하고 근로자로 하여금 안전대를 사용하도록 하는 등 추락을 방지하기 위한 조치를 할 것
⑥ 재료·기구 또는 공구 등을 올리거나 내리는 경우에는 근로자가 달줄 또는 달포대 등을 사용하게 할 것

Answer ➡ 22. ① 23. ② 24. ② 25. ②

26
비계의 조립, 해체 또는 변경작업의 특별안전보건 교육 내용이 아닌 것은?

① 비계 조립순서, 방법에 관한 사항
② 보호구 착용에 관한 사항
③ 방호물 설치 및 기준에 관한 사항
④ 추락재해방지에 관한 사항

해설

비계의 조립·해체 또는 변경작업시의 특별 안전·보건교육 내용
① 비계의 조립순서 방법에 관한 사항
② 비계작업의 재료취급 및 설치에 관한 사항
③ 추락재해방지에 관한 사항
④ 보호구 착용에 관한 사항
⑤ 기타 안전보건관리에 필요한 사항

27
비계의 점검사항이 아닌 것은?

① 해당 비계 연결부의 풀림상태
② 손잡이의 탈락 여부
③ 격벽 설치여부
④ 발판재료의 손상여부

해설

비계의 점검보수(안전보건규칙 제58조) : 비, 눈 그 밖의 기상 상태의 악화로 작업을 중지시킨 후, 또는 비계를 조립·해체하거나 변경한 후 그 비계에서 작업을 하는 경우에는 해당 작업을 시작하기 전에 다음 각 호의 사항을 점검하고 이상을 발견하면 즉시 보수하여야 한다.
① 발판재료의 손상 여부 및 부착 또는 걸림 상태
② 해당 비계의 연결부 또는 접속부의 풀림 상태
③ 연결재료 및 연결철물의 손상 또는 부식 상태
④ 손잡이 탈락 여부
⑤ 기둥의 침하, 변형, 변위 또는 흔들림 상태
⑥ 로프의 부착상태 및 매단장치의 흔들림 상태

28
비계의 점검사항이 아닌 것은?

① 발판재료의 손상 여부
② 격벽설치 여부
③ 손잡이의 탈락 여부
④ 비계기둥의 침하 및 활동 상태

29
다음 빈칸에 알맞은 숫자는?

> 통나무비계의 경우, 비계기둥 간격은 ( )m 이하이고, 지상의 제1 띠장은 ( )m 이하이어야 한다.

① 2, 2
② 2.5, 2.5
③ 2.5, 3
④ 1.8, 3

해설

통나무비계의 구조(안전보건규칙) : 통나무비계를 조립하는 경우에는 다음 각 호의 사항을 준수하여야 한다.
(1) 비계기둥의 간격은 2.5m 이하로 하고 지상으로부터 첫 번째 띠장은 3m 이하의 위치에 설치할 것
(2) 비계기둥이 미끄러지거나 침하하는 것을 방지하기 위하여 비계기둥의 하단부를 묻고, 밑둥잡이를 설치하거나 깔판을 사용하는 등의 조치를 할 것
(3) 비계기둥의 이음이 겹침이음인 경우에는 이음부분에서 1m 이상을 서로 겹쳐서 두 군데 이상을 묶고, 비계기둥의 이음이 맞댄이음인 경우에는 비계기둥을 쌍기둥틀로 하거나 1.8m 이상의 덧댐목을 사용하여 네군데 이상을 묶을 것
(4) 비계기둥·띠장·장선 등의 접속부 및 교차부는 철선이나 그 밖의 튼튼한 재료로 견고하게 묶을 것
(5) 교차가새로 보강할 것
(6) 외줄비계·쌍줄비계 또는 돌출비계에 대해서는 다음 각목에 따른 벽이음 및 버팀을 설치할 것
  ① 간격은 수직방향에서 5.5m 이하, 수평방향에서는 7.5m 이하로 할 것
  ② 강관·통나무 등의 재료를 사용하여 견고한 것으로 할 것
  ③ 인장재와 압축재로 구성되어 있는 경우에는 인장재와 압축재의 간격은 1m 이내로 할 것

30
비계의 부재 중에서 횡좌굴을 방지하기 위하여 설치하는 것은?

① 띠장
② 기둥
③ 가새
④ 장선

해설

비계는 교차가새를 설치하여 횡좌굴을 방지하는 등 안전조치를 취해야 하며, 기둥간격 10m 이내마다 45° 각도의 처마방향 가새를 비계기둥 및 띠장에 결속하고, 모든 비계기둥은 가새에 결속하여야 한다.

Answer ➡ 26. ③ 27. ③ 28. ② 29. ③ 30. ③

31
통나무비계는 지상높이 얼마 이하인 건축물 등의 조립 및 해체 작업에만 사용할 수 있는가?

① 10m
② 11m
③ 12m
④ 13m

해설
통나무 비계는 지상높이 4층 이하 또는 12m 이하인 건축물·공작물 등의 건조·해체 및 조립 등의 작업에만 사용할 수 있다 (안전보건규칙 제71조 제2항).

32
다음은 통나무비계에 대한 설명이다. 이 중에서 옳지 않은 것은?

① 통나무비계는 말구(末口)가 4.5cm 이상이어야 한다.
② 통나무가 갈라진 경우, 전체길이의 1/5 이내일 것
③ 묶을 때에는 #8 또는 #10 철선을 사용한다.
④ 통나무는 직경의 1/3 이상 갈라진 것은 사용할 수 없다.

해설
통나무비계(고용노동부고시)
1) **통나무** : 비계용 통나무는 장선을 제외하고 서로 대체 활용할 수 있으므로 압축, 인장 및 휨 등의 외력이 작용하여도 충분히 견딜 수 있어야 하며, 다음 각 호에 정하는 것에 적합한 것이어야 한다.
   ① 형상이 곧고 나무결이 바르며 큰 옹이, 부식, 갈라짐 등 흠이 없고 건조된 것으로 썩거나 다른 결점이 없어야 한다.
   ② 통나무의 직경은 밑둥에서 1.5m 되는 지점에서의 지름이 10cm 이상이고, 끝마구리의 지름은 4.5cm 이상이어야 한다.
   ③ 휨 정도는 길이의 1.5% 이내이어야 한다.
   ④ 밑둥에서 끝마구리까지의 지름의 감소는 1m 당 0.5~0.7cm가 이상적이나 최대 1.5cm를 초과하지 않아야 한다.
   ⑤ 결손과 갈라진 길이는 전체길이의 1/5 이내이고, 깊이는 통나무직경의 1/4을 넘지 않아야 한다.
2) **결속재료** : 통나무비계의 결속재료로 사용되는 철선은 직경 3.4mm 의 #10 내지 직경4.2mm 의 #8의 소성 철선(철선길이 1개소 150cm 이상) 또는 #16 내지 #18의 아연도금 철선(철선길이 1개소 500cm 이상)을 사용하며, 결속재료는 모두 새것을 사용하고 재사용은 하지 아니한다.

33
다음 중 단관비계의 도괴 또는 전도를 방지하기 위하여 사용하는 벽연결 간격으로 맞는 것은?

① 수직 5m 이하, 수평 5m 이하
② 수직 5m 이하, 수평 6m 이하
③ 수직 6m 이하, 수평 7m 이하
④ 수직 6m 이하, 수평 8m 이하

해설
비계의 벽연결 간격
① 단관비계 : 수직 5m 이하, 수평 5m 이하
② 틀비계 : 수직 6m 이하, 수평 8m 이하

34
단관비계 조립시의 안전지침 사항 중 틀리는 것은?

① 각 부에는 깔판, 깔목 등을 사용하고 밑둥잡이를 설치해야 한다.
② 비계기둥의 최고부로부터 31m 되는 지점의 밑부분은 2본의 강관으로 묶어 세워야 한다.
③ 비계기둥 간의 적재하중은 40kg을 초과하지 않도록 한다.
④ 지상에서 첫 번째 띠장은 높이 2m 이하의 위치에 설치해야 한다.

해설
강관비계 조립시 준수할 사항
(1) 강관비계의 구조(안전보건규칙 제59조)
  ① 비계기둥에는 미끄러지거나 침하하는 것을 방지하기 위하여 밑받침 철물을 사용하거나 깔판·깔목 등을 사용하여 밑둥잡이를 설치하는 등의 조치를 할 것
  ② 강관의 접속부 또는 교차부는 적합한 부속철물을 사용하여 접속하거나 단단히 묶을 것
  ③ 교차가새로 보강할 것
  ④ 외줄비계·쌍줄비계 또는 돌출비계에 대하여는 다음 각 목의 정하는 바에 따라 벽이음 및 버팀을 설치할 것
   ㉠ 강관비계의 조립간격은 기준에 적합하도록 할 것
   ㉡ 강관·통나무 등의 재료를 사용하여 견고한 것으로 할 것
   ㉢ 인장재와 압축재로 구성되어 있는 경우에는 인장재와 압축재의 간격을 1m 이내로 할 것
  ⑤ 가공전로에 근접하여 비계를 설치하는 경우에는 가공전로를 이설하거나 가공전로에 절연용 방호구를 장착하는 등 가공전로와의 접촉을 방지하기 위한 조치를 할 것

Answer ➡ 31. ③ 32. ④ 33. ① 34. ③

(2) 강관비계의 구조(안전보건규칙 제60조)
① 비계기둥의 간격은 띠장 방향에서는 1.5m 이상 1.8m 이하, 장선 방향에서는 1.5m 이하로 할 것
② 띠장간격은 1.5m 이하로 설치하되, 첫번째 띠장은 지상으로부터 2m 이하의 위치에 설치할 것
③ 비계기둥의 제일 윗부분으로부터 31m 되는 지점 밑부분의 비계기둥은 2본의 강관으로 묶어 세울 것
④ 비계기둥간의 적재하중은 400kg을 초과하지 않도록 할 것

35
강관비계 기둥 1본당 최대적재하중은 다음 중 어느 것인가?

① 300kg 이하
② 350kg 이하
③ 400kg 이하
④ 450kg 이하

해설
비계기둥 간의 적재하중 : 400kg을 초과하지 않을 것

36
다음은 틀비계 조립시의 유의할 사항이다. 옳지 않은 것은?

① 틀비계의 높이는 원칙적으로 45m를 넘어서는 안된다.
② 벽이음의 간격은 수직방향 9m 이하, 수평방향 8m 이하로 설치한다.
③ 벽이음의 인장재와 압축재로 구성되어 있을 때에는 그 간격은 1m 이내로 한다.
④ 지주 사이에는 가새를 설치하고 최상층과 5층 이내에 수평하게 설치한다.

해설
틀비계 조립시의 벽이음의 간격은 수직방향 6m 이하, 수평방향 8m 이하로 설치한다.

37
달비계의 작업발판 최소폭은?

① 45cm 이상
② 40cm 이상
③ 35cm 이상
④ 30cm 이상

해설
달비계의 구조(안전보건규칙) : 작업발판의 폭을 40cm 이상으로 하고 틈새가 없도록 할 것

38
다음 ( )안에 알맞은 것은?

달비계 등의 재료에 연결하여 해체작업을 할 때에는 폭 ( )이상의 발판을 설치하고, 근로자로 하여금 ( )를 사용하도록 하는 등 근로자의 추락방지를 위한 조치를 할 것

① 15cm, 안전모
② 15cm, 안전대
③ 20cm, 안전모
④ 20cm, 안전대

39
이동식 비계의 가로, 세로의 길이가 각각 2m, 3m일 때 이 비계의 사용가능 최대높이는?

① 6m
② 8m
③ 9m
④ 12m

해설
이동식 비계의 최대높이는 밑변(가로) 최소폭의 4배 이하이어야 한다(고용노동부고시).
∴ 2m×4 = 8m

길잡이
외쪽비계는 비계기둥이 1줄이고 띠장을 한쪽에만 단 비계로써 경작업 또는 10m 이하의 비계에 사용한다.

40
다음 중 가설구조물이 갖추어야 할 구비요건으로 맞는 것은?

① 영구성, 안전성, 작업성
② 영구성, 안전성, 경제성
③ 안전성, 작업성, 경제성
④ 영구성, 작업성, 경제성

해설
가설구조물의 구비요건 : 안전성, 작업성, 경제성

41
다음 중 거푸집 동바리 조립시에 기준이 되는 도면은?

① 구조도
② 상세도
③ 조립도
④ 시방서

Answer 35. ③ 36. ② 37. ② 38. ④ 39. ② 40. ③ 41. ③

해설

조립도(안전보건규칙 제331조)
① 사업주는 거푸집 동바리 등을 조립하는 경우에는 그 구조를 검토한 후 조립도를 작성하고 그 조립도에 따라 조립하도록 하여야 한다.
② 조립도에는 동바리·멍에 등 부재의 재질·단면규격·설치간격 및 이음방법 등을 명시하여야 한다.

42
거푸집 동바리의 안전조치를 기술한 것이다. 틀린 것은?

① 깔목의 사용, 콘크리트의 타설, 말뚝박기 등 지주침하를 방지하는 조치이다.
② 동바리고정 등 동바리의 미끄럼을 방지하는 조치이다.
③ 강재와 강재의 접속부, 교차부는 클램프 등의 철물사용으로 단단히 연결한다.
④ 동바리의 이음은 겹친 이음으로 한다.

해설

거푸집 동바리 등의 안전조치(안전보건규칙 제332조)
① 깔목의 사용, 콘크리트 타설, 말뚝박기 등, 동바리의 침하를 방지하기 위한 조치를 할 것
② 개구부 상부에 동바리를 설치하는 경우에는 상부하중을 견딜 수 있는 견고한 받침대를 설치할 것
③ 동바리의 상하고정 및 미끄러짐 방지조치를 하고, 하중의 지지상태를 유지할 것
④ 동바리의 이음은 맞댄이음, 장부이음으로 하고 같은 품질의 재료를 사용할 것
⑤ 강재와 강재와의 접속부 및 교차부는 볼트·클램프 등 전용철물을 사용하여 단단히 연결할 것
⑥ 거푸집이 곡면인 경우에는 버팀대의 부착 등 그 거푸집의 부상을 방지하기 위한 조치를 할 것

43
동바리용으로 사용하는 강관의 안전조치로서 적당하지 않은 것은?

① 높이 3m 이내마다 수평연결재를 2방향으로 만든다.
② 조립 전에 단관의 변형, 파손 등이 없는가 확인한다.
③ 동바리용 단관은 2본까지로 제한한다.
④ 동바리가 높을 경우에는 적절한 곳에 발판을 설치한다.

해설

거푸집 동바리의 안전조치(안전보건규칙 제332조)
① 높이 2m 이내마다 수평연결재를 2개 방향으로 만들고 수평연결재의 변위를 방지할 것
② 멍에 등을 상단에 올릴 때에는 해당 상단에 강재의 단판을 붙여 멍에 등을 고정시킬 것

44
동바리로 사용하는 파이프 받침에 대해 틀린 것은?

① 파이프 받침은 3본 이상 이어서 사용하지 않는다.
② 파이프 받침은 이어서 사용할 시에는 4개 이상의 볼트를 사용하여 잇는다.
③ 보상단에 올릴 때 강재의 단판을 부착한다.
④ 높이 3.5m 초과시 높이 2m 이내마다 수평연결재를 2개 방향으로 만든다.

해설

거푸집 동바리의 사용하는 파이프 서포트 설치기준
① 파이프 받침을 3개 이상 이어서 사용하지 않을 것
② 파이프 받침을 이어서 사용할 때에는 4개 이상의 볼트 또는 전용철물을 사용하여 이을 것
③ 높이가 3.5m를 초과할 때에는 높이 2m 이내마다 수평연결재를 2개 방향으로 만들고 수평연결재의 변위를 방지할 것

45
파이프 서포트 동바리의 높이가 3.5m 이상일 때 수평이음은 높이 몇 m 마다 설치하는 것이 좋은가?

① 2m 마다 ② 3m 마다
③ 4m 마다 ④ 5m 마다

해설

높이가 3.5m를 초과할 때에는 높이 2m 이내마다 수평이음을 2개 방향으로 만들고 수평이음의 변위를 방지해야 한다.

46
거푸집 동바리의 조립, 해체작업시에 준수해야할 사항이 아닌 것은?

① 관계근로자 외 출입금지
② 악천후 시에는 작업중지
③ 달줄, 달포대 사용
④ 이상 발견시에는 근로자 대피

Answer ➡ 42. ④ 43. ① 44. ③ 45. ① 46. ④

해설

조립 등의 작업시 준수사항(안전보건규칙 제336조) : 거푸집 동바리 등의 조립하거나 해체하는 작업을 하는 경우에는 다음 각 호의 사항을 준수하여야 한다.
① 해당 작업을 하는 구역에는 관계근로자가 아닌 사람의 출입을 금지할 것
② 비, 눈, 그 밖의 기상상태의 불안정으로 날씨가 몹시 나쁜 경우에는 그 작업을 중지할 것
③ 재료·기구 또는 공구 등을 올리거나 내리는 경우에는 근로자로 하여금 달줄·달포대 등을 사용하도록 할 것

47
거푸집 공사에 관한 기술로 부적당한 것은?
① 거푸집 조립은 이동하지 않게 비계 또는 기타 공작물과 직접 연결한다.
② 치수를 정확히 하고 모르타르가 새지 않도록 한다.
③ 떼어내기 간단하고 재료를 반복 사용할 수 있게 한다.
④ 하중에 대하여 안전하게 한다.

해설

거푸집 조립할 때 비계 또는 기타 공작물과 직접 연결하는 것은 안전수칙에 위배 되는 것이다.

48
다음 중 거푸집 지보공이 아닌 것은?
① 파이프 받침(pipe support)
② 흙막이 지보공
③ 단관지주
④ 조립강주

해설

①, ③, ④항 이외에 강관, 강관틀, 목재 등이 거푸집 지보공(동바리)에 해당된다.

49
거푸집 작업에서 긴결재를 선정할 때에 고려해야 할 사항이 아닌 것은?
① 작업원 손에 익숙할 것
② 회수, 해체하기 쉬운 것
③ 충분한 강도가 있는 것
④ 박리제를 칠한 것

해설

재료(노동부고시) : 연결재는 다음 각목에 정하는 사항을 선정하여야 한다.
① 정확하고 충분한 강도가 있는 것이어야 한다.
② 회수, 해체하기 쉬운 것이어야 한다.
③ 조합 부품수가 적은 것이어야 한다.
※ 개정 전 고시에 의하면 「작업원이 많이 사용하여 손에 익숙한 것으로 하여야 한다」가 포함되어 있었으며, 이 문제는 고시개정전의 문제이므로 답은 ④항이 된다.

50
거푸집의 조립순서로 올바른 것은?
① 기둥 – 보받이내력벽 – 큰보 – 작은보 – 바닥 – 외벽
② 큰보 – 기둥 – 보받이내력벽 – 작은보 – 바닥 – 내벽 – 외벽
③ 기둥 – 큰보 – 작은보 – 보받이내력벽 – 바닥 – 내벽 – 외벽
④ 큰보 – 작은보 – 기둥 – 보받이내력벽 – 내벽 – 외벽

해설

거푸집의 조립순서(노동부고시) : 기둥 – 보받이내력벽 – 큰보 – 작은보 – 바닥 – 내벽 – 외벽

51
거푸집 조립작업의 주기로 맞는 것은?
① 조립 → 수정 → 고정 → 검사
② 조립 → 검사 → 수정 → 고정
③ 조립 → 고정 → 수정 → 검사
④ 조립 → 검사 → 고정 → 수정

해설

조립작업은 조립 → 검사 → 수정 → 고정을 주기로 하여 부분을 요약해서 행하고 전체를 진행하여 나가야 한다(고용노동부 고시 콘크리트공사 표준안전작업지침).

52
형틀공사 중 슬라이딩 폼을 사용하는 것이 유리한 공사는?
① 고층 아파트 건설공사
② 터널 복공 거푸집 공사

Answer ➡ 47. ① 48. ② 49. ④ 50. ① 51. ② 52. ②

③ 종합운동장 관람석 상부 거푸집 공사
④ 교량의 1개 스팬씩의 보 거푸집 공사

해설

슬라이딩 폼이란 밑 부분이 약간 벌어진 거푸집을 1m 정도의 높이로 설치하여 콘크리트가 굳어지기 전에 요크(yoke)로 끌어올려 연속작업 할 수 있는 거푸집구조로 사일로(silo) 축조공사, 터널복공거푸집 공사 등에 유리하다.

53
콘크리트 강도에 가장 큰 영향을 주는 것은?

① 골재의 입도
② 시멘트량
③ 배합방법
④ 물·시멘트 비

해설

콘크리트 강도에 영향을 주는 인자
① 물·시멘트비(W/C) : 1918년 미국의 abrams가 제창한 학설로 "적도의 연도를 가진 콘크리트 강도는 물과 시멘트비에 따라 결정된다."
② 재료의 품질 : 시멘트, 골재, 용수 등의 품질
③ 시공법 : 배합비, 혼합법, 타설 방법 등은 강도에 영향을 준다
④ 보양법
  ㉠ 습도보존 : 최소 5일
  ㉡ 안전보존 : 진동, 충격 등
  ㉢ 온도보존 : 25℃ 이상이 좋고, 겨울철도 최소 5일간은 2℃ 이상 유지한다.

54
철근 겹침 이음 길이는 철근 지름의 몇 배가 적당한가?

① 30배
② 40배
③ 50배
④ 60배

해설

(1) 철근의 이음 및 정착길이
① 인장측(큰 인장력을 받는 것) : 철근지름의 40배(경량골재 사용시 50배)
② 압축측(또는 적은 인장력을 받는 것) : 철근지름의 25배 (경량골재 사용할 때 30배)
③ 경미한 압축을 받는 것 : 철근지름의 20배
④ 철근의 지름이 다를 때 : 가는 철근 지름의 40배
※ 철근의 정착 및 겹침길이는 철근의 말단 혹의 길이는 포함되지 않는다. 즉, 이음길이의 산정은 갈고리 중심 간의 거리로 한다. 또한 지름이 다른 겹침인 때에는 가는 쪽 철근의 공칭지름으로 한다.

(2) 철근의 이음위치
① 철근의 이음위치는 인장력이 큰 곳은 피한다.
② 철근의 이음을 한 곳에서 철근 수의 반 이상을 이어서는 안된다.
③ 인접한 주근의 이음새의 간격은 1.5d 또는 2.5cm 이상으로 한다.
④ 기둥의 주근 이음은 기둥 높이의 2/3 이내, 보통 1/3 지점에 이음을 둔다.
⑤ 보의 주근의 이음에서는 하부근은 단부에, 상부근은 중앙에, 굽힘근은 굽힘부에 이음위치를 둔다.

(3) 철근의 정착위치
① 기둥의 주근은 기초에
② 보의 주근은 기둥에
③ 작은보의 주근은 큰보에
④ 직교하는 단부보 밑에 기둥이 없을 때는 보 상호간에
⑤ 지중보의 주근은 기초 또는 기둥에
⑥ 벽철근은 기둥, 보 또는 바닥판에
⑦ 바닥철근은 보 및 벽체에

55
철근의 부착강도에 영향을 주는 요인이 아닌 것은?

① 철근표면의 거칠기
② 콘크리트 인장강도
③ 철근의 지름과 덮개
④ 철근의 배치방향

해설

콘크리트와 철근과의 부착강도에 영향을 주는 인자
① 압축강도가 클수록 부착강도가 크다.
② 피복두께가 두꺼울수록 부착강도가 크다.
③ 길이가 같으면 철근의 주장(周長)에 비례한다.
④ 철근의 지름에는 비례하나 길이에는 비례하지 않는다.
⑤ 기타 철근표면의 거칠기와 철근의 배치방향도 영향을 준다.

56
거푸집 설계시에 적용되는 철근콘크리트의 단위중량으로서 맞는 것은?

① $2.0t/m^3$
② $2.1t/m^3$
③ $2.3t/m^3$
④ $2.4t/m^3$

해설

철근콘크리트의 단위중량은 $2.4t/m^3$, 무근콘크리트의 단위중량은 $2.3t/m^3$이며, 중량콘크리트의 단위중량은 $3.2\sim4.0t/m^3$ 정도이다.
평균적으로 $3.5t/m^3$으로 하고, 경량콘크리트의 단위중량은 $1.7\sim2.0t/m^3$ 정도이나 보통 $1.9t/m^3$ 정도로 하고 있다.

Answer ➡ 53. ④ 54. ② 55. ② 56. ④

57
거푸집 동바리 설계시에 적용되는 하중 중에서 실제로 적용하는 하중 외에 작업하중을 허용하게 되어 있다. 이 하중은?

① 100kg/m² ② 150kg/m²
③ 200kg/m² ④ 250kg/m²

해설
① 작업하중은 작업시의 근로자와 소도구의 하중을 의미하며 150kg/m²으로 정하고 있다.
② 거푸집 지보공은 다음 하중에 충분한 것을 사용하여야 한다 (고용노동부고시).
∴ 타설되는 콘크리트 중량＋철근중량＋가설물중량＋호퍼 · 바켈 · 가드류의 중량＋150kg/m²

58
철근콘크리트 시공 이음위치로 적당한 것은?

① 보의 1/3 지점 ② 보의 끝부분
③ 지간의 중간   ④ 기둥과 보 사이

해설
철근콘크리트의 이음시공위치
① 보 · 슬래브 등의 수평부재 : 지간의 중간(span의 1/2 되는 곳)에 수직으로(단, 캔틸레버로 내민보나 바닥판은 일체로 한다)
② 기둥 : 기초 위, 바닥판 위, 연결보 위에 수평으로
③ 벽 : 개구부 주위에
④ 아치 : 축의 직각으로 한다.

59
Massive concrete에서 신축이음은 보통 몇 m 마다 하나씩 두면 좋은가?

① 5～10   ② 6～9
③ 12～18 ④ 20～27

해설
Massive concrete에서 신축이음은 12～18m 정도로 하여 평균 15m 마다 하나씩 두는 것이 좋다.

60
콘크리트 타설 작업시의 준수사항이 틀리는 것은?

① 타설작업 후에 거푸집 지보공 등의 변형 변위를 점검할 것
② 작업시작 전의 거푸집 지보공 주위 지반침하 유무를 점검할 것
③ 작업 중에는 거푸집 지보공 변위, 침하 유무 등 감시자를 배치할 것
④ 이상 발견시에는 즉시 작업을 중지하고 근로자 대피조치를 할 것

해설
콘크리트의 타설작업(안전보건규칙 제334조) : 사업주는 콘크리트의 타설작업을 하는 때에는 다음 각 호의 사항을 준수하여야 한다.
① 당일의 작업을 시작하기 전에 해당 작업에 관한 거푸집 동바리 등의 변형 · 변위 및 지반의 침하유무 등을 점검하고 이상이 있으면 이를 보수할 것
② 작업중에는 거푸집 동바리 등의 변형 · 변위 및 침하 유무 등을 감시할 수 있는 감시자를 배치하여 이상이 있으면 작업을 중지하고 근로자를 대피시킬 것

61
콘크리트 타설시 측압에 미치는 영향으로서 틀리는 것은?

① 타설속도가 빠르면 크다.
② 콘크리트가 묽으면 크다.
③ 기온이 높으면 측압도 크다.
④ 콘크리트 단위중량이 크면 측압도 크다.

해설
콘크리트 타설을 할 때 거푸집의 측압에 미치는 영향
① 슬럼프가 클수록 크다(물 · 시멘트 비가 클수록 크다).
② 기온이 낮을수록 크다(대기 중에 습도가 높을수록 크다).
③ 콘크리트의 치어붓기 속도가 클수록 크다.
④ 거푸집의 수밀성이 높을수록 크다.
⑤ 콘크리트의 다지기가 강할수록 크다(진동기 사용시 측압은 30% 정도 증가).
⑥ 거푸집의 수평단면이 클수록 크다(벽두께가 클수록 크다).
⑦ 거푸집의 강성이 클수록 크다.
⑧ 거푸집 표면이 매끄러울수록 크다.
⑨ 콘크리트의 비중이 클수록 크다(단위중량이 클수록 크다).
⑩ 묽은 콘크리일수록 크다.
⑪ 철근량이 적을수록 크다.
⑫ 측압은 생콘크리트의 높이가 높을수록 커지는 것이나, 일정한 높이에 이르면 측압의 증대는 없게 된다.

Answer ▶ 57. ② 58. ③ 59. ③ 60. ① 61. ③

62
콘크리트를 타설할 때 거푸집에 걸리는 측압의 크기에 관한 설명이다. 이중 적당하지 않은 것은?

① 콘크리트의 타설속도가 빠를수록 측압은 크다.
② 진동기를 사용하여 콘크리트를 다지면 측압이 커진다.
③ 콘크리트의 시공연도(슬럼프 값)가 클수록 측압은 커진다.
④ 콘크리트의 타설시 온도가 높을수록 측압은 커진다.

해설
콘크리트의 타설시에 온도가 낮을수록 측압은 커진다.

63
콘크리트 타설시의 안전수칙 사항 중 맞는 것은?

① 콘크리트는 한 곳에서만 치우쳐서 부어 넣어야 한다.
② 타설속도는 현장 여건에 따라 조절하여야 한다.
③ 바닥 위에 흘린 콘크리트는 그대로 양생하도록 한다.
④ 최상부의 슬라브는 이어붓기를 피하고 일시에 전체를 타설한다.

해설
콘크리트는 한 곳에만 치우쳐서 부어넣지 않고 타설속도는 표준시방서에 정해진 속도를 유지하여야 하며, 바닥 위에 흘린 콘크리트는 완전히 청소하여야 한다.

64
콘크리트 타설시의 유의사항으로 틀린 것은 어느 것인가?

① 휠 발로우(wheel barrow)로 콘크리트를 운반할 때는 연속적으로 한다.
② 타설속도는 하계(夏季) 1.5 m/h, 동계(冬季) 1.0m/h를 표준으로 한다.
③ 손수레로 콘크리트를 운반할 때는 뛰어서는 안된다.
④ 최상부의 슬래브는 이어붓기를 되도록 피하고, 일시에 전체를 타설한다.

해설
콘크리트 타설시의 안전수칙
① 바닥위에 흘린 콘크리트는 완전히 청소한다.
② 철골 보의 아래, 철골ㆍ철근의 복잡한 거푸집의 부분 등은 책임자를 정하여 완전한 시공이 되도록 한다.
③ 타설 속도는 하계(夏季) 1.5m/h, 동계(冬季) 1.0m/h를 표준으로 하나 콘크리트 펌프로 압송타설(壓送打設)할 경우엔 이 표준보다 훨씬 큰 속도로 콘크리트를 부어 넣을 가능성이 있다.
④ 높은 곳으로부터 콘크리트를 세게 거푸집 내에 부어 넣지 않는다. 반드시 호퍼(Hopper)로 받아 거푸집 내에 꽂아 넣은 벽형(壁型) 슈트(Chute)를 통해 부어 넣어야 한다.
⑤ 계단실의 콘크리트 부어 넣기는 특히 책임자를 정하여 주의해서 시공하며, 계단의 디딤 면이나 난간은 정규(正規)의 치수로 밀실하게 부어 넣는다.
⑥ 손수레로 콘크리트를 운반할 때에는 적당한 간격을 유지하여야 한다.
⑦ 손수레에 의해 운반할 때는 뛰어서는 안된다. 또한 통로구분을 명확히 하여야 한다.
⑧ 최상부 슬래브는 이어 붓기를 되도록 피하여 일시에 전체를 타설하도록 하여야 한다.
⑨ 타워에 연결되어 있는 슈트의 접속이 확실한가와 달아매는 재료는 견고한가를 점검하여야 한다.

길잡이
콘크리트 타설(고용노동부고시) 중에서 손수레를 이용하여 콘크리트를 운반할 때에는 다음 각 목의 사항을 준수하여야 한다(wheel barrow = hand barrow = 2륜 손수레).
① 손수레를 타설하는 위치까지 천천히 운반하여, 거푸집에 충격을 주지 아니하도록 타설해야 한다.
② 손수레에 의하여 운반할 때에는 적당한 간격을 유지하여야 하고 뛰어서는 안 되며, 통로구분을 명확히 하여야 한다.
③ 운반 통로에 방해가 되는 것은 즉시 제거하여야 한다.

65
다음은 콘크리트 진동다지기에 관한 것이다. 이중 틀린 것은?

① 슬럼프 20cm 미만의 콘크리트만 진동기를 사용한다.
② 퍼붓기 1회 깊이는 60cm 미만으로 하고 진동기 사용간격은 60cm 이내로 한다.
③ 진동치기 콘크리트 거푸집은 일반 거푸집보다 20~30% 정도 견고하게 한다.
④ 진동기는 거푸집에 접촉시키지 말아야 한다.

Answer ➜ 62. ④ 63. ④ 64. ① 65. ①

해설
묽은비빔콘크리트와 된비빔콘크리트와의 구분은 슬럼프값 15를 기준으로 한다. 또한, 진동기는 슬럼프값 15cm 이하에만 사용하며, 묽은비빔콘크리트에 진동기를 사용하면 재료의 분리가 생긴다. 특히 내부진동기는 수직으로 사용하는 것이 좋으며 콘크리트로부터 급히 빼내지 않으며 작업시간은 보통 15~60초에서 30~40초 정도가 적당하다.

66
철근 콘크리트 거푸집 존치기간 순으로 옳은 것은?

① 슬래브 < 보 < 기둥
② 보 < 슬래브 < 기둥
③ 슬래브 < 기둥 < 보
④ 기둥 < 보 < 슬래브

해설
거푸집의 존치기간(해체순서)
① 기초(5일) ⇒ 기둥 옆(7일) ⇒ 벽·보 옆(7~14일) ⇒ 바닥판 밑(14일) ⇒ 보 밑(28일)
② 거푸집의 존치기간은 수직(측면)이 짧고, 수평(하측)면이 길므로 측면 거푸집(기초, 기둥·벽·보 옆)을 먼저 해체하고, 하측 거푸집(바닥·보 밑)을 나중에 해체한다.

길잡이 표준시방서의 거푸집의 존치기간

부위	바닥슬래브, 지붕슬래브 및 보 밑		기초, 기둥 및 벽, 보 옆	
시멘트의 종류	포틀랜드 시멘트	조강 포틀랜드 시멘트	포틀랜드 시멘트	조강 포틀랜드 시멘트
콘크리트의 압축강도	설계기준강도의 50%		50(kg/cm²)	
콘크리트의 재령 (일) 평균기온 10℃ 이상~20℃ 미만	8	5	6	3
평균기온 20℃ 이상	7	4	4	2

67
콘크리트 거푸집의 지주 바꾸어 세우기 순서 중 제일 먼저 하여야 하는 것은?

① 큰보
② 작은보
③ 바닥판
④ 계단

해설
거푸집 해체시 지주를 바꾸어 세울 때의 주의사항
① 지주의 바꾸어 세우기 순서는 큰보, 작은보, 바닥판 순으로 한다.
② 바꾸어 세운 지주는 쐐기 등으로 전 지주와 동등의 지지력이 작용하도록 한다.
③ 상부에 30cm 각 이상의 두꺼운 머리 받침을 댄다.

68
거푸집을 떼어낼 때 안전관리상 먼저 하는 작업으로 맞는 것은?

① 기온이 높을 때 타설한 거푸집과 낮을 때 타설한 거푸집 : 높을 때 타설한 거푸집
② 조강 시멘트를 사용하여 타설한 거푸집과 보통 시멘트를 사용하여 타설한 거푸집 : 보통시멘트를 사용하여 타설한 거푸집
③ 보와 기둥 : 보
④ 스팬이 큰 빔과 작은 빔 : 큰 빔

해설
거푸집 해체공사시에 먼저 수행해야 되는 작업
① 보통 시멘트와 조강 시멘트 : 조강 시멘트
② 보와 기둥 : 기둥
③ 물, 시멘트의 비가 큰 것과 작은 것 : 작은 것
④ 부재의 단면과 측면 : 측면
⑤ 스팬이 큰 보와 작은 보 : 작은 보
⑥ 기온이 높을 때와 낮을 때 타설한 거푸집 : 높을 때 타설한 거푸집

69
거푸집 해체시의 안전수칙사항 중 맞지 않은 것은?

① 거푸집 해체가 용이하지 않을 때는 분업에 의한 지렛대 사용을 한다.
② 상하에서 동시작업을 할 때는 상하가 긴밀한 연락을 취하여야 한다.
③ 거푸집 해체시의 순서에 입각하여 실시한다.
④ 해체된 거푸집 기타 각목을 올리거나 내릴 때에는 달줄, 달포대 등을 사용한다.

Answer ➡ 66. ④ 67. ① 68. ① 69. ①

해설

거푸집의 해체작업을 하여야 할 경우 준수해야 할 사항(고용노동부고시)
1) 거푸집 및 지보공(동바리)의 해체는 순서에 의하여 실시하여야 한다.
2) 거푸집 및 지보공(동바리)은 콘크리트 자중 및 시공 중에 가해지는 기타 하중에 충분히 견딜만한 강도를 가질 때까지는 해체하지 아니하여야 한다.
3) 거푸집을 해체 할 때에는 다음 각 목에 정하는 사항을 유념하여 작업하여야 한다.
  ① 해체작업을 할 때에는 안전모 등 안전보호장구를 착용토록 하여야 한다.
  ② 거푸집 해체작업장 주위에는 관계자를 제외하고는 출입을 금지시켜야 한다.
  ③ 상하 동시 작업은 원칙적으로 금지하며, 부득이한 경우에는 긴밀히 연락을 취하며 작업을 하여야 한다.
  ④ 거푸집 해체 때 구조체에 무리한 충격이나 큰 힘에 의한 지렛대 사용은 금지하여야 한다.
  ⑤ 보 또는 슬래브 거푸집을 제거할 때에는 거푸집의 낙하 충격으로 인한 작업원의 돌발적 재해를 방지하여야 한다.
  ⑥ 해체된 거푸집이나 각목 등에 박혀 있는 못 또는 날카로운 돌출물은 즉시 제거하여야 한다.
  ⑦ 해체된 거푸집이나 각목은 재사용 가능한 것과 보수하여야 할 것을 선별, 분리하여 적치하고 정리정돈을 하여야 한다.
(4) 기타 제 3자의 보호조치에 대하여도 완전한 조치를 강구하여야 한다.

70

댐(Dam) 콘크리트에서 거푸집 떼어내기에 관한 기술 중 틀린 것은 다음 중 어느 것인가?

① 거푸집 떼어내기는 보통 연직방향을 수평방향보다 먼저 떼어내는 것이 좋다.
② 개구부는 일광의 직사를 받지 않으므로 압축강도가 100kg/cm² 정도로 되면 될 수 있는 한 빨리 떼어낸다.
③ 거푸집 떼어내기는 콘크리트 압축강도가 35kg/cm2 정도 도달할 때가 좋다.
④ 거푸집 떼어내기 시기 및 순서는 책임기술자의 승인을 얻은 후에 실시한다.

해설

댐 콘크리트에서 거푸집 떼어내기는 보통 수평방향을 연직방향보다 먼저 떼어 내는 것이 좋다.

71

철골공사시 철골의 자립도 검토내용으로 옳지 않은 것은?

① 높이 30m 이상의 건물
② 구조물의 폭과 높이의 비가 1 : 4 이상의 건물
③ 이음부가 현장용접인 건물
④ 연면적당 철골량이 50kg/m2

해설

철골공사 전 검토사항 중 설계도 및 공작도에 대한 확인 사항(고용노동부고시) : 구조안전의 위험이 큰 다음 각 목의 철골구조물은 건립 중 강풍에 의한 풍압 등 외압에 대한 내력이 설계에 고려되었는지 확인하여야 한다.
① 높이 20m 이상의 구조물
② 구조물의 폭과 높이의 비가 1 : 4이상인 구조물
③ 단면구조에 현저한 차이가 있는 구조물
④ 연면적당 철골량이 50kg/m² 이하인 구조물
⑤ 기둥이 타이 플레이트(tie plate)형인 구조물
⑥ 이음부가 현장용접인 구조물

72

철골건립작업 시에 작업을 중지해야 할 풍속과 강우량의 범위로 맞는 것은?

① 풍속 : 10분간 평균풍속이 5m/sec, 강우량 1시간당 5mm 이상
② 풍속 : 10분간 평균풍속이 10m/sec, 강우량 1시간당 1mm 이상
③ 풍속 : 10분간 평균풍속이 15m/sec, 강우량 1시간당 2mm 이상
④ 풍속 : 10분간 평균풍속이 20m/sec, 강우량 1시간당 10mm 이상

해설

철골공사 전의 검토사항 중 건립계획 중에서(고용노동부고시 철골공사 표준안전작업지침) 강풍, 폭우 등과 같은 악천후일 때에는 작업을 중지하여야 하며, 특히 강풍시에는 높은 곳에 있는 부재나 공구류가 낙하비래하지 않도록 조치하여야 한다. 이 때 **작업을 중지해야 하는 악천후**는 다음 각 목의 경우를 말한다.
① 풍속 : 10분간 평균풍속이 10m/sec 이상
② 강우량 : 1시간당 1mm 이상
③ 강설량 : 1시간당 1cm 이상

Answer ◯ 70. ① 71. ① 72. ②

73
철골건립을 위하여 철골을 반입할 때 주의사항이 아닌 것은?

① 다른 작업에 방해되지 않도록 철골을 적치한다.
② 철골적치 시에 먼저 사용할 것을 밑에 적치한다.
③ 받침대를 밑에 깔고 적치한다.
④ 부재를 묶는 작업을 하는 작업자는 경험이 풍부한 사람이 한다.

해설

철골반입시 준수할 사항(고용노동부고시 철골공사 표준안전작업지침)
(1) 다른 작업에 장해가 되지 않는 곳에 철골을 적치하여야 한다.
(2) 받침대는 적치될 부재의 중량을 고려하여 적당한 간격으로 안정성 있는 것을 사용하여야 한다.
(3) 부재 반입시는 건립의 순서 등을 고려하여 반입하여야 하며, 시공순서가 빠른 부재는 상단부에 위치하도록 한다.
(4) 부재 하차시에 쌓여 있는 부재의 도괴에 대비하여야 한다.
(5) 부재 하차시에 트럭 위에서의 작업은 불안정하므로 인양할 때 부재가 무너지지 않도록 주의하여야 한다.
(6) 부재에 로프를 체결하는 작업자는 경험이 풍부한 사람이 하도록 하여야 한다.
(7) 인양시에 기계의 운전자는 서서히 들어올려 일단 안정상태로 된 것을 확인한 다음, 다시 서서히 들어올리며 트럭적재함으로부터 2m 정도가 되었을 때 수평으로 이동시켜야 한다.
(8) 수평이동시는 다음 각목의 사항을 준수하여야 한다.
  ① 전선 등 다른 장해물에 접촉할 우려는 없는지 확인하여야 한다.
  ② 유도 로프를 끌거나 누르지 않도록 하여야 한다.
  ③ 인양된 부재의 아래쪽에 작업자가 들어가지 않도록 한다.
  ④ 내려야 할 지점에서 일단 정지시킨 후 흔들림을 정지시킨 다음, 서서히 내리도록 하여야 한다.
(9) 적치시는 너무 높게 쌓지 않도록 하고, 체인 등으로 묶어두거나 버팀대를 대어 넘어가지 않도록 하여야 하며, 적치높이는 적치 부재 하단폭의 1/3 이하이어야 한다.

74
건설공사 현장에서 낙하물에 의한 공사현장 주변에 위험이 발생할 우려가 있을 때 설치하는 방호철망의 철망호칭으로 적당한 것은?

① #8~#10 ② #13~#16
③ #18~#22 ④ #25~#30

해설

방호철망의 설치기준
① 철망호칭 #13 내지 #16의 것을 사용한다.
② 아연도금 철선으로 지름 0.9mm(#20) 이상의 것을 사용한다.
③ 15cm 이상 겹쳐대고 60cm 이내의 간격으로 긴결하여 틈이 생기지 않도록 한다.

길잡이 철골공사시의 재해방지설비(고용노동부고시 제2020-7호 제16조)

기능		용도, 사용 장소, 조건	방호설비
추락방지	1. 안전한 작업이 가능한 작업대	높이 2m 이상의 장소에서 추락의 우려가 있는 작업에 따른 경우	비계, 달비계, 수평통로, 안전난간대
	2. 추락자를 보호할 수 있는 것	작업대 설치가 어렵거나 개구부 주위로 난간 설치가 어려운 곳	추락방지용 방망
	3. 추락의 우려가 있는 위험장소에 작업자의 행동을 제한하는 것	개구부 및 작업대의 끝	난간, 울타리
	4. 작업자의 신체를 유지시키는 것	안전한 작업대나 난간 설비를 할 수 있는 곳	안전대, 구명줄, 안전대 부착설비
낙하비래및비산방지	1. 상부에서 낙하해 오는 것으로부터 보호	철골건립 및 볼트 체결, 기타 상하작업	방호철망, 방호울타리, 가설앵커설비
	2. 제 3자의 위해 방지	볼트, 콘크리트제품, 형틀재, 일반자재, 먼지 등 낙하비래할 우려가 있는 작업	방호철망, 방호시트, 울타리, 방호선반, 안전망
	3. 불꽃의 비산방지	용접, 용단을 수반하는 작업	석면포

75
방호선반의 설치기준으로 맞는 것은?

① 시공하는 시설물의 높이가 10m 이상인 경우에는 1단 이상 설치한다.
② 시공하는 길이가 30m 이상인 경우에는 2단 이상 설치한다.
③ 최하단에 설치하는 방호선반은 보통 지면에서 3m 정도의 높이에 설치한다.
④ 선반의 내민 길이는 구조물 외측에서 1.5m 이상 돌출시킨다.

해설

방호선반의 설치방법 : 방호선반은 철골건립 등의 작업시 낙하·비래 및 비산방지설비로 지상층의 철골건립 개시 전에 다음 각 호와 같은 방법으로 설치한다.

Answer ➡ 73. ② 74. ② 75. ①

① 철골건물의 높이가 지상 20m 이하일 때는 방호선반을 1단 이상, 20m 이상인 경우에는 2단 이상 설치토록 한다.
② 설치방법은 건물외부비계 방호시트에서 수평거리로 2m 이상 돌출하고 20° 이상의 각도를 유지시켜야 한다.
③ 선반널 두께는 두께 1.5cm 이상의 나무판자 또는 이와 동등 이상의 효과가 있는 것을 사용한다.
④ 구조체에 45cm 이하의 간격으로 틈새가 없도록 설치하고 시트상호를 틈새가 없도록 겹친다.

76
철골공사에서 용접, 용단작업에 사용되는 가스 등의 용기는 그 온도를 몇 도 이하로 보존하여야 하는가?

① 25℃
② 36℃
③ 40℃
④ 48℃

해설

가스 등의 용기(안전보건규칙) : 사업주는 금속의 용접·용단 또는 가열에 사용되는 가스 등의 용기를 취급하는 때에는 다음 각 호의 사항을 준수하여야 한다.
(1) 다음 각 목의 1에 해당하는 장소에서 사용하거나 당해 장소에 설치·저장 또는 방치하지 아니하도록 할 것
　① 통풍 또는 환기가 불충분한 장소
　② 화기를 사용하는 장소 및 그 부근
　③ 위험물·화약류 또는 가연성 물질을 취급하는 장소 및 그 부근
(2) 용기의 온도를 섭씨 40° 이하로 유지할 것
(3) 전도의 위험이 없도록 할 것
(4) 충격을 가하지 아니하도록 할 것
(5) 운반할 때에는 캡을 씌울 것
(6) 사용할 때에는 용기의 마개에 부착되어 있는 유류 및 먼지를 제거할 것
(7) 밸브의 개폐는 서서히 할 것
(8) 사용 전 또는 사용 중인 용기와 그 밖의 용기를 명확히 구별하여 보관할 것
(9) 용해 아세틸렌의 용기는 세워 둘 것
(10) 용기의 부식·마모 또는 변형상태를 점검 후 사용할 것

77
다음 건설기계 중, 철골 세우기 장비가 아닌 것은?

① 타워 크레인(tower crane)
② 크롤러 크레인(crawler crane)
③ 백 호우(back hoe)
④ 진폴 데릭(gin pole derrik)

해설

③는 중기가 위치한 지면보다 낮은 곳의 땅을 파는데 적합한 일종의 굴착기계이다.

78
철골건립기계 중에서 초고층 건설작업에 적당하고 인접시설 등에 장해가 없는 상태로 360° 회전이 가능한 기계는?

① 지브 크레인(jib crane)
② 타워 크레인(tower crane)
③ 가이 데릭(guy derick)
④ 크롤러 크레인(crawler crane)

해설

철골건립용 기계의 종류별 특징(고용노동부고시)
① **타워 크레인** : 타워 크레인은 정치식과 이동식이 있으나, 대별하면 붐이 상하로 오르내리는 기복형과 붐이 수평을 유지하고 트롤리 호이스트가 움직이는 수평형이 있다. 초고층 작업이 용이하고 인접물에 장해가 없이 360° 선회작업이 가능하여 가장 능률이 좋은 건립기계이다.
② **트럭 크레인** : 장거리 기동성이 있고 붐을 현장에서 조립하여 소정의 길이를 얻을 수 있다. 붐의 신축과 기복을 유압에 의하여 조작하는 유압식이 있다. 한 장소에서 360° 선회작업이 가능하고 기계종류도 소형에서 대형까지 다양하다. 기계식 트럭 크레인은 인양하중이 150ton 까지 가능한 대형도 있다.
③ **크롤러 크레인** : 이는 트럭 크레인의 타이어 대신 크롤러를 장착한 것으로,「아웃리거를 갖고 있지 않아」트럭 크레인보다 흔들림이 크고 하물 인양시에 안전성이 약하다. 크롤러식 타워 크레인은 차체는 크롤러 크레인과 같지만 직립 고정된 붐 끝에 기복이 가능한 보조 붐을 가지고 있다.
④ **가이 데릭** : 주기둥과 붐으로 구성되어 있고 6~8본의 지선으로 주기둥이 지탱되고, 주 각부에 붐을 설치 360° 회전이 가능하다. 인양 하중이 크고 경우에 따라서 쌓아 올림도 가능하지만 타워 크레인에 비하여 선회성, 안전성이 뒤떨어지므로 인양하물의 중량이 클 때 특히 필요로 한다.
⑤ **삼각 데릭** : 가이 데릭과 비슷하나 주기둥을 지탱하는 지선 대신에 2본의 다리에 의해 고정된 것으로, 작업회전 반경은 약 270° 정도로 가이 데릭과는 성능은 거의 같다. 이것은 비교적 높이가 낮은 면적의 건물에 유효하다. 특히 최상층 철골 위에 설치하여 타워크레인 해체 후에 사용하거나, 또 증축공사인 경우의 기존 건물 옥상 등에 설치하여 사용되고 있다.
⑥ **진폴 데릭** : 통나무, 철파이프 또는 철골 등으로 기둥을 세우고 3본 이상의 지선을 매어 기둥을 경사지게 세워 기둥 끝에 활차를 달고 원치에 연결시켜 권상시키는 것이다. 간단하게 설치할 수 있으며, 경미한 건물의 철골건립에 사용된다.

Answer ● 76. ③ 77. ③ 78. ②

79
다음 중 통나무 강관 또는 철골 등으로 기둥을 세우고 3본 이상의 지선을 매어서 기둥을 경사지게 세워 기둥의 끝에 활차를 달고 윈치에 연결시켜 권상시키는 것으로, 작은 건물의 철골건립에 사용하는 철골 건립기계의 종류는?

① 타워 크레인 ② 진폴 데릭
③ 삼각 데릭 ④ 트럭 크레인

해설
진폴 데릭은 간단하게 설치할 수 있으므로 경미한 건물의 철골 건립에 많이 사용된다.

80
가설구조물의 부재가 강성이 부족하여 가늘고 긴 부재가 압축력에 의하여 휘어져서 파괴되는 현상은?

① 좌굴 ② 탄성변형
③ 한계변형 ④ 휨변형

해설
좌굴에 대한 억제조치로는 재단의 회전구속, 부재의 중간지지, 보의 연결 등이 있다.

81
다음 중 좌굴에 대한 억제조치(억제대책)가 아닌 것은?

① 부재의 끝을 회전하지 않도록 구속한다.
② 부재의 중간에 사재를 연결한다.
③ 부재에 작용하는 하중을 증대시킨다.
④ 부재의 중간에 보를 연결한다.

해설
좌굴이란 철골기둥이 변곡되는 것으로 대책으로는 ①, ②, ④항이 있다.

Answer ➡ 79. ② 80. ① 81. ③

5장 운반 · 하역작업 안전 및 기타 작업안전

1 운반작업

[1] 취급 · 운반 작업의 원칙

(1) 취급 · 운반의 3조건
1) 운반을 기계화할 것
2) 운반거리를 단축시킬 것
3) 손이 닿지 않는 운반 방식으로 할 것

(2) 취급 · 운반의 5원칙
1) 직선운반을 할 것
2) 연속운반을 할 것
3) 운반작업을 집중화시킬 것
4) 생산을 최고로 하는 운반을 생각할 것
5) 시간과 경비를 절약할 수 있는 운반 방법을 고려할 것

[2] 인력운반

(1) 인력운반의 하중기준 및 안전하중기준
1) 인력운반 하중기준 : 체중의 40% 정도의 운반물을 60~80(m/min)의 속도로 운반할 것
2) 안전하중기준
   ① 성인남자 : 25kg 정도
   ② 성인여자 : 15kg 정도

(2) 인력운반 작업 시 안전수칙
1) 물건을 들어 올릴 때는 팔과 무릎을 사용하며, 척추는 곧은 자세로 할 것
2) 무거운 물건은 공동작업으로 실시하고 보조기구를 사용할 것
3) 길이가 긴 물건은 앞쪽을 높여 운반할 것
4) 화물에 최대한 접근하여 중심을 낮게 할 것
5) 어깨보다 높이 들어 올리지 않을 것
6) 무리한 자세를 장시간 지속하지 않을 것

(3) 기계화해야 될 인력 작업의 표준

1) 3~4인 정도가 상당시간 계속 반복운반 작업을 할 경우
2) 발밑에서 머리 위까지 들어 올리는 작업일 경우
3) 발밑에서 어깨까지 25kg 이상을 들어 올리는 작업일 경우
4) 발밑에서 허리까지 50kg 이상을 들어 올리는 작업일 경우
5) 발밑에서 무릎까지 75kg 이상을 들어 올리는 작업일 경우

[3] 중량물 취급 · 운반 및 운반기계에 의한 운반

(1) 중량물 취급 작업시 작업계획의 작성내용

1) 추락위험을 예방할 수 있는 안전대책
2) 낙하위험을 예방할 수 있는 안전대책
3) 전도위험을 예방할 수 있는 안전대책
4) 협착위험을 예방할 수 있는 안전대책
5) 붕괴위험을 예방할 수 있는 안전대책

(2) 반복에 의한 중량물 취급 작업 시 작업 시작 전 점검사항

1) 중량물 취급의 올바른 자세 및 복장
2) 위험물 비산에 따른 보호구 착용
3) 카바이드, 생석회 등과 같이 온도 상승이나 습기에 의하여 위험성이 존재하는 중량물의 취급방법
4) 하역운반 기계 등의 적절한 사용방법

(3) 운반기계에 의한 운반 작업 시 안전수칙

1) 운반차의 화물적재높이 : 1,020mm(유럽·미국 등 : 1,500±500mm)
2) 운반차를 밀 때는 750~850mm 정도의 높이가 적당
3) 운반대 위에는 여러 사람이 타지 말 것

2 하역작업

[1] 차량계 하역 운반기계 및 통로 폭

(1) 차량의 구내속도 : 8km/hr 이내의 속도유지

(2) 물자 운반용 차량의 통로 폭

1) 일방통행용 : W = B + 60(cm)

2) 양방통행용 : W = 2B + 90(cm)

여기서, B = 운반차량의 폭

(3) 운반 통로에서 우선 통과 순서

1) 기중기
2) 짐차
3) 빈차
4) 사람

[2] 항만 하역작업

(1) 부두, 안벽 등 하역작업을 하는 장소에 대하여 조치할 사항

1) 작업장, 통로의 위험한 부분 : 안전작업을 할 수 있는 조명을 유지할 것
2) 부두 또는 안벽의 선을 따라 통로를 설치할 경우 : 폭을 90cm 이상으로 할 것
3) 육상에서의 통로 및 작업장소에 다리 또는 갑문을 넘는 보도 등의 위험한 부분 : 울 등을 설치할 것

(2) 300t 급 이상의 선박에서 하역작업을 할 경우 조치사항

1) 안전하게 승강할 수 있는 현문 사다리를 설치할 것
2) 현문 사다리 밑에는 안전망을 설치할 것
3) 현문 사다리의 바닥의 넓이는 55cm 이상이어야 하고, 양쪽에 82cm 이상 높이로 방책을 설치할 것

(3) 통행설비의 설치 등
: 갑판의 윗면에서 선창 밑바닥까지의 깊이가 1.5m를 초과하는 선창의 내부에서 화물취급작업을 하는 때에는 해당 작업에 종사하는 근로자가 안전하게 통행할 수 있는 설비를 설치할 것(다만, 안전하게 통행할 수 있는 설비가 선박에 설치되어 있는 때에는 제외)

3 해체작업

[1] 해체작업시 작업계획의 작성내용 및 위험방지 조치사항

(1) 해체작업시 작업계획의 작성내용

1) 해체의 방법 및 해체순서도면
2) 가설설비, 방호설비, 환기설비 및 살수, 방화 설비 등의 방법
3) 사업장내 연락방법
4) 해체물의 처분계획
5) 해체 작업용 기계, 기구 등의 작업계획서
6) 해체 작업용 화약류 등의 사용계획서

(2) 해체 작업 시 조치할 사항

1) 작업구역 내는 관계자 외의 자의 출입을 금지시킬 것
2) 악천후(폭풍, 폭우 및 폭설 등)시는 작업을 중지시킬 것

[2] 해체공법의 종류별 특징

[표] 해체공법의 종류별 특징 (해체공사 표준안전작업지침)

공법		원리	특징	단점
압쇄공법	자주식 현주식	유압압쇄날에 의한 해체	취급과 조작이 용이하고 철근, 철골 절단이 가능하며 저 소음이다.	20m 이상은 불가능, 분진비산을 막기 위해 살수설비가 필요하다.
대형 브레카 공법	압축공기 자주형	압축공기에 의한 타격 파쇄	능률이 높은 곳 사용이 가능하다. 보, 기둥, 슬레브, 벽체 파쇄에 유리	소음과 진동이 크며, 분진발생에 주의하여야 한다.
	유압 자주형	유압에 의한 타격 파쇄		
전도 공법		부재를 절단하여 쓰러뜨린다.	원칙적으로 한층씩 해체하고 전도축과 전도방향에 주의해야 한다.	전도에 의한 진동과 매설물에 대한 배려가 필요하다.
철 해머에 의한 공법		무거운 철재 해머로 타격	능률이 좋으나 지하매설콘크리트 해체에는 효율이 낮다. 기둥, 보, 슬래브, 벽 파쇄에 유리	소음과 진동이 크고, 파편이 많이 비산된다.
화약 발파공법		발파충격과 가스압력으로 파쇄	파괴력이 크고 공기를 단축할 수 있으며, 노동력 절감에 기여	발파 전문자격자가 필요, 비산물 방호장치설치, 폭음과 진동이 있으며 지하 매설물에 영향 초래, 슬래브 벽 파쇄에 불리
핸드 브레카 공법	압축공기식	압축공기에 의한 타격 파쇄	광범위한 작업이 가능하고 좁은 장소나 작은 구조물 파쇄에 유리, 진동은 작다.	방진마스크, 보안경 등 보호구 필요, 소음이 크고 소음 발생에 주의를 요한다.
	유압식	유압에 의한 타격과 파쇄		
팽창압공법		가스압력과 팽창압력에 의거 파쇄	보관취급이 간단, 책임자 불필요, 무근콘크리트에 유효, 공해가 거의 없다.	천공 때 소음과 분진발생, 슬래브와 벽 등에는 불리
절단공법		회전톱에 의한 절단	질서정연한 해체나 무진동이 요구될 때에 유리하고 최대 절단 길이는 30cm 전후	절단기, 냉각수가 필요하며, 해체물 운반크레인이 필요
재키공법		유압식 재키로 들어 올려 파쇄	소음진동이 없다.	기둥과 기초에는 사용불가, 슬래브와 보 해체시 재키를 받쳐줄 발판 필요
쐐기타입 공법		구멍에 쐐기를 밀어넣어 파쇄	균열이 직선적이므로 계획적으로 해체할 수 있다. 무근콘크리트에 유리	1회 파괴량이 적다. 코어보링시 물을 필요로 한다. 천공시 소음과 분진에 주의
화염공법		연소시켜서 용해하여 파쇄	강제 절단이 용이, 거의 실용화되어 있지 못하다.	방열복 등 개인 보호구가 필요하며 용융물, 불꽃처리 대책필요
통전공법		구조체에 전기 쇼트를 이용 파쇄	거의 실용화 되어 있지 못하다	

실 / 전 / 문 / 제

01
중량물 취급시, 위험방지조치가 아닌 것은?

① 작업계획 작성 ② 작업지휘자 지정
③ 보호구 착용   ④ 출입금지

해설

법상 중량물 취급시의 위험방지 조치(안전보건규칙)
① 작업계획의 작성
② 중량물 취급시의 하역운반기계 사용
③ 경사면에서의 중량물 취급시의 안전조치
④ 작업지휘자의 지정
⑤ 신호
⑥ 보호구 사용
⑦ 작업시작 전의 점검

02
다음은 하역작업 시의 위험방지에 대한 설명이다. 옳지 않은 것은?

① 안전담당자는 작업방법 및 순서를 결정하고 작업을 지휘한다.
② 밧줄가닥이 절단된 섬유로프 등을 사용해서는 안된다.
③ 부두 또는 안벽의 선을 따라 통로를 설치할 때는 폭을 75cm 이상으로 해야 한다.
④ 포대, 가마니 등의 하적단 높이가 2m 이상 되는 경우, 하적단 밑 부분에서 10cm 이상의 간격을 두어야 한다.

해설

부두 등의 하역작업장(안전보건규칙) : 사업주는 부두·안벽 등 하역작업을 하는 장소에 대하여는 다음 각 호의 조치를 하여야 한다.
① 작업장 및 통로의 위험한 부분에는 안전하게 작업할 수 있는 조명을 유지할 것
② 부두 또는 안벽의 선을 따라 통로를 설치하는 때에는 폭을 90cm 이상으로 할 것
③ 육상에서의 통로 및 작업장소로서 다리 또는 선거의 갑문을 넘는 보도 등의 위험한 부분에는 적당한 울 등을 설치할 것

03
부두 또는 안벽의 선에 따라 통로를 개설할 때에 확보하여야 할 통로의 넓이는?

① 30cm 이상 ② 40cm 이상
③ 70cm 이상 ④ 90cm 이상

해설

90cm 이상의 통로를 확보해야만 추락 등의 재해를 막을 수 있다.

04
화물을 적재할 때, 준수사항으로 틀린 것은?

① 침하우려가 없는 튼튼한 곳에 적재
② 편하중이 생기지 않도록 적재
③ 칸막이나 벽에 기대어 적재
④ 불안정할 정도로 높이 쌓아 올리지 말 것

해설

화물을 적재하는 경우 준수해야 할 사항
① 침하의 우려가 없는 튼튼한 기반 위에 적재할 것
② 건물의 칸막이나 벽 등이 화물의 압력에 견딜 만큼의 강도를 지니지 아니한 때에는 칸막이나 벽에 기대어 적재하지 아니하도록 할 것
③ 불안정할 정도로 높이 쌓아 올리지 말 것
④ 편하중이 생기지 아니하도록 적재할 것

05
갑판의 윗면에 선창 밑바닥까지 깊이가 몇 m를 초과하는 선창의 내부에서 화물취급 작업을 하는 때에는 당해 작업 근로자가 안전하게 통행할 수 있는 설비를 설치하여야 하는가?

① 1.0m ② 1.2m
③ 1.3m ④ 1.5m

Answer ▶ 01. ④ 02. ③ 03. ④ 04. ③ 05. ④

해설

통행설비의 설치 등(안전보건규칙 제394조) : 사업주는 갑판의 윗면에서 선창 밑바닥까지의 깊이가 1.5m를 초과하는 선창의 내부에서 화물취급작업을 하는 경우에는 그 작업에 종사하는 근로자가 안전하게 통행할 수 있는 설비를 설치하여야 한다.

06
벌목작업에 의한 위험방지 사항이 아닌 것은?

① 대피장소 선정
② 악천후일 때는 작업금지
③ 보호구 착용
④ 투하설비 설치

해설

벌목작업에 의한 위험방지(안전보건규칙)
(1) 벌목작업시 등의 위험방지
 ① 대피장소를 미리 선정한다.
 ② 나무의 흉고직경이 40cm 이상일 때에는 벌목근직경의 1/4 이상의 수입구를 만든다.
 ③ 유압식 벌목기에는 견고한 헤드 가드를 비치한다.
(2) 벌목작업시의 신호
(3) 출입의 금지
(4) 악천후시의 작업금지
(5) 보호구의 착용

길잡이

투하설비는 높이 3m 이상의 장소로부터 물체를 투하할 때 설치해야 되는 것으로, 벌목작업과는 관계가 없다.

07
다음 통로에 관한 안전조치사항 중 틀린 것은?

① 기계와 기계 사이의 통로 폭은 80cm 이상이어야 한다.
② 회전축의 건널다리에는 90cm 이상의 손잡이를 설치한다.
③ 일방통행로의 폭은 차폭(車幅) +80cm 이상이어야 한다.
④ 통로 위 1.8m 이내의 공간에는 장애물이 없어야 한다.

해설

물자운반용 차량의 통로폭
① 일방통행용 : W=B+60cm
② 양방통행용 : W=2B+90cm
 여기서 B는 운반차량의 폭이다.

08
인력으로 단독 운반하는 물체 무게의 한도는 연속적으로 운반할 경우에 체중의 몇 %라고 말하고 있는가?

① 25~30%   ② 30~35%
③ 35~40%   ④ 40~45%

해설

인력운반작업 시의 하중기준은 60~80m/min의 속도로 운반 시 체중의 40%가 표준이며, 가장 적당한 중량보다 가볍게 하여도 에너지는 별로 감소되지 않으나 초과하면 급격히 증가하므로 35~40%로 하여야 한다.

09
체중 70kg의 작업자가 장시간 운반작업을 하는 경우, 취급화물의 중량을 얼마 이하로 제한하여야 하는가?

① 21kg   ② 28kg
③ 35kg   ④ 42kg

해설

$W = 70 \times 0.4 = 28 kg$

10
운반작업시에 일반적으로 남녀의 안전하중은 어느 것인가?

① 남자 : 30kg, 여자 : 20kg
② 남자 : 15kg, 여자 : 10kg
③ 남자 : 20kg, 여자 : 15kg
④ 남자 : 25kg, 여자 : 15kg

해설

남자, 여자의 안전하중
① 남자 : 25kg
② 여자 : 15kg

Answer ➡ 06. ④ 07. ③ 08. ③ 09. ② 10. ④

11
손 운반작업 시에 가능한 신체에 무리를 주지 않고 물건을 들어올리는 가장 좋은 방법은?

① 등허리를 가능한 한 꼿꼿이 세운다.
② 무릎을 펴고 등허리를 굽힌다.
③ 무릎과 등허리를 동시에 굽힌다.
④ 각자의 능력에 따라 편한 자세를 취한다.

해설
물건을 들어올릴 때에는 팔과 무릎을 사용하며, 등·허리(척추)는 곧은 자세로 하여야 요통재해를 방지할 수 있다.

12
운반작업 시의 주의사항 중 옳지 않은 것은?

① 긴 물건은 뒤쪽을 위로 올린다.
② 무리한 몸가짐으로 물건을 들지 않는다.
③ 무거운 물건은 공동작업을 한다.
④ 공동운반 시는 서로 긴밀한 신호로 협동한다.

해설
긴 물건은 앞쪽을 위로 올리고 뒤쪽은 땅에 끌면서 운반한다.

13
긴 물건을 공동으로 운반 작업할 때의 주의사항 중 알맞지 않은 것은?

① 두 사람이 운반할 때에는 서로 다른 쪽의 어깨에 메고 무게가 균등하게 걸리도록 한다.
② 작업 지휘자를 반드시 정하고 나서 작업을 한다.
③ 들어올리거나 내릴 때에는 서로 소리를 내어 동작을 일치시킨다.
④ 운반 도중에서 서로 신호 없이는 힘을 빼지 않는다.

해설
길이가 긴 물건을 두 사람이 공동으로 운반할 때에는 같은 쪽의 어깨에 메고 무게가 균등하게 걸리도록 하여야 한다.

14
다음은 철근을 인력 운반할 때의 설명이다. 옳지 않은 것은?

① 긴 철근은 두 사람이 1조가 되어 어깨메기로 운반하는 것이 좋다.
② 운반시에는 중앙을 묶어서 운반한다.
③ 운반할 때의 1인당 무게는 25kg 정도가 적절하다.
④ 긴 철근을 한 사람이 운반할 때는 한 쪽을 어깨에 메고 다른 쪽 끝을 땅에 끌면서 운반한다.

해설
철근 운반시에는 양쪽 끝을 묶어서 운반해야 된다.

15
일반적으로 기계화하여야 할 인력운반작업의 표준을 설명한 것이다. 옳지 않은 것은?

① 발밑에서 허리까지 50kg 이상의 물건을 들어올리는 작업
② 발밑에서 무릎까지 75kg 이상의 물건을 들어올리는 작업
③ 발밑에서 머리 위까지 물건을 들어올리는 작업
④ 발밑에서 어깨까지 15kg 이상의 물건을 들어올리는 작업

해설
①, ②, ③항의 경우와 발밑에서 어깨까지 25kg 이상의 물건을 들어올리는 작업 및 3~4인이 상당한 시간이 계속되어야 하는 운반 작업이 있는 경우는 작업을 기계화해야 한다.

16
작업장에서의 통행에 있어서 우선권 순위로 올바른 것은?

① 보행자 – 기중기 – 운반차량 – 빈차량
② 보행자 – 운반차량 – 빈차량 – 기중기
③ 기중기 – 운반차량 – 빈차량 – 보행자
④ 운반차량 – 빈차량 – 보행자 – 기중기

17
작업장에서 통행의 가장 우선권은?

① 짐차　　　　② 화물을 싣지 않은 차
③ 보행자　　　④ 기중기

해설
작업장에서 통행의 우선순위는 기중기 – 짐차 – 화물을 싣지 않은 차 – 보행자 순이다.

Answer ▶ 11.① 12.① 13.① 14.② 15.④ 16.③ 17.④ 18.①

18
공장 내의 교통계획 중 가장 이상적인 것은 다음 중 어느 것인가?

① 일방통행   ② 양방통행
③ 교차통행   ④ 고속통행

해설
일방통행의 경우에 사고율이 가장 낮으므로 이상적이다.

19
차도(교차통행)의 폭은?

① (차폭 $\times 2 + 60$)cm   ② (차폭 $\times 2 + 80$)cm
③ (차폭 $\times 2 + 90$)cm   ④ (차폭 $\times 2 + 105$)cm

해설
물자운반용 차량의 통로폭
① 일방통행용 : W = B + 60(cm)
② 양방(교차)통행용 : W = 2B + 90(cm)
여기서, : 운반 차량의 폭

20
폭 120cm인 손수레를 사용하여 화물을 운반하는 경우의 교차 통행로의 폭은 최소 얼마이어야 하는가?

① 300cm   ② 330cm
③ 360cm   ④ 380cm

해설
양방통행시 차량의 통로 폭
W = 2b + 90 = 2 × 120 + 90 = 330cm

21
물체의 안전성 유지조건 중 틀리는 것은?

① 마찰력을 크게 한다.
② 중심위치를 아래에 둔다.
③ 중심위치를 높게 한다.
④ 중심위치를 낮게 한다.

22
해체작업 시 계획서에 포함시켜야 할 사항이 아닌 것은?

① 해체의 방법 및 해체순서 도면
② 중량물 종류 및 형상
③ 사업장 내의 연락방법
④ 해체물의 처분 계획

해설
해체계획의 작성(안전보건규칙)
① 사업주는 해체작업을 하는 때에는 미리 해체건물의 조사결과에 따른 해체계획을 작성하고, 그 해체계획에 의하여 작업 하도록 하여야 한다.
② 해체계획에는 다음 각 호의 사항이 포함되어야 한다.
  ㉠ 해체의 방법 및 해체순서 도면
  ㉡ 가설설비 · 방호설비 · 환기설비 및 살수 · 방화설비 등의 방법
  ㉢ 사업장 내의 연락방법
  ㉣ 해체물의 처분계획
  ㉤ 해체작업용 기계 · 기구 등의 작업계획서
  ㉥ 해체작업용 화약류 등의 사용계획서
  ㉦ 그 밖에 안전 · 보건에 관련된 사항

23
해체작업 시의 안전대책으로 틀린 것은?

① 작업계획서 작성
② 작업지휘자 선정
③ 인접채석장과 연락유지
④ 관계자 외에는 출입금지

해설
해체작업 시의 안전대책(안전보건규칙)
① 해체건물 등의 조사
② 해체계획의 작성
③ 전도 등에 의한 위험방지(관계근로자 외의 자의 출입금지, 악천후일 때는 작업중지)
④ 안전담당자의 지정
⑤ 보호구의 착용

24
다음 해체작업의 설명 중 옳지 않은 것은?

① 전도공법은 매설물에 대한 배려가 필요하다.
② 화약발파공법은 슬래브, 벽 파쇄에 적당하다.
③ 압쇄공법은 20m 이상은 불가능하다.
④ 쐐기타입공법은 1회 파괴량이 적다.

Answer ➡ 19. ③ 20. ② 21. ③ 22. ② 23. ③ 24. ②

해설

해체공법의 종류별 특징(고용노동부고시)

공법		원리	특징	단점
압쇄 공법	자주식 현주식	유압압쇄날에 의한 해체	취급과 조작이 용이하고 철근, 철골절단이 가능하며 저소음이다.	20m 이상은 불가능, 분진비산을 막기 위해 살수설비가 필요하다.
대형 브레카 공법	압축 공기 자주형	압축공기에 의한 타격 파쇄	능률이 높은 곳 사용이 가능한다. 보, 기둥, 슬래브, 벽체 파쇄에 유리	소음과 진동이 크며, 분진발생에 주의하여야 한다.
	유압 자주형	유압에 의한 타격 파쇄		
전도 공법		부재를 절단하여 쓰러뜨린다.	원칙적으로 한층씩 해체하고 전도축과 전도방향에 주의해야 한다.	전도에 의한 진동과 매설물에 대한 배려가 필요하다.
철 해머에 의한 공법		무거운 철재 해머로 타격	능률이 좋으나 지하 매설콘크리트 해체에는 효율이 낮다. 기둥, 보, 슬래브, 벽 파쇄에 유리	소음과 진동이 크고, 파편이 많이 비산된다.
화약 발파공법		발파충격과 가스압력으로 파쇄	파괴력이 크고 공기를 단축할 수 있으며, 노동력 절감에 기여	발파 전문자격자가 필요, 비산물 방호장치설치, 폭음과 진동이 있으며 지하 매설물에 영향 초래, 슬래브 벽 파쇄에 불리
핸드 브레카 공법	압축 공기식	압축공기에 의한 타격 파쇄	광범위한 작업이 가능하고 좁은 장소나 작은 구조물 파쇄에 유리, 진동은 작다.	방진마스크, 보안경 등 보호구 필요, 소음이 크고 소음 발생에 주의를 요한다.
	유압식	유압에 의한 타격과 파쇄		
팽창압공법		가스압력과 팽창압력에 의거 파쇄	보관취급이 간단, 책임자 불필요, 무근콘크리트에 유효, 공해가 거의 없다.	천공 때 소음과 분진발생 슬래브와 벽 등에는 불리
절단공법		회전톱에 의한 절단	질서정연한 해체나 무진동이 요구될 때에 유리하고 최대 절단 길이는 30cm 전후	절단기, 냉각수가 필요하며, 해체물 운반 크레인이 필요
재키공법		유압식 재키로 들어 올려 파쇄	소음진동이 없다.	기둥과 기초에는 사용불가, 슬래브와 보 해체시 재키를 받쳐줄 발판 필요
쐐기타입 공법		구멍에 쐐기를 밀어넣어 파쇄	균열이 직선적이므로 계획적으로 해체할 수 있다. 무근콘크리트에 유리	1회 파괴량이 적다. 코어보링시 물을 필요로 한다. 천공시 소음과 분진에 주의
화염공법		연소시켜서 용해하여 파쇄	강제 절단이 용이, 거의 실용화되어 있지 못하다.	방열복 등 개인 보호구가 필요하며 용융물, 불꽃처리 대책필요
통전공법		구조체에 전기 쇼트를 이용 파쇄	거의 실용화되어 있지 못하다.	

25

해체작업용 기계인 압쇄기 취급상 안전기준으로 잘못된 것은?

① 압쇄기의 중량 등을 고려, 차체에 무리를 초래하는 중량의 압쇄기 부착을 금지한다.
② 압쇄기 부착과 해체는 안전관리자가 한다.
③ 구리스 주유는 빈번히 실시하고, 보수점검을 수시로 하여야 한다.
④ 전단칼은 마모가 심하기 때문에 적절히 교환하여야 한다.

해설

압쇄기 취급상 안전기준(노동부 고시)
① 압쇄기의 중량 등을 고려, 차체에 무리를 초래하는 중량의 압쇄기 부착을 금지하여야 한다.
② 압쇄기 부착과 해체에는 경험이 많은 사람이 하도록 하여야 한다.
③ 구리스 주유를 빈번히 실시하고 보수점검을 수시로 하여야 한다.
④ 기름이 새는지 확인하고 배관부분의 접속부가 안전한지를 점검하여야 한다.
⑤ 절단칼은 마모가 심하기 때문에 적절히 교환하여야 한다.

26

해체작업용 기계기구 취급의 안전기준 설명으로 옳지 않은 것은?

① 압쇄기의 중량들을 고려, 차체에 무리를 초래하는 중량의 압쇄기 부착을 금지하여야 한다.
② 팽창제 사용의 천공직경은 50~60mm 정도를 유지하여야 한다.
③ 팽창제 천공간격은 콘크리트 강도에 의하여 결정되나 30~70cm 정도가 적당하다.
④ 압쇄기 부착과 해체는 경험이 많은 사람이 해야 한다.

해설

팽창제를 사용하는 팽창압 공법에서 천공직경은 30~50mm 정도를 유지하여야 한다.

Answer ● 25. ② 26. ②

27
해체공사시의 핸드브레카 공법과 전도 공법 병행(용) 작업시의 절단 순서로 옳은 것은?

① 바닥판-보-내벽-내부기둥-외벽-외곽기둥
② 외곽기둥-외벽-내벽-보-내부기둥-바닥판
③ 외벽-외곽기둥-내벽-내부기둥-보-바닥판
④ 바닥판-외벽-내벽-보-외곽기둥-내부기둥

해설
①항의 순서로 작업을 진행시키고 통상 전체적인 안전을 고려하여야 하며, 소음이 많이 발생하는 단점이 있다.

28
지하구조물 해체작업 시의 철제해머와 대형 브레이커 공법의 병용작업 시 안전사항으로 옳지 않은 것은?

① 철제해머는 슬랩 바닥 위를 전진하면서 해체한다.
② 대형브레이커는 기초 면에서 전진하면서 해체한다.
③ 지하외벽은 대형브레이커 또는 전도 등의 공법으로 해체한다.
④ 흙에 직접 닿아 있는 부재는 진동에 지장이 없다고 판단될 때만 철제해머로 작업한다.

해설
철제 해머공법과 대형 브레이커공법을 병용하여 해체작업 시 안전사항으로 철제 해머는 슬래브 위를 후퇴하면서 해체하고, 대형 브레이커는 아래층의 슬래브 위를 전진하면서 내벽과 내부기둥을 해체하게 되므로, 중기상호 간의 안전거리를 항상 유지하도록 하여야 한다.

Answer ● 27. ① 28. ①

5 과목

종합예상문제
[건설안전기술]

종 / 합 / 예 / 상 / 문 / 제

01
건설공사 착수 전에 점검주지 할 사항으로 적당하지 않은 것은?

① 지형 및 지질 ② 기상
③ 주위시설 ④ 안전교육상태

해설
안전교육상태는 착수 전의 주지사항이라고 하기보다는 언제나 주지해야 될 사항이다.

02
건설공사 재해의 발생은 불안전 요소에 의한 것이 많다. 다음 중 가장 큰 원인은?

① 보호구의 결함 ② 방호상태의 결함
③ 작업방법의 결함 ④ 불안전한 외부의 작용

해설
작업방법의 결함은 인적요소로, 가장 큰 재해원인이 된다.

03
다음은 건설안전의 위험성에 대한 예측설명이다. 옳지 않은 것은?

① 과거의 경험 ② 정보의 수집
③ 측정 및 관측 ④ 구성기준의 준수

해설
④항의 경우, 위험성에 대한 안전조치의 일환으로 예측과는 거리가 멀다.

04
다음 중 흙의 함수비는?

① $\dfrac{물의\ 중량}{흙의\ 중량}$

② $\dfrac{물의\ 중량}{흙의\ 체적}$

③ $\dfrac{물의\ 중량}{흙,\ 물,\ 공기의\ 중량}$

④ $\dfrac{물의\ 중량}{흙,\ 물의\ 체적}$

05
다음 중 흙의 안식각은 일반적으로 어느 것인가?

① 비탈면 경사각이다.
② 자연 경사각(30~35°)이다.
③ 시공 경사각이다.
④ 경사각이다.

해설
흙의 안식각은 자연경사각(30~35°)을 말한다.

06
내부마찰각이 20°인 흙에 있어서 최소 주응력면과 파괴면이 이루는 각도는?

① 30° ② 35°
③ 40° ④ 45°

해설
최소 주응력면과 파괴면이 이루는 각도
$= 45 - \dfrac{\theta}{2} = 45 - \dfrac{20}{2} = 35°$

07
사질토의 사면이 붕괴되지 않고 안정되기 위한 조건은? (단, φ = 내부마찰각, θ = 사면의 구배)

① $1 \leq \dfrac{\tan\ \phi}{\tan\ \theta}$ ② $1 \geq \dfrac{\tan\ \phi}{\tan\ \theta}$

③ $1 \leq \dfrac{\cos\ \phi}{\cos\ \theta}$ ④ $1 \geq \dfrac{\cos\ \phi}{\cos\ \theta}$

Answer ◐ 01. ④ 02. ③ 03. ④ 04. ① 05. ② 06. ② 07. ②

08
흙의 안정공법에 중요한 관계를 가지고 있는 것은?

① 팽창작용　② 비화작용
③ 보수작용　④ 함수작용

해설
흙의 안정공법에 중요한 관계를 갖고 있는 **비화작용**이란 점착성이 있는 묽은 액체상태로부터 함수량의 감소에 따라서 고체상태로 되는데, 이와 같이 하여 얻어진 고체상태의 흙을 침수시키면 다시 액체상태로 되지 않고 어느 한계점에서 갑자기 붕괴되는 현상을 말한다.

09
히빙(heaving)현상은 다음 중 어떤 경우에 발생하는가?

① 흙을 다질 경우
② 모래 지반에 물이 침투할 경우
③ 연약점토 지반을 굴착할 경우
④ 건조 흙이 수축할 경우

해설
히빙은 연약성 점토지반일 경우, **보일링**은 지하수위가 높은 사질토의 지반을 굴착하는 경우에 발생하는 이상현상이다.

10
히빙(heaving)현상이 발생할 수 있는 요인으로 옳은 것은?

① 성토한 흙을 다질 경우
② 건조 흙이 수축할 경우
③ 모래지반에 물이 배수될 경우
④ 연약점토지반에 재하하며 굴착하는 경우

11
투수성을 가진 흙댐이나 하천제방의 단면 속으로 물이 흘러갈 때, 최상부의 자유수면은 하나의 유선을 이루는데, 이 유선을 무엇이라 부르는가?

① 준선　② 자유준선
③ 침윤선　④ 수리선

12
다음 중에서 흙막이뿐만 아니라, 물막이까지도 가능한 널말뚝 재료는?

① 목재 널말뚝
② 철근콘크리트 제작
③ 철근콘크리트 기성제 널말뚝
④ 철제 널말뚝

해설
철제 널말뚝은 강도가 크고 정밀도가 있으므로 흙막이 뿐만 아니라 물막이까지도 가능하다.

13
기초 말뚝에 사용되는 말뚝의 안전율을 결정하는 데에 고려해야 할 사항이 아닌 것은?

① 허용침하
② 표준관입시험
③ 상부구조의 형식과 하중상태
④ 극한 지지력의 결정방법

14
절단할 때 내부응력에 가장 큰 영향을 받는 말뚝은?

① 나무 말뚝　② PC 말뚝
③ 강 말뚝　④ RC 말뚝

해설
프리스트레스(prestress)를 주어서 제작을 한 PC 말뚝은, 내부응력에 가장 큰 영향을 받는다.

15
제자리 콘크리트 흙막이벽 시공 시의 주의사항으로 옳지 않은 것은?

① 파내기 구멍은 수직으로 하고, 주위 지반파손에 유의한다.
② 파내기 완료 후 파내기 심도를 확인하고, 바닥의 슬라임(slime)을 제거한다.
③ 수중콘크리트의 타설시에는 트레이관을 사용하여 선단이 콘크리트 표면에 2m 이하로 떠 있도록 한다.
④ 철근 또는 보강강재를 넣고 콘크리트를 타설

Answer ● 08. ②　09. ③　10. ④　11. ②　12. ④　13. ②　14. ②　15. ③

할 때에는 이것들이 이동하지 않도록 처리하여야 한다.

16
흙의 동상을 방지하기 위한 공법으로서 적당하지 않은 것은?

① 물의 유통을 원활하게 하여 지하수위를 상승시킨다.
② 모관수의 상승을 차단할 목적으로 된 층을 지하수위보다 높은 곳에 설치한다.
③ 표면의 흙을 화학약품으로 처리한다.
④ 흙 속에 단열 재료를 매입한다.

해설
①은 흙의 동상방지를 위한 공법과는 거리가 멀고 오히려 동상을 촉진시킬 우려가 있어, 배수구의 설치로 지하수위를 저하시켜야 한다.

17
다음 중에서 흙의 동상현상 방지대책 공법으로서 적당치 않은 것은?

① 배수구를 설치하여 지하수위를 저하시킨다.
② 모관수의 상승을 차단할 목적으로 된 층을 지하수위보다 높은 곳에 설치한다.
③ 배수층을 동결깊이 위에 설치한다.
④ 동결깊이 상부에 있는 흙을 동결되지 않은 재료로 치환한다.

해설
③항과 동상방지대책과는 관계가 없다.

18
기초의 안전상 부동침하를 방지하는 대책이 아닌 것은?

① 구조물 전하중이 기초에 균등하게 분포되도록 한다.
② 기초지반의 아래 토질이 연약한 지반 쪽은 기초중량을 감한다.
③ 기초상호간을 강결로서 연결되게 한다.
④ 한 구조물의 기초는 같은 종류의 기초형식을 쓴다.

19
안전보건총괄책임자를 두어야 하는 사업이 아닌 것은?

① 건설업
② 기계정비 제조업
③ 1차 금속산업
④ 토사석 채취업

해설
안전보건총괄책임자 지정 대상사업(영 제23조)
① 수급인과 하수급인에게 고용된 근로자를 포함한 상시근로자가 100인 이상인 사업
② 다음의 경우는 50명 이상
  ㉠ 선박 및 보트 건조업
  ㉡ 1차 금속산업
  ㉢ 토사석 광업
③ 수급인과 하수급인의 공사금액을 포함한 해당공사금액이 20억원 이상인 건설업

20
도급사업장에서 경보를 통일하여 수급인에게 주지시켜야 하는데, 다음 중 해당되지 않는 것은?

① 발파작업   ② 화재발생
③ 폭발발생   ④ 토석의 붕괴

21
유해위험 방지공사를 행할 때 계획서를 건설공사 착수 며칠 전에 제출하여야 하는가?

① 7일   ② 14일
③ 착공전일   ④ 60일

22
다음 중 건설공사 표준안전관리비의 사용내역에 해당하지 않는 것은?

① 안전보조원의 인건비
② 가설전기설비, 분전반 등의 이설비
③ 낙하 비래물 보호용 시설비
④ 안전보건관계자의 인건비 또는 업무수당

Answer ➡ 16. ① 17. ③ 18. ② 19. ② 20. ③ 21. ③ 22. ②

23
단면적이 154mm²인 철근을 인장시험하였더니 10,500kg에서 파단되었다. 이 철근의 인장강도는 얼마인가?

① 68kg/mm²　② 70kg/mm²
③ 72kg/mm²　④ 74kg/mm²

해설

$P = \dfrac{W}{A} = \dfrac{10,500}{154} = 68.18(kg/mm^2)$

24
인장력을 받는 강봉의 단면적을 2배로 늘리면 허용하중은 얼마로 증가하는가?

① $\sqrt{2}$ 배　② 4배
③ 2배　④ 변함없음

해설

허용하중은 단면적에 비례한다.

25
시멘트 1m³의 중량은 다음 중 어느 것인가?

① 1,500kg　② 1,400kg
③ 1,300kg　④ 1,200kg

해설

시멘트의 비중은 보통 3.15(포틀랜드 시멘트 기준)정도이며, 포대단위로 하여 40kg들이 1포대의 체적은 약 0.0254m³ 정도이므로 시멘트 1m³의 무게는 약 1500kg이 되고 28일 압축강도는 300~400kg/cm²이다.

26
콘크리트 강도에 가장 큰 영향을 주는 것은?

① 골재의 입도　② 시멘트량
③ 물·시멘트 비　④ 배합방법

해설

물·시멘트 비는 콘크리트 강도에 가장 큰 영향을 주는 요소이다.

27
내수성이 좋고 수중폭파에 적절하며 굳은 암석에 가장 많이 사용되는 폭약은?

① 암모니아 젤라틴
② 퍼미제트 젤라틴
③ 규조토 다이너마이트
④ 블라이스팅 젤라틴

해설

블라이스팅 젤라틴은 폭속도 최대이며, 니트로글리세린의 함유량(92~93%)이 제일 많아 굳은 암석파괴에 가장 널리 사용된다.

28
토공사시 답사의 목적을 달성하기 위해 하여야 할 일이 아닌 것은?

① 토공의 난이와 그 정도
② 성토재료의 적부
③ 흙 운반방법
④ 지주의 하중파악

29
산업안전보건법상 양중기에 해당되지 않는 것은?

① 크레인　② 리프트
③ 곤돌라　④ 컨베이어

30
이동식 크레인 및 크레인을 사용하여 작업할 때는 무슨 하중을 초과하여 사용해서는 안 되는가?

① 최대하중　② 정격하중
③ 적재하중　④ 판단하중

해설

과부하의 제한(안전보건규칙 제 110조, 제 127조) : 사업주는 크레인 및 이동식 크레인에 그 정격하중을 초과하는 하중을 걸어서 사용하도록 하여서는 안 된다.

31
다음은 crane 운용시에 주의해야 할 사항이다. 틀린 것은?

① 중량물 기중에는 작키를 조이고, truck crane은 붐을 기체 전방으로 하여야 한다.
② 붐은 70° 이상 올리지 말아야 한다.

Answer ➡ 23. ①　24. ③　25. ①　26. ③　27. ④　28. ④　29. ④　30. ②　31. ①

③ 정차 중에는 회전제동 및 하체제동을 반드시 걸어 놓아야 한다.
④ 트럭 크레인은 최대시속을 50㎞ 이상 높여서는 안된다.

해설
truck crane은 붐을 기체 후방으로, 크롤러 크레인은 기체 전방으로 하여야 한다.

32
다음은 화물운반작업에서 화물걸기 방법이다. 옳지 않은 것은?

① 원칙으로 두 줄 이상으로 한다.
② 파이프 앵글 중 길이가 긴 것은 달포대와 보조망을 쓴다.
③ 인양각도는 90°를 표준으로 한다.
④ 각이 있는 화물에는 보조대를 사용한다.

해설
인양각도는 60°를 표준으로 한다.

33
산업안전보건법에서 정한 차량계 하역운반기계 중 지게차를 사용하여 작업을 할 때 작업시작 전의 점검사항이 아닌 것은?

① 와이어로프 및 체인의 손상유무
② 제동장치 및 조종장치 기능의 이상 유무
③ 하역장치 및 유압장치 기능의 이상 유무
④ 차륜의 이상 유무

해설
지게차의 작업시작 전의 점검사항(안전보건규칙)
① 제동장치 및 조종장치 기능의 이상 유무
② 하역장치 및 유압장치 기능의 이상 유무
③ 바퀴의 이상 유무
④ 전조등·후조등·방향지시기 및 경보장치 기능의 이상 유무

34
차량계 하역운반기계에 의한 작업시 작업지휘자를 지정하여야 하는 화물의 무게로 맞는 것은?

① 단위화물중량 100㎏ 이상
② 화물중량 100㎏ 이상
③ 단위화물중량 500㎏ 이상
④ 화물중량 500㎏ 이상

해설
단위화물의 무게가 100㎏ 이상일 때 작업지휘자를 지정해야 한다.

35
지게차의 작업시작 전 점검사항으로 옳지 않은 것은?

① 권과방지장치, 브레이크, 클러치 및 운전 장치 기능의 이상 유무
② 하역장치 및 유압장치 기능의 이상 유무
③ 제동장치 및 조종 장치 기능의 이상 유무
④ 전조등, 후조등, 방향지시기 및 경보장치 기능의 이상 유무

해설
①항은 크레인의 작업시작 전 점검사항에 해당된다.

36
지게차의 마스트(mast) 후경각 범위는?

① 10~12°   ② 5~6°
③ 14~18°   ④ 8~10°

해설
지게차의 마스트 전경각 범위는 5~6°, 후경각 범위는 10~12°이다.

37
유해 또는 위험방지를 위해 필요한 조치를 하여야 할 기계기구가 아닌 것은?

① 프레스   ② 둥근톱 기계
③ 크레인   ④ 덤프트럭

38
컨베이어 작업시작 전 점검사항 중 틀린 것은?

① 원동기 및 풀리기능의 이상 유무
② 제동장치 및 조종장치의 이상 유무

③ 이탈 등의 방지장치 기능의 이상 유무
④ 원동기, 회전축, 치차 및 풀리 등의 덮개 또는 울 등의 이상 유무

해설
컨베이어의 사용시작 전 점검사항(안전보건규칙)
① 원동기 및 풀리기능의 이상 유무
② 이탈 등의 방지장치 기능의 이상 유무
③ 비상정지장치 기능의 이상 유무
④ 원동기·회전축·치차 및 풀리 등의 덮개 또는 울 등의 이상 유무

39
차량계건설기계를 사용하여 작업을 하고자 할 때 작업시작 전 점검하여야 할 사항에 해당되는 것은?

① 브레이크 및 클러치 등의 기능
② 비상정지장치 기능의 이상유무
③ 제동장치 및 조종장치의 기능
④ 궤도의 레일 클램프나 쐐기의 이상 유무

해설
차량계 건설기계를 사용하여 작업을 하는 때의 작업시작 전 점검사항 : 브레이크 및 클러치 등의 기능

> **길잡이**
> 궤도의 레일 클램프나 쐐기는 궤도 또는 차로 이동하는 항발기 및 항발기에 대하여 불시에 이동함으로써 도괴하는 것을 방지하기 위하여 고정시키는 데 사용하는 장치이다.

40
다음 중 건설공사에 사용하는 굴착기계에 해당되지 않는 것은 무엇인가?

① 크램쉘   ② 롤러
③ 불도저   ④ 파워 쇼벨

해설
롤러는 굴착기계가 아니라 다짐기계에 속한다.

41
다음 기계 중 건설공사에서 굴착기계로 분류되지 않는 것은?

① 컨베이어   ② 불도저
③ 어스 드릴   ④ 크램 셸

해설
컨베이어는 운반용 기계에 속한다.

42
건설기계에 의한 작업시의 안전에 대한 설명 중 옳지 않은 것은?

① 불도저로 궤도부(軌道敷)를 횡단할 때는 반드시 방호조치를 강구해야 한다.
② 파워쇼벨은 작업 후도 버킷을 지면에 내려두어서는 안 된다.
③ 불도저로 목교를 통과할 때는 완전히 건널 때까지 급가속이나 급정지를 피한다.
④ 로드 롤러를 경사가 있는 노면에 주차하는 경우에 바퀴에 물림 멈춤을 시켜야 한다.

해설
파워쇼벨 등 차량계 건설기계는 작업 후 및 운전위치 이탈시에 반드시 버킷·디퍼 등 작업장치를 지면에 내려두어야 한다.

43
항타기 및 항발기의 권상용 와이어로프로 사용할 수 있는 것은?

① 이음매가 있는 것
② 와이어로프의 한 가닥에서 소선의 수가 5% 절단된 것
③ 지름의 감소가 공칭지름의 8%를 초과하는 것
④ 현저히 변형되거나 부식된 것

해설
소선의 수가 10% 이상 절단된 것은 사용할 수 없으므로 5% 절단된 것을 사용할 수 있다.

44
항타기, 항발기의 권상용 와이어로프의 공칭지름 감소가 몇 % 초과하는 것을 사용해서는 안 되는가?

① 4%   ② 7%
③ 10%   ④ 15%

해설
지름의 감소가 공칭지름의 7%를 초과하는 것, 와이어로프 한 가닥에서 소선의 수가 10% 이상 절단된 것은 사용하지 않아야 한다.

Answer ▶ 39. ① 40. ② 41. ① 42. ② 43. ② 44. ②

45
항타기 또는 항발기를 조립했을 때의 점검사항이 아닌 것은?

① 주유상태의 이상 유무
② 본체의 연결부의 풀림 또는 손상 유무
③ 권상기 설치상태의 이상 유무
④ 버팀의 설치방법 및 고정상태의 이상 유무

46
건설기계의 선정원칙에 어긋난 것은?

① 시공체계에 적합할 것
② 설비가 차지하는 면적은 넉넉하게 할 것
③ 입지조건에 적합할 것
④ 고장시에 대책을 세울 것

해설
건설기계가 차지하는 면적은 될 수 있는 한 작은 것이 좋다.

47
건설 현장에서 중장비 작업시에 일반적인 안전 유의사항 중 틀린 것은?

① 사용법을 확실히 모를 때 우선 시운전을 함으로써 알 수 있다.
② 중장비는 항상 정비하여 두는 것이 좋다.
③ 취급자가 없는 경우에는 사용하여서는 안 된다.
④ 중장비는 항상 사용 전에 점검한다.

해설
중장비의 취급은 반드시 담당자가 해야 되며, 아무나 시운전을 해서는 안 된다.

48
타워 크레인 사용시에 지켜야 할 사항으로 가장 적합하지 않은 것은?

① 작업자가 기중차에 올라타는 일은 절대로 금해야 한다.
② 운전실에 신호수가 동승하여 운전원에게 신호를 알려 주어야 한다.
③ 크레인에는 반드시 취급책임자와 부책임자를 선정 배치해야 한다.
④ 기중장비의 드럼에 감겨진 쇠줄은 적어도 두 바퀴 이상 남아 있어야 한다.

해설
신호수는 지정된 요원이 지상에서 신호를 알려야 한다.

49
가설 구조물이 가지고 있는 구조상의 문제점이 아닌 것은?

① 연결 부재가 적다.
② 부재의 단면적이 커서 대체로 안정하다.
③ 부재의 결합이 간략하여 불완전하다.
④ 조립의 정밀도가 낮다.

50
구조물에서 중대재해가 많이 발생되는데, 구조물에서 발생되는 재해의 유형이 아닌 것은?

① 도괴재해
② 낙하물에 의한 재해
③ 굴착기계와의 접촉
④ 추락재해

해설
③항은 굴착작업 시에 해당되는 재해형태이다.

51
가설통로 설치시의 고려사항에 직접 해당되지 않는 사항은?

① 시공하중 또는 폭풍 등에 안전
② 작업원의 추락, 전도, 미끄러짐의 방지대책
③ 낙하물에 의한 위험요소 제거
④ 보호망 설치

52
가설통로를 설치할 때 옳은 사항은?

① 견고한 구조로 할 것
② 경사가 10°를 초과할 때 미끄러지지 아니하는 구조로 할 것
③ 경사는 45° 이하로 할 것
④ 추락위험장소는 가벼운 손잡이를 설치한다.

53
수직갱에 가설된 통로의 길이가 15m 이상인 때에는 매 10m 마다 다음 중 무엇을 설치해야 하는가?

① 답단 ② 계단참
③ 가설통로 ④ 힌지조치

54
추락방지용 손잡이가 75cm 이상일 때 중간대는 어느 위치에 해야 되는가?

① 40cm ② 45cm
③ 50cm ④ 55cm

55
가설공사시의 안전에 특별히 고려해야 할 공정에 해당되지 않는 것은?

① 비계 ② 지보공
③ 방재설비 ④ 용수통신설비

해설
용수통신설비는 굴착공사시의 안전에 특히 주의를 요하는 공정이 된다.

56
옥내통로에 대하여는 통로면으로부터 얼마 높이에 장애물이 없어야 하는가?

① 1m ② 2m
③ 3m ④ 4m

해설
옥내통로는 통로면으로부터 2m 이내에는 장애물이 없어야 하며, 걸려서 넘어지거나 미끄러지지 아니하는 구조로 하여야 한다.

57
이동식 사다리식 통로의 길이가 10m 이상일 때 얼마마다 계단참을 설치해야 하는가?

① 3m ② 4m
③ 5m ④ 6m

58
이동식 사다리식 통로의 구배는 얼마 이내로 하여야 하는가?

① 60° ② 70°
③ 75° ④ 80°

59
이동식 사다리에서 설치구조가 아닌 것은 다음 중 어느 것인가?

① 폭은 20cm 이내로 할 것
② 튼튼한 구조로 할 것
③ 현저한 손상, 부식이 없는 재료로 할 것
④ 이동식 사다리에는 미끄럼 방지장치의 부착 기타 전위를 방지하기 위한 필요한 조치를 하여야 한다.

해설
이동식 사다리의 폭은 30cm 이상으로 해야 한다.

60
이동식사다리를 조립할 때 준수해야 할 사항 중 틀린 것은?

① 폭 20cm 이상
② 견고한 구조
③ 미끄럼 방지장치 부착
④ 재료는 손상, 부식이 없는 것 사용

해설
이동식 사다리의 폭은 30cm 이상으로 해야 된다.

61
산업안전보건법상 이동식 사다리의 폭은 얼마 이상이어야 하는가?

① 30cm 이상
② 40cm 이상
③ 50cm 이상
④ 20cm 이상

Answer ➡ 53. ② 54. ② 55. ④ 56. ② 57. ③ 58. ③ 59. ① 60. ① 61. ①

62
작업장 내에서 이동식 사다리를 세울 때 바닥면과의 각도는?

① 20° 이상
② 35° 이상
③ 50° 이상
④ 75° 이상

해설
이동식 사다리의 설치각도는 75° 이하, 고정식 사다리의 설치각도는 90° 정도가 적당하다.

63
가설통로에 이용되는 이동용 사다리의 설치기준으로서 가장 부적당한 것은?

① 길이가 6m 이상을 초과해서는 안 된다.
② 다리의 벌림은 벽높이의 1/3 정도가 가장 적당하다.
③ 벽면 상부로부터 최소한 1미터 이상의 연장길이가 있어야 한다.
④ 사다리 부분에는 미끄럼방지 장치를 하여야 한다.

해설
이동용 사다리의 다리벌림은 벽높이의 1/4 정도가 가장 적합하다.

64
이동용 사다리는 길이가 몇 m를 초과하지 않아야 하는가?

① 2m
② 3m
③ 6m
④ 8m

해설
이동용 사다리는 길이가 6m를 초과해서는 안되며, 벽면 상부로부터 최소한 1m 이상의 연장길이가 있어야 한다.

65
공사용 가설도로에 대한 설명으로 옳지 않은 것은?

① 안전운전을 위하여 겨울철에는 눈이 쌓이지 않도록 조치하여야 한다.
② 도로는 배수를 위해 도로 중앙부를 약간 높게 하거나 배수시설을 하여야 한다.
③ 최고 허용경사도는 25%를 넘어서는 안 된다.
④ 도로와 작업장 높이에 차이가 있을 때에는 바리케이드를 설치하여야 한다.

66
비계 작업발판의 최대적재하중에 관한 규정 중 달기체인 및 달기후크의 안전계수는 얼마인가?

① 3 이상
② 5 이상
③ 7 이상
④ 10 이상

해설
달기와이어로프 및 달기강선의 안전계수는 10 이상, 달기체인 및 달기후크의 안전계수는 5 이상이다.

67
고소작업을 위해서 발판 등을 설치할 경우, 가공선이나 변전탑과는 어느 정도 떨어지게 하는 것이 가장 알맞다고 생각하는가?

① 2m 이상
② 1.5m 이상
③ 1.2m 이상
④ 1m 이상

68
비계 조립작업시의 추락방지를 위한 작업발판 설치높이는 몇 m 이상이어야 하는가?

① 1.5m
② 1.8m
③ 2.0m
④ 3.0m

69
비계의 높이가 2m 이상인 작업장소에서 작업발판의 설치기준에 관한 사항 중 틀리는 것은?

① 폭은 40cm 이상으로 한다.
② 발판재료 간의 틈은 3cm 이하로 한다.
③ 발판재료는 1개 이상의 지지물에 부착한다.
④ 발판재료는 작업시의 하중치를 견딜 수 있도록 견고하게 할 것

Answer ➡ 62. ④ 63. ② 64. ③ 65. ③ 66. ② 67. ② 68. ③ 69. ③

70
건설공사 현장의 가설통로에 사용되는 통로발판의 규격으로 가장 적당한 것은?

① 폭 40cm, 두께 4cm, 길이 4m
② 폭 35cm, 두께 3.5cm, 길이 3.6m
③ 폭 60cm, 두께 2.0cm, 길이 2.0m
④ 폭 40cm, 두께 3.5cm, 길이 3.6m

71
다음 중 작업발판의 규격으로서 틀린 것은?

① 추락의 위험이 있는 곳에는 안전난간을 설치한다.
② 발판의 폭은 30cm 이상이어야 한다.
③ 발판을 겹쳐 이을 때는 20cm 이상 겹쳐야 되다.
④ 발판 지지물은 2개 이상이어야 한다.

72
비계의 작업발판 최소폭은?

① 45cm 이상   ② 40cm 이상
③ 35cm 이상   ④ 30cm 이상

73
건설작업장에서 쓸 수 있는 알맞은 발판은 다음 중 어느 것이 좋은가?

① 폭 20cm, 두께 3.5cm
② 폭 20cm, 두께 20cm
③ 폭 10cm, 두께 5cm
④ 폭 10cm, 두께 2.5cm

74
다음은 어느 경우의 안전수칙인가?

- 수공구류는 떨어지지 않도록 공구혁대에 꽂았는가
- 발판의 기름, 모래, 가루, 눈, 얼음 등을 제거했는가
- 위험한 오르내리기, 이동을 하고 있지는 않은가
- 다른 작업과 결합할 경우, 서로 연락을 긴밀히 하고, 또 주의를 시키고 있는가

① 가설발판상의 작업
② 옥상상의 작업
③ 이동성 옥내작업
④ 통행로상의 작업

75
다음 중 달비계 또는 높이 5m 이상의 비계를 조립, 해체시에 안전담당자의 직무가 아닌 것은?

① 안전대 및 안전모의 사용상태 점검
② 작업방법 및 근로자 배치 결정
③ 재료의 불량품을 제거
④ 재료의 선정 및 관리

해설

달비계 또는 높이 5m 이상의 비계의 조립·해체·변경작업시 안전담당자의 직무(안전보건규칙)
① 재료의 결함유무를 점검하고 불량품을 제거 하는 일(해체작업시는 제외)
② 기구·공구·안전대 및 안전모등의 기능을 점검하고 불량품을 제거하는 일
③ 작업방법 및 근로자의 배치를 결정하고, 작업진행상태를 감시하는 일
④ 안전대 및 안전모 등의 착용상황을 감시하는 일

76
다음은 비계의 점검사항이다. 해당되지 않는 것은?

① 각 부재의 침하 및 활동(活動) 상태
② 손잡이의 탈락 여부
③ 격벽 설치
④ 상부재료의 손상 여부

77
비계의 점검보수시의 유의사항이 아닌 것은?

① 재료의 손상 여부
② 각 부분의 안전상태
③ 최대적재하중 적재작업
④ 손잡이의 탈락 여부

Answer ➡ 70. ④   71. ②   72. ②   73. ①   74. ①   75. ④   76. ③   77. ③

78
통나무비계의 조립작업시에 안전지침으로 적합하지 않은 항목은?

① 비계기둥의 하부는 침하방지장치를 해야 한다.
② 지반이 연약할 때는 땅에 매립하여 고정시킨다.
③ 비계기둥을 겹친이음할 때는 1m 이상 겹친다.
④ 인접한 비계기둥의 이음은 동일선상에 있도록 한다.

해설
인접한 비계기둥의 이음은 동일선상에 있도록 하면 안 되고, 맞댄이음으로 할 경우에는 비계기둥을 쌍기둥틀로 하거나 1.8m 이상의 덧댐목을 사용하여 4개소 이상을 묶어야 한다.

79
비계의 부재 가운데에서 기둥과 기둥을 연결시키는 부재가 아닌 것은 다음 중 어느 것인가?

① 띠장
② 장선
③ 가새
④ 작업발판

해설
작업발판은 비계에 설치되어 운반통로의 수단으로 이용되는 것이다.

80
비계의 종류 중에서 주로 저층건물의 신축 공사에 사용하는 비계는?

① 단관비계
② 통나무비계
③ 틀조립비계
④ 달비계

해설
통나무비계는 지상높이 12m 이하 또는 4층 이하의 건물 신축 공사 등에 이용된다.

81
강관비계 조립시의 수직 및 수평 간격은?

① 3m
② 5m
③ 6m
④ 9m

해설
강관비계는 수직 5m, 수평 5m, 틀비계의 경우에는 수직 6m, 수평 8m의 간격으로 조립해야 한다.

82
비계의 사용법으로서 맞지 않는 것은?

① 비계의 외부에 작업장을 설치한다.
② 단관비계는 원칙적으로 32m 이하의 높이까지 사용한다.
③ 틀조립비계는 높이 45m 이하에서 사용한다.
④ 이동식 비계는 단변폭의 4배 이하에서 사용한다.

83
단관비계에 있어서 비계기둥 간의 적재하중은 몇 kg을 초과하지 아니해야 하는가?

① 300
② 400
③ 500
④ 600

84
비계기둥 간의 적재하중은 얼마를 초과하지 않도록 해야 하는가?

① 300kg
② 350kg
③ 400kg
④ 450kg

85
비계의 구조에서 비계기둥 간의 적재하중은 몇 kg을 초과할 수 없는가?

① 500
② 450
③ 400
④ 350

86
강관비계의 1스팬(span)에 걸리는 최대적재하중은 몇 kg을 초과하지 않아야 하는가?

① 200kg
② 300kg
③ 400kg
④ 500kg

87
비계의 부재 중에서 사람이 오르고 내리는 승강설비로 사용하는 것은?

① 비계기둥
② 비계다리

Answer ➡ 78. ④ 79. ④ 80. ② 81. ② 82. ② 83. ② 84. ③ 85. ③ 86. ③ 87. ②

③ 비계발판　　　　④ 교차가새

해설
승강설비로는 계단과 비계다리(경사로)가 있다.

88
비계다리의 적정 경사의 표준으로 옳은 것은?

① 2/10　　　　② 3/10
③ 4/10　　　　④ 5/10

해설
비계다리의 설치시는 폭 90m 이상, 적정경사 4/10(경사도 21.8°)를 표준으로 한다.

89
가설구조물에서 요구되는 3가지 조건으로 적합하지 않은 것은?

① 경제성　　　　② 안전성
③ 사용성　　　　④ 타당성

90
건설공사의 붕괴재해 중 일반적으로 가장 많이 발생하는 것은?

① 토사　　　　② 암석
③ 콘크리트　　④ 철골

해설
일반적으로 토사붕괴재해가 가장 많이 발생한다. 방지책으로는 방호망의 설치, 흙막이 지보공의 설치, 근로자의 출입금지 등이 있다.

91
굴착작업에서 보링 등 적절한 방법으로 지반의 안전성을 조사해야 한다. 다음 중 이에 대한 사항으로 옳지 않은 것은?

① 형상, 지질 및 지층의 상태
② 균열, 함수, 용수 상태
③ 지상배수 상태
④ 매설물의 유무 상태

92
지반의 굴착작업을 함에 있어 작업장소 및 그 주변 지반에 대하여 조사하여야 할 사항이 아닌 것은?

① 형상, 지질 및 지층의 상태
② 균열, 함수, 용수 및 동결 유무 또는 상태
③ 지반의 지하수위 상태
④ 지반의 경도 및 굴착성

93
노천굴착작업을 할 때 주변지역에 대한 조사사항 중 맞지 않은 것은?

① 형상, 지질 및 지층의 상태
② 건설장비의 운행 및 운반경로
③ 지반의 균열, 함수, 용수 및 동결의 유무
④ 매설물 등의 유무 또는 상태

94
굴착작업시, 위험방지를 위한 조사사항이 아닌 것은?

① 형상, 지질 및 지층의 상태
② 균열, 함수, 용수 및 동결 유무 상태
③ 낙반
④ 매설물 등의 유무 또는 상태

95
지하매설물 안전작업지침으로 틀린 것은?

① 사전조사
② 매설물의 방호조치
③ 지하매설물의 파악
④ 소규모 구조물의 방호

96
굴착면의 구배기준에 맞지 않은 것은? (단, 일반일 경우)

① 풍화암 1 : 0.8　　② 연암 1 : 0.5
③ 경암 1 : 0.3　　　④ 토사암 1 : 0.2

Answer ▶ 88. ③　89. ④　90. ①　91. ③　92. ④　93. ②　94. ③　95. ④　96. ④

97
지반을 인력으로 굴착할 때 풍화암(암반)의 굴착면 구배로 적합한 것은?

① 1 : 1
② 1 : 0.8
③ 1 : 0.5
④ 1 : 0.3

98
모든 발파작업시 사용해야 하는 신호는 '경고신호', '발파신호', '해제신호' 등으로 구분된다. 다음 중 경고신호에 맞는 신호 방법은?

① 발파신호 10분 전에 사이렌을 파상으로 불며 '발파경고' 라고 소리친다.
② 발파 1분 전에 계속 짧게 부르는 신호
③ 발파신호 5분 전에 1분 동안씩 계속 길게 부는 신호
④ 발파 후 안전검사 완료시까지 1분 동안씩 부는 신호

99
토공사에 관한 사항 중 안전관리와 직접관련이 되지 않는 것은?

① 주변의 지반의 균열, 이완, 침하의 관측
② 잔토처리량 조사
③ 흙막이 변형 및 이동사항 조사
④ 지하수위, 용수, 누수에 관한 측정

해설
②항의 경우에 잔토처리량 조사는 건축시공계획과 직접 관련이 되는 것이다.

100
굴착작업 진행 중에 지질의 약화, 누수, 용수 등의 증가로 굴착면에 대한 붕괴, 낙석의 위험이 증대되었을 때에는 굴착단면 또는 구배의 각도를 어떻게 하는 등의 조치기 필요하다고 생각하는가?

① 높인다.
② 옆으로 한다.
③ 낮춘다.
④ 뒤로 바꾼다.

해설
붕괴 등의 위험이 증대되었을 때에는 굴착단면 또는 구배의 각도를 낮추는 것이 안전상 중요하다.

101
토공의 성토작업에서 돋울 흙이 침하할 것을 예상하여 예정높이보다 더 높게 돋는다. 이 때 돋기의 높이가 3m 미만이면 일반 토사일 경우에 높이의 몇 %를 더 돋아야 하는가?

① 5%
② 7%
③ 8%
④ 10%

102
흙쌓기의 경사비율을 열거한 것이다 보통 연약 점토질의 비탈 경사비율로 옳은 것은?

① 1 : 3
② 1 : 2
③ 1 : 1.5
④ 1 : 4

해설
흙쌓기의 경사비율
① 보통 흙 – 1 : 1.5
② 보통 모래 – 1 : 2
③ 보통 연약점토질 – 1 : 3

103
굴착면의 붕괴의 원인과 관계가 먼 것은?

① 사면의 경사의 증가
② 성토 높이의 감소
③ 공사에 의한 진동하중의 증가
④ 굴착높이의 증가

해설
②항은 성토높이의 증가가 붕괴의 원인에 해당된다.

104
일반적으로 사면의 붕괴위험이 가장 큰 것은?

① 사면의 수의가 서서히 하강할 때
② 사면의 수위가 급격히 하강할 때
③ 사면이 완전히 건조상태에 있을 때
④ 사면이 완전 포화상태에 있을 때

Answer ● 97. ② 98. ① 99. ② 100. ③ 101. ② 102. ① 103. ② 104. ②

해설
사면의 수위가 급격히 하강할 때에는 비배수 급속전단의 경우와 동일하게 붕괴위험이 가장 크다.

105
토석붕괴의 외적 요인이 아닌 것은?

① 사면, 법면의 경사 및 구배의 증가
② 절토 및 성토 높이의 증가
③ 토석의 강도 저하
④ 굴삭에 의한 진동면 반복하중의 증가

해설
토석의 강도 저하는 토석붕괴의 내적 요인에 해당된다.

106
다음 중 토석붕괴의 외적요인이 아닌 것은?

① 사면, 법면의 경사 및 구배 증가
② 공사에 의한 진동 및 반복하중의 증가
③ 토석의 강도 저하
④ 지진, 차량, 구조물의 중량

107
토공(土工)에서 비탈면의 보호방법으로 가장 부적당한 것은?

① 떼붙임(줄떼, 평떼)
② 블록붙임
③ 석축 또는 콘크리트 옹벽 설치
④ 마찰말뚝 박기

108
다음 비탈면 붕괴 안전점검 요령이다. 옳지 않은 것은?

① 비탈면 높이가 1.0m 이상인 장소는 붕괴발생 유무를 확인한다.
② 부석(浮石)의 상황변화를 확인한다.
③ 용수발생 유무 또는 용수량 변화를 확인한다.
④ 비탈면 보호공의 변형 유무를 확인한다.

109
붕괴사고 방지대책이라고 할 수 없는 것은?

① 우수(雨水), 지하수 등의 사전 배제
② 가스분출검사
③ 안전경사유지
④ 토사유출방지

해설
가스분출검사는 폭발사고 방지대책의 일환이다.

110
토공사에 관한 사항 중 안전관리와 직접 관련이 없는 사항은 어떤 것인가?

① 주변지반의 균열, 이완, 침하의 관측
② 시공기계기구의 선정
③ 흙막이의 변형 및 이동사항 조사
④ 지하수위, 용수, 누수에 대한 측정

해설
②항의 경우. 시공관리와 관련이 있다.

111
다음은 흙쌓기 전 흙쌓기 할 장소에 생생한 지반이 나타나도록 제거하여야 할 것들이다. 이 중에서 제거하지 않아도 좋은 것은 어느 것인가?

① 나무뿌리, 나무토막
② 잡초
③ 얼음(눈)
④ 조약돌이나 잡석

해설
조약돌이나 잡석은 지정시에 이용할 수 있다.

112
거푸집 지보공 조립도에 표시해야 할 사항이 아닌 것은?

① 길이   ② 이음매
③ 지주   ④ 폭

해설
조립도에는 지주, 이음매, 마디(길이) 등 부재의 배치 및 치수가 표시되어야 한다.

Answer ● 105. ③ 106. ③ 107. ④ 108. ① 109. ② 110. ② 111. ④ 112. ④

113
강관지주를 지보공으로 사용할 때 강재와 강재의 접속부 또는 교차부를 연결시키는 연결철물은?

① 가새
② 새클
③ 클램프
④ 장선

114
거푸집 지보공의 지주로 사용하는 파이프 받침의 안전조치에 관한 사항 중 틀리는 것은?

① 파이프 받침은 2본까지 이어서 사용할 수 있다.
② 2개 이상의 볼트 또는 전용철물로 이어서 사용한다.
③ 높이가 3.5m를 초과할 때에는 높이 2m 이내마다 수평연결재를 2개 방향으로 만든다.
④ 지주의 고정 등, 미끄럼 방지조치를 취한다.

해설
파이프 받침을 이어서 사용할 때에는 4개 이상의 볼트 또는 전용철물을 사용하여 이어야 한다.

115
깔목 등을 끼워서 단상으로 조립하는 거푸집 지보공 작업시의 준수할 사항이 아닌 것은?

① 깔목, 깔판 등을 3단 이상 끼우지 말 것
② 지주는 깔판, 깔목 등에 고정시킬 것
③ 깔판, 깔목을 이어서 사용할 때 단단히 연결할 것
④ 지주의 고정등 지주의 미끄럼 방지를 할 것

해설
단상으로 조립하는 거푸집 동바리(안전보건규칙) : 사업주는 깔판 및 깔목 등을 끼워서 단상으로 조립하는 거푸집 동바리에 대하여는 거푸집 동바리의 안전조치사항 외에 다음 각호의 사항을 준수하여야 한다.
① 거푸집의 형상에 따른 부득이한 경우를 제외하고는 깔판·깔목 등을 2단 이상 끼우지 않도록 한다.
② 깔판·깔목 등을 이어서 사용할 때에는 해당 깔판·깔목 등을 단단히 연결할 것
③ 동바리는 깔판·깔목 등에 고정시킬 것

116
거푸집의 설계조건에 대하여 틀린 것은?

① 거푸집의 형상 및 위치를 정확히
② 거푸집의 철거시 구조물에 진동이나 파손이 없게
③ 거푸집의 구석에는 모따기 재료를 붙여서 모따기 가능
④ 거푸집의 내부를 청소하고 폐유를 많이 칠하여 분리를 잘되게 한다.

해설
거푸집 내부에는 될 수 있는 한 이물질의 혼입을 금한다.

117
거푸집 공사시, 재료의 검사 사항 중 틀린 것은?

① 거푸집의 띠장은 부러진 곳이 없나 확인하고 부러지거나 금이 있는 것은 완전 보수 한 후에 사용한다.
② 사용한 강제 거푸집에 붙은 콘크리트 부착물은 박리제를 칠해 두어야 한다.
③ 강재 거푸집 형상이 찌그러지거나 비틀려 있는 것은 형상을 교정한 후에 사용해야 한다.
④ 거푸집 검사 시에 직접 제작, 조립한 책임자와 현장관리 책임자가 검사한다.

해설
②항의 경우, 콘크리트 부착물은 해체시켜야 된다.

118
동바리를 시공할 때 유의사항 중 옳지 않은 것은?

① 동바리는 본바닥을 이완시키지 않게 시공하여야 한다.
② 동바리재는 껍질 벗긴 통나무를 사용해서는 안 된다.
③ 동바리 부재가 받고 있는 하중의 대소는 이음부의 좌굴상태 또는 두들겨서 그 소리로 판단한다.
④ 흙막이 판의 뒤와 본바닥 사이에는 간격을 없애야 한다.

Answer ● 113. ③ 114. ② 115. ① 116. ④ 117. ② 118. ②

119
동바리에 관한 설명 중 옳지 않은 것은?

① 동바리의 기초는 과도한 침하나 부등침하가 일어나지 않도록 한다.
② 동바리는 그 이음매나 접촉부에서 하중을 안전하게 전달할 수 있어야 한다.
③ 동바리가 높을 때는 가새(브레이싱)를 설치해야 한다.
④ 강재 동바리는 강재와 강재의 접속부나 교차부를 용접으로 튼튼하게 고정시켜야 한다.

해설
강재동바리(비계)는 접속부나 교차부를 적합한 부속철물을 사용하여 튼튼하게 고정시켜야 한다.

120
거푸집의 조립순서로 올바른 것은?

① 큰보 – 작은보 – 기둥 – 바닥 – 보받이내력벽 – 내벽 – 외벽
② 기둥 – 큰보 – 작은보 – 보받이내력벽 – 바닥 – 내벽 – 외벽
③ 큰보 – 기둥 – 보받이내력벽 – 작은보 – 바닥 – 내벽 – 외벽
④ 기둥 – 보받이내력벽 – 큰보 – 작은보 – 바닥 – 내벽 – 외벽

121
형틀공사 중 슬라이딩 폼(sliding form)을 사용하는 것이 유리한 공사는?

① 교량의 1개 스팬씩의 보 거푸집 공사
② 종합운동장 관람석 상부 거푸집 공사
③ 터널복공 거푸집 공사
④ 고층아파트 건설공사

해설
슬라이딩 폼은 활동 거푸집이라고도 하며 굴뚝이나 사이로 등 평면형상이 일정하고 돌출부가 없는 높은 구조물 또는 터널 복공 거푸집 공사에서도 유리하다.

122
거푸집 동바리 설계시에 작용하는 하중으로써 틀리는 것은?

① 타설되는 콘크리트의 중량
② 철근의 중량
③ 가설물 중량
④ 작업하중 100kg/m²

해설
④항의 경우 150kg/m²가 옳다.

123
철근콘크리트 시공이음 위치로 적당한 것은?

① 기둥과 보 사이   ② 지간의 중간
③ 보의 끝부분   ④ 보의 1/3 지점

124
콘크리트를 타설할 때 거푸집의 측압에 미치는 영향으로서 맞지 않은 것은?

① 콘크리트의 물·시멘트 비가 크면 작다.
② 타설속도가 빠르면 크다.
③ 기온이 높으면 측압은 작다.
④ 콘크리트의 단위중량이 크면 측압도 크다.

해설
콘크리트의 물·시멘트 비가 크면 측압도 크다.

125
콘크리트 타설시의 안전수칙으로 옳지 않은 것은?

① 운반통로에는 방해가 되는 것이 없어야 한다.
② 최상부의 슬래브는 되도록 이어붓기로 타설해야 한다.
③ 콘크리트를 치는 도중에 지보공 거푸집 등의 이상유무를 확인해야 한다.
④ 손수레는 붓는 위치까지 운반하여 거푸집에 충격을 주지 않도록 해야 한다.

Answer ➡ 119. ④ 120. ④ 121. ③ 122. ④ 123. ② 124. ① 125. ②

126
콘크리트 거푸집 해체 작업시의 안전 유의사항으로서 적당하지 않은 것은?

① 해체 작업책임자를 선임하여야 한다.
② 악천후일 때에는 해체작업을 중지시켜야 한다.
③ 안전모, 안전대, 산소마스크 등을 필히 착용하여야 한다.
④ 해체된 재료를 오르내릴 때에는 달줄이나 달포대를 이용하여야 한다.

해설
③는 고소작업, 산소결핍위험작업시의 안전유의사항이다.

127
철골공사에 있어 원척도(原尺圖)를 작성해야 할 사항에 해당되지 않는 것은?

① 기본구조물(중주, 축주, 보, 트러스 등)
② 단짓는 부분
③ 지붕 및 벽체의 각 부재간격
④ 주두(株頭), 주각(株脚) 및 그 접합부분

해설
철골의 공장가공순서
① 원척도(현치도) 작성   ② 형판뜨기(본뜨기)
③ 변형바로잡기   ④ 금긋기
⑤ 절단   ⑥ 구멍뚫기
⑦ 가조립   ⑧ 리벳팅
⑨ 검사   ⑩ 도장
⑪ 현장운반

128
철골조립공사 중 강풍이나 강우와 같은 악천후일 때에는 공사를 중지하여야 하는데, 다음 중 어느 경우인가?

① 강우량이 1시간당 1mm 이상일 때
② 강우량이 1시간당 2mm 이상일 때
③ 강우량이 1시간당 5mm 이상일 때
④ 강우량이 1시간당 10mm 이상일 때

129
방호선반의 설치각도가 수평으로부터 30°일 때 최소 방호선반의 길이를 구하면?(단 비계의 폭은 1.4m이다)

① 3.0m   ② 3.3m
③ 3.6m   ④ 3.9m

130
철골공사시에 필요한 검사시험용 기구 중 전용측정기구가 아닌 것은?

① 마이크로 미터   ② 와이어 게이지
③ 스틸 테이프   ④ 테스트 해머

해설
스틸 테이프(steel tape)는 전용측정기구가 아니라 일반측정기구이다.

131
타워 크레인의 운전작업 전에 점검하는 사항이 아닌 것은?

① 붐의 경사각도
② 과부하 경보장치
③ 와이어로프가 통하는 개소의 상태
④ 과잉 감김방지장치

해설
크레인의 작업시작 전 점검사항(안전보건규칙)
① 권과방지장치, 브레이크, 클러치 및 운전장치의 기능
② 주행로의 상측 및 트롤리가 횡행하는 레일의 상태
③ 와이어로프가 통하고 있는 곳의 상태

132
타워 크레인을 설치하여 사용할 때의 준수사항으로 옳지 않은 것은?

① 작업자가 버킷 또는 기중기에 올라타는 일이 있어서는 안 된다.
② 드럼에는 회전제어기나 역회전방지기를 갖추어야 한다.
③ 기중장비의 드럼에 감겨진 와이어로프는 적어도 한 바퀴 이상 남도록 해야 한다.

Answer ➡ 126. ③ 127 ③ 128. ① 129. ② 130. ③ 131. ① 132. ③

④ 철골 위에 설치할 경우에는 철골을 보강하여야 한다.

해설
드럼에 감겨진 와이어로프는 적어도 두 바퀴 이상 남도록 해야 한다.

133
철골공사용 기계 설명 중 틀린 것은?
① 타워 크레인은 고층작업이 가능하고 360° 회전이 가능하다.
② 크롤러 크레인은 트럭 크레인보다 흔들림이 적고 하물인양시 안전성이 크다.
③ 진 폴 데릭은 간단하게 설치할 수 있으며 경미한 건물의 철골건립에 사용된다.
④ 삼각 데릭은 2본의 다리에 의해서 고정된 것으로 작업회전반경은 약 270° 정도이다.

해설
크롤러 크레인은 아우트리거(outrigger)를 갖고 있지 않아 트럭 크레인보다 흔들림이 크고, 하물 인양시에 안정성이 약하다.

134
좌굴하중 공식에서 사용되는 유효길이란?
① 기둥전체의 길이
② 좌굴이 발생되는 실제길이
③ 발파방법
④ 기둥길이의 1/2

135
다음 그림과 같은 좌굴길이에 관한 설명 중 옳은 것은?

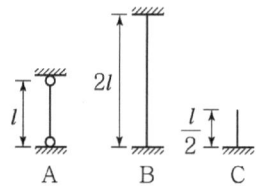

① A가 최대이고, C가 최소이다.
② B가 최대이고, C가 최소이다.
③ A, B, C가 모두 같다.
④ C가 최대이고, A가 최소이다.

해설
계산식은 다음과 같다.
(A) $l_k = 1 \times 1 = 1$
(B) $l_k = 0.5 \times 2 = 1$
(C) $l_k = 2 \times 1/2 = 1$
∴ A, B, C 모두 같다.

136
다음 중 추락재해 방지설비로 사용되는 것이 아닌 것은?
① 안전망 ② 안전대
③ 버팀대 ④ 발판

137
근로자가 작업 중이나 통행 중에 추락의 위험이 있는 장소에는 추락방지 설비를 해야 한다. 다음 중 추락방지용 설비가 아닌 것은?
① 손잡이 ② 방망
③ 구명줄 ④ 구조대

138
높이 2m 이상인 높은 작업장의 개구부에서 근로자가 추락할 위험이 있는 경우, 이를 방지하기 위한 설비로 가장 적합한 것은 다음 중 어느 것인가?
① 보호난간 ② 방호철망
③ 비계 ④ 방호선반

139
슬레이트 지붕 위에서 작업을 할 때 발판의 최소폭은?
① 20cm 이상 ② 30cm 이상
③ 40cm 이상 ④ 50cm 이상

Answer ➡ 133. ② 134. ② 135. ③ 136. ③ 137. ④ 138. ① 139. ②

140
몇 m 이상에서 물체를 투하시에 투하설비나 감시인을 배치해야 하는가?

① 2m ② 3m
③ 4m ④ 5m

해설
투하설비 등(안전보건규칙) : 사업주는 높이가 3m 이상인 장소로부터 물체를 투하하는 때에는 적당한 투하설비를 설치하거나 감시인을 배치하는 등, 위험방지를 위하여 필요한 조치를 하여야 한다.

141
근로자의 작업 중 통로에 추락위험이 있는 곳에 설치를 요하는 것 가운데 가장 적합한 것은?

① 감시인 배치 ② 보호망 설치
③ 울타리 설치 ④ 안전모 착용

142
건설중인 철탑이나 철골, 기타의 시설조립, 임시공사 등에 있어서 안전발판이 없기 때문에 극히 불안전하며 또 위험한 상태에서 작업을 진행시키지 않으면 안 되므로 이러한 작업에는 반드시 다음의 어느 것을 사용하여 추락을 방지하지 않으면 안 되는가?

① 보안경 ② 안전복
③ 안전대 ④ 안전의

해설
건설공사에 있어서 안전대는 추락방지를 위한 중요한 보호구이다.

143
다음 중 안전대 각 부의 명칭에 해당하지 않는 것은?

① 벨트 ② D링
③ B링 ④ 후크

144
추락시 로프의 지지점에서 최하단까지의 거리 h를 구하는 식으로 옳은 것은?

① h = 로프의 길이(1 + 신장률) + 신장/2
② h = 로프의 길이(1 + 신장률) + 신장
③ h = 로프의 길이 + 신장/2
④ h = 로프의 길이 + 신장

145
추락시에 로프의 지지점에서 최하단까지의 거리 h를 구하면? (단, 로프의 길이 150cm, 로프의 신장률 30%, 근로자의 신장 170cm)

① 2.8m ② 3.0m
③ 3.2m ④ 3.4m

해설
h = 1.5 + (1.5 × 0.3) + (1.7 × 1/2) = 2.8m

146
철골, 비계 등의 조립 작업시의 추락과 관계가 먼 것은?

① 안전대의 부착상태가 나빴다.
② 작업상을 설치하지 않았다.
③ 보호망의 설치방법이 나빴다.
④ 작업방법이 나빴다.

해설
철골 · 비계 등의 조립시의 추락재해 발생원인
① 안전대를 사용하지 않았다.
② 안전대의 설치방법이 나빴다.
③ 불안정한 자세로 철골재를 취급하였다.
④ 안전대의 부속이 나빴다.
⑤ 안전망 또는 구명줄의 설치방법이 나빴다.
⑥ 작업자세와 동작이 나빴다.

147
추락재해의 원인이 아닌 것은 다음 중 어느 것인가?

① 토사의 안전한 구배를 취하여 굴착하지 않았다.
② 발판과 신체 간의 안전거리가 갖추어지지 않았다.

Answer ◐ 140. ② 141. ② 142. ③ 143. ③ 144. ① 145. ① 146. ② 147. ①

③ 안전대를 부착하지 않았다.
④ 손잡이 시설을 하지 않았다.

해설
①항은 토사붕괴재해의 원인에 속한다.

148
다음 중 터널작업 시의 낙반에 의한 위험방지 조치 사항이 아닌 것은?

① 부석의 낙하 지역에 일정통로 설정
② 시계(視界) 유지
③ 출입금지 구역 설정
④ 출입구 부근에 방호망 설치

149
터널건설작업 시에 방화담당자의 직무사항이 아닌 것은?

① 화기 또는 아크 사용 상황감시
② 불 찌꺼기 유무확인
③ 이상 발견 시에는 즉시 필요한 조치
④ 소화기 취급요령 교육

해설
방화담당자의 지정 등(안전보건규칙) : 사업주는 터널건설작업에 있어서 그 터널 내부의 화기 또는 아크를 사용하는 장소에는 방화담당자를 지정하여 다음 각 호의 업무를 이행하도록 하여야 한다.
① 화기 또는 아크 사용상황을 감시하고 이상을 발견한 때에는 즉시 필요한 조치를 하는 일
② 불 찌꺼기의 유무를 확인하는 일

150
터널건설작업에 있어 터널내부의 화기나 아크를 사용하는 장소에 필히 설치하여야 할 것은?

① 대피설비   ② 소화설비
③ 충전설비   ④ 차단설비

해설
소화설비 등(안전보건규칙) : 사업주는 터널건설작업에 있어서 당해 터널 내부의 화기나 아크를 사용하는 장소 또는 배전반·변압기·차단기 등을 설치하는 장소에는 소화설비를 설치하여야 한다.

151
터널 지보공으로 강아치 지보공 조립시에 준수해야 할 사항 중 옳지 않은 것은?

① 조립간격은 2.0m 이하로 해야 한다.
② 연결 볼트 및 띠장 등을 사용한다.
③ 출입구 부분에는 받침대를 설치한다.
④ 낙하물의 위해가 있을 때에는 널판 등을 설치한다.

152
터널건설작업에서 강아치 지보공을 조립할 때 조립간격으로 가장 적당한 것은?

① 0.5m 이하   ② 1.5m 이하
③ 2.5m 이하   ④ 3.0m 이하

153
다음은 터널공사에서 터널 지보공을 설치한 후, 수시로 점검하여야 할 사항이다. 적당치 않은 것은?

① 부재의 손상, 변위 및 탈락의 유무
② 출수상태와 배기가스 유무
③ 부재의 접속부나 교차부의 상태
④ 기둥의 침하 유무

해설
①, ③, ④항 이외에 「부재 긴압의 정도」도 수시로 점검할 항목이다.

154
채석작업 계획에 포함되어야 할 사항 중 안전과 가장 관계가 적은 사항은?

① 채석방법
② 굴착장소의 면적
③ 굴착면의 계단위치와 넓이
④ 발파방법

Answer ➡ 148. ① 149. ④ 150. ② 151. ① 152. ② 153. ② 154. ②

155
채석작업에 있어 붕괴 또는 낙하에 의해 근로자에게 위험이 미칠 우려가 있을 때 설치해야 하는 것은?

① 방호망　　② 손잡이
③ 덮개　　　④ 건널다리

156
도갱의 중앙부에서 최초로 폭발시키는 구멍을 무엇이라 하는가?

① 측면 구멍　　② 심빼기 구멍
③ 상면 구멍　　④ 하면 구멍

해설
심빼기의 발파법에서 최초로 폭발시키는 구멍을 심빼기 구멍이라 한다. 중앙부에 이어서 측면, 상면, 하면의 순서로 작업을 실시한다.

157
매우 연약한 지반의 터널굴착 시에 적합하지 않은 사항은?

① 인버트 아치를 한다.
② 쉴드(shild) 공법을 사용한다.
③ 전단면 굴착을 한다.
④ 시멘트 또는 약액 주입공법을 쓴다.

해설
전단면 굴착은 단단한 지반의 터널 굴착시에 사용된다.

158
터널 굴착공사에 있어서 뿜어 붙이기 콘크리트의 효과 중 틀린 것은?

① 굴착면을 덮어서 지반의 침식은 방지하지만 하중을 분담하지는 못한다.
② 굴착면의 요철을 줄이고 응력집중을 완화한다.
③ Rock Bolt의 힘을 지반에 분산시켜서 전달한다.
④ 암반의 크랙(crack)을 보강한다.

해설
①항의 경우에 굴착면을 덮어서 지반의 침식을 방지하고 하중을 분담한다.

159
부두 또는 안벽의 선을 따라 통로를 설치할 때의 폭은 얼마 이상이 되어야 하는가?

① 90cm　　② 80cm
③ 70cm　　④ 60cm

160
일반 성인이 연속적인 단거리에서의 운반작업을 할 경우, 취급하는 물체의 무게는 다음 중 어느 것이 신체에 무리를 주지 않는 한계치인가?

① 남자 15kg, 여자 10kg
② 남자 25kg, 여자 15kg
③ 남자 90kg, 여자 30kg
④ 남자 50kg, 여자 40kg

161
철근을 인력으로 운반하고자 할 때 1인당 무게는 몇 kg 정도가 적당한가?

① 10　　② 25
③ 42　　④ 60

해설
성인 남자의 경우에 25kg 정도가 안전운반 무게이다.

162
인력운반시에 1인당 운반무게는 어느 정도가 적당한가?

① 15kg　　② 25kg
③ 35kg　　④ 45kg

163
인력운반 시 안전책임 중 작업자 입장에 있는 것은?

① 작업환경에 대하여 정비한다.
② 작업방법을 알려주고 교육훈련을 한다.

Answer ● 155. ①　156. ②　157. ③　158. ①　159. ①　160. ②　161. ②　162. ②　163. ④

③ 인력운반에 적합한 화물을 준비한다.
④ 정해진 복장을 정확히 착용한다.

164
철근을 인력으로 운반할 때, 주의사항이 아닌 것은?

① 2인 1조로 운반한다.
② 1인이 운반할 때는 한쪽 끝을 끌면서 운반한다.
③ 1인이 운반할 수 있는 무게한도는 35kg이다.
④ 내려놓을 때는 서서히 하고, 던져서는 안 된다.

해설
1인이 운반할 수 있는 무게는 25kg 정도가 적당하다.

165
긴 물건을 한 사람이 다루는 작업에 대한 다음의 설명 중에서 알맞지 않은 것은?

① 어깨에 메고 운반할 경우에는 앞 끝을 약간 올리도록 한다.
② 내릴 때에는 가급적 몸을 구부린다.
③ 긴 물건을 안아서 들어올릴 때에는 양 손가락을 물건 뒤에서 깍지 끼지 않도록 한다.
④ 굽은 재목을 어깨에 맬 때에는 아래로 굽어서 처지게 한다.

166
작업장에서 보행자만 일방통행하는 통로에서 최소의 폭은 아래의 경우, 각각 몇 cm가 적당한가?

> ⓐ 물품을 들지 않은 경우
> ⓑ 물품을 든 경우

① ⓐ 70, ⓑ 95   ② ⓐ 70, ⓑ 105
③ ⓐ 80, ⓑ 95   ④ ⓐ 80, ⓑ 105

167
적재물이 차량 밖으로 나올 때 위험표시를 하는 색깔은?

① 노랑   ② 빨강
③ 파랑   ④ 초록

해설
빨강은 위험을 나타내는 색깔이다.

168
다음 중 안전한 자동차 운행을 위하여 도로의 노견(路肩)을 설치하는 이유로 틀린 내용은?

① 도로의 노새를 보호한다.
② 고장난 차를 안전하게 대피시킨다.
③ 완속차 및 사람이 안전하게 피할 수 있다.
④ 자동차의 속도를 내기 위하여 종(從) 방향으로 여유를 준다.

169
진행방향의 경사가 20° 이하일 때 어느 형태가 가장 적당한가?

① 경사로
② 계단
③ 계단 및 경사로 모두 가능
④ 계단을 설치하되, 단 높이 조정

해설
계단은 진행방향의 경사가 30° 이상일 때 설치하는 것이 바람직하며, 30° 이하일 경우에 경사로를 설치하되 14° 이상인 경우, 미끄럼 방지장치를 한다.

170
배선 및 이동전선 꽂음접속기를 설치·사용할 때 준수사항 중 틀리는 것은?

① 당해 꽂음접속기에 잠금장치가 있을 때에는 접속부를 잠그고 사용할 것
② 습윤한 장소에서 사용되는 꽂음접속기는 방수형 등을 사용할 것
③ 근로자가 꽂음접속기 취급할 때 땀 등에 의한 젖은 손으로 취급금지
④ 서로 다른 전압의 꽂음접속기는 상호 접속되는 구조의 것을 사용할 것

Answer ➡ 164. ③ 165. ③ 166. ④ 167. ② 168. ④ 169. ① 170. ④

해설

꽂음접속기의 설치·사용시 준수사항(안전보건규칙)
① 서로 다른 전압의 꽂음접속기는 상호 접속되지 아니하는 구조의 것을 사용할 것
② 습윤한 장소에 사용되는 꽂음접속기는 방수형 등, 해당 장소에 적합한 것을 사용할 것
③ 근로자가 해당 꽂음접속기를 접속시킬 경우, 땀 등에 의하여 젖은 손으로 취급하지 아니하도록 할 것
④ 해당 꽂음접속기에 잠금장치가 있는 때에는 접속 후에 잠그고 사용할 것

171
다음은 소방안전에 관한 사항이다. 틀린 것은?

① 포말 소화는 유류 화재에 적합하다.
② 탄산가스소화기는 전기화재에 적합하다.
③ 건축물의 방화설비로서는 방화구조, 구획제한 등을 들 수 있다.
④ 피난용 출구의 문의 구조는 안으로 열리는 문으로 한다.

해설

소방법상 피난용 출구의 문은 "바깥쪽 여닫이 문"으로 규정하고 있으나, 산업안전보건법 안전보건규칙 제17조의 규정에 의한 비상구의 문은 피난방향으로 열리도록 하고 실내에서 항상 열 수 있는 구조로 할 것

Answer ● 171. ④

memo

CONTENTS

2020년 과년도 기출문제 & CBT 기출복원문제
2021년 CBT 기출복원문제
2022년 CBT 기출복원문제
2023년 CBT 기출복원문제
2024년 CBT 기출복원문제
2025년 1회 CBT 기출복원문제

부록

과년도 기출문제

2020년 제1회 건설안전산업기사

2020. 6. 6 시행

[제1과목] 산업안전관리론

01 심리검사의 특징 중 "검사의 관리를 위한 조건과 절차의 일관성과 통일성"을 의미하는 것은?

① 규준
② 표준화
③ 객관성
④ 신뢰성

해설
심리검사의 구비조건
1) 표준화 : 검사관리를 위한 조건 및 검사철차의 일관성과 통일성을 표준화
2) 객관성 : 체험하는 과정에서 채점자의 편견이나 주관성 배제
3) 규준(noms) : 검사결과를 해석하기 위한 비교할 수 있는 참조 또는 비교의 틀
4) 신뢰성 : 검사응답의 일관성(반복성)
5) 타당성 : 측정하고자 하는 것을 실제로 잘 측정하는가 여부를 판별하는 것

02 산업 재해의 발생 유형으로 볼 수 없는 것은?

① 지그재그형
② 집중형
③ 연쇄형
④ 복합형

해설
산업재해의 발생형태 종류
1) 단순자극형(집중형) : 상호자극에 의해 순간적으로 재해가 발생하는 유형
2) 연쇄형 : 하나의 사고요인이 또 다른 요인을 발생시키며 재해를 발생하는 유형
3) 복합형 : 연쇄형과 단순자극형의 복합적인 발생유형

03 산업재해 예방의 4원칙 중 "재해발생에는 반드시 원인이 있다."라는 원칙은?

① 대책 선정의 원칙
② 원인 계기의 원칙
③ 손실 우연의 원칙
④ 예방 가능의 원칙

해설
재해예방의 4원칙
1) 손실우연의 원칙 : 사고에 의해 생기는 손실의 종류와 정도는 우연적이다.
2) 원인계기의 원칙 : 모든 재해는 필연적인 원인에 의해서 발생되며 재해발생은 직접원인이 아니고 많은 간접원인의 연쇄로 발생되는 것이다.
3) 예방가능의 원칙 : 재해는 원칙적으로 모든 방지가 가능하다.
4) 대책선정의 원칙 : 가장 효과적인 재해방지대책의 선정은 사고원인의 정확한 분석에 의해서 얻어진다.

04 기계·기구 또는 설비의 신설, 변경 또는 고장 수리 등 부정기적인 점검을 말하며, 기술적 책임자가 시행하는 점검은?

① 정기 점검
② 수시 점검
③ 특별 점검
④ 임시 점검

해설
안전점검의 종류
1) 수시점검(일상점검) : 작업 전, 중, 후에 실시하는 점검
2) 정기점검 : 일정기간마다 정기적으로 실시하는 점검
3) 임시점검 : 이상발견 시 임시로 실시하거나 정기점검과 정기점검 사이에 실시하는 점검
4) 특별점검
   ① 기계·기구 및 설비의 신설, 변경 및 수리 시 등
   ② 천재지변 발생 후 실시
   ③ 안전강조 기간 내 실시

05 산업안전보건법령상 근로자 안전·보건교육 중 채용 시의 교육 및 작업내용 변경 시의 교육 사항으로 옳은 것은?

① 물질안전보건자료에 관한 사항
② 건강증진 및 질병 예방에 관한 사항
③ 유해·위험 작업환경 관리에 관한 사항
④ 표준안전작업방법 및 지도 요령에 관한 사항

Answer ● 01. ② 02. ① 03. ② 04. ③ 05. ①

해설

1) 관리감독자의 정기안전·보건교육의 내용
   ① 작업공정의 유해·위험과 재해예방대책에 관한 사항
   ② 표준안전작업방법 및 지도요령에 관한 사항
   ③ 관리감독자의 역할과 임무에 관한 사항
   ④ 유해·위험 작업환경관리에 관한 사항
   ⑤ 산업보건 및 직업병 예방에 관한 사항(공통사항)
   ⑥ 산업안전 및 사고예방에 관한 사항
   ⑦ 산업안전보건법령 및 산업재해보상보험 제도에 관한 사항
   ⑧ 직무스트레스 예방 및 관리에 관한 사항
   ⑨ 직장 내 괴롭힘, 고객의 폭언 등으로 인한 건강장해 예방 및 관리에 관한 사항
   ⑩ 안전보건교육 능력 배양에 관한 사항

2) **채용시 및 작업내용 변경시 교육내용**(시행규칙 별표 8의 2)
   ① 기계·기구의 위험성과 작업의 순서 및 동선에 관한 사항
   ② 작업개시 전 점검에 관한 사항
   ③ 정리정돈 및 청소에 관한 사항
   ④ 사고발생시 긴급조치에 관한 사항
   ⑤ 물질안전보건자료에 관한 사항
   ⑥ 산업보건 및 직업병 예방에 관한 사항(공통사항)
   ⑦ 산업안전 및 사고예방에 관한 사항
   ⑧ 산업안전보건법령 및 산업재해보상보험 제도에 관한 사항
   ⑨ 직무스트레스 예방 및 관리에 관한 사항
   ⑩ 직장 내 괴롭힘, 고객의 폭언 등으로 인한 건강장해 예방 및 관리에 관한 사항

06 상시 근로자수가 75명인 사업장에서 1일 8시간씩 연간 320일을 작업하는 동안에 4건의 재해가 발생하였다면 이 사업장의 도수율은 약 얼마인가?

① 17.68　　② 19.67
③ 20.83　　④ 22.83

해설

$$\text{도수율} = \frac{\text{재해건수}}{\text{연근로시간수}} \times 10^6$$
$$= \frac{4}{75 \times 8 \times 320} \times 10^6$$
$$= 20.83$$

07 위험예지훈련 기초 4라운드(4R)에서 라운드별 내용이 바르게 연결된 것은?

① 1라운드 : 현상파악
② 2라운드 : 대책수립
③ 3라운드 : 목표설정
④ 4라운드 : 본질추구

해설

위험예지훈련의 문제해결 4라운드(4Round)
1) 1R - 현상파악 : 전원이 토의를 통해서 잠재위험요인을 발견하는 단계
2) 2R - 본질추구 : 가장 위험한 요인(위험 포인트)을 합의로 결정하는 단계
3) 3R - 대책수립 : 구체적인 대책을 수립하는 단계
4) 4R - 행동목표 설정 : 행동계획을 정하고 수립한 대책 가운데서 질이 높은 항목에 합의하는 단계

08 O.J.T(On the Job Training) 교육의 장점과 가장 거리가 먼 것은?

① 훈련에만 전념할 수 있다.
② 직장의 실정에 맞게 실제적 훈련이 가능하다.
③ 개개인의 업무능력에 적합하고 자세한 교육이 가능하다.
④ 교육을 통하여 상사와 부하간의 의사소통과 신뢰감이 깊게 된다.

해설

OJT와 off-JT의 특징

O·J·T (현장중심교육)	off J·T (현장외 중심교육)
① 개개인에게 적합한 지도 훈련이 가능	① 다수의 근로자에게 조직적 훈련이 가능
② 직장의 실정에 맞는 실제적 훈련을 할 수 있다.	② 훈련에만 전념하게 된다.
③ 훈련 필요한 업무의 계속성이 끊어지지 않음	③ 특별설비기구를 이용할 수 있음
④ 즉시 업무에 연결되는 관계로 신체와 관련 있음	④ 전문가를 강사로 초청할 수 있음
⑤ 효과가 곧 업무에 나타나며 훈련의 좋고 나쁨에 따라 개선이 용이함	⑤ 각 직장의 근로자가 많은 지식이나 경험을 교류할 수 있음
⑥ 교육을 통한 훈련 효과에 의해 상호 신뢰 이해도가 높아짐	⑥ 교육훈련 목표에 대해서 집단적 노력이 흐트러질 수도 있음

Answer ● 06. ③　07. ①　08. ①

09 일반적으로 사업장에서 안전관리조직을 구성할 때 고려할 사항과 가장 거리가 먼 것은?

① 조직 구성원의 책임과 권한을 명확하게 한다.
② 회사의 특성과 규모에 부합되게 조직되어야 한다.
③ 생산조직과는 동떨어진 독특한 조직이 되도록 하여 효율성을 높인다.
④ 조직의 기능이 충분히 발휘될 수 있는 제도적 체계가 갖추어져야 한다.

해설
③항, 안전관리조직은 생산라인과 밀착된 조직이어야 한다.

10 다음 중 매슬로우(Maslow)가 제창한 인간의 욕구 5단계 이론을 단계별로 옳게 나열한 것은?

① 생리적 욕구 → 안전 욕구 → 사회적 욕구 → 존경의 욕구 → 자아실현의 욕구
② 안전 욕구 → 생리적 욕구 → 사회적 욕구 → 존경의 욕구 → 자아실현의 욕구
③ 사회적 욕구 → 생리적 욕구 → 안전 욕구 → 존경의 욕구 → 자아실현의 욕구
④ 사회적 욕구 → 안전 욕구 → 생리적 욕구 → 존경의 욕구 → 자아실현의 욕구

해설
매슬로우(Maslow)의 욕구 5단계
1) 1단계 – 생리적 욕구(신체적 욕구) : 기아, 갈등, 호흡, 배설, 성욕 등 기본적 욕구
2) 2단계 – 안전의 욕구 : 안전을 구하려는 욕구
3) 3단계 – 사회적 욕구(친화욕구) : 애정, 소속에 대한 욕구
4) 4단계 – 인정받으려는 욕구(자기존경의 욕구, 승인욕구) : 자존심, 명예, 성취, 지위 등에 대한 욕구
5) 5단계 – 자아실현의 욕구(성취욕구) : 잠재적인 능력을 실현하고자 하는 욕구

11 보호구 안전인증 고시에 따른 안전화의 정의 중 ( ) 안에 알맞은 것은?

경작업용 안전화란 (㉠)mm의 낙하높이에서 시험했을 때 충격과 (㉡ ± 0.1)kN의 압축하중에서 시험했을 때 압박에 대하여 보호해 줄 수 있는 선심을 부착하여, 착용자를 보호하기 위한 안전화를 말한다.

① ㉠ 500, ㉡ 10.0
② ㉠ 250, ㉡ 10.0
③ ㉠ 500, ㉡ 4.4
④ ㉠ 250, ㉡ 4.4

해설
안전화에 대한 용어의 정리
1) 중작업용 안전화 : 1000mm의 낙하 높이에서 시험했을 때 충격과(15.0±0.1)kN의 압축하중에서 시험했을 때 압박에 대하여 보호해줄 수 있는 선심을 부착하여 착용자를 보호하기 위한 안전화를 말한다.
2) 보통작업용 안전화 : 500mm의 낙하높이에서 시험했을 때 충격과(10.0±0.1)kN의 압축하중에서 시험했을 때 압박에 대하여 보호해줄 수 있는 선심을 부착하여 착용자를 보호하기 위한 안전화를 말한다.
3) 경작업용 안전화 : 250mm의 낙하높이에서 시험했을 때 충격과(4.4±0.1) kN의 압축하중에서 시험했을 때 압박에 대하여 보호해줄 수 있는 선심을 부착하여 착용자를 보호하기 위한 안전화를 말한다.

12 조직이 리더에게 부여하는 권한으로 볼 수 없는 것은?

① 보상적 권한   ② 강압적 권한
③ 합법적 권한   ④ 위임된 권한

해설
리더십의 권한
1) 조직이 지도자에게 부여한 권한
　① 보상적 권한 : 지도자가 부하들에게 보상할 수 있는 능력으로 인해 부하직원들을 통제할 수 있으며 부하들의 행동에 대해 영향을 끼칠 수 있는 권한이다.
　② 강압적 권한 : 부하직원들을 처벌할 수 있는 권한이다.
　③ 합법적 권한 : 조직의 규정에 의해 지도자의 권한이 공식화 된 것을 말한다.
2) 지도자 자신이 자신에게 부여한 권한 : 부하직원들이 지도자의 성격이나 그 능력을 인정하고 지도자를 존경하며 자진해서 따르는 것이다.
　① 전문성의 권한 : 지도자가 목표수행에 필요한 전문적인 지식을 갖고 업무수행을 하므로 부하직원들이 자발적으로 지도자를 따르게 된다.
　② 위임된 권한 : 집단의 목표를 성취하기 위해 부하직원들이 지도자가 정한 목표를 자진해서 자신의 것으로 받아들여 지도자와 함께 일하는 것이다.

Answer ● 09. ③ 10. ① 11. ④ 12. ④

13 테크니컬 스킬즈(technical skills)에 관한 설명으로 옳은 것은?

① 모럴(morale)을 앙양시키는 능력
② 인간을 사물에게 적응시키는 능력
③ 사물을 인간에게 유리하게 처리하는 능력
④ 인간과 인간의 의사소통을 원활히 처리하는 능력

해설
테크니컬 스킬즈와 소시얼 스킬즈
1) **테크니컬 스킬즈(technical skills)** : 사물을 인간의 목적에 유익하도록 처리하는 능력을 말함
2) **소시얼 스킬즈(social skills)** : 사람과 사람 사이의 커뮤니케이션을 양호하게 하고, 사람들의 요구를 충족케 하고 모랄을 양양시키는 능력을 말함

14 산업안전보건법령상 특별교육 대상 작업별 교육 작업 기준으로 틀린 것은?

① 전압이 75V 이상인 정전 및 활선작업
② 굴착면의 높이가 2m 이상이 되는 암석의 굴착 작업
③ 동력에 의하여 작동되는 프레스기계를 3대 이상 보유한 사업장에서 해당 기계로 하는 작업
④ 1톤 미만의 크레인 또는 호이스트를 5대 이상 보유한 사업장에서 해당 기계로 하는 작업

해설
③항, 동력에 의하여 작동되는 프레스기계를 5대 이상 보유한 사업장에서 해당 기계로 하는 작업

15 재해의 원인 분석법 중 사고의 유형, 기인물 등 분류 항목을 큰 순서대로 도표화하여 문제나 목표의 이해가 편리한 것은?

① 관리도(control chart)
② 파렛토도(pareto diagram)
③ 클로즈분석(close analysis)
④ 특성요인도(cause–reason diagram)

해설
통계적 원인 분석 방법
1) **파렛트도** : 분류항목을 큰 순서대로 도표화 한 분석법
2) **특성요인도** : 특성과 요인관계를 도표로 하여 어골상으로 세분화 한 분석법
3) **클로즈(Close)분석** : 데이터(data)를 집계하고 표로 표시하여 요인별 결과내역을 교차한 클로즈그림을 작성하여 분석하는 방법
4) **관리도** : 재해발생건수 등의 추이를 파악하여 목표관리를 행하는데 필요한 월별 재해 발생수를 그래프화하여 관리선을 설정·관리하는 방법

16 하인리히 재해 발생 5단계 중 3단계에 해당하는 것은?

① 불안전한 행동 또는 불안전한 상태
② 사회적 환경 및 유전적 요소
③ 관리의 부재
④ 사고

해설
하인리히 사고연쇄성 이론(domino 현상)
1) 1단계 : 사회적 환경 및 유전적 요소
2) 2단계 : 개인적 결함
3) 3단계 : 불안전한 행동 및 불안전한 상태(사고방지를 위해 중점적으로 배재해야 할 사항)
4) 4단계 : 사고
5) 5단계 : 재해

17 주의의 특성으로 볼 수 없는 것은?

① 변동성   ② 선택성
③ 방향성   ④ 통합성

해설
주의의 특징
1) **선택성** : 여러 종류의 자극을 자각할 때 소수의 특정한 것에 한하여 선택하는 기능
2) **방향성** : 주시점만 인지하는 기능
3) **변동성** : 주의에는 주기적으로 부주의의 리듬이 존재

18 기억의 과정 중 과거의 학습경험을 통해서 학습된 행동이 현재와 미래에 지속되는 것을 무엇이라 하는가?

① 기명(memorizing)
② 파지(retention)
③ 재생(recall)
④ 재인(recognition)

Answer ▶ 13. ③ 14. ③ 15. ② 16. ① 17. ④ 18. ②

[해설]

기억의 과정 : 기억은 기명, 파지, 재생, 재인의 단계를 거친다.
1) **기억** : 과거의 경험이 어떠한 형태로 미래의 행동에 영향을 주는 작용
2) **기명** : 사물의 인상을 마음속에 간직하는 것
3) **파지** : 간직, 인상이 보존되는 것
4) **재생** : 보존된 인상이 다시 의식으로 떠오른 것
5) **재인** : 과거에 경험했던 것과 같은 비슷한 상태에 부딪혔을 때 떠오르는 것

19 교육의 3요소 중 교육의 주체에 해당하는 것은?

① 강사　　　　　② 교재
③ 수강자　　　　④ 교육방법

[해설]

교육의 3요소
1) 주체 : 교도자, 강사, 교사 등
2) 객체 : 학생, 수강자, 피교육자 등
3) 매개체 : 교재

20 산업안전보건법령상 안전보건표지의 종류와 형태 중 그림과 같은 경고 표지는? (단, 바탕은 무색, 기본모형은 빨간색, 그림은 검은색이다.)

① 부식성물질 경고
② 폭발성물질 경고
③ 산화성물질 경고
④ 인화성물질 경고

[해설]

산화성물질 경고	폭발성물질 경고	부식성물질 경고	인화성물질 경고
◈	◈	◈	◈

제2과목 인간공학 및 시스템안전공학

21 가청 주파수 내에서 사람의 귀가 가장 민감하게 반응하는 주파수 대역은?

① 20～20000 Hz　　② 50～15000 Hz
③ 100～10000 Hz　　④ 500～3000 Hz

[해설]

1) 가청주파수 범위 : 20～20,000Hz
2) 저진동 범위 : 20～500Hz
3) 가장 민감한 주파수 범위(회화범위) : 500～3,000Hz

22 결함수 분석법에서 일정 조합 안에 포함되는 기본사상들이 동시에 발생할 때 반드시 목표사상을 발생시키는 조합을 무엇이라 하는가?

① Cut set　　　　② Decision tree
③ Path set　　　④ 불대수

[해설]

1) 컷(cut sets) : 컷이란 그 속에 포함되어 있는 모든 기본사상(여기서는 통상사상, 생략결함사상 등을 포함한 기본사상)이 일어났을 때 정상사상을 일으키는 기본사상의 집합을 말한다.
2) 미니멀 컷(minimal cut sets) : 컷 중 그부분 집합만으로는 정상사상을 일으키는 일이 없는 것. 즉 정상사상을 일으키기 위한 필요 최조한의 컷을 미니멀 컷이라 한다.

23 통제표시비(C/D비)를 설계할 때의 고려할 사항으로 가장 거리가 먼 것은?

① 공차　　　　　② 운동성
③ 조작시간　　　④ 계기의 크기

[해설]

1) 조종·반응비율(C/R비) 또는 통제표시비(C/D비) : 통제기기와 표시장치의 관계를 나타낸 비율을 말한다.
2) 조정·반응비율 설계시 고려사항
　① 계기의 크기 : 계기의 조절시간이 짧게 소요되는 사이즈를 선택하되 너무 작으면 오차발생이 증대되므로 상대적으로 고려한다.
　② 공차 : 짧은 주행시간 내에 공차의 인정범위를 초과하지 않는 계기를 마련한다.
　③ 목시거리 : 눈의 목시거리가 길면 길수록 조절의 정확도는 떨어지며 시간이 증가한다.
　④ 조작시간 : 조작시간의 지연은 직접적으로 조정반응비가 가장 크게 작용한다(필요시 통제비 감소조치).

Answer ➡ 19. ①　20. ④　21. ④　22. ①　23. ②

⑤ 방향성 : 조종기기의 조작방향과 표시기기의 운동방향이 일치하지 않으면 조작의 정확성이 감소한다(작업자의 혼란초래).
⑥ 조종기기의 민감성 : 조종반응비(통제표시비)가 작을수록 이동시간은 짧고 조종은 어려워서 민감한 조정장치이다.

24 FTA에 사용되는 기호 중 다음 기호에 해당하는 것은?

① 생략사상　　② 부정사상
③ 결함사상　　④ 기본사상

해설

생략사상	기본사상	결함사상	통상사상
◇	○	▭	△

25 다음은 1/100초 동안 발생한 3개의 음파를 나타낸 것이다. 음의 세기가 가장 큰 것과 가장 높은 음은 무엇인가?

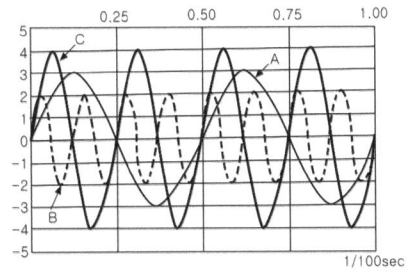

① 가장 큰 음의 세기 : A, 가장 높은 음 : B
② 가장 큰 음의 세기 : C, 가장 높은 음 : B
③ 가장 큰 음의 세기 : C, 가장 높은 음 : A
④ 가장 큰 음의 세기 : B, 가장 높은 음 : C

해설

음의 세기와 음의 높이
1) 음의 세기 : 음의 진행방향에 직각이고 단위면적(m^2)을 단위시간(sec)에 통과하는 음의 에너지양을 파워(power)로 나타낸 것을 말한다.
2) 음의 높이 : 인간이 갖는 심리적 감각의 하나로서 저주파수에서부터 고주파수에 대한 청각의 성질을 말한다.

26 건강한 남성이 8시간 동안 특정 작업을 실시하고, 분당 산소 소비량이 1.1L/분으로 나타났다면 8시간 총 작업시간에 포함될 휴식시간은 약 몇 분인가? (단, Murrell의 방법을 적용하며, 휴식 중 에너지소비율은 1.5kcal/min 이다.)

① 30분　　② 54분
③ 60분　　④ 75분

해설

1) 작업시 소비에너지
 = 1.1L/분 × 5kcal/L = 5.5kcal/min
2) 1시간(60분)당 휴식시간(R)

$$R = \frac{60 \times (E-5)}{E-1.5}$$

$$= \frac{60 \times (5.5-5)}{5.5-1.5}$$

$$= 7.5분$$

3) 7.5분/시간 × 8시간 = 60분

27 인간공학적 수공구의 설계에 관한 설명으로 옳은 것은?

① 수공구 사용 시 무게 균형이 유지되도록 설계한다.
② 손잡이 크기를 수공구 크기에 맞추어 설계한다.
③ 힘을 요하는 수공구의 손잡이는 직경을 60mm 이상으로 한다.
④ 정밀 작업용 수공구의 손잡이는 직경을 5mm 이하로 한다.

해설

수공구 설계원칙
1) 수공구 무게를 줄이고 사용시 무게 균형이 유지되도록 설계한다.
2) 손바닥면에 압력이 가해지지 않도록 설계한다.
3) 손가락이 지나치게 반복적인 동작을 하지 않도록 한다.
4) 손목을 곧게 펼 수 있도록 한다.
5) 안전측면을 고려한 디자인이 이루어지도록 한다.

Answer ▶ 24. ④ 25. ② 26. ③ 27. ①

28 반복되는 사건이 많이 있는 경우, FTA의 최소 컷셋과 관련이 없는 것은?

① Fussel Algorithm
② Boolean Algorithm
③ Monte Carlo Algorithm
④ Limnios & Ziani Algorithm

해설

최소컷셋을 구하는 알고리즘(Algorithm)
1) Fussel 알고리즘
2) Boolean 알고리즘
3) Limnios & Ziani 알고리즘

29 작업자가 100개의 부품을 육안 검사하여 20개의 불량품을 발견하였다. 실제 불량품이 40개라면 인간에러(human error) 확률은 약 얼마인가?

① 0.2
② 0.3
③ 0.4
④ 0.5

해설

인간에러확률(HEP)

$$HEP = \frac{\text{실제안전실수 횟수}}{\text{전체실수기회의 수}}$$

$$= \frac{40 - 20}{100}$$

$$= 0.2$$

30 휴먼 에러(human error)의 분류 중 필요한 임무나 절차의 순서 착오로 인하여 발생하는 오류는?

① ommission error
② sequential error
③ commission error
④ extraneous error

해설

휴먼에러(human error)의 심리적 분류
1) ommission error : 필요한 task 또는 절차를 수행하지 않는 데 기인한 error
2) Time error : 필요한 task 또는 절차의 수행지연으로 인한 error
3) commission error : 필요한 task 또는 절차의 불확실한 수행으로 인한 error
4) sequential error : 필요한 task 또는 절차의 순서 착오로 인한 error
5) extraneous error : 불필요한 task 또는 절차를 수행함으로써 기인한 error

31 모든 시스템 안전 프로그램 중 최초 단계의 분석으로 시스템 내의 위험요소가 어떤 상태에 있는지를 정성적으로 평가하는 방법은?

① CA
② FHA
③ PHA
④ FMEA

해설

1) PHA(예비위험분석) : 대부분 시스템 안전 프로그램에 있어서 최초단계의 분석으로, 시스템 내의 위험한 요소가 얼마나 위험한 상태에 있는가를 정성적으로 평가하는 것이다.
2) PHA의 목적 : 시스템의 개발 단계에 있어서 시스템 고유의 위험상태를 식별하고 예상되는 재해의 위험수준을 결정하는 데 있다.

32 시스템의 성능 저하가 인원의 부상이나 시스템 전체에 중대한 손해를 입히지 않고 제어가 가능한 상태의 위험강도는?

① 범주 Ⅰ : 파국적
② 범주 Ⅱ : 위기적
③ 범주 Ⅲ : 한계적
④ 범주 Ⅳ : 무시

해설

위험성 분류

구분	내용	
	인원	시스템
범주-1 : 파국적	사망·중상	중대손상
범주-2 : 위기적(위험)	상해 발생	손해 발생(즉시 시정조치 필요)
범주-3 : 한계적	상해 없음	손해 없음(배제 또는 제어가능)
범주-4 : 무시	상해에 이르지 않음	손해에 이르지 않음

Answer ● 28. ③ 29. ① 30. ② 31. ③ 32. ③

33 공간 배치의 원칙에 해당되지 않는 것은?

① 중요성의 원칙
② 다양성의 원칙
③ 사용 빈도의 원칙
④ 기능별 배치의 원칙

해설

부품배치의 4원칙
1) **중요성의 원칙** : 부품을 작동하는 성능이 체계의 목표달성에 긴요한 정도에 따라 우선순위를 설정한다.
2) **사용 빈도의 원칙** : 부품을 사용하는 빈도에 따라 우선순위를 설정한다.
3) **기능별 배치의 원칙** : 기능적으로 관련된 부품들(표시장치, 조정장치 등)을 모아서 배치한다.
4) **사용 순서의 원칙** : 사용되는 순서에 따라 장치들을 가까이 배치한다.

34 글자의 설계 요소 중 검은 바탕에 쓰여 진 흰 글자가 번져 보이는 현상과 가장 관련 있는 것은?

① 획폭비
② 글자체
③ 종이 크기
④ 글자 두께

해설

1) **획폭비** : 문자나 숫자의 높이에 대한 획 굵기의 비로 나타낸다.
   ① 흰 바탕에 검은 글자(양각) – 1 : 6~1 : 8
   ② 검은 바탕에 흰 글자(음각) – 1 : 8~1 : 10
2) **광삼현상**(irradiation)
   ① 검은 바탕의 흰 글자일 경우 흰색이 주위의 검은 배경으로 번져보이는 현상을 말한다.
   ② 검은 바탕에 흰 글자의 획폭은 흰 바탕의 검은 글자보다 더 가늘게 할 수 있다.

35 인간-기계 시스템에서 기계와 비교한 인간의 장점으로 볼 수 없는 것은? (단, 인공지능과 관련된 사항은 제외한다.)

① 완전히 새로운 해결책을 찾아낸다.
② 여러 개의 프로그램 된 활동을 동시에 수행한다.
③ 다양한 경험을 토대로 하여 의사결정을 한다.
④ 상황에 따라 변화하는 복잡한 자극 형태를 식별한다.

해설

기계가 우수한 기능 : 여러 개의 프로그램 된 활동을 동시에 수행할 수 있다.

36 건구온도 38°C, 습구온도 32°C일 때의 Oxford 지수는 몇 °C인가?

① 30.2
② 32.9
③ 35.3
④ 37.1

해설

WD = 0.85WB + 0.15DB
    = 0.85 × 32 + 0.15 × 38
    = 32.9
여기서, WD : 건습지수 또는 습건지수
       WB : 습구온도
       DB : 건구온도

37 점광원(point source)에서 표면에 비추는 조도(lux)의 크기를 나타내는 식으로 옳은 것은? (단, D는 광원으로부터의 거리를 말한다.)

① $\dfrac{광도[fc]}{D^2[m^2]}$
② $\dfrac{광도[lm]}{D[m]}$
③ $\dfrac{광도[cd]}{D^2[m^2]}$
④ $\dfrac{광도[fL]}{D[m]}$

해설

조도(E) : 광도(candle, 단위 cd)에 비례하고 거리의 제곱(D^2)에 반비례한다.

$E(lux) = \dfrac{광도(cd)}{D^2(m)^2}$

38 화학공장(석유화학사업장 등)에서 가동문제를 파악하는 데 널리 사용되며, 위험요소를 예측하고, 새로운 공정에 대한 가동문제를 예측하는 데 사용되는 위험성평가방법은?

① SHA
② EVP
③ CCFA
④ HAZOP

해설

위험 및 운전성 검토(HAZOP : hazard and operability study) : 각각의 장비에 대해 잠재된 위험이나 기능저하, 운전 잘못 등과 전체로서의 시설에 결과적으로 미칠 수 있는 영향을 평가하기 위해서 공정이나 설계도 등에 체계적이고 비판적인 검토를 행하는 것을 말한다.

Answer ● 33. ② 34. ① 35. ② 36. ② 37. ③ 38. ④

39 인터페이스 설계 시 고려해야 하는 인간과 기계와의 조화성에 해당되지 않는 것은?

① 지적 조화성
② 신체적 조화성
③ 감성적 조화성
④ 심미적 조화성

해설

인간기계 체계에서의 계면설계
1) 계면(interface) : 인간기계 체계에서 인간과 기계가 만나는 면(面)
2) 인간과 기계(환경)의 계면에서의 조화성 : 다음 3가지 차원이 고려되어야 함
   ① 신체적 조화성
   ② 지적 조화성
   ③ 감성적 조화성

40 다음 중 설비보전관리에서 설비이력카드, MTBF분석표, 고장원인대책표와 관련이 깊은 관리는?

① 보전기록관리
② 보전자재관리
③ 보전작업관리
④ 예방보전관리

해설

설비보전관리
1) **보전기록관리** : 신뢰성과 보전성 개선을 목적으로 한 가장 일반적이고 효과적인 보전기록으로는 설비이력카드, MTBF 분석표, 고장원인대책표 등이 있다.
2) **보전자재관리** : 설비의 정상적인 운전을 유지하기 위하여 상비해 둘 부품들의 조달, 보관, 지불을 계획적·경제적으로 행하여 설비보전의 효과를 높이기 위한 활동을 말한다.
3) **보전작업관리** : 적절한 보전작업표준의 설정과 일정계획의 수립은 보전인력의 효율적 활용, 낭비시간의 절감, 설계보전의 실행을 위해 필요한 요인이다.
4) **예방보전관리** : 계획에 의한 주기적인 검사와 정기적인 분해수리로 사전에 불량요소를 발견하여 설비에 대한 고장을 미연에 방지하고 수리나 조정을 최소한도로 유지하고자 하는 것이다.

제3과목 건설시공학

41 벽체로 둘러싸인 구조물에 적합하고 일정한 속도로 거푸집을 상승시키면서 연속하여 콘크리트를 타설하며 마감작업이 동시에 진행되는 거푸집 공법은?

① 플라잉 폼
② 터널 폼
③ 슬라이딩 폼
④ 유로 폼

해설

슬라이딩 폼(sliding form) : 수직활동거푸집
1) 슬라이딩 폼 : 원형 철판거푸집을 요크로 서서히 끌어올리면서 연속적으로 콘크리트를 타설하는 수직활동 거푸집이다.
2) 사일로(silo), 굴뚝 등의 단면형상 변화가 없는 구조물에 사용하며 돌출물이 있는 곳에는 사용할 수 없다.

42 철근의 이음방식이 아닌 것은?

① 용접이음
② 겹침이음
③ 갈고리이음
④ 기계적이음

해설

철근이음의 종류
1) 겹침이음 : #18~#20철선으로 결속하여 이음
2) 용접이음 : 아크(arc)전기용접에 의한 이음
3) 가스압접 : 철근을 가열·가압하여 연결하는 일종의 용접이음(보와 같은 수평부재에서는 사용하지 않음)
4) 기계적 이음 : 각종 연결재(sleeve, 나사 등)를 이용한 철근의 이음

43 철근보관 및 취급에 관한 설명으로 옳지 않은 것은?

① 철근고임대 및 간격재는 습기방지를 위하여 직사일광을 받는 곳에 저장한다.
② 철근저장은 물이 고이지 않고 배수가 잘되는 곳에 이루어져야 한다.
③ 철근저장 시 철근의 종별, 규격별, 길이별로 적재한다.
④ 저장장소가 바닷가 해안 근처일 경우에는 창고 속에 보관하도록 한다.

Answer ● 39. ④ 40. ① 41. ③ 42. ③ 43. ①

해설
철근고임대 및 간격재는 습기방지를 위해 직사일광을 받지 않고 바람이 잘 통하는 곳에 저장한다.

44 기성콘크리트 말뚝에 관한 설명으로 옳지 않은 것은?

① 공장에서 미리 만들어진 말뚝을 구입하여 사용하는 방식이다.
② 말뚝간격은 2.5d 이상 또는 750mm 중 큰 값을 택한다.
③ 말뚝이음 부위에 대한 신뢰성이 매우 우수하다.
④ 시공과정상의 항타로 인하여 자재균열의 우려가 높다.

해설
기성콘크리트 말뚝 시공 및 저장
1) 대규모의 중량건물 또는 굳은 지층에 깊어서 말뚝을 깊이 박아야 할 경우에 쓰인다.
2) 말뚝의 외경은 25~50cm, 말뚝 1개의 길이는 외경의 45배 이하로 한다.
3) **말뚝박기의 중심간격** : 말뚝외경의 2.5배 이상 또는 75cm 이상
4) 15m 이상의 장척물이 필요한 경우에는 이어서 사용한다.
5) 적재장소는 지반이 견고하고 배수가 잘되며 시공장소나 가까운 곳으로 한다.
6) 2단 이하로 저장하고 파손방지를 위해 말뚝받침대는 동일 선상에 위치하여야 한다.

45 철골공사에서 철골세우기 계획을 수립할 때 철골제작공장과 협의해야 할 사항이 아닌 것은?

① 철골 세우기 검사 일정 확인
② 반입 시간의 확인
③ 반입 부재수의 확인
④ 부재 반입의 순서

해설
철골세우기 계획 수립시 철골제작공장과 협의해야 할 사항
1) 반입시간의 확인
2) 반입부재의 확인
3) 부재반입의 순서

46 철골공사에서 산소아세틸렌 불꽃을 이용하여 강재의 표면에 흠을 따내는 방법은?

① Gas gouging
② Blow hole
③ Flux
④ Weaving

해설
가스 가우징(gas gouging) : 철골공사에서 홈을 파기 위한 목적으로 한 화구(火口)로서 산소아세틸렌 불꽃을 이용하여 녹여 깎은 재의 뒷부분을 깨끗이 깎는 것

47 토공사용 기계장비 중 기계가 서 있는 위치보다 높은 곳의 굴착에 적합한 기계장비는?

① 백호우
② 드래그 라인
③ 크램쉘
④ 파워셔블

해설
1) **파워 셔블**(power shovel) : 중기가 위치한 지면보다 높은 장소 굴착시 적합
2) **백호우**(drag shovel, 드래그 셔블) : 중기가 위치한 지면보다 낮은 장소에 굴착시 적합(앞쪽으로 끌어당기면서 작업)
3) **드래그 라인**(grag line) : 지반보다 낮은 연질지반의 넓은 굴착에 적합(힘이 약함)
4) **클램셸**(clamshell) : 붐의 선단에서 버킷을 와이어로프로 매달아 바로 아래로 떨어뜨려 흙을 떠올리는 중기

48 수밀 콘크리트 공사에 관한 설명으로 옳지 않은 것은?

① 배합은 콘크리트의 소요의 품질이 얻어지는 범위 내에서 단위수량 및 물-결합재비는 되도록 작게 하고, 단위 굵은 골재량은 되도록 크게 한다.
② 소요 슬럼프는 되도록 크게 하되, 210mm를 넘지 않도록 한다.
③ 연속 타설 시간간격은 외기 온도가 25℃ 이하일 경우에는 2시간을 넘어서는 안 된다.
④ 타설과 관련하여 연직 시공 이음에는 지수판 등 물의 통과 흐름을 차단할 수 있는 방수처리재 등의 재료 및 도구를 사용하는 것을 원칙으로 한다.

해설
콘크리트의 소요슬럼프는 가급적 적게하여 180 mm 이하가 되도록 한다.

Answer ➡ 44. ③ 45. ① 46. ① 47. ④ 48. ②

49 거푸집 제거작업 시 주의사항 중 옳지 않은 것은?

① 진동, 충격을 주지 않고 콘크리트가 손상되지 않도록 순서에 맞게 제거한다.
② 지주를 바꾸어 세울 동안에는 상부의 작업을 제한하여 집중하중을 받는 부분의 지주는 그대로 둔다.
③ 제거한 거푸집은 재사용을 할 수 있도록 적당한 장소에 정리하여 둔다.
④ 구조물의 손상을 고려하여 제거 시 찢어져 남은 거푸집 쪽널은 그대로 두고 미장공사를 한다.

해설
④항, 남은 거푸집 쪽널은 제거한 후에 미장공사를 한다.

50 공정별 검사항목 중 용접 전 검사에 해당되지 않는 것은?

① 트임새모양
② 비파괴검사
③ 모아대기법
④ 용접자세의 적부

해설
용접검사
1) 용접착수 전 검사 : 트임새 모양, 모아대기법, 구속법, 자세의 적부
2) 용접작업 중 검사 : 용접봉, 운봉, 전류
3) 용접완료 후 검사 : 외관검사, 비파괴검사(방사선투과검사, 초음파탐상시험, 자기분말탐상법)

51 철골 내화피복공사 중 멤브레인 공법에 사용되는 재료는?

① 경량 콘크리트
② 철망 모르타르
③ 뿜칠 플라스터
④ 암면 흡음판

해설
철골 내화피복공법별 사용재료

공법	사용재료
1. 뿜칠공법	뿜칠모르타르, 뿜칠플라스터, 뿜칠암면, 알루미늄계열 모르타르, 실리카
2. 미장공법	철망모르타르, 철망펄라이트 모르타르
3. 타설공법	경량콘크리트
4. 성형판붙임공법	ALC판, 석면시멘트판, 무기섬유강화석고보드, 프리캐스트콘크리트, 무기섬유규산칼륨판, 조립식패널
5. 내화도료공법	팽창성 내화도료
6. 멤브레인공법	암면흡음판

52 콘크리트용 혼화재 중 포졸란을 사용한 콘크리트의 효과로 옳지 않은 것은?

① 워커빌리티가 좋아지고 블리딩 및 재료 분리가 감소된다.
② 수밀성이 크다.
③ 조기강도는 매우 크나 장기강도의 증진은 낮다.
④ 해수 등에 화학적 저항이 크다.

해설
포졸란 시멘트 : 포클랜드시멘트에 포졸란과 석고를 혼합하여 만든 시멘트로 실리카 시멘트(포클랜드시멘트 + 석고)라고 하며 그 특성은 다음과 같다.
1) 조기강도는 포클랜드시멘트보다 약간 낮으나 장기강도는 약간 크다.
2) 수밀성이 좋고 내구성이 있는 콘크리트를 만들 수 있다.
3) 해수 등에 대한 화학저항이 크다.
4) 워커빌리티가 좋아지고 블리딩을 감소시킨다.

53 콘크리트의 측압에 관한 설명으로 옳지 않은 것은?

① 콘크리트 타설 속도가 빠를수록 측압이 크다.
② 콘크리트의 비중이 클수록 측압이 크다.
③ 콘크리트의 온도가 높을수록 측압이 작다.
④ 진동기를 사용하여 다질수록 측압이 작다.

해설
콘크리트 타설 시 거푸집의 측압에 미치는 영향
1) 슬럼프가 클수록 크다(물, 시멘트 비가 클수록 크다).
2) 기온이 낮을수록 크다(대기 중에 습도가 높을수록 크다).
3) 콘크리트의 치어붓기 속도가 클수록 크다.

Answer ● 49. ④ 50. ② 51. ④ 52. ③ 53. ④

4) 거푸집의 수밀성이 높을수록 크다.
5) 콘크리트의 다지기가 강할수록 크다(진동기 사용시 측압은 30% 정도 증가).
6) 거푸집의 수평단면이 클수록 크다(벽 두께가 클수록 크다).
7) 거푸집의 강성이 클수록 크다.
8) 거푸집의 표면이 매끄러울수록 크다.
9) 콘크리트의 비중이 클수록 크다(단위중량이 클수록 크다).
10) 묽은 콘크리트일수록 크다.
11) 철근량이 적을수록 크다.

54 도급계약서에 첨부하지 않아도 되는 서류는?

① 설계도면 ② 공사시방서
③ 시공계획서 ④ 현장설명서

해설

도급계약서 서류
1) **필요서류** : 도급계약서, 도급계약 약관, 설계도면, 시방서
2) **참고서류** : 공사내역서, 공정표, 현장설명서 및 질의응답서

55 기초공사의 지정공사 중 얕은 지정공법이 아닌 것은?

① 모래지정 ② 잡석지정
③ 나무말뚝지정 ④ 밑창콘크리트 지정

해설

지정
1) **얕은 지정** : 모래지정, 자갈 및 잡석지정, 밑창콘크리트지정, 긴주춧돌지정 등
2) **깊은 지정** : 나무말뚝지정, 철근콘크리트말뚝지정, 현장타설콘크리트말뚝지정, 강말뚝지정 등

56 시방서에 관한 설명으로 옳지 않은 것은?

① 설계도면과 공사시방서에 상이점이 있을 때는 주로 설계도면이 우선한다.
② 시방서 작성 시에는 공사 전반에 걸쳐 시공 순서에 맞게 빠짐없이 기재한다.
③ 성능시방서란 목적하는 결과, 성능의 판정기준, 이를 판별할 수 있는 방법을 규정한 시방서이다.
④ 시방서에는 사용재료의 시험검사방법, 시공의 일반사항 및 주의사항, 시공정밀도, 성능의 규정 및 지시 등을 기술한다.

해설

시방서 작성 시 주의사항
1) 간단명료하게 그 의미가 충분히 전달되어야 한다.
2) 재료의 품질은 명확하게 규정하고, 그 지점은 신중해야 한다.
3) 공사 전체를 빠짐없이 기재하고(시방서 작성 시 가장 중요한 사항), 공사 진행순서와 일치하여야 한다.
4) 공정의 정밀도와 손질의 정밀도(마무리 정도)를 명확하게 규정한다.
5) 시방서와 도면의 내용이 서로 다른 경우에는 시방서에 준하는 것이 원칙이나 먼저 감독관에 신고하여 그의 지시에 따라 시공한다.

57 Earth Anchor 시공에서 앵커의 스트랜드는 어디에 정착되는가?

① Angle Bracket
② Packer
③ Sheath
④ Anchor Head

해설

어스앵커(earth anchor)공법
1) 흙막이 벽의 이면 지반에 어스앵커를 설치하여 이것의 인발력으로 토압에 저항하도록 한 공법이다.
2) 넓은 대지나 경사진 대지에서 유리한 공법이다.

58 건설공사의 공사비 절감요소 중에서 집중분석하여야 할 부분과 거리가 먼 것은?

① 단가가 높은 공종
② 지하공사 등의 어려움이 많은 공종
③ 공사비 금액이 큰 공종
④ 공사실적이 많은 공종

해설

건설공사비 절감요소 중 집중분석하여야 할 부분
1) 단가가 높은 공종
2) 지하공사 등의 어려움이 많은 공종
3) 공사비 금액이 큰 공종

59 그림과 같은 독립기초의 흙파기량을 옳게 산출한 것은?

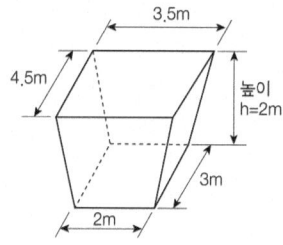

① 19.5m³
② 21.0m³
③ 23.7m³
④ 25.4m³

해설
길이가 서로 다른 것은 더한 후 2로 나누면 평균값이 나온다.
흙파기량 $= \left(\dfrac{4.5+3}{2}\right) \times \left(\dfrac{3.5+2}{2}\right) \times 2$
$= 20.63m^3$

60 한중콘크리트에 관한 설명으로 옳지 않은 것은?

① 골재가 동결되어 있거나 골재에 빙설이 혼입되어 있는 골재는 그대로 사용할 수 없다.
② 재료를 가열할 경우, 시멘트를 직접 가열하는 것으로 하며, 물 또는 골재는 어떠한 경우라도 직접 가열할 수 없다.
③ 한중 콘크리트에는 공기연행콘크리트를 사용하는 것을 원칙으로 한다.
④ 단위수량은 초기동해를 적게 하기 위하여 소요의 워커빌리티를 유지할 수 있는 범위 내에서 되도록 적게 정하여야 한다.

해설
재료를 가열할 경우
1) 시멘트는 어떠한 경우에도 직접 가열해서는 안 되고 골재도 직접 불꽃에 대어 가열해서는 안 된다.
2) 가열한 재료를 사용할 경우 시멘트를 넣기 직전의 믹서 내의 골재 및 물의 온도는 40℃ 이하로 한다.
3) −3∼0℃에서는 물 또는 골재를 가열할 필요가 있는 동시에 어느 정도의 보온이 필요하다.

제4과목 건설재료학

61 점토제품 제조에 관한 설명으로 옳지 않은 것은?

① 원료조합에는 필요한 경우 제점제를 첨가한다.
② 반죽과정에서는 수분이나 경도를 균질하게 한다.
③ 숙성과정에서는 반죽덩어리를 되도록 크게 뭉쳐 둔다.
④ 성형은 건식, 반건식, 습식 등으로 구분한다.

해설
③항, 숙성과정에서는 반죽덩어리를 되도록 작게 뭉쳐둔다.

62 목재의 수용성 방부제 중 방부효과는 좋으나 목질부를 약화시켜 전기전도율이 증가되고 비내구성인 것은?

① 황산동 1% 용액
② 염화아연 4% 용액
③ 크레오소트 오일
④ 염화 제2수은 1% 용액

해설
목재 방부제의 종류
1) 수용성 방부제 : 황산동 1%용액, 불화소다 2%용액, 염화아연 4%용액, 염화제2수은 1%용액
2) 유성 방부제 : 콜타르 및 아스팔트, 크레오소트유, 페인트

63 유리면에 부식액의 방호막을 붙이고 이 막을 모양에 맞게 오려낸 후 그 부분에 유리부식액을 발라 소요 모양으로 만들어 장식용으로 사용하는 유리는?

① 샌드 블라스트 유리
② 에칭 유리
③ 매직 유리
④ 스팬드럴 유리

해설
에칭유리(etching glass)
1) 유리가 불화수소(HF)에 부식되는 성질을 이용하여 5mm 이상의 후판 유리면에 그림, 무늬모양, 문자 등을 화학적으로 새긴 유리이다(조각유리라고도 함).
2) 에칭유리는 주로 장식용으로 사용한다.

64 목재 및 기타 식물의 섬유질소편에 합성수지 접착제를 도포하여 가열압착성형한 판상제품은?

① 파티클 보드 ② 시멘트목질판
③ 집성목재   ④ 합판

해설
파티클보드(particle board) : 목재를 주원료로 하여 접착제로 성형, 열압하여 제판한 비중 0.4 이상의 판을 말하며 칩보드라고도 한다. 그 특성은 다음과 같다.
1) 두께는 비교적 자유로이 선택할 수 있다(가공성 양호).
2) 강도에 방향성이 없고, 큰 면적의 판을 만들 수 있다.
3) 방충·방부성이 크다.
4) 표면이 평활하고 경도가 크다.

65 용이하게 거푸집에 충전시킬 수 있으며 거푸집을 제거하면 서서히 형태가 변화하나, 재료가 분리되지 않아 굳지 않는 콘크리트의 성질은 무엇인가?

① 워커빌리티   ② 컨시스턴시
③ 플라스티서티   ④ 피니셔빌리티

해설
콘크리트 성질을 나타내는 용어의 정의
1) **워커빌리티**(workability : 시공연도) : 반죽질기(콘시스텐시)에 의한 작업의 나이도 및 재료 분리에 저항하는 정도를 나타내는 콘크리트의 성질
2) **콘시스텐시**(consistency : 반죽질기) : 주로 수량의 다소에 의해서 변화하는 콘크리트의 유동성 정도
3) **플라스티시티**(plasticity : 성형성) : 거푸집의 형상에 순응하여 채우기 쉽고 분리가 일어나지 않은 성질
4) **피니셔빌리티**(finishability : 마무리성) : 굵은 골재의 최대 치수, 잔골재율, 잔골재의 입도, 반죽질기 등에 의한 콘크리트 표면의 마무리 정도를 나타내는 성질

66 다음 중 점토 제품이 아닌 것은?

① 테라죠   ② 테라코타
③ 타일   ④ 내화벽돌

해설
테라조 : 석재제품

67 콘크리트 혼화제 중 AE제를 사용하는 목적과 가장 거리가 먼 것은?

① 동결 융해에 대한 저항성 개선
② 단위수량 감소
③ 워커빌리티 향상
④ 철근과의 부착강도 증대

해설
AE제(air entraining agent) : 공기연행제
1) 계면활성제의 일종으로 콘크리트 속에 독립된 미세한 기포를 골고루 분산시키는 작용을 말한다.
2) 콘크리트의 작업성 및 동결융해에 대한 정항성을 향상시킨다.
3) 블리딩을 감소시킨다.
4) 콘크리트 경화시 경화수축을 감소시키는 균열을 방지한다.
5) 물, 시멘트비(W/C)가 일정할 경우 공기량이 10% 증가함에 따라 압축강도는 약 4~6%, 휨강도는 약 2~3%, 탄성계수는 $8 \times 10^3 \mathrm{kg/cm^2}$ 정도 감소시킨다.

68 KS F 2527에 규정된 콘크리트용 부순 굵은 골재의 물리적 성질을 알기 위한 실험항목 중 흡수율의 기준으로 옳은 것은?

① 1% 이하   ② 3% 이하
③ 5% 이하   ④ 10% 이하

해설
부순 굵은 골재의 물리적 성질
1) 절대건조밀도 : $2.5\mathrm{g/cm^3}$
2) 흡수율 : 3% 이하
3) 안정성 : 12% 이하
4) 마모율 : 40% 이하

69 건출물에 통상 사용되는 도료 중 내후성, 내알칼리성, 내산성 및 내수성이 가장 좋은 것은?

① 에나멜 페인트
② 페놀수지 바니시
③ 알루미늄 페인트
④ 에폭시수지 도료

해설
에폭시수지의 성질 및 용도
1) **성질** : 에폭시수지는 접착성이 매우 우수하여 금속, 유리, 플라스틱, 도자기, 목재, 고무 등에 탁월한 접착성을 발휘하며, 특히 알루미늄과 같은 경금속의 접착에 가장 좋다. 또한 내약품성, 내용제성이 뛰어나고 농질산을 제외하고는 산, 알칼리에 강하다.
2) **용도** : 주형재료, 접착제, 도료, 적층품으로는 유리섬유의 보강품 등에 쓰인다.

Answer ➡ 64. ① 65. ③ 66. ① 67. ④ 68. ② 69. ④

70 콘크리트 타설 중 발생되는 재료분리에 대한 대책으로 가장 알맞은 것은?

① 굵은골재의 최대치수를 크게 한다.
② 바이브레이터로 최대한 진동을 가한다.
③ 단위수량을 크게 한다.
④ AE제나 플라이애시 등을 사용한다.

해설

재료분리현상을 줄이기 위한 대책
1) 콘크리트의 플라스티시티(plasticity)를 증가시킨다.
2) 잔골재율을 크게 한다(잔골재 중의 0.15~ 0.3mm 정도의 세립분을 많게 한다).
3) 물시멘트비를 작게 한다(단위수량을 작게 한다).
4) AE제·플라이애시 등을 사용한다.

71 콘크리트 바닥강화재의 사용목적과 가장 거리가 먼 것은?

① 내마모성 증진
② 내화학성 증진
③ 분진방지성 증진
④ 내화성 증진

해설

바닥강화제의 사용목적
1) 내마모성 증진
2) 내화학성(내약품성) 증진
3) 분진방지성 증진
4) 내구성 증진

72 구리에 관한 설명으로 옳지 않은 것은?

① 상온에서 연성, 전성이 풍부하다.
② 열 및 전기전도율이 크다.
③ 암모니아와 같은 약알칼리에 강하다.
④ 황동은 구리와 아연을 주체로 한 합금이다.

해설

구리(Cu)는 암모니아 등의 약알칼리에 약하며 초산이나 진한 황산에는 녹기 쉬우나 염산에는 매우 강하다.

73 다음 중 플라스틱(plastic)의 장점으로 옳지 않은 것은?

① 전기절연성이 양호하다.
② 가공성이 우수하다.
③ 비강도가 콘크리트에 비해 크다.
④ 경도 및 내마모성이 강하다.

해설

플라스틱 제품은 내마모성 및 표면강도가 적다.

> **길잡이** 플라스틱의 장점 및 단점
> 1) 장점
>   ① 가볍고 강인성이 있다(비중이 적어 건축물의 경량화에 적합).
>   ② 투광성이 양호하다.
>   ③ 내수성, 내산 및 내알칼리성, 내약품성 등이 크고 전기절연성도 우수하다.
>   ④ 성형성, 가공성이 우수하다.
> 2) 단점
>   ① 경도 및 내마모성이 작다(강성과 강도가 작다).
>   ② 내열성, 내화성, 내후성 등이 작다.
>   ③ 열에 의한 변형, 신축성이 크다.

74 지하실 방수공사에 사용되며, 아스팔트 펠트, 아스팔트 루핑 방수재료의 원료로 사용되는 것은?

① 스트레이트 아스팔트
② 블루운 아스팔트
③ 아스팔트 컴파운드
④ 아스팔트 프라이머

해설

스트레이트 아스팔트(straight saphalt) : 잔류유를 증류하여 남은 것으로 증기아스팔트와 진공아스팔트 2종이 있다.
1) 신장성, 접착성, 방수성이 풍부하다.
2) 연화점이 낮고 내후성 및 온도에 의한 변화가 크다.
3) 지하방수에 쓰이고 아스팔트 펠트 삼투용으로 사용한다.

Answer ➡ 70. ④ 71. ④ 72. ③ 73. ④ 74. ①

75 다음 중 화성암에 속하는 석재는?

① 부석 ② 사암
③ 석회석 ④ 사문암

해설

성인에 의한 석재의 종류

성인에 의한 분류	종류
1. 화성암	화강암, 안산암, 현무암, 황화석, 부석 등
2. 수성암	석회암, 사암, 점판암, 응회암 등
3. 변성암	대리석, 사문암, 석면 등

76 다음 재료 중 건물외벽에 사용하기에 적합하지 않은 것은?

① 유성페인트
② 바니쉬
③ 에나멜페인트
④ 합성수지 에멀션페인트

해설

바니시(varnish)
1) 유성 바니시 : 유용성수지를 건성유에 가열 용해하여 휘발성 용제로 희석한 것이다.
2) 일반적으로 유성페인트보다 내후성이 작아서 옥외에서는 별로 사용하지 않는다.
3) 목재부 도장에 사용한다.

77 고온소성의 무수석고를 특별한 화학처리를 한 것으로 경화 후 아주 단단해지며 킨스시멘트라고도 하는 것은?

① 돌로마이터 플라스터
② 스탁코
③ 순석고 플라스터
④ 경석고 플라스터

해설

킨스시멘트(keene's cement) : 경석고 플라스터라고도 하며 경석고에 명반 등의 촉진제를 배합한 것으로 약간 붉은 빛을 띤 백색을 나타내는 플라스터이다.
1) 석고계 플라스터 중 가장 경질이며, 경화한 것은 현저히 강도가 크고 표면의 경도가 커서 광택성을 갖고 있으며 방습적인 매끈한 면을 갖는다.

2) 산성을 나타내어 금속재료를 부식시킨다.
3) 점도가 있어서 바르기 쉬우며, 벽바름 재료나 바닥바름 재료로 쓰인다.

78 내열성이 매우 우수하며 물을 튀기는 발수성을 가지고 있어서 방수재료는 물론 개스킷, 패킹, 전기절연재, 기타 성형품의 원료로 이용되는 합성수지는?

① 멜라민 수지 ② 페놀 수지
③ 실리콘 수지 ④ 폴리에틸렌 수지

79 금속재료의 부식을 방지하는 방법이 아닌 것은?

① 이종 금속을 인접 또는 접촉시켜 사용하지 말 것
② 균질한 것을 선택하고 사용 시 큰 변형을 주지 말 것
③ 큰 변형을 준 것은 풀림(annealing)하지 않고 사용할 것
④ 표면을 평활하고 깨끗이 하며, 가능한 건조 상태로 유지할 것

해설

금속의 부식을 최소화하기 위한 방법
1) 가능한 한 이종금속을 인접 또는 접촉시켜 사용하지 말 것
2) 큰 변형을 준 것은 가능한 한 풀림하여 사용할 것
3) 부분적으로 녹이 나면 즉시 제거할 것
4) 표면을 평활하고 깨끗이 하며 가능한 한 건조 상태를 유지할 것
5) 균질의 것을 선택하고 사용 시 큰 변형을 주지 않도록 할 것

80 투사광선의 방향을 변화시키거나 집중 또는 확산시킬 목적으로 만든 이형 유리제품으로 주로 지하실 또는 지붕 등의 채광용으로 사용되는 것은?

① 프리즘 유리 ② 복층 유리
③ 망입 유리 ④ 강화 유리

해설

① 프리즘유리 : 프리즘의 이론을 응용하여 만든 유리제품
② 복층유리 : 2장 또는 3장의 유리를 일정한 간격을 띄고 둘레에는 틈을 끼워서 내부를 기밀하게 만들고 여기에 공기 등을 넣어 만든 판유리(이중유리 또는 겹유리)

Answer ● 75. ① 76. ② 77. ④ 78. ③ 79. ③ 80. ①

③ 망입유리 : 유리 내부에 금속망을 삽입하고 압착 성형한 판유리(그물유리)
④ 강화유리 : 강도를 높인 안전유리

제5과목 건설안전기술

81 가설통로 설치 시 경사가 몇 도를 초과하면 미끄러지지 않는 구조로 설치하여야 하는가?
① 15° ② 20°
③ 25° ④ 30°

해설
가설통로의 구조 : 가설통로 설치시 준수사항
1) 견고한 구조로 할 것
2) 경사는 30° 이하로 할 것(다만, 계단을 설치하거나 높이 2m 미만의 가설통로로서 튼튼한 손잡이를 설치한 때에는 그러하지 아니하다)
3) 경사가 15°를 초과하는 때에는 미끄러지지 않는 구조로 할 것
4) 추락의 위험이 있는 장소에는 안전난간을 설치할 것(작업상 부득이한 때에는 필요한 부분에 한하여 임시로 이를 해체할 수 있다)
5) 수직갱에 가설된 통로의 길이가 15m 이상인 때에는 10m 이내마다 계단참을 설치할 것
6) 건설공사에서 사용하는 높이 8m 이상인 비계다리에는 7m 이내마다 계단을 설치할 것

82 콘크리트용 거푸집의 재료에 해당되지 않는 것은?
① 철재 ② 목재
③ 석면 ④ 경금속

해설
콘크리트용 거푸집 재료
1) 철재 2) 목재
3) 경금속 4) 플라스틱

83 건설현장에서의 PC(Precast Concrete) 조립 시 안전대책으로 옳지 않은 것은?
① 달아 올린 부재의 아래에서 정확한 상황을 파악하고 전달하여 작업한다.
② 운전자는 부재를 달아 올린 채 운전대를 이탈해서는 안된다.
③ 신호는 사전 정해진 방법에 의해서만 실시한다.
④ 크레인 사용 시 PC판의 중량을 고려하여 아우트리거를 사용한다.

해설
①항, 달아 올린 부재의 아래에서는 절대로 작업을 금지하여야 한다.

84 건설현장에서 사용하는 공구 중 토공용이 아닌 것은?
① 착암기 ② 포장 파괴기
③ 연마기 ④ 점토 굴착기

해설
연마기(grinder) : 공작기계용 연삭기, 전동공구

85 운반작업 중 요통을 일으키는 인자와 가장 거리가 먼 것은?
① 물건의 중량
② 작업 자세
③ 작업 시간
④ 물건의 표면마감 종류

해설
운반작업 중 요통발생 인자
1) 물체의 중량
2) 작업자세
3) 작업시간

86 철근 콘크리트 공사에서 거푸집동바리의 해체시기를 결정하는 요인으로 가장 거리가 먼 것은?
① 시방서 상의 거푸집 존치기간의 경과
② 콘크리트 강도시험 결과
③ 동절기일 경우 적산온도
④ 후속공정의 착수시기

해설
거푸집동바리의 해체시기 결정요인
1) 시방서 상의 거푸집 존치기간의 경과
2) 콘크리트 강도시험 결과
3) 동절기일 경우 착수시기

Answer ➡ 81. ① 82. ③ 83. ① 84. ③ 85. ④ 86. ④

87 산업안전보건관리비 중 안전시설비의 항목에서 사용할 수 있는 항목에 해당하는 것은?

① 외부인 출입금지, 공사장 경계표시를 위한 가설울타리
② 작업발판
③ 절토부 및 성토부 등의 토사유실 방지를 위한 설비
④ 사다리 전도방지장치

해설

1) 사다리 전도방지 장치 : 안전시설
2) ①, ②, ③ 항 : 안전시설 아님

88 다음 그림은 풍화암에서 토사붕괴를 예방하기 위한 기울기를 나타낸 것이다. x의 값은?(2021년 11월 19일 개정된 규정 적용됨)

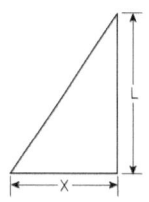

① 1.5   ② 1.0
③ 0.8   ④ 0.5

해설

굴착작업시 굴착면의 기울기 기준

지반의 종류	구배
모래	1 : 1.8
그밖의 흙	1 : 1.2
풍화암	1 : 1.0
연암	1 : 1.0
경암	1 : 0.5

89 건설현장에서 계단을 설치하는 경우 계단의 높이가 최소 몇 미터 이상일 때 계단의 개방된 측면에 안전난간을 설치하여야 하는가?

① 0.8m   ② 1.0m
③ 1.2m   ④ 1.5m

해설

가설계단

1) **계단의 강도** : 계단 및 계단참은 500kg/m²(매 m²당 500kg) 이상의 하중에 견딜 수 있는 강도를 가진 구조로 설치하여야 하며, 안전율(파괴응력도/허용응력도)은 4 이상으로 하여야 한다.
2) **계단의 폭** : 계단은 그 폭을 1m 이상으로 하여야 한다(단, 급유용·보수용·비상용 계단 및 나선형 계단은 제외).
3) **계단참의 높이** : 높이가 3m를 초과하는 계단에 높이 3m 이내마다 너비 1.2m 이상의 계단참을 설치하여야 한다.
4) **천장의 높이** : 계단 설치시는 바닥면으로부터 2m이내의 공간에 장애물이 없도록 한다(단, 급유용·보수용·비상용 계단 및 나선형 계단은 제외).
5) **계단의 난간** : 높이 1m 이상인 계단의 개방된 측면에 안전난간을 설치하여야 한다.

90 공사종류 및 규모별 안전관리비 계상 기준표에서 공사종류의 명칭에 해당되지 않는 것은?

① 철도·궤도신설공사
② 일반건설공사(병)
③ 중건설공사
④ 특수 및 기타건설공사

해설

안전관리비 계상기준에서 공사의 종류
1) 일반건설공사(갑)
2) 일반건설공사(을)
3) 중건설공사
4) 철도·궤도 신설공사
5) 특수 및 기타건설공사

91 포화도 80%, 함수비 28%, 흙 입자의 비중 2.7일 때 공극비를 구하면?

① 0.940   ② 0.945
③ 0.950   ④ 0.955

해설

$$공극비 = \frac{비중 \times 함수비}{포화도}$$
$$= \frac{2.7 \times 28}{80}$$
$$= 0.945$$

Answer ● 87. ④ 88. ② 89. ② 90. ② 91. ②

92 크레인의 운전실을 통하는 통로의 끝과 건설물 등의 벽체와의 간격은 최대 얼마 이하로 하여야 하는가?

① 0.3m ② 0.4m
③ 0.5m ④ 0.6m

해설
건축물 등의 벽체와 통로의 간격 등을 0.3m이하로 유지해야 할 경우(안전보건규칙 제145조)
1) 크레인의 운전실 또는 운전대를 통하는 통로의 끝과 건설물 등의 벽체의 간격
2) 크레인 거더(girder)의 통로 끝과 크레인 거더의 간격
3) 크레인 거더의 통로로 통하는 통로의 끝과 건설물 등의 벽체의 간격

93 콘크리트 타설작업을 하는 경우에 준수해야 할 사항으로 옳지 않은 것은?

① 콘크리트를 타설하는 경우에는 편심을 유발하여 한쪽 부분부터 밀실하게 타설되도록 유도할 것
② 당일의 작업을 시작하기 전에 해당 작업에 관한 거푸집동바리 등의 변형·변위 및 지반의 침하 유무 등을 점검하고 이상이 있으면 보수할 것
③ 작업 중에는 거푸집동바리 등의 변형·변위 및 침하 유부 등을 감시할 수 있는 감시자를 배치하여 이상이 있으면 작업을 중지하고 근로자를 대피시킬 것
④ 설계도서상의 콘크리트 양생기간을 준수하여 거푸집 동바리 등을 해체할 것

해설
①항, 콘크리트를 타설하는 경우에는 편심이 발생하지 않도록 골고루 분산하여 타설할 것

94 물체가 떨어지거나 날아올 위험 또는 근로자가 추락할 위험이 있는 작업 시 착용하여야 할 보호구는?

① 보안경 ② 안전모
③ 방열복 ④ 방한복

해설
작업조건에 적합한 보호구
1) 물체가 떨어지거나 날아올 위험 또는 근로자가 추락할 위험이 있는 작업 : 안전모
2) 높이 또는 깊이 2m 이상의 추락할 위험이 있는 장소에서 하는 작업 : 안전대
3) 물체의 낙하, 충격, 물체의 끼임, 감전 또는 정전기의 대전(帶電)에 의한 위험이 있는 작업 : 안전화
4) 물체가 흩날릴 위험이 있는 작업 : 보안경
5) 용접시 불꽃이나 물체가 흩날릴 위험이 있는 작업 : 보안면
6) 감전의 위험이 있는 작업 : 절연용보호구
7) 고열에 의한 화상 등의 위험이 있는 작업 : 방열복
8) 선창 등에서 분진이 심하게 발생하는 하역작업 : 방진마스크
9) 섭씨 영하 18도 이하인 급냉동 어창에서 하는 하역작업 : 방한모, 방한복, 방한화, 방한장갑
10) 물건을 운반하거나 수거·배달하기 위하여 자동차관리법에 따른 이륜차를 운행하는 작업 : 「도로교통법 시행규칙」에 적합한 승차용 안전모

95 지반의 사면파괴 유형 중 유한사면의 종류가 아닌 것은?

① 사면내파괴 ② 사면선단파괴
③ 사면저부파괴 ④ 직립사면파괴

해설
1) 유한사면 : 활동하는 깊이가 사면의 높이에 비해 비교적 큰 사면(제방, 댐의 사면 등)
2) 유한사면 파괴(붕괴)유형
   ① 사면내 파괴
   ② 사면저부 파괴
   ③ 사면선단 파괴

96 다음 터널 공법 중 전단면 기계 굴착에 의한 공법에 속하는 것은?

① ASSM(American Steel Supported Method)
② NATM(New Austrian Tunneling Method)
③ TBM(Tunnel Boring Machine)
④ 개착식 공법

해설
TBM(Tunnel Boring Machine)공법
화약발파 없이 유압기계 장치에 의해서 기계적으로 굴착하는 공법이다.

Answer ➡ 92. ① 93. ① 94. ② 95. ④ 96. ③

97 옹벽 축조를 위한 굴착작업에 관한 설명으로 옳지 않은 것은?

① 수평 방향으로 연속적으로 시공한다.
② 하나의 구간을 굴착하면 방치하지 말고 기초 및 본체구조물 축조를 마무리 한다.
③ 절취경사면에 전석, 낙석의 우려가 있고 혹은 장기간 방치할 경우에는 숏크리트, 록볼트, 캔버스 및 모르타르 등으로 방호한다.
④ 작업위치의 좌우에 만일의 경우에 대비한 대피통로를 확보하여 둔다.

해설
①항, 수평방향의 연속시공을 금하여 블록으로 나누어 단위시공 단면적을 최소화하여 분단시공을 한다.

98 부두 등의 하역작업장에서 부두 또는 안벽의 선을 따라 설치하는 통로의 최소폭 기준은?

① 30cm 이상 ② 50cm 이상
③ 70cm 이상 ④ 90cm 이상

해설
부두, 안벽 등 하역작업을 하는 장소에 대한 조치사항
1) 작업장 및 통로의 위험한 부분에는 안전하게 작업할 수 있는 조명을 유지할 것
2) 부두 또는 안벽의 선을 따라 통로를 설치할 때에는 폭을 90cm 이상으로 할 것
3) 육상에서의 통로 및 작업장소로서 다리 또는 선거의 갑문을 넘는 보도 등의 위험한 부분에는 안전난간 또는 울 등을 설치할 것

99 이동식 비계 작업 시 주의사항으로 옳지 않은 것은?

① 비계의 최상부에서 작업을 하는 경우에는 안전난간을 설치한다.
② 이동 시 작업지휘자가 이동식 비계에 탑승하여 이동하며 안전여부를 확인하여야 한다.
③ 비계를 이동시키고자 할 때는 바닥의 구멍이나 머리 위의 장애물을 사전에 점검한다.
④ 작업발판은 항상 수평을 유지하고 작업발판위에서 안전난간을 딛고 작업을 하거나 받침대 또는 사다리를 사용하여 작업하지 않도록 한다.

해설
이동식 비계를 조립하여 작업을 할 때 준수사항
1) 이동식비계의 바퀴에는 뜻밖의 갑작스러운 이동 또는 전도를 방지하기 위하여 브레이크, 쐐기 등으로 바퀴를 고정시킨 다음 비계의 일부를 견고한 시설물에 고정하거나 아웃트리거(outrigger)를 설치하는 등 필요한 조치를 할 것
2) 비계의 최상부에서 작업을 하는 경우에는 안전난간을 설치할 것
3) 작업발판의 최대적재하중은 250kg을 초과하지 않도록 할 것
4) 작업 발판은 항상 수평으로 유지하고 작업발판 위에서 안전난간을 딛고 작업을 하거나 받침대 또는 사다리를 사용하여 작업하지 않도록 할 것
5) 승강용 사다리는 견고하게 설치할 것

100 가설구조물의 특징이 아닌 것은?

① 연결재가 적은 구조로 되기 쉽다.
② 부재결합이 불완전 할 수 있다.
③ 영구적인 구조설계의 개념이 확실하게 적용된다.
④ 단면에 결함이 있기 쉽다.

해설
③항, 가설구조물은 영구적인 구조물에 비해 불안전한 구조를 가지고 있다.

Answer ▶ 97. ① 98. ④ 99. ② 100. ③

2020년 제2회 건설안전산업기사

2020. 8. 22 시행

제1과목 산업안전관리론

01 리더십(leadership)의 특성에 대한 설명으로 옳은 것은?

① 지휘형태는 민주적이다.
② 권한여부는 위에서 위임된다.
③ 구성원과의 관계는 지배적 구조이다.
④ 권한근거는 법적 또는 공식적으로 부여된다.

해설

헤드십과 리더십의 특성

구분	헤드십	리더십
권한부여 및 행사	위에서 위임하여 임명	아래에서 동의에 의해 선출
권한근거	법적 또는 공식적	개인 능력
상관과 부하의 관계 및 책임귀속	지배적상사	개인적 경향, 상사와 부하
부하와의 사회적 간격	넓다	좁다
지휘형태	권위주의적	민주주의적

02 재해 원인을 통상적으로 직접원인과 간접원인으로 나눌 때 직접원인에 해당되는 것은?

① 기술적 원인
② 물적 원인
③ 교육적 원인
④ 관리적 원인

해설

재해발생의 원인
1) 직접원인
   ① 인적원인 : 불안전한 행동
   ② 물적원인 : 불안전한 상태
2) 간접원인 : 기술적원인, 관리적원인, 교육적원인

03 인간관계인 메커니즘 중 다른 사람의 행동양식이나 태도를 투입시키거나, 다른 사람 가운데서 자기와 비슷한 것을 발견한 것을 무엇이라고 하는가?

① 투사(Projection)
② 모방(Imitation)
③ 암시(Suggestion)
④ 동일화(Identification)

해설

인간관계의 메커니즘
1) 모방 : 남의 행동이나 판단을 표본으로 하여 그것과 같거나 또는 그것에 가까운 행동 판단을 취하는 것
2) 암시 : 다른 사람으로부터의 판단이나 행동을 무비판적으로 논리적, 사실적 근거없이 받아들이는 것을 말함
3) 투사 : 자기 속의 억압된 것을 다른 사람의 것으로 생각하는 것
4) 동일화 : 다른 사람의 행동양식이나 태도를 투입하거나 다른 사람 가운데서 자기와 비슷한 것을 발견하는 것
5) 커뮤니케이션 : 갖가지 행동양식이나 기호를 매개로 하여 어떤 사람으로부터 다른 사람에게 전달되는 과정

04 알더퍼의 ERG(Existence Relation Growth) 이론에서 생리적 욕구, 물리적 측면의 안전욕구 등 저차원적 욕구에 해당하는 것은?

① 관계욕구
② 성장욕구
③ 존재욕구
④ 사회적욕구

해설

매슬로우와 알더퍼 욕구이론

매슬로우의 욕구5단계	알더퍼의 ERG이론
제1단계 생리적욕구 제2단계 안전의 욕구	Existence(생존)욕구(존재욕구)
제3단계 사회적 욕구	Relatedness(관계)욕구
제4단계 자기존경의 욕구 제5단계 자아실현의 욕구	Growth(성장)욕구

Answer ● 01. ① 02. ② 03. ④ 04. ③

05 안전교육 계획 수립 시 고려하여야 할 사항과 관계가 가장 먼 것은?

① 필요한 정보를 수집한다.
② 현장의 의견을 충분히 반영한다.
③ 법 규정에 의한 교육에 한정한다.
④ 안전교육 시행 체계와의 관련을 고려한다.

해설
④항, 법 규정에 의한 교육에만 그치지 않는다.

06 기능(기술)교육의 진행방법 중 하버드 학파의 5단계 교수법의 순서로 옳은 것은?

① 준비 → 연합 → 교시 → 응용 → 총괄
② 준비 → 교시 → 연합 → 총괄 → 응용
③ 준비 → 총괄 → 연합 → 응용 → 교시
④ 준비 → 응용 → 총괄 → 교시 → 연합

해설
하버드 학파의 5단계 교수법
1) 1단계 : 준비시킨다(preparation)
2) 2단계 : 교시한다(presentation)
3) 3단계 : 연합한다(association)
4) 4단계 : 총괄시킨다(generalization)
5) 5단계 : 응용시킨다(application)

07 산업안전보건법령상 안전모의 시험성능기준 항목이 아닌 것은?

① 난연성 ② 인장성
③ 내관통성 ④ 충격흡수성

해설
안전모의 시험항목

구분	시험항목
1) 시험성능기준	① 내관통성 ② 충격흡수성 ③ 내전압성 ④ 내수성 ⑤ 난연성 ⑥ 턱끈풀림
2) 부가성능기준	① 측면변형방호 ② 금속용융물분사방호

08 위험예지훈련 4라운드 기법의 진행방법에 있어 문제점 발견 및 중요 문제를 결정하는 단계는?

① 대책수립 단계 ② 현상파악 단계
③ 본질추구 단계 ④ 행동목표설정 단계

해설
위험예지훈련의 4R
1) 1R(현상파악) : 어떤 위험이 잠재하고 있는지 사실을 파악하는 라운드(BS적용)
2) 2R(본질추구) : 가장 위험한 요인(위험 포인트)을 합의로 결정하는 라운드(요약)
3) 3R(대책수립) : 구체적인 대책을 수립하는 라운드(BS)적용
4) 4R(목표달성 – 설정) : 수립한 대책 가운데 질이 높은 항목에 합의하는 라운드(요약)

09 태풍, 지진 등의 천재지변이 발생한 경우나 이상상태 발생 시 기능상 이상 유·무에 대한 안전점검의 종류는?

① 일상점검 ② 정기점검
③ 수시점검 ④ 특별점검

해설
안전점검의 종류
1) **수시점검** : 작업 전, 중, 후에 실시하는 점검
2) **정기점검** : 일정 기간마다 정기적으로 실시하는 점검
3) **특별점검**
   ① 기계, 설비의 신설시 변경 내지 고장수리 시 실시하는 점검
   ② 천재지변 발생 후 실시하는 점검
   ③ 안전강조 기간 내에 실시하는 점검
4) **임시점검** : 이상 발견시 임시로 실시하는 점검 정기점검과 정기점검 사이에 실시하는 점검

10 산업안전보건법령상 근로자 안전보건교육 대상과 교육기간으로 옳은 것은?

① 정기교육인 경우 : 사무직 종사근로자 – 매반기 6시간 이상
② 정기교육인 경우 : 관리감독자 지위에 있는 사람 – 연간 10시간 이상
③ 채용 시 교육인 경우 : 일용근로자 – 4시간 이상
④ 작업내용 변경 시 교육인 경우 : 일용근로자를 제외한 근로자 – 1시간 이상

해설

사업 내 안전보건교육(시행규칙 별표8)

교육과정	교육대상	교육시간
정기교육	사무직·판매직 근로자	매반기 6시간 이상
	사무직·판매직 종사 근로자 외 근로자	매반기 12시간 이상
	관리감독자	연간 16시간 이상
채용시 교육	일용근로자를 제외한 근로자	8시간 이상
	일용근로자	1시간 이상
작업내용 변경시 교육	일용근로자를 제외한 근로자	2시간 이상
	일용근로자	1시간 이상

11 재해예방의 4원칙에 해당하는 내용이 아닌 것은?

① 예방가능의 원칙   ② 원인계기의 원칙
③ 손실우연의 원칙   ④ 사고조사의 원칙

해설

재해예방의 4원칙
1) **손실우연의 원칙** : 사고에 의해 생기는 손실(상해)의 종류와 정도는 우연적이다.
2) **원인계기의 원칙** : 모든 재해는 필연적인 원인에 의해서 발생되며 재해발생은 직접 원인만이 아니고 많은 간접원인의 연쇄로 발생되는 것이다.
3) **예방가능의 원칙** : 재해는 원칙적으로 모든 방지가 가능하다.
4) **대책선정의 원칙** : 가장 효과적인 재해방지대책의 선정은 이들 원인의 정확한 분석에 의해서 얻어진다.

12 학습 성취에 직접적인 영향을 미치는 요인과 가장 거리가 먼 것은?

① 적성   ② 준비도
③ 개인차   ④ 동기유발

해설

학습성취에 직접적인 영향을 미치는 요인(학습조건)
1) 준비도(readiness)   2) 개인차
3) 동기유발   4) 파지와 망각
5) 연습   6) 학습의 전이

13 산업안전보건법령상 안전보건표지의 종류 중 인화성물질에 관한 표지에 해당하는 것은?

① 금지표시   ② 경고표시
③ 지시표시   ④ 안내표시

해설

산업안전표지의 종류와 색채
1) **금지표시** : 바탕은 흰색, 기본모형은 빨간색, 관련부호 및 그림은 검정색
2) **경고표시** : 바탕은 노란색, 기본모형·관련부호 및 그림은 검정색(다만, 인화성물질 경고, 산화성물질 경고, 폭발성물질 경고, 급성독성물질 경고, 부식성물질 경고, 및 발암성·변이원성·생식독성·전신독성·호흡기과민성물질 경고의 경우 바탕은 무색, 기본모형은 빨간색(흑색도 가능)
3) **지시표시** : 바탕은 파란색, 관련그림은 흰색
4) **안내표시** : 바탕은 흰색, 기본모형 및 관련부호는 녹색, 바탕은 녹색, 관련부호 및 그림은 흰색
5) **관계자 외 출입금지표시** : 바탕은 흰색, 글자는 흑색, 다음 글자는 적색
   ① ○○○제조/사용/보관중
   ② 석면취급/해체중
   ③ 발암물질 취급중

14 인지과정 착오의 요인이 아닌 것은?

① 정서 불안정
② 감각차단 현상
③ 작업자의 기능미숙
④ 생리·심리적 능력의 한계

해설

착오요인(대뇌의 휴먼에러)
1) 인지과정 착오
   ① 생리, 심리적 능력의 한계
   ② 정보량 저장능력의 한계
   ③ 감각차단현상(단조로운 업무, 반복작업시 발생)
   ④ 정서불안정(공포, 불안, 불만)
2) 판단과정 착오
   ① 능력부족
   ② 정보부족
   ③ 자기합리화
   ④ 환경조건의 불비
3) 조치과정 착오 : 기술능력 미숙 및 경험부족 에서 발생

Answer ➡ 11. ④   12. ①   13. ②   14. ③

15 안전관리조직의 형태 중 라인스탭형에 대한 설명으로 틀린 것은?

① 대규모 사업장(1000명 이상)에 효율적이다.
② 안전과 생산업무가 분리될 우려가 없기 때문에 균형을 유지할 수 있다.
③ 모든 안전관리 업무를 생산라인을 통하여 직선적으로 이루어지도록 편성된 조직이다.
④ 안전업무를 전문적으로 담당하는 스탭 및 생산라인의 각 계층에도 겸임 또는 전임의 안전담당당자를 둔다.

해설
③항, **직계형(line형)** : 모든 안전관리 업무를 생산라인을 통하여 직선적으로 이루어지도록 편성된 조직이다(생산과 안전을 동시에 실시하는 조직형태).

16 재해의 원인과 결과를 연계하여 상호 관계를 파악하기 위해 도표화하는 분석방법은?

① 관리도
② 파레토도
③ 특성요인도
④ 크로스분류도

해설
통계적 원인 분석 방법
1) **파렛트도** : 분류항목을 큰 순서대로 도표화 한 분석법
2) **특성요인도** : 특성과 요인관계를 도표로 하여 어골상으로 세분화 한 분석법
3) **클로즈(Close)분석** : 데이터(data)를 집계하고 표로 표시하여 요인별 결과내역을 교차한 클로즈그림을 작성하여 분석하는 방법
4) **관리도** : 재해발생건수 등의 추이를 파악하여 목표관리를 행하는데 필요한 월별 재해 발생수를 그래프화하여 관리선을 설정·관리하는 방법

17 O.J.T(On the Job Traning)의 특징 중 틀린 것은?

① 훈련과 업무의 계속성이 끊어지지 않는다.
② 직장과 실정에 맞게 실제적 훈련이 가능하다.
③ 훈련의 효과가 곧 업무에 나타나며, 훈련의 개선이 용이하다.
④ 다수의 근로자들에게 조직적 훈련이 가능하다.

해설
1) OJT와 off-JT
① **OJT**(on the job training, 현장중심 교육) : 직속상사가 현장에서 업무상의 개별교육이나 지도훈련을 하는 교육형태
② **off-JT**(off the job training, 현장 외 중심교육) : 계층별 또는 직능별 등과 같이 공통된 교육대상자를 현장 외의 한 장소에 모아 집체 교육 훈련을 실시하는 교육형태

2) OJT와 off-JT의 특징

OJT	off-JT
① 개개인에게 적합한 지도훈련 가능	① 다수의 근로자에게 조직적 훈련이 가능
② 직장의 실정에 맞는 실체적 훈련이 가능	② 훈련에만 전념하게 됨
③ 훈련에 필요한 업무의 계속성이 끊어지지 않음	③ 특별설비기구를 이용할 수 있음
④ 즉시 업무에 연결되는 관계로 신체와 관련 있음	④ 전문가를 강사로 초청할 수 있음
⑤ 효과가 곧 업무에 나타나며 훈련의 좋고 나쁨에 따라 개선이 용이함	⑤ 각 직장의 근로자끼리 많은 지식이나 경험을 교류할 수 있음
⑥ 교육을 통한 훈련효과에 의해 상호 신뢰 이해도가 높아짐	⑥ 교육훈련 목표에 대해서 집단적 노력이 흐트러질 수도 있음

18 연간 근로자수가 300명인 A공장에서 지난 1년간 1명의 재해자(신체장해등급:1급)가 발생하였다면 이 공장의 강도율은? (단, 근로자 1인당 1일 8시간씩 연간 300일을 근무하였다.)

① 4.27
② 6.42
③ 10.05
④ 10.42

해설

$$강도율 = \frac{근로손실일수}{연간근로시간수} \times 100$$

$$= \frac{7500}{300 \times 8 \times 300} \times 1000$$

$$= 10.42$$

여기서, 신체장애등급 1·2·3등급 근로손실일수 : 7500일

19 무재해 운동의 이념 가운데 직장의 위험 요인을 행동하기 전에 예지하여 발견, 파악, 해결하는 것을 의미하는 것은?

① 무의 원칙
② 선취의 원칙
③ 참가의 원칙
④ 인간 존중의 원칙

Answer ○ 15. ③ 16. ③ 17. ④ 18. ④ 19. ②

해설

무재해운동이념 3원칙
1) **무의 원칙** : 사망, 휴업 및 불휴재해는 물론 일체의 장래위험 요인을 사전에 발견, 파악, 해결함으로써 근원적인 산업재해를 없애는 것을 말한다.
2) **참가의 원칙** : 재해 및 일체의 위험요인을 발견, 해결하기 위해 전원이 무재해운동에 참가하여 문제 해결 등을 실천하는 것을 말한다.
3) **선취해결의 원칙** : 선취란 궁극의 목표로서 무재해, 무질병의 직장을 실현하기 위해 일체의 위험요인을 행동하기 전에 발견, 파악, 해결하여 재해를 예방하거나 방지하는 것을 말한다.

20 상황성 누발자의 재해유발원인과 거리가 먼 것은?

① 작업의 어려움   ② 기계설비의 결함
③ 심신의 근심   ④ 주의력의 산만

해설

사고 경향성
1) **상황성 누발자** : 작업의 어려움, 기계설비의 결함, 환경상 주의력의 집중곤란, 심신의 근심 등 때문에 재해유발
2) **소질적 누발자** : 재해의 소질적 요인(주의력 산만, 도덕적 결여, 감각운동 부적합 등) 때문에 재해 유발
3) **습관성 누발자** : 재해의 경험으로 겁쟁이가 되거나 신경과민이 되어 재해를 유발하거나 슬럼프 상태에 빠져서 재해 유발
4) **미숙성 누발자** : 기능미숙, 환경에 익숙하지 못하기 때문에 재해 유발

제2과목 인간공학 및 시스템안전공학

21 다음 형상 암호화 조종장치 중 이산 멈춤 위치용 조종장치는?

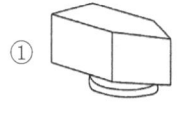 ①   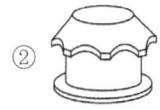 ②

 ③   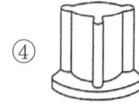 ④

해설

형상 암호화된 조종장치
1) 만져봐서 식별되는 손잡이 : 단회전용, 다회전용, 이산멈춤 위치용 등
2) 용도와 관련된 형상으로 식별되는 손잡이 : 회전수, 역출력, 착륙장치 등

22 작업기억(working memory)과 관련된 설명으로 옳지 않은 것은?

① 오랜 기간 정보를 기억하는 것이다.
② 작업기억 내의 정보는 시간이 흐름에 따라 쇠퇴할 수 있다.
③ 작업기억의 정보는 일반적으로 시각, 음성, 의미 코드의 3가지로 코드화된다.
④ 리허설(rechearsal)은 정보를 작업기억 내에 유지하는 유일한 방법이다.

해설

작업기억 : 정보들을 일시적으로 보유하고 각종 인지적 과정을 계획하고 순서 지으며 실제로 수행하는 작업량으로서의 기능을 수행하는 단기적 기억을 말한다.

23 다음 중 육체적 활동에 대한 생리학적 측정방법과 가장 거리가 먼 것은?

① EMG   ② EEG
③ 심박수   ④ 에너지소비량

해설

피로의 측정법
1) **생리학적 방법** : 근전도(EMG), 산소소비량 및 에너지 대사율, 피부전기반사(GSR), 프릿가값(융합점멸주파수 : 대뇌 활동측정) 등
2) **화학적 방법** : 혈색소농도, 혈액수준, 혈단백, 응혈시간, 혈액, 요전해질, 요단백, 요교질, 배설량 등
3) **심리학적 방법** : 피부(전위)저장, 동작분석, 연속반응시간, 행동기록, 정신작업, 전신자각증상, 집중유지기능 등

> **길잡이** EEG(뇌전도)
> 1) 뇌의 활동에 따른 전위차를 기록한 것이다.
> 2) 정신적 작업 부하 척도로 사용된다.

Answer ● 20. ④ 21. ① 22. ① 23. ②

24 주물공장 A작업자의 작업지속시간과 휴식시간을 열압박지수(HSI)를 활용하여 계산하니 각각 45분, 15분이었다. A작업자의 1일 작업량(TW)은 얼마인가? (단, 휴식시간은 포함하지 않으며, 1일 근무시간은 8시간이다.)

① 4.5시간 ② 5시간
③ 5.5시간 ④ 6시간

해설

1일 작업량(TW)
TW = 작업지속시간 × 1일 근무시간
  = 45분/시간 × 8시간
  = 360분
  = 6시간

25 한국산업표준상 결함 나무 분석(FTA) 시 다음과 같이 사용되는 사상기호가 나타내는 사상은?

① 공사상 ② 기본사상
③ 통상사상 ④ 심층분석사상

해설

FTA 기호

① 공사상	② 기본사상	③ 통상사상

26 작업자의 작업공간과 관련된 내용으로 옳지 않은 것은?

① 서서 작업하는 작업공간에서 발바닥을 높이면 뻗침길이가 늘어난다.
② 서서 작업하는 작업공간에서 신체의 균형에 제한을 받으면 뻗침길이가 늘어난다.
③ 앉아서 작업하는 작업공간은 동적 팔뻗침에 의해 포락면(reach envelope)의 한계가 결정된다.
④ 앉아서 작업하는 작업공간에서 기능적 팔뻗침에 영향을 주는 제약이 적을수록 뻗침 길이가 늘어난다.

해설

②항. 서서 작업하는 작업공간에서 신체의 균형에 제한을 받으면 뻗침길이가 줄어든다.

27 FTA에 의한 재해사례 연구의 순서를 올바르게 나열한 것은?

[다음]
A. 목표사상 선정
B. FT도 작성
C. 사상마다 재해원인 규명
D. 개선계획 작성

① A → B → C → D ② A → C → B → D
③ B → C → A → D ④ B → A → C → D

해설

FTA에 의한 재해사례의 연구순서
1) 1step : 톱사상의 선정
2) 2step : 사상마다 재해원인·요인의 규명
3) 3step : FT도의 작성
4) 4step : 개선계획의 작성
5) 5step : 개선안의 실시계획

28 표시 값의 변화 방향이나 변화 속도를 나타내어 전반적인 추이의 변화를 관측할 필요가 있는 경우에 가장 적합한 표시장치 유형은?

① 계수형(digital)
② 묘사형(descriptive)
③ 동목형(moving scale)
④ 동침형(moving pointer)

해설

정량적 동적표시장치의 기본형
1) **정목동침(moving pointer)형** : 눈금이 고정되고 지침이 움직이는 형
2) **정침동목(moving scale)형** : 지침이 고정되고 눈금이 움직이는 형
3) **계수(digital)형** : 전력계나 택시요금 계기와 같이 기계·전자적으로 숫자가 표시되는 형

Answer ➡ 24. ④ 25. ① 26. ② 27. ② 28. ④

29 반복되는 사건이 많이 있는 경우에 FTA의 최소 컷셋을 구하는 알고리즘이 아닌 것은?

① Fussel Algorithm
② Boolean Algorithm
③ Monte Carlo Algorithm
④ Limnios &Ziani Algorithm

해설
최소컷셋을 구하는 알고리즘(Algorithm)
1) Fussel 알고리즘
2) Boolean 알고리즘
3) Limnios & Ziani 알고리즘

30 산업안전보건법령상 정밀작업 시 갖추어져야 할 작업면의 조도 기준은? (단, 갱내 작업장과 감광재료를 취급하는 작업장은 제외한다.)

① 75럭스 이상
② 150럭스 이상
③ 300럭스 이상
④ 750럭스 이상

해설
작업상 작업면의 조도(안전보건규칙 제8조)
1) 초정밀작업 : 750럭스 이상
2) 정밀작업 : 300럭스 이상
3) 보통작업 : 150럭스 이상
4) 그 밖의 작업 : 75럭스 이상

31 신뢰도가 0.4인 부품 5개가 병렬결합 모델로 구성된 제품이 있을 때 이 제품의 신뢰도는?

① 0.90
② 0.91
③ 0.92
④ 0.93

해설
$R = 1 - (1 - 0.4)^5 = 0.92$

32 조작자 한 사람의 신뢰도가 0.9일때 요원을 중복하여 2인 1조가 되어 작업을 진행하는 공정이 있다. 작업 기간 중 항상 요원 지원을 한다면 이 조의 인간 신뢰도는?

① 0.93
② 0.94
③ 0.96
④ 0.99

해설
$R = 1 - (1 - A)(1 - B)$
$= 1 - (1 - 0.9)(1 - 0.9) = 0.99$

33 사용자의 잘못된 조작 또는 실수로 인해 기계의 고장이 발생하지 않도록 설계하는 방법은?

① FMEA
② HAZOP
③ fail safe
④ fool proof

해설
fail safe와 fool proof
1) fail safe : 인간이나 기계 등의 과오나 동작상의 실수가 있더라도 사고·재해를 발생시키지 않도록 철저하게 2중, 3중으로 통제를 가하는 것
2) fool proof : 인간이 기계 등의 취급을 잘못해도 사고로 연결되는 일이 없도록 하는 안전기구로서 기계장치 설계단계에서 안전화를 도모하는 것

34 인간-기계 시스템을 설계하기 위해 고려해야 할 사항과 거리가 먼 것은?

① 시스템 설계 시 동작 경제의 원칙이 만족되도록 고려한다.
② 인간과 기계가 모두 복수인 경우, 종합적인 효과 보다 기계를 우선적으로 고려한다.
③ 대상이 되는 시스템이 위치할 환경 조건이 인간에 대한 한계치를 만족하는가의 여부를 조사한다.
④ 인간이 수행해야 할 조작이 연속적인가 불연속적인가를 알아보기 위해 특성조사를 실시한다.

해설
②항, 인간과 기계가 모두 복수인 경우, 종합적인 효과보다 인간을 우선적으로 고려한다.

길잡이 인간·기계 시스템 설계과정의 6단계
1) 1단계 : 목표 및 성능 명세 결정
2) 2단계 : 시스템의 정의
3) 3단계 : 기본설계
4) 4단계 : 인간·기계 인터페이스설계
5) 5단계 : 매뉴얼 및 성능보조자료 작성
6) 6단계 : 시험 및 평가

Answer ➡ 29. ③ 30. ③ 31. ③ 32. ④ 33. ④ 34. ②

35 MIL-STD-882E에서 분류한 심각도(severity) 카테고리 범주에 해당하지 않는 것은?

① 재앙수준(catastrophic)
② 임계수준(critical)
③ 경계수준(precautionary)
④ 무시가능수준(negligible)

해설

위험강도 범주 및 심각도 범주(카테고리)

범주	위험강도범주	심각도
범주 I	파국적(catastrophic)	재앙수준
범주 II	위기적(critical)	임계수준
범주 III	한계적(marginal)	미미한수준
범주 IV	무시(negligible)	무시가능수준

36 시스템 수명주기 단계 중 이전 단계들에서 발생되었던 사고 또는 사건으로부터 축적된 자료에 대해 실증을 통한 문제를 규명하고 이를 최소화하기 위한 조치를 마련하는 단계는?

① 구상단계
② 정의단계
③ 생산단계
④ 운전단계

해설

시스템 수명주기의 단계
1) **구상단계** : 시작단계
   ① PHA(예비사고분석) : 이용
   ② 리스크(위험)분석 시행
   ③ SSPP(시스템 안전프로그램계획)
2) **정의단계** : 예비설계와 생산기술을 확인하는 단계
3) **개발단계** : 정의단계에 환경적 충격, 생산기술, 운용연구 등을 포함시키는 단계
   ① OHA(운용위험분석)이용
   ② FMEA(고장의 형태 및 영향분석)과 관련된 신뢰 성공학 적용
4) **생산단계** : 생산이 시작되면 품질관리부서는 생산물을 검사하고 조사하는 역할을 함
5) **운전단계** : 시스템을 운전하는 단계

37 다수의 표시장치(디스플레이)를 수평으로 배열할 경우 해당 제어장치를 각각의 표시장치 아래에 배치하면 좋아지는 양립성의 종류는?

① 공간 양립성
② 운동 양립성
③ 개념 양립성
④ 양식 양립성

해설

양립성의 종류
1) **개념양립성** : 코드와 기호를 인간들의 사고에 일치시키는 것을 말한다.
   예 더운물 : 빨간색 수도꼭지, 차가운 물 : 청색 수도꼭지, 비행장 : 비행기 모형 등
2) **운동양립성** : 표시장치와 조종장치의 움직임과 사용시스템의 응답을 관련시키는 것이다.
   예 라디오 음량을 크게 할 때 : 조절장치를 시계방향으로 회전, 전원스위치 : 올리면 켜지고 내리면 꺼짐
3) **공간양립성** : 조종장치와 표시장치의 물리적 배열(공간적 배열)이 사용자 기대와 일치되도록 하는 것을 말한다.
4) **양식양립성** : 직무에 알맞은 자극과 응답방식(양식)에 대한 것을 말한다.

38 조종장치의 촉각적 암호화를 위하여 고려하는 특성으로 볼 수 없는 것은?

① 형상
② 무게
③ 크기
④ 표면 촉감

해설

조종 장치의 촉각적 암호화를 위하여 고려하는 특성
1) 형상   2) 크기   3) 표면촉감

39 활동의 내용마다 "우·양·가·불가"로 평가하고 이 평가내용을 합하여 다시 종합적으로 정규화하여 평가하는 안전성 평가기법은?

① 평점척도법
② 쌍대비교법
③ 계층적 기법
④ 일관성 검정법

해설

평점 척도법
1) 활동의 내용마다 "우, 양, 가, 불가"로 평가한다.
2) 평가내용은 합하여 다시 종합적으로 정규화하여 평가한다.

40 환경요소의 조합에 의해서 부과되는 스트레스나 노출로 인해서 개인에 유발되는 긴장(strain)을 나타내는 환경요소 복합지수가 아닌 것은?

① 카타온도(kata temperature)
② Oxford 지수(wet-dry index)
③ 실효온도(effective temperature)
④ 열 스트레스 지수(heat stress index)

Answer ▶ 35. ③ 36. ④ 37. ① 38. ② 39. ① 40. ①

해설

긴장(strain)을 나타내는 환경요소 복합지수
1) Oxford 지수(wet – dry index)
2) 실효온도(effective temperature)
3) 열 스트레스 지수(heat stress index)

제3과목 건설시공학

41 공종별 시공계획서에 기재되어야 할 사항으로 거리가 먼 것은?

① 작업일정　　② 투입인원수
③ 품질관리기준　④ 하자보수계획서

해설

공종별 시공계획서에 기재사항
1) 작업일정
2) 인력동원계획(투입인원수)
3) 품질관리기준
4) 안전관리기준
5) 주요장비 및 설비

42 모래 채취나 수중의 흙을 퍼 올리는 데 가장 적합한 기계장비는?

① 불도저　　　② 드래그 라인
③ 롤러　　　　④ 스크레이퍼

해설

드래그 라인(drag line)
1) 지반보다 낮은 연질기반의 넓은 굴착에 적합하다.
2) 8m 정도의 기초 흙파기, 깊은 곳 굴착 등에 쓰인다.

43 용접작업에서 용접봉을 용접방향에 대하여 서로 엇갈리게 움직여서 용가금속을 용착시키는 운봉방법은?

① 단속용접　　② 개선
③ 위빙　　　　④ 레그

해설

위빙(weaving) : 본문 설명

44 기성콘크리트 말뚝을 타설할 때 그 중심간격의 기준으로 옳은 것은?

① 말뚝머리지름의 1.5배 이상 또한 750mm 이상
② 말뚝머리지름의 1.5배 이상 또한 1000mm 이상
③ 말뚝머리지름의 2.5배 이상 또한 750mm 이상
④ 말뚝머리지름의 2.5배 이상 또한 1000mm 이상

해설

말뚝지정의 간격 및 특징 비교

종류	간격	특징
나무말뚝	최소 2.5d 이상 또는 60cm 이상	① 부패방지를 위해 상수면 이하에 사용 ② 휨 정도는 길이의 1/50 이하
기성 콘크리트 말뚝	최소 2.5d 이상 또는 75cm 이상	① 대규모의 중량건물, 굳은 지층에 깊이 박을 때 사용 ② 재료구입이 용이, 주근의 개수는 6개 이상
강재말뚝	최소 2.5d 이상 또는 90cm 이상	① 해안매립지, 경질지반이 깊을 때 사용 ② 부식시 내구성 저하
제자리 콘크리트 말뚝	최소 2.5d 이상 또는 60cm 이상	① 규모가 큰 구조물에 사용 ② 현장에서 직접 천공하여 사용

45 철근단면을 맞대고 산소 – 아세틸렌염으로 가열하여 적열상태에서 부풀려 가압, 접합하는 철근이음방식은?

① 나사방식이음
② 겹침이음
③ 가스압접이음
④ 충전식이음

해설

가스압점이음 : 피용접재를 미리 밀착시키고 주위에서 가스불꽃으로 가열하여 용융되지 않은 상태로 가열하여 압력을 가해서 압접시키는 이음방법이다.
1) 화염을 사용해야 하며 기후에 따라 작업이 용이하지 않다.
2) 조립된 철근이음에는 부적합하고 이음부에 강도저하가 나타난다.

Answer ● 41. ④ 42. ② 43. ③ 44. ③ 45. ③

46 콘크리트의 건조수축을 크게 하는 요인에 해당되지 않는 것은?

① 분말도가 큰 시멘트 사용
② 흡수량이 많은 골재를 사용할 때
③ 부재의 단면치수가 클 때
④ 온도가 높을 경우, 습도가 낮을 경우

해설
③항, 부재의 단면치수가 작을 때

47 지하수가 많은 지반을 탈수하여 건조한 지반으로 개량하기 위한 공법에 해당하지 않는 것은?

① 생석회말뚝(Chemico pile) 공법
② 페이퍼드레인(Paper deain) 공법
③ 잭파일(Jacked pile) 공법
④ 샌드드레인(Sand drain) 공법

해설
지반개량의 탈수공법
1) 생석회말뚝공법 : 모래말뚝 대신에 생석회를 주입하여 흙 속에서 수분과 화학반응에 의한 발열에 의해 수분을 증발시키는 공법
2) 페이퍼드레인공법 : 모래 대신 종이 또는 섬유벨트 등을 연약지반에 압입하여 배수시킴으로써 압밀을 촉진시키는 공법
3) 샌드드레인공법 : 연약성 점토지반에 투수성이 좋은 모래기둥을 시공하여 토층 속의 물을 지표면으로 배수시켜 지반을 압밀하는 공법

48 건설현장에 설치되는 자동식 세륜시설 중 측면살수시설에 관한 설명으로 옳지 않은 것은?

① 측면살수시설의 슬러지는 컨베이어에 의한 자동배출이 가능한 시설을 설치하여야 한다.
② 측면살수시설의 살수 길이는 수송차량 전장의 1.5배 이상이어야 한다.
③ 측면살수시설은 수송차량의 바퀴부터 적재함 하단부 높이까지 살수할 수 있어야 한다.
④ 용수공급은 기 개발된 지하수를 이용하고, 우수 또는 공사용수의 활용을 금한다.

해설
측면살수시설의 설치기준
1) 살수높이 : 수송차량의 바퀴부터 적재함 하단부까지
2) 살수길이 : 수송차량 전장의 1.5배 이상
3) 살수압 : 3kg/cm² 이상
4) 슬러지 : 컨베이어에 의한 자동배출이 가능한 시설 설치
5) 용수공급 : 우수를 모아서 사용함과 공사용수를 활용함을 원칙으로 하되 기 개발된 지하수 및 상수도 이용도 가능

49 보기는 지하연속벽(slurry wall)공법의 시공내용이다. 그 순서를 옳게 나열한 것은?

A. 트레미관을 통한 콘크리트 타설
B. 굴착
C. 철근망의 조립 및 삽입
D. guide wall 설치
E. end pipe 설치

① A → B → C → E → D
② D → B → E → C → A
③ B → D → E → C → A
④ B → D → C → E → A

해설
지하연속벽공법의 시공순서
1) guide wall 설치 → 2) 굴착 → 3) end pipe설치 → 4) 철근망의 조립 및 삽입 → 5) 트레미관을 통한 콘크리트 타설

50 알루미늄거푸집에 관한 설명으로 옳지 않은 것은?

① 거푸집해체 시 소음이 매우 적다.
② 패널과 패널 간 연결부위의 품질이 우수하다.
③ 기존 재래식 공법과 비교하여 건축폐기물을 억제하는 효과가 있다.
④ 패널의 무게를 경량화하여 안전하게 작업이 가능하다.

해설
①항, 거푸집 해체시 소음이 매우 크다.

Answer ● 46. ③ 47. ③ 48. ④ 49. ② 50. ①

51 철골 세우기 장비의 종류 중 이동식 세우기 장비에 해당하는 것은?

① 크롤러 크레인
② 가이 데릭
③ 스티프 레그 데릭
④ 타워크레인

해설
양중장비의 분류
1) 고정식
　① 타워크레인(T형, Luffing형, 미니타워크레인)
　② 지브크레인
2) 이동식
　① 크롤러 크레인
　② 트럭 크레인
　③ 휠 크레인(hydro 크레인)
　④ 카고 크레인

52 철골부재의 용접 접합 시 발생되는 용접결함의 종류가 아닌 것은?

① 엔드탭　② 언더컷
③ 블로우홀　④ 오버랩

해설
용접결함
1) 공기구멍(blow hole = gas pocket) : 용접금속의 내부에 생기는 구멍으로 주로 용융금속이 응고할 때 방출되어야 할 가스가 남아서 생기는 결함
2) 언더 컷(under cut) : 용접상부(모재표면과 용접표면이 교차되는 점)에 따라 모재가 녹아 용착금속이 채워지지 않고 홈으로 남게 되는 부분
3) 오버 랩(over lap : 겹치기) : 용접금속과 모재가 융합되지 않고 겹쳐지는 결함

> 길잡이 앤드탭 : 용접결함이 생기기 쉬운 용접시작부분이나 끝부분에 설치하는 부재

53 철골조 건물의 연면적이 5000m²일 때 이 건물 철골재의 무게산출량은? (단, 단위면적당 강재사용량은 0.1~0.15ton/m²이다.)

① 30~40 ton　② 100~250 ton
③ 300~400 ton　④ 500~750 ton

해설
건물철골재의 무게(W)
W = 면적당 강재사용량 × 건물 연면적
　= 0.1~0.15ton/m² × 5000m²
　= 500~750ton

54 수밀콘크리트의 배합에 관한 설명으로 옳지 않은 것은?

① 배합은 콘크리트의 소요의 품질이 얻어지는 범위 내에서 단위수량 및 물-결합재비는 되도록 크게 하고, 단위 굵은 골재량은 되도록 작게 한다.
② 콘크리트의 소요 슬럼프는 되도록 작게 하여 180mm를 넘지 않도록 하며, 콘크리트 타설이 용이할 때에는 120mm 이하로 한다.
③ 콘크리트의 워커빌리티를 개선시키기 위해 공기연행제, 공기연행감수제 또는 고성능공기연행감수제를 사용하는 경우라도 공기량은 4% 이하가 되게 한다.
④ 물-결합재비는 50% 이하를 표준으로 한다.

해설
콘크리트의 소요슬럼프는 가급적 적게 하여 180mm 이하가 되도록 한다.

55 철근이음의 종류에 따른 검사시기와 횟수의 기준으로 옳지 않은 것은?

① 가스압접 이음 시 외관검사는 전체개소에 대해 시행한다.
② 가스압점 이음 시 초음파탐사검사는 1검사 로트마다 30개소 발취한다.
③ 기계적 이음의 외관검사는 전체개소에 대해 시행한다.
④ 용접이음의 인장시험은 700개소마다 시행한다.

해설
철근 용접이음의 인장시험
1) 시기횟수 : 500개소마다 시행
2) 판정기준 : 설계기준 항복강도의 125%

Answer ➔ 51. ①　52. ①　53. ④　54. ①　55. ④

56 다음 중 벽체전용 시스템 거푸집에 해당되지 않는 것은?

① 갱 폼 ② 클라이밍 폼
③ 슬립 폼 ④ 테이블 폼

해설

1) 벽체전용 시스템 거푸집
    ① 갱폼(gang form)
    ② 클라이밍 폼(climbing form)
    ③ 슬립 폼(slip form)
2) 테이블 폼(table form) : 바닥슬래브의 콘크리트를 타설하기 위한 거푸집

57 건축주가 시공회사의 신용, 자산, 공사경력, 보유기술 등을 고려하여 그 공사에 가장 적격한 단일 업체에게 입찰시키는 방법은?

① 공개경쟁입찰 ② 특명입찰
③ 사전자격심사 ④ 대안입찰

해설

특명입찰 : 공사 시공에 적합한 1명의 업자를 선정하여 입찰시키는 수의계약방식(후속공사, 추가공사 등에 채용)
1) 장점
    ① 입찰수속이 간단하고 도급자를 신용할 수 있다.
    ② 공사기밀유지에 유리하고 양호한 공사를 기대할 수 있다.
2) 단점 : 공사비가 많아질 우려가 있다.

58 공동도급에 관한 설명으로 옳지 않은 것은?

① 각 회사의 소요자금이 경감되므로 소자본으로 대규모 공사를 수급할 수 있다.
② 각 회사가 위험을 분산하여 부담하게 된다.
③ 상호기술의 확충을 통해 기술축적의 기회를 얻을 수 있다.
④ 신기술, 신공법의 적용이 불리하다.

해설

공동도급 : 2명 이상의 도급업자가 공동출자하여 기업체를 조직해서 협동으로 공사를 도급하는 방식(중소기업체에 유리)
1) 장점
    ① 기술 · 자본 · 위험부담의 분산 · 감소
    ② 신용도의 증대
    ③ 기술의 확충, 강화 및 경험의 증대
    ④ 공사계획과 시공이행의 확실
    ⑤ 공사도급 경쟁강화
2) 단점
    ① 1개의 회사에 도급시키는 것보다 경비증대(이윤의 감소)
    ② 현장관리 곤란
    ③ 각 회사의 업무방식에서 오는 혼란

59 한중 콘크리트의 시공에 관한 설명으로 옳지 않은 것은?

① 하루의 평균기온이 4℃ 이하가 예상되는 조건일 때는 콘크리트가 동결할 염려가 있으므로 한중 콘크리트로 시공하여야 한다.
② 기상조건이 가혹한 경우나 부재 두께가 얇을 경우에는 타설할 때의 콘크리트의 최저온도는 10℃ 정도를 확보하여야 한다.
③ 콘크리트를 타설할 마무리된 지반이 이미 동결되어 있는 경우에는 녹이지 않고 즉시 콘크리트를 타설하여야 한다.
④ 타설이 끝난 콘크리트는 양생을 시작할 때까지 콘크리트 표면의 온도가 급랭할 가능성이 있으므로, 콘크리트를 타설한 후 즉시 시트나 적당한 재료로 표면을 덮는다.

해설

콘크리트를 타설할 마무리된 지반이 동결되어 있는 경우에는 충분히 녹인 후에 콘크리트를 타설하여야 한다.

60 기초하부의 먹매김을 용이하게 하기 위하여 60mm 정도의 두께로 강도가 낮은 콘크리트를 타설하여 만든 것은?

① 밑창콘크리트
② 매스콘크리트
③ 제자리콘크리트
④ 잡석지정

해설

밑창콘크리트 : 본문 설명

Answer ▸ 56. ④ 57. ② 58. ④ 59. ③ 60. ①

제4과목 건설재료학

61 건축공사의 일반창유리로 사용되는 것은?
① 석영유리
② 붕규산유리
③ 칼라석회유리
④ 소다석회유리

해설
소다석회유리
1) 유리 : 탄산나트륨(Na_2CO_3, 소석회) 및 목탄, 코크스 등
2) 성질
   ① 용융하기 쉽고 산에는 강하나 알칼리에는 약하다.
   ② 풍화되기 쉽고 비교적 팽창율이 크고 강도도 크다.
3) 용도 : 건축 일반 창유리, 병유리 등

62 목재의 함수율에 관한 설명으로 옳지 않은 것은?
① 목재의 함유수분 중 자유수는 목재의 중량에는 영향을 끼치지만 목재의 물리적 성질과는 관계가 없다.
② 침엽수의 경우 심재의 함수율은 항상 변재의 함수율보다 크다.
③ 섬유포화상태의 함수율은 30% 정도이다.
④ 기건상태란 목재가 통상 대기의 온도, 습도와 평형된 수분을 함유한 상태를 말하며, 이때의 함수율은 15% 정도이다.

해설
심재의 함수율(40~100%정도)은 변재의 함수율(80~200% 정도)보다 작다.

63 건물의 바닥 충격음을 저감시키는 방법에 관한 설명으로 옳지 않은 것은?
① 완충재를 바닥 공간 사이에 넣는다.
② 부드러운 표면마감재를 사용하여 충격력을 작게 한다.
③ 바닥을 띄우는 이중바닥으로 한다.
④ 바닥슬래브의 중량을 작게 한다.

해설
④항, 바닥 슬래브의 중량을 크게 한다.

64 KS F 2503(굵은 골재의 밀도 및 흡수율 시험방법)에 따른 흡수율 산정식은 다음과 같다. 여기에서 A가 의미하는 것은?

$$Q = \frac{B-A}{A} \times 100 (\%)$$

① 절대건조상태 시료의 질량(g)
② 표면건조포화상태 시료의 질량(g)
③ 시료의 수중질량(g)
④ 기건상태시료의 질량(g)

해설
흡수율(Q) 산정식
$Q = \frac{B-A}{A} \times 100$

여기서, A : 절대건조상태 시료의 질량(g)
B : 표면건조포화상태 시료의 질량(g)

65 KS F 4052에 따라 방수공사용 아스팔트는 사용용도에 따라 4종류로 분류된다. 이 중, 감온성이 낮은 것으로서 주로 일반지역의 노출지붕 또는 기온이 비교적 높은 지역의 지붕에 사용하는 것은?
① 1종(침입도 지수 3 이상)
② 2종(침입도 지수 4 이상)
③ 3종(침입도 지수 5 이상)
④ 4종(침입도 지수 6 이상)

해설
방수공사용 아스팔트 4종류(KSF 4052)

종별	성질·용도 등
1종	1) 보통의 감온성을 갖고 있으며 비교적 연질이다. 2) 실내 및 지하구조부분에 사용한다.
2종	1) 1종보다 감온성이 적다. 2) 일반지역의 경사가 완만한 옥내구조부에 사용한다.
3종	1) 2종보다 감온성이 적다. 2) 일반지역의 노출지붕 또는 기온이 비교적 높은 지역의 지붕에 사용한다.
4종	1) 감온성이 아주 작고 취화점이 -20℃ 이하이다. 2) 주로 한랭지역의 지붕 등에 사용한다.

Answer ➡ 61. ④ 62. ② 63. ④ 64. ① 65. ③

66 콘크리트의 건조수축 현상에 관한 설명으로 옳지 않은 것은?

① 단위 시멘트량이 작을수록 커진다.
② 단위 수량이 클수록 커진다.
③ 골재가 경질이면 작아진다.
④ 부재치수가 크면 작아진다.

해설
①항, 단위시멘트량이 많을수록 커진다.

67 용제 또는 유제상태의 방수제를 바탕면에 여러 번 칠하여 방수막을 형성하는 방수법은?

① 아스팔트 루핑 방수
② 도막 방수
③ 시멘트 방수
④ 시트 방수

해설
도막방수 : 합성수지 재료를 바탕에 발라 방수도막을 만드는 공법이다.

68 콘크리트의 워커빌리티 측정법에 해당되지 않는 것은?

① 슬럼프시험
② 다짐계수시험
③ 비비시험
④ 오토클레이브 팽창도시험

해설
워커빌리티 측정법
1) 슬럼프시험   2) 다짐계수시험
3) 비비시험   4) 구관입시험
5) 흐름시험(flow test) 6) 리몰딩시험 등

69 단열재의 선정조건으로 옳지 않은 것은?

① 흡수율이 낮을 것
② 비중이 클 것
③ 열전도율이 낮을 것
④ 내화성이 좋을 것

해설
단열재의 선정조건
1) 흡수율이 낮을 것
2) 비중이 작을 것
3) 열전도율이 낮을 것
4) 투기성이 낮을 것
5) 내화성 및 내부식성이 좋을 것
6) 시공성이 좋을 것
7) 기계적 강도가 있을 것
8) 사용연한에 따른 변질이 없고 균질한 품질일 것
9) 유독성 가스가 발생하지 않을 것
10) 가격이 저렴할 것

70 비철금속에 관한 설명으로 옳지 않은 것은?

① 청동은 동과 주석의 합금으로 건축장식철물 또는 미술공예재료에 사용된다.
② 황동은 동과 아연의 합금으로 산에는 침식되기 쉬우나 알칼리나 암모니아에는 침식되지 않는다.
③ 알루미늄은 광선 및 열의 반사율이 높지만 연질이기 때문에 손상되기 쉽다.
④ 납은 비중이 크고 전성, 연성이 풍부하다.

해설
동합금
1) 황동(일명 : 놋쇠)
   ① 동＋아연(10～45%정도 함유)의 합금
   ② 동보다 단단하고 주조가 잘되며 압연, 인발등의 가공이 용이하다.
   ③ 내식성이 크다(산, 알칼리에는 침식됨).
2) 청동
   ① 동＋주석(Sn)의 합금
   ② 황동보다 내식성이 크고 주조하기 쉽다.

71 돌붙임공법 중에서 석재를 미리 붙여놓고 콘크리트를 타설하여 일체화시키는 방법은?

① 조적공법
② 앵커긴결공법
③ GPC공법
④ 강재트러스 지지공법

해설
GPC공법 : 본문 설명

Answer ➡ 66. ① 67. ② 68. ④ 69. ② 70. ② 71. ③

72 건축용 소성 점토벽돌의 색채에 영향을 주는 주요한 요인이 아닌 것은?

① 철화합물   ② 망간화합물
③ 소성온도   ④ 산화나트륨

해설

산화나트륨(Na_2O) : 색채와 관계없음

73 다음 중 실(seal)재가 아닌 것은?

① 코킹재   ② 퍼티
③ 트래버틴   ④ 개스킷

해설

트래버틴(travertin) : 벌레에 침식된 듯한 구멍이 있는 무늬를 가진 특수 대리석이 일종이다.

74 콘크리트의 배합 설계 시 굵은 골재의 절대용적이 500cm³, 잔골재의 절대용적이 300cm³라 할 때 잔골재율(%)은?

① 37.5%   ② 40.0%
③ 52.5%   ④ 60.0%

해설

잔골재율(%)

$$= \frac{잔골재 절대용적}{잔골재절대용적 + 굵은골재절대용적} \times 100$$

$$= \frac{300}{300+500} \times 100 = 37.5\%$$

76 미장재료에 관한 설명으로 옳지 않은 것은?

① 회반죽벽은 습기가 많은 장소에서 시공이 곤란하다.
② 시멘트 모르타르는 물과 화학반응하여 경화되는 수경성 재료이다.
③ 돌로마이트 플라스터는 마그네시아 석회에 모래, 여물을 섞어 반죽한 바름벽 재료를 말한다.
④ 석고 플라스터는 공기 중의 탄산가스를 흡수하여 경화한다.

해설

석고 플라스터
1) 석고에 풀 등의 접착제, 응결시간 조절제, 혼화제 등을 혼합한 플라스터이다.
2) 벽, 천정 등에 사용하는 미장재료이다.
3) 석고플라스터는 물(H_2O)과 수화반응에 의해 경화하는 수경성 미장재료이다.

75 열가소성 수지가 아닌 것은?

① 염화비닐수지   ② 초산비닐수지
③ 요소수지   ④ 폴리스티렌수지

해설

합성수지의 종류

열가소성 수지	열경화성 수지
1. 염화비닐수지(PVC)	1. 페놀수지
2. 에틸렌수지	2. 요소수지
3. 프로필렌수지	3. 멜라민수지
4. 아크릴수지	4. 알키드수지
5. 스틸렌수지	5. 폴리에스테르수지
6. 메타크릴수지	6. 실리콘
7. ABS수지	7. 에폭시수지
8. 폴리아미드수지	8. 우레탄수지
9. 비닐아세틸수지	9. 규소수지

77 내약품성, 내마모성이 우수하여 화학공장의 방수층을 겸한 바닥 마무리재로 가장 적합한 것은?

① 합성고분자 방수
② 무기질 침투방수
③ 아스팔트 방수
④ 에폭시 도막방수

해설

에폭시 도막방수
1) 에폭시수지(epoxy resin)를 발라서 도막방수층을 형성한다.
2) 에폭시수지는 처음에는 액상이고 경화제를 가하면 상온·상압에서도 중합체로 되어 갈색을 띤 투명수지로 경화한다.
3) 내약품성, 내마모성이 우수하여 화학공장의 방수층을 겸한 바닥마무리 재료로 적합하다.
4) 수지 자체가 단단하고 잘 늘어지지 않으므로 바탕균열에 내균열성을 기대하기는 어렵다.

Answer ➡ 72. ④   73. ③   74. ①   75. ④   76. ③   77. ④

78 일반적으로 철, 크롬, 망간 등의 산화물을 혼합하여 제조한 것으로 염색품의 색이 바래는 것을 방지하고 채광을 요구하는 진열장 등에 이용되는 유리는?

① 자외선흡수유리　② 망입유리
③ 복층유리　　　　④ 유리블록

해설

1) **자외선 흡수유리**
   ① 자외선을 흡수하는 세륨, 티타늄, 바나듐을 함유시킨 담청색의 유리로서 자외선 차단유리라고도 한다.
   ② 자외선의 화학작용을 피하여야 할 곳, 의류의 진열함, 식품, 약품창고의 참유리 등으로 사용된다.
2) **자외선 투과유리**
   ① 보통 유리성분 중 철분을 줄이거나 철분을 산화제이철(Fe_2O_3)의 상태에서 산화제일철(FeO)로 환원시켜 자외선투과율을 높인 유리이다.
   ② 자외선을 50% 이상 90% 내외를 투과시키므로 병원의 sun room, 결핵요양소의 창유리, 온실 등에 사용된다.

79 회반죽 바름의 주원료가 아닌 것은?

① 소석회　② 점토
③ 모래　　④ 해초풀

해설

회반죽 재료 : 소석회 + 모래 + 여물 + 해초풀

80 목재의 건조에 관한 설명으로 옳지 않은 것은?

① 대기건조 시 통풍이 잘되게 세워 놓거나, 일정 간격으로 쌓아올려 건조시킨다.
② 마구리부분은 급격히 건조되면 갈라지기 쉬우므로 페인트 등으로 도장한다.
③ 인공건조법으로 건조 시 기간은 통상 약 5~6주 정도이다.
④ 고주파건조법은 고주파 에너지를 열에너지로 변화시켜 발열현상을 이용하여 건조한다.

해설

인공건조법 : 건조한 실내에서 온도와 습도의 조절에 건조시키는 방법으로 단시간에 사용목적에 따라 함수율을 건조시킬 수 있다.

제5과목 건설안전기술

81 동바리로 사용하는 파이프 서포트에 관한 설치 기준으로 옳지 않은 것은?

① 파이프 서포트를 3개 이상 이어서 사용하지 않도록 할 것
② 파이프 서포트를 이어서 사용하는 경우에는 4개 이상의 볼트 또는 전용철물을 사용하여 이을 것
③ 높이가 3.5m를 초과하는 경우에는 높이 2m 이내마다 수평연결재를 2개 방향으로 만들고 수평연결재의 변위를 방지할 것
④ 파이프 서포트 사이에 교차가새를 설치하여 수평력에 대하여 보강 조치할 것

해설

동바리로 사용하는 파이프 서포트의 설치기준
1) 파이프 서포트를 3개 이상 이어서 사용하지 아니하도록 할 것
2) 파이프 서포트를 이어서 사용할 때에는 4개 이상의 볼트 또는 전용철물을 사용하여 이을 것
3) 높이가 3.5m를 초과하는 경우에는 높이 2m 이내마다 수평연결재를 2개 방향으로 만들고 수평연결재의 변위를 방지할 것

82 블레이드의 길이가 길고 낮으며 블레이드의 좌우를 전후 25~30° 각도로 회전시킬 수 있어 흙을 측면으로 보낼 수 있는 도저는?

① 레이크 도저　② 스트레이트 도저
③ 앵글도저　　　④ 틸트도저

해설

앵글도저(angle dozer) : 블레이드 길이가 길고 높이를 30°의 각도로 회전시킬 수 있어 흙을 측면으로 보낼 수 있다.

83 리프트(Lift)의 방호장치에 해당하지 않는 것은?

① 권과방지장치　② 비상정지장치
③ 과부하방지장치　④ 자동경보장치

Answer ➡ 78. ① 79. ② 80. ③ 81. ④ 82. ③ 83. ④

해설

리프트의 방호장치: 권과방지장치, 과부하방지장치, 비상정지장치 등

84 작업발판 및 통로의 끝이나 개구부로서 근로자가 추락할 위험이 있는 장소에서의 방호조치로 옳지 않은 것은?

① 안전난간 설치   ② 와이어로프 설치
③ 울타리 설치   ④ 수직형 추락방망 설치

해설

높이 2m 이상인 작업발판 및 통로의 끝이나 개구부 등에서의 추락재해방지 조치사항
1) 안전난간, 울타리, 수직형 추락방망 등 설치
2) 덮개설치
3) 개구부 표시
4) 안전방망 설치
5) 안전대 착용

85 건물외부에 낙하물 방지망을 설치할 경우 벽면으로부터 돌출되는 거리의 기준은?

① 1m 이상   ② 1.5m 이상
③ 1.8m 이상 ④ 2m 이상

해설

낙하물 방지망 또는 방호선반의 설치기준
1) 높이 10m이내마다 설치하고, 내민 길이는 벽면으로부터 2m 이상으로 할 것
2) 수평면과 각도는 20° 이상 30° 이하를 유지할 것

86 다음은 비계를 조립하여 사용하는 경우 작업발판 설치에 관한 기준이다. ( )에 들어갈 내용으로 옳은 것은?

> 사업주는 비계(달비계, 달대비계 및 말비계는 제외한다)의 높이가 ( ) 이상인 작업장소에 다음 각호의 기준에 맞는 작업발판을 설치하여야 한다.
> 1. 발판재료는 작업할 때의 하중을 견딜 수 있도록 견고한 것으로 할 것
> 2. 작업발판의 폭은 40센티미터 이상으로 하고, 발판재료 간의 틈은 3센티미터 이하로 할 것

① 1m   ② 2m
③ 3m   ④ 4m

해설

작업발판의 구조(안전보건규칙 제56조): 비계의 높이가 2m 이상인 작업장소에서는 다음 각 호의 기준에 적합한 작업발판을 설치하여야 한다.
1) 발판재료는 작업시의 하중치를 견딜 수 있도록 견고한 것으로 할 것
2) 작업발판의 폭은 40cm 이상, 발판재료 간의 틈은 3cm 이하로 할 것
3) 선박 및 보트 건조작업의 경우 선반블록 또는 엔진실 등의 좁은 작업공간에 작업발판을 설치하기 위하여 필요하면 작업발판의 폭을 30cm 이상으로 할 수 있고, 걸침비계의 경우 강관기둥 때문에 발판재료간의 틈을 3cm 이하로 유지하기 곤란하면 5cm 이하로 할 수 있다. 이 경우 그 틈사이로 물체 등이 떨어질 우려가 있는 곳에는 출입금지 등의 조치를 하여야 한다.
4) 추락의 위험이 있는 장소에는 안전난간을 설치할 것
5) 작업발판의 지지물은 하중에 의하여 파괴될 우려가 없는 것을 사용할 것
6) 작업발판 재료는 뒤집히거나 떨어지지 아니하도록 2개 이상의 지지물에 부착시킬 것
7) 작업발판을 작업에 따라 이동시킬 때에는 위험방지에 필요한 조치를 할 것

87 신축공사 현장에서 강관으로 외부비계를 설치할 때 비계기둥의 최고 높이가 45m라면 관련 법령에 따라 비계기둥을 2개의 강관으로 보강하여야 하는 높이는 지상으로부터 얼마까지인가?

① 14m   ② 20m
③ 25m   ④ 31m

해설

비계기둥의 제일 윗부분으로부터 31m되는 지점 밑부분의 비계기둥은 2개의 강관으로 묶어 세워둘 것

88 암질 변화구간 및 이상 암질 출현 시 판별방법과 가장 거리가 먼 것은?

① R.Q.D
② R.M.R
③ 지표침하량
④ 탄성파 속도

Answer ➔ 84. ② 85. ④ 86. ② 87. ① 88. ③

해설

굴착공사중 암질변화구간 및 이상암질의 출현시 암질판별 기준
1) R·Q·D(%)
2) 탄성파 속도 (m/sec)
3) R·M·R
4) 일축압축강도(kg/cm²)
5) 진동치속도 (cm/sec=Kine)
[참고] 암질판별법(법개정 2023.07) : 전면 삭제

89 산업안전보건법령에 따른 크레인을 사용하여 작업을 하는 때 작업시작 전 점검사항에 해당되지 않는 것은?

① 권과방지장치·브레이크·클러치 및 운전장치의 기능
② 주행로의 상측 및 트롤리(trolley)가 횡행하는 레일의 상태
③ 원동기 및 풀리(pulley)기능의 이상 유무
④ 와이어로프가 통하고 있는 곳의 상태

해설

1) 크레인의 작업시작 전 점검사항 : ①, ②, ④항 3개뿐
2) 원동기 및 풀리 기능의 이상 유무 : 컨베이어의 작업시작 전 점검사항

90 부두·안벽 등 하역작업을 하는 장소에서 부두 또는 안벽의 선을 따라 통로를 설치하는 경우 그 폭을 최소 얼마 이상으로 하여야 하는가?

① 60cm ② 90cm
③ 120cm ④ 150cm

해설

부두, 안벽 등 하역작업을 하는 장소에 대한 조치사항
1) 작업장 및 통로의 위험한 부분에는 안전하게 작업할 수 있는 조명을 유지할 것
2) 부두 또는 안벽의 선을 따라 통로를 설치할 때에는 폭을 90cm이상으로 할 것
3) 육상에서의 통로 및 작업장소로서 다리 또는 선거의 갑문을 넘는 보도 등의 위험한 부분에는 안전난간 또는 울 등을 설치할 것

91 다음과 같은 조건에서 추락 시 로프의 지지점에서 최하단까지의 거리 h를 구하면 얼마인가?

- 로프 길이 150cm
- 로프 신율 30%
- 근로자 신장 170cm

① 2.8m ② 3.0m
③ 3.2m ④ 3.4m

해설

바닥면(지면)으로부터 안전대 고정점까지의 최소높이
1) 추락시 로프의 지지점에서 신체의 최하단까지의 거리(h)
   h = 로프길이 + (로프의 길이 × 신장률) + (작업자 신장 × 1/2)
2) 로프를 지지한 위치에서 바닥면까지의 거리를 H라 하면 H>h가 되어야만 한다.
3) h = 로프길이 + (로프의 길이 × 신장률) + (작업자 신장 × 1/2)
     = 150cm + (150cm × 0.3) + (170cm × 1/2)
     = 280cm = 2.8m

92 건설공사 유해위험방지계획서 제출 시 공통적으로 제출하여야 할 첨부서류가 아닌 것은?

① 공사개요서
② 전체 공정표
③ 산업안전보건관리비 사용계획서
④ 가설도로계획서

해설

건설업의 유해·위험방지계획서 첨부서류(공사개요 및 안전보건관리계획)
1) 공사개요서
2) 공사현장의 주변현황 및 주변과의 관계를 나타내는 도면(매설물 현황을 포함)
3) 건설물, 사용 기계설비 등의 배치를 나타내는 도면
4) 전체 공정표
5) 산업안전보건관리비 사용계획서
6) 안전관리 조직표
7) 재해발생 위험시 연락 및 대피방법

93 흙막이 지보공을 설치하였을 때 붕괴 등의 위험방지를 위하여 정기적으로 점검하고, 이상 발견 시 즉시 보수하여야 하는 사항이 아닌 것은?

① 침하의 정도
② 버팀대의 긴압의 정도

Answer ➡ 89. ③ 90. ② 91. ① 92. ④ 93. ③

③ 지형 · 지질 및 지층상태
④ 부재의 손상 · 변형 · 변위 및 탈락의 유무와 상태

해설

흙막이지보공 설치시 붕괴 등의 위험방지를 위한 정기점검사항
1) 부재의 손상 · 변형 · 부식 · 변위 및 탈락의 유무와 상태
2) 버팀대의 긴압의 정도
3) 부재의 접속부 · 부착부 및 교차부의 상태
4) 침하의 정도

94 다음은 산업안전보건법령에 따른 승강설비의 설치에 관한 내용이다. ( )에 들어갈 내용으로 옳은 것은?

> 사업주는 높이 또는 깊이가 ( )를 초과하는 장소에서 작업하는 경우 해당 작업에 종사하는 근로자가 안전하게 승강하기 위한 건설작업용 리프트 기둥의 설비를 설치하여야 한다. 다만, 승강설비를 설치하는 것이 작업의 성질상 곤란한 경우에는 그러하지 아니하다.

① 2m ② 3m
③ 4m ④ 5m

해설

승강설비의 설치 : 높이 또는 깊이가 2m를 초과하는 작업장소에서 안전하게 승강하기 위한 건설작업용 리프트를 설치할 것

95 항타기 및 항발기를 조립하는 경우 점검하여야 할 사항이 아닌 것은?

① 과부하장치 및 제동장치의 이상 유무
② 권상장치의 브레이크 및 쐐기장치 기능의 이상 유무
③ 본체 연결부의 풀림 또는 손상의 유무
④ 권상기의 설치상태의 이상 유무

해설

항타기, 항발기 조립시 사용 전 점검사항
1) 본체의 연결부의 풀림 또는 손상의 유무
2) 권상용 와이어로프, 드럼 및 도르래의 부착상태의 이상 유무
3) 권상장치의 브레이크 및 쐐기장치 기능의 이상 유무
4) 권상기의 설치상태의 이상 유무
5) 버팀의 방법 및 고정상태의 이상 유무

96 강관을 사용하여 비계를 구성하는 경우의 준수사항으로 옳지 않은 것은?

① 비계기둥의 간격은 띠장 방향에서는 1.85m 이하로 할 것
② 비계기둥의 간격은 장선(長線) 방향에서는 1.0m 이하로 할 것
③ 띠장 간격은 2.0m 이하로 할 것
④ 비계기둥 간의 적재하중은 400kg을 초과하지 않도록 할 것

해설

②항. 비계기둥의 간격은 장선방향에서는 1.5m이하로 할 것

97 철근콘크리트 현장타설공법과 비교한 PC(precast concrete)공법의 장점으로 볼 수 없는 것은?

① 기후의 영향을 받지 않아 동절기 시공이 가능하고, 공기를 단축할 수 있다.
② 현장작업이 감소되고, 생산성이 향상되어 인력절감이 가능하다.
③ 공사비가 매우 저렴하다.
④ 공장 제작이므로 콘크리트 양생 시 최적조건에 의한 양질의 제품생산이 가능하다.

해설

PC(Precast concrete)공법 : 인건비 및 관리비가 절감되지만 현장타설공법과 비교하였을 때 공사비는 높아진다.

98 콘크리트를 타설할 때 거푸집에 작용하는 콘크리트 측압에 영향을 미치는 요인과 가장 거리가 먼 것은?

① 콘크리트 타설 속도
② 콘크리트 타설 높이
③ 콘크리트의 강도
④ 기온

해설

콘크리트 타설시 거푸집의 측압에 미치는 영향
1) 슬럼프가 클수록 크다(물 – 시멘트 비가 클수록 크다)
2) 기온이 낮을수록 크다(대기 중에 습도가 높을수록 크다)
3) 콘크리트의 치어붓기 속도가 클수록 크다.
4) 거푸집의 수밀성이 높을수록 크다.

Answer ● 94. ① 95. ① 96. ② 97. ③ 98. ③

5) 콘크리트의 다지기가 강할수록 크다(진동기 사용시 측압은 30% 정도 증가)
6) 거푸집의 수평단면이 클수록 크다(벽두계가 클수록 크다.)
7) 거푸집의 강성이 클수록 크다.
8) 거푸집 표면이 매끄러울수록 크다.
9) 콘크리트의 비중이 클수록 크다(단위중량이 클수록 크다)
10) 철근량이 적을수록 크다.

99 히빙(heaving)현상이 가장 쉽게 발생하는 토질지반은?

① 연약한 점토 지반
② 연약한 사질토 지반
③ 견고한 점토 지반
④ 견고한 사질토 지반

해설

히빙현상이 발생하는 토질지반 : 연약한 전토지반

100 안전관리비의 사용 항목에 해당하지 않는 것은?

① 안전시설비
② 개인보호구 구입비
③ 접대비
④ 사업장의 안전·보건진단비

해설

건설업 안전관리비 항목별 사용기준
1) 안전관리자 등의 인건비 및 각종 업무수당비 등
2) 안전시설비 등
3) 개인보호구 및 안전장구 구입비 등
4) 사업장의 안전진단비 등
5) 안전보건교육비 및 행사비 등
6) 근로자의 건강관리비 등
7) 건설재해예방 기술지도비
8) 본사 사용비

Answer 99. ① 100. ③

2020년 제3회 건설안전산업기사 CBT 복원 기출문제

제1과목 산업안전관리론

01 다음 중 일반적인 안전관리조직의 기본 유형으로 볼 수 없는 것은?

① line system
② staff system
③ safety system
④ line – staff system

해설
안전관리조직의 기본유형
1) line system : 직계형
2) staff system : 참모형
3) line – staff system : 직계 · 참모 혼합형

02 다음 중 적성배치시 작업자의 특성과 가장 관계가 적은 것은?

① 연령
② 작업조건
③ 태도
④ 업무경력

해설
적성배치시 작업 및 작업자의 특성
1) **작업의 특성** : 작업조건, 작업내용, 환경조건, 형태, 법적자격 및 제한 등
2) **작업자의 특성** : 연령, 태도, 지적능력, 기능, 성격, 신체적 특성, 업무경력 등

03 다음 중 안전태도교육의 원칙으로 적절하지 않은 것은?

① 적성배치를 한다.
② 이해하고 납득한다.
③ 항상 모범을 보인다.
④ 지적과 처벌 위주로 한다.

해설
안전태도교육의 원칙
1) ①, ②, ③항
2) 청취한다.
3) 권장한다.
4) 처벌한다.
5) 좋은 지도자를 얻도록 힘쓴다.
6) 평가한다.

04 연평균 1,000명의 근로자를 채용하고 있는 사업장에서 연간 24명의 재해자가 발생하였다면 이 사업장의 연천인율은 얼마인가? (단, 근로자는 1일 8시간씩 연간 300일을 근무한다.)

① 10
② 12
③ 24
④ 48

해설
$$연천인율 = \frac{사상자수}{연평균근로자수} \times 1000$$
$$= \frac{24}{1000} \times 1000 = 24$$

05 다음 중 산업재해로 인한 재해손실비 산정에 있어 하인리히의 평가방식에서 직접비에 해당하지 않는 것은?

① 통신급여
② 유족급여
③ 간병급여
④ 직업재활급여

해설
1) 직접비 : 유족급여, 간병급여, 직업재활급여 등 법정산재보상비
2) 간접비 : 통신급여 등 산재보상비외의 손실비

Answer ● 01. ③ 02. ② 03. ④ 04. ③ 05. ①

06 다음 중 산업안전보건법령상 안전 · 보건표지의 용도 및 사용장소에 대한 표지의 분류가 가장 올바른 것은?

① 폭발성 물질이 있는 장소 : 안내표지
② 비상구가 좌측에 있음을 알려야 하는 장소 : 지시표지
③ 보안경을 착용해야만 작업 또는 출입을 할 수 있는 장소 : 안내표지
④ 정리 · 정돈 상태의 물체나 움직여서는 안 될 물체를 보존하기 위하여 필요한 장소 : 금지표지

해설

1) 폭발성 물질이 있는 장소 : 경고표지
2) 비상구가 좌측에 있음을 알려야 하는 장소 : 안내표지
3) 보안경을 착용해야만 하는 작업 또는 출입을 할 수 있는 장소 : 지시표지

07 하인리히의 재해발생 5단계 이론 중 재해 국소화 대책은 어느 단계에 대비한 대책인가?

① 제1단계→제2단계
② 제2단계→제3단계
③ 제3단계→제4단계
④ 제4단계→제5단계

해설

1) 하인리히의 재해발생 5단계
   ① 1단계 : 사회적 환경 및 유전적 요소
   ② 2단계 : 개인적 결함
   ③ 3단계 : 불안전한 행동 및 불안전한 대책
   ④ 4단계 : 사고
   ⑤ 5단계 : 재해
2) 재해 국소화 대책은 4단계(사고) → 5단계(재해)를 대비한 대책이다.

08 다음 중 [그림]에 나타난 보호구의 명칭으로 옳은 것은?

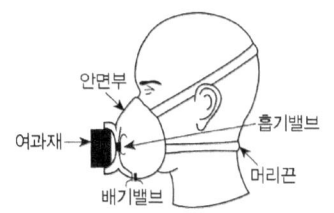

① 격리식 반면형 방독마스크
② 직결식 반면형 방진마스크
③ 격리식 전면형 방독마스크
④ 안면부 여과식 방진마스크

해설

방진마스크의 종류별 공기흡입 방식
1) 분리식
   ① 격리식(전면형, 반면형) : 여과재 → 연결관 → 흡기밸브
   ② 직결식(전면형, 반면형) : 여과재 → 흡기밸브
2) 안면 여과식 : 여과재인 안면부에 의해 흡입

09 작업장에서 매일 작업자가 작업 전 · 중 · 후에 시설과 작업동작 등에 대하여 실시하는 안전점검의 종류를 무엇이라 하는가?

① 정기점검   ② 일상점검
③ 임시점검   ④ 특별점검

해설

일상점검 : 작업 전 · 중 · 후에 실시하는 점검으로 수시점검이라고도 한다.

10 다음 중 매슬로우의 욕구위계 5단계 이론을 올바르게 나열한 것은?

① 생리적 욕구 → 사회적 욕구 → 안전의 욕구 → 존경의 욕구 → 자아실현의 욕구
② 안전의 욕구 → 생리적 욕구 → 사회적 욕구 → 존경의 욕구 → 자아실현의 욕구
③ 생리적 욕구 → 안전의 욕구 → 사회적 욕구 → 존경의 욕구 → 자아실현의 욕구
④ 사회적 욕구 → 생리적 욕구 → 안전의 욕구 → 자아실현의 욕구 → 존경의 욕구

해설

매슬로우의 욕구위계 5단계
1) 1단계 : 생리적 욕구(신체적 욕구)
2) 2단계 : 안전의 욕구(위험방지욕구)
3) 3단계 : 사회적 욕구(친화욕구)
4) 4단계 : 존경의 욕구(인정받으려는 욕구)
5) 5단계 : 자아실현의 욕구(성취욕구)

Answer ➡ 06. ④ 07. ④ 08. ② 09. ② 10. ③

11 산업안전보건법령상 사업 내 안전·보건교육에 있어 "채용시의 교육 및 작업내용 변경시의 교육 내용"에 해당하지 않는 것은? (단, 산업안전보건법 및 일반관리에 관한 사항은 제외한다.)

① 물질안전보건자료에 관한 사항
② 사고발생시 긴급조치에 관한 사항
③ 작업개시 전 점검에 관한 사항
④ 표준안전작업방법 및 지도 요령에 관한 사항

해설

채용시 및 작업내용 변경시 교육
1) ①, ②, ③항
2) 기계·기구의 위험성과 작업의 순서 및 동선에 관한 사항
3) 정리정돈 및 청소에 관한 사항
4) 산업보건 및 직업병 예방에 관한 사항
5) 산업안전 및 사고예방에 관한 사항
6) 산업안전보건법령 및 산업재해보상보험 제도에 관한 사항
7) 직무스트레스 예방 및 관리에 관한 사항
8) 직장 내 괴롭힘, 고객의 폭언 등으로 인한 건강장해 예방 및 관리에 관한 사항

12 안전교육의 방법 중 TWI(Training Within Industry for supervisor)의 교육내용에 해당하지 않는 것은?

① 작업지도기법(JIT)
② 작업개선기법(JMT)
③ 작업환경 개선기법(JET)
④ 인간관계 관리기법(JRT)

해설

TWI 교육내용
1) JI(Job Instruction) : 작업지도기법
2) JM(Job Method) : 작업개선기법
3) JR(Job Relation) : 인간관계관리기법(부하통솔기법)
4) JS(Job Safety) : 작업안전기법

13 다음 중 재해조사시 유의사항으로 가장 적절하지 않은 것은?

① 가급적 재해현장이 변형되지 않은 상태에서 실시한다.
② 목격자가 제시한 사실 이외의 추측되는 말은 정밀분석한다.
③ 과거 사고발생 경향 등을 참고하여 조사한다.
④ 객관적 입장에서 재해방지에 우선을 두고 조사한다.

해설

②항, 목격자가 제시한 사실 이외의 추측되는 말은 참고로만 한다.

14 적응기제(Adjustment Mechanism)중 방어적 기제(Defence Mechanism)에 해당하는 것은?

① 고립(Isolation)
② 퇴행(Refression)
③ 억압(Suppression)
④ 합리화(Rationalization)

해설

적응기제
1) 방어적 기제
   ① 보상   ② 합리화
   ③ 동일시   ④ 승화
2) 도피적 기제
   ① 고립   ② 퇴행
   ③ 억압   ④ 백일몽

15 다음 중 사고의 위험이 불안전한 행위 외에 불안전한 상태에서도 적용된다는 것과 가장 관계가 있는 것은?

① 이념성   ② 개인차
③ 부주의   ④ 지능성

해설

부주의의 개념 특성
1) 부주의는 불안전한 행위나 행동뿐만 아니라 불안전한 상태에서도 통용된다.
2) 부주의란 말은 결과를 표현한 것이다.
3) 부주의에는 발생 원인이 있다.
4) 부주의와 유사한 현상 구분 : 착각이나 인간능력의 한계를 초과하는 요인에 의한 동작실패는 부주의에서 제외한다.
5) 부주의는 무의식 행위나 그것에 가까운 의식의 주변에서 행해지는 행위에 한정한다.

Answer ● 11. ④ 12. ③ 13. ② 14. ④ 15. ③

16 다음 중 기억과 망각에 관한 내용으로 틀린 것은?

① 학습된 내용은 학습 직후의 망각률이 가장 낮다.
② 의미없는 내용은 의미있는 내용보다 빨리 망각한다.
③ 사고력을 요하는 내용이 단순한 지식보다 기억, 파지의 효과가 높다.
④ 연습은 학습한 직후에 시키는 것이 효과가 있다.

해설
학습된 내용은 학습 직후의 망각률이 가장 높다.

17 재해예방의 4원칙 중 대책선정의 원칙에서 관리적 대책에 해당되지 않는 것은?

① 안전교육 및 훈련
② 동기부여와 사기 향상
③ 각종 규정 및 수칙의 준수
④ 경영자 및 관리자의 솔선수범

해설
안전교육 및 훈련 : 교육적 대책

18 다음 중 안전교육의 4단계를 올바르게 나열한 것은?

① 도입→확인→제시→적용
② 도입→제시→적용→확인
③ 확인→제시→도입→적용
④ 제시→확인→도입→적용

해설
안전교육의 4단계 : 도입(준비) → 제시(설명) → 적용(응용) → 확인(총괄)

19 다음 중 무재해운동에서 실시하는 위험예지훈련에 관한 설명으로 틀린 것은?

① 근로자 자신이 모르는 작업에 대한 것도 파악하기 위하여 참가집단의 대상범위를 가능한 넓혀 많은 인원이 참가토록 한다.
② 직장의 팀워크로 안전을 전원이 빨리 올바르게 선취하는 훈련이다.
③ 아무리 좋은 기법이라도 시간이 많이 소요되는 것은 현장에서 큰 효과는 없다.
④ 정해진 내용의 교육보다는 전원의 대화방식으로 진행한다.

해설
위험예지훈련은 10명 이하의 소수인원(5~7인 최적인원)으로 편성하여 실시하는 것이 좋다.

20 다음 중 리더가 가지고 있는 세력의 유형이 아닌 것은?

① 전문세력(expert power)
② 보상세력(reward power)
③ 위임세력(entrust power)
④ 합법세력(legitimate power)

해설
리더가 가지고 있는 세력의 유형
1) 전문세력
2) 보상세력
3) 합법세력

제2과목 인간공학 및 시스템안전공학

21 인간 오류의 분류에 있어 원인에 의한 분류 중 작업의 조건이나 작업의 형태 중에서 다른 문제가 생겨 그 때문에 필요한 사항을 실행할 수 없는 오류(error)를 무엇이라고 하는가?

① secondary error
② primary error
③ command error
④ commission error

해설
human error의 원인의 level적 분류
1) primary error : 작업자 자신으로부터의 error
2) secondary error : 작업형태나 작업조건 중에서 다른 문제가 생겨 그 때문에 필요한 사항을 실행할 수 없는 error, 어떤 결함으로부터 파생하여 발생하는 error
3) command error : 요구된 것을 실행하고자 하여도 필요한 물건, 정보, 에너지 등의 공급이 없는 것처럼 작업자가 움직이려 해도 움직일 수 없으므로 발생하는 error

Answer ◐ 16. ① 17. ① 18. ② 19. ① 20. ③ 21. ①

22 일반적으로 스트레스로 인한 신체반응의 척도 가운데 정신적 작업의 스트레인 척도와 가장 거리가 먼 것은?

① 뇌전도 ② 부정맥지수
③ 근전도 ④ 심박수의 변화

해설
(1) 근전도(EMG) : 근육활동 전위차의 기록
(2) 정신적 작업의 스트레인 척도 : 뇌전도, 부정맥지수, 심박수의 변화 등

23 다음 중 인간공학에 관련된 설명으로 옳지 않은 것은?

① 인간의 특성과 한계점을 고려하여 제품을 변경한다.
② 생산성을 높이기 위해 인간의 특성을 작업에 맞추는 것이다.
③ 사고를 방지하고 안전성과 능률성을 높일 수 있다.
④ 편리성, 쾌적성, 효율성을 높일 수 있다.

해설
인간공학의 정의 : 기계기구, 환경 등의 물적 조건을 인간의 특성과 능력에 잘 조화되도록 설계하기 위한 수단을 연구하는 학문이다.

24 다음 중 조도의 단위에 해당하는 것은?

① fL ② diopter
③ lumen/m² ④ lumen

해설
조도(illuminance) : 물체의 표면에 도달하는 빛의 단위면적당 밀도를 조도라 하며, 척도 기준은 다음과 같다.
1) foot-candle(fc) : 1촉광의 점광원으로부터 1foot 떨어진 곡면에 비추는 광의 밀도
 (1 lumen/ft²)
2) lux(meter-candle) : 1촉광의 점광으로부터 1m 떨어진 곡면에 비추는 광의 밀도
 (1 lumen/m²)
3) 거리가 증가할 때 조도는 역자승의 법칙에 따라 감소한다.
 (조도는 광도에 비례하고 거리의 제곱에 반비례한다.)
$$조도 = \frac{광도}{(거리)^2}$$

25 그림과 같이 ①~④의 기본사상을 가진 FT도에서 minimal cut set으로 옳은 것은?

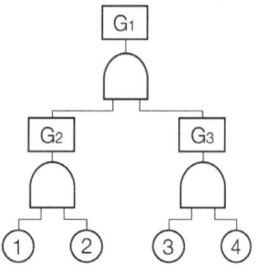

① {①, ②, ③, ④}
② {①, ③, ④}
③ {①, ②}
④ {③, ④}

해설
$G_1 \rightarrow G_2 G_3 \rightarrow ①②G_3 \rightarrow ①②③④$
[미니멀 컷셋]

26 2개 공정의 소음수준 측정결과 1공정은 100dB에서 2시간, 2공정은 90dB에서 1시간 소요될 때 총소음량(TND)과 소음설계의 적합성을 올바르게 나타낸 것은? (단, 우리나라는 90dB에 8시간 노출 될 때를 허용기준으로 하며, 5dB 증가할 때 허용시간은 1/2로 감소되는 법칙을 적용한다.)

① TND=약 0.83, 적합
② TND=약 0.93, 적합
③ TND=약 1.03, 부적합
④ TND=약 1.13, 부적합

해설
(1) 소음의 부분투여 및 허용소음노출
 ① 소음의 부분투여 = $\frac{실제노출시간}{최대허용시간}$
 총소음 투여량 = 부분투여의 합
 ② 허용소음노출

음압수준(dB)	90	95	100	105	110	115	120
허용시간(hr)	8	4	2	1	0.5	0.25	0.0125

(2) TND(총소음량)
 $\therefore TND = \frac{1}{8} + \frac{2}{2} = 1.125$

Answer ▶ 22. ③ 23. ② 24. ③ 25. ① 26. ④

27 다음 중 불대수(Boolean algebra)의 관계식으로 옳은 것은?

① $A(A \cdot B) = B$
② $A + B = A \cdot B$
③ $A + A \cdot B = A \cdot B$
④ $(A+B)(A+C) = A + B \cdot C$

해설
(1) $A(A \cdot B) = AB$
(2) $A + B = B + A$
(3) $A + A \cdot B = A$

28 다음 중 시스템안전의 최종분석단계에서 위험을 고려하는 결정인자가 아닌 것은?

① 효율성
② 피해가능성
③ 비용산정
④ 시스템의 고장모드

해설
시스템안전의 단계
1) 1단계 : 잠재적인 위험을 확인하고 분석하여 이들에 의한 불안전한 결과가 최소화되도록 관리하는 것이다.
2) 2단계 : 설계단계에서 위험을 제거하고 경보장치의 설치, 개정된 운전절차 또는 다른 효과적인 수단에 의해 위험의 영향을 최소화하는 것이다.
3) 최종분석단계 : 안전기술의 적용과 관리적 판단에 따라 허용할 수 있는 리스크(risk)를 결정하는 것이 핵심요소가 되며 리스크 결정시 고려해야 할 인자는 다음과 같다.
① 비용산정 ② 효율성
③ 피해가능성 ④ 폭발빈도
⑤ 손익계산 등

29 시스템이 저장되고, 이동되고, 실행됨에 따라 발생하는 작동시스템의 기능이나 과업, 활동으로부터 발생되는 위험에 초점을 맞추어 진행하는 위험분석방법은?

① FHA   ② OHA
③ PHA   ④ SHA

해설
1) FHA(fault hazard analysis, 결함위험분석) : 기본적인 분석 접근을 특수한 분야에서 일반적인 것까지 할 수 있는 귀납적인 분석방법이다.

2) OHA(operating hazard analysis, 운용위험분석) : 본문 설명
3) PHA(preliminary hazard analysis, 예비위험분석) : 최초단계의 분석으로 시스템 내의 위험요소가 어떤 상태에 있는지를 정성적으로 평가하기 위한 분석법이다.
4) SHA(system hazard analysis, 시스템위험분석) : 귀납적인 분석법이다.

30 품질검사 작업자가 한 로트에서 검사 오류를 범할 확률이 0.1이고, 이 작업자가 하루에 5개의 로트를 검사한다면, 5개 로트에서 에러를 범하지 않을 확률은?

① 90%   ② 75%
③ 59%   ④ 40%

해설
$R_t = (1 - HEP)^n$
$= (1 - 0.1)^5 = 0.59 = 59\%$

31 다음 중 인체계측에 관한 설명으로 틀린 것은?

① 의자, 피복과 같이 신체모양과 치수와 관련성이 높은 설비의 설계에 중요하게 반영된다.
② 일반적으로 몸의 측정 치수는 구조적 치수(structural dimension)와 기능적 치수(functional dimension)로 나눌 수 있다.
③ 인체계측치의 활용시에는 문화적 차이를 고려하여야 한다.
④ 인체계측치를 활용한 설계는 인간의 신체적 안락에는 영향을 미치지만 성능수행과는 관련성이 없다.

해설
인체계측치를 활용한 설계는 인간의 신체적 안락 및 성능수행에도 영향을 미친다.

32 다음 중 작업방법의 개선원칙(ECRS)에 해당되지 않는 것은?

① 교육(Education)   ② 결합(Combine)
③ 재배치(Rearrange)   ④ 단순화(Simplify)

Answer ▶ 27. ④ 28. ④ 29. ② 30. ③ 31. ④ 32. ①

해설
(1) **작업방법의 개선원칙**(ECRS) : 작업분석방법, 새로운 작업방법의 개발원칙
   ① 제거(eliminate)
   ② 결합(combine)
   ③ 재조정(rearrange)
   ④ 단순화(simplify)
(2) **작업개선단계**
   ① 1단계 : 작업분해
   ② 2단계 : 세부내용 검토
   ③ 3단계 : 작업분석
   ④ 4단계 : 새로운 방법의 적용

33 다음 중 망막의 원추세포가 가장 낮은 민감성을 보이는 파장의 색은?
① 적색
② 회색
③ 청색
④ 녹색

해설
(1) 망막의 감광요소
   ① 원추체(cone) : 밝은 곳에서 기능, 색 구별
   ② 간상체(rod) : 조도수준이 낮을 때 기능, 흑백의 음영 구분
(2) 원추세포가 가장 낮은 민감성을 보이는 파장의 색 : 회색

34 다음 중 얼음과 드라이아이스 등을 취급하는 작업에 대한 대책으로 적절하지 않은 것은?
① 더운 물과 더운 음식을 섭취한다.
② 가능한 한 식염을 많이 섭취한다.
③ 혈액순환을 위해 틈틈이 운동을 한다.
④ 오랫동안 한 장소에 고정하여 작업하지 않는다.

해설
식염 섭취 : 고온장소작업시 대책

35 다음 중 시스템의 수명곡선(욕조곡선)에서 우발고장기간에 발생하는 고장의 원인으로 볼 수 없는 것은?
① 사용자의 과오 때문에
② 안전계수가 낮기 때문에
③ 부적절한 설치나 시동 때문에
④ 최선의 검사방법으로도 탐지되는 않는 결함 때문에

해설
(1) 부적절한 설치나 시동 때문에 고장 발생 : 초기고장
(2) 고장의 유형
   ① 초기고장(감소형) : 불량제조나 생산과정에서의 품질관리 미비로 생기는 고장
   ② 우발고장(일정형) : 예측할 수 없을 때 생기는 고장
   ③ 마모고장(증가형) : 시스템의 일부가 수명을 다하여 생기는 고장

36 다음 중 시스템 안전성 평가기법에 관한 설명으로 틀린 것은?
① 가능성을 정량적으로 다룰 수 있다.
② 시각적 표현에 의해 정보전달이 용이하다.
③ 원인, 결과 및 모든 사상들의 관계가 명확해진다.
④ 연역적 추리를 통해 결함사상을 빠짐없이 도출하나, 귀납적 추리로는 불가능하다.

37 정보를 전송하기 위한 표시장치 중 시각장치보다 청각장치를 사용해야 더 좋은 경우는?
① 메시지나 나중에 재참조되는 경우
② 직무상 수신자가 자주 움직이는 경우
③ 메시지가 공간적인 위치를 다루는 경우
④ 수신자의 청각계통이 과부하상태인 경우

해설
청각장치와 시각장치의 선택(특정 감각의 선택)

청각장치사용	시각장치사용
1) 전언이 간단하고 짧다.	1) 적언이 복잡하고 길다.
2) 전언이 후에 재참조되지 않는다.	2) 전언이 후에 재참조된다.
3) 전언이 즉각적인 사상(event)을 이룬다.	3) 전언이 공간적인 위치를 다룬다.
4) 전언이 즉각적인 행동을 요구한다.	4) 전언이 즉각적인 행동을 요구하지 않는다.
5) 수신자가 시각계통이 과부하 상태일 때	5) 수신자의 청각계통이 과부하 상태일 때
6) 수신장소가 너무 밝거나 암조의 유지가 필요할 때	6) 수신장소가 너무 시끄러울 때
7) 직무상 수신자가 자주 움직이는 경우	7) 직무상 수신자가 한 곳에 머무르는 경우

Answer ▶ 33. ② 34. ② 35. ③ 36. ④ 37. ②

38 FT도에 사용되는 기호 중 "시스템의 정상적인 가동상태에서 일어날 것이 기대되는 사상"을 나타내는 것은?

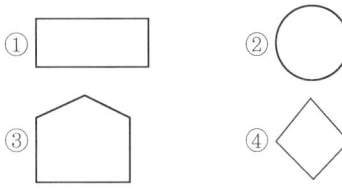

해설
① 항, 결함사상 : 해석하고자 하는 정상사상과 중간사상에 사용한다.
② 항, 기본사상 : 더 이상 해석할 필요가 없는 기본적인 기계의 결함 또는 오작동을 나타낸다.
③ 항, 통상사상 : 본문 설명
④ 항, 생략사상 : 사상과 원인의 관계를 충분히 알 수 없거나 필요한 정보를 얻을 수 없기 때문에 이것 이상 전개할 수 없는 최후적 사상을 나타낼 때 사용한다.

39 인간공학의 중요한 연구과제인 계면(interface)설계에 있어서 다음 중 계면에 해당되지 않는 것은?

① 작업공간 ② 표시장치
③ 조종장치 ④ 조명시설

해설
계면(interface)
1) 계면 : 인간·기계체계에서 인간과 기계가 만나는 면을 말한다.
2) 계면설계시 감정적인 부문을 고려하지 않았을 때 나타나는 현상 : 진부감
3) 인간·기계체계의 계면에서 조화성의 차원으로 고려해야 할 사항
  ① 지적 조화성
  ② 신체적 조화성
  ③ 감성적 조화성
4) 계면설계를 위한 인간요소자료
  ① 상식과 경험
  ② 전문가의 판단
  ③ 상대적인 정량적 자료
  ④ 정량적 자료집
  ⑤ 수학적 함수와 등식
  ⑥ 원칙
  ⑦ 설계표준 및 기준
  ⑧ 도식적 설명문

40 다음 중 통제표시비(control/display ratio)를 설계할 때 고려하는 요소에 관한 설명으로 틀린 것은?

① 계기의 조절시간이 짧게 소요되도록 계기의 크기(size)는 항상 작게 설계한다.
② 짧은 주행 시간 내에 공차의 인정범위를 초과하지 않는 계기를 마련한다.
③ 목시거리가 길면 길수록 조절의 정확도는 떨어진다.
④ 통제표시비가 낮다는 것은 민감한 장치라는 것을 의미한다.

해설
(1) 조종·반응비율(C/R비) 또는 통제표시비(C/D비) : 통제기기와 표시장치의 관계를 나타낸 비율을 말한다.
(2) 조종·반응비율 설계시 고려사항
  ① 계기의 크기 : 계기의 조절시간이 짧게 소요되는 사이즈를 선택하되 너무 작으면 오차발생이 증대되므로 상대적으로 고려한다.
  ② 공차 : 짧은 주행시간 내에 공차의 인정범위를 초과하지 않는 계기를 마련한다.
  ③ 목시거리 : 눈의 목시거리가 길면 길수록 조절의 정확도는 떨어지며 시간이 증가한다.
  ④ 조작시간 : 조작시간의 지연은 직접적으로 조종반응비가 가장 크게 작용한다. (필요시 통제비 감소조치)
  ⑤ 방향성 : 조종기기의 조작방향과 표시기기의 운동방향이 일치하지 않으면 조작의 정확성이 감소한다.(작업자 혼란초래)
  ⑥ 조종기기의 민감성 : 조종반응비(통제표시비)가 작을수록 이동시간은 짧고 조종은 어려워서 민감한 조정장치이다.

[제3과목] **건설시공학**

41 공사감리자에 대한 설명 중 틀린 것은?

① 시공계획의 검토 및 조언을 한다.
② 문서화된 품질관리에 대한 지시를 한다.
③ 품질하자에 대한 수정방법을 제시한다.
④ 건축의 형상, 구조, 규모 등을 결정한다.

Answer ● 38. ③ 39. ④ 40. ① 41. ④

해설

공사감리자 : 공사시공에 있어서 설계도서대로 실시되는지의 여부를 확인하고 시공방법의 지도·조언자를 말한다.

42 건설공사 완료 후 부실시공부분에 재시공을 보장하기 위하여 공사발주처 등에 예치하는 공사 금액의 명칭은?

① 입찰보증금　　② 계약보증금
③ 지체보증금　　④ 하자보증금

해설

하자보증금 : 건설공사 완료 후 건축물에 부실한 곳이 생겼을 때에는 일정한 기간동안 시공자는 담보의 책임을 져야 하며 이 것을 하자보증이라 하고, 하자보증을 위해 은행에 예치하는 금 액을 하자보증금이라 한다.

43 VE(Value Engineering)에서 원가절감을 실현할 수 있는 대상 선정이 잘못된 것은?

① 수량이 많은 것
② 반복효과가 큰 것
③ 장시간 사용으로 숙달된 것
④ 내용이 간단한 것

해설

VE(가치공학)
1) VE(Value engineering, 가치공학) : 건설현장에서 필요한 기능을 품질저하 없이 유지하며 가장 적은 비용으로 공사를 관리하는 원가절감기법을 말한다.
2) VE 대상선정
　① 건설업자와 직접 관련이 있을 것
　② 일체공사에서 반복이 많을 것
　③ 금액, 기간 등의 규모가 클 것

44 거푸집 존치기간 결정요인과 가장 거리가 먼 것은?

① 시멘트의 종류
② 골재의 입도
③ 구조물 부위
④ 기온

해설

(1) 골재의 입도는 거푸집 존치기간 결정요인과 관계가 있다.

(2) 거푸집의 존치기간

부위	기초, 보옆, 기둥 및 벽		바닥 및 지붕 슬래브, 보 밑	
시멘트의 종류	포틀랜드 시멘트	조강포틀 랜드 시멘트	포틀랜드 시멘트	조강포틀 랜드 시멘트
콘크리트의 재령 (일)	평균 20℃ 이상	4	2	7	4
	평균 10 ~20℃ 미만	6	3	8	5
콘크리트의 압축강도	50kg/cm²		설계기준강도의 50%	

45 파헤쳐진 흙을 담아 올리거나 이동하는데 사용하는 기계로 셔블, 버킷을 장착한 트랙터 또는 크롤러 형태의 기계는?

① 불도저　　② 앵글도저
③ 로더　　　④ 파워셔블

해설

① **불도저**(bull dozer) : 블레이드를 트랙터 앞부분에 90°로 설치하여 블레이드를 상하로 조정하면서 임의의 각도로 기울일 수 없게 한 정지용 기계
② **앵글도저**(angle dozer) : 블레이드 길이가 길고 높이를 30°의 각도로 회전시킬 수 있어 흙을 측면으로 보낼 수 있다.
③ **로더**(loader) : 본문 설명
④ **파워셔블**(power shovel) : 중기가 위치한 지면보다 높은 곳의 땅을 파는데 적합하다.

46 철골공사와 직접적으로 관련된 용어가 아닌 것은?

① 토크렌치　　② 너트 회전법
③ 적산온도　　④ 스터드 볼트

해설

(1) **토크렌치**(torque wrench) : 볼트를 죄는 회전력을 눈금 또는 숫자로 확실히 알고 죌 수 있는 공구이다.
(2) **너트 회전법** : 너트(볼트에 끼워 부품을 체결하는 것)를 회전하는 방법
(3) **스터드 볼트** : 환봉의 양단에 나사를 절삭한 볼트이다.

Answer ➡ 42. ④　43. ④　44. ②　45. ③　46. ③

47 민간자본 유치방식 중 사회간접시설을 설계, 시공한 후 소유권을 발주자에게 이양하고, 투자자는 일정기간 동안 시설물의 운영권을 행사하는 계약방식은?

① BOT(Build Operate Transfer)
② BTO(Build Transfer Operate)
③ BOO(Build Operate Own)
④ BTL(Build Transfer Lease)

해설
BTO : 본문설명

48 KS L 5201(포틀랜드시멘트)에 규정되어 있는 포틀랜드시멘트의 종류가 아닌 것은?

① 중용열포틀랜드시멘트
② 고로포틀랜드시멘트
③ 조강포틀랜드시멘트
④ 내황산염 포틀랜드시멘트

해설
포틀랜드시멘트 종류(KS L 5201)
1) 보통포틀랜드시멘트
2) 중용열포틀랜드시멘트
3) 조강포틀랜드시멘트
4) 저열포틀랜드시멘트
5) 내황산염 포틀랜드시멘트

49 철골공사의 접합방법 중 용접시공에 관한 사항으로 틀린 것은?

① 항상 용접열의 분포가 균등하도록 조치하고 일시에 다량의 열이 한 곳에 집중되지 않도록 해야 한다.
② 용접자세는 가능한 한 회전지그를 이용하여 아래보기 또는 수평자세로 한다.
③ 아크 발생은 필히 용접부 내에서 일어나도록 해야 한다.
④ 부재이음에 용접과 볼트를 불가피하게 병용할 경우에는 볼트를 조인 후에 용접하는 것을 원칙으로 한다.

해설
용접접합 : 철골의 접합을 리벳 대신 용접으로 하는 것이며, 전부 용접으로 할 때와 리벳치기 및 고장력볼트와 병용할 경우도 있다.

50 건설업법에 의한 공사계약서에 포함해야 할 사항이 아닌 것은?

① 공사내용
② 공사착수의 시기
③ 공법분석내용
④ 공사대금 지불방법

해설
공사도급계약서의 내용(건설업법 시행령)
1) 공사내용(규모, 도급금액 등)
2) 공사착수시기 및 완공시기(물가변동에 대한 도급액 변경)
3) 도급액 지불방법 및 지불시기
4) 인도 · 검사 및 인도시기
5) 설계변경, 공사중지의 경우 도급액 변경, 손해부담에 대한 사항(계약에 관한 분쟁 해결방안)

51 도급계약 방식 중 주문받은 건설업자가 대상계획의 기업 · 금융, 토지조달, 설계, 시공, 기계 · 기구 설치 등 주문자가 필요로 하는 모든 것을 조달하여 주문자에게 인도하는 도급계약 방식은?

① 공동도급
② 실비정산 보수가산도급
③ 턴키(turn – key)도급
④ 일식도급

해설
턴키(turn – key)도급 : 건설업자는 주문자가 필요로 하는 모든 것(대상계획의 기업 · 금융, 토지조달, 설계, 시공, 기계 · 기구 설치, 시운전까지의 모든 것)을 조달하여 주문자에게 인도하는 도급방식
1) 장점
  ① 공사비 절감 및 공사 단축이 가능하다.
  ② 공사방법의 연구 및 개발을 할 수 있다.
2) 단점
  ① 설계 · 견적 기간이 짧아 계획이 불충분하다.
  ② 최저 낙찰제로 건축물의 질이 저하될 수 있다.
  ③ 설계지침이 자주 변경될 수 있다.
  ④ 소수업자로 한정되며, 과다경쟁으로 덤핑(dumping)의 우려가 있다.

Answer ● 47. ② 48. ② 49. ④ 50. ③ 51. ③

52 주로 해안구조물과 교량의 상판, 난간벽체 등의 지지구조물, 내구성이 요구되는 건축물 등에 쓰이며, 탄소강 철근에 비해 내식성이 5~10배 정도 좋은 철근은?

① 스테인리스철근 ② 일반 이형철근
③ 일반 원형철근 ④ 고강도 이형철근

해설

스테인리스 철근 : 내식성이 보통철근에 비해 5~10배 정도로 큰 철근으로 강재가 부식되기 쉬운 장소에 사용한다.

53 철골구조물에 콘크리트슬래브를 설치하기 위한 구조재료로서 거푸집을 대용할 수 있는 것은?

① 엑세스플로어(access floor)
② 데크 플레이트(deck plate)
③ 커튼 월(curtain wall)
④ 익스팬션 조인트(expansion joint)

해설

데크 플레이트(deck plate)
1) 얇은 강판을 골 모양으로 내어 만든 재료이다.
2) 지붕잇기·벽 널 및 콘크리트 바닥과 거푸집 대용으로 쓰인다.

54 철근콘크리트공사에서의 철근이음에 대한 설명 중 틀린 것은?

① 철근의 이음위치는 되도록 응력이 큰 곳은 피한다.
② 일반적으로 이음을 할 때는 한 곳에서 철근 수의 반 이상을 이어야 한다.
③ 철근이음에는 겹침이음, 용접이음, 기계적 이음 등이 있다.
④ 철근이음은 힘의 전달이 연속적이고, 응력집중 등 부작용이 생기지 않아야 한다.

해설

철근이음시 주의사항
1) 이음은 응력이 큰 곳을 피하고 동일개소에 이음이 집중되지 않도록 할 것
2) D29(φ28)이상은 겹침이음을 하지 않도록 할 것
3) 보의 상단근은 중앙에서, 하단근은 단부에서 이음할 것
4) 기둥주근의 이음은 기둥 높이의 2/3 이내에서 이음할 것

55 콘크리트를 타설하는 데 사용하는 것으로 콘크리트가 흘러내려 가는 유도로로서, 길이는 가능한 짧게 또 굴곡이 없도록 하며 된 비빔 콘크리트에서는 사용하기 어려운 것은?

① 버킷 ② 호퍼
③ 슈트 ④ 카트

해설

콘크리트의 운반 및 타설
1) 버킷(bucket) : 콘크리트 타워에 설치되어 비빈 콘크리트를 담아 운반하는 용기이다.
2) 호퍼(hopper) : 타워의 상부에 설치하여 버킷으로 담아 올린 콘크리트를 받아 슈트(chute)로 보내는 깔때기처럼 생긴 틈이다.
3) 슈트(chute) : 본문설명

56 콘크리트 공사에서 발생하는 결함이라고 보기 어려운 것은?

① 재료분리의 발생
② 콜드조인트의 발생
③ 컨스트럭션 조인트의 발생
④ 동해에 의한 콘크리트 강도 저하

해설

콘스트럭션 조인트(construction joint, 시공줄눈) : 콘크리트 시공시 한 번에 계속하여 타설하지 못하는 경우에 생기는 줄눈이다.

57 철골기둥세우기의 순서를 올바르게 나열한 것은?

㉠ 기둥세우기
㉡ 주각모르타르 채움
㉢ 기둥 중심선 먹매김
㉣ 기초볼트위치 점검

① ㉢-㉣-㉠-㉡ ② ㉢-㉠-㉣-㉡
③ ㉡-㉢-㉠-㉣ ④ ㉡-㉢-㉣-㉠

해설

철골기둥세우기 순서
1) 기둥 중심선 먹매김 → 2) 기초볼트위치 재점검 → 3) 베이스 플레이트 레벨 조정용 라이너 플레이트 고정 → 4) 기둥세우기 → 5) 주각모르타르 채움

Answer ➡ 52. ① 53. ② 54. ② 55. ③ 56. ③ 57. ①

58 공동도급(joint venture contract)의 이점이 아닌 것은?

① 융자력의 증대
② 위험부담의 분산
③ 기술의 확충, 강화 및 경험의 증대
④ 이윤의 증대

해설
공동도급 : 2명 이상의 도급업자가 공동출자하여 기업체를 조직해서 협동으로 공사를 도급하는 방식(중소기업체에 유리)
1) 장점
　① 기술 · 자본 · 위험부담의 분산 · 감소
　② 신용도의 증대
　③ 기술의 확충, 강화 및 경험의 증대
　④ 공사계획과 시공이행의 확실
　⑤ 공사도급 경쟁강화
2) 단점
　① 1개 회사에 도급시키는 것보다 경비 증대
　② 현장관리 곤란
　③ 각 회사의 업무방식에서 오는 혼란

59 흙막이벽 자체의 휨 강성과 밑넣기 부분의 가로저항에 의해 주동토압을 부담시키고 굴착하는 흙막이 공법은?

① 버팀대식 공법　② 자립식 공법
③ 앵커방식 공법　④ 강재 널말뚝 공법

해설
자립식 흙막이 공법 : 굴착부 주위에 흙막이벽을 타입하여 토사의 붕괴를 흙막이벽 자체의 저항력으로 방지하여 굴착하는 공법이다.

60 연약한 점토질 지반에서 진흙의 점착력을 판별하는 토질시험은?

① 표준관입시험　② 지내력도시험
③ 보링　　　　　④ 베인테스트

해설
현장토질 시험방법
1) **베인테스트** : 연약한 점토질 지반에서 점토의 점착력을 판별하는 시험
2) **표준관입시험** : 사질지반의 흙의 경 · 연도의 정도를 판정하는 시험
3) **지내력시험** : 지반면의 허용지내력을 구하기 위한시험

제4과목　건설재료학

61 목재의 자연건조시 주의사항으로 틀린 것은?

① 건조시간의 절약을 위해 가능한 한 마구리를 노출한다.
② 목재 상호간의 간격을 충분히 하고 지면에서는 20cm 이상 높이의 굄목을 놓고 쌓는다.
③ 건조를 균일하게 하기 위해 때때로 상하 좌우로 환적한다.
④ 뒤틀림을 막기 위해 오림목을 고루 괴어둔다.

해설
자연건조법
1) 자연조건에 의해 건조하는 방법으로 특별한 장치를 필요로 하지 않는다.
2) 많은 목재를 일시에 건조시킬 수 있다.
3) 건조시간이 길며 넓은 장소가 필요하다.
4) 변색, 부패 등 손상을 입기 쉽다.

62 콘크리트 배합설계에 있어서 기준이 되는 골재의 함수상태는?

① 절건상태　② 기건상태
③ 표건상태　④ 습윤상태

63 강재의 경우 저온에서 인장할 때 또는 결함부가 있게 되면 연실율과 단면수축률이 없이 파단되는 현상을 무엇이라 하는가?

① 연성파괴　② 취성파괴
③ 청열취성　④ 저온취성

해설
(1) **연성파괴** : 금속이 하중을 받아서 충분한 소성변형을 일으킨 후에 파단하면 결정이 미끄럼 변형의 영향을 받아서 가늘고 길게 늘어나며 파면(연성파면 또는 전단파면)이 미세한 회색이 되는 것
(2) **취성파괴** : 본문 설명

Answer ● 58. ④　59. ②　60. ④　61. ①　62. ③　63. ②

64 매스콘크리트에서 균열제어를 하기 위한 대책으로 틀린 것은?

① 콘크리트의 온도상승을 적게 한다.
② 굵은골재의 최대치수는 건조수축 등을 고려하여 되도록 작은 값을 사용한다.
③ 급격한 온도 변화를 피한다.
④ 저발열성 시멘트를 사용한다.

해설

매스콘크리트(mass concrete) : 부재 또는 구조물의 치수가 커서 시멘트의 수화열에 의한 온도의 상승을 고려하여 시공하는 콘크리트를 말한다.

65 주철의 최대 장점인 주조성을 가지며 또한 결점인 취성을 제거하여 강과 같이 단조할 수 있는 제품으로 듀벨, 창호철물, 파이프 등에 사용되는 것은?

① 고급주철   ② 강성주철
③ 가단주철   ④ 백주철

해설

(1) **주철** : 강보다 용융점이 낮아서 복잡한 형태의 것이라도 주조하기 쉬우나 압연·단조성이 없는 것으로 탄소량 1.7~6.67%까지의 것을 주철이라고 한다. (보통 탄소량 2.5~4.5%)
(2) **가단주철** : 본문 설명

66 아스팔트는 온도에 의한 반죽질기가 현저하게 변화하는데, 이러한 변화가 일어나기 쉬운 정도를 무엇이라 하는가?

① 감온성   ② 침입도
③ 신도   ④ 연화성

해설

감온성 : 아스팔트는 온도에 따라 견고성의 변화가 매우 크며, 이 변화의 정도를 감온성이라 한다.

67 화성암에 속하지 않는 석재는?

① 화강암   ② 현무암
③ 안산암   ④ 사암

해설

사암 : 수성암

68 석회암이 열에 약한 이유로 가장 타당한 것은?

① 석재 내부에서 발생하는 열압력에 의한 균열 때문이다.
② 조암광물의 열팽창계수의 차이 때문이다.
③ 조암광물의 융점의 차이 때문이다.
④ 주성분이 열분해되기 때문이다.

해설

(1) **석회암** : 석회질이 용해·침전되어 퇴적·응고된 석재이다.
(2) 석회암은 열에 의해 분해되기 때문에 내화성이 부족하다.

69 구리와 주석의 합금으로 내식성이 크며 주조하기 쉽고 표면에 특유의 아름다운 청록색을 가지고 있어 건축장식철물 또는 미술공예자료에 사용되는 것은?

① 황동   ② 청동
③ 양은   ④ 적동

해설

(1) **황동** : 구리(Cu) + 아연(Zn)의 합금
(2) **청동** : 구리(Cu) + 주석(Sn)의 합금

70 펄라이트 모르타르 바름에 대한 설명으로 틀린 것은?

① 재료는 진주암 또는 흑요석을 소성 팽창시킨 것이다.
② 펄라이트는 비중 0.3 정도의 백색입자이다.
③ 내화피복재 바름으로 쓰인다.
④ 균열이 거의 발생하지 않는다.

해설

펄라이트 모르타르 바름은 경량골재(진주암 또는 흑요석 등)를 사용하기 때문에 균열이 쉽게 발생한다.

71 재료의 단열성에 영향을 미치는 요인이 아닌 것은?

① 재료의 두께   ② 재료의 밀도
③ 재료의 강도   ④ 재료의 표면상태

Answer ➤ 64. ② 65. ③ 66. ① 67. ④ 68. ④ 69. ② 70. ④ 71. ③

해설
(1) 단열성에 영향을 미치는 요인 : 재료의 두께, 재료의 밀도, 재료의 표면상태 등
(2) 단열재의 구비조건(선정조건)
   ① 열전도율·흡수율 등이 낮을 것
   ② 투기성·비중 등이 작을 것
   ③ 시공성(가공, 접착 등)이 좋을 것
   ④ 내화성, 내부식성 등이 좋을 것
   ⑤ 유독성 가스가 발생되지 않을 것
   ⑥ 균질한 품질이고 어느 정도의 기계적인 강도가 있을 것
   ⑦ 사용연한에 따른 변질이 없을 것

72 합판(plywood)의 특성에 관한 설명 중 틀린 것은?

① 방향성이 있다.
② 신축변형이 적다.
③ 흡음효과를 낼 수 있다.
④ 곡면가공시에도 균열이 적다.

해설
합판 : 3매 이상의 얇은 판을 1매마다 섬유방향이 직교하도록 겹쳐서 붙여 만든 것이다. (겹치는 매수 : 3, 5, 7매 등 홀수)
1) 단판을 서로 직교시켜서 붙인 것이므로 잘 갈라지지 않으며 방향에 따른 강도의 차가 적다. (방향성 없음)
2) 판재에 비해 균질이며 나비가 큰 판을 얻을 수 있다.

73 석고플라스터 미장재료에 대한 설명으로 옳지 않은 것은?

① 응결시간이 길고, 건조수축이 크다.
② 가열하면 결정수를 방출하므로 온도상승이 억제된다.
③ 물에 용해되므로 물과 접촉하는 부위에서의 사용은 부적합하다.
④ 일반적으로 소석고를 주성분으로 한다.

해설
석고플라스터는 경화속도(응결시간)가 빠르고 경화·건조시 수축균열이 적어 치수 안정성을 갖는다. (경화시 팽창하기 때문에 균열발생이 적음)

74 시멘트의 분말도가 클수록 나타나는 특징에 해당하지 않는 것은?

① 수화작용이 촉진된다.
② 초기강도가 증대된다.
③ 풍화작용이 억제된다.
④ 초기에 균열이 많이 발생한다.

해설
시멘트는 지나치게 분말도가 미세한 것은 풍화되기 쉽고 건조수축이 커져서 균열이 발생하기 쉽다.

75 재료가 외력을 받으면서 발생하는 변형에 저항하는 정도를 나타내는 것은?

① 가소성   ② 강성
③ 취성   ④ 좌굴

해설
① 가소성 : 변형이 비교적 쉽고 탄성한도 이상의 힘을 가해도 쉽게 파괴되지 않고 계속 변형하며 외력을 제거하여도 원형으로 복귀하지 않는 물체의 성질
② 강성 : 본문 설명
③ 취성(취약성) : 어떤 재료에 외력을 가했을 때 작은 변형만 나타나도 곧 파괴되는 성질
④ 좌굴 : 가는 기둥이나 얇은판 등을 압축하면 어떤 하중에 이르러 갑자기 가는 방향으로 휘어지며 이후 그 휨이 급격히 증대하는 현상

76 1,000℃ 이상의 고온에서도 견디는 단열재로 최근 철골의 내화피복재로 많이 사용되는 것은?

① 규산칼슘판   ② 펄라이트판
③ 세라믹섬유   ④ 경질우레탄폼

해설
① 규산칼슘판 : 규산질분말, 석회 및 무기질 섬유를 균일하게 배합하여 가열성형 및 수열처리하여 만들어진 제품으로 경량이고 강도가 높으며 내열 및 내수성이 우수하다.
② 펄라이트판 : 가볍고 단열성이 크며 표면이 요철형으로 되어 있고 화학적으로 안정하며 내화성도 크다.
③ 세라믹섬유 : 본문 설명
④ 경질우레탄폼 : 단열성이 크고 공사현장에서 발포시공이 가능하며 열대하여 안전한 단열재이다.

Answer ▶ 72. ① 73. ① 74. ③ 75. ② 76. ③

77 콘크리트의 워커빌리티에 영향을 줄 수 있는 요소에 대한 설명 중 틀린 것은?

① 단위수량이 증가하면 워커빌리티는 좋아지지만 재료의 분리가 발생하기 쉽다.
② 일반적으로 부(富)배합의 경우는 빈(貧)배합의 경우보다 워커빌리티가 좋다.
③ 골재로 강자갈을 사용한 경우가 깬자갈이나 깬모래를 사용한 경우보다 워커빌리티가 나쁘다.
④ 비빔시간이 과도하게 길면 콘크리트의 워커빌리티는 나빠진다.

해설

(1) **워커빌리티**(workability, 시공년도) : 콘크리트의 반죽질기(consistency)에 의한 작업의 난이도 및 재료분리에 저항하는 정도를 나타내는 성질이다.
(2) 골재는 둥근 강자갈이나 강모래가 깬자갈이나 깬모래보다 워커빌리티가 좋으며 시멘트 풀도 적어진다.

> **길잡이** 워커빌리티에 영향을 주는 요인
> 1) 시멘트의 품질   2) 시멘트의 양
> 3) 골재의 입도와 형상   4) 단위수량
> 5) 배합 및 비빔   6) 혼화재료 등

78 점토 벽돌의 규격에 해당되는 기본치수로 옳은 것은?

① 190 × 90 × 57   ② 190 × 90 × 60
③ 210 × 90 × 57   ④ 210 × 90 × 60

해설

점토 소성벽돌의 규격

구분	길이(mm)	너비(mm)	두께(mm)
기존형(재래형)	210	100	60
표준형(장려형)	190	90	57
허용치	±3%	±3%	±4%

79 KS F 3211(건설용 도막방수재)에서 주요 원료에 따른 방수재의 종류에 해당하지 않는 것은?

① 우레탄 고무계 방수재
② 아크릴 고무계 방수재
③ 에폭시 수지계 방수재
④ 고무 아스파트계 방수재

해설

건설용 도막방수재의 종류(KS F 3211)
1) 우레탄 고무계   2) 아크릴 고무계
3) 클로로프렌 고무계   4) 실리콘 고무계
5) 고무아스팔트계

80 강의 물리적 성질 중 탄소함유량이 증가함에 따라 나타나는 현상으로 틀린 것은?

① 비중이 낮아진다.
② 열전도율이 커진다.
③ 팽창계수가 낮아진다.
④ 비열과 전기저항이 커진다.

해설

강의 물리적 성질 : 강은 탄소함유량의 증가에 따라 다음과 같은 성질을 갖는다.
1) 비중, 열전도율, 열팽창계수 등은 감소한다.
2) 비열, 전기저항 등은 증가한다.

제5과목 건설안전기술

81 흙막이 가시설 공사 중 발생할 수 있는 히빙(Heaving)현상에 관한 설명으로 틀린 것은?

① 흙막이 벽체 내·외의 토사의 중량차에 의해 발생한다.
② 연약한 점토지반에서 굴착면의 융기로 발생한다.
③ 연약한 사질토 지반에서 주로 발생한다.
④ 흙막이벽의 근입장 깊이가 부족할 경우 발생한다.

해설

히빙현상 : 연약한 점토질 지반에서 발생

82 다음 빈칸에 알맞은 숫자를 순서대로 옳게 나타낸 것은?

> 강관비계의 경우, 띠장간격은 (   )m 이하로 설치할 것

Answer ➡ 77. ③ 78. ① 79. ③ 80. ② 81. ③ 82. ③

① 1　　　　　　　② 1.5
③ 2　　　　　　　④ 2.3

해설

강관비계의 구조
1) 비계기둥의 간격 : 띠장방향에서 1.85m 이하, 장선방향에서 1.5m 이하
2) 띠장간격 : 2m 이하
3) 비계기둥의 최고부에서 31m 되는 밑부분의 비계기둥 : 2본의 강관으로 묶어 세울 것
4) 비계기둥간의 적재하중 : 400kg 이하

83 굴착기계 중 주행기면보다 하빙의 굴착에 적합하지 않은 것은?

① 백호우　　　　② 클램셸
③ 파워셔블　　　④ 드래그라인

해설

파워셔블(power shovel) : 중기가 위치한 지면보다 높은 장소 굴착

84 크레인을 사용하여 양중작업을 하는 때에 안전한 작업을 준수하여야 할 내용으로 틀린 것은?

① 인양할 하물(何物)을 바닥에서 끌어당기거나 밀어 정위치 작업을 할 것
② 가스통 등 운반 도중에 떨어져 폭발 가능성이 있는 위험물 용기는 보관함에 담아 매달아 운반할 것
③ 인양 중인 하물이 작업자의 머리 위로 통과하지 않도록 할 것
④ 인양할 하물이 보이지 아니하는 경우에는 어떠한 동작도 하지 아니할 것

해설

크레인을 사용하여 작업시는 인양할 하물을 바닥에서 끌어당기거나 밀어내는 작업을 하지 아니할 것(안전보건규칙 제146조)

85 다음 ( ) 안에 들어갈 말로 옳은 것은?

콘크리트 측압은 콘크리트 타설 속도, ( ), 단위용적질량, 온도, 철근배근상태 등에 따라 달라진다.

① 타설높이　　　② 골재의 형상
③ 콘크리트 강도　④ 박리제

해설

콘크리트 측압 산정시 고려되는 요소
1) 타설속도(보통 10~50m/h 정도)
2) 타설높이(m)
3) 굳지 않은 콘크리트 단위용적중량(t/m³)
4) 콘크리트 온도(℃)
5) 벽길이

86 주행크레인 및 선회크레인과 건설물 사이에 통로를 설치하는 경우, 그 폭은 최소 얼마 이상으로 하여야 하는가? (단, 건설물의 기둥에 접촉하지 않는 부분인 경우)

① 0.3m　　　　② 0.4m
③ 0.5m　　　　④ 0.6m

해설

건설물 등과의 사이 통로
1) 주행크레인 또는 선회크레인과 건설물 또는 설비와의 사이에 통로를 설치하는 경우 그 폭을 0.6m 이상으로 하여야 한다.
2) 다만, 그 통로 중 건설물의 기둥에 접촉하는 부분에 대해서는 0.4m 이상으로 할 수 있다.

87 철골공사에서 나타나는 용접결함의 종류에 해당하지 않는 것은?

① 오버랩(over lap)
② 언더 컷(under cut)
③ 블로우 홀(blow hole)
④ 가우징(gouging)

해설

가우징(gouging) : 용접시 쪼아 따내기 등에 의해 여분을 제거하는 작업

88 와이어로프나 철선 등을 이용하여 상부지점에서 작업용 발판을 매다는 형식의 비계로서 건물 외벽도장이나 청소 등의 작업에서 사용되는 비계는?

① 브라켓 비계　　② 달비계
③ 이동식 비계　　④ 말비계

Answer ➡ 83. ③　84. ①　85. ①　86. ④　87. ④　88. ②

해설
1) 달비계 : 본문 설명(상하이동 가능)
2) 달대비계 : 철골에 매달아 사용하는 비계, 상하이동 불가능

89 건설공사시 계측관리의 목적이 아닌 것은?
① 지역의 특수성보다는 토질의 일반적인 특성파악을 목적으로 한다.
② 시공 중 위험에 대한 정보제공을 목적으로 한다.
③ 설계시 예측치와 시공시 측정치와의 비교를 목적으로 한다.
④ 향후 거동 파악 및 대책 수립을 목적으로 한다.

해설
계측관리의 목적에는 지역의 특수성을 파악하는 것도 포함된다.

90 유해·위험방지계획서 검토자의 자격 요건에 해당되지 않는 것은?
① 건설안전분야 산업안전지도사
② 건설안전산업기사로서 실무경력 3년인 자
③ 건설안전산업기사 이상으로서 실무경력 7년인 자
④ 건설안전기술사

해설
②항, 건설안전산업기사로서 실무경력 5년인 자

91 흙의 동상을 방지하기 위한 대책으로 틀린 것은?
① 물의 유통을 원활하게 하여 지하수위를 상승시킨다.
② 모관수의 상승을 차단하기 위하여 지하수위 상층에 조립토층을 설치한다.
③ 지표의 흙을 화학약품으로 처리한다.
④ 흙속에 단열재료를 매입한다.

해설
흙의 동상을 방지하기 위해서는 물의 유통을 차단하고 지하수위를 감소시켜야 한다.

92 차량계 하역운반기계에서 화물을 싣거나 내리는 작업에서 작업지휘자가 준수해야 할 사항과 가장 거리가 먼 것은?
① 작업순서 및 그 순서마다의 작업방법을 정하고 작업을 지휘하는 일
② 기구 및 공구를 점검하고 불량품을 제거하는 일
③ 당해 작업을 행하는 장소에 관계근로자외의 자의 출입을 금지하는 일
④ 총 화물량을 산출하는 일

해설
차량계 하역운반기계등에 단위화물의 무게가 100kg 이상인 화물을 싣거나 내리는 작업을 하는 경우 작업지휘자의 준수사항(안전보건규칙 제 177조)
1) ①, ②, ③항
2) 로프 풀기작업 또는 덮개 벗기기 작업은 적재함의 화물이 떨어질 위험이 없음을 확인한 후에 하도록 할 것

93 타워크레인을 벽체에 지지하는 경우 서면심사 서류 등이 없거나 명확하지 아니할 때 설치를 위해서는 특정기술자의 확인을 필요로 하는데, 그 기술자에 해당하지 않는 것은?
① 건설안전기술사
② 기계안전기술사
③ 건축시공기술사
④ 건설안전분야 산업안전지도사

해설
타워크레인을 벽체에 지지하는 경우 서면심사서류 등이 없거나 명확하지 아니할 경우 설치를 위해서 확인을 받아야할 기술자의 자격
1) 건축구조·건설기계·기계안전·건설안전 기술사
2) 건설안전분야 산업안전지도사

94 안전난간의 구조 및 설치요건과 관련하여 발끝막이판의 바닥으로부터 설치높이 기준으로 옳은 것은?
① 10cm 이상
② 15cm 이상
③ 20cm 이상
④ 30cm 이상

해설
안전난간의 발끝막이판의 설치높이 : 바닥면 등에서 10cm 이상

Answer ➡ 89. ① 90. ② 91. ① 92. ④ 93. ③ 94. ①

95 산업안전보건기준에 관한 규칙에 따른 토사붕괴를 예방하기 위한 굴착면의 기울기 기준으로 틀린 것은?

① 모래 1 : 1.8
② 그밖의 흙 1 : 1.2
③ 풍화암 1 : 0.8
④ 경암 1 : 0.5

해설

굴착작업시 굴착면의 기울기 기준

지반의 종류	구배
모래	1 : 1.8
그밖의 흙	1 : 1.2
풍화암	1 : 1.0
연암	1 : 1.0
경암	1 : 0.5

96 콘크리트 타설시 거푸집의 측압에 영향을 미치는 인자들에 대한 설명으로 틀린 것은?

① 슬럼프가 클수록 측압은 크다.
② 거푸집의 강성이 클수록 측압은 크다.
③ 철근량이 많을수록 측압은 작다.
④ 타설속도가 느릴수록 측압은 크다.

해설

④항, 타설속도가 빠를수록 측압은 크다.

97 항타기·항발기의 권상용 와이어로프로 사용 가능한 것은?

① 이음매가 있는 것
② 와이어로프의 한 꼬임에서 끊어진 소선의 수가 5%인 것
③ 지름의 감소가 호칭지름의 8%인 것
④ 심하게 변형된 것

해설

②항, 와이어로프의 한 꼬임에서 끊어진 소선의 수가 10% 이상인 것

98 철근가공작업에서 가스절단을 할 때의 유의사항으로 틀린 것은?

① 가스절단 작업시 호스는 겹치거나 구부러지거나 밟히지 않도록 한다.
② 호스, 전선 등은 작업효율을 위하여 다른 작업장을 거치는 곡선상의 배선이어야 한다.
③ 작업장에서 가연성 물질에 인접하여 용접작업할 때에는 소화기를 비치하여야 한다.
④ 가스절단 작업 중에는 보호구를 착용하여야 한다.

해설

철근가공작업을 할 때 가스절단시 유의사항(고용노동부 고시)
1) ①, ③, ④항
2) 호스, 전선 등은 다른 작업장을 거치지 않는 직선상의 배선이어야 하며, 길이가 짧아야 한다.

99 사다리식 통로의 설치기준으로 틀린 것은?

① 폭은 30cm 이상으로 할 것
② 발판과 벽과의 사이는 15cm 이상의 간격을 유지할 것
③ 사다리의 상단은 걸쳐놓은 지점으로부터 60cm 이상 올라가도록 할 것
④ 사다리식 통로의 길이가 10m 이상인 경우에는 7m 이내마다 계단참을 설치할 것

해설

사다리식 통로의 길이가 10m 이상인 경우에는 5m 이내마다 계단참을 설치할 것

100 추락방지망의 달기로프를 지지점에 부착할 때 지지점의 간격이 1.5m인 경우 지지점의 강도는 최소 얼마 이상이어야 하는가? (단, 연속적인 구조물이 방망지지점인 경우임)

① 200kg
② 300kg
③ 400kg
④ 500kg

해설

추락방지망의 달기로프를 지지점에 부착할 경우 : 지지점의 간격이 1.5m인 경우 지지점의 강도는 300kg 이상일 것

Answer ● 95. ③ 96. ④ 97. ② 98. ② 99. ④ 100. ②

2021년 제1회 건설안전산업기사 CBT 복원 기출문제

제1과목 산업안전관리론

01 사버드(Bird)는 사고가 5개의 연쇄반응에 의하여 발생되는 것으로 보았다. 다음 중 재해발생의 첫 단계에 해당하는 것은?
① 개인적 결함
② 사회적 환경
③ 전문적 관리의 부족
④ 불안전한 행동 및 불안전한 상태

해설
버드의 사고연쇄성 이론 5단계
1) 1단계 : 통제의 부족 – 관리 소홀(경영)
2) 2단계 : 기본원인 – 기원(원인론)
3) 3단계 : 직접원인 – 징후
4) 4단계 : 사고 – 접촉
5) 5단계 : 상해 – 손해 – 손실

02 무재해운동의 추진에 있어 무재해운동을 개시한 날부터 며칠 이내에 무재해운동 개시신청서를 관련 기관에 제출하여야 하는가?
① 4일
② 7일
③ 14일
④ 30일

해설
무재해운동 개시 신청서 : 무재해운동을 개시한 날로부터 14일 이내에 신청

03 다음 중 부주의 현상을 그림으로 표시한 것으로 의식의 우회를 나타낸 것은?

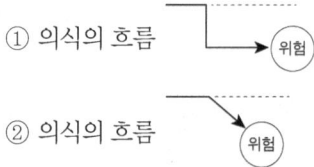

③ 의식의 흐름  위험

④ 의식의 흐름 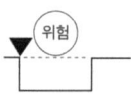 위험

해설
부주의 현상
1) 의식의 단절 : 지속적인 의식의 흐름에 단절이 생기고 공백의 상태가 나타나는 것
2) 의식의 우회 : 의식의 흐름이 옆으로 빗나가 발생하는 것
3) 의식수준의 저하 : 심신이 피로할 경우, 단조로운 반복작업 시 발생
4) 의식수준의 과잉 : 지나친 의욕에 의해서 생기는 부주의 현상

04 재해손실비 중 직접 손실비에 해당하지 않는 것은?
① 요양급여
② 휴업급여
③ 간병급여
④ 생산손실급여

해설
생산손실급여 : 간접 손실비

05 산업안전보건법령에 따라 건설현장에서 사용하는 크레인, 리프트 및 곤돌라는 최초로 설치한 날부터 얼마마다 안전검사를 실시하여야 하는가?
① 6개월
② 1년
③ 2년
④ 3년

해설
안전검사의 주기
1) 크레인, 리프트 및 곤돌라 : 사업장에 설치가 끝난 날부터 3년 이내에 최초 안전검사를 실시하되, 그 이후부터 매 2년(건설현장에서 사용하는 것은 최초로 설치한 날부터 매 6개월)
2) 그 밖의 유해·위험기계 등 : 사업장에 설치가 끝난 날부터 3년 이내에 최초 안전검사를 실시하되, 그 이후부터 매 2년(공정안전보고서를 제출하여 확인을 받은 압력용기는 4년)

Answer ➡ 01. ③ 02. ③ 03. ④ 04. ④ 05. ①

06 산업안전보건법령상 안전·보건표지의 종류에 있어 "안전모 착용"은 어떤 표지에 해당하는가?

① 경고 표지
② 지시 표지
③ 안내 표지
④ 관계자 외 출입금지

해설

안전모 착용 등 보호구 착용 표지 : 지시표지

07 어떤 사업장의 종합재해지수가 16.95이고, 도수율이 20.83이라면 강도율은 약 얼마인가?

① 20.45 ② 15.92
③ 13.79 ④ 10.54

해설

종합재해지수 = $\sqrt{도수율 \times 강도율}$

강도율 = $\dfrac{(종합재해지수)^2}{도수율} = \dfrac{16.95^2}{20.83}$
= 13.79

08 인간관계 메커니즘 중에서 다른 사람으로부터의 판단이나 행동을 무비판적으로 논리적, 사실적 근거 없이 받아들이는 것을 무엇이라 하는가?

① 모방(imitation)
② 암시(suggestion)
③ 투사(projection)
④ 동일화(identification)

해설

인간관계의 메커니즘
1) **모방** : 남의 행동이나 판단을 표본으로 하여 그것과 같거나 또는 그것에 가까운 행동 판단을 취하는 것
2) **암시** : 본문설명
3) **투사** : 자기 속의 억압된 것을 다른 사람의 것으로 생각하는 것
4) **동일화** : 다른 사람의 행동양식이나 태도를 투입하거나 다른 사람 가운데서 자기와 비슷한 것을 발견하는 것
5) **커뮤니케이션** : 갖가지 행동양식이나 기호를 매개로 하여 어떤 사람으로부터 다른 사람에게 전달되는 과정

09 다음 중 산업안전보건법령에서 정한 안전보건관리규정의 세부내용으로 가장 적절하지 않은 것은?

① 산업안전보건위원회의 설치·운영에 관한 사항
② 사업주 및 근로자의 재해예방 책임 및 의무 등에 관한 사항
③ 근로자 건강진단, 작업환경측정의 실시 및 조치절차 등에 관한 사항
④ 산업재해 및 중대산업사고의 발생시 손실비용 산정 및 보상에 관한 사항

해설

④항. 산업재해 및 중대산업사고의 발생시 처리절차 및 긴급조치에 관한 사항
📖 안전보건관리규정의 세부내용 : 시행규칙 별표 3 (2019.12.26. 개정)

10 다음 중 교육훈련의 학습을 극대화시키고, 개인의 능력개발을 극대화시켜 주는 평가방법이 아닌 것은?

① 관찰법 ② 배제법
③ 자료분석법 ④ 상호평가법

해설

교육훈련의 학습 극대화 및 개인능력 개발의 극대화를 위한 평가방법
1) 관찰법
2) 자료분석법
3) 상호평가법

11 다음 중 안전심리의 5대 요소에 해당하는 것은?

① 기질(temper)
② 지능(intelligence)
③ 감각(sense)
④ 환경(environment)

해설

안전심리의 5대 요소
1) 습관 2) 습성 3) 동기
4) 기질 5) 감정

Answer ▶ 06. ② 07. ③ 08. ② 09. ④ 10. ② 11. ①

12 다음 중 시행착오설에 의한 학습법칙에 해당하지 않은 것은?

① 효과의 법칙
② 준비성의 법칙
③ 연습의 법칙
④ 일관성의 법칙

해설
시행착오설에 의한 학습법칙
1) 연습의 법칙(빈도의 법칙)
2) 효과의 법칙(결과의 법칙)
3) 준비성의 법칙

13 다음 중 재해조사시의 유의사항으로 가장 적절하지 않은 것은?

① 사실을 수집한다.
② 사람, 기계설비, 양면의 재해요인을 모두 도출한다.
③ 객관적인 입장에서 공정하게 조사하며, 조사는 2인 이상이 한다.
④ 목격자는 증언과 추측의 말을 모두 반영하여 분석하고, 결과를 도출한다.

해설
목격자의 증언과 추측의 말은 참고로만 한다.

14 산업안전보건법령상 특별안전 · 보건교육에 있어 대상 작업별 교육내용 중 밀폐공간에서의 작업에 대해 교육 내용과 가장 거리가 먼 것은? (단, 기타 안전 · 보건관리에 필요한 사항은 제외한다.)

① 산소농도측정 및 작업환경에 관한 사항
② 유해물질의 인체에 미치는 영향
③ 보호구 착용 및 사용방법에 관한 사항
④ 사고시의 응급처치 및 비상시 구출에 관한 사항

해설
밀폐공간에서 작업시 특별안전보건교육의 교육내용 (시행규칙 별표 8의 2)
1) ①, ③, ④항
2) 밀폐공간작업의 안전작업방법에 관한 사항

15 다음 중 매슬로우의 욕구 5단계 이론에서 최종 단계에 해당하는 것은?

① 존경의 욕구
② 성장의 욕구
③ 자아실현 욕구
④ 생리적 욕구

해설
매슬로우의 욕구 5단계
1) 1단계 : 생리적 욕구
2) 2단계 : 안전의 욕구
3) 3단계 : 사회적 욕구
4) 4단계 : 인정받으려는 욕구
5) 5단계 : 자아실현의 욕구

16 다음 중 안전대의 각 부품(용어)에 관한 설명으로 틀린 것은?

① "안전그네"란 신체지지의 목적으로 전신에 착용하는 띠 모양의 것으로서 상체 등 신체 일부분만 지지하는 것은 제외한다.
② "버클"이란 벨트 또는 안전그네와 신축조절기를 연결하기 위한 사각형의 금속 고리를 말한다.
③ "U자걸이"란 안전대의 죔줄을 구조물 등에 U자 모양으로 돌린 뒤 훅 또는 카라비너를 D링에, 신축조절기를 각링 등에 연결하는 걸이 방법을 말한다.
④ "1개걸이"란 죔줄의 한쪽 끝을 D링에 고정시키고 훅 또는 카라비너를 구조물 또는 구명줄에 고정시키는 걸이 방법을 말한다.

해설
버클 : 벨트 또는 안전그네를 신체에 착용하기 위해 그 끝에 부착한 금속장치

17 다음 중 무재해운동 추진기법에 있어 지적확인의 특성을 가장 적절하게 설명한 것은?

① 오관의 감각기관을 총동원하여 작업의 정확성과 안전을 확인한다.
② 참여자 전원의 스킨십을 통하여 연대감, 일체감을 조성할 수 있고 느낌을 교류한다.
③ 비평을 금지하고, 자유로운 토론을 통하여 독창적인 아이디어를 끌어낼 수 있다.
④ 작업 전 5분간의 미팅을 통하여 시나리오상의 역할을 연기하여 체험하는 것을 목적으로 한다.

Answer ➡ 12. ④ 13. ④ 14. ② 15. ③ 16. ② 17. ①

해설

지적확인 : 인간의 실수를 없애기 위해 눈, 손, 입, 귀 등을 이용하여 작업을 착수하기 전에 대뇌를 자극시켜 안전을 확보하기 위한 기법

18 다음 중 학습목적의 3요소에 해당하지 않는 것은?

① 주제　　　　② 대상
③ 목표　　　　④ 학습정도

해설

학습목적의 3요소
1) 목표 : 학습을 통하여 달성하려는 지표
2) 주제 : 목표달성을 위한 테마(thema)
3) 학습정도 : 학습범위와 내용의 정도

19 다음 중 안전교육의 3단계에서 생활지도, 작업동작지도 등을 통한 안전의 습관화를 위한 교육을 무엇이라 하는가?

① 지식교육　　② 기능교육
③ 태도교육　　④ 인성교육

해설

안전교육의 3단계
1) 1단계 – **지식교육** : 안전의식 향상, 안전 책임감 주입, 안전규정 숙지 등
2) 2단계 – **기능교육** : 안전기술기능, 방호장치관리기능, 정비 · 검사 · 점검 등에 관한 기능
3) 3단계 – **태도교육** : 안전의 정착화 및 습관화

20 다음 중 헤드십에 관한 내용으로 볼 수 없는 것은?

① 부하와의 사회적 간격이 좁다.
② 지휘의 형태는 권위주의적이다.
③ 권한의 부여는 조직으로부터 위임받는다.
④ 권한에 대한 근거는 법적 또는 규정에 의한다.

해설

헤드십은 부하와의 사회적 간격이 넓다.

제2과목　인간공학 및 시스템안전공학

21 다음 중 음(音)의 크기를 나타내는 단위로만 나열된 것은?

① dB, nit　　　　② phon, lb
③ dB, psi　　　　④ phon, dB

해설

음의 크기를 나타내는 단위 : dB(데시벨), phon(폰), sone(손) 등

22 다음 중 결함수분석법(FTA)에 관한 설명으로 틀린 것은?

① 최초 Watson이 군용으로 고안하였다.
② 미니멀 패스(Minimal path sets)를 구하기 위해서는 미니멀 컷(Minimal cut sets)의 상대성을 이용한다.
③ 정상사상의 발생확률을 구한 다음 FT를 작성한다.
④ AND게이트의 확률 계산은 각 입력사상의 곱으로 한다.

해설

정상사상의 발생확률은 FT도를 작성한 후에 산정한다.

23 다음 통제용 조종장치의 형태 중 그 성격이 다른 것은?

① 노브(knob)
② 푸시 버튼(push button)
③ 토글스위치(toggle switch)
④ 로터리선택스위치(rotary select switch)

해설

통제장치 유형
1) **양의 조절에 의한 통제** : 연속조절(knob, crank, handle, lever, pedal 등)
2) **개폐에 의한 통제** : 불연속 조절(푸시버튼, 토클스위치, 로터리스위치 등)
3) **반응에 의한 통제** : 자동경보시스템

Answer ➡ 18. ②　19. ③　20. ①　21. ④　22. ③　23. ①

24 다음 중 공간배치의 원칙에 해당되지 않는 것은?

① 중요성의 원칙
② 다양성의 원칙
③ 기능별 배치의 원칙
④ 사용빈도의 원칙

해,설
부품배치의 4원칙
1) 중요성의 원칙
2) 사용빈도의 원칙
3) 기능별 배치의 원칙
4) 사용순서의 원칙

25 다음 중 위험 및 운전성 분석(HAZOP)수행에 가장 좋은 시점은 어느 단계인가?

① 구상단계   ② 생산단계
③ 설치단계   ④ 개발단계

해,설
위험 및 운전성 검토를 수행하기에 가장 좋은 시점 : 설계완료 단계(개발단계)

26 1Cd의 점광원에서 1m 떨어진 곳에서의 조도가 3Lux이었다. 동일한 조건에서 5m 떨어진 곳에서의 조도는 약 몇 Lux인가?

① 0.12   ② 0.22
③ 0.36   ④ 0.56

해,설
조도 $= 3 \times \dfrac{1}{5^2} = 0.12 \text{Lux}$

27 다음 중 신체와 환경간의 열교환 과정을 가장 올바르게 나타낸 식은? (단, W는 일, M은 대사, S는 열축적, R은 복사, C는 대류, E는 증발, Clo는 의복의 단열률이다.)

① W= (M + S) ± R ± C − E
② S= (M − W) ± R ± C − E
③ W= Clo × (M − S) ± R ± C − E
④ S= Clo × (M − W) ± R ± C − E

해,설
열축적(S) = 대사(M) − 일(W) ± 복사(R) ± 대류(C) − 증발(E)

28 다음 중 위험을 통제하는데 있어 취해야 할 첫 단계 조사는?

① 작업원을 선발하여 훈련한다.
② 덮개나 격리 등으로 위험을 방호한다.
③ 설계 및 공정계획7서에 위험을 제거토록 한다.
④ 점검과 필요한 안전보호구를 사용하도록 한다.

해,설
위험을 통제하기 위한 단계
1) 1단계 : 설계 및 공정계획서에 위험 제거
2) 2단계 : 작업원 선발 및 훈련
3) 3단계 : 덮개, 격리 등 위험의 방호
4) 4단계 : 안전보호구 등 사용

29 FT도에서 사용되는 다음 기호의 의미로 옳은 것은?

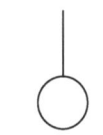

① 결함사상   ② 기본사상
③ 통상사상   ④ 제외사상

해,설
① 결함사상 : ▭
② 기본사상 : ○
③ 통상사상 : ⌂

30 System 요소 간의 link 중 인간 커뮤니케이션 link에 해당되지 않는 것은?

① 방향성 link   ② 통신계 link
③ 시각 link   ④ 컨트롤 link

해,설
인간 커뮤니케이션 link
1) 방향성 link   2) 통신계 link   3) 시각 link

Answer ➡ 24. ② 25. ④ 26. ① 27. ② 28. ③ 29. ② 30. ④

31 다음 중 일반적인 수공구의 설계원칙으로 볼 수 없는 것은?

① 손목을 곧게 유지한다.
② 반복적인 손가락 동작을 피한다.
③ 사용이 용이한 검지만을 주로 사용한다.
④ 손잡이는 접촉면적을 가능하면 크게 한다.

해설
수공구의 설계원칙
1) 손목을 곧게 펼 수 있도록 할 것(손목이 팔과 일직선일 때 가장 이상적)
2) 손가락으로 지나친 반복동작을 하지 않도록 할 것 (검지의 지나친 사용은 「방아쇠 손가락」증세 유발)
3) 손바닥면에 압력이 가해지지 않도록 손잡이 접촉면적을 가능한 크게 할 것

32 인간 오류의 분류에 있어 원인에 의한 분류 중 작업자가 기능을 움직이려 해도 필요한 물건, 정보, 에너지 등의 공급이 없는 것처럼 작업자가 움직이려 해도 움직일 수 없어서 발생하는 오류는?

① primary error
② secondary error
③ command error
④ omission error

해설
휴먼에러의 원인의 level적 분류
1) primary error(주과오) : 작업자 자신으로부터의 error
2) secondary error(2차과오) : 작업형태나 작업조건 중에서 다른 문제가 생겨 그 때문에 필요한 사항을 실행할 수 없는 error
3) command error(지시과오) : 본문 설명

33 다음 중 신호의 강도, 진동수에 의한 신호의 상대식별 등 물리적 자극의 변화여부를 감지 할 수 있는 최소의 자극 범위를 의미하는 것은?

① Chunking
② Stimulus Range
③ SDT(Signal Detection Theory)
④ JND(Just Noticeable Difference)

해설
JND(Just Noticeable Difference, 판별한계)
1) 가장 통용되는 식별도의 척도로서 사람이 50%를 검출(의식) 할 수 있는 자극차원(신호강도 세기나 주파수)의 최소변화 또는 차이이다.
2) JND가 작을수록 그 차원의 변화를 검출하기 쉽다.

34 조도가 400Lux인 위치에 놓인 흰색 종이 위에 짙은 회색의 글자가 씌어져 있다. 종이의 반사율은 80%이고, 글자의 반사율은 40%라 할 때 종이와 글자의 대비는 얼마인가?

① -100% ② -50%
③ 50%   ④ 100%

해설
$$\text{대비} = \frac{L_b - L_t}{L_b} \times 100 = \frac{80-40}{80} \times 100 = 50\%$$

35 다음 중 인간-기계시스템에서 기계에 비교한 인간의 장점과 가장 거리가 먼 것은?

① 완전히 새로운 해결책을 찾아낸다.
② 여러 개의 프로그램된 활동을 동시에 수행한다.
③ 다양한 경험을 토대로 하여 의사결정을 한다.
④ 상황에 따라 변화하는 복잡한 자극 형태를 식별한다.

해설
②항, 기계의 장점

36 성인이 하루에 섭취하는 음식물의 열량 중 일부는 생명을 유지하기 위한 신체기능에 소비되고, 나머지는 일을 한다거나 여가를 즐기는데 사용될 수 있다. 이 중 생명을 유지하기 위한 최소한의 대사량을 무엇이라 하는가?

① BMR   ② RMR
③ GSR   ④ EMG

해설
①항, BMR : 생명을 유지하기 위한 최소한의 대사량
②항, RMR : 에너지대사율(작업대사량/기초대사량)
③항, GSR : 피부전기반사
④항, EMG : 근전도

Answer ➡ 31. ③ 32. ③ 33. ④ 34. ③ 35. ② 36. ①

37 Chapanis의 위험분석에 발생이 불가능한 (impossible) 경우의 위험발생률은?

① 10^{-2}/day
② 10^{-4}/day
③ 10^{-6}/day
④ 10^{-8}/day

해설

위험발생이 불가능한 위험발생률 : $1/10^8 (10^{-8}/\text{day})$

38 세발자전거에서 각 바퀴의 신뢰도가 0.9일 때 이 자전거의 신뢰도는 얼마인가?

① 0.729
② 0.810
③ 0.891
④ 0.999

해설

$R = 0.9 \times 0.9 \times 0.9 = 0.729$

39 다음 중 형상 암호화된 조종장치에서 "이산 멈춤 위치용" 조종장치로 가장 적절한 것은?

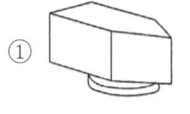 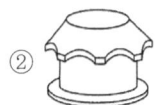
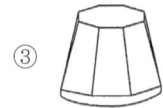 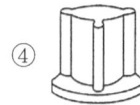

해설

촉각적 암호와의 종류
1) 형상 암호화된 조정장치
   ① 만져봐서 식별되는 손잡이 : 다회선용, 단회전용, 이산 멈춤 위치용 등
   ② 용도와 관련된 형상으로 식별되는 손잡이 : 착륙장치, 회전수 등
2) 표면촉감을 이용한 조정장치 : 매끄러운 면, 세로홈, 깔쭉 면 등
3) 크기를 이용한 조정장치 : 크기 차이를 쉽게 구별할 수 있도록 설계

40 다음 중 보전용 자재에 관한 설명으로 가장 적절하지 않은 것은?

① 소비속도가 느려 순환사용이 불가능하므로 폐기시켜야 한다.
② 휴지손실이 적은 자재는 원자재나 부품의 형태로 재고를 유지한다.
③ 열화상태를 경향검사로 예측이 가능한 품목은 적시 발주법을 적용한다.
④ 보전의 기술수준, 관리수준이 재고량을 좌우한다.

해설

순환사용이 불가능하다고 폐기시켜는 안 된다.

제3과목 건설시공학

41 경량콘크리트(Lightweight Concrete)에 대한 설명 중 옳지 않은 것은?

① 기건비중은 2.0 이하, 단위중량은 1,700kg/m³ 정도이다.
② 열전도율은 보통콘크리트와 유사하나 단열성은 우수하다.
③ 물과 접하는 지하실 등의 공사에는 부적합하다.
④ 경량이어서 인력에 의한 취급이 용이하고, 가공도 쉽다.

해설

경량콘크리트 : 보통콘크리트보다 열전도율이 작으며 내화성, 방음성 등이 크다.

42 철골공사의 철골부재 용접에서 용접결함이 아닌 것은?

① 언더컷(under cut)
② 오버랩(over lap)
③ 루트(root)
④ 블로우홀(blow hole)

해설

(1) **용접결함** : 언더컷, 오버랩, 블로우홀(공기구멍), 균열(crak), 슬래그섞임, 피트(pit), 위핑홀(weeping hole)등
(2) **루트**(root) : 용접의 단면에서 용착금속의 밑바닥과 모재와의 교차점

43 공사계획에 있어서 공법 선택시 고려할 사항이 아닌 것은?

① 품질확보
② 공기 준수
③ 작업의 안전성 확보와 제3자 재해의 방지
④ 공구 분할의 결정

해설

공법선택시 고려할 사항 : 다음 3개의 사항을 고려한 뒤에 비용을 최소화하도록 하여야 한다.
1) 품질확보
2) 공기준수
3) 작업의 안전성 확보와 제3자 재해의 방지

44 바닥판, 보 밑 거푸집 설계에서 고려하는 하중에 속하지 않는 것은?

① 굳지 않은 콘크리트 중량
② 작업하중
③ 충격하중
④ 측압

해설

거푸집 설계시 고려하중
1) 바닥판, 보밑 등 수평부재
　① 작업하중
　② 충격하중
　③ 생콘크리트의 중량
2) 벽, 기둥, 보옆 등 수직부재
　① 생콘크리트의 중량
　② 측압

45 말뚝의 이음 공법 중 강성이 가장 우수한 방식은?

① 장부식 이음
② 충전식 이음
③ 리벳식 이음
④ 용접식 이음

해설

용접식 이음 : 이음에 대한 강성은 가장 우수하나 용접부위에 대한 부식의 우려가 있다.

46 용접작업에서 용접봉을 용접방향에 대하여 서로 엇갈리게 움직여서 용가금속을 용착시키는 운봉방법은?

① 단속용접
② 개선
③ 레그
④ 위빙

해설

(1) 단속용접 : 하나의 이음 중에서 연속으로 용접비드(끈모양의 돌기)를 잇지 않고 일정간격으로 일정길이씩 띄엄띄엄하는 용접
(2) 개선(開先) : 용접을 하기 위해 모재의 용접해야 할 면을 절삭하는 것(모떼기)
(3) 레그(leg) : 용접부의 다리
(4) 위빙 : 본문 설명

47 철근콘크리트 구조물의 내구성 저하 요인과 거리가 먼 것은?

① 백화
② 염해
③ 중성화
④ 동해

해설

철근콘크리트 내구성 저하요인
1) 콘크리트의 중성화 : 탄산가스(CO_2) 작용을 받아 알칼리성을 상실하는 현상
2) 염해 : 염화물에 의해 철근이 부식함으로서 구조물에 손상을 끼치는 현상
3) 동해 : 콘크리트가 동결·융해과정에서 손상을 입는 것
4) 알칼리골재반응 : 콘크리트의 알칼리 성분과 골재 등의 실리카 광물이 화학반응을 일으켜 팽창을 유발하는 현상

48 보기는 지하연속벽(slurry wall)공법의 시공내용이다. 그 순서를 알맞게 연결한 것은?

[보기]
A : 트레미관을 통한 콘크리트 타설
B : 굴착
C : 철근망의 조립 및 삽입
D : guide wall 설치
E : end pipe 설치

① A → B → C → E → D
② D → B → E → C → A
③ B → D → E → C → A
④ B → D → C → E → A

해설

지하연속벽공법의 시공순서
1) guide wall설치 → 2) 굴착 → 3) end pipe설치 → 4) 철근망의 조립 및 삽입 → 5) 트레미관을 통한 콘크리트 타설

49 철골공사 중 고장력볼트접합에 대한 설명 중 옳지 않은 것은?

① 고장력볼트란 항복강도 700MPa이상, 인장강도 900MPa 이상인 볼트다.
② 접합방식의 종류는 마찰접합, 지압접합, 인장접합이 있다.
③ 볼트의 호칭지름에 의한 분류는 D16, D20, D22, D24로 한다.
④ 조임은 토크관리법과 너트회전법에 따른다.

해설

고장력볼트접합 : 인장강도 9t/cm² (항복점 7t/cm²) 이상의 강도가 큰 볼트를 강한 힘으로 조여 접합제 사이의 마찰력에 의해 응력을 전달하는 방식의 접합

50 주문받은 건설업자가 대상계획의 금융, 토지조달, 설계, 시공 등 기타 모든 요소를 포괄한 도급계약 방식은?

① 실비정산 보수가산도급
② 턴키도급(turn-key)
③ 정액도급
④ 공동도급(joint ventrue)

해설

턴키도급은 새로운 플랜트 공사와 특정공사 등에 적용하고 있으며 해외공사 발주시에 주로 채택한다.

51 콘크리트의 측압에 대한 설명 중 옳지 않은 것은?

① 부어넣기 속도가 빠를수록 측압이 크다.
② 콘크리트의 비중이 클수록 측압이 크다.
③ 콘크리트의 온도가 높을수록 측압이 작다.
④ 진동기를 사용하여 다질수록 측압이 작다.

해설

진동기를 사용하여 다질수록 측압은 커진다.

52 거푸집 중 슬라이딩 폼에 대한 설명으로 옳지 않은 것은?

① 곡물창고, 굴뚝, 사일로, 교각 등에 사용한다.
② 공기단축이 가능하다.
③ 내외부에 비계발판을 설치하여 시공한다.
④ 연속적으로 콘크리트를 부어 넣어 일체성을 확보할 수 있다.

해설

슬라이딩 폼(sliding form) : 수직활동 거푸집
1) 특징
  ① 공기를 단축할 수 있다(1/3정도 단축)
  ② 내·외부 비계발판이 필요 없다.
  ③ 콘크리트의 일체성을 확보하기가 용이하다.
2) 용도 : 사일로(silo), 굴뚝 등 돌출물이 없는 곳에 사용

53 발주자는 시공자에게 시공을 위임하고 실제로 시공에 소요된 비용, 즉 공사실비(cost)와 미리 정해 놓은 보수(fee)를 시공자가 받는 방식으로 발주자, 컨설턴트 또는 엔지니어 및 시공자 3자가 협의하여 공사비를 결정하는 도급계약 방식은?

① 실비정산 보수가산계약
② 공동도급 계약방식
③ 파트너링 방식
④ 분할 도급계약방식

해설

실비정산 보수가산계약 : 본문 설명

54 가설공사 중 직접 가설공사 항목이 아닌 것은?

① 시험설비   ② 규준틀 설치
③ 비계 설치   ④ 건축물 보양 설비

해설

가설공사의 주된 항목
1) 가설울타리 및 출입구
2) 가설건물
3) 가설운반로
4) 규준틀 및 줄치기
5) 공사용 전기설비 및 급배수설비
6) 비계
7) 건축물 보양설비
8) 위험방지설비 등

Answer ➡ 49. ③ 50. ② 51. ④ 52. ③ 53. ① 54. ①

55 지반개량공법의 종류에 속하지 않는 것은?

① 탈수다짐법 ② 치환법
③ 표준관입시험법 ④ 약액주입법

해설
표준관입시험 : 현장토질시험방법

56 트렌치 컷 공법에 관한 설명으로 옳은 것은?

① 온통파기를 할 수 없을 때, 히빙 현상이 예상될 때 효과적이다.
② 중앙부의 흙을 먼저 파내고 다음에 주위 부분의 흙을 파내는 공법이다.
③ 면적이 넓을수록 효과적이다.
④ 시공 깊이는 안전상 10m 내외로 한정된다.

해설
트렌치 컷 공법
1) 구조물 위치 전체를 동시에 파내지 않고 측벽기초와 지하구조체를 축조한 다음 중앙부의 나머지 부분을 파내어 지하구조물을 완성하는 방식이다. (아일랜드 공법의 역순)
2) 지반이 극히 연약하여 온통파기를 할 수 없거나 히빙현상이 예상될 때 효과적이다.

57 위치한 지면보다 낮은 우물통과 같은 협소한 장소의 흙을 퍼올리는 장비로서, 연한 지반에는 가능하나 경질층에는 부적당한 장비는?

① 클램셸(clam shell)
② 트랙터셔블(tractor shovel)
③ 드래그라인(drag line)
④ 앵글도저(angle dozer)

해설
클램셸(clam shell) : 셔블계 굴착기계

58 콘크리트 시공에 있어서 다지거나 진동을 주는 목적으로 가장 타당한 것은?

① 점도를 증가시켜 준다.
② 시멘트를 절약시킨다.
③ 동결을 방지하고 경화를 촉진시킨다.
④ 콘크리트를 거푸집 구석구석까지 충전시킨다.

해설
1) 진동기 사용목적 : 본문 설명
2) 진동기 종류
 ① 막대형(꽂이식) 진동기
 ② 표면진동기
 ③ 거푸집 진동기

59 철근 피복두께에 대한 설명 중 옳지 않은 것은?

① 철근 피복두께는 콘크리트의 표면에서 가장 가까운 주근의 표면까지의 거리이다.
② 철근을 피복하는 목적은 내구성, 내화성, 콘크리트 타설시 유동성 확보 등에 있다.
③ 흙에 접하는 D16이하의 철근을 사용한 내력벽의 최소피복두께는 40mm이다.
④ 과다한 피복두께는 콘크리트 균열을 유발시켜 구조물의 사용수명을 감소시킨다.

해설
철근 피복두께 : 콘크리트 표면에서 제일 외측에 가까운 철근 표면까지의 거리

60 단가 도급계약 제도에 대한 설명으로 옳지 않은 것은?

① 시급한 공사인 경우 계약을 간단히 할 수 있다.
② 설계변경으로 인한 수량증감의 계산이 어렵고 일시 도급보다 복잡하다.
③ 공사비가 높아질 염려가 있다.
④ 총공사비를 예측하기 힘들다.

해설
단가도급 : 긴급공사시 계약을 간단히 할 수 있고 공사를 빨리 착공할 수 있으며 설계변경시에 수량증감이 용이하다.

Answer ➡ 55. ③ 56. ① 57. ① 58. ④ 59. ① 60. ②

제4과목 건설재료학

61 콘크리트 골재에 요구되는 성질로 옳지 않은 것은?
① 골재는 청정, 내구적인 것으로 유해량의 먼지, 흙, 유기불순물 등을 포함하지 않을 것
② 골재의 강도는 콘크리트 중의 경화 시멘트페이스트의 강도 이상일 것
③ 골재의 입형은 세장하고, 표면이 매끈할 것
④ 입도는 조립에서 세립까지 연속적으로 균등히 혼합되어 있을 것

해설
골재의 입형(粒形, 알모양) : 구형으로 표면이 거친 것이 좋음

62 접착제를 사용할 때의 주의사항으로 옳지 않은 것은?
① 피착제의 표면은 가능한 한 습기가 없는 건조상태로 한다.
② 용제, 희석제를 사용할 경우 과도하게 희석시키지 않도록 한다.
③ 용제성의 접착제는 도포 후 용제가 휘발한 적당한 시간에 접착시킨다.
④ 접착처리 후 일정한 시간 내에는 가능한 한 압축을 피해야 한다.

해설
접착제는 일정한 시간이 경과한 후에는 압축에 의해 접착력을 높인다.

63 목재의 방화법과 가장 관계가 먼 것은?
① 부재의 소단면화
② 불연성 막이나 층에 의한 피복
③ 방화페인트의 도포
④ 난연처리

해설
목재의 방화법
1) 목재표면에 불연성 피막층 형성
2) 방화페인트, 규산나트륨 등의 도포
3) 목재표면에 몰리브덴(Mo), 인산 등의 약제를 도포 · 주입하여 가연성가스 발생억제
4) 불연 및 단열성이 큰 재료를 붙여서 위험온도(260℃내외)에 도달하지 않도록 난연처리)

64 에폭시 도장에 대한 설명 중 옳지 않은 것은?
① 내마모성은 우수하고 수축, 팽창이 거의 없다.
② 내약품성, 내수성, 접착력이 우수하다.
③ 자외선에 특히 강하여 외부에 주로 사용한다.
④ Non-Slip효과가 있다.

해설
에폭시 접착제 : 금속, 플라스틱류, 도기, 유리, 목재, 천, 콘크리트 등의 접착에 사용한다.

65 방수공사에서 아스팔트 품질결정요소와 가장 거리가 먼 것은?
① 침입도 ② 신도
③ 연화점 ④ 마모도

해설
아스팔트 품질결정요소
1) ①, ②, ③항 2) 비중
3) 인화점   4) 감온성 등

66 알루미늄과 그 합금 재료의 일반적인 성질에 관한 설명 중 옳지 않은 것은?
① 산, 알칼리에 강하다.
② 내화성이 작다.
③ 열 · 전기 전도성이 크다.
④ 비중이 철의 약 1/3이다.

해설
알루미늄과 그 합금재료는 산 · 알칼리에 약하다.

67 중용열 포틀랜드시멘트에 대한 설명 중 옳지 않은 것은?
① 수화열량이 적어 한중공사에 적합하다.
② 단기강도는 조강포틀랜드시멘트보다 작다.
③ 내구성이 크며 장기강도가 크다.
④ 방사선 차단용 콘크리트에 적합하다.

Answer ➡ 61. ③ 62. ④ 63. ① 64. ③ 65. ④ 66. ① 67. ①

해설

중용열 포틀랜드시멘트
1) 수화열량을 적게 하여 장기강도를 크게 한 시멘트이다.
2) 한중공사에는 적합하지 않다.

68 콘크리트 배합(mix proprotion)중 실제 현장골재의 표면수·흡수량 및 입도상태를 고려하여 시방배합을 현장상태에 적합하게 보정하는 배합은?

① 현장배합(job mix)
② 용적배합(volume mix)
③ 중량배합(weight mix)
④ 계획배합(specified mix)

해설

① 현장배합 : 본문 설명
② 절대용적배합 : 콘크리트 비벼내기 1m³에 소요되는 각 재료의 양을 절대용적으로 표시한 배합
③ 중량배합 : 콘크리트 비벼내기 1m³에 소요되는 각 재료의 양을 중량(kg)으로 표시한 배합

69 열가소성 수지(thermoplastic resin)에 해당하는 것은?

① 페놀 수지
② 아크릴 수지
③ 멜라민 수지
④ 폴리우레탄 수지

해설

1) 열가소성 수지 : 아크릴 수지, 염화비닐 수지, 에틸렌 수지, 스티렌 수지 등
2) 열경화성 수지 : 페놀 수지, 멜라민 수지, 폴리우레탄 수지, 에폭시 수지 등

70 암석의 가장 쪼개지기 쉬운 면을 말하며 절리보다 불분명하지만 방향이 대체로 일치되어 있는 것은?

① 석리
② 입상조직
③ 석목
④ 선상조직

해설

석목(石目) : 돌 눈으로 암석의 가장 쪼개지기 쉬운 면을 말한다.
1) 석목은 채석 및 가공성에 영향을 준다.
2) 석목이 분명하게 나타나는 석재는 화강암이다.

71 콘크리트의 건조수축, 구조물의 균열 및 변형을 방지할 목적으로 사용되는 혼화재료는?

① 지연제(Retarder)
② 플라이 애시(Fly ash)
③ 실리카흄(Silica fume)
④ 팽창재(Expansive producing admixures)

해설

팽창재
1) 콘크리트는 건조하면 수축하는 성질이 있으며 이로 인하여 균열이 발생하기 쉽다. 이러한 결점을 보완·개선하기 위하여 콘크리트 속에 다량의 거품을 넣거나 기포를 발생시키거나 또는 콘크리트를 부풀게 하기 위해 팽창재를 첨가한다.
2) 팽창재의 종류 : 산화제를 혼합한 철분계, 석고를 주성분으로 하는 석고계, 칼슘설포알루미늄산업(CSA, calcium sulfo aluminate, 생석회+석고+알루미나를 조합 소성한 광물) 등

72 목재의 강도에 관한 설명 중 옳지 않은 것은?

① 심재의 강도가 변재보다 크다.
② 함수율이 높을수록 강도가 크다.
③ 추재의 강도가 춘재보다 크다.
④ 절건비중이 클수록 강도가 크다.

해설

목재의 강도 : 섬유포화점(함수율 30%) 이상에서는 강도가 일정하며, 섬유포화점 이하에서 함수율이 낮을수록 강도가 커진다.

73 각종 미장재료에 대한 설명으로 옳지 않은 것은?

① 석고플라스터는 가열하면 결정수를 방출하여 온도상승을 억제하기 때문에 내화성이 있다.
② 바라이트 모르타르는 방사선 방호용으로 사용된다.
③ 돌로마이트플라스터는 수축률이 크고 균열이 쉽게 발생한다.
④ 혼합석고플라스터는 약산성이며 석고라스 보드에 적합하다.

Answer ➡ 68. ① 69. ② 70. ③ 71. ④ 72. ② 73. ④

해설

석고 플라스터
1) 소석고플라스터 : 혼합석고플라스터(가장 많이 사용), 순석고플라스터(크림용 석고플라스터), 보드용 석고플라스터
2) 경석고플라스터 : 무수석고($CaSO_4$)

74 ALC(Autoclave Lightweight Concrete) 제품에 대한 설명 중 옳지 않은 것은?

① 대형판제조가 불가능하다.
② 시공이 용이하고 내화성이 크다.
③ 제품 발포제로서 알루미늄 분말을 사용한다.
④ 절건상태에서 비중이 0.45~0.55 정도이다.

해설

ALC(경량기포콘크리트) : 대형판 제조가 가능하다.

75 건축재료 중 점토에 대한 설명으로 옳지 않은 것은?

① 양질의 점토는 습윤상태에서 현저한 가소성을 나타낸다.
② 점토는 수성암에서만 생성된다.
③ 점토의 주성분은 실리카와 알루미나이다.
④ 점토의 압축강도는 인장강도의 약 5배 정도이다.

해설

점토
1) 잔류점토(1차점토) : 암석이 풍화한 위치에 그대로 잔류되어 있는 점토
2) 침적점토(2차점토) : 암석이 분해된 미립자들이 바람 또는 물의 힘으로 이동하여 침적된 점토(양질의 점토 이지만 유기물이 포함됨)

76 강(鋼)에 함유된 탄소 성분이 강재성질에 끼치는 영향이 아닌 것은?

① 강도의 증감
② 연율(신율)의 증감
③ 내산성의 증감
④ 경도의 증감

해설

탄소함유량에 의한 탄소강의 특성
1) 탄소함유량이 많을수록 강도는 증대되고 신도(연신율)는 감소된다.
2) 인장강도는 탄소함유량이 0.9~1.0% 함유시 최대로 증대되고 이를 넘으면 감소된다.
3) 경도는 탄소함유량이 0.9% 함유시 최대가 되며 그 이상에서는 일정하다.

77 실적률이 큰 골재를 사용한 콘크리트에 대한 설명 중 옳지 않은 것은?

① 단위시멘트량을 줄일 수 있다.
② 콘크리트의 마모저항의 증대를 기대할 수 있다.
③ 콘크리트의 내구성 및 강도를 높일 수 있다.
④ 콘크리트의 투수성이나 흡습성이 커진다.

해설

1) 실적률 : 일정용기 내에 골재입자가 차지하는 실용적의 백분율(%)
2) 실적률이 큰 골재 : 투수성, 흡습성 등이 작아진다.

78 목재 가공품 중 판재와 각재를 접착하여 만든 것으로 보, 기둥, 아치, 트러스 등의 구조부재로 사용되는 것은?

① 파키트 패널
② 집성목재
③ 파티클 보드
④ 코펜하겐 리브

해설

집성목재 : 두께 1.52~5cm의 단판을 몇 장 또는 몇십장 겹쳐서 접착제로 접착한 것으로 합판과 다른 것은 다음과 같다.
1) 판의 섬유방향에 평행으로 붙인 것이다.
2) 보나 기둥에 사용할 수 있는 단면을 가진다.

79 속빈 콘크리트블록(KS F 4002)의 성능을 평가하는 시험항목과 거리가 먼 것은?

① 기건비중시험
② 전단면적에 대한 압축강도시험
③ 내충격성 시험
④ 흡수율 시험

해설

속빈 콘크리트블록의 성능시험항목
1) 기건비중시험
2) 전단면적에 대한 압축강도시험
3) 흡수율 시험

Answer ➡ 74. ① 75. ② 76. ③ 77. ④ 78. ② 79. ③

80 강재의 인장시험에서 탄성에서 소성으로 변하는 경계는?

① 비례한계점 ② 변형경화점
③ 항복점   ④ 인장강도점

해설
항복점(yield point) : 금속재료의 인장시험 때 신장의 종점으로 하중이 증가하지 않고 재료가 급격히 늘어나기 시작할 때의 응력

제5과목 건설안전기술

81 리프트(Lift)의 안전장치에 해당하지 않는 것은?

① 권과방지장치   ② 비상정지장치
③ 과부하방지장치 ④ 조속기

해설
조속기 : 승강기의 안전장치

82 벽체 콘크리트 타설시 거푸집이 터져서 콘크리트가 쏟아진 사고가 발생하였다. 다음 중 이 사고의 주요 원인으로 추정할 수 있는 것은?

① 콘크리트를 부어 넣는 속도가 빨랐다.
② 거푸집에 박리제를 다량 도포했다.
③ 대기온도가 매우 높았다.
④ 시멘트 사용량이 많았다.

해설
콘크리트 타설시 거푸집이 터졌을 경우 사고원인 : 콘크리트 타설속도(부어넣는 속도)과속

83 산업안전보건기준에 관한 규칙에 따른 굴착면의 기울기 기준으로 옳지 않은 것은?

① 경암=1 : 0.5
② 연암=1 : 1.0
③ 풍화암=1 : 1.0
④ 모래=1 : 1.5

해설
굴착면의 기울기 기준

지반의 종류	구배
모래	1 : 1.8
그밖의 흙	1 : 1.2
풍화암	1 : 1.0
연암	1 : 1.0
경암	1 : 0.5

84 비계발판의 크기를 결정하는 기준은?

① 비계의 제조회사
② 재료의 부식 및 손상정도
③ 지점의 간격 및 작업시 하중
④ 비계의 높이

해설
비계에 설치하는 발판의 크기는 지지물의 간격 및 작업하중 등을 고려하여 결정한다.

85 작업발판 및 통로의 끝이나 개구부로서 근로자가 추락할 위험이 있는 장소에 설치하는 것과 거리가 먼 것은?

① 교차가새
② 안전난간
③ 울타리
④ 수직형 추락방망

해설
작업발판 및 통로의 끝이나 개구부 등에서의 추락재해방지 조치사항
1) 안전난간, 울타리, 수직형추락방망 등 설치
2) 덮개 설치 및 개구부 표시
3) 추락 방호망 설치
4) 안전대 착용

86 콘크리트를 타설할 때 거푸집에 작용하는 콘크리트 측압에 영향을 미치는 요인과 가장 거리가 먼 것은?

① 콘크리트 타설 속도
② 콘크리트 타설 높이
③ 콘크리트의 강도
④ 콘크리트의 단위용적질량

Answer ● 80. ③ 81. ④ 82. ① 83. ④ 84. ③ 85. ① 86. ③

해설

콘크리트 측압 산정시 고려되는 요소
1) 굳지 않은 콘크리트의 단위용적중량(t/m³)
2) 콘크리트의 타설높이 및 타설속도(보통 10∼50m/h 정도)
3) 거푸집 속의 콘크리트 온도
4) 벽길이(m) 등

87 토사붕괴재해의 발생 원인으로 보기 어려운 것은?

① 부석의 점검을 소홀히 했다.
② 지질조사를 충분히 하지 않았다.
③ 굴착면 상하에서 동시작업을 했다.
④ 안식각으로 굴착했다.

해설

안식각(휴식각)으로 굴착시는 토사붕괴가 발생되지 않는다.

88 추락에 의한 위험방지를 위해 조치해야 할 사항과 거리가 먼 것은?

① 추락방지망 설치
② 안전난간 설치
③ 안전모 착용
④ 투하설비 설치

해설

투하설비 설치는 높이가 3m 이상인 장소에서 물체를 투하할 경우에 위험방지 조치사항이다.

89 가설계단 및 계단참의 하중에 대한 지지력은 최소 얼마 이상이어야 하는가?

① $300kg/m^2$
② $400kg/m^2$
③ $500kg/m^2$
④ $600kg/m^2$

해설

가설계단 및 계단참을 설치하는 경우 매 m²당 500kg이상의 하중에 견딜 수 있는 장소를 가진 구조로 설치하여야 하며, 안전율은 4 이상으로 할 것

90 강관비계 중 단관비계의 조립간격(벽체와의 연결간격)으로 옳은 것은?

① 수직방향 : 6m, 수평방향 : 8m
② 수직방향 : 5m, 수평방향 : 5m
③ 수직방향 : 4m, 수평방향 : 6m
④ 수직방향 : 8m, 수평방향 : 6m

해설

비계의 조립간격(벽체와의 연결간격)

구분	수직방향	수평방향
통나무비계	5.5m	7.5m
단관비계	5m	5m
강관틀비계	6m	8m

91 철골구조에서 강풍에 대한 내력이 설계에 고려되었는지 검토를 실시하지 않아도 되는 건물은?

① 높이 30m인 건물
② 연면적당 철골량이 45kg인 건물
③ 단면구조가 일정한 구조물
④ 이음부가 현장용접인 건물

해설

철골구조물 건립시 강풍에 의한 풍압 등 외압에 대한 내력이 설계에 고려되었는지 검토할 사항
1) 높이 20m 이상의 구조물
2) 구조물의 폭과 높이의 비가 1 : 4 이상인 구조물
3) 단면구조의 현저한 차이가 있는 구조물
4) 연면적당 철골량이 50kg/m² 이하인 구조물
5) 기둥이 타이 플레이트(tie plate)형인 구조물
6) 이음부가 현장용접인 경우

92 콘크리트의 재료분리현상 없이 거푸집 내부에 쉽게 타설 할 수 있는 정도를 나타낸 것은?

① Workability
② Bleeding
③ Consistency
④ Finishability

해설

Workability(워커빌리티) : 반죽질기에 의한 작업의 난이도 및 재료분리에 저항하는 정도를 나타내는 콘크리트 성질(시공연도라고도 함)

93 굴착공사에서 굴착 깊이가 5m, 굴착 저면의 폭이 5m인 경우 양단면 굴착을 할 때 굴착부 상단면의 폭은? (단, 굴착면의 기울기는 1 : 1로 한다.)

① 10m
② 15m
③ 20m
④ 25m

Answer ▶ 87. ④ 88. ④ 89. ③ 90. ② 91. ③ 92. ① 93. ②

해설

(1) 굴착깊이 5m, 굴착저면의 폭 5m, 굴착면의 기울기 1 : 1

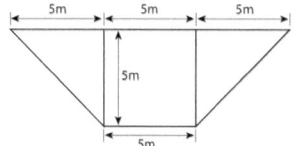

(2) 굴착부 상단면의 폭 = 5 + 5 + 5 = 15m

94 하물을 적재하는 경우에 준수하여야 하는 사항으로 옳지 않은 것은?

① 침하 우려가 없는 튼튼한 기반 위에 적재할 것
② 건물의 칸막이나 벽 등이 화물의 압력에 견딜만큼의 강도를 지니지 아니한 경우에는 칸막이나 벽에 기대어 적재하지 않도록 할 것
③ 불안정할 정도로 높이 쌓아 올리지 말 것
④ 편하중이 발생하도록 쌓을 것

해설
④항, 편하중이 발생하지 않도록 쌓을 것

95 거푸집의 일반적인 조립순서를 옳게 나열한 것은?

① 기둥→보받이 내력벽→큰보→작은보→바닥판→내벽→외벽
② 외벽→보받이 내력벽→큰보→작은보→바닥판→내벽→기둥
③ 기둥→보받이 내력벽→작은보→큰보→바닥판→내벽→외벽
④ 기둥→보받이 내력벽→바닥판→큰보→작은보→내벽→외벽

해설
거푸집의 조립순서
1) 기둥 → 1) 보받이 내력벽 → 3) 큰보 → 4) 작은보 → 5) 바닥판 → 6) 내벽→ 7) 외벽

96 건설기계에 관한 설명 중 옳은 것은?

① 백호는 장비가 위치한 지면보다 높은 곳의 땅을 파는 데에 적합하다.
② 바이브레이션 롤러는 노반 및 소일시멘트 등의 다지기에 사용된다.
③ 파워셔블은 지면에 구멍을 뚫어 낙하해머 또는 디젤해머에 의해 강관말뚝, 널말뚝 등을 박는 데 이용된다.
④ 가이데릭은 지면을 일정한 두께로 깎는 데에 이용된다.

해설
① 백호우 : 지면보다 낮은 곳 굴착
③ 파워셔블 : 지면보다 높은 곳 굴착
④ 가이데릭 : 철골세우기용 장비

97 일반적으로 사면이 가장 위험한 경우는 어느 때인가?

① 사면이 완전건조상태일 때
② 사면의 수위가 서서히 상승할 때
③ 사면이 완전포화상태일 때
④ 사면의 수위가 급격히 하강할 때

해설
사면이 가장 위험한 때 : 사면의 수위가 급격히 하강할 때

98 산업안전보건기준에 관한 규칙에 따른 작업장 근로자의 안전한 통행을 위하여 통로에 설치하여야 하는 조명시설의 조도기준(Lux)은?

① 30Lux 이상
② 75Lux 이상
③ 150Lux 이상
④ 300Lux 이상

해설
통로의 조명 : 75Lux이상의 채광 또는 조명시설을 할 것

99 정기안전점검 결과 건설공사의 물리적·기능적 결함 등이 발견되어 보수·보강 등의 조치를 하기 위하여 필요한 경우에 실시하는 것은?

① 자체안전점검
② 정밀안전점검
③ 상시안전점검
④ 품질관리점검

해설
정밀안전점검 : 본문 설명

100 건설작업용 리프트에 대하여 바람에 의한 붕괴를 방지하는 조치를 한다고 할 때 그 기준이 되는 최소풍속은?

① 순간풍속 30m/sec 초과
② 순간풍속 35m/sec 초과
③ 순간풍속 40m/sec 초과
④ 순간풍속 45m/sec 초과

해설
폭풍에 의한 붕괴·도괴 등의 방지
1) **건설작업용 리프트**: 순간풍속이 35m/sec 초과시 받침수를 증가시키는 등 붕괴방지조치를 할 것
2) **옥외에 설치된 승강기**: 순간풍속이 35 m/sec초과시 받침수를 증가시키는 등 도괴방지조치를 할 것

Answer ◐ 100. ②

2021년 제2회 건설안전산업기사 CBT 복원 기출문제

제1과목 산업안전관리론

01 심리검사의 특징 중 "검사의 관리를 위한 조건과 절차의 일관성과 통일성"을 의미하는 것은 무엇인가?
① 규준
② 표준화
③ 객관성
④ 신뢰성

해설
심리검사의 구비조건
1) 표준화 : 검사관리를 위한 조건 및 검사절차의 일관성과 통일성을 표준화
2) 객관성 : 체험하는 과정에서 채점자의 편견이나 주관성 배제
3) 규준(norms) : 검사결과를 해석하기 위한 비교할 수 있는 참조 또는 비교의 틀
4) 신뢰성 : 검사응답의 일관성(반복성)
5) 타당성 : 측정하고자 하는 것을 실제로 잘 측정하는가 여부를 판별하는 것

02 다음 중 안전성적을 나타내는 지표로서 재해 빈도의 다수와 상해 정도의 강약을 종합하여 나타내는 지표는 무엇인가?
① 종합재해지수
② 근로손실계수
③ 안전활동률
④ safe-t-score

해설
종합재해지수 = $\sqrt{도수율 \times 강도율}$
1) 도수율 : 재해의 양, 재해 빈도의 다수를 나타낸다.
2) 강도율 : 재해의 질, 상해 정도의 강약을 나타낸다.

03 산업스트레스의 요인 중 직무특성과 관련된 요인으로 볼 수 없는 것은 무엇인가?
① 조직구조
② 작업속도
③ 근무시간
④ 업무의 반복성

해설
직무특성과 관련된 스트레스 요인 : 작업속도, 작업량, 근무시간, 업무의 반복성 등

04 안전관리자가 안전교육의 효과를 높이기 위해서 안전퀴즈대회를 열어 우승자에게 상을 주었다면 이는 어떤 학습 원리를 학습자에게 적용한 것인지 고르시오.
① Thorndike의 "연습의 법칙"
② Thorndike의 "준비성의 법칙"
③ Pavlov의 "강도의 원리"
④ Skinner의 "강화의 원리"

해설
Skinner의 강화의 원리 : 어떤 반응에 대해 체계적이고 선택적으로 강화를 주어 그 반응이 반복해서 일어날 확률을 증가시키는 원리이다. (도구적 조건 형성이론)

05 다음 중 교육훈련 평가방법의 종류로 볼 수 없는 것은 무엇인가?
① 관찰법
② 면접법
③ 실연법
④ 자료분석법

해설
실연법 : 수업의 중간이나 마지막 단계에 행하는 교육방법이다.

06 다음 중 안전사고를 방지하기 위한 동기부여의 방법으로 가장 적합하지 않은 것은 무엇인가?
① 상벌을 줄 것
② 경쟁과 협동을 유도할 것
③ 결과의 지식을 알리지 않을 것
④ 안전 목표를 명확히 설정할 것

Answer ➡ 01. ② 02. ① 03. ① 04. ④ 05. ③ 06. ③

해설

안전동기의 유발방법
1) ①, ②, ④항
2) 결과를 알려줄 것(KR법 – Knowledge Results)
3) 안전의 기본이념을 인식시킬 것
4) 동기유발의 최적수준(적정수준)을 유지할 것

07 다음 중 모랄 서베이(morale survey)의 효용으로 볼 수 없는 것은 무엇인가?

① 조직 또는 구성원의 성과를 비교·분석한다.
② 종업원의 정화(catharsis)작용을 촉진시킨다.
③ 경영관리를 개선하는 데에 대한 자료를 얻는다.
④ 근로자의 심리 또는 욕구를 파악하여 불만을 해소하고, 노동의욕을 높인다.

해설

1) 모랄 서베이(morale suvey) : 사기 조사
2) 조직 또는 구성원의 성과를 비교·분석하는 것은 모랄 서베이의 역효과를 초래할 수 있다.

08 산업안전보건법령상 사업 내 안전·보건교육 중 근로자 정기안전·보건교육의 내용이 아닌 것은 무엇인가? (단, 산업안전보건법 및 일반관리에 관한 사항은 제외한다.)

① 산업안전 및 사고 예방에 관한 사항
② 건강증진 및 질병 예방에 관한 사항
③ 유해·위험 작업환경 관리에 관한 사항
④ 작업 개시 전 점검에 관한 사항

해설

근로자의 정기안전·보건교육내용
1) ①, ②, ③항
2) 산업보건 및 직업병 예방에 관한 사항
3) 산업안전 및 사고예방에 관한 사항
4) 산업안전보건법령 및 산업재해보상보험 제도에 관한 사항
5) 직무스트레스 예방 및 관리에 관한 사항
6) 직장 내 괴롭힘, 고객의 폭언 등으로 인한 건강장해 예방 및 관리에 관한 사항

09 다음 중 안전교육의 진행에서 "새로운 지식이나 기능을 설명하고 실연하는 단계"에 해당되는 것은 무엇인가?

① 확인
② 제시
③ 적용
④ 도입

해설

교육법의 4단계
1) 제1단계 – 도입(준비) : 배우고자 하는 마음가짐을 일으키도록 도입한다.
2) 제2단계 – 제시(설명) : 상대의 능력에 따라 교육하고 내용을 확실하게 이해시키고 납득시켜 다시 기능으로서 습득시킨다.
3) 제3단계 – 적용(응용) : 이해시킨 내용을 구체적인 문제 또는 실제 문제로 활용시키거나 응용시킨다.(작업습관을 확립하는 단계)
4) 제4단계 – 확인(총괄) : 교육내용을 정확하게 이해하고 습득하였는지의 여부를 확인한다.

10 작업현장에서 매일 작업 전, 작업 중, 작업 후에 실시하는 점검으로서 현장 작업자 스스로가 정해진 사항에 대하여 이상여부를 확인하는 안전점검의 종류는 무엇인가?

① 정기점검
② 임시점검
③ 일상점검
④ 특별점검

해설

안전점검의 종류
1) 수시점검(일상점검) : 작업 전·중·후에 실시하는 점검
2) 정기점검 : 일정기간마다 정기적으로 실시하는 점검
3) 임시점검 : 이상발견시 임시로 실시하거나 정기점검과 정기점검 사이에 실시하는 점검
4) 특별점검
 ① 기계·기구 및 설비의 신설·변경 및 수리시 등
 ② 천재지변 발생 후 실시
 ③ 안전강조기간 내 실시

11 부주의의 현상 중 긴장상태에서 일정시간이 경과하면 피로가 발생하여 의식이 점차적으로 이완되는 현상을 무엇이라 하는지 고르시오.

① 의식의 단절
② 의식의 우회
③ 의식수준의 저하
④ 의식의 혼란

해설

부주의 현상
1) **의식의 단절** : 지속적인 의식의 흐름에 단절이 생기고 공백의 상태가 나타나는 것으로 특수한 질병이 있는 경우에 나타난다. (의식수준 : Phase 0)
2) **의식의 우회** : 의식의 흐름이 옆으로 빗나가 발생하는 경우로서 작업도중 걱정, 고뇌, 욕구불만 등에 의해 다른 것에 정신을 빼앗기는 경우이다. (의식수준 : Phase 0)

Answer ➔ 07. ① 08. ④ 09. ② 10. ③ 11. ③

3) **의식수준의 저하** : 혼미한 정신상태에서 심신이 피로할 경우나 단조로운 반복작업시 일어나기 쉽다. (의식 수준 : Phase Ⅰ 이하)
4) **의식의 과잉** : 지나친 의욕에 의해서 생기는 부주의 현상으로 긴급사태시 순간적으로 긴장이 한 방향으로만 쏠리게 되는 경우이다. (의식수준 : Phase Ⅳ)

12 다음 중 안전관리조직의 구비조건으로 가장 적절하지 않은 것은 무엇인가?

① 회사의 특성과 규모에 부합되게 조직되어야 한다.
② 조직을 구성하는 관리자의 책임과 권한이 분명해야 한다.
③ 조직의 기능이 충분히 발휘될 수 있는 제도적 체계를 갖추어야 한다.
④ 부서간의 충돌을 방지하기 위하여 생산 라인과 관계가 적은 조직이어야 한다.

해설
④항, 안전관리조직은 생산라인과 밀착된 조직이어야 한다.

13 다음 중 안전모의 착장체를 구성하는 요소에 해당하지 않는 것은 무엇인가?

① 머리받침끈　　② 머리고정대
③ 머리받침고리　④ 머리모체

해설
착장체 : 머리받침끈, 머리고정대 및 머리받침고리로 구성되어 추락 및 감전위험방지용 안전모 머리부위에 고정시켜 주며, 안전모에 충격이 가해졌을 때 착용자의 머리부위에 전해지는 충격을 완화시켜 주는 기능을 갖는 부품을 말한다.

14 산업안전보건법령상 안전·보건표지의 종류에 있어 인화성물질경고, 폭발성물질경고의 색채기준으로 올바른 것은 무엇인가?

① 바탕은 무색, 기본모형은 빨간색
② 바탕은 노란색, 기본모형은 검은색
③ 바탕은 노란색, 기본모형은 빨간색
④ 바탕은 흰색, 기본모형은 녹색

해설
산업안전표지의 종류와 색채
1) **금지표시** : 바탕은 흰색, 기본모형은 빨간색, 관련부호 및 그림은 검정색
2) **경고표시** : 바탕은 노란색, 기본모형, 관련부호 및 그림은 검정색[다만, 인화성물질 경고, 산화성물질 경고, 폭발성물질 경고, 급성독성물질 경고, 부식성물질 경고 및 발암성·변이원성·생식독성·전신독성·호흡기과민성물질 경고의 경우 바탕은 무색, 기본모형은 빨간색(흑색도 가능)]
3) **지시표지** : 바탕은 파란색, 관련그림은 흰색
4) **안내표지** : 바탕은 흰색, 기본모형 및 관련 부호는 녹색, 바탕은 녹색, 관련부호 및 그림은 흰색
5) **관계자외 출입금지표지** : 바탕은 흰색, 글자는 흑색, 다음 글자는 적색
　① ○○○제조/사용/보관중
　② 석면취급/해체중
　③ 발암물질 취급중

15 도수율이 8.24인 기업체의 연천인율은 약 얼마인지 고르시오.

① 3.43　　　② 19.78
③ 121.35　　④ 197.76

해설
연천인율 = 도수율 × 2.4
　　　　 = 8.24 × 2.4 = 19.78

16 다음 중 위험예지훈련의 방법으로 적절하지 않은 것은 무엇인가?

① 반복 훈련한다.
② 사전에 준비한다.
③ 단위 인원수를 많게 한다.
④ 자신의 작업으로 실시한다.

해설
위험예지훈련의 적정인원 : 5~7명

17 재해의 발생형태 분류 중 사람이 평면상으로 넘어졌을 경우를 무엇이라 하는지 고르시오.

① 추락　　② 충돌
③ 전도　　④ 협착

Answer ◎　12. ④　13. ④　14. ①　15. ②　16. ③　17. ③

해설
① 추락 : 사람이 건축물 비계, 기계, 사다리, 계단경사면, 나무 등에서 떨어지는 것
② 충돌 : 사람이 정지물에 부딪힌 경우
③ 전도 : 사람이 평면상으로 넘어졌을 경우(과속, 미끄러짐 포함)
④ 협착 : 물건에 끼워진 상태, 말려든 상태

18 다음 중 교육의 주체(subject of education)에 해당하는 것은 무엇인가?
① 강사
② 수강자
③ 교재
④ 교육방법

해설
교육의 3요소
1) 주체 : 교도자, 강사, 교사 등
2) 객체 : 학생, 수강자, 피교육자 등
3) 매개체 : 교재

19 다음 중 무재해운동을 추진하기 위한 3가지 요소(기둥)에 해당되지 않는 것은 무엇인가?
① 최고 경영자의 경영자세
② 소집단 자주 활동의 활성화
③ 라인 관리자에 의한 안전보건 추진
④ 직장 상·하 간의 체계 확립 및 명령이행

해설
무재해운동의 추진 3기둥(무재해운동의 3요소) : ①, ②, ③항

20 재해의 발생은 관리구조의 결함에서 작전적, 전술적 에러로 이어져 사고 및 재해가 발생한다고 정의한 사람은 누구인가?
① 버드(Bird)
② 아담스(Adams)
③ 웨버(Weaver)
④ 하인리히(Heinrich)

해설
아담스의 사고연쇄성 이론
1) 1단계 : 관리구조
2) 2단계 : 작전적(전략적) 에러
3) 3단계 : 전술적 에러
4) 4단계 : 사고
5) 5단계 : 상해 또는 손실(대인, 대물)

제2과목 인간공학 및 시스템안전공학

21 다음 중 주로 어깨, 팔목, 손목, 목 등 상지의 작업 자세로 인한 작업부하를 평가하기 위하여 영국에서 개발된 방법은 무엇인가?
① RULA 기법
② OWAS 기법
③ NIOSH의 들기작업 지침
④ Grag 에너지소비량 예측 모델

해설
작업자세 평가기법
1) RULA 기법
① RULA : 어깨, 팔목, 손목, 목 등의 상지에 초점을 두고 작업자세로 인한 작업부하를 평가하기 위하여 개발된 기법이다.
② 특징 : 근육피로, 정적 또는 반복적인 작업, 작업에 필요한 힘의 크기 등에 관한 평가 및 부적절한 작업자세의 비율을 파악한다.
2) OWAS 기법
① OWAS : 부적절한 작업 자세를 정의하고 평가하기 위한 기법이다.
② 특징 : 현장에 적용하기 쉬우나 몸통과 팔의 자세분류가 부정확하고 팔목 등에 대한 정보가 반영되지 않았다.

22 다음 설명 중 ( ) 안의 내용을 바르게 나열한 것은 무엇인가?

40 phon은 (㉠) sone을 나타내며, 이는 (㉡) dB의 (㉢) Hz 순음의 크기를 나타낸다.

① ㉠ 1, ㉡ 40, ㉢ 1,000
② ㉠ 1, ㉡ 32, ㉢ 1,000
③ ㉠ 2, ㉡ 40, ㉢ 2,000
④ ㉠ 2, ㉡ 32, ㉢ 2,000

해설
1) 1phon : 1,000Hz 순음의 음압수준 1dB을 나타낸다.
2) 1sone : 40phon(1,000Hz, 40dB의 음압수준을 가진 수음의 크기)을 1sone이라 한다.

Answer ➡ 18. ① 19. ④ 20. ② 21. ① 22. ①

23 다음 중 작업장에서 발생하는 소음에 대한 대책으로 가장 먼저 고려하여야 할 적극적인 방법은 무엇인가?

① 소음원의 격리
② 소음원의 제거
③ 귀마개 등 보호구의 착용
④ 덮개 등 방호장치의 설치

해설
소음원의 제거 : 가장 적극적(근본적)인 소음대책

24 안전제어장치 중 사출기의 도어에 설치되어 도어가 열려있는 경우에는 사출기가 동작되지 않도록 하는 것을 무엇이라 하는지 고르시오.

① 비상제어장치   ② 인터록장치
③ 인트라록장치   ④ 트랜스록장치

해설
인터록(interlock) : 기기의 오동작 방지 또는 안전을 위해 관련 장치 간에 전기적 또는 기계적으로 연락을 취하게 되는 시스템으로 연동기구라고도 한다.

25 다음 중 반복되는 사건이 많이 있는 경우에 FTA의 최소 컷셋을 구하는 알고리즘과 관계가 가장 적은 것은 무엇인가?

① MOCUS Algorithm
② Boolean Algorithm
③ Monte Carlo Algorithm
④ Limnios & Ziani Algorithm

해설
최소컷셋을 구하는 알고리즘(Algorithm)
1) MOCUS 알고리즘
2) Boolean 알고리즘
3) Limnios & Ziani 알고리즘

26 다음 중 시각적 표시장치에 관한 설명으로 올바른 것은 무엇인가?

① 정량적 표시장치는 연속적으로 변하는 변수의 근사값, 변화경향 등을 나타낼 때 사용한다.
② 계기가 고정되어 있고, 지침이 움직이는 표시장치를 동목형(moving scale) 장치라고 한다.
③ 계수형(digital) 장치는 수치를 정확하게 읽어야 할 경우에 사용한다.
④ 정량적 표시장치의 눈금은 2 또는 3의 배수로 배열을 사용하는 것이 좋다.

해설
정량적 동적표시장치의 기본형
1) 정목동침형 : 눈금이 고정되고 지침이 움직이는 형
2) 정침동목형 : 지침이 고정되고 눈금이 움직이는 형
3) 계수형 : 기계·전자적으로 숫자가 표시되는 형

27 건강한 남성이 8시간 동안 특정 작업을 실시하고, 분당 산소 소비량이 1.3L/분으로 나타났다면 8시간 총 작업시간에 포함될 휴식시간은 약 몇 분인지 고르시오. (단, Murrell의 방법을 적용하며, 휴식 중 에너지소비율은 1.5kcal/min이다.)

① 96분   ② 144분
③ 172분   ④ 192분

해설
(1) 작업시 소비에너지
 = 1.3L/분 × 5kcal/L
 = 6.5kcal/분
(2) 1시간(60분)당 휴식시간(R)
$$R = \frac{60 \times (E-5)}{E-1.5} = \frac{60 \times (6.5-5)}{6.5-1.5} = 18분$$
(3) 8시간동안 총 휴식시간 = 18×8 = 144분

28 다음 중 입식작업을 위한 작업대의 높이를 결정하는데 있어 고려하여야 할 사항과 가장 관계가 적은 것은 무엇인가?

① 작업자의 신장
② 작업의 빈도
③ 작업물의 크기
④ 작업물의 무게

해설
입식작업대 높이 결정시 고려해야 할 사항
1) 작업자의 신장
2) 작업물의 크기
3) 작업물의 무게

Answer ➡ 23. ② 24. ② 25. ③ 26. ③ 27. ② 28. ②

29 다음 중 신뢰도가 R인 요소 n개가 직렬로 구성된 시스템의 신뢰도를 나타낸 것은 무엇인가?

① $\prod_{i=1}^{n} R_i$ ② $1 - \prod_{i=1}^{n} R_i$

③ $1 - \prod_{i=1}^{n}(1-R_i)$ ④ $\prod_{i=1}^{n}(1-R_i)$

해설
시스템의 신뢰도 산정식
1) 직렬연결 : $R = \prod_{i=1}^{n} R_i$
2) 병렬연결 : $R = 1 - \prod_{i=1}^{n}(1-R_i)$

30 다음 중 인간-기계 시스템의 종류와 가장 관계가 먼 것은 무엇인가?

① 기계 시스템 ② 생태 시스템
③ 수동 시스템 ④ 자동 시스템

해설
인간·기계체계의 유형
1) 수동체계
  ① 인간과 공구가 직접 연결된 체계
  ② 인간의 신체적인 힘을 동원력으로 사용
2) 기계화체계(반자동체계)
  ① 인간이 기계의 표시장치를 보고 조정장치를 통하여 통제하는 체계
  ② 인간(운전자)의 조종에 의해 운용되며 융통성이 없는 체계의 형태
3) 자동체계
  ① 기계자체가 감지, 정보처리 및 의사결정, 행동을 포함한 모든 임무를 수행하는 체계
  ② 인간은 감시(monitor), 프로그램, 정비유지 등의 기능을 수행함

31 다음 중 FT도 작성에 사용되는 기호에서 그 성격이 다른 하나는 무엇인가?

①  ②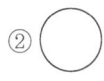
③   ④

해설
1) FT도 작성시 사용되는 기호
  ①  : 결함사상
  ② ◯ : 기본사상
  ③ ⌂ : 통상기호
2) ④ 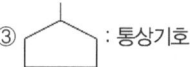 : AND게이트(논리게이트)

32 시스템안전분석기법 중 FMEA에 관한 설명으로 올바른 것은 무엇인가?

① 원자력발전 및 화학설비 등에 적용하기 위해 개발되었고 전문가와 브레인스토밍 팀을 구성하여 분석한다.
② 휴먼에러와 휴먼에러에 의한 영향을 예견하기 위해 사용되며 HAZOP과 함께 사용할 수 있다.
③ 그래픽 모델을 사용하여 분석과정을 가시화시키는 분석방법이며 논리기호를 사용한다.
④ 시스템을 구성요소로 나누어 고장의 가능성을 정하고 그 영향을 결정하여 분석하는 방법이다.

해설
FMEA(고장의 형태와 영향분석) : 시스템에 미치는 전체요소의 고장을 형태별로 분석하여 그 영향을 검토하는 것으로 정성적, 귀납적 분석방법이다.

33 다음 중 FT도에서의 컷셋(cut set)에 관한 설명으로 바르지 않은 것은?

① 시스템의 약점을 표현한 것이다.
② 정상 사상(Top event)을 발생시키는 조합이다.
③ 시스템이 고장나지 않도록 하는 사상의 조합이다.
④ 패스셋(path set)과는 반대되는 개념이다.

해설
③항, 패스셋(path set)의 정의

Answer ➔ 29. ① 30. ② 31. ④ 32. ④ 33. ③

34 다음 중 설비보전관리에서 설비이력카드, MTBF분석표, 고장원인 대책표와 관련이 깊은 관리는 무엇인가?

① 보전기록관리 ② 보전자재관리
③ 보전작업관리 ④ 예방보전관리

해설

설비보전관리
1) **보전기록관리** : 신뢰성과 보전성 개선을 목적으로 한 가장 일반적이고 효과적인 보전기록으로는 설비이력카드, MTBF 분석표, 고장원인대책표 등이 있다.
2) **보전자재관리** : 설비의 정상적인 운전을 유지하기 위하여 상비해 둘 부품들의 조달, 보관, 지불을 계획적·경제적으로 행하여 설비보전의 효과를 높이기 위한 활동을 말한다.
3) **보전작업관리** : 적절한 보전작업표준의 설정과 일정계획의 수립은 보전인력의 효율적 활용, 낭비시간의 절감, 설계보전의 실행을 위해 필요한 요인이다.
4) **예방보전관리** : 계획에 의한 주기적인 검사와 정기적인 분해수리로 사전에 불량요소를 발견하여 설비에 대한 고장을 미연에 방지하고 수리나 조정을 최소한도로 유지하고자 하는 것이다.

35 정보를 전송하기 위해 표시장치를 선택하고자 할 때 다음 중 시각적 표시장치보다 청각적 표시장치를 사용하는 것이 효과적인 경우는 무엇인가?

① 정보의 내용이 복잡한 경우
② 수신자가 한 곳에 머물러 있는 경우
③ 정보의 내용이 후에 재참조되는 경우
④ 정보의 내용이 즉각적인 행동을 요구하는 경우

해설

표시장치(청각장치와 시각장치)의 선택

청각장치사용	시각장치사용
1) 전언이 간단하고 짧다. 2) 전언이 후에 재참조되지 않는다. 3) 전언이 즉각적인 사상(event)을 이룬다. 4) 전언이 즉각적인 행동을 요구한다. 5) 수신자가 시각계통이 과부하 상태일 때 6) 수신장소가 너무 밝거나 암조의 유지가 필요할 때 7) 직무상 수신자가 자주 움직이는 경우	1) 적언이 복잡하고 길다. 2) 전언이 후에 재참조된다. 3) 전언이 공간적인 위치를 다룬다. 4) 전언이 즉각적인 행동을 요구하지 않는다. 5) 수신자의 청각계통이 과부하 상태일 때 6) 수신장소가 너무 시끄러울 때 7) 직무상 수신자가 한 곳에 머무르는 경우

36 흑판의 반사율이 30%이고, 백목의 반사율이 75%일 때 흑판과 백목에 대한 대비는 얼마인지 고르시오.

① −150% ② −60%
③ 60%   ④ 150%

해설

대비 $= \dfrac{L_b - L_t}{L_b} \times 100 = \dfrac{30 - 75}{30} \times 100 = -150\%$

37 작업자가 평균 1,000시간 작업을 수행하면서 4회의 실수를 한다면, 이 사람이 10시간 근무했을 경우의 신뢰도는 약 얼마인지 고르시오.

① 0.04   ② 0.018
③ 0.67   ④ 0.96

해설

(1) λ(고장률) $= \dfrac{\text{고장건수}}{\text{시간}}$

$= \dfrac{4}{1000} = 4 \times 10^{-3}$

(2) R_t (신뢰도 : 고장이 일어나지 않을 확률)

$R_t = e^{-\lambda t}$

$= e^{-(4 \times 10^{-3} \times 10)} = 0.96$

여기서 λ : 고장률, t : 가동시간

38 다음 중 인체측정 특성의 최대치수를 기준으로 설계해야 하는 대상이 아닌 것은 무엇인가?

① 출입문의 크기 ② 통로의 크기
③ 그네의 하중   ④ 선반의 높이

해설

선반의 높이 : 최소치수를 기준으로 하여 설계

39 다음 중 통제표시비를 설계할 때 고려해야 할 5가지 요소가 아닌 것은 무엇인가?

① 공차   ② 조작시간
③ 일치성 ④ 목측거리

해설

통제비 설계시 고려해야 할 사항
① 계기의 크기 ② 공차 ③ 방향성
④ 조작시간   ⑤ 목측거리

Answer ➡ 34. ① 35. ④ 36. ① 37. ④ 38. ④ 39. ③

40 다음 중 MIL-STD-882A에서 분류한 위험 강도의 범주에 해당하지 않는 것은 무엇인가?

① 위기(critical)
② 무시(negligible)
③ 경계(precautionary)
④ 파국(catastrophic)

해설

위험강도의 범주(MIL-STD-882A)
1) 범주 Ⅰ : 파국적
2) 범주 Ⅱ : 위기적
3) 범주 Ⅲ : 한계적
4) 범주 Ⅳ : 무시

제3과목 건설시공학

41 시방서(Specification)는 발주자가 의도하는 건축물을 건설하기 위하여 시공자에게 요구하는 모든 사항을 나타낸 것 중 도면을 제외한 모든 것이라 할 수 있다. 다음 중 시방서 작성 시 서술내용에 해당하지 않는 것은 무엇인가?

① 재료, 장비, 설비의 유형과 품질
② 시험 및 코드요건
③ 조립, 설치, 세우기의 방법
④ 입찰참가 자격 평가기준

해설

시방서의 기재내용
1) 공사전체의 개요
2) 시방서의 적용범위, 공통주의사항
3) 시공방법(준비사항, 공사의 정도, 사용 장비, 주의사항 등)
4) 사용재료(종류, 품질, 필요한 시험, 저장방법, 검사방법 등)
5) 특기사항

42 철골조립 및 설치에 있어서 사용되는 기계와 거리가 먼 것은 무엇인가?

① 진폴(Gin-pole)
② 윈치(Winch)
③ 타워크레인(Tower crane)
④ 리버스 서큘레이션 드릴(Reverse circulation drill)

해설

철골세우기용 장비
1) 크레인 : 이동식크레인, 타워크레인 등
2) 데릭 : 가이데릭, 스티프레그데릭(삼각데릭), 진폴데릭 등
3) 윈치(Winch) : 기중기의 일종

43 아일랜드 컷(island cut)공법에서 토압의 대부분을 저항하는 것은 무엇인가?

① 흙막이 벽의 자체강성
② 주변부 구조물
③ 앵커 인발력
④ 중앙부 구조물

해설

아일랜드 컷 공법
1) 깊고 면적이 좁은 기초파기에 쓰이는 공법이다.
2) 좁은 대지에서는 비탈면 온통파기가 곤란하므로 흙막이를 주위에 박고, 그 주위는 비탈면으로 남겨두고 중앙 부분을 먼저 파고 구조물의 기초를 여기에 축조한 다음, 버팀대를 여기에 지지시켜 주변 흙을 파내고 지하구조물을 완성하는 공법이다.

44 한중 콘크리트 공사에서 콘크리트의 초기 동해 방지에 필요한 압축강도는 얼마인지 고르시오.

① 5 MPa
② 10 MPa
③ 15 MPa
④ 20 MPa

해설

한중콘크리트 시공시의 주의사항
1) 물·시멘트비(W/C)를 60% 이하로 가급적 작게 한다.
2) 압축강도는 초기양생기간 내에 약 5MPa (50kg/cm^2)정도가 얻어지도록 한다.
3) 동결의 위험이 있으므로 AE제, AE감수제 등을 반드시 사용한다.
4) 단위수량을 가급적 적게 한다.

45 지하수가 많은 지반을 탈수하여 건조한 지반으로 개량하기 위한 공법에 해당하지 않는 것은 무엇인가?

① 생석회말뚝(Chemico pile) 공법
② 페이퍼드레인(Paper drain) 공법

Answer ➡ 40. ③ 41. ④ 42. ④ 43. ④ 44. ① 45. ③

③ 잭파일(Jacked pile) 공법
④ 샌드드레인(Sand drain) 공법

해설

지반개량의 탈수공법
1) 생석회말뚝 공법 : 모래말뚝 대신에 생석회를 주입하여 흙 속의 수분과 화학반응에 의한 발열에 의해 수분을 증발시키는 공법
2) 페이퍼드레인 공법 : 모래 대신 종이 또는 섬유벨트 등을 연약지반에 압입하여 배수시킴으로써 압밀을 촉진시키는 공법
3) 샌드드레인 공법 : 연약성 점토지반에 투수성이 좋은 모래기둥을 시공하여 토층속의 물을 지표면으로 배수시켜 지반을 압밀하는 공법

46 잡석지정에 대한 설명으로 바르지 않은 것은 무엇인가?

① 잡석지정은 세워서 깔아야 한다.
② 견고한 자갈층이나 굳은 모래층에서는 잡석지정이 불필요하다.
③ 잡석지정을 사용하면 콘크리트 두께를 절약할 수 있다.
④ 잡석지정은 지내력을 증진시키기 위해서 중앙에서 가장자리로 다진다.

해설
잡석지정은 가장자리에서 중앙으로 다져야 한다.

47 모래 채취나 수중의 흙을 퍼올리는데 적당한 기계장비는 무엇인가?

① 불도저
② 드래그 라인
③ 로더
④ 캐리어 스크레이퍼

해설

드래그 라인(drag line)
1) 지반보다 낮은 연질지반의 넓은 굴착에 적합하다.
2) 8m 정도의 기초흙파기, 깊은 곳 굴착 등에 쓰인다.

48 전체공사의 진척이 원활하며 공사의 시공 및 책임한계가 명확하여 공사관리가 쉽고 하도급의 선택이 용이한 도급제도는 무엇인가?

① 공정별분할도급
② 일식도급
③ 단가도급
④ 공구별분할도급

해설

일식도급 : 건축공사 전체를 한 사람의 도급자에게 도급을 주는 방식이다.
1) 장점
① 예약 및 감독이 간단하다.
② 공사의 시공책임한계가 분명하여 공사관리가 쉽다.
③ 가설재의 중복이 없어 공사비가 절감된다.
2) 단점
① 공사가 조잡해질 우려가 있다.
② 건축주의 의도나 설계도의 취지가 충분히 반영되지 못한다.

49 용접 착수전 검사항목에 속하지 않는 것은 무엇인가?

① 트임새 모양
② 모아대기법
③ 운봉
④ 구속법

해설

용접검사
1) 용접착수전 검사 : 트임새 모양, 모아대기법, 구속법, 자세의 적부
2) 용접작업중 검사 : 용접봉, 운봉, 전류
3) 용접완료후 검사 : 외관검사, 비파괴검사(방사선투과검사, 초음파탐상시험, 자기분말탐상법)

50 철골공사의 녹막이칠에 관한 설명으로 바르지 않은 것은?

① 초음파탐상검사에 지장을 미치는 범위는 녹막이칠을 하지 않는다.
② 바탕만들기를 한 강재표면은 녹이 생기기 쉽기 때문에 즉시 녹막이칠을 하여야 한다.
③ 콘크리트에 묻히는 부분에는 녹막이칠을 하여야 한다.
④ 현장 용접부분은 용접부에서 100mm 이내에 녹막이칠을 하지 않는다.

해설
콘크리트에 묻히는 부분에는 녹막이칠을 할 필요가 없다.

Answer ▶ 46. ④ 47. ② 48. ② 49. ③ 50. ③

51 무지주공법 중 보우빔(Bow Beam)의 특징이 아닌 것은 무엇인가?

① 안보가 있어 스팬의 조정이 가능하다.
② 층고가 높고 큰 스팬에 유리하다.
③ 무폼타이 거푸집이다.
④ 구조적으로 안전성이 확보된다.

해설

무지주공법
1) 무지주공법 : 받침기둥(지주, support)을 사용하지 않고 보에 걸어서 거푸집널을 지지하는 방식으로 보빔과 페코빔이 있다.
   ① 보빔(bow beam) : 수평조절이 불가능한 무지주공법의 수평지지보
   ② 페코빔(pecco beam) : 수평조절이 가능한 무지주공법의 수평지지보
2) 특징
   ① 바닥의 장기균열의 원인이 되는 상부의 동바리(지보공)하중이 감소된다.
   ② 후속작업이 적어져 공기가 단축된다.

52 발포제의 한 종류로 시멘트와의 화학반응에 의해 특수한 가스를 발생시켜 기포를 도입하는 혼화제는 무엇인가?

① 알루미늄 분말   ② 포졸란
③ 플라이애쉬   ④ 실리카흄

해설

발포제 : 콘크리트의 수축을 방지하기 위해 알루미늄분말을 섞어 시멘트풀에 기포가 생기게 하는 혼화제로 기포발생제 또는 가스발생제라고도 한다.

53 벽식 철근 콘크리트 구조를 시공할 때 벽과 바닥 콘크리트를 한번에 타설하기 위해 벽체용 거푸집과 슬래브 거푸집을 일체로 제작하여 한번에 설치하고 해체할 수 있도록 한 대형거푸집으로 트윈 쉘과 모노쉘로 구분되는 대형 거푸집은 무엇인가?

① 플라잉폼(Flying Form)
② 터널 폼(Tunnel Form)
③ 슬라이딩 폼(Sliding Form)
④ 갱폼(Gang Form)

해설

① 플라잉 폼(Flying Form) : 바닥전용 거푸집
② 터널 폼 : 본문 설명
③ 슬라이딩 폼 : 수직활동 거푸집
④ 갱품 : 옹벽, 피어(pier)등에 사용하는 거푸집

54 일반적인 공사입찰의 순서로 올바른 것은 무엇인가?

① 입창통지→현장설명→입찰→개찰→낙찰→계약
② 현장설명→입찰통지→입찰→개찰→낙찰→계약
③ 현장설명→입찰통지→입찰→낙찰→개찰→계약
④ 입찰통지→입찰→개찰→낙찰→현장설명→계약

해설

공사 입찰순서
1) 입찰공고(입찰공지) → 2) 현장설명 → 3) 견적 → 4) 입찰 → 5) 개찰 → 6) 낙찰 → 7) 계약

55 철근콘크리트 공사에서 철근의 정착위치에 관한 설명으로 바르지 않은 것은?

① 기둥의 주근은 벽에 정착
② 지중보의 주근은 기초 또는 기둥에 정착
③ 벽철근은 기둥, 보, 바닥판에 정착
④ 바닥판 철근은 보 또는 벽체에 정착

해설

기둥의 주근 : 기초에 정착

56 지반개량 공법 중 주로 점토질 지반에서만 이용되는 공법은 무엇인가?

① 웰포인트 공법
② 그라우팅 공법
③ 바이브로 프로테이션공법
④ 샌드드레인 공법

Answer ➲ 51. ① 52. ① 53. ② 54. ① 55. ① 56. ④

해설

점토질 지반의 개량공법
1) 샌드드레인 공법
2) 페이퍼드레인 공법
3) 팩드레인 공법
4) 압밀공법(재해공법)
5) 고결공법 등

57 흙막이 벽은 보통 버팀대로 지지되어 있으나 그 대신 어스앵커를 사용하기도 하는데 어스앵커 내부에서 인장응력을 받는 가장 중요한 역할을 하는 재료는 무엇인가?

① 철근
② 철망
③ PC강선
④ 철골부재

해설

어스앵커 흙막이 공법
1) 어스앵커(earth anchor)를 사용하여 흙막이벽이 전도되지 않도록 하는 공법을 말한다.
2) 어스앵커는 소정의 각도로 소정의 깊이까지 원통형으로 굴착한 후 PC강선을 넣고 모르타르를 정착장까지 그라우팅한다.
3) 그라우팅 모르타르의 경화 후에 외부에서 PC강선에 인장응력을 준 다음 끝을 정착시킨다.

58 정액도급 계약제도에 관한 설명으로 바르지 않은 것은?

① 경쟁입찰로 공사비가 저렴하다.
② 건축주와의 의견조정이 용이하다.
③ 공사설계변경에 따른 도급액 증감이 곤란하다.
④ 이윤관계로 공사가 조악해질 우려가 있다.

해설

정액도급의 장 · 단점
1) 장점
  ① 경쟁입찰로 공사비를 절약할 수 있다.
  ② 공사관리업무가 간단하다.
  ③ 총공사비가 판명되어 건축주가 자금을 조달하는데 편리하다.
2) 단점
  ① 공사변경에 따른 도급금액의 증감이 어렵다.
  ② 공사비가 낮아 공사가 조잡해질 우려가 있다.

59 거푸집 탈형시 콘크리트와 거푸집판의 분리를 원활하게 해 주는 것은 무엇인가?

① 보강재
② 박리제
③ 긴결재
④ 지지재

해설

박리제 : 콘크리트와 거푸집의 분리를 용이하게 하는 것으로 동 · 식물성유, 파라핀, 석유 등이 사용된다.

60 지반의 토질시험 중에서 무게 63.5kg의 추를 76cm 높이에서 낙하시켜 샘플러가 30cm 관입하는데 따른 저항치를 측정하는 시험을 무엇이라 하는지 고르시오.

① 전단시험
② 지내력시험
③ 표준관입시험
④ 베인시험

해설

본 문제는 「표준관입시험」의 개념에 대해서 설명한 것이다.

제4과목 건설재료학

61 목재의 심재와 변재에 대한 설명으로 옳지 않은 것은?

① 심재는 변재보다 강도가 크다.
② 변재는 흡수성이 커서 신축이 크다.
③ 심재는 목재부 중 수심 부근에 위치한다.
④ 변재는 심재보다 다량의 수액을 포함하고 있다.

해설

변재와 심재

변재	심재
1. 목재의 표피 가까이 위치	1. 목재의 수심 가까이 위치
2. 담색	2. 암색
3. 역할 : 수액의 전달과 양분 저장	3. 변재가 변화되어 세포가 고화된 것
4. 수분을 많이 함유	4. 수분을 적게 함유
5. 수축변형이 크고 내구성이 작다.	5. 변형이 적고 내구성이 크다.

Answer ➡ 57. ③ 58. ② 59. ② 60. ③ 61. ④

62 골재의 입도와 최대치수에 대한 설명으로 바르지 않은 것은?

① 골재의 입도는 골재의 입자크기의 분포정도를 나타낸다.
② 입도분포가 양호한 골재는 실적률이 낮다.
③ 단위용적당 굵은 골재의 최대치수가 지나치게 크면 재료분리 현상이 커진다.
④ 골재의 최대치수는 철근치수와 배근간격에 따라 결정된다.

해설

골재의 실적률 : 일정 용기 내에 골재입자가 차지하는 실용적의 백분율(%)을 말한다.

$$실적률 = \frac{단위용적중량(W)}{골재의 비중(P)} \times 100\%$$

1) 실적률이 클수록 골재의 입도분포가 적당하며 시멘트풀이 적게 든다.
2) 입도란 골재의 대소립이 혼합되어 있는 정도를 말한다.

63 골재의 조립률(Fineness Modulus)에 관한 설명 중 옳지 않은 것은?

① 모래보다 자갈의 조립률이 크다.
② 자갈의 조립률이 2.6~3.1이면 입도가 좋은 편이다.
③ 같은 골재라도 입경(粒徑)이 크면 조립률은 커진다.
④ 조립률을 구하기 위해서 체가름 시험방법을 활용한다.

해설

골재의 조립률(FM)

$$FM = \frac{각 체에 남은 골재량 누계(\%)의 합}{100}$$

1) 조립률은 입경이 클수록 커진다.
2) 일반적으로 잔골재(모래)는 조립률이 2.6~3.1, 굵은골재(자갈)는 6~8이 되면 입도가 좋은 편이 된다.

64 침엽수에 있어서 가도관 역할을 하는 목세포는 수목 전체적의 몇 % 정도를 차지하는지 고르시오.

① 90~97   ② 75~90
③ 40~75   ④ 30~40

해설

목세포
1) **침엽수** : 수목 전체적의 90~97%
2) **활엽수** : 수목 전체적의 40~75%

65 목재 건조의 목적 및 효과가 아닌 것은 무엇인가?

① 중량의 경감   ② 강도의 증진
③ 가공성 증진   ④ 균류 발생의 방지

해설

목재의 건조목적
1) 수축, 균열, 변형 방지
2) 변색 및 부패 방지
3) 강도와 내구성 증진 및 가공성 용이
4) 방부제 주입 용이
5) 열전도성 개선 및 전기절연성 증가

66 ALC 제품의 특징으로 올바른 것은?

① 방음, 단열효과가 떨어진다.
② 비내력벽으로 활용이 어렵다.
③ 흡수성이 크다.
④ 현장에서 절단 및 가공이 불가능하다.

해설

경량기포콘크리트(ALC)의 특징
1) 열전도율이 콘크리트의 약 1/10 정도로서 단열성이 있다.
2) 경량으로 인력에 의한 취급이 가능하고, 필요에 따라 현장에서 절단 및 가공이 용이하다.
3) 흡수율이 커서 동결, 융해에 대한 저항성이 낮다.
4) 압축강도에 비해 휨강도나 인장강도가 상당히 약하다.
5) 박판상 제품에 비해 단열성, 차음성이 우수하다.

67 백색시멘트와 종석, 안료를 혼입하여 천연석과 유사한 외관을 가진 인조석으로 만든 것으로서 의석 또는 캐스트 스톤(cast stone)이라고도 하는 것은 무엇인가?

① 모조석(imitation stone)
② 리신바름(lithin coat)
③ 라프코트(rough coat)
④ 테라조 바름(terrazo finish)

Answer ▶ 62. ② 63. ② 64. ① 65. ③ 66. ③ 67. ①

해설
① **모조석** : 본문 설명
② **리신바름** : 돌로마이트에 화강석부스러기, 색모래, 안료 등을 섞어 정벌바름하고 충분히 굳지 아니한때 표면에 거친솔, 얼레빗 같은 것으로 긁어 거친면으로 마무리하는 것
③ **라프코트** : 거친면으로 마무리한 것(인조석 등)
④ **테라조 바름** : 백시멘트＋안료＋종석(대리석, 화강석)등을 배합반죽 후 모르타르 바탕바름 위에 바르는 것

68 금속재료의 부식 방지방법 중 바르지 않은 것은?
① 부분적이 녹은 빨리 제거할 것
② 큰 변형을 준 것은 가능한 한 담금질을 하여 사용할 것
③ 표면을 청결하게 하고, 가능한 한 건조상태로 유지할 것
④ 기밀 또는 수밀성 보호피막을 만들 것

해설
담금질은 금속재료에 강성을 주기위한 열처리방법이다.

69 환경문제 해결에 부응하는 특수 콘크리트 중 제올라이트(zeolite) 등을 콘크리트에 적용하여 습도상승 등을 억제하는 콘크리트는 무엇인가?
① 조습성 콘크리트
② 저소음 콘크리트
③ 자원순환 콘크리트
④ 다공질 식생 콘크리트

해설
제올라이트 : 미세 다공성 알루미늄 규산염광물로 흡착제나 촉매로 이용된다.

70 플라이애시를 혼입한 콘크리트의 특성에 관한 설명 중 올바른 것은?
① 동일한 워커빌리티를 가진 보통콘크리트보다 많은 단위수량을 필요로 한다.
② 동일한 조건의 보통콘크리트보다 중성화 속도가 느리다.
③ 동일한 조건의 보통콘크리트보다 화학저항성이 증대된다.
④ 초기강도는 증가되지만 장기강도에는 큰 영향을 미치지 않는다.

해설
플라이애시 혼입 콘크리트의 특성
1) 동일한 워커빌리티를 가진 보통콘크리트보다 단위수량이 적게 든다.
2) 중성화속도가 빨라진다.
3) 조기강도는 작지만 장기강도는 크다.
4) 워커빌리티가 좋아지고 수밀성이 커진다.

71 벽돌벽 두께 1.5B, 벽면적 40m² 쌓기에 소요되는 붉은벽돌(190×90×57)의 소요량은 얼마인가? (단, 할증률 고려)
① 8850장
② 8960장
③ 9229장
④ 9408장

해설

1) 벽돌규격 및 벽돌쌓기량

종류	규격(mm)	벽두께당 벽돌쌓기량(매/m²)			
		0.5B	1.0B	1.5B	2.0B
표준형	190×90×57	75	145	224	298
기존형	210×100×60	65	130	195	260

2) 보통벽돌(붉은벽돌)의 소요량 산정
① 표준형 벽돌 벽두께 1.5B당 벽돌쌓기량 : 224매/m²
② 벽쌓기면적 : 40m², 보통벽돌 할증률 : 3%
③ 벽돌수량＝벽돌쌓기량×면적×할증률
　　　　　＝224매/m²×40m²×1.03
　　　　　＝9229매(장)

72 다음 미장재료 중 기경성 재료에 해당되지 않는 것은 무엇인가?
① 진흙
② 석고 플라스터
③ 회반죽
④ 돌로마이트 플라스터

해설
석고 플라스터 : 수경성 미장재료

Answer ● 68. ② 69. ① 70. ③ 71. ③ 72. ②

73 전건(全乾)목재의 비중이 0.4일 때, 이전건(全乾)목재의 공극률은 얼마인가?

① 26% ② 36%
③ 64% ④ 74%

해설

목재의 공극률(V)
$$V = \left(1 - \frac{r}{1.54}\right) \times 100$$
$$= \left(1 - \frac{0.4}{1.54}\right) \times 100 = 74\%$$

74 다음 각종 미장재료에 대한 설명 중 바르지 않은 것은 무엇인가?

① 회반죽바름은 수경성 재료이며 소석회에 물과 풀을 넣고 여물을 섞어 바른다.
② 질석모르타르는 질석을 모르타르에 혼입한 것으로 내화 피복용 바름재로 쓰인다.
③ 돌로마이트 플라스터는 기경성 재료이며 건조수축이 크다.
④ 석고 플라스터는 석고를 주원료로 하고 혼화재, 접착제, 응결시간조절재 등을 혼합한 플라스터이다.

해설

회반죽바름 : 기경성 미장재료(소석회 + 모래 + 여물 + 해초풀)

75 탄소함유량이 많은 순서대로 바르게 나열한 것은 무엇인가?

① 연철 > 탄소강 > 주철
② 연철 > 주철 > 탄소강
③ 탄소강 > 주철 > 연철
④ 주철 > 탄소강 > 연철

해설

탄소함유량에 따른 철의 종류
1) 연철 : 0.04% 이하
2) 강 : 0.04~1.7%
3) 주철 : 1.7% 이상

76 고강도 콘크리트 건축물의 폭렬방지 대책으로 콘크리트에 혼입하여 사용하는 섬유는 무엇인가?

① 강섬유 ② 탄소섬유
③ 아라미드섬유 ④ 폴리프로필렌섬유

해설

고강도 콘크리트
설계기준강도가 보통콘크리트에서 300kg/cm² 이상, 경량콘크리트에서 270kg/cm² 이상인 경우의 콘크리트를 말한다.

77 습도와 물을 특별히 고려할 필요가 없는 장소에 설치하는 목재 창호용 접착제로 적합한 것은 무엇인가?

① 페놀수지 목재 접착제
② 요소수지 목재 접착제
③ 초산비닐수지 에멀션 목재 접착제
④ 실리콘수지 접착제

해설

초산비닐수지 접착제
1) 알코올이나 아세톤에 용해되는 용액형과 수지가 수중에서 현탁되는 에멀션형이 있다.
2) 목재가구 및 창호, 종이도배, 천도배등의 접착에 사용된다.

78 점토에 대한 설명으로 바르지 않은 것은?

① 점토는 불순물이 많을수록 흡수율이 크며, 강도와 비중은 감소한다.
② 점토의 주성분은 SiO_2, Al_2O_3, Fe_2O_3, CaO, MgO 등이다.
③ 화학적으로 순수한 점토를 카올린, 구워진 점토분말을 샤모트라고 한다.
④ 침적점토는 바람이나 물에 의해 멀리 운반되어 침적되므로 입자가 크며 가소성이 적다.

해설

점토의 종류
1) 잔류점토 : 1차점토로서 암석이 풍부한 위치에 그대로 잔류되어 있는 점토이다.
2) 침적점토 : 암석이 분해된 미립자들이 바람 또는 물의 힘에 이동하여 침적된 것으로 유기물이 포함되어 있는 2차점토이다. (양질의 점토로 가소성이 크다.)

Answer ▶ 73. ④ 74. ① 75. ④ 76. ④ 77. ③ 78. ④

79 건물의 바닥 충격음을 저감시키는 방법에 대한 설명으로 바르지 않은 것은?

① 유리면 등의 완충재를 바닥공간 사이에 넣는다.
② 부드러운 표면마감재를 사용하여 충격력을 작게 한다.
③ 바닥을 띄우는 이중바닥으로 한다.
④ 바닥슬래브의 중량을 적게 한다.

해설
충격음을 저감시키기 위해서는 바닥 슬래브의 중량을 크게 하여야 한다.

80 열가소성수지로서 두께가 얇은 시트를 만들어 건축용 방수재료로 이용되며 내화학성의 파이프로도 활용되는 것은 무엇인가?

① 폴리스티렌수지 ② 폴리에틸렌수지
③ 폴리우레탄수지 ④ 요소수지

해설
폴리에틸렌수지
1) 성질
  ① 저온에서도 유연성이 크다.(취하온도 : -60℃ 이하)
  ② 내충격성이 일반 플라스틱의 5배 정도이다.
  ③ 내수성, 내화학약품성, 전기절연성 등이 우수하다.
2) 용도 : 건축용 방수재, 파이프, 전선피복 등에 쓰인다.

제5과목 건설안전기술

81 굴착공사표준안전작업지침에 의하면 인력 굴착 작업 시 굴착면이 높아 계단식 굴착을 할 때 소단의 폭은 수평거리 얼마 정도로 하여야 하는지 고르시오.

① 1m   ② 1.5m
③ 2m   ④ 2.5m

해설
굴착면이 높은 경우 : 계단식으로 굴착하고 소단의 폭은 수평거리 2m 정도로 하여야 한다.

82 건설현장에서 달비계 또는 높이 5m 이상의 비계를 조립·해체하거나 변경 시 안전대책으로 바르지 않은 것은 무엇인가?

① 근로자가 관리감독자의 지휘에 따라 작업하도록 할 것
② 조립·해체 또는 변경의 시기·범위 및 절차를 그 작업에 종사하는 근로자에게 주지시킬 것
③ 비계재료의 연결해체작업을 하는 경우에는 폭 10cm 이상의 발판을 설치할 것
④ 비, 눈, 그 밖의 기상상태의 불안정으로 날씨가 몹시 나쁜 경우에는 그 작업을 중지시킬 것

해설
비계재료의 연결·해체작업을 하는 경우 : 폭 20cm 이상의 발판을 설치할 것

83 건설업에서 사업주의 유해·위험 방지 계획서 제출 대상 사업장이 아닌 것은 무엇인가?

① 지상 높이가 31m 이상인 건축물의 건설, 개조 또는 해체공사
② 연면적 5,000m² 이상의 관광숙박시설의 해체공사
③ 저수용량 5,000ton(톤) 이상의 지방상수도 전용댐 건설 등의 공사
④ 깊이 10m 이상인 굴착공사

해설
다목적댐, 발전용댐 및 저수용량 2천만 톤 이상의 용수 전용댐, 지방상수도 전용댐 건설 등의 공사

84 다음 경사각에 따른 경사로의 미끄럼막이 간격으로 바르지 않은 것은?

① 30° - 30cm
② 27° - 33cm
③ 22° - 40cm
④ 17° - 45cm

Answer ● 79. ④ 80. ② 81. ③ 82. ③ 83. ③ 84. ②

해설

경사로의 미끄럼막이 간격

경사각	미끄럼막이 간격
30°	30cm
29°	33cm
27°	35cm
24° 15′	37cm
22°	40cm
19° 20′	43cm
17°	45cm
14°	47cm

85 아스팔트 포장도로의 파쇄굴착 또는 암석제거에 적합한 장비는 무엇인가?

① 스크레이퍼 ② 리퍼
③ 롤러 ④ 드래그라인

해설
① 스크레이퍼 : 굴착, 싣기, 운반, 하역 등의 작업을 연속적으로 행할 수 있는 토공만능기이다.
② 리퍼 : 본문 설명
③ 롤러 : 지반 다짐기계(전압 기계)
④ 드래그라인 : 지반보다 낮은 연질지반의 넓은 굴착에 적합한 굴착기계이다.

86 철골공사에서 용접작용을 실시함에 있어 전격예방을 위한 안전조치 중 바르지 않은 것은 무엇인가?

① 전격방지를 위해 자동전격방지기를 설치한다.
② 우천, 강설시에는 야외작업을 중단한다.
③ 개로 전압이 낮은 교류 용접기는 사용하지 않는다.
④ 절연 홀도(Holder)를 사용한다.

해설
③항, 개로 전압이 낮은 교류 용접기를 사용한다.

87 다음 건설기계 중 굴착장비가 아닌 것은 무엇인가?

① 파워쇼벨 ② 모터그레이더
③ 백호우 ④ 드래그라인

해설
(1) 셔블계 굴착기계
 ① 파워셔블 ② 백호우
 ③ 드래그라인 ④ 클램셸
(2) 모터그레이더 : 토공기계의 대패라고 하며, 지면을 절삭하여 평활하게 다듬는 것이 목적인 토공기계이다.

88 부두 등의 하역작업장에서 부두 또는 안벽의 선을 따라 설치하는 통로의 최소폭 기준은 무엇인가?

① 30cm 이상 ② 50cm 이상
③ 70cm 이상 ④ 90cm 이상

해설
부두, 안벽 등 하역작업을 하는 장소에 대한 조치사항
1) 작업장 및 통로의 위험한 부분에는 안전하게 작업할 수 있는 조명을 유지할 것
2) 부두 또는 안벽의 선을 따라 통로를 설치할 때에는 폭을 90cm 이상으로 할 것
3) 육상에서의 통로 및 작업장소로서 다리 또는 선거의 갑문을 넘는 보도 등의 위험한 부분에는 안전난간 또는 울 등을 설치할 것

89 발파공법으로 해체작업 시 화약류 취급상 안전기준과 거리가 먼 것은 무엇인가?

① 화약 사용시에는 적절한 발파기술을 사용하며 사전에 문제점 등을 파악한 후 시행한다.
② 시공순서는 건설공사 표준시방서에 의한다.
③ 소음으로 인한 공해, 진동, 파편에 대한 예방대책이 있어야 한다.
④ 화약류 취급에 대하여는 총포도검화약류등단속법과 산업안전보건법 등 관계법의 규제를 받는다.

해설
②항, 시공순서는 화약취급절차에 의한다.

90 석재가공 동력 공구 중 진동드릴 사용 시 주의사항으로 바르지 않은 것은?

① 드릴비트의 경도는 최대한 높은 것을 사용한다.
② 진동드릴의 손잡이는 충격완화를 위해 두꺼운 고무로 씌운다.

Answer ● 85. ② 86. ③ 87. ② 88. ④ 89. ② 90. ①

③ 작업중인 작업자의 앞에 접근하지 않는다.
④ 작업자는 안전화를 착용한다.

해설
①항, 드릴비트(drill bit)의 경도는 적당히 높은 것을 사용한다.

91 연약지반을 굴착할 때, 흙막이벽 뒤쪽 흙의 중량이 바닥의 지지력보다 커지면, 굴착저면에서 흙이 부풀어 오르는 현상은 무엇인가?

① 슬라이딩(Sliding)
② 보일링(boiling)
③ 파이핑(Piping)
④ 히빙(Heaving)

해설
(1) 히빙(Heaving) : 본문 설명
(2) 히빙 방지대책
  ① 굴착주변의 상재하중을 제거한다.
  ② 흙막이벽 근입깊이를 깊게 한다.
  ③ 굴착방식을 개선한다.
  ④ 흙막이판을 강성이 높은 것을 사용한다.

92 리프트(Lift) 사용 중 조치사항으로 올바른 것은 무엇인가?

① 운반구 내부에 탑승조작장치가 설치되어 있는 리프트를 사람이 타지 않은 상태에서 작동하였다.
② 리프트 조작반은 관계근로자가 작동하기 편리하도록 항상 개방시켰다.
③ 피트 청소시에 리프트 운반구를 주행로 상에 달아 올린 상태에서 정지시키고 작업하였다.
④ 순간풍속이 초당 35m를 초과하는 태풍이 온다하여 붕괴 방지를 위한 받침수를 증가시켰다.

해설
①항, 운반구의 내부에만 탑승조작장치가 설치되어 있는 리프트를 사람이 탑승하지 아니한 상태로 작동하게 해서는 안 된다.
②항, 리프트 조작반에 잠금장치를 설치하는 등 관계근로자가 아닌 사람이 리프트를 임의로 조작함으로써 발생하는 위험을 방지하기 위하여 필요한 조치를 하여야 한다.
③항, 리프트 운반구를 주행로 위에 달아 올린 상태로 정지시켜 두어서는 아니된다.

93 건설현장에서의 PC(Precast Concrete)조립 시 안전대책으로 바르지 않은 것은 무엇인가?

① 달아 올린 부재의 아래에서 정확한 상황을 파악하고 전달하여 작업한다.
② 운전자는 부재를 달아 올린 채 운전대를 이탈해서는 안된다.
③ 신호는 사전 정해진 방법에 의해서만 실시한다.
④ 크레인 사용 시 PC판의 중량을 고려하여 아우트리거를 사용한다.

해설
①항, 달아 올린 부재의 아래에서는 절대로 작업을 금지하여야 한다.

94 붕괴 등에 의한 위험방지에 관한 기준에 해당되지 않는 것은 무엇인가?

① 지반의 붕괴 또는 토석의 낙하 원인이 되는 빗물이나 지하수 등을 배제할 것
② 높이가 2m 이상인 장소로부터 물체를 투하하는 때에는 투하설비가 설치하거나 감시인을 배치할 것
③ 갱내의 낙반·측벽(側壁) 붕괴의 위험이 있는 경우에는 지보공을 설치하고 부석을 제거하는 등 필요한 조치를 할 것
④ 지반은 안전한 경사로 하고 낙하의 위험이 있는 토석을 제거하거나 옹벽, 흙막이 지보공 등을 설치할 것

해설
②항, 높이 3m 이상인 장소로부터 물체를 투하하는 때에는 투하설비를 설치하거나 감시인을 배치할 것

95 콘크리트의 종류 중 수중공사에 주로 이용되며, 거푸집을 조립하고 골재를 미리 채운 후 특수한 모르타르를 그 사이에 주입하여 형성하는 콘크리트는 무엇인가?

① 프리플레이스트콘크리트
② 한중콘크리트
③ 경량콘크리트
④ 섬유보강콘크리트

Answer ➡ 91. ④ 92. ④ 93. ① 94. ② 95. ①

해설
① 프리플레이스트콘크리트 : 본문 설명
② 한중콘크리트 : 콘크리트 붓기 후 4주까지의 예상 평균기온이 약 4℃ 이하에서 시공되는 콘크리트를 말한다.
③ 경량콘크리트 : 중량 경감을 목적으로 만들어진 콘크리트로 기건단위용적중량이 1.4~2.0t/m³의 범위에 들어가는 것을 말한다.
④ 섬유보강콘크리트(FRC) : 콘크리트의 인장강도와 균열에 대한 저항성을 높이고 인성을 대폭 개선시킬 목적으로 모르타르 또는 콘크리트 중에 각종 섬유를 보강시켜 만든 복합재료 콘크리트이다.

96 차량계 건설기계를 사용하여 작업을 하는 경우에 당해기계의 전도 또는 전락 등에 의한 근로자의 위험을 방지하기 위해 취해야 할 조치사항과 가장 거리가 먼 것은 무엇인가?

① 갓길의 붕괴방지
② 지반의 부동침하 방지
③ 도로폭의 유지
④ 버킷, 디퍼 등 작업장치를 지면에 고정

해설
차량계 건설기계의 전도 또는 전락 등에 의한 근로자의 위험방지 조치사항
1) ①, ②, ③항
2) 유도자 배치

97 깊이 10.5m 이상의 깊은 굴착의 경우 흙막이 구조의 안전을 예측하기 위해 설치해야 할 계측기기가 아닌 것은 무엇인가?

① 수위계
② 경사계
③ 하중 및 침하계
④ 내공변위 측정계

해설
깊이 10.5m 이상 굴착시 설치해야 할 계측기기 (고용노동부 고시)
1) ①, ②, ③항
2) 응력계

길잡이
굴착공사에 사용되는 계측기기의 계측내용(계측기기 설치목적)
1) 간극수압계(piezometer) : 지하수의 수압을 측정
2) 수위계(water level meter) : 지반 내 지하수위 변화를 측정
3) 경사계(inclinometer) : 흙막이벽의 수평변위(변형)측정
4) 하중계(load cell) : 버팀도(지주) 또는 어스앵커(earth anchor) 등의 실제 축하중 변화상태를 측정(부재의 안전상태를 파악하는 기기)
5) 변형계(strain gauge) : 흙막이벽의 변형과 응력을 측정

98 시스템 비계의 구조에 대한 설명 중 바르지 않은 것은?

① 수직재와 수직재의 연결철물은 이탈되지 않도록 견고한 구조로 할 것
② 수직재·수평재·가새재를 견고하게 연결하는 구조가 되도록 할 것
③ 수직재와 받침철물의 연결부의 겹침길이는 받침철물 전체길이의 4분의 1 이상이 되도록 할 것
④ 수평재는 수직재와 직각으로 설치하여야 하며, 체결 후 흔들림이 없도록 견고하게 설치할 것

해설
③항. 비계 밑단의 수직재와 받침철물은 밀착되도록 설치하고, 수직재와 받침철물의 연결부의 겹침길이는 받침철물 전체길이의 3분의 1이상이 되도록 할 것

99 철골 작업을 중지하여야 하는 강설량 기준은 무엇인가?

① 시간당 1cm 이상 ② 시간당 2cm 이상
③ 시간당 3cm 이상 ④ 시간당 4cm 이상

해설
철골작업을 중지해야 할 기상조건
1) 풍속 : 초당 10m 이상인 경우
2) 강우량 : 시간당 1mm 이상인 경우
3) 강설량 : 시간당 1cm 이상인 경우

Answer ● 96. ④ 97. ④ 98. ③ 99. ①

100 콘크리트 측압에 대한 설명 중 바르지 않은 것은?

① 콘크리트의 타설속도가 클수록 크다.
② 콘크리트의 타설높이가 높을수록 크다.
③ 배근된 철근량이 적을수록 크다.
④ 대기의 온도가 높을수록 크다.

해설

④항. 대기의 온도가 낮을수록 크다.

Answer ● 100. ④

2021년 제4회 건설안전산업기사 CBT 복원 기출문제

제1과목 산업안전관리론

01 다음 중 산업안전보건법령상 안전보건개선계획서에 반드시 포함되어야 할 사항과 가장 거리가 먼 것은?
① 안전·보건교육
② 안전·보건관리체제
③ 근로자 채용 및 배치에 관한 사항
④ 산업재해예방 및 작업환경의 개선을 위하여 필요한 사항

해설
안전보건개선계획서에 포함되는 내용
1) 시설
2) 안전·보건관리체제
3) 안전·보건교육
4) 산업재해예방 및 작업환경의 개선을 위해서 필요한 사항

02 다음 중 인간의 행동 변화에 있어 가장 변화시키기 어려운 것은?
① 지식의 변화
② 집단의 행동 변화
③ 개인의 태도 변화
④ 개인의 행동 변화

해설
인간행동변화의 4단계
1) 1단계 : 지식의 변화
2) 2단계 : 태도의 변화
3) 3단계 : 개인행동의 변화
4) 4단계 : 집단 또는 조직에 대한 행동의 변화

03 다음 중 타박, 충돌, 추락 등으로 피부 표면보다는 피하조직 등 근육부를 다친 상해를 무엇이라 하는가?
① 골절
② 자상
③ 부종
④ 좌상

해설
1) 골절 : 뼈가 부러진 상해
2) 자상(찔림) : 칼날 등 날카로운 물건에 찔린 상해
3) 부종 : 국부의 혈액순환 이상으로 몸이 퉁퉁 부어오르는 상해
4) 좌상 : 본문 설명

04 앞에 실시한 학습의 효과는 뒤에 실시하는 새로운 학습에 직접 또는 간접으로 영향을 주는데 이러한 현상을 전이(轉移, transfer)라 한다. 다음 중 전이의 조건이 아닌 것은?
① 학습자료의 유사성 요인
② 학습 평가자의 지식 요인
③ 선행학습정도의 요인
④ 학습자의 태도 요인

해설
학습전이의 조건
1) **학습정도의 요인** : 선행학습의 정도에 따라 전이의 기능 정도가 다르다.
2) **유사성의 요인** : 선행학습과 후행학습에 유사성이 있어야 한다는 것으로 자극의 유사성, 반응의 유사성, 원리의 유사성이 있다.
3) **시간적 간격의 요인** : 선행학습과 후행학습의 시간간격에 따라 전이의 효과가 다르다.
4) **학습자의 지능요인** : 학습자의 지능정도에 따라 전이효과가 달라진다.
5) **학습자의 태도요인** : 학습자의 주의력 및 능력, 특히 태도에 따라 전이의 정도가 다르다.

05 다음 중 매슬로우(Maslow)의 욕구위계이론 5단계를 올바르게 나열한 것은?
① 생리적 욕구 → 안전의 욕구 → 사회적 욕구 → 존경의 욕구 → 자아 실현의 욕구
② 생리적 욕구 → 안전의 욕구 → 사회적 욕구 → 자아 실현의 욕구 → 존경의 욕구

Answer 01. ③ 02. ② 03. ④ 04. ② 05. ①

③ 안전의 욕구 → 생리적 욕구 → 사회적 욕구 → 자아 실현의 욕구 → 존경의 욕구
④ 안전의 욕구 → 생리적 욕구 → 사회적 욕구 → 존경의 욕구 → 자아 실현의 욕구

해설

매슬로우(Maslow)의 욕구 5단계
1) 1단계 – 생리적 욕구(신체적 욕구) : 기아, 갈등, 호흡, 배설, 성욕 등 기본적 욕구
2) 2단계 – 안전의 욕구 : 안전을 구하려는 욕구
3) 3단계 – 사회적 욕구(친화욕구) : 애정, 소속에 대한 욕구
4) 4단계 – 인정받으려는 욕구(자기존경의 욕구, 승인욕구) : 자존심, 명예, 성취, 지위 등에 대한 욕구
5) 5단계 – **자아실현의 욕구**(성취욕구) : 잠재적인 능력을 실현하고자 하는 욕구

06 다음 중 조건반사설에 의거한 학습이론의 원리가 아닌 것은?

① 강도의 원리
② 일관성의 원리
③ 계속성의 원리
④ 시행착오의 원리

해설

조건반사설에 의한 학습이론의 원리
1) **시간의 원리** : 조건자극(종소리)이 무조건자극(음식물)보다 시간적으로 동시 또는 조금 앞서서 주어야만 조건화, 즉 시 강화가 잘 된다는 원리이다.
2) **강도의 원리** : 조건 반사적인 행동이 이루어지려면 먼저 준 자극의 정도에 비해 적어도 같거나 그보다 강한 자극을 주어야 바람직한 결과를 낳게 된다.
3) **일관성의 원리** : 조건자극은 일관된 자극물을 사용하여야 한다는 원리이다.
4) **계속성의 원리** : 자극과 반응과의 관계를 반복하여 횟수를 거듭할수록 조건화가 잘 형성된다는 원리이다.

07 다음 중 산업안전보건법령상 안전인증대상 보호구의 안전인증제품에 안전인증 표시 외에 표시하여야 할 사항과 가장 거리가 먼 것은?

① 안전인증 번호
② 형식 또는 모델명
③ 제조번호 및 제조연월
④ 물리적, 화학적 성능기준

해설

안전인증 제품의 표시사항
1) 형식 또는 모델명
2) 규격 또는 등급 등
3) 제조자명
4) 제조번호 및 제조연월
5) 안전인증 번호

08 도수율이 13.0, 강도율 1.20인 사업장이 있다. 이 사업장의 환산도수율은 얼마인가? (단, 이 사업장 근로자의 평생근로시간은 10만 시간으로 가정한다.)

① 1.3
② 10.8
③ 12.0
④ 92.3

해설

환산도수율 $= \dfrac{도수율}{10} = \dfrac{13.0}{10} = 1.3$

09 무재해운동의 추진기법 중 "지적·확인"이 불안전 행동 방지에 효과가 있는 이유와 가장 거리가 먼 것은?

① 긴장된 의식의 이완
② 대상에 대한 집중력의 향상
③ 자신과 대상의 결합도 증대
④ 인지(cognition)확률의 향상

해설

①항, 이완된 의식의 긴장

10 다음 중 사고예방대책 제5단계의 "시정책의 적용"에서 3E와 관계가 없는 것은?

① 교육(Education)
② 재정(Economics)
③ 기술(Engineering)
④ 관리(Enforcement)

해설

3E : Education(교육), Engineering(기술), Enforcement(독려, 관리)

Answer ➡ 06. ④ 07. ④ 08. ① 09. ① 10. ②

11 어떤 상황의 판단 능력과 사실의 분석 및 문제의 해결 능력을 키우기 위하여 먼저 사례를 조사하고, 문제적 사실들과 그의 상호 관계에 대하여 검토하고, 대책을 토의하도록 하는 교육기법은 무엇인가?

① 심포지엄(symposium)
② 로울 플레잉(role playing)
③ 케이스 메소드(case method)
④ 패널 디스커션(panel discussion)

해설

사례연구법(case method) : 먼저 사례를 제시하고 문제가 되는 사실들과 그의 상호관계에 대해서 검토하며, 대책을 토의하는 방식으로 토의법을 응용한 교육기법

12 다음 중 재해 예방의 4원칙에 해당하지 않는 것은?

① 예방 가능의 원칙   ② 손실 우연의 원칙
③ 원인 계기의 원칙   ④ 선취 해결의 원칙

해설

재해예방의 4원칙
1) ①, ②, ③항
2) 대책선정의 원칙

13 다음 중 안전교육의 종류에 포함되지 않는 것은?

① 태도교육   ② 지식교육
③ 직무교육   ④ 기능교육

해설

안전교육의 3단계
1) 1단계 : 지식교육
2) 2단계 : 기능교육
3) 3단계 : 태도교육

14 다음 중 산업안전보건법령상 자율안전확인 대상에 해당하는 방호장치는?

① 압력용기 압력방출용 파열판
② 보일러 압력방출용 안전밸브
③ 교류 아크용접기용 자동전격방지기
④ 방폭구조(防爆構造) 전기기계·기구 및 부품

해설

안전인증 및 자율안전확인 대상 방호장치

안전인증대상 방호장치	자율안전확인대상 방호장치
① 프레스 및 전단기 방호장치 ② 양중기용 과부하 방지장치 ③ 보일러 압력방출용 안전밸브 ④ 압력용기 압력방출용 안전밸브 ⑤ 압력용기 압력방출용 파열판 ⑥ 절연용 방호구 및 활선작업용 기구 ⑦ 방폭구조 전기기계·기구 및 부품 ⑧ 추락·낙하 및 붕괴 등의 위험방호에 필요한 가설기자재로서 고용노동부장관이 정하여 고시하는 것	① 아세틸렌 용접장치용 또는 가스집합용접 장치용 안전기 ② 교류아크 용접기용 자동전격방지기 ③ 롤러기 : 급정지장치 ④ 연삭기 덮개 ⑤ 목재가공용 둥근 톱 반발예방장치 및 날접촉예방장치 ⑥ 동력식 수동 대패용 칼날접촉방지장치 ⑦ 추락·낙하 및 붕괴 등의 위험방지·보호에 필요한 가설기자재(고용노동부고시)

15 인간의 특성에 관한 측정검사에 대한 과학적 타당성을 갖기 위하여 반드시 구비해야 할 조건에 해당되지 않는 것은?

① 주관성   ② 신뢰도
③ 타당도   ④ 표준화

해설

인간특성에 대한 측정검사의 구비조건
1) 객관성
2) 신뢰도
3) 타당도
4) 표준화
5) 규준(norms)

16 다음 중 산업안전보건법령상 특별안전·보건교육의 대상 작업에 해당하지 않는 것은?

① 석면해체·제거작업
② 밀폐된 장소에서 하는 용접작업
③ 화학설비 취급품의 검수·확인 작업
④ 2m 이상의 콘크리트 인공구조물의 해체 작업

해설

특별안전·보건교육 대상 작업별 교육내용(시행규칙 별표 5)

Answer ● 11. ③ 12. ④ 13. ③ 14. ③ 15. ① 16. ③

17 다음 중 리스크 테이킹(risk taking)의 빈도가 가장 높은 사람은?

① 안전지식이 부족한 사람
② 안전기능이 미숙한 사람
③ 안전태도가 불량한 사람
④ 신체적 결함이 있는 사람

해설

리스크 테이킹(risk taking)
1) 리스크 테이킹 : 객관적인 위험을 자기 나름대로 판정해서 의지결정을 하고 행동에 옮기는 것을 말한다.
2) 안전태도가 양호한 자는 리스크 테이킹의 정도가 적고, 같은 수준의 안전태도에서도 작업의 달성 동기, 성격, 능률 등 각종 요인의 영향에 의해 리스크 테이킹의 정도가 변하게 된다.

18 산업안전보건법령상 안전·보건표지에 사용하는 색채 가운데 비상구 및 피난소, 사람 또는 차량의 통행표지 등에 사용하는 색채는?

① 흰색   ② 녹색
③ 노란색   ④ 파란색

해설

안전표지의 색채·색도기준 및 용도(시행규칙 별표3)

색채	색도기준	용도	사용예
빨간색	7.5R 4/14	금지	정지신호, 소화설비 및 그 장소, 유해행위 금지
		경고	화학물질 취급장소에서의 유해·위험경고
노란색	5Y 8.5/12	경고	화학물질 취급장소에서의 유해·위험 경고, 그 밖의 위험 경고, 주의표지 또는 기계방호물
파란색	2.5PB 4/10	지시	특정 행위의 지시 및 사실의 고지
녹색	2.5G 4/10	안내	비상구 및 피난소, 사람 또는 차량의 통행표지
흰색	N 9.5		파란색 또는 녹색에 대한 보조색
검은색	N 0.5		문자 및 빨간색 또는 노란색에 대한 보조색

19 다음 중 기업의 산업재해에 대한 과거와 현재의 안전성적을 비교, 평가한 점수로 안전관리의 수행도를 평가하는데 유용한 것은?

① safe-T-score   ② 평균강도율
③ 종합재해지수   ④ 안전활동률

해설

1) Safe T. Score
$$= \frac{(현재)빈도율-(과거)빈도율}{\sqrt{\frac{(과거)빈도율}{근로총시간수}\times 10^6}}$$

2) 판정기준
① +2.0 이상 : 과거보다 심각하게 나빠짐
② +2.0~-2.0 : 심각한 차이 없음
③ -2.0 이하 : 과거보다 좋아짐

20 다음 중 리더십(leadership)의 특성으로 볼 수 없는 것은?

① 민주주의적 지휘 형태
② 부하와의 넓은 사회적 간격
③ 밑으로부터의 동의에 의한 권한 부여
④ 개인적 영향에 의한 부하와의 관계 유지

해설

②항, 부하와의 좁은 사회적 간격

제2과목 인간공학 및 시스템안전공학

21 정보를 유리나 차양판에 중첩시켜 나타내는 표시장치는?

① CRT   ② LCD
③ HUD   ④ LED

해설

1) HUD(Head Up Display) : 헤드업디스플레이
2) CRT(Cathode Ray Tube) : 음극선관
3) LCD(Liquid Crystal Display) : 액정표시장치
4) LED(Light Emitting Diode) : 발광다이오드

Answer ● 17. ③ 18. ② 19. ① 20. ② 21. ③

22 40세 이후 노화에 의한 인체의 시지각 능력 변화로 틀린 것은?

① 근시력 저하
② 휘광에 대한 민감도 저하
③ 망막에 이르는 조명량 감소
④ 수정체 변색

해설

40세 이후 노화시 : 휘광에 대한 민감도가 증대

23 근골격계 질환을 예방하기 위한 관리적 대책을 옳은 것은?

① 작업공간 배치
② 작업재료 변경
③ 작업순환 배치
④ 작업공구 설계

해설

근골격계 질환을 예방하기 위한 대책
1) 관리적 대책 : 작업순환 배치
2) 기술적 대책 : 작업공간배치, 작업재료 변경, 작업공구 설계 등

24 인간-기계 시스템 평가에 사용되는 인간기준 척도 중에서 유형이 다른 것은?

① 심박수
② 안락감
③ 산소소비량
④ 뇌전위(EEG)

해설

인간기준 척도
1) 퍼포먼스 척도(performance measure) : 빈도척도, 강도척도, 지연성척도, 지속성척도 등
2) 생리지표
   ① 심장혈행지표 : 심박수, 혈합 등
   ② 호흡지표 : 호흡률, 산소소비량 등
   ③ 신경지표 : 뇌전위(EEG), 근육활동 등
   ④ 감각지표 : 시력, 눈 깜빡이는 속도, 청력 등
   ⑤ 혈액 화학지표 : 카테콜아민 등
3) 주관적 반응 : 의지의 안락감, 컴퓨터시스템의 사용편의성, 도구 손잡이 길이에 대한 선호도 등

25 인체측정치 응용원칙 중 가장 우선적으로 고려해야 하는 원칙은?

① 조절식 설계
② 최대치 설계
③ 최소치 설계
④ 평균치 설계

해설

인체측정치 응용원칙 중 가장 우선적으로 고려해야 할 원칙 : 조절식 설계

26 인체의 피부와 허파로부터 하루에 600g의 수분이 증발될 때 열손실율은 약 얼마인가? (단, 37℃의 물 1g을 증발시키는데 필요한 에너지는 2410 J/g 이다.)

① 약 15 Watt
② 약 17 Watt
③ 약 19 Watt
④ 약 21 Watt

해설

$$\text{열손실률} = \frac{2410(J/g) \times 증발량(g)}{시간(sec)}$$

$$= \frac{2410 J/g \times 600 g}{24hr \times \frac{3600sec}{1hr}}$$

$$= 16.74 \fallingdotseq 17 (J/sec = watt)$$

27 청각신호의 위치를 식별할 대 사용하는 척도는?

① AI(Articulation Index)
② JND(Just Noticeable Difference)
③ MAMA(Minimum Audible Movement Angle)
④ PNC(Preferred Noise Criteria)

해설

MAMA(Minimum Audible Movement Angle) : 최소 청음 운동각

28 일반적으로 연구조사에 사용되는 기준 중 기준척도의 신뢰성이 의미하는 것은?

① 보편성
② 적절성
③ 반복성
④ 객관성

해설

기준척도의 신뢰성 : 반복성

29 조종장치를 3cm 움직였을 때 표시장치의 지침이 5cm 움직였다면 C/R 비는?

① 0.25
② 0.6
③ 1.5
④ 1.7

Answer ● 22. ② 23. ③ 24. ② 25. ① 26. ② 27. ③ 28. ③ 29. ②

해설

$\dfrac{C}{R} = \dfrac{조종장치 변위량}{표시장치 변위량} = \dfrac{3}{5} = 0.6$

30 고열환경에서 심한 육체노동 후에 탈수와 체내 염분농도 부족으로 근육의 수축이 격렬하게 일어나는 장해는?

① 열경련(heat cramp)
② 열사병(heat stroke)
③ 열쇠약(heat prostration)
④ 열피로(heat exhaustion)

해설

열중독증
1) **열경련**(heat cramp)
   ① 고온환경에서 작업중이거나 작업 후 수시간 내에 발생한다.
   ② 주로 염분섭취의 제한이나 지나친 발한으로 인한 염분 손실과 관계된다.
   ③ 작업시 사용하는 근육(특히 팔, 다리, 복부)에 통증 있는 경련이 생긴다.
2) **열사병**(heat stroke) : 체온이 과도하게 상승할 때 생기는 급성의 의학적 응급상태이다.
3) **열발진**(heat rash) : 땀띠가 나는 것을 말한다.
4) **열피로**(heat exhaustion) : 주로 탈수 때문에 생기며 특징은 근육무력, 구역질 및 구토, 현기증, 실신 등이다.

31 표와 관련된 시스템위험분석 기법으로 가장 적합한 것은?

프로그램 :   시스템 :

#1 구성요소 명칭	#2 구성요소 위험방식	#3 시스템 작동방식	#4 서브시스템에서 위험영향	#5 서브시스템, 대표적 시스템 위험영향	#6 환경적 요인	#7 위험영향을 받을 수 있는 2차 요인	#8 위험수준	#9 위험관리

① 예비위험분석(PHA)
② 결함위험분석(FHA)
③ 운용위험분석(OHA)
④ 사상수분석(ETA)

해설

결함위험분석(FHA) : 서브시스템(sub system) 분석법

32 시스템 수명주기에서 FMEA가 적용되는 단계는?

① 개발단계   ② 구상단계
③ 생산단계   ④ 운전단계

해설

시스템 수명주기의 단계
1) **구상단계** : 시작단계
   ① PHA(예비사고분석) : 이용
   ② 리스크(위험)분석 시행
   ③ SSPP(시스템 안전프로그램계획)
2) **정의단계** : 예비설계와 생산기술을 확인하는 단계
3) **개발단계** : 정의단계에 환경적 충격, 생산기술, 운용연구 등을 포함시키는 단계
   ① OHA(운용위험분석)이용
   ② FMEA(고장의 형태 및 영향분석)과 관련된 신뢰 성공학 적용
4) **생산단계** : 생산이 시작되면 품질관리부서는 생산물을 검사하고 조사하는 역할을 함
5) **운전단계** : 시스템을 운전하는 단계

33 FT도에서 입력현상이 발생하여 어떤 일정 시간이 지속된 후 출력이 발생하는 것을 나타내는 게이트나 기호로 옳은 것은?

① 위험 지속 기호
② 조합 AND 게이트
③ 시간 단축 기호
④ 억제 게이트

해설

수정기호의 종류
1) **우선적 AND Gate** : 입력사상 가운데 어느 사상이 다른 사상보다 먼저 일어났을 때에 출력사상이 생긴다. 예를 들면 「A는 B보다 먼저」와 같이 기입한다.
2) **짜맞춤 AND Gate** : 3개 이상의 입력사상 가운데 어느 것이든 2개가 일어나면 출력사상이 생긴다. 예를 들면 「어느 것이든 2개」라고 기입한다.
3) **위험지속기호** : 입력사상이 생겨서 어느 일정시간 지속하였을 때에 출력사상이 생긴다. 예를 들면 「위험지속시간」과 같이 기입한다.
4) **배타적 OR Gate** : OR Gate로 2개 이상의 입력이 동시에 존재할 때에는 출력사상이 생기지 않는다. 예를 들면 「동시에 발생하지 않는다」라고 기입한다.

Answer ➡ 30. ① 31. ② 32. ① 33. ①

34 톱사상 T를 일으키는 컷셋에 해당하는 것은?

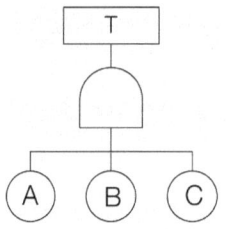

① {A}　　　　② {A, B}
③ {B, C}　　　④ {A, B, C}

해설

컷셋을 구하는 방법 : AND gate는 가로로 나열시키고 OR rate는 세로로 나열시켜서 말단사상까지 진행시켜 나간다.

35 시스템에 영향을 미치는 모든 요소의 고장을 형태별로 분석하여 그 방향을 검토하는 시스템안전 분석기법은?

① FMEA　　　② PHA
③ HAZOP　　　④ FTA

해설

1) FMEA(고장의 형태와 영향분석) : 정성적, 귀납적 분석법
2) PHA(예비사고분석) : 최초단계분석, 정성적 분석
3) HAZOP(위험과 운전성연구) : 정성적 평가
4) FTA(결함수분석법) : 연역적, 정량적 분석

36 동작경제의 원칙에 해당하지 않는 것은?

① 가능하다면 낙하식 운반방법을 사용한다.
② 양손을 동시에 반대 방향으로 움직인다.
③ 자연스러운 리듬이 생기지 않도록 동작을 배치한다.
④ 양손으로 동시에 작업을 시작하고, 동시에 끝낸다.

해설

③항, 자연스러운 리듬이 생기도록 배치한다(동작이 자동적으로 이루어지는 순서로 한다.)

37 FT도상에서 정상 사상 T의 발생 확률은? (단, 기본사상 ①, ②의 발생 확률은 각각 1×10^{-2}과 2×10^{-2}이다.)

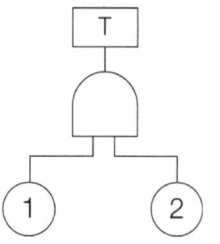

① 2×10^{-2}　　　② 2×10^{-4}
③ 2.98×10^{-2}　　④ 2.98×10^{-4}

해설

$T = ① \times ②$
$= (1 \times 10^{-2}) \times (2 \times 10^{-2})$
$= 2 \times 10^{-4}$

38 사후 보전에 필요한 수리시간의 평균치를 나타내는 것은?

① MTTF　　　② MTBF
③ MDT　　　　④ MTTR

해설

MTTR(Mean Time To Repair) : 평균수리시간(총수리 시간을 그 기간을 수리횟수로 나눈 시간)

39 안전 설계방법 중 페일세이프 설계(fail-safe design)에 대한 설명으로 가장 적절한 것은?

① 오류가 전혀 발생하지 않도록 설계
② 오류가 발생하기 어렵게 설계
③ 오류의 위험을 표시하는 설계
④ 오류가 발생하였더라도 피해를 최소화 하는 단계

해설

페일세이프 설계(fail-safe design) : 오류(실수)가 발생하더라도 피해(손해)를 최소화하는 설계

Answer ➡ 34. ④　35. ①　36. ③　37. ②　38. ④　39. ④

40 다음 중 음성 인식에서 이해도가 가장 좋은 것은?

① 음소
② 음절
③ 단어
④ 문장

해설

1) **음성용해도** : 음성 메세지를 정확히 인지할 수 있는 정도를 말한다.
2) 일반적 상황에서는 문장의 이해도 가장 좋고 개별 단어는 이보다 낮으며 무의미 음절이 가장 나쁘다.

제3과목 건설시공학

41 역타공법(top-down method)과 관련된 내용으로 옳지 않은 것은?

① 지하굴착공사장에는 중장비 때문에 급배기환기시설이 필요하다.
② 기둥천공 시 슬라임 처리가 완벽해야 한다.
③ 한 현장에 지하연속벽과 강성이 다른 흙막이벽을 병행 조성하는 것이 안전상 유리하다.
④ 지하연속벽과 구조체와의 연결철근의 위치가 정확히 유지되어 있어야 한다.

해설

1) ③항. 한 현장에 지하연속벽과 강성이 다른 흙막이벽을 병행 조성하는 것은 안전상 불리하다.
2) 용접할 소재는 용접열에 의해 수축변형이 생기고 또한 마무리 자리도 고려해야 되므로 차수에 여분을 두어야 한다.

42 숏크리트(shotcrete)공정이 필요한 공법은?

① 강재널말뚝 공법
② 엄지말뚝식 흙막이공법
③ 지하연속법 공법
④ 소일네일링 공법

해설

1) **숏크리트(shotcrete)공법** : 압축공기로 모르타르 또는 콘크리트를 타설장소까지 강압적으로 뿜칠하여 시공하는 공법으로 「뿜칠콘크리트 공법」이라고도 한다.

2) **소일네일링 공법** : 보강재(철근 또는 네일)를 원지반에 삽입, 그라우팅에 의해 지반과 일체화하고 숏크리트, 현장타설콘크리트, 기성패널 등으로 절토면을 보호하는 표면보호공을 시공하는 비탈면 안정화공법이다.

43 공동도급(Join Venture)의 장점이 아닌 것은?

① 융자력 증대
② 공기 단축
③ 위험 분산
④ 기술 확충

해설

공동도급 : 2명 이상의 도급업자가 공동출자하여 기업체를 조직해서 협동으로 공사를 도급하는 방식

1) 장점
    ① 소자본으로 대규모 공사 도급이 가능
    ② 기술, 자본, 위험부담의 분산 및 감소
    ③ 기술의 확충, 강화 및 경험의 증대
    ④ 공사계획과 시공이행의 확실
2) 단점
    ① 각 업체의 업무 방식에서 오는 혼란
    ② 현장관리의 곤란
    ③ 일식도급보다 경비 증대

44 점토지반에 모래를 깔고 그 위에 성토에 의해 하중을 가하면 장기간 걸쳐 점토 중의 물이 샌드파일을 통하여 지상에 배수되어 지반을 압밀·강화시키는 공법은?

① 샌드드레인 공법
② 바이브로플로테이션 공법
③ 웰포인트 공법
④ 그라우팅 공법

해설

1) **샌드드레인 공법** : 점성토지반의 개량공법(탈수공법)
2) **사질토지반의 개량공법**
    ① 바이브로플로테이션 공법
    ② 웰포인트 공법
    ③ 그라우팅 공법(고결안전공법)

Answer ● 40. ④ 41. ③ 42. ④ 43. ② 44. ①

45 굴착토사와 안정액 및 공수내의 혼합물을 드릴 파이프 내부를 통해 강제로 역순환시켜 지상으로 배출하는 공법으로 다음과 같은 특징이 있는 현장타설 콘크리트 말뚝공법은?

- 점토, 실토층 등에 적용한다.
- 시공심도는 통상 30~70m까지로 한다.
- 시공직경은 0.9~3m 정도까지로 한다.

① 어스드릴공법
② 리버스서큘레이션공법
③ 뉴메틱케이슨공법
④ 심초공법

해설

리버스서큘레이션 말뚝공법(reverse circulation pile method)
1) 리버스서큘레이션 말뚝(reverse circulation pile) : 굴착구멍 내에 지하수위보다 2m 이상 높게 물을 채워 굴착벽면에 2t/m² 이상의 정수압에 의해 벽면붕괴를 방지하며 굴착한 후 형성시킨 제자리콘크리트 말뚝
2) 리버스서큘레이션의 특징
   ① 벤토나이트 용액으로 구멍벽이 무너지는 것을 방지하면서 굴착하므로 케이싱이 필요 없다.
   ② 점토, 실트층 등에 적용한다.
   ③ 시공심도는 통상 30~70m 정도까지로 한다. (최고 100~200mL가능)
   ④ 시공직경(0.9~3m)을 크게 할 수 있다.
   ⑤ 무진동, 무소음이다.
   ⑥ 단점 : 누수대책이 필요하고 조약돌 등의 토질은 굴착이 곤란하다.

46 거푸집공사의 부속자재에 대한 설명으로 옳지 않은 것은?

① 폼타이 – 거푸집의 간격을 유지하고 측압에 의해 벌어지는 것을 방지함
② 세퍼레이터 – 거푸집이 오그라드는 것을 방지하고 상호간의 간격을 유지시킴
③ 스페이서 – 슬래브와 벽체 등에 배근되는 철근이 거푸집에 밀착되는 것을 방지함
④ 인서트 – 바닥판, 보의 중앙부에 매립하여 처짐을 방지함

해설

인서트(insert) : 달대를 매달기 위해 사전에 배선시키는 수장철물

47 조강포틀랜드시멘트를 사용한 기둥에서 거푸집널 존치기간 중의 평균기온이 20°C 이상인 경우 콘크리트의 재령이 최소 며칠 이상 경과하면 압축강도시험을 하지 않고 거푸집을 떼어낼 수 있는가?

① 2일   ② 3일
③ 4일   ④ 6일

해설

거푸집의 존치기강
1) 시멘트의 종류에 의한 거푸집 존치기간

부위		기초, 보옆, 기둥 및 벽		바닥 및 지붕 슬래브, 보 밑	
시멘트의 종류		포틀랜드 시멘트	조강포틀랜드 시멘트	포틀랜드 시멘트	조강포틀랜드 시멘트
콘크리트의 재령(일)	평균 20°C 이상	4	2	7	4
	평균 10~20°C 미만	6	3	8	5
콘크리트의 압축강도		50kg/cm²		설계기준강도의 50%	

2) 평균 20°C 이상인 경우 : 콘크리트 재령 2일(최소기준) 이상이면 거푸집을 해체할 수 있다.

48 콘크리트 타설에 관한 설명 중 옳지 않은 것은?

① 부어넣기는 기둥(벽) → 보 → 슬래브 순으로 한다.
② 한 구획의 타설이 시작되면 콘크리트가 일체가 되도록 연속적으로 부어 넣는다.
③ 비비는 장소 또는 플로어호퍼에서 가까운 곳부터 부어 넣는다.
④ 콘크리트의 자유낙하 높이는 콘크리트가 분리되지 않도록 가능한 한 낮게 타설한다.

해설

③항, 비비기 장소 또는 플로어호퍼에서 먼 곳부터 부어 넣는다.

Answer ● 45. ② 46. ④ 47. ① 48. ③

49 고력볼트 접합에서 축부가 굵게 되어 있어 볼트 구멍에 빈틈이 남지 않도록 고안된 볼트는?

① TC볼트
② PI볼트
③ 그립볼트
④ 지압형 고장력볼트

해설

고장력볼트(고력볼트) : 접합부에 높은 강성과 강도를 얻기 위해 사용되는 고인장강도의 볼트

50 말뚝박기 기계인 디젤 해머(diesel hammer)에 대한 설명으로 옳지 않은 것은?

① 박는 속도가 빠르다.
② 타격음이 작다.
③ 타격에너지가 크다.
④ 운전이 용이하다.

해설

디젤해머(diesel hammer)말뚝박기
1) ①, ③, ④항
2) 타격소음이 크다.

51 토공사에서 토량 변화율 L=1.3, C=0.8인 사질토를 가지고 성토하여 다진 후에 40,000m³를 만들기 위한 굴착 및 운반 토량은?

① 굴착토량 50,000m³, 운반토량 65,000m³
② 굴착토량 65,000m³, 운반토량 70,000m³
③ 굴착토량 70,000m³, 운반토량 75,000m³
④ 굴착토량 75,000m³, 운반토량 80,000m³

해설

1) 굴착토량 = $\dfrac{40,000}{0.8}$ = 50,000m³

2) 운반토량 = $40,000 \times \dfrac{L}{C}$
= $40,000 \times \dfrac{1.3}{0.8}$
= 65,000m³

52 건설공사 시공방식 중 직영공사의 장점에 속하지 않는 것은?

① 영리를 도외시한 확실성 있는 공사를 할 수 있다.
② 임기응변의 처리가 가능하다.
③ 공사기일이 단축된다.
④ 발주, 계약 등의 수속이 절검된다.

해설

1) **직영공사** : 건축주가 입찰 및 계약의 번잡한 수속이나 감독상의 곤란, 경쟁의 피해 등을 피할 수 있다.
2) **직영공사의 장점과 단점**
〈장점〉
① 도급공사의 입찰 및 계약의 번잡한 수속이나 감독상의 곤란, 경쟁의 피해 등을 피할 수 있다.
② 영리를 도외시한 확실성 있는 공사를 할 수 있다.
③ 계약에 구속되지 않고, 임기응변의 처리가 가능하다.
〈단점〉
① 사무가 번잡해지고, 작업관리가 어려우며 공사기간이 지연되기 쉽다.
② 공사비가 증대될 우려가 있다. (가설재, 시공기계의 비경제성과 시공관리 능력 부족 등으로 경제상 불리)

53 T.S Bolt를 체결작업할 때의 유의사항으로 옳지 않은 것은?

① 부재와 부재의 접합면은 완전히 밀착되어야 한다.
② 용접과 볼트를 병행이음 할 경우에는 용접 완료 후에 체결한다.
③ 볼트의 표면온도가 250°C 이상일 경우 기계적 성질이 변할 수 있으므로 볼트 주변에서 용접 시 주의한다.
④ 1차 조임을 한 볼트의 본 체결은 2일 정도의 시간적 여유를 두고 나서 한다.

해설

본접합
1) **가조임볼트수** : 전 리벳수의 20~30% 또는 현장치기 리벳수의 1/5 이상을 표준으로 한다.
2) 본접합이 끝난 후 접합부와의 수직·수평으로 검사한 후 리벳치기를 한다.

Answer ➡ 49. ④ 50. ② 51. ① 52. ③ 53. ④

54 재료분리를 일으키지 않고 타설, 다지기 등의 작업이 용이하게 될 수 있는 정도를 나타내는 굳지 않은 콘크리트의 성질을 말하는 것은?

① 워커빌리티　② 피니셔빌리티
③ 펌퍼빌리티　④ 플라스티시티

해설

굳지 않는 콘크리트의 성질
1) 워커빌리티(workability, 시공연도) : 반죽질기 여하에 따른 작업의 난이 정도를 나타낸다.
2) 컨시스턴시(consistency, 반죽질기, 유동성) : 물의 양에 따라 결정되는 반죽질기의 정도를 나타낸다.
3) 플라스티시티(plasticity, 성형성) : 콘크리트가 거푸집에 잘 채워질 수 있는지의 난이 정도를 나타낸다.
4) 피니시어빌리티(finishability, 마감성) : 도로포장 등에서 골재의 최대치수에 따르는 표면정리 난이 정도를 나타낸다.
5) 펌프어빌리티(pumpability, 압송성) : 펌프에서 콘크리트가 잘 밀려가는지의 난이 정도를 나타낸다.

55 철골공사에서의 용접작업 시 유의사항으로 옳지 않은 것은?

① 용접자세는 하향자세로 하는 것이 좋다.
② 수축량이 작은 부분부터 용접하고 수축량이 큰 부분은 최후에 용접한다.
③ 용접 전에 용접 모재 표면의 수분, 슬래그, 도료 등 용접에 지장을 주는 불순물을 제거한다.
④ 감전방지를 위해 안전홀더를 사용한다.

해설

②항, 수축량이 큰 부분부터 용접하고 수축량이 작은 부분을 최후에 용접한다.

56 토공사용 장비에 해당되지 않는 것은?

① 불도저(Bulldozer)
② 트럭 크레인(Truck crane)
③ 그레이더(Grader)
④ 스크레이퍼(Scraper)

해설

1) 토공사용 장비 : 불도저, 크레이더(토공용 정지기계), 스크레이퍼
2) 트럭크레인 : 이동식 크레인(화물인양작업 : 양중기)

57 지반 개량 공법에 해당되지 않는 것은?

① 다짐법　② 탈수법
③ 치환법　④ 아일랜드 컷 공법

해설

아일랜드 컷 공법 : 흙파기 공법

58 네트워크 공정표에서 얻을 수 있는 정보가 아닌 것은?

① 작업방법과 능률의 파악
② 크리티컬 패스(critical path)와 중점작업의 파악
③ 작업순서와 상호관계의 파악
④ 작업변경이 있을 때 전체에 대한 영향의 파악

해설

1) 네트워크 공정표 : 공기단축 및 공사비 절감을 공정표로 작업방법 및 능률 등은 파악할 수 없다.
2) network 공정표의 특징

장점	단점
1. 개개의 작업관련이 도시되어 있어 내용을 알기 쉽다. (작업의 상호관계가 명확)	1. 작성 및 검사에 특별한 기능이 요구된다. (기법에 대한 습득이 어렵다)
2. 작성자 이외의 사람도 이해하기 쉽다.	2. 공정계획의 작성에 많은 시간이 소요된다.
3. 공정계획 관리면에서 신뢰도가 높다.	3. 진척관리에 있어서 특별한 연구가 필요하다.
4. 공사진척상황을 쉽게 알 수 있다.	4. 작업의 세분화 정도에는 한계가 있다.
5. 계획단계에서 공정상의 문제점이 명확하게 되어 사전에 적절히 수행할 수 있다.	5. 효과적인 예산통제의 기능은 없다.

59 돌 공사에서 건식공법의 장점이 아닌 것은?

① 동결, 백화현상이 없다.
② 고층건물에 유리하다.
③ 겨울철공사가 가능하다.
④ 구조체와의 긴결이 매우 쉬운 편이다.

해설

석재(石材)는 구조체와의 긴결이 어렵다(단점).

Answer ▶ 54. ① 55. ② 56. ② 57. ④ 58. ① 59. ④

60 착공 단계에서 공사계획은 각 공사마다 고유의 여건에 맞게 수립되어야 한다. 공사 계획의 주요 내용이 아닌 것은?

① 공정표의 작성　② 실행예산의 편성
③ 원척도의 작성　④ 현장원의 편성

해설

시공계획의 내용 및 순서 : 1) 현장원 편성(가장 먼저 실시) → 2) 공정표 작성 → 3) 실행예산 편성 → 4) 하도급자의 선정 → 5) 가설준비물 결정 → 6) 재료선정 및 결정 → 7) 재해방지대책 및 의료대책

제4과목　건설재료학

61 다음 금속 중 이온화 경향이 가장 큰 것은?

① Zn　② Cu
③ Ni　④ Fe

해설

이온화 경향의 크기 순서 : Zn > Fe > Ni > Cu

62 수화속도를 지연시켜 수화열을 작게 한 시멘트로, 건조수축이 작고 내황산염이 크며, 건축용 매스콘크리트 등에 사용되는 시멘트는?

① 중용열 포틀랜드시멘트
② 조강 포틀랜드시멘트
③ 초조강 포틀랜드시멘트
④ 백색 포틀랜드시멘트

해설

중용열 포틀랜드시멘트
1) **중용열 포틀랜드시멘트** : 수화열을 적게 하기 위해 C_3A(알루민산삼석회)의 양을 8%이하, C_3S(규산삼석회)의 양을 30% 이하로 만든 시멘트이다.
2) 특성 및 용도
　① 조기강도는 작고 장기강도는 크다.
　② 화학저항성이 크다.
　③ 내산성 및 내구성이 우수하다.
　④ 포틀랜드시멘트 중에서 건조수축이 가장 적다.
　⑤ 댐 및 콘크리트 포장, 방사능 차폐용 등에 사용된다.

63 합성수지에 대한 설명 중 틀린 것은?

① 요소수지 : 내수합판의 접착제로 널리 사용되며 도료, 마감재, 장식재로 쓰인다.
② 에폭시수지 : 내수성, 내약품성, 전기절연성이 우수하여 건축 분야에 널리 사용된다.
③ 실리콘 : 발수성이 좋지 않으며, 기포성 제품으로 가공하여 보온재나 쿠션대로 사용된다.
④ 아크릴수지 : 투명도가 높아 채광판, 도어판, 칸막이벽 등에 쓰인다.

해설

실리콘수지 : 내열성 및 내한성이 우수하고 내수성·발수성이 좋다.

64 다음은 시멘트를 조기강도가 큰 것으로부터 작은 순서대로 열거한 것이다. 옳은 것은?

① 알루미나 시멘트 – 고로 시멘트 – 보통 포틀랜드 시멘트
② 보통 포틀랜드 시멘트 – 고로 시멘트 – 알루미나 시멘트
③ 알루미나 시멘트 – 보통 포틀랜드 시멘트 – 고로 시멘트
④ 보통 포틀랜드 시멘트 – 알루미나 시멘트 – 고로 시멘트

해설

조기강도 크기순서 : 알루미나 시멘트 > 보통 포틀랜드 시멘트 > 고로시멘트

65 과소품(過燒品)벽돌의 특징으로 틀린 것은?

① 강도가 약하다.
② 형태가 고르지 못하다.
③ 균열이 많이 보인다.
④ 색체가 고르지 못하다.

해설

과소벽돌
1) 소성온도가 지나치게 높아서 질이 견고하고(강도가 크다), 두드리면 금속성 청음이 난다.
2) 구조용 재료로는 부적당하고 장식용 또는 기초 조적재 등으로 쓰인다.

Answer　60. ③　61. ①　62. ①　63. ③　64. ③　65. ①

66 콘크리트의 워커빌리티 측정법이 아닌 것은?
① 슬럼프시험 ② 다짐계수시험
③ 비비시험   ④ 슈미트해머시험

해설

워커빌리티 측정법
1) 슬럼프시험   2) 다짐계수시험
3) 비비시험   4) 구관입시험
5) 흐름시험(flow test)   6) 리몰딩시험 등

67 목재의 성질에 관한 설명으로 틀린 것은?
① 비중이 큰 목재는 일반적으로 강도가 크다.
② 가공은 쉽지만 부패하기 쉽다.
③ 열전도율이 커서 보온재료로 사용이 불가능하다.
④ 섬유 방향에 따라서 전기전도율은 다르다.

해설

목재 : 열전도율 및 열팽창률이 작다.

68 다음 미장재료 중 경화속도가 가장 빠른 것은?
① 시멘트 모르타르
② 회반죽
③ 돌로마이트 플라스터
④ 석고 플라스터

해설

석고 플라스터 : 수경성 재료로 경화속도가 미장재료 중 가장 빠르다.

69 콘크리트의 건조수축에 대한 설명으로 옳은 것은?
① 단위수량이 증가하면 건조수축량이 감소한다.
② 부재치수가 클수록 건조수축량이 적다.
③ 골재 중에 포함한 미립분이나 점토는 건조수축을 감소시킨다.
④ 습윤양생기간은 건조수축에 큰 영향을 준다.

해설

1) 단위수량이 증가하면 건조수축량은 증대된다.
2) 골재 중에 포함된 미립분이나 점토는 건조수축을 증대시킨다.

70 보통포틀랜드 시멘트의 품질규정(KS L 5201)에서 비카시험의 초결시간과 종결시간으로 옳은 것은?
① 30분 이상 – 6시간 이하
② 60분 이상 – 6시간 이하
③ 60분 이상 – 10시간 이하
④ 2시간 이상 – 10시간 이하

해설

보통 포틀랜드시멘트의 초결시간과 종결시간 : 1시간 이상~10시간 이하

71 기건상태인 목재의 함수율은 약 얼마인가?
① 10% 정도   ② 15% 정도
③ 20% 정도   ④ 25% 정도

해설

1) 목재의 기건함수율 : 15% 정도
2) 목재의 섬유포화점 함수율 : 30% 정도

72 도막 방수재료의 특징으로 틀린 것은?
① 복잡한 부위의 시공성이 좋다.
② 신속한 작업 및 접착성이 좋다.
③ 바탕면의 미세한 균열에 대한 저항성이 있다.
④ 누수시 결함 발견이 어렵고 국부적으로 보수가 어렵다.

해설

도막방수재 : 누수시 결함 발견이 쉽고 국부적으로 보수도 쉽다.

73 목재의 무늬나 바탕의 특징을 잘 나타낼 수 있는 마무리 도료는?
① 유성페인트
② 클리어 래커
③ 에나멜 래커
④ 수성페인트

해설

클리어 래커(clear lacquer) : 안료가 들어가지 않은 투명한 래커로 목재의 무늬나 바탕의 특징을 잘 나타낼 수 있는 도료이다.

Answer ➡ 66. ④ 67. ③ 68. ④ 69. ② 70. ③ 71. ② 72. ④ 73. ②

74 다음 중 석재 중 외장용으로 가장 부적합한 것은?

① 대리석   ② 화강석
③ 안산암   ④ 점판암

해설
대리석 용도 : 내장재(실내장식용), 조각재 등에 쓰임

75 테라코타에 대한 설명으로 틀린 것은?

① 도토, 자토 등을 반죽하여 형틀에 넣고 성형하여 소성한 속이 빈 대형의 점토제품이다.
② 석재보다 가볍다.
③ 압축강도는 화강암과 거의 비슷하다.
④ 화강암보다 내화도가 높으며 대리석보다 풍화에 강하다.

해설
③항, 압축강도(800~900kg/cm²)는 화강암의 1/2정도이다.

76 재료의 열팽창계수에 대한 설명으로 틀린 것은?

① 온도의 변화에 따라 물체가 팽창·수축하는 비율을 말한다.
② 길이에 관한 비율인 선팽창계수와 용적에 관한 체적팽창계수가 있다.
③ 일반적으로 체적팽창계수는 선팽창계수의 3배이다.
④ 체적팽창계수의 단위는 W/m·K이다.

해설
체적팽창계수 단위 : L/℃

77 내부에 몇 개의 구멍을 가진 벽돌로 단열, 방음을 위해 방음벽, 단열벽 등에 사용되며 경량으로 칸막이벽에도 사용되는 것은?

① 중공벽돌   ② 이형벽돌
③ 규석벽돌   ④ 샤모트벽돌

해설
중공벽돌 : 점토를 원료로 속이 비게 성형한 후 소성하여 만든 벽돌로 구멍벽돌, 속빈벽돌, 공동벽돌이라고도 한다.

78 강당, 집회장 등의 음향조절용으로 쓰이거나 일반건물의 벽 수장재로 사용하여 음향효과를 거둘 수 있는 목재제품은?

① 파키트리 블록
② 코펜하겐 리브
③ 플로링 보드
④ 파키트리 패널

해설
코펜하겐 리프판(copenhagen rib board)
1) 두께 5cm, 폭(너비) 10cm정도의 긴 판에다 표면을 리브로 가공한 것이다.
2) 면적이 넓은 강당, 집회장, 극장 등의 천장 또는 내벽에 붙여 음향조절용으로 쓰거나 수장제로 사용된다.

79 건물의 바닥 충격음을 저감시키는 방법에 대한 설명으로 틀린 것은?

① 유리면 등의 완충재를 바닥공간 사이에 넣는다.
② 부드러운 표면마감재를 사용하여 충격력을 작게 한다.
③ 바닥을 띄우는 이중바닥으로 한다.
④ 바닥슬래브의 중량을 작게 한다.

해설
④항, 바닥 슬래브의 중량을 크게 한다.

80 콘크리트 혼화재료 중 플라이애스(Fly Ash)에 관한 설명으로 틀린 것은?

① 콘크리트의 워커빌리티(workability)를 좋게 한다.
② 주성분은 탄소(C)이다.
③ 콘크리트의 수밀성을 향상시킨다.
④ 콘크리트의 수화초기 시 발열량을 감소시킨다.

해설
플라이애시(fly ash) : 분탄이 보일러에서 연소할 때 부유하는 회분을 전기집진기로 채집한, 표면이 매끄러운 구형의 미세립 분말

Answer ● 74. ① 75. ③ 76. ④ 77. ① 78. ② 79. ④ 80. ②

제5과목 건설안전기술

81 토사 붕괴의 내적 요인이 아닌 것은?

① 절토 사면의 토질구성 이상
② 성토 사면의 토질구성 이상
③ 토석의 강도 저하
④ 사면, 법면의 경사 증가

해설
④항, 사면, 법면의 경사 증가 : 토사 붕괴의 외적요인

82 일반 거푸집 설계시 강도상 고려해야 할 사항이 아닌 것은?

① 고정하중
② 풍압
③ 콘크리트 강도
④ 측압

해설
거푸집 설계시 고려해야 할 하중
1) 연직방향하중 : 고정하중, 충격하중, 작업하중 등
2) 횡방향하중 : 진동, 충격, 시공오차 등에 기인되는 횡방향하중, 풍압, 유수압, 지진 등
3) 콘크리트의 측압 : 굳지 않은 콘크리트의 측압
4) 특수하중 : 시공 중에 예상되는 특수한 하중
5) 상기 1~4호의 하중에 안전율을 고려한 하중

83 흙파기 공사용 기계에 관한 설명 중 틀린 것은?

① 불도저는 일반적으로 거리 60m 이하의 배토 작업에 사용된다.
② 클램쉘은 좁은 곳의 수직파기를 할 때 사용한다.
③ 파워쇼벨은 기계가 위치한 면보다 낮은 곳을 파낼 때 유용하다.
④ 백호우는 토질의 구멍파기나 도랑파기에 이용된다.

해설
파워쇼벨 : 기계가 위치한 면보다 높은 곳을 굴착하는 기계

84 철골작업시 추락재해를 방지하기 위한 설비가 아닌 것은?

① 안전대 및 구명줄
② 트렌치박스
③ 안전난간
④ 추락방지용 방망

해설
철골공사시 추락재해 방지설비 : 안전대 및 구명줄, 안전난간 및 울타리, 추락방지용 방망 등

85 작업발판에 최대적재하중을 적재함에 있어 달비계의 하부 및 상부지점이 강재인 경우 안전계수는 최소 얼마 이상인가?

① 2.5   ② 5
③ 10   ④ 15

해설
달비계(곤돌라의 달비계는 제외)를 작업발판으로 사용할 때 최대적재하중을 정함에 있어서의 안전계수
1) 달기와이어로프 및 달기강선의 안전계수 : 10 이상
2) 달기체인 및 달기훅의 안전계수 : 5이상
3) 달기강대와 달비계의 하부 및 상부지점의 안전계수
   ① 강재의 경우 2.5 이상
   ② 목재의 경우 5 이상

86 지반의 침하에 따른 구조물의 안전성에 증대한 영향을 미치는 흙의 간극비의 정의로 옳은 것은?

① $\dfrac{\text{공기의 부피}}{\text{흙입자의 부피}}$

② $\dfrac{\text{공기와 물의 부피}}{\text{흙입자의 부피}}$

③ $\dfrac{\text{공기와 물의 부피}}{\text{흙입자에 포함된 물의 부피}}$

④ $\dfrac{\text{공기의 부피}}{\text{흙입자에 포함된 물의 부피}}$

해설
1) 흙 = 토립자 + 공극(간극 : 물 + 공기)
2) 간극비(공극비) = $\dfrac{\text{공극의 용적}}{\text{흙입자의 용적}}$ = $\dfrac{\text{공기와 물의 부피}}{\text{흙입자의 부피}}$

Answer ➡ 81. ④ 82. ③ 83. ③ 84. ② 85. ① 86. ②

87 추락재해 방지설비의 종류가 아닌 것은?

① 추락방망   ② 안전난간
③ 개구부 덮개   ④ 수직보호망

해설

수직보호망 : 낙하·비래 방지설비

88 옹벽이 외력에 대하여 안정하기 위한 검토 조건이 아닌 것은?

① 전도   ② 활동
③ 좌굴   ④ 지반 지지력

해설

옹벽이 외력에 대하여 안정하기 위한 검토조건
1) 전도
2) 활동
3) 지반지지력

89 감전재해의 방지대책에서 직접접촉에 대한 방지대책에 해당하는 것은?

① 충전부에 방호망 또는 절연덮개 설치
② 보호접지(기기외함의 접지)
③ 보호절연
④ 안전전압 지하의 전기기기 사용

해설

1) 직접접촉에 의한 감전방지대책
　① 충전부 전체를 절연할 것
　② 노출형 배전설비 등은 폐쇄 배전반형으로 하고 전동기 등은 적절한 방호구조의 형식을 사용할 것
　③ 설치장소의 제한, 별도의 실내 또는 울타리 등을 설치하고 시건장치를 할 것
2) 간접접촉에 의한 감전방지대책
　① 계통 또는 기기접지
　② 누전차단기 설치
　③ 비접지방식의 전로채용
　④ 안전전압 이하의 전기기기 사용
　⑤ 보호절연

90 콘크리트 측압에 관한 설명 중 옳지 않은 것은?

① 슬럼프가 클수록 측압은 커진다.
② 벽 두께가 두꺼울수록 측압은 커진다.
③ 부어 놓는 속도가 빠를수록 측압은 커진다.
④ 대기 온도가 높을수록 측압은 커진다.

해설

대기온도가 낮을수록 측압이 커진다.

91 차량계 하역운반기계에 화물을 적재할 때의 준수사항과 거리가 먼 것은?

① 하중이 한쪽으로 치우치지 않도록 적재할 것
② 구내운반차 또는 화물자동차의 경우 화물의 붕괴 또는 낙하에 의한 위험을 방지하기 위하여 화물에 로프를 거는 등 필요한 조치를 할 것
③ 운전자의 시야를 가리지 않도록 화물을 적재할 것
④ 제동장치 및 조정장치 기능의 이상 유무를 점검할 것

해설

④항, 제동장치 및 조종장치 기능의 이상유무 : 지게차의 작업 시작 전 점검사항

92 차량계 건설기계의 작업시 작업시작 전 점검 사항에 해당되는 것은?

① 권과방지장치의 이상 유무
② 브레이크 및 클러치의 기능
③ 슬링·와이어 슬링의 매달린 상태
④ 언로드밸브의 이상 유무

해설

차량계 건설기계의 작업시작 전 점검사항 : 브레이크, 클러치 등의 기능

93 공사현장에서 낙하물방지망 또는 방호선반을 설치할 때 설치높이 및 벽면으로부터 내민 길이 기준으로 옳은 것은?

① 설치높이 : 10m 이내마다, 내면 길이 2m 이상
② 설치높이 : 15m 이내마다, 내면 길이 2m 이상
③ 설치높이 : 10m 이내마다, 내면 길이 3m 이상
④ 설치높이 : 15m 이내마다, 내면 길이 3m 이상

Answer ● 87. ④ 88. ③ 89. ① 90. ④ 91. ④ 92. ② 93. ①

해설

낙하물방지망 또는 방호선반 설치시 준수사항
1) 설치 높이는 10m 이내마다 설치하고, 내민 길이는 벽면으로부터 2m 이상으로 할 것
2) 수평면과의 각도는 20° 내지 30°를 유지할 것

94 철골공사 시 도괴의 위험이 있어 강풍에 대한 안전 여부를 확인해야 할 필요성이 가장 높은 경우는?

① 연면적당 철골양이 일반건물보다 많은 경우
② 기둥에 H형강을 사용하는 경우
③ 이음부가 공장용접인 경우
④ 호텔과 같이 단면구조가 현저한 차이가 있으며 높이가 20m 이상인 건물

해설

철골공사시 철공의 자립도 검토사항 : 구조안전의 위험성이 큰 다음 항목의 철골구조물은 건립 중 강풍에 의한 풍압 등 외압에 대한 내력이 설계에 고려되었는지 확인할 것
1) 높이 20m 이상의 구조물
2) 구조물의 폭과 높이의 비가 1:4 이상인 구조물
3) 단면구조에 현저한 차이가 있는 구조물
4) 연면적당 철골량이 50kg/m² 이하인 구조물
5) 기둥이 타이 플레이트(tie plate)형인 구조물
6) 이음부가 현장용접인 구조물

95 산업안전보건기준에 관한 규칙에 따른 굴착면의 기울기 기준으로 틀린 것은?

① 모래 – 1 : 1.8
② 풍화암 – 1 : 0.5
③ 그밖의 흙 – 1 : 1.2
④ 경암 – 1 : 0.5

해설

굴착작업시 굴착면의 기울기 기준

지반의 종류	구배
모래	1 : 1.8
그밖의 흙	1 : 1.2
풍화암	1 : 1.0
연암	1 : 1.0
경암	1 : 0.5

96 달비계 설치 시 달기체인의 사용 금지 기준과 거리가 먼 것은?

① 달기체인의 길이가 달기체인이 제조된 때의 길이의 5%를 초과한 것
② 균열이 있거나 심하게 변형된 것
③ 이음매가 있는 것
④ 링의 단면지름이 달기체인이 제조된 때의 해당 링의 지름이 10%를 초과하여 감소한 것

해설

부적격한 달기체인 사용금지사항
1) 달기체인의 길이의 증가가 그 달기체인이 제조된 때의 길이의 5%를 초과한 것
2) 링의 단면지름 감소가 그 달기체인이 제조된 때의 해당 링의 지름의 10%를 초과한 것
3) 균열이 있거나 심하게 변형된 것

97 차량계 하역운반기계의 운전자가 운전위치를 이탈하는 경우 조치해야 할 내용 중 틀린 것은?

① 포크 및 버킷을 가장 높은 위치에 두어 근로자 통행을 방해하지 않도록 하였다.
② 원동기를 정지시켰다.
③ 브레이크를 걸어두고 확인 하였다.
④ 경사지에서 갑작스런 주행이 되지 않도록 바퀴에 블록 등을 놓았다.

해설

차량계 하역운반기계의 운전자가 운전위치를 이탈할 경우 준수할 사항
1) 포크 및 버킷시 등의 하역장치를 가장 낮은 위치에 둘 것
2) 원동기를 정지시키고 브레이크를 확실히 거는 등 불시 주행을 방지하기 위한 조치를 할 것

98 채석작업을 하는 경우 지반의 붕괴 또는 토석의 낙하로 인하여 근로자에게 발생할 우려가 있는 위험을 방지하기 위하여 취하여야 할 조치와 가장 거리가 먼 것은?

① 작업 시작 전 작업장소 및 그 주변 지반의 분석과 균열의 유무와 상태 점검
② 함수·용수 및 동결상태의 변화 점검
③ 진동치 속도 점검
④ 발파 후 발파장소 점검

Answer ➡ 94. ④ 95. ② 96. ③ 97. ① 98. ③

> **해설**
>
> 채석작업시 지반의 붕괴 또는 토석의 낙하에 의한 위험방지 조치사항
> 1) 점검자를 지명하고 작업 장소 및 그 주변의 지반에 대하여 당일의 작업을 시작하기 전에 부석과 균열의 유무와 상태, 함수·용수 및 동결상태의 변화를 점검할 것
> 2) 점검자는 발파를 행한 후 당해 발파를 행한 장소와 그 주변의 부석과 균열의 유무 및 상태를 점검할 것

99 건설업 산업안전보건관리비의 사용항목으로 가장 거리가 먼 것은?

① 안전시설비
② 사업장의 안전진단비
③ 근로자의 건강관리비
④ 본사 일반관리비

> **해설**
>
> 건설업 안전관리비 항목별 사용기준
> 1) 안전관리자 등의 인건비 및 각종 업무수당비 등
> 2) 안전시설비 등
> 3) 개인보호구 및 안전장구 구입비 등
> 4) 사업장의 안전진단비 등
> 5) 안전보건교육비 및 행사비 등
> 6) 근로자의 건강관리비 등
> 7) 건설재해예방 기술지도비
> 8) 본사사용비

100 다음은 이음매가 있는 권상용 와이어로프의 사용금지 규정이다. ( ) 안에 알맞은 숫자는?

> 와이어로프의 한 꼬임에서 소선의 수가 ( )% 이상 절단된 것을 사용하면 안 된다.

① 5
② 7
③ 10
④ 15

> **해설**
>
> 부적격한 와이어로프의 사용금지사항
> 1) 이음매가 있는 것
> 2) 와이어로프의 한 꼬임에서 끊어진 소선(필러선 제외)의 수가 10% 이상인 것
> 3) 지름의 감소가 공칭지름의 7%를 초과하는 것
> 4) 꼬인 것
> 5) 심하게 변형 또는 부식된 것
> 6) 열과 전기충격에 의해 손상된 것

Answer ● 99. ④ 100. ③

2022년 제1회 건설안전산업기사 CBT 복원 기출문제

제1과목 산업안전관리론

01 다음 (　) 안에 알맞은 것은?

> 사업주는 산업재해로 사망자가 발생하거나 (　　)일 이상의 휴업이 필요한 부상을 입거나 질병에 걸린 사람이 발생한 경우 해당 산업재해가 발생한 날부터 1개월 이내에 산업재해조사표를 작성하여 관할 지방고용노동청장 또는 지청장에게 제출하여야 한다.

① 3　　② 4
③ 5　　④ 7

해설

산업재해 발생보고(시행규칙 제4조)
1) 사업주는 산업재해로 사망자가 발생하거나 3일 이상의 휴업이 필요한 부상을 입거나 질병에 걸린 사람이 발생한 경우
2) 해당 산업재해가 발생한 날부터 1개월 이내에 산업재해조사표를 작성하여
3) 지방 고용노동관서의 장에게 제출하여야 한다.

02 성공적인 리더가 갖추어야 할 특성으로 가장 거리가 먼 것은?

① 강한 출세 욕구
② 강력한 조직 능력
③ 미래지향적 사고 능력
④ 상사에 대한 부정적 태도

해설

성실한 지도자가 공통적으로 갖는 속성
1) 업무수행능력 및 판단능력
2) 강력한 조직능력 및 강한 출세욕구
3) 자신에 대한 긍정적 태도
4) 상사에 대한 긍적적 태도
5) 조직의 목표에 대한 충성심
6) 실패에 대한 두려움
7) 원만한 사교성
8) 매우 활동적이며 공격적인 도전
9) 자신의 건강과 체력 단련
10) 부모로부터의 정서적 독립

03 산업안전보건법상 아세틸렌 용접장치 또는 가스집합 용접장치를 사용하여 행하는 금속의 용접·용단 또는 가열작업자에게 특별안전·보건교육을 시키고자 할 때의 교육 내용이 아닌 것은?

① 용접흄·분진 및 유해광선 등의 유해성에 관한 사항
② 작업방법·작업순서 및 응급처치에 관한 사항
③ 안전밸브의 취급 및 주의에 관한 사항
④ 안전기 및 보호구 취급에 관한 사항

해설

아세틸렌용접장치 또는 가스집합용접장치를 사용하여 금속의 용접·용단 또는 가열작업시 특별안전·보건교육의 교육내용
1) ①, ②, ④항
2) 가스용접기, 압력조정기, 호스 및 취관두 등의 기기점검에 관한 사항
3) 화재예방 및 초기대응에 관한 사항
4) 그 밖에 안전·보건관리에 필요한 사항

04 하버드 학파의 5단계 교수법에 해당되지 않는 것은?

① 교시(Presentation)　② 연합(Association)
③ 추론(Reasoning)　　④ 총괄(Generalization)

해설

하버드 학파의 5단계 교수법
1) 1단계 : 준비시킨다(preparation)
2) 2단계 : 교시한다(presentation)
3) 3단계 : 연합한다(association)
4) 4단계 : 총괄시킨다(generalization)
5) 5단계 : 응용시킨다(application)

Answer ● 01. ① 02. ④ 03. ③ 04. ③

05 재해원인을 직접원인과 간접원인으로 나눌 때, 직접원인에 해당하는 것은?

① 기술적 원인 ② 관리적 원인
③ 교육적 원인 ④ 물적 원인

해설

재해발생의 원인
1) 직접원인
   ① 인적원인 : 불안전한 행동
   ② 물적원인 : 불안전한 상태
2) 간접원인 : 기술적원인, 관리적원인, 교육적원인

06 교육 대상자수가 많고, 교육 대상자의 학습능력의 차이가 큰 경우 집단안전 교육방법으로서 가장 효과적인 방법은?

① 문답식 교육 ② 토의식 교육
③ 시청각 교육 ④ 상담식 교육

해설

시청각 교육
교육대상자수가 많고 교육대상자의 학습능력차이가 큰 경우 집단교육방법으로 효과적이다.

07 방독마스크의 흡수관의 종류와 사용조건이 옳게 연결된 것은?

① 보통가스용 – 산화금속
② 유기가스용 – 활성탄
③ 일산화탄소용 – 알칼리제제
④ 암모니아용 – 산화금속

해설

방독마스크의 흡수관(흡수통 또는 정화통)

종류	표지 기호	표지 색	대응독물	주성분
보통가스용 (할로겐가스용)	A	흑색 회색	염소 및 할로겐류, 포스겐, 유기 및 산성가스	활성탄, 소다라임
유기가스용	C	흑색	유기가스 및 증기, 이황화탄소	활성탄
일산화탄소용	E	적색	TEL, 일산화탄소	호프카라이트, 방습제
암모니아용	H	녹색	암모니아	큐프라마이트
아황산용	I	황적색	아황산 및 황산미스트	산화금속 알카리제제

08 일선 관리감독자를 대상으로, 작업지도기법, 작업개선기법, 인간관계 관리기법 등을 교육하는 방법은?

① ATT(American Telephone & Telegram Co.)
② MTP(Management Training Program)
③ CCS(Civil Communication Section)
④ TWI(Training Within Industry)

해설

TWI(Training Within Industry)
1) 교육대상자 : 감독자
2) 교육내용
   ① JI(Job Instruction) : 작업지도 기법
   ② JM(Job Method) : 작업개선 기법
   ③ JR(Job Relation) : 인간관계관리 기법(부하통솔 기법)
   ④ JS(Job Safety) : 작업안전 기법
3) 한 클래스는 10명 정도, 교육방법은 토의법, 1일 2시간씩 5일에 걸쳐 10시간 정도 한다.

09 산업안전보건법상 바탕은 흰색, 기본모형은 빨간색, 관련 부호 및 그림은 검은색을 사용하는 안전·보건표지는?

① 안전복착용 ② 출입금지
③ 고온경고 ④ 비상구

해설

산업안전표지의 종류와 색채
1) 금지표시 : 바탕은 흰색, 기본모형은 빨간색, 관련부호 및 그림은 검정색
2) 경고표시 : 바탕은 노란색, 기본모형, 관련부호 및 그림은 검정색[다만, 인화성물질 경고, 산화성물질 경고, 폭발성물질 경고, 급성독성물질 경고, 부식성물질 경고 및 발암성·변이원성·생식독성·전신독성·호흡기과민성물질 경고의 경우 바탕은 무색, 기본모형은 빨간색(흑색도 가능)]
3) 지시표지 : 바탕은 파란색, 관련그림은 흰색
4) 안내표지 : 바탕은 흰색, 기본모형 및 관련 부호는 녹색, 바탕은 녹색, 관련부호 및 그림은 흰색
5) 관계자외 출입금지표지 : 바탕은 흰색, 글자는 흑색, 다음 글자는 적색
   ① ○○○제조/사용/보관중
   ② 석면취급/해체중
   ③ 발암물질 취급중

Answer ● 05. ④ 06. ③ 07. ② 08. ④ 09. ②

10 레빈(Lewin)의 법칙 중 환경조건(E)이 의미하는 것은?

① 지능 ② 소질
③ 적성 ④ 인간관계

해설

레빈(Lewin)의 법칙
$B = f(P \cdot E)$
1) B(Behavior) : 인간의 행동
2) f(function, 함수관계) : 적성 기타 P와 E에 영향을 미칠 수 있는 조건
3) P(Person, 개체) : 연령, 경험, 심신상태, 성격, 지능 등 인간의 조건
4) E(Environment, 심리적 환경) : 인간관계, 작업환경 등 환경조건

11 재해손실 코스트 방식 중 하인리히의 방식에 있어 1 : 4의 원칙 중 1에 해당하지 않는 것은?

① 재해예방을 위한 교육비
② 치료비
③ 재해자에게 지급된 급료
④ 재해보상 보험금

해설

하인리히의 재해손실비
1) 총재해 cost = 직접비 + 간접비
2) 직접비 : 간접비 = 1 : 4
   ① 직접비 : 법으로 정한 치료비 및 산재보상비(휴업보상비, 장해보상비, 요양보상비, 장의비, 유족보상비, 상병보상연금 등)
   ② 간접비 : 재산손실, 생산중단 등으로 인해 기업이 입은 손실(인적손실, 물적손실, 생산손실, 기타손실 등)

12 다음과 같은 착시현상에 해당하는 것은?

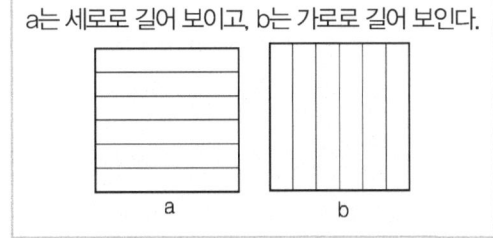

a는 세로로 길어 보이고, b는 가로로 길어 보인다.

① 뮬러 – 라이어(Muler – Lyer)의 착시
② 헬호츠(Helmhotz)의 착시
③ 헤링(Hering)의 착시
④ 포겐도프(Poggendorf)의 착시

해설

헬호츠(Helhotz)의 착시 : 가로, 세로의 길이가 같은데 선으로 나눈 부분이 길어져 보인다.

13 산업안전보건법상 프레스 작업 시 작업시작 전 점검사항에 해당하지 않는 것은?

① 클러치 및 브레이크의 기능
② 매니퓰레이터(manipulator) 작동의 이상 유무
③ 프레스의 금형 및 고정볼트 상태
④ 1행정 1정지기구 · 급정지장치 및 비상정지장치의 기능

해설

프레스 작업시 작업시작 전 점검사항
1) 클러치 및 브레이크의 기능
2) 크랭크축, 플라이휠, 슬라이드, 연결봉 및 연결나사의 볼트 풀림 유무
3) 1행정 1정지 기구, 급정지장치, 비상정지장치의 기능
4) 슬라이드 또는 칼날에 의한 위험방지기구의 기능
5) 프레스의 금형 및 고정 볼트 상태
6) 당해 방호장치의 기능 점검

14 매슬로우(A.H.Maslow)의 인간욕구 5단계 이론에서 각 단계별 내용이 잘못 연결된 것은?

① 1단계 : 자아실현의 욕구
② 2단계 : 안전에 대한 욕구
③ 3단계 : 사회적 욕구
④ 4단계 : 존경에 대한 욕구

해설

매슬로우(Maslow)의 욕구 5단계
1) 1단계 – 생리적 욕구(신체적 욕구) : 기아, 갈등, 호흡, 배설, 성욕 등 기본적 욕구
2) 2단계 – 안전의 욕구 : 안전을 구하려는 욕구
3) 3단계 – 사회적 욕구(친화욕구) : 애정, 소속에 대한 욕구
4) 4단계 – 인정받으려는 욕구(자기존경의 욕구, 승인욕구) : 자존심, 명예, 성취, 지위 등에 대한 욕구
5) 5단계 – 자아실현의 욕구(성취욕구) : 잠재적인 능력을 실현하고자 하는 욕구

Answer ➡ 10. ④ 11. ① 12. ② 13. ② 14. ①

15 TBM(Tool Box Meeting)의 의미를 가장 잘 설명한 것은?

① 지시나 명령의 전달회의
② 공구함을 준비한 후 작업하라는 뜻
③ 작업원 전원의 상호대화로 스스로 생각하고 납득하는 작업장 안전회의
④ 상사의 지시된 작업내용에 따른 공구를 하나하나 준비해야 한다는 뜻

해설

TBM(tool box meeting)
1) TBM은 통상 작업 시작 전에 5분~15분 정도의 시간을 들여 행하여진다. 또한 작업 종업시의 극히 짧은 3분~5분으로 행하는 미팅도 TBM의 하나이다.
2) TBM은 직장, 현장, 공구 상자 등의 근처에서 될 수 있는 한 작은 원을 만들어 이루어진다(인원 5~7명 정도).
3) TBM은 직장이나 작업의 상황에 잠재된 위험을 모두가 말을 하는 가운데 스스로 생각하고 납득하고 합의하는 것이다.

16 산업안전보건법상 중대재해에 해당하지 않는 것은?

① 추락으로 인하여 1명이 사망한 재해
② 건물의 붕괴로 인하여 15명의 부상자가 동시에 발생한 재해
③ 화재로 인하여 4개월의 요양이 필요한 부상자가 동시에 3명 발생한 재해
④ 근로환경으로 인하여 직업성질병자가 동시에 5명 발생한 재해

해설

중대재해의 정의(시행규칙 제2조제1항)
1) 사망자가 1명 이상 발생한 재해
2) 3개월 이상의 요양이 필요한 부상자가 동시에 2명 이상 발생한 재해
3) 부상자 또는 직업성 질병자가 동시에 10명 이상 발생한 재해

17 안전관리에 관한 계획에서 실시에 이르기까지 모든 권한이 포괄적이며 하향적으로 행사되며, 전문 안전담당 부서가 없는 안전관리조직은?

① 직계식 조직
② 참모식 조직
③ 직계 – 참모식 조직
④ 안전보건 조직

해설

직계식 조직(line 형)
1) 생산 또는 현장 라인(line)에서 생산 및 안전업무를 동시에 실시하는 조직 형태이다 (100명 미만 소규모 사업장에 적합)
2) 장점
  ① 안전지시나 개선조치 등 명령이 철저하고 신속하게 수행된다.
  ② 상하관계만 있기 때문에 명령과 보고가 간단명료하다.
  ③ 참모식 조직보다 경제적인 조직체계이다.
3) 단점
  ① 안전전담부서(staff)가 없기 때문에 안전에 대한 정보가 불충분하고 안전지식 및 기술축적이 어렵다.
  ② 라인(line)에 과중한 책임을 지우기가 쉽다.

18 교육훈련의 효과는 5관을 최대한 활용하여야 하는데 다음 중 효과가 가장 큰 것은?

① 청각   ② 시각
③ 촉각   ④ 후각

해설

5관의 효과순서 : 시각 > 청각 > 촉각 > 미각 > 후각

19 피로의 예방과 회복대책에 대한 설명이 아닌 것은?

① 작업부하를 크게 할 것
② 정적 동작을 피할 것
③ 작업속도를 적절하게 할 것
④ 근로시간과 휴식을 적정하게 할 것

해설

피로의 예방대책
1) 작업부하를 작게 할 것
2) 근로시간과 휴식을 적정하게 할 것
3) 작업속도 및 작업정도 등을 적당하게 할 것
4) 불필요한 마찰을 배제 할 것
5) 정적동작을 피할 것
6) 직장체조를 통해 혈액순환을 촉진할 것(운동을 적당히 할 것)
7) 충분한 영양을 섭취할 것(건강식품의 준비, 비타민 B · C 등의 적정한 영양제보급 등)

Answer ● 15. ③ 16. ④ 17. ① 18. ② 19. ①

20 연간 총 근로시간 중에 발생하는 근로손실일수를 1,000시간 당 발생하는 근로손실일수로 나타내는 식은?

① 강도율 ② 도수율
③ 연천인율 ④ 종합재해지수

해설
1) **강도율** : 연근로시간 1000시간 당 재해로 인해서 잃어버린 근로손실일수를 말한다.
2) 관계식

$$강도율 = \frac{근로손실일수}{연근로시간수} \times 1,000$$

제2과목 인간공학 및 시스템안전공학

21 옥내 조명에서 최적 반사율의 크기가 작은 것부터 큰 순서대로 나열된 것은?

① 벽 < 천장 < 가구 < 바닥
② 바닥 < 가구 < 천장 < 벽
③ 가구 < 바닥 < 천장 < 벽
④ 바닥 < 가구 < 벽 < 천장

해설
옥내 최적 반사율
1) 천장 : 80~90%
2) 벽, 창문 발(blind) : 40~60%
3) 가구, 사무기기, 책상 : 25~45%
4) 바닥 : 20~40%

22 결합수분석법에 있어 정상사상(top event)이 발생하지 않게 하는 기본사상들의 집합을 무엇이라고 하는가?

① 컷셋(cut set) ② 페일셋(fail set)
③ 트루셋(truth set) ④ 페스셋(path set)

해설
1) 컷셋과 미니멀 컷
  ① 컷셋(cut sets) : 정상사상을 일으키는 기본사상(통상사상, 생략사상 포함)의 집합을 컷이라 한다.
  ② 미니멀 컷(minimal cut sets) : 정상사상을 일으키기 위해 필요한 최소한의 컷을 말한다. (시스템의 위험성을 나타냄)

2) 패스셋과 미니멀 패스
  ① 패스셋(path sets) : 정상사상이 일어나지 않는 기본사상의 집합을 말한다.
  ② 미니멀 패스(minimal path sets) : 필요한 최소한의 패스를 말한다.(시스템의 신뢰성을 나타냄)

23 다음 중 일반적으로 가장 신뢰도가 높은 시스템의 구조는?

① 직렬연결구조 ② 병렬연결구조
③ 단일부품구조 ④ 직·병렬 혼합구조

해설
1) **병렬연결** : 신뢰도가 가장 높음
2) 관계식

$$R = 1 - \prod_{i=1}^{n}(1-R_i)$$

24 다음 중 시스템 안전성 평가의 순서를 가장 올바르게 나열한 것은?

① 자료의 정리 → 정량적 평가 → 정성적 평가 → 대책 수립 → 재평가
② 자료의 정리 → 정성적 평가 → 정량적 평가 → 재평가 → 대책 수립
③ 자료의 정리 → 정량적 평가 → 정성적 평가 → 재평가 → 대책 수립
④ 자료의 정리 → 정성적 평가 → 정량적 평가 → 대책 수립 → 재평가

해설
공장설비의 안전성 평가의 5단계
1) 1단계 : 관계 자료의 작성준비
2) 2단계 : 정성적 평가
3) 3단계 : 정량적 평가
4) 4단계 : 안전대책
5) 5단계 : 재평가

25 작업자가 소음 작업환경에 장기간 노출되어 소음성 난청이 발병하였다면 일반적으로 청력손실이 가장 크게 나타나는 주파수는?

① 1,000 Hz ② 2,000 Hz
③ 4,000 Hz ④ 6,000 Hz

해설
유해주파수 : 4,000Hz

Answer ▶ 20. ① 21. ④ 22. ④ 23. ② 24. ④ 25. ③

26 페일 세이프(fail-safe)의 원리에 해당되지 않는 것은?

① 교대 구조
② 다경로하중 구조
③ 배타설계 구조
④ 하중경감 구조

해설

구조적 페일 세이프(팽공기의 엔진, 압력용기의 안전밸브)
1) 저균열속도 구조 : 기계·장치 등에 균열이 발생하더라도 그 진전속도가 늦어 정지를 일으키는 구조
2) 조합구조 : 다층재 등에서와 같이 여러 개의 재료를 조합시켜 하나의 재료에서 균열이 생겨도 다른 재료가 하중을 받아 주는 구조
3) 다경로하중 구조 : 하중을 받아주는 부재가 몇 개로 나뉘어져 있어 일부 부재가 파열되어도 다른 부재로 인해 하중을 받아줄 수 있는 구조
4) 하중해방 구조 : 안전파열판 등과 같이 어딘가가 파열되면 그 이상의 하중이 걸리지 않는 구조

27 FT도에 사용되는 논리기호 중 AND 게이트에 해당하는 것은?

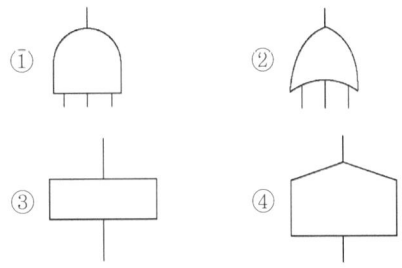

해설

①항 : AND gate
②항 : OR gate
③항 : 결함사상
④항 : 통상사상

28 관측하고자 하는 측정값을 가장 정확하게 읽을 수 있는 표시장치는?

① 계수형   ② 동침형
③ 동목형   ④ 묘사형

해설

정량적 동적표시장치의 기본형
1) 정목동침(moving pointer)형 : 눈금이 고정되고 지침이 움직이는 형
2) 정침동목(moving scale)형 : 지침이 고정되고 눈금이 움직이는 형
3) 계수(digital)형 : 전력계나 택시요금 계기와 같이 기계·전자적으로 숫자가 표시되는 형

29 FMEA의 위험성 분류 중 "카테고리 2"에 해당되는 것은?

① 영향 없음
② 활동의 지연
③ 사명 수행의 실패
④ 생명 또는 가옥의 상실

해설

FMEA의 위험성 분류
1) category 1 : 생명 또는 가옥의 상실
2) category 2 : 사명(작업) 수행의 실패
3) category 3 : 활동의 지연
4) category 4 : 영향 없음

30 조종반응비율(C/R비)에 관한 설명으로 틀린 것은?

① 조종장치와 표시장치의 물리적 크기와 성질에 따라 달라진다.
② 표시장치의 이동거리를 조종장치의 이동거리로 나눈 값이다.
③ 조종반응비율이 낮다는 것은 민감도가 높다는 의미이다.
④ 최적의 조종반응비율은 조종장치의 조종시간과 표시장치의 이동시간이 교차하는 값이다.

해설

조종반응비율(C/R비 또는 C/D또는 ; 통제표시비)

$$\frac{C}{R}비 = \frac{조종장치 이동거리}{표시장치 이동거리}$$

31 인간-기계 시스템 설계 과정의 주요 6단계를 올바른 순서로 나열한 것은?

> ⓐ 기본설계
> ⓑ 시스템 정의
> ⓒ 목표 및 성능 명세 결정
> ⓓ 인간-기계 인터페이스(human-machine interface)설계
> ⓔ 매뉴얼 및 성능보조자료 작성
> ⓕ 시험 및 평가

① ⓒ → ⓑ → ⓐ → ⓓ → ⓔ → ⓕ
② ⓐ → ⓑ → ⓒ → ⓓ → ⓔ → ⓕ
③ ⓑ → ⓒ → ⓐ → ⓔ → ⓓ → ⓕ
④ ⓒ → ⓐ → ⓑ → ⓒ → ⓓ → ⓕ

해설
인간·기계 시스템 설계과정의 6단계
1) 1단계: 목표 및 성능 명세 결정
2) 2단계: 시스템 정의
3) 3단계: 기본설계
4) 4단계: 인간·기계 인터페이스(interface) 설계
5) 5단계: 매뉴얼 및 성능보조자료 작성
6) 6단계: 시험 및 평가
※ interfase(계면): 인간·기계체계에서 인간과 기계가 만나는 면(面)

32 동전던지기에서 앞면이 나올 확률이 0.7이고, 뒷면이 나올 확률이 0.3일 때, 앞면이 나올 사건의 정보량(A)과 뒷면이 나올 사건의 정보량(B)은 각각 얼마인가?

① A : 0.88bit, B : 1.74bit
② A : 0.51bit, B : 1.74bit
③ A : 0.88bit, B : 2.25bit
④ A : 0.51bit, B : 2.25bit

해설
$A = \log_2\left(\frac{1}{0.7}\right) = \frac{\log(1/0.7)}{\log 2} = 0.51\,bit$

$B = \log_2\left(\frac{1}{0.3}\right) = \frac{\log(1/0.3)}{\log 2} = 1.74\,bit$

33 에너지대사율(Relative Metabolic Rate)에 관한 설명으로 틀린 것은?

① 작업대사량은 작업 시 소비에너지과 안정 시 소비에너지의 차로 나타낸다.
② RMR은 작업대사량을 기초대사량으로 나눈 값이다.
③ 산소소비량을 측정할 때 더글라스백(Douglas bag)을 이용한다.
④ 기초대사량은 의자에 앉아서 호흡하는 동안에 측정한 산소소비량으로 구한다.

해설
1) 기초대사량: 생명을 유지하는데 필요한 최소한의 시간당 에너지를 말한다.
2) 기초대사량: 1500~1800kcal/day

34 중량물을 반복적으로 드는 작업의 부하를 평가하기 위한 방법인 NIOSH 들기지수를 적용할 때 고려되지 않는 항목은?

① 들기빈도
② 수평이동거리
③ 손잡이 조건
④ 허리 비틀림

해설
1) NIOSH(미국 산업안전보건연구원)들기지수(LI ; lifting index) : 실제작업물의 무게와 권장무게한계(RWL)의 비를 말한다.

$$LI = \frac{\text{실제작업무게(L)}}{\text{권장무게한계(RWL)}}$$

2) 권장무게한계(RWL)
RWL = Lc × HM × VM × DM × AMrm × FM × CM
여기서, Lc : 중량상수(32kg)
HM : 수평계수
VM : 수직계수
DM : 이동거리계수
AM : 비대칭계수
FM : 작업빈도계수(들기빈도)
CM : 물체를 잡는데 따른 계수(커플링계수) (손잡이 조건)

Answer ◆ 31. ① 32. ② 33. ④ 34. ②

35 인체측정치를 이용한 설계에 관한 설명으로 옳은 것은?

① 평균치를 기준으로 한 설계를 제일 먼저 고려한다.
② 자세와 동작에 따라 고려해야 할 인체측정 치수가 달라진다.
③ 의자의 깊이와 너비는 작은 사람을 기준으로 설계한다.
④ 큰 사람을 기준으로 한 설계는 인체측정치의 5%tile을 사용한다.

해설
1) 최대치수나 최소치수, 조절식으로 하기가 곤란할 때 평균치를 기준으로 하여 설계한다.
2) 의자좌판의 깊이는 작은 사람에게, 나비(폭)는 큰 사람에게 맞도록 설계한다.
3) 큰 사람을 기준으로 한 설계(최대 집단치)는 인체측정치의 상위 백분위수를 기준으로 한 90,95,99%치를 사용한다. (최소집단치는 하위 백분위 수 1,5,10%치 사용)

36 고온 작업자의 고온 스트레스로 인해 발생하는 생리적 영향이 아닌 것은?

① 피부와 직장온도의 상승
② 발한(Sweating)의 증가
③ 심박출량(cardiac output)의 증가
④ 근육에서의 젖산 감소로 인한 근육통과 근육피로 증가

해설
④항, 근육에서의 젖산 증가로 인한 근육통과 근육피로 증가

37 청각적 표시장치 지침에 관한 설명으로 틀린 것은?

① 신호는 최소한 0.5~1초 동안 지속한다.
② 신호는 배경소음과 다른 주파수를 이용한다.
③ 소음은 양쪽 귀에, 신호는 한쪽 귀에 들리게 한다.
④ 300m 이상 멀리 보내는 신호는 2,000Hz 이상의 주파수를 사용한다.

해설
1) 300m 이상 멀리 보내는 신호는 1,000 Hz이하의 주파수를 사용한다.
2) 장애물 칸막이 통과시는 500Hz이하의 진동수를 사용한다.

38 그림의 FT도에서 최소 컷셋(minimal cut set)으로 옳은 것은?

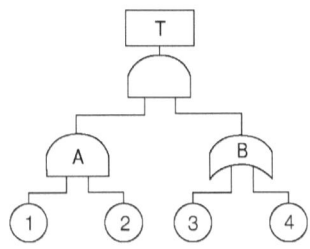

① {1, 2, 3, 4}
② {1, 2, 3}, {1, 2, 4}
③ {1, 3, 4}, {2, 3, 4}
④ {1, 3}, {1, 4}, {2, 3}, {2, 4}

해설
FT도를 다음과 같이 그린 후에 최소컷 셋을 구한다.

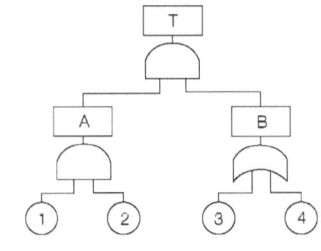

T→AB→①②B→①②③
　　　　　　　①②④

39 설비의 보전과 가동에 있어 시스템의 고장과 고장 사이의 시간 간격을 의미하는 용어는?

① MTTR　　　② MDT
③ MTBF　　　④ MTBR

해설
1) MTTF(mean time to failure) : 평균 수명 또는 고장발생까지의 동작시간 평균이라고도 하며, 하나의 고장에서부터 다음 고장까지의 평균동작시간을 말한다.
$$\text{MTTF} = \frac{1}{\lambda(\text{고장률})}$$
2) MTTR(mean time to repair) : 평균수리시간(총수리시간을 그 기간의 수리회수로 나눈시간)
3) MTBF(mean time between failure) : 평균고장간격
MTBF = MTTF + MTTR

Answer ➡ 35. ② 36. ④ 37. ④ 38. ② 39. ③

40 음량 수준이 50phon일 때 sone값은?

① 2 ② 5
③ 10 ④ 100

해설

$$\text{sone} = 2^{(\text{phon}-40)/10}$$
$$= 2^{(50-40)/10} = 2$$

> **길잡이** phon과 sone
> 1) phon에 의한 음량수준 : 1,000Hz순음의 음압수준(dB)을 phon이라 한다.
> 2) sone에 의한 음량 : 40phon(1,000Hz, 40dB의 음압수준을 가진 순음의 크기)을 1sone이라 한다.

$S = 2^{(p-40)/10}$

$\log S = \left(\dfrac{P-40}{10}\right) \times \log 2$

$P - 40 = \log S \times 10 / \log 2$

$P = 33.3 \log S + 40$

제3과목 건설시공학

41 콘크리트 공사에서 비교적 간단한 구조의 합판거푸집을 적용할 때 사용되며 측압력을 부담하지 않고 단지 거푸집의 간격만 유지시켜 주는 역할을 하는 것은?

① 컬럼밴드 ② 턴버클
③ 폼타이 ④ 세퍼레이터

해설

1) 컬럼밴드(column band) : 기둥거푸집의 고정 및 측압버팀 용으로 쓰이는 것으로서 주로 합판거푸집에 사용된다.
2) 턴버클(turn buckle) : 인장재(줄)를 팽팽히 당겨 조이는 나사있는 탕개쇠로 거푸집 연결시 철선을 조이는데 쓰는 긴장기를 말한다.
3) 폼타이(form tie) : 거푸집판을 일정한 간격으로 유지시켜 주는 동시에 콘크리트의 측압을 최종적으로 지지하는 역할을 하는 부재이다.
4) 세퍼레이터(separator) : 본문설명

42 공사에 필요한 특기 시방서에 기재하지 않아도 되는 사항은?

① 인도시 검사 및 인도시기
② 각 부위별 시공방법
③ 각 부위별 사용재료
④ 사용재료의 품질

해설

시방서의 기재내용
1) 공사전체의 개요
2) 시방서의 적용범위, 공통주의사항
3) 시공방법(준비사항, 공사의 정도, 사용 장비, 주의사항 등)
4) 사용재료(종류, 품질, 필요한 시험, 저장방법, 검사방법 등)
5) 특기사항

43 레디믹스트 콘크리트 중 믹싱플랜트에서 어느 정도 비빈 것을 트럭믹서에 실어 운반도중 완전히 비벼 만드는 것은?

① 제너럴믹스트 콘크리트
② 센트럴믹스트 콘크리트
③ 쉬링크믹스트 콘크리트
④ 트랜싯믹스트 콘크리트

해설

레디믹스트 콘크리트
1) 센트럴믹스트 콘크리트(Central mixed concrete) : 제조공정의 고정믹서에서 완전히 비벼진 콘크리트를 트럭믹서로 회전시키면서 목적지까지 운반하여 사용한다.(공장과 근거리 현장에 유리)
2) 쉬링크믹스트 콘크리트(shrink mixed concrete) : 본문설명
3) 트랜싯믹스트 콘크리트(transit mixed concrete) : 제조공장의 배처플랜트(batcher plant)에서 재료만을 공급받아 운반중에 트럭믹서 속에서 완전히 비벼 공급하는 것이다 (공장과 장거리 현장에 유리)

44 보일링(boiling)이나 부풀어오름을 방지하기 위한 대책으로 옳지 않은 것은?

① 흙막이벽의 타입깊이를 늘린다.
② 흙막이 외부의 지반면을 진동 가압한다.
③ 웰포인트 공법으로 지하수위를 낮춘다.
④ 약액주입 등으로 굴착지면을 지수한다.

Answer ▶ 40. ① 41. ④ 42. ① 43. ③ 44. ②

해설

보일링(boiling) 현상
1) 보일링 : 투수성이 좋은 사질지반에서 흙막이벽 두시면의 수위가 높아서 지하수가 흙막이벽을 돌아서 굴착부 저면이 모래와 같이 액상화되어 솟아오르는 현상
2) 대책
   ① 굴착배면의 지하수위를 낮춘다.
   ② 흙막이벽(토류벽)의 근입깊이를 깊게 한다.
   ③ 흙막이벽 하단부에 버팀대를 보강한다.
   ④ 흙막이벽 선단에 코어 및 필터 층을 설치한다.

45 벽과 바닥의 콘크리트 타설을 한 번에 가능하도록 벽체용 거푸집과 슬래브 거푸집을 일체로 제작하여 한 번에 설치하고 해체할 수 있도록 한 시스템거푸집은?

① 갱폼
② 클라이밍폼
③ 슬립폼
④ 터널폼

해설

1) 갱폼 : 옹벽, 피어(pier)등에 사용하는 거푸집이다.
2) 클라이밍폼(climbing form) : 벽체용 거푸집으로 거푸집과 벽체 마감공사를 위한 비계틀을 일체로 제작한 거푸집이다.
3) 슬립폼 : 거푸집공법 중 수평적 또는 수직적으로 반복된 구조물을 시공이음이 없이 균일한 형상으로 시공하기 위하여 거푸집을 연속적으로 이동시키면서 콘크리트를 타설하는 데 사용되는 거푸집이다.

46 철근콘크리트공사에서 일반적으로 거푸집 존치기간이 가장 긴 부분은?

① 보옆
② 기둥
③ 외벽
④ 바닥판밑

해설

포틀랜드 시멘트에 의한 거푸집 존치기간(온도 : 평균 10~20℃미만)
1) 기초, 보옆, 기둥 및 벽 : 6일
2) 바닥 및 지붕슬래브, 보 밑 : 8일

길잡이 시멘트 종류에 의한 거푸집 존치기간

부위	기초, 보옆, 기둥 및 벽		바닥 및 지붕 슬래브, 보 밑	
시멘트의 종류	포틀랜드 시멘트	조강 포틀랜드 시멘트	포틀랜드 시멘트	조강 포틀랜드 시멘트
콘크리트의 재령 (일) 평균 20℃ 이상	4	2	7	4
평균 10~20℃ 미만	6	3	8	5
콘크리트의 압축강도	50kg/cm²		설계기준강도의 50%	

47 초고층 건물의 콘크리트 타설시 가장 많이 이용되고 있는 방식은?

① 자유낙하에 의한 방식
② 피스톤으로 압송하는 방식
③ 튜브속의 콘크리트를 짜내는 방식
④ 물의 압력에 의한 방식

해설

콘크리트 펌프의 형식
1) 압축공기에 의한 압송방식 : 탱크내의 콘크리트를 압축공기의 압력으로 밀어보내는 방식이다.
2) 피스톤에 의한 압송방식
   ① 피스톤의 왕복운동에 의하여 콘크리트를 압송하는 방식이다.
   ② 초고층 건물의 콘크리트 타설시 많이 사용되고 있다.
3) 튜브속의 콘크리트를 짜내어 압송하는 방식 : 원형의 진공실에서 회전하는 로울러에 의해 튜브속의 콘크리트를 짜내어 압송하는 방식이다.

48 철근의 이음방법 중 용접이음의 종류가 아닌 것은?

① 아크(Arc)-용접
② 플러시 버트(Flush Butt)-용접
③ Cad Welding
④ 가스(Gas)압접

해설

철근의 용접이음 종류
1) 아크용접(arc welding ; 전호용접) : 아크열을 이용하여 용접하는 방법이다.

Answer ➡ 45. ④ 46. ④ 47. ② 48. ③

2) **플러시 버트 용접**(flush butt welding ; 불꽃 맞대기 용접) : 전기용접으로 접합시킬 수 있는 철근을 클램프로 끼워 맞대고 전류를 통하게 하여 불꽃이 발생하면 큰 압력을 가하여 밀착시키면서 용접하는 방법이다.
3) **가스압접** : 가스버너에 의해 용접하는 방법이다.

49 지반조사 방법 중 보링에 관한 설명으로 옳지 않은 것은?

① 보링은 지질이나 지층의 상태를 비교적 깊은 곳까지도 정확하게 확인할 수 있다.
② 충격식 보링은 토사를 분쇄하지 않고 연속적으로 채취할 수 있으므로 가장 정확한 방법이다.
③ 회전식보링은 불교란시료 채취, 암석 채취 등에 많이 쓰인다.
④ 수세식 보링은 30m 까지의 연질층에 주로 쓰인다.

해설

보링(boring) 방법
1) **오우거보링** : 나선형으로 된 송곳을 인력으로 지중에 틀어박는 방법이다.
2) **회전식보링** : 날을 회전시켜 천공하는 것으로 불교란 시료 채취가 가능하다(가장 정확한 방법)
3) **충격식보링** : 와이어로프 끝에 충격날(bit)을 달고 낙하 충격을 주어 경지층을 천공하는 방식이다.
4) **수세식보링** : 비교적 연약한 토사에 충격을 주며 물을 뿜어 파진 흙과 물을 같이 배출시켜 흙탕물이 침전되어 나타난 지층의 토질을 판별한다(30m까지의 연질층에 쓰이며 공사비도 싸다)

50 철골조와 목조건축에서는 지붕대들보를 올릴 때 행하는 의식이며, 철근콘크리트조에서는 최상층의 거푸집 혹은 철근배근 시 또는 콘크리트를 타설한 후 행하는 식은?

① 상량식(上梁式)
② 착공식(着工式)
③ 정초식(定礎式)
④ 준공식(竣工式)

해설

상량식 : 본문설명

51 다음 중 철골 공사와 관계가 없는 것은?

① 가이데릭(Gay derrick)
② 고력 볼트(High tension bolt)
③ 맞댐 용접(Butt welding)
④ 램머(Rammer)

해설

램머(rammer) : 흙을 다지는 기계

52 공사의 진척에 따라 정해진 시기에 실비와 이실비에 미리 계약된 비율을 곱한 금액을 보수로서 시공자에게 지불하는 실비정산식 시공계약제도는?

① 실비비율보수가산식
② 실비한정비율보수가산식
③ 실비정액보수가산식
④ 단가도급식

해설

실비정산식 시공계약제도
1) **실비비율보수가산식** : 본문설명
2) **실비한정비율보수가산식** : 실비에 제한을 두고 시공자에게 제한된 금액 내에서 공사를 완성시키는 책임을 지우는 방식이다.
3) **실비정액보수가산식** : 실비의 여하를 막론하고 미리 계약된 일정액의 보수만을 지불하는 방식이다.
4) **실비변동보수가산식** : 실비를 몇 단계로 나누어 공사비가 각 단계의 금액보다 증가될 때는 반대로 빙류보수·정액보수를 체감하는 방식이다.

53 토량 6,000m³을 8톤 트럭으로 운반할 때 필요한 트럭 대수는? (단, 8톤 트럭 1대의 적재량은 6m³이고 트럭은 5회 운행함)

① 120대
② 150대
③ 180대
④ 200대

해설

$$\text{필요한 트럭댓수} = \frac{6,000\text{m}^3}{6\text{m}^3 \text{댓수} \times 5\text{회}} = 200\text{대}$$

Answer 49. ② 50. ① 51. ④ 52. ① 53. ④

54 흙막이 벽에 사용되는 계측장비의 연결이 옳은 것은?

① 두부변형 · 침하 – 트랜싯
② 측압 · 수동토압 – 변형계
③ 응력 – 경사계
④ 중간부 변형 – 레벨

해설
흙막이벽의 측정항목 및 계측기에 의한 측정방법
1) 두부변형 · 침하 : 트랜싯, 레벨 등
2) 측압 · 수동토압 : 토압계, 수분계
3) 응력 : 변형계, 크랙육안
4) 중간부 변형 : 경사계

55 다음 중 사운딩 시험방법과 가장 거리가 먼 것은?

① 표준관입시험
② 공내재하시험
③ 콘 관입 시험
④ 베인전단시험

해설
1) 사운딩(sounding) : 로드에 붙인 저항체를 지중에 넣고 관입, 회전, 빼올리기 등의 저항으로부터 토층의 성질을 탐사하는 법을 말한다.
2) 사운딩 시험방법
   ① 표준관입시험
   ② 스웨덴식 사운딩시험
   ③ 화란식 관입시험
   ④ 베인시험

56 지하연속벽(slurry wall)공법에 관한 설명으로 옳지 않은 것은?

① 도심지 공사에서 탑다운 공법과 같이 병행할 수 있다.
② 단면강성이 높고 지수성이 뛰어나다.
③ 벽 두께를 자유로이 설계하기 어렵다.
④ 공사비가 비교적 높고 공기가 불리한 편이다.

해설
1) 지하연속벽 공법(slurry wall) : 벤토나이트 이수(泥水)를 사용해서 지반을 굴착하여 여기에 철근망을 삽입하고 콘크리트를 타설하여 지중에 철근콘크리트 연속벽체를 형성하는 공법
2) 지하연속벽 공법의 특징
   ① 무진동, 무소음 공법이다.
   ② 인접건물에 근접시공이 가능하다.
   ③ 차수성이 높다.
   ④ 벽체 강성이 높다(연약지반의 변형 및 이면침하를 최소한으로 억제할 수 있음)
   ⑤ 형상치수가 자유롭다.
   ⑥ 공사비가 고가이고 고도의 기술경험이 필요하다.

57 철골공사 중 고력볼트접합에 관한 설명으로 옳지 않은 것은?

① 고력볼트 세트의 구성은 고력볼트 1개, 너트 1개 및 와셔 2개로 구성한다.
② 접합방식의 종류는 마찰접합, 지압접합, 인장접합이 있다.
③ 볼트의 호칭지름에 의한 분류는 D16, D20, D22, D24로 한다.
④ 조임은 토크관리법과 너트회전법에 따른다.

해설
고장력 볼트접합 : 인장강도 $9t/cm^2$(항복점 $7t/cm^2$) 이상의 강도가 큰 볼트를 강한 힘으로 조여접합재 사이의 마찰력에 의해 응력을 전달하는 방식의 접합

58 철근콘크리트 구조용으로 쓰이는 것으로 보기 어려운 것은?

① 피아노 선(piano wire)
② 원형철근(round bar)
③ 이형철근(deformed bar)
④ 메탈라스(metal lath)

해설
메탈라스(metal lath) : 연강판에 일정한 간격으로 그물눈을 내고 늘여 철망모양으로 만든 것이다. (천정, 벽 등의 모르타르바름 바탕용)

59 강말뚝(H형강, 강관말뚝)에 관한 설명 중 옳지 않은 것은?

① 깊은 지지층까지 도달시킬 수 있다.
② 휨강성이 크고 수평하중과 충격력에 대한 저항이 크다.
③ 부식에 대한 내구성이 뛰어나다.
④ 재질이 균일하고 절단과 이음이 쉽다.

Answer ➡ 54. ① 55. ② 56. ③ 57. ③ 58. ④ 59. ③

해설
강재말뚝지정의 특징
1) 강한 타격에도 견디며 다져진 중간지층의 관통도 가능하다.
2) 지지력이 크고 이음이 안전하고 강하며 확실하므로 장척말뚝에 적당하다.
3) 상부구조와의 결합이 용이하나 가격이 고가이다.
4) 말뚝의 절단·가공 및 현장접합이 가능하다.
5) 휨 모멘트에 대한 저항성은 크나 흙에 묻히면 부식에 의해 내구성이 떨어진다.

60 공사 관리기법 중 VE(Value Engineering)가치향상의 방법으로 옳지 않은 것은?

① 기능은 올리고 비용은 내린다.
② 기능은 많이 내리고 비용은 조금 내린다.
③ 기능은 많이 올리고 비용은 약간 올린다.
④ 기능은 일정하게 하고 비용은 내린다.

해설
VE(Value engineering, 가치공학) : 건설현장에서 필요한 기능을 품질저하 없이 유지하며 가장 적은 비용으로 공사를 관리하는 원가절감기법

제4과목 건설재료학

61 금속의 기계적 성질에 대한 설명 중 옳은 것은?

① 강은 탄소의 함유량이 많을수록 강도는 작아진다.
② 신율은 탄소량이 증가할수록 비례해서 증가한다.
③ 경도는 탄소량 2%까지는 탄소량에 비례하고, 그 이상에서는 감소한다.
④ 봉강은 탄소량이 적을수록 연질이므로 굴곡가공이 용이하다.

해설
탄소함유량에 의한 탄소강의 특성
1) 강은 탄소함유량이 많을수록 강도는 증대되고 신도(연신율)는 감소된다.
2) 탄소함유량이 0.9%~1.0% 함유시 인장강도는 최대로 증대되고 이를 넣으면 감소된다.
3) 경도는 탄소함유량이 0.9% 함유시 최대가 되며 그 이상에서는 일정하다.

62 타일에 관한 설명으로 옳지 않은 것은?

① 타일은 점토 또는 암석의 분말을 성형, 소성하여 만든 박판제품을 총칭한 것이다.
② 타일은 용도에 따라 내장타일, 외장타일, 바닥타일 등으로 분류할 수 있다.
③ 일반적으로 모자이크타일 및 내장타일은 습식법, 외장타일은 건식법에 의해 제조된다.
④ 타일의 백화현상은 수산화석회와 공기 중 탄산가스의 반응으로 나타난다.

해설
건식타일 및 습식타일

명칭	성형방법	정밀도	용도
건식 타일	프레스 성형	치수·정밀도가 높고, 고능률이다.	내장타일 바닥타일 모자이크타일
습식 타일	압출 성형	프레스성형에 비해 정밀도가 낮다.	외장타일 바닥타일

63 콘크리트 제조에 사용되는 일반적인 구성재료가 아닌 것은?

① 혼화재료   ② 시멘트
③ 염화물   ④ 골재

해설
콘크리트의 구성재료 : 시멘트, 골재, 혼화재료 등

64 목재의 역학적 성질 중 옳지 않은 것은?

① 섬유 평행방향의 휨 강도와 전단강도는 거의 같다.
② 강도와 탄성은 가력방향과 섬유방향과의 관계에 따라 현저한 차이가 있다.
③ 섬유에 평행방향의 인장강도는 압축강도보다 크다.
④ 목재의 강도는 일반적으로 비중에 비례한다.

Answer ➡ 60. ② 61. ④ 62. ③ 63. ③ 64. ①

해설
1) 목재의 섬유방향에 대한 강도가 가장 작은 것은 전단강도이다.
2) 강도크기순서 : 인장강도 > 휨강도 > 압축강도 > 전단강도

65 다음 시멘트 중 댐 등 단면이 큰 구조물에 적용하기 어려운 것은?
① 중용열포틀랜드 시멘트
② 고로시멘트
③ 플라이애쉬 시멘트
④ 조강포틀랜드 시멘트

해설
1) 조강포틀랜드시멘트 : 조기강도가 커지도록 만들어진 시멘트이다.
2) 조강포틀랜드시멘트의 특성
  ① 수화열이 크고 수화속도가 빠르므로 한중콘크리트의 시공에 적합하다.
  ② 거푸집을 빠른 시일 내에 제거할 수 있다.
  ③ 수화열을 크게 하기 위해 C_3A(알루민산삼석회)를 많이 사용하는 조강포틀랜드시멘트는 경화, 건조에 의한 수축이 크므로 시공, 양생시 주의하지 않으면 균열이 생기기 쉽다.

66 보의 이음부분에 볼트와 함께 보강철물로 사용되는 것으로 두 부재사이의 전단력에 저항하는 목구조용 철물은?
① 꺾쇠   ② 띠쇠
③ 듀벨   ④ 감잡이쇠

해설
목재 이음용 철물
1) 꺾쇠 : 강봉 토막의 양끝을 뾰족하게 하고 ㄷ자형으로 구부려 2부재의 목재를 이어 연결 혹은 엇갈리게 고정시킬 때 쓰이는 철물
2) 띠쇠 : 띠모양으로 된 이음철물
3) 듀벨 : 본문설명
4) 감잡이쇠 : ㄷ자형으로 구부려 만든 띠쇠로 두부재를 감아 연결하는 목재이음, 맞춤을 보강하는 철물

67 목재가 건조과정에서 방향에 따른 수축률의 차이로 나이테에 직각방향으로 갈라지는 결함은?
① 변색   ② 뒤틀림
③ 할렬   ④ 수지낭

해설
할렬(갈라짐) : 불균일한 건조 및 수축에 의해서 생기는 것으로 나이테에 직각방향으로 갈라지는 결함을 말한다.

68 목재의 함수율에 관한 설명 중 옳지 않은 것은?
① 목재의 함유수분 중 자유수는 목재의 중량에는 영향을 끼치지만 목재의 물리적 또는 기계적 성질과는 관계가 없다.
② 침엽수의 경우 심재의 함수율은 항상 변재의 함수율보다 크다.
③ 섬유포화상태의 함수율은 30%정도이다.
④ 기건상태란 목재가 통상 대기의 온도, 습도와 평형된 수분을 함유한 상태를 말하며, 이 때의 함수율은 15%정도이다.

해설
심재의 함수율(40~100%정도)은 변재의 함수율(80~200%정도)보다 작다.

69 유화제를 써서 아스팔트를 미립자로 수중에 분산시킨 다갈색 액체로서 깬 자갈의 점결제 등으로 쓰이는 아스팔트 제품은?
① 아스팔트 프라이머   ② 아스팔트 에멀젼
③ 아스팔트 그라우트   ④ 아스팔트 컴파운드

해설
1) 아스팔트 프라이머 : 블로운 아스팔트를 휘발성용제에 용해한 저점도의 흑갈색 액체로 방수시공시 첫째 공정에 쓰이는 바탕처리제이다.
2) 아스팔트 에멀젼 : 본문설명
3) 아스팔트 컴파운드(asphalt compound) : 블로운 아스팔트에 동·식물과 같은 유기질 물질을 혼합하여 유동성, 점성 등을 크게 하고 내후성, 내열성을 향상시킨 것이다.

70 알루미나시멘트의 특징에 관한 설명으로 옳지 않은 것은?
① 초기강도가 크다.
② 해수에 대한 화학적 저항성이 크다.
③ 응결, 경화시에 발열량이 크다.
④ 내화 콘크리트용으로 사용이 불가능하다.

Answer ▶ 65. ④ 66. ③ 67. ③ 68. ② 69. ② 70. ④

해설

알루미나 시멘트 : Al_2O_3를 함유한 보크사이트(bauxite)에 석회석을 혼합하여 만든 시멘트로 그 특성은 다음과 같다.
1) 조기강도가 매우 커서 급결성이 강하다.(재령 1일 보통 시멘트의 28일 강도를 나타냄)
2) 발열량이 대단히 커서 −10℃의 동기(冬期)공사 및 긴급공사에 이용된다.
3) 산에는 약하나 알칼리에 강하다.(해수에 대한 저항성이 크다.)
4) 내화성이 우수하여 내화로용 시멘트로 사용한다.

71 콘크리트내의 공극을 메워 조직을 치밀하게 하는 공극 충전에 이용되는 재료로 가장 적합한 것은?

① 포졸란계
② 실리콘계
③ 아스팔트계
④ 물유리

해설

포졸란 시멘트 : 포틀랜드시멘트에 포졸란과 석고를 혼합하여 만든 시멘트로 실리카 시멘트(포틀랜드시멘트 + 포졸란 + 석고)라고 하며, 그 특성은 다음과 같다.
1) 조기강도는 포틀랜드시멘트보다 약간 낮으나 장기강도는 약간 크다.
2) 수밀성이 좋고 내구성이 있는 콘크리트를 만들 수 있다.
3) 해수 등에 대한 화학저항이 크다.
4) 워커빌리티가 좋아지고 블리딩을 감소시킨다.

72 시멘트에 물을 가하여 혼합하여 만들어진 시멘트 페이스트가 시간경과에 따라 유동성을 잃고 응고하는 현상을 무엇이라 하는가?

① 응결
② 풍화
③ 건조수축
④ 경화

해설

시멘트의 응결 및 경화
1) 응결 및 경화
  ① 응결 : 시멘트풀(cement paste)이 시간이 경과함에 따라 수화 반응에 의하여 유동성과 점성을 상실하고 고화하는 현상
  ② 경화 : 응결 이후에 점차 굳어져 가는 상태
  ③ 위응결 : 시멘트풀이 물과 혼합하여 발열하지 않고 10~20분 만에 굳어졌다가 다시 풀리면서 응결하는 현상
2) 응결의 시작과 종결시간 : 1시간 이후 ~10시간 이내

73 합성수지의 일반적인 성질에 관한 설명으로 옳지 않은 것은?

① 마모가 크고 탄력성이 작으므로 바닥재료로 사용이 곤란하다.
② 내산, 내알칼리 등의 내화학성 우수하다.
③ 전성, 연성이 크고 피막이 강하다.
④ 내열성, 내화성이 적고 비교적 저온에서 연화, 연질된다.

해설

합성수지의 성질
1) 경도 및 내마모성이 작다.(강성과 강도가 작다.)
2) 내열성, 내화성, 내후성 등이 작다.
3) 열에 의한 변형 신축성이 크다.
4) 전성과 연성이 크고 피막이 강하여 도료에 적당하다.
5) 내산, 내알칼리 등의 내화학성 및 전기 절연성이 우수하다.

74 어떤 석재의 질량이 다음과 같을 때 이 석재의 표면건조 포화상태의 비중은?

- 공시체의 건조 질량 : 400g
- 공시체의 물 속 질량 : 300g
- 공시체의 침수 후 표면건조 포화상태의 공시체의 질량 : 450g

① 1.33
② 1.50
③ 2.67
④ 4.51

해설

석재의 표면건조포화상태의 비중(r)

$$r = \frac{W_1}{W_3 - W_2}$$

$$= \frac{400}{450 - 300} = 2.67$$

여기서, W_1 : 절대건조중량(g)
W_2 : 수중에서 측정한 중량(g)
W_3 : 표면건조포화상태의 중량(공기 중 측정중량)(g)

75 수장용 집성재(KS F 3118)의 품질기준 항목이 아닌 것은?

① 접착력
② 난연성
③ 함수율
④ 굽음 및 뒤틀림

Answer ➡ 71. ① 72. ① 73. ① 74. ③ 75. ②

해설

1) 집성목재 : 두께 1.52~5cm의 단판을 몇 장 또는 몇 십장 겹쳐서 접착제로 접착한 것으로 합판과 다른 점은 다음과 같다.
   ① 판의 섬유방향을 평행으로 붙인 것이다.
   ② 판의 홀수가 아니어도 된다.
   ③ 합판과 같은 얇은 판이 아니고 두께가 두껍다.
2) 수장용 집성재의 품질기준(KSF 3118)항목
   ① 접착력(침지박리시험, 블록전단시험)
   ② 함수율
   ③ 굽음 및 뒤틀림
   ④ 홈파기, 모서가공 및 대패가공
   ⑤ 재면의 품질(옹이, 수지선, 썩음, 구멍, 주선 등)

76 점토의 물리적 성질에 관한 설명으로 옳지 않은 것은?

① 점토의 압축강도는 인장강도의 약 5배 정도이다.
② 양질 점토일수록 가소성이 좋다.
③ 순수한 점토일수록 용융점이 높고 강도도 크다.
④ 불순 점토일수록 비중이 크다.

해설

점토의 비중
1) 2.5~2.6 정도이며 알루미나(Al_2O_3)가 많은 점토는 3.0정도이다.
2) 점토는 불순물이 많을수록 비중이 작아진다.

77 석회석을 900~1,200℃로 소성하면 생성되는 것은?

① 돌로마이트 석회   ② 생석회
③ 회반죽   ④ 소석회

해설

석회석의 열분해 반응식

$$CaCO_3 \xrightarrow{900 \sim 1200℃} CaO + CO_2$$
(석회석)   (생석회)(탄산가스)

78 규산칼슘판 단열재에 대한 설명으로 옳은 것은?

① 용융유리를 흡착법 등으로 수 μm의 가는 섬유로 만든 것

② 각종 슬래그에 석회암을 첨가하여 가는 섬유형태로 만든 것
③ 주원료인 식물섬유를 쪄서 분해한 밀도 $0.4g/cm^3$ 미만인 것
④ 내열성과 내파손성이 우수하여 철골내화피복으로 사용되는 것

해설

규산칼슘판 단열재
1) 규산칼슘 보온재 : 규산질 분말, 석회 및 무기질 섬유를 균일하게 배합하여 가열성형 및 수열처리하여 만든다.
2) 특징
   ① 경량이고 강도가 높다.
   ② 내열 및 내수성이 우수하다
   ③ 화재로 인한 철골의 강도 저하를 방지하는 내화피복재료로 많이 사용한다.

79 미장공사에서 코너비드가 사용되는 곳은?

① 계단 손잡이   ② 기둥의 모서리
③ 거푸집 가장자리   ④ 화장실 칸막이

해설

코너비드(corner bead) : 벽, 기둥 등의 모서리를 보호하기 위하여 미장바름질을 할 때 붙이는 보호용 철물로 모서리쇠라고도 한다.

80 돌로마이트 플라스터는 대기 중의 무엇과 화합하여 경화하는가?

① 이산화탄소(CO_2)   ② 물(H_2O)
③ 산소(O_2)   ④ 수소(H)

해설

돌로마이트 플라스터[$Ca(OH)_2$, $Mg(OH)_2$] : 공기중의 탄산가스(CO_2)와 결합하여 경화하는 기경성 미장재료이다.

Answer ▶ 76. ④ 77. ② 78. ④ 79. ② 80. ①

제5목 건설안전기술

81 강관을 사용하여 비계를 구성하는 경우 비계기둥간의 적재하중은 얼마를 초과하지 않도록 하여야 하는가?

① 200kg ② 300kg
③ 400kg ④ 500kg

해설
강관비계의 구조
1) 비계기둥의 간격은 띠장방향에서는 1.85m 이하, 장선방향에서는 1.5m 이하로 할 것
2) 띠장간격은 2m 이하로 설치할 것
3) 비계기둥의 최고부로부터 31m 되는 지점 밑부분의 비계기둥은 2본의 강관으로 묶어울 것(브라켓 등으로 보강하여 그 이상의 강도가 유지되는 경우에는 그러하지 아니하다)
4) 비계기둥 간의 적재하중은 400kg을 초과하지 아니하도록 할 것

82 토석붕괴의 내적 요인으로 옳은 것은?

① 사면의 경사 증가
② 공사에 의한 진동, 하중의 증가
③ 절토 및 성토 높이의 증가
④ 토석의 강도 저하

해설
토사붕괴의 원인(고용노동부고시)
1) 외적요인
  ① 사면, 법면의 경사 및 구배의 증가
  ② 절토 및 성토 높이의 증가
  ③ 공사에 의한 진동 및 반복하중의 증가
  ④ 지표수 및 지하수의 침투에 의한 토사중량 증가
  ⑤ 지진, 차량, 구조물의 하중
2) 내적요인
  ① 절토사면의 토질, 암석
  ② 성토사면의 토질
  ③ 토석의 강도저하

83 흙의 액성한계 $W_L = 48\%$, 소성한계 $W_P = 26\%$ 일 때 소성지수(I_P)는 얼마인가?

① 18% ② 22%
③ 26% ④ 32%

해설
소성지수(I_P)
= 액성한계(W_L) − 소성한계(W_P)
= 48 − 26 = 22%

84 수중굴착 및 구조물의 기초바닥 등과 같은 협소하고 상당히 깊은 범위의 굴착과 호퍼작업에 가장 적당한 굴착기계는?

① 파워셔블
② 항타기
③ 클램셸
④ 리버스서큘레이션드릴

해설
클램셸(clamshell)
1) 붐의 선단에서 버킷을 와이어로프로 매달아 바로 아래로 떨어뜨려 흙을 떠 올리는 중기
2) 수직굴착, 수중굴착, 연약지반에 사용

85 지반의 투수계수에 영향을 주는 인자에 해당하지 않는 것은?

① 토립자의 단위중량 ② 유체의 점성계수
③ 토립자의 공극비   ④ 유체의 밀도

해설
지반의 투수계수에 영향을 주는 인자
1) 유체의 점성계수
2) 토립자의 공극비
3) 유체의 밀도

86 철골작업에서 작업을 중지해야 하는 규정에 해당되지 않는 경우는?

① 풍속이 초당 10m 이상인 경우
② 강우량이 시간당 1mm 이상인 경우
③ 강설량이 시간당 1cm 이상인 경우
④ 겨울철 기온이 영상 4℃ 이상인 경우

해설
철골작업을 중지해야 할 기상조건
1) 풍속 : 10m/sec 이상
2) 강우량 : 1mm/hr 이상
3) 강설량 : 1cm/hr 이상

Answer ➡ 81. ③ 82. ④ 83. ② 84. ③ 85. ① 86. ④

87 가설통로 중 경사로를 설치, 사용함에 있어 준수해야 할 사항으로 옳지 않은 것은?

① 경사로의 폭은 최소 90센티미터 이상이어야 한다.
② 비탈면의 경사각은 45도 내외로 한다.
③ 높이 7미터 이내마다 계단참을 설치하여야 한다.
④ 추락방지용 안전난간을 설치하여야 한다.

해설
②항, 비탈면의 경사각은 30° 이내로 한다.

88 철골기둥 건립 작업 시 붕괴·도괴 방지를 위하여 베이스 플레이트의 하단은 기준 높이 및 인접기둥의 높이에서 얼마 이상 벗어나지 않아야 하는가?

① 2mm ② 3mm
③ 4mm ④ 5mm

해설
앵커볼트를 매립하는 경우 정밀도(고용노동부 고시)
1) 기둥중심은 기준선 및 인접기둥의 중심에서 5mm이상 벗어나지 않을 것
2) 인접기둥간·중심거리의 오차는 3mm이하일 것
3) 앵커볼트는 기둥중심에서 2mm이상 벗어나지 않을 것
4) 베이스플레이트 하단은 기준높이 및 인접기둥의 높이에서 3mm 이상 벗어나지 않을 것

89 다음 중 굴착기의 전부장치와 거리가 먼 것은?

① 붐(Boom) ② 암(Arm)
③ 버킷(Bucket) ④ 블레이드(Blade)

해설
굴착기의 전부장치 : 붐(Boom), 암(arm), 버킷(bucket) 등으로 구성

90 가설공사와 관련된 안전율에 대한 정의로 옳은 것은?

① 재료의 파괴응력도와 허용응력도의 비율이다.
② 재료가 받을 수 있는 허용응력도이다.
③ 재료의 변형이 일어나는 한계응력도이다.
④ 재료가 받을 수 있는 허용하중을 나타내는 것이다.

해설
안전율 = $\dfrac{파괴응력}{허용응력}$

91 터널작업 중 낙반 등에 의한 위험방지를 위해 취할 수 있는 조치사항이 아닌 것은?

① 터널지보공 설치 ② 록볼트 설치
③ 부석의 제거 ④ 산소의 측정

해설
터널건설작업시 낙반 등에 의한 위험방지 조치사항
1) 터널지보공 설치
2) 록볼트의 설치
3) 부석의 제거

92 토사붕괴를 방지하기 위한 대책으로 붕괴방지공법에 해당되지 않는 것은?

① 배토공법
② 압성토공법
③ 집수정공법
④ 공작물의 설치

해설
토사붕괴를 방지하기 위한 공법
1) 배토공법
2) 압성토공법
3) 공작물의 설치

93 달비계에 설치되는 작업발판의 폭에 대한 기준으로 옳은 것은?

① 20cm 이상 ② 40cm 이상
③ 60cm 이상 ④ 80cm 이상

해설
달비계에 설치되는 작업발판의 폭 : 40cm 이상

94 콘크리트의 비파괴 검사방법이 아닌 것은?

① 반발경도법 ② 자기법
③ 음파법 ④ 침지법

해설
콘크리트의 비파괴검사법 : 반발경도법, 자기법, 음파법 등

Answer ➡ 87. ② 88. ② 89. ④ 90. ① 91. ④ 92. ③ 93. ② 94. ④

95 콘크리트를 타설할 때 거푸집에 작용하는 콘크리트 측압에 영향을 미치는 요인과 가장 거리가 먼 것은?

① 콘크리트 타설 속도
② 콘크리트 타설 높이
③ 콘크리트의 강도
④ 기온

해설

콘크리트 측압산정시 고려되는 요소
1) 굳지 않은 콘크리트의 단위용적중량(t/m³)
2) 벽 길이(m)
3) 굳지 않은 콘크리트의 타설높이(m)
4) 콘크리트의 타설속도(보통 10~50m/h 정도)
5) 거푸집 속의 콘크리트 온도

96 차량계 건설기계의 운전자 운전위치를 이탈하는 경우 준수해야 할 사항으로 옳지 않은 것은?

① 버킷은 지상에서 1m 정도의 위치에 둔다.
② 브레이크를 걸어둔다.
③ 디퍼는 지면에 내려둔다.
④ 원동기를 정지시킨다.

해설

운전위치 이탈시 조치사항
1) 포크, 버킷, 디퍼 등의 장치를 가장 낮은 위치 또는 지면에 내려 둘 것
2) 원동기를 정지시키고 브레이크를 확실히 거는 등 갑작스러운 주행이나 이탈을 방지하기 위한 조치를 할 것
3) 운전석을 이탈하는 경우에는 시동키를 운전대에서 분리시킬 것
   다만, 운전석에 잠금장치를 하는 등 운전자가 아닌 사람이 운전하지 못하도록 조치한 경우에는 그러하지 아니하다.

97 콘크리트 타설시 안전에 유의해야 할 사항으로 옳지 않은 것은?

① 콘크리트 다짐효과를 위하여 최대한 높은 곳에서 타설한다.
② 타설 순서는 계획에 의하여 실시한다.
③ 콘크리트를 치는 도중에는 거푸집, 동바리 등의 이상 유무를 확인하여야 한다.
④ 타설시 비어있는 공간이 발생되지 않도록 밀실하게 부어 넣는다.

해설

콘크리트 타설 시 높은 곳으로부터 콘크리트를 세게 거푸집 내에 부어넣지 않는다.

98 산업안전보건기준에 관한 규칙에서 규정하는 현장에서 고소작업대 사용 시 준수사항이 아닌 것은?

① 작업자가 안전모·안전대 등의 보호구를 착용하도록 할 것
② 관계자가 아닌 사람이 작업구역 내에 들어오는 것을 방지하기 위하여 필요한 조치를 할 것
③ 작업을 지휘하는 자를 선임하여 그 자의 지휘하에 작업을 실시할 것
④ 안전한 작업을 위하여 적정수준의 조도를 유지할 것

해설

고소작업대 사용시 준수사항
1) ①, ②, ④ 항
2) 전로(電路)에 근접하여 작업을 하는 경우에는 작업감시자를 배치하는 등 감전사고를 방지하기 위하여 필요한 조치를 할 것
3) 작업대를 정기적으로 점검하고 붐·작업대 등 각 부위의 이상 유무를 확인할 것
4) 전환스위치는 다른 물체를 이용하여 고정하지 말 것
5) 작업대는 정격하중을 초과하여 물건을 싣거나 탑승하지 말 것
6) 작업대의 붐대를 상승시킨 상태에서 탑승자는 작업대를 벗어나지 말 것
   다만, 작업대에 안전대 부착설비를 설치하고 안전대를 연결하였을 때에는 그러하지 아니하다.

99 다음 그림은 산업안전보건기준에 관한 규칙에 따른 풍화암에서 토사붕괴를 예방하기 위한 기울기를 나타낸 것이다. x의 값은?

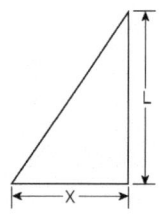

Answer ➡ 95. ③ 96. ① 97. ① 98. ③ 99. ②

① 1.5　　　　　　② 1.0
③ 0.5　　　　　　④ 0.3

해설

굴착작업시 굴착면의 기울기 기준

지반의 종류	구배
모래	1 : 1.8
그밖의 흙	1 : 1.2
풍화암	1 : 1.0
연암	1 : 1.0
경암	1 : 0.5

100 거푸집에 작용하는 연직방향 하중에 해당하지 않는 것은?

① 고정하중　　　② 작업하중
③ 충격하중　　　④ 콘크리트측압

해설

거푸집의 연직방향 하중(W) 산정식

∴ W = 고정하중 + 충격하중 + 작업하중
　　 = (r · t) + (1/2r · t) + 150kg/m²

여기서　r : 철근콘크리트 비중(kg/m³)
　　　　t : 슬래브 두께(m)

1) 고정하중 : 콘크리트 자중(= 철근콘크리트 비중 × 슬래브 두께)
2) 충격하중 : 고정하중 × 1/2
3) 작업하중 : 작업원 중량 + 장비 및 가설설비의 등의 중량 = 150kg/m²

Answer ● 100. ④

2022년 제2회 건설안전산업기사 CBT 복원 기출문제

제1과목 산업안전관리론

01 토의법의 유형 중 다음에서 설명하는 것은?

> 교육과제에 정통한 전문가 4~5명이 피 교육자 앞에서 자유로이 토의를 실시한 다음에 피교육자 전원이 참가하여 사회자의 사회에 따라 토의하는 방법

① 포럼 (forum)
② 패널 디스커션(panel discussion)
③ 심포지엄 (symposium)
④ 버즈 세션(buzz session)

해설

토의법 종류
1) forum(공개토론회) : 새로운 자료나 교제를 제시하고 거기서의 문제점을 피교육자로 하여금 제기케 하거나 의견을 여러 가지 방법으로 발표하게 하여 다시 깊이 파고들어 토의를 행하는 방법
2) symposium : 몇 사람의 전문가에 의하여 과제에 대한 견해를 발표한 뒤 참가자로 하여금 의견이나 질문을 하게 하여 토의하는 방법
3) panel discussion : 패널멤버(교육과제에 정통한 전문가 4~5명)가 피교육자 앞에서 자유로이 토의하고 뒤에 피교육자 전원이 참가하여 사회자의 사회에 따라 토의하는 방법
4) 버즈세션(buzz session) : 6-6 회의라고도 하며, 먼저 사회자와 기록계를 선출한 후 나머지 사람은 6명씩 소집단으로 구분하고 소집단별로 각각 사회자를 선발하여 6분간씩 자유토의를 행하여 의견을 종합하는 방법

02 산업안전보건법령상 근로자 안전·보건교육의 기준으로 틀린 것은?

① 사무직 종사 근로자의 정기교육 : 매분기 3시간 이상
② 일용근로자의 작업내용 변경시의 교육 : 1시간 이상
③ 관리감독자의 지위에 있는 사람의 정기교육 : 연간 16시간 이상
④ 건설 일용근로자의 건설업 기초안전·보건교육 : 2시간 이상

해설

④항, 건설일용근로자의 건설업 기초안전 보건교육 : 4시간 이상

03 맥그리거(McGregor)의 X이론에 따른 관리처방이 아닌 것은?

① 목표에 의한 관리
② 권위주의적 리더십 확립
③ 경제적 보상체제의 강화
④ 면밀한 감독과 엄격한 통제

해설

X, Y 이론의 관리처방

X 이론의 관리처방	Y이론의 관리처방
1. 경제적 보상체제의 강화 2. 권위주의적 리더십의 확보 3. 면밀한 감독과 엄격한 통제 4. 상부책임제도의 강화 5. 조직구성의 고층성	1. 민주적 리더십의 확립 2. 분권화의 권한과 위임 3. 목표에 의한 관리 4. 직무확장 5. 비공식적 조직의 활용 6. 자체평가제도의 활성화

04 안전·보건표지의 기본모형 중 다음 그림의 기본모형의 표시사항으로 옳은 것은?

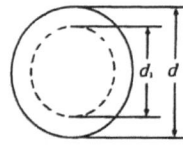

① 지시
② 안내
③ 경고
④ 금지

Answer ● 01. ② 02. ④ 03. ① 04. ①

해설

지시표지
1) **기본모형** : 원형
2) **색상** : 바탕은 파랑, 관련그림은 흰색

05 지도자가 추구하는 계획과 목표를 부하직원이 자신의 것으로 받아들여 자발적으로 참여하게 하는 리더십의 권한은?

① 보상적 권한 ② 강압적 권한
③ 위임된 권한 ④ 합법적 권한

해설

리더십의 권한
1) 조직이 지도자에게 부여한 권한
   ① **보상적 권한** : 지도자가 부하들에게 보상할 수 있는 능력으로 인해 부하직원들을 통제할 수 있으며 부하들의 행동에 대해 영향을 끼칠 수 있는 권한이다.
   ② **강압적 권한** : 부하직원들을 처벌할 수 있는 권한이다.
   ③ **합법적 권한** : 조직의 규정에 의해 지도자의 권한이 공식화 된 것을 말한다.
2) 지도자 자신이 자신에게 부여한 권한 : 부하직원들이 지도자의 성격이나 그 능력을 인정하고 지도자를 존경하며 자진해서 따르는 것이다.
   ① **전문성의 권한** : 지도자가 목표수행에 필요한 전문적인 지식을 갖고 업무수행을 하므로 부하직원들의 자발적으로 지도자를 따르게 된다.
   ② **위임된 권한** : 집단의 목표를 성취하기 위해 부하직원들이 지도자가 정한 목표를 자진해서 자신의 것으로 받아들여 지도자와 함께 일하는 것이다.

06 인간의 착각현상 중 버스나 전동차의 움직임으로 인하여 자신이 승차하고 있는 정지된 차량이 움직이는 것 같은 느낌을 받는 현상은?

① 자동운동 ② 유도운동
③ 가현운동 ④ 플리커현상

해설

운동의 시지각(착각현상)
1) **자동운동** : 암실 내에서 정지된 소광점을 응시하고 있으면 그 광점이 움직이는 것을 볼 수 있는데 이것을 자동운동이라 한다. 자동운동이 생기기 쉬운 조건은 다음과 같다.
   ① 광점이 작을 것
   ② 시야의 다른 부분이 어두울 것
   ③ 광의 강도가 작을 것
   ④ 대상이 단순할 것
2) **유도운동** : 실제로 움직이지 않는 것이 어느 기준의 이동에 유도되어 움직이는 것처럼 느껴지는 현상을 말한다.
3) **가현운동** : 객관적으로 정지하고 있는 대상물이 급속히 나타나든가 소멸하는 것으로 인하여 일어나는 운동으로 마치 대상물이 운동하는 것처럼 인식되는 현상을 말한다.(β운동 : 영화영상의 방법).

07 무재해운동 추진기법 중 지적확인에 대한 설명으로 옳은 것은?

① 비평을 금지하고, 자유로운 토론을 통하여 독창적인 아이디어를 끌어낼 수 있다.
② 참여자 전원의 스킨십을 통하여 연대감, 일체감을 조성할 수 있고 느낌을 교류한다.
③ 작업 전 5분간의 미팅을 통하여 시나리오상의 역할을 연기하여 체험하는 것을 목적으로 한다.
④ 오관의 감각기관을 총동원하여 작업의 정확성과 안전을 확인한다.

해설

지적확인 : 인간의 실수를 없애기 위해 눈, 손, 입, 귀 등을 이용하여 작업을 착수하기 전에 대뇌를 자극시켜 안전을 확보하기 위한 기법

08 산업안전보건법령상 안전검사 대상 유해 · 위험 기계 등이 아닌 것은?

① 곤돌라
② 이동식 국소 배기장치
③ 산업용 원심기
④ 건조설비 및 그 부속설비

해설

안전검사대상 유해 · 위험기계 · 설비 등
1) 프레스   2) 전단기
3) 크레인(정격하중 2톤 미만인 것은 제외)
4) 리프트   5) 압력용기
6) 곤돌라
7) 국소배기장치(이동식은 제외)
8) 원심기(산업용에 한정)
9) 롤러기(밀폐구조는 제외)
10) 사출성형기(형체결력 294kN 미만은 제외)
11) 고소작업대(화물자동차 또는 특수자동차에 탑재한 고소작업대로 한정)
12) 컨베이어   13) 산업용로봇

Answer ➡ 05. ③ 06. ② 07. ④ 08. ②

09 비통제의 집단행동 중 폭동과 같은 것을 말하며, 군중보다 합의성이 없고, 감정에 의해서만 행동하는 특성은?

① 패닉(Panic)
② 모브(Mob)
③ 모방(Imitation)
④ 심리적 전염(Mental Epidemic)

해설

비통제의 집단행동 : 성원의 감정, 정서에 의해 좌우되고 연속성이 희박하다.
1) **군중**(crowd) : 성원 사이에 지위나 역할의 분화가 없고, 성원 각자는 책임감을 가지지 않으며 비판력도 가지지 않는다.
2) **모브**(mob) : 폭동과 같은 것을 말하며 군중보다 한층 합의성이 없고 가정만에 의해서 행동한다.
3) **패닉**(panic) : 이상적인 상황에서도 모브가 공격적일 때 패닉은 방어적 특징이다.
4) **심리적 전염**(mental epidemin) : 유행과 비슷하면서 해동양식이 이상적이며 비합리성이 강한 것으로 어떤 사상이 상당한 기간을 걸쳐 광범위하게 논리적 사고적 근거 없이 무비판하게 받아들여지는 것을 의미한다.

10 재해예방의 4원칙에 해당하지 않는 것은?

① 예방가능의 원칙
② 대책선정의 원칙
③ 손실우연의 원칙
④ 원인추정의 원칙

해설

재해예방의 4원칙
1) **손실우연의 원칙** : 사고에 의해 생기는 손실의 종류와 정도는 우연적이다
2) **원인계기의 원칙** : 모든 재해는 필연적인 원인에 의해서 발생되며 재해발생은 직접원인이 아니고 많은 간접원인의 연쇄로 발생되는 것이다
3) **예방가능의 원칙** : 재해는 원칙적으로 모든 방지가 가능하다
4) **대책선정의 원칙** : 가장 효과적인 재해방지대책의 선정은 사고원인의 정확한 분석에 의해서 얻어진다.

11 안전관리조직의 형태 중 라인·스탭형에 대한 설명으로 틀린 것은?

① 안전스탭은 안전에 관한 기획·입안·조사·검토 및 연구를 행한다.
② 안전업무를 전문적으로 담당하는 스탭 및 생산라인의 각 계층에도 겸임 또는 전임의 안전담당자를 둔다.
③ 모든 안전관리업무를 생산라인을 통하여 직선적으로 이루어지도록 편성된 조직이다.
④ 대규모 사업장(1,000명 이상)에 효율적이다.

해설

③항 : line형(직계형)의 특성

12 강의계획에 있어 학습목적의 3요소가 아닌 것은?

① 목표
② 주제
③ 학습 내용
④ 학습 정도

해설

학습목적의 3요소
1) **목표**(Goal) : 학습목적의 핵심으로 학습을 통하여 달성하려는 지표
2) **주제**(Subject) : 목표달성을 위한 테마
3) **학습 정도**(Level of Learning) : 학습범위와 내용의 정도

13 학습정도(level of learning)의 4단계 요소가 아닌 것은?

① 지각
② 적용
③ 인자
④ 정리

해설

학습정도(Level of Leaning) : 학습범위와 내용의 정도를 말하며 다음 단계에 의해 이루어진다.
1) 인지 : ~을 인지하여야 한다.
2) 지각 : ~을 알아야 한다.
3) 이해 : ~을 이해하여야 한다.
4) 적용 : ~을~에 적용할 줄 알아야 한다.

14 부주의의 발생원인과 그 대책이 옳게 연결된 것은?

① 의식의 우회 – 상담
② 질적 조건 – 교육
③ 작업환경 조건 불량 – 작업순서 정비
④ 작업순서의 부적당 – 작업자 재배치

Answer ➡ 09. ② 10. ④ 11. ③ 12. ③ 13. ④ 14. ①

해설

부주의 발생원인 및 대책
1) 내적원인 및 대책
   ① 소질적 조건 : 적성배치
   ② 경험 및 미경험 : 교육
   ③ 의식의 우회 : 상담
2) 외적원인 및 대책
   ① 작업환경 조건 불량 : 환경정비
   ② 작업순서의 부적당 : 작업순서의 정비

15 재해발생의 주요원인 중 불안전한 상태에 해당하지 않는 것은?

① 기계설비 및 장비의 결함
② 부적절한 조명 및 환기
③ 작업장소의 정리·정돈 불량
④ 보호구 미착용

해설

④항 보호구 미착용 : 불안전한 행동

16 재해손실비의 평가방식 중 시몬즈(R.H. Simonds) 방식에 의한 계산방법으로 옳은 것은?

① 직접비 + 간접비
② 공동비용 + 개별비용
③ 보험 코스트 + 비보험 코스트
④ (휴업상해건수 × 관련비용 평균치) + (통원상해건수 × 관련비용 평균치)

해설

시몬즈 방식
1) 총재해 코스트(cost) = 산재보험 코스트(cost) + 비보험 코스트(cost)
2) 비보험 코스트 = (휴업 상해건수×A) + (통원상해건수×B) + (응급조치 건수×C) + (무상해 사고건수×D)
   A,B,C,D : 재해정도별 비보험 코스트의 평균치

17 하인리히의 사고방지 5단계 중 제1단계 안전조직의 내용이 아닌 것은?

① 경영자의 안전목표 설정
② 안전관리자의 선임
③ 안전활동의 방침 및 계획수립
④ 안전회의 및 토의

해설

④ 안전회의 및 토의 : 사실의 발견(제2단계)

> **길잡이** 사고방지원리 5단계
> 1) 1단계 : 조직(안전보건관리 체제)
> 2) 2단계 : 사실의 발견(위험요인 색출)
> 3) 3단계 : 분석평가(직접·간접원인 규명)
> 4) 4단계 : 시정책 선정(개선책 선정)
> 5) 5단계 : 시정책 적용(3E적용)

18 기업 내 정형교육 중 TWI의 훈련내용이 아닌 것은?

① 작업방법훈련   ② 작업지도훈련
③ 사례연구훈련   ④ 인간관계훈련

해설

TWI(Training Within Industry)
1) 교육대상자 : 감독자
2) 교육내용
   ① JI(Job Instruction) : 작업지도 기법
   ② JM(Job Method) : 작업개선 기법
   ③ JR(Job Relation) : 인간관계관리 기법(부하통솔 기법)
   ④ JS(Job Safety) : 작업안전 기법
3) 교육방법 : 한 클래스는 10명 정도, 교육방법은 토의법, 1일 2시간씩 5일에 걸쳐 10시간 정도 한다.

19 어느 공장의 재해율을 조사한 결과 도수율이 20이고, 강도율이 1.2로 나타났다. 이 공장에서 근무하는 근로자가 입사부터 정년퇴직할 때까지 예상되는 재해건수(a)와 이로 인한 근로손실 일수(b)는? (단, 이 공장의 1인당 입사부터 정년퇴직 할 때까지 평균 근로시간은 100000시간으로 한다.)

① a = 20, b = 1.2
② a = 2, b = 120
③ a = 20, b = 0.12
④ a = 120, b = 2

해설

1) 환산도수율(a) = $\frac{도수율}{10} = \frac{20}{10} = 2$
2) 환산강도율(b) = 강도율 × 100
   = 1.2 × 100
   = 120

Answer ● 15. ④ 16. ③ 17. ④ 18. ③ 19. ②

20 보호구 자율안전확인 고시상 사용구분에 따른 보안경의 종류가 아닌 것은?

① 차광보안경
② 유리보안경
③ 프라스틱보안경
④ 도수렌즈보안경

해설

안전인증 및 자율안전확인대상 보안경

안전인증대상	자율안전확인대상
차광 및 비산물 위험방지용 보안경 ① 자외선용 : 자외선이 발생하는 장소 ② 적외선용 : 적외선이 발생하는 장소 ③ 복합용 : 자외선 및 적외선이 발생하는 장소 ④ 용접용 : 산소용접작업 등과 같이 자외선, 적외선 및 강렬한 가시광선이 발생하는 장소	안전인증대상 보안경을 제외한 보안경 ① 유리 보안경 ② 플라스틱 보안경 ③ 도수렌즈 보안경

제2과목 인간공학 및 시스템안전공학

21 FT 작성 시 논리게이트에 속하지 않는 것은 무엇인가?

① OR 게이트
② 억제 게이트
③ AND 게이트
④ 동등 게이트

해설

FT도의 논리게이트
1) AND게이트
2) OR 게이트
3) 억제 게이트
4) 부정 게이트

22 1에서 15까지 수의 집합에서 무작위로 선택할 때, 어떤 숫자가 나올지 알려주는 경우의 정보량은 약 몇 bit 인가?

① 2.91 bit
② 3.91 bit
③ 4.51 bit
④ 4.91 bit

해설

$H = \log_2 n$
$= \log_2 15 = \dfrac{\log 15}{\log 2} = 3.91 \text{ lit}$

23 의자의 등받이 설계에 관한 설명으로 가장 적절하지 않은 것은?

① 등받이 폭은 최소 30.5cm가 되게 한다.
② 등받이 높이는 최소 50cm가 되게 한다.
③ 의자의 좌판과 등받이 각도는 90~105°를 유지한다.
④ 요부받침의 높이는 25~35cm로 하고 폭은 30.5cm로 한다.

해설

등받이 높이
1) 최소 50cm 이상으로 하고 등받이가 위로 제쳐진다 하더라도 요부 받침이 척주에 상대적으로 같은 위치에 있도록 할 것
2) 요부 받침의 높이는 15.2~22.9cm, 폭은30.5cm일 것

24 일반적인 인간-기계 시스템의 형태 중 인간이 사용자나 동력원으로 기능하는 것은?

① 수동체계
② 기계화체계
③ 자동체계
④ 반자동체계

해설

인간-기계체계의 유형
1) **수동체계** : 인간의 신체적인 힘을 동력원으로 사용
2) **기계화체계** : 인간이 기계의 표시장치를 보고 조정장치를 통하여 통제하는 체계
3) **자동체계** : 기계자체가 모든 임무를 수행하는 체계

25 작업기억과 관련된 설명으로 틀린 것은?

① 단기기억이라고도 한다.
② 오랜 기간 정보를 기억하는 것이다.
③ 작업기억 내의 정보는 시간이 흐름에 따라 쇠퇴할 수 있다.
④ 리허설(rehearsal)은 정보를 작업기억 내에 유지하는 유일한 방법이다.

Answer ➡ 20. ① 21. ④ 22. ② 23. ④ 24. ① 25. ②

해설

작업기억 : 정보들을 일시적으로 보유하고 각종 인지적 과정을 계획하고 순서 지으며 실제로 수행하는 작업량으로서의 기능을 수행하는 단기적 기억을 말한다.

26 어떤 전자기기의 수명은 지수분포를 따르며, 그 평균수명이 1000 시간이라고 할 때, 500 시간동안 고장 없이 작동할 확률은 약 얼마인가?

① 0.1353　　② 0.3935
③ 0.6065　　④ 0.8647

해설

고장없이 작동할 확률(R_t)
$R_t = e^{-t/t_0} = e^{-500/1000} = 0.6065$
여기서, t : 가동시간,
t_0 : 평균수명

27 FT도에 의한 컷셋(cut set)이 다음과 같이 구해졌을 때 최소 컷셋(minimal cut set)으로 맞는 것은?

[다음]
- (X_1, X_3)
- (X_1, X_2, X_3)
- (X_1, X_3, X_4)

① (X_1, X_3)
② (X_1, X_2, X_3)
③ (X_1, X_3, X_4)
④ (X_1, X_2, X_3, X_4)

해설

X_1, X_3
$X_1, X_2, X_3 \rightarrow X_1, X_3$
X_1, X_3, X_4　(최소컷셋)
　(컷셋)

28 한 사무실에서 타자기의 소리 때문에 말소리가 묻히는 현상을 무엇이라 하는가?

① dBA　　② CAS
③ phon　　④ masking

해설

은폐현상(masking) : dB이 높은 음과 낮은 음이 공존할 때 낮은 음이 높은 음에 가로막혀 숨겨져 들리지 않게 되는 현상이다.

29 체계분석 및 설계에 있어서 인간공학의 가치와 가장 거리가 먼 것은?

① 성능의 향상
② 훈련비용의 증가
③ 사용자의 수용도 향상
④ 생산 및 보전의 경제성 증대

해설

체계설계 과정에서의 인간공학의 기여도
1) 성능향상
2) 훈련비용의 절감
3) 인력이용률의 향상
4) 사고 및 오용으로부터의 손실감소
5) 생산 및 정비유지의 경제성 증액
6) 사용자의 수용도 향상

30 FTA의 용도와 거리가 먼 것은?

① 고장의 원인을 연역적으로 찾을 수 있다.
② 시스템의 전체적인 구조를 그림으로 나타낼 수 있다.
③ 시스템에서 고장이 발생할 수 있는 부분을 쉽게 찾을 수 있다.
④ 구체적인 초기사건에 대하여 상향식(bottom-up) 접근방식으로 재해경로를 분석하는 정량적 기법이다.

해설

FTA(결함수분석법) : 하향식(Top-down)에 의한 연역적 해석 및 재해의 정량적 해석(재해발생확률계산)을 할 수 있다.

31 보전효과 측정을 위해 사용하는 설비고장 강도율의 식으로 맞는 것은?

① 부하시간 ÷ 설비가동시간
② 총 수리시간 ÷ 설비가동시간
③ 설비고장건수 ÷ 설비가동시간
④ 설비고장 정지시간 ÷ 설비가동시간

Answer ● 26. ③　27. ①　28. ④　29. ②　30. ④　31. ④

해설

1) 설비고장 강도율 = $\dfrac{\text{설비고장정지시간}}{\text{설비가동시간}}$

2) 설비고장 도수율 = $\dfrac{\text{설비고장건수}}{\text{설비가동시간}}$

32 정보 전달용 표시장치에서 청각적 표현이 좋은 경우가 아닌 것은?

① 메시지가 복잡하다.
② 시각장치가 지나치게 많다.
③ 즉각적인 행동이 요구된다.
④ 메시지가 그 때의 사건을 다룬다.

해설

표시장치의 선택(청각장치와 시각장치의 선택)

청각장치 사용	시각장치 사용
1) 전언이 간단하고 짧다	1) 전언이 복잡하고 길다.
2) 전언이 후에 재참조 되지 않는다.	2) 전언이 후에 재참조 된다.
3) 전언이 즉각적인 사상(event)을 다룬다.	3) 전언이 공간적인 위치를 다룬다.
4) 전언이 즉각적인 행동을 요구한다.	4) 전언이 즉각적인 행동을 요구하지 않는다.
5) 수신자가 시각계통이 과부하 상태일 때	5) 수신자의 청각계통이 과부하 상태일 때
6) 수신장소가 너무 밝거나 암조의 유지가 필요할 때	6) 수신장소가 너무 시끄러울 때
7) 직무상 수신자가 자주 움직이는 경우	7) 직무상 수신자가 한곳에 머무르는 경우

33 인체 측정치 중 기능적 인체치수에 해당되는 것은?

① 표준자세
② 특정작업에 국한
③ 움직이지 않는 피측정자
④ 각 지체는 독립적으로 움직임

해설

1) 기능적 인체 치수
   ① 움직이는 몸의 자세로부터 측정
   ② 특정작업등에 활용
2) 구조적 인체치수
   ① 표준자세에서 움직이지 않는 피측정자를 인체측정기로 측정
   ② 설계표준이 되는 기초적 치수 설정

34 시스템 안전 분석기법 중 인적 오류와 그로 인한 위험성의 예측과 개선을 위한 기법은 무엇인가?

① FTA
② ETBA
③ THERP
④ MORT

해설

THERP(인간과오율예측기법) : 인간의 과오를 정량적으로 평가하기 위한 안전해석기법이다.

35 휘도(luminance)가 $10cd/m^2$이고, 조도(illuminance)가 100lx일 때 반사율(reflectance)(%)은?

① 0.1π
② 10π
③ 100π
④ 1000π

해설

$$\text{반사율} = \dfrac{\text{광속발산도}(fL)}{\text{소요조명}(fc)} \times 100$$

$$= \dfrac{cd/m^2 \times \pi}{lux} = \dfrac{10 \times \pi}{100} = 0.1\pi$$

36 안전가치분석의 특징으로 틀린 것은?

① 기능위주로 분석한다.
② 왜 비용이 드는가를 분석한다.
③ 특정 위험의 분석을 위주로 한다.
④ 그룹 활동은 전원의 중지를 모은다.

해설

안전가치분석은 특정위험분석보다는 일반 위험의 분석에 더 중점을 둔다.

37 사람의 감각기관 중 반응속도가 가장 느린 것은?

① 청각
② 시각
③ 미각
④ 후각

해설

감각기관의 자극에 대한 반응 시간

감각기관	청각	후각	시각	미각	통각
반응시간	0.17초	0.18초	0.20초	0.29초	0.70초

Answer ➡ 32. ① 33. ② 34. ③ 35. ① 36. ③ 37. ③

38 산업안전보건법에 따라 상시 작업에 종사하는 장소에서 보통작업을 하고자 할 때 작업면의 최소 조도(lux)로 맞는 것은?(단, 작업장은 일반적인 작업장소이며, 감광재료를 취급하지 않는 장소이다.)

① 75   ② 150
③ 300   ④ 750

해설
작업상 작업면의 조도(안전보건규칙 제8조)
1) 초정밀작업 : 750럭스(lux) 이상
2) 정밀작업 : 300럭스 이상
3) 보통작업 : 150럭스 이상
4) 그밖의 작업 : 75럭스 이상

39 단일 차원의 시각적 암호중 구성암호, 영문자암호, 숫자암호에 대하여 암호로서의 성능이 가장 좋은 것부터 배열한 것은?

① 숫자암호 – 영문자암호 – 구성암호
② 구성암호 – 숫자암호 – 영문자암호
③ 영문자암호 – 숫자암호 – 구성암호
④ 영문자암호 – 구성암호 – 숫자암호

해설
암호로서의 성능이 가장 좋은 것부터의 순서
1) 숫자 → 2) 영문자 → 3) 기하학적 형상 → 4) 구성

40 정보처리기능 중 정보보관에 해당되는 것과 관계가 깊은 것은?

① 감지   ② 정보처리
③ 출력   ④ 행동기능

해설
인간기계체계의 기능

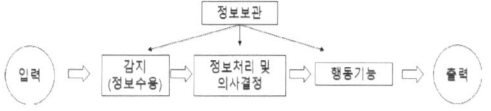

제3과목 건설시공학

41 토질시험 중 흙 속에 수분이 거의 없고 바삭바삭한 상태의 정도를 알아보기 위한 것은?

① 함수비시험   ② 소성한계시험
③ 액성한계시험   ④ 압밀시험

해설
소성한계 및 액성한계시험과 압밀시험
1) 소성한계시험 : 흙속에 수분이 거의 없고 바삭바삭한 상태의 정도를 알아보기 위한 시험
2) 액성한계시험 : 흙을 가볍게 충동시켰을 때 처음으로 흐르기 시작하는 함수비를 측정하는 시험
3) 압밀시험 : 흙의 표면을 구속하고 축방향으로 배수를 허용하면서 재하할 때의 압축량과 압축 속도를 구하는 시험

42 450m³의 콘크리트를 타설할 경우 강도시험용 1회의 공시체는 몇 m³마다 제작하는가?(단, KS 기준)

① 30m³   ② 50m³
③ 100m³   ④ 150m³

43 철골조 용접 공작에서 용접봉의 피복재 역할로 옳지 않은 것은?

① 함유 원소를 이온화하여 아크를 안정시킨다.
② 용착 금속에 합금 원소를 가한다.
③ 용착 금속의 산화를 촉진하여 고열을 발생시킨다.
④ 용융 금속의 탈산, 정련을 한다.

해설
용접봉 피복재 역할
1) ①, ②, ④항
2) 용접봉 속의 응고와 냉각속도를 완화시킨다.

44 공사계획에 있어서 공법 선택 시 고려할 사항과 가장 거리가 먼 것은?

① 공구 분할의 결정
② 품질 확보
③ 공기 준수
④ 작업의 안전성 확보와 제3자 재해의 방지

Answer ➡ 38. ② 39. ① 40. 전항 정답 41. ② 42. ④ 43. ③ 44. ①

해설

공법선택시 고려할 사항 : 다음 3개의 사항을 고려한 뒤에 비용을 최소화(경비절감)하도록 하여야 한다.
1) 품질확보
2) 공기준수
3) 작업의 안전성 확보와 제3자 재해의 방지

45 한 구획 전체의 벽판과 바닥판을 ㄱ자형 또는 ㄷ자형으로 짜서 이동시키는 형태의 기성재 거푸집은?

① 슬라이딩 폼(Sliding Form)
② 터널 폼(Tunnel Form)
③ 유로 폼(Euro Form)
④ 와플 폼(Waffle Form)

해설

1) 슬라이딩 폼 : 원형 철판거푸집을 요크(york)로 서서히 끌어올리면서 연속적으로 콘크리트를 타설하는 수직활동 거푸집이다.(사일로, 굴뚝 등에 사용)
2) 터널 폼 : 벽식 철근콘크리트 구조를 시공할 경우 벽과 바닥의 콘크리트 타설을 한번에 가능하게 하기 위하여 벽채용 거푸집과 슬래브 거푸집을 일체로 제작하여 한번에 설치하고 해체할 수 있도록 한 시스템 거푸집이다.
3) 유로폼 : 공장에서 경량형강과 합판을 사용하여 벽판이나 바닥판용 거푸집을 제작한 것으로 현장에서 못을 쓰지 않고 간단히 조립할 수 있는 거푸집이다.
4) 와플폼 : 무량판구조, 평판구조에서 사용하는 특수상자모양으로 된 기성제 거푸집으로 돔팬(dome pan)이라고도 한다.

46 설계 · 시공 일괄계약제도에 관한 설명으로 옳지 않은 것은?

① 단계별 시공의 적용으로 전체 공사기간의 단축이 가능하다.
② 설계와 시공의 책임 소재가 일원화된다.
③ 발주자의 의도가 충분히 반영될 수 있다.
④ 계약 체결 시 총 비용이 결정되지 않으므로 공사비용이 상승할 우려가 있다.

해설

설계 · 시공 일괄계약제도는 발주자의 의도가 충분히 반영되지 않는다.

47 콘크리트 타설 시 다짐에 대한 설명으로 옳지 않은 것은?

① 내부진동기는 슬럼프가 15cm이하일 때 사용하는 것이 좋다.
② 슬럼프가 클수록 오래 다지도록 한다.
③ 진동기를 인발할 때에는 진동을 주면서 천천히 뽑아 콘크리트에 구멍을 남기지 않도록 한다.
④ 콘크리트 다짐 시 철근에 진동을 주지 않는다.

해설

슬럼프 값이 작을수록 오래 다지도록 하여야한다.

48 수직굴착, 수중굴착 등 일반적으로 협소한 장소의 깊은 굴착에 적합한 것으로 자갈 등의 적재에도 사용하는 토공장비는?

① 클램쉘   ② 불도저
③ 캐리올 스크레이퍼   ④ 로더

해설

클램쉘(clam shell) : 붐의 선단에서 클램쉘 버킷을 와이어로프 매달아 바로 아래로 떨어뜨려 흙을 퍼올리는 토공기계이다.

49 프리스트레스하지 않는 부재의 현장치기 콘크리트에서 다음과 같은 조건을 가진 부재의 최소 피복두께로서 옳은 것은?

- 옥외의 공기나 흙에 직접 접하지 않는 콘크리트
- 보, 기둥

① 30mm   ② 40mm
③ 50mm   ④ 60mm

50 철근콘크리트구조 시공 시 콘크리트 이어붓기 위치에 관한 설명으로 옳지 않은 것은?

① 기둥이음은 기둥의 중간에서 수평으로 한다.
② 아치의 이음은 아치축에 직각으로 설치한다.
③ 보, 바닥판이음은 그 스팬의 중앙 부근에서 수직으로 한다.
④ 벽은 개구부 등 끊기 좋은 위치에서 수직 또는 수평으로 한다.

Answer ● 45. ② 46. ③ 47. ② 48. ① 49. ② 50. ①

해설

콘크리트 이어붓기의 이음위치
1) **보, 바닥판** : 간사이(span)의 중앙에서 수직
2) **캔틸레버(cantilever)로 내민보나 바닥판** : 이어붓지 않음을 원칙으로 함
3) **중앙에 작은보가 있는 바닥판** : 중앙부에서 작은보 너비의 2배 떨어진 곳에서 수직
4) **기둥** : 바닥판(slab), 연결보 또는 기초상단에서 수평
5) **벽** : 개구부(문틀)주위에서 수직, 수평
6) **아치** : 아치축에 직각

51 굳지 않은 콘크리트에 실시하는 시험이 아닌 것은?

① 슬럼프시험 ② 플로우시험
③ 슈미트해머시험 ④ 리몰딩시험

해설

슈미트해머시험 : 슈미트해머에 의한 경화된 콘크리트 강도의 비파괴시험

52 철골부재의 내화피복에 관한 설명으로 옳지 않은 것은?

① 뿜칠공법은 큰 면적의 내화피복을 단시간에 시공할 수 있다.
② 성형판 붙임공법은 주로 기둥과 보의 내화 피복에 사용된다.
③ 타설공법은 임의의 치수와 형상의 내화피복이 가능하다.
④ 미장공법은 바탕작업이 단순하고 양생에 소요되는 시간이 짧다.

해설

내화피복 공법 분류
1) 습식내화공법
 ① **타설공법** : 철골조에 콘크리트 또는 경량 콘크리트를 타설
 ② **미장공법** : 철골조에 철망을 치고 모르타르 또는 퍼얼라이트로 미장하는 공법
 ③ **뿜칠공법** : 철골조에 암면, 모르타르, 플라스터, 실리카, 알루미나 제 모르타르를 뿜칠하는 공법
 ④ **조적공법** : 철골조에 벽돌, 콘크리트, 블록, 경량 콘크리트 블록, 돌등으로 조적하는 공법
2) **건식내화공법** : 성형판 붙임공법으로 경량제품으로 구성하여 내단열성이 우수한 판을 철골부재에 접착제로 붙이는 공법

길잡이 내화피복 목적
1) 외기의 온도에 의한 구조체 영향을 최소화
2) 인명 및 재산의 보호
3) 간접적인 단열, 흡음, 결로 방지, 화재에 대한 구조체 보호
4) 마감재 및 건축물 보호

53 흙막이벽 설계 시 고려하지 않아도 되는 것은?

① 히빙(heaving)
② 보일링(boiling)
③ 파이핑(piping)
④ 사운딩(sounding)

해설

사운딩(sounding) : 지하층의 저항을 탐사하는 시험으로 정적관입시험, 베인시험, 스웨덴식 사운딩, 표준관입시험 등이 있다.

54 Under Pinning 공법을 적용하기에 부적합한 경우는?

① 인접 지상구조물의 철거 시
② 지하구조물 밑에 지중구조물을 설치할 때
③ 기존구조물에 근접한 굴착 시 구조물의 침하나 경사를 미연에 방지할 경우
④ 기존구조물의 지지력 부족으로 건물에 침하나 경사가 생겼을 때 이것을 복원하는 경우

해설

언더피닝(under pinning)공법을 적용하는 경우
1) ②, ③, ④항
2) 기존건물에 근접하여 구조물을 구축할 때 기존 건물의 파일 머리보다 깊은 건물을 건설할 때

55 공동도급(Joint Venture Contract)의 이점이 아닌 것은?

① 융자력의 증대
② 위험부담의 분산
③ 기술의 확충, 강화 및 경험의 증대
④ 이윤의 증대

Answer ➡ 51. ③ 52. ④ 53. ④ 54. ① 55. ④

해설

공동도급 : 2명 이상의 도급업자가 공동출자하여 기업체를 조직해서 협동으로 공사를 도급하는 방식(중소기업체에 유리)
1) 장점
   ① 기술 · 자본 · 위험부담의 분산 · 감소
   ② 신용도의 증대
   ③ 기술의 확충, 강화 및 경험의 증대
   ④ 공사계획과 시공이행의 확실
   ⑤ 공사도급 경쟁강화
2) 단점
   ① 1개 회사에 도급시키는 것보다 경비 증대(이윤의 감소)
   ② 현장관리 곤란
   ③ 각 회사의 업무방식에서 오는 혼란

56 철근공사의 철근트러스 입체화 공법의 특징이 아닌 것은?

① 현장조립의 거푸집공사를 공장제 기성품으로 대체
② 구조적 안정성 확보
③ 가설작업장의 면적 증가
④ Support감소, 지보공수량 감소로 작업의 안전성 확보

57 탑다운(top-down) 공법에 관한 설명으로 옳지 않은 것은?

① 1층 바닥을 조기에 완성하여 작업장 등으로 사용할 수 있다.
② 지하 · 지상을 동시에 시공하여 공기단축이 가능하다.
③ 소음 · 진동이 심하고 주변구조물의 침하 우려가 크다.
④ 기둥 · 벽 등 수직부재의 구조이음에 기술적 어려움이 있다.

해설

탑다운(top-down)공법(역구축공법)의 특징
1) 지하와 지상층 병행 작업으로 공사기간이 단축된다.
2) 소음 · 진동이 적어 도심지 공사에 적합하다.
3) 토질조건에 관계없이 시공이 가능하다.
4) 공사비가 많이 든다.

58 공공 혹은 공익 프로젝트에 있어서 자금을 조달하고, 설계, 엔지니어링 및 시공 전부를 도급받아 시설물을 완성하고 그 시설을 일정 기간 운영하여 투자금을 회수한 후 발주자에게 시설을 인도하는 공사계약방식은?

① CM 계약 방식
② 공동도급 방식
③ 파트너링 방식
④ BOT 방식

해설

BOT방식(build operate transfer)
1) 정의 : 본문 설명
2) 사회간접자본(SOC)의 민간투자 유치 및 공공 또는 공익 프로젝트에 많이 이용된다.

59 기성콘크리트말뚝을 타설할 때 그 중심간격의 기준으로 옳은 것은?

① 말뚝머리지름의 2.5배 이상 또한 600mm 이상
② 말뚝머리지름의 2.5배 이상 또한 750mm 이상
③ 말뚝머리지름의 3.0배 이상 또한 600mm 이상
④ 말뚝머리지름의 3.0배 이상 또한 750mm 이상

해설

말뚝지정의 간격 및 특징비교

종류	간격	특징
나무말뚝	최소 2.5d 이상 또는 60cm 이상	① 부패방지를 위해 상수면 이하에 사용 ② 휨 정도는 길이의 1/50 이하
기성 콘크리트 말뚝	최소 2.5d 이상 또는 75cm 이상	① 대규모의 중량건물, 굳은 지층에 깊이 박을 때 사용 ② 재료구입이 용이, 주근의 개수는 6개 이상
강재말뚝	최소 2.5d 이상 또는 90cm 이상	① 해안 매립지, 경질지반이 깊을 때 사용 ② 부식시 내구성 저하
제자리 콘크리트 말뚝	최소 2.5d 이상 또는 90cm 이상	① 규모가 큰 구조물에 사용 ② 현장에서 직접 천공하여 사용

Answer ➡ 56. ③ 57. ③ 58. ④ 59. ②

60 표준관입시험에 관한 설명으로 옳은 것은?

① 해머의 무게는 73.5kg이다.
② 해머의 낙하 높이는 100cm이다.
③ 점토지반에서 실시하여도 높은 신뢰성을 얻을 수 있다.
④ N값이 클수록 밀실한 토질이다.

해설

표준관입시험(penetration test) : 63.5 kg의 추를 75cm의 높이에서 자유 낙하시켜 30cm 관입시킬 때의 타격횟수(N)를 측정하여 흙의 경·연도의 정도를 판정하는 방법
1) 사질지반의 상대밀도 등 토질 조사시 신뢰성이 높다.
2) N값과 모래의 상태

N의 값	모래의 상태
0~5	몹시 느슨하다
5~10	느슨하다
10~30	보통
50이상	다진 상태(밀실 상태)

제4과목 건설재료학

61 목재의 특징으로 옳지 않은 것은?

① 가연성이다.
② 진동 감속성이 작다.
③ 섬유포화점 이하에서 함수율 변동에 따라 변형이 크다.
④ 콘크리트 등 다른 건축재료에 비해 내구성이 약하다.

해설

목재의 장점·단점
1) 장점
   ① 가벼워 운반, 취급이 편리하며 가공이 용이하고, 시공성이 우수하다.(보수유지의 경제성이 크다.)
   ② 무게에 비해 강도와 탄성이 크다.
   ③ 열전도율 및 열팽창률이 작고 전기의 부도체이다.
   ④ 산성, 약품 및 염분 등에 대하여 저항력이 크다.
2) 단점
   ① 재질 강도에 균일성이 없고 비틀림이 생기기 쉽다.
   ② 착화점이 낮아 내화성이 적다.
   ③ 흡수성이 크며 변형되기 쉽고 또한 부식하기 쉽다.

62 콘크리트의 블리딩 현상에 대한 설명 중 옳지 않은 것은?

① 콘크리트의 컨시스턴시가 클수록 블리딩은 증대한다.
② AE콘크리트는 보통콘크리트에 비하여 블리딩 현상이 적다.
③ 블리딩 현상에 의해 떠오른 미립물은 상호 간 접착력을 증대시킨다.
④ 콘크리트 면이 침하되어 콘크리트 균열의 원인이 된다.

해설

블리딩 및 레이턴스
1) **블리딩**(bleeding) : 콘크리트 타설 후 시멘트, 골재 등의 침하에 따라 물이 분리상승되어 표면에 떠오르는 현상
2) **레이턴스**(laitance) : 블리딩에 의해 떠오른 미립물이 물의 증발에 따라 콘크리트 표면에 얇은 막으로 침적되는 현상

63 목재 기건상태의 함수율은 약 얼마인가?

① 15%   ② 30%
③ 45%   ④ 60%

해설

목재의 함수율
1) 기건재와 전건재의 흡수율
   ① 기건재(공기중에서 건조한 상태) : 12~18%(보통 15% 정도)
   ② 전건재 : 함수율 0%
2) 섬유포화점의 함수율 : 25~30% 정도

64 건축재료 중 압축강도가 일반적으로 가장 큰 것부터 작은 순서대로 나열된 것은?

① 화강암 – 보통콘크리트 – 시멘트벽돌 – 참나무
② 보통콘크리트 – 화강암 – 참나무 – 시멘트벽돌
③ 화강암 – 참나무 – 보통콘크리트 – 시멘트벽돌
④ 보통콘크리트 – 참나무 – 화강암 – 시멘트벽돌

해설

건축재료의 압축강도
1) 화강암 : 500~1,900kg/cm²
2) 참나무 : 641kg/cm²
3) 보통콘크리트 : 210kg/cm²
4) 시멘트벽돌 : 80kg/cm²

Answer ➡ 60. ④ 61. ② 62. ③ 63. ① 64. ③

65 콘크리트의 성질에 관한 설명으로 옳지 않은 것은?

① 화재 시 결합수를 방출하므로 강도가 저하된다.
② 수밀 콘크리트를 만들려면 된비빔 콘크리트를 사용한다.
③ 수밀성이 큰 콘크리트는 중성화작용이 적어진다.
④ 콘크리트의 열팽창계수는 철에 비해서 매우 작다.

해설
콘크리트와 철의 열팽창계수는 거의 같기 때문에 온도의 변화로 인하여 일어나는 두 재료 사이의 응력을 무시하고 사용할 수 있다.
1) **콘크리트의 열팽창계수** : $1.0 \times 10^{-5} \sim 1.3 \times 10^{-5}$
2) **철의 열팽창계수** : 1.2×10^{-5}

66 비철금속에 관한 설명으로 옳지 않은 것은?

① 비철금속은 철 이외의 금속을 말한다.
② 철금속에 비하여 내식성이 우수하고 경량이다.
③ 가공이 용이하여 건축용 장식에도 사용된다.
④ 비철금속의 종류는 철강과 탄소강이 있다.

해설
1) **철금속** : 철강, 탄소강 등
2) **비철금속** : 동과 금합금, 알루미늄과 그 합금, 아연과 그합금, 납, 주석, 니켈 등

67 점토소성제품의 흡수성이 큰 것부터 순서대로 올바르게 나열된 것은?

① 토기 > 도기 > 석기 > 자기
② 토기 > 도기 > 자기 > 석기
③ 도기 > 토기 > 석기 > 자기
④ 도기 > 토기 > 자기 > 석기

해설
점토소성제품의 흡수성의 크기 : 토기 > 도기 > 석기 > 자기

68 각종 미장재료에 대한 설명으로 옳지 않은 것은?

① 석고플라스터는 가열하면 결정수를 방출하여 온도상승을 억제하기 때문에 내화성이 있다.
② 바라이트 모르타르는 방사선 방호용으로 사용된다.
③ 돌로마이트플라스터는 수축률이 크고 균열이 쉽게 발생한다.
④ 혼합석고플라스터는 약산성이며 석고라스보드에 적합하다.

해설
혼합석고 플라스터 : 소석고에 소석회나 돌로 마이트 플라스터를 첨가하고 그 밖의 혼화재료를 배합한 것이다.

69 흙바름재의 외바탕에 바름하는 재래식 재료가 아닌 것은?

① 진흙   ② 새벽흙
③ 짚여물   ④ 고무 라텍스

해설
1) **외바탕의 흙 바름재** : 진흙, 새벽흙, 짚여울 등
2) **고무 라텍스** : 고무나무에서 채취한 백색유액

70 강에 함유된 탄소량의 증감과 관련이 없는 것은?

① 경도의 증감
② 내산, 내알칼리성의 증감
③ 인장강도의 증감
④ 연성(신장률)의 증감

해설
탄소함유량에 의한 탄소강의 특성
1) 탄소함유량이 많을수록 강도는 증대되고 신도(연신율)는 감소된다.
2) 인장강도는 탄소함유량이 0.9~1.0% 함유시 최대로 증대되고 이를 넘으면 감소된다.
3) 경도는 탄소함유량이 0.9% 함유시 최대가 되며 그 이상에서는 일정하다.

71 콘크리트용 시멘트에 관한 설명으로 옳지 않은 것은?

① 콘크리트강도는 물시멘트비에 영향을 받지 않는다.
② 고로시멘트와 실리카시멘트는 보통포틀랜드 시멘트보다 수화작용이 느려서 초기강도가 작다.

Answer ➡ 65. ④ 66. ④ 67. ① 68. ④ 69. ④ 70. ② 71. ①

③ 시멘트의 분말도가 클수록 초기 콘크리트강도 발현이 빠르다.
④ 알루미나시멘트, 고로시멘트, 실리카시멘트는 내해수성이 크다.

해설

콘크리트 강도에 가장 큰 영향을 주는 요인 : 물 · 시멘트 비 (w/c)

72 중용열 포틀랜드시멘트에 관한 설명으로 옳지 않은 것은?
① 수축이 작고 화학저항성이 일반적으로 크다.
② 매스콘크리트 등에 사용된다.
③ 단기강도는 보통포틀랜드시멘트보다 낮다.
④ 긴급 공사, 동절기 공사에 주로 사용된다.

해설

긴급공사, 동절기 공사에 주로 사용되는 시멘트 : 조강 포틀랜드 시멘트

73 아스팔트 방수공사 시 바탕처리에 관한 설명으로 옳지 않은 것은?
① 바탕면을 충분히 건조시킬 것
② 바탕면에 물흘림 경사를 충분히 둘 것
③ 바탕면을 거칠게 마무리할 것
④ 구석, 모서리 등을 둥글게 처리할 것

해설

③항. 바탕면은 모르타르 고형분, 요철부분 등을 제거하고 평활하게 유지한다.

74 점토광물 중 적갈색으로 내화성이 부족하고 보통벽돌, 기와, 토관의 원료로 사용되는 것은?
① 석기점토
② 사질점토
③ 내화점토
④ 자토

해설

점토의 종류

종류	성질	용도
자토	순백색이며 내화성이 있고 가소성은 부족함.	도자기의 원료
내화점토	회백색 · 담색이며 내화도 1,580℃ 이상이고 가소성이 있음.	내화벽돌 및 도자기의 원료
석기점토	내화도가 높고 가소성이 있으며, 유색 · 견고 · 치밀함.	유색도기의 원료
석회질점토	백색이며 용해되기 쉽고, 백회질의 포함량이 많음	연질도기의 원료
사질점토	적갈색이며 내화성이 부족하고 세사 및 불순물이 포함.	보통벽돌 · 기와 · 토관 등의 원료

75 콘크리트 면에 주로 사용하는 도장재료는?
① 오일페인트
② 합성수지 에멀션페인트
③ 래커에나멜
④ 에나멜페인트

해설

콘크리트 면에 사용하는 도장재료 : 합성수지 에멀션 페인트 (수성페인트)

76 시멘트 종류에 따른 사용용도를 나타낸 것으로 옳지 않은 것은?
① 조강 포틀랜드시멘트 – 한중공사
② 중용열 포틀랜드시멘트 – 매스콘크리트 및 댐공사
③ 고로시멘트 – 타일 줄눈공사
④ 내황산염 포틀랜드시멘트 – 온천지대나 하수도공사

해설

고로시멘트의 용도
1) 화학저항성이 높아 해수, 공장폐수, 하수 등에 접하는 콘크리트에 적합
2) 수화열이 적어 매스콘트리트에 적합

Answer ➡ 72. ④ 73. ③ 74. ② 75. ② 76. ③

77 목재의 건조속도에 관한 설명으로 옳지 않은 것은?

① 습도가 높을수록 건조속도는 늦어진다.
② 온도가 높을수록 건조속도가 빠르다.
③ 목재의 비중이 클수록 건조속도는 빠르다.
④ 목재의 두께가 두꺼울수록 건조시간이 길어진다.

해설
③항. 목재의 비중이 클수록 건조속도는 느리다.

78 석재 백화현상의 원인이 아닌 것은?

① 빗물처리가 불충분한 경우
② 줄눈시공이 불충분한 경우
③ 줄눈폭이 큰 경우
④ 석재 배면으로부터의 누수에 의한 경우

해설
1) 백화 : 시멘트 벽돌, 타일, 석재, 콘크리트 등의 표면에 생기는 흰색의 수산화칼슘 결정체를 말한다.
2) ③항, 줄눈폭이 큰 경우 : 백화현상 원인과 관련성이 없다.

79 다음 목재 중 실내 치장용으로 사용하기에 적합하지 않은 것은?

① 느티나무   ② 단풍나무
③ 오동나무   ④ 소나무

해설
용도에 의한 목재의 분류
1) 구조용재 (건축물의 뼈대로 쓰이는 부재) : 주로 침엽수로 소나무, 낙엽송, 잣나무, 전나무, 삼송나무, 해송, 편백 등이 있다.
2) 수장재 (실내 치장용 : 창호재, 가구재, 장식용재) : 침엽수로 적송, 홍송, 낙엽송 등이 있고 활엽수로 느티나무, 단풍나무, 박달나무, 오동나무, 참나무 등이 있다.

80 발포제로서 보드상으로 성형하여 단열재로 널리 사용되며 천장재, 전기용품 등에도 쓰이는 열가소성 수지는?

① 폴리스티렌수지   ② 실리콘수지
③ 폴리에스테르수지   ④ 요소수지

해설
발포폴리스티렌 : 열가소성수지인 폴리스티렌수지에 발포제를 넣은 다공질의 기포플라스틱으로서 스티로폴(styropor)이라고도 한다.

제5과목 건설안전기술

81 콘크리트 타설작업을 하는 경우에 준수해야 할 사항으로 옳지 않은 것은?

① 당일의 작업을 시작하기 전에 해당 작업에 관한 거푸집동바리등의 변형·변위 및 지반의 침하 유무 등을 점검하고 이상이 있으면 보수할 것
② 작업 중에는 거푸집동바리등의 변형·변위 및 침하 유무 등을 감시할 수 있는 감시자를 배치하여 이상이 있으면 작업을 중지하고 근로자를 대피시킬 것
③ 설계도서상의 콘크리트 양생기간을 준수하여 거푸집동바리 등을 해체할 것
④ 콘크리트를 타설하는 경우에는 편심을 유발하여 한쪽 부분부터 밀실하게 타설되도록 유도할 것

해설
콘크리트 타설작업시 준수해야 할 사항
1) ①, ②, ③항
2) 콘크리트를 타설하는 경우에는 편심이 발생하지 않도록 골고루 분산하여 타설할 것
3) 콘크리트의 타설 작업시 거푸집 붕괴의 위험이 발생할 우려가 있는 때에는 충분한 보강 조치를 할 것

82 철골공사에서 나타나는 용접결함의 종류에 해당하지 않는 것은?

① 가우징(gouging)
② 오버랩(overlap)
③ 언더 컷(under cut)
④ 블로우 홀(blow gole)

Answer → 77. ③ 78. ③ 79. ④ 80. ① 81. ④ 82. ①

해설

가우징(gouging) : 용접시 쪼아 따내기 등에 의해 여분을 제거하는 작업

83 버팀대(Strut)의 축하중 변화상태를 측정하는 계측기는?

① 경사계(Inclino meter)
② 수위계(Water level meter)
③ 침하계(Extension)
④ 하중계(Load cell)

해설

계측기의 종류 및 계측내용
1) **하중계** (load cell) : 버팀보(지주) 또는 어스앵커(earth anchor) 등의 실제 축하중 변화상태를 측정(부재의 안전상태를 파악하는 기기)
2) **간극 수압계** (piezometer) : 지하수의 수압을 측정
3) **수위계** (water level meter) : 지반내 지하수위 변화를 측정
4) **경사계** (inclinometer) : 흙막이벽의 수평변위(변형) 측정
5) **변형계** (stain gauge) : 흙막이벽의 변형과 응력을 측정

84 다음에서 설명하고 있는 건설장비의 종류는?

앞뒤 두 개의 차륜이 있으며(2축 2륜), 각각의 차축이 평행으로 배치된 것으로 찰흙, 점성토 등의 두꺼운 흙을 다짐하는데 적당하나 단단한 각재를 다지는 데는 부적당하며 머캐덤 롤러 다짐 후의 아스팔트 포장에 사용된다.

① 클램쉘
② 탠덤 롤러
③ 트랙터 셔블
④ 드래그 라인

해설

1) **크렘쉘** : 붐의 선단에서 버킷을 와이어로프로 매달아 바로 아래로 떨어뜨려 흙을 떠올리는 중기
2) **텐덤롤러** : 본문설명
3) **트랙터셔블** : 트랙터 앞면에 버킷을 장착한 적재기계
4) **드래그라인** : 지반보다 낮은 연질지반의 넓은 굴착에 적합

85 안전방망을 건축물의 바깥쪽으로 설치하는 경우 벽면으로부터 망의 내민 길이는 최소 얼마 이상이어야 하는가?

① 2m
② 3m
③ 5m
④ 10m

해설

안전방망(추락 방호망) 설치기준
1) **설치위치** : 작업면에 가장 가까운 지점에 설치하여야 하며, 작업면에서 방망설치 지점까지의 수직거리는 10m를 초과하지 않을 것
2) **방망** : 수평으로 설치
3) **방망의 처짐** : 짧은 변 길이의 12% 이상일 것
4) **방망의 내민 길이** : 벽면으로부터 3m 이상(다만, 그물코가 20mm 이하인 망을 사용한 경우에는 낙하물방지망을 설치한 것으로 봄)

86 거푸집동바리등을 조립하거나 해체하는 작업을 하는 경우 준수사항으로 옳지 않은 것은?

① 해당 작업을 하는 구역에는 관계 근로자가 아닌 사람의 출입을 금지할 것
② 비, 눈, 그 밖의 기상상태의 불안전으로 날씨가 몹시 나쁜 경우에는 그 작업을 중지할 것
③ 낙하·충격에 의한 돌발적 재해를 방지하기 위하여 버팀목을 설치하고 거푸집동바리 등을 인양장비에 매단 후에 작업을 하도록 하는 등 필요한 조치를 할 것
④ 재료, 기구 또는 공구 등을 올리거나 내리는 경우에는 근로자로 하여금 달줄·달포대 등의 사용을 금지하도록 할 것

해설

거푸집동바리 등을 조립·해체작업을 하는 경우 준수사항
1) ①, ②, ③항
2) 재료, 기구 또는 공구 등을 올리거나 내리는 경우에는 근로자로 하여금 달줄·달포대 등을 사용하도록 할 것

Answer ➡ 83. ④ 84. ② 85. ② 86. ④

87 다음은 산업안전보건법령에 따른 말비계를 조립하여 사용하는 경우에 관한 준수사항이다. ( ) 안에 알맞은 숫자는?

> 말비계의 높이가 2m를 초과한 경우에는 작업발판의 폭을 ( )cm 이상으로 할 것

① 10 ② 20
③ 30 ④ 40

해설
말비계를 조립하여 사용시 준수사항
1) 지주부재의 하단에는 미끄럼 방지장치를 하고, 양측 끝부분에 올라서서 작업하지 아니하도록 할 것
2) 지주부재와 수평면과의 기울기를 75° 이하로 하고, 지주부재와 지주부재 사이를 고정시키는 보조부재를 설치할 것
3) 말비계의 높이가 2m를 초과할 경우에는 작업발판의 폭을 40cm 이상으로 할 것

88 다음은 산업안전보건법령에 따른 지붕 위에서의 위험 방지에 관한 사항이다. ( ) 안에 알맞은 것은?

> 슬레이트, 선라이트 등 강도가 약한 재료로 덮은 지붕 위에서 작업을 할 때에 발이 빠지는 등 근로자가 위험해질 우려가 있는 경우 폭 ( )센티미터 이상의 발판을 설치하거나 안전방망을 치는 등 근로자의 위험을 방지하기 위하여 필요한 조치를 하여야 하는가?

① 20 ② 25
③ 30 ④ 40

해설
슬레이트, 선라이트(sunlight) 등 지붕 위에서의 작업시 위험방지조치사항
1) 폭 30cm 이상의 발판 설치
2) 추락방호망 설치

89 건설업에서 사업주의 유해·위험 방지 계획서 제출 대상 사업장이 아닌 것은?

① 지상 높이가 31m 이상인 건축물의 건설, 개조 또는 해체공사
② 연면적 5,000m² 이상 관광숙박시설의 해체공사
③ 저수용량 5,000톤 이하의 지방상수도 전용 댐 건설 등의 공사
④ 깊이 10m 이상인 굴착공사

해설
다목적댐, 발전용댐 및 저수용량 2천만 톤 이상의 용수 전용댐, 지방상수도 전용댐 건설 등의 공사

90 통나무 비계를 건축물, 공작물 등의 건조·해체 및 조립 등의 작업에 사용하기 위한 지상 높이 기준은?

① 2층 이하 또는 6m 이하
② 3층 이하 또는 9m 이하
③ 4층 이하 또는 12m 이하
④ 5층 이하 또는 15m 이하

해설
통나무비계를 사용할 수 있는 경우 : 지상높이 4층 이하 또는 12m 이하인 건축물·공작물 등의 건조·해체 및 조립 등 작업시

91 굴착작업을 하는 경우 지반의 붕괴 또는 토석의 낙하에 의한 근로자의 위험을 방지하기 위하여 관리감독자로 하여금 작업시작 전에 점검하도록 해야 하는 사항과 가장 거리가 먼 것은?

① 부석·균열의 유무 ② 함수·용수
③ 동결상태의 변화   ④ 시계의 상태

해설
굴착작업시 지반의 붕괴 또는 토석의 낙하에 의한 위험방지를 위해 관리감독자가 작업시작 전에 점검해야 할 사항
1) 작업장소 및 그 주변의 부석·균열의 유무
2) 함수·용수 및 동결상태의 변화

92 작업으로 인하여 물체가 떨어지거나 날아올 위험이 있는 경우 설치하는 낙하물 방지망의 수평면과의 각도 기준으로 옳은 것은?

① 10° 이상 20° 이하를 유지
② 20° 이상 30° 이하를 유지
③ 30° 이상 40° 이하를 유지
④ 40° 이상 45° 이하를 유지

Answer ▶ 87. ④ 88. ③ 89. ③ 90. ③ 91. ④ 92. ②

해설

낙하물방지망 또는 방호선반 설치시 준수사항
1) 설치 높이 : 10m 이내마다 설치
2) 내민 길이 : 벽면으로부터 2m 이상으로 할 것
3) 수평면과의 각도 : 20° 내지 30°를 유지할 것

93 크레인을 사용하여 작업을 하는 경우 준수해야 할 사항으로 옳지 않은 것은?

① 인양할 하물(荷物)을 바닥에서 끌어당기거나 밀어 정위치 작업을 할 것
② 유류드럼이나 가스통 등 운반 도중에 떨어져 폭발하거나 누출될 가능성이 있는 위험물 용기는 보관함(또는 보관고)에 담아 안전하게 매달아 운반할 것
③ 미리 근로자의 출입을 통제하여 인양 중인 하물이 작업자의 머리 위로 통과하지 않도록 할 것
④ 인양할 하물이 보이지 아니하는 경우에는 어떠한 동작도 하지 아니할 것(신호하는 사람에 의하여 작업을 하는 경우는 제외한다)

해설

①항, 인양할 하물을 바닥에서 끌어당기거나 밀어내는 방법으로 작업을 하지 않도록 할 것

94 건설업 산업안전보건관리비의 안전시설비로 사용가능하지 않은 항목은?

① 비계·통로·계단에 추가 설치하는 추락방지용 안전난간
② 공사수행에 필요한 안전통로
③ 틀비계에 별도로 설치하는 안전난간·사다리
④ 통로의 낙하물 방호선반

해설

안전통로는 안전시설에 해당되지 않는다.

95 터널 지보공을 설치한 경우에 수시로 점검하여야 할 사항에 해당하지 않는 것은?

① 기둥침하의 유무 및 상태
② 부재의 긴압 정도
③ 매설물 등의 유무 또는 상태
④ 부재의 접속부 및 교차부의 상태

해설

터널지보공 설치시 수시점검사항
1) 부재의 손상·변형·부식·변위 탈락의 유무 및 상태
2) 부재의 긴압의 정도
3) 부재의 접속부 및 교차부의 상태
4) 기둥침하의 유무 및 상태

96 굴착공사 중 암질변화구간 및 이상암질 출현 시에는 암질판별시험을 수행하는데 이 시험의 기준과 거리가 먼 것은?

① 함수비
② R.Q.D
③ 탄성파속도
④ 일축압축강도

해설

굴착공사중 암질변화구간 및 이상암질의 출현시 암질판별기준
1) R·Q·D(%)
2) 탄성파 속도 (m/sec)
3) R·M·R
4) 일축압축강도(kg/cm²)
5) 진동치속도 (cm/sec=Kine)

97 고소작업대가 갖추어야 할 설치조건으로 옳지 않은 것은?

① 작업대를 와이어로프 또는 체인으로 올리거나 내릴 경우에는 와이어로프 또는 체인이 끊어져 작업대가 떨어지지 아니하는 구조여야 하며, 와이어로프 또는 체인의 안전율은 3 이상일 것
② 작업대를 유압에 의해 올리거나 내릴 경우에는 작업대를 일정한 위치에 유지할 수 있는 장치를 갖추고 압력의 이상저하를 방지할 수 있는 구조일 것
③ 작업대에 정격하중(안전율 5 이상)을 표시할 것
④ 작업대에 끼임·충돌 등 재해를 예방하기 위한 가드 또는 과상승방지장치를 설치할 것

해설

①항, 와이어로프 또는 체인의 안전율은 5 이상일 것

Answer ▶ 93. ① 94. ② 95. ③ 96. ① 97. ①

98 추락방지망의 방망 지지점은 최소 얼마 이상의 외력에 견딜 수 있는 강도를 보유하여야 하는가?

① 500kg ② 600kg
③ 700kg ④ 800kg

해,설

방망지지점 강도
1) 600kg 외력에 견딜 수 있을 것
2) 연속적인 구조물이 방망지지점인 경우의 외력
   $F = 200B$
   여기서, F: 외력(kg)
   B: 지지점 간격(m)

99 이동식비계를 조립하여 작업을 하는 경우의 준수사항으로 옳지 않은 것은?

① 이동식비계의 바퀴에는 뜻밖의 갑작스러운 이동 또는 전도를 방지하기 위하여 브레이크·쐐기 등으로 바퀴를 고정시킨 다음 비계의 일부를 견고한 시설물에 고정하거나 아웃트리거(outrigger)를 설치하는 등 필요한 조치를 할 것
② 작업발판은 항상 수평을 유지하고 작업발판 위에서 안전난간을 딛고 작업을 하지 않도록 하며, 대신 받침대 또는 사다리를 사용하여 작업할 것
③ 비계의 최상부에서 작업을 하는 경우에는 안전난간을 설치할 것
④ 작업발판의 최대적재하중은 250kg을 초과하지 않도록 할 것

해,설

이동식 비계를 조립하여 작업을 할 때 준수사항
1) ①, ③, ④항
2) 작업 발판은 항상 수평으로 유지하고 작업발판 위에서 안전난간을 딛고 작업을 하거나 받침대 또는 사다리를 사용하여 작업하지 않도록 할 것
3) 승강용사다리는 견고하게 설치할 것

100 아스팔트 포장도로의 노반의 파쇄 또는 토사 중에 있는 암석제거에 가장 적당한 장비는?

① 스크레이퍼(Scraper)
② 롤러(Roller)
③ 리퍼(Ripper)
④ 드래그라인(Dragline)

해,설

리퍼(ripper): 단단한 흙이나 연약한 암석을 파내는 갈고리 모양의 기계장비

Answer ● 98. ② 99. ② 100. ③

2022년 제4회 건설안전산업기사 CBT 복원 기출문제

제1과목 산업안전관리론

01 학습을 자극에 의한 반응으로 보는 이론에 해당하는 것은?

① 손다이크(Thorndike)의 시행착오설
② 러(Kohler)의 통찰설
③ 톨만(Tolman)의 기호형태설
④ 레빈(Lewin)의 장이론

해설
S-R이론 : 유기체에 자극(stimulus)을 주면 반응(response) 함으로써 새로운 행동이 발달된다는 이론이다.
1) 손다이크(Thorndike)의 시행착오설
2) 파브로프(Pavlov)의 조건반사설
3) 스키너(Skinner)의 작동적(도구적) 조건화설
4) 구드리(Guthrie)의 접근적 조건화설

02 주의(attention)의 특성 중 여러 종류의 자극을 받을 때 소수의 특정한 것에만 반응하는 것은?

① 선택성   ② 방향성
③ 단속성   ④ 변동성

해설
주의의 특징
1) **선택성** : 여러 종류의 자극을 자각할 때 소수의 특정한 것에 한하여 선택하는 기능
2) **방향성** : 주시점만 인지하는 기능
3) **변동성** : 주의에는 주기적으로 부주의의 리듬이 존재

03 기업 내 정형교육 중 대상으로 하는 계층이 한정되어 있지 않고, 한번 훈련을 받은 관리자는 그 부하인 감독자에 대해 지도원이 될 수 있는 교육 방법은?

① TWI(Training Within Industry)
② MTP(Management Training Program)
③ CCS(Civil Communication Section)
④ ATT(American Telephone&Telegram Co)

해설
ATT(American Telephone & Telegram Co.)
1) **교육대상** : 대상계층이 한정되어 있지 않고, 한번 훈련을 받은 관리자는 그 부하인 감독자에 대해 지도원이 될 수 있다.
2) **교육내용** : 계획적 감독, 작업의 계획 및 인원배치 작업의 감독, 공구와 자료보고 및 기록, 개인작업의 개선, 종업원의 향상, 인사관계, 훈련, 고객관계, 안전부대 군인의 복무조정 등
3) 코스는 1차 훈련(1일 8시간씩 2주간), 2차 과정에서는 문제가 발생할 때마다 하도록 되어있으며, 진행방법은 통상 토의식에 의하여 지도자의 유도로 과제에 대한 의견을 제시하도록 하여 결론을 내려가는 방식을 취한다.

04 시행착오설에 의한 학습법칙이 아닌 것은?

① 효과의 법칙   ② 준비성의 법칙
③ 연습의 법칙   ④ 일관성의 법칙

해설
시행착오설에 의한 학습법칙
1) 연습의 법칙
2) 효과의 법칙
3) 준비성의 법칙

05 산업안전보건법령상 근로자 안전·보건교육 기준 중 다음 (   ) 안에 알맞은 것은?

교육과정	교육대상	교육시간
채용시의 교육	일용근로자	(㉠)시간 이상
	일용근로자를 제외한 근로자	(㉡)시간 이상

① ㉠ 1, ㉡ 8   ② ㉠ 2, ㉡ 8
③ ㉠ 1, ㉡ 2   ④ ㉠ 3, ㉡ 6

Answer ➡ 01. ① 02. ① 03. ④ 04. ④ 05. ①

해설

사업 내 안전보건교육(시행규칙 별표8)

교육과정	교육대상	교육시간
1.정기교육	사무직·판매직 근로자	매반기 6시간 이상
	사무직·판매직 근로자외의 근로자	매반기 12시간 이상
	관리감독자	연간 16시간 이상
2.채용시 교육	일용근로자를 제외한 근로자	8시간 이상
	일용근로자	1시간 이상
3.작업내용 변경시 교육	일용근로자를 제외한 근로자	2시간 이상
	일용근로자	1시간 이상
4.특별교육	특별교육대상 작업에 종사하는 일용근로자를 제외한 근로자	• 16시간 이상(최초 작업에 종사하기 전 4시간 이상 실시하고 12시간은 3개월 이내에서 분할하여 실시 가능) • 단기간 작업 또는 간헐적 작업일 경우에는 2시간 이상
	특별교육대상 작업에 종사하는 일용근로자	2시간 이상
5.건설업 기초안전 보건교육	건설 일용 근로자	4시간

06 산업안전보건법령상 건설현장에서 사용하는 크레인, 리프트 및 곤돌라의 안전검사의 주기로 옳은 것은? (단, 이동식 크레인, 이삿짐 운반용 리프트는 제외한다.)

① 최초로 설치한 날부터 6개월마다.
② 최초로 설치한 날부터 1년마다
③ 최초로 설치한 날부터 2년마다
④ 최초로 설치한 날부터 3년마다

해설

안전검사대상 유해·위험기계 등의 검사주기(시행규칙 제73조의 3)
1) 크레인(이동식크레인은 제외), 리프트(이삿짐 운반용 리프트는 제외) 및 곤돌라 : 사업장에 설치가 끝난 날부터 3년 이내에 최초 안전검사를 실시하되, 그 이후부터 2년마다(건설현장에 사용하는 것은 최초로 설치한 날부터 6개월 마다)
2) 이동식크레인, 이삿짐운반용 리프트 및 고소작업대 : 신규 등록이후 3년 이내에 최초 안전검사를 실시하되, 그 이후부터 2년마다
3) 프레스, 전단기, 압력용기, 국소배기장치, 원심기, 화학설비 및 그 부속설비, 건조설비 및 그 부속설비, 롤러기, 사출성형기, 컨베이어 및 산업용 로봇(11종) : 사업장에 설치가 끝난 날부터 3년 이내에 최초 안전검사를 실시하되, 그 이후부터 2년마다 (공정안전보고서를 제출하여 확인을 받은 압력용기는 4년마다)

07 재해예방의 4원칙이 아닌 것은?

① 원인계기의 원칙
② 예방가능의 원칙
③ 사실보존의 원칙
④ 손실우연의 원칙

해설

재해예방의 4원칙
1) 손실우연의 원칙   2) 원인계기의 원칙
3) 예방가능의 원칙   4) 대책선정의 원칙

08 Safe-T-score에 대한 설명으로 틀린 것은?

① 안전관리의 수행도를 평가하는데 유용하다.
② 기업의 산업재해에 대한 과거와 현재의 안전성적을 비교 평가한 점수로 단위가 없다.
③ Safe-T-score가 +2.0 이상인 경우는 안전관리가 과거보다 좋아졌음을 나타낸다.
④ Safe-T-score가 +2.0~-2.0 사이인 경우는 안전관리가 과거에 비해 심각한 차이가 없음을 나타낸다.

해설

세이프 티 스코어(Safe T. Score)
1) 의미 : 과거와 현재의 안전성적을 비교·평가하는 방법으로 단위가 없으며 (+)이면 나쁜 기록, (-)이면 과거에 비해 좋은 기록으로 본다.
2) 공식

$$\text{Safe T. Score} = \frac{(\text{현재})\text{빈도율} - (\text{과거})\text{빈도율}}{\sqrt{\frac{(\text{과거})\text{빈도율}}{\text{근로총시간수}} \times 10^6}}$$

Answer ➡ 06. ①   07. ③   08. ④

3) 판정

구분	내 용
+2.0 이상	• 과거보다 심각하게 나쁘다.
+2.0~ -2.0	• 심각한 차이 없음.
-2.0 이하	• 과거보다 좋아졌다.

09 재해발생 시 조치사항 중 대책수립의 목적은?

① 재해발생 관련자 문책 및 처벌
② 재해 손실비 산정
③ 재해발생 원인 분석
④ 동종 및 유사재해 방지

해설

재해발생 시의 조치사항

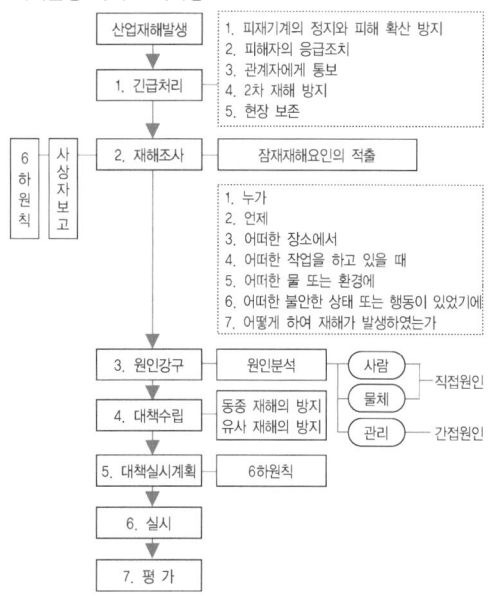

10 추락 및 감전 위험방지용 안전모의 일반구조가 아닌 것은?

① 착장체
② 충격흡수재
③ 선심
④ 모체

해설

안전모의 구조

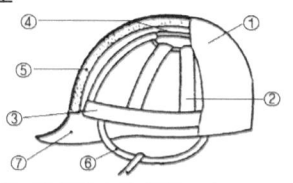

번호	명칭	
1	모체	
2	착장체	머리받침끈
3		머리고정대
4		머리받침고리
5	충격흡수재(자율안전확인에서는 제외)	
6	턱끈	
7	모자챙(차양)	

11 위험예지훈련 4R방식 중 각 라운드(Round)별 내용 연결이 옳은 것은?

① 1R - 목표설정
② 2R - 본질추구
③ 3R - 현상파악
④ 4R - 대책수립

해설

위험예지훈련의 4R

1) 1R(현상파악) : 어떤 위험이 잠재하고 있는지 사실을 파악하는 라운드(BS적용)
2) 2R(본질추구) : 가장 위험한 요인(위험 포인트)을 합의로 결정하는 라운드(요약)
3) 3R(대책수립) : 구체적인 대책을 수립하는 라운드(BS)적용
4) 4R(목표달성 - 설정) : 수립한 대책 가운데 질이 높은 항목에 합의하는 라운드(요약)

12 헤드십(Headship)에 관한 설명으로 틀린 것은?

① 구성원과의 사회적 간격이 좁다.
② 지휘의 형태는 권위주의적이다.
③ 권한의 부여는 조직으로부터 위임받는다.
④ 권한귀속은 공식화된 규정에 의한다.

해설

헤드십은 구성원과의 사회적 간격이 넓다.

Answer ● 09. ④ 10. ③ 11. ② 12. ①

길잡이 헤드십과 리더십의 구분

구분	헤드십	리더십
1. 권한부여 및 행사	위에서 위임하여 임명	아래로부터 동의에 의한 선출
2. 권한근거	법적 또는 공식적	개인능력
3. 상관과 부하의 관계	지배적	개인적인 경향
4. 지휘형태	권위주의적	민주주의적
5. 부하와의 사회적 간격	넓다	좁다

13 안전심리의 5대 요소에 해당하는 것은?

① 기질(temper)
② 지능(intelligence)
③ 감각(sense)
④ 환경(environment)

해설

안전심리의 5대 요소
1) 습관 2) 습성
3) 동기 4) 기질
4) 감정

14 사고예방대책의 기본원리 5단계 중 제4단계의 내용으로 틀린 것은?

① 인사조정 ② 작업분석
③ 기술의 개선 ④ 교육 및 훈련의 개선

해설

사고예방대책의 기본원리 5단계

단계	과정	내용
1단계	조직	① 경영자의 안전목표 ② 안전관리자의 임명 ③ 안전의 라인 및 참모 조직구성 ④ 안전활동 방침 및 계획수립 ⑤ 조직을 통한 안전활동
2단계	사실의 발견	① 사고 및 안전활동 기록 검토 ② 작업분석 ③ 안전점검 및 안전진단 ④ 사고조사 ⑤ 안전회의 및 토의 ⑥ 근로자의 제안 및 여론조사 ⑦ 관찰 및 보고서의 연구 등을 통하여 불안전 요소 발견
3단계	분석 평가	① 사고보고서 및 현장조사 ② 사고기록 및 인적 물적 조건의 분석 ③ 작업공정 분석 ④ 교육훈련 분석 등을 통하여 사고의 직접원인 및 간접원인 규명
4단계	시정책 선정	① 기술적 개선 ② 인사조정(배치조정) ③ 교육훈련의 개선 ④ 안전행정의 개선 ⑤ 규정 및 수칙 작업표준 제도의 개선 ⑥ 확인 및 통제체제 개선
5단계	시정책 적용	① 기술적(engineering)대책 ② 교육적(education)대책 ③ 단속적(enforcement)대책

15 400명의 근로자가 종사하는 공장에서 휴업일수 127일, 중대 재해 1건이 발생한 경우 강도율은?(단, 1일 8시간으로 연 300일 근무조건으로 한다.)

① 10 ② 0.1
③ 1.0 ④ 0.01

해설

$$강도율 = \frac{근로손실일수}{연근로시간수} \times 1000$$

$$= \frac{127 \times \frac{300}{365}}{400 \times 8 \times 300} \times 1000 = 0.14$$

16 매슬로우(Maslow)의 욕구단계 이론의 요소가 아닌 것은?

① 생리적 욕구 ② 안전에 대한 욕구
③ 사회적 욕구 ④ 심리적 욕구

해설

매슬로우(Maslow)의 욕구 5단계
1) 1단계 – **생리적 욕구(신체적 욕구)** : 기아, 갈등, 호흡, 배설, 성욕 등 기본적 욕구
2) 2단계 – **안전의 욕구** : 안전을 구하려는 욕구
3) 3단계 – **사회적 욕구(친화욕구)** : 애정, 소속에 대한 욕구
4) 4단계 – **인정받으려는 욕구(자기존경의 욕구, 승인욕구)** : 자존심, 명예, 성취, 지위 등에 대한 욕구
5) 5단계 – **자아실현의 욕구(성취욕구)** : 잠재적인 능력을 실현하고자 하는 욕구

Answer ● 13. ① 14. ② 15. ② 16. ④

17 산업안전보건법령상 안전 · 보건표지 중 지시 표지사항의 기본모형은?

① 사각형　　② 원형
③ 삼각형　　④ 마름모형

해설
안전보건표지의 기본모형
1) 금지표시 : 원형
2) 경고표시 : 삼각형, 마름모형
3) 지시표시 : 원형
4) 안내표지 : 원형, 사각형

18 산업안전보건법령상 관리감독자의 업무의 내용이 아닌 것은?

① 해당 작업에 관련되는 기계 · 기구 또는 설비의 안전 · 보건점검 및 이상유무의 확인
② 해당 사업장 산업보건의 지도 · 조언에 대한 협조
③ 위험성평가를 위한 업무에 기인하는 유해 · 위험요인의 파악 및 그 결과에 따라 개선조치의 시행
④ 작성된 물질안전보건자료의 게시 또는 비치에 관한 보좌 및 조언 · 지도

해설
관리감독자의 업무내용
1) 사업장 내 관리감독자가 지휘 · 감독하는 작업(이하 "당해작업")과 관련되는 기계기구 또는 설비의 안전 · 보건 점검 및 이상 유무의 확인
2) 관리감독자에게 소속된 근로자의 작업복 · 보호구 및 방호장치의 점검과 그 착용 · 사용에 관한 교육 · 지도
3) 해당 작업에서 발생한 산업재해에 관한 보고 및 이에 대한 응급조치
4) 해당 작업의 작업장 정리 · 정돈 및 통로확보에 대한 확인 · 감독
5) 해당 사업장의 산업보건의 · 안전관리자 및 보건관리자, 안전보건관리담당자의 지도 · 조언에 대한 협조
6) 위험성평가를 위한 업무에 기인하는 유해 · 위험요인의 파악 및 그 결과에 따른 개선조치의 시행
7) 그 밖에 당해 작업의 안전 · 보건에 관한 사항으로서 고용노동부령으로 정하는 사항

19 학생이 마음 속에 생각하고 있는 것을 외부에 구체적으로 실현하고 형상화하기 위하여 자기 스스로가 계획을 세워 수행하는 학습활동으로 이루어지는 학습지도의 형태는?

① 케이스 메소드(Case method)
② 패널 디스커션(Panel discussion)
③ 구안법(Project method)
④ 문제법(Problem method)

해설
구안법(Project Method)
1) 학습자가 스스로 계획을 세워서 수행하는 학습활동으로 이루어지는 교육형태
2) 구안법의 단계 : 목적 – 계획 – 수행 – 평가

20 부하의 행동에 영향을 주는 리더십 중 조언, 설명, 보상조건 등의 제시를 통한 적극적인 방법은?

① 강요　　② 모범
③ 제언　　④ 설득

해설
설득 : 본문설명

제2과목 인간공학 및 시스템안전공학

21 체계분석 및 설계에 있어서 인간공학의 가치와 가장 거리가 먼 것은?

① 성능의 향상
② 인력 이용율의 감소
③ 사용자의 수용도 향상
④ 사고 및 오용으로부터의 손실 감소

해설
체계설계 과정에서의 인간공학의 기여도
1) 성능 향상
2) 인력이용률의 향상
3) 사용자의 수용도 향상
4) 사고 및 오용으로부터의 손실감소
5) 훈련비용의 절감
6) 생산 및 정비유지의 경제성 증대

Answer ● 17. ② 18. ④ 19. ③ 20. ④ 21. ②

22 휘도(luminance)의 척도 단위(unit)가 아닌 것은?

① fc
② fL
③ mL
④ cd/m²

해설

휘도의 단위 : cd/m²(칸델라/제곱미터) 또는 nt(nit, 니트), fL(후트램버트), mL(밀리램버트)

23 자연습구온도가 20℃이고, 흑구온도가 30℃일 때, 실내의 습구흑구온도지수(WBGT : wet-bulb globe temperature)는 얼마인가?

① 20℃
② 23℃
③ 25℃
④ 30℃

해설

실내의 WBGT
= (0.7×자연습구온도) + (0.3×흑구온도)
= (0.7×20) + (0.3×30) = 23℃

> **길잡이** 실외(햇빛이 내리쬐는 곳)의 WBGT
> = (0.7×자연습구온도) + (0.2×흑구온도) + (0.1×건구온도)

24 안전성의 관점에서 시스템을 분석 평가하는 접근방법과 거리가 먼 것은?

① "이런 일은 금지한다."의 개인판단에 따른 주관적인 방법
② "어떻게 하면 무슨 일이 발생할 것인가?"의 연역적인 방법
③ "어떤 일은 하면 안 된다."라는 점검표를 사용하는 직관적인 방법
④ "어떤 일이 발생하였을 때 어떻게 처리하여야 안전한가?"의 귀납적인 방법

해설

① 항, 개인 판단에 따른 주관적인 방법은 시스템 분석평가를 하는 접근방법으로 적합하지 않다.

25 인간공학적 부품배치의 원칙에 해당하지 않는 것은?

① 신뢰성의 원칙
② 사용 순서의 원칙
③ 중요성의 원칙
④ 사용 빈도의 원칙

해설

부품배치의 4원칙
1) 중요성의 원칙 : 부품을 작동하는 성능이 체계의 목표달성에 긴요한 정도에 따라 우선순위를 설정한다.
2) 사용빈도의 원칙 : 부품을 사용하는 빈도에 따라 우선순위를 설정한다.
3) 기능별 배치의 원칙 : 기능적으로 관련된 부품들(표시장치, 조정장치 등)을 모아서 배치한다.
4) 사용순서의 원칙 : 사용되는 순서에 따라 장치들을 가까이에 배치한다.

26 소음을 방지하기 위한 대책으로 틀린 것은?

① 소음원 통제
② 차폐장치 사용
③ 소음원 격리
④ 연속 소음 노출

해설

소음대책
1) 소음원의 제거(가장 적극적 대책)
2) 소음원의 통제
3) 소음의 격리
4) 차폐장치 및 흡음재료 사용
5) 음향처리제 사용
6) 적절한 배치(layout)
7) 방음보호구 사용

27 근골격계 질환의 인간공학적 주요 위험요인과 가장 거리가 먼 것은?

① 과도한 힘
② 부적절한 자세
③ 고온의 환경
④ 단순 반복 작업

해설

근골격계질환 : 반복적인 동작, 부적절한 작업 자세, 무리한 힘의 사용, 날카로운 면과의 신체접촉, 진동 및 온도 등의 요인에 의해서 발생하는 건강장해로서 목, 어깨, 허리, 상·하지의 신경·근육 및 그 주변 신체조직등에 나타나는 질환을 말한다.

Answer ➡ 22. ① 23. ② 24. ① 25. ① 26. ④ 27. ③

28 FTA의 활용 및 기대효과가 아닌 것은?

① 시스템의 결함 진단
② 사고원인 규명의 간편화
③ 사고원인 분석의 정량화
④ 시스템의 결함 비용 분석

해설

FTA의 활용에 따른 기대효과
1) 사고원인 규명의 간편화
2) 사고원인 분석의 일반화
3) 사고원인 분석의 정량화
4) 노력시간의 절감
5) 시스템의 결함 진단
6) 안전점검표의 작성

29 시각적 표시 장치를 사용하는 것이 청각적 표시장치를 사용하는 것보다 좋은 경우는?

① 메시지가 후에 참고되지 않을 때
② 메시지가 공간적인 위치를 다룰 때
③ 메시지가 시간적인 사건을 다룰 때
④ 사람의 일이 연속적인 움직임을 요구할 때

해설

표시장치의 선택(청각장치와 시각장치의 선택)

청각장치사용	시각장치사용
① 전언이 간단하고 짧다. ② 전언이 후에 재참조되지 않는다. ③ 전언이 즉각적인 사상(event)을 이룬다. ④ 전언이 즉각적인 행동을 요구한다. ⑤ 수신자가 시각계통이 과부하 상태일 때 ⑥ 수신장소가 너무 밝거나 암조의 유지가 필요할 때 ⑦ 직무상 수신자가 자주 움직이는 경우	① 전언이 복잡하고 길다. ② 전언이 후에 재참조된다. ③ 전언이 공간적인 위치를 다룬다. ④ 전언이 즉각적인 행동을 요구하지 않는다. ⑤ 수신자의 청각계통이 과부하 상태일 때 ⑥ 수신장소가 너무 시끄러울 때 ⑦ 직무상 수신자가 한 곳에 머무르는 경우

30 인체 측정치의 응용 원칙과 거리가 먼 것은?

① 극단치를 고려한 설계
② 조절 범위를 고려한 설계
③ 평균치를 기준으로 한 설계
④ 기능적 치수를 이용한 설계

해설

인체계측자료의 응용원칙
1) 최대치수와 최소치수 : 최대치수 또는 최소치수를 기준으로 하여 설계한다. (극단에 속하는 사람을 위한 설계)
2) 조절범위(조절식) : 체격이 다른 여러 사람에게 맞도록 만드는 것 이다.(조절할 수 있도록 범위를 두는 설계)
3) 평균치를 기준으로 한 설계 : 최대치수나 최소치수, 조절식으로 하기가 곤란할 때 평균치를 기준으로 하여 설계한다. (평균적인 사람을 위한 설계)

31 산업현장에서 사용하는 생산설비의 경우 안전장치가 부착되어 있으나 생산성을 위해 제거하고 사용하는 경우가 있다. 이러한 경우를 대비하여 설계 시 안전장치를 제거하면 작동이 안 되는 구조를 채택하고 있다. 이러한 구조는 무엇인가?

① Fail Safe   ② Fool Proof
③ Lock Out   ④ Tamper Proof

해설

Tamper proof(템퍼 프루프) : 설비에 부착된 안전장치를 제거하면 설비가 작동되지 않도록 하는 안전설계

32 시스템안전프로그램계획(SSPP)에서 "완성해야 할 시스템안전업무"에 속하지 않는 것은?

① 정성 해석   ② 운용 해석
③ 경제성 분석   ④ 프로그램 심사의 참가

해설

시스템 안전프로그램계획(SSPP)중 완성해야 할 시스템 안전업무
1) ①, ②, ④항
2) 정량해석
3) 설계심사에의 참가
4) 계약업자의 감사활동

33 항공기 위치 표시장치의 설계원칙에 있어, 다음 보기의 설명에 해당하는 것은?

[보기]
항공기의 경우 일반적으로 이동 부분의 영상은 고정된 눈금이나 좌표계에 나타내는 것이 바람직하다.

Answer ● 28. ④ 29. ② 30. ④ 31. ④ 32. ③ 33. ②

① 통합　　　　② 양립적 이동
③ 추종표시　　④ 표시의 현실성

해설

양립적 이동 : 본문 [보기]설명

34 다음의 연산표에 해당하는 논리연산은?

입력		출력
X_1	X_2	
0	0	0
0	1	1
1	0	1
1	1	0

① XOR　　　　② AND
③ NOT　　　　④ OR

해설

1) XOR(배타적 논리합) : 두 가지 조건이 서로 반대의 값을 가지면 결과가 참으로 나타난다.
2) 연산표에서 X_1, X_2의 값이 서로 다를 때 출력이 "1"이 된다.

35 선형 조정장치를 16cm 옮겼을 때, 선형 표시장치가 4cm 움직였다면, C/R비는 얼마인가?

① 0.2　　　　② 2.5
③ 4.0　　　　④ 5.3

해설

$$C/R비 = \frac{조정장치 변위량}{표시장치 변위량} = \frac{16}{4} = 4.0$$

36 10시간 설비 가동 시 설비고장으로 1시간 정지하였다면 설비고장강도율은 얼마인가?

① 0.1%　　　② 9%
③ 10%　　　　④ 11%

해설

$$설비고장강도율 = \frac{고장정지시간}{부하시간} \times 100$$
$$= \frac{1}{10} \times 100 = 10\%$$

길잡이 설비고장도수율 = $\frac{고장횟수}{부하시간} \times 100$

37 시스템 안전을 위한 업무 수행 요건이 아닌 것은?

① 안전활동의 계획 및 관리
② 다른 시스템 프로그램과 분리 및 배제
③ 시스템 안전에 필요한 사람의 동일성 식별
④ 시스템 안전에 대한 프로그램 해석 및 평가

해설

시스템 안전관리
1) 시스템 안전에 필요한 사항의 동일성의 식별(identification)
2) 안전활동의 계획, 조직과 관리
3) 다른 시스템 프로그램 영역과 조정
4) 시스템 안전에 대한 목표를 유효하게 적시에 실현시키기 위한 프로그램의 해석검토 및 평가 등의 시스템 안전업무

38 신체 반응의 척도 중 생리적 스트레인의 척도로 신체적 변화의 측정 대상에 해당하지 않는 것은?

① 혈압　　　　② 부정맥
③ 혈액성분　　④ 심박수

해설

생리적 스트레인의 척도에 대한 신체적 변화의 측정대상 : 혈압, 부정맥, 심박수, 뇌전도 등

39 컷셋(cut sets)과 최소 패스셋(minimal path sets)을 정의한 것으로 맞는 것은?

① 컷셋은 시스템 고장을 유발시키는 필요 최소한의 고장들의 집합이며, 최소 패스셋은 시스템의 신뢰성을 표시한다.
② 컷셋은 시스템 고장을 유발시키는 기본고장들의 집합이며, 최소 패스셋은 시스템의 불신뢰도를 표시한다.
③ 컷셋은 그 속에 포함되어 있는 모든 기본 사상이 일어났을 때 톱 사상을 일으키는 기본사상의 집합이며, 최소 패스셋은 시스템의 신뢰성을 표시한다.
④ 컷셋은 그 속에 포함되어 있는 모든 기본사상이 일어났을 때 톱 사상을 일으키는 기본사상의 집합이며, 최소 패스셋은 시스템의 성공을 유발하는 기본사상의 집합이다.

Answer ● 34. ① 35. ③ 36. ③ 37. ② 38. ③ 39. ③

해설
1) 컷셋과 미니멀 컷
  ① 컷셋(cut sets) : 정상사상을 일으키는 기본사상(통상사상, 생략사상 포함)의 집합을 컷이라 한다.
  ② 미니멀 컷(minimal cut sets) : 정상사상을 일으키기 위해 필요한 최소한의 컷을 말한다.(시스템의 위험성을 나타냄)
2) 패스셋과 미니멀 패스
  ① 패스 셋 : 정상사상이 일어나지 않는 기본사상의 집합을 말한다.
  ② 미니멀 패스 : 필요한 최소한의 패스를 말한다.(시스템의 신뢰성을 나타냄)

40 산업안전 분야에서의 인간공학을 위한 제반 언급사항으로 관계가 먼 것은?

① 안전관리자와의 의사소통 원활화
② 인간과오 방지를 위한 구체적 대책
③ 인간행동 특성자료의 정량화 및 축적
④ 인간-기계체계의 설계 개선을 위한 기금의 축적

해설
④항 : 인간공학과 관계없음

제3과목 건설시공학

41 다음 중 콘크리트 타설 공사와 관련된 장비가 아닌 것은?

① 피니셔(Finisher)
② 진동기(Vibrator)
③ 콘크리트 분배기(concrete distributor)
④ 항타기(Air hammer)

해설
항타기 : 말뚝 또는 널말뚝을 박는 기계와 그 부속장치

42 철골공사에서 쓰이는 내화피복 공법의 종류가 아닌 것은?

① 성형판 붙임공법 ② 뿜칠공법
③ 미장공법   ④ 나중매입공법

해설
철골 내화피복공법의 종류
1) 타설공법
2) 미장공법
3) 뿜칠공법
4) 성형판붙임공법(건식공법)
5) 복합내화피복(Membrene 공법)
6) 합성 내화피복

43 VE적용 시 일반적으로 원가절감의 가능성이 가장 큰 단계는?

① 기획 설계   ② 공사 착수
③ 공사 중   ④ 유지관리

해설
가치공학(VE)
1) VE(Value engineering) : 건설현장에서 필요한 기능을 품질저하 없이 유지하며 가장 적은 비용으로 공사를 관리하는 원가절감기법
2) VE 대상
  ① 건설업자와 직접관련이 있을 것
  ② 일체 공사에서 반복이 많을 것
  ③ 금액, 기간 등의 규모가 클 것
3) VE적용시 원가절감이 가장 큰 단계 : 기획 설계

44 건축공사의 착수 시 대지에 설정하는 기준점에 관한 설명으로 옳지 않은 것은?

① 공사 중 건축물 각 부위의 높이에 대한 기준을 삼고자 설정하는 것을 말한다.
② 건축물의 그라운드 레벨(Ground level)은 현장에서 공사 착수 시 설정한다.
③ 기준점은 바라보기 좋고, 공사에 지장이 없는 곳에 설정한다.
④ 기준점은 대개 지정 지반면에서 0.5~1m의 위치에 두고 그 높이를 적어둔다.

해설
Bench mark(기준점)
1) 공사 중 높이의 기준을 삼고자 설정하는 것으로 바라보기 좋고 공사의 지장이 없는 곳에 설정한다(높이의 기준점으로 공사완료시까지 보존).
2) 기준점(B · M)은 최소 2개소 이상 가급적 많은 장소에 표시해 두는 것이 좋고 이동될 우려가 없는 인근 건물, 벽돌담 등을 이용한다(인접건물, 담장에 지표면(G · L)에서 0.5~1.0m 사이에 표시).

Answer ➡ 40. ④ 41. ④ 42. ④ 43. ① 44. ②

45 독립 기초판(3.0m×3.0m) 하부에 말뚝머리지름이 40cm인 기성콘크리트 말뚝을 9개 시공하려고 할 때 말뚝의 중심간격으로 가장 적당한 것은?

① 110cm ② 100cm
③ 90cm   ④ 80cm

해설
1) 기성콘크리트 말뚝의 말뚝간격
   최소 2.5d(d : 말뚝머리지름) 이상 또는 75cm 이상
2) 말뚝간격 = 2.5×40cm = 100cm

46 건설공사 입찰방식 중 공개경쟁입찰의 장점에 속하지 않는 것은?

① 유자격자는 모두 참가할 수 있는 기회를 준다.
② 제한경쟁입찰에 비해 등록사무가 간단하다.
③ 담합의 가능성을 줄인다.
④ 공사비가 절감된다.

해설
공개경쟁입찰의 장점 · 단점
1) 장점
   ① 도급업자에게 균등한 기회부여
   ② 담합의 우려가 적음
   ③ 입찰자의 선정이 공정
   ④ 공사비 절감
2) 단점
   ① 입찰자가 많으므로 입찰수속이 복잡(사무가 번잡)
   ② 부적격자 낙찰우려
   ③ 과대경쟁으로 조잡한 공사 우려

47 대상지역의 지반특성을 규명하기 위하여 실시하는 사운딩시험에 해당되는 것은?

① 함수비시험   ② 액성한계시험
③ 표준관입시험 ④ 1축 압축시험

해설
사운딩(sounding)
1) 사운딩 : 로드에 붙인 저항체를 지중에 넣고 관입, 회전, 빼올리기 등의 저항으로부터 토층의 성상을 탐사하는 방법이다.
2) 사운딩시험의 종류
   ① 표준관입시험
   ② 베인시험
   ③ 스웨덴식 사운딩 시험
   ④ 화란식 관입시험

48 흙막이 공사 후 지표면의 재하 하중에 못견디어 흙막이 벽의 바깥에 있는 흙이 안으로 밀려 흙파기 저면이 불룩하게 솟아오르는 현상은?

① 히빙 현상
② 보일링 현상
③ 수동토압 파괴 현상
④ 전단 파괴 현상

해설
히빙현상 : 연약성 점토지반 굴착시 흙막이벽 바깥에 있는 흙의 중량과 지표면의 재하중에 못 견디어 저면 흙이 붕괴되고 흙막이벽 바깥에 있는 흙깅 저면 지표안으로 밀려 불룩하게 솟아오르는 현상

49 공사계약제도에 관한 설명으로 옳지 않은 것은?

① 일식도급계약제도는 전체 건축공사를 한 도급자에게 도급을 주는 제도이다.
② 분할도급계약제도는 보통 부대설비공사와 일반공사로 나누어 도급을 준다.
③ 공사진행 중 설계변경이 빈번한 경우에는 직영공사제도를 채택한다.
④ 직영공사제도는 근로자의 능률이 상승된다.

해설
직영공사의 장점과 단점
1) 장점
   ① 도급공사의 입찰 및 계약의 번잡한 수속이나 감독상의 곤란, 경쟁의 피해 등을 피할 수 있다.
   ② 영리를 도외시한 확실성 있는 공사를 할 수 있다.
   ③ 계약에 구속되지 않고, 임기응변의 처리가 가능하다.
2) 단점
   ① 사무가 번잡해지고, 작업관리가 어려우며 공사기간이 지연되기 쉽다.
   ② 공사비가 증대될 우려가 있다. (가설재, 시공기계의 비경제성과 시공관리 능력 부족 등으로 경제상 불리)

50 프리스트레스트 콘크리트를 프리텐션방식으로 프리스트레싱할 때 콘크리트의 압축강도는 최소 얼마 이상이어야 하는가?

① 15MPa ② 20MPa
③ 30MPa ④ 50MPa

Answer ➡ 45. ② 46. ② 47. ③ 48. ① 49. ④ 50. ③

해설
프리스트레스트 콘크리트의 프리텐션 방식
1) 프리텐션방식(pretension) : 강재에 미리 인장력을 가한 상태로 콘크리트를 부어놓고 경화한 후에 단부에서 인장력을 풀어주는 방식(공장에서 소규모 부재 제작시 이용)
   - 순서 : 강선 긴장 – 콘크리트타설, 경화 – 부착
2) 프리텐션 방식으로 프리 스트레싱(pre stressing) 할 때 콘크리트 압축강도 : 30MPa 이상

> **길잡이** 포스트텐션 방식(posttension)
> 콘크리트 타설, 경화 후 미리 묻어둔 시드 내에 강재를 삽입, 긴장, 정착시킨 다음 그라우팅(grouting)하는 방식(현장에서 대규모 부재 제작시 이용)
> - 순서 : 시드 – 타설, 경화 – 강선, 삽입 · 긴장 · 고정 – 그라우팅

51 기초파기 저면보다 지하수위가 높을 때의 배수공법으로 가장 적합한 것은?
① 웰포인트 공법   ② 샌드드레인 공법
③ 언더피닝 공법   ④ 페이퍼드레인 공법

해설
웰포인트(well point)공법의 특징
1) 사질지반에 유효한 공법이다.
2) 지하수위를 낮추기 위해 펌프를 통해 강제로 지하수를 뽑아내는 공법이다.
3) 지하수위의 저하에 따라서 부력이 감소되어 지반을 다지게 된다.
4) 지반이 압밀되어 흙의 전단저항이 증가된다.
5) 인접지반의 침하를 야기시키기 쉽다.

52 콘크리트 타설 및 다짐에 관한 설명으로 옳은 것은?
① 타설한 콘크리트는 거푸집 안에서 횡방향으로 이동시켜도 좋다.
② 콘크리트 타설은 타설기계로부터 가까운 곳부터 타설한다.
③ 이어치기 기준시간이 경과되면 콜드조인트의 발생 가능성이 높다.
④ 노출콘크리트에는 다짐봉으로 다지는 것이 두드림으로 다지는 것보다 품질관리상 유리하다.

해설
콘크리트 타설작업시 기본원칙
1) 타설구획 내의 먼 곳에서 가까운 곳으로 타설한다.
2) 타설구획 내의 콘크리트는 휴식시간에 연속적으로 타설하여야 한다.
3) 낙하높이는 작게 하고, 수직으로 낙하시킨다.
4) 타설 위치에 가까운 곳까지 펌프, 버킷 등으로 운반하여 타설한다.
5) 낮은 곳에서 높은 곳(기초 – 기둥 – 벽 – 계단 – 보의 순서)으로 부어넣는다.
6) 거푸집, 철근에 콘크리트를 충돌시키지 않는다.

53 철근이음의 종류 중 기계적 이음과 가장 거리가 먼 것은?
① 나사식 이음
② 가스압접 이음
③ 충전식 이음
④ 압착식 이음

해설
기계적 철근이음의 종류
1) 나사식 이음
2) (슬리브)압착식 이음
3) 충전식 이음
4) 병용이음(압착나사병용, 충전압착 병용)

54 기성 콘크리트 말뚝설치 공법 중 진동공법에 관한 설명으로 옳지 않은 것은?
① 정확한 위치에 타입이 가능하다.
② 타입은 물론 인발도 가능하다.
③ 경질지반에서는 충분한 관입깊이를 확보하기 어렵다.
④ 사질지반에서는 진동에 따른 마찰저항의 감소로 인해 관입이 쉽다.

해설
기성콘크리트 말뚝설치 공법 중 진동공법
1) 정확한 위치에 타입가능
2) 두부손상이 적고 타입, 인발가능
3) 경질지반에서는 관입깊이 확보곤란(경질지반 관입능력 저하)
4) 연약지반에서는 속도 빠르고 소음 적음

Answer ➡ 51. ① 52. ③ 53. ② 54. ④

55 콘크리트의 압축강도를 시험하지 않을 경우 거푸집널의 해체 시기로 옳은 것은?(단, 조강포틀랜드시멘트를 사용한 기둥으로서 평균기온이 20℃ 이상일 경우)

① 2일　② 3일
③ 4일　④ 6일

해설

거푸집의 존치기강
1) 시멘트의 종류에 의한 거푸집 존치기간

부위	기초, 보옆, 기둥 및 벽		바닥 및 지붕 슬래브, 보 밑	
시멘트의 종류	포틀랜드 시멘트	조강포틀랜드 시멘트	포틀랜드 시멘트	조강포틀랜드 시멘트
콘크리트의 재령 (일) 평균 20℃ 이상	4	2	7	4
평균 10~20℃ 미만	6	3	8	5
콘크리트의 압축강도	50kg/cm²		설계기준강도의 50%	

2) 평균 20℃ 이상인 경우 : 콘크리트 재령 2일(최소기준) 이상이면 거푸집을 해체할 수 있다.

56 공사계획을 수립할 때의 유의사항으로 옳지 않은 것은?

① 마감공사는 구체공사가 끝나는 부분부터 순차적으로 착공하는 것이 좋다.
② 재료입수의 난이, 부품제작 일수, 운반조건 등을 고려하여 발주시기를 조절한다.
③ 방수공사, 도장공사, 미장공사 등과 같은 공정에는 일기를 고려하여 충분한 공기를 확보한다.
④ 공사 전반에 쓰이는 모든 시공장비는 착공개시 전에 현장에 반입되도록 조치해야 한다.

해설

공사계획 수립시 유의사항
1) 기초공사 : 옥외작업이므로 공정의 변경이 많고 기후에 좌우되기 쉬우므로 지연되는 점을 감안한다.
2) 골조공사 : 기후에 좌우되기는 하나 비교적 공정이 적으므로 공기를 단축하기 쉽다는 점을 감안한다.
3) 마감공사 : 주체공사가 끝나는 부분부터 순차적으로 착공하여 타공사 기간과 중복시키는 것이 좋다.
4) 발주시기 : 재료일수의 난이, 부품제작 일수, 운반조건 등을 고려하여 발주시기를 조절한다.
5) 공기확보 : 방수공사, 도장공사, 미장공사 등과 같은 공정에는 일기를 고려하여 발주시기를 조절한다.
6) 공사에 사용하는 사용기계, 기구 : 공사 진행 및 순서에 따라 현장에 반입하도록 조치한다.

57 철골공사에서 용접을 할 때 발생하는 용접결함과 직접 관계가 없는 것은?

① 크랙　② 언더컷
③ 크레이터　④ 위핑

해설

1) 용접결함
① 균열(crack) : 공기구멍 또는 선상조직, 용접의 구속, 살붙임 불량 등으로 생기는 결함
② 슬래그 섞임(slag inclusion 슬래그 감싸돌기) : 용접에서 용융금속이 급속하게 냉각 되면 슬래그의 일부분이 달아나지 못하고 용착 금속 내에 혼입되는 결함
③ 피드(pit) : 공기의 구멍이 발생함으로서 용접부의 표면에 생기는 작은 구멍
④ 공기구멍(blow hole = gas pocket) : 용접 금속의 내부에 생기는 구멍으로 주로 용융금속이 응고할 때 방출되어야 할 가스가 남아서 생기는 결함
⑤ 언더 컷(under cut) : 용접상부(모재표면과 용접표면이 교차되는 점)에 따라 모재가 녹아 용착금속이 채워지지 않고 홈으로 남게 되는 부분
⑥ 오버랩(over lap : 겹치기) : 용접금속과 모재가 융합되지 않고 겹쳐지는 결함
⑦ 위핑 홀(weeping hole) : 용접부 내에 생기는 미세한 구멍
⑧ 기타 결함 : 외관 비틀림 결함, 불용착(녹아 붙기 불량)변형, 용접치수의 불규칙, 용입부족 등
2) 위빙(weaving≒weeping) : 용접봉을 용접방향과 직각으로 움직이면서 용접너비를 증가시키는 운봉법

58 흙막이벽체 공법 중 주열식 흙막이 공법에 해당하는 것은?

① 슬러리 월 공법
② 엄지말뚝＋토류판공법
③ C.I.P공법
④ 시트파일 공법

해설

주열식 흙막이 공법
1) CIP공법　2) PIP공법　3) MIP공법

Answer ▶ 55. ① 56. ④ 57. ④ 58. ③

59 벽체와 기둥의 거푸집이 굳지 않은 콘크리트 측압에 저항할 수 있도록 최종적으로 잡아주는 부재는?

① 스페이서 ② 폼타이
③ 턴버클 ④ 듀벨

해설

1) **스페이서**(spacer) : 거푸집널과 철근 또는 철근끼리의 간격을 유지하기 위한 블록이나 기구(버팀대), 간격재
2) **폼타이**(form-tie) : 거푸집간의 간격을 유지하기 위한 거푸집의 조임기구
3) **턴버클**(tun buckle) : 인장재를 팽팽히 당겨 조이는 나사있는 탕개쇠로 거푸집 연결시 철선 조임에 사용
4) **듀벨**(duwel) : 목재사이의 접합부에 끼워 볼트접합을 보강하기 위한 철물

60 콘크리트 이어붓기 위치에 관한 설명으로 옳지 않은 것은?

① 보 및 슬래브는 전단력이 작은 스팬의 중앙부에 수직으로 이어 붓는다.
② 기둥 및 벽에서는 바닥 및 기초의 상단 또는 보의 하단에 수평으로 이어 붓는다.
③ 캔틸레버로 내민보나 바닥판은 간사이의 중앙부에 수직으로 이어 붓는다.
④ 아치는 아치축에 직각으로 이어 붓는다.

해설

콘크리트 이어붓기의 이음위치
1) **보, 바닥판** : 간 사이(span)의 중앙에서 수직
2) **캔틸레버**(cantilever)**로 내민보나 바닥판** : 이어붓지 않음을 원칙으로 함
3) **중앙에 작은보가 있는 바닥판** : 중앙부에서 작은보 너비의 2배 떨어진 곳에서 수직
4) **기둥** : 바닥판(slab), 연결보 또는 기초상단에서 수평
5) **벽** : 개구부(문틀) 주위에서 수직, 수평
6) **아치** : 아치축에 직각

제4과목 건설재료학

61 구리(Cu)와 주석(Sn)을 주체로 한 합금으로 주조성이 우수하고 내식성이 크며 건축장식철물 또는 미술공예 재료에 사용되는 것은?

① 청동 ② 황동
③ 양백 ④ 두랄루민

해설

1) **청동** : 동(Cu)과 주석(Sn)의 합금(공업용은 주석의 함유량이 15% 이하)
   ① 황동보다 내식성이 크고 주조하기 쉽다.
   ② 용도 : 표면이 특유의 아름다운 색깔을 지니고 있어 건축물의 장식부품, 미술 고예재료 등에 사용된다.
   ③ 포금 : 동(Cu)에 주석(Sn) 10% 정도를 포함한 것으로 강도와 경도가 크다.
2) **황동**(일명 놋쇠) : 동(Cu)과 아연(Zn)의 합금

62 체가름 시험을 하였을 때 각 체에 남는 누계량의 전체 시료에 대한 질량백분율의 합을 100으로 나눈 값은?

① 실적률 ② 유효흡수율
③ 조립율 ④ 함수율

해설

골재의 조립률

$$조립률(FM) = \frac{각 체에 남은 골재량누계(\%)의 합}{100}$$

1) 골재입자의 지름이 클수록 조립률은 크다.
2) 굵은골재일수록, 조립률이 클수록 남는 중량은 크고 통과중량은 작다.

63 목재의 무늬를 가장 잘 나타내는 투명 도료는?

① 유성페인트 ② 클리어래커
③ 수성페인트 ④ 에나멜페인트

해설

1) **유성페인트** : 보일유와 안료에 용제 및 희석제, 건조제 등을 혼합하여 만든다.
2) **클리어래커** : 투명도료이다.
3) **수성페인트** : 물을 용제로 하는 도료를 총칭한 것이다.
4) **에나멜페인트** : 전색제로 유성바니시나 중합유에 안료를 섞어서 만든다.

Answer ● 59. ② 60. ③ 61. ① 62. ③ 63. ②

64 모래의 함수율과 용적변화에서 이넌데이트(inundate)현상이란 어떤 상태를 말하는가?

① 함수율 0~8%에서 모래의 용적이 증가하는 현상
② 함수율 8%의 습윤상태에서 모래의 용적이 감소하는 현상
③ 함수율 8%에서 모래의 용적이 최고가 되는 현상
④ 절건상태와 습윤상태에서 모래의 용적이 동일한 현상

해설

bulking 및 inundate
1) bulking(벌킹) : 건조상태의 잔골재(모래)가 함수(含水)함에 따라 부풀어 오른 것을 bulking이라 하며,
2) inundate(이넌데이트) : 최대로 부푼(약 8% 함수되었을 때)것에 물을 더 가하면 이번에는 용적이 감소되고 포화상태(25~35%)일 경우에는 마른모래와 거의 같은 용적이 되는데 이를 inundate라고 한다.

65 금속제 용수철과 완충유와의 조합작용으로 열린문이 자동으로 닫히게 하는 것으로 바닥에 설치되며, 일반적으로 무게가 큰 중량창호에 사용되는 것은?

① 레버터리 힌지   ② 플로어 힌지
③ 피벗 힌지   ④ 도어 클로저

해설

플로어힌지(floor hinge, 마루정첩)
1) 자재여닫이 문을 열면 저절로 닫히게 되는 장치를 바닥에 설치하여 문장부를 끼우고 상부는 지도리를 축대로 하여 돌게 한 철문이다.
2) 중량이 큰 문에 쓰인다.

66 각종 시멘트의 특성에 관한 설명으로 옳지 않은 것은?

① 중용열포틀랜드시멘트는 수화 시 발열량이 비교적 크다.
② 고로세멘트를 사용한 콘크리트는 보통 콘크리트보다 초기강도가 작은편이다.
③ 알루미나시멘트는 내화성이 좋은 편이다.
④ 실리카시멘트로 만든 콘크리트는 수밀성과 화학저항성이 크다.

해설

중용열포틀랜드시멘트 : 수화열을 작게하기 위해 C_3A(알루민산 3석회)의 양을 8%이하, C_3S(규산3석회)의 양을 30%이하로 만든 시멘트이다.

67 멤브레인 방수공사와 관련된 용어에 관한 설명으로 옳지 않은 것은?

① 멤브레인 방수층 - 불투수성 피막을 형성하는 방수층
② 절연용 테이프 - 바탕과 방수층 사이의 국부적인 응력집중을 막기 위한 바탕면 부착 테이프
③ 프라이머 - 방수층과 바탕을 견고하게 밀착시킬 목적으로 바탕면에 최초로 도포하는 액상 재료
④ 개량 아스팔트 - 아스팔트 방수층을 형성하기 위해 사용하는 시트 형상의 재료

해설

개량 아스팔트 : 스트레이트 아스팔트(석유 아스팔트)에 고무(SBS : styren butadiene styrene)합성수지(APP : atactic poly propylene)를 배합하여 감온성 등 성질을 개량한 아스팔트이다.

68 절대건조비중이 0.69인 목재의 공극률은?

① 31.0%   ② 44.8%
③ 55.2%   ④ 69.0%

해설

목재내부의 공극률(v)

$$V = \left(1 - \frac{r}{1.54}\right) \times 100$$
$$= \left(1 - \frac{0.69}{1.54}\right) \times 100 = 55.2\%$$

여기서, r : 절건비중
1.54 : 목재의 진 비중

69 실링재와 같은 뜻의 용어로 부재의 접합부에 충전하여 접합부를 기밀·수밀하게 하는 재료는?

① 백업재   ② 코킹재
③ 가스켓   ④ AE감수제

Answer ➡ 64. ④ 65. ② 66. ① 67. ④ 68. ③ 69. ②

해설

코킹재
1) 실링재의 일종
2) 무브먼트(movement)가 거의 없는 줄눈에 충전하여 수밀성, 기밀성을 확보하는 부정형의 재료

70 점토벽돌 1종의 흡수율과 압축강도 기준으로 옳은 것은?

① 흡수율 10% 이하 – 압축강도 24.50MPa이상
② 흡수율 10% 이하 – 압축강도 20.59MPa 이상
③ 흡수율 15% 이하 – 압축강도 24.50MPa 이상
④ 흡수율 15% 이하 – 압축강도 20.59MPa이상

해설

점토벽돌의 압축강도 및 흡수율

종류(등급)	압축강도	흡수율
1종	24.5MPa 이상 (210kg/cm² 이상)	10% 이하
2종	20.59MPa 이상 (160kg/cm² 이상)	13% 이하
3종	10.78MPa 이상 (100kg/cm² 이상)	15% 이하

71 콘크리트의 배합을 정할 때 목표로 하는 압축강도로 품질의 편차 및 양생온도 등을 고려하여 설계기준강도에 할증한 것을 무엇이라 하는가?

① 배합강도
② 설계강도
③ 호칭강도
④ 소요강도

해설

설계기준강도 및 배합강도
1) 설계기준강도(소요강도) : 구조체에 요구되는 재령 28일의 콘크리트의 압축강도(180 kg/cm² 이상)
2) 배합강도 : 설계기준강도×할증계수(안전율)

72 석재를 대상으로 실시하는 시험의 종류와 거리가 먼 것은?

① 비중 시험
② 흡수율 시험
③ 압축강도 시험
④ 인장강도 시험

해설

석재 대상 시험 종류
1) 석재의 강도 : 압축강도를 기준으로 한다.
2) 석재의 비중 : 겉보기비중으로 나타낸다. 보통 2.5~3.0(평균 2.65정도)
3) 석재의 흡수율 : 다공성으로 흡수율이 크다.
　흡수율의 크기 : 응회암 > 사암 > 안산암 > 화강암
　　　　　　　 = 점판암 > 대리석

73 미리 거푸집 속에 특정한 입도를 가지는 굵은 골재를 채워놓고 그 간극에 모르타르를 주입하여 제조한 콘크리트는?

① 폴리머 시멘트 콘크리트
② 프리플레이스트 콘크리트
③ 수밀 콘크리트
④ 서중 콘크리트

해설

1) 폴리머 시멘트 콘크리트(polymer cement concrete) : 콘크리트 결합재료 시멘트와 폴리머(polymer)를 사용한 콘크리트이다.(폴리머 시멘트 5%이상)
2) 프리플레이스트 콘크리트(preplaced con-crete) : 굵은 골재를 거푸집속에 미리 넣어두고 그 골재사이의 공극에 파이프를 통해 모르타르를 압입 주입하여 콘크리트를 형성한 것으로 주입콘크리트라고도 한다.
3) 수밀콘크리트 : 방수를 목적으로 만들어진 콘크리트이다(물시멘트비 55% 이하)
4) 서중콘크리트 : 일평균기온이 25℃를 넘는 온도에서 시공하는 콘크리트이다

74 철근콘크리트구조의 부착강도에 관한 설명으로 옳지 않은 것은?

① 최초 시멘트페이스트의 점착력에 따라 발생한다.
② 콘크리트 압축강도가 증가함에 따라 일반적으로 증가한다.
③ 거푸집강성이 클수록 부착강도의 증가율은 높아진다.
④ 이형철근의 부착강도가 원형철근보다 크다.

해설

철근콘크리트의 부착강도
1) 콘크리트의 부착강도는 압축강도가 증가함에 따라 증가하나 압축강도가 커질수록 부착강도의 증가율은 낮아진다.
2) 압축강도가 350kg/cm² 이상에서 부착강도는 증가하지 않는다.
3) 이형철근의 부착강도가 원형철근보다 크다.

Answer ➡ 70. ① 71. ① 72. ④ 73. ② 74. ③

75 단백질 계 접착제 중 동물성 단백질이 아닌 것은?

① 카세인 ② 아교
③ 알부민 ④ 아마인유

해,설

단백질 접착제
1) 동물성 단백질
   ① 카세인(casein) : 우유 중에 포함되어 있는 단백질
   ② 아교 : 가축의 혈액 중에 있는 단백질
   ③ 알부민(albumin) : 달걀의 흰자
2) 식물성 단백질
   ① 콩풀 : 탈지 대두분말
   ② 소맥 등 : 곡류 분말

76 미장재료 중 돌로마이트 플라스터에 관한 설명으로 옳지 않은 것은?

① 돌로마이트에 모래, 여물을 섞어 반죽한 것이다.
② 소석회보다 점성이 크다.
③ 회반죽에 비하여 최종강도는 작고 착색이 어렵다.
④ 건조수축이 커서 균열이 생기기 쉽다.

해,설

돌로마이트 플라스터
1) 돌로마이트 플라스터 : 돌라마이트석회(마그네시아석회)에 모래, 여물, 필요한 경우에는 시멘트를 혼합하여 반죽한 미장재료이다.
2) 특성
   ① 미장재료 중 점도가 가장 크고 풀이 필요 없으며 응결시간이 길어 바르기도 좋다. (변색, 냄새, 곰팡이가 없다.)
   ② 경화시 건조수축이 커서 균열이 생기기 쉽다. (물에 약한 것이 결점)
   ③ 회반죽에 비해 강도가 높다.

77 합성수지 중 열경화성 수지가 아닌 것은?

① 페놀 수지 ② 요소 수지
③ 에폭시 수지 ④ 아크릴 수지

해,설

1) 열가소성 수지 : 아크릴 수지, 염화비닐 수지, 에틸렌 수지, 스티렌 수지 등
2) 열경화성 수지 : 페놀 수지, 멜라민 수지, 폴리우레탄 수지, 에폭시 수지 등

78 미장바름의 종류 중 돌로마이트에 화강석 부스러기, 색모래, 안료 등을 섞어 정벌바름하고 충분히 굳지 않은 때에 거친 솔 등으로 긁어 거친면으로 마무리한 것은?

① 모조석 ② 라프코트
③ 리신바름 ④ 흙바름

해,설

리신바름(lithin coat)
1) 돌로마이트에 화강석 부스러기, 색모래, 안료 등을 섞어 정벌바름하고 충분히 굳지 않은 때에 거친 솔, 얼레빗 등으로 긁어 거친면으로 마무리 하는 것이다.
2) 인조석 바름의 일종이다.

79 시멘트의 수화열에 의한 온도의 상승 및 하강에 따라 작용된 구속응력에 의해 균열이 발생할 위험이 있어, 이에 대한 특수한 고려를 요하는 콘크리트는?

① 매스 콘크리트
② 유동화 콘크리트
③ 한중 콘크리트
④ 수밀 콘크리트

해,설

매스콘크리트(mass concrete) : 부재 또는 구조물의 치수가 커서 시멘트의 수화열에 의한 온도의 상승을 고려하여 시공하는 콘크리트를 말한다.

80 목재의 조직에 관한 설명으로 옳지 않은 것은?

① 수선은 침엽수와 활엽수가 다르게 나타난다.
② 심재는 색이 진하고 수분이 적고 강도가 크다.
③ 봄에 이루어진 목질부를 춘재라 한다.
④ 수간의 횡단면을 기준으로 제일 바깥쪽의 껍질을 형성층이라 한다.

해,설

1) 수목의 횡단면을 기준으로 제일 바깥쪽에 수피(외수피와 내수피)가 있고 그 안쪽에 형성층이 있다.
2) 형성층은 점질의 조직으로서 모세포가 분열하여 새로운 목질을 내부에 형성하여 수목이 점차 바깥쪽으로 성장한다.

Answer ➡ 75. ④ 76. ③ 77. ④ 78. ③ 79. ① 80. ④

제5과목 건설안전기술

81 기상상태의 악화로 비계에서의 작업을 중지시킨 후 그 비계에서 작업을 다시 시작하기 전에 점검해야 할 사항에 해당하지 않는 것은?

① 기둥의 침하·변형·변위 또는 흔들림 상태
② 손잡이의 탈락 여부
③ 격벽의 설치여부
④ 발판재료의 손상 여부 및 부착 또는 걸림 상태

해설

비, 눈, 그 밖의 기상상태의 악화로 작업을 중지시킨 후 또는 비계를 조립·해체하거나 변경한 후 그 비계에서 작업을 하는 경우 작업시작전 점검사항
1) 발판재료의 손상여부 및 부착 또는 걸림상태
2) 당해 비계의 연결부 또는 접속부의 풀림상태
3) 연결재료 및 연결철물의 손상 또는 부식상태
4) 손잡이의 탈락여부
5) 기둥의 침하·변경·변위 또는 흔들림 상태
6) 로프의 부착상태 및 매단장치의 흔들림 상태

82 달비계에 사용이 불가한 와이어로프의 기준으로 옳지 않은 것은?

① 이음매가 없는 것
② 지름의 감소가 공칭지름의 7%를 초과하는 것
③ 심하게 변형되거나 부식된 것
④ 와이어로프의 한 꼬임에서 끊어진 소선(素線)의 수가 10% 이상인 것

해설

달비계에 설치하는 이음매가 있는 와이어로프 등의 사용금지 사항
1) 이음매가 있는 것
2) 와이어로프의 한 꼬임에서 끊어진 소선(필러선 제외)의 수가 10%이상(비전로프의 경우에는 끊어진 소선의 수가 와이어로프 호칭지름의 6배 길이 이내에서 4개 이상이거나 호칭지름의 30배 길이 이내에서 8개 이상)인 것
3) 지름의 감소가 공칭지름의 7%를 초과하는 것
4) 꼬인 것
5) 심하게 변형 또는 부식된 것
6) 열과 전기충격에 의해 손상된 것

83 다음 중 유해·위험방지 계획서 제출 대상 공사에 해당하는 것은?

① 지상높이가 25m인 건축물 건설공사
② 최대 지간길이가 45m인 교량건설공사
③ 깊이가 8m인 굴착공사
④ 제방 높이가 50m인 다목적댐 건설공사

해설

건설업 중 유해위험방지계획서 제출대상 사업장(시행규칙 제120조 제4항)
1) 지상높이가 31미터 이상인 건축물 또는 인공구조물, 연면적 3만 제곱미터 이상인 건축물 또는 연면적 5천 제곱미터 이상의 문화 및 집회시설(전시장 및 동물원·식물원은 제외), 판매시설, 운수시설(고속철도의 역사 및 집·배송시설은 제외), 종교시설, 의료시설 중 종합병원, 숙박시설 중 관광숙박시설, 지하도상가 또는 냉동·냉장 창고시설의 건설·개조 또는 해체(이하 "건설등"이라 함)
2) 연면적 5천 제곱미터 이상의 냉동·냉장 창고시설의 설비공사 및 단열공사
3) 최대 지간길이가 50미터 이상인 교량건설 등 공사
4) 터널 건설 등의 공사
5) 다목적댐, 발전용댐 및 저수용량 2천만톤 이상의 용수 전용댐, 지방상수도 전용댐 건설 등의 공사
6) 깊이 10미터 이상인 굴착공사

84 다음은 산업안전보건기준에 관한 규칙 중 가설통로의 구조에 관한 사항이다. ( ) 안에 들어갈 내용으로 옳은 것은?

> 수직갱에 가설된 통로의 길이가 15m 이상인 경우에는 10m 이내마다 ( )을/를 설치할 것

① 손잡이 ② 계단참
③ 클램프 ④ 버팀대

해설

가설통로의 구조(가설통로 설치시 준수사항)
1) 견고한 구조로 할 것
2) 경사는 30° 이하로 할 것(다만, 계단을 설치하거나 높이 2m 미만의 가설통로서 튼튼한 손잡이를 설치한 때에는 그러하지 아니하다)
3) 경사가 15°를 초과하는 때에는 미끄러지지 않는 구조로 할 것
4) 추락의 위험이 있는 장소에는 안전난간을 설치할 것(작업상 부득이한 때에는 필요한 부분에 한하여 임시로 이를 해체할 수 있다)

Answer ○ 81. ③ 82. ① 83. ④ 84. ②

5) 수직갱에 가설된 통로의 길이가 15m 이상인 때에는 10m 이내마다 계단참을 설치할 것
6) 건설공사에서 사용하는 높이 8m 이상인 비계다리에는 7m 이내마다 계단을 설치할 것

85 개착식 굴착공사에서 버팀보공법을 적용하여 굴착할 때 지반붕괴를 방지하기 위하여 사용하는 계측장치로 거리가 먼 것은?

① 지하수위계 ② 경사계
③ 변형률계 ④ 록볼트응력계

해설
굴착공사에 사용되는 계측기기
1) 간극수압계(piezometer) : 지하수의 수압을 측정
2) 수위계(water level meter) : 지반 내 지하수위 변화를 측정
3) 경사계(inclinometer) : 흙막이벽의 수평변위(변형)측정
4) 하중계(load cell) : 버팀보(지주) 또는 어스앵커(earth anchor)등의 실제 축하중 변화상태를 측정(부재의 안전상태를 파악하는 기기)
5) 변형계(strain gauge) : 흙막이벽의 변형과 응력을 측정

86 다음 중 구조물의 해체작업을 위한 기계·기구가 아닌 것은?

① 쇄석기 ② 데릭
③ 압쇄기 ④ 철제 해머

해설
해체용 기계기구의 종류
① 압쇄기 ② 대형브레이커
③ 철제해머 ④ 핸드브레이커
⑤ 팽창제 ⑥ 절단톱 및 절단줄톱
⑦ 잭(jack) ⑧ 쐐기타입기(rock jack)
⑨ 화염방사기 ⑩ 화약류

87 강풍 시 타워크레인의 설치·수리·점검 또는 해체 작업을 중지하여야 하는 순간풍속 기준으로 옳은 것은?

① 순간풍속이 초당 10m를 초과하는 경우
② 순간풍속이 초당 15m를 초과하는 경우
③ 순간풍속이 초당 20m를 초과하는 경우
④ 순간풍속이 초당 30m를 초과하는 경우

해설
1) 타워크레인의 운전작업을 중지해야 할 순간풍속 : 15m/sec 초과시

2) 타워크레인의 설치·수리·점검 또는 해체작업을 중지해야 할 순간풍속 : 10 m/sec 초과시

88 근로자의 추락 위험이 있는 장소에서 발생하는 추락재해의 원인으로 볼 수 없는 것은?

① 안전대를 부착하지 않았다.
② 덮개를 설치하지 않았다.
③ 투하설비를 설치하지 않았다.
④ 안전난간을 설치하지 않았다.

해설
작업대 끝 및 개구부로부터의 추락재해의 원인
1) 난간이 없었다.
2) 덮개가 없었다.
3) 안전대를 사용하지 않았다.
4) 방책이 없었다.
5) 난간, 방책, 덮개를 제거하고 작업했다.

89 사다리식 통로 등을 설치하는 경우 발판과 벽과의 사이는 최소 얼마 이상의 간격을 유지하여야 하는가?

① 5cm ② 10cm
③ 15cm ④ 20cm

해설
사다리식 통로의 구조
1) 견고한 구조로 할 것
2) 심한 손상·부식 등이 없는 재료를 사용할 것
3) 발판의 간격은 동일하게 할 것
4) 발판과 벽과의 사이는 15cm 이상의 간격을 유지할 것
5) 폭은 30cm 이상으로 할 것
6) 사다리가 넘어지거나 미끄러지는 것을 방지하기 위한 조치를 할 것
7) 사다리의 상단은 걸쳐놓은 지점으로부터 60cm 이상 올라가도록 할 것
8) 사다리식 통로의 길이가 10cm 이상인 때에는 5m 이내마다 계단참을 설치할 것
9) 이동식 사다리식 통로의 기울기는 75° 이하로 할 것(다만, 고정식 사다리식 통로의 기울기는 90° 이하로 하고 높이 7m 이상인 경우 바닥으로부터 2.5m 되는 지점부터 등받이 울을 설치할 것)
10) 접이식 사다리기둥은 사용시 접혀지거나 펼쳐지지 않도록 철물 등을 사용하여 견고하게 조치할 것

Answer ➡ 85. ④ 86. ② 87. ① 88. ③ 89. ③

90 드럼에 다수의 돌기를 붙여 놓은 기계로 점토층의 내부를 다지는 데 적합한 것은?

① 탠덤 롤러　② 타이어 롤러
③ 진동 롤러　④ 탬핑 롤러

해설

탬핌 롤러(tamping roller)
1) 롤러의 표면에 돌기를 만들어 부착한 것으로 돌기가 전압층에 매입되어 풍화암을 파쇄하고 흙 속의 간극수압을 제거하는 롤러이다.
2) 실트, 점토 등 충분한 결합재가 있는 기층재료의 다지기 등에 사용된다.

91 산업안전보건법령에 따른 중량물을 취급하는 작업을 하는 경우의 작업계획서 내용에 포함되지 않는 사항은?

① 추락위험을 예방할 수 있는 안전대책
② 낙하위험을 예방할 수 있는 안전대책
③ 전도위험을 예방할 수 있는 안전대책
④ 위험물 누출위험을 예방할 수 있는 안전대책

해설

중량물 취급작업시 작업계획의 작성내용
1) 추락위험을 예방할 수 있는 안전대책
2) 낙하위험을 예방할 수 있는 안전대책
3) 전도위험을 예방할 수 있는 안전대책
4) 협착위험을 예방할 수 있는 안전대책
5) 붕괴위험을 예방할 수 있는 안전대책

92 산업안전보건관리비 계상을 위한 대상액이 56억원인 교량공사의 산업안전보건관리비는 얼마인가? (단, 건축공사에 해당)

① 104,160천원　② 110,320천원
③ 144,800천원　④ 150,400천원

해설

1) 건축공사인 경우 50억원 이상일 때 비율(x) : 1.97%
2) 안전관리비 = 대상액 × $\frac{비율(\%)}{100}$

   $= 56억 × \frac{1.97}{100}$

   $= 110320천원(1억1천3십2만원)$

93 콘크리트 구조물에 적용하는 해체작업 공법의 종류가 아닌 것은?

① 연삭 공법
② 발파 공법
③ 오픈컷 공법
④ 유압 공법

해설

해체공법의 종류
1) 연삭공법
   ① 절단공법
   ② 다이아몬드 와이어 쏘우 공법(diamond wire saw method)
2) 발파공법
   ① 도화선발파
   ② 전기발파
   ③ 도폭선 발파
3) 유압공법
   ① 잭 공법
   ② 압쇄공법
   ③ 유압식 확대기 공법
4) 충격공법
   ① 핸드 브레이커 공법
   ② 대형 브레이커 공법
   ③ 강구(steel ball) 공법

94 콘크리트 타설작업 시 거푸집에 작용하는 연직하중이 아닌 것은?

① 콘크리트의 측압
② 거푸집의 중량
③ 굳지 않은 콘크리트의 중량
④ 작업원의 작업하중

해설

거푸집 및 지보공(동바리) 설계시 고려해야 할 하중(고용노동부 고시)
1) **연직방향 하중** : 거푸집, 지보공(동바리), 콘크리트, 철근, 작업원, 타설용 기계, 기구, 가설설비 등의 중량 및 충격하중
2) **횡방향 하중** : 작업할 때의 진동, 충격, 시공오차 등에 기인되는 횡방향 하중 이외에 필요에 따라 풍압, 유수압, 지진 등
3) **콘크리트의 측압** : 굳지 않은 콘크리트의 측압
4) **특수하중** : 시공 중에 예상되는 특수한 하중
5) 상기 1~4호의 하중에 안전율을 고려한 하중

Answer ➡ 90. ④　91. ④　92. ②　93. ③　94. ①

95 거푸집 공사에 관한 설명으로 옳지 않은 것은?

① 거푸집 조립 시 거푸집이 이동하지 않도록 비계 또는 기타 공작물과 직접 연결한다.
② 거푸집 치수를 정확하게 하여 시멘트 모르타르가 새지 않도록 한다.
③ 거푸집 해체가 쉽게 가능하도록 박리제 사용 등의 조치를 한다.
④ 측압에 대한 안전성을 고려한다.

해설
거푸집동바리 조립시 준수사항(거푸집동바리 등의 안전조치)
1) 깔목의 사용, 콘크리트 타설(打設), 말뚝박기 등 동바리의 침하를 방지하기 위한 조치를 할 것
2) 개구부 상부에 동바리를 설치하는 때에는 상부하중을 견딜 수 있는 견고한 받침대를 설치할 것
3) 동바리의 상하고정 및 미끄러짐 방지조치를 하고, 하중의 지지상태를 유지할 것
4) 동바리의 이음은 맞댄이음 또는 장부이음으로 하고 같은 품질의 재료를 사용할 것
5) 강재와 강재와의 접속부 및 교차부는 볼트 · 클램프 등 전용 철물을 사용하여 단단히 연결할 것
6) 거푸집이 곡면인 때에는 버팀대의 부착 등 그 거푸집의 부상(浮上)을 방지하기 위한 조치를 할 것

96 발파작업에 종사하는 근로자가 준수하여야 할 사항으로 옳지 않은 것은?

① 장전구는 마찰 · 충격 · 정전기 등에 의한 폭발의 위험이 없는 안전한 것을 사용할 것
② 발파공의 충진재료는 점토 · 모래 등 발화성 또는 인화성의 위험이 없는 재료를 사용할 것
③ 얼어붙은 다이나마이트는 화기에 접근시키거나 그 밖의 고열물에 직접 접촉시켜 단시간 안에 융해시킬 수 있도록 할 것
④ 전기뇌관에 의한 발파의 경우 점화하기 전에 화약류를 장전한 장소로부터 30m 이상 떨어진 안전한 장소에서 전선에 대하여 저항측정 및 도통시험을 할 것

해설
③항. 얼어붙은 다이너마이트는 화기에 접근시키거나 기타의 고열물에 직접 접촉시키는 등 위험한 방법으로 융해하지 않도록 할 것

97 차량계 하역운반기계 등을 사용하는 작업을 할 때, 그 기계가 넘어지거나 굴러떨어짐으로써 근로자에게 위험을 미칠 우려가 있는 경우에 이를 방지하기 위한 조치사항과 거리가 먼 것은?

① 유도자 배치
② 지반의 부동침하방지
③ 상단부분의 안정을 위하여 버팀줄 설치
④ 갓길 붕괴방지

해설
차량계 하역운반기계의 전도(넘어짐), 전락(굴러 떨어짐) 등에 의한 근로자의 위험방지 조치사항
1) 유도자 배치
2) 지반의 부동침하 방지
3) 갓길(노견)의 붕괴 방지

98 다음은 산업안전보건법령에 따른 근로자의 추락위험 방지를 위한 추락방호망의 설치기준이다. ( )안에 들어갈 내용으로 옳은 것은?

> 추락방호망은 수평으로 설치하고, 망의 처짐은 짧은 변 길이의 ( ) 이상이 되도록 할 것

① 10% ② 12%
③ 15% ④ 18%

해설
추락방호망 설치기준
1) 설치위치 : 작업면에 가장 가까운 지점에 설치하여야 하며, 작업면에서 방망설치지점까지의 수직거리는 10m를 초과하지 않을 것
2) 방망 : 수평으로 설치
3) 방망의 처짐 : 짧은 변 길이의 12% 이상일 것
4) 방망의 내민 길이 : 벽면으로부터 3m 이상(다만, 그물코가 20mm 이하인 망을 사용한 경우에는 낙하물 방지망을 설치한 것으로 봄)

99 추락재해 방지용 방망의 신품에 대한 인장강도는 얼마인가? (단, 그물코의 크기가 10cm이며, 매듭 없는 방망)

① 220kg ② 240kg
③ 260kg ④ 280kg

Answer ➡ 95. ① 96. ③ 97. ③ 98. ② 99. ②

해설

방망사의 신품에 대한 인장강도

그물코의 크기 (단위 : cm)	방망의 종류(단위 : kg)	
	매듭 없는 방망	매듭 방망
10	240	200
5		110

100 거푸집동바리등을 조립하는 경우의 준수사항으로 옳지 않은 것은?

① 동바리로 사용하는 파이프 서포트는 최소 3개 이상 이어서 사용하도록 할 것
② 동바리의 상하 고정 및 미끄러짐 방지조치를 하고, 하중의 지지상태를 유지할 것
③ 동바리의 이음은 맞댄이음이나 장부이음으로 하고 같은 품질의 재료를 사용할 것
④ 강재와 강재의 접속부 및 교차부는 볼트·클램프 등 전용철물을 사용하여 단단히 연결할 것

해설

동바리로 사용하는 파이프서포트의 설치기준
1) 파이프서포트를 3개 이상이어서 사용하지 아니하도록 할 것
2) 파이프서포트를 이어서 사용할 때에는 4개 이상의 볼트 또는 전용철물을 사용하여 이을 것
3) 높이가 3.5m를 초과할 때에는 높이 2m 이내마다 수평연결재를 2개 방향으로 만들고 수평연결재의 변위를 방지할 것

Answer ● 100. ①

2023년 제1회 건설안전산업기사 CBT 복원 기출문제

제1과목 산업안전관리론

01 Alderfer의 ERG 이론 중 생존(Existence) 욕구에 해당되는 Maslow의 욕구단계는?
① 자아실현의 욕구   ② 존경의 욕구
③ 사회적 욕구   ④ 생리적 욕구

해설
매슬로우와 알더퍼더 욕구이론

매슬로우의 욕구 5단계	알더퍼더의 ERG 이론
1) 제1단계 : 생리적욕구 2) 제2단계 : 안전의욕구	1) Existence(생존) 욕구
3) 제3단계 : 사회적욕구	2) Relatedness (관계) 욕구
4) 제4단계 : 자기존경의욕구 5) 제5단계 : 자아실현의욕구	3) Growth(성장) 욕구

02 사업장의 안전준수 정도를 알아보기 위한 안전평가는 사전평가와 사후평가로 구분되어 지는데 다음 중 사전평가에 해당하는 것은?
① 재해율   ② 안전샘플링
③ 연천인율   ④ safe-T-score

해설
안전평가
1) 사전평가 : 안전샘플링
2) 사후평가 : 재해율(연천인율, 도수율, 강도율 등), Safe T. Score 등

03 O.J.T(On the Job Training) 교육의 장점과 가장 거리가 먼 것은?
① 훈련에만 전념할 수 있다.
② 개개인의 업무능력에 적합한 자세한 교육이 가능하다.
③ 직장의 실정에 맞게 실제적 훈련이 가능하다.
④ 교육을 통하여 상사와 부하간의 의사소통과 신뢰감이 깊게 된다.

해설
OJT와 off-JT의 특징

O·J·T (현장중심교육)	off J·T (현장외 중심교육)
① 개개인에게 적합한 지도훈련이 가능 ② 직장의 실정에 맞는 실체적 훈련을 할 수 있다. ③ 훈련 필요한 업무의 계속성이 끊어지지 않음 ④ 즉시 업무에 연결되는 관계로 신체와 관련 있음 ⑤ 효과가 곧 업무에 나타나며 훈련의 좋고 나쁨에 따라 개선이 용이함 ⑥ 교육을 통한 훈련 효과에 의해 상호 신뢰 이해도가 높아짐	① 다수의 근로자에게 조직적 훈련이 가능 ② 훈련에만 전념하게 된다. ③ 특별설비기구를 이용할 수 있음 ④ 전문가를 강사로 초청할 수 있음 ⑤ 각 직장의 근로자가 많은 지식이나 경험을 교류할 수 있음 ⑥ 교육훈련 목표에 대해서 집단적 노력이 흐트러질 수도 있음

04 질병에 의한 피로의 방지대책으로 가장 적합한 것은?
① 기계의 사용을 배제한다.
② 작업의 가치를 부여한다.
③ 보건상 유해한 작업환경을 개선한다.
④ 작업장에서의 부적절한 관계를 배제한다.

해설
허세이(Hershey)의 피로회복법
1) 질병에 의한 피로회복법
   ① 속히 유효적절한 의료를 밟게 하는 일
   ② 보건상 유해한 작업상의 조건을 개선하는 일
   ③ 적당한 예방법을 가르치는 일
2) 신체활동의 피로회복법
   ① 기계력의 사용
   ② 작업의 교대
   ③ 작업중의 휴식

Answer ➡ 01. ④ 02. ② 03. ① 04. ③

3) 단조감, 권태감 회복법
    ① 일의 가치를 가르치는 일
    ② 동작의 교대를 가르치는 일
    ③ 휴식
4) 환경과의 관계의 의한 피로회복법
    ① 작업장에서의 부적절한 제관계를 배제하는 일
    ② 가정생활의 위생에 관한 교육 및 운동의 필요에 관한 계동

05 안전관리의 4M 가운데 Media에 관한 내용으로 가장 올바른 것은?

① 인간과 기계를 연결하는 매개체
② 인간과 관리를 연결하는 매개체
③ 기계와 관리를 연결하는 매개체
④ 인간과 작업환경을 연결하는 매개체

해설

안전관리의 4M(인간과오의 배후요인 4요소)
1) Man : 본인 이외의 사람
2) Machine : 장치나 기기 등의 물적요인
3) Media : 인간과 기계를 잇는 매체(작업방법, 순서, 작업정보의 실태, 작업환경, 정리정돈 등)
4) Management : 안전법규의 준수방법, 단속, 점검 관리 외에 지휘 감독, 교육훈련 등

06 산업안전보건법령상 의무안전인증 대상 보호구에 해당하지 않는 것은?

① 보호복   ② 안전장갑
③ 방독마스크   ④ 보안면

해설

안전인증대상 보호구 및 자율안전확인대상보호구

안전인증대상보호구	자율안전확인대상보호구
1. 추락 및 감전위험방지용 안전모 2. 안전화 3. 안전장갑 4. 방진마스크 5. 방독마스크 6. 송기마스크 7. 전동식 호흡용 보호구 8. 보호복 9. 안전대 10. 차광 및 비산물 위험방지용 보안경 11. 용접용 보안면 12. 방음용 귀마개 및 귀덮개	1. 안전모(추락 및 감전 위험방지용은 제외) 2. 보안경(차광 및 비산물 위험방지용은 제외) 3. 보안면(용접용 보안면은 제외)

07 안전태도교육의 기본과정을 가장 올바르게 나열한 것은?

① 청취한다 → 이해하고 납득한다 → 시범을 보인다 → 평가한다
② 이해하고 납득한다 → 들어본다 → 시범을 보인다 → 평가한다
③ 청취한다 → 시범을 보인다 → 이해하고 납득한다 → 평가한다
④ 시범을 보인다 → 이해하고 납득한다 → 들어본다 → 평가한다

해설

태도교육의 4가지 기본과정
∴ 1) 청취 → 2) 이해 → 3) 모범(시험) → 4) 평가

08 안전·보건교육 및 훈련은 인간행동 변화를 안전하게 유지하는 것이 목적이다. 이러한 행동변화의 전개과정 순서가 알맞은 것은?

① 자극 – 욕구 – 판단 – 행동
② 욕구 – 자극 – 판단 – 행동
③ 판단 – 자극 – 욕구 – 행동
④ 행동 – 욕구 – 자극 – 판난

해설

인간행동변화의 전개과정순서 : 자극 – 욕구 – 판단 – 행동

> **길잡이** 인간행동변화의 4단계
> 1) 1단계 : 지식의 변화
> 2) 2단계 : 태도의 변화
> 3) 3단계 : 개인행동의 변화
> 4) 4단계 : 집단 또는 조직에 대한 행동의 변화

09 위험예지훈련 기초 4라운드(4R)에 관한 내용으로 옳은 것은?

① 1R : 목표설정
② 2R : 현상파악
③ 3R : 대책수립
④ 4R : 본질추구

Answer ● 05. ① 06. ④ 07. ① 08. ① 09. ③

해설

위험예지훈련의 문제해결 4라운드(4Round)
1) 1R – 현상파악 : 전원이 토의를 통해서 잠재위험요인을 발견하는 단계
2) 2R – 본질추구 : 가장 위험한 요인(위험 포인트)을 합의로 결정하는 단계
3) 3R – 대책수립 : 구체적인 대책을 수립하는 단계
4) 4R – 행동목표 설정 : 행동계획을 정하고 수립한 대책 가운데서 질이 높은 항목에 합의하는 단계

10 산업안전보건법령상 사업 내 안전 · 보건교육의 교육과정에 해당하지 않는 것은?

① 특별안전 · 보건교육
② 근로자 정기안전 · 보건교육
③ 관리감독자 정기안전 · 보건교육
④ 안전관리자 신규 및 보수교육

해설

법상 안전보건교육의 종류
1) 근로자 정기안전 · 보건교육
2) 관리감독자 정기안전 · 보건교육
3) 신규채용자 교육
4) 작업내용변경자 교육
5) 특별안전 · 보건교육

11 안전관리 조직 중 대규모 사업장에서 가장 이상적인 조직 형태는?

① 직계형 조직
② 직능전문화 조직
③ 라인스태프(line – staff)형 조직
④ 테스크포스(task – force)조직

해설

안전관리 조직
1) line형 : 100명 이하의 소규모 사업장
2) staff형 : 100~1,000명의 중규모 사업장
3) line – staff의 혼합형 : 1,000명 이상의 대규모 사업장

12 강의식 교육지도에서 가장 많은 시간이 할당되는 단계는?

① 도입
② 제시
③ 적용
④ 확인

해설

교육시간의 배분(60분)

육법의 4단계	강의식	토의식
1단계 – 도입(준비)	5분	5분
2단계 – 제시(설명)	40분	10분
3단계 – 작용(응용)	10분	40분
4단계 – 확인(총괄)	5분	5분

13 산업안전보건법령상 안전검사대상 유해 · 위험기계에 해당하지 않는 것은?

① 곤돌라
② 전기용접기
③ 리프트
④ 산업용원심기

해설

안전검사대상 유해 · 위험기계 · 설비 등(시행령 제28조의 6)
1) 프레스
2) 전단기
3) 크레인(이동식 크레인과 정격하중 2톤 미만인 호이스트는 제외)
4) 리프트
5) 압력용기
6) 곤돌라
7) 국소배기장치(이동식은 제외)
8) 원심기(산업용에 한정)
9) 롤러기(밀폐구조는 제외)
10) 사출성형기(형체결력 294kN 미만은 제외)
11) 고소작업대(화물자동차 또는 특수자동차에 탑재한 고소작업대로 한정)
12) 컨베이어
13) 산업용 로봇

14 적성검사의 유형 중 체력검사에 포함되지 않는 것은?

① 감각기능검사
② 근력검사
③ 신경기능검사
④ 크루즈 지수(Kruse's Index)

해설

1) 체력검사 : 감각기능검사, 근력검사, 신경기능검사 등
2) 크루즈 지수(Kruse's index) : 가슴둘레의 제곱과 신장의 비로 나타낸다.

Answer ➡ 10. ④ 11. ③ 12. ② 13. ② 14. ④

15 기업조직의 원리 가운데 지시 일원화의 원리를 가장 잘 설명하고 있는 것은?

① 지시에 따라 최선을 다해서 주어진 임무나 기능을 수행하는 것
② 책임을 완수하는데 필요한 수단을 상사로부터 위임 받은 것
③ 언제나 직속 상사에게서만 지시를 받고 특정 부하 직원들에게만 지시하는 것
④ 조직의 각 구성원이 가능한 한 가지 특수 직무만을 담당하도록 하는 것

해설
일원화의 원리 : 지시를 항상 직속상사에게서 받고 특정 부하 직원에게만 지시하는 것

16 산업재해 발생의 직접원인에 해당되지 않는 것은?

① 안전수칙의 오해
② 물(物) 자체의 결함
③ 위험 장소의 접근
④ 불안전한 속도 조작

해설
안전수칙의 오해 : 교육적 원인

길잡이 직접원인 : 불안전한 행동 및 불안전한 상태

1. 불안전한 행동	2. 불안전한 상태
① 위험장소 접근	① 물 자체 결함
② 안전장치의 기능 제거	② 안전 방호장치 결함
③ 복장 보호구의 잘못 사용	③ 복장 보호구의 결함
④ 기계 기구 잘못 사용	④ 물의 배치 및 작업장소 결함
⑤ 운전 중인 기계장치의 손실	⑤ 작업환경의 결함
⑥ 불안전한 속도 조작	⑥ 생산 공정의 결함
⑦ 위험물 취급 부주의	⑦ 경계표시, 설비의 결함
⑧ 불안전한 상태방지	
⑨ 불안전한 자세동작	
⑩ 감독 및 연락 불충분	

17 무재해운동의 기본이념 3가지에 해당하지 않는 것은?

① 무의 원칙
② 자주 활동의 원칙
③ 참가의 원칙
④ 선취 해결의 원칙

해설
무재해운동이념 3원칙
1) **무의 원칙** : 사망, 휴업 및 불휴재해는 물론 일체의 장래위험 요인을 사전에 발견, 파악, 해결함으로써 근원적인 산업재해를 없애는 것을 말한다.
2) **참가의 원칙** : 재해 및 일체의 위험요인을 발견, 해결하기 위해 전원이 무재해운동에 참가하여 문제 해결 등을 실천하는 것을 말한다.
3) **선취해결의 원칙** : 선취란 궁극의 목표로서 무재해, 무질병의 직장을 실현하기 위해 일체의 위험요인을 행동하기 전에 발견, 파악, 해결하여 재해를 예방하거나 방지하는 것을 말한다.

18 과거에 경험하였던 것과 비슷한 상태에 부딪혔을 때 떠오르는 것을 무엇이라 하는가?

① 재생
② 기명
③ 파지
④ 재인

해설
기억의 과정 : 기억은 기명, 파지, 재생, 재인의 단계를 거친다.
1) **기억** : 과거의 경험이 어떠한 형태로 미래의 행동에 영향을 주는 작용
2) **기명** : 사물의 인상을 마음속에 간직하는 것
3) **파지** : 간직, 인상이 보존되는 것
4) **재생** : 보존된 인상이 다시 의식으로 떠오른 것
5) **재인** : 과거에 경험했던 것과 같은 비슷한 상태에 부딪혔을 때 떠오르는 것

19 1,000명의 근로자가 주당 45시간씩 연간 50주를 근무하는 A 기업에서 질병 및 기타 사유로 인하여 5%의 결근율을 나타내고 있다. 이 기업에서 연간 60건의 재해가 발생하였다면 이 기업의 도수율은 약 얼마인가?

① 25.121
② 26.67
③ 28.07
④ 51.64

해설
$$도수율 = \frac{재해건수}{연근로시간수} \times 10^6$$
$$= \frac{60}{1000 \times 50 \times 45 \times 0.95} \times 10^6$$
$$= 28.07$$

20 산업안전보건법령상 안전·보건표지의 색채별 색도기준이 올바르게 연결된 것은? (단, 순서는 색상 명도/채도이며, 색도기준은 KS에 따른 색의 3속성에 의한 표시방법에 따른다.)

① 빨간색 – 5R 4/13
② 노란색 – 2.5Y 8/12
③ 파란색 – 7.5PB 2.5/7.5
④ 녹색 – 2.5G 4/10

해설

안전표지의 색채 · 색도기준 및 용도(시행규칙 별표3)

색채	색도기준	용도	사용예
빨간색	7.5R 4/14	금지	정지신호, 소화설비 및 그 장소, 유해행위 금지
		경고	화학물질 취급장소에서의 유해 · 위험경고
노란색	5Y 8.5/12	경고	화학물질 취급장소에서의 유해 · 위험 경고, 그 밖의 위험 경고, 주의표지 또는 기계방호물
파란색	2.5PB 4/10	지시	특정 행위의 지시 및 사실의 고지
녹색	2.5G 4/10	안내	비상구 및 피난소, 사람 또는 차량의 통행표지
흰색	N 9.5		파란색 또는 녹색에 대한 보조색
검은색	N 0.5		문자 및 빨간색 또는 노란색에 대한 보조색

제2과목 인간공학 및 시스템안전공학

21 근골격계 질환을 예방하기 위한 관리적 대책을 옳은 것은?

① 작업공간 배치
② 작업재료 변경
③ 작업순환 배치
④ 작업공구 설계

해설

근골격계 질환을 예방하기 위한 대책
1) 관리적 대책 : 작업순환 배치
2) 기술적 대책 : 작업공간배치, 작업재료 변경, 작업공구 설계 등

22 청각신호의 위치를 식별할 때 사용하는 척도는?

① AI(Articulation Index)
② JND(Just Noticeable Difference)
③ MAMA(Minimum Audible Movement Angle)
④ PNC(Preferred Noise Criteria)

해설

MAMA(Minimum Audible Movement Angle) : 최소 청음 운동각

23 인체측정치 응용원칙 중 가장 우선적으로 고려해야 하는 원칙은?

① 조절식 설계
② 최대치 설계
③ 최소치 설계
④ 평균치 설계

해설

인체측정치 응용원칙 중 가장 우선적으로 고려해야 할 원칙 : 조절식 설계

24 일반적으로 연구조사에 사용되는 기준 중 기준척도의 신뢰성이 의미하는 것은?

① 보편성
② 적절성
③ 반복성
④ 객관성

해설

기준척도의 신뢰성 : 반복성

25 정보를 유리나 차양판에 중첩시켜 나타내는 표시장치는?

① CRT
② LCD
③ HUD
④ LED

해설

1) HUD(Head Up Display) : 헤드업디스플레이
2) CRT(Cathode Ray Tube) : 음극선관
3) LCD(Liquid Crystal Display) : 액정표시장치
4) LED(Light Emitting Diode) : 발광다이오드

Answer ➡ 20. ④ 21. ③ 22. ③ 23. ① 24. ③ 25. ③

26 40세 이후 노화에 의한 인체의 시지각 능력 변화로 틀린 것은?

① 근시력 저하
② 휘광에 대한 민감도 저하
③ 망막에 이르는 조명량 감소
④ 수정체 변색

해설

40세 이후 노화시 : 휘광에 대한 민감도가 증대

27 조종장치를 3cm 움직였을 때 표시장치의 지침이 5cm 움직였다면 C/R 비는?

① 0.25
② 0.6
③ 1.5
④ 1.7

해설

$\dfrac{C}{R} = \dfrac{\text{조종장치 변위량}}{\text{표시장치 변위량}} = \dfrac{3}{5} = 0.6$

28 고열환경에서 심한 육체노동 후에 탈수와 체내 염분농도 부족으로 근육의 수축이 격렬하게 일어나는 장해는?

① 열경련(heat cramp)
② 열사병(heat stroke)
③ 열쇠약(heat prostration)
④ 열피로(heat exhaustion)

해설

열중독증
1) **열경련**(heat cramp)
   ① 고온환경에서 작업중이거나 작업 후 수시간 내에 발생한다.
   ② 주로 염분섭취의 제한이나 지나친 발한으로 인한 염분 손실과 관계된다.
   ③ 작업시 사용하는 근육(특히 팔, 다리, 복부)에 통증 있는 경련이 생긴다.
2) **열사병**(heat stroke) : 체온이 과도하게 상승할 때 생기는 급성의 의학적 응급상태이다.
3) **열발진**(heat rash) : 땀띠가 나는 것을 말한다.
4) **열피로**(heat exhaustion) : 주로 탈수 때문에 생기며 특징은 근육무력, 구역질 및 구토, 현기증, 실신 등이다.

29 인간-기계 시스템 평가에 사용되는 인간기준 척도 중에서 유형이 다른 것은?

① 심박수
② 안락감
③ 산소소비량
④ 뇌전위(EEG)

해설

인간기준 척도
1) **퍼포먼스 척도**(performance measure) : 빈도척도, 강도척도, 자연성척도, 지속성척도 등
2) **생리지표**
   ① 심장혈행지표 : 심박수, 혈합 등
   ② 호흡지표 : 호흡률, 산소소비량 등
   ③ 신경지표 : 뇌전위(EEG), 근육활동 등
   ④ 감각지표 : 시력, 눈 깜빡이는 속도, 청력 등
   ⑤ 혈액 화학지표 : 카테콜아민 등
3) **주관적 반응** : 의자의 안락감, 컴퓨터시스템의 사용편의성, 도구 손잡이 길이에 대한 선호도 등

30 인체의 피부와 허파로부터 하루에 600g의 수분이 증발될 때 열손실율은 약 얼마인가? (단, 37℃의 물 1g을 증발시키는데 필요한 에너지는 2410 J/g 이다.)

① 약 15 Watt
② 약 17 Watt
③ 약 19 Watt
④ 약 21 Watt

해설

열손실률 $= \dfrac{2410(\text{J/g}) \times \text{증발량(g)}}{\text{시간(sec)}}$

$= \dfrac{2410\text{J/g} \times 600\text{g}}{24\text{hr} \times \dfrac{3600\text{sec}}{1\text{hr}}}$

$= 16.74 ≒ 17(\text{J/sec} = \text{watt})$

31 톱사상 T를 일으키는 컷셋에 해당하는 것은?

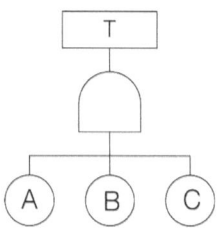

① {A}
② {A, B}
③ {B, C}
④ {A, B, C}

Answer ▶ 26. ② 27. ② 28. ① 29. ② 30. ② 31. ④

해설

컷셋을 구하는 방법 : AND gate는 가로로 나열시키고 OR rate는 세로로 나열시켜서 말단사상까지 진행시켜 나간다.

32 시스템 수명주기에서 FMEA가 적용되는 단계는?

① 개발단계
② 구상단계
③ 생산단계
④ 운전단계

해설

시스템 수명주기의 단계
1) **구상단계** : 시작단계
   ① PHA(예비사고분석) : 이용
   ② 리스크(위험)분석 시행
   ③ SSPP(시스템 안전프로그램계획)
2) **정의단계** : 예비설계와 생산기술을 확인하는 단계
3) **개발단계** : 정의단계에 환경적 충격, 생산기술, 운용연구 등을 포함시키는 단계
   ① OHA(운용위험분석)이용
   ② FMEA(고장의 형태 및 영향분석)과 관련된 신뢰 성공학 적용
4) **생산단계** : 생산이 시작되면 품질관리부서는 생산물을 검사하고 조사하는 역할을 함
5) **운전단계** : 시스템을 운전하는 단계

33 시스템에 영향을 미치는 모든 요소의 고장을 형태별로 분석하여 그 방향을 검토하는 시스템안전 분석기법은?

① FMEA
② PHA
③ HAZOP
④ FTA

해설

1) **FMEA**(고장의 형태와 영향분석) : 정성적, 귀납적 분석법
2) **PHA**(예비사고분석) : 최초단계분석, 정성적 분석
3) **HAZOP**(위험과 운전성연구) : 정성적 평가
4) **FTA**(결함수분석법) : 연역적, 정량적 분석

34 표와 관련된 시스템위험분석 기법으로 가장 적합한 것은?

프로그램 :				시스템 :				
#1 구성요소 명칭	#2 구성요소 위험방식	#3 시스템 작동방식	#4 서브시스템에서 위험영향	#5 서브시스템, 대표적 시스템 위험영향	#6 환경적 요인	#7 위험영향을 받을 수 있는 2차 요인	#8 위험수준	#9 위험관리

① 예비위험분석(PHA)
② 결함위험분석(FHA)
③ 운용위험분석(OHA)
④ 사상수분석(ETA)

해설

결함위험분석(FHA) : 서브시스템(sub system) 분석법

35 동작경제의 원칙에 해당하지 않는 것은?

① 가능하다면 낙하식 운반방법을 사용한다.
② 양손을 동시에 반대 방향으로 움직인다.
③ 자연스러운 리듬이 생기지 않도록 동작을 배치한다.
④ 양손으로 동시에 작업을 시작하고, 동시에 끝낸다.

해설

③항, 자연스러운 리듬이 생기도록 배치한다(동작이 자동적으로 이루어지는 순서로 한다.)

36 FT도에서 입력현상이 발생하여 어떤 일정 시간이 지속된 후 출력이 발생하는 것을 나타내는 게이트나 기호로 옳은 것은?

① 위험 지속 기호
② 조합 AND 게이트
③ 시간 단축 기호
④ 억제 게이트

해설

수정기호의 종류
1) **우선적 AND Gate** : 입력사상 가운데 어느 사상이 다른 사상보다 먼저 일어났을 때에 출력사상이 생긴다. 예를 들면 「A는 B보다 먼저」와 같이 기입한다.
2) **짜맞춤 AND Gate** : 3개 이상의 입력사상 가운데 어느 것이든 2개가 일어나면 출력사상이 생긴다. 예를 들면 「어느 것이든 2개」라고 기입한다.

Answer ➡ 32. ① 33. ① 34. ② 35. ③ 36. ①

3) 위험지속기호 : 입력사상이 생겨서 어느 일정시간 지속하였을 때에 출력사상이 생긴다. 예를 들면 「위험지속시간」과 같이 기입한다.
4) 배타적 OR Gate : OR Gate로 2개 이상의 입력이 동시에 존재할 때에는 출력사상이 생기지 않는다. 예를 들면 「동시에 발생하지 않는다」라고 기입한다.

37 FT도상에서 정상 사상 T의 발생 확률은? (단, 기본사상 ①, ②의 발생 확률은 각각 1×10^{-2} 과 2×10^{-2}이다.)

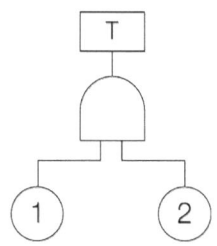

① 2×10^{-2}
② 2×10^{-4}
③ 2.98×10^{-2}
④ 2.98×10^{-4}

해설

$T = ① \times ②$
$= (1 \times 10^{-2}) \times (2 \times 10^{-2})$
$= 2 \times 10^{-4}$

38 사후 보전에 필요한 수리시간의 평균치를 나타내는 것은?

① MTTF
② MTBF
③ MDT
④ MTTR

해설

MTTR(Mean Time To Repair) : 평균수리시간(총수리 시간을 그 기간을 수리횟수로 나눈 시간)

39 안전 설계방법 중 페일세이프 설계(fail-safe design)에 대한 설명으로 가장 적절한 것은?

① 오류가 전혀 발생하지 않도록 설계
② 오류가 발생하기 어렵게 설계
③ 오류의 위험을 표시하는 설계
④ 오류가 발생하였더라도 피해를 최소화 하는 단계

해설

페일세이프 설계(fail-safe design) : 오류(실수)가 발생하더라도 피해(손해)를 최소화하는 설계

40 다음 중 음성 인식에서 이해도가 가장 좋은 것은?

① 음소
② 음절
③ 단어
④ 문장

해설

1) 음성용해도 : 음성 메세지를 정확하게 인지할 수 있는 정도를 말한다.
2) 일반적 상황에서는 문장의 이해도 가장 좋고 개별 단어는 이보다 낮으며 무의미 음절이 가장 나쁘다.

제3과목 건설시공학

41 철골공사에서의 용접작업 시 유의사항으로 옳지 않은 것은?

① 용접자세는 하향자세로 하는 것이 좋다.
② 수축량이 작은 부분부터 용접하고 수축량이 큰 부분은 최후에 용접한다.
③ 용접 전에 용접 모재 표면의 수분, 슬래그, 도료 등 용접에 지장을 주는 불순물을 제거한다.
④ 감전방지를 위해 안전홀더를 사용한다.

해설

②항, 수축량이 큰 부분부터 용접하고 수축량이 작은 부분을 최후에 용접한다.

42 역타공법(top-down method)과 관련된 내용으로 옳지 않은 것은?

① 지하굴착공사장에는 중장비 때문에 급배기환기시설이 필요하다.
② 기둥천공 시 슬라임 처리가 완벽해야 한다.
③ 한 현장에 지하연속벽과 강성이 다른 흙막이벽을 병행 조성하는 것이 안전상 유리하다.
④ 지하연속벽과 구조체와의 연결철근의 위치가 정확히 유지되어 있어야 한다.

Answer ● 37. ② 38. ④ 39. ④ 40. ④ 41. ② 42. ③

해설
1) ③항, 한 현장에 지하연속벽과 강성이 다른 흙막이벽을 병행 조성하는 것은 안전상 불리하다.
2) 용접할 소재는 용접열에 의해 수축변형이 생기고 또한 마무리 자리도 고려해야 되므로 차수에 여분을 두어야 한다.

43 숏크리트(shotcrete)공정이 필요한 공법은?

① 강재널말뚝 공법
② 엄지말뚝식 흙막이공법
③ 지하연속법 공법
④ 소일네일링 공법

해설
숏크리트(shotcrete)공법 : 압축공기로 모르타르 또는 콘크리트를 타설장소까지 강압적으로 뿜칠하여 시공하는 공법으로 「뿜칠콘크리트 공법」이라고도 한다.

44 공동도급(Join Venture)의 장점이 아닌 것은?

① 융자력 증대
② 공기 단축
③ 위험 분산
④ 기술 확충

해설
공동도급 : 2명 이상의 도급업자가 공동출자하여 기업체를 조직해서 협동으로 공사를 도급하는 방식
1) 장점
   ① 소자본으로 대규모 공사 도급이 가능
   ② 기술, 자본, 위험부담의 분산 및 감소
   ③ 기술의 확충, 강화 및 경험의 증대
   ④ 공사계획과 시공이행의 확실
2) 단점
   ① 각 업체의 업무 방식에서 오는 혼란
   ② 현장관리의 곤란
   ③ 일식도급보다 경비 증대

45 점토지반에 모래를 깔고 그 위에 성토에 의해 하중을 가하면 장기간 걸쳐 점토 중의 물이 샌드파일을 통하여 지상에 배수되어 지반을 압밀·강화시키는 공법은?

① 샌드드레인 공법
② 바이브로플로테이션 공법
③ 웰포인트 공법
④ 그라우팅 공법

해설
1) 샌드드레인 공법 : 점성토지반의 개량공법(탈수공법)
2) 사질토지반의 개량공법
   ① 바이브로플로테이션 공법
   ② 웰포인트 공법
   ③ 그라우팅 공법(고결안전공법)

46 굴착토사와 안정액 및 공수내의 혼합물을 드릴 파이프 내부를 통해 강제로 역순환시켜 지상으로 배출하는 공법으로 다음과 같은 특징이 있는 현장타설 콘크리트 말뚝공법은?

- 점토, 실토층 등에 적용한다.
- 시공심도는 통상 30~70m 까지로 한다.
- 시공직경은 0.9~3m 정도까지로 한다.

① 어스드릴공법
② 리버스서큘레이션공법
③ 뉴메틱케이슨공법
④ 심초공법

해설
리버스서큘레이션 말뚝공법(reverse circulation pile method)
1) 리버스서큘레이션 말뚝(reverse circulation pile) : 굴착구멍 내에 지하수위보다 2m 이상 높게 물을 채워 굴착벽면에 $2t/m^2$ 이상의 정수압에 의해 벽면붕괴를 방지하며 굴착한 후 형성시킨 제자리콘크리트 말뚝
2) 리버스서큘레이션의 특징
   ① 벤토나이트 용액으로 구멍벽이 무너지는 것을 방지하면서 굴착하므로 케이싱이 필요 없다.
   ② 점토, 실트층 등에 적용한다.
   ③ 시공심도는 통상 30~70m 정도까지로 한다. (최고 100~200mL가능)
   ④ 시공직경(0.9~3m)을 크게 할 수 있다.
   ⑤ 무진동, 무소음이다.
   ⑥ 단점 : 누수대책이 필요하고 조약돌 등의 토질은 굴착이 곤란하다.

47 거푸집공사의 부속자재에 대한 설명으로 옳지 않은 것은?

① 폼타이 – 거푸집의 간격을 유지하고 측압에 의해 벌어지는 것을 방지함
② 세퍼레이터 – 거푸집이 오그라드는 것을 방지하고 상호간의 간격을 유지시킴

Answer ➡ 43. ④ 44. ② 45. ① 46. ② 47. ④

③ 스페이서 – 슬래브와 벽체 등에 배근되는 철근이 거푸집에 밀착되는 것을 방지함
④ 인서트 – 바닥판, 보의 중앙부에 매립하여 처짐을 방지함

해설

1) **인서트**(insert) : 달대를 매달기 위해 사전에 배선시키는 수장철물
2) **파이프서포트**(pipe surport) : 바닥 거푸집을 지지하는데 쓰이는 철제기구

48 콘크리트 타설에 관한 설명 중 옳지 않은 것은?

① 부어넣기는 기둥(벽) → 보 → 슬래브 순으로 한다.
② 한 구획의 타설이 시작되면 콘크리트가 일체가 되도록 연속적으로 부어 넣는다.
③ 비비는 장소 또는 플로어호퍼에서 가까운 곳부터 부어 넣는다.
④ 콘크리트의 자유낙하 높이는 콘크리트가 분리되지 않도록 가능한 한 낮게 타설한다.

해설

③항, 비비기 장소 또는 플로어호퍼에서 먼 곳부터 부어 넣는다.

49 토공사에서 토량 변화율 L=1.3, C=0.8인 사질토를 가지고 성토하여 다진 후에 40,000m³를 만들기 위한 굴착 및 운반 토량은?

① 굴착토량 50,000m³, 운반토량 65,000m³
② 굴착토량 65,000m³, 운반토량 70,000m³
③ 굴착토량 70,000m³, 운반토량 75,000m³
④ 굴착토량 75,000m³, 운반토량 80,000m³

해설

1) 굴착토량 $= \dfrac{40,000}{0.8} = 50,000 \text{m}^3$

2) 운반토량 $= 40,000 \times \dfrac{L}{C}$
$= 40,000 \times \dfrac{1.3}{0.8}$
$= 65,000 \text{m}^3$

50 말뚝박기 기계인 디젤 해머(diesel hammer)에 대한 설명으로 옳지 않은 것은?

① 박는 속도가 빠르다.
② 타격음이 작다.
③ 타격에너지가 크다.
④ 운전이 용이하다.

해설

디젤해머(diesel hammer)말뚝박기
1) ①, ③, ④항
2) 타격소음이 크다.

51 건설공사 시공방식 중 직영공사의 장점에 속하지 않는 것은?

① 영리를 도외시한 확실성 있는 공사를 할 수 있다.
② 임기응변의 처리가 가능하다.
③ 공사기일이 단축된다.
④ 발주, 계약 등의 수속이 절검된다.

해설

1) 장점
   ① 도급공사의 입찰 및 계약의 번잡한 수속이나 감독상의 곤란, 경쟁의 피해 등을 피할 수 있다.
   ② 영리를 도외시한 확실성 있는 공사를 할 수 있다.
   ③ 계약에 구속되지 않고, 임기응변의 처리가 가능하다.
2) 단점
   ① 사무가 번잡해지고, 작업관리가 어려우며 공사기간이 지연되기 쉽다.
   ② 공사비가 증대될 우려가 있다. (가설재, 시공기계의 비경제성과 시공관리 능력 부족 등으로 경제상 불리)

52 T.S Bolt를 체결작업할 때의 유의사항으로 옳지 않은 것은?

① 부재와 부재의 접합면은 완전히 밀착되어야 한다.
② 용접과 볼트를 병행이음 할 경우에는 용접 완료 후에 체결한다.
③ 볼트의 표면온도가 250°C 이상일 경우 기계적 성질이 변할 수 있으므로 볼트 주변에서 용접 시 주의한다.
④ 1차 조임을 한 볼트의 본 체결은 2일 정도의 시간적 여유를 두고 나서 한다.

해설

본접합
1) 가조임볼트수 : 전 리벳수의 20~30% 또는 현장치기 리벳수의 1/5 이상을 표준으로 한다.
2) 본접합이 끝난 후 접합부와의 수직·수평으로 검사한 후 리벳치기를 한다.

53 토공사용 장비에 해당되지 않는 것은?

① 불도저(Bulldozer)
② 트럭 크레인(Truck crane)
③ 그레이더(Grader)
④ 스크레이퍼(Scraper)

해설

1) 토공사용 장비 : 불도저, 크레이더(토공용 정지기계), 스크레이퍼
2) 트럭크레인 : 이동식 크레인(화물인양작업 : 양중기)

54 고력볼트 접합에서 축부가 굵게 되어 있어 볼트 구멍에 빈틈이 남지 않도록 고안된 볼트는?

① TC볼트
② PI볼트
③ 그립볼트
④ 지압형 고장력볼트

해설

고장력볼트(고력볼트) : 접합부에 높은 강성과 강도를 얻기 위해 사용되는 고인장강도의 볼트

55 조강포틀랜드시멘트를 사용한 기둥에서 거푸집널 존치기간 중의 평균기온이 20℃ 이상인 경우 콘크리트의 재령이 최소 며칠 이상 경과하면 압축강도시험을 하지 않고 거푸집을 떼어낼 수 있는가?

① 2일   ② 3일
③ 4일   ④ 6일

해설

거푸집의 존치기강
1) 시멘트의 종류에 의한 거푸집 존치기간

부위		기초, 보옆, 기둥 및 벽		바닥 및 지붕 슬래브, 보 밑	
시멘트의 종류		포틀랜드 시멘트	조강포틀랜드 시멘트	포틀랜드 시멘트	조강포틀랜드 시멘트
콘크리트의 재령 (일)	평균 20℃ 이상	4	2	7	4
	평균 10~20℃ 미만	6	3	8	5
콘크리트의 압축강도		50kg/cm²		설계기준강도의 50%	

2) 평균 20℃ 이상인 경우 : 콘크리트 재령 2일(최소기준) 이상이면 거푸집을 해체할 수 있다.

56 재료분리를 일으키지 않고 타설, 다지기 등의 작업이 용이하게 될 수 있는 정도를 나타내는 굳지 않은 콘크리트의 성질을 말하는 것은?

① 워커빌리티   ② 피니셔빌리티
③ 펌퍼빌리티   ④ 플라스티시티

해설

굳지 않는 콘크리트의 성질
1) 워커빌리티(workability, 시공연도) : 반죽질기 여하에 따른 작업의 난이 정도를 나타낸다.
2) 컨시스턴시(consistency, 반죽질기, 유동성) : 물의 양에 따라 결정되는 반죽질기의 정도를 나타낸다.
3) 플라스티시티(plasticity, 성형성) : 콘크리트가 거푸집에 잘 채워질 수 있는지의 난이 정도를 나타낸다.
4) 피니시어빌리티(finishability, 마감성) : 도로포장 등에서 골재의 최대치수에 따르는 표면정리 난이 정도를 나타낸다.
5) 펌프어빌리티(pumpability, 압송성) : 펌프에서 콘크리트가 잘 밀려가는지의 난이 정도를 나타낸다.

57 네트워크 공정표에서 얻을 수 있는 정보가 아닌 것은?

① 작업방법과 능률의 파악
② 크리티컬 패스(critical path)와 중점작업의 파악
③ 작업순서와 상호관계의 파악
④ 작업변경이 있을 때 전체에 대한 영향의 파악

Answer ● 53. ② 54. ④ 55. ① 56. ① 57. ①

해설

1) 네트워크 공정표 : 공기단축 및 공사비 절감을 위한 공정표로 작업방법 및 능률 등은 파악할 수 없다.
2) network 공정표의 특징

장점	단점
1. 개개의 작업관련이 도시되어 있어 내용을 알기 쉽다.(작업의 상호관계가 명확)	1. 작성 및 검사에 특별한 기능이 요구된다. (기법에 대한 습득이 어렵다)
2. 작성자 이외의 사람도 이해하기 쉽다.	2. 공정계획의 작성에 많은 시간이 소요된다.
3. 공정계획 관리면에서 신뢰도가 높다.	3. 진척관리에 있어서 특별한 연구가 필요하다.
4. 공사진척상황을 쉽게 알 수 있다.	4. 작업의 세분화 정도에는 한계가 있다.
5. 계획단계에서 공정상의 문제점이 명확하게 되어 사전에 적절히 수행할 수 있다.	5. 효과적인 예산통제의 기능은 없다.

58 지반 개량 공법에 해당되지 않는 것은?

① 다짐법 ② 탈수법
③ 치환법 ④ 아일랜드 컷 공법

해설

아일랜드 컷 공법 : 흙파기 공법

59 돌 공사에서 건식공법의 장점이 아닌 것은?

① 동결, 백화현상이 없다.
② 고층건물에 유리하다.
③ 겨울철공사가 가능하다.
④ 구조체와의 긴결이 매우 쉬운 편이다.

해설

석재(石材)는 구조체와의 긴결이 어렵다(단점).

60 착공 단계에서 공사계획은 각 공사마다 고유의 여건에 맞게 수립되어야 한다. 공사 계획의 주요 내용이 아닌 것은?

① 공정표의 작성
② 실행예산의 편성
③ 원척도의 작성
④ 현장원의 편성

해설

시공계획의 내용 및 순서 : 1) 현장원 편성(가장 먼저 실시) → 2) 공정표 작성 → 3) 실행예산 편성 → 4) 하도급자의 선정 → 5) 가설준비물 결정 → 6) 재료선정 및 결정 → 7) 재해방지대책 및 의료대책

제4과목　건설재료학

61 각종 금속의 성질 및 사용법에 관한 설명으로 틀린 것은?

① 아연판은 철과 접촉하면 침식되므로 아연못을 사용한다.
② 동은 대기 중에서 내구성이 있으나 암모니아에 침식된다.
③ 연은 산과 알칼리에 강하므로 콘크리트에 직접 매설하여도 침식이 적다.
④ 동은 전연성이 풍부하므로 가공하기 쉽다.

해설

연(Pb, 납) : 산(염산, 황산, 농질산)에는 침해되지 않으나(묽은 질산에는 부동태 현상에 의해 녹는다) 알칼리에는 약하므로 콘크리트와 접촉되는 곳은 아스팔트 등으로 보호한다.

62 콘크리트용 골재에 요구되는 성질이 아닌 것은?

① 콘크리트의 유동성을 확보할 수 있도록 정방형의 입형과 적절한 입도일 것
② 물리적, 화학적으로 안정성을 가질 것
③ 시멘트 페이스트의 강도보다 강할 것
④ 유해한 물질을 함유하지 않을 것

해설

골재의 형태 : 표면이 거칠고 구형(球形)이나 입방체 가까운 것이 좋다.

Answer ● 58. ④　59. ④　60. ③　61. ③　62. ①

63 도료의 사용 용도에 관한 설명 중 틀린 것은?

① 아스팔트 페인트 : 방수, 방청, 전기절연용으로 사용
② 유성 바니쉬 : 내후성이 우수하여 외부용으로 사용
③ 징크로메이트 : 알루미늄판이나 아연철판의 초벌용으로 사용
④ 합성수지페인트 : 콘크리트나 플라스터면에 사용

해설
유성 바니시(oil varnish)
1) 유성 바니시 : 유용성수지를 건성유에 가열 용해하여 휘발성 용제로 희석한 것이다.
2) 일반적으로 유성페인트보다 내후성이 작아서 옥외에서는 별로 사용하지 않는다.
3) 목재부 도장에 사용한다.

64 플라스틱재료의 일반적인 성질에 대한 설명 중 옳은 것은?

① 산이나 알칼리, 염류 등에 대한 저항성이 약하다.
② 전기저항성이 불량하여 절연재료로 사용할 수 없다.
③ 내수성 및 내투습성이 좋지 않아 방수피막제 등으로 사용이 불가능하다.
④ 상호간 계면 접착이 잘되며 금속, 콘크리트, 목재, 유리 등 다른 재료에도 잘 부착된다.

해설
플라스틱의 성질
1) 내산성 및 내알칼리성, 내약품성 등이 우수하다.
2) 전기저항성이 커서 전기절연재료로 사용한다.
3) 내수성이 양호하여 방수재료로 사용한다.
4) 접착성이 우수하여 접착제로 사용한다.

65 아치벽돌, 원형벽체를 쌓는데 쓰이는 원형벽돌과 같이 형상, 치수가 규격에서 정한 바와 다른 벽돌로서 특수한 구조체에 사용될 목적으로 제조되는 것은?

① 오지벽돌 ② 이형벽돌
③ 포도벽돌 ④ 다공벽돌

해설
이형벽돌
1) 보통벽돌보다 형상, 치수가 규격에 정한 바와 다른 특이한 벽돌로서 특수한 형태의 구조체에 목적으로 만든 것이다.
2) 종류 : 홍예벽돌(아치벽돌), 원형벽돌, 둥근모벽돌, 팔모벽돌 등이 있다.

66 각종 접착제에 관한 설명으로 틀린 것은?

① 요소수지 접착제는 요소와 포름알데히드를 사용하여 만들며 목공용에 적당하다.
② 멜라민수지 접착제는 내수성이 우수하여 금속, 고무, 유리 등에 사용한다.
③ 실리콘수지 접착제는 내수성이 대단히 크고 전기절연성도 우수하여 유리섬유판, 가죽 등의 접합에 사용된다.
④ 에폭시수지 접착제는 내수성, 내약품성, 전기절연성이 모두 우수한 만능형 접착제이다.

해설
멜라민수지 접착제 : 액상 접착제로 내수성·내열성 등이 좋고 목재에 접착성이 우수하므로 내수합판 등의 접착제로 쓰인다.

67 콘크리트의 인장강도는 압축강도의 대략 얼마 정도인가?

① 동일하다.
② 약 1/3~1/5
③ 약 1/10~1/13
④ 약 1/30~1/35

해설
1) 콘크리트의 강도 : 표준양생을 한 재령 28일의 압축강도를 기준으로 한다.
  ① 인장강도 : 압축강도의 1/10~1/13
  ② 휨강도 : 압축강도의 1/5~1/8(인장강도의 1.6~2배)
  ③ 전단강도 : 압축강도의 1/4~1/6
2) 콘크리트 강도크기 순서 : 압축강도 > 전단강도 > 휨강도 > 인장강도

Answer ▶ 63. ② 64. ④ 65. ② 66. ② 67. ③

68 양모, 마사, 폐지 등을 원료로 하여 만든 원지에 연질의 스트레이트 아스팔트를 가열·용융시켜 충분히 흡수시킨 후 회전로에서 건조와 함께 두께를 조정하여 롤형으로 만든 것은?

① 아스팔트 루핑
② 알루미늄 루핑
③ 아스팔트 펠트
④ 개량 아스팔트 루핑

해설

아스팔트 펠트(asphalt felt)
1) 제조법 : 유기질 섬유인 양모, 마사, 목면, 폐지 등을 펠트(felt)상으로 만든 원지에 연질의 스트레이트 아스팔트를 침투시켜 롤러로 압착하여 제조한다.
2) 용도 : 아스팔트방수 중간층 재료, 내외벽 라스, 몰탈 바탕의 방수 및 방습재료로 사용된다.

69 점토제품에 대한 설명으로 틀린 것은?

① 습식제법이 건식제품에 비해 타일의 치수정밀도가 좋다.
② 도기질 제품으로 내장 타일이 있다.
③ 석기질 제품으로 클링커타일이 있다.
④ 외장타일은 습식제법으로 제조된다.

해설

건식타일 및 습식타일

명칭	성형 방법	제조가능한 형태	정밀도	용도
건식 타일	프레스 성형	보통타일 (간단한 형태)	치수·정밀도가 높고, 고능률이다.	내장타일 바닥타일 모자이크 타일
습식 타일	압출 성형	보통타일 (복잡한 형태도 가능)	프레스성형에 비해 정밀도가 낮다.	외장타일 바닥타일

70 납(Pb)에 대한 설명 중 틀린 것은?

① 방사선의 투과도 낮아 건축에서 방사선 차폐용 벽체에 이용된다.
② 비중이 11.4로 아주 크고 연질이며 전·연성이 크다.
③ 콘크리트 중에 매입할 경우 적당히 표면을 피복할 필요가 있다.
④ 증류수에 용해가 되지 않으며, 인체에도 무해하며 주로 수도관에 사용된다.

해설

납(Pb)
1. 비중(11.4)이 크고, 연질이며 전·연성이 크다.
2. 인장강도가 극히 작다(주물은 1.25kg/mm², 상온압연재는 1.7~2.3kg/mm²)
3. X선의 차효과가 크다(콘크리트의 100배 이상)
4. 공기 중에서 습기(H_2O)와 CO_2에 의하여 표면이 산화하여 $PbCO_3 \cdot Pb(OH)_2$의 염기성 탄산납을 만들어 내부를 보호한다.
5. 염산, 황산, 농질산 에는 침해되지 않으나 묽은질산에는 녹는다(부동태 현상).
6. 알칼리에 약하므로 콘크리트와 접촉되는 곳은 아스팔트 등으로 보호한다.

71 다음 재료 중 비강도(比强度)가 가장 높은 것은?

① 목재   ② 콘크리트
③ 강재   ④ 석재

해설

1) 비강도 = $\dfrac{강도}{비중}$

2) 비강도는 강도가 클수록 비중이 작을수록 즉 가벼울수록 커진다.

72 시멘트의 수화반응속도에 영향을 주는 요인으로 가장 거리가 먼 것은?

① 시멘트의 화학성분
② 골재의 강도
③ 분말도
④ 혼화재

해설

골재의 강도 : 수화반응속도에 영향을 주지 않는다.

73 보통 콘크리트용 쇄석의 원석으로 가장 부적당한 것은?

① 현무암   ② 안산암
③ 화강암   ④ 응회암

해설

응회암 : 화산회, 화산사 등이 퇴적 응고된 암석으로 흡수성이 크고 강도 및 내구성이 부족하여 콘크리트용 쇄석의 원석으로는 부적당하다.

74 감람석 또는 섬록암이 변질된 것으로, 색조는 암녹색 바탕에 흑백색의 아름다운 무늬가 있고, 경질이나 풍화성이 있어 외벽보다는 실내장식용으로 사용되는 석재는?

① 사문암　　② 대리석
③ 트래버틴　　④ 점판암

해설

사문암
1) **사문암** : 감람석 중에 포함되어 있는 철분이 변질된 것이다.
2) **성질 및 용도**
　① 색조는 암녹색 바탕에 흑백색의 아름다운 무늬가 있다.
　② 경질이나 풍화성이 있다.
　③ 외벽보다는 실내장식용으로 쓰인다.

75 폴리에스테르수지에 관한 설명 중 틀린 것은?

① 전기절연성이 우수하다.
② 도료, 파이프 등에 사용된다.
③ 건축용으로는 판상제품으로 주로 사용된다.
④ 불포화 폴리에스테르수지는 열가소성 수지이다.

해설

불포화폴리에스테르수지 : 열경화성 수지

76 다음 중 목재의 결점이 아닌 것은?

① 옹이　　② 도관
③ 껍질박이　　④ 지선

해설

목재의 도관 : 활엽수에만 있는 것으로 변재에서 수액의 운반 역할을 하는 세포이다.

77 철근콘크리트 구조용 골재로 해사를 사용할 경우 우선 조치하여야 할 사항은?

① 해사를 충분히 건조시킨 후 사용한다.
② 물 - 시멘트비를 증가시킨다.
③ 조골재를 많이 넣어 잔골재율을 낮춘다.
④ 해사를 충분히 물에 씻어 사용한다.

해설

해사 사용시 우선적 조치사항 : 물로 충분히 씻는다.

78 대기 중의 이산화탄소와 반응하여 경화하는 기경성 미장재료는?

① 돌로마이트 플라스터
② 시멘트 모르타르
③ 순석고 플라스터
④ 혼합석고 플라스터

해설

1) **기경성 미장재료** : 회반죽 및 회사벽, 돌로마이트 플라스틱, 진흙 등
2) **수경성 미장재료** : 시멘트모르타르, 순석고 등 혼합 석고 플라스터, 인조석 바름 등

79 콘크리트의 워커빌리티(workability)에 영향을 주는 요소가 아닌 것은?

① 시멘트의 성질
② 공기량
③ 혼합재료
④ 풍향

해설

워커빌리티에 영향을 주는 요인
1) 시멘트의 품질　　2) 시멘트의 양
3) 골재의 입도와 형상　　4) 단위수량
5) 배합 및 비빔　　6) 혼화재료 등

80 콘크리트의 혼화재료와 그 작용의 조합으로 틀린 것은?

① 염화칼슘 - 응결 경화 촉진
② 포졸란 - 시공연도 증진
③ 알루미늄 분말 - 발포, 경량
④ 슬래그 분말 - 초기강도 증진

해설

슬래그 분말 : 장기강도 증진

Answer ➡ 74. ① 75. ④ 76. ② 77. ④ 78. ① 79. ④ 80. ④

제5과목 건설안전기술

81 낙하·비래 재해 방지설비에 대한 설명으로 틀린 것은?

① 투하설비는 높이 10m 이상 되는 장소에서만 사용한다.
② 투하설비의 이음부는 충분히 겹쳐 설치한다.
③ 투하입구 부근에는 적정한 낙하방지설비를 설치한다.
④ 물체를 투하시에는 감시인을 배치한다.

해설
투하설비등(안전보건규칙 제15조) : 높이가 3m 이상인 장소로부터 물체를 투하하는 경우 적당한 투하설비를 설치하거나 감시인을 배치할 것

82 안전난간 설치시 발끝막이판은 바닥면으로부터 최소 얼마 이상의 높이를 유지해야 하는가?

① 5cm 이상 ② 10cm 이상
③ 15cm 이상 ④ 20cm 이상

해설
안전난간에 설치하는 발끝막이판의 높이 : 바닥면으로 부터 최소 10cm 이상

83 PC(Precast Concrete) 조립 시 안전대책으로 틀린 것은?

① 신호수를 지정한다.
② 인양 PC부재 아래에 근로자 출입을 금지한다.
③ 크레인에 PC부재를 달아 올린 채 주행한다.
④ 운전자는 PC부재를 달아 올린 채 운전대에서 이탈을 금지한다.

해설
크레인 주행시에는 PC부재 등 화물을 달아 올린채로 주행하지 않는다.

84 시스템 비계를 사용하여 비계를 구성하는 경우에 준수하여야 할 기준으로 틀린 것은?

① 수직재·수평재·가새재를 견고하게 연결하는 구조가 되도록 할 것
② 비계 밑단의 수직재와 받침철물은 밀착되도록 설치하고, 수직재와 받침철물의 연결부의 겹침길이는 받침철물 전체길이의 4분의 1 이상이 되도록 할 것
③ 수평재는 수직재와 직각으로 설치하여야 하며, 체결 후 흔들림이 없도록 견고하게 설치할 것
④ 수직재와 수직재의 연결철물은 이탈되지 않도록 견고한 구조로 할 것

해설
비계밑단의 수직재와 받침철물은 밀착되도록 설치하고, 수직재와 받침철물의 연결부의 겹침길이는 받침철물 전체길이의 1/3 이상이 되도록 할 것

85 굴착작업에 있어서 지반의 붕괴 또는 토석의 낙하에 의하여 근로자에게 위험을 미칠 우려가 있는 경우에 사전에 필요한 조치로 거리가 먼 것은?

① 인화성 가스의 농도 측정
② 방호망의 설치
③ 흙막이 지보공의 설치
④ 근로자의 출입금지 조치

해설
굴착작업시 지반의 붕괴 또는 토석의 낙하로 인한 위험방지 조치사항
1) 흙막이지보공 설치
2) 방호망 설치
3) 근로자의 출입금지

86 콘크리트 타설작업을 하는 경우의 준수사항으로 틀린 것은?

① 콘크리트 타설작업 중 이상이 있으면 작업을 중지하고 근로자를 대피시킬 것
② 콘크리트를 타설하는 경우에는 편심을 유발하여 콘크리트를 거푸집 내에 밀실하게 채울 것
③ 설계도서상의 콘크리트 양생기간을 준수하여 거푸집 동바리 등을 해체할 것
④ 콘크리트 타설작업 시 거푸집 붕괴의 위험이 발생할 우려가 있으면 충분한 보강조치를 할 것

Answer ➡ 81. ① 82. ② 83. ③ 84. ② 85. ① 86. ②

해설
②항, 콘크리트를 타설하는 경우에는 편심이 발생하지 않도록 골고루 분산하여 타설할 것

87 재해발생과 관련된 건설공사의 주요 특징으로 틀린 것은?

① 재해 강도가 높다.
② 추락재해의 비중이 높다.
③ 근로자의 직종이 매우 단순하다.
④ 작업 환경이 다양하다.

해설
건설공사의 주요특징
1) ①, ②, ④항
2) 재해발생형태가 다양하다.
3) 재해기인물이 매우 복잡하다.
4) 복합적인 재해가 동시에 자주 발생한다.

88 암반사면의 파괴 형태가 아닌 것은?

① 평면파괴
② 압축파괴
③ 쐐기파괴
④ 전도파괴

해설
암반사면의 파괴형태 : 평면파괴, 전도파괴, 쐐기파괴 등

89 철근 콘크리트 공사에서 슬래브에 대하여 거푸집동바리를 설치할 때 고려해야 할 사항으로 가장 거리가 먼 것은?

① 철근콘크리트의 고정하중
② 타설시의 충격하중
③ 콘크리트의 측압에 의한 하중
④ 작업인원과 장비에 의한 하중

해설
1) 슬래브(slab)에 대한 거푸집동바리 설치시 고려해야 할 하중 : 연직방향하중
2) 거푸집의 연직방향하중(W)
∴ W = 고정하중 + 충격하중 + 작업하중
= 고정하중 + 활하중(= 충격하중 + 작업하중)
① 고정하중 : 콘크리트 자중(= 철근콘크리트 비중 × 슬래브 두께)
② 충격하중 : 고정하중 × 1/2
③ 작업하중 : 작업원 중량 + 장비 및 가설설비 등의 중량 = 150kg/m²

90 강관비계를 설치하는 경우 첫 번째 띠장의 설치 기준은?

① 지상으로부터 1m 이하
② 지상으로부터 2m 이하
③ 지상으로부터 3m 이하
④ 지상으로부터 4m 이하

해설
강관비계의 구조
1) 비계기둥의 간격은 띠장방향에서는 1.85m 이하, 장선방향에서는 1.5m 이하로 할 것
2) 띠장간격은 2.0m 이하로 할 것
3) 비계기둥의 최고부로부터 31m 되는 지점 밑부분의 비계기둥은 2본의 강관으로 묶어올 것(브라켓 등으로 보강하여 그 이상의 강도가 유지되는 경우에는 그러하지 아니하다)
4) 비계기둥 간의 적재하중은 400kg을 초과하지 아니하도록 할 것

91 비계의 높이가 2m 이상인 작업장소에 설치하는 작업발판의 최소폭 기준은? (단, 달비계, 달대비계 및 말비계는 제외)

① 30cm 이상
② 40cm 이상
③ 50cm 이상
④ 60cm 이상

해설
작업발판의 구조
1) 작업발판의 폭은 40cm 이상, 발판재료의 틈은 3cm 이하로 할 것
2) 추락의 위험이 있는 장소에는 안전난간을 설치할 것
3) 작업발판재료는 2이상의 지지물에 연결하거나 고정시킬 것

92 철골구조물의 건립 순서를 계획할 때 일반적인 주의사항으로 틀린 것은?

① 현장건립 순서와 공장제작 순서를 일치시킨다.
② 건립기계의 작업반경과 진행방향을 고려하여 조립 순서를 결정한다.
③ 건립 중 가볼트 체결기간을 가급적 길게 하여 안정을 기한다.
④ 연속기둥 설치시 기둥을 2개 세우면 기둥 사이의 보도 동시에 설치하도록 한다.

해설
가볼트 체결기간 : 가급적 짧게 할 것

Answer ▶ 87. ③ 88. ② 89. ③ 90. ② 91. ② 92. ③

93 흙의 동상방지 대책으로 틀린 것은?

① 동결되지 않는 흙으로 치환하는 방법
② 흙속의 단열재료를 매입하는 방법
③ 지표의 흙을 화학약품으로 처리하는 방법
④ 세립토층을 설치하여 모관수의 상승을 촉진시키는 방법

해설
흙의 동상방지대책
1) 지표의 흙을 화학약품으로 처리한다.
2) 지하수위를 저하시킨다.
3) 동결깊이 상부의 흙을 동결이 잘되지 않는 재료로 치환한다.
4) 단열재료를 삽입한다.
5) 보온시공을 한다.

94 강관비계의 구조에서 비계기둥 간의 적재하중 기준으로 옳은 것은?

① 200kg 이하   ② 300kg 이하
③ 400kg 이하   ④ 500kg 이하

해설
강관비계의 비계기둥 간의 적재하중 : 400kg을 초과하지 아니하도록 할 것

95 철골공사 작업 중 작업을 중지해야 하는 기후조건의 기준으로 옳은 것은?

① 풍속 : 10m/sec 이상, 강우량 : 1mm/h 이상
② 풍속 : 5m/sec 이상, 강우량 : 1mm/h 이상
③ 풍속 : 10m/sec 이상, 강우량 : 2mm/h 이상
④ 풍속 : 5m/sec 이상, 강우량 : 2mm/h 이상

해설
철골작업을 중지해야하는 기상조건
1) 풍속 : 10m/sec 이상
2) 강우량 : 1mm/hr 이상
3) 강설량 : 1cm/hr 이상

96 개착식 굴착공사(Open cut)에서 설치하는 계측기기와 거리가 먼 것은?

① 수위계   ② 경사계
③ 응력계   ④ 내공변위계

해설
깊이 10.5m 이상의 굴착시 설치해야 할 계측기기
1) 수위계   2) 경사계
3) 하중 및 침하계   4) 응력계

97 달비계 또는 높이 5m 이상의 비계를 조립·해체하거나 변경하는 작업 시 준수사항으로 틀린 것은?

① 근로자가 관리감독자의 지휘에 따라 작업하도록 할 것
② 비, 눈, 그 밖의 기상상태의 불안정으로 날씨가 몹시 나쁜 경우에는 그 작업을 중지시킬 것
③ 비계재료의 연결·해체작업을 하는 경우에는 폭 20cm이상의 발판을 설치할 것
④ 강관비계 또는 통나무비계를 조립하는 경우 외줄로 구성하는 것을 원칙으로 할 것

해설
강관비계 또는 통나무비계 : 외줄비계, 쌍줄비계 또는 돌출비계로 구성할 것

98 양중기의 와이어로프 등 달기구의 안전계수 기준으로 옳은 것은? (단, 화물의 하중을 직접 지지하는 달기와이어로프 또는 달기체인의 경우)

① 3 이상   ② 4 이상
③ 5 이상   ④ 6 이상

해설
양중기의 와이어로프 또는 달기체인(고리걸이용 포함)의 안전계수

∴ 안전계수 = $\dfrac{절단하중}{최대사용하중(허용하중)}$

1) 근로자가 탑승하는 운반구를 지지하는 경우 : 10 이상
2) 화물의 하중을 직접 지지하는 경우 : 5 이상
3) 훅, 샤클, 클램프, 리프팅 빔의 경우 : 3 이상
4) 그 밖의 경우 : 4 이상

99 토사붕괴의 내적 원인에 해당하는 것은?

① 토석의 강도 저하
② 절토 및 성토 높이의 증가
③ 사면법면의 경사 및 기울기 증가
④ 지표수 및 지하수의 침투에 의한 토사 중량 증가

Answer ◐ 93. ④ 94. ③ 95. ① 96. ④ 97. ④ 98. ③ 99. ①

해설

토사붕괴의 원인(고용노동부고시)
1) 외적요인
   ① 사면, 법면의 경사 및 구배의 증가
   ② 절토 및 성토 높이의 증가
   ③ 공사에 의한 진동 및 반복하중의 증가
   ④ 지표수 및 지하수의 침투에 의한 토사중량 증가
   ⑤ 지진, 차량, 구조물의 하중
2) 내적요인
   ① 절토사면의 토질, 암석
   ② 성토사면의 토질
   ③ 토석의 강도저하

100 다음 건설기계의 명칭과 각 용도가 옳게 연결된 것은?

① 드래그라인 – 암반굴착
② 드래그쇼벨 – 흙 운반작업
③ 클램쉘 – 정지작업
④ 파워쇼벨 – 지반면보다 높은 곳의 흙파기

해설

1) **드래그라인** : 연약지반굴착
2) **드래그쇼벨(백호우)** : 중기가 위치한 지반보다 낮은 곳 굴착
3) **클램쉘** : 좁은 곳 굴착, 수중굴착 등

Answer ● 100. ④

2023년 제2회 건설안전산업기사 CBT 복원 기출문제

제1과목 산업안전관리론

01 다음 중 산업안전보건법령상 안전인증대상 보호구의 안전인증제품에 안전인증 표시 외에 표시하여야 할 사항과 가장 거리가 먼 것은?
① 안전인증 번호
② 형식 또는 모델명
③ 제조번호 및 제조연월
④ 물리적, 화학적 성능기준

해설
안전인증 제품의 표시사항
1) 형식 또는 모델명
2) 규격 또는 등급 등
3) 제조자명
4) 제조번호 및 제조연월
5) 안전인증 번호

02 도수율이 13.0, 강도율 1.20인 사업장이 있다. 이 사업장의 환산도수율은 얼마인가? (단, 이 사업장 근로자의 평생근로시간은 10만 시간으로 가정한다.)
① 1.3
② 10.8
③ 12.0
④ 92.3

해설
환산도수율 = $\dfrac{도수율}{10} = \dfrac{13.0}{10} = 1.3$

03 다음 중 사고예방대책 제5단계의 "시정책의 적용"에서 3E와 관계가 없는 것은?
① 교육(Education)
② 재정(Economics)
③ 기술(Engineering)
④ 관리(Enforcement)

해설
3E : Education(교육), Engineering(기술), Enforcement(독려, 관리)

04 다음 중 조건반사설에 의거한 학습이론의 원리가 아닌 것은?
① 강도의 원리
② 일관성의 원리
③ 계속성의 원리
④ 시행착오의 원리

해설
조건반사설에 의한 학습이론의 원리
1) **시간의 원리** : 조건자극(종소리)이 무조건자극(음식물)보다 시간적으로 동시 또는 조금 앞서서 주어야만 조건화, 즉 시 강화가 잘 된다는 원리이다.
2) **강도의 원리** : 조건 반사적인 행동이 이루어지려면 먼저 준 자극의 정도에 비해 적어도 같거나 그보다 강한 자극을 주어야 바람직한 결과를 낳게 된다.
3) **일관성의 원리** : 조건자극은 일관된 자극물을 사용하여야 한다는 원리이다.
4) **계속성의 원리** : 자극과 반응과의 관계를 반복하여 횟수를 거듭할수록 조건화가 잘 형성된다는 원리이다.

05 어떤 상황의 판단 능력과 사실의 분석 및 문제의 해결 능력을 키우기 위하여 먼저 사례를 조사하고, 문제적 사실들과 그의 상호 관계에 대하여 검토하고, 대책을 토의하도록 하는 교육기법은 무엇인가?
① 심포지엄(symposium)
② 로울 플레잉(role playing)
③ 케이스 메소드(case method)
④ 패널 디스커션(panel discussion)

해설
사례연구법(case method) : 먼저 사례를 제시하고 문제가 되는 사실들과 그의 상호관계에 대해서 검토하며, 대책을 토의하는 방식으로 토의법을 응용한 교육기법

Answer 01. ④ 02. ① 03. ② 04. ④ 05. ③

06 다음 중 재해 예방의 4원칙에 해당하지 않는 것은?

① 예방 가능의 원칙
② 손실 우연의 원칙
③ 원인 계기의 원칙
④ 선취 해결의 원칙

해설
재해예방의 4원칙
1) ①, ②, ③항
2) 대책선정의 원칙

07 다음 중 산업안전보건법령상 자율안전확인 대상에 해당하는 방호장치는?

① 압력용기 압력방출용 파열판
② 보일러 압력방출용 안전밸브
③ 교류 아크용접기용 자동전격방지기
④ 방폭구조(防爆構造) 전기기계 · 기구 및 부품

해설
안전인증 및 자율안전확인 대상 방호장치

안전인증대상 방호장치	자율안전확인대상 방호장치
① 프레스 및 전단기 방호장치 ② 양중기용 과부하 방지장치 ③ 보일러 압력방출용 안전밸브 ④ 압력용기 압력방출용 안전밸브 ⑤ 압력용기 압력방출용 파열판 ⑥ 절연용 방호구 및 활선작업용 기구 ⑦ 방폭구조 전기기계 · 기구 및 부품 ⑧ 추락 · 낙하 및 붕괴 등의 위험방호에 필요한 가설기자재로서 고용노동부장관이 정하여 고시하는 것	① 아세틸렌 용접장치용 또는 가스집합용접 장치용 안전기 ② 교류아크 용접기용 자동전격방지기 ③ 롤러기 : 급정지장치 ④ 연삭기 덮개 ⑤ 목재가공용 둥근 톱 반발예방장치 및 날접촉예방장치 ⑥ 동력식 수동 대패용 칼날 접촉방지장치 ⑦ 추락 · 낙하 및 붕괴 등의 위험방지 · 보호에 필요한 가설기자재(고용노동부고시)

08 다음 중 안전교육의 종류에 포함되지 않는 것은?

① 태도교육　② 지식교육
③ 직무교육　④ 기능교육

해설
안전교육의 3단계
1) 1단계 : 지식교육
2) 2단계 : 기능교육
3) 3단계 : 태도교육

09 인간의 특성에 관한 측정검사에 대한 과학적 타당성을 갖기 위하여 반드시 구비해야 할 조건에 해당되지 않는 것은?

① 주관성　② 신뢰도
③ 타당도　④ 표준화

해설
인간특성에 대한 측정검사의 구비조건
1) 객관성　2) 신뢰도
3) 타당도　4) 표준화
5) 규준(norms)

10 다음 중 산업안전보건법령상 특별안전 · 보건교육의 대상 작업에 해당하지 않는 것은?

① 석면해체 · 제거작업
② 밀폐된 장소에서 하는 용접작업
③ 화학설비 취급품의 검수 · 확인 작업
④ 2m 이상의 콘크리트 인공구조물의 해체 작업

해설
특별안전 · 보건교육 대상 작업별 교육내용(시행규칙 별표 5)

11 다음 중 산업안전보건법령상 안전보건개선 계획서에 반드시 포함되어야 할 사항과 가장 거리가 먼 것은?

① 안전 · 보건교육
② 안전 · 보건관리체제
③ 근로자 채용 및 배치에 관한 사항
④ 산업재해예방 및 작업환경의 개선을 위하여 필요한 사항

해설
안전보건개선계획서에 포함되는 내용
1) 시설
2) 안전 · 보건관리체제
3) 안전 · 보건교육
4) 산업재해예방 및 작업환경의 개선을 위해서 필요한 사항

Answer ➡ 06. ④　07. ③　08. ③　09. ①　10. ③　11. ③

12 다음 중 인간의 행동 변화에 있어 가장 변화시키기 어려운 것은?

① 지식의 변화
② 집단의 행동 변화
③ 개인의 태도 변화
④ 개인의 행동 변화

해설

인간행동변화의 4단계
1) 1단계 : 지식의 변화
2) 2단계 : 태도의 변화
3) 3단계 : 개인행동의 변화
4) 4단계 : 집단 또는 조직에 대한 행동의 변화

13 산업안전보건법령상 안전·보건표지에 사용하는 색채 가운데 비상구 및 피난소, 사람 또는 차량의 통행표지 등에 사용하는 색채는?

① 흰색
② 녹색
③ 노란색
④ 파란색

해설

안전표지의 색채·색도기준 및 용도(시행규칙 별표8)

색채	색도기준	용도	사용예
빨간색	7.5R 4/14	금지	정지신호, 소화설비 및 그 장소, 유해행위 금지
		경고	화학물질 취급장소에서의 유해·위험경고
노란색	5Y 8.5/12	경고	화학물질 취급장소에서의 유해·위험 경고, 그 밖의 위험 경고, 주의표지 또는 기계 방호물
파란색	2.5PB 4/10	지시	특정 행위의 지시 및 사실의 고지
녹색	2.5G 4/10	안내	비상구 및 피난소, 사람 또는 차량의 통행표지
흰색	N 9.5		파란색 또는 녹색에 대한 보조색
검은색	N 0.5		문자 및 빨간색 또는 노란색에 대한 보조색

14 다음 중 타박, 충돌, 추락 등으로 피부 표면보다는 피하조직 등 근육부를 다친 상해를 무엇이라 하는가?

① 골절
② 자상
③ 부종
④ 좌상

해설

1) **골절** : 뼈가 부러진 상해
2) **자상(찔림)** : 칼날 등 날카로운 물건에 찔린 상해
3) **부종** : 국부의 혈액순환 이상으로 몸이 퉁퉁 부어오르는 상해
4) **좌상** : 본문 설명

15 앞에 실시한 학습의 효과는 뒤에 실시하는 새로운 학습에 직접 또는 간접으로 영향을 주는데 이러한 현상을 전이(轉移, transfer)라 한다. 다음 중 전이의 조건이 아닌 것은?

① 학습자료의 유사성 요인
② 학습 평가자의 지식 요인
③ 선행학습정도의 요인
④ 학습자의 태도 요인

해설

학습전이의 조건
1) **학습정도의 요인** : 선행학습의 정도에 따라 전이의 기능 정도가 다르다.
2) **유사성의 요인** : 선행학습과 후행학습에 유사성이 있어야 한다는 것으로 자극의 유사성, 반응의 유사성, 원리의 유사성이 있다.
3) **시간적 간격의 요인** : 선행학습과 후행학습의 시간간격에 따라 전이의 효과가 다르다.
4) **학습자의 지능요인** : 학습자의 지능정도에 따라 전이효과가 달라진다.
5) **학습자의 태도요인** : 학습자의 주의력 및 능력, 특히 태도에 따라 전이의 정도가 다르다.

16 다음 중 매슬로우(Maslow)의 욕구위계이론 5단계를 올바르게 나열한 것은?

① 생리적 욕구 → 안전의 욕구 → 사회적 욕구 → 존경의 욕구 → 자아 실현의 욕구
② 생리적 욕구 → 안전의 욕구 → 사회적 욕구 → 자아 실현의 욕구 → 존경의 욕구
③ 안전의 욕구 → 생리적 욕구 → 사회적 욕구 → 자아 실현의 욕구 → 존경의 욕구
④ 안전의 욕구 → 생리적 욕구 → 사회적 욕구 → 존경의 욕구 → 자아 실현의 욕구

Answer ● 12. ② 13. ② 14. ④ 15. ② 16. ①

해설

매슬로우(Maslow)의 욕구 5단계
1) 1단계 – 생리적 욕구(신체적 욕구) : 기아, 갈등, 호흡, 배설, 성욕 등 기본적 욕구
2) 2단계 – 안전의 욕구 : 안전을 구하려는 욕구
3) 3단계 – 사회적 욕구(친화욕구) : 애정, 소속에 대한 욕구
4) 4단계 – 인정받으려는 욕구(자기존경의 욕구, 승인욕구) : 자존심, 명예, 성취, 지위 등에 대한 욕구
5) 5단계 – 자아실현의 욕구(성취욕구) : 잠재적인 능력을 실현하고자 하는 욕구

17 다음 중 리더십(leadership)의 특성으로 볼 수 없는 것은?

① 민주주의적 지휘 형태
② 부하와의 넓은 사회적 간격
③ 밑으로부터의 동의에 의한 권한 부여
④ 개인적 영향에 의한 부하와의 관계 유지

해설
②항, 부하와의 좁은 사회적 간격

18 다음 중 리스크 테이킹(risk taking)의 빈도가 가장 높은 사람은?

① 안전지식이 부족한 사람
② 안전기능이 미숙한 사람
③ 안전태도가 불량한 사람
④ 신체적 결함이 있는 사람

해설

리스크 테이킹(risk taking)
1) 리스크 테이킹 : 객관적인 위험을 자기 나름대로 판정해서 의지결정을 하고 행동에 옮기는 것을 말한다.
2) 안전태도가 양호한 자는 리스크 테이킹의 정도가 적고, 같은 수준의 안전태도에서도 작업의 달성 동기, 성격, 능률 등 각종 요인의 영향에 의해 리스크 테이킹의 정도가 변하게 된다.

19 무재해운동의 추진기법 중 "지적·확인"이 불안전 행동 방지에 효과가 있는 이유와 가장 거리가 먼 것은?

① 긴장된 의식의 이완
② 대상에 대한 집중력의 향상
③ 자신과 대상의 결합도 증대
④ 인지(cognition)확률의 향상

해설
①항, 이완된 의식의 긴장

20 다음 중 기업의 산업재해에 대한 과거와 현재의 안전성적을 비교, 평가한 점수로 안전관리의 수행도를 평가하는데 유용한 것은?

① safe – T – score
② 평균강도율
③ 종합재해지수
④ 안전활동률

해설

1) Safe T. Score
$$= \frac{(현재)빈도율 - (과거)빈도율}{\sqrt{\frac{(과거)빈도율}{근로총시간수} \times 10^6}}$$

2) 판정기준
① +2.0 이상 : 과거보다 심각하게 나빠짐
② +2.0 ~ -2.0 : 심각한 차이 없음
③ -2.0 이하 : 과거보다 좋아짐

제2과목 인간공학 및 시스템안전공학

21 다음 중 작업장에서 구성요소를 배치하는 인간 공학적 원칙과 가장 거리가 먼 것은?

① 선입선출의 원칙
② 사용빈도의 원칙
③ 중요도의 원칙
④ 기능성의 원칙

해설

부품배치의 4원칙(작업장에서 구성요소를 배치하는 인간공학적 원칙)
1) 중요성의 원칙
2) 사용빈도의 원칙
3) 기능별 배치의 원칙
4) 사용 순서의 원칙

Answer ➡ 17. ② 18. ③ 19. ① 20. ① 21. ①

22 크기가 다른 복수의 조종장치를 촉감으로 구별할 수 있도록 설계할 때 구별이 가능한 최소의 직경 차이와 최소의 두께 차이로 가장 적합한 것은?

① 직경 차이 : 0.95cm, 두께 차이 : 0.95cm
② 직경 차이 : 1.3cm, 두께 차이 : 0.95cm
③ 직경 차이 : 0.95cm, 두께 차이 : 1.3cm
④ 직경 차이 : 1.3cm, 두께 차이 : 1.3cm

해설
1) 촉감으로 구별할 수 있는 최소 직경 차이 : 1.3cm(13mm)
2) 촉감으로 구별할 수 있는 최소 두께 차이 : 0.95cm(9.5mm)

23 다음 중 시각적 표시장치에 있어 성격이 다른 것은?

① 디지털 온도계
② 자동차 속도계기판
③ 교통신호등의 좌회전 신호
④ 은행의 대기인원 표시등

해설
디지털(digital)형
1) 디지털온도계
2) 자동차 속도계기판
3) 은행의 대기인원표시등

24 서서하는 작업의 작업대 높이에 대한 설명으로 틀린 것은?

① 경작업의 경우 팔꿈치 높이보다 5~10cm 낮게 한다.
② 중작업의 경우 팔꿈치 높이보다 10~20cm 낮게 한다.
③ 정밀작업의 경우 팔꿈치 높이보다 약간 높게 한다.
④ 부피가 큰 작업물을 취급하는 경우 최대치 설계를 기본으로 한다.

해설
부피가 큰 작업물 취급 : 최소치 설계

25 인간공학의 주된 연구 목적과 가장 거리가 먼 것은?

① 제품품질 향상
② 작업의 안전성 향상
③ 작업환경의 쾌적성 향상
④ 기계조작의 능률성 향상

해설
인간공학의 목적
1) 첫째 : 안전성 향상
2) 둘째 : 기계조작의 능률성과 생산성 향상
3) 셋째 : 환경의 쾌적성 향상

26 동전던지기에서 앞면이 나올 확률 P(앞)=0.9이고, 뒷면이 나올 확률 P(뒤)=0.1일 때, 앞면과 뒷면이 나올 사건 각각의 정보량은?

① 앞면 : 0.10bit, 뒷면 : 3.32bit
② 앞면 : 0.15bit, 뒷면 : 3.32bit
③ 앞면 : 0.10bit, 뒷면 : 3.52bit
④ 앞면 : 0.15bit, 뒷면 : 3.52bit

해설
1) 앞면이 나올 정보량(H_1)
$$H_1 = \log_2\left(\frac{1}{P}\right) = \log_2\left(\frac{1}{0.9}\right) = 0.15\,bit$$
2) 뒷면이 나올 정보량(H_2)
$$H_2 = \log_2\left(\frac{1}{0.1}\right) = 3.32\,bit$$

27 소음을 측정하는 단위는?

① 데시벨(dB)   ② 지멘스(S)
③ 루멘(lumen)   ④ 거스트(Gust)

해설
소음의 단위 : dB(데시벨), phon, sone 등

28 FTA에서 사용되는 논리게이트 중 여러 개의 입력 사상이 정해진 순서에 따라 순자적으로 발생해야만 결과가 출력되는 것은?

① 억제 게이트
② 우선적 AND 게이트

Answer ➡ 22. ② 23. ③ 24. ④ 25. ① 26. ② 27. ① 28. ②

③ 배타적 OR 게이트
④ 조합 AND 게이트

해설

수정기호의 종류
1) 우선적 AND Gate : 입력사상 가운데 어느 사상이 다른 사상보다 먼저 일어났을 때에 출력사상이 생긴다. 예를 들면 「A는 B보다 먼저」와 같이 기입
2) 짜맞춤 AND Gate : 3개 이상의 입력사상 가운데 어느 것이든 2개가 일어나면 출력사상이 생긴다. 예를 들면 「어느 것이든 2개」라고 기입
3) 위험지속기호 : 입력사상이 생겨서 어느 일정시간 지속하였을 때에 출력사상이 생긴다. 예를 들면 「위험지속시간」과 같이 기입
4) 배타적 OR Gate : OR Gate로 2개 이상의 입력이 동시에 존재할 때에는 출력사상이 생기지 않는다. 예를 들면 「동시에 발생하지 않는다」라고 기입

29 인체의 동작 유형 중 굽혔던 팔꿈치를 펴는 동작을 나타내는 용어는?

① 내전(adduction)
② 회내(pronation)
③ 굴곡(flexion)
④ 신전(extension)

해설

신체부위의 동작
1) 굴곡(flexion) : 부위 간의 각도 감소
2) 신전(extension) : 부위 간의 각도 증가
3) 외전(abduction) : 몸의 중심선으로부터의 이동
4) 내전(adduction) : 몸의 중심선으로의 이동
5) 외선(lateral rotation) : 몸의 중심선으로부터의 회전
6) 내선(medial rotation) : 몸의 중심선으로의 회전

30 다음 중 시스템 내의 위험요소가 어떤 상태에 있는가를 정성적으로 분석·평가하는 가장 첫 번째 단계에 실시하는 위험분석기법은?

① 결함수분석
② 예비위험분석
③ 결함위험분석
④ 운용위험분석

해설

예비위험분석(PHA)
1) 최초단계(구상단계, 설계단계)에 실시
2) 위험상태를 정성적으로 평가하는 안전해석 기법

31 FT도에서 정상사상 A의 발생확률은? (단, 기본 사상 ①과 ②의 발생확률은 각각 2×10^{-3}/h, 3×10^{-2}/h 이다.)

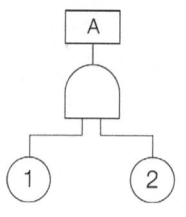

① 5×10^{-5}/h
② 6×10^{-5}/h
③ 5×10^{-6}/h
④ 6×10^{-6}/h

해설

$A = ① \times ②$
$= (2 \times 10^{-3}) \times (3 \times 10^{-2})$
$= 6 \times 10^{-5}$/h

32 종이의 반사율이 50%이고, 종이상의 글자 반사율이 10%일 때 종이에 의한 글자의 대비는 얼마인가?

① 10%
② 40%
③ 60%
④ 80%

해설

대비 $= \dfrac{L_b - L_t}{L_b} \times 100 = \dfrac{50 - 10}{50} \times 100 = 80\%$

길잡이
1) L_b (배경의 광속 발산도) : 종이 반사율
2) L_t (표적의 광속 발산도) : 글자 반사율

33 다음 중 인간-기계 인터페이스(human-machine interface)의 조화성과 가장 거리가 먼 것은?

① 인지적 조화성
② 신체적 조화성
③ 통계적 조화성
④ 감성적 조화성

해설

인간·기계 계면(interface)의 조화성
1) 인지적 조화성
2) 신체적 조화성
3) 감성적 조화성

Answer ➡ 29. ④ 30. ② 31. ② 32. ④ 33. ③

34 눈의 피로를 줄이기 위해 VDT 화면과 종이문서 간의 밝기의 비는 최대 얼마를 넘지 않도록 하는가?

① 1 : 20 ② 1 : 5
③ 1 : 10 ④ 1 : 30

해설

VDT 화면 : 종이문서의 밝기의 비 = 1 : 10

35 시스템의 성능 저하가 인원의 부상이나 시스템 전체에 중대한 손해를 입히지 않고 제어가 가능한 상태의 위험 강도는?

① 범주 1 : 파국적   ② 범주 2 : 위기적
③ 범주 3 : 한계적   ④ 범주 4 : 무시

해설

위험성 분류

구분	내용	
	인원	시스템
범주-1 : 파국적	사망·중상	중대손상
범주-2 : 위기적(위험)	상해 발생	손해 발생(즉시 시정조치 필요)
범주-3 : 한계적	상해 없음	손해 없음(배제 또는 제어 가능)
범주-4 : 무시	상해에 이르지 않음	손해에 이르지 않음

36 다음 중 귀의 구조에서 고막에 가해지는 미세한 압력의 변화를 증폭하는 곳은?

① 외이(Outer Ear)
② 중이(Middle Ear)
③ 내이(Inner Ear)
④ 달팽이관(Cochlea)

해설

귀의 구조
1) 외이 : 귓바퀴(소리모음), 외이도(소리 이동경로)
2) 중이
  ① 고막 : 소리에 의해 최초로 진동하는 얇은 막
  ② 청소골 : 고막의 소리를 증폭시켜 내이로 전달
3) 내이 : 달팽이관, 전정기관, 반고리관

37 다음 중 단순반복 작업으로 인한 질환의 발생 부위가 다른 것은?

① 요부염좌
② 수완진동증후군
③ 수근관증후군
④ 결절종

해설

1) **요부염좌(허리)** : 무거운 물건을 들거나 기타 사고 등으로 허리에 압력을 받아서 접질린 상태
2) **수완진동 증후군(손)** : 손과 팔에 진동에 의해서 나타나는 질환
3) **수근관 증후군(손)** : 수근관(손목 앞쪽의 작은 통로)이 좁아지면 여기를 통과하는 정중신경이 눌려서 이상증상이 나타나는 질환
4) **결절종(손)** : 손에 발생하는 종양

38 어떤 공장에서 10,000시간 동안 15,000개의 부품을 생산하였을 때 설비고장으로 인하여 15개의 불량품이 발생하였다면 평균고장간격(MTBF)은 얼마인가?

① 1×10^6 시간   ② 2×10^6 시간
③ 1×10^7 시간   ④ 2×10^7 시간

해설

$$\text{MTBR}\left(=\frac{1}{\lambda}\right) = \frac{\text{고장시간}}{\text{불량품 개수}}$$
$$= \frac{1 \times 10^4 \times 1.5 \times 10^4}{15}$$
$$= 1.0 \times 10^7 \text{hr}$$

39 다음 중 FTA 분석을 위한 기본적인 가정에 해당하지 않는 것은?

① 중복사상은 없어야 한다.
② 기본사상들의 발생은 독립적이다.
③ 모든 기본사상은 정상사상과 관련되어 있다.
④ 기본사상의 조건부 발생확률은 이미 알고 있다.

해설

FTA 분석
1) **기본사상발생** : 독립적
2) **정상사상** : 기본사상이 기본이 되어 정상사상과 관련
3) **기본사상** : 조건부 발생확률 인지

Answer ➲ 34. ③ 35. ③ 36. ② 37. ① 38. ③ 39. ①

40 신기술, 신공법을 도입함에 있어서 설계, 제조, 사용의 전 과정에 걸쳐서 위험성의 여부를 사전에 검토하는 관리기술은?

① 예비위험 분석 ② 위험성 평가
③ 안전분석   ④ 안전성 평가

해설
안전성 평가(safety assessment) : 설비나 제품의 설계, 제조, 사용에 있어서 기술적, 관리적 측면에 대하여 종합적인 안전성을 사전에 평가하여 개선책을 시정하는 것을 말한다.

제3과목 건설시공학

41 자연 함수비가 어떤 상태에 있을 때 점토지반이 가장 안정한가?

① 소성한계   ② 소성과 수축한계 사이
③ 액성한계   ④ 수축한계

해설
흙의 경연도
1) **소성한계** : 파괴 없이 변형을 일으킬 수 있는 최소의 함수비
2) **액성한계** : 외력에 전단 저항이 0이 되는 최소 함수비로 액성한계가 크면 수축, 팽창이 커진다.
3) **수축한계** : 함수비가 감소해도 부피의 감소가 없는 최대의 함수비(가장 안전)

42 공정계획 및 관리에 있어 작업의 집약화와 가장 관계가 먼 것은?

① 부분공사로서 이미 자료화 되어 있는 작업군
② 투입되는 자원의 종류가 다른 작업군
③ 관리외의 작업군
④ 현시점에서 관리상의 중요도가 적은 작업군

43 용접봉의 용접 방향에 대하여 서로 엇갈리게 움직여서 금속을 용착시키는 운봉방식은?

① 언더컷(undercut)   ② 오버랩(overlap)
③ 위빙(weaving)   ④ 크랙(crack)

해설
1) **용접결함** : 언더컷(undercut), 오버랩(overlap), 크랙(crack)
2) **위빙**(weaving) : 본문 설명

44 기둥 거푸집의 고정 및 측압 버팀용으로 사용하는 것은?

① 턴버클   ② 세퍼레이터
③ 플랫타이   ④ 컬럼밴드

해설
1) **턴버클**(turnbuckle) : 지지용 로프 등을 잡아당기거나 늦출 때 사용하는 연결부품
2) **세퍼레이터**(separator) : 거푸집의 상호간의 간격을 유지시켜주는 격리재
3) **플랫타이**(flat tie) : 철재패널폼에 사용하는 폼타이(formite, 긴장재)
4) **칼럼밴드**(column band) : 본문 설명

45 시공계획서에 기재되어야 할 사항으로 부적합한 것은?

① 작업의 질과 양
② 시공조건
③ 사용재료
④ 마감시공도

해설
마감시공도 : 시공계획서에 포함되지 않음

46 철골구조의 조립 및 설치와 관계 없는 것은?

① 토크렌치(torque wrench)
② 타워크레인(tower crane)
③ 임팩트 렌치(impact wrench)
④ 트렌치 컷(Trench cut)

해설
1) **트렌치 컷 공법** : 흙파기 공법
2) **철골조립시 사용기계 · 기구**
  ① **토크렌치**(torque wrench) : 볼트를 죄는 회전력을 눈금 또는 숫자로 확실히 알고 죌 수 있는 공구
  ② **타워크레인** : 철골세우기용 장비
  ③ **임팩트 렌치**(impact wrench) : 압축공기 등을 이용하여 충격적으로 너트를 체결하는 렌치

Answer ➡ 40. ④ 41. ④ 42. ② 43. ③ 44. ④ 45. ④ 46. ④

47 토질시험 항목 중 흙속에 수분이 있어 끈기가 있는 상태의 정도를 알아내기 위해 실시하는 시험 항목은?

① 함수비 시험
② 흙의 비중시험
③ 흙의 액성한계시험
④ 흙의 소성한계시험

해설

토질시험
1) 함수비 시험 : 흙의 함수량을 결정하기 위한 시험이다.
2) 흙의 비중시험 : 피크노메타 비중병에 증류수를 채운 중량 및 흙입자와 물을 채울 때의 중량의 관계, 흙입자의 건조중량을 측정하여 비중을 구한다.
3) 흙의 액성 한계시험 : 흙속에 수분이 있어 끈기가 있는 상태의 정도를 알아내기 위해 실시하는 실험이다.
4) 흙의 소성 한계실험 : 흙속에 수분이 거의 없고 바삭바삭한 상태의 정도를 알아보기 위해 실시하는 실험이다.

48 철골 공사에서 각 용접부의 명칭에 관한 설명으로 옳지 않은 것은?

① 앤드 탭(End Tab) : 모재 양 쪽에 모재와 같은 개선 형상을 가진 판
② 뒷댐재 : 루트 간격 아래에 판을 부착한 것
③ 스캘럽 : 용접선의 교차를 피하기 위하여 모재에 설치한 부채꼴
④ 스패터 : 모살 용접이 각진 부분에서 끝날 경우 각진 부분에서 그치지 않고 연속적으로 그 각을 돌아가며 용접하는 것

해설

스패터(spatter) : 아크용접과 가스용접에서 용접 중 튀어나오는 슬래그 또는 금속입자를 말한다.

49 지형과 지반의 상태에 따라 지하수가 펌프 사용없이 솟아나는 자분샘물을 무엇이라 하는가?

① 히빙   ② 보일링
③ 정압수   ④ 피압수

해설

피압수 : 지형과 지반의 상태에 따라 지하수가 정수압 보다 높은 압력을 가질 때를 나타내는 것으로 펌프의 사용없이 물이 솟아나는 자분샘물을 말한다.

50 수입을 수반한 공공 프로젝트에 있어서 자금을 조달하고, 설계·엔지니어링, 시공전부를 도급받아 시설물을 완성하고, 그 시설을 10~30년 동안 운영하는 것으로 운영수입으로부터 투자자금을 회수한 후 발주자에게 그 시설을 인도하는 방식은?

① BOT(Build - Operate - Transfer)방식
② Partnering 방식
③ Project management 방식
④ Design Build 방식

해설

BOT 방식 : 본문 설명

51 콘크리트 비파괴검사 중에서 강도를 추정하는 측정 방법과 거리가 먼 것은?

① 슈미트 해머법   ② 초음파 속도법
③ 인발법   ④ 방사선 투과법

해설

콘크리트 강도를 추정하는 측정법
1) 슈미트 해머법   2) 초음파 속도법   3) 인발법

52 공사 도급계약 체결시 첨부하지 않아도 좋은 서류는?

① 도급계약서   ② 설계도
③ 공사시방서   ④ 공사 공정표

해설

도급계약시 첨부서류
1) 도급계약서   2) 도급계약 약관
3) 설계도   4) 공사시방서

53 보일링(Boiling)현상을 방지하기 위한 방법으로 옳지 않은 것은?

① 약액주입 등으로 굴착 지면의 지수를 한다.
② 안전율을 만족하도록 흙막이 벽의 타입 깊이를 늘린다.
③ 지하수위를 저하하는 공법을 사용한다.
④ 흙막이 벽의 배면 지하수위와 굴착저면과의 수위차를 크게 한다.

Answer ➡ 47. ③ 48. ④ 49. ④ 50. ① 51. ④ 52. ④ 53. ④

해설
④항. 흙막이벽의 배면 지하수위와 굴착 저면과의 수위차를 작게 한다.

54 철근콘크리트 보강 블록공사에 대한 설명 중 옳지 않은 것은?

① 보강근이 들어간 부분은 블록 2단마다 콘크리트나 모르타르를 충분히 충전시켜 철근이 녹스는 것을 방지한다.
② 블록 쌓기 시 되도록 고저차가 없도록 수평이 되게 쌓아 올린다.
③ 벽의 세로근은 원칙적으로 이음을 만들지 않고 기초와 테두리보에 정착시킨다.
④ 블록의 빈속을 철근과 콘크리트로 보강하여 장막벽을 구성하는 것이다.

해설
④항. 블록의 빈속을 철근과 콘크리트로 보강하며 내력벽 또는 이에 준하는 장막벽을 구성하는 것이다.

55 콘크리트 보양에 관한 설명으로 옳지 않은 것은?

① 경화온도를 높이기 위하여 직사일광에 노출시킨다.
② 수화작용이 충분히 일어나도록 항상 습윤상태를 유지한다.
③ 콘크리트를 부어넣은 후 1일간은 원칙적으로 그 위를 보행해서는 안된다.
④ 평균기온이 연속적으로 2일 이상 5℃ 미만인 경우, 담당원 또는 책임기술자의 지시에 따라 가열보온양생을 고려해야 한다.

해설
직사광선이나 급격한 건조 및 한기에 대하여 적절한 양생을 하여 콘크리트의 온도가 2℃이상 유지되도록 하여야 한다.

56 철골공사의 용접작업 시 맞댄용접의 앞벌림 모양과 관련이 없는 것은?

① I자형   ② U자형
③ Z자형   ④ H자형

해설
맞댄 용접이 앞벌린 모양 : I자형, U자형, H자형 등

57 배치도에 나타난 건물의 위치를 대지에 표시하여 대지경계선과 도로경계선 등을 확인하기 위한 것은?

① 수평규준틀   ② 줄쳐보기
③ 기준점   ④ 수직규준틀

해설
1) **수평규준틀(가로규준틀)** : 터파기 공사에 사용
2) **줄쳐보기** : 본문 설명
3) **기준점**(bench mart) : 공사 중 높이의 기준을 삼고자 설정하는 것
4) **수직규준틀(세로규준틀)** : 조적공사에 사용

58 다음 용어에 대한 정의로 틀린 것은?

① 함수비 $= \dfrac{물의 무게}{토립자의 무게(건조중량)} \times 100(\%)$

② 간극비 $= \dfrac{간극의 부피}{토립자의 부피}$

③ 포화도 $= \dfrac{물의 부피}{간극의 부피} \times 100(\%)$

④ 간극률 $= \dfrac{물의 부피}{전체의 부피} \times 100(\%)$

해설
간극률 $= \dfrac{간극의 부피}{토립자의 부피} \times 100(\%)$

59 바닥판, 보의 거푸집 설계 시 고려하는 계산용 하중과 가장 거리가 먼 것은?

① 굳지 않은 콘크리트중량
② 거푸집의 자중
③ 작업하중
④ 충격하중

해설
거푸집 설계시 고려하중
1) 바닥판, 보 밑 등 수평부재(연직방향 하중)
 ① 작업하중
 ② 충격하중
 ③ 생콘크리트의 자중

Answer ➡ 54. ④ 55. ① 56. ③ 57. ② 58. ④ 59. ②

2) 벽, 기둥 보 옆 등 수직부재(횡방향 하중)
   ① 생 콘크리트의 자중
   ② 생 콘크리트의 측압

60 콘크리트 타설에 앞서 거푸집에 물뿌리기를 하는 가장 큰 이유는?

① 콘크리트에 대한 거푸집의 수분흡수를 방지하기 위하여
② 거푸집에 발생하는 측압의 감소를 위하여
③ 거푸집의 휨을 방지하기 위하여
④ 콘크리트의 초기 강도 증진을 위하여

해설
거푸집에 물 뿌리기를 하는 이유 : 거푸집의 수분흡수를 방지하기 위하여

제4과목 건설재료학

61 합성수지에 대한 설명 중 틀린 것은?

① 요소수지 : 내수합판의 접착제로 널리 사용되며 도료, 마감재, 장식재로 쓰인다.
② 에폭시수지 : 내수성, 내약품성, 전기절연성이 우수하여 건축 분야에 널리 사용된다.
③ 실리콘 : 발수성이 좋지 않으며, 기포성 제품으로 가공하여 보온재나 쿠션대로 사용된다.
④ 아크릴수지 : 투명도가 높아 채광판, 도어판, 칸막이벽 등에 쓰인다.

해설
실리콘수지 : 내열성 및 내한성이 우수하고 내수성 · 발수성이 좋다.

62 기건상태인 목재의 함수율은 약 얼마인가?

① 10% 정도   ② 15% 정도
③ 20% 정도   ④ 25% 정도

해설
1) 목재의 기건함수율 : 15% 정도
2) 목재의 섬유포화점 함수율 : 30% 정도

63 과소품(過燒品)벽돌의 특징으로 틀린 것은?

① 강도가 약하다.
② 형태가 고르지 못하다.
③ 균열이 많이 보인다.
④ 색채가 고르지 못하다.

해설
과소벽돌
1) 소성온도가 지나치게 높아서 질이 견고하고(강도가 크다), 두드리면 금속성 청음이 난다.
2) 구조용 재료로는 부적당하고 장식용 또는 기초 조적재 등으로 쓰인다.

64 콘크리트의 워커빌리티 측정법이 아닌 것은?

① 슬럼프시험   ② 다짐계수시험
③ 비비시험   ④ 슈미트해머시험

해설
워커빌리티 측정법
1) 슬럼프시험   2) 다짐계수시험
3) 비비시험   4) 구관입시험
5) 흐름시험(flow test) 6) 리몰딩시험 등

65 목재의 성질에 관한 설명으로 틀린 것은?

① 비중이 큰 목재는 일반적으로 강도가 크다.
② 가공은 쉽지만 부패하기 쉽다.
③ 열전도율이 커서 보온재료로 사용이 불가능하다.
④ 섬유 방향에 따라서 전기전도율은 다르다.

해설
목재 : 열전도율 및 열팽창률이 작다.

66 다음 미장재료 중 경화속도가 가장 빠른 것은?

① 시멘트 모르타르
② 회반죽
③ 돌로마이트 플라스터
④ 석고 플라스터

해설
석고 플라스터 : 수경성 재료로 수화속도가 미장재료 중 가장 빠르다.

Answer ➔ 60. ① 61. ③ 62. ② 63. ① 64. ④ 65. ③ 66. ④

67 콘크리트의 건조수축에 대한 설명으로 옳은 것은?

① 단위수량이 증가하면 건조수축량이 감소한다.
② 부재치수가 클수록 건조수축량이 적다.
③ 골재 중에 포함한 미립분이나 점토는 건조수축을 감소시킨다.
④ 습윤양생기간은 건조수축에 큰 영향을 준다.

해설
1) 단위수량이 증가하면 건조수축량은 증대된다.
2) 골재 중에 포함된 미립분이나 점토는 건조수축을 증대시킨다.

68 보통포틀랜드 시멘트의 품질규정(KS L 5201)에서 비카시험의 초결시간과 종결시간으로 옳은 것은?

① 30분 이상 – 6시간 이하
② 60분 이상 – 6시간 이하
③ 60분 이상 – 10시간 이하
④ 2시간 이상 – 10시간 이하

해설
보통 포틀랜드시멘트의 초결시간과 종결시간 : 1시간 이상~10시간 이하

69 다음 중 석재 중 외장용으로 가장 부적합한 것은?

① 대리석   ② 화강석
③ 안산암   ④ 점판암

해설
대리석 용도 : 내장재(실내장식용), 조각재 등에 쓰임

70 도막 방수재료의 특징으로 틀린 것은?

① 복잡한 부위의 시공성이 좋다.
② 신속한 작업 및 접착성이 좋다.
③ 바탕면의 미세한 균열에 대한 저항성이 있다.
④ 누수시 결함 발견이 어렵고 국부적으로 보수가 어렵다.

해설
도막방수재 : 누수시 결함 발견이 쉽고 국부적으로 보수도 쉽다.

71 목재의 무늬나 바탕의 특징을 잘 나타낼 수 있는 마무리 도료는?

① 유성페인트   ② 클리어 래커
③ 에나멜 래커   ④ 수성페인트

해설
클리어 래커(clear lacquer) : 안료가 들어가지 않은 투명한 래커로 목재의 무늬나 바탕의 특징을 잘 나타낼 수 있는 도료이다.

72 재료의 열팽창계수에 대한 설명으로 틀린 것은?

① 온도의 변화에 따라 물체가 팽창·수축하는 비율을 말한다.
② 길이에 관한 비율인 선팽창계수와 용적에 관한 체적팽창계수가 있다.
③ 일반적으로 체적팽창계수는 선팽창계수의 3배이다.
④ 체적팽창계수의 단위는 W/m·K이다.

해설
체적팽창계수 단위 : L/℃

73 다음은 시멘트를 조기강도가 큰 것으로부터 작은 순서대로 열거한 것이다. 옳은 것은?

① 알루미나 시멘트 – 고로 시멘트 – 보통 포틀랜드 시멘트
② 보통 포틀랜드 시멘트 – 고로 시멘트 – 알루미나 시멘트
③ 알루미나 시멘트 – 보통 포틀랜드 시멘트 – 고로 시멘트
④ 보통 포틀랜드 시멘트 – 알루미나 시멘트 – 고로 시멘트

해설
조기강도 크기순서 : 알루미나 시멘트 > 보통 포틀랜드 시멘트 > 고로시멘트

Answer ➡ 67. ② 68. ③ 69. ① 70. ④ 71. ② 72. ④ 73. ③

74 테라코타에 대한 설명으로 틀린 것은?

① 도토, 자토 등을 반죽하여 형틀에 넣고 성형하여 소성한 속이 빈 대형의 점토제품이다.
② 석재보다 가볍다.
③ 압축강도는 화강암과 거의 비슷하다.
④ 화강암보다 내화도가 높으며 대리석보다 풍화에 강하다.

해설

③항, 압축강도(800~900kg/cm²)는 화강암의 1/2 정도이다.

75 다음 금속 중 이온화 경향이 가장 큰 것은?

① Zn   ② Cu
③ Ni   ④ Fe

해설

이온화 경향의 크기 순서 : Zn > Fe > Ni > Cu

76 수화속도를 지연시켜 수화열을 작게 한 시멘트로, 건조수축이 작고 내황산염이 크며, 건축용 매스콘크리트 등에 사용되는 시멘트는?

① 중용열 포틀랜드시멘트
② 조강 포틀랜드시멘트
③ 초조강 포틀랜드시멘트
④ 백색 포틀랜드시멘트

해설

중용열 포틀랜드시멘트
1) **중용열 포틀랜드시멘트** : 수화열을 적게 하기 위해 C_3A(알루민산삼석회)의 양을 8% 이하, C_3S(규산삼석회)의 양을 30% 이하로 만든 시멘트이다.
2) 특성 및 용도
   ① 조기강도는 작고 장기강도는 크다.
   ② 화학저항성이 크다.
   ③ 내산성 및 내구성이 우수하다.
   ④ 포틀랜드시멘트 중에서 건조수축이 가장 적다.
   ⑤ 댐 및 콘크리트 포장, 방사능 차폐용 등에 사용된다.

77 내부에 몇 개의 구멍을 가진 벽돌로 단열, 방음을 위해 방음벽, 단열벽 등에 사용되며 경량으로 칸막이벽에도 사용되는 것은?

① 중공벽돌   ② 이형벽돌
③ 규석벽돌   ④ 샤모트벽돌

해설

중공벽돌 : 점토를 원료로 속이 비게 성형한 후 소성하여 만든 벽돌로 구멍벽돌, 속빈벽돌, 공동벽돌이라고도 한다.

78 강당, 집회장 등의 음향조절용으로 쓰이거나 일반건물의 벽 수장재로 사용하여 음향효과를 거둘 수 있는 목재제품은?

① 파키트리 블록   ② 코펜하겐 리브
③ 플로링 보드   ④ 파키트리 패널

해설

코펜하겐 리프판(copenhagen rib board)
1) 두께 5cm, 폭(너비) 10cm정도의 긴 판에다 표면을 리브로 가공한 것이다.
2) 면적이 넓은 강당, 집회장, 극장 등의 천장 또는 내벽에 붙여 음향조절용으로 쓰거나 수장제로 사용된다.

79 건물의 바닥 충격음을 저감시키는 방법에 대한 설명으로 틀린 것은?

① 유리면 등의 완충재를 바닥공간 사이에 넣는다.
② 부드러운 표면마감재를 사용하여 충격력을 작게 한다.
③ 바닥을 띄우는 이중바닥으로 한다.
④ 바닥슬래브의 중량을 작게 한다.

해설

④항, 바닥 슬래브의 중량을 크게 한다.

80 콘크리트 혼화재료 중 플라이애시(Fly Ash)에 관한 설명으로 틀린 것은?

① 콘크리트의 워커빌리티(workability)를 좋게 한다.
② 주성분은 탄소(C)이다.
③ 콘크리트의 수밀성을 향상시킨다.
④ 콘크리트의 수화초기 시 발열량을 감소시킨다.

해설

플라이애시(fly ash) : 분탄이 보일러에서 연소할 때 부유하는 회분을 전기집진기로 채집, 표면이 매끄러운 구형의 미세립 분말

Answer ➡ 74. ③ 75. ① 76. ① 77. ① 78. ② 79. ④ 80. ②

제5과목 건설안전기술

81 일반 거푸집 설계시 강도상 고려해야 할 사항이 아닌 것은?

① 고정하중   ② 풍압
③ 콘크리트 강도   ④ 측압

해설

거푸집 설계시 고려해야 할 하중
1) **연직방향하중**: 고정하중, 충격하중, 작업하중 등
2) **횡방향하중**: 진동, 충격, 시공오차 등에 기인되는 횡방향하중, 풍압, 유수압, 지진 등
3) **콘크리트의 측압**: 굳지 않은 콘크리트의 측압
4) **특수하중**: 시공 중에 예상되는 특수한 하중
5) 상기 1~4호의 하중에 안전율을 고려한 하중

82 토사 붕괴의 내적 요인이 아닌 것은?

① 절토 사면의 토질구성 이상
② 성토 사면의 토질구성 이상
③ 토석의 강도 저하
④ 사면, 법면의 경사 증가

해설

④항, 사면, 법면의 경사 증가: 토사 붕괴의 외적요인

83 지반의 침하에 따른 구조물의 안전성에 증대한 영향을 미치는 흙의 간극비의 정의로 옳은 것은?

① $\dfrac{공기의\ 부피}{흙입자의\ 부피}$

② $\dfrac{공기와\ 물의\ 부피}{흙입자의\ 부피}$

③ $\dfrac{공기와\ 물의\ 부피}{흙입자에\ 포함된\ 물의\ 부피}$

④ $\dfrac{공기의\ 부피}{흙입자에\ 포함된\ 물의\ 부피}$

해설

1) 흙 = 토립자 + 공극(간극: 물 + 공기)
2) 간극비(공극비) = $\dfrac{공극의\ 용적}{흙입자의\ 용적}$
   = $\dfrac{공기와\ 물의\ 부피}{흙입자의\ 부피}$

84 추락재해 방지설비의 종류가 아닌 것은?

① 추락방망   ② 안전난간
③ 개구부 덮개   ④ 수직보호망

해설

수직보호망: 낙하·비래 방지설비

85 옹벽이 외력에 대하여 안정하기 위한 검토 조건이 아닌 것은?

① 전도
② 활동
③ 좌굴
④ 지반 지지력

해설

옹벽이 외력에 대하여 안정하기 위한 검토조건
1) 전도
2) 활동
3) 지반지지력

86 감전재해의 방지대책에서 직접접촉에 대한 방지대책에 해당하는 것은?

① 충전부에 방호망 또는 절연덮개 설치
② 보호접지(기기외함의 접지)
③ 보호절연
④ 안전전압 이하의 전기기기 사용

해설

1) 직접접촉에 의한 감전방지대책
   ① 충전부 전체를 절연할 것
   ② 노출형 배전설비 등은 폐쇄 배전반형으로 하고 전동기 등은 적절한 방호구조의 형식을 사용할 것
   ③ 설치장소의 제한, 별도의 실내 또는 울타리 등을 설치하고 시건장치를 할 것
2) 간접접촉에 의한 감전방지대책
   ① 계통 또는 기기접지(보호접지)
   ② 누전차단기 설치
   ③ 비접지방식의 전로채용
   ④ 안전전압 이하의 전기기기 사용
   ⑤ 보호절연

Answer ➡ 81. ③ 82. ④ 83. ② 84. ④ 85. ③ 86. ①

87 흙파기 공사용 기계에 관한 설명 중 틀린 것은?

① 불도저는 일반적으로 거리 60m 이하의 배토 작업에 사용된다.
② 클램쉘은 좁은 곳의 수직파기를 할 때 사용한다.
③ 파워쇼벨은 기계가 위치한 면보다 낮은 곳을 파낼 때 유용하다.
④ 백호우는 토질의 구멍파기나 도랑파기에 이용된다.

해설
파워쇼벨 : 기계가 위치한 면보다 높은 곳을 굴착하는 기계

88 콘크리트 측압에 관한 설명 중 옳지 않은 것은?

① 슬럼프가 클수록 측압은 커진다.
② 벽 두께가 두꺼울수록 측압은 커진다.
③ 부어 놓는 속도가 빠를수록 측압은 커진다.
④ 대기 온도가 높을수록 측압은 커진다.

해설
대기온도가 낮을수록 측압이 커진다.

89 차량계 하역운반기계에 화물을 적재할 때의 준수사항과 거리가 먼 것은?

① 하중이 한쪽으로 치우치지 않도록 적재할 것
② 구내운반차 또는 화물자동차의 경우 화물의 붕괴 또는 낙하에 의한 위험을 방지하기 위하여 화물에 로프를 거는 등 필요한 조치를 할 것
③ 운전자의 시야를 가리지 않도록 화물을 적재할 것
④ 제동장치 및 조정장치 기능의 이상 유무를 점검할 것

해설
④항, 제동장치 및 조종장치 기능의 이상유무 : 지게차의 작업 시작 전 점검사항

90 건설업 산업안전보건관리비의 사용항목으로 가장 거리가 먼 것은?

① 안전시설비
② 사업장의 안전진단비
③ 근로자의 건강관리비
④ 본사 일반관리비

해설
건설업 안전관리비 항목별 사용기준
1) 안전관리자 등의 인건비 및 각종 업무수당비 등
2) 안전시설비 등
3) 개인보호구 및 안전장구 구입비 등
4) 사업장의 안전진단비 등
5) 안전보건교육비 및 행사비 등
6) 근로자의 건강관리비 등
7) 건설재해예방 기술지도비
8) 본사사용비

91 철골공사 시 도괴의 위험이 있어 강풍에 대한 안전 여부를 확인해야 할 필요성이 가장 높은 경우는?

① 연면적당 철골양이 일반건물보다 많은 경우
② 기둥에 H형강을 사용하는 경우
③ 이음부가 공장용접인 경우
④ 호텔과 같이 단면구조가 현저한 차이가 있으며 높이가 20m 이상인 건물

해설
철골공사시 철공의 자립도 검토사항 : 구조안전의 위험성이 큰 다음 항목의 철골구조물은 건립 중 강풍에 의한 풍압 등 외압에 대한 내력이 설계에 고려되었는지 확인할 것
1) 높이 20m 이상의 구조물
2) 구조물의 폭과 높이의 비가 1:4 이상인 구조물
3) 단면구조에 현저한 차이가 있는 구조물
4) 연면적당 철골량이 50kg/m² 이하인 구조물
5) 기둥이 타이 플레이트(tie plate)형인 구조물
6) 이음부가 현장용접인 구조물

92 철골작업시 추락재해를 방지하기 위한 설비가 아닌 것은?

① 안전대 및 구명줄
② 트렌치박스
③ 안전난간
④ 추락방지용 방망

Answer ➡ 87. ③ 88. ④ 89. ④ 90. ④ 91. ④ 92. ②

해설

철골공사시 추락재해 방지설비 : 안전대 및 구명줄, 안전난간 및 울타리, 추락방지용 방망 등

93 공사현장에서 낙하물방지망 또는 방호선반을 설치할 때 설치높이 및 벽면으로부터 내민 길이 기준으로 옳은 것은?

① 설치높이 : 10m 이내마다, 내면 길이 2m 이상
② 설치높이 : 15m 이내마다, 내면 길이 2m 이상
③ 설치높이 : 10m 이내마다, 내면 길이 3m 이상
④ 설치높이 : 15m 이내마다, 내면 길이 3m 이상

해설

낙하물방지망 또는 방호선반 설치시 준수사항
1) 설치 높이는 10m 이내마다 설치하고, 내민 길이는 벽면으로부터 2m 이상으로 할 것
2) 수평면과의 각도는 20° 내지 30°를 유지할 것

94 작업발판에 최대적재하중을 적재함에 있어 달비계의 하부 및 상부지점이 강재인 경우 안전계수는 최소 얼마 이상인가?

① 2.5 ② 5
③ 10 ④ 15

해설

달비계(곤돌라의 달비계는 제외)를 작업발판으로 사용할 때 최대적재하중을 정함에 있어서의 안전계수
1) 달기와이어로프 및 달기강선의 안전계수 : 10이상
2) 달기체인 및 달기훅의 안전계수 : 5이상
3) 달기강대와 달비계의 하부 및 상부지점의 안전계수
   ① 강재의 경우 2.5 이상
   ② 목재의 경우 5이상

95 달비계 설치 시 달기체인의 사용 금지 기준과 거리가 먼 것은?

① 달기체인의 길이가 달기체인이 제조된 때의 길이의 5%를 초과한 것
② 균열이 있거나 심하게 변형된 것
③ 이음매가 있는 것
④ 링의 단면지름이 달기체인이 제조된 때의 해당 링의 지름이 10%를 초과하여 감소한 것

해설

부적격한 달기체인 사용금지사항
1) 달기체인의 길이의 증가가 그 달기체인이 제조된 때의 길이의 5%를 초과한 것
2) 링의 단면지름 감소가 그 달기체인이 제조된 때의 해당 링의 지름의 10%를 초과한 것
3) 균열이 있거나 심하게 변형된 것

96 차량계 건설기계의 작업시 작업시작 전 점검사항에 해당되는 것은?

① 권과방지장치의 이상 유무
② 브레이크 및 클러치의 기능
③ 슬링·와이어 슬링의 매달린 상태
④ 언로드밸브의 이상 유무

해설

차량계 건설기계의 작업시작 전 점검사항 : 브레이크, 클러치 등의 기능

97 차량계 하역운반기계의 운전자가 운전위치를 이탈하는 경우 조치해야 할 내용 중 틀린 것은?

① 포크 및 버킷을 가장 높은 위치에 두어 근로자 통행을 방해하지 않도록 하였다.
② 원동기를 정지시켰다.
③ 브레이크를 걸어두고 확인 하였다.
④ 경사지에서 갑작스런 주행이 되지 않도록 바퀴에 블록 등을 놓았다.

해설

차량계 하역운반기계의 운전자가 운전위치를 이탈할 경우 준수할 사항
1) 포크 및 버킷시 등의 하역장치를 가장 낮은 위치에 둘 것
2) 원동기를 정지시키고 브레이크를 확실히 거는 등 불시 주행을 방지하기 위한 조치를 할 것

98 채석작업을 하는 경우 지반의 붕괴 또는 토석의 낙하로 인하여 근로자에게 발생할 우려가 있는 위험을 방지하기 위하여 취하여야 할 조치와 가장 거리가 먼 것은?

① 작업 시작 전 작업장소 및 그 주변 지반의 분석과 균열의 유무와 상태 점검
② 함수·용수 및 동결상태의 변화 점검

Answer ➡ 93. ① 94. ① 95. ③ 96. ② 97. ① 98. ③

③ 진동치 속도 점검
④ 발파 후 발파장소 점검

해설

채석작업시 지반의 붕괴 또는 토석의 낙하에 의한 위험방지 조치사항
1) 점검자를 지명하고 작업 장소 및 그 주변의 지반에 대하여 당일의 작업을 시작하기 전에 부석과 균열의 유무와 상태, 함수·용수 및 동결상태의 변화를 점검할 것
2) 점검자는 발파를 행한 후 당해 발파를 행한 장소와 그 주변의 부석과 균열의 유무 및 상태를 점검할 것

99 산업안전보건기준에 관한 규칙에 따른 굴착면의 기울기 기준으로 틀린 것은?

① 모래 – 1 : 1.8
② 풍화암 – 1 : 0.5
③ 그밖의 흙 – 1 : 1.2
④ 경암 – 1 : 0.5

해설

굴착작업시 굴착면의 기울기 기준

지반의 종류	구배
모래 그밖의 흙	1 : 1.8 1 : 1.2
풍화암 연암 경암	1 : 1.0 1 : 1.0 1 : 0.5

100 다음은 이음매가 있는 권상용 와이어로프의 사용금지 규정이다. ( ) 안에 알맞은 숫자는?

와이어로프의 한 꼬임에서 소선의 수가 ( )% 이상 절단된 것을 사용하면 안 된다.

① 5 ② 7
③ 10 ④ 15

해설

부적격한 와이어로프의 사용금지사항
1) 이음매가 있는 것
2) 와이어로프의 한 꼬임에서 끊어진 소선(필러선 제외)의 수가 10% 이상인 것
3) 지름의 감소가 공칭지름의 7%를 초과하는 것
4) 꼬인 것
5) 심하게 변형 또는 부식된 것
6) 열과 전기충격에 의해 손상된 것

Answer ⊙ 99. ② 100. ③

2023년 제4회 건설안전산업기사 CBT 복원 기출문제

제1과목 산업안전관리론

01 안전·보건교육계획 수립 시 고려하여야 할 사항과 가장 거리가 먼 것은?
① 교육지도안 및 교재
② 교육의 종류와 교육대상
③ 교육 장소 및 교육 방법
④ 교육의 과목 및 교육 내용

해설
안전교육계획에 포함되어야 할 사항(안전교육계획의 내용)
1) 교육목표(첫째 과제)
   ① 교육 및 훈련의 범위
   ② 교육 보조자료의 준비 및 사용지침
   ③ 교육훈련의 의무와 책임관계 명시
2) 교육의 종류 및 교육대상(교육계획 수립 시 최우선적으로 고려해야 할 사항)
3) 교육의 과목 및 교육내용
4) 교육 장소
5) 교육 담당자 및 강사

02 위험예지훈련 기초 4라운드법의 진행에서 위험의 포인트를 결정하여 전원이 지적확인을 하는 단계로 가장 적절한 것은?
① 제1라운드 : 현상파악
② 제2라운드 : 본질추구
③ 제3라운드 : 대책수립
④ 제4라운드 : 목표설정

해설
1) 4R 중 BS원칙을 적용하는 단계 : 1R(현상파악)와 3R(대책수립)
2) 4R 중 원포인트(one point)지적확인을 하는 단계
   ① 2R(본질추구) : 위험 포인트를 결정하여 지적확인
   ② 4R(목표달성) : 수립대책 중 가장 질이 높은 항목에 합의한 후 지적확인

03 사고예방대책의 기본원리 5단계에서 "사실의 발견"단계에 해당하는 것은?
① 작업환경 측정
② 안전진단·평가
③ 점검 및 조사 실시
④ 안전관리 계획 수립

해설
사고예방대책의 기본원리 5단계

단계	과정	내용
1단계	조직	① 경영자의 안전목표 ② 안전관리자의 임명 ③ 안전의 라인 및 참모 조직구성 ④ 안전활동 방침 및 계획수립 ⑤ 조직을 통한 안전활동
2단계	사실의 발견	① 사고 및 안전활동 기록 검토 ② 작업분석 ③ 안전점검 및 안전진단 ④ 사고조사 ⑤ 안전회의 및 토의 ⑥ 근로자의 제안 및 여론조사 ⑦ 관찰 및 보고서의 연구 등을 통하여 불안전 요소 발견
3단계	분석평가	① 사고보고서 및 현장조사 ② 사고기록 및 인적 물적 조건의 분석 ③ 작업공정 분석 ④ 교육훈련 분석 등을 통하여 사고의 직접원인 및 간접원인 규명
4단계	시정책 선정	① 기술적 개선 ② 인사조정(배치조정) ③ 교육훈련의 개선 ④ 안전행정의 개선 ⑤ 규정 및 수칙 작업표준 제도의 개선 ⑥ 확인 및 통제체제 개선
5단계	시정책 적용	① 기술적(engineering)대책 ② 교육적(education)대책 ③ 단속적(enforcement)대책

Answer ➡ 01. ① 02. ② 03. ③

04 매슬로우의 욕구단계 이론에서 자기의 잠재능력을 극대화하여 원하는 것을 이루고자 하는 욕구에 해당되는 것은?

① 자아실현의 욕구   ② 사회적 욕구
③ 존경의 욕구   ④ 안전의 욕구

해설

매슬로우(Maslow)의 욕구 5단계
1) 1단계 – 생리적 욕구(신체적 욕구) : 기아, 갈등, 호흡, 배설, 성욕 등 기본적 욕구
2) 2단계 – 안전의 욕구 : 안전을 구하려는 욕구
3) 3단계 – 사회적 욕구(친화욕구) : 애정, 소속에 대한 욕구
4) 4단계 – 인정받으려는 욕구(자기존경의 욕구, 승인욕구) : 자존심, 명예, 성취, 지위 등에 대한 욕구
5) 5단계 – 자아실현의 욕구(성취욕구) : 잠재적인 능력을 실현하고자 하는 욕구

05 파브로브(pavlov)의 조건반사설에 의한 학습이론의 원리에 해당되지 않는 것은?

① 일관성의 원리   ② 시간의 원리
③ 강도의 원리   ④ 준비성의 원리

해설

조건반사설에 의한 학습이론의 원리
1) 시간의 원리 : 조건자극(종소리)이 무조건자극(음식물)보다 시간적으로 동시 또는 조금 앞서서 주어야만 조건화, 즉 시 강화가 잘 된다는 원리이다.
2) 강도의 원리 : 조건 반사적인 행동이 이루어지려면 먼저 준 자극의 정도에 비해 적어도 같거나 그보다 강한 자극을 주어야 바람직한 결과를 낳게 된다.
3) 일관성의 원리 : 조건자극은 일관된 자극물을 사용하여야 한다는 원리이다.
4) 계속성의 원리 : 자극과 반응과의 관계를 반복하여 횟수를 거듭할수록 조건화가 잘 형성된다는 원리이다.

06 정지된 열차 내에서 창밖으로 이동하는 다른 기차를 보았을 때, 실제로 움직이지 않아도 움직이는 것처럼 느껴지는 심리적 현상을 무엇이라 하는가?

① 가상운동   ② 유도운동
③ 자동운동   ④ 지각운동

해설

운동의 시지각(착각현상)
1) 자동운동 : 암실 내에서 정지된 소광점을 응시하고 있으면 그 광점이 움직이는 것을 볼 수 있는데 이것을 자동운동이라 한다. 자동운동이 생기기 쉬운 조건은 다음과 같다.
① 광점이 작을 것
② 시야의 다른 부분이 어두울 것
③ 광의 강도가 작을 것
④ 대상이 단순할 것
2) 유도운동 : 실제로 움직이지 않는 것이 어느 기준의 이동에 유도되어 움직이는 것처럼 느껴지는 현상을 말한다.
3) 가현운동 : 객관적으로 정지하고 있는 대상물이 급속히 나타나든가 소멸하는 것으로 인하여 일어나는 운동으로 마치 대상물이 운동하는 것처럼 인식되는 현상을 말한다.(β운동 : 영화영상의 방법).

07 재해 발생과 관련된 버드(Frank Bird)의 도미노 이론을 올바르게 나열한 것은?

① 기본원인 → 제어의 부족 → 직접원인 → 사고 → 상해
② 기본원인 → 직접원인 → 제어의 부족 → 사고 → 상해
③ 제어의 부족 → 기본원인 → 직접원인 → 사고 → 상해
④ 제어의 부족 → 직접원인 → 기본원인 → 상해 → 사고

해설

버드(Bird)의 최신사고연쇄성 이론(버드의 관리모델)
1) 1단계 : 통제의 부족 – 관리 소홀(재해발생의 근본적 원인)
2) 2단계 : 기본적인 – 기원
3) 3단계 : 직접원인 – 징후
4) 4단계 : 사고 – 접촉
5) 5단계 : 상해 – 손해 – 손실

08 산업안전보건법령상 사업 내 안전·보건교육 중 채용시의 교육 내용에 해당하지 않는 것은? (단, 산업안전보건법 및 일반관리에 관한 사항은 제외한다.)

① 사고 발생시 긴급조치에 관한 사항
② 유해·위험 작업환경 관리에 관한 사항
③ 산업보건 및 직업병 예방에 관한 사항
④ 기계·기구의 위험성과 작업의 순서 및 동선에 관한 사항

Answer ● 04. ① 05. ④ 06. ② 07. ③ 08. ②

해설

채용시 및 작업내용 변경시 교육내용
① 산업안전 및 사고 예방에 관한 사항
② 산업보건 및 직업병 예방에 관한 사항
③ 기계·기구의 위험성과 작업의 순서 및 동선에 관한 내용
④ 작업 개시 전 점검에 관한 사항
⑤ 정리정돈 및 청소에 관한 사항
⑥ 사고발생 시 긴급조치에 관한 사항
⑦ 물질안전보건자료에 관한 사항
⑧ 위험성 평가에 관한 사항
⑨ 산업안전보건법령 및 산업재해보상보험 제도에 관한 사항
⑩ 직무스트레스 예방 및 관리에 관한 사항
⑪ 직장 내 괴롭힘, 고객의 폭언 등으로 인한 건강장해 예방 및 관리에 관한 사항

09 기업 내 한 부서의 구성원 상호간의 선호도를 나타낸 소시오그램(sociogram)이다. 리더에 해당하는 인물은?

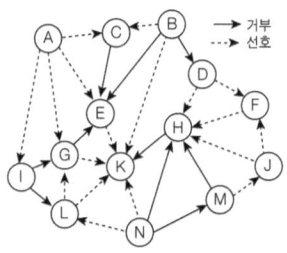

① E   ② G
③ H   ④ K

해설

선호선이 가장 많이 모이는 K : 리더자

10 75명의 상시근로자가 근무하는 사업장에서 1일 8시간, 연간 320일을 작업하는 동안에 6건의 재해가 발생하였다면 이 사업장의 도수율은 얼마인가?

① 17.65   ② 26.04
③ 31.25   ④ 33.33

해설

$$도수율 = \frac{재해건수}{연 근로시간수} \times 10^6$$
$$= \frac{6}{75 \times 8 \times 320} \times 10^6 = 31.25$$

11 A 사업장에서 각 부서별 안전경쟁제도를 실시할 때 위험도를 비교하는 수단과 안전관심을 높이는 데 가장 효과적인 것은?

① 강도율(severity rate of injury)
② 도수율(frequency rate of injury)
③ 세이프 티 스코어(safe-T-Score)
④ 종합재해지수(frequency severity indicator)

해설

종합재해지수 = $\sqrt{도수율 \times 강도율}$
1) 도수율 : 재해의 양을 나타냄
2) 강도율 : 재해의 질(강약)을 나타냄

12 안전모의 의무안전인증기준에 있어 시험성능 기준의 항목에 해당되지 않는 것은?

① 내관통성   ② 내수성
③ 내식성   ④ 난연성

해설

안전모의 성능시험항목에 내식성은 없다.

13 무재해운동의 근본이념으로 가장 적절한 것은?

① 인간존중의 이념   ② 이윤추구의 이념
③ 고용증진의 이념   ④ 복리증진의 이념

해설

무재해운동의 근본이념 : 인간존중

14 피로에 의한 정신적 증상과 가장 관련이 깊은 것은?

① 주의력이 감소 또는 경감된다.
② 작업의 효과나 작업량이 감퇴 및 저하된다.
③ 작업에 대한 몸의 자세가 흐트러지고 지치게 된다.
④ 작업에 대하여 무감각·무표정·경련 등이 일어난다.

해설

피로에 의한 정신적 증상 : 주의력의 감소, 경감

Answer ➡ 09. ④ 10. ③ 11. ④ 12. ③ 13. ① 14. ①

15 조직이 리더에게 부여한 권한으로 볼 수 없는 것은?

① 전문성의 권한　② 보상적 권한
③ 강압적 권한　④ 합법적 권한

해설

리더십의 권한
1) 조직이 지도자에게 부여한 권한
  ① **보상적 권한** : 지도자가 부하들에게 보상할 수 있는 능력으로 인해 부하직원들을 통제할 수 있으며 부하들의 행동에 대해 영향을 끼칠 수 있는 권한이다.
  ② **강압적 권한** : 부하직원들을 처벌할 수 있는 권한이다.
  ③ **합법적 권한** : 조직의 규정에 의해 지도자의 권한이 공식화 된 것을 말한다.
2) 지도자 자신이 자신에게 부여한 권한 : 부하직원들이 지도자의 성격이나 그 능력을 인정하고 지도자를 존경하며 자진해서 따르는 것이다.
  ① **전문성의 권한** : 지도자가 목표수행에 필요한 전문적인 지식을 갖고 업무수행을 하므로 부하직원들이 자발적으로 지도자를 따르게 된다.
  ② **위임된 권한** : 집단의 목표를 성취하기 위해 부하직원들이 지도자가 정한 목표를 자진해서 자신의 것으로 받아들여 지도자와 함께 일하는 것이다.

16 안전점검 시 점검자가 갖추어야 할 태도 및 마음가짐과 가장 거리가 먼 것은?

① 점검 본래의 취지 준수
② 점검 대상 부서의 협조
③ 모범적인 점검자의 자세
④ 점검결과 통보 생략

해설

17 산업안전보건법령상 산업재해로 사망자가 발생하거나, 3일 이상의 휴업이 필요한 부상을 입거나, 질병에 걸린 사람이 발생한 경우, 산업재해가 발생한 날부터 얼마 이내에 산업재해조사표를 작성하여 관할 지방고용노동청장 또는 지청장에게 제출하여야 하는가?

① 24시간 이내　② 7일 이내
③ 14일 이내　④ 1개월 이내

해설

산업재해 발생보고(시행규칙 제4조) : 산업재해가 발생한 날부터 1개월 이내에 산업재해조사표를 작성하여 지방고용노동관서의 장에게 제출할 것

18 산업안전보건법령상 안전·보건표지에 있어 금지표지의 종류에 해당하지 않는 것은?

① 금연
② 물체이동금지
③ 접근금지
④ 차량통행금지

해설

금지표지 종류
1) 출입금지
2) 보행금지
3) 차량통행금지
4) 사용금지
5) 탑승금지
6) 금연
7) 화기금지
8) 물체이동금지

19 학업 성취에 직접적인 영향을 미치는 요인과 가장 거리가 먼 것은?

① 적성(Aptitude)
② 준비도(Readiness)
③ 동기유발(Motivating)
④ 기억과 망각(Memory, Forgetting)

20 Off JT(Off the Job Training)의 특징으로 옳지 않은 것은?

① 많은 지식, 경험을 교류할 수 있다.
② 직장의 실정에 맞게 실제적 훈련이 가능하다.
③ 다수의 근로자들에게 조직적 훈련이 가능하다.
④ 특별한 교재, 교구 및 설비 등을 이용하는 것이 가능하다.

Answer ● 15. ① 16. ④ 17. ④ 18. ③ 19. ① 20. ②

해설

OJT와 off-JT의 특징

O·J·T (현장중심교육)	off J·T (현장외 중심교육)
① 개개인에게 적합한 지도 훈련을 할 수 있다. ② 직장의 실정에 맞는 실체적 훈련을 할 수 있다. ③ 훈련 필요한 업무의 계속성이 끊어지지 않는다. ④ 즉시 업무에 연결되는 관계로 신체와 관련이 있다. ⑤ 효과가 곧 업무에 나타나며 훈련의 좋고 나쁨에 따라 개선이 용이하다. ⑥ 교육을 통한 훈련 효과에 의해 상호 신뢰 이해도가 높아진다.	① 다수의 근로자에게 조직적 훈련이 가능하다. ② 훈련에만 전념하게 된다. ③ 특별설비기구를 이용할 수 있다. ④ 전문가를 강사로 초청할 수 있다. ⑤ 각 직장의 근로자가 많은 지식이나 경험을 교류할 수 있다. ⑥ 교육훈련 목표에 대해서 집단적 노력이 흐트러질 수도 있다.

제2과목 인간공학 및 시스템안전공학

21 설비의 성능 저하 또는 고장에 의한 정지 때문에 수리하는 설비보전 방법은?

① 예지보전(predictive maintenance)
② 개량보전(corrective maintenance)
③ 보전예방(maintenance prevention)
④ 사후보전(break-down maintenance)

해설

1) **예지보전** : 설비의 이상상태 여부를 검출·측정 또는 감시하여 열화의 정도가 사용한도에 이른 시점에서 분해, 검사, 부품교환, 수리하는 설비보전 방법을 뜻한다.
2) **개량보전** : 설비고장대책으로서 그 원인을 조사·해석하여 고장을 미연에 방지하기 위하여 설비를 개조하기도하고, 설계에서 시정조치를 취하고, 설비의 체질개선을 도모하는 설비보전방법을 뜻한다.
3) **보전예방** : 설비보전 정보와 새로운 기술을 기초로 신뢰성, 조작성, 보전성, 안전성, 경제성 등이 우수한 설비의 선정, 조달 또는 설계를 하고 궁극적으로는 설비의 설계, 제작단계에서 보전활동이 불필요한 체제를 목표로 한 설비보전 방법을 뜻한다.
4) **사후보존** : 본문 설명

22 주변 환경이 알맞은 온도에서 더운 환경으로 바뀔 때 인체의 적응 현상으로 틀린 것은?

① 발한이 시작된다.
② 직장 온도가 올라간다.
③ 피부 온도가 올라간다.
④ 피부를 경유하는 혈액량이 증가한다.

해설

온도변화에 대한 인체 적응
1) 적온에서 고온 환경으로 변할 때의 신체적 조절작용
    ① 많은 양의 혈액이 피부를 경유하게 되며 온도가 올라간다.
    ② 직장(直腸)온도가 내려간다.
    ③ 발한(發汗)이 시작된다.
2) 적온에서 한냉 환경으로 변할 때의 신체의 조절작용
    ① 피부 온도가 내려간다.
    ② 혈액은 피부를 경유하는 순환량이 감소하고, 많은 양의 혈액이 몸의 중심부를 순환한다.
    ③ 직장(直腸)온도가 약간 올라간다.
    ④ 소름이 돋고 몸이 떨린다.

23 FT도의 기호 중 전이기호에 해당하는 것은?

① 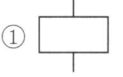 ②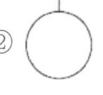

③ 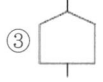 ④

해설

①항 : 결함사상
②항 : 기본사상
③항 : 통상사상
④항 : 전이기호(연결기호)

24 정량적 표시장치 중 정확한 정보전달 측면에서 가장 우수한 장치는?

① 디지털 표시 장치
② 지침고정형 표시장치
③ 원형 지침이동형 표시장치
④ 수직형 지침이동형 표시장치

Answer ➡ 21. ④ 22. ② 23. ④ 24. ①

해설

정량적 동적표시장치의 기본형
1) 정목동침(moving pointer)형 : 눈금이 고정되고 지침이 움직이는 형
2) 정침동목(moving scale)형 : 지침이 고정되고 눈금이 움직이는 형
3) 계수(digital)형 : 전력계나 택시요금 계기와 같이 기계, 전자적으로 숫자가 표시되는 형

25 FTA에서 패스셋(path set) 및 최소패스셋(minimal path set)에 관한 내용으로 틀린 것은?

① 패스셋은 포함된 모든 사상이 일어나지 않았을 때 정상사상이 발생하지 않는 기본사상의 집합이다.
② 최소패스셋은 시스템의 신뢰성을 표시한다.
③ 패스셋에서 구한 정상사상의 발생확률이 그 시스템의 위험도이다.
④ 최소패스셋은 어떤 고장이나 실수를 일으키지 않으면 재해가 일어나지 않는가를 나타내는 것이다.

해설

③항, 패스셋에서 구한 정상사상의 발생확률이 그 시스템의 신뢰도이다.

26 표시장치의 지침을 움직이기 위한 회전형 노브(knob)의 반지름을 1cm에서 2cm로 바꾸었을 때 조정반응(C/R)비율의 변화에 대한 설명으로 옳은 것은?

① 4배 감소   ② 2배 감소
③ 2배 증가   ④ 4배 증가

해설

노브(knob)의 반지름을 1cm에서 2cm로 변경시 C/R : 2배 증가

27 인간-기계 시스템에서 인간 실수가 발생하는 원인 중 출력 착오에 해당하는 것은?

① 감각의 착오   ② 입력의 착오
③ 정보 처리 착오   ④ 신체적 반응의 착오

해설

출력착오(out put error) : 신체적 반응의 착오

28 다음 중 인체계측 치수의 성격이 다른 것은?

① 팔 뻗침   ② 눈 높이
③ 앉은 키   ④ 엉덩이 너비

해설

1) 팔 뻗침 : 기능적 인체치수(동적인체계측)
2) 눈높이, 앉은 키, 엉덩이 너비 등 : 구조적 인체치수(정적인체계측)

29 인간에 의한 제어 정도에 따른 인간-기계 시스템의 유형에 해당하지 않는 것은?

① 기계화 시스템   ② 자동화 시스템
③ 수동 시스템   ④ 감시제어 시스템

해설

인간·기계체계의 유형
1) 수동체계
2) 기계화체계(반자동체계)
3) 자동체계

30 인적오류와 그에 따른 위험성을 예측하고 개선하기 위한 시스템 위험분석기법은?

① FMEA   ② MORT
③ FHA   ④ THERP

해설

THERP(인간과오율예측기법) : 인간의 과오를 정량적으로 평가하기 위한 안전해석기법이다.

31 기계설비의 본질 안전화를 개선시키기 위하여 검토하여야 할 사항으로 가장 적절한 것은?

① 재료, 제품, 공구 등을 놓아둘 수 있는 충분한 공간의 확보
② 작업자의 실수나 잘못이 있어도 사고가 발생하지 않도록 기계설비 설계
③ 안전한 통로를 설정하고, 작업장소와 통로를 명확히 구분
④ 작업의 흐름에 따라 기계설비를 배치시켜 운반작업 최소화

Answer ● 25. ③ 26. ③ 27. ④ 28. ① 29. ④ 30. ④ 31. ②

해설
기계설비의 본질안전화
1) 안전기능이 기계설비에 내장되어 있을것
2) 조작상 위험이 없도록 설계할 것
3) fail safe 기능을 가질 것
4) fool proof 기능을 가질 것

32 시스템의 위험분석기법에 해당하지 않는 것은?
① RULA
② ETA
③ FMEA
④ MORT

해설
시스템 위험분석기법
1) ETA : 사상수분석법
2) FMEA : 고장 형태와 영향분석
3) MORT : 경영소홀 및 위험수분석

33 다음 중 음성통신 시스템의 구성 요소에서 우수한 화자(speaker)의 조건으로 틀린 것은?
① 큰 소리로 말한다.
② 음절 지속시간이 길다.
③ 말할 때 기본 음성주파수의 변화가 작다.
④ 전체 발음시간이 길고, 쉬는 시간 짧다.

해설
③항, 말할 때 기본 음성주파수의 변화가 크다.

34 휘도가 200cd/m²이고, 반사율이 40%인 작업장의 조도(lux)는?
① 80π
② 240π
③ 500π
④ 800π

해설
반사율 $= \pi \times \dfrac{휘도(cd/m^2)}{조도(lux)}$

∴ 조도(lux) $= \pi \times \dfrac{휘도(cd/m^2)}{반사율}$

$= \pi \times \dfrac{200}{0.4} = 500\pi \, [lux]$

35 다음 중 인체측정과 작업공간 설계에 관한 용어의 설명으로 틀린 것은?
① 정상작업영역 : 상완을 자연스럽게 수직으로 늘어뜨린 채, 손목을 움직여 닿을 수 있는 영역을 말한다.
② 최대작업영역 : 전완과 상완을 곧게 펴서 파악할 수 있는 영역을 말한다.
③ 정적 인체치수 : 마틴식 인체 측정기를 사용하여 측정한다.
④ 동적 인체치수 : 신체의 움직임에 따른 활동범위 등을 측정한다.

해설
정상작업역과 최대작업역
1) 정상작업역 : 상완(위팔)을 자연스럽게 수직으로 늘어뜨린 채 전완(아래팔)만으로 편하게 뻗어 파악할 수 있는 구역(34~45cm)
2) 최대작업역 : 저완과 상완을 곧게 펴서 파악할 수 있는 구역(55~65cm)

36 동전던지기에서 앞면이 나올 확률 P(앞) = 0.50이고, 뒷면이 나올 확률 P(뒤) = 0.25일 때, 앞면과 뒷면이 나올 사건의 정보량을 각각 올바르게 나타낸 것은?
① 앞면 : 0.2bit, 뒷면 : 0.4bit
② 앞면 : 1.0bit, 뒷면 : 2.0bit
③ 앞면 : 0.1bit, 뒷면 : 1.0bit
④ 앞면 : 2.0bit, 뒷면 : 1.0bit

해설
1) 앞면이 나올 사건의 정보량(H_1)

$H_1 = \log_2\left(\dfrac{1}{P}\right) = \log_2\left(\dfrac{1}{0.5}\right) = 1.0 \, bit$

2) 뒷면이 나올 사건의 정보량(H_2)

$H_2 = \log_2\left(\dfrac{1}{0.25}\right) = 2.0 \, bit$

Answer ● 32. ① 33. ③ 34. ③ 35. ① 36. ②

37 FT도에서 정상사상 G_1의 발생확률은? (단, $G_2 = 0.1$, $G_3 = 0.2$, $G_4 = 0.3$의 발생확률을 갖는다.)

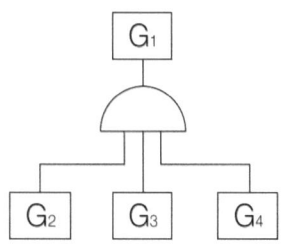

① 0.006
② 0.300
③ 0.496
④ 0.600

해설

$G_1 = G_2 \times G_3 \times G_4$
$= 0.1 \times 0.2 \times 0.3 = 0.006$

38 시스템의 평가척도 중 시스템의 목표를 잘 반영하는가를 나타내는 척도는?

① 신뢰성
② 타당성
③ 민감도
④ 무오염성

해설

타당성 : 측정하고자 하는 본래의 목적과 일치하느냐의 정도를 나타내는 기준이다.

39 산업안전보건법령상 95dB(A)의 소음에 대한 허용노출 기준시간은? (단, 충격소음은 제외한다.)

① 1시간
② 2시간
③ 4시간
④ 8시간

해설

음압과 허용노출한계

dB	90	95	100	105	110	115	120
허용 노출 시간	8시간	4시간	2시간	1시간	30분	15분	5~8분

∴ 120dB 이상 : 격리 또는 격벽 설비

40 다음 중 부품배치의 원칙에 해당하지 않는 것은?

① 중요성의 원칙
② 사용빈도의 원칙
③ 사용순서의 원칙
④ 작업공간의 원칙

해설

부품배치의 4원칙
1) **중요성의 원칙** : 부품을 작동하는 성능이 체계의 목표달성에 긴요한 정도에 따라 우선순위를 설정한다.
2) **사용빈도의 원칙** : 부품을 사용하는 빈도에 따라 우선순위를 설정한다.
3) **기능별 배치의 원칙** : 기능적으로 관련된 부품들(표시장치, 조정장치 등)을 모아서 배치한다.
4) **사용순서의 원칙** : 사용되는 순서에 따라 장치들을 가까이에 배치한다.

제3과목 건설시공학

---

41 콘크리트 재료적 성질에 기인하는 콘크리트 균열의 원인이 아닌 것은?

① 알칼리 골재반응
② 콘크리트의 중성화
③ 시멘트의 수화열
④ 혼화재료의 불균일한 분산

해설

콘크리트 균열의 원인
1) 알칼리 골재반응
2) 콘크리트의 중성화
3) 시멘트의 수화열
4) 염해

42 다음 중 토질시험 항목에 해당하지 않는 것은?

① 소성 한계시험
② 3축 압축시험
③ 할렬 인장시험
④ 비중 시험

해설

토질시험항목
1) 비중 시험
2) 소성한계 및 액성시험
3) 삼축압축시험
4) 압밀시험 등

Answer ● 37. ① 38. ② 39. ③ 40. ④ 41. ④ 42. ③

43 다음 흙막이 공법 중 지하연속벽 공법이 아닌 것은?

① 이코스공법 ② 웰 포인트 공법
③ 오거파일공법 ④ 슬러리월공법

해설
②항, 웰 포인트공법 : 배수에 의한 지반개량 공법

44 현장에서 철근공사와 관련된 사항으로 옳지 않은 것은?

① 철근공사 착공 전 구조도면과 구조계산서를 대조하는 확인작업 수행
② 도면오류를 파악한 후 정정을 요구하거나 철근상세도를 구조평면도에 표시하여 승인 후 시공
③ 품질이 규격값 이하인 철근의 사용배제
④ 구부러진 철근을 다시 펴는 가공작업을 거친 후 재사용

해설
구부러진 철근을 다시 펴서 재사용하지 않는다.

45 다음 중 시방서에 기재하는 사항이 아닌 것은?

① 재료, 장비, 설비의 유형과 품질
② 조립, 설치, 세우기의 방법
③ 도면의 도해적 표현
④ 시험 및 코드 요건

해설
시방서의 기재내용
1) 공사전체의 개요
2) 시방서의 적용범위, 공통 주의사항
3) 시공방법(준비사항, 공사의 정도, 사용 장비, 주의사항 등)
4) 사용재료(종류, 품질, 필요한 시험, 저장방법, 검사방법 등)
5) 특기사항

46 거푸집 해체작업 시 주의사항 중 옳지 않은 것은?

① 지주를 바꾸어 세우는 동안에는 그 상부작업을 제한하여 하중을 적게 한다.
② 높은 곳에 위치한 거푸집은 제거하지 않고 미장 공사를 실시한다.
③ 제거한 거푸집은 재사용을 위해 묻어 있는 콘크리트를 제거한다.
④ 진동, 충격 등을 주지 않고 콘크리트가 손상되지 않도록 순서에 맞게 거푸집을 제거한다.

해설
거푸집 해체작업시 주의사항
1) 거푸집의 제거는 보 옆이나 기둥을 먼저하고 보 밑이나 슬래브를 나중에 한다.
2) 진동, 충격 등을 주지 않고 콘크리트가 손상되지 않도록 한다.
3) 높은 곳 작업시에는 낙하사고에 유의해야 한다.
4) 터널폼은 크레인에 연결시켜 충분히 짖한 후 제거한다.
5) 지주(받침기둥)를 바꾸어 세우기 할 때는 상부의 작업을 제한하여 적재하중을 적게 하고, 집중하중을 받는 부분의 지주는 그대로 둔다.
6) 제거한 거푸집은 재사용할 수 있도록 적당한 장소에 정리하여 둔다.

47 섬유제 거푸집에 관한 설명으로 옳지 않은 것은?

① 탈수효과로 표면강도가 약간 감소한다.
② 경화시간이 단축된다.
③ 동결융해 저항성이 향상된다.
④ 통기효과로 인한 블리딩 감소 및 잉여수의 배출로 미관이 좋아진다.

해설
섬유제 거푸집을 사용하였을 경우 효과
1) 경화시간의 단축
2) 표면강도의 증가
3) 동결융해 저항성의 향상
4) 중성화 속도의 지연, 염분 침투성의 저감 등 내구성 향상
5) 물곰보 방지로 미관향상 등

48 흙막이 벽은 보통 버팀대로 지지되어 있으나 그 대신 어스앵커를 사용하기도 하는데 어스앵커의 PC강선에 가하는 힘의 종류는?

① 인장력 ② 압축력
③ 비틀림 ④ 전단력

해설
어스앵커공법(earth anchor)
1) 흙막이벽 이면 지반에 어스앵커를 설치하여 인발력으로 토압에 저항한다.

Answer ➡ 43. ② 44. ④ 45. ③ 46. ② 47. ① 48. ①

2) 어스앵커는 소정의 각도로써 소정의 깊이까지 원통형으로 굴착한 후 PC강선을 넣고 모르타르를 정착장까지 그라우팅하여 모르타르가 경화한 후에 PC강선을 재키로 당겨 인장응력을 준 다음 끝을 정착시킨다.

※ 타이로드(tie rod) : 대형의 둥근막대(인장봉)

49 당해 공사의 특수한 조건에 따라 표준시방서에 대하여 추가, 변경, 삭제를 규정한 시방서는?

① 특기시방서 ② 안내시방서
③ 자료시방서 ④ 성능시방서

해설

특기시방서 : 본문 설명

50 다음 금속 커튼월 공사의 작업흐름 중 ( )에 가장 적합한 것은?

기준먹매김 – ( ) – 커튼월 설치 및 보양 – 부속 재료의 설치 – 유리설치

① 자재정리
② 구체 부착철물의 설치
③ seal 공사
④ 표면마감

해설

금속커튼월 공사 작업흐름도
1) 기준먹매김 → 2) 구체 부착철물의 설치 → 3) 커튼월 설치 및 보양 → 4) 부속 재료의 설치 → 5) 유리 설치

51 기초의 종류 중 기초슬래브의 형식에 따른 분류가 아닌 것은?

① 독립기초 ② 연속기초
③ 복합기초 ④ 직접기초

해설

푸팅(footing)기초 : 슬래브(slab)의 형식에 따라 다음과 같이 구분한다.
1) 독립기초 : 단일 기둥을 하나의 기초에 연결하여 지지하는 방식
2) 복합기초 : 2개 이상의 기둥을 하나의 기초에 연결하여 지지하는 방식
3) 연속기초(줄기초) : 연속된 기초판이 기둥 또는 벽의 하중을 지지하는 방식

52 철골공사에서 녹막이칠을 해야 하는 부분은?

① 고력볼트 마찰접합부의 마찰면
② 조립상 표면접합이 되는 면
③ 콘크리트에 매설되는 부분
④ 개방형 단면을 한 부재

해설

녹막이 칠을 할 필요가 없는 부분
1) 콘크리트에 밀착 또는 매입되는 부분
2) 조립에 의해 서로 밀착되는 면
3) 현장용접을 하는 부위 및 그곳에 인접하는 양측 10mm 이내 (용접부에서 50mm 이내)
4) 고장력 볼트 마찰접합부의 마찰면
5) 폐쇄형 단면을 한 부재의 밀폐된 내면
6) 기계깎기 마무리면

53 건설도급회사의 공사실적 및 기술능력에 적합한 3~7개 정도의 시공회사를 선택한 후 그 시공회사로 하여금 입찰에 참여시키는 방법은?

① 특명입찰 ② 공개경쟁입찰
③ 지명경쟁입찰 ④ 제한경쟁입찰

해설

지명경쟁입찰 : 공사에 가장 적합하다고 인정되는 시공업자(3~7명 정도)를 지명하여 경쟁입찰에 붙이는 방식

54 그림과 같은 독립기초의 흙파기량으로 적당한 것은?

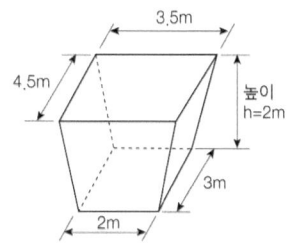

① $19.5m^3$ ② $21.0m^3$
③ $23.7m^3$ ④ $25.4m^3$

해설

길이가 서로 다른 것은 더한 후 2로 나누면 평균값이 나온다.

흙파기량 $= \left(\dfrac{4.5+3}{2}\right) \times \left(\dfrac{3.5+2}{2}\right) \times 2$
$= 20.63m^3$

Answer ● 49. ① 50. ② 51. ④ 52. ④ 53. ③ 54. ②

55 콘크리트 배합을 결정하는데 있어서 직접적으로 관계가 없는 것은?

① 물시멘트비 ② 골재의 강도
③ 단위시멘트량 ④ 슬럼프값

해설

콘크리트의 배합설계 순서
1) 소요강도(설계기준강도) · 배합강도 · 시멘트강도 결정
2) 물 · 시멘트비 결정
3) 슬럼프값의 결정
4) 굵은골재 최대치수 및 잔골재율 결정
5) 단위수량 결정
6) 표준배합(시방배합)의 산출 및 현장배합의 조정

56 현장용접 시 발생하는 화재에 대한 예방조치와 가장 거리가 먼 것은?

① 용접기의 완전한 접지(earth)를 한다.
② 용접부분 부근의 가연물이나 인화물을 치운다.
③ 착의, 장갑, 구두 등을 건조상태로 한다.
④ 불꽃이 비산하는 장소에 주의한다.

57 철근의 가스압접이음에 대한 설명으로 옳지 않은 것은?

① 접합전에 압접면을 그라인더로 평탄하게 가공해야 한다.
② 이음공법 중 접합강도가 아주 큰 편이며 성분 원소의 조직변화가 적다.
③ 철근의 항복점 또는 재질이 다른 경우에도 적용가능하다.
④ 이음위치는 인장력이 가장 적은 곳에서 하고 한곳에 집중해서는 안된다.

해설

③항, 철근의 항복점 또는 재질이 다른 경우에는 적용이 불가능하다.

58 콘크리트 타설시 물과 다른 재료와의 비중 차이로 콘크리트 표면에 물과 함께 유리석회, 유기 불순물 등이 떠오르는 현상을 무엇이라 하는가?

① 블리딩 ② 컨시스턴시
③ 레이턴스 ④ 워커빌리티

해설

블리딩 및 레이턴스
1) 블리딩(bleeding) : 콘크리트 타설 후 시멘트, 골재등의 침하에 따라 물이 분리 상승되어 표면에 떠오르는 현상
2) 레이턴스(laitance) : 블리딩에 의해 떠오른 미립물이 물의 증발에 따라 콘크리트 표면에 얇은 막으로 침적되는 현상

59 다음 중 굳지 않은 콘크리트의 측압에 대한 영향이 가장 작은 것은?

① 굳지 않은 콘크리트의 다지기 방법
② 기온 및 대기의 습도
③ 콘크리트 부어넣기 속도
④ 콘크리트 발열

해설

콘크리트 발열 : 콘크리트 측압에 영향을 주지 않는다.

60 건축 목공사의 시공계획을 수립함에 있어서 필요치 않은 것은?

① 가설물 계획 ② 시공계획도의 작성
③ 현치도 작성 ④ 공정표 작성

해설

현치도(원척도) 및 시공도 작업 : 시공계획이 아닌 본공사 진행 중에 필요한 도면

제4과목 건설재료학

61 콘크리트 표면도장에 가장 적합한 도료는?

① 염화비닐수지도료
② 조합페인트
③ 클리어래커
④ 알루미늄페인트

해설

염화비닐수지도료 : 내산 · 내알칼리성이 있어 콘크리트나 플라스터(plaster)면에 적합한 도료이다.

Answer ● 55. ② 56. ③ 57. ③ 58. ① 59. ④ 60. ③ 61. ①

62 목재의 부패 조건에 관한 설명 중 옳지 않은 것은?

① 대부분의 부패균은 섭씨 약 20~40℃ 사이에서 가장 활동이 왕성하다.
② 목재의 증기 건조법은 살균효과도 있다.
③ 부패균의 활동은 습도는 약 90% 이상에서 가장 활발하고 약 20% 이하로 건조시키면 번식이 중단된다.
④ 수중에 잠겨진 목재는 습도가 높기 때문에 부패균의 발육이 왕성하다.

해설
수중에 잠겨진 목재 : 공기에 노출되지 않기 때문에 부패균의 발육이 중지된다.

63 점토제품 제조에 관한 설명으로 옳지 않은 것은?

① 원료조합에는 필요한 경우 제검제를 첨가한다.
② 반죽과정에서는 수분이나 경도를 균질하게 한다.
③ 숙성과정에서는 반죽덩어리를 되도록 크게 뭉쳐둔다.
④ 성형은 건식, 반건식, 습식 등으로 구분한다.

해설

64 점토 벽돌(KS L 4201)의 성능 시험방법과 관련된 항목이 아닌 것은?

① 겉모양   ② 압축강도
③ 내충격성 ④ 흡수율

해설
점토벽돌의 성능시험 항목(KS L 4201)
1) 겉모양
2) 흡수율 시험
3) 압축강도 시험

65 다음 중 열경화성 수지가 아닌 것은?

① 요소수지   ② 폴리에틸렌수지
③ 실리콘수지 ④ 알키드수지

해설
합성수지의 종류

열가소성 수지	열경화성 수지
1. 염화비닐수지(PVC)	1. 페놀수지
2. 에틸렌수지	2. 요소수지
3. 프로필렌수지	3. 멜라민수지
4. 아크릴수지	4. 알키드수지
5. 스틸렌수지	5. 폴리에스테르수지
6. 메타크릴수지	6. 실리콘
7. ABS수지	7. 에폭시수지
8. 폴리아미드수지	8. 우레탄수지
9. 비닐아세틸수지	9. 규소수지

66 지하실 방수공사에 사용되며, 아스팔트 펠트, 아스팔트 루핑 방수재료의 원료로 사용되는 것은?

① 스트레이트 아스팔트
② 블로운 아스팔트
③ 아스팔트 컴파운드
④ 아스팔트 프라이머

해설
스트레이트 아스팔트(straight saphalt) : 잔류유를 증류하여 남은 것으로 증기아스팔트와 진공아스팔트 2종이 있다.
1) 신장성, 접착성, 방수성이 풍부하다.
2) 연화점이 낮고 내후성 및 온도에 의한 변화가 크다.
3) 지하방수에 쓰이고 아스팔트 펠트 삼투용으로 사용한다.

67 코펜하겐 리브판에 관한 설명 중 옳지 않은 것은?

① 두께 50mm, 나비 100mm 정도의 판을 가공한 것이다.
② 집회장, 강당, 영화관, 극장에 붙여 음향조절 효과를 낸다.
③ 열의 차단성이 우수하며 강도도 커서 외장용으로 주로 사용된다.
④ 원래 코펜하겐의 방송국 벽에 음향효과를 내기 위해 사용한 것이 최초이다.

해설
코펜하겐 리프판(copenhagen rib board)
1) 두께 5cm, 폭(너비) 10cm 정도의 긴 판에다 표면을 리브로 가공한 것이다.
2) 면적이 넓은 강당, 집회장, 극장 등의 천장 또는 내벽에 붙여 음향조절용으로 쓰거나 수장제로 사용된다.

Answer ➡ 62. ④ 63. ③ 64. ③ 65. ② 66. ① 67. ③

68 시멘트의 응결시험 방법으로 옳은 것은?
① 비카 시험
② 오토클레이브 시험
③ 브레인 시험
④ 비비 시험

해설
시멘트의 응결시험 방법 : 비카 시험

69 다음 중 열 및 전기 전도율이 가장 큰 금속은?
① 알루미늄
② 크롬
③ 니켈
④ 구리

해설
열 및 전기전도율이 가장 큰 공업용 금속 : 구리(Cu)

70 다음 중 실(seal)재가 아닌 것은?
① 코킹재
② 퍼티
③ 개스킷
④ 트래버틴

해설
트래버틴(travertin) : 벌레에 침식된 듯한 구멍이 있는 무늬를 가진 특수 대리석의 일종이다.

71 P.S 콘크리트 부재 제작 시 프리스트레스(prestress)를 도입시키기 위해 개발된 시멘트는?
① 제트 시멘트
② 알루미나 시멘트
③ 인산 시멘트
④ 팽창 시멘트

해설
P.S(prestressed)콘크리트 : 고강도 강재나 피아노선과 같은 특수 선재를 사용하여 재축 방향으로 콘크리트에 미리 압축력을 주어서 콘크리트의 강도를 증가시켜 휨 저항이 증대되도록 한 콘크리트

72 목재의 강도에 관한 설명 중 옳지 않은 것은?
① 목재의 제강도 중 섬유 평행방향의 인장강도가 가장 크다.
② 목재를 기둥으로 사용할 때 일반적으로 목재는 섬유의 평행방향으로 압축력을 받는다.
③ 함수율이 섬유포화점 이상으로 클 경우 함수율 변동에 따른 강도변화가 크다.
④ 목재의 인장강도 시험 시 죽은 옹이의 면적을 뺀 것을 재단면으로 가정한다.

해설
③항, 함수율이 섬유포화점 이상으로 클 경우 함수율 변동에 따른 강도 변화는 없다.

> **길잡이** 섬유포화점과 목재의 강도
> 1) 섬유포화점 이상에서는 강도가 일정하다.
> 2) 섬유포화점 이하에서는 함수율의 감소에 따라 강도는 증가하고 탄성은 감소한다.

73 건축용 단열재 중 무기질이 아닌 것은?
① 암면
② 유리섬유
③ 세라믹파이퍼
④ 셀룰로즈파이버

해설
셀룰로즈파이버(cellulose fiver) : 식물성섬유(유기질)

74 습기가 있는 콘크리트나 모르타르에 알루미늄 새시를 직접 닿지 않도록 해야 하는데 그 이유로 가장 적합한 것은?
① 연질이며 강도가 낮아서
② 내수성이 약해서
③ 산, 알칼리, 해수 등에 쉽게 침식되어서
④ 열팽창율이 달라서

해설
알루미늄(Al) : 내산성 및 내알칼리성이 약하여 콘크리트에 접하면 부식되기 쉽다.

75 혼화재료 중 사용량이 비교적 많아서 그 자체의 부피가 콘크리트 비비기 용적에 계산되는 혼화재에 해당되지 않는 것은?
① 플라이 애쉬
② 팽창재
③ 고성능 AE 감수제
④ 고로슬래그 미분말

해설
콘크리트의 혼화재료
1) 혼화제 : 사용량이 적어 콘크리트의 배합계산에서 무시되는 혼화재료
 ① AE제(Air Entraining agent) : 공기연행제
 ② 분산제(감수제)
 ③ 응결경화촉진제
 ④ 급결재 및 지연제
 ⑤ 방수제

Answer ▶ 68. ① 69. ④ 70. ④ 71. ④ 72. ③ 73. ④ 74. ③ 75. ③

2) 혼화재 : 사용량이 비교적 많아서 콘크리트 배합계산에서 고려되는 혼화재료
   ① 경화과정 중 팽창을 일으키는 것: 팽창제
   ② 포졸란 작용이 있는 것 : 고로슬래그, 플라이애시
   ③ 증량제 : 폴리머 증량재, 광물질미분말

76 철근콘크리트에 사용하는 굵은 골재의 최대 치수를 정하는 가장 중요한 이유는?

① 재료분리현상을 막기 위해서
② 콘크리트가 철근사이를 자유롭게 통과할 수 있도록 하기 위해서
③ 균질한 콘크리트를 만들기 위해서
④ 사용골재를 줄이기 위해서

해설

굵은골재의 최대치수 : 굵은골재의 최대치수는 골재와 같은 크기의 중량비로 90% 이상 통과하여야 한다(콘크리트가 철근 사이를 자유롭게 통과할 수 있어야 함)

77 스테인리스강에 대한 설명으로 옳지 않은 것은?

① 강도가 높고 열에 대한 저항성이 크다.
② 먼지기 잘 끼고 표면이 더러워지면 청소가 어렵다.
③ 크롬(Cr)의 첨가량이 증가할수록 내식성이 좋아진다.
④ 전기저항성이 크고 열전도율이 낮다.

해설

스테인리스강은 먼지가 잘 끼지 않고 표면이 더러워져도 청소하기 쉽다.

78 매스콘크리트의 타설 및 양생에 대한 설명 중 옳은 것은?

① 외기온이 영하로 내려가도 자체의 수화열만으로 충분히 양생가능하므로 별도의 양생조치가 불필요하다.
② 내부 수화열에 의한 콘크리트의 온도 상승 및 하강 시 온도응력으로 인한 균열발생 가능성이 있다.
③ 부재의 단면크기가 작기 때문에 건조수축에 의한 균열발생 가능성이 가장 크다.
④ 매트기초의 경우 수화발열량이 커서 콘크리트 온도가 높으므로, 표면온도를 낮추기 위한 방안이 필요하다.

해설

1) 매스콘크리트 : 부재 또는 구조물의 치수가 커서 시멘트의 수화열에 의한 온도상승을 고려하여 시공하는 콘크리트이다.
2) 균열발생 : 콘크리트 부재표면과 내부와의 온도차 또는 부재 전체의 온도가 강하할 때의 수축변형 구속 등에 의해 응력이 생겨 균열발생(온도균열)을 초래한다.

79 합성수지계 접착제가 아닌 것은?

① 비닐 수지 접착제
② 에폭시 수지 접착제
③ 요소 수지 접착제
④ 카세인

해설

카세인 : 단백질(우유 중에 포함)접착제

80 점토제품의 원료와 그 역할이 올바르게 연결된 것은?

① 규석, 모래 – 점성 조절
② 장석, 석회석 – 균열방지
③ 샤모트(cahmotte) – 내화성 증대
④ 식염, 붕사 – 용융성 조절

해설

규석 : 규산(SiO_2)을 화학성분으로 한 석영 및 수정 등의 광물로서 점성을 조절하는 효과가 있다.

제5과목 건설안전기술

81 액성한계(LL)가 32%, 소성한계(PL)가 12%일 경우 소성지수(IP)는 얼마인가?

① 10% ② 20%
③ 22% ④ 44%

해설

소성지수(IP) = 액성한계(LL) − 소성한계(PL) = 32 − 12 = 20%

82 발파작업 시 유의사항과 거리가 먼 것은?

① 적절한 경보를 하여 근로자와 제3자의 대피조치를 취한다.
② 화약류, 뇌관 등은 충격을 주지 말고 화기에 접근을 금지한다.
③ 발파 후에는 불발 잔약의 확인과 진동에 의한 2차 붕괴 여부를 확인한다.
④ 낙반, 부석처리 완료 후 작업 재개한다.

해설

②항 : 발파작업 전 유의사항

83 펌프카에 의한 콘크리트 타설 시 안전수칙으로 옳지 않은 것은?

① 타설 순서는 계획에 의거 실시
② 타설 속도 및 속도 준수
③ 장비사양의 적정호스 길이 초과 시 압송관 연결
④ 펌프카 전후에는 식별이 용이한 안전표지판 설치

84 철골작업을 중지하여야 하는 풍속 기준은?

① 풍속이 초당 10미터 이상
② 풍속이 분당 10미터 이상
③ 풍속이 초당 1미터 이상
④ 풍속이 분당 1미터 이상

해설

철골작업을 중지해야하는 기상조건
1) 풍속 : 10m/sec 이상
2) 강우량 : 1mm/hr 이상
3) 강설량 : 1cm/hr 이상

85 근로자의 추락 등에 의한 위험을 방지하기 위하여 안전난간을 설치할 때 준수하여야 할 기준으로 옳지 않은 것은?

① 안전난간은 구조적으로 가장 취약한 지점에서 가장 취약한 방향으로 작용하는 100kg 이상의 하중에 견딜 수 있는 튼튼한 구조일 것
② 난간대는 지름 1.5cm 이상의 금속제 파이프나 그 이상의 강도를 가진 재료일 것
③ 난간기둥은 상부난간대와 중간난간대를 견고하게 떠받칠 수 있도록 적정한 간격을 유지할 것
④ 상부난간대와 중간난간대는 난간 길이 전체에 걸쳐 바닥면 등과 평행을 유지할 것

해설

②항. 난간대는 지름 2.7cm 이상의 금속제 파이프나 그 이상의 강도를 가진 재료일 것

86 건설재해 방지대책으로 옳지 않은 것은?

① 공사 계획시부터 적정한 공법 및 공기를 선택하여 안전관리상에 무리가 없도록 한다.
② 하도급을 줄 때 안전관리 책임한계를 명확히 한다.
③ 매일 작업 시작 전에 안전보건에 관한 교육을 정기적 또는 수시로 실시한다.
④ 작업시간을 자유롭게 하여 근로자의 편의를 도모한다.

해설

87 가설통로의 설치기준으로 옳지 않은 것은?

① 경사는 30° 이하로 하여야 한다.
② 수직갱에 가설된 통로의 길이가 15m 이상인 때에는 10m 이내마다 계단참을 설치한다.
③ 경사가 10°를 초과하는 때에는 미끄러지지 아니하는 구조로 한다.

Answer ➡ 81. ② 82. ② 83. ③ 84. ① 85. ② 86. ④ 87. ③

④ 높이 8m 이상인 비계다리에는 7m 이내마다 계단참을 설치한다.

해설

③항, 경사가 15°를 초과하는 때에는 미끄러지지 아니하는 구조로 할 것

88 다음은 고소작업대를 설치하는 경우에 대한 내용이다. ( ) 안에 알맞은 숫자는?

> 작업대를 와이어로프 또는 체인으로 올리거나 내릴 경우에는 와이어 로프 또는 체인이 끊어져 작업대가 떨어지지 아니하는 구조여야 하며, 와이어 로프 또는 체인의 안전율은 ( ) 이상일 것

① 5
② 7
③ 8
④ 10

해설

고소작업대 설치시 설치기준
1) 작업대를 와이어로프 또는 체인으로 올리거나 내릴 경우에는 와이어로프 또는 체인이 끊어져 작업대가 낙하하지 않는 구조여야 하며, 와이어로프 또는 체인의 안전율은 5 이상일 것
2) 작업대를 유압에 의하여 올리거나 내릴 경우에는 작업대를 일정한 위치에 유지할 수 있는 장치를 갖추고 압력의 이상저하를 방지할 수 있는 구조일 것
3) 권과방지장치를 갖추거나 압력의 이상상승을 방지할 수 있는 구조일 것
4) 붐의 최대 지면경사각을 초과 운전하여 전도되지 않도록 할 것
5) 작업대에 전격하중(안전율 5 이상)을 표시할 것
6) 작업대에 끼임·충돌 등 재해를 예방하기 위한 가드 또는 과상승방지 장치를 설치할 것
7) 조작반의 스위치는 눈으로 확인할 수 있도록 명칭 및 방향표시를 표지할 것

89 철골공사 중 볼트 작업을 하기 위하여 구조체인 철골에 매달아 작업발판을 만드는 비계로서 상하이동을 시킬 수 없는 것은?

① 말비계
② 이동식비계
③ 달대비계
④ 달비계

해설

달비계 및 달대비계
1) 달비계 : 와이어로프나 철선 등을 이용하여 상부지점에 승강할 수 있는 작업용 발판을 매다는 형식의 비계로서 건물외벽의 도장이나 청소 등의 작업에 사용
2) 달대비계 : 철골공사의 리벳치기, 볼트 작업시에 주로 이용되는 것으로 주체인 철골에 매달아서 작업발판을 만드는 비계로서 상하이동을 시킬 수 없는 것

90 스크레이퍼의 용도로 가장 거리가 먼 것은?

① 적재
② 운반
③ 하역
④ 양중

해설

스크레이퍼 : 굴착·싣기(적재)·운반·하역의 4가지 작업을 연속적으로 행하는 토공만능기

91 건설공사 현장에서 사다리식 통로 등을 설치하는 경우의 준수기준으로 옳지 않은 것은?

① 사다리의 상단은 걸쳐놓은 지점으로부터 40cm 이상 올라가도록 할 것
② 폭은 30cm 이상으로 할 것
③ 사다리식 통로의 기울기는 75° 이하로 할 것
④ 발판의 간격은 일정하게 할 것

해설

①항, 사다리의 상단은 걸쳐놓은 지점으로부터 60cm이상 올라가도록 할 것

92 강관을 사용하여 비계를 구성하는 경우 띠장방향에서의 비계기둥의 간격으로 옳은 것은?

① 1.2m 이상~2.0m 이하
② 1.5m 이상~2.0m 이하
③ 1.2m 이상~1.8m 이하
④ 1.85m 이하

해설

강관비계의 구조
1) 비계기둥의 간격은 띠장방향에서는 1.85m 이하, 장선방향에서는 1.5m 이하로 할 것. 다만, 선박 및 보트 건조작업의 경우 안전성에 대한 구조검토를 실시하고 조립도를 작성하면 띠장방향 및 장선방향으로 각각 2.7m 이하로 할 수 있음
2) 띠장간격은 2m 이하로 설치할 것
3) 비계기둥의 최고부로부터 31m 되는 지점 밑부분의 비계기둥은 2본의 강관으로 묶어둘 것(브라켓 등으로 보강하여 그 이상의 강도가 유지되는 경우에는 그러하지 아니하다)
4) 비계기둥 간의 적재하중은 400kg을 초과하지 아니하도록 할 것

Answer ◎ 88. ① 89. ③ 90. ④ 91. ① 92. ④

93 콘크리트 타설 작업 시 준수사항으로 옳지 않은 것은?

① 바닥위에 흘린 콘크리트는 완전히 청소한다.
② 가능한 높은 곳으로부터 자연 낙하시켜 콘크리트를 타설한다.
③ 지나친 진동기 사용은 재료분리를 일으킬 수 있으므로 금해야 한다.
④ 최상부의 슬래브는 이어붓기를 되도록 피하고 일시에 전체를 타설하도록 한다.

해설
②항, 높은 곳으로부터 콘크리트를 세기 거푸집에 부어넣지 않는다.

94 콘크리트 측압에 영향을 미치는 인자로 가장 거리가 먼 것은?

① 콘크리트의 컨시스턴시
② 콘크리트의 타설속도
③ 대기의 온도 및 습도
④ 콘크리트의 강도

해설
콘크리트 타설시 거푸집의 측압에 미치는 영향
1) 슬럼프가 클수록 크다(물 – 시멘트 비가 클수록 크다)
2) 기온이 낮을수록 크다(대기 중에 습도가 높을수록 크다)
3) 콘크리트의 치어붓기 속도가 클수록 크다.
4) 거푸집의 수밀성이 높을수록 크다.
5) 콘크리트의 다지기가 강할수록 크다(진동기 사용시 측압은 30% 정도 증가)
6) 거푸집의 수평단면이 클수록 크다(벽두계가 클수록 크다.)
7) 거푸집의 강성이 클수록 크다.
8) 거푸집 표면이 매끄러울수록 크다.
9) 콘크리트의 비중이 클수록 크다(단위중량이 클수록 크다)
10) 철근량이 적을수록 크다.

95 유해위험 방지계획서 제출대상공사에 해당하는 것은?

① 지상 높이가 21m인 건축물 해체공사
② 최대지간 거리가 50m인 교량의 건설공사
③ 연면적 5,000m²인 동물원 건설공사
④ 깊이가 9m인 굴착공사

해설
유해위험방지계획서 제출대상 사업의 종류
1) 지상높이가 31미터 이상인 건축물 또는 인공구조물, 연면적 3만 제곱미터 이상인 건축물 또는 연면적 5천 제곱미터 이상의 문화 및 집회시설(전시장 및 동물원·식물원은 제외), 판매시설, 운수시설(고속철도의 역사 및 집·배송시설은 제외), 종교시설, 의료시설 중 종합병원, 숙박시설 중 관광숙박시설, 지하도상가 또는 냉동·냉장 창고시설의 건설·개조 또는 해체(이하 "건설등"이라 함)
2) 연면적 5천 제곱미터 이상의 냉동·냉장 창고시설의 설비공사 및 단열공사
3) 최대 지간길이가 50미터 이상인 교량건설 등 공사
4) 터널 건설 등의 공사
5) 다목적댐, 발전용댐 및 저수용량 2천만톤 이상의 용수 전용댐, 지방상수도 전용댐 건설 등의 공사
6) 깊이 10미터 이상인 굴착공사

96 산소결핍에 의한 재해의 예방대책에 대한 설명으로 옳지 않은 것은?

① 작업시작 전 산소농도를 측정한다.
② 공기호흡기 등의 필요한 보호구를 작업 전에 점검한다.
③ 승인받은 밀폐공간이 아니면 절대 들어가서는 안된다.
④ 산소결핍의 위험이 있는 장소에서는 산소농도가 10%이상 유지되도록 한다.

해설
④항, 산소결핍의 위험이 있는 장소에서는 산소농도가 18% 이상 유지되도록 한다.

97 항타기 또는 항발기에서 와이어로프의 절단 하중 값과 와이어로프에 걸리는 하중의 최대값이 보기항과 같을 때 사용가능한 경우는?

① 와이어로프의 절단하중 값 : 10ton
　와이어로프에 걸리는 하중의 최대값 : 2ton
② 와이어로프의 절단하중 값 : 15ton
　와이어로프에 걸리는 하중의 최대값 : 4 ton
③ 와이어로프의 절단하중 값 : 20ton
　와이어로프에 걸리는 하중의 최대값 : 6 ton
④ 와이어로프의 절단하중 값 : 25ton
　와이어로프에 걸리는 하중의 최대값 : 8ton

Answer ➡ 93. ② 94. ④ 95. ② 96. ④ 97. ①

해설

1) 항타기·항발기의 권상용 와이어로프의 안전계수 : 5 이상
2) 안전계수 = $\dfrac{절단하중}{최대사용하중}$

　①항. 안전계수 = $\dfrac{10}{2}$ = 5
　②항. 안전계수 = $\dfrac{15}{5}$ = 3
　③항. 안전계수 = $\dfrac{20}{6}$ = 3.3
　④항. 안전계수 = $\dfrac{25}{8}$ = 3.1

98 중량물을 들어올리는 자세에 대한 설명 중 옳은 것은?

① 다리는 곧게 펴고 허리를 굽혀 들어올린다.
② 되도록 자세를 낮추고 허리를 곧게 편 상태에서 들어올린다.
③ 무릎을 굽힌 자세에서 허리를 뒤로 젖히고 들어올린다.
④ 다리를 벌린 상태에서 허리를 숙여서 서서히 들어올린다.

해설

중량물을 들어 올릴 때 : 팔과 무릎을 사용하여 자세를 낮추고 허리(척추)를 곧게 편 상태에서 들어올린다.

99 히빙(heaving)현상이 가장 쉽게 발생하는 토질지반은?

① 연약한 점토 지반
② 연약한 사질토 지반
③ 견고한 점토 지반
④ 견고한 사질토 지반

해설

히빙(heaving) 현상
1) 지반조건 : 연약성 점토 지반
2) 현상
　① 지보공파괴
　② 배면 토사붕괴
　③ 굴착저면의 솟아오름

100 양중기를 사용하는 작업에서 운전자가 보기 쉬운 곳에 부착하여야 하는 사항이 아닌 것은?

① 정격하중
② 운전속도
③ 작업위치
④ 경고표시

해설

양중기(승강기는 제외)를 사용하는 작업에서 운전자 또는 작업자가 보기 쉬우 곳에 부착하여야 하는 사항
1) 정격하중
2) 운전속도
3) 경고표시

Answer ● 98. ② 99. ① 100. ③

2024년 제1회 건설안전산업기사 CBT 복원 기출문제

제1과목 산업안전관리론

01 다음 (　) 안에 알맞은 것은?

> 사업주는 산업재해로 사망자가 발생하거나 (　) 일 이상의 휴업이 필요한 부상을 입거나 질병에 걸린 사람이 발생한 경우 해당 산업재해가 발생한 날부터 1개월 이내에 산업재해조사표를 작성하여 관할 지방고용노동청장 또는 지청장에게 제출하여야 한다.

① 3　　② 4
③ 5　　④ 7

해설
산업재해 발생보고(시행규칙 제4조)
1) 사업주는 산업재해로 사망자가 발생하거나 3일 이상의 휴업이 필요한 부상을 입거나 질병에 걸린 사람이 발생한 경우
2) 해당 산업재해가 발생한 날부터 1개월 이내에 산업재해조사표를 작성하여
3) 지방 고용노동관서의 장에게 제출하여야 한다.

02 일선 관리감독자를 대상으로, 작업지도기법, 작업개선기법, 인간관계 관리기법 등을 교육하는 방법은?

① ATT(American Telephone & Telegram Co.)
② MTP(Management Training Program)
③ CCS(Civil Communication Section)
④ TWI(Training Within Industry)

해설
TWI(Training Within Industry)
1) 교육대상자 : 감독자
2) 교육내용
　① JI(Job Instruction) : 작업지도 기법
　② JM(Job Method) : 작업개선 기법
　③ JR(Job Relation) : 인간관계관리 기법(부하통솔 기법)
　④ JS(Job Safety) : 작업안전 기법
3) 한 클래스는 10명 정도, 교육방법은 토의법, 1일 2시간씩 5일에 걸쳐 10시간 정도 한다.

03 방독마스크의 흡수관의 종류와 사용조건이 옳게 연결된 것은?

① 보통가스용 – 산화금속
② 유기가스용 – 활성탄
③ 일산화탄소용 – 알칼리제제
④ 암모니아용 – 산화금속

해설
방독마스크의 흡수관(흡수통 또는 정화통)

종류	표지 기호	표지 색	대응독물	주성분
보통가스용 (할로겐 가스용)	A	흑색 회색	염소 및 할로겐류, 포스겐, 유기 및 산성가스	활성탄, 소다라임
유기가스용	C	흑색	유기가스 및 증기, 이황화탄소	활성탄
일산화탄소용	E	적색	TEL, 일산화탄소	호프카라이트, 방습제
암모니아용	H	녹색	암모니아	큐프라마이트
아황산용	I	황적색	아황산 및 황산미스트	산화금속 알카리제제

04 재해원인을 직접원인과 간접원인으로 나눌 때, 직접원인에 해당하는 것은?

① 기술적 원인
② 관리적 원인
③ 교육적 원인
④ 물적 원인

Answer ● 01. ① 02. ④ 03. ② 04. ④

해설

재해발생의 원인
1) 직접원인
   ① 인적원인 : 불안전한 행동
   ② 물적원인 : 불안전한 상태
2) 간접원인 : 기술적원인, 관리적원인, 교육적원인

05 성공적인 리더가 갖추어야 할 특성으로 가장 거리가 먼 것은?

① 강한 출세 욕구
② 강력한 조직 능력
③ 미래지향적 사고 능력
④ 상사에 대한 부정적 태도

해설

성실한 지도자가 공통적으로 갖는 속성
1) 업무수행능력 및 판단능력
2) 강력한 조직능력 및 강한 출세욕구
3) 자신에 대한 긍정적 태도
4) 상사에 대한 긍정적 태도
5) 조직의 목표에 대한 충성심
6) 실패에 대한 두려움
7) 원만한 사교성
8) 매우 활동적이며 공격적인 도전
9) 자신의 건강과 체력 단련
10) 부모로부터의 정서적 독립

06 산업안전보건법상 아세틸렌 용접장치 또는 가스집합 용접장치를 사용하여 행하는 금속의 용접·용단 또는 가열작업자에게 특별안전·보건교육을 시키고자 할 때의 교육 내용이 아닌 것은?

① 용접흄·분진 및 유해광선 등의 유해성에 관한 사항
② 작업방법·작업순서 및 응급처치에 관한 사항
③ 안전밸브의 취급 및 주의에 관한 사항
④ 안전기 및 보호구 취급에 관한 사항

해설

아세틸렌용접장치 또는 가스집합용접장치를 사용하여 금속의 용접·용단 또는 가열작업시 특별안전·보건교육의 교육 내용
1) ①, ②, ④항
2) 가스용접기, 압력조정기, 호스 및 취관두 등의 기기점검에 관한 사항

3) 화재예방 및 초기대응에 관한 사항
4) 그 밖에 안전·보건관리에 필요한 사항

07 산업안전보건법상 바탕은 흰색, 기본모형은 빨간색, 관련 부호 및 그림은 검은색을 사용하는 안전·보건표지는?

① 안전복착용   ② 출입금지
③ 고온경고   ④ 비상구

해설

산업안전표지의 종류와 색채
1) **금지표시** : 바탕은 흰색, 기본모형은 빨간색, 관련부호 및 그림은 검정색
2) **경고표시** : 바탕은 노란색, 기본모형, 관련부호 및 그림은 검정색[다만, 인화성물질 경고, 산화성물질 경고, 폭발성물질 경고, 급성독성물질 경고, 부식성물질 경고 및 발암성·변이원성·생식독성·전신독성·호흡기과민성물질 경고의 경우 바탕은 무색, 기본모형은 빨간색(흑색도 가능)]
3) **지시표지** : 바탕은 파란색, 관련그림은 흰색
4) **안내표지** : 바탕은 흰색, 기본모형 및 관련 부호는 녹색, 바탕은 녹색, 관련부호 및 그림은 흰색
5) **관계자외 출입금지표지** : 바탕은 흰색, 글자는 흑색, 다음 글자는 적색
   ① ○○○제조/사용/보관중
   ② 석면취급/해체중
   ③ 발암물질 취급중

08 재해손실 코스트 방식 중 하인리히의 방식에 있어 1 : 4의 원칙 중 1에 해당하지 않는 것은?

① 재해예방을 위한 교육비
② 치료비
③ 재해자에게 지급된 급료
④ 재해보상 보험금

해설

하인리히의 재해손실비
1) 총재해 cost = 직접비 + 근접비
2) 직접비 : 간접비 = 1 : 4
   ① 직접비 : 법으로 정한 치료비 및 산재보상비(휴업보상비, 장해보상비, 요양보상비, 장의비, 유족보상비, 상병보상연금 등)
   ② 간접비 : 재산손실, 생산중단 등으로 인해 기업이 입은 손실(인적손실, 물적손실, 생산손실, 기타손실 등)

Answer ● 05. ④ 06. ③ 07. ② 08. ①

09 교육 대상자수가 많고, 교육 대상자의 학습능력의 차이가 큰 경우 집단안전 교육방법으로서 가장 효과적인 방법은?

① 문답식 교육
② 토의식 교육
③ 시청각 교육
④ 상담식 교육

해설

시청각 교육
1) **시청각 교육** : 교육대상자수가 많고 교육대상자의 학습능력차이가 큰 경우 집단교육방법으로 효과적이다.
2) **시청각 교육의 특징** : 교수의 효율성, 교재의 구조화, 교수의 평준화, 대량 수업체제 확립

10 레빈(Lewin)의 법칙 중 환경조건(E)이 의미하는 것은?

① 지능
② 소질
③ 적성
④ 인간관계

해설

레빈(Lewin)의 법칙
$B = f(P \cdot E)$
1) B(Behavior) : 인간의 행동
2) f(function, 함수관계) : 적성 기타 P와 E에 영향을 미칠 수 있는 조건
3) P(Person, 개체) : 연령, 경험, 심신상태, 성격, 지능 등 인간의 조건
4) E(Environment, 심리적 환경) : 인간관계, 작업환경 등 환경조건

11 하버드 학파의 5단계 교수법에 해당되지 않는 것은?

① 교시(Presentation)
② 연합(Association)
③ 추론(Reasoning)
④ 총괄(Generalization)

해설

하버드 학파의 5단계 교수법
1) 1단계 : 준비시킨다(preparation)
2) 2단계 : 교시한다(presentation)
3) 3단계 : 연합한다(association)
4) 4단계 : 총괄시킨다(generalization)
5) 5단계 : 응용시킨다(application)

12 다음과 같은 착시현상에 해당하는 것은?

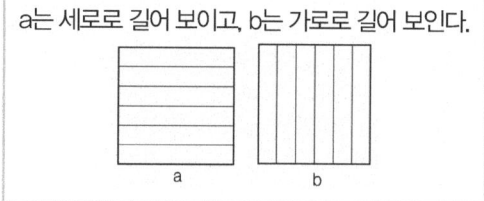

a는 세로로 길어 보이고, b는 가로로 길어 보인다.

① 뮬러-라이어(Muler-Lyer)의 착시
② 헬호츠(Helmhotz)의 착시
③ 헤링(Hering)의 착시
④ 포겐도프(Poggendorf)의 착시

해설

헬호츠(Helhotz)의 착시 : 가로, 세로의 길이가 같은데 선으로 나눈 부분이 길어져 보인다.

13 매슬로우(A.H.Maslow)의 인간욕구 5단계 이론에서 각 단계별 내용이 잘못 연결된 것은?

① 1단계 : 자아실현의 욕구
② 2단계 : 안전에 대한 욕구
③ 3단계 : 사회적 욕구
④ 4단계 : 존경에 대한 욕구

해설

매슬로우(Maslow)의 욕구 5단계
1) 1단계-생리적 욕구(신체적 욕구) : 기아, 갈등, 호흡, 배설, 성욕 등 기본적 욕구
2) 2단계-안전의 욕구 : 안전을 구하려는 욕구
3) 3단계-사회적 욕구(친화욕구) : 애정, 소속에 대한 욕구
4) 4단계-인정받으려는 욕구(자기존경의 욕구, 승인욕구) : 자존심, 명예, 성취, 지위 등에 대한 욕구
5) 5단계-자아실현의 욕구(성취욕구) : 잠재적인 능력을 실현하고자 하는 욕구

14 TBM(Tool Box Meeting)의 의미를 가장 잘 설명한 것은?

① 지시나 명령의 전달회의
② 공구함을 준비한 후 작업하라는 뜻
③ 작업원 전원의 상호대화로 스스로 생각하고 납득하는 작업장 안전회의
④ 상사의 지시된 작업내용에 따른 공구를 하나하나 준비해야 한다는 뜻

Answer ➡ 09. ③ 10. ④ 11. ③ 12. ② 13. ① 14. ③

해설

TBM(tool box meeting)
1) TBM은 통상 작업 시작 전에 5분~15분 정도의 시간을 들여 행하여진다. 또한 작업 종업시의 극히 짧은 3분~5분으로 행하는 미팅도 TBM의 하나이다.
2) TBM은 직장, 현장, 공구 상자 등의 근처에서 될 수 있는 한 작은 원을 만들어 이루어진다(인원 5~7명 정도).
3) TBM은 직장이나 작업의 상황에 잠재된 위험을 모두가 말을 하는 가운데 스스로 생각하고 납득하고 합의하는 것이다.

15 안전관리에 관한 계획에서 실시에 이르기까지 모든 권한이 포괄적이며 하향적으로 행사되며, 전문 안전담당 부서가 없는 안전관리조직은?

① 직계식 조직
② 참모식 조직
③ 직계-참모식 조직
④ 안전보건 조직

해설

직계식 조직(line 형)
1) 생산 또는 현장 라인(line)에서 생산 및 안전업무를 동시에 실시하는 조직 형태이다 (100명 미만 소규모 사업장에 적합)
2) 장점
  ① 안전지시나 개선조치 등 명령이 철저하고 신속하게 수행된다.
  ② 상하관계만 있기 때문에 명령과 보고가 간단명료하다.
  ③ 참모식 조직보다 경제적인 조직체계이다.
3) 단점
  ① 안전전담부서(staff)가 없기 때문에 안전에 대한 정보가 불충분하고 안전지식 및 기술축적이 어렵다.
  ② 라인(line)에 과중한 책임을 지우기가 쉽다.

16 교육훈련의 효과는 5관을 최대한 활용하여야 하는데 다음 중 효과가 가장 큰 것은?

① 청각
② 시각
③ 촉각
④ 후각

해설

5관의 효과순서 : 시각 > 청각 > 촉각 > 미각 > 후각

17 산업안전보건법상 프레스 작업 시 작업시작 전 점검사항에 해당하지 않는 것은?

① 클러치 및 브레이크의 기능
② 매니퓰레이터(manipulator) 작동의 이상 유무
③ 프레스의 금형 및 고정볼트 상태
④ 1행정 1정지기구·급정지장치 및 비상정지장치의 기능

해설

프레스 작업시 작업시작 전 점검사항
1) 클러치 및 브레이크의 기능
2) 크랭크축, 플라이휠, 슬라이드, 연결봉 및 연결나사의 볼트 풀림 유무
3) 1행정 1정지 기구, 급정지장치, 비상정지장치의 기능
4) 슬라이드 또는 칼날에 의한 위험방지기구의 기능
5) 프레스의 금형 및 고정 볼트 상태
6) 당해 방호장치의 기능 점검

18 산업안전보건법상 중대재해에 해당하지 않는 것은?

① 추락으로 인하여 1명이 사망한 재해
② 건물의 붕괴로 인하여 15명의 부상자가 동시에 발생한 재해
③ 화재로 인하여 4개월의 요양이 필요한 부상자가 동시에 3명 발생한 재해
④ 근로환경으로 인하여 직업성질병자가 동시에 5명 발생한 재해

해설

중대재해의 정의(시행규칙 제2조제1항)
1) 사망자가 1명 이상 발생한 재해
2) 3개월 이상의 요양이 필요한 부상자가 동시에 2명 이상 발생한 재해
3) 부상자 또는 직업성 질병자가 동시에 10명 이상 발생한 재해

19 피로의 예방과 회복대책에 대한 설명이 아닌 것은?

① 작업부하를 크게 할 것
② 정적 동작을 피할 것
③ 작업속도를 적절하게 할 것
④ 근로시간과 휴식을 적정하게 할 것

해설

피로의 예방대책
1) 작업부하를 작게 할 것
2) 근로시간과 휴식을 적정하게 할 것

Answer ● 15. ① 16. ② 17. ② 18. ④ 19. ① 20. ①

3) 작업속도 및 작업정도 등을 적당하게 할 것
4) 불필요한 마찰을 배제 할 것
5) 정적동작을 피할 것
6) 직장체조를 통해 혈액순환을 촉진할 것(운동을 적당히 할 것)
7) 충분한 영양을 섭취할 것(건강식품의 준비, 비타민 B · C등의 적정한 영양제보급 등)

20 연간 총 근로시간 중에 발생하는 근로손실일수를 1,000시간 당 발생하는 근로손실일수로 나타내는 식은?

① 강도율
② 도수율
③ 연천인율
④ 종합재해지수

해설

1) 강도율 : 연근로시간 1000시간 당 재해로 인해서 잃어버린 근로손실일수를 말한다.
2) 관계식
$$강도율 = \frac{근로손실일수}{연근로시간수} \times 1,000$$

제2과목 인간공학 및 시스템안전공학

21 옥내 조명에서 최적 반사율의 크기가 작은 것부터 큰 순서대로 나열된 것은?

① 벽 < 천장 < 가구 < 바닥
② 바닥 < 가구 < 천장 < 벽
③ 가구 < 바닥 < 천장 < 벽
④ 바닥 < 가구 < 벽 < 천장

해설

옥내 최적 반사율
1) 천장 : 80~90%
2) 벽, 창문 발(blind) : 40~60%
3) 가구, 사무기기, 책상 : 25~45%
4) 바닥 : 20~40%

22 작업자가 소음 작업환경에 장기간 노출되어 소음성 난청이 발병하였다면 일반적으로 청력손실이 가장 크게 나타나는 주파수는?

① 1,000 Hz
② 2,000 Hz
③ 4,000 Hz
④ 6,000 Hz

해설

유해주파수 : 4,000Hz

23 결합수분석법에 있어 정상사상(top event)이 발생하지 않게 하는 기본사상들의 집합을 무엇이라고 하는가?

① 컷셋(cut set)
② 페일셋(fail set)
③ 트루셋(truth set)
④ 페스셋(path set)

해설

1) 컷셋과 미니멀 컷
  ① 컷셋(cut sets) : 정상사상을 일으키는 기본사상(통상사상, 생략사상 포함)의 집합을 컷이라 한다.
  ② 미니멀 컷(minimal cut sets) : 정상사상을 일으키기 위해 필요한 최소한의 컷을 말한다. (시스템의 위험성을 나타냄)
2) 패스셋과 미니멀 패스
  ① 패스셋(path sets) : 정상사상이 일어나지 않는 기본사상의 집합을 말한다.
  ② 미니멀 패스(minimal path sets) : 필요한 최소한의 패스를 말한다.(시스템의 신뢰성을 나타냄)

24 다음 중 일반적으로 가장 신뢰도가 높은 시스템의 구조는?

① 직렬연결구조
② 병렬연결구조
③ 단일부품구조
④ 직 · 병렬 혼합구조

해설

1) 병렬연결 : 신뢰도가 가장 높음
2) 관계식 : $R = 1 - \prod_{i=1}^{n}(1-R_i)$

25 다음 중 시스템 안전성 평가의 순서를 가장 올바르게 나열한 것은?

① 자료의 정리 → 정량적 평가 → 정성적 평가 → 대책 수립 → 재평가
② 자료의 정리 → 정성적 평가 → 정량적 평가 → 재평가 → 대책 수립
③ 자료의 정리 → 정량적 평가 → 정성적 평가 → 재평가 → 대책 수립
④ 자료의 정리 → 정성적 평가 → 정량적 평가 → 대책 수립 → 재평가

Answer ➡ 21. ④ 22. ③ 23. ④ 24. ② 25. ④

해설

공장설비의 안전성 평가의 5단계
1) 1단계 : 관계 자료의 작성준비
2) 2단계 : 정성적 평가
3) 3단계 : 정량적 평가
4) 4단계 : 안전대책
5) 5단계 : 재평가

26 FT도에 사용되는 논리기호 중 AND 게이트에 해당하는 것은?

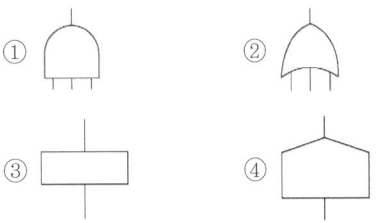

해설

① 항 : AND gate
② 항 : OR gate
③ 항 : 결함사상
④ 항 : 통상사상

27 관측하고자 하는 측정값을 가장 정확하게 읽을 수 있는 표시장치는?
① 계수형 ② 동침형
③ 동목형 ④ 묘사형

해설

정량적 동적표시장치의 기본형
1) 정목동침(moving pointer)형 : 눈금이 고정되고 지침이 움직이는 형
2) 정침동목(moving scale)형 : 지침이 고정되고 눈금이 움직이는 형
3) 계수(digital)형 : 전력계나 택시요금 계기와 같이 기계·전자적으로 숫자가 표시되는 형

28 페일 세이프(fail-safe)의 원리에 해당되지 않는 것은?
① 교대 구조
② 다경로하중 구조
③ 배타설계 구조
④ 하중경감 구조

해설

구조적 페일 세이프(팡공기의 엔진, 압력용기의 안전밸브)
1) **저균열속도 구조** : 기계·장치 등에 균열이 발생하더라도 그 진전속도가 늦어 정지를 일으키는 구조
2) **조합구조** : 다층재 등에서와 같이 여러 개의 재료를 조합시켜 하나의 재료에서 균열이 생겨도 다른 재료가 하중을 받아주는 구조
3) **다경로하중 구조** : 하중을 받아주는 부재가 몇 개로 나뉘어져 있어 일부 부재가 파열되어도 다른 부재로 인해 하중을 받아줄 수 있는 구조
4) **하중해방 구조** : 안전파열판 등과 같이 어딘가가 파열되면 그 이상의 하중이 걸리지 않는 구조

29 조종반응비율(C/R비)에 관한 설명으로 틀린 것은?
① 조종장치와 표시장치의 물리적 크기와 성질에 따라 달라진다.
② 표시장치의 이동거리를 조종장치의 이동거리로 나눈 값이다.
③ 조종반응비율이 낮다는 것은 민감도가 높다는 의미이다.
④ 최적의 조종반응비율은 조종장치의 조종시간과 표시장치의 이동시간이 교차하는 값이다.

해설

조종반응비율(C/R비 또는 C/D또는 ; 통제표시비)
$$\frac{C}{R}비 = \frac{조종장치\ 이동거리}{표시장치\ 이동거리}$$

30 인간-기계 시스템 설계 과정의 주요 6단계를 올바른 순서로 나열한 것은?

ⓐ 기본설계
ⓑ 시스템 정의
ⓒ 목표 및 성능 명세 결정
ⓓ 인간-기계 인터페이스(human-machine interface)설계
ⓔ 매뉴얼 및 성능보조자료 작성
ⓕ 시험 및 평가

① ⓒ → ⓑ → ⓐ → ⓓ → ⓔ → ⓕ
② ⓐ → ⓑ → ⓒ → ⓓ → ⓔ → ⓕ
③ ⓑ → ⓒ → ⓐ → ⓔ → ⓓ → ⓕ
④ ⓒ → ⓐ → ⓑ → ⓒ → ⓓ → ⓕ

Answer ➡ 26. ① 27. ① 28. ③ 29. ② 30. ①

해설

인간 · 기계 시스템 설계과정의 6단계
1) 1단계 : 목표 및 성능 명세 결정
2) 2단계 : 시스템 정의
3) 3단계 : 기본설계
4) 4단계 : 인간 · 기계 인터페이스(interface) 설계
5) 5단계 : 매뉴얼 및 성능보조자료 작성
6) 6단계 : 시험 및 평가

※ interfase(계면) : 인간 · 기계체계에서 인간과 기계가 만나는 면(面)

31 FMEA의 위험성 분류 중 "카테고리 2"에 해당되는 것은?

① 영향 없음
② 활동의 지연
③ 사명 수행의 실패
④ 생명 또는 가옥의 상실

해설

FMEA의 위험성 분류
1) category 1 : 생명 또는 가옥의 상실
2) category 2 : 사명(작업) 수행의 실패
3) category 3 : 활동의 지연
4) category 4 : 영향 없음

32 동전던지기에서 앞면이 나올 확률이 0.7이고, 뒷면이 나올 확률이 0.3일 때, 앞면이 나올 사건의 정보량(A)과 뒷면이 나올 사건의 정보량(B)은 각각 얼마인가?

① A : 0.88bit, B : 1.74bit
② A : 0.51bit, B : 1.74bit
③ A : 0.88bit, B : 2.25bit
④ A : 0.51bit, B : 2.25bit

해설

1) 앞면이 나올 사건의 정보량(H_1)

$$H_1 = \log_2\left(\frac{1}{P}\right) = \log_2\left(\frac{1}{0.7}\right) = 0.51\,bit$$

2) 뒷면이 나올 사건의 정보량(H_2)

$$H_2 = \log_2\left(\frac{1}{0.3}\right) = 1.74\,bit$$

33 에너지대사율(Relative Metabolic Rate)에 관한 설명으로 틀린 것은?

① 작업대사량은 작업 시 소비에너지과 안정 시 소비에너지의 차로 나타낸다.
② RMR은 작업대사량을 기초대사량으로 나눈 값이다.
③ 산소소비량을 측정할 때 더글라스백(Douglas bag)을 이용한다.
④ 기초대사량은 의자에 앉아서 호흡하는 동안에 측정한 산소소비량으로 구한다.

해설

1) 기초대사량 : 생명을 유지하는데 필요한 최소한의 시간당 에너지를 말한다.
2) 기초대사량 : 1500~1800kcal/day

34 중량물을 반복적으로 드는 작업의 부하를 평가하기 위한 방법인 NIOSH 들기지수를 적용할 때 고려되지 않는 항목은?

① 들기빈도
② 수평이동거리
③ 손잡이 조건
④ 허리 비틀림

해설

1) NIOSH(미국 산업안전보건연구원)들기지수(LI ; lifting index) : 실제작업물의 무게와 권장무게한계(RWL)의 비를 말한다.

$$LI = \frac{\text{실제작업무게}(L)}{\text{권장무게한계}(RWL)}$$

2) 권장무게한계(RWL)

$$RWL = Lc \times HM \times VM \times DM \times AM \times FM \times CM$$

여기서, Lc : 중량상수(32kg)
HM : 수평계수
VM : 수직계수
DM : 이동거리계수
AM : 비대칭계수
FM : 작업빈도계수(들기빈도)
CM : 물체를 잡는데 따른 계수(커플링계수)(손잡이 조건)

Answer ➡ 31. ③ 32. ② 33. ④ 34. ②

35 청각적 표시장치 지침에 관한 설명으로 틀린 것은?

① 신호는 최소한 0.5~1초 동안 지속한다.
② 신호는 배경소음과 다른 주파수를 이용한다.
③ 소음은 양쪽 귀에, 신호는 한쪽 귀에 들리게 한다.
④ 300m 이상 멀리 보내는 신호는 2,000Hz 이상의 주파수를 사용한다.

해,설
1) 300m 이상 멀리 보내는 신호는 1,000 Hz이하의 주파수를 사용한다.
2) 장애물 칸막이 통과시는 500Hz이하의 진동수를 사용한다.

36 고온 작업자의 고온 스트레스로 인해 발생하는 생리적 영향이 아닌 것은?

① 피부와 직장온도의 상승
② 발한(Sweating)의 증가
③ 심박출량(cardiac output)의 증가
④ 근육에서의 젖산 감소로 인한 근육통과 근육피로 증가

해,설
④항, 근육에서의 젖산 증가로 인한 근육통과 근육피로 증가

37 그림의 FT도에서 최소 컷셋(minimal cut set)으로 옳은 것은?

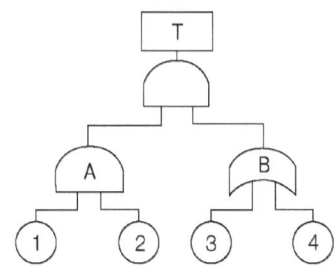

① {1, 2, 3, 4}
② {1, 2, 3}, {1, 2, 4}
③ {1, 3, 4}, {2, 3, 4}
④ {1, 3}, {1, 4}, {2, 3}, {2, 4}

해,설
T→AB→①②B→①②③ / ①②④

38 설비의 보전과 가동에 있어 시스템의 고장과 고장 사이의 시간 간격을 의미하는 용어는?

① MTTR   ② MDT
③ MTBF   ④ MTBR

해,설
1) MTTF(mean time to failure) : 평균 수명 또는 고장발생까지의 동작시간 평균이라고도 하며, 하나의 고장에서부터 다음 고장까지의 평균동작시간을 말한다.
∴ $MTTF = \dfrac{1}{\lambda(고장률)}$
2) MTTR(mean time to repair) : 평균수리시간(총수리시간을 그 기간의 수리회수로 나눈시간)
3) MTBF(mean time between failure) : 평균고장간격
∴ MTBF = MTTF + MTTR

39 인체측정치를 이용한 설계에 관한 설명으로 옳은 것은?

① 평균치를 기준으로 한 설계를 제일 먼저 고려한다.
② 자세와 동작에 따라 고려해야 할 인체측정 치수가 달라진다.
③ 의자의 깊이와 너비는 작은 사람을 기준으로 설계한다.
④ 큰 사람을 기준으로 한 설계는 인체측정치의 5%tile을 사용한다.

해,설
1) 최대치수나 최소치수, 조절식으로 하기가 곤란할 때 평균치를 기준으로 하여 설계한다.
2) 의자좌판의 깊이는 작은 사람에게, 나비(폭)는 큰 사람에게 맞도록 설계한다.
3) 큰 사람을 기준으로 한 설계(최대 집단치)는 인체측정치의 상위 백분위수를 기준으로 한 90,95,99%치를 사용한다. (최소집단치는 하위 백분위 수 1,5,10%치 사용)

40 음량 수준이 50phon일 때 sone값은?

① 2   ② 5
③ 10   ④ 100

해,설
$sone = 2^{(phon - 40)/10}$
$= 2^{(50/40)/10} = 2$

Answer ● 35. ④ 36. ④ 37. ② 38. ③ 39. ② 40. ①

> **길잡이** phon과 sone
> 1) phon에 의한 음량수준 : 1,000Hz순음의 음압수준(dB)을 phon이라 한다.
> 2) sone에 의한 음량 : 40phon(1,000Hz, 40dB의 음압수준을 가진 순음의 크기)을 1sone이라 한다.

제3과목 건설시공학

41 다음 중 파내기 경사각이 가장 큰 토질은?
① 습윤 모래   ② 일반 자갈
③ 건조한 진흙   ④ 건조한 보통흙

해설
파내기 경사각
1) 습윤모래 : 40°
2) 일반자갈 : 60°
3) 건조한 진흙 : 80°
4) 건조한 보통흙 : 40°

42 서중콘크리트의 특징에 관한 설명으로 옳지 않은 것은?
① 콘크리트의 단위수량이 증가한다.
② 콘크리트의 응결이 촉진된다.
③ 균열이 발생하기 쉽다.
④ 슬럼프 로스가 발생하지 않는다.

해설
서중콘크리트
1) 서중콘크리트 : 하루 평균 기온이 25℃ 또는 최고온도가 30℃를 초과할 때 시공하는 콘크리트
2) 특징(문제점)
 ① 슬럼프 저하 등 워커빌리티의 변화가 생기기 쉽다.
 ② 동일 슬럼프를 얻기 위한 단위수량이 많아진다.
 ③ 콜드조인트가 발생하기 쉽다.
 ④ 초기강도의 발현은 빠르지만 장기강도의 증진이 작다.
 ⑤ 응결이 촉진되며 균열이 발생하기 쉽다.
3) 서중콘크리트 시공시의 주의사항
 ① 감수성이 큰 AE제를 충분히 활용한다(공기연행이 용이하며 공기량 조절이 쉽다)
 ② 균열방지를 위해 시멘트페이스트량을 적게 사용하여 수화열을 감축시킨다.

43 시멘트 혼화재로써 규소합금 제조 시 발생하는 폐가스를 집진하여 얻어진 부산물의 초미립자($1\mu m$ 이하)로서 고강도 콘크리트를 제조하는데 사용하는 혼화재는?
① 플라이 애쉬   ② 실리카 흄
③ 고로 슬래그   ④ 포졸란

해설
실리카 흄(silica fume)
1) 주성분 : 이산화규소(SiO_2)가 90%이상을 차지한다.
2) 특징
 ① 투수성이 작아 수밀성이 향상되고 강도증진효과가 뛰어나서 고강도 콘크리트를 제조하는데 사용된다.
 ② 발열량이 작아 온도상승 억제효과가 있다
 ③ 블리딩이 감소되고 화학저항성이 증대된다.

44 네트워크 공정표에서 결합점이 가지는 여유시간을 무엇이라 하는가?
① 액티비티(Activity)
② 더미(Dummy)
③ 패스(Path)
④ 슬랙(Slack)

해설
1) 액티비티(activity) : 프로젝트(project ; 대상공사)를 구성하는 작업단위
2) 더미 액티비티(dummy activity) : 시간이나 자원이 필요하지 않고 단지 활동 상호관계만을 점선화살표로 표시
3) 패스(path) : 네트워크 중 둘 이상의 작업이 이루어짐
4) 슬랙(slack) : 최종단계에서 완료기일을 변경하지 않는 범위내에서 각단계에 허용할 수 있는 시간적 여유(단계여유)

45 철골공사에 활용되는 고력볼트 M24의 표준구멍의 직경으로 옳은 것은?
① 25mm   ② 26mm
③ 27mm   ④ 28mm

해설
1) 고력볼트 : 접합부의 높은 강성과 강도를 얻기 위하여 사용되는 고인장강도의 볼트를 말한다.
2) 고력볼트 인장강도 : 8t/cm² 이상
3) M24 표준구멍의 직경 : 27mm

Answer ➡ 41. ③ 42. ④ 43. ② 44. ④ 45. ③

46 발주자와 수급자의 상호 신뢰를 바탕으로 팀을 구성해서 프로젝트의 성공과 상호이익 확보를 위하여 공동으로 프로젝트를 집행 및 관리하는 공사계약 방식은?

① BOT 방식 ② 파트너링 방식
③ CM 방식 ④ 공동도급 방식

해설

공사계약 방식
1) BOT(build operate transfer)방식 : 도급자가 자금을 조달하고 설계, 엔지니어링 시공의 전부를 도급받아 시설물을 완성하고 그 시설물을 일정시간 운영하여 수입을 올린 후 인도하는 방식이다.
2) 파트너링 방식 : 본문설명
3) CM(construction management) : 건설사업관리방식으로 설계, 시공을 통합관리하여 주문자를 위해 서비스하는 전문가 집단의 관리방식이다.

47 철근보관 및 취급에 관한 설명으로 옳지 않은 것은?

① 철근고임대 및 간격재는 습기방지를 위하여 직사일광을 받는 곳에 저장한다.
② 철근저장은 물이 고이지 않고 배수가 잘되는 곳이어야 한다.
③ 철근저장 시 철근의 종별, 규격별, 길이별로 적재한다.
④ 저장장소가 바닷가 해안 근처일 경우에는 창고 속에 보관하도록 한다.

해설

철근고임대 및 간격재는 습기방지를 위해 직사일광을 받지 않고 바람이 잘 통하는 곳에 저장한다.

48 콘크리트의 슬럼프를 측정할 때 다짐봉으로 모두 몇 번을 다져야 하는가?

① 30회 ② 45회
③ 60회 ④ 75회

해설

슬럼프 시험방법
1) 수밀성 평판을 수평으로 설치하고 슬럼프콘을 평판 중앙에 밀착시킨다.
2) 비빈 콘크리트를 슬럼프콘 안에 용적으로 1/3씩 3층으로 나누어 부어넣는다.
3) 다짐대(길이 50cm, ϕ16정도의 철봉)로 그 층의 깊이 만큼(1층은 다짐대가 평판에 닿지 않도록 하고, 2·3층은 전층에 닿지 않을 정도) 각각 25회씩 균등하게 찔러 다진다.(총 75회 다짐)
4) 2), 3)의 방법으로 하여 콘크리트 윗면이 수평이 되도록 고른다.
5) 슬럼프콘을 수직으로 가만히 들어올려 벗기고 측정자로 콘크리트가 미끌어 내린 높이를 측정한다.

49 철근의 가공에 관한 설명 중 옳지 않은 것은?

① 한 번 구부린 철근은 다시 펴서 사용해서는 안 된다.
② 철근은 시어 커터(shear cutter)나 전동톱에 의해 절단한다.
③ 인력에 의한 절곡은 규정상 불가하다.
④ 철근은 열을 가하여 절단하거나 절곡해서는 안 된다.

해설

철근의 절단은 동력기계로 하는 경우와 인력으로 하는 경우가 있다.

50 피어 기초공사와 가장 거리가 먼 용어는?

① 트레비 관 ② 디젤 해머
③ 벤토나이트 액 ④ 케이싱 관

해설

1) 피어(pier)기초 : 제자리콘크리트 말뚝기초(깊은기초)
2) 피어기초에 사용되는 것
 ① 트레미(tremie)관
 ② 벤토나이트(ventonite)액
 ③ 케이싱(casing)

51 현장개설 후 자재수급 계획 시 필요조건이 아닌 것은?

① 자재 명세서 ② 납입 계획서
③ 발주·구입시기 ④ 세금계산서

해설

자재수급 계획시 필요조건
1) 자재 명세서
2) 납입 계획서
3) 발주·구입시기

Answer ➡ 46.② 47.① 48.④ 49.③ 50.② 51.④

52 건축공사 기간을 결정하는 요소 중 1차적으로 가장 큰 영향을 주는 것은?

① 건물의 구조 및 규모
② 시공자의 능력
③ 금융사정 및 노무사정
④ 발주자 측의 요구

해설

공기지배요소
1) 제1차적인 요인(내부적, 기술적)
　① 건물용도(주택, 공장, 은행 등)
　② 건물규모(건물면적, 층수 등)
　③ 구조(목조, 철골조 등)
　④ 기초의 구조, 정지(整地)의 정도, 마감의 정도, 타일의 유무 등
2) 제2차적인 요인(외부적, 사회적)
　① 지리적 입지조건
　② 기후, 계절 등의 천연현상
　③ 노무사정, 금융사정, 자재상황 등의 사회적·경제적 조건
　④ 도급자(시공자)의 능력

53 도급계약서에 첨부하지 않아도 되는 서류는?

① 설계도면　　② 시방서
③ 시공계획서　　④ 현장설명서

해설

도급계약서 서류
1) 필요서류 : 도급계약서, 도급계약 약관, 설계도면, 시방서
2) 참고서류 : 공사내역서, 공정표, 현장설명서 및 질의응답서

54 철공공사에서 용접검사 중 초음파 탐상법의 특징이 아닌 것은?

① 기록성이 없다.
② 미소한 blow-hole의 검출이 가능하다.
③ 검사속도가 빠른 편이다.
④ 인체에 위험을 미치지 않는다.

해설

초음파탐상법
1) 용접부위에 초음파(20kHz 이상)를 사용하여 용접부 내부결함을 검사하는 방법이다.

2) 특징
　① 검사속도가 빠르다.
　② 복잡한 부위나 두꺼운 부재(5mm 이상)는 검사가 불가능하다(T형 접합부 검사 가능)
　③ 기록성이 없고 검사관의 기량에 판정을 의존한다.

55 지하 4층 상가건물 터파기공사 시 흙막이 오픈 컷 방식을 적용하고 지보공 없이 넓은 작업공간을 확보하고 기계화 시공을 실시하여 공기단축을 하고자 할 때 가장 적합한 공법은?

① 비탈지운 오픈컷공법
② 자립공법
③ 버팀대공법
④ 어스앵커공법

해설

어스앵커공법
1) 흙막이벽의 이면 지반에 어스앵커(earth anchor)를 설치하며 이 인발력으로 토압에 저항하는 공법이다.
2) 넓은 대지나 경사진 대지에 유리한 공법이다(시가지 공사에는 이용하기가 어렵다)
3) 굴착면에 지보공이 없어 기계화 작업에 의해 공기를 단축시킨다.

56 철근 콘크리트 공사에서 거푸집의 역할에 관한 설명으로 옳지 않은 것은?

① 콘크리트의 응결과 경화를 촉진시킨다.
② 콘크리트를 일정한 형상과 치수로 유지시킨다.
③ 콘크리트의 수분누출을 방지한다.
④ 콘크리트에 대한 외기의 영향을 방지한다.

해설

거푸집의 역할
1) 콘크리트 부어넣기 작업과 응결·경화하는 동안 일정한 형상과 치수로 유지시킨다.
2) 경화에 필요한 수분누출을 방지하고 외기의 영향을 방지한다.

57 콘크리트 공사 시 거푸집 측압의 증가 요인에 관한 설명으로 옳지 않은 것은?

① 타설 속도가 빠를수록 증가한다.
② 슬럼프가 클수록 증가한다.
③ 다짐이 적을수록 증가한다.
④ 경화속도가 늦을수록 증가한다.

Answer ▶ 52. ① 53. ③ 54. ② 55. ④ 56. ① 57. ③

해설

③항, 다짐이 과다할수록 측압이 증가한다.

58 그림과 같은 줄기초 파기에서 파낸 흙을 한 번에 운반하고자 할 때 4ton 트럭 약 몇 대가 필요한 가? (단, 파낸 흙의 부피증가율은 20%, 파낸 흙의 단위중량은 1.8t/m³)

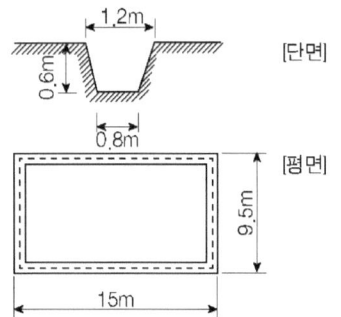

① 10대   ② 16대
③ 20대   ④ 25대

해설

1) 줄기초파기에서 파낸 흙의 부피(V)

$$V = \left(\frac{a+b}{2}\right) \times h \times L$$

여기서, a : 밑변 길이
b : 윗변 길이
h : 높이
L : 줄기초길이

2) $V = \left[\left(\frac{0.8+1.2}{2}\times 0.6 \times 15\right)\times 2\right] +$
$\left[\left(\frac{0.8+1.2}{2}\times 0.6 \times 9.5\right)\times 2\right]$
$= 29.4\text{m}^3 \times 1.2 \text{(부피 증가율)}$
$= 35.28\text{m}^3$

3) 파낸 흙의 중량
= 파낸 흙의 단위 중량 × 파낸 흙의 부피
= 1.8ton/m³ × 35.28m³ = 63.5ton

4) 트럭의 대수 = $\frac{63.5\text{ton}}{4\text{ton/대}}$ = 15.88 ≒ 16대

59 콘크리트 표준시방서에 따른 거푸집 존치기간이 가장 긴 것은?

① 보 밑면   ② 기둥
③ 보 측면   ④ 벽

해설

1) 포틀랜드 시멘트, 보밑면 : 거푸집존치기간 8일
2) 포틀랜드시멘트, 기둥 및 벽·보측면 : 거푸집존치기간 6일

길잡이 시멘트 종류에 의한 거푸집 존치기간

부위	기초, 보옆, 기둥 및 벽		바닥 및 지붕 슬래브, 보 밑	
시멘트의 종류	포틀랜드 시멘트	조강 포틀랜드 시멘트	포틀랜드 시멘트	조강 포틀랜드 시멘트
콘크리트의 재령 (일)	평균 20°C 이상	4	2	7	4
	평균 10~20°C 미만	6	3	8	5
콘크리트의 압축강도	50kg/cm²		설계기준강도의 50%	

60 트렌치와 같은 도랑파기에 가장 적합한 장비 명은?

① 불도저   ② 리퍼
③ 백호우   ④ 파워쇼벨

해설

백호우(back hoe)
1) 중기가 위치한 지면보다 낮은 곳의 흙파기에 적합하다.
2) 경질지반의 굴착도 가능하고 도랑파기에 적합한 장비이다.

제4과목 건설재료학

61 화재에 의한 목재의 가연 발생을 막기 위한 방화법 중 옳지 않은 것은?

① 유성페인트 도포
② 난연처리
③ 불연석 막에 의한 피복
④ 대 단면화

해설

유성페인트 도포는 방습 및 방부효과는 있으나 방화법은 될 수 없다.

Answer ● 58. ②   59. ①   60. ③   61. ①

62 흡음재료의 특성에 대한 설명으로 옳은 것은?

① 유공판재료는 재료내부의 공기진동으로 고음역의 흡음효과를 발휘한다.
② 판상재료는 뒷면의 공기층에 강제진동으로 흡음효과를 발휘한다.
③ 다공질재료는 적당한 크기나 모양의 관통구멍을 일정 간격으로 설치하여 흡음효과를 발휘한다.
④ 유공판재료는 연질섬유판, 흡음텍스가 있다.

해설
판상흡음재
1) 판상 또는 박막상의 재료를 견고한 바탕위에 설치한 띠 모양에 고정시킨 흡음재 이다.
2) 판상흡음재는 그 표면에 입사된 음파에 의하여 재료가 진동을 일으켜서 판상재에 생기는 내부마찰에 의하여 음에너지를 흡수한다.

63 다음 중 방청도료와 가장 거리가 먼 것은?

① 알루미늄 페인트 ② 역청질 페인트
③ 워시 프라이머 ④ 오일 서페이서

해설
방청도료
1) 광명단 도료
2) 산화철 도료
3) 알루미늄 도료
4) 징크로메이트 도료(zincromate paint)
5) 워시 프라이머(wash primer)
6) 역청질 도료

64 염화비닐과 적산비닐을 주원료로 하여 석면, 펄프 등을 충전제로 하고 안료를 혼합하여 롤러로 성형 가공한 것으로 폭 90cm, 두께 2.5mm 이하의 두루마리형으로 되어 있는 것은?

① 염화비닐 타일 ② 아스팔트 타일
③ 폴리스티렌 타일 ④ 비닐 시트

해설
비닐시트(polyvinyl chloride sheet)
1) 본문설명
2) 부드럽고 보행촉감이 좋으며 자국이 나도 회복되기 쉽고 마모도 적다.
3) 목조마루, 온돌, 콘크리트바닥 등의 바탕에 자유로이 이용할 수 있다.

65 바닥강화재의 사용목적과 가장 거리가 먼 것은?

① 내마모성 증진 ② 내화확성 증진
③ 분진방지성 증진 ④ 내수성 증진

해설
바닥강화제의 사용목적
1) 내마모성 증진
2) 내화학성(내약품성)증진
3) 분진방지성 증진
4) 내구성 증진

66 수밀콘크리트의 배합에 관한 설명으로 옳지 않은 것은?

① 배합은 콘크리트의 소요품질이 얻어지는 범위 내에서 단위수량 및 물결합재비를 가급적 적게 한다.
② 콘크리트의 소요 슬럼프는 가급적 크게 하고 210mm 이하가 되도록 한다.
③ 콘크리트의 워커빌리티를 개선시키기 위해 공기연행제, 공기연행감수제 또는 고성능 공기연행감수제를 사용하는 경우라도 공기량은 4% 이하가 되게 한다.
④ 물결합재비는 50% 이하를 표준으로 한다.

해설
콘크리트의 소요슬럼프는 가급적 적게하여 180mm 이하가 되도록 한다.

67 보통 포틀랜드시멘트와 비교한 고로시멘트의 특징으로 옳지 않은 것은?

① 장기강도가 크다.
② 해수나 하수 등에 대한 저항성이 우수하다.
③ 미분말로서 초기강도 발현이 용이하다.
④ 초기 수화열이 낮다.

해설
고로시멘트는 초기강도가 작고 장기강도는 크다.

Answer ➡ 62. ② 63. ④ 64. ④ 65. ④ 66. ② 67. ③

68 다음 합성수지 중 투명도가 가장 큰 것은?

① 페놀수지 ② 메타크릴수지
③ 네오프렌수지 ④ A,B,S수지

해설
메타크릴수지 : 무색투명하고 강인성, 내약품성이 매우 크다.

69 다음 접착제 중에서 내수성이 가장 강한 것은?

① 아교 ② 카세인
③ 실리콘수지 ④ 혈액알부민

해설
실리콘수지 접착제
1) 특성 : 내수성이 뛰어나고 200℃열을 계속가해도 견디는 내열성이 우수하며 전기절연성이 있다.
2) 용도 : 피혁류, 텍스, 유리섬유판 등의 접착제로 사용된다.

70 단열재의 특성에서 전열의 3요소가 아닌 것은?

① 전도 ② 대류
③ 복사 ④ 결로

해설
1) 단열재 : 열을 차단할 수 있는 성능을 가진 재료로서 상온에서 열전도율의 값이 0.05 kcal/m hr ℃ 내외의 값을 갖는 재료를 말한다.
2) 단열재로 전열의 3요소
　　① 전도　② 대류　③ 복사

71 일반적으로 목재의 강도 중 가장 작은 것은?

① 압축강도 ② 전단강도
③ 인장강도 ④ 휨강도

해설
목재강도의 크기순서 : 인장강도 > 휨강도 > 압축강도 > 전단강도

72 점토의 종류와 제품과의 관계를 나타낸 것 중 옳지 않은 것은?

① 토기 – 벽돌 ② 자기 – 기와
③ 도기 – 내장타일 ④ 석기 – 외장타일

해설
점토의 종류와 제품

종류	원료	제품
토기	전답의흙(보통점토)	벽돌, 기와, 토관
도기	도토 (석영·운모의풍화물)	타일, 테라코타, 위생용기
석기	양질점토(유기질없음)	벽돌, 타일, 토관, 테라코타
자기	양질점토또는 장석분	타일, 위생토기

73 보통포틀랜드시멘트의 비중에 관한 설명으로 옳지 않은 것은?

① 동일한 시멘트인 경우에 풍화한 것일수록 비중이 작아진다.
② 일반적으로 3.15 정도이다.
③ 르샤틀리에의 비중병으로 측정된다.
④ 소성온도와 상관없이 일정하며, 제조 직후의 값이 가장 작다.

해설
보통포틀랜드시멘트의 비중
1) ①, ②, ③항
2) 소성이 불충분하거나 소성온도가 높을수록 비중은 작아진다.
3) 성분중에 SiO_2, Fe_2O_3가 부족할수록 비중이 작아진다.

74 목재의 방부제 처리법 중 가장 침투깊이가 깊어 방부효과가 크고 내구성이 양호한 것은?

① 침지법 ② 도포법
③ 가압주입법 ④ 상압주입법

해설
목재의 방부제 처리법
1) 도포법 : 방주레르 목재 표면에 도포하는 방법이다.
2) 주입법 : 방부제를 목재 중에 주입하는 방법으로, 상압주입법, 가압주입법(침투깊이 가장 깊음)이 있다.
3) 침지법 : 목재를 방부제 용액 중에 침지시키는 방법이다.

75 수경성 미장재료를 시공할 때 주의사항이 아닌 것은?

① 적절한 통풍을 필요로 한다.
② 물을 공급하여 양생한다.

Answer ● 68. ② 69. ③ 70. ④ 71. ② 72. ② 73. ④ 74. ③ 75. ①

③ 습기가 있는 장소에서 시공이 유리하다.
④ 경화 시 직사일광 건조를 피한다.

해설
적절한 통풍이 필요한 것은 기경성 재료이다.

> **길잡이** 응결·경화방식에 따른 미장재료의 분류
> 1) 수경성 미장재료(팽창성) : 물(H_2O)과 수화반응에 의해 경화하는 미장재료이다.
>   ① 시멘트 모르타르 : 시멘트+모래+물
>   ② 석고 플라스터 : 석고+모래+여물+물
>   ③ 경석고 플라스터 : 무수석고+모래+여물+물
>   ④ 인조석 바름 : 시멘트모르타르+인조석
>   ⑤ 테라조(terrazzo)현장바름 : 백시멘트+안료+종석(대리석, 화강석 등)
> 2) 기경성 미장재료(수축성) : 공기중에서 경화하는 미장재료이며 종류는 다음과 같다.
>   ① 진흙 : 진흙+짚여물_물
>   ② 회반죽 : 소석회+모래+여물+해초풀
>   ③ 회사벽 : 석회죽(lime cream)+모래(필요시 시멘트 또는 여물 혼입)
>   ④ 돌로마이트 플라스터 : 돌로마이트 석회(마그네시아 석회)+모래+여물+물

76 시멘트 혼화재료 중 연행공기를 발생시켜 볼베어링 효과가 나타나도록 하는 것은?

① 포졸란
② 플라이애시
③ A.E.제
④ 경화 촉진제

해설
AE제(air entraining agent) : 공기연행제
1) 계면활성제의 일종으로 콘크리트 속에 독립된 미세한 기포를 골고루 분산시키는 작용을 한다.
2) 콘크리트의 작업성 및 동결융해에 대한 저항성을 향상시킨다.
3) 블리딩을 감소시킨다.
4) 콘크리트 경화시 경화수축을 감소시키는 균열을 방지한다.
5) 물-시멘트비(W/C)가 일정할 경우 공기량이 10% 증가함에 따라 압축강도는 약 4~6%, 휨강도는 약 2~3%, 탄성계수는 $8 \times 10^3 kg/cm^2$ 정도 감소시킨다.

77 시멘트의 저장과 관련된 기준으로 옳지 않은 것은?

① 3개월 이하 단기간 저장한 시멘트는 굳은 덩어리가 있더라도 사용이 가능하다.
② 시멘트를 쌓아올리는 높이는 13포대 이하로 하는 것이 바람직하다.
③ 시멘트의 온도는 일반적으로 50℃ 정도 이하를 사용하는 것이 좋다.
④ 시멘트는 방습적인 구조로 된 사일로 또는 창고에 품종별로 구분하여 저장하여야 한다.

해설
저장중의 시멘트에 덩어리가 생겼을 경우에는 구조물에 사용해서는 안된다.

78 벽, 기둥 등의 모서리를 보호하기 위하여 미장바름질을 할 때 붙이는 보호용 철물은?

① 줄눈대
② 코너비드
③ 드라이브 핀
④ 조이너

해설
1) **줄눈대** : 테라조, 인조석 등의 신축균열방지 및 의장효과를 위해 구획하는 줄눈에 넣는 철물(줄눈쇠라고도 함)
2) **코너비드**(corner bead) : 본문설명(모서리 쇠)
3) **드라이브 핀** : 못박이총(drivit)을 사용하여 콘크리트나 철판등에 순간적으로 쳐박는 특수못
4) **조이너**(joiner) : 천정, 벽 등에 보드(board)류를 붙이고 그 이음새를 감추는 데 쓰이는 철물

79 각종 석재에 대한 설명으로 옳지 않은 것은?

① 대리석은 강도는 매우 높지만 내화성이 낮고 풍화되기 쉬우며 산에 약하기 때문에 실용용으로 적합하지 않다.
② 점판암은 박판으로 채취할 수 있으므로 슬레이트로서 지붕 등에 사용된다.
③ 화강암은 견고하고 대형재를 생산할 수 있으며 외장재로 사용이 가능하다.
④ 응회암은 화성암의 일종으로 내화벽 또는 구조재 등에 쓰인다.

해설
응회암 : 수성암의 일종이다.

Answer ➡ 76. ③ 77. ① 78. ② 79. ④

80 알루미늄에 관한 설명으로 옳지 않은 것은?

① 250~300℃에서 풀림한 것은 콘크리트 등의 알칼리에 침식되지 않는다.
② 비중은 철의 1/3 정도이다.
③ 전연성이 좋고 내식성이 우수하다.
④ 온도가 상승함에 따라 인장강도가 급격히 감소하고 600℃에 거의 0이 된다.

해설

알루미늄(Al) : 250~300℃에서 풀림한 것은 특히 산이나 알칼리 및 해수에 침식되기 쉬우므로 콘크리트 및 해수에 접하거나 흙속에 매립된 경우에는 사용을 금하거나 특히 주의하여 사용하여야 한다.

제5과목 건설안전기술

81 말뚝박기 해머(hammer) 중 연약지반에 적합하고 상대적으로 소음이 적은 것은?

① 드롭 해머(drop hammer)
② 디젤 해머(diesel hammer)
③ 스팀 해머(steam hammer)
④ 바이브로 해머(vibro hammer)

해설

바이브로 해머(vibro hammer ; 진동해머)
1) 진동에 의한 말뚝박기 및 빼기 기구이다.
2) 소음이 적고 연약지반에 적합하다.

82 철골 작업을 중지해야 할 강설량 기준으로 옳은 것은?

① 강설량이 시간당 1mm 이상인 경우
② 강설량이 시간당 5mm 이상인 경우
③ 강설량이 시간당 1cm 이상인 경우
④ 강설량이 시간당 5cm 이상인 경우

해설

철골작업을 중지해야하는 기상조건
1) 풍속 : 10m/sec 이상
2) 강우량 : 1mm/hr 이상
3) 강우량 : 1cm/hr 이상

83 옥외에 설치되어 있는 주행크레인에 대하여 이탈방지장치를 작동시키는 등 이탈 방지를 위한 조치를 하여야 하는 순간 풍속 기준은?

① 초당 10m 초과   ② 초당 20m 초과
③ 초당 30m 초과   ④ 초당 40m 초과

해설

폭풍에 의한 이탈방지조치 및 이상유무 점검
1) 이탈방지조치 : 순간 풍속이 30m/sec를 초과하는 바람이 불어올 우려가 있을 때는 옥외 설치 주행 크레인에 대하여 이탈방지장치를 작동시킬 것
2) 이상유무점검 : 순간 풍속이 30m/sec를 초과하는 바람이 불어온 후 또는 중진 이상 진도의 지진 후에는 크레인의 각 부위의 이상유무를 점검할 것

84 철골조립 공사 중에 볼트작업을 하기 위해 주체인 철골에 매달아서 작업발판으로 이용하는 비계는?

① 달비계   ② 말비계
③ 달대비계   ④ 선반비계

해설

달비계 및 달대비계
1) 달비계 : 와이어로프나 철선 등을 이용하여 상부지점에 승강할 수 있는 작업용 발판을 매다는 형식의 비계로서 건물외벽의 도장이나 청소 등의 작업에 사용된다.
2) 달대비계 : 철골공사의 리벳치기, 볼트 작업시에 주로 이용되는 것으로 주체인 철골에 매달아서 작업발판을 만드는 비계로서 상하이동을 시킬 수 없는 것이다.

85 철골공사의 용접, 용단작업에 사용되는 가스의 용기는 최대 몇 ℃ 이하로 보존해야 하는가?

① 25℃   ② 36℃
③ 40℃   ④ 48℃

해설

금속의 용접·용단 또는 가열에 사용되는 가스등의 용기의 온도 : 40℃ 이하로 유지할 것

86 기계가 서 있는 지면보다 높은 곳을 파는 작업에 가장 적합한 굴착기계는?

① 파워셔블   ② 드래그라인
③ 백호우   ④ 클램쉘

Answer ▶ 80. ① 81. ④ 82. ③ 83. ③ 84. ③ 85. ③

해설
1) 파워셔블(power shovel) : 중기가 위치한 지면보다 높은 장소 굴착시 적합
2) 백호우(drag shovel, 드래그 셔블) : 중기가 위치한 지면보다 낮은 장소 굴착시 적합(앞쪽으로 끌어당기면서 작업)
3) 드래그 라인(drag line) : 지반보다 낮은 연질지반의 넓은 굴착에 적합(힘이 약함)
4) 클램셸(clamshell) : 붐의 선단에서 버킷을 와이어로프로 매달아 바로 아래로 떨어뜨려 흙을 떠 올리는 중기

87 이동식 사다리를 설치하여 사용하는 경우의 준수 기준으로 옳지 않은 것은?

① 길이가 6m를 초과해서는 안된다.
② 다리의 벌림은 벽 높이의 1/4 정도가 적당하다.
③ 미끄럼방지 발판은 인조고무 등으로 마감한 실내용을 사용하여야 한다.
④ 벽면 상부로부터 최소한 90cm 이상의 연장길이가 있어야 한다.

해설
벽면 상부로부터 최소한 1m이상의 연장길이가 있어야 한다 (고용노동부고시)

88 토석붕괴의 요인 중 외적 요인이 아닌 것은?

① 토석의 강도저하
② 사면, 법면의 경사 및 기울기의 증가
③ 절토 및 성토 높이의 증가
④ 공사에 의한 진동 및 반복하중의 증가

해설
토사붕괴의 원인(고용노동부고시)
1) 외적요인
  ① 사면, 법면의 경사 및 구배의 증가
  ② 절토 및 성토 높이의 증가
  ③ 공사에 의한 진동 및 반복하중의 증가
  ④ 지표수 및 지하수의 침투에 의한 토사중량 증가
  ⑤ 지진, 차량, 구조물의 하중
2) 내적요인
  ① 절토사면의 토질, 암석
  ② 성토사면의 토질
  ③ 토석의 강도저하

89 콘크리트의 양생 방법이 아닌 것은?

① 습윤 양생
② 건조 양생
③ 증기 양생
④ 전기 양생

해설
1) 습윤양생(수중양생, 살수양생)
2) 증기양생
3) 전기양생
4) 피막양생

90 안전난간의 구조 및 설치기준으로 옳지 않은 것은?

① 안전난간은 상부난간대, 중간난간대, 발끝막이판, 난간기둥으로 구성할 것
② 상부난간대와 중간난간대는 난간 길이 전체에 걸쳐 바닥면 등과 평행을 유지할 것
③ 발끝막이판은 바닥면 등으로부터 10cm이상의 높이를 유지할 것
④ 안전난간은 구조적으로 가장 취약한 지점에서 가장 취약한 방향으로 작용하는 80kg 이상의 하중에 견딜 수 있는 튼튼한 구조일 것

해설
안전난간의 구조 및 설치요건(안전보건규칙 제13조)
1) ①, ②, ③항
2) 안전난간은 구조적으로 가장 취약한 지점에서 가장 취약한 방향으로 작용하는 100kg 이상의 하중에 견딜 수 있는 튼튼한 구조일 것
3) 상부난간대는 바닥면, 발판 또는 경사로의 표면(이하 "바닥면 등")으로부터 90cm 이상지점에 설치하고, 상부난간대를 120cm 이하에 설치하는 경우 중간난간대는 상부난간대와 바닥면 등의 중간에 설치하여야 하며, 120cm 이상 지점에 설치하는 경우에는 중간난간대를 2단 이상으로 균등하게 설치하고 난간의 상하간격은 60cm 이하가 되도록 할 것
4) 난간기둥은 상부난간대와 중간난간대를 견고하게 떠받칠 수 있도록 적정 간격을 유지할 것
5) 난간대는 지름 2.7cm 이상의 금속제 파이프나 그 이상의 강도가 있는 재료일 것

Answer ➡ 86. ① 87. ④ 88. ① 89. ② 90. ④

91 공사종류 및 규모별 안전관리비 계상기준표에서 공사종류의 명칭에 해당되지 않는 것은?

① 철도·궤도신설공사
② 일반건설공사(병)
③ 중건설공사
④ 특수 및 기타건설공사

해설
안전관리비 계상기준에서 공사의 종류
1) 일반건설공사(갑)
2) 일반건설공사(을)
3) 중건설공사
4) 철도·궤도 신설공사
5) 특수 및 기타건설공사

92 철골공사에서 기둥의 건립작업 시 앵커볼트를 매립할 때 요구되는 정밀도에서 기둥중심이 기준선 및 인접기둥의 중심으로부터 얼마 이상 벗어나지 않아야 하는가?

① 3mm   ② 5mm
③ 7mm   ④ 10mm

해설
철골기둥 건립시 앵커볼트를매립할 때 요구되는 정밀도 : 철골기둥중심이 기준선 및 인접기둥 중심에서 5mm 이상 벗어나지 않을 것

93 추락재해를 방지하기 위하여 10cm 그물코 인방망을 설치할 때 방망과 바닥면 사이의 최소 높이로 옳은 것은? (단, 설치된 방망의 단변 방향 길이 L = 2m, 장변방향 방망의 지지간격 A = 3m이다.)

① 2.0m   ② 2.4m
③ 3.0m   ④ 3.4m

해설
L<A일 때 10cm 그물코의 방망과 바닥면 사이의 높이(H)
$$H = \frac{0.85}{4}(L+3A)$$
$$= \frac{0.85}{4} \times (2+3\times3) = 2.34\text{m}$$

길잡이 허용낙하높이 및 방망과 바닥면 높이

높이 종류 조건	낙하높이(H_1)		방망과 바닥면 높이(H_2)		방망의 처짐길이 (S)
	단일 방망	복합 방망	10cm 그물코	5cm 그물코	
L < A	$\frac{1}{4}(L+2A)$	$\frac{1}{5}(L+2A)$	$\frac{0.85}{4}(L+3A)$	$\frac{0.95}{4}(L+3A)$	$\frac{1}{4}(L+2A)\times\frac{1}{3}$
L ≥ A	$\frac{3}{4}L$	$\frac{3}{5}L$	0.85L	0.95L	$\frac{3}{4}L\times\frac{1}{3}$

위 [표]에서,
L : 단편방향길이[m]
A : 장편방향 방망의 지지간격

94 화물용 승강기를 설계하면서 와이어로프의 안전하중은 10ton이라면 로프의 가닥수를 얼마로 하여야 하는가? (단, 와이어로프 한 가닥의 파단강도는 4ton이며, 화물용 승강기 와이어로프의 안전율은 6으로 한다.)

① 10가닥   ② 15가닥
③ 20가닥   ④ 30가닥

해설
1) 와이어로프 한가닥의 허용하중(안전하중)
$$\text{안전율} = \frac{\text{파단강도}}{\text{안전하중}}$$
$$\text{안전하중} = \frac{\text{파단강도}}{\text{안전율}}$$
2) 안전하중 10ton의 로프가닥수
$$\text{로프가닥수} = \frac{\text{안전하중}}{\text{한가닥 안전하중}}$$
$$= \frac{10}{4/6} = 15\text{가닥}$$

95 강재 거푸집과 비교한 합판 거푸집의 특성이 아닌 것은?

① 외기 온도의 영향이 적다.
② 녹이 슬지 않음으로 보관하기가 쉽다.
③ 중량이 무겁다.
④ 보수가 간단하다.

해설
합판거푸집 : 강재거푸집보다 중량이 가볍다.

Answer ➡ 91. ② 92. ② 93. ② 94. ② 95. ③

96 다음은 지붕 위에서의 위험방지를 위한 내용이다. 빈 칸에 알맞은 수치로 옳은 것은?

> 슬레이트, 선라이트(sunlight)등 강도가 약한 재료로 덮은 지붕 위에서 작업을 할 때에 발이 빠지는 등 근로자가 위험해질 우려가 있는 경우 폭 ( ) 이상의 발판을 설치하거나 안전방망을 치는 등 위험을 방지하기 위하여 필요한 조치를 하여야 한다.

① 20cm　　② 25cm
③ 30cm　　④ 40cm

해설
슬레이트, 선라이트(sunlight)등 지붕 위에서의 작업시 위험방지조치사항
1) 폭 30cm 이상의 발판 설치
2) 안전방망 설치

97 다음 중 건설공사관리의 주요 기능이라 볼 수 없는 것은?

① 안전관리　　② 공정관리
③ 품질관리　　④ 재고관리

해설
건축시공의 5대 관리
1) 공정관리
2) 원가관리
3) 품질관리
4) 안전관리
5) 환경관리

98 다음은 작업으로 인하여 물체가 떨어지거나 날아올 위험이 있는 경우에 조치하여야 하는 사항이다. 빈 칸에 알맞은 내용으로 옳은 것은?

> 낙하물 방지망 또는 방호선반을 설치하는 경우 높이 10m 이내마다 설치하고, 내민 길이는 벽면으로부터 ( ) 이상으로 할 것

① 2m　　② 2.5m
③ 3m　　④ 3.5m

99 사다리를 설치하여 사용함에 있어 사다리 지주 끝에 사용하는 미끄럼 방지 재료로 적당하지 않은 것은?

① 고무　　② 코르크
③ 가죽　　④ 비닐

해설
미끄럼방지장치 : 사다리를 설치하여 사용할 때는 다음 사항을 준수하도록 할 것
1) 미끄럼방지장치 사다리 지주의 끝에 고무, 코르크, 가죽, 강스파이크 등을 부착시켜 바닥과의 미끄럼을 방지하는 안전장치가 있어야 한다.
2) 쐐기형 강스파이크는 지반이 평탄한 맨땅 위에 세울 때 사용하여야 한다.
3) 미끄럼방지 판자 및 미끄럼방지 고정쇠는 돌마무리 또는 인조선 깔기마감한 바닥용으로 사용하여야 한다.
4) 미끄럼방지 발판은 인조고무 등으로 마감한 실내용으로 사용하여야 한다.

100 현장에서 가설통로의 설치 시 준수사항으로 옳지 않은 것은?

① 건설공사에 사용하는 높이 8m 이상인 비계다리에는 10m 이내마다 계단참을 설치할 것
② 수직갱에 가설된 통로의 길이가 15m 이상인 때에는 10m 이내마다 계단참을 설치할 것
③ 경사가 15°를 초과하는 때에는 미끄러지지 아니하는 구조로 할 것
④ 경사는 30°이하로 할 것

해설
가설통로의 구조 : 가설통로 설치시 준수사항
1) 견고한 구조로 할 것
2) 경사는 30°이하로 할 것(다만, 계단을 설치하거나 높이 2m 미만의 가설통로로서 튼튼한 손잡이를 설치한 때에는 그러하지 아니하다)
3) 경사가 15°를 초과하는 때에는 미끄러지지 않는 구조로 할 것
4) 추락의 위험이 있는 장소에는 안전난간을 설치할 것(작업상 부득이한 때에는 필요한 부분에 한하여 임시로 이를 해체할 수 있다)
5) 수직갱에 가설된 통로의 길이가 15m 이상인 때에는 10m 이내마다 계단참을 설치할 것
6) 건설공사에서 사용하는 높이 8m이상인 비계다리에는 7m 이내마다 계단을 설치할 것

Answer ➡ 96. ③ 97. ④ 98. ① 99. ④ 100. ①

2024년 제2회 건설안전산업기사 CBT 복원 기출문제

제1과목 산업안전관리론

01 자율검사프로그램을 인정받으려는 자가 한 국산업안전보건공단에 제출해야 하는 서류가 아닌 것은?
① 안전검사대상 유해·위험기계 등의 보유 현황
② 유해·위험기계 등의 검사 주기 및 검사기준
③ 안전검사대상 유해·위험기계의 사용 실적
④ 향후 2년간 검사대상 유해·위험기계 등의 검사 수행계획

해설
자율검사프로그램을 인정받으려는 자가 산업안전보건공단에 제출해야 할 서류(시행규칙 제74조의 2)
1) ①, ②, ④항
2) 검사원 보유현황과 검사를 할 수 있는 장비 관리방법
3) 과거 2년간 자율검사프로그램 수행 실적(재신청의 경우만 해당)
4) 자율검사프로그램 인정신청서

02 도수율이 12.57, 강도율이 17.45인 사업장에서 1명의 근로자가 평생 근무한다면 며칠의 근로손실이 발생하겠는가? (단, 1인 근로자의 평생근로시간은 10^5시간이다.)
① 1257일   ② 126일
③ 1745일   ④ 175일

해설
1) 환산강도율 : 근로자가 평생(입사 → 퇴직, 40년, 10만 시간)근무하였을 때 발생하는 근로손실일수를 의미한다.
2) 환산강도율 = 강도율 × 100
= 17.45 × 100
= 1745일

03 피로를 측정하는 방법 중 동작분석, 연속반응시간 등을 통하여 피로를 측정하는 방법은?
① 생리학적 측정
② 생화학적 측정
③ 심리학적 측정
④ 생역학적 측정

해설
피로의 측정법
1) **생리학적 방법** : 근전도(EMG), 산소소비량 및 에너지대사율, 피부전기반사(GSR), 프릿가값(융합점멸주파수 : 대뇌활동측정) 등
2) **화학적 방법** : 혈색소농도, 혈액수준, 혈단백, 응형시간, 혈액, 요전해질, 요단백, 요교질, 배설량 등
3) **심리학적 방법** : 피부(전위)저장, 동작분석, 연속반응시간, 행동기록, 정신작업, 전신자각증상, 집중유지기능 등

04 자신의 약점이나 무능력, 열등감을 위장하여 유리하게 보호함으로써 안정감을 찾으려는 방어적 적응기제에 해당하는 것은?
① 보상   ② 고립
③ 퇴행   ④ 억압

해설
1) 보상 : 본문설명
2) 고립(isolation) : 자신이 없을 때 현실에서 피함으로서 곤란한 상황과의 접촉을 벗어나 자기 내부로 도피하려는 행동이다.
3) 퇴행(regression) : 현실의 곤란한 장면에서 이겨내지 못하고 옛날 어린 시절로 되돌아가려는 행동이다. 즉 발전단계를 역행함으로서 욕구를 충족하려는 행동이다.
4) 억압(repression) : 불쾌감이나 욕구불만 등의 갈등으로 생긴 욕구를 의식 밖으로 배제함으로서 얻는 행동이다. 즉 현실적인 필요(역망, 감정)를 묵살함으로서 오히려 자신의 안정을 유지하려는 행동이다.

Answer ◎ 01. ③ 02. ③ 03. ③ 04. ①

05 ERG(Existence Relation Growth)이론을 주창한 사람은?

① 매슬로우(Maslow) ② 맥그리거(McGregor)
③ 테일러(Taylor) ④ 알더퍼(Alderfer)

해설

알더퍼(Alderfer)의 ERG이론
1) 생존(Existence)욕구(존재욕구) : 신체적인 차원에서 유기체의 생존과 유지에 관련된 욕구
2) 관계(Relatedness)욕구 : 타인과의 상호작용을 통해 만족되는 대인욕구
3) 성장(Growth)욕구 : 개인적인 발전과 증진에 관한 욕구

06 공장 내에 안전·보건표지를 부착하는 주된 이유는?

① 안전의식 고취
② 인간 행동의 변화 통제
③ 공장 내의 환경 정비 목적
④ 능률적인 작업을 유도

해설

1) 안전·보건표지를 부착하는 주된 이유 : 안전의식 고취
2) 안전표지의 사용목적 : 위험성을 표지로 경고 → 인간행동의 변화 및 작업환경 통제 → 사전에 재해예방

07 인간의 실수 및 과오의 요인과 직접적인 관계가 가장 먼 것은?

① 관리의 부적당 ② 능력의 부족
③ 주의의 부족 ④ 환경조건의 부적당

해설

인간의 실수 및 과오의 3대요인
1) 능력의 부족
   ① 적성의 부적합 ② 지식의 부족
   ③ 기술의 미숙 ③ 인간관계
2) 주의의 부족
   ① 개성 ② 감성의 불안정
   ③ 습관성 ④ 감수성 미약
3) 환경조건의 불량
   ① 재해표준 및 작업조건 불량
   ② 연락 및 의사소통 불량
   ③ 계획 불충분
   ④ 불안과 동요

08 산업안전보건법상 사업 내 안전·보건교육의 교육과정에 해당하지 않는 것은?

① 검사원 정기점검교육
② 특별안전·보건교육
③ 근로자 정기안전·보건교육
④ 작업내용 변경 시의 교육

해설

안전보건교육의 교육과정(시행규칙 별표8)
1) 근로자 정기안전·보건교육
2) 관리감독자 정기안전·보건교육
3) 채용시 교육
4) 작업내용 변경시의 교육
5) 특별안전·보건교육

09 안전관리의 중요성과 가장 거리가 먼 것은?

① 인간존중이라는 인도적인 신념의 실현
② 경영 경제상의 제품의 품질 향상과 생산성 향상
③ 재해로부터 인적·물적 손실 예방
④ 작업환경 개선을 통한 투자 비용 증대

해설

산업안전의 이념(안전관리의 효과)
1) 인간존중 : 안전제일 이념
2) 생산성 향상 및 품질향상 : 안전태도 개선 및 손실예방
3) 기업의 경제적 손실예방 : 재해로 인한 인적·재산손실예방
4) 대외여론 개선으로 신뢰성 향상 : 노사협력의 경영태세 완성
5) 사회복지증진 : 경제성 향상

10 인지과정 착오의 요인이 아닌 것은?

① 정서 불안정
② 감각차단 현상
③ 작업자의 기능미숙
④ 생리·심리적 능력의 한계

해설

착오요인(대뇌의 휴먼에러)
1) 인지과정 착오
   ① 생리, 심리적 능력의 한계
   ② 정보량 저장능력의 한계
   ③ 감각차단현상(단조로운 업무, 반복작업시 발생)
   ④ 정서불안정(공포, 불안, 불만)

Answer ● 05. ④ 06. ① 07. ① 08. ① 09. ④ 10. ③

2) 판단과정 착오
① 능력부족
② 정보부족
③ 자기합리화
④ 환경조건의 불비
3) 조치과정 착오 : 기술능력 미숙 및 경험부족에서 발생

11 토의식 교육지도에 있어서 가장 시간이 많이 소요되는 단계는?

① 도입　　　　　② 제시
③ 적용　　　　　④ 확인

12 위험예지훈련 기초 4라운드(4R)에서 라운드별 내용이 바르게 연결된 것은?

① 1라운드 : 현상파악
② 2라운드 : 대책수립
③ 3라운드 : 목표설정
④ 4라운드 : 본질추구

해설
위험예지훈련의 문제해결 4라운드(4Round)
1) 1R – 현상파악 : 전원이 토의를 통해서 잠재위험요인을 발견하는 단계
2) 2R – 본질추구 : 가장 위험한 요인(위험 포인트)을 합의로 결정하는 단계
3) 3R – 대책수립 : 구체적인 대책을 수립하는 단계
4) 4R – 행동목표 설정 : 행동계획을 정하고 수립한 대책 가운데서 질이 높은 항목에 합의하는 단계(요약)

13 안전모의 종류 중 머리 부위의 감전에 대한 위험을 방지할 수 있는 것은?

① A형　　　　　② B형
③ AC형　　　　④ AE형

해설
안전모의 종류

안전인증대상	자율안전확인대상
① AB형 : 낙하 및 비래, 추락방지용 ② AE형 : 낙하 및 비래, 감전방지용 　(내전압성 : 7,000V이하의 전압에서 견디는 것) ③ ABE형 : 낙하 및 비래, 추락, 감전방지용(내전압성)	안전인증대상 안전모를 제외한 안전모

14 적응기제에서 방어기제가 아닌 것은?

① 보상　　　　　② 고립
③ 합리화　　　　④ 동일시

해설
적응기제
1) 방어적 기제 : 보상, 합리화, 동일시, 승화 등
2) 도피적 기제 : 고립, 퇴행, 억압, 백일몽 등

15 OJT(On the Job Training)에 관한 설명으로 옳은 것은?

① 집합교육형태의 훈련이다.
② 다수의 근로자에게 조직적 훈련이 가능하다.
③ 직장의 설정에 맞게 실제적 훈련이 가능하다.
④ 전문가를 강사로 활용할 수 있다.

해설
OJT와 offJT
1) OJT(현장중심교육) : 현장에서 개인에 대한 직속상사의 개별교육 및 지도
2) offJT(현장외중심교육) : 공통교육대상자에 대한 집합교육
3) 특징

O·J·T (현장중심교육)	off J·T (현장외 중심교육)
① 개개인에게 적합한 지도훈련이 가능 ② 직장의 실정에 맞는 실체적 훈련을 할 수 있다. ③ 훈련 필요한 업무의 계속성이 끊어지지 않음 ④ 즉시 업무에 연결되는 관계로 신체와 관련 있음 ⑤ 효과가 곧 업무에 나타나며 훈련의 좋고 나쁨에 따라 개선이 용이함 ⑥ 교육을 통한 훈련 효과에 의해 상호 신뢰 이해도가 높아짐	① 다수의 근로자에게 조직적 훈련이 가능 ② 훈련에만 전념하게 된다. ③ 특별설비기구를 이용할 수 있다. ④ 전문가를 강사로 초청할 수 있음 ⑤ 각 직장의 근로자가 많은 지식이나 경험을 교류할 수 있음 ⑥ 교육훈련 목표에 대해서 집단적 노력이 흐트러질 수도 있음

16 모랄 서베이(Morale Survey)의 주요 방법 중 태도조사법에 해당하는 것은?

① 사례연구법　　② 관찰법
③ 실험연구법　　④ 문답법

Answer ● 11. ③　12. ①　13. ④　14. ②　15. ③　16. ④

해설

모랄 서어베이(morale survey : 사기조사)의 주요방법
1) 통계에 의한 방법 : 사고 상해율, 생산고, 결근, 지각, 조퇴, 이직 등을 분석하여 파악하는 방법
2) 사례 연구법 : 경영 관리상의 여러 가지 제도에 나타나는 사례에 대해 케이스 스터디(case study)로서 현상을 파악하는 방법
3) 관찰법 : 종업원의 근무 태도를 계속 관찰함으로서 문제점을 찾아내는 방법
4) 실험연구법 : 실험 그룹과 통제 그룹으로 나누고 정황, 자극을 주어 태도 변화 여부를 조사하는 방법
5) 태도조사법(의견조사) : 질문지법, 면접법, 집단토의법, 투사법(projective technique) 등에 의해 의견을 조사하는 방법

17 하인리히(Heinrich)의 이론에 의한 재해 발생의 주요 원인에 있어 다음 중 불안전한 행동에 의한 요인이 아닌 것은?

① 권한 없이 행한 조작
② 전문지식의 결여 및 기술, 숙련도 부족
③ 보호구 미착용 및 위험한 장비에서 작업
④ 결함 있는 장비 및 공구의 사용

해설

②항, 전문지식의 결여 및 기술, 숙련도 부족 : 간접원인 중 교육적 원인

18 재해예방의 4원칙에 해당되지 않는 것은?

① 손실발생의 원칙   ② 원인계기의 원칙
③ 예방가능의 원칙   ④ 대책선정의 원칙

해설

재해예방의 4원칙
1) 손실우연의 원칙   2) 원인계기의 원칙
3) 예방가능의 원칙   4) 대책선정의 원칙

19 재해손실비용 중 직접비에 해당되는 것은?

① 인적손실   ② 생산손실
③ 산재보상비   ④ 특수손실

해설

하인리히의 재해손실비
1) 직접비 : 법정 산재보상비
2) 간접비 : 인적손실, 물적손실, 생산손실, 기타손실 등

20 산업안전보건법상 안전보건관리규정을 작성하여야 할 사업 중에 정보서비스업의 상시 근로자 수는 몇 명 이상인가?

① 50   ② 100
③ 300   ④ 500

해설

안전보건관리규정을 작성하여야 할 사업의 종류 및 규모(시행규칙 별표 6의 2)

사업의 종류	규모
1. 농업 2. 어업 3. 소프트웨어 개발 및 공급법 4. 컴퓨터 프로그래밍, 시스템 통합 및 관리업 5. 정보서비스업 6. 금융 및 보호법 7. 임대업 ; 부동산 제외 8. 전문, 과학 및 기술 서비스업 (연구개발업은 제외한다) 9. 사업지원 서비스업 10. 사회복지 서비스업	상시근로자 300명 이상을 사용하는 사업장
11. 제1호부터 제10호까지의 사업을 제외한 사업	상시근로자 100명 이상을 사용하는 사업장

제2과목 인간공학 및 시스템안전공학

21 조종장치의 저항 중 갑작스런 속도의 변화를 막고 부드러운 제어동작을 유지하게 해주는 저항을 무엇이라 하는가?

① 점성저항   ② 관성저항
③ 마찰저항   ④ 탄성저항

해설

조종장치의 저항종류
1) 점성저항
  ① 출력과 반대방향으로 속도에 비례해서 작용하는 힘 때문에 생기는 저항이다.
  ② 점성저항은 갑작스러운 속도변화를 막고 원활한 제어동작을 유지하게 해준다.
2) 관성저항 : 물체의 질량으로 인한 운동에 대한 저항으로 가속도에 따라 변한다.

Answer ● 17. ② 18. ① 19. ③ 20. ③ 21. ①

3) **마찰저항** : 정적마찰은 초기 동작에 대한 저항으로 동작초기에 최대이지만 급격히 감소하며, 미끄럼(coulomb)마찰은 동작에 대한 저항으로 계속되지만 마찰력은 속도나 변위와는 무관하다.
4) **탄성저항** : 조종장치의 변위에 따라 변한다(변위가 클수록 저항이 커진다)

22 인간이 현존하는 기계를 능가하는 기능으로 거리가 먼 것은?

① 완전히 새로운 해결책을 도출할 수 있다.
② 원칙을 적용하여 다양한 문제를 해결할 수 있다.
③ 여러 개의 프로그램된 활동을 동시에 수행할 수 있다.
④ 상황에 따라 변하는 복잡한 자극 형태를 식별할 수 있다.

해설

기계가 우수한 기능 : 여러 개의 프로그램 된 활동을 동시에 수행할 수 있다.

길잡이 인간과 기계의 상대적 재능

인간이 우수한 기능	기계가 우수한 기능
① 저 에너지 자극(시각, 청각, 후각 등)감지	① 인간 감지범위 밖의 자극(X선, 초음파 등)감지
② 복잡 다양한 자극 형태 식별	② 인간 및 기계에 대한 모니터 기능
③ 예기치 못한 사건 감지(예감, 느낌)	③ 드물게 발생하는 사상 감지
④ 다량정보를 오래 보관	④ 암호화된 정보를 신속하게 대량보관
⑤ 귀납적 추리	⑤ 연역적 추리
⑥ 과부하 상황에서는 중요한 일에만 전념	⑥ 과부하시 효율적으로 작동
⑦ 임기응변, 융통성, 원칙 적용, 주관적 추산, 독창력 발휘 등의 기능	⑦ 정량적 정보처리, 장시간 중량작업, 반복작업, 동시에 여러 가지 작업 수행

23 시스템 수명주기에서 예비위험분석을 적용하는 단계는?

① 구상단계   ② 개발단계
③ 생산단계   ④ 운전단계

해설

시스템의 수명주기
1) **구상단계**
   ① 특정위험을 찾아내기 위해 예비위험분석(PHA)응 이용한다.
   ② 위험관리와 안전설계기준을 개발하고 우선적으로 필요한 사항을 결정하기 위해서 리스크 분석을 수행한다.
2) **정의단계** : 예비설계와 생산기술을 확인하는 단계이다.
3) **개발단계** : 고장형태 및 영향분석(FMEA)과 관련된 신뢰성 공학이 적용된다.
4) **생산단계** : 안전부서에 의한 모니터링이 가장 중요하며 품질관리부서는 생산물을 검사하고 조사하는 역할을 한다.
5) **운전단계** : 교육훈련이 진행되고 사고 또는 사건으로 부터 자료가 축적된다.

24 실효온도(ET)의 결정요소가 아닌 것은?

① 온도   ② 습도
③ 대류   ④ 복사

해설

실효온도(ET)
1) 실효온도(체감온도 또는 감각온도)에 영향을 주는 요인 : 온도, 습도, 기류(공기유동)
2) 허용한계 : 정신(사무작업)(60~64°F), 중작업(50~55°F)

25 표시 값의 변화 방향이나 변화 속도를 관찰할 필요가 있는 경우에 가장 적합한 표시장치는?

① 동목형 표시장치   ② 계수형 표시장치
③ 묘사형 표시장치   ④ 동침형 표시장치

해설

정량적 동적표시장치의 기본형
1) **정목동침(moving pointer)형** : 눈금이 고정되고 지침이 움직이는 형
2) **정침동목(moving scale)형** : 지침이 고정되고 눈금이 움직이는 형
3) **계수(digital)형** : 전력계나 택시요금 계기와 같이 기계, 전자적으로 숫자가 표시되는 형

26 설비보전 방식의 유형 중 궁극적으로는 설비의 설계, 제작 단계에서 보전 활동이 불필요한 체계를 목표로 하는 것은?

① 개량보전(corrective maintenance)
② 예방보전(preventiv maintenance)

Answer ● 22. ③   23. ①   24. ④   25. ④   26. ④

③ 사후보전(break-down maintenance)
④ 보전예방(maintenance prevention)

해설

설비보전방식의 유형
1) **예방보존** : 설비를 항상 정상, 양호한 상태로 유지하기 위한 정기검사와 초기단계에서 성능의 저하나 고장을 제거하거나 조정 또는 수복(修復)하기 위한 설비의 보수활동을 의미한다.
2) **일상보존** : 설비의 열화를 방지하고 그 진행을 지연시켜 수명을 연장하기 위한 설비의 점검, 청소, 주유, 교체 등의 활동을 의미한다.
3) **개량보존** : 고장을 미연에 방지하기 위해 설비를 개조하거나 설계에서부터 시정조치를 취하고 설비의 체질개선을 도모하는 설비보전 방법을 의미한다.
4) **보전예방** : 본문설명
5) **사후보전** : 수리를 행하는 설비보전방법을 의미한다.
6) **예지보전** : 설비의 이상 상태를 검출, 측정 또는 감시하여 열화의 정도가 사용한도에 이른 시점에서 분해, 검사, 부품교환, 수리하는 설비보전방법을 의미한다.

27 FT도에서 정상사상 A의 발생확률은?(단, 사상 B_1의 발생확률은 0.30이고, B_2의 발생확률은 0.20이다.)

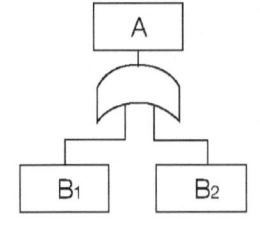

① 0.06
② 0.44
③ 0.56
④ 0.94

해설

$A = 1 - (1 - B_1)(1 - B_2)$
$= 1 - (1 - 0.3)(1 - 0.2) = 0.44$

28 청각신호의 수신과 관련된 인간의 기능으로 볼 수 없는 것은?

① 검출(detection)
② 순응(adaptation)
③ 위치 판별(directional judgement)
④ 절대적 식별(absolute judgement)

해설

청각적 신호의수신에 관계되는 인간의 기능(또는 과업)
1) **검출** : 경고신호와 같은 신호의 존재 여부 판단
2) **위치판별** : 신호가 오는 방향의 판별
3) **절대적식별** : 단독으로 존재하는 특정 신호의 확인
4) **상대적분간** : 인접해 있는 두가지 이상의 신호분간
※ 순응(adaptation) : 빛에 대한 감도변화를 말한다.

29 녹색과 적색의 두 신호가 있는 신호등에서 1시간 동안 적색과 녹색이 각각 30분씩 켜진다면 이 신호등의 정보량은?

① 0.5 bit
② 1 bit
③ 2 bit
④ 4 bit

해설

신호등의 정보량(H)

$H = \sum_{i=1}^{n} P_i \log_2\left(\frac{1}{P_i}\right) = \left[\frac{1}{2} \log_2\left(\frac{1}{1/2}\right)\right] \times 2 = 1\,bit$

30 FTA의 논리게이트 중에서 3개 이상의 입력사상 중 2개가 일어나면 출력이 나오는 것은?

① 억제 게이트
② 조합 AND 게이트
③ 배타적 OR 게이트
④ 우선적 AND 게이트

해설

수정기호의 종류
1) **우선적 AND Gate** : 입력사상 가운데 어느 사상이 다른 사상보다 먼저 일어났을 때에 출력사상이 생긴다. 예를 들면「A는 B보다 먼저」와 같이 기입
2) **짜맞춤 AND Gate** : 3개 이상의 입력사상 가운데 어느 것이든 2개가 일어나면 출력사상이 생긴다. 예를 들면「어느 것이든 2개」라고 기입
3) **위험지속기호** : 입력사상이 생겨서 어느 일정시간 지속하였을 때에 출력사상이 생긴다. 예를 들면「위험지속시간」과 같이 기입
4) **배타적 OR Gate** : OR Gate로 2개 이상의 입력이 동시에 존재할 때에는 출력사상이 생기지 않는다. 예를 들면「동시에 발생하지 않는다」라고 기입

Answer ● 27. ② 28. ② 29. ② 30. ②

31 창문을 통해 들어오는 직사 휘광을 처리하는 방법으로 가장 거리가 먼 것은?

① 창문을 높이 단다.
② 간접 조명 수준을 높인다.
③ 차양이나 발(blind)을 사용한다.
④ 옥외 창 위에 드리우개(overhang)를 설치한다.

해설

창문으로부터의 직사휘광 처리
1) 창문을 높이 단다.
2) 창 위(실외)에 드리우개(overhang)를 설치한다.
3) 창문(안쪽)에 수직날개(fin)들을 달아서 직시선을 제한한다.
4) 차양(shade)혹은 발(blind)을 사용한다.

32 일반적으로 의자설계의 원칙에서 고려해야 할 사항과 거리가 먼 것은?

① 체중분포에 관한 사항
② 상반신의 안정에 관한 사항
③ 개인차의 반영에 관한 사항
④ 의자 좌판의 높이에 관한 사항

해설

의자설계의 원칙
1) **체중분포** : 체중이 좌골 결절에 실려야 한다.
2) **의자 좌판의 높이** : 좌판 앞부분이 오금의 높이 보다 높지 않아야 한다.
3) **의자 좌판의 깊이와 폭** : 폭은 큰 사람에게, 깊이는 작은 사람에게 맞도록 해야 한다.
4) **몸통의 안정** : 의자의 좌판 각도는 3°, 좌판 등판 간의 등판 각도는 100°가 몸통안정에 효과적이다.

33 사고의 발단이 되는 초기 사상이 발생할 경우 그 영향이 시스템에서 어떤 결과(정상 또는 고장)로 진전해 가는지를 나뭇가지가 갈라지는 형태로 분석하는 방법은?

① FTA
② PHA
③ FHA
④ ETA

해설

ETA(Event Tree Analysis, 사상분석법)
1) 사상(事象)의 안전도를 사용한 시스템의 안전도를 나타내는 시스템모델의 하나로서 귀납적이고 정량적인 분석방법이다.
2) 재해의 확대요인을 분석하는 데 적합한 방법이다.

3) 디시젼트리(decision tree)를 재해사고의 분석에 이용할 경우의 분석법을 ETA(사상수분석법)라 한다.

34 과전압이 걸리면 전기를 차단하는 차단기, 퓨즈 등을 설치하여 오류가 재해로 이어지지 않도록 사고를 예방하는 설계 원칙은?

① 에러복구 설계
② 풀 – 프루프(fool – proof)설계
③ 페일 – 세이프(fail – safe)설계
④ 템퍼 – 프루프(tamper proog)설계

해설

페일 세이프(fail safe) : 인간이나 기계에 과오(error)나 동작상의 실수가 있더라도 사고방지를 위해서 2중, 3중으로 통제를 가하도록 한 체계를 말함

35 인간공학적 수공구의 설계에 관한 설명으로 맞는 것은?

① 손잡이 크기를 수공구 크기에 맞추어 설계한다.
② 수공구 사용 시 무게 균형이 유지되도록 설계한다.
③ 정밀 작업용 수공구의 손잡이는 직경 5mm 이하로 한다.
④ 힘을 요하는 수공구의 손잡이는 직경을 60mm 이상으로 한다.

해설

수공구 설계원칙
1) 수공구 무게를 줄이고 사용시 무게 균형이 유지되도록 설계한다.
2) 손바닥면에 압력이 가해지지 않도록 설계한다.
3) 손가락이 지나치게 반복적인 동작을 하지 않도록 한다.
4) 손목을 곧게 펼 수 있도록 한다.
5) 안전측면을 고려한 디자인이 이루어지도록 한다.

36 결함수 분석의 컷셋(cut set)과 패스셋(path set)에 관한 설명으로 틀린 것은?

① 최소 컷셋은 시스템의 위험성을 나타낸다.
② 최소 패스셋은 시스템의 신뢰도를 나타낸다.
③ 최소 패스셋은 정상사상을 일으키는 최소한의 사상 집합을 의미한다.

Answer ➡ 31. ② 32. ③ 33. ④ 34. ③ 35. ② 36. ③

④ 최소 컷셋은 반복사상이 없는 경우 일반적으로 퍼셀(Fussell)알고리즘을 이용하여 구한다.

해설
최소 패스셋은 정상사상을 일으키지 않는 최소한의 사상 집합을 의미한다.

37 건강한 남성이 8시간 동안 특정 작업을 실시하고, 산소소비량이 1.2L/분 으로 나타났다면 8시간 총 작업시간에 포함되어야 할 최소 휴식시간은? (단, 남성의 권장 평균에너지소비량은 5kcal/분, 안정 시 에너지소비량은 1.5kcal/분으로 가정한다.)

① 107분 ② 117분
③ 127분 ④ 137분

해설
$$R = \frac{T(W-S)}{W-1.5}$$
$$= \frac{480 \times (6-5)}{6-1.5} = 107분$$

여기서,
- R : 필요한 휴식시간
- T : 총 작업시간(8×60=480분)
- W : 작업중 에너지소비량 (1.2L/분×5kcal/L=6kcal/분)
- S : 권장 평균에너지소비량(4~5kcal/분)

38 음의 세기인 데시벨(dB)을 측정할 때 기준 음압의 주파수는?

① 10 Hz ② 100 Hz
③ 1,000 Hz ④ 10,000 Hz

해설
dB수준과 음압과의 관계식 : 음의 강도는 음압의 제곱에 비례하므로 dB수준은 다음과 같다.

$$dB수준 = 20\log\left(\frac{P_1}{P_0}\right)$$

여기서,
- P_1 : 측정하려는 음압
- P_0 : 기준음의 음압(2×10^{-5}N/m² : 1,000Hz에서의 최소 가청치)

39 그림의 부품 A, B, C로 구성된 시스템의 신뢰도는? (단, 부품 A의 신뢰도는 0.85, 부품 B와 C의 신뢰도는 각각 0.9이다.)

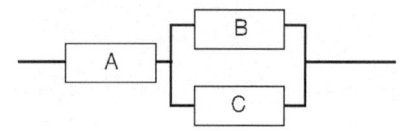

① 0.8415 ② 0.8425
③ 0.8515 ④ 0.8525

해설
$R = A \times [1-(1-B)(1-C)]$
$= 0.85 \times [1-(1-0.9)(1-0.9)] = 0.8415$

40 인적 오류로 인한 사고를 예방하기 위한 대책 중 성격이 다른 것은?

① 작업의 모의훈련
② 정보의 피드백 개선
③ 설비의 위험요인 개선
④ 적합한 인체측정치 적용

해설
인적오류로 인한 사고예방대책
1) 정보의 피드백 개선
2) 설비의 위험요인 개선
3) 적합한 인체측정치 적용
4) 경보장치 및 방호장치 설치

제3과목 건설시공학

41 콘크리트 공사에서 비교적 간단한 구조의 합판거푸집을 적용할 때 사용되며 측압력을 부담하지 않고 단지 거푸집의 간격만 유지시켜 주는 역할을 하는 것은?

① 컬럼밴드 ② 턴버클
③ 폼타이   ④ 세퍼레이터

Answer ➡ 37. ① 38. ③ 39. ① 40. ① 41. ④

해설

1) 컬럼밴드(column band) : 기둥거푸집의 고정 및 측압버팀용으로 쓰이는 것으로서 주로 합판거푸집에 사용된다.
2) 턴버클(turn buckle) : 인장재(줄)를 팽팽히 당겨 조이는 나사있는 탕개쇠로 거푸집 연결시 철선을 조이는데 쓰는 긴장기를 말한다.
3) 폼타이(form tie) : 거푸집판을 일정한 간격으로 유지시켜 주는 동시에 콘크리트의 측압을 최종적으로 지지하는 역할을 하는 부재이다.
4) 세퍼레이터(separator) : 본문설명

42 공사에 필요한 특기 시방서에 기재하지 않아도 되는 사항은?

① 인도시 검사 및 인도시기
② 각 부위별 시공방법
③ 각 부위별 사용재료
④ 사용재료의 품질

해설

시방서의 기재내용
1) 공사전체의 개요
2) 시방서의 적용범위, 공통주의사항
3) 시공방법(준비사항, 공사의 정도, 사용 장비, 주의사항 등)
4) 사용재료(종류, 품질, 필요한 시험, 저장방법, 검사방법 등)
5) 특기사항

43 레디믹스트 콘크리트 중 믹싱플랜트에서 어느 정도 비빈 것을 트럭믹서에 실어 운반도중 완전히 비벼 만드는 것은?

① 제너럴믹스트 콘크리트
② 센트럴믹스트 콘크리트
③ 쉬링크믹스트 콘크리트
④ 트랜싯믹스트 콘크리트

해설

레디믹스트 콘크리트
1) 센트럴믹스트 콘크리트(Central mixed concrete) : 제조공정의 고정믹서에서 완전히 비벼진 콘크리트를 트럭믹서로 회전시키면서 목적지까지 운반하여 사용한다.(공장과 근거리 현장에 유리)
2) 쉬링크믹스트 콘크리트(shrink mixed concrete) : 본문설명
3) 트랜싯믹스트 콘크리트(transit mixed concrete) : 제조공장의 배처플랜트(batcher plant)에서 재료만을 공급받아 운반중에 트럭믹서 속에서 완전히 비벼 공급하는 것이다 (공장과 장거리 현장에 유리)

44 벽과 바닥의 콘크리트 타설을 한 번에 가능하도록 벽체용 거푸집과 슬래브 거푸집을 일체로 제작하여 한 번에 설치하고 해체할 수 있도록 한 시스템거푸집은?

① 갱폼
② 클라이밍폼
③ 슬립폼
④ 터널폼

해설

1) 갱폼 : 옹벽, 피어(pier)등에 사용하는 거푸집이다.
2) 클라이밍폼(climbing form) : 벽체용 거푸집으로 거푸집과 벽체 마감공사를 위한 비계틀을 일체로 제작한 거푸집이다.
3) 슬립폼 : 거푸집공법 중 수평적 또는 수직적으로 반복된 구조물을 시공이음이 없이 균일한 형상으로 시공하기 위하여 거푸집을 연속적으로 이동시키면서 콘크리트를 타설하는데 사용되는 거푸집이다.

45 철근콘크리트공사에서 일반적으로 거푸집 존치기간이 가장 긴 부분은?

① 보옆
② 기둥
③ 외벽
④ 바닥판밑

해설

포틀랜드 시멘트에 의한 거푸집 존치기간(온도 : 평균 10~20℃ 미만)
1) 기초, 보옆, 기둥 및 벽 : 6일
2) 바닥 및 지붕슬래브, 보 밑 : 8일

길잡이 시멘트 종류에 의한 거푸집 존치기간

부위		기초, 보옆, 기둥 및 벽		바닥 및 지붕 슬래브, 보 밑	
시멘트의 종류		포틀랜드 시멘트	조강 포틀랜드 시멘트	포틀랜드 시멘트	조강 포틀랜드 시멘트
콘크리트의 재령 (일)	평균 20℃ 이상	4	2	7	4
	평균 10~20℃ 미만	6	3	8	5
콘크리트의 압축강도		50kg/cm²		설계기준강도의 50%	

Answer ▶ 42. ① 43. ③ 44. ④ 45. ④

46 초고층 건물의 콘크리트 타설시 가장 많이 이용되고 있는 방식은?

① 자유낙하에 의한 방식
② 피스톤으로 압송하는 방식
③ 튜브속의 콘크리트를 짜내는 방식
④ 물의 압력에 의한 방식

해설
콘크리트 펌프의 형식
1) 압축공기에 의한 압송방식 : 탱크내의 콘크리트를 압축공기의 압력으로 밀어보내는 방식이다.
2) 피스톤에 의한 압송방식
   ① 피스톤의 왕복운동에 의하여 콘크리트를 압송하는 방식이다.
   ② 초고층 건물의 콘크리트 타설시 많이 사용되고 있다.
3) 튜브속의 콘크리트를 짜내어 압송하는 방식 : 원형의 진공실에서 회전하는 로울러에 의해 튜브속의 콘크리트를 짜내어 압송하는 방식이다.

47 다음 중 철골 공사와 관계가 없는 것은?

① 가이데릭(Gay derrick)
② 고력 볼트(High tension bolt)
③ 맞댐 용접(Butt welding)
④ 램머(Rammer)

해설
램머(rammer) : 흙을 다지는 기계

48 보일링(boiling)이나 부풀어오름을 방지하기 위한 대책으로 옳지 않은 것은?

① 흙막이벽의 타입깊이를 늘린다.
② 흙막이 외부의 지반면을 진동 가압한다.
③ 웰포인트 공법으로 지하수위를 낮춘다.
④ 약액주입 등으로 굴착지면을 지수한다.

해설
보일링(boiling) 현상
1) 보일링 : 투수성이 좋은 사질지반에서 흙막이벽 배면부의 수위가 높아서 지하수가 흙막이벽을 돌아서 굴착부 저면이 모래와 같이 액상화되어 솟아오르는 현상
2) 대책
   ① 굴착배면의 지하수위를 낮춘다.
   ② 흙막이벽(토류벽)의 근입깊이를 깊게 한다.
   ③ 흙막이벽 하단부에 버팀대를 보강한다.
   ④ 흙막이벽 선단에 코어 및 필터 층을 설치한다.

49 지반조사 방법 중 보링에 관한 설명으로 옳지 않은 것은?

① 보링은 지질이나 지층의 상태를 비교적 깊은 곳까지도 정확하게 확인할 수 있다.
② 충격식 보링은 토사를 분쇄하지 않고 연속적으로 채취할 수 있으므로 가장 정확한 방법이다.
③ 회전식보링은 불교란시료 채취, 암석 채취 등에 많이 쓰인다.
④ 수세식 보링은 30m까지의 연질층에 주로 쓰인다.

해설
보링(boring) 방법
1) 오우거보링 : 나선형으로 된 송곳을 인력으로 지중에 틀어박는 방법이다.
2) 회전식보링 : 날을 회전시켜 천공하는 것으로 불교란 시료 채취가 가능하다(가장 정확한 방법)
3) 충격식보링 : 와이어로프 끝에 충격날(bit)을 달고 낙하 충격을 주어 경지층을 천공하는 방식이다.
4) 수세식보링 : 비교적 연약한 토사에 충격을 주며 물을 뿜어 파진 흙과 물을 같이 배출시켜 흙탕물이 침전되어 나타난 지층의 토질을 판별한다(30m까지의 연질층에 쓰이며 공사비도 싸다)

50 철골조와 목조건축에서는 지붕대들보를 올릴 때 행하는 의식이며, 철근콘크리트조에서는 최상층의 거푸집 혹은 철근배근 시 또는 콘크리트를 타설한 후 행하는 식은?

① 상량식(上梁式)   ② 착공식(着工式)
③ 정초식(定礎式)   ④ 준공식(竣工式)

해설
상량식 : 본문설명

51 공사의 진척에 따라 정해진 시기에 실비와 이실비에 미리 계약된 비율을 곱한 금액을 보수로서 시공자에게 지불하는 실비정산식 시공계약제도는?

① 실비비율보수가산식
② 실비한정비율보수가산식
③ 실비정액보수가산식
④ 단가도급식

Answer ➡ 46. ② 47. ④ 48. ② 49. ② 50. ① 51. ①

해설

실비정산식 시공계약제도
1) **실비비율보수가산식** : 본문설명
2) **실비한정비율보수가산식** : 실비에 제한을 두고 시공자에게 제한된 금액내에서 공사를 완성시키는 책임을 지우는 방식이다.
3) **실비정액보수가산식** : 실비의 여하를 막론하고 미리계약된 일정액의 보수만을 지불하는 방식이다.
4) **실비변동보수가산식** : 실비를 몇 단계로 나누어 공사비가 각 단계의 금액보다 증가될 때는 반대로 빙류보수·정액보수를 체감하는 방식이다.

52 토량 6,000m³을 8톤 트럭으로 운반할 때 필요한 트럭 대수는? (단, 8톤 트럭 1대의 적재량은 6m³이고 트럭은 5회 운행함)

① 120대 ② 150대
③ 180대 ④ 200대

해설

$$필요한 트럭댓수 = \frac{6,000m^3}{6m^3댓수 \times 5회} = 200대$$

53 흙막이 벽에 사용되는 계측장비의 연결이 옳은 것은?

① 두부변형·침하 – 트랜싯
② 측압·수동토압 – 변형계
③ 응력 – 경사계
④ 중간부 변형 – 레벨

해설

흙막이벽의 측정항목 및 계측기에 의한 측정방법
1) 두부변형·침하 : 트랜싯, 레벨 등
2) 측압·수동토압 : 토압계, 수분계
3) 응력 : 변형계, 크랙육안
4) 중간부 변형 : 경사계

54 지하연속벽(slurry wall)공법에 관한 설명으로 옳지 않은 것은?

① 도심지 공사에서 탑다운 공법과 같이 병행할 수 있다.
② 단면강성이 높고 지수성이 뛰어나다.
③ 벽 두께를 자유로이 설계하기 어렵다.
④ 공사비가 비교적 높고 공기가 불리한 편이다.

해설

1) **지하연속벽 공법(slurry wall)** : 벤토나이트 이수(泥水)를 사용해서 지반을 굴착하여 여기에 철근망을 삽입하고 콘크리트를 타설하여 지중에 철근콘크리트 연속벽체를 형성하는 공법
2) **지하연속벽 공법의 특징**
   ① 무진동, 무소음 공법이다.
   ② 인접건물에 근접시공이 가능하다.
   ③ 차수성이 높다.
   ④ 벽체 강성이 높다(연약지반의 변형 및 이면침하를 최소한으로 억제할 수 있음)
   ⑤ 형상치수가 자유롭다.
   ⑥ 공사비가 고가이고 고도의 기술경험이 필요하다.

55 다음 중 사운딩 시험방법과 가장 거리가 먼 것은?

① 표준관입시험 ② 공내재하시험
③ 콘 관입 시험 ④ 베인전단시험

해설

1) **사운딩(sounding)** : 로드에 붙인 저항체를 지중에 넣고 관입, 회전, 빼올리기 등의 저항으로부터 토층의 성질을 탐사하는 법을 말한다.
2) **사운딩 시험방법**
   ① 표준관입시험 ② 스웨덴식 사운딩시험
   ③ 화란식 관입시험 ④ 베인시험

56 철골공사 중 고력볼트접합에 관한 설명으로 옳지 않은 것은?

① 고력볼트 세트의 구성은 고력볼트 1개, 너트 1개 및 와셔 2개로 구성한다.
② 접합방식의 종류는 마찰접합, 지압접합, 인장접합이 있다.
③ 볼트의 호칭지름에 의한 분류는 D16, D20, D22, D24로 한다.
④ 조임은 토크관리법과 너트회전법에 따른다.

해설

1) **고장력 볼트접합** : 인장강도 9t/cm²(항복점 7t/cm²) 이상의 강도가 큰 볼트를 강한 힘으로 조여 접합재 사이의 마찰력에 의해 응력을 전달하는 방식의 접합
2) **고장력 볼트의 호칭 분류** : M16, M20, M22, M24, M27, M30

Answer ▶ 52. ④ 53. ① 54. ③ 55. ② 56. ③

57 철근의 이음방법 중 용접이음의 종류가 아닌 것은?

① 아크(Arc)용접
② 플러시 버트(Flush Butt)용접
③ Cad Welding
④ 가스(Gas)압접

해설

철근의 용접이음 종류
1) 아크용접(arc welding ; 전호용접) : 아크열을 이용하여 용접하는 방법이다.
2) 플러시 버트 용접(flush butt welding ; 불꽃 맞대기 용접) : 전기용접으로 접합시킬 수 있는 철근을 클램프로 끼워 맞대고 전류를 통하게 하여 불꽃이 발생하면 큰 압력을 가하여 밀착시키면서 용접하는 방법이다.
3) 가스압점 : 가스버너에 의해 용접하는 방법이다.

58 철근콘크리트 구조용으로 쓰이는 것으로 보기 어려운 것은?

① 피아노 선(piano wire)
② 원형철근(round bar)
③ 이형철근(deformed bar)
④ 메탈라스(metal lath)

해설

메탈라스(metal lath) : 연강판에 일정한 간격으로 그물눈을 내고 늘여 철망모양으로 만든 것이다. (천정, 벽 등의 모르타르바름 바탕용)

59 강말뚝(H형강, 강관말뚝)에 관한 설명 중 옳지 않은 것은?

① 깊은 지지층까지 도달시킬 수 있다.
② 휨강성이 크고 수평하중과 충격력에 대한 저항이 크다.
③ 부식에 대한 내구성이 뛰어나다.
④ 재질이 균일하고 절단과 이음이 쉽다.

해설

강재말뚝지정의 특징
1) 강한 타격에도 견디며 다져진 중간지층의 관통도 가능하다.
2) 지지력이 크고 이음이 안전하고 강하며 확실하므로 장척말뚝에 적당하다.
3) 상부구조와의 결합이 용이하나 가격이 고가이다.
4) 말뚝의 절단·가공 및 현장접합이 가능하다.

5) 휨 모멘트에 대한 저항성은 크나 흙에 묻히면 부식에 의해 내구성이 떨어진다.

60 공사 관리기법 중 VE(Value Engineering)가치향상의 방법으로 옳지 않은 것은?

① 기능은 올리고 비용은 내린다.
② 기능은 많이 내리고 비용은 조금 내린다.
③ 기능은 많이 올리고 비용은 약간 올린다.
④ 기능은 일정하게 하고 비용은 내린다.

해설

VE(Value engineering, 가치공학) : 건설현장에서 필요한 기능을 품질저하 없이 유지하며 가장 적은 비용으로 공사를 관리하는 원가절감기법

제4과목 건설재료학

61 금속의 기계적 성질에 대한 설명 중 옳은 것은?

① 강은 탄소의 함유량이 많을수록 강도는 작아진다.
② 신율은 탄소량이 증가할수록 비례해서 증가한다.
③ 경도는 탄소량 2%까지는 탄소량에 비례하고, 그 이상에서는 감소한다.
④ 봉강은 탄소량이 적을수록 연질이므로 굴곡가공이 용이하다.

해설

탄소함유량에 의한 탄소강의 특성
1) 강은 탄소함유량이 많을수록 강도는 증대되고 신도(연신율)는 감소된다.
2) 탄소함유량이 0.9%~1.0% 함유시 인장강도는 최대로 증대되고 이를 넣으면 감소된다.
3) 경도는 탄소함유량이 0.9% 함유시 최대가 되며 그 이상에서는 일정하다.

Answer ➡ 57. ③ 58. ④ 59. ③ 60. ② 61. ④

62 타일에 관한 설명으로 옳지 않은 것은?

① 타일은 점토 또는 암석의 분말을 성형, 소성하여 만든 박판제품을 총칭한 것이다.
② 타일은 용도에 따라 내장타일, 외장타일, 바닥타일 등으로 분류할 수 있다.
③ 일반적으로 모자이크타일 및 내장타일은 습식법, 외장타일은 건식법에 의해 제조된다.
④ 타일의 백화현상은 수산화석회와 공기 중 탄산가스의 반응으로 나타난다.

해설

건식타일 및 습식타일

명칭	성형방법	정밀도	용도
건식타일	프레스 성형	치수 · 정밀도가 높고, 고능률이다.	내장타일 바닥타일 모자이크타일
습식타일	압출 성형	프레스성형에 비해 정밀도가 낮다.	외장타일 바닥타일

63 유화제를 써서 아스팔트를 미립자로 수중에 분산시킨 다갈색 액체로서 깬 자갈의 점결제 등으로 쓰이는 아스팔트 제품은?

① 아스팔트 프라이머
② 아스팔트 에멀젼
③ 아스팔트 그라우트
④ 아스팔트 컴파운드

해설

1) **아스팔트 프라이머** : 블로운 아스팔트를 휘발성용제에 용해한 저점도의 흙갈색 액체로 방수시공시 첫째 공정에 쓰이는 바탕처리제이다.
2) **아스팔트 에멀젼** : 본문설명
3) **아스팔트 컴파운드**(asphalt compound) : 블로운 아스팔트에 동 · 식물과 같은 유기질 물질을 혼합하여 유동성, 점성 등을 크게 하고 내후성, 내열성을 향상시킨 것이다.

64 목재의 함수율에 관한 설명 중 옳지 않은 것은?

① 목재의 함유수분 중 자유수는 목재의 중량에는 영향을 끼치지만 목재의 물리적 또는 기계적 성질과는 관계가 없다.
② 침엽수의 경우 심재의 함수율은 항상 변재의 함수율보다 크다.
③ 섬유포화상태의 함수율은 30%정도이다.
④ 기건상태란 목재가 통상 대기의 온도, 습도와 평형된 수분을 함유한 상태를 말하며, 이 때의 함수율은 15% 정도이다.

해설

심재의 함수율(40~100%정도)은 변재의 함수율(80~200%정도)보다 작다.

65 콘크리트 제조에 사용되는 일반적인 구성재료가 아닌 것은?

① 혼화재료
② 시멘트
③ 염화물
④ 골재

해설

콘크리트의 구성재료 : 시멘트, 골재, 혼화재료 등

66 목재의 역학적 성질 중 옳지 않은 것은?

① 섬유 평행방향의 휨 강도와 전단강도는 거의 같다.
② 강도와 탄성은 가력방향과 섬유방향과의 관계에 따라 현저한 차이가 있다.
③ 섬유에 평행방향의 인장강도는 압축강도보다 크다.
④ 목재의 강도는 일반적으로 비중에 비례한다.

해설

1) 목재의 섬유방향에 대한 강도가 가장 작은 것은 전단강도이다.
2) **강도크기순서** : 인장강도 > 휨강도 > 압축강도 > 전단강도

67 목재가 건조과정에서 방향에 따른 수축률의 차이로 나이테에 직각방향으로 갈라지는 결함은?

① 변색
② 뒤틀림
③ 할렬
④ 수지낭

해설

할렬(갈라짐) : 불균일한 건조 및 수축에 의해서 생기는 것으로 나이테에 직각방향으로 갈라지는 결함을 말한다.

Answer ➡ 62. ③ 63. ② 64. ② 65. ③ 66. ① 67. ③

68 다음 시멘트 중 댐 등 단면이 큰 구조물에 적용하기 어려운 것은?

① 중용열포틀랜드 시멘트
② 고로시멘트
③ 플라이애쉬 시멘트
④ 조강포틀랜드 시멘트

해,설

1) **조강포틀랜드시멘트** : 조기강도가 커지도록 만들어진 시멘트이다.
2) **조강포틀랜드시멘트의 특성**
   ① 수화열이 크고 수화속도가 빠르므로 한중콘크리트의 시공에 적합하다.
   ② 거푸집을 빠른 시일 내에 제거할 수 있다.
   ③ 수화열을 크게 하기 위해 C_3A(알루민산삼석회)를 많이 사용하는 조강포틀랜드시멘트는 경화, 건조에 의한 수축이 크므로 시공, 양생시 주의하지 않으면 균열이 생기기 쉽다.

69 보의 이음부분에 볼트와 함께 보강철물로 사용되는 것으로 두 부재사이의 전단력에 저항하는 목구조용 철물은?

① 꺽쇠   ② 띠쇠
③ 듀벨   ④ 감잡이쇠

해,설

목재 이음용 철물
1) **꺽쇠** : 강봉 토막의 양끝을 뽀족하게 하고 ㄷ자형으로 구부려 2부대의 목재를 이어 연결 혹은 엇갈리게 고정시킬때 쓰이는 철물
2) **띠쇠** : 띠모양으로 된 이음철물
3) **듀벨** : 본문설명
4) **감잡이쇠** : ㄷ자형으로 구부려 만든 띠쇠로 두부재를 감아 연결하는 목재이음, 맞춤을 보강하는 철물

70 합성수지의 일반적인 성질에 관한 설명으로 옳지 않은 것은?

① 마모가 크고 탄력성이 작으므로 바닥재료로 사용이 곤란하다.
② 내산, 내알칼리 등의 내화학성 우수하다.
③ 전성, 연성이 크고 피막이 강하다.
④ 내열성, 내화성이 적고 비교적 저온에서 연화, 연질된다.

⑤ 전성 및 연성이 크다.

해,설

합성수지의 성질
① 경도 및 내마모성이 작다.(강성과 강도가 작다.)
② 내열성, 내화성, 내후성 등이 작다.
③ 열에 의한 변형 신축성이 크다.
④ 전성과 연성이 크고 피막이 강하여 도료에 적당하다.
⑤ 내산, 내알칼리 등의 내화학성 및 전기 절연성이 우수하다.

71 알루미나시멘트의 특징에 관한 설명으로 옳지 않은 것은?

① 초기강도가 크다.
② 해수에 대한 화학적 저항성이 크다.
③ 응결, 경화시에 발열량이 크다.
④ 내화 콘크리트용으로 사용이 불가능하다.

해,설

알루미나 시멘트 : Al_2O_3를 함유한 보크사이트(bauxite)에 석회석을 혼합하여 만든 시멘트로 그 특성은 다음과 같다.
① 조기강도가 매우 커서 급결성이 강하다.(재령 1일 보통 시멘트의 28일 강도를 나타냄)
② 발열량이 대단히 커서 −10℃의 동기(冬期)공사 및 긴급공사에 이용된다.
③ 산에는 약하나 알칼리에 강하다.(해수에 대한 저항성이 크다.)
④ 내화성이 우수하여 내화로용 시멘트로 사용한다.

72 콘크리트내의 공극을 메워 조직을 치밀하게 하는 공극 충전에 이용되는 재료로 가장 적합한 것은?

① 포졸란계
② 실리콘계
③ 아스팔트계
④ 물유리

해,설

포졸란 시멘트 : 포틀랜드시멘트에 포졸란과 석고를 혼합하여 만든 시멘트로 실리카 시멘트(포틀랜드시멘트 + 포졸란 + 석고)라고 하며, 그 특성은 다음과 같다.
1) 조기강도는 포틀랜드시멘트보다 약간 낮으나 장기강도는 약간 크다.
2) 수밀성이 좋고 내구성이 있는 콘크리트를 만들 수 있다.
3) 해수 등에 대한 화학저항이 크다.
4) 워커빌리티가 좋아지고 블리딩을 감소시킨다.

Answer ➡ 68. ④ 69. ③ 70. ① 71. ④ 72. ①

73 시멘트에 물을 가하여 혼합하여 만들어진 시멘트 페이스트가 시간경과에 따라 유동성을 잃고 응고하는 현상을 무엇이라 하는가?

① 응결 ② 풍화
③ 건조수축 ④ 경화

해설

시멘트의 응결 및 경화
1) 응결 및 경화
  ① 응결 : 시멘트풀(cement paste)이 시간이 경과함에 따라 수화 반응에 의하여 유동성과 점성을 상실하고 고화하는 현상
  ② 경화 : 응결 이후에 점차 굳어져 가는 상태
  ③ 위응결 : 시멘트풀이 물과 혼합하여 발열하지 않고 10~20분 만에 굳어졌다가 다시 풀리면서 응결하는 현상
2) 응결의 시작과 종결시간 : 1시간 이후 ~10시간 이내

74 수장용 집성재(KS F 3118)의 품질기준 항목이 아닌 것은?

① 접착력 ② 난연성
③ 함수율 ④ 굽음 및 뒤틀림

해설

1) 집성목재 : 두께 1.52~5cm의 단판을 몇장 또는 몇십장 겹쳐서 접착제로 접착한 것으로 합판과 다른 점은 다음과 같다.
  ① 판의 섬유방향을 평행으로 붙인 것이다.
  ② 판의 홀수가 아니어도 된다.
  ③ 합판과 같은 얇은 판이 아니고
2) 수장용 집성재의 품질기준(KSF 3118)항목
  ① 접착력(침지박리시험, 블록전단시험)
  ② 함수율
  ③ 굽음 및 뒤틀림
  ④ 홈파기, 모서가공 및 대패가공
  ⑤ 재면의 품질(옹이, 수지선, 썩음, 구멍, 주선 등)

75 점토의 물리적 성질에 관한 설명으로 옳지 않은 것은?

① 점토의 압축강도는 인장강도의 약 5배 정도이다.
② 양질 점토일수록 가소성이 좋다.
③ 순수한 점토일수록 용융점이 높고 강도도 크다.
④ 불순 점토일수록 비중이 크다.

해설

점토의 비중
1) 2.5~2.6 정도이며 알루미나(Al_2O_3)가 많은 점토는 3.0 정도이다.
2) 점토는 불순물이 많을수록 비중이 작아진다.

76 석회석을 900~1,200℃로 소성하면 생성되는 것은?

① 돌로마이트 석회
② 생석회
③ 회반죽
④ 소석회

해설

석회석의 열분해 반응식

$$CaCO_3 \xrightarrow{900 \sim 1200℃} CaO + CO_2$$
(석회석)　　　　　　　(생석회) (탄산가스)

77 규산칼슘판 단열재에 대한 설명으로 옳은 것은?

① 용융유리를 흡착법 등으로 수 μm의 가는 섬유로 만든 것
② 각종 슬래그에 석회암을 첨가하여 가는 섬유형태로 만든 것
③ 주원료인 식물섬유를 쪄서 분해한 밀도 $0.4g/cm^3$ 미만인 것
④ 내열성과 내파손성이 우수하여 철골내화피복으로 사용되는 것

해설

규산칼슘판 단열재
1) 규산칼슘 보온재 : 규산질 분말, 석회 및 무기질 섬유를 균일하게 배합하여 가열성형 및 수열처리하여 만든다.
2) 특징
  ① 경량이고 강도가 높다.
  ② 내열 및 내수성이 우수하다
  ③ 화재로 인한 철골의 강도 저하를 방지하는 내화피복재료로 많이 사용한다.

Answer ▶ 73. ① 74. ② 75. ④ 76. ② 77. ④

78 어떤 석재의 질량이 다음과 같을 때 이 석재의 표면건조 포화상태의 비중은?

- 공시체의 건조 질량 : 400g
- 공시체의 물 속 질량 : 300g
- 공시체의 침수 후 표면건조 포화상태의 공시체의 질량 : 450g

① 1.33　　② 1.50
③ 2.67　　④ 4.51

해설

석재의 표면건조포화상태의 비중(r)

$$r = \frac{W_1}{W_3 - W_2}$$

$$= \frac{400}{450 - 300} = 2.67$$

여기서, W_1 : 절대건조중량(g)
W_2 : 수중에서 측정한 중량(g)
W_3 : 표면건조포화상태의 중량(공기 중 측정 중량)(g)

79 미장공사에서 코너비드가 사용되는 곳은?

① 계단 손잡이
② 기둥의 모서리
③ 거푸집 가장자리
④ 화장실 칸막이

해설

코너비드(corner bead) : 벽, 기둥 등의 모서리를 보호하기 위하여 미장바름질을 할 때 붙이는 보호용 철물로 모서리쇠라고도 한다.

80 돌로마이트 플라스터는 대기 중의 무엇과 화합하여 경화하는가?

① 이산화탄소(CO_2)
② 물(H_2O)
③ 산소(O_2)
④ 수소(H)

해설

돌로마이트 플라스터[$Ca(OH)_2$, $Mg(OH)_2$] : 공기중의 탄산가스(CO_2)와 결합하여 경화하는 기경성 미장재료이다.

제5과목　건설안전기술

81 강관을 사용하여 비계를 구성하는 경우 비계기둥간의 적재하중은 얼마를 초과하지 않도록 하여야 하는가?

① 200kg　　② 300kg
③ 400kg　　④ 500kg

해설

강관비계의 구조
1) 비계기둥의 간격은 띠장방향에서는 1.85m 이하, 장선방향에서는 1.5m 이하로 할 것
2) 띠장간격은 1.5m 이하로 할 것
3) 비계기둥의 최고부로부터 31m 되는 지점 밑부분의 비계기둥은 2본의 강관으로 묶어울 것(브라켓 등으로 보강하여 그 이상의 강도가 유지되는 경우에는 그러하지 아니하다)
4) 비계기둥 간의 적재하중은 400kg을 초과하지 아니하도록 할 것

82 흙의 액성한계 $W_L = 48\%$, 소성한계 $W_P = 26\%$ 일 때 소성지수(I_P)는 얼마인가?

① 18%　　② 22%
③ 26%　　④ 32%

해설

소성지수(I_P)
= 액성한계(W_L) − 소성한계(W_P)
= 48 − 26 = 22%

83 수중굴착 및 구조물의 기초바닥 등과 같은 협소하고 상당히 깊은 범위의 굴착과 호퍼작업에 가장 적당한 굴착기계는?

① 파워셔블
② 항타기
③ 클램쉘
④ 리버스서큘레이션드릴

해설

클램쉘(clamshell)
1) 붐의 선단에서 버킷을 와이어로프로 매달아 바로 아래로 떨어뜨려 흙을 떠 올리는 중기
2) 수직굴착, 수중굴착, 연약지반에 사용

Answer ▶　78. ③　79. ②　80. ①　81. ③　82. ②　83. ③

84 토석붕괴의 내적 요인으로 옳은 것은?

① 사면의 경사 증가
② 공사에 의한 진동, 하중의 증가
③ 절토 및 성토 높이의 증가
④ 토석의 강도 저하

해설
토사붕괴의 원인(고용노동부고시)
1) 외적요인
　① 사면, 법면의 경사 및 구배의 증가
　② 절토 및 성토 높이의 증가
　③ 공사에 의한 진동 및 반복하중의 증가
　④ 지표수 및 지하수의 침투에 의한 토사중량 증가
　⑤ 지진, 차량, 구조물의 하중
2) 내적요인
　① 절토사면의 토질, 암석
　② 성토사면의 토질
　③ 토석의 강도저하

85 지반의 투수계수에 영향을 주는 인자에 해당하지 않는 것은?

① 토립자의 단위중량
② 유체의 점성계수
③ 토립자의 공극비
④ 유체의 밀도

해설
지반의 투수계수에 영향을 주는 인자
1) 유체의 점성계수
2) 토립자의 공극비
3) 유체의 밀도

86 철골작업에서 작업을 중지해야 하는 규정에 해당되지 않는 경우는?

① 풍속이 초당 10m 이상인 경우
② 강우량이 시간당 1mm 이상인 경우
③ 강설량이 시간당 1cm 이상인 경우
④ 겨울철 기온이 영상 4℃ 이상인 경우

해설
철골작업을 중지해야 할 기상조건
1) 풍속 : 10m/sec 이상
2) 강우량 : 1mm/hr 이상
3) 강설량 : 1cm/hr 이상

87 가설통로 중 경사로를 설치, 사용함에 있어 준수해야 할 사항으로 옳지 않은 것은?

① 경사로의 폭은 최소 90센티미터 이상이어야 한다.
② 비탈면의 경사각6은 45도 내외로 한다.
③ 높이 7미터 이내마다 계단참을 설치하여야 한다.
④ 추락방지용 안전난간을 설치하여야 한다.

해설
②항, 비탈면의 경사각은 30° 이내로 한다.

88 철골기둥 건립 작업 시 붕괴·도괴 방지를 위하여 베이스 플레이트의 하단은 기준 높이 및 인접기둥의 높이에서 얼마 이상 벗어나지 않아야 하는가?

① 2mm　　② 3mm
③ 4mm　　④ 5mm

해설
앵커볼트를 매립하는 경우 정밀도(고용노동부 고시)
1) 기둥중심은 기준선 및 인접기둥의 중심에서 5mm 이상 벗어나지 않을 것
2) 인접기둥간 중심거리의 오차는 3mm 이하일 것
3) 앵커볼트는 기둥중심에서 2mm 이상 벗어나지 않을 것
4) 베이스플레이트 하단은 기준높이 및 인접기둥의 높이에서 3mm 이상 벗어나지 않을 것

89 가설공사와 관련된 안전율에 대한 정의로 옳은 것은?

① 재료의 파괴응력도와 허용응력도의 비율이다.
② 재료가 받을 수 있는 허용응력도이다.
③ 재료의 변형이 일어나는 한계응력도이다.
④ 재료가 받을 수 있는 허용하중을 나타내는 것이다.

해설
안전율 = $\dfrac{파괴응력}{허용응력}$

90 터널작업 중 낙반 등에 의한 위험방지를 위해 취할 수 있는 조치사항이 아닌 것은?

① 터널지보공 설치   ② 록볼트 설치
③ 부석의 제거   ④ 산소의 측정

해설
터널건설작업시 낙반 등에 의한 위험방지 조치사항
1) 터널지보공 설치
2) 록볼트의 설치
3) 부석의 제거

91 콘크리트의 비파괴 검사방법이 아닌 것은?

① 반발경도법   ② 자기법
③ 음파법   ④ 침지법

해설
콘크리트의 비파괴검사법 : 반발경도법, 자기법, 음파법 등

92 다음 중 굴착기의 전부장치와 거리가 먼 것은?

① 붐(Boom)   ② 암(Arm)
③ 버킷(Bucket)   ④ 블레이드(Blade)

해설
굴착기의 전부장치 : 붐(Boom), 암(arm), 버킷(bucket)등으로 구성

93 콘크리트를 타설할 때 거푸집에 작용하는 콘크리트 측압에 영향을 미치는 요인과 가장 거리가 먼 것은?

① 콘크리트 타설 속도
② 콘크리트 타설 높이
③ 콘크리트의 강도
④ 기온

해설
콘크리트 측압산정시 고려되는 요소
1) 굳지 않은 콘크리트의 단위용적중량(t/m³)
2) 벽 길이 9m
3) 굳지 않은 콘크리트의 타설높이(m)
4) 콘크리트의 타설속도(보통 10~50 m/h 정도)
5) 거푸집 속의 콘크리트 온도

94 콘크리트 타설시 안전에 유의해야 할 사항으로 옳지 않은 것은?

① 콘크리트 다짐효과를 위하여 최대한 높은 곳에서 타설한다.
② 타설 순서는 계획에 의하여 실시한다.
③ 콘크리트를 치는 도중에는 거푸집, 동바리 등의 이상 유무를 확인하여야 한다.
④ 타설시 비어있는 공간이 발생되지 않도록 밀실하게 부어 넣는다.

해설
콘크리트 타설 시 높은 곳으로부터 콘크리트를 세게 거푸집 내에 부어넣지 않는다.

95 토사붕괴를 방지하기 위한 대책으로 붕괴방지공법에 해당되지 않는 것은?

① 배토공법   ② 압성토공법
③ 집수정공법   ④ 공작물의 설치

해설
토사붕괴를 방지하기 위한 공법
1) 배토공법
2) 압성토공법
3) 공작물의 설치

96 달비계에 설치되는 작업발판의 폭에 대한 기준으로 옳은 것은?

① 20cm 이상   ② 40cm 이상
③ 60cm 이상   ④ 80cm 이상

해설
달비계에 설치되는 작업발판의 폭 : 40cm 이상

97 산업안전보건기준에 관한 규칙에서 규정하는 현장에서 고소작업대 사용 시 준수사항이 아닌 것은?

① 작업자가 안전모·안전대 등의 보호구를 착용하도록 할 것
② 관계자가 아닌 사람이 작업구역 내에 들어오는 것을 방지하기 위하여 필요한 조치를 할 것

Answer ➡ 90. ④ 91. ④ 92. ④ 93. ③ 94. ① 95. ③ 96. ② 97. ③

③ 작업을 지휘하는 자를 선임하여 그 자의 지휘 하에 작업을 실시할 것
④ 안전한 작업을 위하여 적정수준의 조도를 유지할 것

해설

고소작업대 사용시 준수사항
1) ①, ②, ④ 항
2) 전로(電路)에 근접하여 작업을 하는 경우에는 작업감시자를 배치하는 등 감전사골르 방지하기 위하여 필요한 조치를 할 것
3) 작업대를 정기적으로 점검하고 붐ㆍ작업대 등 각 부위의 이상 유무를 확인할 것
4) 전환스위치는 다른 물체를 이용하여 고정하지 말 것
5) 작업대는 정격하중을 초과하여 물건을 싣거나 탑승하지 말 것
6) 작업대의 붐대를 상승시킨 상태에서 탑승자는 작업대를 벗어나지 말 것
　다만, 작업대에 안전대 부착설비를 설치하고 안전대를 연결하였을 때에는 그러하지 아니하다.

98 차량계 건설기계의 운전자 운전위치를 이탈하는 경우 준수해야 할 사항으로 옳지 않은 것은?

① 버킷은 지상에서 1m 정도의 위치에 둔다.
② 브레이크를 걸어둔다.
③ 디퍼는 지면에 내려둔다.
④ 원동기를 정지시킨다.

해설

운전위치 이탈시 조치사항
1) 포크, 버킷, 디퍼 등의 장치를 가장 낮은 위치 또는 지면에 내려 둘 것
2) 원동기를 정지시키고 브레이크를 확실히 거는 등 갑작스러운 주행이나 이탈을 방지하기 위한 조치를 할 것
3) 운전석을 이탈하는 경우에는 시동키를 운전대에서 분리시킬 것
　다만, 운전석에 잠금장치를 하는 등 운전자가 아닌 사람이 운전하지 못하도록 조치한 경우에는 그러하지 아니하다.

99 다음 그림은 산업안전보건기준에 관한 규칙에 따른 풍화암에서 토사붕괴를 예방하기 위한 기울기를 나타낸 것이다. x의 값은?

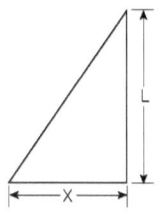

① 1.5　　　　② 1.0
③ 0.5　　　　④ 0.3

해설

굴착작업시 굴착면의 기울기 기준

지반의 종류	구배
모래	1 : 1.8
그밖의 흙	1 : 1.2
풍화암	1 : 1.0
연암	1 : 1.0
경암	1 : 0.5

100 거푸집에 작용하는 연직방향 하중에 해당하지 않는 것은?

① 고정하중　　② 작업하중
③ 충격하중　　④ 콘크리트측압

해설

거푸집의 연직방향 하중(W) 산정식
W = 고정하중 + 충격하중 + 작업하중
　 = (r · t) + (1/2r · t) + 150kg/m²

여기서 r : 철근콘크리트 비중(kg/m³)
　　　 t : 슬래브 두께(m)

1) 고정하중 : 콘크리트 자중(= 철근콘크리트 비중×슬래브 두께)
2) 충격하중 : 고정하중×1/2
3) 작업하중 : 작업원 중량 + 장비 및 가설비의 등의 중량
　　　　　　= 150kg/m²

2024년 제3회 건설안전산업기사 CBT 복원 기출문제

제1과목 산업안전관리론

01 근로자가 중요하거나 위험한 작업을 안전하게 수행하기 위해 인간의 의식수준(Phase) 중 몇 단계 수준에서 작업하는 것이 바람직한가?
① 0단계
② Ⅰ단계
③ Ⅲ단계
④ Ⅳ단계

해설

의식수준의 단계

단계	의식의상태	주의작용	생리적상태	신뢰성
Phase 0	무의식, 실신	없음	수면, 뇌발작	0
Phase Ⅰ	정상 이하 의식 몽롱함	부주의	피로, 단조, 졸음, 술취함	0.9 이하
Phase Ⅱ	정상 이완상태	수동적 마음이 안쪽으로 향함	안정기거, 휴식시, 장례작업시	0.99~0.99999
Phase Ⅲ	정상 상쾌한 상태	능동적 앞으로 향하는 주의시야도 넓다.	적극 활동시	0.999999 이상
Phase Ⅳ	초정상 과긴장상태	일점으로 응집, 판단정지	긴급 방위 반응, 당황해서 panic	0.9 이하

02 위험예지훈련 4라운드에 순서가 올바르게 나열된 것은?
① 현상파악 → 본질추구 → 대책수립 → 목표설정
② 현상파악 → 대책수립 → 본질추구 → 목표설정
③ 현상파악 → 본질추구 → 목표설정 → 대책수립
④ 현상파악 → 목표설정 → 본질추구 → 대책수립

해설

위험예지훈련의 4R
1) 1R(1단계) – 현상파악 : 사실(위험요인)을 파악하는 단계
2) 2R(2단계) – 본질추구 : 위험요인 중 위험의 포인트를 결정하는 단계(지적확인)
3) 3R(3단계) – 대책수립 : 대책을 세우는 단계
4) 4R(4단계) – 목표설정 : 행동계획(중점 실시항목)을 정하는 단계

03 매슬로우(Maslow)의 욕구단계 이론 중 제2단계의 욕구에 해당하는 것은?
① 사회적 욕구
② 안전에 대한 욕구
③ 자아실현의 욕구
④ 존경과 긍지에 대한 욕구

해설

매슬로우(Maslow)의 욕구 5단계
1) 1단계 – 생리적 욕구(신체적 욕구) : 기아, 갈등, 호흡, 배설, 성욕 등 기본적 욕구
2) 2단계 – 안전의 욕구 : 안전을 구하려는 욕구
3) 3단계 – 사회적 욕구(친화욕구) : 애정, 소속에 대한 욕구
4) 4단계 – 인정받으려는 욕구(자기존경의 욕구, 승인욕구) : 자존심, 명예, 성취, 지위 등에 대한 욕구
5) 5단계 – 자아실현의 욕구(성취욕구) : 잠재적인 능력을 실현하고자 하는 욕구

04 재해통계 작성 시 유의할 점 중 관계가 가장 적은 것은?
① 재해통계를 활용하여 방지대책을 수립이 가능할 수 있어야 한다.
② 재해통계는 구체적으로 표시되고, 그 내용은 용이하게 이해되며 이용할 수 있는 것이어야 한다.

Answer ◎ 01. ③ 02. ① 03. ② 04. ③

③ 재해통계는 정성적인 표현의 도표나 그림으로 표시하여야 한다.
④ 재해통계는 항목 내용 등 재해요소가 정확히 파악될 수 있도록 하여야한다.

해설
1) 재해통계에 사용하는 도표나 그림은 여러 가지 형태가 있다
2) **재해통계의 원인분석 방법**
   ① 파레이토도 : 사고의 유형, 기인물 등 분류항목을 큰 순서대로 도표화하여 분석하는 방법이다.
   ② 특성요인도 : 특성과 요인을 도표로 하여 어골상(魚骨狀)으로 세분화한다.
   ③ 크로즈 분석 : 데이터를 집계하고 표로 표시하여 요인별 결과내역을 교차한 크로즈 그림을 작성하여 분석한다. (2개 이상의 문제 관계를 분석하는데 이용)
   ④ 관리도 : 재해발생건수 등의 추이를 파악하고 목표관리를 행하는데 필요한 월별 재해발생수를 그래프화하여 관리선을 설정·관리하는 방법이다.

05 사고예방 대책 5단계 중 작업상황을 파악하고 사고조사를 실시하는 단계는?

① 사실의 발견
② 분석 평가
③ 시정 발법의 선정
④ 시정책의 적용

해설
사고예방 대책의 기본원리 5단계
1) 1단계 – 조직 : 안전의 라인 및 참모조직 구성 및 조직을 통한 안전활동을 실시하는 단계
2) 2단계 – 사실의 발견 : 작업상황을 파악하고 사고조사를 실시하여 위험요인(불안전한 요소)을 색출하는 단계
3) 3단계 – 분석·평가 : 사고의 직접원인 및 간접원인을 규명하는 단계
4) 4단계 – 시정책의 선정 : 개선책을 설정하는 단계
5) 5단계 – 시정책의 적용 : 3E(기술, 교육, 독려)를 적용시키는 단계

06 안전·보건표지에서 파란색 또는 녹색에 대한 보조색으로 사용되는 색채는?

① 빨간색   ② 검은색
③ 노란색   ④ 흰색

해설
안전표지의 색채·색도기준 및 용도(시행규칙 별표3)

색채	색도기준	용도	사용예
빨간색	7.5R 4/14	금지	정지신호, 소화설비 및 그 장소, 유해행위 금지
		경고	화학물질 취급장소에서의 유해·위험경고
노란색	5Y 8.5/12	경고	화학물질 취급장소에서의 유해·위험 경고, 그 밖의 위험경고, 주의표지 또는 기계방호물
파란색	2.5PB 4/10	지시	특정 해위의 지시 및 사실의 고지
녹색	2.5G 4/10	안내	비상구 및 피난소, 사람 또는 차량의 통행표지
흰색	N 9.5		파란색 또는 녹색에 대한 보조색
검은색	N 0.5		문자 및 빨간색 또는 노란색에 대한 보조색

07 안전관리조직의 형태 중 라인(line)형의 특징이 아닌 것은?

① 소규모 사업장에 적합하다.
② 경영자의 조언과 자문역할을 한다.
③ 생산조직 전체에 안전관리 기능을 부여한다.
④ 명령과 보고가 상하관계뿐이므로 간단 명료하다.

해설
staff형 특징 : ②항, 경영자의 조언과 자문역할을 한다.

08 그림에서 안전모의 부품명칭이 틀린 것은?

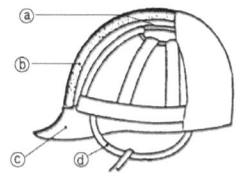

① ⓐ : 머리고정대
② ⓑ : 충격흡수재
③ ⓒ : 챙(차양)
④ ⓓ : 턱끈

Answer ● 05. ① 06. ④ 07. ② 08. ①

해설

ⓐ : 머리받침고리

길잡이 안전모의 각부 명칭

번호	명칭	
①	모체	
②	착장체	머리받침끈
③		머리고정대
④		머리받침 고리
⑤	충격흡수재	
⑥	턱끈	
⑦	챙(차양)	

09 산업재해조사표에서 재해발생 원인 중 작업·환경적 요인에 해당하지 않는 것은?

① 점검·정비의 부족
② 작업자세·동작의 결함
③ 작업방법의 부적절
④ 작업정보의 부적절

해설

재해발생원인(산업재해조사표 : 시행규칙 별지 제1호 서식)

재해발생 원인	세부내용
1) 인적요인	① 무의식 행동, ② 착오, ③ 피로, ④ 연령 ⑤ 커뮤니케이션 등
2) 설비적 요인	① 기계·설비의 설계상 결함 ② 방호장치의 불량 ③ 작업표준화의 부족 ④ 점검·정비의 부족 등
3) 작업·환경적 요인	① 작업정보의 부적절 ② 작업자세·동작의 결함 ③ 작업방법의 부적절 ④ 작업환경 조건의 불량 등
4) 관리적 요인	① 관리조직의 결함 ② 규정·매뉴얼의 불비·불철저 ③ 안전교육의 부족 ④ 지도감독의 부족 등

10 일반적으로 태도교육의 효과를 높이기 위하여 취할 수 있는 가장 바람직한 교육방법은?

① 강의식
② 프로그램 학습법
③ 토의식
④ 문답식

해설

토의법
1) 토의법 개요
   ① 쌍방적 의사전달방법에 의한 교육으로 적극적, 지도성, 협동성을 기르는 데 적합한 방식이다.
   ② 태도교육에 효과적인 교육방법이다.
   ③ 보통 10~15인 정도의 소집단으로 하는 것이 좋으며, 인원수가 많은 경우에는 포럼(forum : 공개토론회), 심포지움(symposium) 등의 토의방식을 채용한다.
2) 토의법 적용의 경우
   ① 수업의 중간이나 마지막 단계
   ② 학교수업이나 직업훈련의 특정 분야
   ③ 알고 있는 지식을 심화시키거나 어떠한 자료에 대해 보다 명료한 생각을 갖도록 하는 경우
   ④ 팀웍이 필요한 경우

11 무재해운동의 3원칙에 해당되지 않는 것은?

① 참가의 원칙
② 무의 원칙
③ 예방의 원칙
④ 선취의 원칙

해설

무재해운동이념 3원칙
1) **무의 원칙** : 사망, 휴업 및 불휴재해는 물론 일체의 장래위험 요인을 사전에 발견, 파악, 해결함으로써 근원적인 산업재해를 없애는 것을 말한다.
2) **참가의 원칙** : 재해 및 일체의 위험요인을 발견, 해결하기 위해 전원이 무재해운동에 참가하여 문제 해결 등을 실천하는 것을 말한다.
3) **선취해결의 원칙** : 선취란 궁극의 목표로서 무재해, 무질병의 직장을 실현하기 위해 일체의 위험요인을 행동하기 전에 발견, 파악, 해결하여 재해를 예방하거나 방지하는 것을 말한다.

12 안전점검표의 작성 시 유의사항이 아닌 것은?

① 중요도가 낮은 것부터 높은 순서대로 만들 것
② 점검표 내용은 구체적이고 재해방지에 효과가 있을 것
③ 사업장내 점검기준을 기초로 하여 점검자 자신이 점검목적, 사용시간 등을 고려하여 작성할 것

Answer ➡ 09. ① 10. ③ 11. ③ 12. ①

④ 현장감독자용의 점검표는 쉽게 이해할 수 있는 내용이어야 할 것

해설

안전점검표 작성시 유의사항
1) 사업장에 적합한 독자적인 내용일 것
2) 중점도가 높은 것부터 순서대로 작성할 것(위험성이 높은 순이나 긴급을 요하는 순으로 작성)
3) 정기적으로 검토하여 재해방지에 실효성 있게 개조된 내용일 것
4) 일정양식을 정하여 점검대상을 정할 것
5) 점검표의 내용을 이해하기 쉽도록 표현하고 구체적일 것

13 스트레스(Stress)에 관한 설명으로 가장 적절한 것은?

① 스트레스 상황에 직면하는 기회가 많을수록 스트레스 발생 가능성은 낮아진다.
② 스트레스는 직무몰입과 생산성 감소의 직접적인 원인이 된다.
③ 스트레스는 부정적인 측면만 가지고 있다.
④ 스트레스는 나쁜 일에서만 발생한다.

해설

스트레스(stres) : 직무 스트레스는 신체적, 정신적 건강뿐만 아니라 직무불만족, 직무성과 등과 관련되어 직무몰입과 생산성 감소 등의 직접적인 원인이 된다.

14 직무만족에 긍정적인 영향을 미칠 수 있고, 그 결과 개인 생산능력의 증대를 가져오는 인간의 특성을 의미하는 용어는?

① 위생 요인
② 동기부여 요인
③ 성숙-미성숙
④ 의식의 우회

해설

1) 동기부여 요인 : 본문설명
2) 허즈버그(Herzberg)의 2요인
  ① 위생요인 : 직무환경에 관계된 내용으로 기업정책, 개인 상호 간의 관계(친교, 대인관계), 감독형태, 작업조건, 임금(급료), 보수지위, 안전 등이 있다.
  ② 동기요인 : 직무내용(일의 내용)에 관한 것으로 목표달성에 대한 성취감, 안정감, 도전감, 책임감, 성장과 발전, 작업자체 등이 있다(자아실현을 하려는 인간의 독특한 경향 반영).

15 적응기제(adjustment mechanism) 중 다음에서 설명하는 것은 무엇인가?

> 자신조차도 승인할 수 없는 욕구를 타인이나 사물로 전환시켜 바람직하지 못한 욕구로 부터 자신을 지키려는 것

① 투사
② 합리화
③ 보상
④ 동일화

해설

적응기제
1) 투사 : 본문설명
2) 보상 : 자신의 결함과 무능에 의하여 생긴 열등감이나 긴장을 해소시키기 위해 장점 같은 것으로 그 결함을 보충하려는 행동으로 대상(代償)이라고도 한다.
3) 합리화 : 자기의 난처한 입장이나 실패 및 결점을 그럴듯한 이유를 들어 남의 비난을 받지 않도록 하며 또한 자위도 하는 행동 기제이다. (합리화의 자기방어 방식에 따른 분류 : 신 포도형, 달콤한 레몬형, 투사형, 망상형)
4) 동일시 : 사실은 자기의 것이 못되고 또 아님에도 불구하고 자기의 것이나 된 듯이 행동을 하여 승인을 얻고자 하는 기제이다.

16 기억과정 중 과거에 경험하였던 것과 비슷한 상태에 부딪쳤을 때 떠오르는 것을 무엇이라 하는가?

① 파지(retention)
② 기명(memorizing)
③ 재생(recall)
④ 재인(recognition)

해설

기억의 과정 : 기억은 기명(記銘), 파지(把持), 재생(再生), 재인(再認)의 단계를 거친다.
1) 기억 : 과거의 경험이 어떠한 형태로 미래의 행동에 영향을 주는 작용
2) 기명 : 사물의 인상을 마음속에 간직하는 것
3) 파지 : 간직, 인상이 보존되는 것
4) 재생 : 보존된 인상이 다시 의식으로 떠오른 것
5) 재인 : 과거에 경험했던 것과 같은 비슷한 상태에 부딪혔을 때 떠오르는 것

Answer ● 13. ② 14. ② 15. ① 16. ④

17 산업안전보건법상 특별안전·보건교육 대상 작업이 아닌 것은?

① 건설용 리프트·곤돌라를 이용한 작업
② 전압이 50V인 정전 및 활선작업
③ 화학설비 중 반응기, 교반기·추출기의 사용 및 세척작업
④ 액화석유가스·수소가스 등 인화성 가스또는 폭발성물질 중 가스의 발생장치 취급 작업

해설
②항, 전압이 75V 이상인 정전 및 활선작업

18 리더의 행동유형측면에서 부하들과 상담하며, 부하의 의견을 고려하는 형태의 리더십은?

① 참여적 리더십   ② 지원적 리더십
③ 지시적 리더십   ④ 성취 지향적 리더십

해설
참여적 리더십 : 민주적 리더십으로 참여적인 의사결정 및 목표설정을 한다.

19 재해율의 지표 중 도수율에 관한 설명 중 다음 (   ) 안에 알맞은 것은?

> 사업장에서 발생하는 재해의 빈도를 표시하는 단위로서 근로시간 (㉠)시간당 발생하는 (㉡)를 나타낸다.

① ㉠ 100만, ㉡ 재해건수
② ㉠ 1,000, ㉡ 근로손실 일수
③ ㉠ 1,000, ㉡ 재해건수
④ ㉠ 100만, ㉡ 근로손실 일

해설
도수율
1) 도수율 : 연근로시간 100만(10^6)시간당 발생하는 재해건수
$$도수율 = \frac{재해건수}{연근로시간수} \times 10^6$$
2) 연근로시간수
 = 근로자수×근로일수/년×근로시간/일
 = 근로자수×2400시간/년

20 작업의 종류나 내용에 따라 교육범위나 정도가 달라지는 이론교육 방법은?

① 지식교육   ② 정신교육
③ 태도교육   ④ 기능교육

해설
1) **지식교육** : 작업의 종류나 내용에 따라 교육범위나 정도가 달라지는 이론교육
2) **기능교육** : 작업방법, 기계장치, 계기류 등의 조작행위 등을 몸으로 습득시키는 교육
3) **태도교육** : 생활지도, 작업동작지도 등을 통한 안전의 습관화교육으로 안전한 마음가짐을 몸에 익히는 교육

제2과목 인간공학 및 시스템안전공학

21 인간 성능에 관한 척도와 가장 거리가 먼 것은?

① 빈도수 척도   ② 지속성 척도
③ 지연성 척도   ④ 시스템 척도

해설
인간성능에 관한 척도
1) **빈도 척도**(frequency measure) : 검출한 과녁(target)의 수, 키를 누른 수, 'help' 스크린을 사용한 수 등
2) **강도 척도**(intensity measure) : 핸들에 발생시킨 토크 등
3) **지연성 척도**(latency measure) : 반응시간, 스위치를 돌릴 때의 지체시간 등
4) **지속성 척도**(duration measure) : 컴퓨터 시스템을 사용하는 시간, 추적 과업에서 과녁에 머무르는 시간 등

22 결함수(FT) 기호의 정의로 틀린 것은?

① 1차 사상은 외적인 원인에 의해 발생하는 사상이다.
② 결함사상은 시스템 분석에 있어 좀 더 발전시켜야 하는 사상이다.
③ 기본사상은 고장원인이 분석되었기 때문에 더 이상 분석할 필요가 없는 사상이다.
④ 정상적인 사상은 두 가지 상태가 규정되는 시간 내에 일어날 것으로 기대 및 예정되는 사상이다.

Answer ➡ 17. ② 18. ① 19. ① 20. ① 21. ④ 22. ①

해설

1) 1차적 사상 : 부품이 지니고 있는 고유한 특성 때문에 발생하는 사상이다.
2) 2차적 사상 : 외적인 원인에 의해 발생하는 사상이다.

23 결함수분석의 최소 컷셋과 가장 관련이 없는 것은?

① Boolean Algebra
② Fussell Algorithm
③ Generic Algorithm
④ Limnios & Ziani Algorithm

해설

최소컷셋을 구하는 방법
1) Fueell Algorithm : 톱사상에서부터 차례로 상단의 사상을 하단의 사상으로 치환하면서 AND 게이트는 가로로 나열하고, OR게이트는 세로로 나열하여 최소컷셋을 구한다.
  ① 1단계 : 불대수(Boolean algebra)이론을 적용하여 시스템 고장을 유발시키는 모든 기본사상 등의 조합인 컷셋을 구한다.
  ② 2단계 : 1단계에서 구한 컷셋중 각각의 컷셋에 대하여 중복되는 기본사상을 제거한다.
  ③ 3단계 : 컷셋 중 가장 적은 수의 기본사상들로 이루어진 컷셋을 포함하고 있는 집합을 제거한다.
2) Limnios 와 Ziani Algorithm : 전체의 컷셋을 반복사상을 포함하고 있는 컷셋과 비반복사상으로 분류하여 반복사상을 포함하고 있는 컷셋들만을 비교·분석하여 최소컷셋과 향하여 톱사상에 대한 최소컷셋을 구한다.

24 목과 어깨부위의 근골격계 질환 발생과 관련하여 인과관계가 가장 적은 것은?

① 진동
② 반복작업
③ 과도한 힘
④ 작업자세

해설

근골격계질환의 원인
1) 무리한 반복작업
2) 부적절한 작업 자세
3) 과도한 힘
4) 신체적 압박
5) 부족한 휴식시간
6) 차갑거나 무더운 온도의 작업환경

25 에너지 대사율(RMR)에 의한 작업강도에서 경작업이란 작업강도가 얼마인 작업을 의미하는가?

① 1~2
② 2~4
③ 4~7
④ 7~9

해설

에너지 대사율(RMR)에 의한 작업강도 구분
1) 0~2RMR : 輕(가벼운)작업
2) 2~4RMR : 中(보통)작업
3) 4~7RMR : 重(힘든)작업
4) 7RMR 이상 : 超重(아주 힘든)작업

26 레버를 10° 움직이면 표시장치는 1cm 이동하는 조종 장치가 있다. 레버의 길이가 20cm 라고 하면 이 조종 장치의 통제표시비(C/D 비)는 약 얼마인가?

① 1.27
② 2.38
③ 3.49
④ 4.51

해설

통제표시비(C/D비)

$$C/D비 = \frac{\frac{a}{360} \times 2\pi L}{\text{표시계기의 이동거리}}$$

$$= \frac{\frac{10}{360} \times 2\pi \times 20}{1} = 3.49$$

27 작업장 인공조명 설계 시 고려사항으로 가장 거리가 먼 것은?

① 조도는 작업상 충분할 것
② 광색은 붉은색에 가까울 것
③ 취급이 간단하고 경제적일 것
④ 유해가스를 발생하지 않고, 폭발성이 없을 것

해설

인공조명 설계시 고려사항
1) 조도는 작업상 충분할 것
2) 광색은 주광색에 가까울 것
3) 유해가스를 발생하지 않고 폭발성과 발화성이 없을 것
4) 취급이 간단하고 경제적일 것
5) 작업장의 경우 공간전체에 빛이 골고루 퍼지게 할 것(전반조명방식 채택)

Answer ❯ 23. ③ 24. ① 25. ① 26. ③ 27. ②

28 어떤 물체나 표면에 도달하는 빛의 단위 면적당 밀도를 무엇이라 하는가?

① 광량 ② 광도
③ 조도 ④ 반사율

해설

1) **조도** : 어떤 물체나 표면에 도달하는 빛의 단위면적당 밀도 (단위 : fc, lux)
2) **광도** : 광원으로부터 나오는 빛의 세기(단위 : 칸델라, 촉광)
3) **반사율** : 반사광의 에너지와 입사광의 에너지의 비율

$$반사율 = \frac{광속발산도(fL)}{조명} \times 100(\%)$$

29 의자 좌판의 높이를 설계하기 위한 것으로 가장 적합한 인체계측자료의 응용 원칙은?

① 최소 집단치를 위한 설계
② 최대 집단치를 위한 설계
③ 평균치를 기준으로 한 설계
④ 최대 빈도치를 기준으로 한 설계

해설

1) 인간계측자료의 응용원칙
   ① **최대치수와 최소치수** : 최대치수 또는 최소치수를 기준으로 하여 설계한다. (극단에 속하는 사람을 위한 설계)
   ② **조절범위(조절식)** : 체격이 다른 여러 사람에게 맞도록 만드는 것 이다.(조절할 수 있도록 범위를 두는 설계)
   ③ **평균치를 기준으로 한 설계** : 최대치수나 최소치수, 조절식으로 하기가 곤란할 때 평균치를 기준으로 하여 설계한다.(평균적인 사람을 위한 설계)
2) 최대치수와 최소치수의 적용
   ① **최대치수(최대집단치를 위한 설계)** : 문, 탈출구, 통로 등의 공간여유를 정할 때 적용한다.
   ② **최소치수(최소집단치를 위한 설계)** : 조작자와 제어버튼 사이의 거리, 작업대 · 선반 등의 높이, 의자좌판의 높이, 조종 장치까지의 거리 및 조작에 필요한 힘 등을 정할 때 적용한다.

30 시스템안전 계획의 수립 및 작성 시 반드시 기술하여야 하는 것으로 거리가 가장 먼 것은?

① 안전성 관리 조직
② 시스템의 신뢰성 분석 비용
③ 작성되고 보존하여야 할 기록의 종류
④ 시스템 사고의 식별 및 평가를 위한 분석법

해설

시스템안전계획의 수립 및 작성시 내용
1) 안전성 관리 조직
2) 작성 · 보전하여야 할 기록(문서)의 종류
3) 시스템 사고의 식별 및 평가를 위한 분석법

31 동작경제의 원칙이 아닌 것은?

① 동작의 범위는 최대로 할 것
② 동작은 연속된 곡선운동으로 할 것
③ 양손은 좌우 대칭적으로 움직일 것
④ 양손은 동시에 시작하고 동시에 끝내도록 할 것

해설

①항, 동작범위는 최소로 할 것

> **길잡이** 동작경제의 3원칙
> 1) **동작능력의 활용의 원칙**
>   ① 발 또는 왼손으로 할 수 있는 것은 오른손을 사용하지 않는다.
>   ② 양손으로 동시에 작업을 시작하고 동시에 끝낸다.
>   ③ 양손이 동시에 쉬지 않도록 함이 좋다.
> 2) **작업량 절약의 원칙**
>   ① 적게 움직이게 한다.
>   ② 재료나 공구는 취급하는 부근에 정돈한다.
>   ③ 동작의 수를 줄인다.
>   ④ 동작의 양을 줄인다.
>   ⑤ 물건을 장시간 취급할 경우에는 장구를 사용할 것
> 3) **동작개선의 원칙**
>   ① 동작이 자동적으로 이루어지는 순서로 한다.
>   ② 양손은 동시에 반대의 방향으로, 좌우 대칭적으로 운동한다.
>   ③ 관성, 중력, 기계력 등을 이용한다.
>   ④ 작업장의 높이를 적당히 하여 피로를 줄인다.

32 촉각적 표시장치에서 기본 정보 수용기로 주로 사용되는 것은?

① 귀 ② 눈
③ 코 ④ 손

해설

1) 촉각적 표시장치에서 주로 사용하는 기본정보수용기 : 손
2) 동적인 촉각적 표시장치
   ① 기계적 자극을 사용하는 방법
      ㉠ 피부에 전동기를 부착하는 방법

Answer ➡ 28. ③ 29. ① 30. ② 31. ① 32. ④

ⓒ 증폭된 음성을 하나의 진동기를 사용하여 피부에 전달하는 방법
② 전기적 자극방법 : 통증을 주지 않을 정도의 진동전류자극을 이용

33 결함수 분석에서 사용되는 사상기호로서 결함사상이 아닌 발생이 예상되는 사상기호는 무엇인가?

①    ②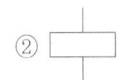

③ 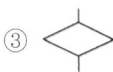   ④

해설

④항, 통상사상 : 시스템의 정상적인 가동상태에서 일어날 것이 기대되는 사상(발생이 예상되는 사상)

34 소음이 심한 기계로부터 1.5m 떨어진 곳의 음압수준이 100dB라면 이 기계로부터 5m 떨어진 곳의 음압수준은 약 얼마인가?

① 85dB   ② 90dB
③ 96dB   ④ 102dB

해설

$$dB_2 = dB_1 - 20\log\left(\frac{r_2}{r_1}\right)$$
$$= 100 - 20\log\left(\frac{5}{1.5}\right)$$
$$= 89.54 ≒ 90dB$$

35 화학설비에 대한 안전성 평가 5단계 중 정성적 평가의 실시 단계는?

① 제1단계   ② 제2단계
③ 제3단계   ④ 제4단계

해설

화학설비에 대한 안정성평가 5단계
1) 1단계 : 관계자료의 작성준비
2) 2단계 : 정성적 평가
3) 3단계 : 정량적 평가
4) 4단계 : 안전대책
5) 5단계 : 재평가

36 시스템 설계자가 통상적으로 하는 평가방법 중 거리가 먼 것은?

① 기능평가   ② 성능평가
③ 도입평가   ④ 신뢰성평가

해설

시스템 설계자에 의한 평가방법
1) **기능평가** : 시스템의 목적을 만족시키는 기능으로 되어 있는 지를 평가한다.
2) **성능평가** : 주어진 성능목표를 만족시키고 있는지 수치인가를 검토한다.
3) **신뢰성평가** : 시스템 목표의 만족여부를 산정하기 위해 다음 사항을 검토한다.
  ① 시스템 전체의 가동률
  ② 시스템을 구성하는 각 요소의 신뢰도
  ③ 신뢰성 향상을 위해 시행한 처리의 경제적 효과

37 각각 10,000시간의 평균수명을 가진 A,B두 부품이 병렬로 이루어진 시스템의 평균수명은 얼마인가? (단, 요소 A,B의 평균수명은 지수분포를 따른다.)

① 5,000시간   ② 10,000시간
③ 15,000시간   ④ 20,000시간

해설

병렬계의 수명
$$= MTTF \times \left(1 + \frac{1}{2} + \cdots + \frac{1}{n}\right)$$
$$= 10,000 \times \left(1 + \frac{1}{2}\right) = 15,000시간$$

(여기서 MTTF : 평균수명)

38 아날로그(analog) 표시장치의 선택 시 고려해야 할 사항으로 가장 적절한 것은?

① 눈금의 증가는 시계반대 방향이 적합하다.
② 일반적으로 고정눈금에서 지침이 움직이는 것이 좋다.
③ 온도계나 고도계에 사용되는 눈금이나 지침은 수평표시가 바람직하다.
④ 이동요소의 수동조절이 필요할 때에는 지침보다 눈금을 조절할 수 있어야 한다.

Answer ➡ 33. ④ 34. ② 35. ② 36. ③ 37. ③ 38. ②

해설

아날로그(analog)표시장치 선택시 고려해야 할 사항
1) ②항(정목동침형)
2) 눈금의 증가는 시계 방향이 적합하다.
3) 온도계나 고도계에 사용되는 눈금이나 지침은 수직표시가 바람직하다.
4) 이동요소의 수동조절 필요시에는 눈금보다 지침을 조절할 수 있어야 한다.

> **길잡이** 정량적 동적표시장치의 기본형
> 1) 정목동침(moving pointer)형 : 눈금이 고정되고 지침이 움직이는 형
> 2) 정침동목(moving scale)형 : 지침이 고정되고 눈금이 움직이는 형
> 3) 계수(digital)형 : 전력계나 택시요금 계기와 같이 기계 · 전자적으로 숫자가 표시되는 형

39 인간-기계 시스템에서의 기본적인 기능으로 볼 수 없는 것은?

① 행동 기능
② 정보의 수용
③ 정보의 저장
④ 정보의 설계

해설

인간 · 기계체계의 기본기능
1) 감지(정보수용)
2) 정보저장(보관)
3) 정보처리 및 의사결정
4) 행동기능

40 어떤 장치의 이상을 알려주는 경보기가 있어서 그것이 울리면 일정시간 이내에 장치를 정지하고 상태를 점검하여 필요한 조치를 하게 된다. 그런데 담당 작업자가 정지조작을 잘못하여 장치에 고장이 발생하였다. 이때 작업자가 조작을 잘못한 실수를 무엇이라고 하는가?

① primary error
② command error
③ omission error
④ secondary error

해설

인간과오 원인의 level적 분류
1) Primary error(주과오) : 작업자 자신으로부터 error(안전교육을 통하여 제거)
2) Secondary error(2차 과오) : 작업형태나 작업조건 중에서 다른 문제가 생겨 그 때문에 필요한 사항을 실행할 수 없는 error. 어떤 결함으로부터 파생되어 발생하는 error
3) Command error(지시 과오) : 요구된 것을 실행하고자 하여도 필요한 물건, 정보, 에너지 등의 공급이 없는 것처럼 작업자가 움직이려 해도 움직일 수 없으므로 발생하는 error

제3과목 건설시공학

41 공업화 공법(PC공법)에 의한 콘크리트 공사의 특징과 관련이 없는 것은?

① 프리패브 공법이기 때문에 현장에서의 공정이 단축된다.
② 기상의 영향을 덜 받는다.
③ 각 부품의 접합부가 일체화되기가 어렵다.
④ 품질의 균질성을 기대하기 어렵다.

해설

프리캐스트 콘크리트(precast concrete) : P.C concrete
1) P.C concrete : 공장에서 기성제품화한 콘크리트로 프리패브 콘크리트(prefab concrete)라고도 한다.
2) 장점
 ① 양질의 부재를 경제적으로 생산할 수 있다.(품질의 균질성을 기대할 수 있다.)
 ② 기계화 작업으로 공기 단축을 꾀할 수 있다.
 ③ 기상과 관계없이 작업이 가능하며, 특히 한냉기의 시공 시 유리하다.
3) 단점
 ① 큰 치수의 부재를 운반할 때 도로 및 장비 등의 제약을 받는다.
 ② 접합의 임부가 약하다.

42 철근의 이음방식이 아닌 것은?

① 용접이음
② 겹침이음
③ 갈고리이음
④ 기계적이음

해설

철근이음의 종류
1) 겹침이음 : #18~#20철선으로 결속하여 이음
2) 용접이음 : 아크(arc)전기용접에 의한 이음
3) 가스압점 : 철근을 가열 · 가압하여 연결하는 일종의 용접이음(보와 같은 수평부재에서는 사용하지 않음)
4) 기계적 이음 : 각종연결재(sleeve, 나사 등)를 이용한 철근의 이음

Answer ➡ 39. ④ 40. ① 41. ④ 42. ③

43 거푸집공사의 발전방향으로 옳지 않은 것은?

① 소형 패널 위주의 거푸집 제작
② 설치의 단순화를 위한 유닛(unit)화
③ 높은 전용 횟수
④ 부재의 경량화

해설

거푸집공사에서 사회·기술환경의 변화에 따른 합리적인 공법으로서의 발전방향
1) 부재의 경량화
2) 부재단면의 효율화
3) 거푸집의 대형화
4) 설치의 단순화(설치의 unit화)
5) 공장제작 조립화
6) 높은 전용회수
7) 기계를 사용한 운반설치

44 주로 이음이 필요한 지중보 등에서 특수 리브라스(rib lath)와 목재프레임을 부속철물로 고정하고 콘크리트를 타설함으로써 거푸집 해체작업이 필요 없는 공법은?

① 터널 폼   ② 메탈라스 폼
③ 슬라이딩 폼   ④ 플라잉 폼

해설

1) **터널 폼**(tunnel form) : 벽식 철근콘크리트 구조를 시공할 경우 벽과 바닥의 콘크리트 타설을 한 번에 가능하게 하기 위하여 벽체용 거푸집과 슬래브 거푸집을 일체로 제작하여 한 번에 설치하고 해체할 수 있도록 한 시스템 거푸집이다.
2) **메탈라스 폼**(metal lath form) : 본문 설명
3) **슬라이딩 폼**(sliding form) : 수직활동거푸집
   ① 슬라이딩 폼 : 원형 철판거푸집을 요크(york)로 서서히 끌어올리면서 연속적으로 콘크리트를 타설하는 수직활동 거푸집이다.
   ② 사일로(silo), 굴뚝 등의 단면형상 변화가 없는 구조물에 사용하며 돌출물이 있는 곳에는 사용할 수 없다.

45 콘크리트 타설 작업의 기본원칙 중 옳은 것은?

① 타설구획 내의 가까운 곳부터 타설한다.
② 타설구획 내의 콘크리트는 휴식시간을 가지면서 타설한다.
③ 낙하높이는 가능한 크게 한다.
④ 타설위치에 가까운 곳까지 펌프, 버킷 등으로 운반하여 타설한다.

해설

콘크리트 타설작업시 기본원칙
1) 타설구획 내의 먼 곳에서 가까운 곳으로 타설한다.
2) 타설구획 내의 콘크리트는 휴식시간에 연속적으로 타설하여야 한다.
3) 낙하높이는 작게 하고, 수직으로 낙하시킨다.
4) 타설 위치에 가까운 곳까지 펌프, 버킷 등으로 운반하여 타설한다.
5) 낮은 곳에서 높은 곳(기초 – 기둥 – 벽 – 계단 – 보의 순서)으로 부어넣는다.
6) 거푸집, 철근에 콘크리트를 충돌시키지 않는다.

46 말뚝설치 공법을 타입공법과 매입공법으로 구분할 때 다음 중 타입공법에 해당하는 것은?

① 진동 공법   ② 중굴 공법
③ 선굴착 공법   ④ 워트제트 공법

해설

말뚝설치 공법의 분류
1) **타입공법** : 진동공법, 타격공법 등
2) **매입공법** : 중굴공법, 선굴착(preboring)공법 (매입말뚝공법), 워트제트 공법

47 지름 3~5cm 정도의 파이프 끝에 여과기를 달아 1~2m 간격으로 박고, 이를 수평으로 굵은 파이프에 연결하여 진공으로 물을 뽑아내어 지하수위를 저하시키는 공법은?

① 웰 포인트 공법
② 슬러르 월 공법
③ 페이퍼 드레인 공법
④ 샌드 드레인 공법

해설

1) **웰 포인트 공법**(well point) : 본문 설명
2) **지하연속벽 공법**(slurry wall) : 벤토나이트 이수(泥水)를 사용해서 지반을 굴착하여 여기에 철근망을 삽입하고 콘크리트를 타설하여 지중에 철근콘크리트 연속벽체를 형성하는 공법
3) **페이퍼 드레인**(paper drain)공법 : 샌드파일(sand pile)을 형성한 후 모래대신에 흡수지를 삽입하여 지반의 물을 뽑아내는 공법이다.(연약점토층에 사용)

Answer ➡ 43. ① 44. ② 45. ④ 46. ① 47. ①

4) 샌드드레인(sand drain)공법 ; 적당한 간격으로 모래말뚝을 형성하고 그 지반위에 하중을 가하여 지반중의 물을 유출시키는 공법이다.

48 지반의 토질시험 과정에서 보링구멍을 이용하여 +자형 날개를 지반에 박고 이것을 회전시켜 점토의 점착력을 판별하는 토질시험방법은?

① 표준관입시험
② 베인전단시험
③ 지내력시험
④ 압밀시험

해설

현장토질시험방법
1) 베인 테스트(vane test) : 십자형 날개의 vane test를 지반에 때려 박고 회전시켜 그 회전력에 의해 점토의 점착력을 판별하는 방법(연한 점토질에 주로 쓰이는 방법)
2) 표준관입시험 : 63.5kg의 추를 75cm의 높이에서 자유 낙하시켜 30cm 관입시킬 때의 타격회수(N)를 측정하여 흙의 경·연도의 정도를 판정하는 방법(사질지반)
3) 지내력시험(평판재하시험) : 지반면에 직접 재하하여 허용지내력을 구하기 위한 시험방법으로 기초구조 결정을 위한 것이다.

49 다음 건설 기계 중 이동식 양중장비에 해당하는 것은?

① 타워크레인
② 크롤러 크레인
③ 러핑형 타워 크레인
④ 지브 크레인

해설

양중장비의 분류
1) 고정식
　① 타워 크레인(T형, Luffing형, 미니 타워크레인)
　② 지브 크레인
2) 이동식
　① 크롤러 크레인
　② 트럭 크레인
　③ 휠 크레인(hydro 크레인)
　④ 카고 크레인

50 2개 이상의 기둥을 1개의 기초판으로 받치는 기초는?

① 독립기초
② 복합기초
③ 호박돌기초
④ 말뚝기초

해설

직접기초(얕은 기초)
1) 푸팅(footing)기초 : 슬래브(slab)의 형식에 따라 다음과 같이 구분한다.
　① 독립기초 : 단일 기둥을 하나의 기초에 연결하여 지지하는 방식
　② 복합기초 : 2개 이상의 기둥을 하나의 기초에 연결하여 지지하는 방식
　③ 연속기초(줄기초) : 연속된 기초판이 기둥 또는 벽의 하중을 지지하는 방식
2) 온통기초(전체기초)
　① 건물하부 전체를 하나의 기초 판으로 지지하는 방식
　② 독립기초보다 구조·설계가 복잡하나 연약지반의 부동침하에 효과적

51 순수형 CM의 공사단계별 기본업무 중 시공단계의 업무가 아닌 것은?

① 품질검사
② 작업변화 승인 및 계약변경
③ 기록문서의 제출
④ 시공자와 발주간 분쟁 해결

해설

CM(construction management ; 건설관리) : 건설의 전 과정에 걸쳐 프로젝트를 보다 효율적이고 경제적으로 수행하기 위하여 각 부분의 전문가들로 구성된 통합된 관리기술을 건축주에게 서비스 하는 것을 말한다.

52 토공사용 굴착기계 중 위치한 지면보다 낮은 우물통과 같은 협소한 장소의 흙을 퍼올리는 데 가장 적합한 장비는?

① 파워쇼벨
② 지브크레인
③ 스크레이퍼
④ 클램셸

해설

클램셸(clam shell) : 붐의 선단에서 클램셸 버킷을 와이어로프로 매달아 바로 아래로 떨어트려 흙을 퍼올리는 토공기계이다.

Answer ➡ 48. ② 49. ② 50. ② 51. ③ 52. ④

53 공정계획에서 공정표 작성 시 주의사항으로 옳지 않은 것은?

① 기초공사는 옥외 작업이기 때문에 기후에 좌우되기 쉽고 공정변경이 많다.
② 노무, 재료, 시공기기는 적절하게 준비할 수 있도록 계획한다.
③ 공기를 단축하기 위하여 다른 공사와 중복하여 시공할 수 없다.
④ 마감공사는 기후에 좌우되는 것이 적으나 공정단계가 많으므로 충분한 공기(工期)가 필요하다.

해설
③항, 공기를 단축하기 위하여 다른 공사와 중복하여 시공할 수 있다.

54 철근콘크리트공사에서 철근의 최소 피복두께를 확보하는 이유로 볼 수 없는 것은?

① 콘크리트 산화막에 의한 철근의 부식방지
② 콘크리트의 조기강도 증진
③ 철근과 콘크리트의 부착응력 확보
④ 화재, 염해, 중성화 등으로부터의 보호

해설
철근의 피복두께를 확보하는 이유
1) ①, ③, ④항
2) 콘크리트의 내구성 증진

55 콘크리트 공사에서 거푸집 설계시 고려사항으로 가장 거리가 먼 것은?

① 콘크리트의 측압
② 콘크리트 타설시의 하중
③ 콘크리트 타설시의 충격과 진동
④ 콘크리트의 강도

해설
거푸집 설계시 고려사항
1) 콘크리트의 측압
2) 콘크리트 타설시의 하중
3) 콘크리트 타설시의 충격과 진동

56 기둥거푸집의 고정 및 측압 버팀용으로 사용되는 부속재료는?

① 세퍼레이터   ② 컬럼밴드
③ 스페이서   ④ 잭 서포트

해설
1) **세퍼레이터**(separator ; 격리제) : 거푸집의 상호간의 간격을 유지시켜주는 긴결재
2) **컬럼밴드**(column band ; 긴결재) : 본문설명
3) **스페이서**(spacer ; 간격제) : 철근과 거푸집간의 간격을 유지

57 공정관리에 있어서 자원배당의 대상이 아닌 것은?

① 인력   ② 장비
③ 자재   ④ 계약

해설
공정관리에서 자원배당(분배)의 대상
1) 인력(manpower)   2) 기계, 장치(machine)
3) 자재(material)   4) 자금(money)

> **칼잡이** 자원분배시 고려사항
> 1) 인력의 변동 최소화
> 2) 한정된 자원이용
> 3) 자원의 일정계획 효율적 관리

58 공사계약 방식 중 계약기간 및 예산에 따른 계약에서 계약의 이행에 수 년을 요하는 경우 체결하는 계약은?

① 단년도 계약   ② 개산 계약
③ 장기계속 계약   ④ 총액 계약

해설
1) **단년도 계약** : 이행기간이 1회계연도인 경우로서 해당연도 세출예산에 계상된 예산을 재원으로 체계하는 계약방법이다.
2) **장기계속계약** : 본문설명
3) **개산계약** : 상세가 결정되지 않은 상태에서 계약을 맺고 공사 종료까지 정산을 하는 계약으로 계약을 체결하기 전에 미리 예정가격을 정할 수 없을 때 개산가격으로 계약을 체결한다.
4) **총액계약** : 완성될 목적물의 전체 공사비를 정하여 체결하는 계약으로 정액계약이라고도 한다.

Answer ➡ 53. ③ 54. ② 55. ④ 56. ② 57. ④ 58. ③

59 철골구조의 용접 결함에 대한 검사 방법이 아닌 것은?

① 자연전극 전위법　② 육안검사
③ 염색침투 탐상검사　④ 초음파 탐상검사

해설
철골구조의 용접결함에 대한 검사방법
1) ②, ③, ④항
2) 누설검사
3) 자분탐사검사
4) 와전류탐상검사
5) 방사선투과검사

60 입찰의 절차에 있어 입찰공고에 포함되는 주요항목이 아닌 것은?

① 계약에 관한 분쟁의 해결방법
② 입찰의 일시와 장소
③ 개략적인 공사의 특성, 유형 및 규모
④ 발주자와 설계자의 명칭과 주소

해설
①항, 계약에 관한 분쟁의 해결방법 : 공사계약서의 내용

제4과목　건설재료학

61 KS L 5201에 따른 1종 보통 포틀랜드시멘트의 28일 압축강도 기준으로 옳은 것은?

① 10MPa 이상　② 12.5MPa 이상
③ 22.5MPa 이상　④ 42.5MPa 이상

해설
1종 보통포틀랜드시멘트의 28일 압축강도 : 42.5MPa 이상

62 재료의 열에 관한 성질 중 '재료표면에서의 열전달 → 재료속에서의 열전도 → 재료표면에서의 열전달'과 같은 열이동을 나타내는 용어는?

① 열용량　② 열관류
③ 비열　④ 열팽창계수

해설
재료의 열에 관한 성질
1) **열용량** : 재료에 열을 저장할 수 있는 용량으로 비열에다 비중을 곱하여 구하며 단위는 kcal/℃ 이다.
2) **열관류** : 어떤 재료를 통과하는 열 이동과정은 다음의 세과정으로 이루어지며, 이 전 과정에 의한 열이동을 열관류라 한다.
　① 재료표면에서의 열전달 → ② 재료속에서의 열전도 →
　　　③ 재료표면에서의 열전달
3) **비열** : 중량 1g인 재료를 1℃ 높이는데 필요한 열량을 말한다.(단위 : cal/g℃)
4) **열팽창계수** : 온도의 변화에 따라 재료가 팽창수축하는 비율을 말한다.

63 금속의 종류 중 아연에 관한 설명으로 옳지 않은 것은?

① 인장강도나 연신율이 낮은 편이다.
② 이온화 경향이 크고, 구리 등에 의해 침식된다.
③ 아연은 수중에서 부식이 빠른 속도로 진행된다.
④ 철판의 아연도금에 널리 사용된다.

해설
아연(Zn)의 성질 및 용도
1) ①, ②, ④항
2) 아연은 습기와 탄산가스 존재하에 염기성 탄산염 [$ZnCO_3 \cdot Zn(OH)_2$]을 만들어 내부의 산화를 방지한다.
3) 묽은 산류에 쉽게 용해되며 알칼리에도 침식된다.
4) 함석 제조에 사용되며 가장 큰 용도는 철판의 아연 도금이다.

64 금속, 유리, 플라스틱, 목재, 도자기, 고무 등의 접착에 우수한 성질을 나타내면 특히 알루미늄과 같은 경금속 접착에 사용되는 접착제는?

① 에폭시 수지 접착제
② 아크릴 수지 접착제
③ 알키드 수지 접착제
④ 폴리에스테르 수지 접착제

해설
에폭시수지 접착제
1) 내산성, 내알칼리성, 내수성, 내약품성, 전기절연성 등이 우수하다.
2) 강도 등의 기계적 성질도 뛰어나다.
3) 용도 : 금속접착에 적당하고 플라스틱, 도자기, 유리, 석재, 콘크리트 등의 접착에 사용되는 만능형 접착제이다.

Answer ● 59. ①　60. ①　61. ④　62. ②　63. ③　64. ①

65 점토소성제품의 특징에 관한 설명으로 옳은 것은?
① 내열성 및 전기절연성이 부족하다.
② 화학적 저항성, 내후성이 우수하다.
③ 백화현상 발생의 우려가 적다.
④ 연성이며 가공이 용이하다.

해설

점토소성제품의 특징
1) 내열성 및 전기절연성이 우수하다.
2) 화학적 저항성, 내후성이 우수하다.
3) 백화현상 발생의 우려가 있다.
4) 경성이며 가공이 어렵다.

66 9cm×9cm×210cm 목재의 건조 전 질량이 7.83kg 이고 건조 후 질량이 6.8kg 이었다면 이 목재의 대략적인 함수율은? (단, 절대건조상태가 될 때까지 건조)
① 15%
② 20%
③ 25%
④ 30%

해설

함수율
$$= \frac{건조전질량 - 건조후 질량}{건조후 질량} \times 100$$
$$= \frac{7.83 - 6.8}{6.8} \times 100 = 15.15\%$$

67 각종 도료 및 도료의 원료에 관한 설명으로 옳지 않은 것은?
① 알키드 수지를 활용한 도료는 건조 초기의 내수성이 떨어지며 내알칼리성이 좋지 못하다.
② 바니쉬는 수지류를 건성유 또는 휘발성 용제로 용해한 것이다.
③ 가소제는 건조된 도막에 탄성·교착성 등을 줌으로써 내구력을 증가시키는 데 쓰이는 도막형성 부요소이다.
④ 신너(Thinner)는 도막형성재로서 도막 주요소를 용해시킨다.

해설

시너(thinner) : 희석재로서 래커나 유상도료를 희석하는데 사용한다.

1) 래커용 시너 : 아세트산 에스테르, 부탄올, 톨루엔의 혼합액이다.
2) 유상도료용 시너 : 테레핀유나 미네랄 스피릿이 사용된다.

68 회반죽 바름의 주원료가 아닌 것은?
① 소석회
② 점토
③ 모래
④ 해초풀

해설

회반죽 재료 : 소석회+모래+여물+해초풀

69 점토의 종류별 특성과 용도에 대한 설명으로 옳지 않은 것은?
① 자토는 백색으로 가소성이 부족하며 도자기 원료로 쓰인다.
② 석기점토는 유색의 치밀한 구조로 내화도가 높으며 유색도기의 원료로 쓰인다.
③ 석회질 점토는 용해되기가 어려우며 경질도기의 원료로 쓰인다.
④ 내화점토는 회백색 또는 담색이며 내화벽돌, 유약원료로 쓰인다.

해설

석회점 점토
1) 백색이며 용해되기 쉽고, 백회질의 포함량이 많다.
2) 연질도기의 원료로 쓰인다.

70 물 시멘트 비 65%로 콘크리트 1m³를 만드는 데 필요한 물의 양으로 적당한 것은? (단, 콘크리트 1m³당 시멘트 8포대이며, 1포대는 40kg임)
① 0.1m³
② 0.2m³
③ 0.3m³
④ 0.4m³

해설

1) 시멘트 중량 = 40kg/포 × 8포 = 320kg
2) 물 시멘트비(%) = $\frac{물의 중량(\%)}{시멘트 중량(kg)} \times 100$

물의중량 = 시멘트중량 × $\frac{물시멘트비}{100}$
$$= 320\text{kg} \times \frac{65}{100} = 208\text{kg}$$

3) 물의 용량 = $\frac{물의 중량(W)}{물의 비중(W/V)}$
$$= \frac{208\text{kg}}{1000\text{kg/m}^3} = 0.208\text{m}^3$$

Answer ➡ 65. ② 66. ① 67. ④ 68. ② 69. ③ 70. ②

71 목재의 강도 중 가장 큰 것은? (단, 섬유에 평행한 가력방향 임)

① 인장강도 ② 휨강도
③ 압축강도 ④ 전단강도

해,설

목재의 강도
1) 목재강도의 크기순서
   인장강도 > 휨강도 > 압축강도 > 전단강도
2) 목재의 강도에 영향을 주는 요인
   ① **비중** : 비중이 클수록 강도가 크다.
   ② **함수율** : 함수율과 강도는 반비례하며, 섬유포화점 이상의 함수상태에서는 함수율이 변화해도 강도는 일정하다.
   ③ **홈** : 홈이 있으면 강도가 매우 떨어진다.
   ④ **목재수종** : 목재수종에 따라 강도가 큰 것이 있고 작은 것이 있다.

72 미장공사에서 바탕청소를 하는 가장 주된 목적은?

① 바름층의 경화 및 건조촉진
② 바탕층의 강도증진
③ 바름층과의 접착력 향상
④ 바름층의 강도증진

해,설

미장공사시 바탕청소를 하는 주된 목적 : 바름층과의 접착력 향상

> **길잡이** 미장 바탕면의 요구조건
> 1) 바름층과 유해한 화학반응을 하지 않을 것
> 2) 바름층을 지지하는 데 필요한 접착강도를 얻을 수 있을 것
> 3) 바름층보다 강도, 강성이 클 것
> 4) 바름층의 경화, 건조를 방해하지 않을 것

73 경량콘크리트 제작에 사용되는 골재와 거리가 먼 것은?

① 펄라이트 ② 화산암
③ 중정석   ④ 팽창질석

해,설

중정석 : 중량콘크리트용 골재

74 강의 열처리란 금속재료에 필요한 성질을 주기 위하여 가열 또는 냉각하는 조작을 말하는데 다음 중 강의 열처리 방법에 해당하지 않는 것은?

① 늘림 ② 불림
③ 풀림 ④ 뜨임질

해,설

강의 열처리 방법
① **풀림** : 강을 800~1,000℃로 가열 후 로속에서 서서히 냉각시키는 방법
② **불림** : 강을 800~1,000℃로 가열 후 대기중에서 냉각시키는 방식
③ **담금질** : 강을 가열한 후 물 또는 기름속에서 급랭시키는 방식
④ **뜨임질** : 불림·담금질한 강을 200~600℃로 가열한 후 공기중에서 냉각시키는 방법

75 물을 가한 후 24시간 이내에 보통포틀랜드시멘트의 4주 강도 정도가 발현되며, 내화성이 풍부한 시멘트는?

① 팽창시멘트
② 중용열시멘트
③ 고로시멘트
④ 알루미나시멘트

해,설

알루미나시멘트
1) 제조법 : Al_2O_3를 함유한 보크사이트(bauxite)에 석회석을 혼합하여 만든다.
2) 알루미나시멘트의 특성
   ① 조기강도가 매우 커서 급결성이 강하다.(재령 1일 보통 시멘트의 28일 강도를 나타냄)
   ② 발열량이 대단히 커서 -10℃의 동기(冬期)공사 및 긴급공사에 이용된다.
   ③ 산에는 약하나 알칼리에 강하다.(해수에 대한 저항성이 크다.)
   ④ 내화성이 우수하여 내화로용 시멘트로 사용한다.
   ⑤ 포틀랜드시멘트와 혼합하여 사용할 때에는 순결현상이 있다.

76 다음 석재 중에서 외장용으로 적합하지 않은 것은?

① 대리석 ② 화강석
③ 안산암 ④ 점판암

Answer ◐ 71. ① 72. ③ 73. ③ 74. ① 75. ④ 76. ①

해설
대리석
1) 대리석 : 석회암이 변성작용에 의해서 결정화된 석재로서 주성분은 탄산석회($CaCO_3$)이다.
2) 성질 및 용도
   ① 석질이 치밀하고 견고하며, 외관이 미려하여 연마하면 아름다운 광택을 낸다.
   ② 강도는 높지만 내산성이 낮고 풍화되기 쉽다.
   ③ 용도 : 내장재(실내장식용), 조각재 등에 쓰인다.

77 콘크리트용 골재에 관한 설명 중 옳지 않은 것은?

① 골재는 시멘트 페이스트와의 부착이 강한 표면 구조를 가져야 한다.
② 부순골재는 실적률이 크고 콘크리트에 사용될 때 워커빌리티가 좋아진다.
③ 골재의 강도는 경화 시멘트 페이스트의 강도이상이어야 한다.
④ 골재는 비중이 작은 것일수록 공극과 내부균열이 많다.

해설
부순골재(쇄석)는 모래나 자갈보다 실적률이 작고 콘크리트에 사용될 때 워커빌리티도 나빠진다.

78 천연수지 · 합성수지 또는 역청질 등을 건성유와 같이 열반응시켜 건조제를 넣고 용제에 녹인 것은?

① 유성페인트
② 래커
③ 바니쉬
④ 에나멜 페인트

해설
1) 유성페인트 : 보일유와 안료에 용제 및 희석제, 건조제 등을 혼합시켜 만든다.
2) 래커(lacguer) : 섬유소나 합성수지 용액에 수지, 가소제, 안료 등을 섞은 도료이다.
3) 바니쉬(Vernis) : 본문설명
4) 에나멜 페인트(enamel paint) : 전색제로 유성바니시나 중합유에 안료를 섞어서 만들며 통상 에나멜이라고 한다.

79 강재의 인장시험 시 탄성에서 소성으로 변하는 경계는?

① 비례한계점
② 변형경화점
③ 항복점
④ 인장강도점

해설
항복점
1) 재료에 인장 또는 압축을 가함에 따라 탄성역에서 소성역으로 넘어가는 점이다.
2) 금속재료 인장시험시 신장은 종점으로서 하중은 증가하지 않고 재료가 급격히 신장하기 시작하는 응력을 말한다.

80 시멘트 모르타르 바름의 작업성이나 부착력 향상을 위해 첨가하는 혼화제에 속하지 않는 것은?

① 메틸 셀룰로스(CMC)
② 합성수지에멀션
③ 고무계 라텍스
④ 에폭시수지

해설
작업성이나 부착력 향상을 위한 혼화제
1) 메틸 셀룰로스(CMC)
2) 합성수지에멀션
3) 고무계 라텍스

제5과목 건설안전기술

81 웰 포인트, 샌드드레인공법 작업 전에는 압밀침하를 예상하여 간극수압을 측정하여야 한다. 이 간극수압을 측정하는 기구는 무엇인가?

① Piezometer
② Tiltmeter
③ Inclinometer
④ Water level meter

해설
토공사에 사용되는 계측기기
1) 간극수압계 : 피에조 미터(piezo meter)
2) 경사계 : 인클리노 미터(inclino meter)
3) 인접구조물 기울기 측정 : 틸트 미터(tilt meter)
4) 버팀대 변형 측정계 : 스트레인게이지(strain gauge)
5) 인접구조물의 균열측정 : 크랙 게이지(crack gauge)

Answer ● 77. ② 78. ③ 79. ③ 80. ④ 81. ①

6) 지중침하계 : 익스텐션 미터(extension meter)
7) 지하수위계 : water level meter
8) 하중계 : 로드 셀(lad cell)
9) 토압측정계 : soil pressure gauge

82 다음 중 차량계 건설기계에 해당되지 않는 것은?

① 곤돌라
② 항타기 및 항발기
③ 어스드릴
④ 앵글도저

해설

차량계 건설기계의 종류 (별표 6)
1) 도저형 건설기계 : 불도저, 스트레이트도저, 틸트도저, 앵글도저, 버킷도저 등
2) 모터그레이더
3) 로더 : 포크 등 부착물 종류에 따른 용도 변경 형식을 포함
4) 스크레이퍼
5) 크레인형 굴착기계 : 클램셸, 드래그라인 등
6) 굴삭기 : 브레이커, 크러셔, 드릴 등 부착물 종류에 따른 용도 변경 형식을 포함
7) 항타기 및 항발기
8) 천공용 건설기계 : 어스드릴, 어스오거, 크롤러드릴, 점보드릴 등
9) 지반 압밀침하용 건설기계 : 샌드드레인머신, 페이퍼드레인머신, 팩드레인머신 등
10) 지반 다짐용 건설기계 : 타이어롤러, 매커덤롤러, 탠덤롤러 등
11) 준설용 건설기계 : 버킷준설선, 그래브준설선, 펌프준설선 등
12) 콘크리트 펌프카
13) 덤프트럭
14) 콘크리트 믹서 트럭
15) 도로포장용 건설기계 : 아스팔트 살포기, 콘크리트 살포기, 아스팔트 피니셔, 콘크리트 피니셔 등

83 철골작업을 중지하여야 하는 경우의 강우량 기준으로 옳은 것은?

① 시간당 0.5mm 이상
② 시간당 1mm 이상
③ 시간당 2mm 이상
④ 시간당 3mm 이상

해설

철골작업을 중지해야 하는 기상조건
1) 풍속이 10m/sec 이상인 경우
2) 강우량이 1mm/hr 이상인 경우
3) 강설량이 1cm/hr 이상인 경우

84 콘크리트 타설 시 안전수칙 사항으로 옳은 것은?

① 콘크리트는 한 곳으로 치우쳐 타설하여야 한다.
② 콘크리트 타설 작업 시 거푸집 붕괴의 위험이 발생할 우려가 있더라도 타설작업을 우선 완료하고 나서 상황을 판단한다.
③ 바닥 위에 흘린 콘크리트는 그대로 양생하도록 한다.
④ 최상부의 슬래브(Slab)는 이어붓기를 가급적 피하고 일시에 전체를 타설한다.

해설

콘크리트 타설시 안전수칙
1) 콘크리트는 한곳으로 치우쳐 타설하지 않도록 한다.
2) 콘크리트 타설 작업시 거푸집 붕괴의 위험이 발생할 우려가 있으면 즉시 작업을 중지시키고 필요한 조치를 하여야 한다.
3) 바닥 위에 흘린 콘크리트는 완전히 청소한다.

85 건설공사에서 발코니 단부, 엘리베이터 입구, 재료 반입구 등과 같이 벽면 혹은 바닥에 추락의 위험이 우려되는 장소를 의미하는 용어는?

① 중간난간대
② 가설통로
③ 개구부
④ 비상구

해설

개구부 : 벽이나 지붕, 바닥 등에 뚫린 구멍 또는 그 부분을 총칭하는 것

86 다음은 산업안전보건법령에 따른 추락의 방지를 위하여 설치하는 안전방망에 관한 내용이다. ( ) 안에 들어갈 내용으로 옳은 것은?

> 안전방망은 수평으로 설치하고, 망의 처짐은 짧은 변 길이의 ( )퍼센트 이상이 되도록 할 것

① 8
② 12
③ 15
④ 20

Answer ➡ 82. ① 83. ② 84. ④ 85. ③ 86. ②

해설
추락방호망 설치기준
① 설치위치 : 가능하면 작업 면으로부터 가까운 지점에 설치하며, 작업 면으로부터 망의 설치지점까지의 수직거리는 10m를 초과하지 않을 것
② 안전방망은 수평으로 설치하고 망의 처짐은 짧은 변 길이의 12% 이상이 되도록 할 것
③ 망의 내민 길이 : 벽면으로부터 3m 이상이 되도록 할 것(단, 그물코가 20mm 이하인 망을 사용할 경우에는 낙하물 방지망을 설치한 것으로 봄)

87 사다리식 통로의 설치기준으로 옳지 않은 것은?

① 폭은 30cm 이상으로 할 것
② 발판과 벽과의 사이는 15cm 이상의 간격을 유지할 것
③ 사다리의 상단은 걸쳐놓은 지점으로부터 60cm 이상 올라가도록 할 것
④ 사다리식 통로의 길이가 10cm 이상인 경우에는 7m 이내마다 계단참을 설치할 것

해설
④항, 사다리식 통로의 길이가 10m 이상일 경우에는 5m 이내마다 계단참을 설치할 것

88 기계운반하역 시 걸이 작업의 준수사항으로 옳지 않은 것은?

① 와이어로프 등은 크레인의 후크 중심에 걸어야 한다.
② 인양 물체의 안정을 위하여 2줄 걸이 이상을 사용하여야 한다.
③ 매다는 각도는 70° 정도로 한다.
④ 근로자를 매달린 물체위에 탑승시키지 않아야 한다.

해설
매다는 각도는 60° 정도로 한다.

89 콘크리트의 재료분리현상 없이 거푸집 내부에 쉽게 타설할 수 있는 정도를 나타내는 것은?

① Bleeding   ② Thixotropy
③ Workability   ④ Finishability

해설
1) Bleeding(블리딩) : 콘크리트 타설 후 시멘트, 골재 입자 등의 침하에 따라 물이 분리 상승되어 콘크리트 표면에 떠오르는 현상이다.
2) Thixotropy(틱소트로피) : 응력에 의한 물체의 연화 현상 중 회복이 따르는 것을 말한다.
3) Workability(워커빌리티) : 본문 설명
4) Finishability(피니셔빌리티) : 굵은골재의 최대치수, 잔골재율, 잔골재의 입도, 반죽질기 등에 의한 콘크리트 표면의 마무리 정도를 나타내는 성질이다.

90 기존 건물에서 인접된 장소에서 새로운 깊은 기초를 시공하고자 한다. 이 때 기존 건물의 기초가 얕아 안전상 보강하려고 할 때 적당한 공법은?

① 압성토 공법   ② 언더피닝 공법
③ 선행 재하공법   ④ 치환공법

해설
언더피닝 공법(underpinning) : 기존건물 가까이에 구조물을 축조할 때 기존건물의 지반과 기초를 보강하는 공법

91 비계 설치작업 시 유의사항으로 옳지 않은 것은?

① 항상 수평, 수직이 유지되도록 한다.
② 파괴, 도괴, 동요에 대한 안정성을 고려하여 설치한다.
③ 비계의 도괴 방지를 위해 가새 등 경사재는 설치하지 않는다.
④ 외쪽비계와 같은 특수비계는 문제점을 충분히 검토하여 설치한다.

해설
비계의 도괴방지를 위해 가새 등 경사재를 설치한다.

92 슬레이트, 선라이트 등 강도가 약한 재료로 덮은 지붕위에서 작업을 할 때 발이 빠지는 등의 위험을 방지하기 위한 산업안전보건법령에 따른 작업발판의 최소 폭 기준은?

① 20cm 이상   ② 30cm 이상
③ 40cm 이상   ④ 50cm 이상

Answer ➡ 87. ④ 88. ③ 89. ③ 90. ② 91. ③ 92. ②

해설

슬레이트, 선라이트(sunlight)등 지붕 위에서의 작업시 위험방지조치사항
1) 폭 30cm 이상의 발판 설치
2) 추락 방호망 설치

93 지반의 붕괴, 구축물의 붕괴 또는 토석의 낙하 등에 의하여 근로자가 위험해질 우려가 있는 경우 그 위험을 방지하기 위하여 취해야할 조치로 옳지 않은 것은?

① 흙막이 지보공 제거
② 토석의 낙하 원인이 되는 빗물이나 지하수 등을 배제
③ 낙하의 위험이 있는 토석 제거
④ 옹벽 설치

해설

지반의 붕괴 · 구축물의 붕괴 또는 토석의 낙하 등에 의한 위험방지 조치사항
1) 지반은 안전한 경사로 하고 낙하의 위험이 있는 토석을 제거하거나 옹벽, 흙막이 지보공 등을 설치할 것
2) 지반의 붕괴 또는 낙하원인이 되는 빗물이나 지하수 등을 배제할 것
3) 갱내에서의 낙반 또는 측벽의 붕괴에 의한 위험방지 조치사항
   ① 지보공 설치
   ② 부석 제거

94 현장에서 근로자가 안전하게 통행할 수 있도록 통로에 설치해야 하는 조명시설은 최소 몇 럭스 이상인가?

① 75Lux 이상   ② 80Lux 이상
③ 85Lux 이상   ④ 90Lux 이상

해설

통로에 설치하는 조명시설 : 75Lux 이상

95 인력에 의한 하물 운반 시 준수사항으로 옳지 않은 것은?

① 수평거리 운반을 원칙으로 한다.
② 운반시의 시선은 진행방향을 향하고 뒷걸음 운반을 하여서는 아니 된다.
③ 쌓여있는 하물을 운반할 때에는 중간 또는 하부에서 뽑아내어서는 아니 된다.
④ 어깨 높이보다 낮은 위치에서 하물을 들고 운반하여서는 아니 된다.

해설

1) 어깨보다 높이 들어 올리지 않는다.
2) 어깨보다 낮은 위치에서 하물을 들고 운반하여야 한다.

96 가설구조물 부재의 강성이 부족하여 가늘고 긴 부재가 압축력에 의하여 파괴되는 현상은?

① 좌굴   ② 피로파괴
③ 지압파괴   ④ 폭열현상

해설

좌굴 및 좌굴하중
1) 양단이 힌지(hinge, 상단에는 수직 변위를 자유롭게 하기 위하여 수평재를 설치)인 주재(主材)에 하중(P)을 가하면 중앙에 인장력을 가한 것과 같이 기둥이 수평으로 변곡하게 된다.
2) 하중(P)이 작으면 기둥은 쉽게 원상태로 복원되지만 일정한 도 이상이 되면 변곡이 계속되어 파괴에 이르게 된다. 이 복원의 한계점 부근에서의 상태가 존재하게 되는데 이 상태를 좌굴이라 하고 이때의 하중을 좌굴하중(또는 한계하중)이라 한다.
3) 좌굴에 대한 억제대책
   ① 부재의 끝을 회전하지 않도록 구속한다.
   ② 부재의 중간에 사재를 연결한다.
   ③ 부재에 작용하는 하중을 감소시킨다.
   ④ 부재의 중간에 보를 연결한다.

97 항타기 또는 항발기의 권상용 와이어로프의 안전계수 기준은?

① 2이상   ② 3이상
③ 4이상   ④ 5이상

해설

1) 항타기 또는 항발기의 권상용 와이어로프의 안전계수 : 5 이상
2) 안전계수 = $\dfrac{절단하중}{최대사용하중}$

Answer ▶ 93. ① 94. ① 95. ④ 96. ① 97. ④

98 건설공사 착공 시 유해·위험방지계획서 제출대상 사업규모에 해당되지 않는 것은?

① 터널건설 공사
② 깊이가 15m인 굴착공사
③ 지상높이가 25m인 건축물 건설 공사
④ 최대지간길이가 55m인 교량건설 공사

해설

건설업 중 유해위험방지계획서 제출대상 사업장(시행령 제42조③항)
1) 지상높이가 31미터 이상인 건축물 또는 인공구조물, 연면적 3만 제곱미터 이상인 건축물 또는 연면적 5천 제곱미터 이상의 문화 및 집회시설(전시장 및 동물원·식물원은 제외), 판매시설, 운수시설(고속철도의 역사 및 집·배송시설은 제외), 종교시설, 의료시설 중 종합병원, 숙박시설 중 관광숙박시설, 지하도상가 또는 냉동·냉장 창고시설의 건설·개조 또는 해체(이하 "건설등"이라 함)
2) 연면적 5천 제곱미터 이상의 냉동·냉장 창고시설의 설비공사 및 단열공사
3) 최대 지간길이(다리의 기둥과 기둥의 중심 사이의 거리)가 50미터 이상인 교량건설 등 공사
4) 터널 건설 등의 공사
5) 다목적댐, 발전용댐 및 저수용량 2천만톤 이상의 용수 전용댐, 지방상수도 전용댐 건설 등의 공사
6) 깊이 10미터 이상인 굴착공사

99 유한사면에서 사면기울기가 비교적 완만한 점성토에서 주로 발생되는 사면파괴의 형태는?

① 저부파괴   ② 사면선단파괴
③ 사면내파괴   ④ 국부전단파괴

해설

1) 저부파괴 : 본문 설명
2) 사면선단파괴 : 사면의 하단을 통과하는 활동면을 따라 발생하는 사면파괴

100 양중기의 와이어로프 등 달기구의 안전계수 기준으로 옳은 것은?(단, 화물의 하중을 직접 지지하는 달기와이어로프 또는 달기체인의 경우)

① 4 이상   ② 5 이상
③ 7 이상   ④ 10 이상

해설

양중기의 와이어로프 또는 달기체인(고리걸이용 포함)의 안전계수

$$\text{안전계수} = \frac{\text{절단하중}}{\text{최대사용하중(허용하중)}}$$

1) 근로자가 탑승하는 운반구를 지지하는 경우 : 10 이상
2) 화물의 하중을 직접 지지하는 경우 : 5 이상
3) 훅, 샤클, 클램프, 리프팅 빔의 경우 : 3 이상
4) 그 밖의 경우 : 4 이상

Answer ➡ 98. ③ 99. ① 100. ②

2025년 제1회 건설안전산업기사 CBT 복원 기출문제

제1과목　산업안전관리론

01 산업안전보건법령상 안전·보건표지에 관한 설명으로 틀린 것은?
① 안전·보건표지 속의 그림 또는 부호의 크기는 안전·보건표지의 크기와 비례하여야 하며, 안전·보건표지 전체 규격의 30% 이상이 되어야 한다.
② 안전·보건표지 색채의 물감은 변질되지 아니하는 것에 색채 고정완료를 배합하여 사용하여야 한다.
③ 안전·보건표지는 그 표시내용을 근로자가 빠르고 쉽게 알아볼 수 있는 크기로 제작하여야 한다.
④ 안전·보건표지에서 야광물질을 사용하여서는 아니 된다.

해설
④항. 야간에 필요한 안전·보건표지는 야광물질을 사용하는 등 쉽게 알아볼 수 있도록 제작하여야 한다.

02 무재해운동의 추진을 위한 3요소에 해당하지 않는 것은?
① 모든 위험잠재요인의 해결
② 최고경영자의 경영자세
③ 관리감독자(Line)의 적극적 추진
④ 직장 소집단의 자주활동 활성화

해설
무재해운동의 추진 3기둥(무재해운동의 3요소)
1) 최고경영자의 엄격한 안전경영자세
2) 관리감독자에 의한 안전보건의 추진(라인화의 철저)
3) 직장 소집단 자주 활동의 활발화

03 억측판단의 배경이 아닌 것은?
① 생략 행위
② 초조한 심정
③ 희망적 관측
④ 과거의 성공한 경험

해설
억측판단
1) 억측판단 : 자기 주관적인 판단
2) 억측판단이 발생하는 배경
　① 희망적인 관측 : 그때도 그랬으니까 괜찮겠지 하는 관측
　② 정보나 지식의 불확실 : 위험에 대한 정보의 불확실 및 지식의 부족
　③ 과거의 선입견 : 과거에 그 행위로 성공한 경험의 선입관
　④ 초조한 심정 : 일을 빨리 끝내고 싶은 초조한 심정

04 재해의 기본원인 4M에 해당하지 않는 것은?
① Man
② Machine
③ Media
④ Measurement

해설
산업재해의 기본원인 4M(인간과오의 배후요인 4요소)
1) Man : 본인 이외의 사람
2) Machine : 장치나 기기 등의 물적요인
3) Media : 인간과 기계를 잇는 매체(작업방법, 순서, 작업정보의 실태, 작업환경, 정리정돈 등)
4) Management : 안전법규의 준수방법, 단속, 점검 관리 외에 지휘 감독, 교육훈련 등

05 다음과 같은 스트레스에 대한 반응은 무엇에 해당하는가?

> 여동생이나 남동생을 얻게 되면서 손가락을 빠는 것과 같이 어린 시절의 버릇을 나타낸다.

① 투사
② 억압
③ 승화
④ 퇴행

Answer ● 01. ④　02. ①　03. ①　04. ④　05. ④

해설

퇴행(regression) 현실의 곤란한 장면에서 이겨내지 못하고 옛날 어린 시절로 되돌아가려는 행동이다. 즉 발전단계를 역행함으로서 욕구를 충족하려는 행동이다.

06 산업안전보건법령상 사업주가 근로자에 대하여 실시하여야 하는 교육 중 특별안전 · 보건교육의 대상이 되는 작업이 아닌 것은?

① 화학설비의 탱크 내 작업
② 전압이 30V인 정전 및 활선작업
③ 건설용 리프트 · 곤돌라를 이용한 작업
④ 동력에 의하여 작동되는 프레스기계를 5대 이상 보유한 사업장에서 해당 기계로 하는 작업

해설

②항, 전압이 75볼트 (V) 이상인 정전 및 활선 작업

07 인간의 행동 특성에 관한 레빈(Lewin)의 법칙에서 각 인자에 대한 내용으로 틀린 것은?

$$B = f(P \cdot E)$$

① B : 행동
② f : 함수관계
③ P : 개체
④ E : 기술

해설

레빈(K. Lewin)의 법칙 : Lewin은 인간의 행동(B)은 그 사람이 가진 자질 즉, 개체(P)와 심리학적 환경(E)과의 상호 함수관계에 있다고 하였다.
∴ $B = f(P \cdot E)$
여기서, 1) B(Behavior) : 인간의 행동
2) f(function, 함수관계) : 적성 기타 P와 E에 영향을 미칠 수 있는 조건
3) P(Person, 개체) : 연령, 경험, 심신상태, 성격, 지능 등 인간의 조건
4) E(Environment, 심리적 환경) : 인간관계, 작업환경 등 환경조건

08 개인 카운슬링(Counseling)방법으로 가장 거리가 먼 것은?

① 직접적 충고
② 설득적 방법
③ 설명적 방법
④ 반복적 충고

해설

개인적인 카운셀링 방법
1) **직접충고** : 안전수칙 불이행시 적합, 지시적 방법
2) **설득적 방법** : 비지시적 방법
3) **설명적 방법** : 비지시적 방법

09 교육의 효과를 높이기 위하여 시청각 교재를 최대한으로 활용하는 시청각적 방법의 필요성이 아닌 것은?

① 교재의 구조화를 기할 수 있다.
② 대량 수업체제가 확립될 수 있다.
③ 교수의 평준화를 기할 수 있다.
④ 개인차를 최대한으로 고려할 수 있다.

해설

시청각 교육의 특징
1) 교수의 효율성 증대
2) 교재의 구조화
3) 대량 수업체제 확정
4) 교수의 평준화

10 재해의 원인과 결과를 연계하여 상호관계를 파악하기 위해 도표화하는 분석 방법은?

① 특성요인도
② 파렛토도
③ 크로스분류도
④ 관리도

해설

통계적 원인 분석 방법
1) **파렛토도** : 분류항목을 큰 순서대로 도표화 한 분석법
2) **특성요인도** : 특성과 요인관계를 도표로 하여 어골상으로 세분화 한 분석법
3) **클로즈(Close)분석** : 데이터(data)를 집계하고 표로 표시하여 요인별 결과내역을 교차한 클로즈그림을 작성하여 분석하는 방법
4) **관리도** : 재해발생건수 등의 추이를 파악하여 목표관리를 행하는데 필요한 월별 재해 발생수를 그래프화하여 관리선을 설정 · 관리하는 방법

11 보호구 안전인증 고시에 따른 안전모의 일반구조 중 턱끈의 최소 폭 기준은?

① 5mm 이상
② 7mm 이상
③ 10mm 이상
④ 12mm 이상

Answer ● 06. ② 07. ④ 08. ④ 09. ④ 10. ① 11. ③

해설

안전모의 일반구조 요약정리
1) 안전모의 착용높이는 85mm 이상이고, 외부수직거리는 80mm 미만일 것
2) 안전모의 내부수직거리는 25mm 이상 50mm 미만일 것
3) 안전모의 수평간격은 5mm 이상일 것
4) 머리받침끈이 섬유인 경우에는 각각의 폭이 15mm 이상이어야 하며, 교차되는 끈의 폭의 합이 72mm 이상일 것
5) 턱끈의 폭은 10mm 이상일 것
6) 안전모의 모체, 착장체 및 충격흡수재를 포함한 질량은 440g을 초과하지 않을 것.

12 허츠버그(Herzberg)의 동기·위생 이론에 대한 설명으로 옳은 것은?

① 위생요인은 직무내용에 관련된 요인이다.
② 동기요인은 직무에 만족을 느끼는 주요인이다.
③ 위생요인은 매슬로우 욕구단계 중 존경, 자아실현의 욕구와 유사하다.
④ 동기요인은 매슬로우 욕구단계 중 생리적 욕구와 유사하다.

해설

허즈버그(Herzberg)의 위생요인 및 동기요인
1) **위생요인** : 직무환경에 관계된 내용으로 기업정책, 개인 상호간의 관계(친교, 대인관계), 감독형태, 작업조건, 임금(급료), 보수지위, 안전 등이 있다.
2) **동기요인** : 직무내용 (일의 내용)에 관한 것으로 목표달성에 대한 성취감, 안정감, 도전감, 책임감, 성장과 발전, 작업자체 등이 있다. (자아실현을 하려는 인간의 독특한 경향 반영)

13 연평균 근로자수가 1,000명인 사업장에서 연간 6건의 재해가 발생한 경우, 이 때의 도수율은? (단, 1일 근로시간수는 4시간, 연평균 근로일수는 150일이다.)

① 1 ② 10
③ 100 ④ 1,000

해설

$$도수율 = \frac{재해건수}{연근로시간수} \times 10^6$$
$$= \frac{6}{1,000 \times 4 \times 150} \times 10^6 = 10$$

14 산업안전보건법령상 일용근로자의 안전·보건교육 과정별 교육시간 기준으로 틀린 것은?

① 채용 시의 교육 : 1시간 이상
② 작업내용 변경 시의 교육 : 2시간 이상
③ 건설업 기초안전·보건교육(건설 일용근로자) : 4시간
④ 특별교육 : 2시간 이상(흙막이 지보공의 보강 또는 동바리를 설치하거나 해체하는 작업에 종사하는 일용근로자)

해설

일용근로자의 작업내용 변경 시의 교육시간 : 1시간 이상

15 산업안전보건법상 고용노동부장관이 산업재해 예방을 위하여 종합적인 개선조치를 할 필요가 있다고 인정할 때에 안전보건개선계획의 수립·시행을 명할 수 있는 대상 사업장이 아닌 것은?

① 산업재해율이 같은 업종의 규모별 평균 산업재해율보다 높은 사업장
② 사업주가 안전보건조치의무를 이행하지 아니하여 중대재해가 발생한 사업장
③ 고용노동부장관이 관보 등에 고시한 유해인자의 노출기준을 초과한 사업장
④ 경미한 재해가 다발로 발생한 사업장

해설

안전보건개선계획 수립대상 사업장
1) ①, ②, ③항
2) 대통령령으로 정하는 수 이상의 직업성 질병자가 발생한 사업장

16 산업안전보건법령상 안전인증대상 기계·기구 등이 아닌 것은?

① 프레스
② 전단기
③ 롤러기
④ 산업용 원심기

Answer ▶ 12. ② 13. ② 14. ② 15. ④ 16. ④

해설

안전인증대상 기계·기구

구분	안전인증대상 기계·기구	자율안전확인대상 기계·기구
기계·기구 및 설비	① 프레스 ② 전단기 및 절곡기 ③ 크레인 ④ 리프트 ⑤ 압력용기 ⑥ 롤러기 ⑦ 사출성형기 ⑧ 고소작업대 ⑨ 곤돌라	① 연삭기 또는 연마기 (휴대형은 제외) ② 산업용 로봇 ③ 혼합기 ④ 파쇄기 또는 분쇄기 ⑤ 컨베이어 ⑥ 식품가공용기계(파쇄·절단·혼합·제면기만 해당) ⑦ 자동차정비용리프트 ⑧ 인쇄기 ⑨ 공작기계(선반, 드릴기, 평삭·형삭기, 밀링만 해당) ⑩ 고정형 목재가공용 기계 (둥근톱, 대패, 루타기, 띠톱, 모떼기 기계만 해당)
방호장치	① 프레스 및 전단기 방호장치 ② 양중기용 과부하방지장치 ③ 보일러 압력추출용 안전밸브 ④ 압력용기 압력방출용 안전밸브 ⑤ 압력용기 압력방출용 파열판 ⑥ 절연용 방호구 및 활선작업용 기구 ⑦ 방폭구조 전기기계·기구 및 부품 ⑧ 추락·낙하 및 붕괴 등의 위험 방지 및 보호 필요한 가설기자재로서 고용노동부 장관이 정하여 고시하는 것 ⑨ 충돌·협착 등의 위험방지에 필요한 산업용로봇 방호장치로서 고용노동부장관이 정하여 고시하는 것	① 아세틸렌 용접장치용 또는 가스집합 용접장치용 안전기 ② 교류아크 용접기용 자동 전격방지기 ③ 롤러기 급정지장치 ④ 연삭기 덮개 ⑤ 목재가공용 둥근톱 반발예방장치 및 날접촉 예방장치 ⑥ 동력식 수동 대패용 칼날 접촉방지장치 ⑦ 추락·낙하 및 붕괴 등의 위험방지 및 보호에 필요한 가설기자재로서 고용노동부 장관이 정하여 고시하는 것
보호구	① 추락 및 감전 위험방지용 안전모 ② 차광 및 비산물 위험 방지용 보안경 ③ 방진마스크 ④ 방독마스크 ⑤ 송기마스크 ⑥ 전동식 호흡보호구 ⑦ 방음용 귀마개 또는 귀덮개 ⑧ 용접용 보안면 ⑨ 안전장갑 ⑩ 안전화 ⑪ 안전대 ⑫ 보호복	① 안전모(추락 및 감전 위험 방지용 제외) ② 보안경(차광 및 비산물 위험방지용 제외) ③ 보안면(용접용 제외)

17 적응기제(Adjustment Mechanism)의 도피적 행동인 고립에 해당하는 것은?

① 운동시합에서 진 선수가 컨디션이 좋지 않았다고 말한다.
② 키가 작은 사람이 키 큰 친구들과 같이 사진을 찍으려 하지 않는다.
③ 자녀가 없는 여교사가 아동교육에 전념하게 되었다.
④ 동생이 태어나자 형이 된 아이가 말을 더듬는다.

해설

고립 : 현실을 피하고 자신의 내부로 도피하려는 행동기제

18 조직이 리더에게 부여하는 권한으로 볼 수 없는 것은?

① 보상적 권한 ② 강압적 권한
③ 합법적 권한 ④ 위임된 권한

해설

리더십의 권한
1) 조직이 지도자에게 부여한 권한
 ㉠ 보상적 권한
 ㉡ 강압적 권한
 ㉢ 합법적 권한
2) 지도자 자신이 자신에게 부여한 권한
 ㉠ 전문성의 권한
 ㉡ 위임된 권한

19 안전교육 훈련기법에 있어 태도 개발 측면에서 가장 적합한 기본교육 훈련방식은?

① 실습방식 ② 제시방식
③ 참가방식 ④ 시뮬레이션방식

해설

안전교육 훈련기법 (사업장에서의 기본교육 훈련방식)
1) 지식형성 : 제시방식
2) 기능숙련 : 실습방식
3) 태도개발 : 참가방식

20 무재해운동의 추진을 위한 3요소에 해당하지 않는 것은?

① 모든 위험잠재요인의 해결
② 최고경영자의 경영자세
③ 관리감독자(Line)의 적극적 추진
④ 직장 소집단의 자주활동 활성화

Answer ● 17. ② 18. ④ 19. ③ 20. ①

해설

무재해 운동 추진의 3기둥(무재해 운동의 3요소)
1) 최고 경영자의 경영자세
2) 라인화의 철저(관리감독자에 의한 안전보건의 추진)
3) 직장(소집단)의 자주 활동의 활발화

제2과목 인간공학 및 시스템안전공학

21 반복되는 사건이 많이 있는 경우에 FTA의 최소 컷셋을 구하는 알고리즘이 아닌 것은?

① Fussel Algorithm
② Boolean Algorithm
③ Monte Carlo Algorithm
④ Limnios & Ziani Algorithm

해설

최소컷셋을 구하는 알고리즘(Algorithm)
1) Fussel 알고리즘
2) Boolean 알고리즘
3) Limnios & Ziani 알고리즘

22 1cd의 점광원에서 1m떨어진 곳에서의 조도가 3lux이었다. 동일한 조건에서 5m 떨어진 곳에서의 조도는 약 몇 lux인가?

① 0.12 ② 0.22
③ 0.36 ④ 0.56

해설

1) 조도는 거리의 제곱(자승)에 반비례한다.
   조도 = $\dfrac{1}{(거리)^2}$

2) 조도 = $3(\text{lux}) \times \dfrac{1^2}{5^2} = 0.12\,\text{lux}$

23 지게차 인장벨트의 수명은 평균이 100,000시간, 표준편차가 500시간인 정규분포를 따른다. 이 인장벨트의 수명이 101,000시간 이상일 확률은 약 얼마인가? (단, P(Z≤1)=0.8413, P(Z≤2)=0.9772, P(Z≤3)=0.9987이다.)

① 1.60% ② 2.28%
③ 3.28% ④ 4.28%

24 산업안전보건법령에서 정한 물리적 인자의 분류 기준에 있어서 소음은 소음성난청을 유발할 수 있는 몇 dB(A) 이상의 시끄러운 소리로 규정하고 있는가?

① 70 ② 85
③ 100 ④ 115

해설

소음 : 소음성난청을 유발할 수 있는 85 dB(A) 이상의 시끄러운 소리

25 모든 시스템 안전 프로그램 중 최초 단계의 분석으로 시스템 내의 위험요소가 어떤 상태에 있는지를 정성적으로 평가하는 방법은?

① CA ② FHA
③ PHA ④ FMEA

해설

1) PHA(예비위험분석) : 대부분 시스템 안전 프로그램에 있어서 최초단계의 분석으로, 시스템 내의 위험한 요소가 얼마나 위험한 상태에 있는가를 정성적으로 평가하는 것이다.
2) PHA의 목적 : 시스템의 개발 단계에 있어서 시스템 고유의 위험상태를 식별하고 예상되는 재해의 위험수준을 결정하는 데 있다.

26 인터페이스 설계 시 고려해야 하는 인간과 기계와의 조화성에 해당되지 않는 것은?

① 지적 조화성 ② 신체적 조화성
③ 감성적 조화성 ④ 심미적 조화성

해설

인간기계 체계에서의 계면설계
1) 계면(interface) : 인간기계 체계에서 인간과 기계가 만나는 면(面)
2) 인간과 기계(환경)의 계면에서의 조화성 : 다음 3가지 차원이 고려되어야 함
   ① 신체적 조화성
   ② 지적 조화성
   ③ 감성적 조화성

Answer ➡ 21. ③ 22. ① 23. ② 24. ② 25. ③ 26. ④

27 FTA에 의한 재해사례 연구의 순서를 올바르게 나열한 것은?

[다음]
A. 목표사상 선정
B. FT도 작성
C. 사상마다 재해원인 규명
D. 개선계획 작성

① A→B→C→D ② A→C→B→D
③ B→C→A→D ④ B→A→C→D

해설
FTA에 의한 재해사례의 연구순서
1) 1step : 톱사상의 선정
2) 2step : 사상마다 재해원인·요인의 규명
3) 3step : FT도의 작성
4) 4step : 개선계획의 작성
5) 5step : 개선안의 실시계획

28 청각적 표시장치에서 300m 이상의 장거리용 경보기에 사용하는 진동수로 가장 적절한 것은?

① 800Hz 전후 ② 2,200Hz 전후
③ 3,500Hz 전후 ④ 4,000Hz 전후

해설
300m 이상의 장거리용 경보기는 1,000Hz 이하의 진동수를 사용하여야 한다.

길잡이 경계 및 경보신호의 선택 또는 설계 시의 설계 지침
1) 500~3,000Hz(또는 2,000~5,000Hz)의 진동수 사용
2) 장거리 (300m 이상)용은 1,000Hz 이하의 진동수 사용 (고음은 멀리가지 못함)
3) 장애물 및 칸막이 통과시 500Hz 이하의 진동수 사용
4) 주의를 끌기 위해서는 변조된 신호 (초당 1~8번 나는 소리, 초당 1~3번 오르내리는 소리 등) 사용
5) 배경소음의 진동수와 구별되는 신호 사용

29 FT도에 사용되는 다음 기호의 명칭으로 맞는 것은?

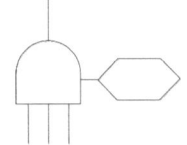

① 억제 게이트
② 부정 게이트
③ 배타적 OR 게이트
④ 우선적 AND 게이트

해설
수정기호의 종류
1) **우선적 AND 게이트** : 입력사상 가운데 어느 사상이 다른 사상보다 먼저 일어났을 때에 출력사상이 생긴다. (A는 B보다 먼저)와 같이 기입
2) **짜맞춤(조합) AND 게이트** : 3개 이상의 입력사상 가운데 어느 것인가 2개가 일어나면 출력사상이 생긴다. (어느 것이든 2개)라고 기입
3) **위험지속기호** : 입력사상이 생기어 어느 일정시간 지속하였을 때에 출력사상이 생긴다.(위험지속시간)과 같이 기입
4) **배타적 OR 게이트** : OR 게이트로 2개 이상의 입력이 동시에 존재한 때에는 출력사상이 생기지 않는다. (동시에 발생하지 않는다.)라고 기입

30 작업장 내의 색채조절이 적합하지 못한 경우에 나타나는 상황이 아닌 것은?

① 안전표지가 너무 많아 눈에 거슬린다.
② 현란한 색배합으로 물체 식별이 어렵다.
③ 무채색으로만 구성되어 중압감을 느낀다.
④ 다양한 색채를 사용하면 작업의 집중도가 높아진다.

해설
④항, 다양한 색채를 사용하면 작업의 집중도가 낮아진다.

31 위험처리 방법에 관한 설명으로 틀린 것은?

① 위험처리 대책 수립 시 비용문제는 제외된다.
② 재정적으로 처리하는 방법에는 보류와 전가 방법이 있다.
③ 위험의 제어 방법에는 회피, 손실제어, 위험분리, 책임 전가 등이 있다.
④ 위험처리 방법에는 위험을 제어하는 방법과 재정적으로 처리하는 방법이 있다.

해설
①항, 위험처리 대책 수립시 비용문제가 포함된다.

32 인간의 가청주파수 범위는?

① 2~10,000Hz ② 20~20,000Hz
③ 200~30,000Hz ④ 200~40,000Hz

해설

가청주파수 범위 : 20~20,000Hz

33 산업안전보건법에서 규정하는 근골격계 부담작업의 범위에 해당하지 않는 것은?

① 단기간작업 또는 간헐적인 작업
② 하루에 10회 이상 25kg 이상의 물체를 드는 작업
③ 하루에 총 2시간 이상 쪼그리고 앉거나 무릎을 굽힌 자세에서 이루어지는 작업
④ 하루에 4시간 이상 집중적으로 자료입력 등을 위해 키보드 또는 마우스를 조작하는 작업

해설

근골격계 부담작업의 범위 : "근골격계부담작업"이라 함은 다음 각 호의 1에 해당하는 작업을 말한다. 다만, 단기간작업 또는 간헐적인 작업은 제외된다.
1) 하루에 4시간 이상 집중적으로 자료입력 등을 위해 키보드 또는 마우스를 조작하는 작업
2) 하루에 총 2시간 이상 목, 어깨, 팔꿈치, 손목 또는 손을 사용하여 같은 동작을 반복하는 작업
3) 하루에 총 2시간 이상 머리위에 손이 있거나, 팔꿈치가 어깨 위에 있거나, 팔꿈치를 몸통으로 들거나, 팔꿈치를 몸통뒤쪽에 위치하도록 하는 상태에서 이루어지는 작업
4) 지지되지 않은 상태이거나 임의로 자세를 바꿀 수 없는 조건에서, 하루에 총 2시간 이상 목이나 허리를 구부리거나 트는 상태에서 이루어지는 작업
5) 하루에 총 2시간 이상 쪼그리고 앉거나 무릎을 굽힌 자세에서 이루어지는 작업
6) 하루에 총 2시간 이상 지지되지 않은 상태에서 1kg이상의 물건을 한손의 손가락으로 집어 올리거나, 2kg이상에 상응하는 힘을 가하여 한손의 손가락으로 물건을 쥐는 작업
7) 하루에 총 2시간 이상 지지되지 않은 상태에서 4.5kg 이상의 물체를 드는 작업
8) 하루에 10회 이상 25kg 이상의 물체를 드는 작업
9) 하루에 25회 이상 10kg 이상의 물체를 무릎 아래에서 들거나, 어깨 위에서 들거나, 팔을 뻗은 상태에서 드는 작업
10) 하루에 총 2시간 이상, 분당 2회 이상 4.5kg이상의 물체를 드는 작업
11) 하루에 총 2시간 이상 시간당 10회 이상 손 또는 무릎을 사용하여 반복적으로 충격을 가하는 작업

34 기능식 생산에서 유연생산 시스템 설비의 가장 적합한 배치는?

① 합류(Y)형 배치
② 유자(U)형 배치
③ 일자(―)형 배치
④ 복수라인(=)형 배치

해설

시스템 설비의 배치 : 기능식 생산에서 생산성 향상을 위한 가장 효율적인 배치는 U자형으로 배치하는 것이다.

35 인간-기계 체계에서 인간의 과오에 기인된 원인 확률을 분석하여 위험성의 예측과 개선을 위한 평가 기법은?

① PHA ② FMEA
③ THERP ④ MORT

해설

1) PHA(예비사고분석) : 최초단계 분석법, 정성적분석법
2) FMEA(고장형과 영향분석) : 정성적 · 귀납적분석법
3) THERP(인간과오율 예측기법) : 정량적 분석법
4) MORT(경영소홀 및 위험수 분석) : 광범위한 안전도모, 고도의 안전 달성

36 인체계측 자료에서 주로 사용하는 변수가 아닌 것은?

① 평균
② 5백분위수
③ 최빈값
④ 95 백분위수

해설

인체 측정자료의 응용원리
1) **최대치수와 최소치수(극단적 개인용 설계)** : 최대 및 최소 설계 매개변수로 서는 남성의 제 95백분위수와 여성의 제 5백분위수를 사용한다.
2) **조절식 (가변적 설계)** : 여성의 제 5백분위 수 및 남성의 제 95백분위 수 범위에서 조정하도록 한다.
3) **평균 설계** : 극단적 설계 및 가변적 설계가 곤란할 때 적용한다.

Answer ● 32. ② 33. ① 34. ② 35. ③ 36. ③

37 다음 그림은 C/R비와 시간관의 관계를 나타낸 그림이다. ㉠~㉣에 들어갈 내용이 맞는 것은?

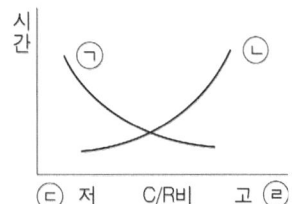

① ㉠ 이동시간 ㉡ 조정시간 ㉢ 민감 ㉣ 둔감
② ㉠ 이동시간 ㉡ 조정시간 ㉢ 둔감 ㉣ 민감
③ ㉠ 조정시간 ㉡ 이동시간 ㉢ 민감 ㉣ 둔감
④ ㉠ 조정시간 ㉡ 이동시간 ㉢ 둔감 ㉣ 민감

해설

통제표시비 (C/D비 또는 C/R비) : 통제표시비가 감소함에 따라 이동시간은 급격히 감소하다가 안정되며 조정시간은 이와 반대의 형태를 갖는다.(최적 C/D비 : 1.18~2.42)

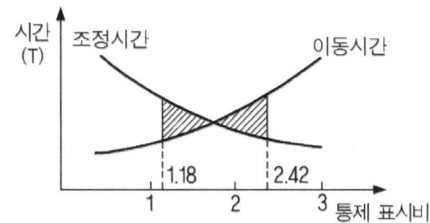

38 어떤 작업자의 배기량을 측정하였더니, 10분간 200L이었고, 배기량을 분석한 결과 O_2 : 16%, CO_2 : 4%였다. 분당 산소 소비량은 약 얼마인가?

① 1.05L/분 ② 2.05L/분
③ 3.05L/분 ④ 4.05L/분

해설

1) 배기량 = 200L/10min = 20L/min
2) 흡기량 × 79% = 배기량 × N_2%

   흡기량 = 배기량 × $\dfrac{N_2\%}{79\%}$

   $= 20 \times \dfrac{100-(16+4)}{79}$

   $= 20.25 L/min$

3) 산소소비량

   $= \left(흡기량 \times \dfrac{21}{100}\right) - \left(배기량 \times \dfrac{16}{100}\right)$

   $= (20.25 \times 0.21) - (20 \times 0.16)$
   $= 1.05 L/min$

39 인간공학에 관련된 설명으로 틀린 것은?

① 편리성, 쾌적성, 효율성을 높일 수 있다.
② 사고를 방지하고 안전성과 능률성을 높일 수 있다.
③ 인간의 특성과 한계점을 고려하여 제품을 설계한다.
④ 생산성을 높이기 위해 인간을 작업 특성에 맞추는 것이다.

해설

인간공학의 정의 : 기계기구, 환경 등의 물적 조건을 인간의 특성과 능력에 잘 조화되도록 설계하기 위한 수단을 연구하는 학문이다.

40 설비나 공법 등에서 나타날 위험에 대하여 정성적 또는 정량적인 평가를 행하고 그 평가에 따른 대책을 강구하는 것은?

① 설비보전 ② 동작분석
③ 안전계획 ④ 안전성 평가

해설

안전성평가의 6단계
1) 제1단계 : 관계자료의 정비검토
2) 제2단계 : 정성적 평가
3) 제3단계 : 정략적 평가
4) 제4단계 : 안전대책
5) 제5단계 : 재해정보에 의한 재평가
6) 제6단계 : F.T.A에 의한 재평가

제3과목 건설시공학

41 토질시험 중 흙 속에 수분이 거의 없고 바삭바삭한 상태의 정도를 알아보기 위한 것은?

① 함수비시험
② 소성한계시험
③ 액성한계시험
④ 압밀시험

Answer ● 37. ③ 38. ① 39. ④ 40. ④ 41. ②

해설

소성한계 및 액성한계시험과 압밀시험
1) 소성한계시험 : 흙속에 수분이 거의 없고 바삭바삭한 상태의 정도를 알아보기 위한 시험
2) 액성한계시험 : 흙을 가볍게 충동시켰을 때 처음으로 흐르기 시작하는 함수비를 측정하는 시험
3) 압밀시험 : 흙의 표면을 구속하고 축방향으로 배수를 허용하면서 재하할 때의 압축량과 압축 속도를 구하는 시험

42 450m³의 콘크리트를 타설할 경우 강도시험용 1회의 공시체는 몇 m³마다 제작하는가?(단, KS 기준)

① 30m³ ② 50m³
③ 100m³ ④ 150m³

43 철골조 용접 공작에서 용접봉의 피복재 역할로 옳지 않은 것은?

① 함유 원소를 이온화하여 아크를 안정시킨다.
② 용착 금속에 합금 원소를 가한다.
③ 용착 금속의 산화를 촉진하여 고열을 발생시킨다.
④ 용융 금속의 탈산, 정련을 한다.

해설

용접봉 피복재 역할
1) ①, ②, ④항
2) 용접봉 속의 응고와 냉각속도를 완화시킨다.

44 공사계획에 있어서 공법 선택 시 고려할 사항과 가장 거리가 먼 것은?

① 공구 분할의 결정
② 품질 확보
③ 공기 준수
④ 작업의 안전성 확보와 제3자 재해의 방지

해설

공법선택시 고려할 사항 : 다음 3개의 사항을 고려한 뒤에 비용을 최소화(경비절감)하도록 하여야 한다.
1) 품질확보
2) 공기준수
3) 작업의 안전성 확보와 제3자 재해의 방지

45 설계·시공 일괄계약제도에 관한 설명으로 옳지 않은 것은?

① 단계별 시공의 적용으로 전체 공사기간의 단축이 가능하다.
② 설계와 시공의 책임 소재가 일원화된다.
③ 발주자의 의도가 충분히 반영될 수 있다.
④ 계약 체결 시 총 비용이 결정되지 않으므로 공사비용이 상승할 우려가 있다.

해설

설계·시공 일괄계약제도는 발주자의 의도가 충분히 반영되지 않는다.

46 콘크리트 타설 시 다짐에 대한 설명으로 옳지 않은 것은?

① 내부진동기는 슬럼프가 15cm이하일 때 사용하는 것이 좋다.
② 슬럼프가 클수록 오래 다지도록 한다.
③ 진동기를 인발할 때에는 진동을 주면서 천천히 뽑아 콘크리트에 구멍을 남기지 않도록 한다.
④ 콘크리트 다짐 시 철근에 진동을 주지 않는다.

해설

슬럼프 값이 작을수록 오래 다지도록 하여야한다.

47 한 구획 전체의 벽판과 바닥판을 ㄱ자형 또는 ㄷ자형으로 짜서 이동시키는 형태의 기성재 거푸집은?

① 슬라이딩 폼(Sliding Form)
② 터널 폼(Tunnel Form)
③ 유로 폼(Euro Form)
④ 워플 폼(Waffle Form)

해설

1) **슬라이딩 폼** : 원형 철판거푸집을 요크(york)로 서서히 끌어올리면서 연속적으로 콘크리트를 타설하는 수직활동 거푸집이다.(사일로, 굴뚝 등에 사용)
2) **터널폼** : 벽식 철근콘크리트 구조를 시공할 경우 벽과 바닥의 콘크리트 타설을 한번에 가능하게 하기 위하여 벽채용 거푸집과 슬래브 거푸집을 일체로 제작하여 한번에 설치하고 해체할 수 있도록 한 시스템 거푸집이다.

Answer ➡ 42. ④ 43. ③ 44. ① 45. ③ 46. ② 47. ②

3) **유로폼** : 공장에서 경량형강과 합판을 사용하여 벽판이나 바닥판용 거푸집을 제작한 것으로 현장에서 못을 쓰지 않고 간단히 조립할 수 있는 거푸집이다.
4) **와플폼** : 무량판구조, 평판구조에서 사용하는 특수상자모양으로 된 기성제 거푸집으로 돔팬(dome pan)이라고도 한다.

48 수직굴착, 수중굴착 등 일반적으로 협소한 장소의 깊은 굴착에 적합한 것으로 자갈 등의 적재에도 사용하는 토공장비는?

① 클램쉘
② 불도저
③ 캐리올 스크레이퍼
④ 로더

해설

클램쉘(clam shell) : 붐의 선단에서 클램쉘 버킷을 와이어로프로 매달아 바로 아래로 떨어뜨려 흙을 퍼올리는 토공기계이다.

49 프리스트레스를 도입하지 않는 부재의 현장치기 콘크리트에서 다음과 같은 조건을 가진 부재의 최소 피복두께로서 옳은 것은?

- 옥외의 공기나 흙에 직접 접하지 않는 콘크리트
- 보, 기둥

① 30mm ② 40mm
③ 50mm ④ 60mm

50 철골부재의 내화피복에 관한 설명으로 옳지 않은 것은?

① 뿜칠공법은 큰 면적의 내화피복을 단시간에 시공할 수 있다.
② 성형판 붙임공법은 주로 기둥과 보의 내화 피복에 사용된다.
③ 타설공법은 임의의 치수와 형상의 내화피복이 가능하다.
④ 미장공법은 바탕작업이 단순하고 양생에 소요되는 시간이 짧다.

해설

내화피복 공법 분류
1) **습식내화공법**
   ① **타설공법** : 철골조에 콘크리트 또는 경량 콘크리트를 타설
   ② **미장공법** : 철골조에 철망을 치고 모르타르 또는 퍼얼라이트로 미장하는 공법
   ③ **뿜칠공법** : 철골조에 암면, 모르타르, 플라스터, 실리카, 알루미나 제 모르타르를 뿜칠하는 공법
   ④ **조적공법** : 철골조에 벽돌, 콘크리트, 블록, 경량 콘크리트 블록, 돌등으로 조적하는 공법
2) **건식내화공법** : 성형판 붙임공법으로 경량제품으로 구성하여 내단열성이 우수한 판을 철골부재에 접착제로 붙이는 공법

> **길잡이** 내화피복 목적
> 1) 외기의 온도에 의한 구조체 영향을 최소화
> 2) 인명 및 재산의 보호
> 3) 간접적인 단열, 흡음, 결로 방지, 화재에 대한 구조체 보호
> 4) 마감재 및 건축물 보호

51 철근콘크리트구조 시공 시 콘크리트 이어붓기 위치에 관한 설명으로 옳지 않은 것은?

① 기둥이음은 기둥의 중간에서 수평으로 한다.
② 아치의 이음은 아치축에 직각으로 설치한다.
③ 보, 바닥판이음은 그 스팬의 중앙 부근에서 수직으로 한다.
④ 벽은 개구부 등 끊기 좋은 위치에서 수직 또는 수평으로 한다.

해설

콘크리트 이어붓기의 이음위치
1) **보, 바닥판** : 간사이(span)의 중앙에서 수직
2) **캔틸레버**(cantilever)로 내민보나 바닥판 : 이어붓지 않음을 원칙으로 함
3) **중앙에 작은보가 있는 바닥판** : 중앙부에서 작은보 너비의 2배 떨어진 곳에서 수직
4) **기둥** : 바닥판(slab), 연결보 또는 기초상단에서 수평
5) **벽** : 개구부(문틀)주위에서 수직, 수평
6) **아치** : 아치축에 직각

Answer ➡ 48. ① 49. ② 50. ④ 51. ①

52 굳지 않은 콘크리트에 실시하는 시험이 아닌 것은?

① 슬럼프시험 ② 플로우시험
③ 슈미트해머시험 ④ 리몰딩시험

해설

슈미트해머시험 : 슈미트해머에 의한 경화된 콘크리트 강도의 비파괴시험

53 공동도급(Joint Venture Contract)의 이점이 아닌 것은?

① 융자력의 증대
② 위험부담의 분산
③ 기술의 확충, 강화 및 경험의 증대
④ 이윤의 증대

해설

공동도급 : 2명 이상의 도급업자가 공동출자하여 기업체를 조직해서 협동으로 공사를 도급하는 방식(중소기업체에 유리)
1) 장점
　㉠ 기술·자본·위험부담의 분산·감소
　㉡ 신용도의 증대
　㉢ 기술의 확충, 강화 및 경험의 증대
　㉣ 공사계획과 시공이행의 확실
　㉤ 공사도급 경쟁강화
2) 단점
　㉠ 1개 회사에 도급시키는 것보다 경비 증대(이윤의 감소)
　㉡ 현장관리 곤란
　㉢ 각 회사의 업무방식에서 오는 혼란

54 탑다운(top-down) 공법에 관한 설명으로 옳지 않은 것은?

① 1층 바닥을 조기에 완성하여 작업장 등으로 사용할 수 있다.
② 지하·지상을 동시에 시공하여 공기단축이 가능하다.
③ 소음·진동이 심하고 주변구조물의 침하 우려가 크다.
④ 기둥·벽 등 수직부재의 구조이음에 기술적 어려움이 있다.

해설

탑다운(top-down)공법(역구축공법)의 특징
1) 지하와 지상층 병행 작업으로 공사기간이 단축된다.
2) 소음·진동이 적어 도심지 공사에 적합하다.
3) 토질조건에 관계없이 시공이 가능하다.
4) 공사비가 많이 든다.

55 공공 혹은 공익 프로젝트에 있어서 자금을 조달하고, 설계, 엔지니어링 및 시공 전부를 도급받아 시설물을 완성하고 그 시설을 일정 기간 운영하여 투자금을 회수한 후 발주자에게 시설을 인도하는 공사계약방식은?

① CM 계약 방식 ② 공동도급 방식
③ 파트너링 방식 ④ BOT 방식

해설

BOT방식(build operate transfer)
1) **정의** : 본문 설명
2) 사회간접자본(SOC)의 민간투자 유치 및 공공 또는 공익 프로젝트에 많이 이용된다.

56 기성콘크리트말뚝을 타설할 때 그 중심간격의 기준으로 옳은 것은?

① 말뚝머리지름의 2.5배 이상 또한 600mm 이상
② 말뚝머리지름의 2.5배 이상 또한 750mm 이상
③ 말뚝머리지름의 3.0배 이상 또한 600mm 이상
④ 말뚝머리지름의 3.0배 이상 또한 750mm 이상

해설

말뚝지정의 간격 및 특징비교

종류	간격	특징
나무말뚝	최소 2.5d 이상 또는 60cm 이상	① 부패방지를 위해 상수면 이하에 사용 ② 휨 정도는 길이의 1/50 이하
기성 콘크리트 말뚝	최소 2.5d 이상 또는 75cm 이상	① 대규모의 중량건물, 굳은 지층에 깊이 박을 때 사용 ② 재료구입이 용이, 주근의 개수는 6개 이상
강재말뚝	최소 2.5d 이상 또는 90cm 이상	① 해안 매립지, 경질지반이 깊을 때 사용 ② 부식시 내구성 저하
제자리 콘크리트 말뚝	최소 2.5d 이상 또는 90cm 이상	① 규모가 큰 구조물에 사용 ② 현장에서 직접 천공하여 사용

Answer ➡ 52. ③ 53. ④ 54. ③ 55. ④ 56. ②

57 표준관입시험에 관한 설명으로 옳은 것은?

① 해머의 무게는 73.5kg이다.
② 해머의 낙하 높이는 100cm이다.
③ 점토지반에서 실시하여도 높은 신뢰성을 얻을 수 있다.
④ N값이 클수록 밀실한 토질이다.

해설

표준관입시험(penetration test) : 63.5 kg의 추를 75cm의 높이에서 자유 낙하시켜 30cm 관입시킬 때의 타격횟수(N)를 측정하여 흙의 경·연도의 정도를 판정하는 방법
1) 사질지반의 상대밀도 등 토질 조사시 신뢰성이 높다.
2) N값과 모래의 상태

N의 값	모래의 상태
0~5	몹시 느슨하다
5~10	느슨하다
10~30	보통
50 이상	다진 상태(밀실 상태)

58 Under Pinning 공법을 적용하기에 부적합한 경우는?

① 인접 지상구조물의 철거 시
② 지하구조물 밑에 지중구조물을 설치할 때
③ 기존구조물에 근접한 굴착 시 구조물의 침하나 경사를 미연에 방지할 경우
④ 기존구조물의 지지력 부족으로 건물에 침하나 경사가 생겼을 때 이것을 복원하는 경우

해설

언더피닝(under pinning)공법을 적용하는 경우
1) ②, ③, ④항
2) 기존건물에 근접하여 구조물을 구축할 때 기존 건물의 파일 머리보다 깊은 건물을 건설할 때

59 흙막이벽 설계 시 고려하지 않아도 되는 것은?

① 히빙(heaving)
② 보일링(boiling)
③ 파이핑(piping)
④ 사운딩(sounding)

해설

사운딩(sounding) : 지하층의 저항을 탐사하는 시험으로 정적관입시험, 베인시험, 스웨덴식 사운딩, 표준관입시험 등이 있다.

60 철근공사의 철근트러스 입체화 공법의 특징이 아닌 것은?

① 현장조립의 거푸집공사를 공장제 기성품으로 대체
② 구조적 안정성 확보
③ 가설작업장의 면적 증가
④ Support감소, 지보공수량 감소로 작업의 안전성 확보

제4과목 건설재료학

61 콘크리트의 블리딩 현상에 대한 설명 중 옳지 않은 것은?

① 콘크리트의 컨시스턴시가 클수록 블리딩은 증대한다.
② AE콘크리트는 보통콘크리트에 비하여 블리딩 현상이 적다.
③ 블리딩 현상에 의해 떠오른 미립물은 상호 간 접착력을 증대시킨다.
④ 콘크리트 면이 침하되어 콘크리트 균열의 원인이 된다.

해설

블리딩 및 레이턴스
1) 블리딩(bleeding) : 콘크리트 타설 후 시멘트, 골재 등의 침하에 따라 물이 분리상승되어 표면에 떠오르는 현상
2) 레이턴스(laitance) : 블리딩에 의해 떠오른 미립물이 물의 증발에 따라 콘크리트 표면에 얇은 막으로 침적되는 현상

Answer ● 57. ④ 58. ① 59. ④ 60. ③ 61. ③

62 건축재료 중 압축강도가 일반적으로 가장 큰 것부터 작은 순서대로 나열된 것은?

① 화강암 – 보통콘크리트 – 시멘트벽돌 – 참나무
② 보통콘크리트 – 화강암 – 참나무 – 시멘트벽돌
③ 화강암 – 참나무 – 보통콘크리트 – 시멘트벽돌
④ 보통콘크리트 – 참나무 – 화강암 – 시멘트벽돌

해설

건축재료의 압축강도
1) 화강암 : 500~1,900kg/cm²
2) 참나무 : 641kg/cm²
3) 보통콘크리트 : 210kg/cm²
4) 시멘트벽돌 : 80kg/cm²

63 목재의 특징으로 옳지 않은 것은?

① 가연성이다.
② 진동 감속성이 작다.
③ 섬유포화점 이하에서 함수율 변동에 따라 변형이 크다.
④ 콘크리트 등 다른 건축재료에 비해 내구성이 약하다.

해설

목재의 장점 · 단점
1) 장점
  ① 가벼워 운반, 취급이 편리하며 가공이 용이하고, 시공성이 우수하다.(보수유지의 경제성이 크다.)
  ② 무게에 비해 강도와 탄성이 크다.
  ③ 열전도율 및 열팽창률이 작고 전기의 부도체이다.
  ④ 산성, 약품 및 염분 등에 대하여 저항력이 크다.
2) 단점
  ① 재질 강도에 균일성이 없고 비틀림이 생기기 쉽다.
  ② 착화점이 낮아 내화성이 적다.
  ③ 흡수성이 크며 변형되기 쉽고 또한 부식하기 쉽다.

64 콘크리트의 성질에 관한 설명으로 옳지 않은 것은?

① 화재 시 결합수를 방출하므로 강도가 저하된다.
② 수밀 콘크리트를 만들려면 된비빔 콘크리트를 사용한다.
③ 수밀성이 큰 콘크리트는 중성화작용이 적어진다.
④ 콘크리트의 열팽창계수는 철에 비해서 매우 작다.

해설

콘크리트와 철의 열팽창계수는 거의 같기 때문에 온도의 변화로 인하여 일어나는 두 재료 사이의 응력을 무시하고 사용할 수 있다.
1) **콘크리트의 열팽창계수** : $1.0 \times 10^{-5} \sim 1.3 \times 10^{-5}$
2) **철의 열팽창계수** : 1.2×10^{-5}

65 비철금속에 관한 설명으로 옳지 않은 것은?

① 비철금속은 철 이외의 금속을 말한다.
② 철금속에 비하여 내식성이 우수하고 경량이다.
③ 가공이 용이하여 건축용 장식에도 사용된다.
④ 비철금속의 종류는 철강과 탄소강이 있다.

해설

1) **철금속** : 철강, 탄소강 등
2) **비철금속** : 동과 금합금, 알루미늄과 그 합금, 아연과 그합금, 납, 주석, 니켈 등

66 목재 기건상태의 함수율은 약 얼마인가?

① 15% ② 30%
③ 45% ④ 60%

해설

목재의 함수율
1) 기건재와 전건재의 흡수율
  ① 기건재(공기중에서 건조한 상태) : 12~18%
   (보통 15% 정도)
  ② 전건재 : 함수율 0%
2) **섬유포화점의 함수율** : 25~30% 정도

67 점토소성제품의 흡수성이 큰 것부터 순서대로 올바르게 나열된 것은?

① 토기 > 도기 > 석기 > 자기
② 토기 > 도기 > 자기 > 석기
③ 도기 > 토기 > 석기 > 자기
④ 도기 > 토기 > 자기 > 석기

해설

점토소성제품의 흡수성의 크기 : 토기 > 도기 > 석기 > 자기

Answer ➡ 62. ③ 63. ② 64. ④ 65. ④ 66. ① 67. ①

68 흙바름재의 외바탕에 바름하는 재래식 재료가 아닌 것은?

① 진흙
② 새벽흙
③ 짚여물
④ 고무 라텍스

해설

1) 외바탕의 흙 바름재 : 진흙, 새벽흙, 짚여울 등
2) 고무 라텍스 : 고무나무에서 채취한 백색유액

69 각종 미장재료에 대한 설명으로 옳지 않은 것은?

① 석고플라스터는 가열하면 결정수를 방출하여 온도상승을 억제하기 때문에 내화성이 있다.
② 바라이트 모르타르는 방사선 방호용으로 사용된다.
③ 돌로마이트플라스터는 수축률이 크고 균열이 쉽게 발생한다.
④ 혼합석고플라스터는 약산성이며 석고라스보드에 적합하다.

해설

혼합석고 플라스터 : 소석고에 소석회나 돌로 마이트 플라스터를 첨가하고 그 밖의 혼화재료를 배합한 것이다.

70 아스팔트 방수공사 시 바탕처리에 관한 설명으로 옳지 않은 것은?

① 바탕면을 충분히 건조시킬 것
② 바탕면에 물흘림 경사를 충분히 둘 것
③ 바탕면을 거칠게 마무리할 것
④ 구석, 모서리 등을 둥글게 처리할 것

해설

③항. 바탕면은 모르타르 고형분, 요철부분 등을 제거하고 평활하게 유지한다.

71 콘크리트용 시멘트에 관한 설명으로 옳지 않은 것은?

① 콘크리트강도는 물시멘트비에 영향을 받지 않는다.
② 고로시멘트와 실리카시멘트는 보통포틀랜드 시멘트보다 수화작용이 느려서 초기강도가 작다.
③ 시멘트의 분말도가 클수록 초기 콘크리트강도 발현이 빠르다.
④ 알루미나시멘트, 고로시멘트, 실리카시멘트는 내해수성이 크다.

해설

콘크리트 강도에 가장 큰 영향을 주는 요인 : 물 · 시멘트 비 (w/c)

72 중용열 포틀랜드시멘트에 관한 설명으로 옳지 않은 것은?

① 수축이 작고 화학저항성이 일반적으로 크다.
② 매스콘크리트 등에 사용된다.
③ 단기강도는 보통포틀랜드시멘트보다 낮다.
④ 긴급 공사, 동절기 공사에 주로 사용된다.

해설

긴급공사, 동절기 공사에 주로 사용되는 시멘트 : 조강 포틀랜드 시멘트

73 콘크리트 면에 주로 사용하는 도장재료는?

① 오일페인트
② 합성수지 에멀션페인트
③ 래커에나멜
④ 에나멜페인트

해설

콘크리트 면에 사용하는 도장재료 : 합성수지 에멀션 페인트 (수성페인트)

74 시멘트 종류에 따른 사용용도를 나타낸 것으로 옳지 않은 것은?

① 조강 포틀랜드시멘트 – 한중공사
② 중용열 포틀랜드시멘트 – 매스콘크리트 및 댐공사
③ 고로시멘트 – 타일 줄눈공사
④ 내황산염 포틀랜드시멘트 – 온천지대나 하수도공사

Answer ➡ 68.④ 69.④ 70.③ 71.① 72.④ 73.② 74.③

해설

고로시멘트의 용도
1) 화학저항성이 높아 해수, 공장폐수, 하수 등에 접하는 콘크리트에 적합
2) 수화열이 적어 매스콘크리트에 적합

75 강에 함유된 탄소량의 증감과 관련이 없는 것은?

① 경도의 증감
② 내산, 내알칼리성의 증감
③ 인장강도의 증감
④ 연성(신장률)의 증감

해설

탄소함유량에 의한 탄소강의 특성
1) 탄소함유량이 많을수록 강도는 증대되고 신도(연신율)는 감소된다.
2) 인장강도는 탄소함유량이 0.9~1.0% 함유시 최대로 증대되고 이를 넘으면 감소된다.
3) 경도는 탄소함유량이 0.9% 함유시 최대가 되며 그 이상에서는 일정하다.

76 목재의 건조속도에 관한 설명으로 옳지 않은 것은?

① 습도가 높을수록 건조속도는 늦어진다.
② 온도가 높을수록 건조속도가 빠르다.
③ 목재의 비중이 클수록 건조속도는 빠르다.
④ 목재의 두께가 두꺼울수록 건조시간이 길어진다.

해설

③항. 목재의 비중이 클수록 건조속도는 느리다.

77 석재 백화현상의 원인이 아닌 것은?

① 빗물처리가 불충분한 경우
② 줄눈시공이 불충분한 경우
③ 줄눈폭이 큰 경우
④ 석재 배면으로부터의 누수에 의한 경우

해설

1) 백화 : 시멘트 벽돌, 타일, 석재, 콘크리트 등의 표면에 생기는 흰색의 수산화칼슘 결정체를 말한다.
2) ③항, 줄눈폭이 큰 경우 : 백화현상 원인과 관련성이 없다.

78 다음 목재 중 실내 치장용으로 사용하기에 적합하지 않은 것은?

① 느티나무
② 단풍나무
③ 오동나무
④ 소나무

해설

용도에 의한 목재의 분류
1) **구조용재** (건축물의 뼈대로 쓰이는 부재) : 주로 침엽수로 소나무, 낙엽송, 잣나무, 전나무, 삼송나무, 해송, 편백 등이 있다.
2) **수장재** (실내 치장용 : 창호재, 가구재, 장식용재) : 침엽수로 적송, 홍송, 낙엽송 등이 있고 활엽수로 느티나무, 단풍나무, 박달나무, 오동나무, 참나무 등이 있다.

79 점토광물 중 적갈색으로 내화성이 부족하고 보통벽돌, 기와, 토관의 원료로 사용되는 것은?

① 석기점토
② 사질점토
③ 내화점토
④ 자토

해설

점토의 종류

종류	성질	용도
자토	순백색이며 내화성이 있고 가소성은 부족함.	도자기의 원료
내화점토	회백색·담색이며 내화도 1,580℃ 이상이고 가소성이 있음.	내화벽돌 및 도자기의 원료
석기점토	내화도가 높고 가소성이 있으며, 유색·견고·치밀함.	유색도기의 원료
석회질점토	백색이며 용해되기 쉽고, 백회질의 포함량이 많음	연질도기의 원료
사질점토	적갈색이며 내화성이 부족하고 세사 및 불순물이 포함.	보통벽돌·기와·토관 등의 원료

80 발포제로서 보드상으로 성형하여 단열재로 널리 사용되며 천장재, 전기용품 등에도 쓰이는 열가소성 수지는?

① 폴리스티렌수지
② 실리콘수지
③ 폴리에스테르수지
④ 요소수지

해설

발포폴리스티렌 : 열가소성수지인 폴리스티렌수지에 발포제를 넣은 다공질의 기포플라스틱으로서 스티로폴(styropor)이라고도 한다.

Answer ➡ 75. ② 76. ③ 77. ③ 78. ④ 79. ② 80. ①

제5과목 건설안전기술

81 콘크리트 타설작업을 하는 경우에 준수해야 할 사항으로 옳지 않은 것은?

① 당일의 작업을 시작하기 전에 해당 작업에 관한 거푸집동바리등의 변형·변위 및 지반의 침하 유무 등을 점검하고 이상이 있으면 보수할 것
② 작업 중에는 거푸집동바리등의 변형·변위 및 침하 유무 등을 감시할 수 있는 감시자를 배치하여 이상이 있으면 작업을 중지하고 근로자를 대피시킬 것
③ 설계도서상의 콘크리트 양생기간을 준수하여 거푸집동바리 등을 해체할 것
④ 콘크리트를 타설하는 경우에는 편심을 유발하여 한쪽 부분부터 밀실하게 타설되도록 유도할 것

해설
콘크리트 타설작업시 준수해야 할 사항
1) ①, ②, ③항
2) 콘크리트를 타설하는 경우에는 편심이 발생하지 않도록 골고루 분산하여 타설할 것
3) 콘크리트의 타설 작업시 거푸집 붕괴의 위험이 발생할 우려가 있는 때에는 충분한 보강 조치를 할 것

82 철골공사에서 나타나는 용접결함의 종류에 해당하지 않는 것은?

① 가우징(gouging)
② 오버랩(overlap)
③ 언더 컷(under cut)
④ 블로우 홀(blow gole)

해설
가우징(gouging) : 용접시 쪼아 따내기 등에 의해 여분을 제거하는 작업

83 버팀대(Strut)의 축하중 변화상태를 측정하는 계측기는?

① 경사계(Inclino meter)
② 수위계(Water level meter)
③ 침하계(Extension)
④ 하중계(Load cell)

해설
계측기의 종류 및 계측내용
1) **하중계** (load cell) : 버팀보(지주) 또는 어스앵커(earth anchor) 등의 실제 축하중 변화상태를 측정 (부재의 안전상태를 파악하는 기기)
2) **간극 수압계** (piezometer) : 지하수의 수압을 측정
3) **수위계** (water level meter) : 지반내 지하수위 변화를 측정
4) **경사계** (inclinometer) : 흙막이벽의 수평변위(변형) 측정
5) **변형계** (stain gauge) : 흙막이벽의 변형과 응력을 측정

84 이동식비계를 조립하여 작업을 하는 경우의 준수사항으로 옳지 않은 것은?

① 이동식비계의 바퀴에는 뜻밖의 갑작스러운 이동 또는 전도를 방지하기 위하여 브레이크·쐐기 등으로 바퀴를 고정시킨 다음 비계의 일부를 견고한 시설물에 고정하거나 아웃트리거(outrigger)를 설치하는 등 필요한 조치를 할 것
② 작업발판은 항상 수평을 유지하고 작업발판 위에서 안전난간을 딛고 작업을 하지 않도록 하며, 대신 받침대 또는 사다리를 사용하여 작업할 것
③ 비계의 최상부에서 작업을 하는 경우에는 안전난간을 설치할 것
④ 작업발판의 최대적재하중은 250kg을 초과하지 않도록 할 것

해설
이동식 비계를 조립하여 작업을 할 때 준수사항
1) ①, ③, ④항
2) 작업 발판은 항상 수평으로 유지하고 작업발판 위에서 안전난간을 딛고 작업을 하거나 받침대 또는 사다리를 사용하여 작업하지 않도록 할 것
3) 승강용사다리는 견고하게 설치할 것

Answer ● 81. ④ 82. ① 83. ④ 84. ②

85 건설업에서 사업주의 유해·위험 방지 계획서 제출 대상 사업장이 아닌 것은?

① 지상 높이가 31m 이상인 건축물의 건설, 개조 또는 해체공사
② 연면적 5,000m² 이상 관광숙박시설의 해체공사
③ 저수용량 5,000톤 이하의 지방상수도 전용 댐 건설 등의 공사
④ 깊이 10m 이상인 굴착공사

해설
다목적댐, 발전용댐 및 저수용량 2천만 톤 이상의 용수 전용댐, 지방상수도 전용댐 건설 등의 공사

86 굴착작업을 하는 경우 지반의 붕괴 또는 토석의 낙하에 의한 근로자의 위험을 방지하기 위하여 관리감독자로 하여금 작업시작 전에 점검하도록 해야 하는 사항과 가장 거리가 먼 것은?

① 부석·균열의 유무
② 함수·용수
③ 동결상태의 변화
④ 시계의 상태

해설
굴착작업시 지반의 붕괴 또는 토석의 낙하에 의한 위험방지를 위해 관리감독자가 작업시작 전에 점검해야 할 사항
1) 작업장소 및 그 주변의 부석·균열의 유무
2) 함수·용수 및 동결상태의 변화

87 다음은 산업안전보건법령에 따른 지붕 위에서의 위험 방지에 관한 사항이다. ( ) 안에 알맞은 것은?

슬레이트, 선라이트 등 강도가 약한 재료로 덮은 지붕 위에서 작업을 할 때에 발이 빠지는 등 근로자가 위험해질 우려가 있는 경우 폭 ( )센티미터 이상의 발판을 설치하거나 안전방망을 치는 등 근로자의 위험을 방지하기 위하여 필요한 조치를 하여야 하는가?

① 20
② 25
③ 30
④ 40

해설
슬레이트, 선라이트(sunlight) 등 지붕 위에서의 작업시 위험 방지조치사항
1) 폭 30cm 이상의 발판 설치
2) 추락방호망 설치

88 안전방망을 건축물의 바깥쪽으로 설치하는 경우 벽면으로부터 망의 내민 길이는 최소 얼마 이상이어야 하는가?

① 2m
② 3m
③ 5m
④ 10m

해설
안전방망(추락 방호망) 설치기준
1) 설치위치 : 작업면에 가장 가까운 지점에 설치하여야 하며, 작업면에서 방망설치 지점까지의 수직거리는 10m를 초과하지 않을 것
2) 방망 : 수평으로 설치
3) 방망의 처짐 : 짧은 변 길이의 12% 이상일 것
4) 방망의 내민 길이 : 벽면으로부터 3m 이상(다만, 그물코가 20mm 이하인 망을 사용한 경우에는 낙하물방지망을 설치한 것으로 봄)

89 다음에서 설명하고 있는 건설장비의 종류는?

앞뒤 두 개의 차륜이 있으며(2축 2륜), 각각의 차축이 평행으로 배치된 것으로 찰흙, 점성토 등의 두꺼운 흙을 다짐하는데 적당하나 단단한 각재를 다지는 데는 부적당하며 머캐덤 롤러 다짐 후의 아스팔트 포장에 사용된다.

① 클램쉘
② 탠덤 롤러
③ 트랙터 셔블
④ 드래그 라인

해설
1) 크렘쉘 : 붐의 선단에서 버킷을 와이어로프로 매달아 바로 아래로 떨어뜨려 흙을 떠올리는 중기
2) 텐덤롤러 : 본문설명
3) 트랙터셔블 : 트랙터 앞면에 버킷을 장착한 적재기계
4) 드래그라인 : 지반보다 낮은 연질지반의 넓은 굴착에 적합

Answer ➡ 85. ③ 86. ④ 87. ③ 88. ② 89. ②

90 작업으로 인하여 물체가 떨어지거나 날아올 위험이 있는 경우 설치하는 낙하물 방지망의 수평면과의 각도 기준으로 옳은 것은?

① 10° 이상 20° 이하를 유지
② 20° 이상 30° 이하를 유지
③ 30° 이상 40° 이하를 유지
④ 40° 이상 45° 이하를 유지

해설

낙하물방지망 또는 방호선반 설치시 준수사항
1) 설치 높이 : 10m 이내마다 설치
2) 내민 길이 : 벽면으로부터 2m 이상으로 할 것
3) 수평면과의 각도 : 20° 내지 30°를 유지할 것

91 다음은 산업안전보건법령에 따른 말비계를 조립하여 사용하는 경우에 관한 준수사항이다. ( ) 안에 알맞은 숫자는?

> 말비계의 높이가 2m를 초과한 경우에는 작업발판의 폭을 (　)cm 이상으로 할 것

① 10　　② 20
③ 30　　④ 40

해설

말비계를 조립하여 사용시 준수사항
1) 지주부재의 하단에는 미끄럼 방지장치를 하고, 양측 끝부분에 올라서서 작업하지 아니하도록 할 것
2) 지주부재와 수평면과의 기울기를 75° 이하로 하고, 지주부재와 지주부재 사이를 고정시키는 보조부재를 설치할 것
3) 말비계의 높이가 2m를 초과할 경우에는 작업발판의 폭을 40cm 이상으로 할 것

92 건설업 산업안전보건관리비의 안전시설비로 사용가능하지 않은 항목은?

① 비계·통로·계단에 추가 설치하는 추락방지용 안전난간
② 공사수행에 필요한 안전통로
③ 틀비계에 별도로 설치하는 안전난간·사다리
④ 통로의 낙하물 방호선반

해설

안전통로는 안전시설에 해당되지 않는다.

93 터널 지보공을 설치한 경우에 수시로 점검하여야 할 사항에 해당하지 않는 것은?

① 기둥침하의 유무 및 상태
② 부재의 긴압 정도
③ 매설물 등의 유무 또는 상태
④ 부재의 접속부 및 교차부의 상태

해설

터널지보공 설치시 수시점검사항
1) 부재의 손상·변형·부식·변위 탈락의 유무 및 상태
2) 부재의 긴압의 정도
3) 부재의 접속부 및 교차부의 상태
4) 기둥침하의 유무 및 상태

94 통나무 비계를 건축물, 공작물 등의 건조·해체 및 조립 등의 작업에 사용하기 위한 지상 높이 기준은?

① 2층 이하 또는 6m 이하
② 3층 이하 또는 9m 이하
③ 4층 이하 또는 12m 이하
④ 5층 이하 또는 15m 이하

해설

통나무비계를 사용할 수 있는 경우 : 지상높이 4층 이하 또는 12m 이하인 건축물·공작물 등의 건조·해체 및 조립 등 작업시

95 굴착공사 중 암질변화구간 및 이상암질 출현시에는 암질판별시험을 수행하는데 이 시험의 기준과 거리가 먼 것은?

① 함수비
② R.Q.D
③ 탄성파속도
④ 일축압축강도

해설

굴착공사중 암질변화구간 및 이상암질의 출현시 암질판별기준
1) R·Q·D(%)
2) 탄성파 속도 (m/sec)
3) R·M·R
4) 일축압축강도(kg/cm²)
5) 진동치속도 (cm/sec=Kine)

Answer ● 90. ② 91. ④ 92. ② 93. ③ 94. ③ 95. ①

96 거푸집동바리등을 조립하거나 해체하는 작업을 하는 경우 준수사항으로 옳지 않은 것은?

① 해당 작업을 하는 구역에는 관계 근로자가 아닌 사람의 출입을 금지할 것
② 비, 눈, 그 밖의 기상상태의 불안전으로 날씨가 몹시 나쁜 경우에는 그 작업을 중지할 것
③ 낙하·충격에 의한 돌발적 재해를 방지하기 위하여 버팀목을 설치하고 거푸집동바리 등을 인양장비에 매단 후에 작업을 하도록 하는 등 필요한 조치를 할 것
④ 재료, 기구 또는 공구 등을 올리거나 내리는 경우에는 근로자로 하여금 달줄·달포대 등의 사용을 금지하도록 할 것

해설

거푸집동바리 등을 조립·해체작업을 하는 경우 준수사항
1) ①, ②, ③항
2) 재료, 기구 또는 공구 등을 올리거나 내리는 경우에는 근로자로 하여금 달줄·달포대 등을 사용하도록 할 것

97 크레인을 사용하여 작업을 하는 경우 준수해야 할 사항으로 옳지 않은 것은?

① 인양할 하물(荷物)을 바닥에서 끌어당기거나 밀어 정위치 작업을 할 것
② 유류드럼이나 가스통 등 운반 도중에 떨어져 폭발하거나 누출될 가능성이 있는 위험물 용기는 보관함(또는 보관고)에 담아 안전하게 매달아 운반할 것
③ 미리 근로자의 출입을 통제하여 인양 중인 하물이 작업자의 머리 위로 통과하지 않도록 할 것
④ 인양할 하물이 보이지 아니하는 경우에는 어떠한 동작도 하지 아니할 것(신호하는 사람에 의하여 작업을 하는 경우는 제외한다)

해설

①항, 인양할 하물을 바닥에서 끌어당기거나 밀어내는 방법으로 작업을 하지 않도록 할 것

98 고소작업대가 갖추어야 할 설치조건으로 옳지 않은 것은?

① 작업대를 와이어로프 또는 체인으로 올리거나 내릴 경우에는 와이어로프 또는 체인이 끊어져 작업대가 떨어지지 아니하는 구조여야 하며, 와이어로프 또는 체인의 안전율은 3 이상일 것
② 작업대를 유압에 의해 올리거나 내릴 경우에는 작업대를 일정한 위치에 유지할 수 있는 장치를 갖추고 압력의 이상저하를 방지할 수 있는 구조일 것
③ 작업대에 정격하중(안전율 5 이상)을 표시할 것
④ 작업대에 끼임·충돌 등 재해를 예방하기 위한 가드 또는 과상승방지장치를 설치할 것

해설

①항, 와이어로프 또는 체인의 안전율은 5 이상일 것

99 추락방지망의 방망 지지점은 최소 얼마 이상의 외력에 견딜 수 있는 강도를 보유하여야 하는가?

① 500kg
② 600kg
③ 700kg
④ 800kg

해설

방망지지점 강도
1) 600kg 외력에 견딜 수 있을 것
2) 연속적인 구조물이 방망지지점인 경우의 외력
$F = 200B$
여기서, F : 외력(kg)
B : 지지점 간격(m)

100 아스팔트 포장도로의 노반의 파쇄 또는 토사 중에 있는 암석제거에 가장 적당한 장비는?

① 스크레이퍼(Scraper)
② 롤러(Roller)
③ 리퍼(Ripper)
④ 드래그라인(Dragline)

해설

리퍼(ripper) : 단단한 흙이나 연약한 암석을 파내는 갈고리 모양의 기계장비

Answer ➡ 96. ④ 97. ① 98. ① 99. ② 100. ③

2025 건설안전산업기사 필기

초판 1쇄 발행 2025년 4월 21일

지은이 경국현
펴낸이 정은재
펴낸곳 세영에듀

세영에듀

등록 제 2022-000031호
주소 서울 영등포구 경인로 71길 6 3층
홈페이지 www.seyoung24.com
전화 02) 2633-5119
팩스 02) 2633-2929
이메일 syedu24@naver.com
ISBN 979-11-991961-3-1 (13550)

정가 42,000원

※ 파본은 구입하신 서점에서 교환해 드립니다.